Circuitos lógicos digitales

Del diseño al experimento

Cuarta edición

Acceda a www.marcombo.info
para descargar gratis
el contenido adicional
complemento imprescindible de este libro

Código: CIRCUITOS24

Circuitos lógicos digitales

Del diseño al experimento
Cuarta edición

Javier Vázquez del Real

Marcombo

Circuitos lógicos digitales. Del diseño al experimento

Primera edición, 2017
Cuarta edición, 2024

© 2024 Javier Vázquez del Real

© 2024 MARCOMBO, S.L.
www.marcombo.com

Ilustración de cubierta: Jotaká
Directora de producción: M.ª Rosa Castillo

Imagen de la cubierta por cortesía del autor: *circuito sumador y restador de dos operandos de cuatro bits en complemento a dos con detector de desbordamiento, propuesto para su montaje experimental en el capítulo 10.*

Cadence®, OrCAD® y PSpice® son marcas registradas propiedad de Cadence Design Systems Inc.

ISBN: 978-84-267-3804-2
D.L.: B 8222-2024

Impreso en Arteos
Printed in Spain

Libro ecológico
Impreso con papel procedente de bosques gestionados
de manera eficiente, libre de cloro

De nuevo, a mis estudiantes

"The fifteen months that I spent working on Orion [project] were the most exciting and in many ways the happiest of my scientific life. I particularly enjoyed being immersed in the ethos of engineering, which is very different from the ethos of science. A good scientist is a person with original ideas. A good engineer is a person who makes a design that works with as few original ideas as possible. There are no prima donnas in engineering."

Freeman Dyson (1923-2020)
Disturbing the Universe, p. 114

El autor

Javier Vázquez del Real se licenció en Ciencias Físicas por la Universidad de Valencia con la especialidad de Electricidad, Electrónica e Informática (1992). Cursó un posgrado sobre control de procesos industriales por ordenador en la Universidad Politécnica de Valencia (1994) y un máster en Sistemas y Redes de Comunicaciones en la Universidad Politécnica de Madrid (2001-02). Se doctoró por la Universidad de Castilla-La Mancha defendiendo una tesis sobre dispositivos biosensores (2006).

Cuenta con experiencia predoctoral en el Centro de Investigación de Dispositivos Optoelectrónicos de la empresa Alcatel en Stuttgart (1992-93), así como con el Grupo de Investigación en Ingeniería y Mecanización Agraria del Instituto Valenciano de Investigaciones Agrarias (1995-96). Entre los años 1996 y 2000 prosiguió su actividad profesional en compañías multinacionales del sector auxiliar de automoción, donde desempeñó los puestos de ingeniero de medios de prueba de módulos electrónicos (Robert Bosch España, Madrid), y seguidamente de ingeniero de calidad (Valeo Sistemas de Seguridad, Barcelona), para continuar como especialista de producto en una empresa valenciana del sector de la electromedicina.

Tras finalizar el doctorado compaginó su labor docente e investigadora en la Universidad de Castilla-La Mancha con estancias de investigación posdoctorales; en primer lugar en Inglaterra con el Grupo de Investigación en Nanotecnología, MEMS y Materiales Inteligentes de la Universidad de Newcastle y posteriormente en el País Vasco con la Unidad de Micro y Nanofabricación de TEKNIKER, un centro de la alianza tecnológica IK-4.

Desde finales de 2001 es profesor del área de conocimiento de Tecnología Electrónica vinculada al Dpto. de Ingeniería Eléctrica, Electrónica, Automática y Comunicaciones de la Universidad de Castilla-La Mancha, e imparte docencia en la Escuela Técnica Superior de Ingeniería Industrial del campus de Ciudad Real. Actualmente ejerce su actividad investigadora en el Laboratorio de Electrónica Industrial y Calidad de la Energía del Instituto de Investigaciones Energéticas y Aplicaciones Industriales de dicha universidad. Es autor del texto docente *Circuitos electrónicos analógicos: del diseño al experimento* (Marcombo), así como coautor de artículos de investigación en el ámbito de los sensores, los microsistemas, la instrumentación optoelectrónica, la electrónica de potencia y la calidad de la energía, todos ellos publicados en prestigiosas revistas internacionales, actas de congresos y monografías.

Contenido

Presentación

¿Qué contiene este libro?

El presente libro está constituido, en lo fundamental, por una selección de casos de estudio que giran alrededor del diseño de circuitos lógicos digitales combinacionales y secuenciales. Dicha selección se complementa con un nutrido compendio de aplicaciones de las funciones lógicas más comunes relacionadas con estos, así como con la descripción de una serie de plataformas de prototipado electrónico de bajo coste que facilitan el desarrollo de proyectos de cierta envergadura.

Se plantea el estudio en detalle de una serie de circuitos y sistemas que pueden formar parte del programa de un curso sobre Electrónica Digital en cualquiera de los planes de estudio de las diferentes titulaciones universitarias impartidas en Escuelas de Ingeniería y algunas Facultades de Ciencias. El enfoque adoptado cubre aspectos de diseño, análisis, simulación y experimentación; así como de caracterización en la primera parte del texto. El material está orientado a preparar el terreno de cara al trabajo a realizar en el laboratorio docente, donde el estudiante debe ir adquiriendo con la práctica la destreza suficiente que le permita montar, poner en funcionamiento y verificar la respuesta de los circuitos propuestos. Aunque el texto en su conjunto está destinado principalmente al alumnado que cursa estudios universitarios en carreras técnicas relacionadas con la Electrónica y otras disciplinas afines, al menos una parte del material también puede resultar de interés en determinados ciclos formativos ofertados en la Formación Profesional, así como en algunas asignaturas de sesgo tecnológico que se cursan actualmente en el Bachillerato. Concretamente, las secciones de carácter práctico que en cada capítulo están dedicadas al montaje experimental de los circuitos propuestos pueden resultar igualmente provechosas para estos estudios no universitarios.

El texto se ha estructurado de tal manera que cada uno de los circuitos y sistemas digitales escogidos en las diferentes sesiones prácticas se diseña y analiza en profundidad como paso previo a la verificación experimental. Por lo tanto, la cobertura de los capítulos no se limita a lo que habitualmente se encuentra en un breve guion de laboratorio, donde se acostumbra a proponer una selección de circuitos para su montaje experimental sin entrar apenas en cuestiones relevantes de análisis o diseño. Por el contrario, el material se ha elaborado procurando, dentro de lo posible, que todas las sesiones prácticas propuestas resulten autocontenidas. De esta forma el estudiante cuenta con la posibilidad de aprovecharlas al máximo, conociendo de antemano todos los detalles necesarios sobre los circuitos que deberá poner a prueba en el normalmente limitado tiempo disponible en el laboratorio docente.

A pesar del pretendido sesgo autocontenido del libro, en ningún momento se ha perseguido suplir a los textos tradicionales orientados a presentar con exhaustividad los fundamentos de la Electrónica Digital. Más bien, la intención es servir de complemento a los mismos, escogiendo un buen número de casos de estudio representativos de la lógica combinacional y secuencial para incidir sobre aspectos clave del funcionamiento de circuitos y sistemas digitales implementados con circuitos integrados de baja y media escala de integración, empleando para ello tanto herramientas de simulación como montajes con componentes electrónicos reales realizados sobre una placa de prototipos. Este planteamiento es un ejercicio pedagógico muy formativo que permite un primer acercamiento a la implementación de circuitos lógicos digitales, tanto en un contexto de simulación con ordenador como en un laboratorio docente de electrónica, mediante la interconexión de diferentes circuitos integrados normalizados de función fija. Dichos circuitos se incluyen para su simulación en las bibliotecas de la mayoría de los programas especializados en el diseño electrónico, y además también se encuentran comercialmente disponibles a precios muy asequibles para realizar montajes sobre placas de prototipos. El potencial de estas placas viene explotándose desde hace muchos años y actualmente siguen siendo muy populares para experimentar con todo tipo de diseños electrónicos, tanto analógicos como digitales, por parte de docentes, aficionados y profesionales. Prueba de ello es la proliferación en los últimos años de canales de YouTube orientados a la enseñanza de la Electrónica, muchos de ellos en español, que recurren al prototipado de un sinfín de diseños sobre estas versátiles plataformas. De entre todos ellos destaca especialmente, en opinión del autor, el canal en inglés de Ben Eater debido a la amplia cobertura de sus aportaciones en el campo del diseño digital. Sus vídeos abordan desde la construcción de puertas lógicas a partir de transistores hasta la demostración del funcionamiento de un computador de ocho bits.

Algunos de los chips que se utilizarán en el texto están caracterizados por una integración de sus componentes a pequeña escala (hasta diez puertas equivalentes), y contienen únicamente puertas lógicas o bien biestables. Otros chips más sofisticados con los que también se practicará integran dispositivos modulares a media escala (entre diez y cien puertas equivalentes). Cada uno de ellos implementa lógica que ya es de cierta complejidad, como corresponde al decodificador, el multiplexor, el sumador, el contador o el registro de desplazamiento. Los sistemas digitales han incorporado desde hace décadas estos sencillos circuitos integrados debido a su reducido tamaño, consumo y coste, así como a su robustez y fiabilidad. Si bien en las implementaciones de circuitos digitales que se realizan actualmente en la industria la lógica de función fija a pequeña y mediana escala de integración está siendo paulatinamente desplazada tanto por los circuitos lógicos configurables como por los circuitos integrados de función fija a muy alta escala de integración (circuitos denominados ASIC), lo cierto es que este tipo de lógica más tradicional no solo continúa utilizándose todavía en bastantes aplicaciones, sino que además facilita iniciarse en el aprendizaje práctico de la Electrónica Digital utilizando pocos recursos. Por lo tanto, es recomendable familiarizarse con estos circuitos integrados digitales, saber identificar correctamente sus pines y conocer las diferentes familias lógicas disponibles en el mercado.

De hecho, el estudiante que aproveche bien las sesiones que aquí se plantean no debería encontrar dificultades importantes en sintetizar los diseños propuestos u otros similares utilizando lógica digital configurable, como por ejemplo la que se encuentra en circuitos CPLD o FPGA, una vez esté familiarizado con la rutina de pasos a seguir para su uso. Tales dispositivos se pueden encontrar formando parte de plataformas de prototipado como, por ejemplo, las escogidas para el capítulo 35, que suelen incluir diversos elementos auxiliares como ledes, pulsadores o visualizadores, entre otros. Recurriendo a ellas es viable poner a prueba diseños como los de este libro si se cuenta con un ordenador, una conexión USB y un entorno de desarrollo, de los que existen versiones gratuitas proporcionadas por los principales fabricantes, que actualmente son Xilinx y Altera. Es un enfoque que conviene abordar en una etapa posterior (o incluso simultánea si así se prefiere), para el que es aconsejable compaginar la edición de los circuitos mediante esquemáticos con el aprendizaje de algún lenguaje HDL, como VHDL o Verilog. Además de la configuración del dispositivo escogido, los entornos de desarrollo también ofrecen la posibilidad de simular los diseños digitales, lo que convierte a las plataformas de prototipado en un entorno de aprendizaje muy recomendable. En cualquier caso, siempre es deseable contar con cierta experiencia en la implementación manual de lógica digital antes de enfrentarse a la descripción *hardware* de un circuito determinado escrita en alguno de los mencionados lenguajes, puesto que con frecuencia dichas descripciones puramente textuales encierran aspectos clave de la Electrónica que conviene saber identificar e interpretar correctamente. El estudiante que haya orientado así su aprendizaje habrá asimilado previamente conceptos fundamentales como son el de entrada y salida binarias; el de expresión lógica, ilustrado mediante la verificación experimental del funcionamiento de circuitos que implementan funciones tanto combinacionales como secuenciales; y por supuesto también el del flanco activo de la señal de reloj, que es un concepto de especial relevancia puesto que controla la dinámica de un circuito síncrono. Una vez adquirida esta formación en un contexto experimental (apoyado preferiblemente con trabajo de simulación), el estudiante contará con la formación necesaria para apreciar en su justa medida no solo el potencial sino también las limitaciones de los lenguajes HDL.

Organización del material

Los treinta y cinco capítulos del texto se han agrupado en seis partes diferentes que dotan al conjunto de cierta estructura. Cada una de ellas viene precedida por un resumen donde se da una visión general del contenido de sus capítulos.

La primera parte contiene tan solo dos capítulos. Se trata de un bloque preliminar en el que no se abordan aún cuestiones de diseño lógico propiamente dicho, sino más bien de caracterización de puertas lógicas de las familias TTL y CMOS. Esta parte introductoria sirve a la vez de punto de partida para el trabajo experimental mediante el montaje de circuitos elementales, donde el estudiante tendrá ocasión de familiarizarse con los recursos disponibles en el laboratorio docente. Entre ellos se encuentran placas de prototipos; circuitos integrados digitales; componentes eléctricos, electrónicos y optoelectrónicos diversos; cables e instrumentación.

La segunda parte abarca ocho capítulos y está dedicada exclusivamente al diseño de lógica puramente combinacional utilizando circuitos integrados de baja y media escala de integración. Además de realizaciones físicas basadas en puertas lógicas de diferentes tipos, se proponen otros diseños que hacen uso de la lógica combinacional modular, concretamente del circuito multiplexor y del sumador de cuatro bits, en los capítulos ocho y diez respectivamente.

La tercera parte, orientada al diseño lógico secuencial síncrono, consta de once capítulos y es la más extensa. En ella se plantean diversos diseños haciendo uso tanto de biestables síncronos como de contadores y registros de desplazamiento, que son dispositivos típicos de la lógica secuencial modular a media escala de integración. Además incluye, en combinación con algunos de los circuitos secuenciales bajo estudio, la aplicación de otros circuitos integrados combinacionales no cubiertos en la segunda parte, como es el caso de los decodificadores modulares 74x42, 74x48 y 74x138.

La cuarta parte está reservada a la lógica secuencial asíncrona y sus peculiaridades, a la que se dedican cuatro capítulos. Aunque se puede afirmar que el diseño digital secuencial ha mostrado desde sus comienzos una tendencia a escoger diseños de naturaleza síncrona siempre que ha sido viable, resulta muy formativo asimilar nociones clave sobre los fundamentos del diseño secuencial asíncrono.

La quinta parte contiene siete capítulos en los que, a diferencia de los casos de estudio propuestos a lo largo de las cuatro partes anteriores, se adopta un enfoque distinto centrado en una selección de aplicaciones destacadas de la lógica digital que sirven de complemento al material previo.

La sexta y última parte comienza exponiendo, en un primer capítulo, las diferentes estrategias disponibles para la implementación de un circuito digital. A continuación, en los dos siguientes capítulos, introduce los sistemas empotrados mediante una selección de plataformas de prototipado basadas tanto en microcontroladores como en circuitos FPGA, todas ellas de destacados fabricantes.

El libro termina con una serie de apéndices concebidos en su mayoría como una asistencia al trabajo en el laboratorio docente. Dado el énfasis experimental de las sesiones prácticas propuestas en el libro, se recomienda que el estudiante haga una lectura de estos apéndices, especialmente de los dos primeros, antes de enfrentarse al montaje de los circuitos y a la verificación de su funcionamiento. En ellos se describen cuestiones de interés práctico relacionadas con el manejo del material existente en el laboratorio, las precauciones a tener en cuenta en la manipulación de equipos conectados a la red eléctrica, los valores estándar de las resistencias y condensadores, la identificación de terminales en diferentes tipos de componentes y la lista de todos los circuitos integrados empleados en los montajes experimentales, con la descripción del patillaje correspondiente en cada caso. Asimismo, se incluye un breve apéndice pensado para facilitar el trabajo con la herramienta de simulación

PSpice en entornos digitales, y otro sobre el álgebra de conmutación que puede venir bien tener a mano para seguir algunas manipulaciones algebraicas que se realizan en algunos de los diseños propuestos. Seguidamente se listan las fuentes citadas a lo largo del texto, tanto monografías como hojas de características técnicas de diversos fabricantes y manuales diversos, para concluir con una recopilación de los acrónimos empleados a lo largo del texto y un último apéndice que hace referencia al material suplementario que acompaña al libro.

Estructura de los capítulos

Todos los capítulos de las cuatro primeras partes comparten una estructura común, con independencia de su extensión. En primer lugar, se sitúa el circuito o sistema lógico digital bajo estudio en un marco teórico adecuado para abordar cuestiones relacionadas con su diseño (o bien con su caracterización, en el caso particular de los dos primeros capítulos, dedicados a aspectos más tecnológicos). También se intenta destacar desde un principio la relevancia de los distintos dispositivos empleados citando aplicaciones del mundo real donde son comúnmente empleados, que se desarrollan en la quinta parte. El análisis de la respuesta de los diseños propuestos se apoya fundamentalmente en la herramienta de simulación PSpice, que resulta idónea ya que permite anticipar la respuesta de los circuitos antes de ponerlos a prueba en el laboratorio. En una breve sección posterior de cada capítulo se enumeran los componentes electrónicos necesarios para proceder a su montaje. A continuación, se describe paso a paso el procedimiento a seguir para llevar a cabo la verificación experimental en el laboratorio, que ha sido redactado con suficiente detalle para que al estudiante le resulte fácil ponerlo en práctica de forma autónoma. El procedimiento experimental plantea además una serie de cuestiones a resolver en muchos de los capítulos, orientadas a verificar la correcta interpretación de las medidas realizadas y, en general, a afianzar conceptos y profundizar en el aprendizaje. Finalmente, la última sección de cada capítulo propone una serie breve de ejercicios y cuestiones relacionados no tanto con el trabajo experimental como con diferentes aspectos de los diseños lógicos propuestos.

Las partes quinta y sexta del texto, a diferencia de las cuatro primeras, no están orientadas al trabajo experimental en el laboratorio. El enfoque de ambas es puramente descriptivo y no sigue, por tanto, la estructura descrita anteriormente.

Programas de apoyo al trabajo con circuitos lógicos

A lo largo de todo el texto se ha recurrido a las versiones 16.3 y 17.2 de la herramienta de edición de esquemáticos OrCAD Capture junto al simulador PSpice A/D con el fin de analizar la respuesta de los circuitos lógicos bajo estudio. Para ello ha bastado normalmente con generar los pertinentes cronogramas, aunque, sobre todo en los dos primeros capítulos, se han ejecutado simulaciones monitorizando además voltajes y corrientes en los nodos de interés. No lleva demasiado tiempo familiarizarse con el entorno de simulación PSpice, ya que se trata de un programa relativamente sencillo de utilizar y es empleado en numerosos textos docentes de electrónica, tanto digital como analógica y de potencia, así como en el análisis de circuitos eléctricos, debido a su versatilidad.

PSpice se introdujo en el mercado en enero de 1984 y hoy en día sigue gozando de gran popularidad, no solo en el entorno académico sino también en el profesional. Probablemente la mayor ventaja de PSpice es que existe una versión gratuita para estudiantes accesible desde varias páginas web como por ejemplo la de OrCAD, en la que desde hace algún tiempo es necesario el registro previo acreditándose como estudiante para proceder a la descarga:

https://www.orcad.com/orcad-academic-program

El paquete OrCAD, en su versión para estudiantes, permite la edición de esquemáticos, así como la simulación y el diseño de placas de circuito impreso. Resulta muy útil en entornos académicos debido a que, pese a sus restricciones (están limitados el número de nodos y los componentes de un circuito, así como los elementos disponibles en las diferentes bibliotecas), permite simular perfectamente circuitos que, construidos a partir de un amplio abanico de circuitos integrados, pueden llegar a ser de moderada complejidad.

La familia de productos OrCAD, que pertenece a Cadence, incluye (entre otros) **Capture**, una interfaz con la que se puede realizar cómodamente una representación gráfica de un circuito sin necesidad de describir su lista de conexiones (*netlist*), así como **PSpice A/D**, que es el programa de simulación. También existe una herramienta orientada a la realización de placas de circuito impreso, llamada **PCB Editor**.

PSpice es una adaptación comercialmente disponible de SPICE, un programa de simulación de circuitos desarrollado por el Departamento de Ingeniería Eléctrica e Informática (*Department of Electrical Engineering and Computer Science*) de la Universidad de California, en Berkeley, en la década de 1970. Además, PSpice va acompañado del visualizador gráfico Probe, que resulta muy práctico ya que permite mostrar y analizar gráficamente la forma de onda de cualquier voltaje o corriente en un circuito.

En cualquier caso, en el campo de las herramientas de simulación existen alternativas a PSpice de diferentes fabricantes que en ocasiones cuentan con alguna versión educacional gratuita, y que permiten trabajar con circuitos similares a los del presente texto. Se recomienda que el estudiante aprenda a desenvolverse bien con alguna de ellas.

Características de la cuarta edición

La cuarta edición del texto mantiene, en lo fundamental, las características de la anterior. En esta nueva edición se ha ampliado considerablemente la introducción a las plataformas comerciales de prototipado para el desarrollo de aplicaciones, capítulo que cerraba la quinta parte de la tercera edición. El material resultante se ha organizado en los tres capítulos de los que consta la sexta parte, que se ha añadido en la presente edición a las cinco anteriores. Se ha aprovechado para aumentar la cobertura del capítulo 27, dedicado a las aplicaciones de la codificación; en concreto, la sección 27.2 sobre la codificación de un teclado numérico, al abordar con cierto detalle el estudio de los teclados matriciales. En otros capítulos y apéndices se han introducido pequeños cambios y matizaciones al texto original de la tercera edición y, en algunos casos, se han ampliado los contenidos. El material en el repositorio web correspondiente a la información técnica de los fabricantes contiene ahora más información, especialmente por lo que respecta a las plataformas de prototipado para microcontroladores y circuitos FPGA, que en la edición anterior no se incluyeron.

Notación y convenciones utilizadas

Por lo que respecta a la notación empleada, en esta tercera edición se mantiene el criterio adoptado en la segunda, donde se escogieron varios tipos de letra con el fin de mejorar la legibilidad. Mientras que el grueso del texto se ha redactado con Times New Roman, se ha optado por Courier New para escribir las expresiones y variables, tanto booleanas como convencionales, así como los elementos de interfaz correspondientes a los símbolos lógicos utilizados en los esquemas de los circuitos y algunos fragmentos de código. También se ha empleado el tipo de letra Calibri Light de forma puntual (es el caso de, por ejemplo, los nombres de las plataformas de prototipado y los entornos de desarrollo citados en la sexta parte).

El editor integrado de ecuaciones de Office ha sido utilizado en la totalidad de las ecuaciones y expresiones lógicas que aparecen en la presente edición, de forma análoga a como se hizo en la anterior edición.

Finalmente, cabe mencionar que debido a las limitaciones inherentes al editor de esquemáticos de PSpice, el complemento lógico de las variables y expresiones se representa con prima únicamente en los circuitos creados con dicho editor, mientras que en el texto se emplea la notación habitual con barra (es decir, $\bar{x}$ en lugar de x'). Por otro lado, en los terminales externos de los circuitos lógicos los identificadores de las señales que son activas a nivel lógico bajo se representan generalmente añadiendo indistintamente a la entrada o la salida correspondiente la letra N (negado) o bien el sufijo _L (*low*). La letra N se emplea en las señales denominadas XNk (siendo k = 0,1,2,...), empleadas para identificar las entradas de los codificadores del capítulo 5, así como en la señal de selección de operación SN/R, utilizada en el circuito aritmético del capítulo 10. El sufijo _L, escogido preferentemente a lo largo del texto, se encuentra, por ejemplo, en las señales Dk_L e Yk_L, correspondientes a las salidas decodificadas de los circuitos mostrados en los capítulos 3 y 17 respectivamente, así como en el identificador de señal denominado CLR_L asociado a la entrada de borrado del contador 74x163 utilizado en el capítulo 15. Conviene advertir aquí, para evitar confusiones, que la entrada de borrado se identifica en dicho capítulo como $\overline{\text{CLR}}$ en lugar de CLR. Esto es debido a que el circuito se ha creado utilizando el símbolo lógico disponible en las bibliotecas de PSpice para el 74x163, en el que sus entradas de borrado y carga se representan de forma incorrecta al emplear en ambas la barra de complemento lógico, cuando lo cierto es que el mencionado símbolo incorpora en ambas entradas sendas burbujas de inversión, que ya proporcionan dicho complemento. En el capítulo 3 se menciona de nuevo esta cuestión en el contexto de los símbolos disponibles en PSpice para algunos circuitos decodificadores. En realidad, se trata de una mala práctica que no es infrecuente encontrar en los símbolos de circuito de numerosos dispositivos lógicos.

Agradecimientos

El laboratorio docente es un excelente banco de pruebas donde experimentar con los diseños digitales escogidos para elaborar este libro. Son numerosas las promociones que han cursado estudios en la Escuela Técnica Superior de Ingeniería Industrial de la Universidad de Castilla-La Mancha desde el curso académico 2001-02, en el que el autor comenzó a impartir docencia en dicho centro. A lo largo de todos estos años los estudiantes han afianzado su conocimiento de los fundamentos de la Electrónica Digital enfrentándose al montaje y verificación experimental de una selección de los mencionados circuitos lógicos. Esta presentación quedaría incompleta, por lo tanto, sin agradecerles su dedicación, sugerencias y comentarios en las sesiones prácticas de laboratorio, que han contribuido positivamente a ir dando forma al presente texto. A todos ellos está dedicado el libro (y muy especialmente a aquellos que preguntan, se cuestionan los resultados y muestran iniciativa).

Por otro lado, algunas de las fotografías que ilustran el texto tienen como origen una selección de Trabajos de Fin de Grado en Ingeniería Electrónica Industrial y Automática defendidos por estudiantes de la ETSII bajo mi supervisión, así como presentaciones realizadas para superar la asignatura Electrónica Digital II de dicha titulación, impartida por mí. La primera de ellas, que ilustra la introducción a la quinta parte del texto en la página 459, es fruto de un trabajo conjunto presentado por Jesús de la Morena Duque y Jesús Pérez Santos en el año 2020. Las figuras donde aparecen las demás, todas ellas en los capítulos 34 y 35, se enumeran seguidamente por orden de aparición, junto a los nombres de los estudiantes y el año de exposición de sus respectivos trabajos: Fig. 34.24 (Jorge Ballesteros Almazán, 2023), Fig. 34.31 (Francisco Javier López Alcolea, 2017), Fig. 34.36 (Pablo Barba Castellanos, 2023), Fig. 34.40 (Francisco José Santos-Olmo García de Dionisio, 2024), Fig. 35.12 (Óscar Javier Ortiz Iniesta, 2016) y Fig. 35.13 (Alberto Martínez Cuesta, 2018). Aprovecho estas líneas para extender mi agradecimiento a todos ellos por contribuir desinteresadamente a enriquecer el texto en esta nueva edición.

También es de agradecer la política de difusión de los productos OrCAD por parte de la compañía que lo desarrolla, al poner a disposición de los estudiantes una versión gratuita del programa de simulación.

Javier Vázquez del Real

Área de Tecnología Electrónica
Dpto. de Ingeniería Eléctrica, Electrónica, Automática y Comunicaciones
Escuela Técnica Superior de Ingeniería Industrial (ETSII, Campus de Ciudad Real)
Universidad de Castilla-La Mancha (UCLM)

Parte 1

FAMILIAS LÓGICAS

1 Puertas lógicas TTL
2 Puertas lógicas CMOS

Esta parte preliminar está dedicada a la caracterización de puertas sencillas de las familias lógicas TTL y CMOS, que son las más extendidas hoy en día. Tiene, por lo tanto, un sesgo marcadamente tecnológico, y se incidirá en diferentes cuestiones de interés que involucran a magnitudes eléctricas como son corrientes y tensiones. Por el contrario, en el resto del libro, dedicado al diseño digital, se adopta un enfoque necesariamente distinto que se abstrae por completo de la tecnología subyacente para girar alrededor de los dos únicos niveles lógicos existentes en la lógica digital.

La familia TTL pertenece al conjunto de las familias lógicas bipolares, mientras que la familia CMOS se integra dentro de las unipolares. El resto deç las familias lógicas existentes no son tan populares al estar concebidas para aplicaciones específicas, como sucede con las familias bipolares ECL (de alta velocidad) y HTL (de elevada inmunidad al ruido); o simplemente han quedado obsoletas con el paso del tiempo, como es el caso de las familias bipolares RTL y DTL, que en su momento fueron tecnologías pioneras pero que paulatinamente han visto cómo sus prestaciones eran claramente superadas y hoy ya no resultan competitivas.

El estudio experimental que se plantea con puertas lógicas TTL en el primer capítulo comienza con la obtención de la tabla de verdad de algunas funciones lógicas sencillas. Seguidamente se analiza la cargabilidad de la lógica, para pasar a representar las características de transferencia de tensión y de corriente de un dispositivo inversor ante un barrido de la tensión de entrada. Posteriormente el estudio se centra en la problemática de las entradas flotantes, para finalizar con una caracterización temporal. Como paso previo al trabajo en el laboratorio se anticipan los resultados que se esperan obtener con el simulador PSpice mediante un análisis pormenorizado de las simulaciones planteadas, donde se determina la influencia de los parámetros físicos de los modelos de dispositivo en las respuestas obtenidas.

El enfoque escogido para abordar la tecnología CMOS en el capítulo 2 sigue en líneas generales los mismos pasos que en el caso de TTL, salvo por la obtención de las tablas de verdad correspondientes y la caracterización temporal, que se omiten. El estudio de este capítulo permitirá identificar las diferencias que existen entre ambas tecnologías.

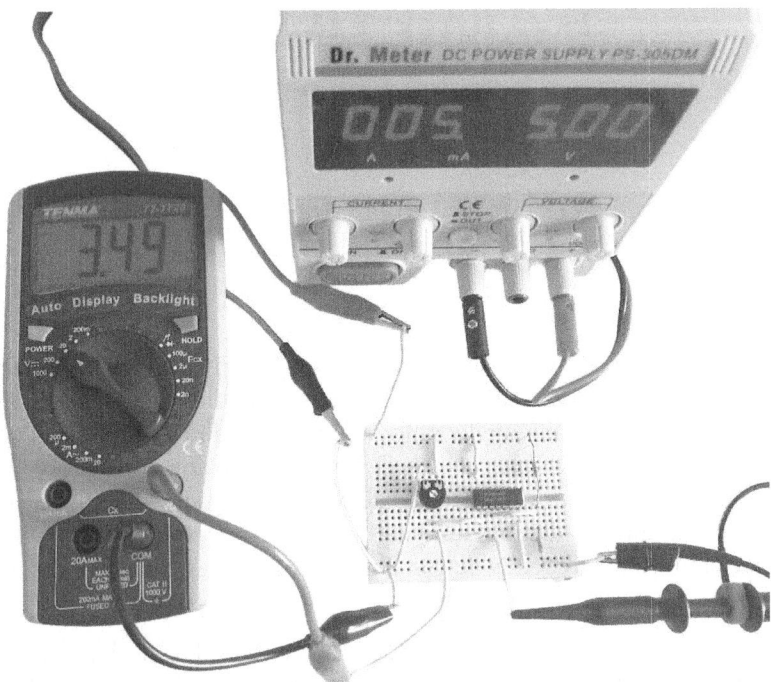

Esta fotografía muestra un sencillo montaje experimental propuesto en el capítulo 2. Los componentes se han cableado sobre una pequeña placa de prototipos para obtener la característica de transferencia de tensión de un inversor lógico implementado mediante una de las cuatro puertas NAND integradas en el 4011, un CI fabricado con tecnología CMOS. El montaje emplea un potenciómetro para hacer un barrido de tensión entre 0 V y 5 V en las dos entradas cortocircuitadas de la puerta NAND, registrándose el voltaje correspondiente mediante un polímetro; mientras que el voltaje en la salida de la puerta se monitoriza mediante un osciloscopio.

Puertas lógicas TTL

1.1 Introducción

El objetivo de este primer capítulo es revisar algunos de los conceptos más relevantes relacionados con las puertas lógicas de la familia TTL[1] y su caracterización eléctrica y temporal. Aunque la familia TTL fue el referente indiscutible de la industria microelectrónica durante más de veinte años, a lo largo de la década de 1990 cedió el testigo de forma definitiva a los circuitos CMOS[2], que siguen siendo hegemónicos hoy en día al satisfacer la práctica totalidad de la demanda del mercado mundial de CI ([wak18])[3]. Sin embargo, la tecnología TTL sigue vigente, y su estudio constituye un excelente punto de partida para comparar algunas de sus características eléctricas típicas con las propias de los dispositivos CMOS, a los que está dedicado el siguiente capítulo.

---

[1] Del inglés *transistor-transistor logic*.
[2] Del inglés *complementary* MOS. A su vez, MOS deriva de transistor MOSFET, acrónimo que en inglés significa *metal-oxide semiconductor field-effect transistor*.
[3] CI es la abreviatura de circuito integrado, que se empleará a lo largo de todo el texto.

Con la finalidad de facilitar la interpretación de las medidas de laboratorio que se proponen en la sección dedicada a la verificación experimental, conviene empezar el capítulo recordando la estructura interna de una puerta TTL NAND de dos entradas. Posteriormente se hará uso de PSpice para anticipar los resultados que, de forma aproximada, se deberán obtener a partir de los diferentes montajes experimentales propuestos.

Primeramente, el estudiante se familiarizará con la instrumentación y el material de laboratorio mediante montajes sencillos orientados a la verificación de la tabla de verdad de las funciones lógicas NOT, NAND y NOR[4]. A continuación se analizarán los efectos de carga empleando varias cargas resistivas para, seguidamente, pasar a la obtención de las características de tensión y de corriente de entrada de un inversor ante un barrido de tensión en la entrada de una puerta lógica. La caracterización eléctrica se completará estudiando el comportamiento de un dispositivo sencillo, como es una puerta NAND de dos entradas cuando una de sus entradas permanece flotante (es decir, sin conectar).

Finalmente, y por lo que respecta a la caracterización temporal, se propone experimentar con el montaje de un circuito oscilador muy sencillo recurriendo únicamente a puertas inversoras. Dicho circuito permite deducir de forma inmediata, a partir de medidas realizadas con el osciloscopio, los retardos de propagación de dichos inversores y contrastarlos con los publicados por los fabricantes en sus hojas de características técnicas.

1.2 Estructura de una puerta TTL NAND de dos entradas

La familia lógica TTL evolucionó a partir de la DTL[5], ambas basadas en tecnología bipolar. Las puertas DTL se caracterizan por hacer uso únicamente de diodos y resistencias en su etapa de entrada para implementar funciones lógicas, como muestra la estructura interna de una puerta NAND de dos entradas A y B y salida Z en la figura 1.1.

En la lógica DTL una entrada a 0 polariza directamente su diodo asociado (D1 o bien D2), de manera que en el ánodo del diodo correspondiente existe un nivel lógico bajo resultante de la tensión aplicada en la entrada de la puerta sumada a la pequeña caída de tensión entre los dos terminales del diodo polarizado directamente (de unos 0,7 V en el caso habitual de dispositivos fabricados con silicio). Por otro lado, una entrada a 1 corta al diodo correspondiente y, en consecuencia, la tensión en su ánodo alcanza la tensión de alimentación a través de la resistencia de 5 kΩ que conecta dicho ánodo con V_{CC}. Si una entrada dada no se conecta, quedando por tanto flotante, el diodo

---

[4] Aunque la notación original en lengua inglesa se ha adoptado tal cual en la mayoría de los textos en lengua española, en algunas referencias como [man15] se opta por emplear la traducción correspondiente. Así, se habla de la función inversión y de las funciones NO-Y y NO-O para referirse a las funciones NOT, NAND y NOR, respectivamente.

[5] Del inglés *diode-transistor logic*. Algunas referencias que describen la estructura interna de puertas lógicas DTL son [man15], [mil89] y [sed98].

asociado a dicha entrada estará igualmente cortado y la situación es, en la práctica, equiparable al caso de un 1 lógico en la entrada, con la salvedad importante de que el valor instantáneo de tensión en el nodo de entrada puede llegar a corresponderse con un 0 lógico de forma puntual, como consecuencia del ruido introducido por la conmutación de otros subcircuitos lógicos pertenecientes al mismo módulo digital (u otra fuente de ruido de origen diferente). La sección 1.5 está íntegramente dedicada a las entradas flotantes.

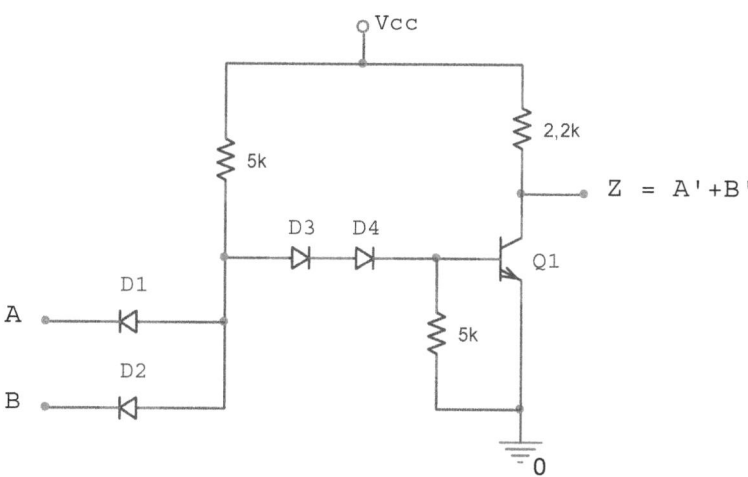

Figura 1.1   Estructura interna de una puerta NAND DTL de dos entradas A y B y salida Z. (Adaptada de [mil89]).

Con la llegada de la tecnología TTL, los diodos D1 y D2 representados en la puerta lógica DTL de la figura 1.1 fueron reemplazados por un único transistor de emisor múltiple, caracterizado por incorporar un terminal de emisor independiente por cada entrada lógica. La estructura interna completa de una puerta NAND de la subfamilia TTL estándar de dos entradas, que se muestra en la figura 1.2, se describe con mayor o menor detalle en numerosos textos[6]. Conviene advertir que en la estructura de la puerta no se ha representado el transistor de emisor múltiple representativo de la tecnología TTL (que correspondería a Q1), sino que se ha optado por desdoblarlo en dos transistores convencionales de emisor único, uno por cada entrada (denotados por Q1_A y Q1_B), de forma que sus terminales de base y de colector quedan conectados respectivamente entre sí. Con esta representación se persigue destacar el hecho de que el origen de la tecnología evolucionó a partir de dispositivos DTL.

Como corresponde a la función lógica asociada a una puerta NAND, la salida será un 1 lógico en el caso de que en al menos una de las dos entradas A o B se dé un 0 lógico.

---

[6] Consultar por ejemplo las referencias [bla05], [bog92], [clu86], [flo16], [man15], [ras02], [sav00], [sed98], [tau80] o [toc07], entre otras.

Un análisis pormenorizado de los voltajes en los nodos de la puerta lógica permite concluir que un nivel lógico bajo en una de las dos entradas obliga a que el transistor Q1_A o bien el Q1_B se sature ([ras02], [sed98]). Con cualquiera de estos dos transistores saturado se tiene un nivel de tensión bajo en la base del transistor Q2, con lo que su unión base-emisor no podrá polarizarse adecuadamente y en consecuencia tanto Q2 como Q3 estarán cortados. Respecto a Q4, que estará activo, dos modos de funcionamiento son posibles en función de la corriente en la carga (conducción o bien saturación), como se analiza en la siguiente sección.

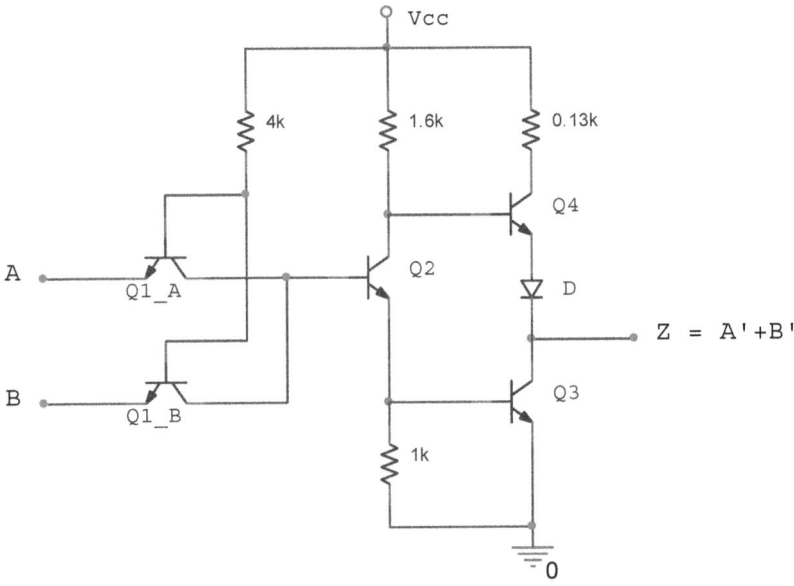

Figura 1.2   Estructura interna de una puerta NAND de dos entradas de la subfamilia TTL están-dar, en la que se muestra un transistor bipolar convencional de emisor único por cada entrada en lugar del único transistor de emisor múltiple característico de la etapa de entrada. (Adaptada de [sed98]).

La tecnología TTL estándar evolucionó posteriormente con la incorporación de diodos Schottky, caracterizados por una tensión de codo moderada, de unos 0,5 V [sed98]. Conectados entre los terminales de base y colector de un transistor bipolar, los diodos Schottky consiguen evitar la saturación del transistor, mejorando así la velocidad de respuesta del dispositivo. Esta variante, que se denomina tecnología TTL Schottky, se emplea en todas las subfamilias TTL actuales[7]. En el apartado 1.3.1 de la siguiente sección se encuentra una relación de todas ellas, junto a las subfamilias TTL pioneras a partir de las cuales surgieron.

---

[7] La tecnología TTL Schottky se describe en numerosos textos de electrónica general como por ejemplo [mal98], [ras02], [sav00], [sed98] y [tie12], así como en textos específicos sobre electrónica digital que abordan con detalle el estudio de las familias lógicas, como [bla05], [man15], [tau80], [toc07] y [wak07].

1.3 Cargabilidad de salida de una puerta inversora TTL

Se pretende analizar aquí la influencia de la corriente demandada por una carga resistiva sobre la tensión de salida de una puerta inversora TTL en estado alto conectada a dicha carga. No se aborda el caso de la salida en estado bajo, aunque el estudiante interesado puede consultar por ejemplo [bog92], [ras02] o bien [sed98].

Para el estudio de la **cargabilidad de salida** se empleará una puerta TTL estándar similar a la representada en la figura 1.2, pero con una única entrada en lugar de dos y conectada a una carga resistiva R_L, como muestra la figura 1.3. La entrada A se conecta además a tierra para forzar un estado alto en la salida Z, ya que la puerta funciona como un inversor. El nodo de alimentación se conecta a 5 V.

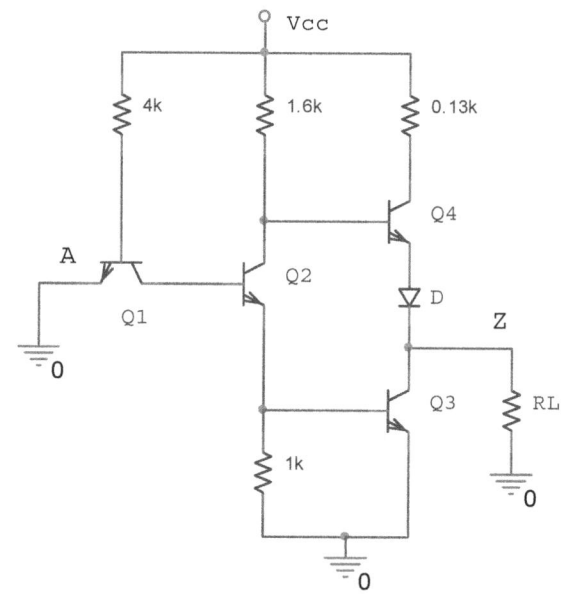

Figura 1.3   Puerta inversora TTL estándar con una carga R_L conectada en su nodo de salida Z y entrada única A conectada a tierra para forzar un estado alto en su salida.

1.3.1 Estimación analítica

Supongamos primeramente que la carga R_L se encuentra desconectada de la salida Z. Dado que el transistor Q3 está cortado debido a la presencia de un 0 lógico en la entrada A según se dedujo en la sección anterior, cabría pensar a priori que Q4 estará igualmente cortado porque no existe camino alguno por el que fluya la corriente, ni por el propio Q4 ni por el diodo D. En realidad esto no es exactamente así, ya que existe una pequeña corriente de fugas, del orden del μA, que circula por Q3 hacia tierra y que en consecuencia polariza débilmente tanto a la unión base-emisor de Q4 como a D. Suponiendo que la puerta lógica se ha construido sobre Si y que la caída de tensión en los diodos base-emisor del transistor Q4 y del diodo D es de unos 0,4 V (claramente inferior a los 0,7 V que típicamente se dan cuando la polarización tiene lugar con suficiente corriente)[8], resulta la siguiente estimación para la tensión en el nodo de salida Z:

$$v_Z = V_{CC} - i_B(Q4) \times 1,6 \text{ k}\Omega - V_{BE}(Q4) - V_D$$
$$\simeq 5\,V - 0\,V - 0,4\,V - 0,4\,V$$
$$= 4,2\,V \qquad (1.1)$$

Cabe observar que, en buena aproximación, se ha despreciado la caída de tensión en la resistencia de 1,6 kΩ, al ser la corriente de base de Q4 muy pequeña.

Si ahora se carga la salida con R_L, y dado que Q3 está cortado, Q4 y D pueden conducir mucha más corriente, que encuentra un camino hacia tierra a través de la carga R_L. En este caso la caída de tensión en la resistencia de 1,6 kΩ no es en general despreciable, resultando la siguiente tensión en la salida Z en estado alto:

$$v_Z = V_{CC} - \frac{i_L}{\beta+1} \times 1,6 \text{ k}\Omega - V_{BE}(Q4) - V_D \qquad (1.2)$$

Por ejemplo, para una corriente en la carga i_L de 1 mA, y asumiendo $\beta = 150$, $V_{BE}(Q4) = 0,7$ V y $V_D = 0,7$ V, resulta $v_Z = 3,59$ V.

Si suponemos ahora que la salida tiene conectada una carga resistiva lo suficientemente pequeña, fluirá una corriente aún mayor que acabará obligando a Q4 a entrar en el estado de saturación. Con Q4 saturado el voltaje de salida resulta:

$$v_Z = V_{CC} - i_L \times 130\ \Omega - V_{CEsat} - V_D \qquad (1.3)$$

Suponiendo $V_{CE(sat)} = 0,2$ V y $V_D = 0,7$ V para una corriente en la carga i_L de 10 mA, v_Z es de tan solo 2,8 V, valor muy próximo a las fronteras marcadas por los niveles lógicos TTL en estado alto. Dichas fronteras, junto con el retardo de propagación t_p y la potencia disipada P_D de una puerta NAND de dos entradas, se pueden consultar en la tabla 1.1 para las siguientes subfamilias TTL:

---

[8] En [sed98], referencia de la que se ha adaptado el presente análisis de cargabilidad, se asume que la caída de tensión tanto en la unión base-emisor del transistor Q4 como en el diodo D es de 0,65 V. El mismo valor se adopta en [tau80], aunque en este caso la salida no está en vacío sino cargada con una puerta lógica. Por otro lado, el análisis de [ras02] supone una caída de tensión de 0,7 V en ambos. Sin embargo, el valor de tan solo 0,4 V adoptado aquí resulta muy adecuado porque se ajusta bastante bien a los resultados obtenidos con PSpice en el análisis de cargabilidad de la puerta TTL. De hecho, una de las cuestiones de refuerzo al final del capítulo incide precisamente en la determinación de ambas caídas de tensión mediante simulación.

- ➢ TTL estándar (**74**)
- ➢ TTL de alta velocidad (**74H**)
- ➢ TTL de bajo consumo (**74L**)
- ➢ TTL Schottky (**74S**)
- ➢ TTL Schottky de bajo consumo (**74LS**)
- ➢ TTL Schottky avanzada (**74AS**)
- ➢ TTL Schottky avanzada de bajo consumo (**74ALS**)
- ➢ TTL Schottky de alta velocidad (**74F**)

Tabla 1.1 Parámetros eléctricos y temporales característicos de diferentes subfamilias TTL de la serie 54/74[9]. (Adaptada de [ras02]).

	74	**74H**	**74L**	**74S**	**74LS**	**74AS**	**74ALS**	**74F**
$V_{IL(max)}$ (V)	0,8	0,8	0,8	0,8	0,8	0,8	0,8	0,8
$V_{IH(min)}$ (V)	2,0	2,0	2,0	2,0	2,0	2,0	2,0	2,0
$V_{OL(max)}$ (V)	0,4	0,4	0,4	0,5	0,5	0,5	0,5	0,5
$V_{OH(min)}$ (V)	2,4	2,4	2,4	2,7	2,7	2,7	2,7	2,7
t_p (ns) con $C_L = 50$ pF	10	6	30	3	10	1,5	4	2,5
P_D (mW)	10	25	1	20	2	8	1	5

Conviene apuntar que, si bien la presencia de la resistencia de colector de Q4 parece contraproducente, pues reduce notablemente la tensión en la salida en estado alto para corrientes de carga altas, resulta prudente contar con ella en el diseño de la puerta lógica, puesto que limita la corriente por Q4 en el caso de que accidentalmente la salida se cortocircuite, evitando así que el dispositivo se dañe irreversiblemente.

1.3.2 Análisis mediante PSpice

Resulta ilustrativo contrastar la predicción deducida analíticamente en el apartado anterior para varias corrientes de carga con resultados obtenidos mediante simulación. Ejecutando PSpice con el circuito de la puerta inversora TTL estándar de la figura 1.3 y cuatro cargas óhmicas diferentes, resultan los voltajes de salida en estado alto v_{OH} que se agrupan en la tabla 1.2, a partir de los cuales se pueden calcular con la ley de Ohm las correspondientes corrientes en la carga en estado alto i_{OH}, también incluidas en la tabla. Los dispositivos escogidos son el diodo genérico Dbreak y el transistor BJT de tipo NPN QbreakN, cuyos respectivos modelos emplean los parámetros físicos por defecto para diodos y transistores BJT de PSpice.

---

[9] Como ya se anticipó en la sección 1.2, el desarrollo de los transistores Schottky incrementó la velocidad de la lógica TTL. Esta mejora hizo obsoletas a las subfamilias pioneras 74, 74H y 74L ([hor16], [wak01]).

Si se inspeccionan los resultados de la tabla 1.2 se concluye que la predicción analítica es bastante acertada: en el caso de la salida de la puerta TTL estándar en circuito abierto se estimó un voltaje de 4,2 V, que coincide plenamente con el resultado entregado por la simulación para una carga resistiva muy elevada (1 GΩ). En el extremo inferior por lo que a valores óhmicos de carga se refiere, con una carga que demanda una corriente de 10 mA la predicción analítica fue de 2,8 V, mientras que la simulación arroja un voltaje en estado alto de 2,86 V para una corriente de 10,59 mA. De nuevo, la coincidencia es notable.

Tabla 1.2   Efectos de carga en la puerta inversora TTL estándar de la figura 1.3.

	$R_L = 1$ GΩ	$R_L = 1$ MΩ	$R_L = 1$ kΩ	$R_L = 270$ Ω
v_{OH} (V)	4,21	3,86	3,45	2,86
i_{OH} (mA)	$4,21 \times 10^{-6}$	$3,86 \times 10^{-3}$	3,45	10,59

El análisis de cargabilidad se puede ampliar reemplazando el circuito recién analizado por una de las seis puertas lógicas inversoras de la subfamilia TTL estándar contenidas en un CI 7404, tal y como se encuentran disponibles en PSpice[10]. Conectando la única entrada A de una puerta inversora a tierra, como se indica en la figura 1.4, se garantiza un estado lógico alto en la carga R_L. Los efectos de carga obtenidos con PSpice se muestran en la tabla 1.3.

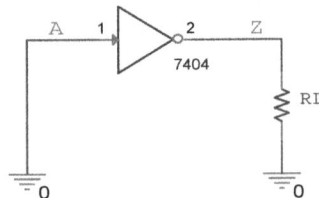

Figura 1.4   Puerta inversora TTL estándar (CI 7404) con su entrada A conectada a tierra alimentando una carga resistiva R_L en su salida Z.

Tabla 1.3   Efectos de carga en la puerta inversora TTL estándar de la figura 1.4.

	$R_L = 1$ GΩ	$R_L = 1$ MΩ	$R_L = 1$ kΩ	$R_L = 270$ Ω
v_{OH} (V)	3,50	3,50	3,07	2,31
i_{OH} (mA)	$3,50 \times 10^{-3}$	$3,50 \times 10^{-3}$	3,07	8,56

---

[10] El editor de modelos de PSpice (*PSpice Model Editor*) cita el manual [tex85] como fuente para modelar los dispositivos de la subfamilia TTL estándar 7404 y 7400 utilizados en este capítulo. Los dispositivos correspondientes de otras subfamilias lógicas TTL, como por ejemplo la LS, citan igualmente la misma referencia.

Es de destacar el hecho de que para cargas mayores que 1 MΩ los resultados no cambian, cosa que no sucedía en el estudio de cargabilidad realizado anteriormente con la puerta TTL estándar. Por debajo de 1 MΩ los valores de tensión en estado alto obtenidos muestran la misma tendencia decreciente que antes, si bien ahora los efectos de carga son más acusados puesto que las tensiones registradas son menores.

Alternativamente, la funcionalidad de una puerta inversora también puede conseguirse a partir de una puerta NAND de dos entradas. Aunque dicha puerta (y todas las demás incluidas en la biblioteca de componentes) acostumbra a emplearse en entornos de simulación funcionando con los estímulos genuinamente digitales disponibles en el simulador, nada impide analizar su respuesta empleando estímulos típicos de la simulación analógica, como son las fuentes de tensión continua y los generadores de pulsos. Conectando en una de las dos entradas de cualquiera de las cuatro puertas NAND TTL contenidas en un CI 7400 una fuente de tensión continua de 5 V, su salida Z adoptará el nivel lógico contrario al presente en la otra entrada en un instante dado. La figura 1.5 ilustra el conexionado, escogiendo una señal cuadrada de voltaje a la frecuencia de 1 kHz con tiempos de elevación y caída de 10 μs, denominada CLK.

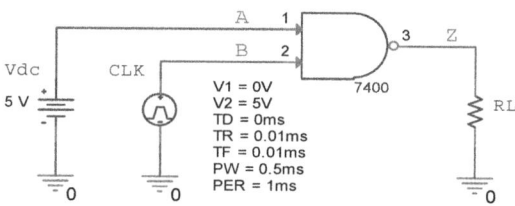

Figura 1.5   Puerta NAND de dos entradas TTL estándar (CI 7400) alimentando una carga R_L conectada en su salida Z, con una fuente de tensión continua en la entrada A y un voltaje pulsado en la entrada B.

Las formas de onda resultantes se muestran en la figura 1.6 para el caso en el que R_L es 1 MΩ.

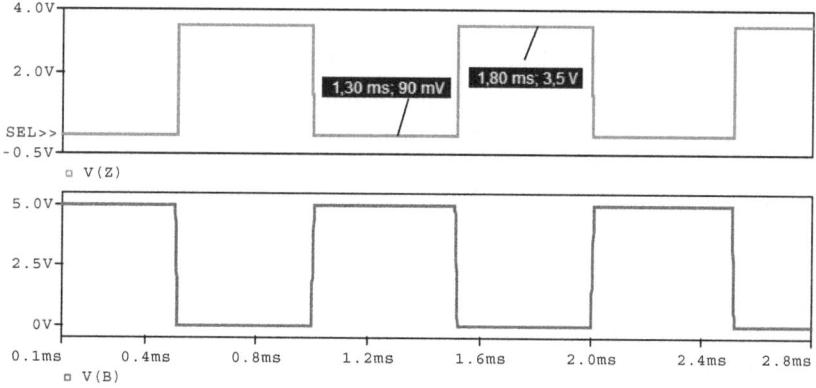

Figura 1.6   Respuesta de la puerta NAND de dos entradas TTL mostrada en la figura 1.5 para una resistencia de carga R_L de 1 MΩ.

Como puede comprobarse, la funcionalidad de la puerta NAND es la esperada, actuando como inversor de la señal cuadrada de voltaje aplicada en la entrada B. Respecto al voltaje alcanzado por el estado alto en la salida Z de la puerta, uno de los marcadores insertado en la gráfica de la figura 1.6 indica que este es de 3,5 V. Aunque este valor coincide con el voltaje correspondiente de la tabla 1.3 obtenido para la puerta inversora del 7404, resulta ser algo inferior a los 3,86 V calculados anteriormente por PSpice para la misma carga empleando la puerta inversora TTL estándar. En estado bajo, el voltaje registrado es de 90 mV.

Los resultados obtenidos para las cuatro cargas óhmicas escogidas se agrupan en la tabla 1.4, incluyendo esta vez tanto los voltajes de salida en estado lógico alto como bajo. Como puede verse, la coincidencia con los voltajes de salida en estado alto mostrados en la tabla 1.3 es total en todos los casos.

Tabla 1.4 Efectos de carga en la puerta NAND de dos entradas TTL de la figura 1.5.

	$R_L = 1\ G\Omega$	$R_L = 1\ M\Omega$	$R_L = 1\ k\Omega$	$R_L = 270\ \Omega$
$v_{OH}\,(V)$	3,50	3,50	3,07	2,31
$v_{OL}\,(mV)$	89,99	89,99	89,37	87,72

Todo indica, por lo tanto, que el modelo implementado por PSpice en las puertas lógicas de circuitos integrados de la subfamilia TTL estándar, como es el caso de los CI 7400 y 7404, no responde exactamente igual que la puerta inversora TTL estándar construida con componentes discretos, si bien las similitudes son evidentes. Hay que tener en cuenta que dicha puerta, tal y como consta en la figura 1.3, fue creada empleando los modelos genéricos de diodo Dbreak y de transistor QbreakN disponibles en las bibliotecas de PSpice. Por otra parte, y como se mencionó anteriormente, en el estudio de cargabilidad se emplearon los parámetros físicos por defecto de ambos dispositivos: cualquier modificación en dichos parámetros hubiese alterado en mayor o menor medida los resultados del estudio, razón por la que no es realista esperar que los efectos de carga se reproduzcan con exactitud en los dos casos planteados.

En cualquier caso, conviene apuntar que las desviaciones encontradas en el análisis de cargabilidad no suponen un problema de precisión o de otra índole en el uso de cualquiera de los numerosos dispositivos digitales disponibles en las bibliotecas de componentes de PSpice. De hecho, existen estímulos en PSpice exclusivos para su uso en entornos digitales que se adaptan a la perfección al trabajo de simulación con dichos dispositivos, como se tendrá ocasión de verificar en numerosos diseños lógicos incluidos en la segunda parte del texto y las siguientes. En todos ellos se adoptará un nivel de abstracción diferente que normalmente no involucrará el análisis de voltajes y corrientes como es el caso de este capítulo y del siguiente, sino únicamente de estados lógicos bivaluados.

1.4 Características de transferencia

1.4.1 Puerta inversora TTL estándar

Tan interesante como el estudio de cargabilidad realizado anteriormente es el análisis de las características de transferencia de las puertas lógicas. Simulando con PSpice una puerta inversora TTL estándar constituida por el mismo tipo de dispositivos a los que se recurrió para dicho estudio (QbreakN y Dbreak), y realizando un barrido de tensión continua en su entrada v_e entre 0 V y 5 V tal y como muestra la figura 1.7, se reproduce la característica de transferencia de tensión $v_s(v_e)$ típica de la puerta TTL estándar en la figura 1.8[11]. También, sobre la misma gráfica, se representa la evolución de la corriente de entrada i_e durante el barrido de tensión, $i_e(v_e)$.

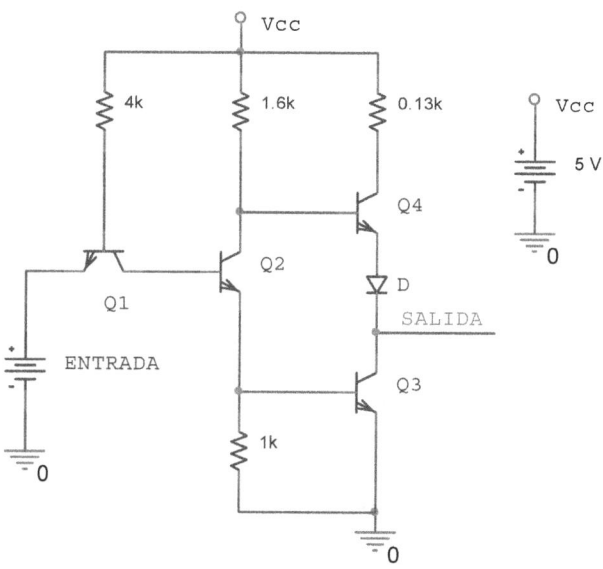

Figura 1.7   Puerta inversora TTL estándar con fuente de tensión en su entrada para la obtención de sus características de transferencia de tensión y corriente mediante un barrido de tensión entre 0 V y 5 V.

Por lo que respecta a la característica de tensión, se pone de manifiesto en primer lugar la naturaleza inversora de la puerta lógica. Además, la transición del estado lógico alto al bajo en la salida no se produce de forma abrupta, sino que requiere de 1 V para completarse (concretamente, desde 0,6 V hasta 1,6 V en la tensión de entrada). Por otro lado, y debido a que dicha transición se produce en un intervalo

---

[11] En las referencias [mal98] y [ras02] se emplea igualmente PSpice para obtener la característica de transferencia de tensión de la puerta inversora TTL estándar. Sin embargo, cada uno de estos textos recurre a valores distintos de algunos de los parámetros que constituyen los modelos del diodo y del transistor bipolar presentes en la puerta, y que se desvían por tanto de los parámetros por defecto asignados a los modelos de PSpice.

de voltajes más próximos a 0 V que a 5 V, las tensiones asociadas a los niveles lógicos alto y bajo en tecnología TTL no se distribuyen simétricamente en el rango de 5 V disponible (cosa que sí sucede con CMOS escogiendo adecuadamente los parámetros físicos de dispositivo, como se comprobará en el capítulo siguiente). Otro dato interesante que se desprende del análisis es que el voltaje de salida en estado alto es de 4,53 V. Este valor, obtenido en ausencia de carga, es algo superior a los 4,21 V resultantes del análisis previo de cargabilidad con una carga de 1 GΩ.

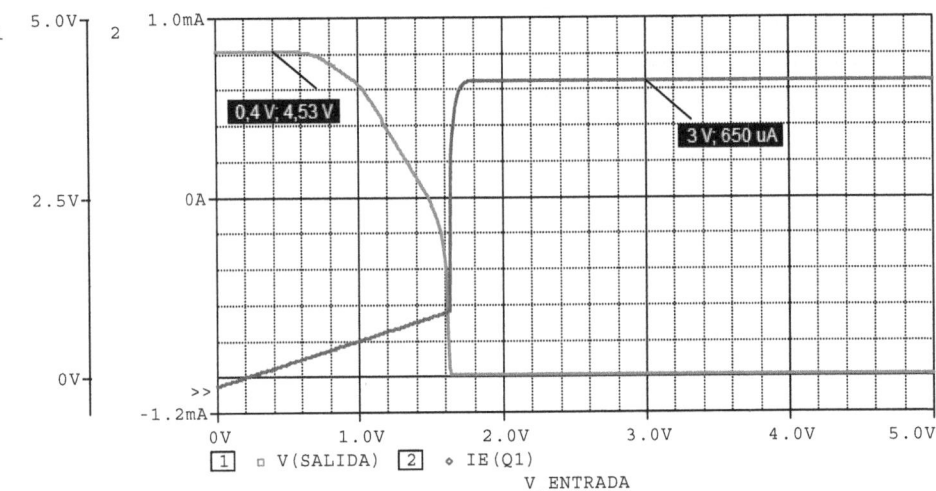

Figura 1.8 Características de transferencia de tensión v_s (v_e) y de corriente de entrada i_e (v_e) de la puerta inversora TTL estándar de la figura 1.7, de acuerdo con los parámetros PSpice por defecto de los dispositivos QbreakN y Dbreak.

La curva de transferencia de corriente aporta información sobre la dinámica del transistor de entrada Q1 durante todo el barrido de tensión, ya que la representación corresponde a la corriente en su terminal de emisor. Para tensiones de entrada bajas, Q1 se encuentra saturado y existe una corriente de aproximadamente -1 mA que fluye desde el emisor hacia la entrada (representada con signo negativo, ya que es una corriente que sale de la puerta). El sentido de la corriente cambia cuando el estado lógico en la entrada es alto, y en este caso Q1 funciona en su modo activo inverso (en el que sus uniones base-emisor y base-colector se encuentran polarizadas de forma inversa y directa, respectivamente, lo que implica que los papeles de los terminales de emisor y colector se intercambian)[12].

Como se ha mencionado, la corriente obtenida en la simulación con los dispositivos genéricos QbreakN y Dbreak para el caso de tensiones de entrada bajas es cercana a -1 mA, lo que corrobora la estimación analítica realizada en [sed98].

---

[12] Un análisis pormenorizado de la dinámica asociada al proceso de conmutación de la puerta lógica TTL estándar puede consultarse en las referencias [ras02] y [sed98].

Sin embargo, con tensiones de entrada altas la simulación entrega 650 µA, corriente muy superior a la esperada de acuerdo con la misma fuente, que es de tan solo 15 µA. En cualquier caso, la simulación ejecutada sí muestra correctamente el cambio en el signo de la corriente de entrada a la puerta lógica que surge durante el barrido de tensión, como consecuencia del cambio de estado del transistor Q1.

Ante la discrepancia encontrada cabe preguntarse por las posibles diferencias en la respuesta si en los modelos de transistor y diodo empleados se sustituyen sus parámetros por defecto, tal y como aparecen en [psp09], por otros más realistas, como por ejemplo los utilizados en el análisis de la puerta TTL estándar descrito en [ras02]. En dicho texto tanto el transistor BJT como el diodo se personalizan asignando determinados valores a una serie de parámetros que se recogen en la tabla 1.5. Los parámetros por defecto correspondientes empleados por PSpice se incluyen igualmente en dicha tabla.

Tabla 1.5 Parámetros de PSpice utilizados en [ras02] para simular la respuesta de una puerta NAND TTL estándar junto a los correspondientes valores por defecto según constan en [psp09]. RS: resistencia parásita; TT: tiempo de tránsito; BF: beta (ganancia de corriente en directa); BR: beta inversa (ganancia de corriente en inversa); TF: tiempo de tránsito en polarización directa; TR: tiempo de tránsito en polarización inversa; VJC: potencial en la unión base-colector; VAF: voltaje Early.

	Diodo		Transistor BJT					
	RS(Ω)	TT(ns)	BF	BR	TF(ns)	TR(ns)	VJC(V)	VAF(V)
[ras02]	4,0	0,1	10	0,1	0,1	10	0,85	50
[psp09]	0,0	0,0	100	1	0,0	0,0	0,75	∞

Las características de transferencia de tensión y de corriente obtenidas con los modelos correspondientes de los dispositivos QbreakN y Dbreak, modificados oportunamente para adoptar estos nuevos parámetros, son algo distintas a las mostradas en la figura 1.8, como confirma la característica de corriente de la figura 1.9. Si bien no hay diferencias significativas entre las características de tensión de ambas figuras, resulta evidente que la corriente de entrada a la puerta lógica, cuando en su entrada el voltaje es el correspondiente a un estado alto, ha disminuido notablemente con la nueva parametrización de los dispositivos, siendo ahora de unos 66 µA. Este valor se encuentra mucho más próximo a la predicción analítica de 15 µA que los 650 µA obtenidos con la puerta TTL estándar simulada con los dispositivos QbreakN y Dbreak originales, y confirma que la modificación de algunos parámetros clave de los modelos condiciona notablemente los resultados.

El estudio en curso se va a completar sustituyendo la puerta TTL estándar construida con componentes discretos representada en la figura 1.7 por puertas lógicas de la subfamilia TTL estándar tal y como se encuentran disponibles en PSpice, de forma análoga a como se hizo previamente en el apartado 1.3.2 dedicado a la cargabilidad. En este caso se emplearán dos tipos de puertas, una de ellas inversora

(CI 7404) y la otra una NAND (CI 7400) con sus dos entradas cortocircuitadas para adoptar la funcionalidad de un inversor.

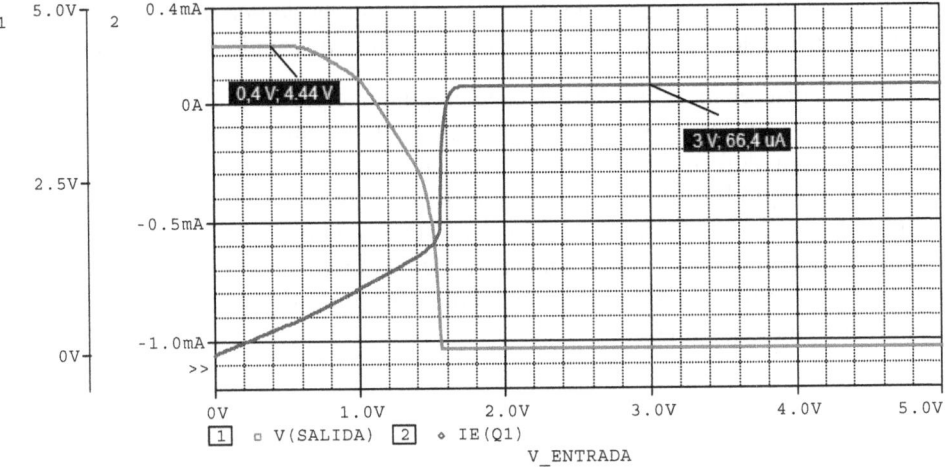

Figura 1.9   Características de transferencia de tensión $v_s(v_e)$ y de corriente de entrada $i_e(v_e)$ de la puerta inversora TTL estándar de la figura 1.7, tras la modificación de los parámetros de dispositivo PSpice por defecto correspondientes al transistor QbreakN y al diodo Dbreak.

1.4.2 Puerta inversora (CI 7404)

La figura 1.10 muestra el esquema circuital adoptado empleando una puerta inversora TTL estándar (CI 7404) en la que se han conectado sendas cargas resistivas de 47 kΩ en su salida.

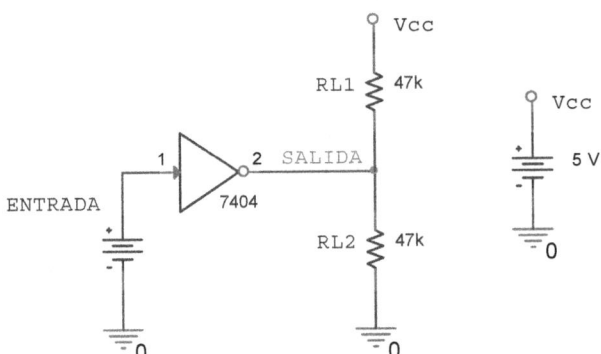

Figura 1.10   Puerta inversora TTL estándar contenida en el CI 7404 con una fuente de tensión en su entrada y dos cargas resistivas en su salida para la obtención de sus características de transferencia de tensión de salida y corriente de entrada.

Un barrido de tensión en la entrada inversora conduce a las dos características de transferencia que se muestran en la figura 1.11, donde se representan $v_s(v_e)$ e $i_e(v_e)$.

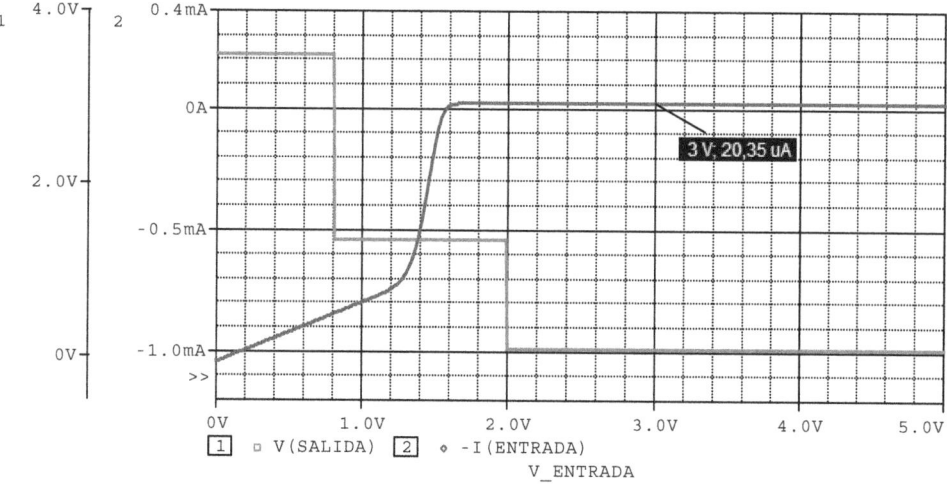

Figura 1.11 Características de transferencia de tensión $v_s(v_e)$ y de corriente de entrada $i_e(v_e)$ de la puerta inversora TTL estándar mostrada en la figura 1.10.

Como puede comprobarse, la característica de transferencia de tensión corresponde a un inversor, si bien su perfil es mucho más idealizado que el encontrado al simular la respuesta de la puerta TTL estándar basada en transistores de la figura 1.7. Esta vez la característica presenta dos transiciones abruptas, que tienen lugar en 0,8 V y 2,0 V respectivamente. Cabe observar que dichos valores coinciden con los límites que definen los niveles lógicos de los estados alto y bajo en cualquiera de las subfamilias TTL para voltajes de entrada, como puede verificarse consultando la tabla 1.1. Por lo que respecta a la característica de la corriente de entrada, el perfil es muy similar al representado en las figuras 1.8 y 1.9, con la salvedad de que para tensiones de entrada altas la corriente registrada es significativamente menor, de unos 20 μA[13].

1.4.3 Puerta NAND (CI 7400)

Si ahora se realiza el mismo barrido de tensión empleando una puerta NAND de dos entradas de la subfamilia TTL estándar (CI 7400) con sus entradas cortocircuitadas y conectando idénticas cargas resistivas, tal y como se representa en la figura 1.12, se encuentra que la característica de tensión no experimenta variación alguna con respecto a la mostrada en la figura 1.11. Sin embargo, por el contrario, sí lo hace la de corriente.

---

[13] Este valor está mucho más próximo a la estimación aproximada de 15 μA descrita en [sed98], deducida en el contexto del análisis de la puerta TTL estándar.

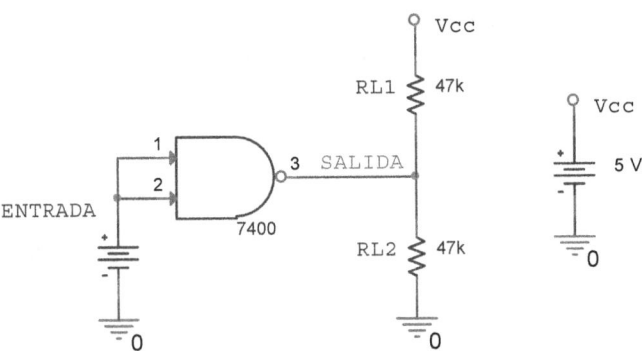

Figura 1.12   Puerta NAND de dos entradas TTL estándar (CI 7400) con fuente de tensión en sus entradas y cargas resistivas en su salida para la obtención de sus características de transferencia de tensión de salida y corriente de entrada.

Por un lado, la corriente de entrada a la puerta lógica con tensión nula en la entrada es de aproximadamente -2 mA, el doble que la obtenida con el CI 7404. Este resultado es previsible, dado que en este caso no hay una sino dos entradas por las que sale la corriente de la puerta lógica cuando el nodo común de entrada se encuentra en estado lógico bajo. Por otro lado, para tensiones altas en las entradas, la corriente que ahora demanda la puerta es también doble (de unos 40 µA) por el mismo motivo. Las características de transferencia de la figura 1.13 muestran tanto las similitudes como las diferencias encontradas con respecto al caso anterior.

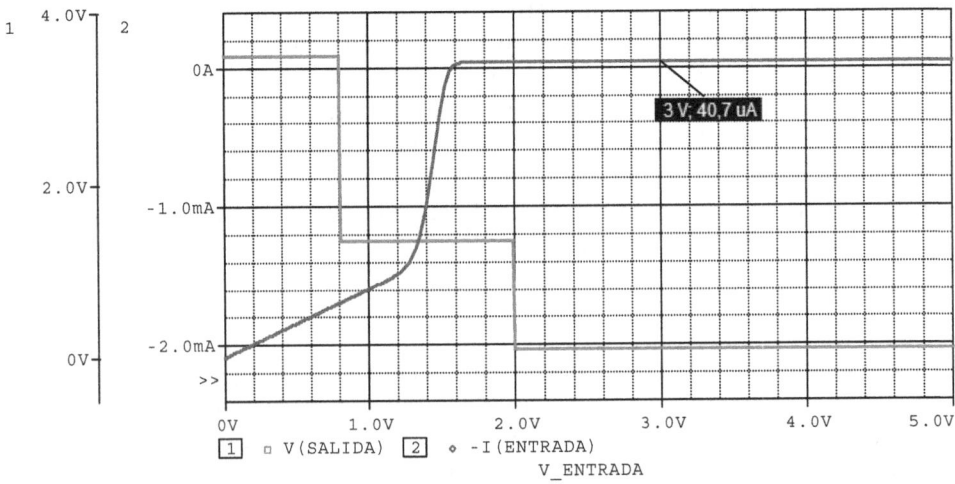

Figura 1.13   Características de transferencia de tensión de salida $v_s(v_e)$ y de corriente de entrada $i_e(v_e)$ de la puerta NAND de dos entradas TTL estándar mostrada en la figura 1.12.

1.5 Entradas flotantes en puertas TTL

1.5.1 El riesgo potencial de las entradas flotantes

Es frecuente que un diseño digital contenga alguna puerta lógica con más entradas de las necesarias, ya que no se fabrican puertas lógicas con un número arbitrario de entradas. Así, por ejemplo, es posible adquirir puertas lógicas NAND de dos, tres, cuatro y ocho entradas, como indica la tabla 1.6. Aunque la lista no es exhaustiva[14], la realidad es que determinadas puertas lógicas con cierto número de entradas simplemente no se han llegado a fabricar en ningún momento, al menos en circuitos a pequeña escala de integración.

Tabla 1.6   Puertas NAND disponibles en tecnologías TTL y CMOS. 74 es un prefijo común a ambas. La letra x es un comodín que hace referencia a alguna subfamilia lógica, como por ejemplo la LS de la familia TTL o la HC de la familia CMOS. Con frecuencia se sustituye la notación con prefijo por un apóstrofe, de manera que 74x00 también se representa como '00. (Adaptada de [hor16]).

Subfamilia	Número de entradas por puerta NAND			
	2	3	4	8
74x	74x00	74x10	74x20	74x30

¿Qué sucede entonces cuando una o varias entradas de un circuito integrado digital no se necesitan en un diseño dado y se dejan sin conectar? La respuesta en realidad depende de si nos referimos a circuitos TTL o a circuitos CMOS. Aquí se dará respuesta al caso concreto de la tecnología TTL, dejando las particularidades referentes a CMOS para el capítulo 2.

Una entrada flotante en una puerta lógica TTL estará a un voltaje comprendido entre 1,4 y 1,8 V ([toc07]). Si bien este rango de tensiones se encuentra en la zona indeterminada de los niveles lógicos TTL, en la práctica actúa normalmente igual que si hubiera un 1 lógico conectado a esa entrada. Es desaconsejable, sin embargo, dejar entradas flotantes en un diseño práctico, porque dichas entradas se comportan como una antena y son sensibles, por tanto, a la captación de ruido de naturaleza electromagnética. La presencia de ruido puede provocar que, al menos de forma transitoria, la entrada se comporte como si estuviese conectada a un 0 en lugar de a un 1 lógico. Una entrada flotante TTL se comporta, a efectos prácticos y en ausencia de los mencionados efectos perniciosos del ruido, como un 1 lógico, debido a que los diodos base-emisor de la etapa de entrada solo se polarizan directamente cuando en las entradas se tiene un 0 lógico (ver figura 1.2). En cualquier otro caso (lo que incluye tanto entradas sin conectar como entradas conectadas a la tensión de alimentación), dichos diodos no se polarizan directamente.

---

[14] Se han llegado a fabricar puertas NAND de hasta trece entradas en chips de baja escala de integración, como es el caso de la única puerta lógica contenida en el CI de 16 pines 74x133 ([hor89]). Lo mismo puede decirse de la puerta NAND de doce entradas integrada en el CI 74x134.

1.5.2 ¿Qué hacer con las entradas no utilizadas?

En el diseño de un circuito lógico que emplee puertas con varias entradas, ya sean TTL o CMOS, es siempre desaconsejable dejar entradas flotantes, puesto que se corre el riesgo de que fuentes de ruido inevitables, como la propia conmutación de los circuitos lógicos, afecten al nivel de tensión de dichas entradas lo suficiente como para cambiar su estado de forma transitoria, ocasionando un funcionamiento inapropiado del circuito digital.

Para evitar la presencia de entradas no conectadas en un circuito TTL hay dos alternativas ([bla05], [gar07], [toc07], [wak07]). La primera consiste simplemente en conectar la entrada no usada a cualquier entrada que sí se use, como puede probarse de forma inmediata empleando el álgebra de Boole. Esta estrategia, que se muestra en la figura 1.14 empleando una puerta NAND de tres entradas (puerta U1A), es además válida independientemente del tipo de puerta lógica, aunque tiene el inconveniente de que la entrada extra carga innecesariamente a la lógica que controla la puerta[15].

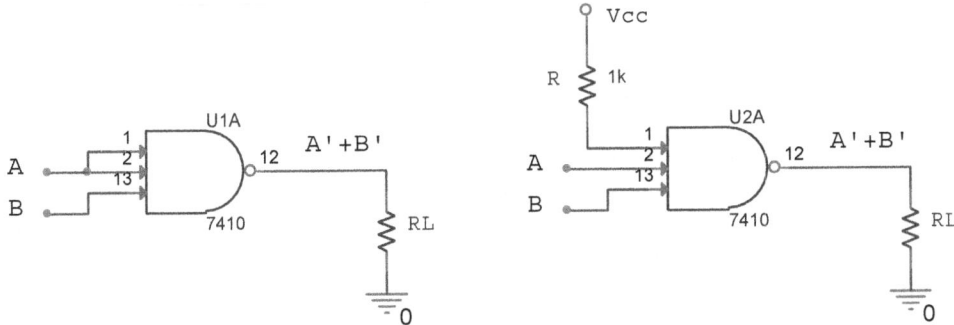

Figura 1.14   Dos estrategias para evitar problemas con entradas que no se usan en puertas lógicas NAND. En la puerta U1A la entrada del pin 1 no se deja flotante, sino que se conecta a la entrada del pin 2, mientras que en la puerta U2A la entrada sobrante se conecta a la fuente de alimentación a través de una resistencia de 1 kΩ.

La segunda alternativa, que es preferible si se trabaja con sistemas digitales de alta velocidad al no adolecer del mencionado efecto de carga, consiste en conectar la entrada extra a un nivel lógico constante (que será necesariamente un 1 lógico en

---

[15] Precisamente esta es la estrategia que se propondrá en el capítulo 10 al experimentar con un módulo sumador y restador de 4 bits en complemento a dos. En dicho capítulo se implementa un detector de desbordamiento que hace uso de dos puertas NAND de tres entradas (CI 74x10) y una tercera puerta NAND de dos entradas (CI 74x00). Sin embargo, para simplificar el montaje sobre la placa de prototipos, se recurre a sustituir la puerta NAND de dos entradas por una puerta NAND de tres entradas, aprovechando que estas últimas vienen encapsuladas en un CI de 14 pines que contiene tres de ellas. La entrada sobrante de esta tercera puerta NAND de tres entradas simplemente se conecta a una de las otras dos entradas que sí se utilizan en la misma puerta, sin afectar lo más mínimo al funcionamiento esperado del detector de desbordamiento.

el caso de puertas AND o NAND, y un 0 lógico en el caso de puertas OR o NOR). Un ejemplo de esta segunda estrategia se muestra también en la figura 1.14 para el caso concreto de una puerta NAND (puerta U2A).

Cuando el nivel lógico necesario en la entrada no utilizada sea alto, la conexión es preferible hacerla a través de una resistencia que desempeña el papel de protección frente a posibles desviaciones transitorias de la tensión de alimentación por encima de 5 V, que podrían dañar el transistor de emisor múltiple característico de la etapa de entrada en las puertas TTL debido a un exceso de corriente por sus uniones base-emisor. Aunque el valor máximo de esta resistencia puede calcularse con precisión, teniendo en cuenta para ello que la corriente máxima de entrada en estado alto que fluye hacia una entrada TTL de la subfamilia LS es $I_{IH(max)} = 20$ μA, en la práctica es frecuente escoger 1 kΩ o un valor similar para entradas conectadas a un estado alto ([bla05], [flo16], [gar07], [toc07]). Si, por el contrario, el nivel lógico necesario en la entrada no utilizada es bajo, en general puede prescindirse de una resistencia conectada entre dicha entrada y tierra. Sin embargo, existen algunos casos en los que sigue siendo aconsejable utilizar una. Su valor máximo se determina considerando la corriente máxima de entrada en estado bajo que fluye desde la entrada de la puerta TTL hacia tierra a través de dicha resistencia. Este valor para la subfamilia LS es $I_{IL(max)} = -0,4$ mA ([wak07]).

1.6 Caracterización temporal

1.6.1 Parámetros característicos

La salida de un dispositivo digital no responde de forma instantánea ante una transición en su entrada, sino que reacciona cambiando de estado lógico transcurrido cierto tiempo. Este retraso se caracteriza mediante el denominado **retardo de propagación** t_p[16], que se mide en los puntos medios de las correspondientes transiciones en la entrada y la salida, y del que se distingue entre t_{pHL} y t_{pLH} para transiciones en la salida del estado lógico alto al bajo y del bajo al alto, respectivamente. Cuando no se requiere mucha precisión se indica un único parámetro t_p, que se calcula como el promedio de t_{pHL} y t_{pLH} ([nel21]). Por otro lado, dicho cambio de estado lógico no obedece en la práctica a una transición abrupta, sino que por el contrario se caracteriza por mostrar, una vez iniciado, un perfil más o menos suave que depende, entre otros factores, de la naturaleza de la carga controlada por la salida del dispositivo. Para caracterizar este segundo aspecto, típico de la respuesta temporal de cualquier salida lógica, se emplean los denominados **tiempo de elevación**[17] t_r y **tiempo de caída**[18] t_f. Si bien ambos establecen el tiempo necesario para atravesar el intervalo de voltajes correspondiente a la zona indefinida existente entre los niveles lógicos alto y bajo, en la práctica existe una forma alternativa de caracterizar dichos tiempos. Consiste en tomar como

---

[16] De la expresión original en inglés *propagation delay*.
[17] De la expresión original en inglés *rise time*.
[18] De la expresión original en inglés *fall time*.

referencias de tiempo el cruce por los voltajes de la señal de salida cuando esta alcanza el 10 % y el 90 % del voltaje final. Para dispositivos lógicos sencillos, como puertas lógicas, los tiempos de elevación y caída suelen ser relativamente similares a los retardos de propagación, mientras que en el caso de dispositivos más complejos compuestos por varias etapas de lógica, como es el caso de un decodificador, los retardos de propagación son considerablemente mayores que los correspondientes tiempos de elevación y caída.

Con ayuda de PSpice y un inversor de la subfamilia TTL estándar (CI 7404) se pasa seguidamente a ilustrar estos conceptos, comenzando por el circuito de la figura 1.15. Dicho circuito muestra un generador de señal cuadrada ideal de 5 V de amplitud y 50 ns de período conectado a la única entrada de una puerta lógica inversora, que a su vez controla una carga mixta resistiva y capacitiva. Los valores de la carga se han tomado de las características de conmutación incluidas en la información técnica del CI de la misma subfamilia lógica DM7404 ([7404]), caracterizado por el fabricante mediante los siguientes retardos de propagación máximos[19]:

$$t_{\text{pHL(max)}} = 15 \text{ ns} \qquad t_{\text{pLH(max)}} = 22 \text{ ns} \qquad (1.4)$$

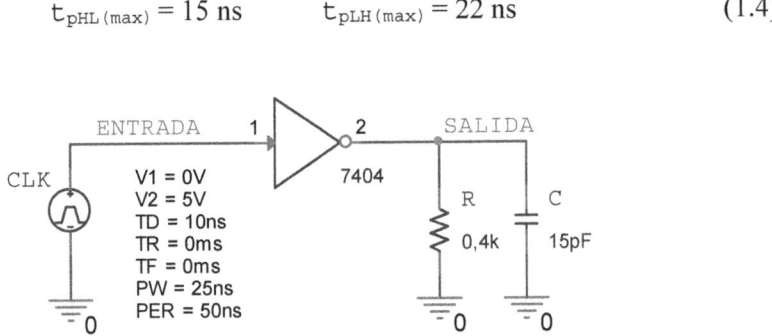

Figura 1.15 Puerta inversora TTL estándar (CI 7404) excitada por una forma de onda cuadrada de voltaje ideal con un período de 50 ns. La puerta controla una carga resistiva y capacitiva.

Las formas de onda resultado de la simulación se muestran en la figura 1.16, y de su inspección se puede extraer información muy útil para asimilar las diferencias entre los distintos parámetros de temporización considerados. De las formas de onda de entrada y salida del circuito inversor resulta evidente que, a pesar de haber escogido intencionadamente un estímulo ideal, caracterizado por tiempos de elevación y caída nulos, la respuesta de la puerta no se produce de forma instantánea ante los cambios periódicos de estado lógico en su entrada, sino que dicha respuesta (que resulta fuertemente atenuada debido al bajo valor óhmico de R) tiene lugar con cierto retraso. Retraso que, además, depende claramente de si la transición es del estado lógico alto

---

[19] Los correspondientes retardos de propagación mínimos no son especificados por el fabricante para este dispositivo de la subfamilia TTL estándar.

al bajo o a la inversa. A partir de los marcadores añadidos a la gráfica y situados aproximadamente en los puntos medios de las transiciones se deduce que los retardos de propagación t_{pHL} y t_{pLH} son de 8,50 ns y de 13,00 ns, respectivamente. Ambos valores son inferiores a las dos cotas máximas dadas por (1.4) especificadas por el fabricante, como cabía esperar.

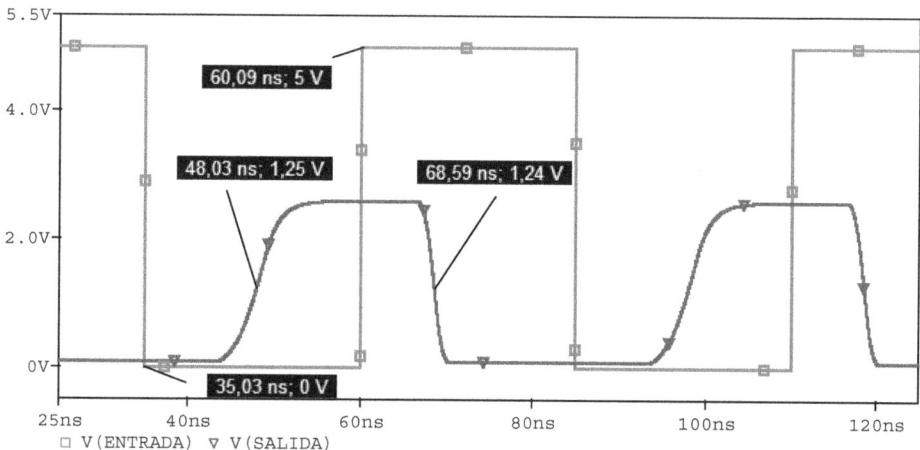

Figura 1.16   Formas de onda resultantes del circuito de la figura 1.15.

Otro detalle que ilustra muy bien la diferencia entre los distintos parámetros de temporización es el hecho de que el dispositivo muestra unos tiempos de elevación t_r y de caída t_f que son claramente inferiores a los retardos de propagación t_{pLH} y t_{pHL}, respectivamente. Esto se debe a que el voltaje de salida permanece durante cierto tiempo inalterado tras un cambio de estado en la entrada, formando parte dicho tiempo del retardo de propagación, pero no de los tiempos de elevación y caída. Midiendo de forma aproximada t_r y t_f sobre la forma de onda de salida en la figura 1.16 (empleando para ello el criterio de los cruces por el 10 % y el 90 % del voltaje final mencionado anteriormente), se obtienen 6,0 ns para t_r y 2,1 ns para t_f (los marcadores correspondientes no se muestran en la gráfica).

Si ahora se añade un segundo inversor conectado al primero en cascada, manteniendo el estímulo inicial y la carga tal y como se indica en la figura 1.17, es previsible esperar una demora adicional en la respuesta debido a que la señal se propaga por una etapa extra. Empleando marcadores sobre las formas de onda representadas en la figura 1.18 se puede estimar dicha demora. Cabe observar que en este caso el circuito se comporta como un seguidor y, por lo tanto, los dos retardos de propagación t_{pHL} y t_{pLH} se miden esta vez considerando el mismo tipo de transición en la entrada y en la salida para cada uno de ellos (de alto a bajo y de bajo a alto, respectivamente). De la lectura de los marcadores añadidos a la gráfica se infiere que estos son aproximadamente $t_{pHL} = 20,91$ ns y $t_{pLH} = 21,16$ ns. A diferencia del caso de un único inversor, ambos retardos son ahora muy similares. Esto es debido a que, ante una transición en la entrada, uno de los dos inversores efectúa una transición de alto a bajo y el otro de bajo a alto, siendo el retardo de propagación total la contribución de ambos retardos[20].

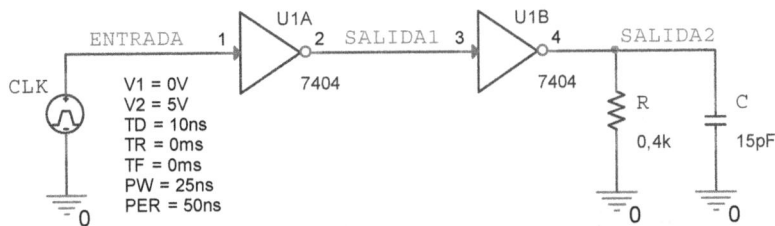

Figura 1.17   Cascada de dos puertas inversoras TTL estándar (CI 7404) excitadas por una forma de onda cuadrada de voltaje ideal con un período igual a 50 ns controlando una carga resistiva y capacitiva.

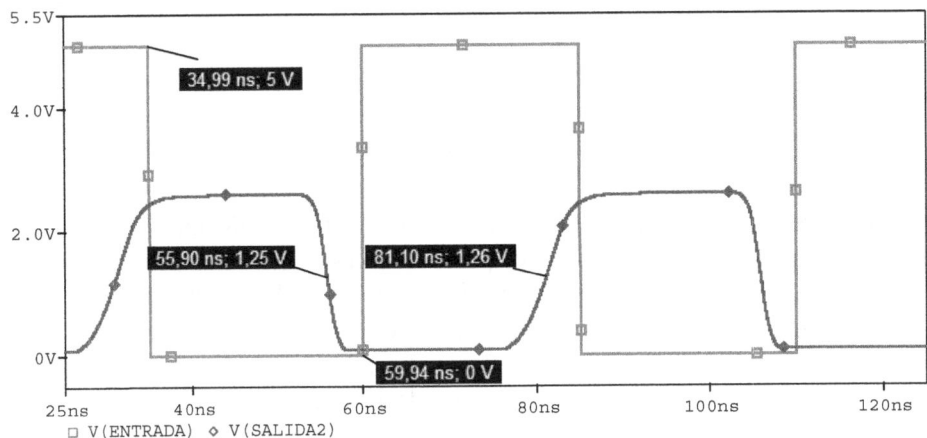

Figura 1.18   Formas de onda resultantes del circuito de la figura 1.17.

La forma de onda resultante en el nodo denominado SALIDA2 es, pues, una réplica atenuada y distorsionada de la forma de onda en la entrada, con un perfil suavizado y de menor amplitud debido fundamentalmente a los efectos de carga. Lo interesante a destacar aquí, sin embargo, es que dicha réplica se encuentra retrasada respecto de la señal periódica de entrada un tiempo que se puede incrementar a voluntad sin más que añadir etapas inversoras al circuito total. En el caso de que el número de etapas sea par, la salida resultante será una réplica desfasada de la forma de onda de entrada, mientras que si el número de etapas es impar, la salida será una versión desfasada e invertida de la entrada.

---

[20] De hecho, la diferencia de 0,25 ns entre t_{pHL} y t_{pLH} es debida a imprecisiones cometidas en la colocación de los marcadores sobre la gráfica; idealmente ambos retardos deberían coincidir.

1.6.2 El oscilador en anillo

Llegados a este punto cabe preguntarse por las consecuencias de prescindir del estímulo periódico y de la carga en el circuito de la figura 1.17, y conectar la salida de la última etapa inversora a la entrada de la primera en el caso concreto en el que el número de etapas sea impar, como ilustra la figura 1.19 para el ejemplo de tres puertas inversoras. La topología resultante, que recibe el nombre de **oscilador en anillo**, se describe detalladamente en [rab04] y [sed98].

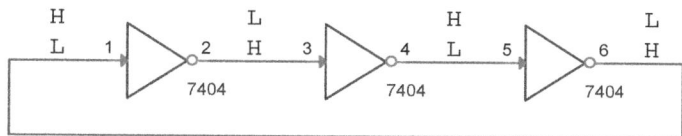

Figura 1.19   Oscilador en anillo formado por una conexión en cascada de tres puertas inversoras TTL estándar (CI 7404).

La señal entregada por el tercer inversor de la cadena efectuará una transición entre niveles lógicos una vez transcurrido el retardo de propagación acumulado por los tres inversores. Sin embargo, y precisamente por haber exigido que el número de etapas sea impar, el nuevo nivel lógico adoptado por la salida del último inversor (nodo 6) será el contrario al ya existente en la entrada del primero (nodo 1) desde el instante en el que se inició la última transición, una vez que haya transcurrido un tiempo igual a tres veces el retardo de propagación del inversor, t_p. Como ambos nodos se encuentran conectados, la topología resultante da lugar a una oscilación en cualquiera de sus nodos con un ciclo de trabajo del 50 %. Cada nueva transición de la oscilación, bien ascendente o descendente, tiene lugar con la periodicidad mencionada (por simplificar ideas, se asume aquí que $t_{pHL} = t_{pLH}$). En consecuencia, el período del oscilador es $6 \times t_p$. Generalizando para una cascada de N inversores (con N impar), el período de la oscilación resultante T viene dado por:

$$T = 2N \times t_p \qquad (1.5)$$

El retardo de propagación de las puertas inversoras TTL estándar puede estimarse aplicando (1.5) tras recurrir previamente a PSpice para determinar el período de la oscilación en un oscilador de, por ejemplo, tres etapas, como el de la figura 1.19. Debido al lazo de realimentación presente en cualquier implementación de un oscilador en anillo, los valores lógicos resultantes en los diferentes nodos del circuito tras ejecutar una simulación, que son de interfaz exclusivamente digital, no están definidos. Para evitar esta limitación es necesario adaptar ligeramente el circuito de partida, introduciendo un nodo de interfaz mixta analógico-digital mediante la inserción de una resistencia entre dos cualesquiera de las puertas inversoras del oscilador. El circuito resultante, habiendo escogido una resistencia R de 1 Ω, se muestra la figura 1.20.

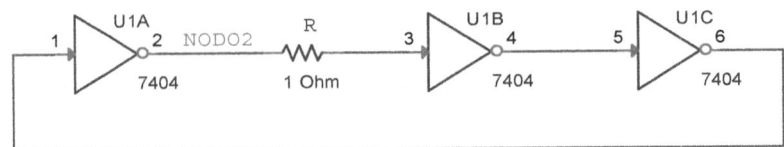

Figura 1.20 Oscilador en anillo adaptado para simulación formado por una conexión en cascada de tres puertas inversoras TTL estándar (CI 7404). La resistencia R fuerza la presencia de un nodo de interfaz mixta analógico-digital.

Monitorizando con PSpice la tensión en la salida de la puerta inversora U1A del CI 7404 (que se ha etiquetado como NODO2 porque coincide con el pin número 2 del CI), se obtiene la forma de onda periódica de la figura 1.21. Como puede verse, se trata de una señal de naturaleza analógica gracias a la inserción de la resistencia R.

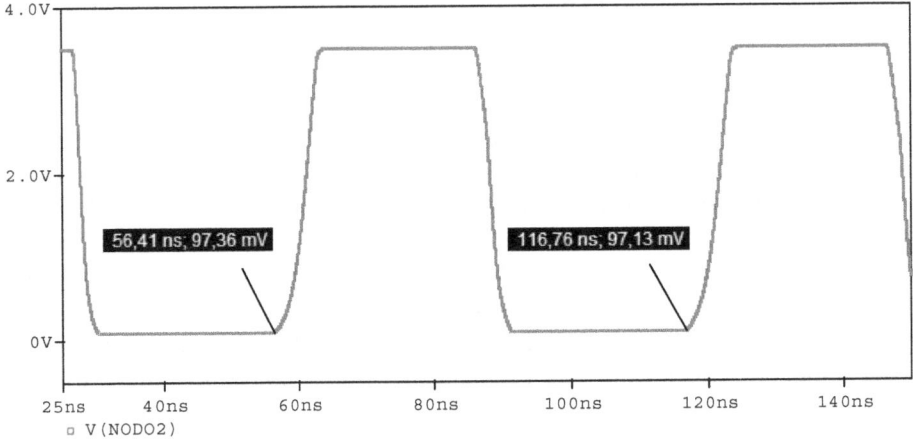

Figura 1.21 Forma de onda resultante en el nodo 2 del oscilador en anillo de la figura 1.20.

A partir de los marcadores insertados en la figura se deduce que el período T de la oscilación es de 60,35 ns. Esto supone un retardo de propagación t_p por inversor de 10,06 s, en consonancia con los resultados obtenidos previamente. Si bien la presente topología difícilmente se adoptará en un diseño real, resulta de especial interés, al menos desde un punto de vista estrictamente académico, para deducir el retardo de propagación de una puerta lógica inversora en un laboratorio a partir de sencillas medidas experimentales realizadas con un osciloscopio.

1.7 Componentes

Circuitos integrados

74LS00 (1x). CI TTL con 4 puertas NAND de dos entradas.
74LS04 (1x). CI TTL con 6 inversores.

Resistencias

270 Ω (1x), 1 kΩ (2x), 47 kΩ (2x), 1 MΩ (1x).

Potenciómetros

1 kΩ (1x).

Diodos

Ledes[21] (1x).

1.8 Verificación experimental

Los montajes experimentales que se proponen a continuación hacen uso, aparte de algunas resistencias, de un led, de un potenciómetro y de dos CI. La identificación de los correspondientes terminales y pines de todos estos dispositivos puede consultarse si es necesario en los apéndices C, D y E. Con independencia del montaje propuesto resulta imprescindible conectar los pines de alimentación y de tierra de los dos circuitos integrados empleados a 5 V y 0 V respectivamente. Es importante no olvidar estas conexiones durante el trabajo experimental, puesto que no se muestran explícitamente en los circuitos que se muestran en esta sección.

Por otro lado, y aunque los dos tipos de puertas lógicas a emplear en el laboratorio se identifican en los circuitos mostrados a lo largo del presente apartado con la denominación correspondiente a los CI de la subfamilia TTL estándar (es decir, 7400 o bien 7404), se trata en realidad de una simplificación que se adopta por conveniencia. En la práctica, los CI disponibles para la verificación experimental serán de otra subfamilia lógica diferente de la TTL estándar empleada para realizar las simulaciones, como por ejemplo la popular subfamilia TTL LS, y así figura en el listado de componentes de la sección anterior. En lo sucesivo, para evitar tener que asociar una subfamilia lógica TTL concreta a un CI determinado cuando no sea necesario, se adoptará la denominación genérica mediante la inserción de la letra x entre el prefijo 74 y la numeración correspondiente del dispositivo, tal y como figura en la tabla 1.6.

1.8.1 Obtención de las tablas de verdad

Se plantea aquí llevar a cabo la caracterización lógica de las funciones NOT, NAND y NOR empleando únicamente puertas NAND de dos entradas.

1.8.1.1 Función lógica NOT (inversión)

Procedimiento

1. Realizar el montaje de la figura 1.22, con $R = 270$ Ω y $V_{dc} = 5$ V. La función NOT, o función inversora, se puede implementar a partir de una puerta NAND

---

[21] Led es la denominación admitida por la RAE del término original en inglés *light-emitting diode* (LED), y que se traduce por diodo luminiscente o bien diodo emisor de luz.

de dos entradas. El selector en la práctica no necesita ser un dispositivo físico: basta con conectar simultáneamente las entradas de la puerta lógica al nodo de alimentación o bien al de tierra en la placa de prototipos.

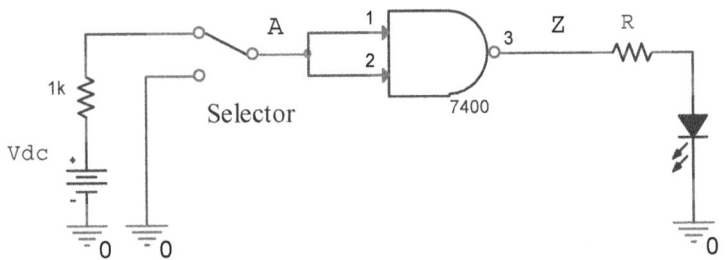

Figura 1.22　Circuito para la obtención de la tabla de verdad de la función inversora.

2. Verificar la tabla de verdad comprobando el estado del led.

A	Z
0	
1	

1.8.1.2 Función lógica NAND

<u>Procedimiento</u>

1. Realizar el montaje de la figura 1.23, con $R = 270\ \Omega$ y $V_{dc} = 5$ V.

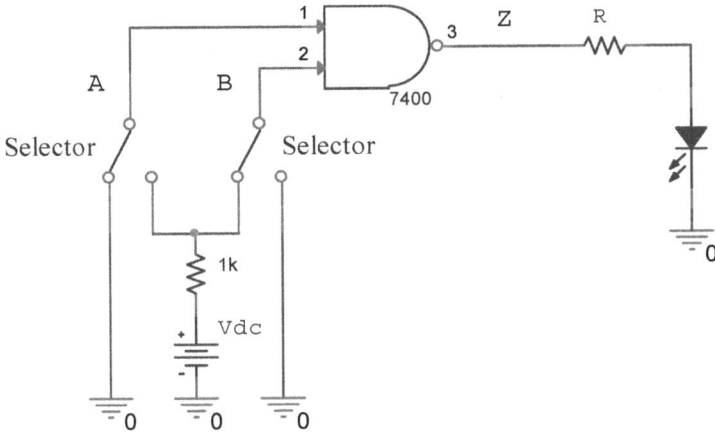

Figura 1.23　Circuito para la obtención de la tabla de verdad de la función lógica NAND.

2. Verificar la tabla de verdad comprobando el estado del led.

A	B	Z
0	0	
0	1	
1	0	
1	1	

1.8.1.3 Función lógica NOR

Procedimiento

1. Realizar el montaje de la figura 1.24, con R = 270 Ω y V_{dc} = 5 V. Obsérvese que solo es necesario emplear un único CI 74x00.

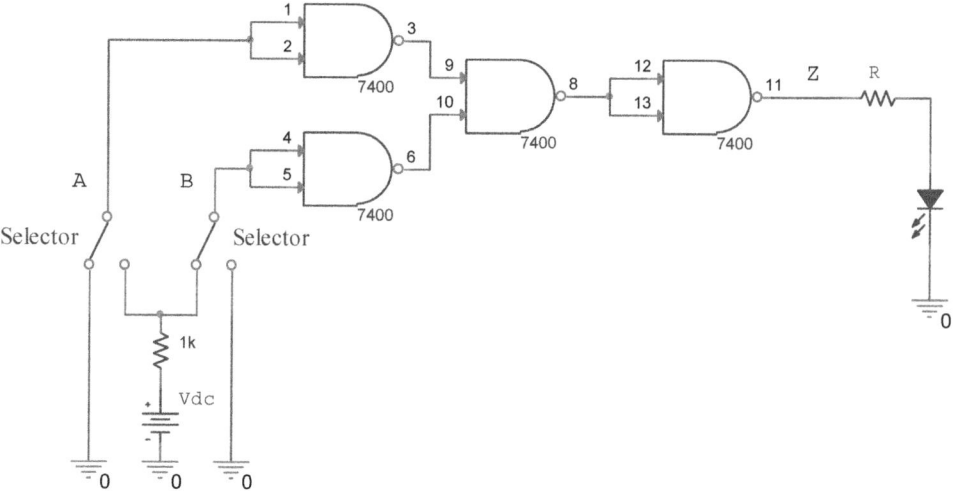

Figura 1.24 Circuito para la obtención de la tabla de verdad de la función lógica NOR a partir de puertas NAND de dos entradas.

2. Verificar la tabla de verdad comprobando el estado del led.

A	B	Z
0	0	
0	1	
1	0	
1	1	

Cuestión

¿Cuál es la función de la resistencia R? Indica cómo afecta a la luminosidad del diodo una reducción o un aumento de R, y qué consecuencias puede tener el hecho de no incluirla.

1.8.2 Cargabilidad de salida

<u>Procedimiento</u>

1. Montar el circuito de la figura 1.25, donde la salida Z es un 1 lógico. Medir la tensión v_Z en la salida de la puerta para las cargas resistivas de la tabla que se proporciona a continuación. El interruptor abierto se corresponde con el primer caso (∞ Ω), al quedar la carga R_L desconectada de la salida de la puerta lógica.

R_L	∞ Ω	1 MΩ	1 kΩ	270 Ω
v_Z				

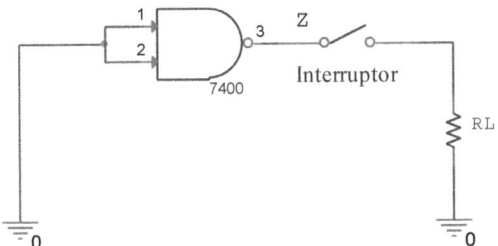

Figura 1.25   Circuito basado en una puerta NAND para el análisis de cargabilidad.

2. Calcular, apoyándose en las medidas de tensión realizadas, la resistencia de salida R_s de la puerta lógica para cada una de las tres cargas y tabular los resultados. Si es necesario, consultar la forma de hacerlo tal y como se indica a continuación.

R_L	1 MΩ	1 kΩ	270 Ω
R_s			

1.8.2.1 Estimación de la resistencia de salida de un dispositivo

La etapa de salida de un dispositivo se puede modelar mediante un equivalente Thévenin compuesto por una fuente de tensión V_{th} en serie con una resistencia, que coincide con la resistencia de salida del dispositivo R_s (ver figura 1.26).

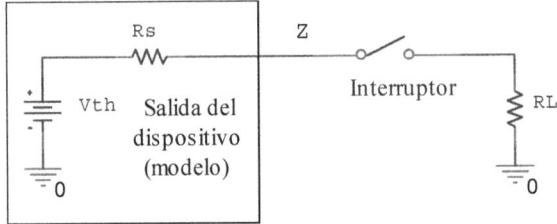

Figura 1.26   La salida de una puerta lógica puede modelarse con una fuente de tensión V_{th} que por no ser ideal incorpora una resistencia en serie cuyo valor coincide con la resistencia de salida de la puerta R_s.

En primer lugar, es necesario medir el valor de la tensión en la salida Z de la puerta lógica en condiciones de circuito abierto (es decir, en ausencia de carga) cuando la salida se encuentre en estado alto. De esta medida se obtendrá V_{th}, ya que sin carga no fluye corriente y en consecuencia la caída de tensión en R_s es nula. Seguidamente se conectan las sucesivas cargas óhmicas y se vuelve a medir la tensión a la salida de la puerta para cada una de ellas. Esta vez sí fluye una corriente que ocasiona una caída de tensión no nula en R_s. Con el divisor de tensión resistivo así formado, la tensión en la salida de la puerta se puede expresar como sigue:

$$v_Z = \frac{R_L}{R_L + R_s} V_{th} \qquad (1.6)$$

De (1.6) se puede deducir el valor óhmico correspondiente de la resistencia de salida R_s para cada una de las tres cargas disponibles.

Cuestiones

a) ¿Hay alguna diferencia entre el valor de la tensión de alimentación y el de salida de la puerta en estado alto cuando se mide en ausencia de carga? ¿Por qué?

b) ¿La impedancia de una salida digital TTL depende de la carga?

c) ¿Para qué valores (altos o bajos) de corrientes en la carga se aproxima más una salida TTL real a una fuente de tensión ideal?

d) ¿Qué puede decirse, a la vista de los resultados, de la característica de salida $v_s(i_L)$? (i_L denota la corriente en la carga). ¿Dicha característica es lineal o no lineal?

1.8.3 Características de transferencia de un inversor

En este apartado se propone encontrar experimentalmente las características de transferencia de tensión $v_s(v_e)$ y de corriente $i_e(v_e)$ de un inversor empleando una puerta NAND de dos entradas con sus entradas cortocircuitadas. Sobre el nodo único de entrada se realizará un barrido de tensión de entre 0 V y 5 V haciendo uso de un potenciómetro.

1.8.3.1 Característica de transferencia $v_s(v_e)$

Procedimiento

1. Montar el circuito de la figura 1.27 con un potenciómetro de 1 kΩ.

2. Obtener la curva de transferencia de tensión $v_s(v_e)$ en el rango 0 V < v_e < 5 V. Con el polímetro conectado en la entrada de la puerta se monitoriza la tensión de entrada v_e aplicada, que se gobierna ajustando el potenciómetro. El osciloscopio permite registrar simultáneamente la tensión v_s a la salida de la puerta. Como se trata de un nivel de tensión continua, no hay que olvidar incluir la componente

de continua en la señal (la única que tiene) pulsando el conmutador DC asociado al canal correspondiente del osciloscopio. Tabular las medidas y representarlas gráficamente.

$v_e (V)$								
$v_s (V)$								

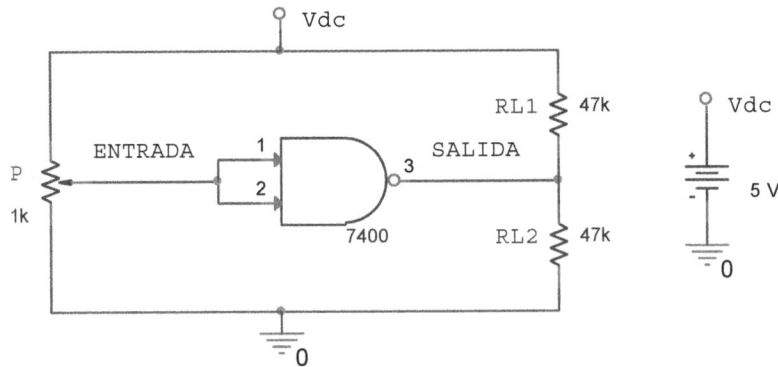

Figura 1.27 Circuito para la obtención de las características de transferencia de tensión $v_s (v_e)$ y de corriente $i_e (v_e)$ de un inversor implementado con una puerta NAND de dos entradas (CI 74x00).

1.8.3.2 Característica de transferencia $i_e (v_e)$

Procedimiento

1. Utilizando el montaje de la figura 1.27, obtener la curva de transferencia de corriente $i_e (v_e)$ en el rango $0\ V < v_e < 5\ V$. La variación de la corriente de entrada i_e se puede registrar con ayuda del polímetro, mientras que el voltaje aplicado en la entrada se monitoriza esta vez con el osciloscopio (o un segundo polímetro, si se encuentra disponible). Recuérdese que **los amperímetros se conectan en serie con el circuito**. Tabular las medidas y representarlas gráficamente.

$v_e (V)$								
$i_e (mA)$								

Cuestiones

a) Con tecnología TTL de 5 V la tensión de entrada en estado bajo v_{IL} se encuentra acotada en el intervalo $[0;\ V_{IL(max)} = 0,8]$ V, mientras que la tensión de entrada en estado alto v_{IH} lo está en el rango $[V_{IH(min)} = 2,0;\ 5,0]$ V. ¿Las medidas realizadas corroboran dichos límites?

b) ¿El signo de la corriente de entrada cambia en algún punto durante el barrido de tensión?

1.8.4 Entradas flotantes en una puerta NAND (CI 74x00)

Abordaremos aquí las medidas de tensión en las entradas y salidas de una de las puertas lógicas de un CI 74x00 alimentado con 5 V cuando una de las entradas de la puerta escogida permanece sin conectar.

Procedimiento

1. Conectar alimentación (5 V) y tierra a un CI 74x00.

2. Comprobar que la funcionalidad de una cualquiera de las puertas del CI es la correcta para descartar daños en la puerta.

3. Conectar una única entrada de la misma puerta NAND escogida en el paso 2 a la fuente de alimentación de 5 V a través de una resistencia de 1 kΩ, como muestra la figura 1.28 para la entrada A. Dejar flotante la entrada B.

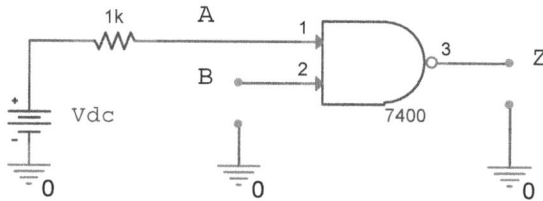

Figura 1.28   Montaje para medir la tensión en la entrada flotante B y en la salida Z.

4. Medir la tensión en la entrada B y en la salida Z de la misma puerta en ausencia de carga. Anotarlas.

v_B (V)	v_Z (V)

A la vista de las medidas realizadas es obvio que la tensión medida en la entrada flotante no es nula.

Cuestión

Sabiendo que en la familia TTL de 5 V los estados bajo y alto que aceptan las entradas vienen dados, respectivamente, por los intervalos [0; 0,8] V y [2,0; 5,0] V, indica el estado lógico asociado a la entrada flotante y si la salida obtenida es la esperada.

1.8.5 Caracterización temporal: oscilador en anillo

Este apartado es el único dedicado a explorar la respuesta temporal de los dispositivos TTL, concretamente de las puertas lógicas inversoras (CI 74x04). Ya se tuvo ocasión de comprobar mediante la ayuda de simulaciones que una asociación impar de puertas inversoras conectados en cascada da lugar a una oscilación sostenida en el tiempo.

Conectando cinco de ellas se acumula un retraso lo suficientemente alto como para poder ser medido con los osciloscopios típicos disponibles en un laboratorio docente. Idealmente se espera una onda cuadrada si se mide en cualquier nodo del circuito, pero en la práctica se constatará que la forma de onda se asemeja en realidad más a una señal triangular como consecuencia de los efectos de carga entre etapas.

Procedimiento

1. Montar el circuito de la figura 1.29 utilizando cinco de los seis inversores contenidos en un CI 74x04. No olvidar conectar además la alimentación y la tierra al CI.

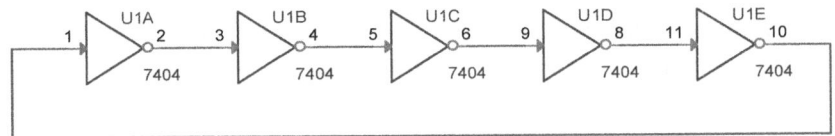

Figura 1.29   Oscilador en anillo compuesto por cinco inversores (CI 74x04).

2. Monitorizar uno de los nodos del oscilador (por ejemplo, a la salida del último inversor) y dibujar la forma de onda. Se recomienda seleccionar la escala de 0,1 μs/div en la base de tiempos del osciloscopio. Si no se dispone de ella, emplear la escala de 0,2 μs/div, o bien montar un oscilador con siete puertas inversoras para conseguir así acumular un retardo mayor.

3. Deducir del período de la forma de onda sobre el osciloscopio el retardo de propagación del inversor escogido haciendo uso de (1.5). Compararlo con el valor mínimo y máximo suministrado por el fabricante en sus especificaciones técnicas. Para mejorar la precisión de la medida del período se aconseja medir diez períodos de la oscilación y realizar el promedio del valor obtenido.

1.9 Ejercicios y cuestiones de refuerzo

a) En el análisis del funcionamiento de la puerta inversora de la subfamilia TTL estándar mostrada en la figura 1.3 se asumió un valor para la caída de tensión en los diodos base-emisor del transistor Q4 y del diodo D de unos 0,4 V. Ejecuta una simulación con PSpice de dicha puerta lógica y comprueba la veracidad de dicha suposición.

b) Supón que en un diseño TTL se emplea, entre otras, una puerta NAND de ocho entradas (CI 74x30), de las que solo se utilizan siete. Indica cómo conectar la entrada sobrante para que no sea flotante y que, al mismo tiempo, no modifique la función lógica concebida inicialmente.

c) Supón que en un diseño TTL se emplea, entre otros, el CI 74x25, que contiene dos puertas NOR de cuatro entradas y en una de ellas solo se utilizan tres. Indica cómo conectar la entrada sobrante para que no sea flotante y que al mismo tiempo no modifique la función lógica concebida inicialmente.

2

Puertas lógicas CMOS

2.1 Introducción

Las familias lógicas bipolares experimentaron un desarrollo vertiginoso en la década de 1960. Ya en 1962, la empresa Motorola comercializó las primeras puertas lógicas basadas en tecnología de acoplamiento por emisor, o puertas ECL[1] ([ras02]). En 1964, otra empresa pionera de la industria microelectrónica, Texas Instruments, lanzó al mercado la serie denominada 54/74, que fue la primera línea de circuitos integrados basada en tecnología TTL estándar ([toc07]). Muy pocos años después, en 1970, TTL ya superaba en ventas a DTL, la lógica bipolar predecesora ([ras02]). Desde entonces, y hasta finales de la década de 1980, TTL gozó de una inmensa popularidad en el diseño de sistemas electrónicos digitales implementados mediante encapsulados SSI, MSI y LSI ([sed98])[2].

Lo cierto es que las diferentes familias lógicas bipolares que compitieron entre sí desde la década de 1960 coexistieron desde el principio con la tecnología MOS, como prueba el hecho de que los primeros dispositivos MOS llegaron al mercado en

---

[1] Del inglés *emitter-coupled logic*.

[2] Del inglés *small-scale integration, medium-scale integration* y *large-scale integration*, respectivamente.

una fecha tan temprana como 1964 de la mano de las compañías General Microelectronics y Fairchild para aplicaciones de conmutación y amplificación, respectivamente. De hecho, si no se comercializaron antes fue porque los procesos tecnológicos involucrados en la microfabricación de los transistores MOSFET no alcanzaron la madurez necesaria hasta 1960, ya que las tres patentes que describen su funcionamiento se registraron entre 1925 y 1933, muchos años antes de que el transistor bipolar viera la luz en 1947 ([mar18]).

La situación es que, a comienzos de la década de 1970, competían dos líneas principales de lógica bipolar, TTL y ECL, junto con la primera de las familias lógicas basada en dispositivos MOSFET, que fue la serie 4000 con tecnología CMOS ([hor16]). Durante esa década, el uso de la tecnología MOS gozó de una razonable aceptación debido a un bajo consumo de energía y a una notable capacidad de integración, factores ambos que facilitaron la fabricación de circuitos lógicos LSI y las primeras memorias y microprocesadores VLSI[3] durante la década de 1970 ([sed98]). Estos diseños pioneros LSI/VLSI se materializaron inicialmente con transistores MOS de canal p (PMOS); sin embargo, acabaron evolucionando hacia la tecnología NMOS, cuya velocidad es unas tres veces superior debido a que la movilidad de los electrones es mayor que la de los huecos ([bog92], [mal98]).

A pesar de estos logros, la realidad es que la tecnología MOS se mantuvo durante más de veinte años en un discreto segundo plano a causa de su moderada velocidad en comparación con la de las tecnologías bipolares de la época. No fue hasta mediados de la década de 1980 cuando los circuitos CMOS experimentaron una notable mejora en este sentido ([wak18]), comenzando a reemplazar paulatinamente tanto a los transistores NMOS típicos de los circuitos VLSI como a los dispositivos SSI, MSI y LSI basados en la hasta entonces imperante tecnología TTL. En la actualidad, la inmensa mayoría de los CI disponibles en el mercado están basados en tecnología CMOS, siendo la densidad de integración alcanzada con transistores MOS más de diez veces superior a la de los circuitos bipolares ([man15])[4]. De hecho, el progresivo abaratamiento que han experimentado los costes de fabricación propios de la industria microelectrónica ha propiciado que la mayoría de los nuevos CI digitales que se lanzan actualmente al mercado integren un elevado número de transistores y pertenezcan, por tanto, al segmento VLSI. En consecuencia, la clasificación de los CI atendiendo a su escala de integración, que fue relevante durante algunas décadas, ha ido perdiendo interés práctico con el paso de los años ([bro09], [wak18]).

El presente capítulo se centra en los dispositivos CMOS. Como se ha mencionado anteriormente, la tecnología CMOS hace bastantes años que ha eclipsado en buena medida a otras tecnologías, incluida la TTL, en todos aquellos dispositivos digitales VLSI donde minimizar la potencia disipada y el área por transistor en

---

[3] Del inglés *very large-scale integration*.
[4] Una visión amena y rigurosa de la historia de la microelectrónica, que culmina con el MOSFET y su evolución, puede leerse en [mar18].

el CI es un requisito ineludible del diseño, como sucede con numerosos microproce-sadores y grandes memorias. Sin embargo, para el caso de aquellos CI que no cuentan con un elevado número de transistores, la tecnología TTL sigue vigente actualmente y coexiste con la CMOS.

En cualquier caso, los transistores MOSFET también cuentan con ciertos inconvenientes: los componentes MOS deben manipularse, en general, con la debida precaución, ya que son especialmente sensibles a descargas electrostáticas que pueden dañarlos irreversiblemente si se sobrepasa la tensión de ruptura de la capa de óxido presente en el terminal de puerta del transistor. La ruptura de dicha capa dieléctrica provoca un cortocircuito entre la puerta y el canal del transistor. Para dotar de robustez a los dispositivos MOS ante potenciales descargas electrostáticas, la mayoría de componentes MOS de pequeñas dimensiones (es decir, dispositivos lógicos CMOS, pero no los MOSFET de potencia ([hor16])) están dotados de diodos de protección en sus entradas, integrados en los propios CI, que habilitan rutas de descarga no destructivas [ham00][5]. Los dispositivos integrados pioneros de la serie 4000A no contaban con diodos de protección y, por lo tanto, se dañaban con suma facilidad. Afortunadamente, la serie 4000B[6] evolucionó a partir de esta y ya los incorpora en sus dispositivos, aunque su presencia perjudica el rendimiento ([hor16], [rui96]). Por esta razón se puede manipular hoy en día lógica digital integrada MOS en el laboratorio sin peligro de dañar los dispositivos, a pesar de que ni los laboratorios docentes están generalmente acondicionados para trabajar con este tipo de componentes ni los alumnos vienen equipados convenientemente para tal fin (con muñequeras conectadas a tierra, batas de laboratorio especiales y calzado diseñado para descargarse a tierra, que sí son habituales en plantas de fabricación de módulos electrónicos).

La estructura de este capítulo sigue los pasos del anterior, si bien se ha considerado oportuno omitir algunas secciones por resultar redundantes. Concreta-mente, no se abordará aquí la caracterización lógica de las funciones NOT, NAND y NOR empleando puertas CMOS, ni tampoco la caracterización temporal ilustrada con el oscilador en anillo empleando los correspondientes inversores CMOS. Sí que se planteará de nuevo, sin embargo, el estudio de la cargabilidad de salida, el de las características de transferencia de tensión y de corriente de un inversor, y el de las entradas flotantes para puertas CMOS. Con ello el estudiante tendrá ocasión de descubrir mediante las simulaciones mostradas a lo largo del capítulo y el trabajo

---

[5] Las hojas de características técnicas de los fabricantes de lógica CMOS, tanto de la serie 4000 como de la 7400, suelen indicar que sus dispositivos cuentan con dichos diodos de protección.

[6] La serie 4000 es la denominación adoptada por el fabricante, RCA. Sin embargo, los dispositivos equivalentes de Motorola pertenecen a la serie 14000, lo que puede generar cierta confusión. Para complicar más las cosas, la denominación también depende de la subfamilia lógica. Por ejemplo, el CI 74x02 con cuatro puertas NOR de dos entradas de la subfamilia lógica AC (*advanced* CMOS) se encuentra referenciado como 74AC11002. Es decir, los últimos tres dígitos sustituyen a los dos últimos dígitos de la serie 7400 ([bog92]). La serie 7400 también se denomina 74 en numerosas referencias.

posterior en el laboratorio algunas de las diferencias notables existentes entre ambas tecnologías.

El punto de partida del estudio de las puertas CMOS será la revisión de la estructura interna de una puerta NAND CMOS de dos entradas. Posteriormente se empleará PSpice para analizar todas las cuestiones a tratar en la sesión ya mencionadas, que culminarán a modo de verificación con el montaje experimental en el laboratorio.

2.2 Estructura de una puerta CMOS NAND de dos entradas

Una puerta lógica NAND de dos entradas basada en tecnología CMOS incluye cuatro transistores **MOSFET de enriquecimiento**[7] (dos NMOS y dos PMOS) dispuestos conforme a la topología mostrada en la figura 2.1, en la que los dos transistores NMOS se conectan en serie y los dos PMOS en paralelo.

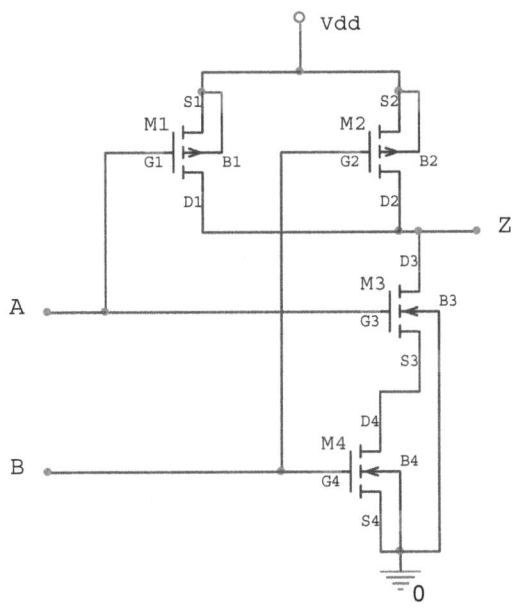

Figura 2.1   Estructura interna de una puerta NAND CMOS de dos entradas A y B y salida Z.
M1 y M2: transistores PMOS; M3 y M4: transistores NMOS.

Al fabricar los circuitos integrados, los sustratos de todos los dispositivos NMOS se conectan entre sí y luego al potencial más negativo presente en el circuito, mientras

---

[7] Dependiendo de las fuentes consultadas, existen diferentes formas de denominar a los transistores MOSFET de enriquecimiento. Otros términos equivalentes son MOSFET de acumulación, incremental o de canal inducido. Lo mismo sucede con los transistores MOSFET de empobrecimiento. En este caso también se pueden denominar indistintamente MOSFET de agotamiento, decremental o de canal difundido.

que los sustratos de los dispositivos PMOS también se conectan entre sí durante el proceso de fabricación para posteriormente recibir alimentación de una fuente positiva ([sav00])[8]. Este conexionado se representa de forma explícita en la estructura interna de la puerta NAND CMOS de la figura 2.1 gracias a los símbolos circuitales escogidos para los transistores NMOS y PMOS, que muestran sus cuatro terminales de puerta G, drenador D, fuente S y sustrato B[9]. Es frecuente, sin embargo, emplear en el caso de dispositivos integrados una versión simplificada del símbolo para ambos tipos de transistores en la que el terminal del sustrato no se muestra y donde se utiliza una burbuja de inversión sobre el terminal de puerta de los transistores PMOS. Con la representación escogida, que es la habitual para dispositivos discretos, los transistores NMOS se distinguen de los PMOS únicamente por el sentido de la flecha, que se dirige hacia dentro en los transistores NMOS y hacia fuera en los PMOS.

Cuando al menos una de las dos entradas A o B es un 0 lógico se establece un camino eléctrico entre la alimentación V_{DD} y tierra a través de al menos uno de los dos transistores PMOS y la carga conectada en la salida Z, por lo que en dicha carga existe un 1 lógico. Si las dos entradas A y B son simultáneamente un 1 lógico, se tiene una conexión a tierra desde el terminal de salida Z a través de los dos transistores NMOS conectados en serie, y la salida es entonces un 0 lógico como corresponde a la función lógica NAND.

2.3 Cargabilidad de salida de una puerta CMOS NAND

2.3.1 Consideraciones preliminares

Si una carga resistiva se conecta entre el nodo de salida Z y tierra de una puerta NAND basada en tecnología CMOS como la mostrada en la figura 2.1, cuando dicha salida se encuentre en estado alto al menos uno de los dos transistores NMOS (M3 o M4) estará cortado, mientras que al menos uno de los dos transistores PMOS (M1 o M2) conducirá. Suponiendo, sin pérdida de generalidad, que solo uno de los transistores PMOS conduce, la caída de tensión v_{SD} entre sus terminales de fuente S y de drenador D sería nula si se tratase de un interruptor ideal, pero en la práctica los transistores MOS en conducción se comportan como una resistencia. La tensión en la salida Z de una puerta CMOS NAND es, en consecuencia:

$$v_Z = V_{DD} - v_{SD} \tag{2.1}$$

---

[8] Este conexionado común de los sustratos es frecuente en dispositivos integrados, y es el que se ha adoptado en el presente texto. En el caso de dispositivos discretos, sin embargo, el terminal del sustrato se suele conectar al terminal de fuente, y dicha conexión aparece de forma explícita en el símbolo de circuito.

[9] La letra que identifica a cada terminal del transistor tiene su origen en el vocablo original en inglés correspondiente, que es *gate*, *drain*, *source* y *body* para G, D, S y B, respectivamente ([sed98]).

Donde $v_{SD} = v_S - v_D$ es una tensión positiva debido a que en los transistores PMOS empleados en dispositivos CMOS el terminal de fuente S se conecta al nodo de alimentación V_{DD}[10].

Si para una caída de tensión positiva $v_{SG} = v_S - v_G$ entre los terminales de fuente S y de puerta G del transistor PMOS en conducción la carga demanda mucha corriente a la puerta NAND, el dispositivo se encontrará funcionando en la **región de saturación** (también denominada **región activa**) y la caída de tensión positiva v_{SD} será un valor apreciable, como se deduce de las curvas características corriente-tensión típicas de un transistor PMOS de enriquecimiento ([mal98], [mil89], [ras02], [sav00], [tie12]). Un ejemplo de dichas curvas para cuatro voltajes v_{SG} diferentes se muestra en la figura 2.2, donde se ha realizado un barrido de tensión v_{SD} entre fuente y drenador desde 0 V hasta 10 V. Más adelante en el apartado 2.3.2 se representan otros ejemplos de características corriente-tensión para tres casos de estudio distintos variando parámetros físicos del dispositivo y manteniendo el voltaje v_{SG} igual a 5 V.

En consecuencia, con el PMOS trabajando en la región de saturación la tensión de salida de la puerta v_Z será sensiblemente menor que la tensión de alimentación V_{DD}, de acuerdo con (2.1). Para corrientes de carga pequeñas el dispositivo trabaja en **la región óhmica** (también llamada **región triodo**), donde la curva característica corriente-tensión $i_D(v_{SD})$ es aproximadamente lineal (tanto más lineal cuanto menor es la corriente, como se aprecia en las curvas de la figura 2.2). De esta linealidad se desprende que en la región óhmica la corriente i_L que fluye por la carga es aproximadamente proporcional a la tensión v_{SD} existente entre V_{DD} y el nodo de salida Z, y bajo estas circunstancias el transistor PMOS en conducción puede modelarse por medio de una resistencia R_P que da cuenta de dicha proporcionalidad y que no depende, en buena aproximación, de i_L[11]. Para corrientes de carga mayores se pierde paulatinamente dicha linealidad a medida que se abandona la región óhmica y se entra en la de saturación, y en este caso R_P ya no puede considerarse

---

[10] A priori cabría pensar que es el terminal de drenador D del transistor, y no el de fuente S, el que se conecta al nodo de alimentación V_{DD}. La razón por la que es precisamente el terminal S del transistor PMOS el que se conecta a la alimentación tiene que ver con la evolución de la tecnología: los dispositivos CMOS surgieron como un desarrollo de los NMOS, y en un inversor NMOS el terminal de drenador D de su único transistor (un NMOS) se conecta a la tensión de alimentación a través de una resistencia, adoptándose por tanto la denominación V_{DD} para esta. Sin embargo, dicha resistencia fue sustituida por una carga activa (un transistor PMOS) con la irrupción de la tecnología CMOS, de manera que tras esta evolución el nodo de alimentación dejó de estar conectado al drenador D de un transistor NMOS y pasó a estarlo al terminal de fuente S de un PMOS. Durante el tránsito hacia la tecnología CMOS no se actualizó la denominación de dicho nodo, que permanece desde entonces con su nombre original: V_{DD} ([wak18]).

[11] i_L coincide prácticamente con la corriente i_D que circula por el PMOS en conducción, salvo por la pequeña corriente de fugas que fluye hacia tierra por los dos NMOS en serie.

independiente de la corriente i_L. La tensión en el nodo de salida de la puerta se puede reescribir, por tanto, en función de una resistencia variable R_P como:

$$v_Z = V_{DD} - R_P(i_L) \times i_L \qquad (2.2)$$

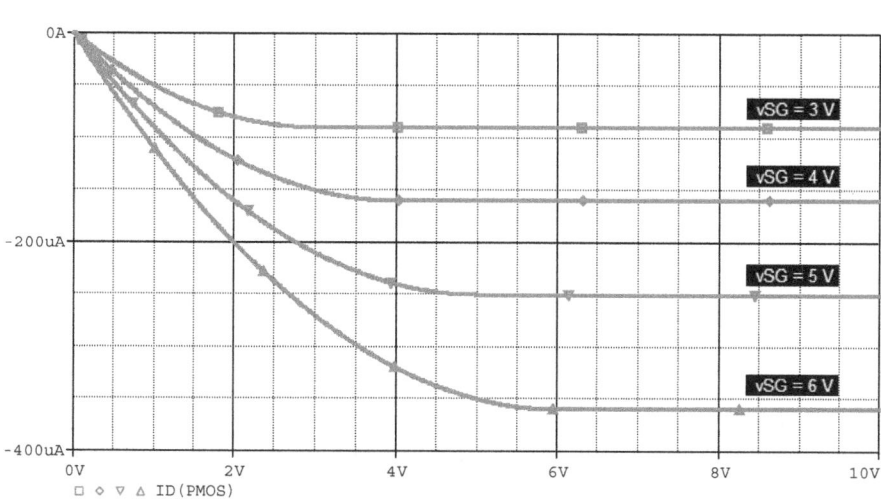

Figura 2.2   Curvas características corriente-tensión para un PMOS de enriquecimiento simuladas con PSpice. El dispositivo empleado es el transistor genérico MbreakP con sus parámetros por defecto. Se aprecia con claridad la transición entre la zona óhmica y la zona de saturación (donde la corriente es constante) para los cuatro voltajes v_{SG} escogidos.

Conviene apuntar que en la representación gráfica de las curvas características corriente-tensión del transistor NMOS tanto v_{GS} como v_{DS} son voltajes positivos y la corriente positiva de drenador i_D fluye desde el drenador hacia la fuente. Las curvas del transistor PMOS mostradas en la figura 2.2 son análogas a las del NMOS sin más que invertir la polaridad entre los terminales de puerta y fuente v_{GS}, por un lado; y entre los terminales de drenador y fuente v_{DS}, por otro (polaridad que resulta negativa en ambos casos para el PMOS). Por su parte, la corriente de drenador i_D es negativa al fluir en sentido contrario, desde la fuente hacia el drenador[12]. En el presente texto se ha optado por emplear voltajes positivos, razón por la que en lugar de v_{GS} y v_{DS} se emplean v_{SG} y v_{SD} con el transistor involucrado en el análisis, que es el PMOS.

Los niveles lógicos especificados en las hojas de características técnicas de los dispositivos CMOS distinguen entre cargas de tipo CMOS y cargas de naturaleza resistiva, denominadas también cargas TTL. En el primer caso, que es más habitual cuando se trabaja con dispositivos CMOS, la demanda de corriente se debe casi

---

[12] En las cuestiones de refuerzo al final del capítulo se propone obtener con PSpice las curvas características corriente-tensión de un NMOS y de un PMOS.

exclusivamente a la carga y descarga de las capacidades parásitas presentes en la carga CMOS durante las conmutaciones, ya que dicha demanda en reposo es muy baja (de ahí el éxito de la tecnología CMOS frente a las tecnologías bipolares). En el caso de cargas TTL, el efecto de carga sobre una salida CMOS es más acusado, ya que los transistores bipolares son dispositivos que se controlan por corriente y no por tensión como sucede con los transistores MOSFET, y en consecuencia la demanda de corriente es mayor. Lo mismo sucede con una carga puramente resistiva o bien con una carga que incluya un led o un relé con su correspondiente bobina.

Haciendo uso de las especificaciones técnicas de los dispositivos, existen procedimientos que permiten estimar analíticamente el valor óhmico de R_P cuando la salida de un dispositivo CMOS se encuentra en estado alto y entrega corriente a una carga conectada a tierra. Para salidas en estado bajo, el encargado de drenar la corriente que fluye hacia tierra desde una carga conectada a una fuente de alimentación es un transistor NMOS, y por lo tanto el valor óhmico de interés en este caso es R_N. Tiene su importancia hacer la distinción, debido a que R_P y R_N adoptan valores distintos para una corriente de carga dada y la misma superficie de Si destinada a la fabricación del transistor correspondiente. Hay que tener presente que dichos valores óhmicos dependen (además de otros factores como la escala de integración, la subfamilia CMOS concreta y la temperatura de funcionamiento) de la corriente que pueda fluir por el dispositivo CMOS para una carga determinada, ya que su característica de salida no es lineal.

2.3.2 Análisis mediante PSpice

Recurrir a PSpice facilita el análisis de la cargabilidad de las puertas CMOS, que se llevará a cabo controlando cargas resistivas. Los resultados obtenidos con el simulador permitirán, al igual que se hizo con las puertas TTL en el capítulo 1, contrastar estos con las medidas experimentales realizadas sobre CI reales que se propondrán en el laboratorio.

El análisis se centrará primeramente en estudiar los efectos de carga que experimenta una puerta CMOS NAND construida con transistores discretos cuando su salida se encuentra en estado alto y está en condiciones, por lo tanto, de entregar corriente a una carga conectada entre dicha salida y tierra. La salida de una puerta NAND se lleva a estado alto fijando a tierra al menos una de sus dos entradas A o B, como ilustra la figura 2.3 para dos de los tres casos posibles. Seguidamente se ampliará el estudio, a efectos comparativos, escogiendo de las bibliotecas de PSpice una puerta CMOS NAND modelada para responder como lo haría el correspondiente dispositivo comercial, concretamente el CI 4011B.

Los transistores PMOS y NMOS escogidos para llevar a cabo las simulaciones a partir de transistores discretos son, respectivamente, los genéricos MbreakP y MbreakN incluidos en las bibliotecas de PSpice. El análisis de cargabilidad comenzará contemplando tres casos de estudio en los que se abordarán diferentes parametrizaciones, aprovechando que los modelos de los correspondientes transistores son editables. En una primera parametrización se hará uso simplemente de los valores por defecto asociados a los parámetros físicos involucrados en cada uno de los dos tipos de transistores, y que pueden consultarse si se desea en la documentación de PSpice[13] disponible en [psp09]. En una segunda parametrización se adoptarán los parámetros del estudio del inversor CMOS planteado en [ras02], de forma que dichos parámetros concretos reemplazarán a los originales, manteniéndose el resto sin cambios. En la tercera parametrización se procederá de igual forma, pero utilizando los parámetros escogidos en el estudio del inversor CMOS descrito en [mal98]. Otras fuentes de las citadas en la bibliografía que sugieren diferentes valores para determinados parámetros son [ham00], [rab04] y [tie12].

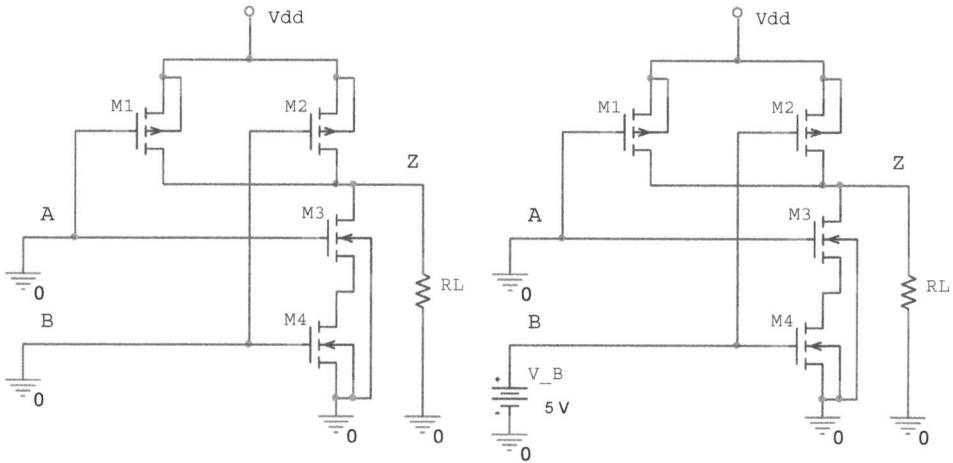

Figura 2.3   Puerta lógica NAND CMOS de dos entradas con una carga R_L conectada en el nodo de salida Z. Las dos combinaciones mostradas de valores lógicos en las entradas fuerzan un estado lógico alto en la salida.

En todos los casos la tensión de alimentación se fija en 5 V. Además, se consideran dos escenarios posibles, tal y como se muestra en la figura 2.3: las dos entradas A y B a tierra, o bien la entrada B conectada a 5 V y la entrada A conectada a tierra. Se debe observar que, al encontrarse la salida de la puerta en estado alto en

---

[13] La lista contiene numerosos parámetros agrupados en diferentes niveles, y muestra la considerable complejidad de los distintos modelos de transistores MOSFET. Por ejemplo, el nivel 1 es muy apropiado para describir transistores discretos caracterizados por canales de dimensiones relativamente grandes; sin embargo, no lo es tanto para MOSFET integrados donde dichas dimensiones son más pequeñas. En este caso hay que recurrir a modelos considerablemente más elaborados, como los de los niveles 2 y 3, entre otros ([tie12]). Según consta en la documentación de PSpice correspondiente a la versión 16.3 de diciembre de 2009 ([psp09]), hay hasta ocho niveles disponibles, que se corresponden con siete modelos distintos de MOSFET. Sin embargo, algunos de estos modelos han quedado obsoletos debido a la evolución hacia dispositivos de canal corto ([rab04]).

ambos casos, por los transistores NMOS solo va a circular una pequeña corriente de fugas, de manera que las diferentes respuestas encontradas en cada uno de los tres casos de estudio obedecen fundamentalmente a los cambios introducidos en los parámetros del transistor PMOS.

2.3.2.1 Caso de estudio 1

En este primer caso de estudio las simulaciones se llevaron a cabo con los valores por defecto de los parámetros empleados por PSpice para modelar los transistores MbreakP y MbreakN. Los resultados obtenidos con ambas entradas A y B conectadas a tierra se recopilan en la tabla 2.1 para cinco cargas óhmicas distintas. Con PSpice se han obtenido únicamente los voltajes de salida en estado alto v_{OH} para cada una de las cargas, mientras que tanto las corrientes en estado alto i_{OH} como el voltaje entre los terminales de fuente y drenador v_{SD} de los transistores PMOS, así como las resistencias R_P correspondientes, se han deducido de forma inmediata a partir de dichos voltajes de salida, la tensión de alimentación de 5 V y las cargas resistivas correspondientes.

Tabla 2.1 Efectos de carga y estimación de R_P para varios valores óhmicos en la puerta CMOS NAND de la figura 2.3 con $V_A = V_B = 0$ V y parámetros físicos por defecto de los transistores MbreakP (M1 y M2) y MbreakN (M3 y M4).

R_L	1 MΩ	100 kΩ	10 kΩ	1 kΩ	270 Ω
v_{OH} (V)	4,975	4,75	3,09	0,495	0,134
i_{OH} (mA)	$4,975\times10^{-3}$	$47,5\times10^{-3}$	0,309	0,495	0,499
v_{SD} (V)	0,0249	0,244	1,91	4,50	4,87
R_P (kΩ)	5,00	5,12	6,18	9,10	9,74

Inspeccionando los valores obtenidos para R_P, es evidente que se trata de valores muy diferentes dependiendo de la resistencia de carga R_L. Se confirma, por lo tanto, lo que ya se anticipó anteriormente respecto al comportamiento de una salida CMOS, y es que es claramente no lineal. Por otro lado, si se comparan las tensiones en estado alto v_{OH} con las encontradas en el estudio equivalente llevado a cabo con puertas TTL en el capítulo 1, es evidente que las puertas CMOS acusan más los efectos de carga, puesto que incluso con demandas moderadas de corriente la tensión en estado alto se aleja notablemente de la tensión de alimentación fijada en 5 V.

Resulta de interés mencionar que, si una de las dos entradas A o B de la puerta CMOS NAND se conecta a un estado alto, manteniéndose la otra entrada a tierra, las tensiones en estado alto resultado de la simulación experimentan desviaciones con relación a los valores encontrados cuando ambas entradas están conectadas a tierra. Este resultado es esperable, ya que en este caso solo hay un transistor PMOS conduciendo, mientras que con las dos entradas a tierra conducen ambos PMOS, y están conectados en paralelo. La tabla 2.2 agrupa los resultados obtenidos de la simulación en este segundo caso, en los que R_P prácticamente ha duplicado su valor.

Tabla 2.2 Efectos de carga y estimación de R_P en la puerta CMOS NAND de la figura 2.3 para varios valores óhmicos con $V_A = 0$ V, $V_B = 5$ V y parámetros físicos por defecto de los transistores MbreakP y MbreakN.

R_L	**1 MΩ**	**100 kΩ**	**10 kΩ**	**1 kΩ**	**270 Ω**
$v_{OH}(V)$	4,950	4,52	2,07	0,249	0,675
$i_{OH}(mA)$	$4,950 \times 10^{-3}$	$45,2 \times 10^{-3}$	0,207	0,249	0,250
$v_{SD}(V)$	0,0497	0,48	2,93	4,75	4,93
$R_P(k\Omega)$	10,04	10,49	14,14	19,08	19,73

Como se desprende de dicha tabla, la corriente que circula por el único PMOS en conducción aumenta a medida que crece la tensión entre sus terminales de fuente y drenador. Una forma sencilla de verificar si dicha dinámica es correcta consiste en realizar un barrido de tensión de 0 a 5 V entre los terminales S y D de un PMOS polarizado tal y como muestra la figura 2.4. Como puede comprobarse, los valores discretos mostrados en la tabla 2.2 para i_{OH} y v_{SD} pueden identificarse plenamente sobre el trazado de la característica $i_D(v_{SD})$ representada en la figura 2.5.

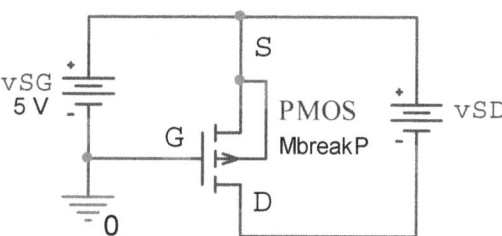

Figura 2.4 Transistor PMOS polarizado adecuadamente para la obtención de su característica i_D-v_{SD} particularizada para una tensión fija v_{SG} de 5 V.

Finalmente, vale la pena añadir un apunte con respecto a la curva característica $i_D(v_{SD})$ mostrada en la figura 2.5: la tensión v_{DS} que establece la frontera entre la región óhmica y la región de saturación en la curva característica $i_D(v_{DS})$ de un transistor NMOS de enriquecimiento viene dada por ([sed98]):

$$v_{DSsat} = v_{GS} - VTO \tag{2.3}$$

donde VTO es la denominada tensión umbral (adoptando la notación empleada por PSpice), que es el valor mínimo de v_{SG} a partir del cual el número de electrones acumulados en el canal del transistor NMOS es el suficiente para formar un canal conductor. Mientras que en (2.3) las tres tensiones involucradas son positivas, para el caso de un PMOS de enriquecimiento dichas tensiones son negativas. Como es más cómodo manejar valores positivos, adaptamos por conveniencia (2.3) con el fin de emplearla con transistores PMOS de enriquecimiento utilizando solo tensiones positivas, resultando:

$$V_{SDsat} = V_{SG} - |VTO| \tag{2.4}$$

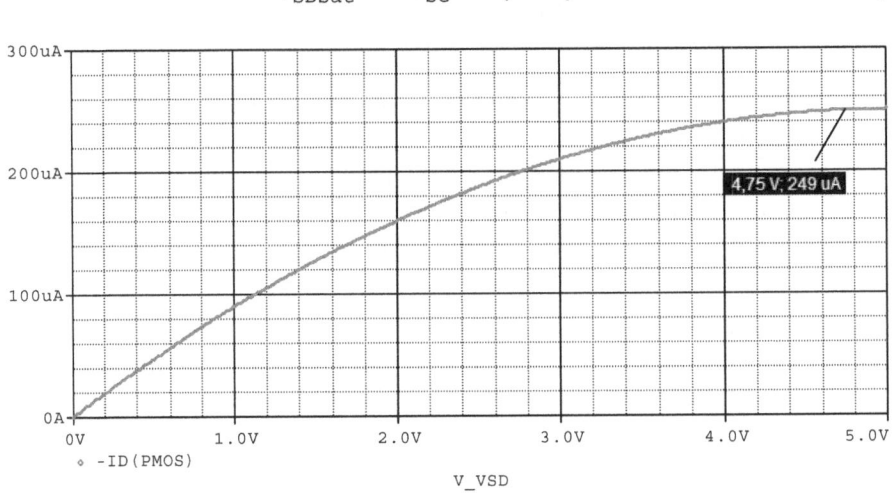

Figura 2.5 Característica i_D-v_{SD} del transistor PMOS de la figura 2.4 con los parámetros del modelo adoptados en el caso de estudio 1.

En el presente caso de estudio, v_{SG} se ha fijado en 5 V y VTO es 0 V, por lo que v_{SDsat} resulta ser igual a 5 V. Este resultado se refleja en el trazado de la característica $i_D(v_{SD})$ de la figura 2.5, ya que la curva converge solo al final, cuando v_{SD} alcanza precisamente 5 V. Por lo tanto, todo el trazado de la curva se corresponde íntegramente con la región óhmica de la característica.

2.3.2.2 Caso de estudio 2

Se trata de averiguar la posible influencia sobre los efectos de carga de una modificación de los parámetros físicos asociados a los modelos correspondientes de los transistores MbreakP y MbreakN empleados. En este caso se adoptan los valores escogidos en [ras02] aplicados en el contexto de la respuesta de un inversor CMOS, que se agrupan en la tabla 2.3[14]. Se mantienen sin cambios el resto de parámetros por defecto de los modelos MbreakP y MbreakN.

---

[14] Los valores de dichos parámetros por defecto, según figuran en [psp09], son VTO = 0 V (niveles de modelo 1, 2 y 3) y KP = 20 μA/V^2. No figuran valores explícitos para L y W. Según [ham00], L suele oscilar entre 0,2 y 10 μm y W entre 0,5 y 500 μm; mientras que, de acuerdo con [sed98], L se encuentra típicamente en el intervalo entre 1 y 10 μm y W entre 2 y 500 μm. En cualquier caso, hay que tener presente que las dimensiones submicrométricas indicadas en [ham00] y [sed98] son solo representativas del nodo tecnológico vigente alrededor del año 2000 para dispositivos MOS, ya que la progresiva miniaturización conseguida por la tecnología desde sus orígenes ha sido espectacular: mientras que en la década de 1980 se lanzaron al mercado dispositivos correspondientes a los nodos de 1 y de 2 μm ([sze81], [sze85]), en 2018 el nodo de 4 nm se encontraba en fase de investigación ([mar18]).

Tabla 2.3 Parámetros de PSpice utilizados en [ras02] para simular un inversor CMOS. L: longitud del canal; W: anchura del canal; VTO: tensión umbral para establecer un canal; KP: coeficiente de transconductancia.

	L (μm)	W (μm)	VTO (V)	KP (μA/V^2)
PMOS	50	100	-1,0	20
NMOS	50	100	1,0	20

Los resultados entregados por PSpice cambian significativamente con respecto a los obtenidos en el caso de estudio 1, como puede comprobarse inspeccionando las tablas 2.4 y 2.5. Es evidente que, tras los cambios introducidos en los parámetros del modelo, la resistencia equivalente del transistor PMOS en conducción R_P ha disminuido notablemente en los dos casos considerados.

Tabla 2.4 Efectos de carga y estimación de R_P para varios valores óhmicos en la puerta CMOS NAND de la figura 2.3 con $V_A = V_B = 0$ V tras incorporar los valores de los parámetros mostrados en la tabla 2.3 a los modelos de los transistores MbreakP y MbreakN.

R_L	1 MΩ	100 kΩ	10 kΩ	1 kΩ	270 Ω
v_{OH}(V)	4,984	4,84	3,63	0,640	0,173
i_{OH}(mA)	4,984×10^{-3}	48,4×10^{-3}	0,363	0,640	0,640
v_{SD}(V)	0,0156	0,154	1,37	4,36	4,83
R_P (kΩ)	3,13	3,18	3,77	6,81	7,54

Tabla 2.5 Efectos de carga y estimación de R_P para varios valores óhmicos en la puerta CMOS NAND de la figura 2.3 con $V_A = 0$ V, $V_B = 5$ V tras incorporar los valores de los parámetros mostrados en la tabla 2.3 a los modelos de los transistores MbreakP y MbreakN.

R_L	1 MΩ	100 kΩ	10 kΩ	1 kΩ	270 Ω
v_{OH}(V)	4,969	4,69	2,65	0,320	0,086
i_{OH}(mA)	4,969×10^{-3}	46,9×10^{-3}	0,265	0,320	0,320
v_{SD}(V)	0,0312	0,305	2,35	4,68	4,91
R_P (kΩ)	6,28	6,50	8,84	14,62	15,35

Análogamente a como se hizo en el caso anterior, se traza a continuación la característica $i_D(v_{SD})$ de un PMOS polarizado tal y como muestra la figura 2.4, esta vez con los parámetros del modelo ensayados en el presente caso de estudio.

La reducción de las dimensiones trajo consigo no solo un aumento en la escala de integración de los dispositivos, sino también una mejora de sus prestaciones, debido a que al disminuir la longitud L del canal los electrones necesitan menos tiempo para cruzarlo y, por lo tanto, la frecuencia de funcionamiento del dispositivo aumenta.

La curva resultante, que se muestra en la figura 2.6, corrobora fielmente los resultados mostrados en la tabla 2.5 para i_{OH} y v_{SD}.

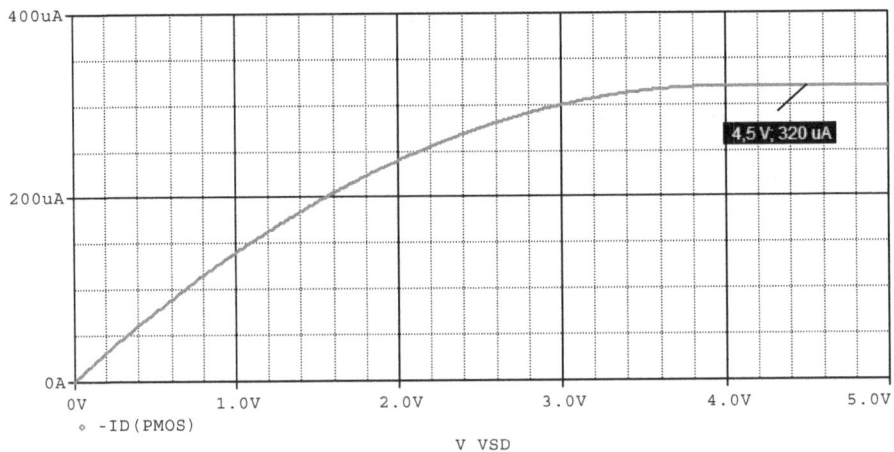

Figura 2.6 Característica i_D-v_{SD} del transistor PMOS de la figura 2.4 con los parámetros del modelo ajustados según se describe en el caso de estudio 2.

Obsérvese que, en este caso, $v_{SDsat} = 5 - 1 = 4$ V, según se desprende de (2.4). Efectivamente así es según se deduce fácilmente de la figura 2.6, ya que la curva converge con claridad cuando v_{SD} alcanza 4 V, valor de tensión en el que el transistor entra en la región de saturación.

Cabe preguntarse cuál ha sido la contribución de cada uno de los nuevos parámetros a la disminución experimentada por R_P respecto del primer caso de estudio. Considerando que el parámetro de transconductancia KP no ha variado (se debe observar que el valor asignado coincide con el valor por defecto), quedan por analizar los parámetros geométricos (L y W) y la tensión umbral VTO. Ejecutando diferentes simulaciones en las que se incluyen, por un lado, únicamente los parámetros geométricos, y por otro lado, exclusivamente VTO, se concluye que el efecto de los parámetros geométricos escogidos es disminuir la resistencia R_P, mientras que el efecto de VTO es aumentarla. El efecto neto, como se ha visto, es una reducción de R_P.

2.3.2.3 Caso de estudio 3

El planteamiento del tercer caso de estudio es análogo al segundo, cambiando los parámetros del modelo e introduciendo los escogidos en [mal98] en el contexto de la respuesta de un inversor CMOS con la excepción de VTO, que se mantiene con el valor adoptado en el caso de estudio 2 para facilitar la comparación de los resultados (el original de [mal98] es -1,3 V para el PMOS). El resto de parámetros son los que

PSpice incorpora por defecto. El conjunto de parámetros correspondiente al presente caso de estudio se agrupa en la tabla 2.6[15].

Tabla 2.6   Parámetros PSpice utilizados en [mal98] para simular la respuesta de un inversor CMOS (el valor de VTO se ha reemplazado por el utilizado en [ras02]). CBS: capacidad de la unión fuente-sustrato en ausencia de polarización; CBD: capacidad de la unión drenador-sustrato en ausencia de polarización; RD: resistencia de drenador; RS: resistencia de fuente; VTO: tensión umbral para establecer un canal; KP: coeficiente de transconductancia.

	CBS (fF)	CBD (fF)	RD (Ω)	RS (Ω)	VTO (V)	KP (μA/V^2)
PMOS	20	20	1	1	-1,0	200
NMOS	20	20	1	1	1,0	200

Los resultados vuelven a cambiar considerablemente con respecto a los obtenidos en los dos casos de estudio anteriores, como puede verificarse en las tablas 2.7 y 2.8.

Tabla 2.7   Efectos de carga y estimación de R_P para varios valores óhmicos en la puerta CMOS NAND de la figura 2.3 con $V_A = V_B = 0$ V tras incorporar los valores de los parámetros mostrados en la tabla 2.6 a los modelos de los transistores MbreakP y MbreakN.

R_L	**1 MΩ**	**100 kΩ**	**10 kΩ**	**1 kΩ**	**270 Ω**
v_{OH} (V)	4,99	4,97	4,69	2,65	0,863
i_{OH} (mA)	4,99$\times$10^{-3}	49,7$\times$10^{-3}	0,469	2,65	3,20
v_{SD} (V)	3,1$\times$10^{-3}	0,0312	0,305	2,35	4,14
R_P (kΩ)	0,620	0,628	0,651	0,886	1,29

Tabla 2.8   Efectos de carga y estimación de R_P para varios valores óhmicos en la puerta CMOS NAND de la figura 2.3 con $V_A = 0$ V, $V_B = 5$ V tras incorporar los valores de los parámetros mostrados en la tabla 2.6 a los modelos de los transistores MbreakP y MbreakN.

R_L	**1 MΩ**	**100 kΩ**	**10 kΩ**	**1 kΩ**	**270 Ω**
v_{OH} (V)	4,99	4,94	4,40	1,57	0,432
i_{OH} (mA)	4,99$\times$10^{-3}	49,4$\times$10^{-3}	0,440	1,57	1,60
v_{SD} (V)	6,3$\times$10^{-3}	0,0623	0,60	3,43	4,57
R_P (kΩ)	1,26	1,26	1,35	2,19	2,86

La resistencia equivalente del transistor PMOS en conducción, R_P, ha vuelto a experimentar una disminución importante. Es el aumento del coeficiente de transconductancia KP (en un orden de magnitud respecto de los casos de estudio 1 y 2) el

---

[15] Los valores de dichos parámetros por defecto, según figuran en [psp09], son RS = 0 Ω, RD = 0 Ω, CBD = 0 F, CBS = 0 F, VTO = 0 V (niveles de modelo 1, 2 y 3) y KP = 20 μA/V^2.

causante de dicha disminución. Se ha comprobado, además, la influencia en los resultados de los valores asignados a los parámetros CBS, CBD, RD y RS (simplemente, excluyéndolos en una simulación no documentada aquí), llegando a la conclusión de que esta no es significativa.

También en este tercer caso se traza la característica $i_D(v_{SD})$ de un PMOS con los nuevos parámetros establecidos en la tabla 2.6. De nuevo, la curva que se muestra en la figura 2.7 coincide plenamente con los resultados mostrados en la tabla 2.8 para i_{OH} y v_{SD}. Al igual que en el caso de estudio 2, v_{SDsat} es de 4 V, como corrobora el trazado de la curva característica.

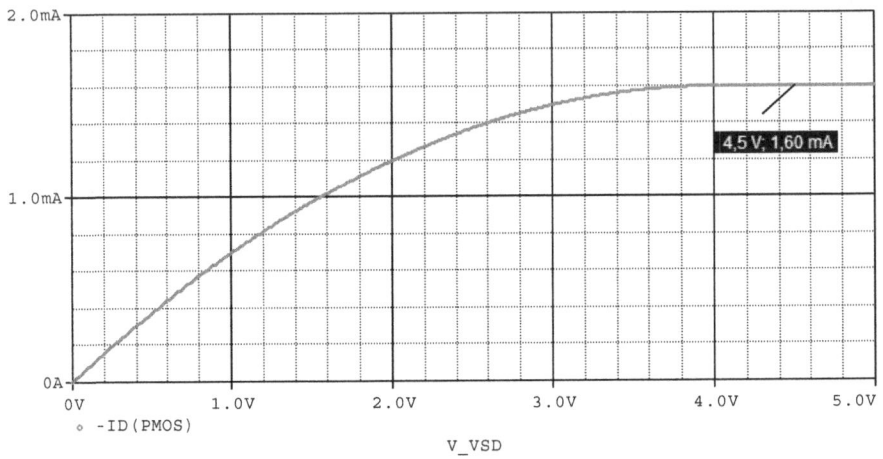

Figura 2.7 Característica i_D-v_{SD} del transistor PMOS de la figura 2.4 con los parámetros del modelo ajustados según se describe en el caso de estudio 3.

Se puede concluir, tras completar los tres casos contemplados, que los parámetros escogidos para simular los modelos de MOSFET con PSpice inciden significativamente en la corriente que fluye por el canal del transistor para una polarización dada, resultando en consecuencia unos efectos de carga que dependen en buena medida del valor de dichos parámetros. Por otro lado, y aunque todos los parámetros considerados afectan en mayor o menor medida a los resultados, son VTO y KP (especialmente este último) los parámetros clave que permiten controlar la corriente por el canal de los transistores MOS.

2.3.2.4 Cargabilidad del CI 4011B

El CI 4011B es un dispositivo CMOS que contiene cuatro puertas NAND de dos entradas[16]. Para obtener los voltajes de salida en los estados lógicos alto y bajo se puede conectar una de sus entradas a la tensión de alimentación y la otra a un

---

[16] El editor de modelos de PSpice (*PSpice Model Editor*) cita el manual [rca83] como fuente para modelar el dispositivo CMOS CD4011B.

generador que entregue una señal cuadrada de voltaje, análogamente a como se hizo en el estudio equivalente con puertas TTL en el capítulo 1. El circuito resultante, que se muestra en la figura 2.8, entrega una forma de onda sobre la carga que es una versión invertida de la señal en su entrada B, como cabe esperar.

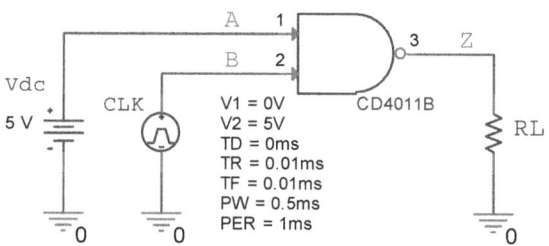

Figura 2.8 Puerta NAND CMOS de dos entradas (CI 4011B) alimentando una carga R_L con una fuente de continua en la entrada A y una señal cuadrada de voltaje en la B.

Los voltajes y corrientes registrados en el nodo de salida Z para la selección adoptada de cargas resistivas se agrupan en la tabla 2.9. Teniendo en cuenta que la entrada A se encuentra conectada permanentemente a un nivel lógico alto, los resultados obtenidos deben compararse con los encontrados en los tres casos de estudio de los apartados anteriores únicamente para el caso en el que $V_A = 0$ V y $V_B = 5$ V, mostrados en las tablas 2.2, 2.5 y 2.8.

Tabla 2.9 Efectos de carga en la puerta NAND CMOS de la figura 2.8.

R_L	1 MΩ	100 kΩ	10 kΩ	1 kΩ	270 Ω
$v_{OH}(V)$	4,94	4,91	4,71	3,30	1,74
$i_{OH}(mA)$	$4,94 \times 10^{-3}$	$4,91 \times 10^{-3}$	0,471	3,30	6,44
$v_{OL}(mV)$	41,13	41,10	38,57	24,74	11,91

Tras la comparación de los correspondientes valores del voltaje en estado alto se aprecia que el modelo de PSpice asociado a la puerta NAND CMOS del CI 4011B es el que mejor tolera los efectos de carga, lo que se hace más evidente cuanto mayor es la demanda de corriente (cargas de 1 kΩ y 270 Ω). Disponer de resultados de cargabilidad para los cuatro escenarios contemplados permitirá identificar el que mejor grado de coincidencia muestre tras la realización de las correspondientes medidas experimentales en el laboratorio.

2.4 Características de transferencia

En la presente sección se persigue obtener las características de transferencia de un inversor implementado con una puerta NAND de dos entradas CMOS, tanto de tensión de salida $v_s(v_e)$ como de corriente de entrada $i_e(v_e)$, mediante un barrido de tensión manteniendo ambas entradas conectadas a la fuente de tensión continua sobre la que se realizará el barrido. Se contemplan varios escenarios posibles con diferentes parámetros en los modelos de los transistores MbreakP y MbreakN.

En la figura 2.9 se muestra una puerta NAND de dos entradas CMOS preparada para efectuar el barrido de tensión. El primer caso que se propone consiste en emplear los modelos de los transistores MbreakP y MbreakN con sus parámetros PSpice por defecto. Tras realizar un barrido de tensión en las entradas de la puerta NAND entre 0 y 5 V, se obtiene tanto la característica de tensión en la salida como la de corriente demandada por las dos entradas, ambas representadas en la figura 2.10. Como puede verse, la curva de transferencia de tensión alcanza su punto medio en la transición del nivel lógico alto al bajo (2,5 V) cuando la tensión de barrido alcanza 3,37 V. La transición precisa de prácticamente todo el rango del barrido para completarse.

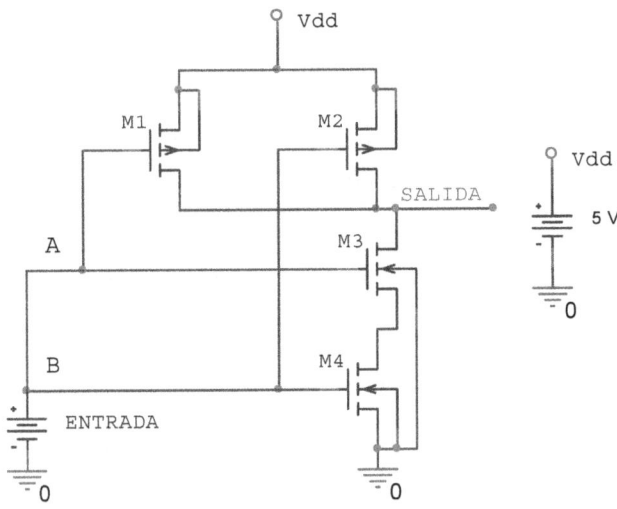

Figura 2.9   Puerta NAND CMOS de dos entradas con fuente de tensión en ambas para la obtención de sus características de transferencia mediante un barrido de tensión.

Por lo que respecta a la característica de corriente, es evidente a la vista de la gráfica que la corriente demandada por las entradas de la puerta NAND CMOS es nula. Esto en la práctica no es exactamente así, pero sí se puede afirmar que es extremadamente pequeña[17]. Eso es debido a que los MOSFET son dispositivos

---

[17] La corriente por el terminal de puerta de un transistor MOS resulta ser muy inferior a 1 μA ([wak18]). De hecho, y según [sed98], es del orden de tan solo 1 fA. Esta corriente no debe confundirse con la corriente de fugas que fluye por un dispositivo CMOS en funcionamiento estático desde el nodo de alimentación hasta tierra a través de los respectivos canales de los transistores PMOS y NMOS en serie, que puede estimarse entre 0,1 y 0,5 nA por puerta a temperatura ambiente para dispositivos VLSI ([wes93]), y al menos un orden de magnitud mayor para dispositivos SSI ([4011]).

controlados por tensión con una impedancia de entrada muy alta, resultado del crecimiento de una delgada capa del óxido nativo (en este caso SiO_2) que aísla eléctricamente su terminal de puerta del resto del dispositivo[18]. El espesor de dicha capa aislante, que es consecuencia de la oxidación de la superficie del silicio bajo condiciones muy controladas para garantizar una total ausencia de defectos en la intercara Si/SiO_2 ([mar18]), ha ido disminuyendo progresivamente con los años a la par que el resto de las dimensiones del MOSET (dimensiones que siempre han sido menores en los transistores integrados que en los discretos)[19].

En los siguientes casos que se plantean se va a emplear el mismo modelo para los transistores, variando únicamente la tensión umbral VTO de entre todos los parámetros posibles (se ha comprobado que los cambios en otros parámetros clave como KP no influyen en las curvas de transferencia). En el ejemplo recién visto VTO adopta el valor de PSpice por defecto, que es 0 V tanto para el PMOS como para el NMOS. En la figura 2.11 se muestra la característica de tensión para el caso en el que el módulo de VTO es 1 V, donde la transición del nivel lógico alto al bajo es esta vez mucho más abrupta que la de la figura 2.10. Además, el punto medio de dicha transición se cruza cuando la tensión de barrido alcanza 3,0 V, un voltaje inferior al anterior y más próximo al punto medio del barrido, situado en 2,5 V. Parece intuirse, por lo tanto, que incrementando el módulo de la tensión umbral VTO la característica de transferencia de tensión se aproximará más al caso ideal. Para verificarlo se han ensayado valores del módulo de VTO iguales a 2,0 V y 2,5 V, representándose las respectivas características de transferencia en las figuras 2.12 y 2.13.

---

[18] Algunas referencias para profundizar en estos aspectos tecnológicos son [che00], [mar18], [pra09], [rab04], [sze81], [sze85], [tie12], [was03], [wes93] y [wol06].

[19] Por ilustrar dicha miniaturización con algunas cifras, cabe destacar que la longitud del canal L del primer MOSFET, fabricado en 1960, era de 20 μm y contaba con un espesor t_{ox} de SiO_2 superior a 100 nm ([sze85]). La mejora de los procesos tecnológicos ha dado lugar a transistores caracterizados por valores cada vez menores de la pareja (L, t_{ox}). Ejemplos de ello son (10 μm, 25 nm) en [ras02]; (4 μm, 7-8 nm) y (0,25 μm, 5-6 nm) en [che00]; (0,13 μm, ~2 nm) en [pra09] y (20 nm, ~1 nm) en [mar18]. IBM cuenta con un prototipo de L = 6 nm ([wol06]), y en 2018 ya se fabricaron dispositivos con espesores t_{ox} inferiores a 1 nm ([mar18]). La fabricación de estas estructuras de forma reproducible a escala micro y nanométrica evidencia que los circuitos MOS están a la vanguardia de la electrónica. Sin embargo, el crecimiento de capas ultradelgadas de SiO_2 con espesores próximos al nanómetro ha supuesto la aparición de ciertos inconvenientes, entre los que cabe destacar el aumento exponencial de la corriente de fugas con la disminución del espesor t_{ox} del dieléctrico por efecto túnel ([was03], [wol06]). La investigación con novedosas estructuras y materiales compuestos ha permitido reducir la longitud efectiva del canal a tan solo 0,34 nm. Este logro es un paso prometedor hacia la fabricación de dispositivos electrónicos en nodos subnanométricos ([wu22]).

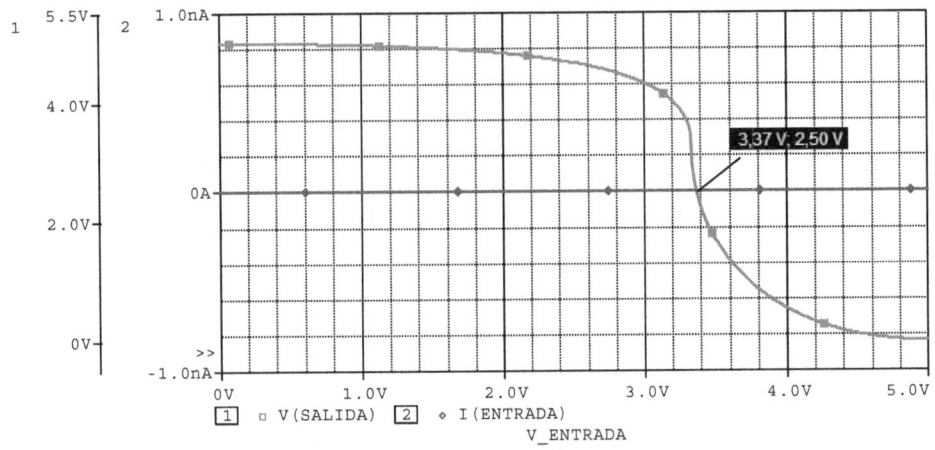

Figura 2.10   Características de transferencia de tensión $v_s(v_e)$ y de corriente de entrada $i_e(v_e)$ de la puerta NAND CMOS de la figura 2.9. Los parámetros empleados en los transistores MbreakP y MbreakN son los que figuran por defecto en PSpice incluyendo la tensión umbral VTO, igual a 0 V para el PMOS y para el NMOS.

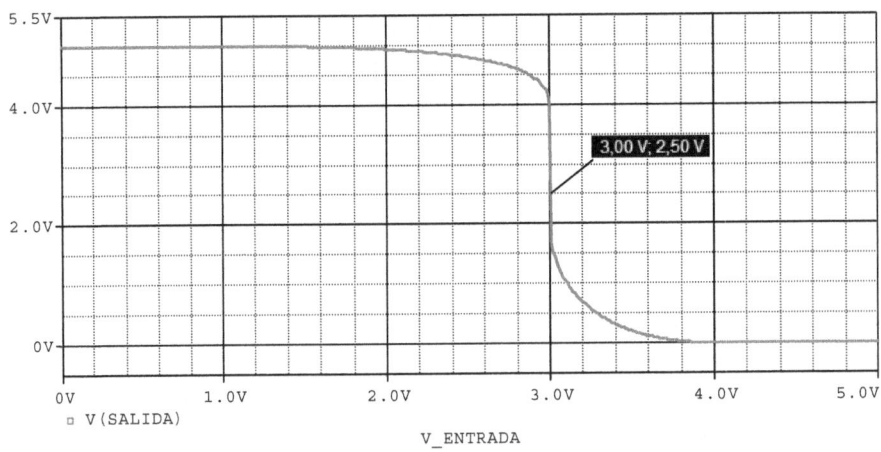

Figura 2.11   Característica de transferencia de tensión $v_s(v_e)$ de la puerta NAND CMOS de la figura 2.9. Los parámetros empleados en los transistores MbreakP y MbreakN son los que figuran por defecto en PSpice excepto la tensión umbral VTO, que es igual a -1,0 V para el PMOS y a +1,0 V para el NMOS.

Como se preveía, incrementar el módulo de VTO conduce a una respuesta más idealizada. En el caso en el que el módulo de VTO es de 2 V, la curva cruza su punto medio cuando el barrido alcanza 2,67 V, y la transición es claramente más abrupta que en los casos en los que el módulo de VTO es menor. Por último, si se fija el módulo de VTO en 2,5 V, la respuesta alcanza la idealidad, cruzando por el punto medio cuando el barrido llega a 2,5 V y efectuando una transición prácticamente vertical.

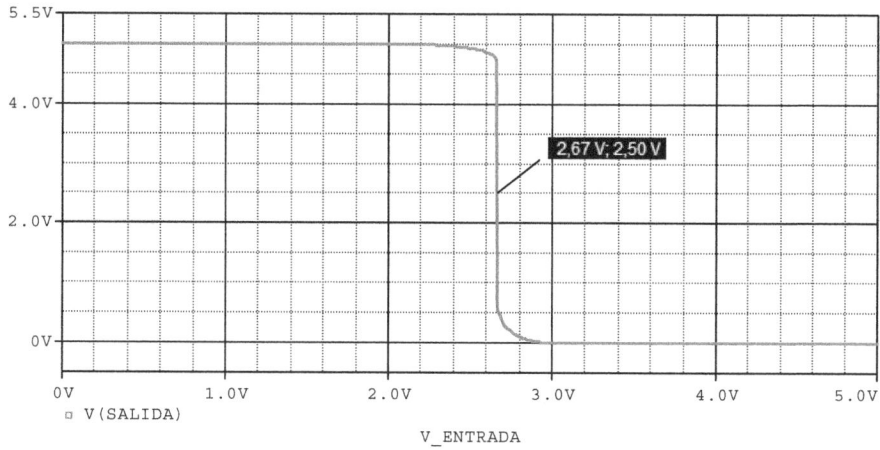

Figura 2.12   Característica de transferencia de tensión v_s (v_e) de la puerta NAND CMOS de la figura 2.9. Los parámetros empleados en los transistores MbreakP y MbreakN son los que figuran por defecto en PSpice excepto la tensión umbral VTO, que es igual a -2,0 V para el PMOS y a +2,0 V para el NMOS.

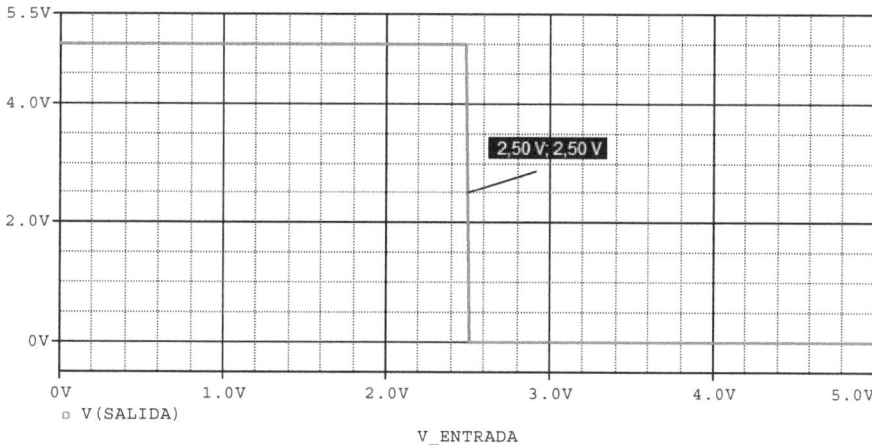

Figura 2.13   Característica de transferencia de tensión v_s (v_e) de la puerta NAND CMOS de la figura 2.9. Los parámetros empleados en los transistores MbreakP y MbreakN son los que figuran por defecto en PSpice excepto la tensión umbral VTO, que es igual a -2,5 V para el PMOS y a +2,5 V para el NMOS.

Si, para finalizar esta sección, se comparan las diferentes características de transferencia obtenidas con puertas CMOS y las obtenidas con puertas TTL en el capítulo anterior, resulta evidente que la transición entre niveles lógicos tiene lugar a voltajes bien distintos. Se acaba de comprobar que en el caso de CMOS dicha transición se produce, al menos en el ejemplo ideal, en un punto equidistante entre los 5 V del voltaje de alimentación y tierra; mientras que con TTL la transición no es tan simétrica al estar mucho más próxima a 0 V que a 5 V. Esta discrepancia tiene su importancia, puesto que los rangos de tensión que definen los niveles lógicos alto y bajo para una familia lógica dada dependen en gran medida del voltaje en el que se produce la mencionada transición. En consecuencia, los fabricantes de dispositivos CMOS se vieron empujados a adaptar el diseño de sus dispositivos con el objetivo de que fuesen compatibles con los TTL ya existentes, para dar así la oportunidad de combinar dispositivos de ambas familias en un mismo diseño. Por esta razón todas las subfamilias lógicas CMOS que se fueron lanzando al mercado hasta mediados de la década de 1980, con excepción de la serie 4000, que fue la primera subfamilia CMOS en comercializarse con éxito, están disponibles en dos variantes: la original y la equivalente compatible con TTL, tal y como se indica a continuación (la T denota compatibilidad con TTL):

> HC/HCT (*high-speed* CMOS)

> AC/ACT (*advanced* CMOS)

> AHC/AHCT (*advanced high-speed* CMOS)

Por ejemplo, el CI 74HC02 es un dispositivo con cuatro puertas NOR de dos entradas por puerta, mientras que el 74HCT02 es el dispositivo equivalente compatible con TTL. Además de estas tres subfamilias, existen otras dos concebidas desde un principio para ser compatibles con TTL y comercializadas en la década de 1990: la FCT (*fast* CMOS) y la FCT-T.[20] La tabla 2.10 agrupa algunos parámetros eléctricos representativos de las subfamilias CMOS HC, HCT, AHC y AHCT. Resulta ilustrativo comparar dichos parámetros con los mostrados en la tabla 1.1 del capítulo anterior para el caso de las subfamilias lógicas TTL.

Tabla 2.10   Parámetros eléctricos característicos de cuatro subfamilias CMOS. En la columna de la izquierda, C denota carga CMOS y T carga TTL. (Adaptada de [wak18]).

	HC	HCT	AHC	AHCT
$V_{IL(max)}$ (V)	1,35	0,8	1,35	0,8
$V_{IH(min)}$ (V)	3,85	2,0	3,85	2,0
$V_{OL(max)\,C}$ (V)	0,1	0,1	0,1	0,1
$V_{OL(max)\,T}$ (V)	0,33	0,33	0,44	0,44
$V_{OH(min)\,C}$ (V)	4,4	4,4	4,4	4,4
$V_{OH(min)\,T}$ (V)	3,84	3,84	3,80	3,80
$I_{OL(max)\,C}$ (mA)	0,02	0,02	0,05	0,05
$I_{OL(max)\,T}$ (mA)	4,0	4,0	8,0	8,0
$I_{OH(max)\,C}$ (mA)	-0,02	-0,02	-0,05	-0,05
$I_{OH(max)\,T}$ (mA)	-4,0	-4,0	-8,0	-8,0

---

[20] Una referencia recomendable acerca de la evolución de las distintas subfamilias CMOS y sus prestaciones es el texto de Wakerly en cualquiera de sus ediciones listadas en la bibliografía ([wak01], [wak07] y [wak18]).

2.5 Entradas flotantes en puertas CMOS

Una buena parte de la descripción que se hizo sobre las entradas flotantes en el contexto de la tecnología TTL estudiada en el capítulo 1 es perfectamente válida para la tecnología CMOS y no se repetirá de nuevo, si bien hay algunas diferencias significativas que se van a mencionar en la presente sección. Como ya se comentó entonces, en ocasiones es inevitable tener que dejar alguna entrada flotante en una puerta lógica determinada, debido a que no existen circuitos integrados comercialmente disponibles que contengan puertas lógicas con un número arbitrario de entradas, ni para TTL ni para CMOS. La tabla 2.11 recoge una serie de puertas NAND con diferente número de entradas que son comunes a distintas subfamilias de dispositivos CMOS.

Tabla 2.11 Puertas comunes NAND disponibles en tecnología CMOS para distintas subfamilias. 74 es un prefijo común que se refiere a dispositivos de tecnologías tanto TTL como CMOS. En el caso de CMOS, x hace referencia a cualquier subfamilia de esta tecnología, como por ejemplo la HC. (Adaptada de [hor16]).

Subfamilia	Número de entradas por puerta NAND			
	2	3	4	8
74x	74x00	74x10	74x20	74x30
4000B	4011	4023	4012	4068

Las entradas flotantes de dispositivos CMOS son muy sensibles al ruido y a las cargas estáticas que fácilmente podrían polarizar los transistores MOSFET en el estado de conducción, lo que supone una mayor disipación de potencia y un posible calentamiento, que si llega a ser excesivo podría incluso provocar la destrucción del dispositivo ([toc07]). El voltaje de una entrada flotante CMOS fluctuará aleatoria e impredeciblemente en un entorno eléctricamente ruidoso, manifestándose dicha fluctuación en la entrada como un batido de alta frecuencia y amplitud errática, siendo su efecto sobre la salida igualmente impredecible. Monitorizar la señal de ruido en una de estas entradas no siempre resulta sencillo, ya que la capacidad existente en una sonda de osciloscopio puede bastar para filtrar el ruido presente al entrar en contacto con la entrada flotante, dando la apariencia de una falsa estabilidad en el voltaje de entrada, que registrará 0 V ([wak18]).

¿Qué hacer en la práctica, por lo tanto, si en un determinado diseño CMOS existe alguna entrada no utilizada? Igual que se hace con puertas TTL, se puede optar por conectarla a otra entrada utilizada de la misma puerta, o bien al nodo de alimentación o al de tierra, dependiendo del tipo de puerta. En este segundo caso puede hacerse una conexión directa y no a través de una resistencia como se recomienda con puertas TTL, según se indica en [flo16], aunque algunos autores recomiendan el uso de dicha resistencia tanto con puertas TTL como CMOS, siendo su valor más crítico para TTL. En el caso de puertas CMOS, el valor típico de dicha resistencia está entre 1 kΩ y 10 kΩ ([wak18]). Los detalles del conexionado en las dos soluciones mencionadas se pueden consultar en la sección 1.5 del capítulo anterior dedicada a las entradas flotantes TTL, ya que en este aspecto no hay diferencias entre ambas.

2.6 Componentes

Circuitos integrados

4011B (1x). CI CMOS con 4 puertas NAND de dos entradas.

Resistencias

270 Ω (1x), 2 kΩ (1x), 10 kΩ (1x), 47 kΩ (2x), 100 kΩ (1x), 1 MΩ (1x).

Potenciómetros

1 kΩ (1x).

2.7 Verificación experimental

Los montajes experimentales que se proponen a continuación hacen uso, además de algunas resistencias, de un circuito integrado y de un potenciómetro. La identificación de los correspondientes terminales y pines de estos dispositivos puede cónsultarse en los apéndices C y E.

2.7.1 Cargabilidad de salida

El estudio experimental de la cargabilidad de salida propuesto seguidamente para puertas CMOS solo difiere del llevado a cabo con puertas TTL en el capítulo 1 en el número de cargas resistivas empleadas, con el fin de facilitar la comparación con los resultados obtenidos mediante simulación en secciones anteriores.

Procedimiento

1. Montar el circuito de la figura 2.14, donde la salida Z es un 1 lógico.

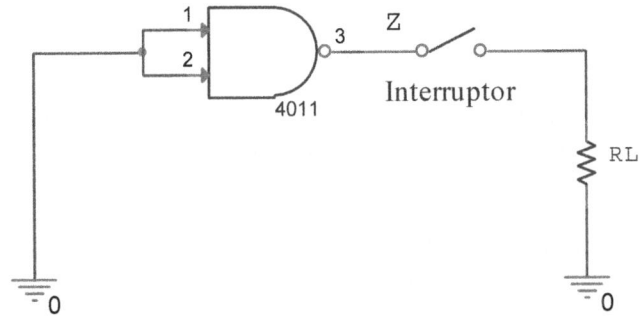

Figura 2.14   Circuito basado en una puerta NAND para el análisis de cargabilidad.

2. Medir la tensión v_z en la salida de la puerta para las cargas resistivas de la siguiente tabla. El interruptor abierto se corresponde con el primer caso ($\infty\ \Omega$), al quedar la carga R_L desconectada de la salida de la puerta lógica.

R_L	$\infty\ \Omega$	$1\ M\Omega$	$100\ k\Omega$	$10\ k\Omega$	$1\ k\Omega$	$270\ \Omega$
v_z						

3. Calcular, apoyándose en las medidas de tensión realizadas, la resistencia de salida R_s de la puerta lógica para cada una de las cinco cargas y tabular los resultados. Si es necesario, consultar la forma de hacerlo tal y como se detalla en el estudio dedicado a la cargabilidad con puertas TTL del capítulo anterior.

R_L	$1\ M\Omega$	$100\ k\Omega$	$10\ k\Omega$	$1\ k\Omega$	$270\ \Omega$
R_s					

Cuestiones

a) ¿Existe diferencia de tensión entre el voltaje de la fuente de alimentación y el de la salida de la puerta en estado alto cuando se mide en ausencia de carga? ¿Por qué?

b) ¿La impedancia de una salida digital CMOS depende de la carga?

c) ¿Para qué valores (altos o bajos) de corrientes en la carga se aproxima más una salida CMOS real a una fuente de tensión ideal?

d) ¿Qué puede decirse, a la vista de los resultados, de la característica de salida $v_z(i_L)$? (i_L denota la corriente en la carga). ¿Dicha característica es lineal o no lineal?

e) Compara las medidas experimentales de voltaje de salida en estado alto con los resultados obtenidos mediante simulación para los cuatro casos analizados e identifica el que resulte más parecido.

f) Compara los resultados obtenidos para TTL y CMOS. ¿Qué tecnología tolera mejor los efectos de carga ante una demanda alta de corriente?

2.7.2 Características de transferencia de un inversor CMOS

La obtención experimental de las características de transferencia de un inversor CMOS reproduce el método empleado en el capítulo anterior para un inversor TTL, que se repite aquí paso a paso. Se recurre a la misma topología de circuito empleado entonces, con el objetivo de permitir la posterior comparación de resultados entre ambas tecnologías. En el presente apartado se propone, por tanto, trazar a partir de medidas experimentales las características de transferencia de tensión $v_s(v_e)$ y de corriente $i_e(v_e)$ de un inversor CMOS empleando una puerta NAND, cuyas dos entradas se encuentran cortocircuitadas. Sobre el nodo único de entrada resultante se realizará un barrido de tensión entre 0 V y 5 V haciendo uso de un potenciómetro.

2.7.2.1 Característica de transferencia $v_s (v_e)$

Procedimiento

1. Montar el circuito de la figura 2.15 con el potenciómetro de 1 kΩ.

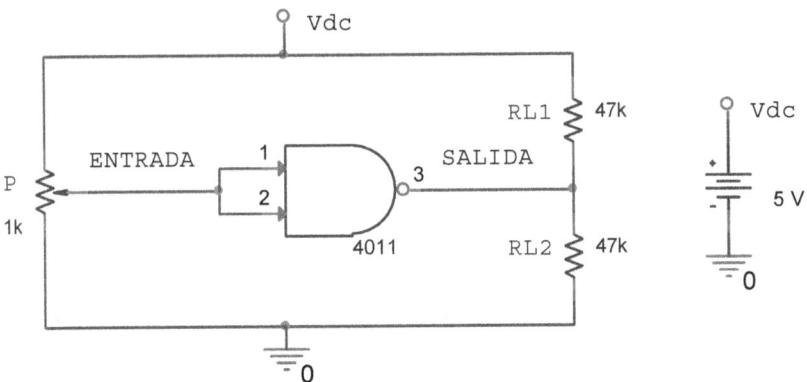

Figura 2.15 Circuito para la obtención de las características de transferencia de tensión $v_s (v_e)$ y de corriente $i_e (v_e)$ de un inversor CMOS implementado a partir de una puerta NAND de dos entradas del CI 4011B.

2. Obtener la curva de transferencia de tensión $v_s (v_e)$ en el rango 0 V $< v_e <$ 5 V. Con el polímetro conectado en la entrada de la puerta se monitoriza la tensión de entrada v_e aplicada, que se gobierna ajustando el potenciómetro. El osciloscopio permite registrar simultáneamente la tensión v_s a la salida de la puerta. Como se trata de un nivel de tensión continua, no hay que olvidar incluir la componente de continua en la señal (la única que tiene) pulsando el conmutador DC asociado al canal correspondiente del osciloscopio. Tabular las medidas y representarlas gráficamente.

$v_e (V)$								
$v_s (V)$								

2.7.2.2 Característica de transferencia $i_e (v_e)$

Procedimiento

1. Utilizando el mismo montaje de la figura 2.15, tratar de obtener la curva de transferencia de corriente $i_e (v_e)$ en el rango 0 V $< v_e <$ 5 V. La corriente de entrada i_e se puede intentar registrar con ayuda de un polímetro, mientras que el voltaje aplicado en la entrada se monitoriza esta vez con el osciloscopio (o un segundo polímetro, si se encuentra disponible). Recordar que **los amperímetros**

se conectan en serie con el circuito. Tabular las medidas y representarlas gráficamente.

v_e (V)								
i_e(mA)								

Cuestiones

a) Con tecnología CMOS de 5 V la tensión de entrada en estado bajo v_{IL} se encuentra acotada en el intervalo [0; $V_{IL(max)}= 1,5$] V, mientras que la tensión de entrada en estado alto v_{IH} lo está en el rango [$V_{IH(min)}= 3,5$; 5,0] V. ¿Las medidas realizadas corroboran dichos límites?

b) ¿Ha resultado posible medir con un polímetro convencional la corriente demandada por la puerta durante el barrido de tensión?

c) ¿Qué tecnología consume más (TTL o CMOS) y por qué?

d) ¿Qué característica de transferencia de tensión (TTL o CMOS) se aproxima más al caso ideal (es decir, presenta una transición más abrupta)?

2.7.3 Entradas flotantes en una puerta NAND (CI 4011B)

Abordaremos aquí las medidas de tensión en las entradas y las salidas de una de las puertas lógicas integradas en un CI 4011B alimentado con 5 V cuando una de las entradas de la puerta bajo estudio permanece sin conectar. Como se comprobará, el comportamiento de la puerta CMOS es diferente del de la puerta TTL.

Procedimiento

1. Conectar alimentación (5 V) y masa a un CI 4011B.

2. Comprobar que la funcionalidad de una de las puertas del CI es la esperada para garantizar que el montaje es correcto.

3. Conectar una única entrada de la misma puerta NAND escogida en el punto 2 a la fuente de alimentación de 5 V a través de una resistencia de 1 kΩ, como muestra la figura 2.16 para la entrada A. Dejar flotante la entrada B.

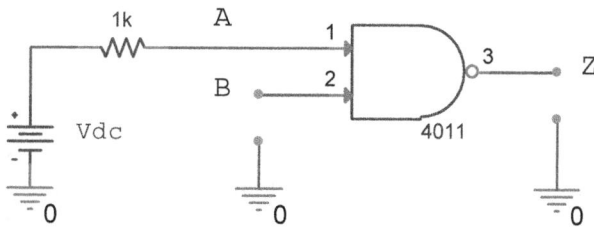

Figura 2.16   Montaje para medir la tensión en la entrada flotante B y la salida Z.

4. Para facilitar la captación de ruido electromagnético suele bastar con pinchar en el nodo correspondiente a la entrada flotante sobre la placa de prototipos un pequeño cable (el mismo tipo de cable telefónico o similar empleado para realizar las conexiones sobre la placa). Dicho cable quedará suelto por el otro extremo y hará de antena.

5. Monitorizar la salida de la puerta con ayuda del osciloscopio, moviendo o bien tocando la pequeña antena improvisada con cable telefónico, si es necesario, hasta conseguir registrar la presencia intermitente de una señal de ruido de alta frecuencia.

2.8 Ejercicios y cuestiones de refuerzo

a) Supón que en un diseño CMOS se emplea, entre otros, el CI 4068, que contiene una puerta NAND de ocho entradas de las que solo se utilizan siete. Indica cómo conectar la entrada sobrante para que no sea flotante y que al mismo tiempo no modifique la función lógica concebida inicialmente.

b) Supón que en un diseño CMOS se emplea, entre otros, el CI 4002, que contiene dos puertas NOR de cuatro entradas, y en una de ellas solo se utilizan tres. Indica cómo conectar la entrada sobrante para que no sea flotante y que al mismo tiempo no modifique la función lógica concebida inicialmente.

c) La figura 2.2 muestra las curvas corriente-tensión de un transistor PMOS de enriquecimiento. Reproduce mediante PSpice el procedimiento de obtención de dichas curvas siguiendo el procedimiento descrito en el apéndice G. Utiliza para ello el circuito de la figura 2.17, escogiendo varios valores positivos del voltaje v_{SG} y configurando la simulación con un barrido de tensión entre 0 V y 10 V para el voltaje v_{SD}.

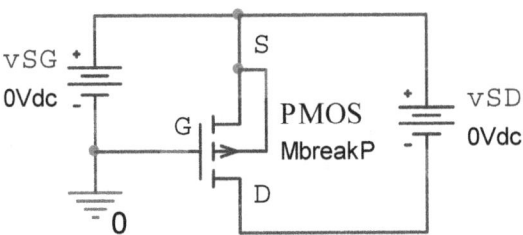

Figura 2.17 Circuito propuesto para la obtención de las curvas i_D-v_{SD} de un transistor PMOS de enriquecimiento correspondientes a varios voltajes v_{SG}.

d) Simula con PSpice el circuito de la figura 2.18 y obtén las curvas corriente-tensión de un transistor NMOS de enriquecimiento para varios valores positivos del voltaje v_{GS}, haciendo un barrido de tensión entre 0 V y 10 V para el voltaje v_{DS}. Compara el resultado con las curvas correspondientes del transistor PMOS mostradas en la figura 2.2.

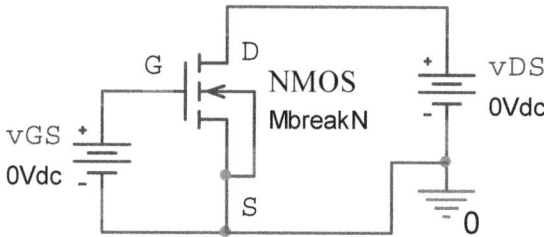

Figura 2.18   Circuito propuesto para la obtención de las curvas i_D-v_{DS} de un transistor NMOS de enriquecimiento correspondientes a varios voltajes v_{GS}.

Parte 2

LÓGICA COMBINACIONAL

En esta segunda parte se aborda el estudio de una serie de circuitos combinacionales de creciente complejidad a lo largo de ocho capítulos. El capítulo 3 está dedicado al diseño de dos variantes de un decodificador binario de dos a cuatro, denominado así porque dispone de dos líneas de entrada cuya decodificación selecciona una de sus cuatro líneas de salida, que serán activas a nivel lógico alto o bien bajo dependiendo del diseño. Se trata de diseños sencillos empleando puertas lógicas muy comunes, en los que se explotará el potencial de algunos postulados y teoremas del álgebra de conmutación. Seguidamente se propone, en el capítulo 4, la síntesis de circuitos digitales de dos y más niveles empleando exclusivamente puertas lógicas y poniendo en práctica diferentes estrategias de simplificación de funciones lógicas. El capítulo 5 introduce diferentes codificadores binarios de 4 a 2, con y sin prioridad. El capítulo 6 destaca la conveniencia de recurrir a la puerta OR exclusivo (XOR) en la implementación de varios circuitos clásicos, concretamente un comparador, un generador de paridad y conversores de código Gray a código binario y viceversa. En el capítulo 7 se retoman los dos circuitos decodificadores básicos del capítulo 3 con el objetivo de unificar su descripción bajo una única tabla de verdad que aúne la funcionalidad de ambos, teniendo así un decodificador con capacidad de seleccionar la polaridad de las cuatro líneas de salida. El capítulo 8 introduce los dos circuitos multiplexores 74x150 y 74x151, con los que se diseñarán circuitos detectores de números primos de diferente rango. Los capítulos 9 y 10 están dedicados a la aritmética binaria (que se inició realmente en el capítulo 6 abordando el estudio de los circuitos comparadores) con una cobertura que abarca el estudio del circuito semisumador, el sumador completo, el sumador binario con acarreo y finalmente una unidad aritmética de suma y resta de palabras digitales de cuatro bits con detección de desbordamiento, utilizando para ello el sumador de cuatro bits modular 74x283 junto a cierta lógica combinacional adicional.

En la tercera parte del texto se ampliará el abanico de dispositivos combinacionales modulares mediante la introducción, por un lado, del decodificador de 3 a 8 74x138 y del decodificador de BCD a decimal 74x42, en ambos casos para decodificar los estados de diferentes contadores; y por otro, del decodificador de BCD a siete segmentos 74x48, que se empleará conectado a un visualizador de siete segmentos de cátodo común para facilitar el seguimiento de la secuencia de estados en diferentes sistemas secuenciales síncronos.

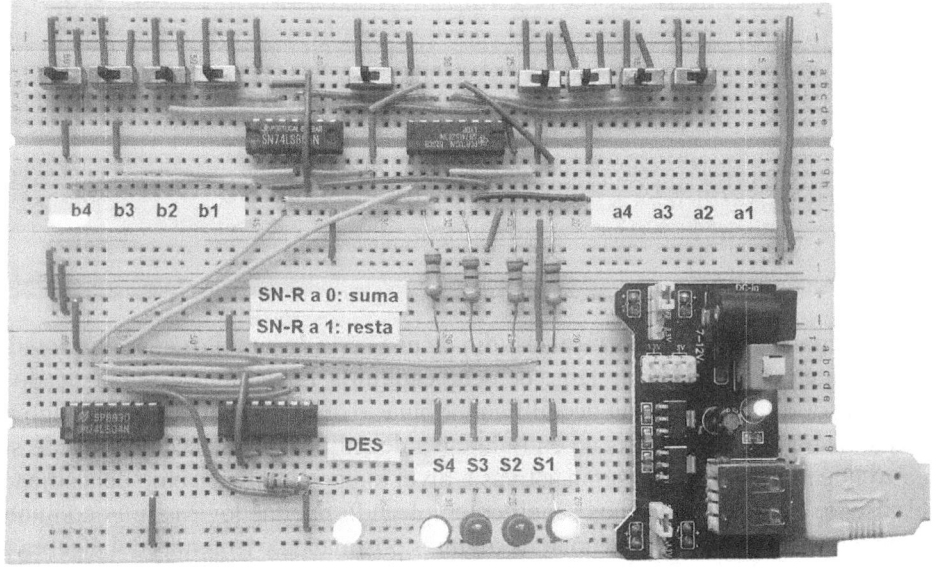

Esta fotografía, en la que está inspirada la ilustración de la portada, muestra un circuito sumador y restador de dos operandos de cuatro bits en complemento a dos, e incluye un módulo detector del posible desbordamiento que puede surgir tras realizar una operación aritmética. El montaje experimental se propone por etapas, en el capítulo 10, para facilitar la identificación de posibles errores durante el cableado: en primer lugar, se verifica el funcionamiento del módulo sumador de cuatro bits; seguidamente, se añade un conjunto de puertas XOR para implementar la resta; y, finalmente, se cablea la lógica combinacional correspondiente al detector de desbordamiento. La implementación hace uso de ocho interruptores SPDT de dos posiciones, que permiten seleccionar individualmente los bits de los dos operandos, así como de un interruptor adicional para seleccionar la operación de suma o de resta.

3

Decodificador binario básico de 2 a 4

3.1 Introducción

Un **decodificador binario**[1] es un dispositivo digital combinacional que convierte un código binario disponible en sus N líneas de entrada en otro código de salida de M bits, con la particularidad de que cada una de las 2^N combinaciones binarias de entrada activa (o decodifica) una única línea de salida, siendo $M = 2^N$. En otras palabras, el circuito decodificador binario inspecciona el estado lógico de cada una de sus N entradas, determina el número binario asociado a esa combinación de entradas y decodifica la única salida que corresponde a ese número, permaneciendo el resto de sus salidas inactivas.

El código de entrada de un decodificador no tiene que estar expresado necesariamente en binario natural, pudiendo tratarse, por ejemplo, de una palabra

---

[1] Tanto *decodificador* como *descodificador* son términos aceptados por la RAE según figura en su diccionario, si bien es mucho más frecuente adoptar *decodificador* como traducción del vocablo inglés *decoder*. La palabra *descodificador* (o bien *descodificación*) es empleada en algunas referencias, como por ejemplo [her08] y [val07].

digital codificada en BCD[2], para la que N es 4 y M es solo 10 en lugar de 16. En este caso se tiene un decodificador no binario, denominado decodificador decimal o BCD. Con esta codificación se emplean 4 bits para representar los números decimales del 0 al 9. Existen variantes de los códigos BCD, como son el BCD natural, el Aiken, el 5421 o el exceso tres ([man15]). Por ejemplo, el número decimal 806 se representa en el código BCD natural como 1000 0000 0110. En cualquier caso, independientemente del código binario utilizado, M nunca es superior a 2^N en un decodificador.

Existen diferentes tipos de decodificadores modulares comercialmente disponibles. El decodificador binario más sencillo es el decodificador de dos a cuatro (denotado de forma abreviada como 2:4), denominado así porque acepta códigos de 2 bits en sus líneas de entrada para activar una única de sus cuatro salidas. El dispositivo comercial 74x139 incorpora dos de estos decodificadores en un mismo CI. Otro decodificador binario es el de tres a ocho (3:8), que también cuenta con un diseño comercialmente disponible, el 74x138. Un decodificador modular de código BCD a decimal es el 74x42. Además de las líneas de entrada y de salida de estos dispositivos, es habitual que muchos decodificadores cuenten con al menos una línea adicional de habilitación. En caso de disponer de varias de estas líneas, algunas de ellas son activas a nivel lógico alto y otras a nivel lógico bajo, como sucede con el 74x138. Esta característica resulta muy útil en el diseño digital, puesto que permite la expansión de la capacidad de un decodificador. Los símbolos lógicos de los tres decodificadores mencionados se muestran en la figura 3.1[3].

Una amplia selección de decodificadores modulares que los diferentes fabricantes de dispositivos semiconductores han ido lanzando al mercado desde la irrupción de los dispositivos MSI, acompañada de una breve descripción de cada uno de ellos, se recopila en la tabla 3.1. Por lo que respecta a los decodificadores de la serie 74 incluidos en la tabla, estos no siempre se encuentran disponibles simultáneamente en las tecnologías TTL y CMOS. Algunas de las referencias bibliográficas mencionadas entre paréntesis facilitan abundante información sobre los dispositivos, mientras que otras se limitan a apuntar su funcionalidad o aportar alguna característica básica, sin entrar en más detalles. En cualquier caso, siempre es aconsejable descargar de Internet la documentación original proporcionada por los propios fabricantes en sus hojas de características técnicas.

---

[2] Del inglés *binary-coded decimal*.

[3] La denominación de las entradas de habilitación activas a nivel bajo es incorrecta en los símbolos lógicos de PSpice mostrados en la figura, que se encuentran en la biblioteca 74HC. Lo acertado sería denotar dichas entradas simplemente como G, G2A y G2B (es decir, sin añadir la barra de variable complementada que aparece en los símbolos de circuito), debido a la presencia de la burbuja de inversión en todas ellas. Añadir dicha barra sobre las entradas de habilitación manteniendo al mismo tiempo la burbuja de inversión es equivalente a negar dos veces ([wak07]). Desafortunadamente, se trata de un error recurrente que afecta a numerosos símbolos lógicos de PSpice.

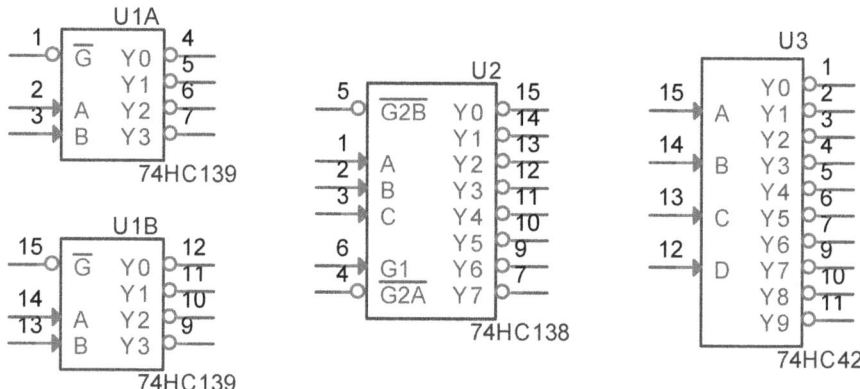

Figura 3.1 Selección de decodificadores modulares de la subfamilia CMOS-HC. U1A y U1B: 74HC139 (dos decodificadores binarios 2:4). U2: 74HC138 decodificador binario 3:8). U3: 74HC42 (decodificador BCD 4:10).

Tabla 3.1 Selección de decodificadores modulares y sus principales características.

DEC	Características
74x42	Decodificador 4:10 de BCD a decimal con salidas activas a nivel bajo ([ach10],[clu86],[fle80],[flo16],[god04],[hor89],[toc07])
74x43	Decodificador 4:10 de código exceso 3 a decimal con salidas activas a nivel bajo ([fle80])
74x44	Decodificador 4:10 de código Gray exceso 3 a decimal con salidas activas a nivel bajo ([fle80])
74x45	Decodificador 4:10 de BCD a decimal con salidas de colector abierto y límites de corriente y de voltaje mayores que los de una salida TTL convencional ([ach10],[lea11],[toc07])
74x46/47	Decodificadores de BCD a código de siete segmentos con salidas activas a nivel bajo para excitar visualizadores de ánodo común ([bla05], [buc09], [flo16], [hor16],[gar07],[lea11],[toc07],[tok08])
74x48/49	Decodificadores de BCD a código de siete segmentos con salidas activas a nivel alto para excitar visualizadores de cátodo común ([art02],[gar07], [lea11],[wak07])
74x138	Decodificador 3:8 con salidas activas a nivel bajo y tres entradas de habilitación, una activa a nivel alto y dos a nivel bajo ([bog92],[fle80], [hor16],[gar07],[nel96],[tau83],[toc07],[wak18])
74x139	CI con dos decodificadores 2:4 con salidas activas a nivel bajo y una entrada de habilitación activa a nivel bajo ([buc09],[fle80],[flo16],[gar07], [hor16],[tau83],[wak07])
74x141/145	Decodificadores 4:10 de BCD a decimal con salidas de colector abierto ([ach10])
74x154	Decodificador 4:16 con salidas activas a nivel bajo y dos entradas de habilitación activas a nivel bajo ([ach10],[clu86],[flo16],[hay96],[lea11], [nel96],[toc07],[tok08])

DEC	Características
74x155	CI con dos decodificadores 2:4 con salidas activas a nivel alto. Las dos entradas codificadas son compartidas. Cada decodificador tiene una entrada de habilitación activa a nivel alto y otra a nivel bajo ([tau83])
74x4511[4]	Decodificador de BCD a código de siete segmentos con controlador de corriente incorporado y salidas activas a nivel alto para excitar visualizadores de cátodo común ([fer01],[hor16])
74x4543	Decodificador de BCD a código de siete segmentos con controlador de corriente incorporado y salidas activas a nivel bajo para excitar visualizadores de ánodo común ([tok08],[4543])
4028	Decodificador 4:10 de BCD a decimal CMOS con salidas activas a nivel alto ([ach10])
4514	Decodificador 4:16 CMOS con salidas activas a nivel alto ([ach10])
4515	Decodificador 4:16 CMOS con salidas activas a nivel bajo ([ach10])

Si para una aplicación determinada se precisa de un decodificador binario de más de tres líneas de entrada y no se dispone del decodificador modular adecuadamente dimensionado, es posible combinar varios dispositivos más pequeños y expandir así la capacidad del decodificador original, como ya se mencionó anteriormente. A modo de ejemplo, para diseñar un decodificador binario de cuatro a dieciséis (4:16) basta con recurrir a dos decodificadores 74x138, sin más que cablear convenientemente sus diferentes entradas de habilitación ([wak07]). La realización física de un decodificador binario de cinco a treinta y dos (5:32) es algo más compleja, pero se puede conseguir igualmente mediante cuatro dispositivos 74x138 y un 74x139 ([wak01]) o bien con cinco 74x138 ([wak18]).

Entre las aplicaciones del decodificador cabe destacar la decodificación de direcciones en circuitos de memoria para computadores. También resultan muy prácticos como módulos generadores de miniterminos en la síntesis de funciones lógicas, así como en la decodificación de los estados de un contador y en la conversión de código BCD a un código apropiado para su representación mediante un visualizador de siete segmentos. El estudiante con curiosidad por profundizar en estas aplicaciones del decodificador encontrará en el capítulo 26 una exposición de todas ellas.

Este capítulo introduce el diseño lógico combinacional mediante dos variantes muy sencillas de decodificadores binarios, ambos de dos a cuatro, y que se implementarán empleando únicamente puertas lógicas. Como se tendrá ocasión de comprobar, los dos decodificadores se diferencian únicamente en la polaridad de las salidas decodificadas, dando lugar a realizaciones físicas que, al requerir pocos chips, se montan con facilidad sobre una placa de prototipos.

---

[4] La denominación 4511 hace referencia al dispositivo equivalente CMOS de la serie 4000B, que además cuenta con una disposición de pines compatible con el 74x4511. Lo mismo puede decirse del 4543, también incluido en la tabla: en este caso existen el 4543 de la serie 4000B y el 74HC4543, ambos en tecnología CMOS.

3.2 Decodificador binario básico de 2 a 4

Un decodificador binario de dos a cuatro, en su versión más básica, solo dispone de dos líneas de entrada, A1 y A0, y cuatro líneas de salida, D3, D2, D1 y D0. Dicho decodificador carece, por lo tanto, de entradas adicionales, como puede ser la entrada de habilitación, que siempre está presente en los decodificadores modulares comercialmente disponibles (en ocasiones existen varias de ellas, como ya se apuntó en la introducción); o bien la entrada de control de polaridad de salida. Por otro lado, la tabla de verdad del decodificador dependerá de si sus líneas de entrada y salida son activas a nivel lógico alto o bajo. Los apartados siguientes plantean dos casos posibles, el primero con líneas de salida activas a nivel alto y el segundo con líneas de salida activas a nivel bajo.

3.2.1 Decodificación con salidas activas a nivel alto

La tabla de verdad de un decodificador básico de dos a cuatro cuyas líneas de entrada y de salida son activas a nivel lógico alto se representa en la tabla 3.2. Como puede verse, hay una única salida decodificada para cada combinación posible de las entradas, que se representa sombreada. Además, cada una de las salidas representa un minitérmino diferente de entre los cuatro que pueden formarse con las dos variables de entrada.

Tabla 3.2 Tabla de verdad de un decodificador binario básico 2:4 con entradas y salidas activas a nivel alto. Se indica el minitérmino seleccionado para cada combinación de entradas.

Entradas		Salidas				Minitérmino
A1	A0	D3	D2	D1	D0	seleccionado
0	0	0	0	0	1	$m_0 = \overline{A1} \cdot \overline{A0}$
0	1	0	0	1	0	$m_1 = \overline{A1} \cdot A0$
1	0	0	1	0	0	$m_2 = A1 \cdot \overline{A0}$
1	1	1	0	0	0	$m_3 = A1 \cdot A0$

Las expresiones lógicas de las cuatro salidas se deducen de forma inmediata a partir de la tabla de verdad, y son las siguientes:

$$D3 = A1 \cdot A0 \tag{3.1}$$

$$D2 = A1 \cdot \overline{A0} \tag{3.2}$$

$$D1 = \overline{A1} \cdot A0 \tag{3.3}$$

$$D0 = \overline{A1} \cdot \overline{A0} \tag{3.4}$$

La síntesis resultante, mostrada en la figura 3.2, requiere dos puertas inversoras y cuatro puertas AND de dos entradas.

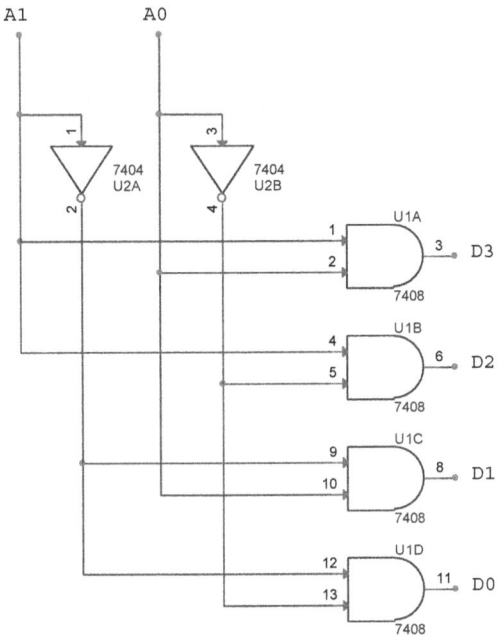

Figura 3.2 Síntesis del decodificador binario básico 2:4 correspondiente a la tabla de verdad mostrada en la tabla 3.2.

3.2.2 Decodificación con salidas activas a nivel bajo

La tabla de verdad de un decodificador de dos a cuatro con líneas de entrada activas a nivel alto y líneas de salida activas a nivel bajo se representa en la tabla 3.3.

Tabla 3.3 Tabla de verdad de un decodificador binario básico 2:4 con entradas activas a nivel alto y salidas activas a nivel bajo. Se indica el maxitérmino seleccionado para cada combinación de entradas.

Entradas		Salidas				Maxitérmino
A1	A0	D3_L	D2_L	D1_L	D0_L	seleccionado
0	0	1	1	1	0	$M_0 = A1+A0$
0	1	1	1	0	1	$M_1 = A1+\overline{A0}$
1	0	1	0	1	1	$M_2 = \overline{A1}+A0$
1	1	0	1	1	1	$M_3 = \overline{A1}+\overline{A0}$

Las cuatro salidas decodificadas, que aparecen de nuevo sombreadas, se representan esta vez con un cero lógico y pasan a denominarse D3_L-D0_L. Cada una de ellas representa un maxitérmino diferente de los cuatro posibles. Esta variante adopta la funcionalidad del dispositivo modular comercial 74x139 mencionado en la introducción. Sin embargo, el 74x139 es algo más complejo, ya que dispone de una entrada de habilitación independiente para cada uno de los dos decodificadores de dos a cuatro que contiene ([wak07]).

Comparando las tablas 3.2 y 3.3 es evidente que las expresiones lógicas del decodificador con salidas activas a nivel bajo deben ser las versiones complementadas de las correspondientes expresiones del decodificador con salidas activas a nivel alto. Para verificarlo basta con escribir las cuatro expresiones lógicas de partida que resultan de la tabla 3.3 y proceder seguidamente a su simplificación. Dichas expresiones son[5]:

$$\mathtt{D3\_L} = \overline{\mathtt{D3}} = \overline{\mathtt{A1}} \cdot \overline{\mathtt{A0}} + \overline{\mathtt{A1}} \cdot \mathtt{A0} + \mathtt{A1} \cdot \overline{\mathtt{A0}} \qquad (3.5)$$

$$\mathtt{D2\_L} = \overline{\mathtt{D2}} = \overline{\mathtt{A1}} \cdot \overline{\mathtt{A0}} + \overline{\mathtt{A1}} \cdot \mathtt{A0} + \mathtt{A1} \cdot \mathtt{A0} \qquad (3.6)$$

$$\mathtt{D1\_L} = \overline{\mathtt{D1}} = \overline{\mathtt{A1}} \cdot \overline{\mathtt{A0}} + \mathtt{A1} \cdot \overline{\mathtt{A0}} + \mathtt{A1} \cdot \mathtt{A0} \qquad (3.7)$$

$$\mathtt{D0\_L} = \overline{\mathtt{D0}} = \overline{\mathtt{A1}} \cdot \mathtt{A0} + \mathtt{A1} \cdot \overline{\mathtt{A0}} + \mathtt{A1} \cdot \mathtt{A0} \qquad (3.8)$$

Aplicando a $\overline{\mathtt{D3}}$ la propiedad distributiva del álgebra de Boole[6], que también existe en el álgebra convencional, resulta:

$$\overline{\mathtt{D3}} = \overline{\mathtt{A1}} \cdot (\overline{\mathtt{A0}} + \mathtt{A0}) + \mathtt{A1} \cdot \overline{\mathtt{A0}} \qquad (3.9)$$

La suma entre paréntesis en (3.9) se reduce a un 1 lógico, ya que se trata de la suma lógica de una variable y de su complemento. Se tiene, por lo tanto:

$$\overline{\mathtt{D3}} = \overline{\mathtt{A1}} + \mathtt{A1} \cdot \overline{\mathtt{A0}} \qquad (3.10)$$

Aplicando ahora al resultado obtenido el teorema de absorción T5 (que esta vez no tiene equivalente en el álgebra convencional), resulta:

$$\overline{\mathtt{D3}} = \overline{\mathtt{A1}} + \overline{\mathtt{A0}} \qquad (3.11)$$

Esta expresión puede obtenerse alternativamente de forma más inmediata y sin necesidad de recurrir a manipulaciones algebraicas simplificando el mapa de Karnaugh correspondiente para las dos variables de entrada A1 y A0. Procediendo a la simplificación de las tres expresiones restantes mediante cualquiera de los dos procedimientos, se tiene:

---

[5] Conviene matizar que Dk_L es una señal, mientras que, por el contrario, $\overline{\mathtt{Dk}}$ es una expresión lógica (ya que la barra de complemento es un operador lógico, como se apunta en [wak18] en el contexto de los nombres de señal). La asignación de la expresión $\overline{\mathtt{Dk}}$ a la señal Dk_L da lugar a la ecuación lógica $\mathtt{Dk\_L} = \overline{\mathtt{Dk}}$. Aunque no deberían utilizarse expresiones lógicas para referirse a señales, en la práctica es frecuente incurrir en este abuso de notación.
[6] En el presente análisis se recurre a algunos postulados y teoremas del álgebra de Boole que pueden consultarse en el apéndice H. En este caso se ha aplicado el postulado P4.

$$\overline{D2} = \overline{A1} + A0 \tag{3.12}$$

$$\overline{D1} = A1 + \overline{A0} \tag{3.13}$$

$$\overline{D0} = A1 + A0 \tag{3.14}$$

Reescribiendo ahora estas cuatro expresiones simplificadas mediante la aplicación del teorema de De Morgan T7d, se obtienen finalmente unas expresiones lógicas que resultan ser las versiones complementadas de los productos lógicos obtenidos anteriormente para el decodificador con salidas activas a nivel alto, como se pretendía comprobar:

$$\overline{D3} = \overline{A1 \cdot A0} \tag{3.15}$$

$$\overline{D2} = \overline{A1 \cdot \overline{A0}} \tag{3.16}$$

$$\overline{D1} = \overline{\overline{A1} \cdot A0} \tag{3.17}$$

$$\overline{D0} = \overline{\overline{A1} \cdot \overline{A0}} \tag{3.18}$$

De esta forma resulta inmediata la implementación con puertas NAND. La síntesis resultante, mostrada en la figura 3.3, requiere dos puertas inversoras y cuatro puertas NAND de dos entradas.

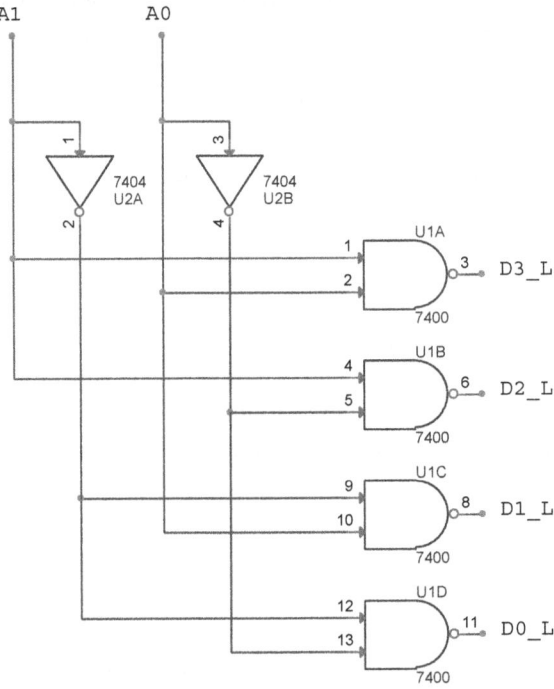

Figura 3.3 Síntesis del decodificador binario básico 2:4 correspondiente a la tabla de verdad mostrada en la tabla 3.3.

3.3 Simulación

El funcionamiento del decodificador, en las dos variantes propuestas con salidas activas a nivel alto y a nivel bajo, puede simularse fácilmente para las cuatro combinaciones posibles de entrada. Para ello resulta práctico vincular las dos líneas de entrada A1 y A0 a un bus de datos y las cuatro líneas de salida, que según el caso son D3-D0 o bien D3_L-D0_L, a un segundo bus. Las líneas del bus de entrada adoptan valores lógicos que son configurables mediante la inserción de un estímulo conectado al bus, como se ilustra seguidamente para las dos variantes bajo estudio. La forma de hacerlo con PSpice puede consultarse en el apéndice G.

Los buses conectados a las líneas de entrada y de salida de los decodificadores se denominan A[3-0] y D[3-0] respectivamente, contando ambos con cuatro líneas. En realidad, bastaría con un bus de solo dos líneas para las entradas; sin embargo, los estímulos disponibles en PSpice (concretamente, los de tipo S) son únicamente de 1, 4, 8 y 16 bits. Optando por un estímulo de 4 bits y el correspondiente bus de entrada de cuatro líneas, se emplean únicamente dos de ellas (A1 y A0), descartándose las otras dos.

3.3.1 Decodificación con salidas activas a nivel alto

La figura 3.4 muestra el circuito decodificador con salidas activas a nivel alto adaptado para simulación.

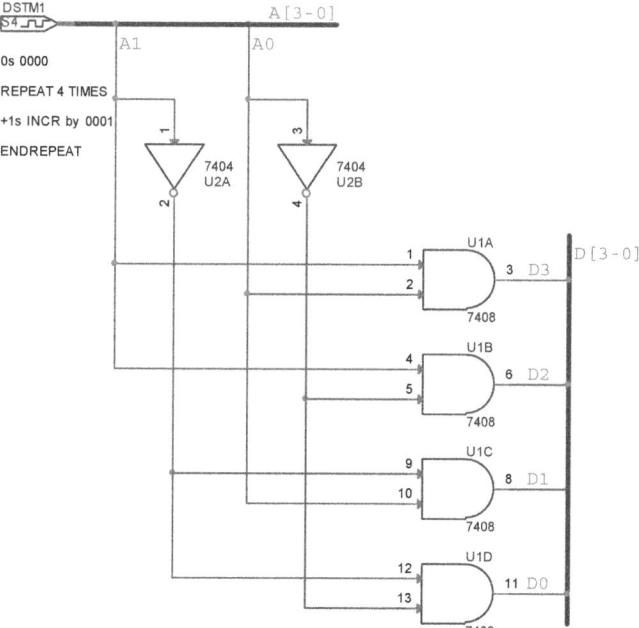

Figura 3.4 Circuito adaptado para simulación del decodificador binario básico 2:4 con salidas activas a nivel alto.

Como puede verse, el estímulo utilizado para configurar las dos líneas de entrada se actualiza cada segundo hasta completar las cuatro combinaciones posibles. La decodificación de cada una de estas combinaciones de entrada activa la salida correspondiente del circuito con una periodicidad de un segundo, como se refleja en el cronograma de la figura 3.5. En él se muestra el estado de las líneas de ambos buses de dos formas distintas, aunque equivalentes, para facilitar su interpretación. Por un lado, se indica el estado lógico de las diferentes líneas bit a bit; y por otro, el equivalente decimal de los conjuntos de líneas de entrada y de salida, representados por $\{A[3:0]\}$ y $\{D[3:0]\}$, respectivamente. Como cabría esperar de una correcta decodificación, se obtiene la secuencia $\{1, 2, 4, 8\}$ en el bus de salida, cuyo equivalente binario es $\{0001, 0010, 0100, 1000\}$.

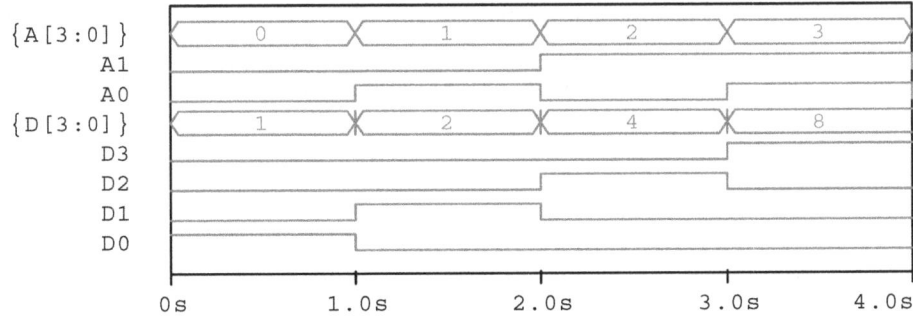

Figura 3.5   Respuesta del circuito decodificador de la figura 3.4.

3.3.2 Decodificación con salidas activas a nivel bajo

La figura 3.6 muestra el circuito decodificador con salidas activas a nivel lógico bajo adaptado para simulación. Su respuesta queda reflejada en el cronograma de la figura 3.7, de cuya inspección se deduce que la decodificación de las diferentes combinaciones de entrada, que tiene lugar con la misma periodicidad de un segundo que en el caso anterior, lleva a nivel lógico bajo una única salida para cada una de las cuatro combinaciones posibles, manteniéndose el resto de las tres salidas siempre en un nivel lógico alto.

Obsérvese que con este circuito decodificador resulta de nuevo la secuencia $\{1, 2, 4, 8\}$ en el bus de salida. Esto es debido a que las cuatro señales de salida D3_L-D0_L son activas a nivel bajo[7].

---

[7] Si se denotasen las salidas como D3-D0, la secuencia resultante sería $\{E, D, B, 7\}$.

76

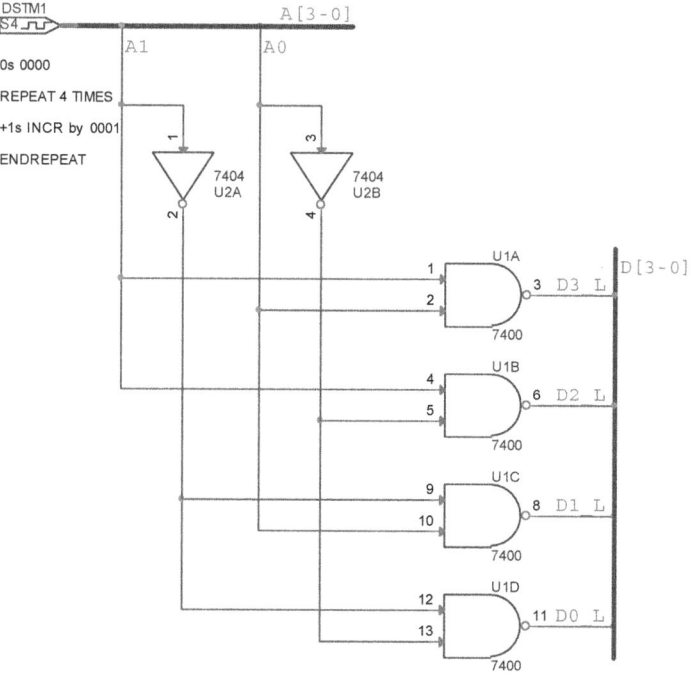

Figura 3.6 Circuito adaptado para simulación del decodificador binario básico 2:4 con salidas activas a nivel bajo.

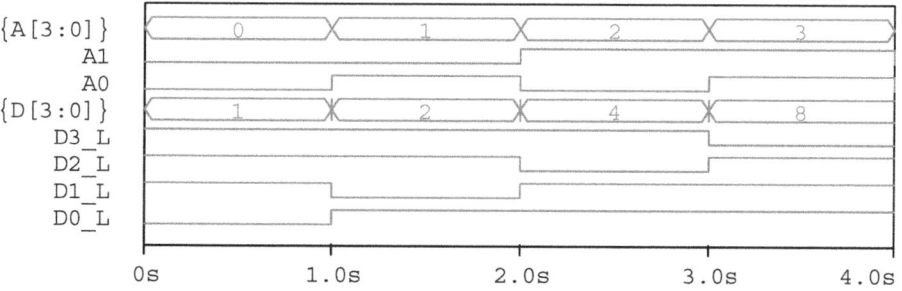

Figura 3.7 Respuesta del circuito decodificador de la figura 3.6.

3.4 Componentes

Circuitos integrados

74LS00 (1x). CI TTL con 4 puertas NAND de dos entradas.

74LS04 (1x). CI TTL con 6 puertas inversoras.

74LS08 (1x). CI TTL con 4 puertas AND de dos entradas.

Resistencias

270 Ω (4x), 1 kΩ (1x).

Diodos

Ledes (4x).

3.5 Verificación experimental

Se propone el montaje en el laboratorio de los dos tipos de circuitos decodificadores presentados y la posterior verificación exhaustiva de su correcto funcionamiento. Se recomienda insertar una resistencia de 1 kΩ entre el nodo de alimentación y las entradas de cualquier puerta lógica que estén conectadas a un nivel lógico alto. Aunque dicha resistencia no aparece explícitamente en los esquemas circuitales mostrados seguidamente, sí figura en la lista de componentes de la sección anterior.

3.5.1 Decodificación con salidas activas a nivel alto

Procedimiento

1. Realizar el montaje del circuito decodificador de la figura 3.8, que incluye en sus salidas un led con la correspondiente resistencia limitadora de corriente conectada en serie.

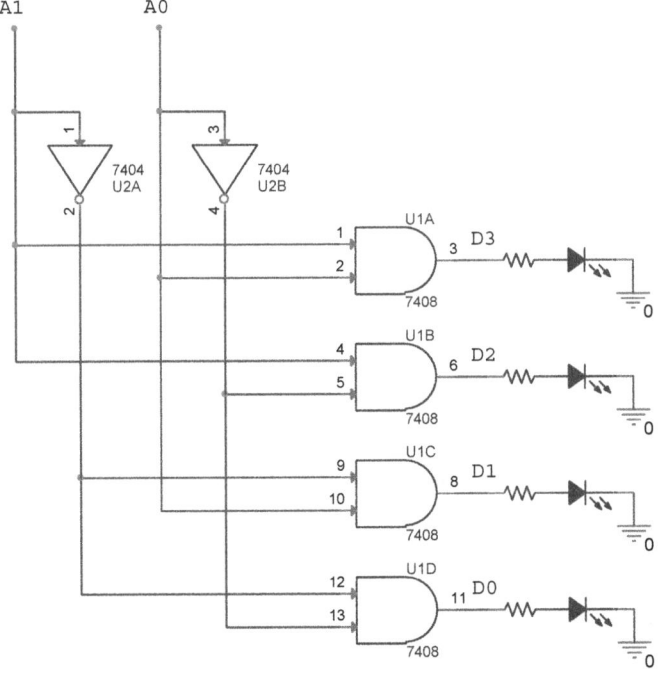

Figura 3.8 Circuito decodificador con salidas activas a nivel alto propuesto para su montaje experimental empleando los CI 74x04 y 74x08.

2. Verificar su funcionamiento a partir de la correspondiente tabla de verdad (ver la tabla 3.2) para las cuatro combinaciones posibles de las líneas de entrada.

3.5.2 Decodificación con salidas activas a nivel bajo

Procedimiento

1. Realizar el montaje del circuito decodificador de la figura 3.9. Como el patillaje del 74x00 es equivalente al del 74x08, tan solo hay que sustituir en el montaje anterior un chip por otro sin necesidad de modificar el cableado.

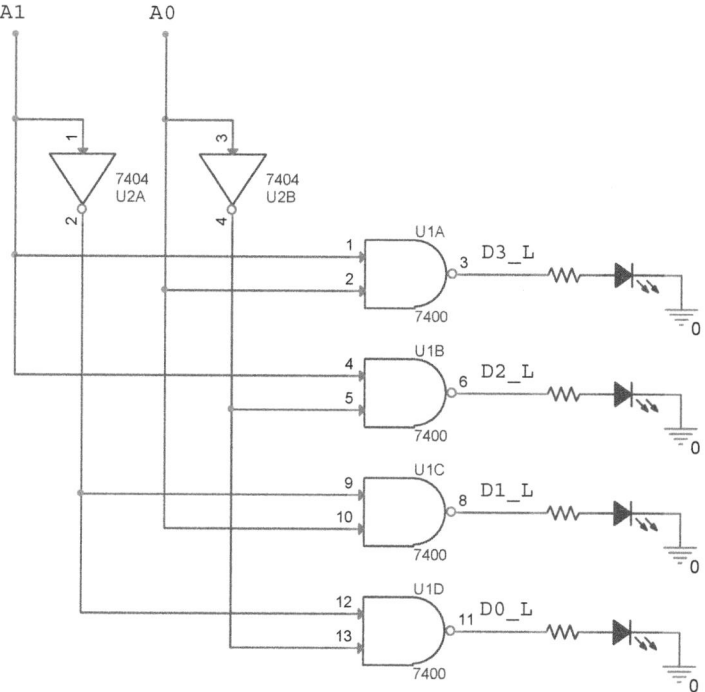

Figura 3.9   Circuito decodificador con salidas activas a nivel bajo propuesto para su montaje experimental empleando los CI 74x00 y 74x04.

2. Verificar su funcionamiento a partir de la correspondiente tabla de verdad (ver la tabla 3.3) para las cuatro combinaciones posibles de las líneas de entrada. Con el conexionado propuesto, el led correspondiente a la salida decodificada a nivel lógico bajo no emitirá luz, y sí lo harán el resto de ledes.

3.6 Ejercicios y cuestiones de refuerzo

a) Reproduce el proceso de diseño descrito en este capítulo para un decodificador básico 3:8 con salidas activas tanto a nivel alto como a nivel bajo.

b) Reproduce el proceso de diseño descrito en este capítulo para un decodificador básico 4:16 con salidas activas tanto a nivel alto como a nivel bajo.

4

Síntesis óptima de circuitos combinacionales

4.1 Introducción

Si se aborda un problema de diseño digital empleando la cada vez más extendida lógica de tipo reconfigurable, el punto de partida consiste en escribir el código correspondiente mediante algún lenguaje de descripción *hardware*[1] ajustándose con precisión a las especificaciones de diseño y, en un paso posterior, proceder a la configuración del dispositivo escogido. Procediendo de esta forma, el diseñador lógico no se enfrenta realmente a un problema de síntesis, ya que son las propias herramientas *software* del entorno de desarrollo utilizado para generar el código HDL las que se encargan de sintetizar el circuito que finalmente se transferirá al dispositivo

---

[1] Es habitual referirse a los lenguajes de descripción *hardware* por su acrónimo original en inglés, que es HDL (*hardware description language*).

reconfigurable. Sin embargo, incluso en el caso de contar con este tipo de lógica, entre la que típicamente se encuentran los circuitos SPLD, CPLD y FPGA[2], conviene que el diseñador domine las técnicas para conseguir optimizar la síntesis de circuitos combinacionales por sí mismo. Esto es así porque, suponiendo que se disponga de las herramientas HDL necesarias para la configuración del dispositivo (un editor de código, un compilador y un sintetizador), es previsible que la síntesis resultante sea menos eficiente de lo deseado, especialmente cuando se persigue optimizar la velocidad, el consumo o el tamaño de un circuito complejo que puede contener millones de puertas lógicas, como es el caso de un microprocesador. En un diseño profesional de tal envergadura es aconsejable confiar en las herramientas HDL únicamente para sintetizar los bloques lógicos más repetitivos del circuito, dejando que sea el propio diseñador el que, basándose en sus conocimientos y experiencia, encuentre una síntesis satisfactoria de ciertos elementos lógicos que pueden resultar más problemáticos, como es el caso de módulos aritméticos, decodificadores o multi-plexores, entre otros ([wak18]).

Este capítulo está orientado precisamente a revisar las técnicas básicas que conviene dominar para llevar a cabo una síntesis con lógica combinacional de forma eficiente, se recurra o no a lógica de tipo configurable. Dichas técnicas se ilustrarán mediante la simplificación y posterior implementación de una función lógica de cuatro variables expresada inicialmente en forma de suma de minitérminos, que se deberá simplificar al máximo como paso previo a la realización física con el objetivo de minimizar el uso de puertas lógicas. En el proceso de simplificación se plantearán varios escenarios posibles, contemplando tanto diferentes tipos de puertas como soluciones de dos y de más niveles de puertas (circuitos denominados multinivel). Posteriormente se simularán tres implementaciones distintas, todas ellas realizadas con puertas NAND, para comparar sus respuestas en régimen transitorio. Finalmente se propondrá el montaje experimental de solo una de ellas, concretamente una síntesis multinivel.

La función lógica f que se pretende simplificar es de cuatro variables (x, y, z, t) e incluye los nueve minitérminos siguientes:

$$f(x, y, z, t) = \sum (1,3,4,5,6,9,11,14,15) \tag{4.1}$$

En la simplificación se recurrirá a los mapas de Karnaugh, que resultan idóneos para trabajar con cuatro variables y permiten identificar visualmente con facilidad los **implicantes primos** (IP) que formarán parte de la solución final. Aunque la simplificación mediante dichos mapas garantiza una síntesis óptima de dos niveles, en ocasiones resulta conveniente aplicar el álgebra de Boole a las expresiones lógicas resultantes para obtener síntesis alternativas multinivel, como se expondrá en las

---

[2] Estos tres acrónimos tienen su origen en los términos originales en inglés, que son *simple programmable logic device, complex programmable logic device* y *field-programmable gate array*, respectivamente. Con frecuencia los circuitos SPLD y CPLD se denominan indistinta-mente PLD. Todos estos dispositivos se describen brevemente en el capítulo 35.

secciones 4.2, 4.3 y 4.6. Una recopilación de los principales teoremas y postulados del álgebra de Boole, a los que se hará referencia con frecuencia a lo largo del capítulo, puede consultarse en el apéndice H.

4.2 Síntesis en forma de suma de productos (AND-OR)

El mapa de Karnaugh correspondiente a la función lógica dada por (4.1) es el siguiente:

xy \ zt	00	01	11	10
00	0	1	1	0
01	1	1	0	1
11	0	0	1	1
10	0	1	1	0

Figura 4.1   Mapa de Karnaugh de la función $f(x, y, z, t) = \sum (1,3,4,5,6,9,11,14,15)$.

Simplificando por unos el mapa de Karnaugh resultan tres sumas mínimas en forma de suma de productos que conducen a distintas realizaciones físicas de dos niveles AND-OR, dependiendo de los IP elegidos en cada caso. La primera de las sumas mínimas se obtiene tras identificar los cuatro IP mostrados de forma gráfica en la figura 4.2 mediante las correspondientes agrupaciones de unos.

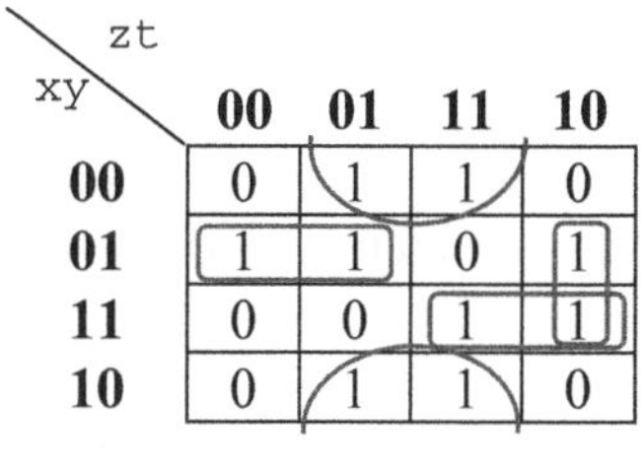

xy \ zt	00	01	11	10
00	0	1	1	0
01	1	1	0	1
11	0	0	1	1
10	0	1	1	0

Figura 4.2   Una primera suma mínima de la función lógica f.

La expresión lógica que se obtiene tras sumar dichos IP es:

$$f = \overline{y} \cdot t + \overline{x} \cdot y \cdot \overline{z} + x \cdot y \cdot z + y \cdot z \cdot \overline{t} \qquad (4.2)$$

La segunda suma mínima comparte dos IP con la anterior. Ambos aparecen de nuevo en el correspondiente mapa de Karnaugh de la figura 4.3 junto a otros dos IP distintos. La expresión lógica resultante es:

$$f = \overline{y} \cdot t + \overline{x} \cdot y \cdot \overline{t} + x \cdot y \cdot z + \overline{x} \cdot \overline{z} \cdot t \qquad (4.3)$$

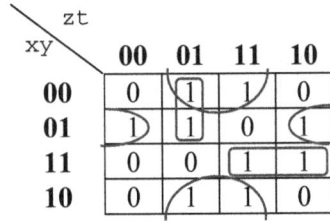

Figura 4.3   Una segunda suma mínima de la función lógica f.

Finalmente, la tercera suma mínima comparte tres IP con la primera y solo uno con la segunda, como se desprende de la figura 4.4:

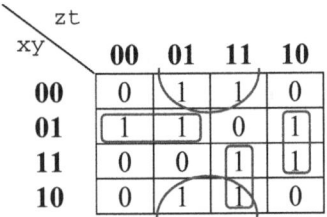

Figura 4.4   Una tercera suma mínima de la función lógica f.

La expresión lógica obtenida para f en este caso es:

$$f = \overline{y} \cdot t + x \cdot z \cdot t + y \cdot z \cdot \overline{t} + \overline{x} \cdot y \cdot \overline{z} \qquad (4.4)$$

Todas las soluciones incluyen tres términos producto de tres literales cada uno y un cuarto término producto de dos literales, $\overline{y} \cdot t$, que es común a las tres soluciones mínimas. Aunque a priori el coste en términos de *hardware* es el mismo para las tres soluciones, la existencia de los literales comunes y y z en los términos producto $x \cdot y \cdot z$ y $y \cdot z \cdot \overline{t}$ de la solución (4.2) se puede aprovechar para lograr una implementación óptima (circunstancia que no se da en las otras dos soluciones). El arreglo AND-OR correspondiente a la solución (4.2) incluye cuatro puertas AND y una puerta OR, con un total de quince entradas de puerta, como ilustra el circuito de la figura 4.5. En el cálculo se asume que tanto las variables como sus complementos están disponibles, razón por la que no se tienen en cuenta las puertas inversoras que producen las versiones complementadas de las variables de entrada[3]. Para la realización física se han escogido puertas de la subfamilia CMOS 4000B, cuyas diferentes numeraciones aparecen reflejadas en dicha figura.

---

[3] Esto es así porque en la práctica es frecuente que un circuito lógico digital contenga biestables, cuyas dos salidas son complementarias y proporcionan, por lo tanto, tanto una variable lógica como su complemento ([rot14]).

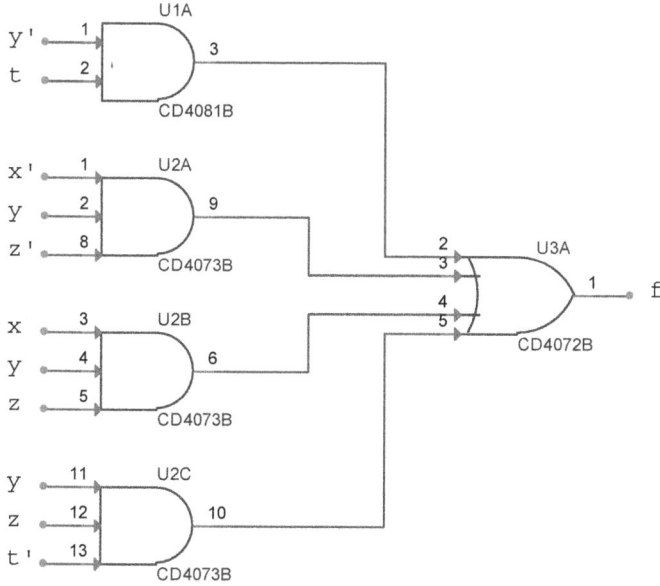

Figura 4.5 Implementación de dos niveles AND-OR de la expresión lógica (4.2).

Si bien una síntesis de dos niveles de tipo AND-OR es apropiada para la implementación sobre circuitos configurables que comparten esta arquitectura de dos planos, como es el caso de los circuitos SPLD de tipo PLA, PAL y PROM[4], dicha restricción no existe si lo que se persigue es una implementación basada en circuitos integrados de pequeña escala de integración, como sucede con los encapsulados SSI, que contienen un reducido número de puertas lógicas. En este caso se puede encontrar una realización física alternativa de más de dos niveles simplemente recurriendo a una sencilla manipulación algebraica de la expresión lógica de partida dada por (4.2). Haciendo uso de la propiedad distributiva del álgebra de Boole (postulado P4 del apéndice H), resulta:

$$f \; = \; \overline{y}{\cdot}t \; + \; \overline{x}{\cdot}y{\cdot}\overline{z} \; + \; y{\cdot}z{\cdot}(x{+}\overline{t}) \tag{4.5}$$

Suponiendo que se dispone tanto de las variables como de sus complementos, la expresión (4.5) conduce a una implementación de tres niveles y emplea tres puertas AND, dos puertas OR y un total de trece entradas, como muestra la figura 4.6. En este caso pasar de una topología de dos niveles a una de tres ha conseguido reducir el número total de entradas y simplificar por lo tanto la síntesis, razón por la que tantear implementaciones multinivel es una técnica empleada por los diseñadores digitales en su afán por minimizar el coste del diseño. Esto no significa, sin embargo, que el coste de una solución multinivel, por lo que respecta al número

---

[4] Del inglés *programmable logic array*, *programmable array logic* y *programmable read-only memory*, respectivamente.

de puertas y de entradas por puerta utilizadas, sea sistemáticamente menor que el de una solución alternativa de dos niveles. Lo que sí puede afirmarse con carácter general es que el retardo de propagación de un circuito de puertas multinivel es mayor que el de una síntesis equivalente de solo dos niveles. Esta limitación tiene su importancia y puede llegar a obligar, dependiendo de los requerimientos de velocidad de un circuito lógico determinado, a descartar una síntesis multinivel a pesar de ser óptima en términos de coste, teniendo que optar por una solución de dos niveles. También puede darse el caso contrario, que exija en este caso escoger una realización multinivel de mayor coste que la alternativa óptima de dos niveles, lo que puede suceder fácilmente si el número de entradas de alguna puerta lógica en una síntesis de dos niveles excede la **cargabilidad de entrada**[5] de las puertas lógicas empleadas. Dos textos que sopesan los pros y los contras de una implementación multinivel frente a una de dos niveles, que siempre hay que valorar cuando un diseño lógico debe materializarse en una realización física, son [nel21] y [rot14].

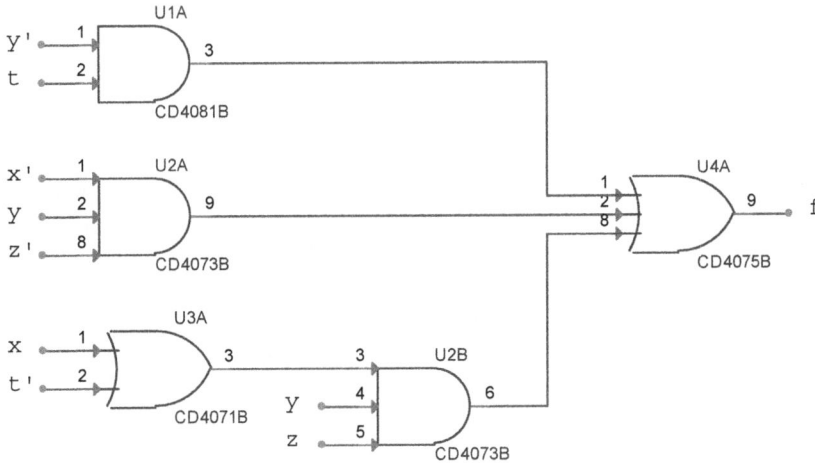

Figura 4.6   Implementación de tres niveles con puertas AND y OR de la expresión lógica (4.5).

4.3 Síntesis en forma de producto de sumas (OR-AND)

Un enfoque alternativo al visto en la sección anterior consiste en buscar una solución en forma de producto de sumas, que conviene explorar también por si condujera a una realización física más simple. En este caso el procedimiento de simplificación a partir del mapa de Karnaugh de la figura 4.1 pasa por agrupar ceros en lugar de unos. Una manera alternativa pero equivalente de representar la función lógica f, más

---

[5] Del inglés *fan-in*. La cargabilidad de entrada establece un límite al número de entradas que puede tener una puerta en una determinada familia lógica. En tecnología CMOS es típicamente de cuatro entradas en el caso de puertas NOR y de seis entradas para puertas NAND ([wak18]).

apropiada en este caso, es precisamente en forma de un producto de maxitérminos en lugar de una suma de minitérminos:

$$f(x, y, z, t) = \prod(0,2,7,8,10,12,13) \qquad (4.6)$$

Procediendo a la simplificación por ceros del mapa de Karnaugh de partida se obtiene una suma mínima del complemento de f, que denotaremos de la forma habitual como $\overline{f}$. Esta vez no existen varias agrupaciones de ceros (es decir, implicantes primos de $\overline{f}$) que conduzcan a sumas mínimas diferentes como sucedió antes, ya que ahora la suma mínima es única, según se desprende del mapa simplificado de la figura 4.7.

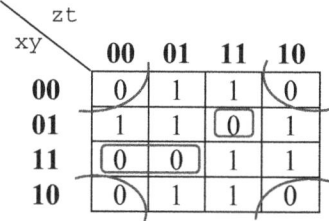

Figura 4.7 Suma mínima de $\overline{f}$ a partir de la simplificación por ceros del mapa.

La suma mínima de $\overline{f}$ viene dada por:

$$\overline{f} = \overline{y} \cdot \overline{t} + x \cdot y \cdot \overline{z} + \overline{x} \cdot y \cdot z \cdot t \qquad (4.7)$$

Aplicando ahora el teorema de De Morgan T7 a (4.7) se obtiene f en la forma deseada de producto de sumas:

$$f = (y+t) \cdot (\overline{x}+\overline{y}+z) \cdot (x+\overline{y}+\overline{z}+\overline{t}) \qquad (4.8)$$

La implementación da lugar a un arreglo de dos niveles OR-AND y requiere en este caso tres puertas OR, una puerta AND y un total de doce entradas de puerta, como se puede comprobar en la figura 4.8.

Una solución alternativa multinivel con puertas OR y AND puede encontrarse aplicando a (4.8) la segunda ley distributiva del álgebra de Boole (ver postulado P4d del apéndice H). Dicha ley, que no es válida en el álgebra convencional, se expresa como sigue:

$$(x+y) \cdot (x+z) = x + (y \cdot z) \qquad (4.9)$$

De esta forma, (4.8) se reescribe como:

$$f = (y+t) \cdot (\overline{y} + [(\overline{x}+z) \cdot (x+\overline{z}+\overline{t})]) \qquad (4.10)$$

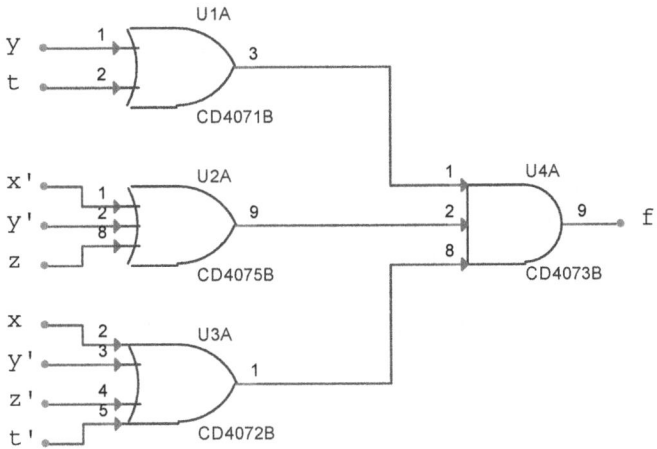

Figura 4.8 Implementación de dos niveles OR-AND de la expresión lógica (4.8).

Esta expresión lógica da lugar a una síntesis de cuatro niveles empleando cuatro puertas OR, dos puertas AND y trece entradas de puerta. La síntesis resultante es claramente más compleja que el arreglo de dos niveles OR-AND encontrado previamente, como muestra la figura 4.9. Puede comprobarse, además, que formar los productos lógicos de dos literales resultantes de aplicar la propiedad distributiva a los dos términos suma dentro del corchete en la expresión 4.10 conduce a una solución también de cuatro niveles que resulta aún más complicada. En este caso concreto es evidente que recurrir a una síntesis multinivel no simplifica la realización física.

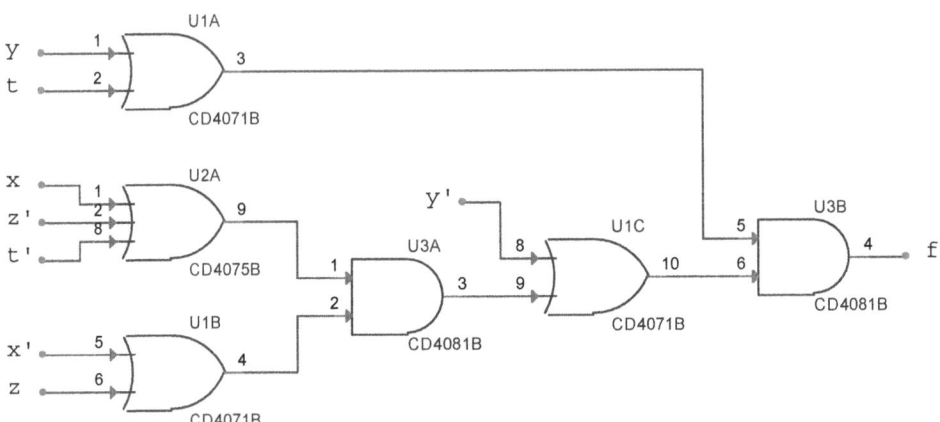

Figura 4.9 Implementación de cuatro niveles con puertas OR y AND de la expresión lógica (4.10).

Tras obtener en esta sección y en la anterior varias soluciones basadas en sumas de productos y en productos de sumas, tanto de dos niveles como multinivel en ambos casos, se puede concluir que, para el caso concreto de las expresiones lógicas de dos niveles, resulta más simple la expresión en forma de producto de sumas. Sin embargo, para las expresiones multinivel es preferible escoger la expresión resultante en forma de suma de productos.

4.4 Síntesis de dos niveles NAND-NAND

A continuación se requiere pasar de la síntesis de dos niveles AND-OR mostrada en la figura 4.5 a una igualmente de dos niveles empleando exclusivamente puertas NAND. De esta manera se recurre a un único tipo de puerta, lo que contribuye a restar complejidad al diseño. Además, las puertas NAND son más rápidas que las puertas AND y OR en la mayoría de las tecnologías, lo que constituye una ventaja adicional.

La forma de proceder consiste en introducir una doble negación lógica en cada una de las conexiones existentes entre las puertas del primer nivel (plano AND) y las del segundo nivel (plano OR). Dicha negación, al ser doble, no afecta a la función lógica original. Sin embargo, convierte las cuatro puertas AND en puertas AND-NOT y la puerta OR en una puerta NOT-OR, tratándose en ambos casos de una representación diferente para una misma puerta NAND ([nel21], [rot14], [wak18]). El resultado tras realizar la transformación se muestra en la figura 4.10.

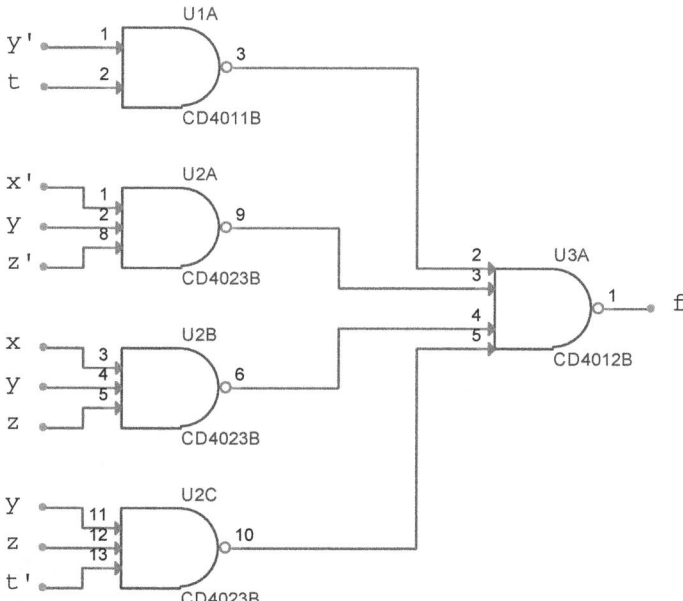

Figura 4.10   Implementación de dos niveles NAND-NAND de la expresión lógica (4.2).

4.5 Síntesis de dos niveles NOR-NOR

Análogamente a la forma en la que se ha pasado desde una topología de dos niveles AND-OR a una equivalente NAND-NAND, se puede convertir un arreglo de dos niveles OR-AND en uno NOR-NOR. Tras realizar la doble negación necesaria para la conversión, las puertas del primer nivel (plano OR) se transforman en puertas OR-NOT, mientras que la única puerta del segundo nivel (plano AND) pasa a ser una puerta NOT-AND. Ambas son diferentes representaciones de una puerta NOR, y la síntesis resultante NOR-NOR presenta las mismas ventajas mencionadas anteriormente para el caso NAND-NAND: simplicidad de la solución y aumento de la velocidad en la mayoría de las tecnologías.

Aplicando la técnica de la doble negación a la realización física OR-AND de la figura 4.8 se consigue la síntesis de dos niveles basada en puertas NOR mostrada en la figura 4.11.

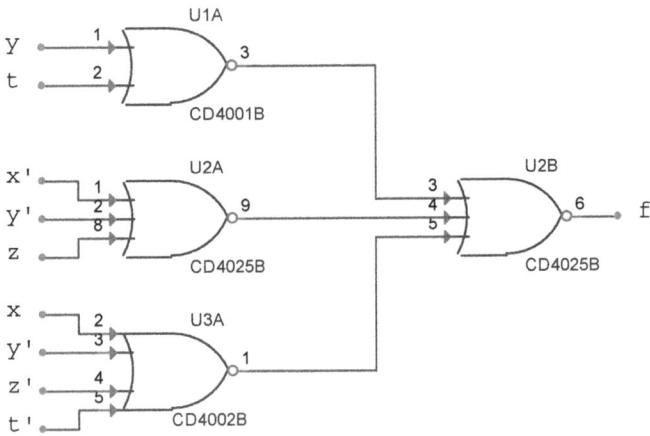

Figura 4.11   Implementación de dos niveles NOR-NOR de la expresión lógica (4.8).

4.6 Síntesis multinivel con puertas NAND de dos entradas

La síntesis de dos niveles NAND-NAND mostrada en la figura 4.10 hace uso de puertas NAND de dos, tres y cuatro entradas. Puede reducirse el diseño a un único tipo de puerta, la puerta NAND de dos entradas, a costa de aumentar el número de etapas o niveles del circuito. Para ello basta con transformar cada una de las puertas de tres y cuatro entradas en circuitos lógicos compuestos por puertas de dos entradas. En el proceso de transformación pueden aprovecharse literales compartidos por términos producto diferentes para ahorrar puertas lógicas, como se ilustra en la figura 4.12, donde se comparte el producto de dos literales $y \cdot z$ entre el término producto complementado $\overline{x \cdot y \cdot z}$ generado por la puerta U2B en la figura 4.10 y el correspondiente término $\overline{y \cdot z \cdot \overline{t}}$ generado por la puerta U2C.

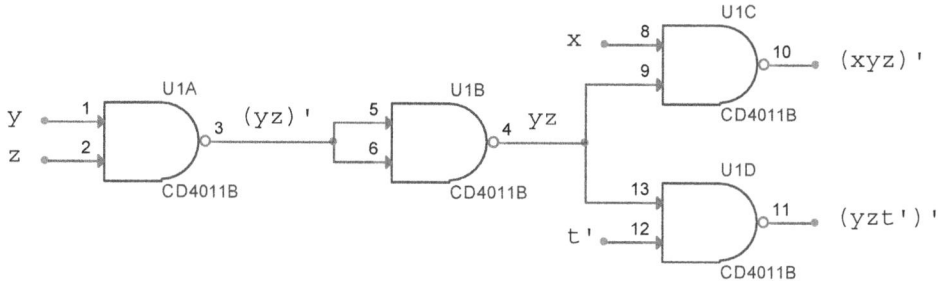

Figura 4.12 Transformación de dos puertas NAND de tres entradas, que comparten el producto de dos literales y·z, en un circuito equivalente formado únicamente por puertas NAND de dos entradas.

Como puede verse, son necesarias tres puertas NAND de dos entradas para reemplazar una única puerta NAND de tres entradas. Sin embargo, dos de estas puertas NAND de dos entradas (U1A y U1B) son compartidas para generar dos términos producto diferentes y, por lo tanto, la conversión de ambas puertas NAND de tres entradas se logra empleando solamente cuatro puertas NAND de dos entradas en lugar de seis.

Si la puerta NAND a convertir tiene cuatro entradas se requieren cinco puertas NAND de dos entradas para sustituirla, como se indica en la figura 4.13.

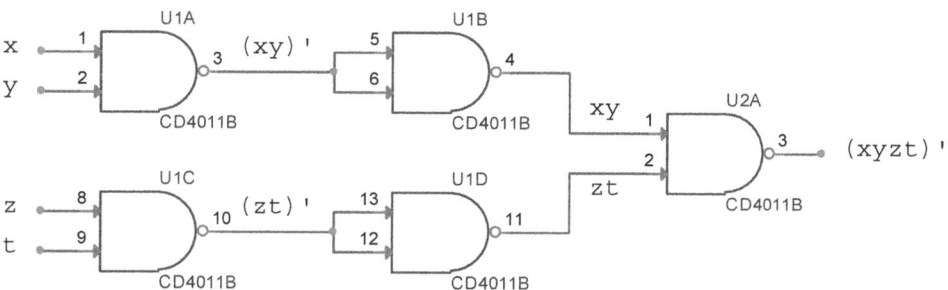

Figura 4.13 Transformación de una puerta NAND de cuatro entradas en un circuito equivalente formado únicamente por puertas NAND de dos entradas.

A consecuencia de estas transformaciones, la síntesis de dos niveles NAND-NAND de la figura 4.10 se convierte en un circuito lógico implementado exclusivamente con puertas NAND de dos entradas que tiene seis niveles y trece puertas lógicas (en realidad el número asciende a diecisiete si se incluyen las puertas necesarias para generar los complementos de cada una de las cuatro variables).

Resulta evidente que el circuito lógico resultante contiene demasiadas puertas. Cabe preguntarse si sería posible encontrar una síntesis más simple sin renunciar a emplear únicamente puertas NAND de dos entradas. Afortunadamente lo es, aunque para ello hay que evitar partir de la solución de dos niveles NAND-NAND, como se ha hecho previamente. En su lugar, conviene retomar la expresión lógica de partida dada por (4.2) y hacer las manipulaciones algebraicas pertinentes que conduzcan a la síntesis buscada, como se detalla a continuación paso a paso.

Comenzamos el análisis pormenorizado negando dos veces (4.2):

$$f = \overline{\overline{\overline{y}\cdot t \ + \ \overline{x}\cdot y\cdot\overline{z} \ + \ x\cdot y\cdot z \ + \ y\cdot z\cdot\overline{t}}} \qquad (4.11)$$

Aplicando el teorema de De Morgan T7, (4.11) se reescribe como:

$$f = \overline{\overline{\overline{y}\cdot t} \ \cdot \ \overline{\overline{x}\cdot y\cdot\overline{z} \ + \ x\cdot y\cdot z \ + \ y\cdot z\cdot\overline{t}}} \qquad (4.12)$$

Recurriendo ahora a la propiedad distributiva P4 (también existente en el álgebra común), resulta:

$$f = \overline{\overline{\overline{y}\cdot t} \ \cdot \ \overline{y(\overline{x}\cdot\overline{z} \ + \ z\cdot[x+\overline{t}])}} \qquad (4.13)$$

Negando dos veces la expresión entre paréntesis y aplicando a continuación T7, se obtiene:

$$f = \overline{\overline{\overline{y}\cdot t} \ \cdot \ \overline{y(\overline{\overline{\overline{x}\cdot\overline{z} \ + \ z\cdot[x+\overline{t}]}})}} \qquad (4.14)$$

$$f = \overline{\overline{\overline{y}\cdot t} \ \cdot \ \overline{y(\overline{\overline{x}\cdot\overline{z}})\cdot(\overline{z\cdot[x+\overline{t}]})}} \qquad (4.15)$$

Negando ahora dos veces la expresión entre corchetes y aplicando T7 una vez más, se llega finalmente a un resultado que es sintetizable empleando únicamente puertas NAND de dos entradas:

$$f = \overline{\overline{\overline{y}\cdot t} \ \cdot \ \overline{y(\overline{\overline{x}\cdot\overline{z}})\cdot(\overline{z\cdot\overline{\overline{[x+\overline{t}]}}})}} \qquad (4.16)$$

$$f = \overline{\overline{\overline{y}\cdot t} \ \cdot \ \overline{y(\overline{\overline{x}\cdot\overline{z}})\cdot(\overline{z\cdot\overline{[\overline{x}\cdot t]}})}} \qquad (4.17)$$

Es decir, tras el proceso se han generado con puertas NAND de dos entradas los términos $\overline{\overline{y}\cdot t}$, $\overline{\overline{x}\cdot\overline{z}}$ y $\overline{\overline{x}\cdot t}$, como se desprende de (4.17). Sucesivas agrupaciones van complicando la síntesis añadiendo puertas lógicas de dos entradas hasta llegar a la solución buscada.

La implementación final, que se muestra en la figura 4.14 empleando puertas lógicas del CI 74x00, es de cinco niveles y cuenta únicamente con siete puertas NAND de dos entradas. Se trata de una reducción muy considerable comparada con la solución obtenida anteriormente a partir de la síntesis de dos niveles NAND-NAND y su posterior conversión con puertas NAND de solo dos entradas. Sin embargo, al tratarse de una síntesis de cinco niveles (o incluso seis, si se añaden las puertas inversoras para generar los complementos de las variables de entrada) surge un inconveniente que ya se apuntó en la sección 4.2, y es el hecho de que el retardo de propagación acumulado por todas las etapas ralentiza la velocidad del circuito en comparación con la síntesis de partida, de tan solo dos niveles. A pesar de ello los circuitos multinivel se hicieron muy populares en la década de 1970, ya que en las aplicaciones de entonces empleando componentes SSI se priorizaba minimizar el número de puertas lógicas de la síntesis frente a su velocidad con el objetivo de reducir el coste ([hay96], [man15]). Con la aparición de la escala de integración VLSI, que data aproximadamente de 1978 ([man02]), el coste de un circuito se mide por el área que ocupa en un CI, que viene a ser proporcional al número total de puertas empleadas. Por lo tanto, la minimización del número de puertas lógicas es un aspecto relevante del diseño de circuitos lógicos digitales ([hay96]).

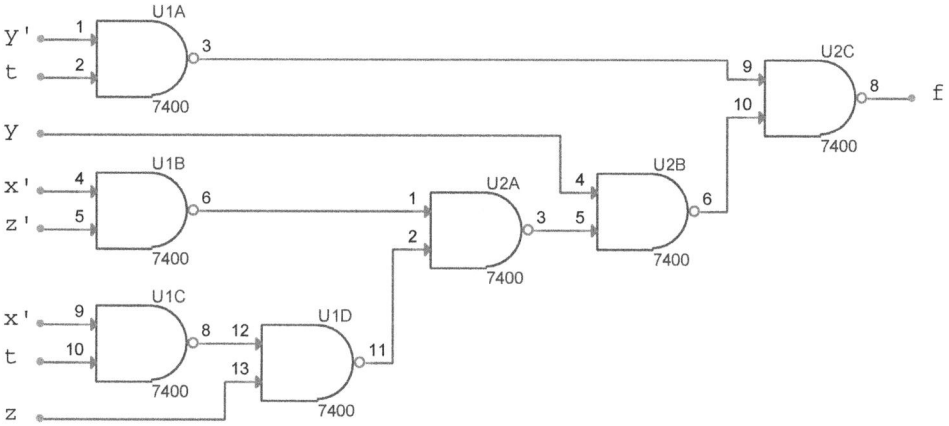

Figura 4.14   Versión multinivel óptima implementada con puertas NAND de dos entradas, obtenida mediante manipulación algebraica de la expresión lógica (4.2). La trayectoria de señal más larga es de cinco niveles.

En este contexto de optimización del espacio que ocupa un circuito en un CI es oportuno mencionar que los circuitos multinivel, cuando constan de un único tipo de puerta lógica como sucede con la síntesis de la figura 4.14, y considerando que la multiplicidad de niveles trae consigo una reducción en el número de entradas por puerta, se prestan muy bien a una implementación en una **matriz de puertas**[6].

Finalmente cabe mencionar que, en el contexto de la lógica configurable, así como de los circuitos ASIC y en general de otros circuitos VLSI de cierta complejidad, se acostumbra a emplear el concepto de **puertas equivalentes**[7] en un intento por disponer de una métrica con la que poder cuantificar el tamaño de un CI determinado. Este concepto aporta una estimación del número total de puertas NAND de

---

[6] Del inglés *gate array*. En el apartado 9.4.2 se escoge una de estas matrices para implementar el circuito de un sumador completo, mientras que en el apartado 33.3.3.1 se incluye una breve descripción de este tipo de CI semipersonalizado.

[7] Del inglés *equivalent gates*.

dos entradas que sería necesario utilizar para contar con la funcionalidad de dicho CI ([bro09]).

4.7 Análisis transitorio: fenómenos aleatorios

Las expresiones lógicas que han dado lugar a los diferentes circuitos vistos en las secciones previas son apropiadas para analizar la respuesta de un circuito lógico en régimen permanente o estacionario. Sin embargo, dichas expresiones algebraicas no tienen en cuenta los retardos de propagación finitos de las señales a través de las puertas lógicas presentes en sus correspondientes realizaciones físicas. Por lo tanto, un cambio de nivel lógico que se produzca en un instante dado en una o en varias de las entradas de una red combinacional genérica puede propagarse simultáneamente por diferentes trayectorias de dicha red hasta alcanzar su salida (o salidas), estando cada una de estas trayectorias de señal caracterizada por un retardo de propagación propio que, en general, no coincidirá con el de otras trayectorias. En consecuencia, es previsible que la salida de un circuito digital experimente algún tipo de alteración transitoria en forma de un breve pulso espurio[8] mientras los niveles lógicos se estabilizan tras producirse un cambio en las entradas. Cuando esto sucede, se dice que la implementación adolece de fenómenos aleatorios lógicos (o **fenómenos aleatorios**, para abreviar)[9]. Dichos fenómenos en ocasiones pueden eliminarse, bien modificando la realización física original o bien evitando cambios simultáneos en las entradas (limitación que en la práctica puede no ser una opción).

Los fenómenos aleatorios son muy frecuentes y surgen incluso en la implementación de funciones lógicas sencillas. Tómese como ejemplo la siguiente función f de tres variables ([rot14]):

$$f = a \cdot \overline{b} + b \cdot c \tag{4.18}$$

La realización física de (4.18) se consigue con una puerta inversora, dos puertas AND y una puerta OR. Si a y c son un 1 lógico, entonces $f = \overline{b} + b = 1$ según dicta el postulado P5 del apéndice H, y por tanto f debería ser constante ante un cambio en b. En una implementación real, sin embargo, esto no es exactamente así, como probaremos a continuación. Supongamos que el retardo de propagación de las cuatro puertas es de 10 ns y que la variable b cambia de 1 a 0 en $t = 0$ ns. Entonces el término $b \cdot c$ generado con una de las dos puertas AND pasará de 1 a 0 en $t = 10$ ns, pero el término $a \cdot \overline{b}$ generado con la segunda puerta AND necesitará 10 ns más para

---

[8] El vocablo original en inglés para referirse a uno de estos pulsos espurios de naturaleza transitoria que afectan puntualmente al estado lógico de una señal acostumbra a ser *glitch*.

[9] El vocablo original en inglés para referirse a los fenómenos aleatorios lógicos es *logical hazard* (o simplemente *hazard*), y se traduce habitualmente por "riesgo" en numerosas referencias (aunque en ocasiones la traducción escogida es "azar", como sucede en [rot04]). En el presente texto no se ha optado por ninguna de las dos traducciones, sino que se ha adoptado el término "fenómeno aleatorio" utilizado en [man15] por considerar que es más acertado.

cambiar (en este caso de 0 a 1) debido a la presencia de la puerta inversora que genera el complemento $\bar{b}$, y por lo tanto la transición asociada al término $a \cdot \bar{b}$ no tendrá lugar hasta $t = 20$ ns. En consecuencia, ambos términos producto serán un 0 lógico en el intervalo temporal comprendido entre $t = 10$ ns y $t = 20$ ns, lo que se manifiesta en la salida f generada con una puerta OR como un breve paso transitorio por 0 de tan solo 10 ns, concretamente entre $t = 20$ ns y $t = 30$ ns.

4.7.1 Tipos de fenómenos aleatorios

La clasificación de los fenómenos aleatorios puede hacerse atendiendo a diferentes criterios. Por un lado se distingue, dependiendo de las formas de onda de salida, entre **fenómenos aleatorios dinámicos** y **fenómenos aleatorios estáticos**. Los de tipo dinámico reaccionan a un cambio en las entradas efectuando una transición en la salida hacia el nivel lógico contrario al existente antes del cambio, con la peculiaridad de que dicha transición no es inmediata, sino que experimenta alguna oscilación antes de estabilizarse. Por el contrario, los estáticos responden a un cambio en las entradas manteniendo el mismo nivel lógico estable que tenía la salida antes del cambio, excepto por la aparición momentánea de un pulso transitorio. Al respecto hay que distinguir entre **fenómenos aleatorios estáticos en el nivel 1** y **fenómenos aleatorios estáticos en el nivel 0**[10]. En el primer caso el nivel lógico de la salida estable es un 1 y, por lo tanto, el pulso transitorio es negativo, mientras que en el segundo caso sucede al revés. La figura 4.15 ilustra gráficamente las diferencias entre los dos tipos de fenómenos aleatorios lógicos.

Volviendo a los fenómenos aleatorios dinámicos, estos tienen lugar en la salida de circuitos multinivel tras un cambio en una de sus entradas, siempre que existan al menos tres caminos distintos con diferentes retardos de propagación entre la entrada involucrada y la salida. Se pueden evitar con facilidad en el caso de tratarse de circuitos multinivel construidos con puertas AND y OR, y la forma de hacerlo es recurrir a una síntesis equivalente de solo dos niveles que esté exenta de fenómenos aleatorios estáticos ([bro09], [tin09]). Desafortunadamente, dichos fenómenos normalmente son inevitables cuando el circuito multinivel implementa funciones lógicas del tipo XOR ([tin09]).

---

[10] Las expresiones originales en inglés para referirse a los fenómenos aleatorios estáticos en los niveles 1 y 0 son *static-1 hazard* y *static-0 hazard*, respectivamente. Al acuñar estas expresiones se pretende enfatizar el nivel lógico existente en régimen estacionario en cada caso (es decir, en ausencia del fenómeno aleatorio). La traducción al español "en el nivel 1" y "en el nivel 0", escogida para distinguir los dos tipos de fenómenos aleatorios estáticos, está inspirada en [rot04]. Por otro lado, conviene indicar que la definición formal que se encuentra en [wak18] de ambos fenómenos aleatorios estáticos está restringida de forma explícita a un único cambio en las variables de entrada. Este es también el enfoque escogido en textos como [clu86] o [nel96]. Sin embargo, otras fuentes como [hay96] y [koh10] contemplan el caso más general donde varias entradas pueden cambiar de forma simultánea en este tipo de fenómenos aleatorios, y es este criterio el adoptado en el presente texto.

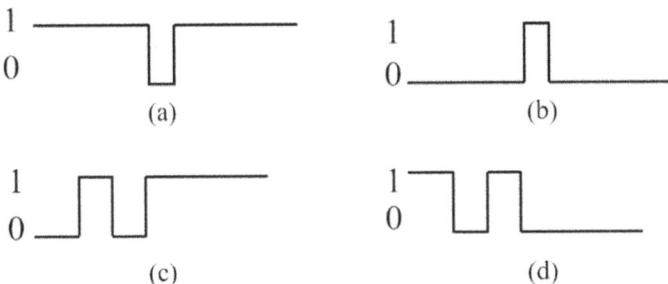

Figura 4.15   Diferentes pulsos transitorios en la salida de un circuito lógico como consecuencia de la existencia de fenómenos aleatorios. (a) Fenómeno aleatorio estático en el nivel 1. (b) Fenómeno aleatorio estático en el nivel 0. (c) Fenómeno aleatorio dinámico (transición $0 \to 1$). (d) Fenómeno aleatorio dinámico (transición $1 \to 0$). (Adaptada de [bro09]).

Por otro lado, en el caso de que los pulsos transitorios surjan independientemente de la implementación escogida para una función lógica determinada (sea esta de tipo combinacional o secuencial), se habla de **fenómenos aleatorios de función**[11], caracterizados siempre por un cambio simultáneo en dos o más variables de entrada.

Resta por citar un último tipo de fenómeno aleatorio, denominado **fenómeno aleatorio fundamental**[12]. Se caracteriza por manifestarse únicamente en la lógica secuencial (de hecho, son una constante en casi todos los denominados circuitos asíncronos de modo fundamental). Cabe mencionar que los fenómenos aleatorios fundamentales no pueden eliminarse sin controlar cuidadosamente los retardos de propagación del circuito ([clu86], [hay96]). Un efecto pernicioso asociado a este tipo de fenómeno aleatorio es la posibilidad de que un circuito secuencial evolucione hacia un estado no previsto inducido por un cambio determinado en una entrada ([tin09], [wak18]).

4.7.2 Fenómenos aleatorios de función

Un ejemplo de fenómeno aleatorio de función se da en la función lógica del decodificador binario de tres a ocho, debido a que sus diferentes trayectorias de señal poseen retardos distintos. A modo de ejemplo, ante un cambio simultáneo en las entradas de datos del decodificador que afecte a sus tres entradas, como sucede al pasar de 011 a 100, el dispositivo puede decodificar erróneamente de forma transitoria la entrada 001, produciendo un pulso espurio en la salida incorrecta del decodificador para cualquier realización física del mismo ([wak18]). Conviene advertir que los fenómenos aleatorios de función no afectan exclusivamente a funciones lógicas de cierta complejidad como es el caso del decodificador mencionado, ya que un dispositivo tan sencillo como una puerta AND de dos entradas también puede contener un fenómeno aleatorio de este tipo, que se manifiesta en forma de un breve pico positivo de ruido superpuesto al 0 lógico

---

[11] Del inglés *function hazard*.
[12] Del inglés *essential hazard*.

existente en la salida de la puerta cuando sus dos entradas cambian, aproximadamente a la vez, de 01 a 10 ([clu86], [hay96]). En este caso se trata de un **fenómeno aleatorio estático de función en el nivel 0**[13]. Por otro lado, hay que tener en cuenta que una transición de dos o más variables de entrada que ocasione la aparición de un fenómeno aleatorio no tiene por qué ser necesariamente un fenómeno aleatorio de función solo por el hecho de involucrar un cambio simultáneo de varias variables: puede darse el caso de que una transición que afecte a múltiples variables de entrada dé lugar simplemente a un fenómeno aleatorio estático ([koh10]).

A continuación se verificará mediante una simulación que, como se acaba de mencionar, los fenómenos aleatorios de función se manifiestan en dispositivos lógicos simples, como por ejemplo una puerta lógica AND. La simulación servirá, además, para demostrar la existencia de una **ventana de simultaneidad** dentro de la que puede cambiar el estado lógico de las dos entradas como si, a efectos prácticos, lo hiciesen exactamente en el mismo instante.

Supongamos que las dos entradas de una puerta AND, partiendo de valores lógicos opuestos, deben cambiar simultáneamente. En la realización física de cualquier circuito digital, sin embargo, no es posible garantizar la simultaneidad requerida, debido a que siempre hay que contar con cierto grado de incertidumbre que afecta a la temporización de las señales e impide predecir sus cambios con exactitud. En consecuencia, es inevitable que una de las entradas se adelante o se atrase respecto de la otra en el momento del cambio, aunque sea por un estrecho margen de nanosegundos, como reflejan las transiciones que experimentan las entradas de las dos puertas AND de la subfamilia TTL-LS representadas en la figura 4.16.

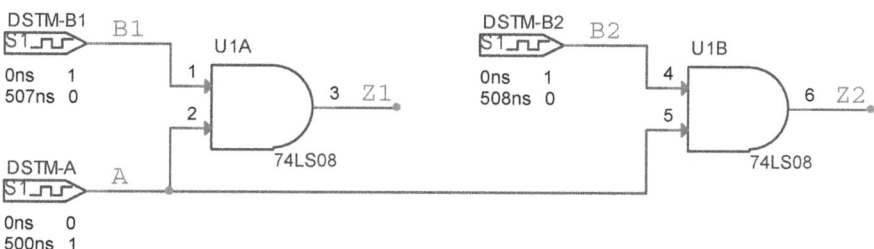

Figura 4.16   Transiciones prácticamente simultáneas de 01 a 10 en las dos entradas de dos puertas lógicas AND del CI 74LS08. La temporización escogida en cada una de las puertas permite identificar la duración de la ventana de simultaneidad.

Como puede verse, ambas puertas lógicas comparten un estímulo en su entrada común A, que parte de un 0 lógico y cambia de estado en t = 500 ns. Las entradas B1 y

---

[13] Del inglés *function static-0 hazard* ([clu86]). A la vista del término, se entiende que se trata de un fenómeno aleatorio estático que, además, es de función. Lo cierto es que la terminología varía dependiendo de la fuente consultada: los fenómenos aleatorios propios de una puerta AND se denominan simplemente estáticos en el análisis realizado en [hay96], sin mención alguna a su carácter de función.

B2, por su parte, no efectúan sus correspondientes transiciones del 1 al 0 lógico en ese preciso instante sino unos pocos nanosegundos después, en $t = 507$ ns y $t = 508$ ns, respectivamente. El retraso de tan solo un nanosegundo entre ambas entradas marca la diferencia en la respuesta de ambas puertas lógicas, como revelan las salidas Z1 y Z2 en el cronograma de la figura 4.17. Mientras que Z1 se mantiene constante en un 0 lógico, tanto antes como después del cambio prácticamente simultáneo de 01 a 10 que tiene lugar en las dos entradas de la puerta U1A, la salida Z2 acusa dicho cambio en forma de un breve pulso espurio positivo. Esto significa que, concretamente para las puertas AND del CI 74LS08, el umbral temporal que define la ventana de simultaneidad mencionada anteriormente ante los cambios que afectan a sus dos entradas es de tan solo 7 ns.

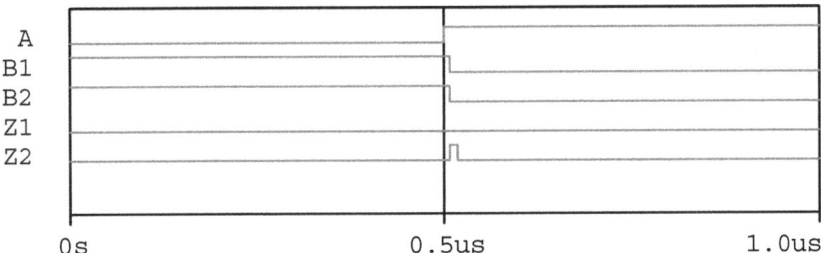

Figura 4.17 Cronograma correspondiente al circuito de la figura 4.16. Aunque las dos salidas Z1 y Z2 son un 0 lógico, en Z2 surge un breve pulso espurio positivo ocasionado por el cambio de valor lógico en las dos entradas de la puerta AND U1B.

Una ampliación del cronograma alrededor de $t = 500$ ns proporciona una serie de detalles adicionales que ayudan a comprender mejor la dinámica de la respuesta, como se desprende de la figura 4.18.

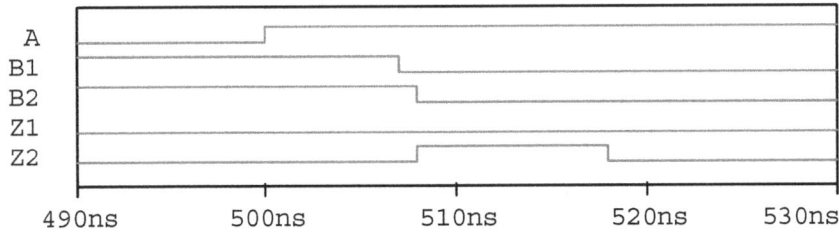

Figura 4.18 Ampliación del cronograma de la figura 4.17 alrededor de $t = 500$ ns. Con la temporización escogida, las transiciones en las entradas A y B1 de la puerta U1A se producen en el límite de 7 ns marcado por la ventana de simultaneidad, mientras que las transiciones en las entradas A y B2 de la puerta U1B tienen lugar fuera de dicha ventana, dando lugar a un pulso espurio en la salida Z2.

Tras inspeccionar el nuevo cronograma se aprecia que la salida Z2 cambia de 0 a 1 en $t = 508$ ns, es decir, 8 ns después de que las entradas A y B2 sean simultáneamente 1. Esta demora de 8 ns en la actualización de su estado lógico es consecuencia del retardo de propagación t_{pLH} de la puerta AND. Por otro lado, la salida Z2 se mantiene en estado alto durante 10 ns (que es la duración del pulso espurio), volviendo a un estado bajo 10 ns después de que la entrada B2 pase a 0. Este nuevo retraso surge debido al retardo de propagación t_{pHL}. Puede comprobarse que ambos retardos de propagación están comprendidos dentro de los valores máximos y mínimos publicados por los fabricantes del CI 74LS08 en sus hojas de características técnicas, que dependen, entre otros factores, del valor de la carga resistiva y capacitiva conectada en la salida de la puerta.

4.7.3 Eliminación de fenómenos aleatorios

Por lo que respecta a las técnicas para eliminar los fenómenos lógicos aleatorios, ya se mencionó al comienzo de la sección que una alternativa consiste en restringir el estudio a circuitos en los que solo cambia una variable de entrada a la vez ([hay96]). Realmente imponer esta limitación no siempre soluciona el problema, y de hecho es muy frecuente que un cambio en una única variable de entrada sea suficiente para producir un pulso transitorio imprevisto en la salida de un determinado circuito lógico. Si bien un circuito de dos niveles AND-OR correctamente diseñado no tiene fenómenos aleatorios estáticos en el nivel 0, sí puede tenerlos en el nivel 1. Análogamente, un circuito de dos niveles OR-AND bien diseñado no presenta fenómenos aleatorios estáticos en el nivel 1, aunque sí pueden surgir en el nivel 0. En ambos casos pueden eliminarse, asumiendo que únicamente una variable de entrada puede cambiar en un instante determinado ([wak18]).

La forma habitual de eliminar los fenómenos aleatorios estáticos consiste en identificar los denominados **términos de consenso** en el mapa de Karnaugh correspondiente y añadirlos a la expresión lógica de partida[14]. Prácticamente en cualquier referencia que trate la problemática de los fenómenos aleatorios, como por ejemplo [bro09], [fle80], [koh10], [man15], [nel96] y [wak18], se describe esta técnica con suficiente detalle: fundamentalmente consiste en cubrir todos los minitérminos incluidos en el mapa que son adyacentes con términos producto redundantes no contemplados en la cobertura original de la función. En la sección dedicada a la simulación se tendrá ocasión de aplicar este procedimiento con un ejemplo.

El inconveniente de esta técnica es que al añadir puertas lógicas adicionales la síntesis resultante ya no será mínima, y por esta razón conviene plantearse en qué casos es necesario realmente eliminar los fenómenos aleatorios. Afortunadamente, la presencia de pulsos espurios que surgen por la existencia de dichos fenómenos en una realización física determinada de una función lógica no resta un ápice de robustez al diseño lógico resultante en muchas ocasiones y, por lo tanto, no hay de lo que preocuparse en estos casos. Así sucede con la lógica puramente combinacional, donde

---

[14] Para el caso más general en el que se producen cambios simultáneos en dos variables de entrada se puede aplicar en realidad el mismo método, aunque entonces no siempre es posible garantizar la existencia de los términos de consenso necesarios para la eliminación de los fenómenos aleatorios. Si esto sucede, la transición correspondiente tiene un fenómeno aleatorio de función que no puede eliminarse ([koh10]).

la salida estacionaria de un circuito depende únicamente de los valores que adoptan sus entradas ([bro09]), y también es el caso del diseño secuencial síncrono. Aunque resulta prematuro aquí entrar en detalles relacionados con los sistemas digitales síncronos, sí es oportuno apuntar al menos que los fenómenos aleatorios tampoco suelen ser una fuente habitual de problemas en dichos sistemas debido a que las señales han tenido tiempo de estabilizarse entre flancos activos consecutivos de la señal de reloj, y por lo tanto los posibles pulsos transitorios que hayan podido surgir tras la llegada de un flanco han desaparecido mucho antes de la llegada del siguiente ([bro09], [hay96]). Un buen ejemplo de esto se expondrá en el capítulo 16, en el contexto del análisis del funcionamiento de un segundero digital. Sin embargo, el análisis y posterior eliminación de los fenómenos aleatorios sí es conveniente (cuando no imprescindible) en el diseño secuencial asíncrono, como se tendrá ocasión de evidenciar en el diseño y análisis de un divisor de frecuencia asíncrono, circuito al que está dedicado el capítulo 25.

En la siguiente sección dedicada a la simulación se ilustrará con algunos ejemplos la problemática de los fenómenos aleatorios, que volverán a surgir en el trabajo de simulación en posteriores capítulos.

4.8 Simulación

4.8.1 Análisis en régimen permanente

De todas las posibles implementaciones propuestas en secciones anteriores se va a simular la síntesis multinivel óptima realizada únicamente con puertas NAND de dos entradas (figura 4.14). Dicha síntesis es la única que se propondrá para experimentar en el laboratorio. Como en el contexto del montaje sobre la placa de prototipos no se dispone de las variables complementadas, el circuito debe generarlas (bien con puertas NAND adicionales cableadas como inversores, o bien con puertas inversoras propiamente dichas), por lo que se requerirán tres puertas más para dar cuenta de los complementos $\overline{x}$, $\overline{y}$ y $\overline{z}$ involucrados en la síntesis. El circuito resultante se muestra en la figura 4.19. Como puede verse, las variables x, y, z y t se asocian a un bus de datos de cuatro líneas denominado D[3-0].

La simulación se ha dispuesto de forma que las cuatro líneas adopten los valores lógicos de un contador binario ascendente de 4 bits en carrera libre, siendo 0000_2 el primer estado de la secuencia de cuenta y pasando por estados sucesivos con la periodicidad de un segundo hasta alcanzar el último estado, codificado en binario como 1111_2. D3 es el bit más significativo (variable x) y D0 es el menos significativo (variable t). De esta forma resulta muy sencillo verificar la tabla de verdad de la función f, compuesta por dieciséis combinaciones diferentes de entradas, como se desprende del cronograma de la figura 4.20.

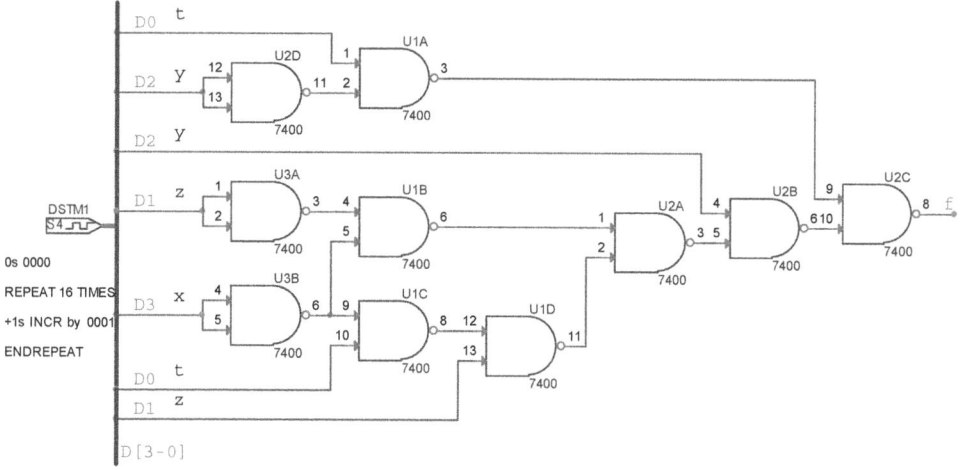

Figura 4.19   Versión multinivel óptima implementada con puertas NAND de dos entradas generada a partir de la expresión lógica (4.2). Se incluyen tres puertas NAND cableadas como inversores para generar las variables complementadas (puertas U2D, U3A y U3B).

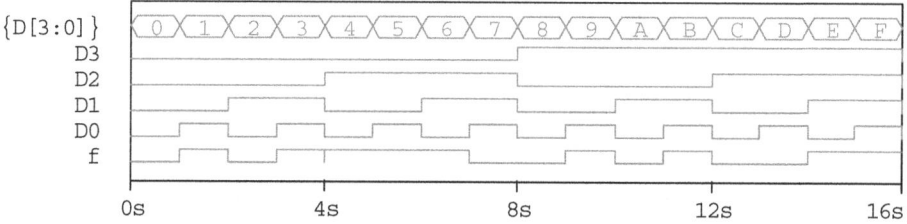

Figura 4.20   Cronograma correspondiente al circuito de la figura 4.19 para verificar la tabla de verdad de la función f de cuatro variables dada por (4.2).

4.8.2 Análisis transitorio

En el cronograma mostrado en la figura 4.20 se aprecia una pequeña anomalía o interferencia en la salida f que se manifiesta en $t = 4$ s en forma de un pico muy breve, apenas perceptible con el rango de tiempos mostrado, durante el cual f pasa a ser momentáneamente 0. Esta interferencia es consecuencia de la existencia de un fenómeno aleatorio en el nivel 1 en la realización física multinivel de la expresión lógica (4.2) mostrada en la figura 4.19, y que se manifiesta tras un cambio simultáneo en tres de las cuatro variables de entrada de la función (x,y,z,t), al pasar estas de $(0,0,1,1)$ a $(0,1,0,0)$ como resultado de la secuencia ascendente de entradas escogida en la simulación.

Como comprobaremos seguidamente, es posible identificar la existencia de otras transiciones en las entradas que originan fenómenos aleatorios estáticos en el circuito donde se ve involucrada una única variable en lugar de varias. De hecho, se puede programar una secuencia de entradas apropiada que fuerce su aparición en una simulación. Con este fin conviene encontrar, a partir de la simplificación por unos mostrada en el mapa de Karnaugh de la figura 4.2 que dio lugar a la solución mínima (4.2), las correspondientes transiciones que son potencialmente conflictivas ante un cambio de nivel lógico en una única de las cuatro variables de entrada de la función lógica f. Como se indicó en la sección 4.7, dedicada a introducir los diferentes tipos de fenómenos aleatorios, este proceso es equivalente a encontrar en el mapa de Karnaugh todos los términos de consenso (términos que, si se añadieran a los términos originales de la expresión lógica (4.2), garantizarían una síntesis de dos niveles sin fenómenos aleatorios estáticos). La figura 4.21 reproduce el mapa original de la figura 4.2, en el que se han añadido con trazo discontinuo los tres términos de consenso existentes.

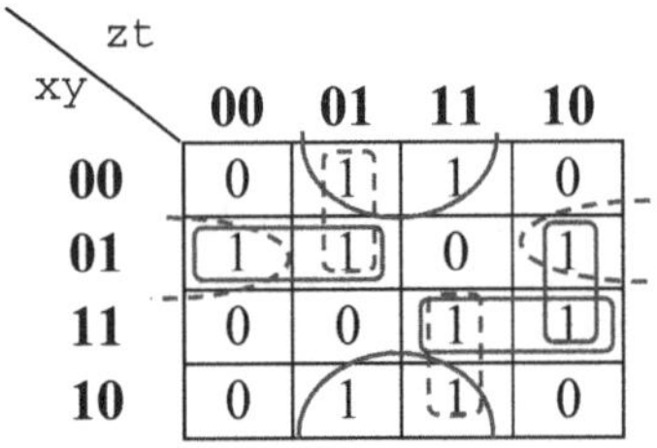

xy \ zt	00	01	11	10
00	0	1	1	0
01	1	1	0	1
11	0	0	1	1
10	0	1	1	0

xy \ zt	00	01	11	10
00	0	1	3	2
01	4	5	7	6
11	12	13	15	14
10	8	9	11	10

Figura 4.21 Izquierda: identificación de los tres términos de consenso, mostrados en trazo discontinuo, añadidos al mapa de Karnaugh original de la figura 4.2. Derecha: numeración de las casillas del mapa de Karnaugh.

Los términos de consenso en el mapa de la figura 4.21 son $\overline{x}\cdot\overline{z}\cdot t$, $x\cdot z\cdot t$ y $\overline{x}\cdot y\cdot\overline{t}$. Las transiciones entre diferentes combinaciones de entrada que pueden resultar problemáticas se corresponden con el paso entre: (a) las casillas adyacentes 1 y 5 del mapa para el término $\overline{x}\cdot\overline{z}\cdot t$; (b) las casillas 11 y 15 para el término $x\cdot z\cdot t$; y (c) las casillas 4 y 6 para el término $\overline{x}\cdot y\cdot\overline{t}$. Escogiendo una secuencia apropiada de combinaciones de variables de entrada que recorra todas las transiciones identificadas como conflictivas en la síntesis multinivel bajo estudio, tal y como se indica en la configuración del estímulo digital conectado a sus entradas de la figura 4.22, resulta el cronograma mostrado en la figura 4.23, en el que es evidente la presencia de varios pulsos espurios en la salida f.

Como puede verse en dicho cronograma, para facilitar la detección visual de los pulsos espurios se ha reducido notablemente el tránsito entre sucesivas combinaciones de entrada, de 1 s a tan solo 100 ns. Por un lado, hay que comenzar el análisis destacando que la transición que tiene lugar en $t = 100$ ns desde la combinación de entradas correspondiente al 1_{10} (0001_2) a la correspondiente al 5_{10} (0101_2) no da lugar a pulso espurio alguno. Lo mismo puede afirmarse de la transición desde el 4_{10} (0100_2) al 6_{10} (0110_2) en $t = 400$ ns y de la transición desde el 11_{10} (1011_2) al 15_{10} (1111_2) en $t = 700$ ns. Sin embargo, cada una de estas tres transiciones recorridas en sentido contrario sí da lugar a un pulso transitorio como consecuencia de la existencia de un fenómeno aleatorio estático, que se manifiesta transcurrido un pequeño retardo de propagación[15]. Existe además otro pulso transitorio en $t = 600$ ns al pasar del 4_{10} (0100_2) al 11_{10} (1011_2), que coincide con el tercer pulso en la salida f. Dicho pulso es la manifestación de otro fenómeno aleatorio más, asociado esta vez al cambio simultáneo en las cuatro entradas del circuito.

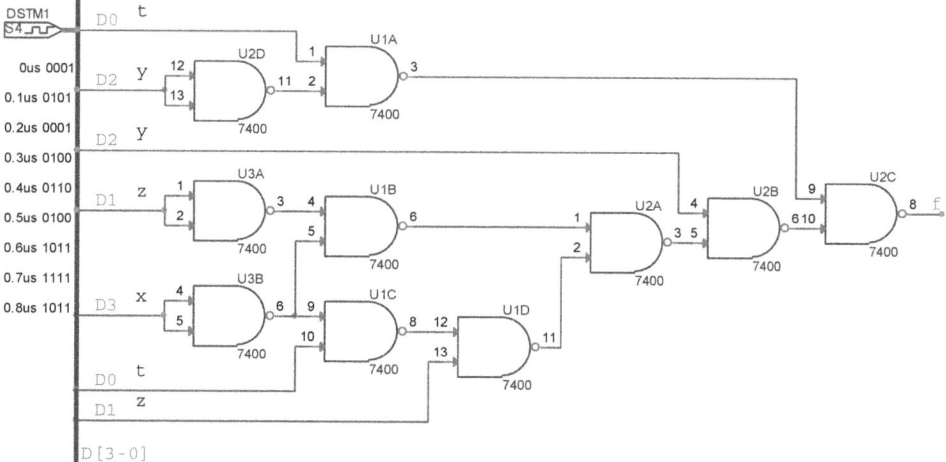

Figura 4.22   Síntesis multinivel bajo estudio junto a un estímulo digital configurado con una secuencia de combinaciones de entrada escogida para forzar la aparición de fenómenos aleatorios estáticos en el nivel 1 que se manifiestan en forma de pulsos espurios negativos.

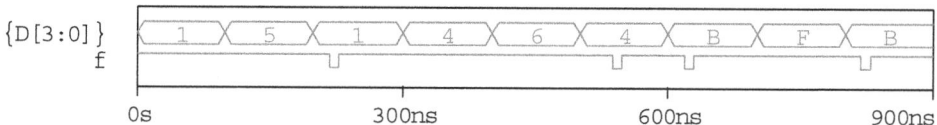

Figura 4.23   Cronograma correspondiente al circuito de la figura 4.22. Obsérvese la reducción en la escala temporal con respecto al cronograma de la figura 4.20.

Podría pensarse a priori que los fenómenos aleatorios detectados son consecuencia de haber realizado simulaciones sobre la síntesis de la figura 4.19, al tratarse de una síntesis multinivel. En realidad esto no es así, ya que surgen exactamente los mismos fenómenos aleatorios con una síntesis equivalente de dos niveles NAND-NAND similar a la mostrada en la figura 4.10, empleando esta vez puertas lógicas de la subfamilia TTL estándar junto a las correspondientes puertas inversoras necesarias para generar las variables complementadas como se muestra en la figura 4.24. La única diferencia entre ambas implementaciones radica en los retardos de propagación que transcurren hasta que los pulsos espurios se manifiestan tras un

---

[15] En la sección final del capítulo dedicada a las cuestiones de refuerzo se propone encontrar una justificación a esta aparente discrepancia (que es perfectamente predecible).

cambio en la combinación de entradas, como puede apreciarse al comparar los cronogramas de las figuras 4.23 y 4.25.

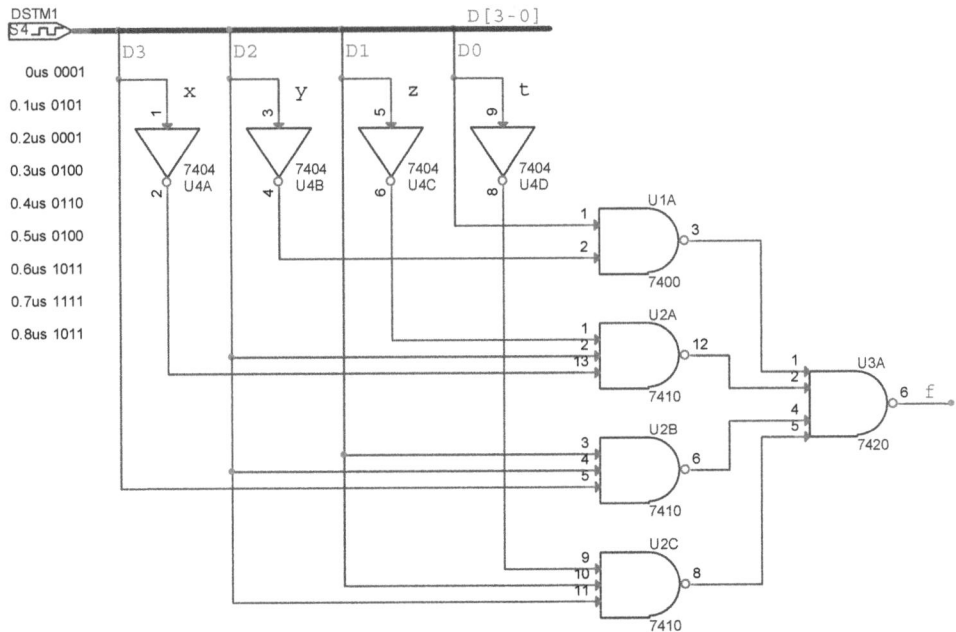

Figura 4.24   Variante de la síntesis de dos niveles NAND-NAND de la figura 4.10 adaptada para simulación que emplea puertas lógicas de la subfamilia TTL estándar en lugar de puertas CMOS. Las variables complementadas se generan esta vez con puertas inversoras.

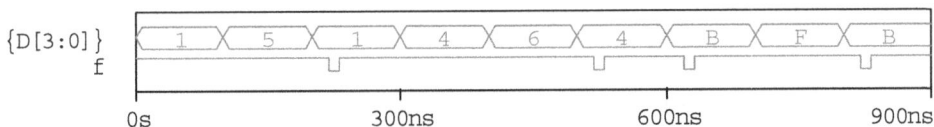

Figura 4.25   Cronograma correspondiente al circuito de la figura 4.24.

Por otro lado, no es casualidad que los pulsos transitorios encontrados en el cronograma de la figura 4.25 sean todos negativos: son la manifestación de los correspondientes fenómenos aleatorios estáticos en el nivel 1, que se dan como consecuencia de haber partido de una solución algebraica expresada en forma de suma de productos (síntesis AND-OR). Solo una solución en forma de producto de sumas (síntesis OR-AND) puede dar lugar a pulsos transitorios positivos, que corresponden a fenómenos aleatorios estáticos en el nivel 0 ([wak18]).

La forma de garantizar una salida perfectamente limpia, carente por tanto de pulsos espurios, consiste en añadir a la síntesis de dos niveles NAND-NAND de la figura 4.24 las puertas lógicas correspondientes a los tres términos de consenso identificados previamente en el mapa de Karnaugh de la figura 4.21. El circuito resultante y el cronograma correspondiente se muestran en las figuras 4.26 y 4.27, respectivamente. Obsérvese la sustitución del CI 7420 por el 7430, que contiene una única puerta NAND de ocho entradas, necesaria en esta síntesis para realizar la suma de los siete términos producto existentes.

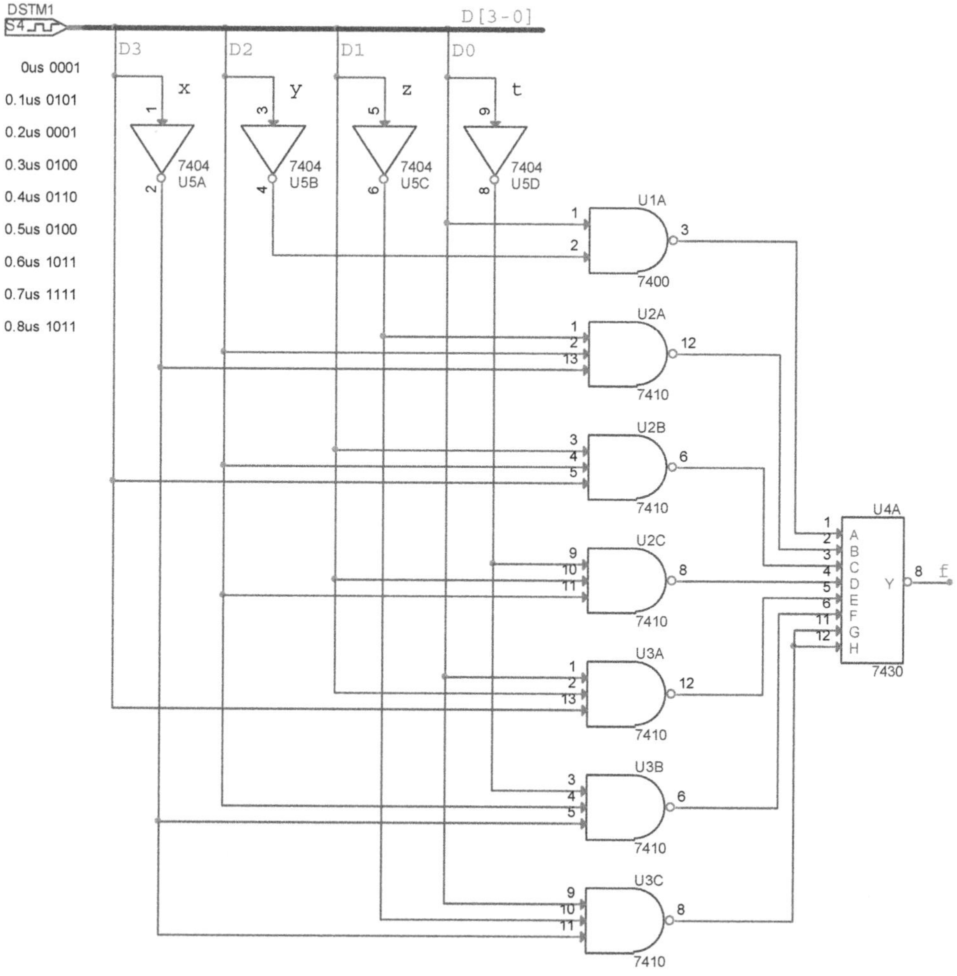

Figura 4.26   Versión ampliada de la síntesis de dos niveles NAND-NAND de la figura 4.24 que resulta tras añadir las tres puertas lógicas necesarias para implementar los términos de consenso $x \cdot z \cdot t$ (puerta U3A), $\overline{x} \cdot y \cdot \overline{t}$ (puerta U3B) y $\overline{x} \cdot \overline{z} \cdot t$ (puerta U3C).

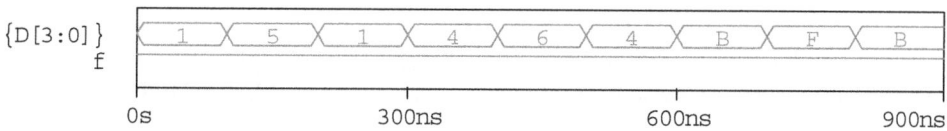

Figura 4.27   Cronograma correspondiente al circuito de la figura 4.26.

Como puede comprobarse, esta vez no hay presencia alguna de pulsos espurios en la salida f, que se mantiene invariable en un nivel lógico alto durante toda la secuencia de entradas programada.

Finalmente, cabe preguntarse si el añadir a la expresión lógica (4.2) los tres términos de consenso encontrados y proceder a una síntesis multinivel con puertas NAND de dos entradas tendrá el mismo efecto eliminador de los pulsos espurios que ha demostrado la síntesis de dos niveles NAND-NAND de la figura 4.26. La respuesta es no, debido a que las manipulaciones algebraicas necesarias para conseguir dicha síntesis dan lugar a caminos de señal dispares con retardos de propagación muy diferentes, que inevitablemente conducen a la aparición de pulsos espurios ante determinadas secuencias de entrada. En uno de los ejercicios de refuerzo se propone profundizar en esta cuestión.

4.9 Componentes

Circuitos integrados

74LS00 (2x). CI TTL con 4 puertas NAND de dos entradas.
74LS04 (1x). CI TTL con 6 inversores.

Resistencias

270 Ω (1x), 1 kΩ (1x).

Diodos

Ledes (1x).

4.10 Verificación experimental

El circuito propuesto para el montaje sobre la placa de prototipos es fundamental-mente el mostrado en la figura 4.19, sustituyendo únicamente las tres puertas NAND dedicadas a generar los complementos $\bar{x}$, $\bar{y}$ y $\bar{z}$ por puertas inversoras que ayudan a simplifican el cableado y conectando además un led en la salida, como ilustra la figura 4.28.

Aunque en el listado de componentes de la sección anterior se ha optado por escoger chips basados en tecnología TTL (de la subfamilia LS, concretamente), se pueden usar otros chips equivalentes a efectos de verificar la tabla de verdad, ya sean TTL o CMOS. En caso de emplear simultáneamente chips TTL y CMOS en el montaje, deberá verificarse que los niveles lógicos de los chips CMOS escogidos son compatibles con los niveles lógicos TTL. Esto es fácil de identificar en la práctica fijándose en la denominación de la serie. Por ejemplo, los chips de las series CMOS HC, AC o AHC no deberían combinarse con chips TTL en un mismo montaje; sin embargo, en el caso de las series HCT, ACT y AHCT, que son las correspondientes variantes CMOS compatibles con TTL, no surge este problema.

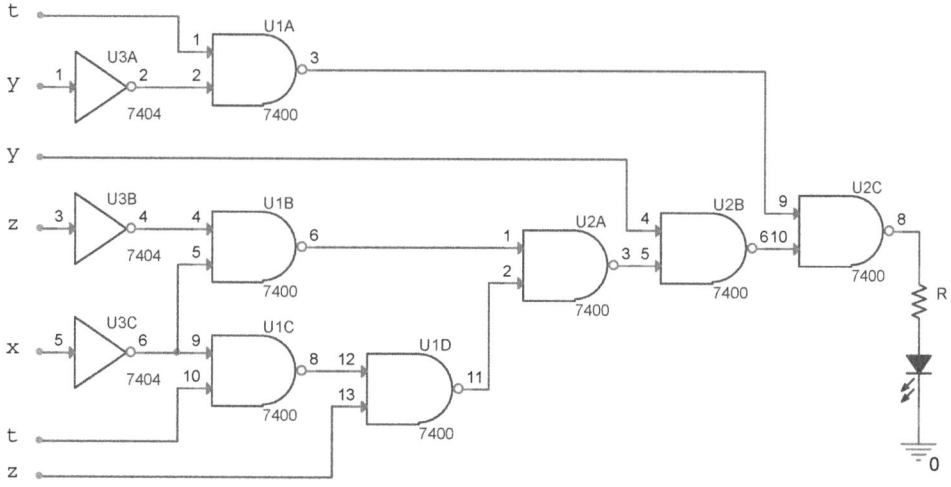

Figura 4.28 Circuito propuesto empleando los CI 74x00 y 74x04 para el montaje experimental.

<u>Procedimiento</u>

1. Realizar el montaje de la red combinacional multinivel de la figura 4.28.

2. Completar la tabla de verdad de la función lógica $f(x,y,z,t)$ bajo estudio que se facilita a continuación.

x	y	z	t	f (teo.)	f (exp.)	x	y	z	t	f (teo.)	f (exp.)
0	0	0	0	0		1	0	0	0	0	
0	0	0	1	1		1	0	0	1	1	
0	0	1	0	0		1	0	1	0	0	
0	0	1	1	1		1	0	1	1	1	
0	1	0	0	1		1	1	0	0	0	
0	1	0	1	1		1	1	0	1	0	
0	1	1	0	1		1	1	1	0	1	
0	1	1	1	0		1	1	1	1	1	

3. Dejar las cuatro entradas flotantes y comprobar el estado lógico de la salida, completando la siguiente tabla.

x	y	z	t	f (teo.)	f (exp.)
flotante					

<u>Cuestión</u>

¿Cuál es la salida esperada del circuito de la figura 4.28 con entradas flotantes? ¿Por qué?

4.11 Ejercicios y cuestiones de refuerzo

a) Aplica la propiedad distributiva (postulado P4) a los dos términos suma agrupados en el corchete de la expresión 4.10 para formar productos lógicos de dos literales. Verifica que la síntesis resultante es de cuatro niveles y precisa de cuatro puertas OR, tres puertas AND y un total de quince entradas.

b) La mayoría de las síntesis propuestas a lo largo del capítulo utilizan puertas lógicas CMOS de la serie 4000B (figuras 4.5, 4.6, 4.8, 4.9, 4.10 y 4.11). Propón realizaciones físicas alternativas partiendo de puertas incluidas en dispositivos de la serie 74 como ilustra la figura 4.24, que es una versión TTL de la figura 4.10.

c) En la sección 4.7 se argumentó que la implementación de la expresión lógica (4.18) da lugar a un fenómeno aleatorio. Identifícalo mediante un cronograma y reprodúcelo a continuación con una simulación.

d) Del cronograma mostrado en la figura 4.23 se infiere que la transición de la combinación de entradas 5_{10} (0101_2) a la 1_{10} (0001_2) da lugar a un fenómeno aleatorio estático que se manifiesta en forma de un pulso transitorio negativo. Sin embargo, la transición contraria (es decir, de la combinación 1_{10} a la 5_{10}) no da lugar a pulso espurio alguno. Justifica esta aparente discrepancia a partir de un análisis temporal de la realización física mostrada en la figura 4.22.

e) Añade los tres términos de consenso identificados por inspección del mapa de Karnaugh de la figura 4.21 a la expresión lógica (4.2) y realiza las manipulaciones algebraicas oportunas para obtener una síntesis multinivel empleando únicamente puertas NAND de dos entradas. Verifica mediante simulación que con un estímulo digital configurado como en los circuitos de las figuras 4.22, 4.24 y 4.26 se manifiestan varios fenómenos aleatorios estáticos en forma de pulsos espurios.

5

Codificador binario
básico de 4 a 2

5.1 Introducción

Un **codificador binario** de 2^N a N es un módulo lógico combinacional que realiza la función opuesta al circuito decodificador binario introducido en el capítulo 3, y por lo tanto asigna a cada una de las 2^N entradas posibles un código binario único de N bits en su salida. Es importante tener presente que la propia definición de codificador (sea binario o no) presupone que, en un instante dado, solo puede ser asertiva una única línea de entrada del dispositivo, puesto que no es posible codificar dos o más entradas simultáneamente con un único dispositivo. En el contexto de la codificación convencional se asume, en consecuencia, que las entradas deben ser mutuamente excluyentes.

Sin embargo, existen situaciones prácticas donde es deseable que dos o más líneas de entrada sean asertivas simultáneamente. Es obvio que el codificador solo puede llevar a cabo la codificación de una sola de las entradas asertivas en un instante dado, lo que obliga a que el diseño del dispositivo priorice una de ellas frente al resto, basándose en algún tipo de criterio que ordene las diferentes entradas de mayor a menor prioridad. Esta situación se resuelve con un circuito combinacional extremadamente útil denominado **codificador de prioridad**, que está especialmente diseñado para atender únicamente aquella solicitud de entrada que sea prioritaria en caso de recibir simultáneamente varias de ellas. Esta funcionalidad es de especial interés en el ámbito de la gestión de interrupciones llevada a cabo por los procesadores digitales, como se expone en el capítulo 27 en el contexto de las aplicaciones de la codificación.

Dos codificadores de prioridad modulares disponibles en el mercado, ambos contenidos en sendos encapsulados de 16 pines y con entradas y salidas activas a nivel lógico bajo, son los populares 74x147 y 74x148 mostrados en la figura 5.1, que se encuentran en numerosas referencias sobre diseño digital. El 74x147 es un codificador BCD 10:4, mientras que el 74x148 es un codificador binario 8:3 dotado además de entradas y salidas de control (denominadas EI, EO y GS)[1], que resultan imprescindibles en aplicaciones donde se combinan varios CI 74x148 para extender su capacidad y poder así diseñar codificadores de prioridad capaces de gestionar un alto número de entradas. Una alternativa equivalente al 74x148, disponible solo en tecnología CMOS, es el 4532B/14532B. Algunos ejemplos que ilustran la extensión de la capacidad de un codificador de prioridad se muestran en [gar07] y [wak18] para el caso de un codificador 32:5 y en [hay96] para un codificador 64:6.

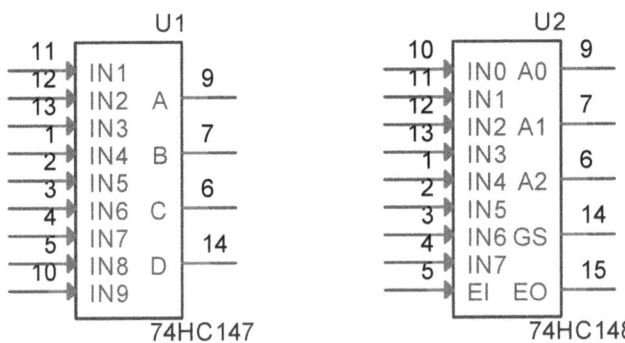

Figura 5.1   Codificadores de prioridad modulares de la subfamilia CMOS-HC. U1: 74HC147 (codificador BCD 10:4). U2: 74HC148 (codificador binario 8:3).

Puede llamar la atención el hecho de que ninguno de los dos símbolos lógicos disponibles en PSpice, mostrados en la figura 5.1, incluya burbujas de inversión en sus entradas y salidas, a pesar de que ambas son activas a nivel lógico bajo. Los codificadores son dispositivos peculiares en este sentido: en el 74x148 las salidas pasan de ser activas a nivel bajo a serlo a nivel alto sin más que renombrar sus ocho

---

[1] EI (*enable input*) es una entrada de habilitación del codificador, EO (*enable output*) es una salida que es asertiva si no hay solicitudes en las entradas, y GS es una segunda salida que es asertiva solo cuando el dispositivo está habilitado y además existe al menos una solicitud en alguna de las entradas. Curiosamente, los fabricantes no indican el significado de GS en su información técnica, aunque en [wak07] se apunta que es *group select*.

entradas, de forma que IN0 pasa a ser IN7; IN1 pasa a ser IN6; IN2 pasa a ser IN5, y así sucesivamente. Esto equivale a complementar los 3 bits de la codificación binaria correspondiente al número de la solicitud ([wak01]).

El objetivo de este capítulo es ilustrar el concepto de la codificación digital mediante dos sencillos codificadores binarios de cuatro a dos (abreviadamente, codificadores 4:2); el primero de ellos sin prioridad y el segundo con ella. Para cada tipo de codificador se propondrán dos versiones diferentes. Tras comparar los diseños obtenidos se apreciará la ventaja que con frecuencia supone, por lo que respecta al coste de la implementación, diseñar un dispositivo lógico con entradas activas a nivel lógico bajo. Además, durante el proceso de diseño del codificador de prioridad se tendrá ocasión de aplicar la técnica de conversión de un circuito de dos niveles de tipo AND-OR en uno equivalente NAND-NAND, ya conocida del capítulo 4, que optimiza la implementación. Los dos diseños escogidos para su verificación experimental necesitan un único CI 74x00 y se cablean con suma rapidez sobre la placa de prototipos.

5.2 Codificador binario básico de 4 a 2 sin prioridad

Un codificador binario 4:2, en la versión más básica escogida aquí carente de entradas y salidas de habilitación y control, cuenta únicamente con cuatro líneas de entrada, que denotaremos por X3, X2, X1 y X0; y con dos líneas de salida, Y1 e Y0. La tabla de verdad de este codificador dependerá a su vez de si sus líneas de entrada y de salida son activas a nivel lógico alto o bajo. A continuación se expondrán dos casos posibles, el primero de ellos con líneas de entrada activas a nivel alto y el segundo a nivel bajo. En ambos casos las salidas serán activas a nivel lógico alto.

5.2.1 Codificación con entradas activas a nivel alto

La tabla de verdad de un codificador básico 4:2 sin prioridad, caracterizado por líneas de entrada y de salida activas a nivel lógico alto, se muestra en la tabla 5.1.

Tabla 5.1 Tabla de verdad de un codificador binario básico 4:2 sin prioridad, con entradas y salidas activas a nivel alto.

Entradas				Salidas	
X3	X2	X1	X0	Y1	Y0
0	0	0	0	0	0
0	0	0	1	0	0
0	0	1	0	0	1
0	1	0	0	1	0
1	0	0	0	1	1

Puede comprobarse que el número de combinaciones de entrada representadas se reduce a solo cinco de las dieciséis posibles que se dan con cuatro variables, al considerar que las entradas son mutuamente excluyentes y descartar por lo tanto un total de once combinaciones, que no pueden darse. La única entrada asertiva por fila, en caso de producirse, se destaca sombreada en la tabla.

La tabla 5.1 revela que, en ausencia de una entrada asertiva (primera fila), las dos líneas de salida Y1 e Y0 son 0, codificación que coincide precisamente con el caso en el que únicamente la entrada de menor peso, X0, es asertiva (segunda fila). Esta duplicidad es inherente a la función de la codificación e implica que, en reposo, el circuito responde efectivamente como si X0 fuese asertiva.

Las expresiones lógicas correspondientes a las salidas Y1 e Y0 se deducen de forma inmediata a partir de la tabla de verdad sin más que identificar las entradas asertivas, para las que la salida correspondiente es 1, y realizar su suma lógica. No hay necesidad, en el caso de un codificador sin prioridad, de recurrir a mapas de Karnaugh para su obtención (mapas que incluyen numerosas **combinaciones de entrada indiferentes**[2], a diferencia del caso de un decodificador). Dichas expresiones son las siguientes:

$$Y1 = X2 + X3 \tag{5.1}$$

$$Y0 = X1 + X3 \tag{5.2}$$

Obsérvese que la entrada X0 no forma parte de las expresiones lógicas. La implementación resultante, que es muy simple, se representa en la figura 5.2.

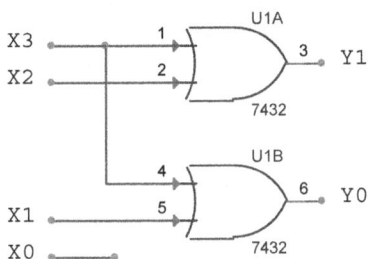

Figura 5.2 Síntesis del codificador binario básico 4:2 correspondiente a la tabla de verdad mostrada en la tabla 5.1.

5.2.2 Codificación con entradas activas a nivel bajo

La tabla de verdad de un codificador básico 4:2 sin prioridad con líneas de entrada activas a nivel bajo y líneas de salida activas a nivel alto se representa en la tabla 5.2. En este caso, las cuatro señales de entrada pasan a denominarse XN3-XN0, donde N denota la señal Xk negada y se verifica, por tanto, que $XNk = \overline{Xk}$, siendo $k = 0,1,2,3$. Como puede comprobarse, se trata de la versión complementada de la tabla 5.1 por lo que respecta a las entradas, quedando las dos salidas Y1 e Y0 inalteradas.

---

[2] Del inglés *don't care input combinations*.

Tabla 5.2 Tabla de verdad de un codificador binario básico 4:2 sin prioridad, con entradas activas a nivel bajo y salidas activas a nivel alto.

Entradas				Salidas	
XN3	XN2	XN1	XN0	Y1	Y0
1	1	1	1	0	0
1	1	1	0	0	0
1	1	0	1	0	1
1	0	1	1	1	0
0	1	1	1	1	1

Negando dos veces las expresiones (5.1) y (5.2), y aplicando posteriormente el teorema de De Morgan, las salidas Y1 e Y0 se reescriben por conveniencia como sigue:

$$Y1 = \overline{\overline{X2} \cdot \overline{X3}} \qquad (5.3)$$

$$Y0 = \overline{\overline{X1} \cdot \overline{X3}} \qquad (5.4)$$

La implementación resultante se muestra en la figura 5.3.

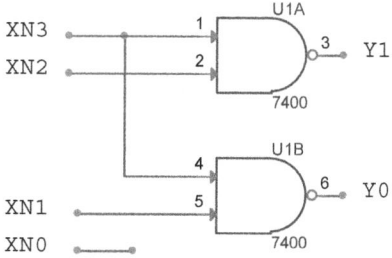

Figura 5.3 Síntesis del codificador binario básico 4:2 correspondiente a la tabla de verdad mostrada en la tabla 5.2.

5.3 Codificador binario básico de 4 a 2 con prioridad

En la variante con prioridad del codificador bajo estudio plantearemos de nuevo implementaciones con entradas tanto activas a nivel lógico alto como bajo. Cada una de las dos versiones del codificador dará lugar a su vez a dos realizaciones físicas distintas, una de ellas con puertas AND y OR y otra con NAND, con diferencias relevantes por lo que respecta al número de puertas necesario como veremos.

5.3.1 Codificación con entradas activas a nivel alto

La tabla de verdad de un codificador básico 4:2 con prioridad cuyas líneas de entrada y de salida son activas a nivel lógico alto puede verse en la tabla 5.3. Asignando respectivamente a las entradas X3 y X0 la máxima y la mínima prioridad, es inmediato completar la tabla de verdad tomando como punto de partida la tabla 5.1, correspondiente al codificador equivalente sin prioridad. En el presente caso aparecen entradas indiferentes, identificadas con la letra x, que garantizan inequívocamente las prioridades asignadas. Tomando como ejemplo la última fila de la tabla, donde la entrada de máxima prioridad X3 es asertiva, las tres entradas restantes pueden adoptar cualquier valor lógico, puesto que serán ignoradas en la codificación. En consecuencia, se sustituyen las correspondientes tres entradas a 0 en la tabla 5.1 por entradas indiferentes.

Tabla 5.3 Tabla de verdad de un codificador binario básico 4:2 con prioridad, con entradas y salidas activas a nivel alto.

Entradas				Salidas	
X3	X2	X1	X0	Y1	Y0
0	0	0	0	0	0
0	0	0	1	0	0
0	0	1	x	0	1
0	1	x	x	1	0
1	x	x	x	1	1

Esta vez no resulta inmediato deducir las expresiones lógicas de salida por la simple inspección de la tabla de verdad. En su lugar utilizaremos mapas de Karnaugh. Teniendo en cuenta las dieciséis combinaciones posibles que surgen de la tabla 5.3 tras desdoblar las entradas marcadas con x en los dos valores lógicos posibles 0 y 1, resultan los siguientes mapas para las salidas Y1 e Y0:

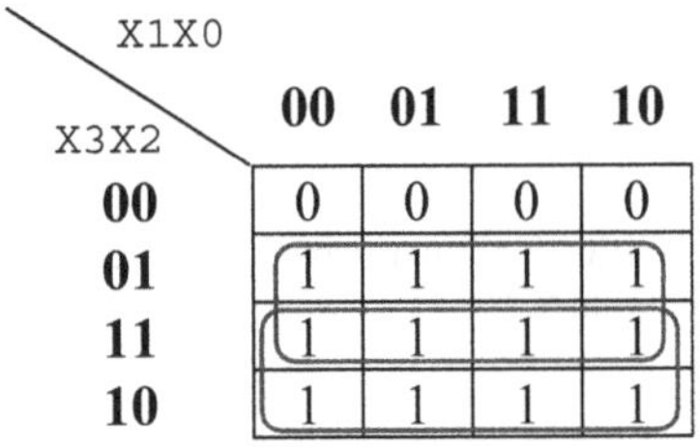

Figura 5.4 Mapa de Karnaugh simplificado para Y1.

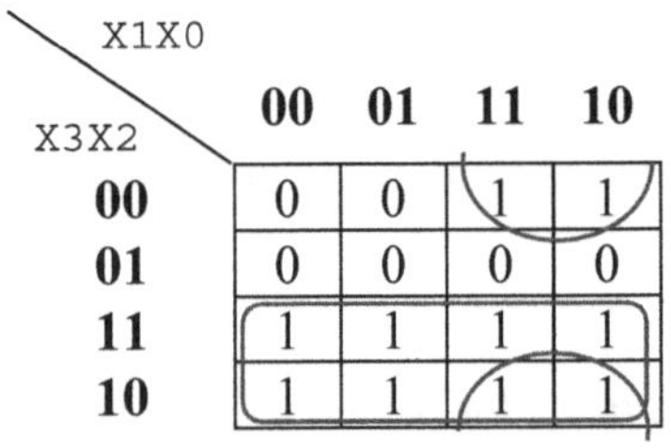

Figura 5.5 Mapa de Karnaugh simplificado para Y0.

De la simplificación de ambos mapas resultan las expresiones lógicas buscadas en forma de suma de productos:

$$Y1 \; = \; X2 + X3 \tag{5.5}$$

$$Y0 \; = \; \overline{X2} \cdot X1 + X3 \tag{5.6}$$

La implementación de ambas expresiones da lugar al circuito AND-OR de la figura 5.6, que requiere tres CI a pesar de contar con solo cuatro puertas lógicas.

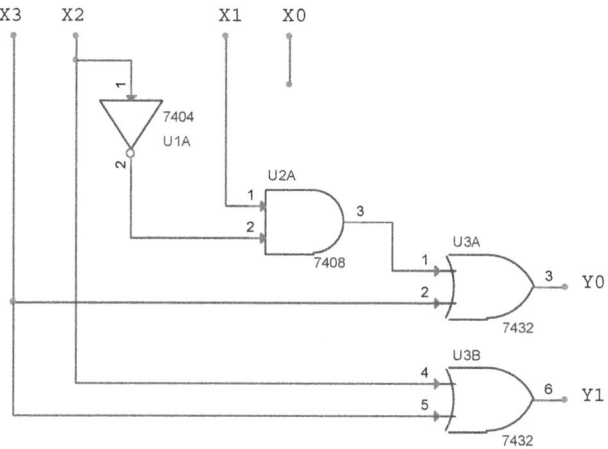

Figura 5.6   Síntesis AND-OR del codificador binario básico 4:2 con prioridad correspondiente a la tabla de verdad mostrada en la tabla 5.3.

Alternativamente puede optarse por una síntesis como la mostrada en la figura 5.7, en la que cada puerta lógica AND y OR del circuito anterior se sustituye por una NAND. La validez de esta manipulación se justificó en el capítulo 4.

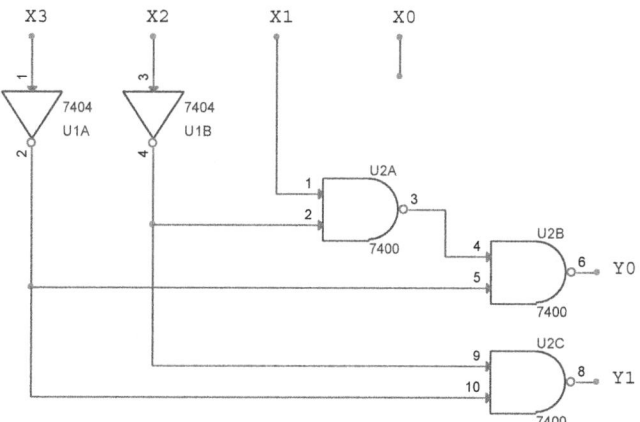

Figura 5.7   Síntesis NAND-NAND del codificador binario básico 4:2 con prioridad correspondiente a la tabla de verdad mostrada en la tabla 5.3.

En la conversión del circuito AND-OR al NAND-NAND, sin embargo, es necesario añadir una segunda puerta inversora para no alterar la función lógica de las salidas. A pesar de ello, solo es necesario emplear en este caso dos tipos distintos de puertas lógicas en lugar de tres, que además puede reducirse a uno solo si la función inversora se implementa con puertas NAND.

5.3.2 Codificación con entradas activas a nivel bajo

La tabla de verdad de un codificador básico 4:2 con prioridad, con líneas de entrada activas a nivel bajo XN3-XN0 y líneas de salida Y1 e Y0 activas a nivel alto, se representa en la tabla 5.4.

Tabla 5.4   Tabla de verdad de un codificador binario básico 4:2 con prioridad, con entradas activas a nivel bajo y salidas activas a nivel alto.

Entradas				Salidas	
XN3	XN2	XN1	XN0	Y1	Y0
1	1	1	1	0	0
1	1	1	0	0	0
1	1	0	x	0	1
1	0	x	x	1	0
0	x	x	x	1	1

La síntesis AND-OR correspondiente se muestra en la figura 5.8.

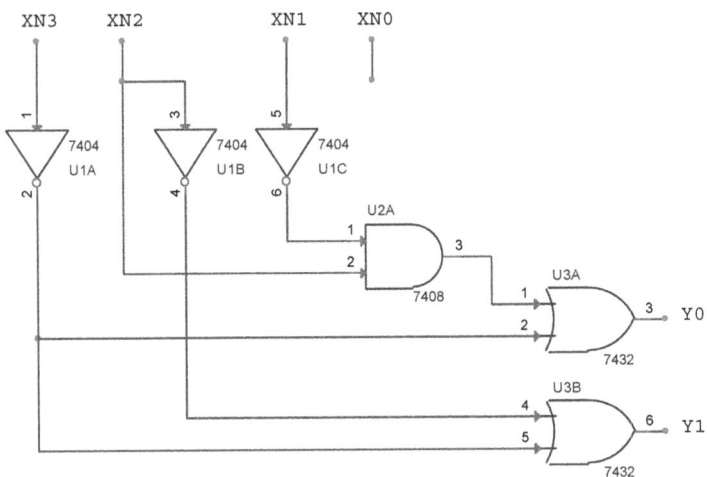

Figura 5.8   Síntesis AND-OR del codificador binario básico 4:2 con prioridad correspondiente a la tabla de verdad mostrada en la tabla 5.4.

El circuito se ha obtenido añadiendo dos puertas inversoras a la implementación previa AND-OR con entradas activas a nivel alto de la figura 5.6. Estas puertas adicionales son necesarias para no alterar las expresiones de las salidas Y1 e Y0 dadas por (5.5) y (5.6). Hay que tener en cuenta que la validez de dichas expresiones es general y no depende, por tanto, de si las entradas son asertivas a nivel lógico alto o bajo.

Finalmente, para la implementación equivalente NAND-NAND tomaremos como punto de partida la síntesis del codificador con prioridad y entradas activas a nivel alto de la figura 5.7. El circuito resultante solo precisa de una puerta inversora que se ha optado por implementar mediante una puerta NAND, como refleja la figura 5.9. Esta realización física es preferible frente a las tres anteriores, puesto que requiere de un único CI 74x00, y demuestra la conveniencia de recurrir con frecuencia en el diseño digital a entradas activas a nivel bajo para minimizar el coste de la implementación.

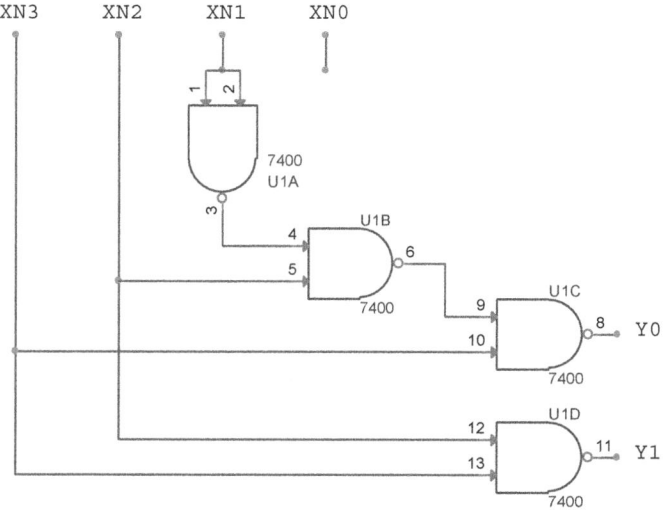

Figura 5.9   Síntesis NAND-NAND del codificador binario básico 4:2 con prioridad correspondiente a la tabla de verdad mostrada en la tabla 5.4.

5.4 Simulación

Se verificará seguidamente mediante simulación el correcto funcionamiento de cuatro de las seis topologías codificadoras expuestas en la sección anterior. Concretamente se pondrán a prueba, en primer lugar, los dos circuitos codificadores sin prioridad, para a continuación pasar a analizar la respuesta de las dos variantes con prioridad de tipo NAND-NAND. En todos los casos se empleará un bus de entrada de 4 bits, denominado X[3-0], conectado al estímulo correspondiente, así como también un bus de salida de 2 bits Y[1-0]. La configuración del estímulo variará según el tipo de codificador, actualizándose cada segundo al igual que en los dos capítulos anteriores.

5.4.1 Circuitos codificadores de 4 a 2 sin prioridad

5.4.1.1 Codificación con entradas activas a nivel alto

La figura 5.10 muestra la adaptación para simulación del circuito codificador con entradas activas a nivel alto de la figura 5.2 que resulta tras añadir los necesarios buses.

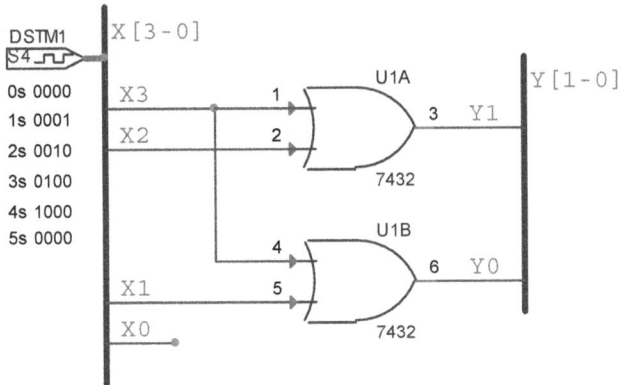

Figura 5.10 Circuito adaptado para simulación del codificador binario básico 4:2 sin prioridad con entradas activas a nivel alto.

La respuesta obtenida se muestra en el cronograma de la figura 5.11. Es claramente visible la secuencia de cuatro pulsos positivos aplicados en las diferentes entradas del circuito, así como la codificación de 2 bits resultante en cada caso. Como se anticipó al introducir la tabla de verdad de este codificador, la codificación correspondiente a la entrada X0 es 00, y coincide con el estado lógico de las dos salidas Y1 e Y0 del circuito en ausencia de entradas asertivas.

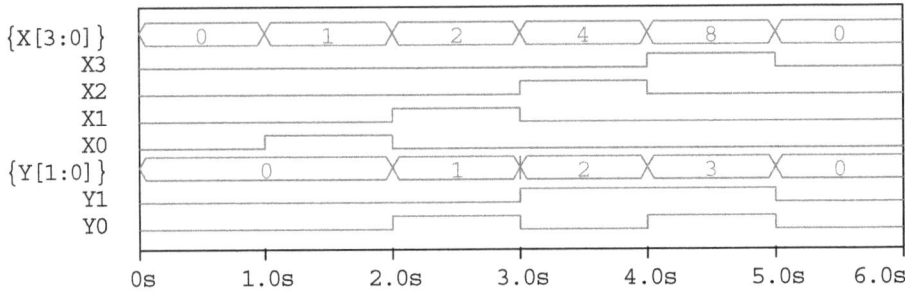

Figura 5.11 Respuesta del circuito codificador de la figura 5.10.

5.4.1.2 Codificación con entradas activas a nivel bajo

La figura 5.12 muestra el circuito codificador con entradas activas a nivel bajo de la figura 5.3 adaptado para simulación con los correspondientes buses, mientras que su funcionamiento se representa en el cronograma de la figura 5.13. La secuencia de cuatro pulsos, aplicados en las sucesivas entradas del circuito, es esta vez de polaridad negativa, siendo su respuesta idéntica al caso anterior como corresponde a su tabla de verdad.

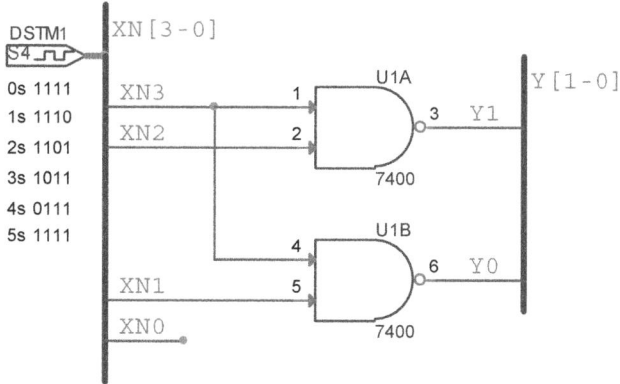

Figura 5.12 Circuito adaptado para simulación del codificador binario básico 4:2 sin prioridad con entradas activas a nivel bajo.

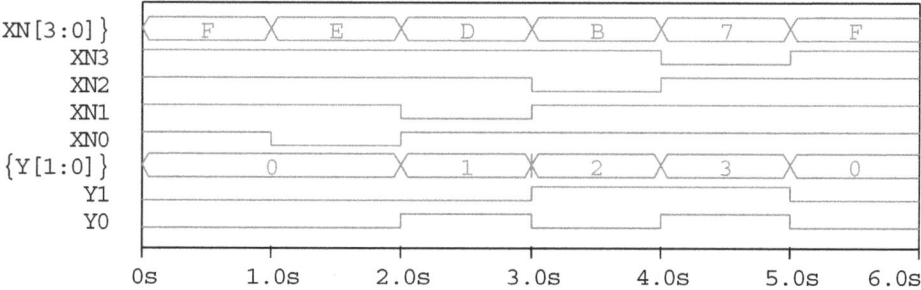

Figura 5.13 Respuesta del circuito codificador de la figura 5.12.

5.4.2 Circuitos codificadores de 4 a 2 con prioridad

5.4.2.1 Codificación con entradas activas a nivel alto

La figura 5.14 reproduce el circuito codificador con prioridad y entradas activas a nivel alto de la figura 5.7 tras adaptarlo para la simulación, mientras que la respuesta al estímulo programado se muestra en el cronograma de la figura 5.15. Como puede comprobarse, dicho estímulo coincide intencionadamente con el escogido para el codificador equivalente sin prioridad (donde solo una entrada es asertiva a la vez) en el intervalo comprendido entre $t = 0$ s y $t = 5$ s. Una vez transcurrido este intervalo inicial, y hasta el final de la simulación en $t = 8$ s, en todo momento resultan asertivas al menos dos entradas de forma simultánea. Puede verificarse analizando la respuesta temporal que el codificador prioriza en todos los casos la entrada correcta, descartando el resto.

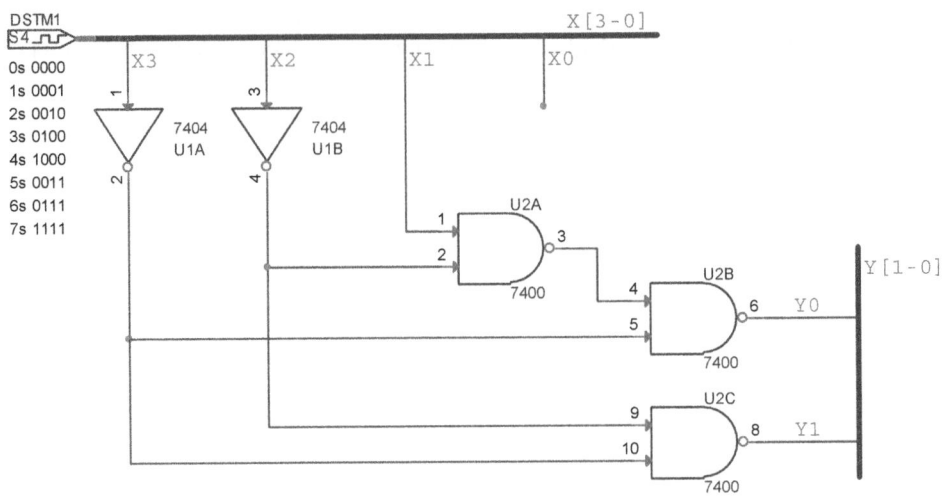

Figura 5.14 Circuito adaptado para simulación del codificador binario básico 4:2 con prioridad de tipo NAND-NAND y entradas activas a nivel alto.

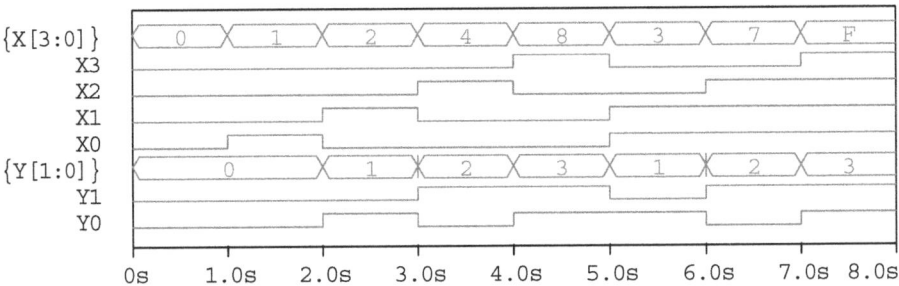

Figura 5.15 Respuesta del circuito codificador de la figura 5.14.

5.4.2.2 Codificación con entradas activas a nivel bajo

La figura 5.16 es una réplica del circuito codificador con prioridad y entradas activas a nivel bajo mostrado en la figura 5.9, adaptado para su simulación tras conectar los correspondientes buses en las líneas de entrada y las de salida.

Obsérvese que la configuración del estímulo es exactamente la versión complementada del escogido en la variante codificadora con prioridad a nivel alto del apartado anterior. El cronograma resultante se representa a continuación en la figura 5.17. Como puede verificarse, también en este último caso se reproduce fielmente el comportamiento esperado a lo largo de toda la secuencia de estímulos.

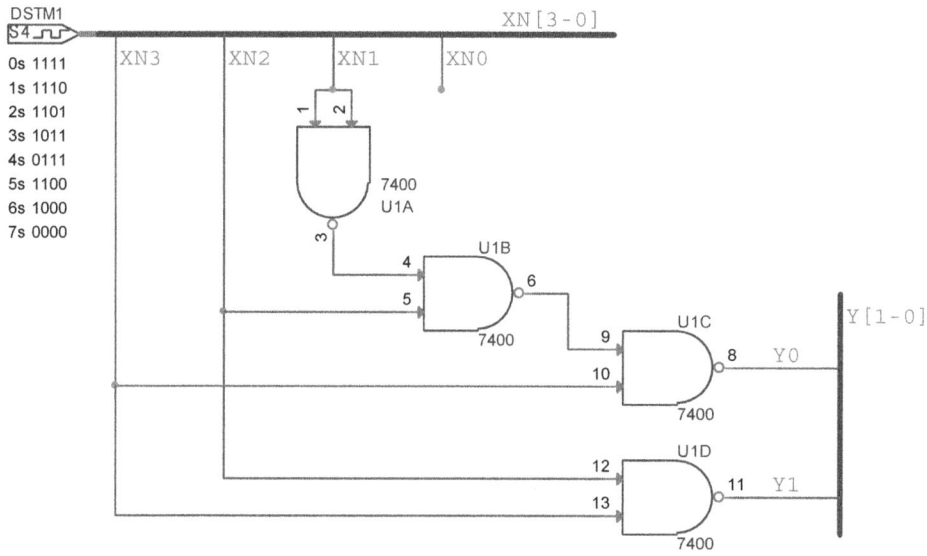

Figura 5.16 Circuito adaptado para simulación del codificador binario básico 4:2 con prioridad de tipo NAND-NAND y entradas activas a nivel bajo.

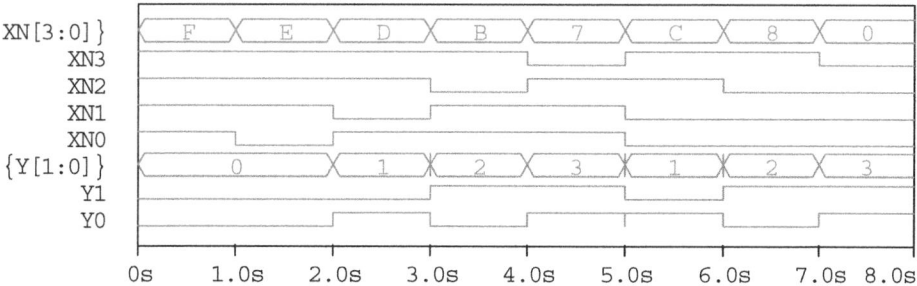

Figura 5.17 Respuesta del circuito codificador de la figura 5.16.

5.5 Componentes

Circuitos integrados

74LS00 (1x). CI TTL con 4 puertas NAND de dos entradas.

Resistencias

270 Ω (2x), 1 kΩ (1x).

Diodos

Ledes (2x).

5.6 Verificación experimental

Se propone experimentar en el laboratorio con dos de los circuitos codificadores 4:2 analizados previamente, uno con prioridad y otro sin ella. Ambos cuentan con entradas a nivel lógico bajo y se implementan exclusivamente con puertas NAND con el fin de agilizar los montajes, que resultan en ambos casos muy sencillos.

5.6.1 Codificación sin prioridad y entradas activas a nivel bajo

Procedimiento

1. Realizar el montaje del circuito codificador 4:2 sin prioridad y entradas activas a nivel bajo de la figura 5.18.

2. Verificar su correcto funcionamiento a partir de la correspondiente tabla de verdad (tabla 5.2).

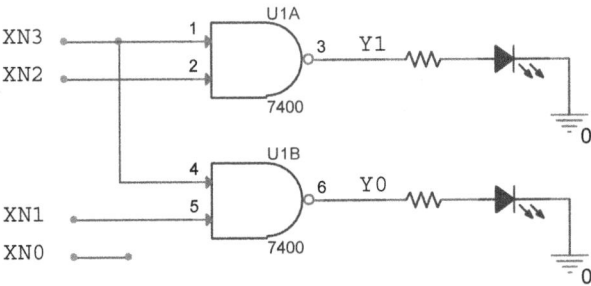

Figura 5.18   Circuito codificador 4:2 sin prioridad y entradas activas a nivel bajo propuesto para su montaje experimental.

5.6.2 Codificación con prioridad y entradas activas a nivel bajo

Procedimiento

1. Realizar el montaje del circuito decodificador 4:2 con prioridad y entradas activas a nivel bajo de la figura 5.19.

2. Verificar su correcto funcionamiento a partir de la correspondiente tabla de verdad (tabla 5.4).

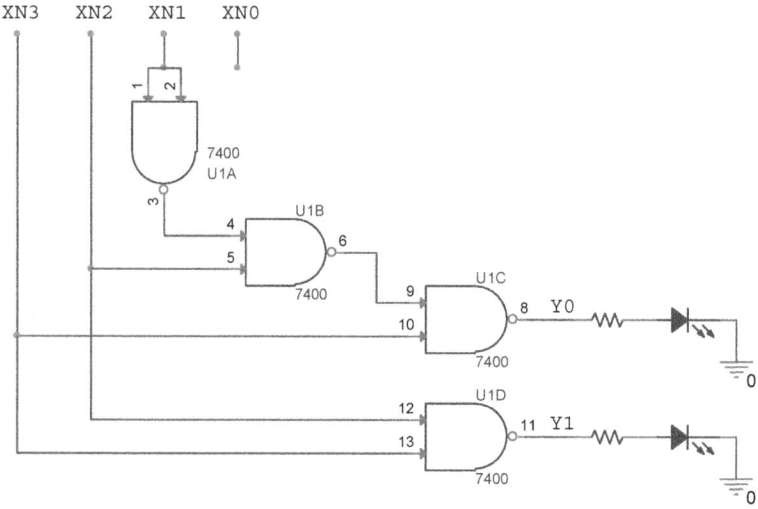

Figura 5.19   Circuito codificador 4:2 con prioridad y entradas activas a nivel bajo propuesto para su montaje experimental.

5.7 Ejercicios y cuestiones de refuerzo

a) Deduce las expresiones lógicas (5.1) y (5.2) de forma alternativa a la realizada en la sección 5.2. Emplea para ello mapas de Karnaugh de cuatro variables, añadiendo las condiciones indiferentes necesarias correspondientes a las once combinaciones de entrada no representadas en la tabla de verdad 5.1.

b) Verifica mediante un análisis algebraico que los circuitos codificadores con prioridad y entradas activas a nivel bajo, mostrados en las figuras 5.8 y 5.9, obedecen a las mismas expresiones lógicas (5.5) y (5.6), deducidas a partir de las variantes codificadoras con prioridad y entradas a nivel alto.

c) Tomando como referencia el diseño propuesto en el apartado 5.2.1 del codificador binario básico 4:2 sin prioridad con entradas activas a nivel alto, realiza el diseño correspondiente a un codificador equivalente 8:3. Ejecuta una simulación escogiendo las puertas lógicas necesarias para la implementación.

d) Tomando como referencia el diseño propuesto en el apartado 5.2.2 del codificador binario básico 4:2 sin prioridad con entradas activas a nivel bajo, realiza el diseño correspondiente a un codificador equivalente 8:3. Ejecuta una simulación escogiendo las puertas lógicas necesarias para la implementación.

e) Diseña un codificador BCD 10:4 sin prioridad con entradas y salidas activas a nivel alto a partir de su tabla de verdad.

f) Diseña un codificador BCD 10:4 sin prioridad con entradas activas a nivel bajo y salidas activas a nivel alto a partir de su tabla de verdad.

g) Escribe la tabla de verdad de un codificador binario básico 8:3 con prioridad que tenga entradas y salidas activas a nivel alto.

h) Escribe la tabla de verdad de un codificador binario básico 8:3 con prioridad que tenga entradas activas a nivel bajo y salidas activas a nivel alto.

6

Circuitos comparadores, de paridad y conversores de código

6.1 Introducción

La función lógica OR exclusiva, conocida habitualmente por su abreviatura XOR, permite simplificar notablemente la realización física de ciertos diseños digitales. El resultado de la operación lógica XOR realizada sobre dos operandos binarios de entrada de un bit es 1 únicamente si el valor lógico de los operandos difiere, siendo 0 cuando ambos coinciden. Es decir, la operación XOR devuelve de forma natural la diferencia entre los operandos de partida y constituye, por lo tanto, la mejor opción para implementar un circuito comparador de operandos de un bit.

La generalización de la función XOR a un número arbitrario N de operandos binarios de entrada se acostumbra a especificar en términos de paridad, de manera que la función entrega como resultado un 1 lógico solo si se verifica que un número impar de los N operandos es 1 ([hay96], [man15]). La función XOR para N variables proporciona, en consecuencia, una forma práctica de diseñar un circuito de paridad impar (ya sea para generar un bit de paridad o para detectarlo), que se puede implementar con suma facilidad mediante una red combinacional constituida exclusivamente por puertas lógicas XOR.

Antes de continuar conviene advertir, sin embargo, que el estándar IEEE para identificar elementos lógicos reserva el nombre XOR únicamente para la puerta lógica de dos entradas que realiza dicha función. En el caso de puertas lógicas de entrada múltiple el estándar recurre a otros términos, como por ejemplo "elemento de paridad impar" ([clu86]). Numerosos autores se limitan a definir la función XOR solo para dos variables, mientras que algunas referencias concretas como [ber05] y [hor16] van más allá al afirmar taxativamente que dicha función nunca tiene más de dos entradas.

Por lo que respecta a las posibilidades de implementación de la función XOR, cabe decir que se encuentra disponible el 74x86, un CI de 14 pines que integra cuatro puertas XOR de dos entradas. Con estas puertas puede implementarse la operación lógica OR exclusiva, tanto para dos entradas como para su versión generalizada de más de dos si es necesario, sin más que añadir al diseño una puerta de un 74x86 por cada entrada adicional. La figura 6.1 muestra un ejemplo de implementación para tres entradas, que hace uso por tanto de solo dos puertas lógicas. En un caso general con N entradas, empleando la misma topología de puertas conectadas en cadena representada en la figura, el número de puertas necesarias ascendería a N-1.

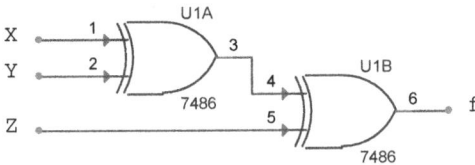

Figura 6.1   Implementación de un generador de paridad impar de 3 bits a partir de dos puertas lógicas XOR de dos entradas contenidas en un 74x86. El circuito implementa la función lógica XOR generalizada para las tres variables X, Y, Z.

La función lógica f del ejemplo obedece a la siguiente expresión, en la que no es necesario incluir paréntesis que obliguen a realizar en primer lugar la operación XOR sobre las entradas X e Y, puesto que se verifica la propiedad asociativa:

$$f = X \oplus Y \oplus Z \tag{6.1}$$

Aunque lo habitual es recurrir al 74x86 cuando se necesita implementar la función lógica XOR generalizada para el caso de tres o más entradas como ilustra la figura 6.1, existen alternativas al uso de este dispositivo como es el caso del 74LVC1G386. El propio fabricante, Texas Instruments, se refiere a este circuito de 6 pines como "puerta XOR de tres entradas" ([74G386]). Sin embargo, los prestigiosos autores Paul Horowitz y Winfield Hill optan por llamarlo "generador de paridad de tres entradas" en una mención explícita realizada precisamente sobre dicho dispositivo en su libro *The Art of Electronics* ([hor16]).

El presente capítulo está dedicado a experimentar con una selección de circuitos que pueden sintetizarse recurriendo fundamentalmente a puertas lógicas XOR de dos entradas. Se comenzará por exponer la topología de un circuito comparador de dos operandos de 4 bits para pasar a abordar el diseño de un circuito generador y detector de paridad de 8 bits. Finalmente, se presentarán dos circuitos conversores de código de 4 bits. En todos los diseños escogidos una solución equivalente con puertas AND y OR (o bien NAND) conduce a una síntesis con un número de puertas considerablemente mayor.

6.2 Circuitos aritméticos comparadores

Como se ha mencionado en la introducción, la función XOR calculada sobre dos operandos de entrada de un bit cada uno proporciona el módulo de la diferencia aritmética entre ambos, y para su implementación basta con aplicar dichos operandos a una de las puertas lógicas XOR de un CI 74x86, como ilustra la figura 6.2 para dos operandos X e Y: la función DIF1 será 0 si X e Y coinciden, y será 1 cuando X e Y sean diferentes.

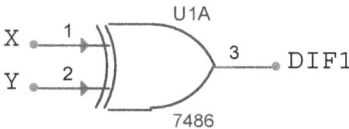

Figura 6.2   Implementación de un circuito comparador de dos operandos de un bit.

Esta idea es extensible a operandos binarios de N bits, sin más que dedicar una puerta XOR a cada pareja de bits (XK, YK) de los operandos de entrada. En este caso basta con que una sola de las puertas XOR entregue un 1 para detectar que los operandos son diferentes, por lo que aplicando la función OR simultáneamente a las salidas de las N puertas XOR se tiene un circuito lógico comparador de N bits que determina si los operandos de partida son iguales o no ([wak18]). La figura 6.3 particulariza esta topología de comparador para operandos de 4 bits. Obsérvese que la necesaria función OR de cuatro entradas se ha implementado mediante una red combinacional de dos niveles formada por dos puertas NOR y una puerta NAND, todas ellas de dos entradas.

También se han comercializado varios circuitos comparadores modulares, los llamados **comparadores de magnitud**, que suelen proporcionar más de una salida. Estos circuitos modulares son una alternativa interesante al sencillo CI 74x86 que siempre conviene tener presente, puesto que su uso proporciona una implementación más compacta de los circuitos comparadores, especialmente para operandos con un elevado número de bits. La figura 6.4 muestra los símbolos de circuito disponibles en las bibliotecas de PSpice para tres de ellos, todos pertenecientes a la subfamilia lógica CMOS-HC.

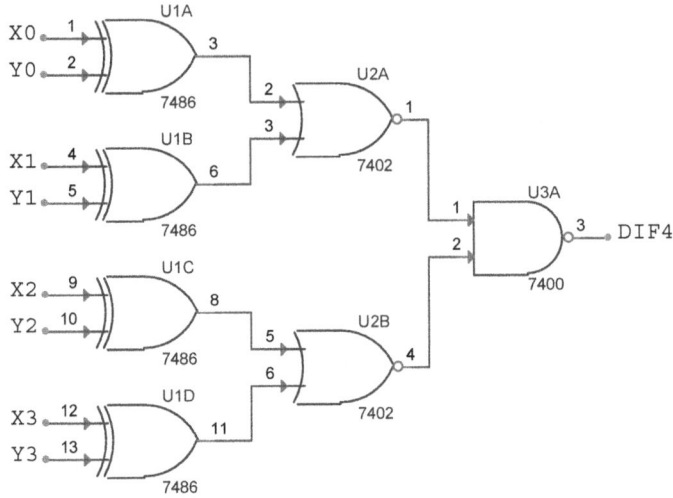

Figura 6.3   Circuito comparador de dos operandos de 4 bits.

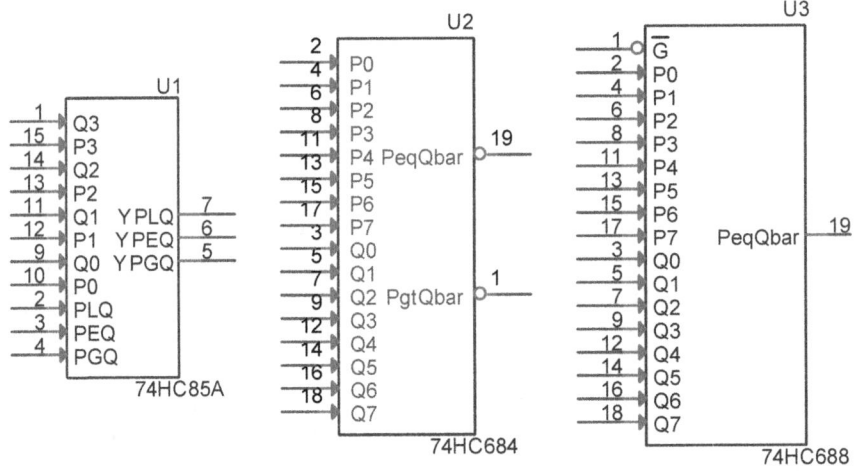

Figura 6.4   Tres circuitos modulares comparadores de magnitud de la subfamilia CMOS-HC. U1: 74HC85A (dos operandos de entrada de 4 bits con otras tres entradas y salidas). U2: 74HC684 (dos operandos de entrada de 8 bits y dos salidas). U3: 74HC688 (dos operandos de entrada de 8 bits, una entrada de habilitación y una salida).

El 74x85 es un comparador de magnitud que acepta dos palabras de entrada de 4 bits **P** y **Q**. Dispone de tres salidas que son asertivas si se verifican las condiciones

P < **Q**, **P** = **Q** o **P** > **Q**, respectivamente[1]. Este CI se caracteriza por contar además con tres entradas adicionales diseñadas para ser conectadas una a una a dichas salidas, generadas a su vez por otro circuito 74x85, permitiendo así la extensión de la capacidad del comparador. Un diseño de 12 bits construido mediante la conexión de tres CI 74x85 se describe en [wak07], mientras que en [nel96] se muestra un comparador de 16 bits que requiere un cuarto CI 74x85.

El 74x682 es otro comparador de magnitud que admite palabras **P** y **Q** de 8 bits y cuenta con dos salidas que indican si **P** = **Q** o bien si **P** > **Q**. Dos variantes muy similares son el 74x684 y el 74x688, este último con una única salida que determina si la condición **P** = **Q** es asertiva. En el capítulo 29 se plantea el diseño de un sistema selector aritmético de palabras de 8 bits empleando lógica combinacional modular, entre la que se encuentra el CI 74x684.

6.3 Circuito generador y circuito detector de paridad

Una forma muy extendida de detectar errores de transmisión en un sistema de comunicaciones consiste en añadir a los datos transmitidos un bit extra denominado **bit de paridad**. En un sistema diseñado con paridad par dicho bit adopta el valor necesario para que el número total de bits a 1 transmitidos, incluyendo el propio bit de paridad, sea par. Si por el contrario el sistema es de paridad impar, el bit de paridad es tal que el número total de bits a 1 transmitidos es impar.

La figura 6.5 muestra un ejemplo de circuito **generador de paridad** de 8 bits (D7-D0) en el que el bit de paridad BP generado en su salida es 1 si un número impar de entradas es 1, y es 0 si un número par de entradas es 1. La expresión lógica correspondiente al bit de paridad BP generado por este circuito es:

$$BP = D0 \oplus D1 \oplus D2 \oplus D3 \oplus D4 \oplus D5 \oplus D6 \oplus D7 \qquad (6.2)$$

La topología en árbol escogida es claramente diferente de la topología en cadena mostrada anteriormente en la figura 6.1, que da lugar igualmente a un circuito de paridad. La ventaja de la topología en árbol es que en este caso la actualización de las señales en las diferentes etapas del circuito cuando se producen cambios en las entradas tiene lugar en paralelo, y por lo tanto el retardo de propagación de la red de puertas XOR es considerablemente menor que el obtenido en el caso de una topología en cadena con el mismo número de entradas, especialmente cuando dicho número es elevado.

Por su parte, un circuito **detector de paridad** se construye a partir del circuito generador correspondiente simplemente añadiendo una puerta XOR en su salida, por

---

[1] Con la notación empleada en el símbolo lógico del 74HC85A de la figura 6.4, las condiciones **P** < **Q**, **P** = **Q** y **P** > **Q** se representan respectivamente por PLQ, PEQ y PGQ para el caso de las entradas de función. Las salidas correspondientes se denotan a su vez por YPLQ, YPEQ e YPGQ.

lo que el circuito detector es prácticamente una réplica del generador. La finalidad de dicha puerta adicional es comparar el valor del bit de paridad originado en la etapa generadora con el obtenido por la etapa detectora ([nel21]). En las aplicaciones de los circuitos de paridad del capítulo 28 se muestra un sistema digital que combina ambos circuitos de paridad, el generador y el detector, para la verificación de errores en la transmisión de datos de 4 bits.

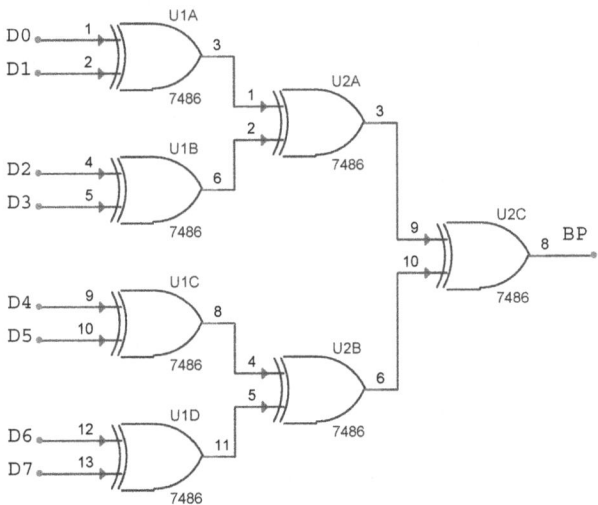

Figura 6.5   Circuito generador de paridad de 8 bits.

Obsérvese que, al agregar el bit de paridad BP generado por este circuito al código de 8 bits a transmitir, el código resultante de 9 bits es de paridad par necesariamente, independientemente del número de bits a 1 de la palabra código original D7-D0. Por lo tanto, el circuito generador de paridad de la figura 6.5 se emplea en sistemas diseñados para trabajar con códigos de paridad par exclusivamente. En el caso de trabajar con códigos de paridad impar podría recurrirse a una pequeña modificación del mismo circuito para generar el bit de paridad, en la que bastaría con añadir una puerta inversora en su salida. Precisamente una versión disponible comercialmente de un módulo generador/detector de paridad de ocho líneas de entrada que cuenta con las dos salidas, par e impar, es el 74x180 ([gar07]). De este circuito pionero existen variantes posteriores con las mismas líneas de entrada, como es el caso del FCT480T ([74FCT480]).

Un circuito similar es el 74x280, que cuenta con nueve entradas y de nuevo dos salidas complementarias, una que indica paridad par y la otra impar ([flo16], [wak07]). Se puede emplear para generar el bit de paridad en un código binario de hasta 9 bits, o bien para verificar la paridad, par o impar, de un código de 9 bits (8 bits de datos y 1 bit de paridad previamente generado por otro circuito). Tanto el 74x180 como el 74x280 se representan en la figura 6.6 para el caso de dispositivos de la subfamilia CMOS-HC.

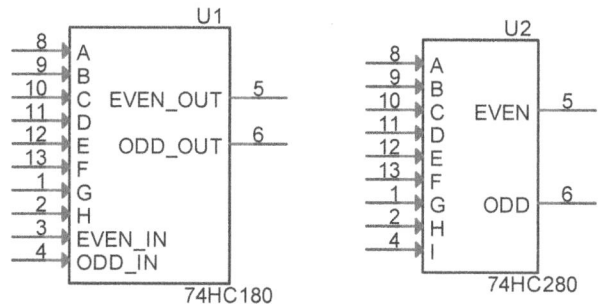

Figura 6.6   Dos circuitos modulares de la subfamilia CMOS-HC utilizados como generadores y detectores de paridad. U1: 74HC180, con ocho entradas A-H. U2: 74HC280, con nueve entradas A-I.

6.4 Circuitos conversores de código

Si se opta por recurrir a puertas XOR para sintetizar determinados conversores de código, la complejidad del circuito resultante se reduce notablemente. Este es el caso de los conversores de código binario a **código Gray**[2] y viceversa, que figuran entre los conversores de código más típicos[3]. A diferencia del código binario, el código Gray se caracteriza por que en la transición entre dos palabras digitales consecutivas cambia un único bit, como puede verificarse en la tabla 6.1.

Tabla 6.1   Conversión entre los códigos binario y Gray para 4 bits.

Binario					Gray				
B3	B2	B1	B0	**Hex**	G3	G2	G1	G0	**Hex**
0	0	0	0	0	0	0	0	0	0
0	0	0	1	1	0	0	0	1	1
0	0	1	0	2	0	0	1	1	3
0	0	1	1	3	0	0	1	0	2
0	1	0	0	4	0	1	1	0	6
0	1	0	1	5	0	1	1	1	7
0	1	1	0	6	0	1	0	1	5
0	1	1	1	7	0	1	0	0	4

---

[2] El código Gray debe su nombre a Frank Gray (1887-1969), un físico de los Laboratorios Bell que en 1953 lo incluyó en la patente de la modulación PCM (*pulse code modulation*) para la mejora de la transmisión de la señal telefónica y que denominó "código binario reflejado" (*reflected binary code*). Sin embargo, este código data en realidad de 1878, fecha en la que ya fue utilizado por Emile Baudot en telegrafía ([hay96], [hor16]).
[3] Algunas referencias que tratan estos conversores de código y su implementación con puertas lógicas XOR son [ang02], [bla05], [bog92], [bro09], [flo16], [hor16] y [lop91]. Una implementación alternativa de la conversión de código binario a código Gray mediante un circuito PROM se ilustra en [nel21].

Binario					Gray				
B3	B2	B1	B0	Hex	G3	G2	G1	G0	Hex
1	0	0	0	8	1	1	0	0	C
1	0	0	1	9	1	1	0	1	D
1	0	1	0	A	1	1	1	1	F
1	0	1	1	B	1	1	1	0	E
1	1	0	0	C	1	0	1	0	A
1	1	0	1	D	1	0	1	1	B
1	1	1	0	E	1	0	0	1	9
1	1	1	1	F	1	0	0	0	8

La realización física con puertas NAND es laboriosa, al menos en comparación con las únicas tres puertas XOR necesarias para realizar cualquiera de los dos conversores (de binario a Gray y viceversa) para el caso de códigos de 4 bits.

Comenzaremos por obtener las expresiones lógicas del conversor de código binario a Gray en forma de suma de productos, para reescribirlas seguidamente empleando la función XOR. Por inspección de la tabla 6.1 resulta:

$$G3 \;=\; B3 \tag{6.3}$$

Para el resto de las variables conviene simplificar los mapas de Karnaugh correspondientes, tal y como se indica en las figuras 6.7, 6.8 y 6.9.

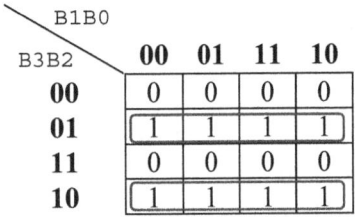

Figura 6.7   Mapa de Karnaugh simplificado para G2.

$$G2 \;=\; \overline{B3}\cdot B2 \;+\; B3\cdot\overline{B2}$$

$$=\; B3 \oplus B2 \tag{6.4}$$

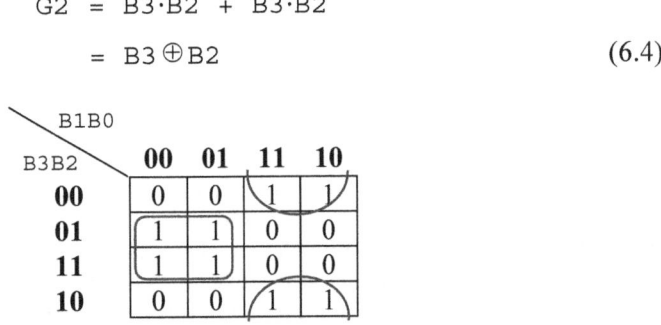

Figura 6.8   Mapa de Karnaugh simplificado para G1.

$$G1 = \overline{B2}\cdot B1 + B2\cdot \overline{B1}$$

$$= B2 \oplus B1 \tag{6.5}$$

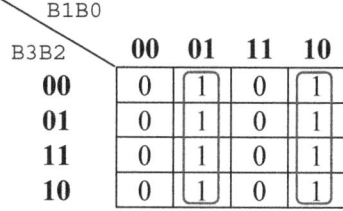

Figura 6.9 Mapa de Karnaugh simplificado para G0.

$$G0 = \overline{B1}\cdot B0 + B1\cdot \overline{B0}$$

$$= B1 \oplus B0 \tag{6.6}$$

La implementación resultante con puertas XOR se muestra en la figura 6.10.

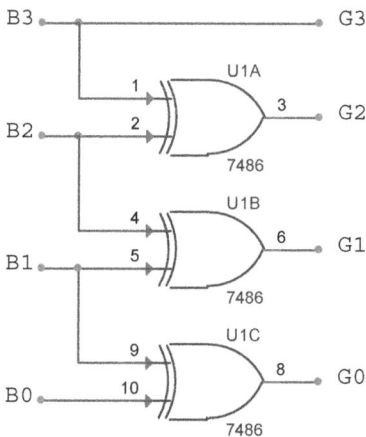

Figura 6.10 Conversor de código binario a código Gray de 4 bits.

La obtención de las expresiones lógicas para la conversión de código Gray a código binario se detalla seguidamente. En este caso, la simplificación algebraica resulta más laboriosa para dos de ellas, pero no así la síntesis resultante, que, como veremos, precisa igualmente de tres puertas XOR de dos entradas. Comenzando por el bit más significativo, resulta:

$$B3 = G3 \tag{6.7}$$

Empleando mapas de Karnaugh para el resto de las variables se obtienen sus correspondientes expresiones lógicas.

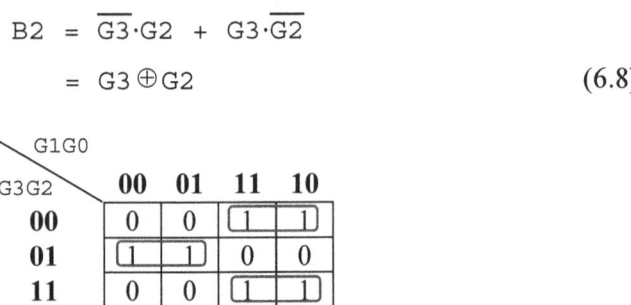

Figura 6.11   Mapa de Karnaugh simplificado para B2.

$$B2 = \overline{G3} \cdot G2 + G3 \cdot \overline{G2}$$

$$= G3 \oplus G2 \tag{6.8}$$

Figura 6.12   Mapa de Karnaugh simplificado para B1.

$$B1 = \overline{G3} \cdot \overline{G2} \cdot G1 + \overline{G3} \cdot G2 \cdot \overline{G1} + G3 \cdot G2 \cdot G1 + G3 \cdot \overline{G2} \cdot \overline{G1}$$

$$= (\overline{G3} \cdot G2 + G3 \cdot \overline{G2}) \cdot \overline{G1} + (\overline{G3} \cdot \overline{G2} + G3 \cdot G2) \cdot G1$$

$$= (G3 \oplus G2) \cdot \overline{G1} + (\overline{G3 \oplus G2}) \cdot G1$$

$$= G3 \oplus G2 \oplus G1$$

$$= B2 \oplus G1 \tag{6.9}$$

G3G2 \ G1G0	00	01	11	10
00	0	1	0	1
01	1	0	1	0
11	0	1	0	1
10	1	0	1	0

Figura 6.13   Mapa de Karnaugh para B0. No existen agrupaciones de unos posibles.

En este último caso, la distribución alterna de unos en el mapa impide su agrupación. Afortunadamente, reproduciendo las manipulaciones algebraicas llevadas a cabo en (6.9), y partiendo esta vez de una suma lógica de términos producto de cuatro literales en lugar de tres, se consigue llegar a una expresión que es sintetizable empleando únicamente puertas XOR:

$$B0 = G3 \oplus G2 \oplus G1 \oplus G0$$
$$= B1 \oplus G0 \tag{6.10}$$

Finalmente, el circuito correspondiente se representa en la figura 6.14.

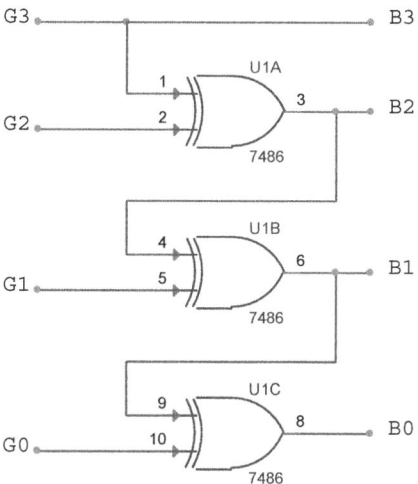

Figura 6.14   Conversor de código Gray a código binario de 4 bits.

6.5 Simulación

6.5.1 Circuito comparador

La figura 6.15 muestra la versión adaptada para simulación del circuito comparador de operandos de 4 bits de la figura 6.3.

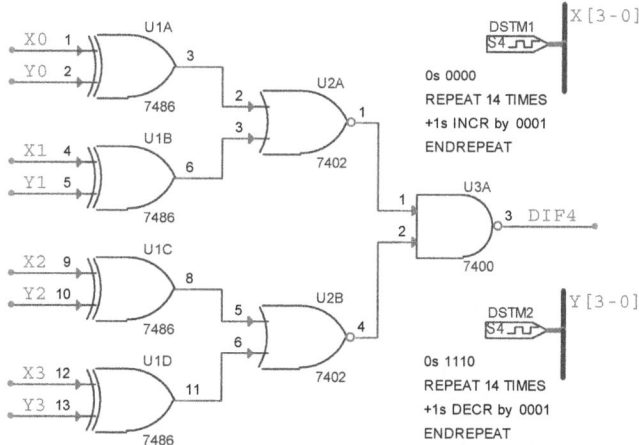

Figura 6.15   Circuito comparador de 4 bits con estímulos aplicados en sus operandos **X** e **Y**.

Para ponerlo a prueba se ha optado por escoger un estímulo con una secuencia ascendente desde 0H hasta EH para el operando **X** y un segundo estímulo con la misma secuencia, recorrida esta vez en sentido descendente, para el operando **Y**. De esta forma se garantiza que el valor de ambas secuencias coincide en su punto medio, como refleja el cronograma de la figura 6.16: la función DIF4 es un 0 lógico únicamente cuando ambos estímulos pasan por el 7H.

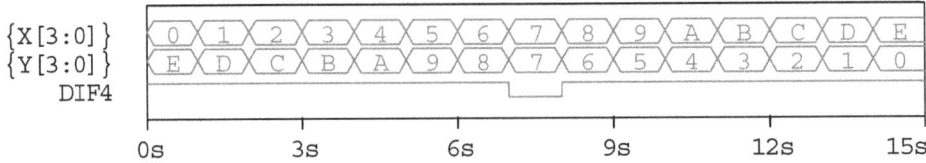

Figura 6.16   Cronograma correspondiente al circuito comparador de la figura 6.15.

6.5.2 Circuito generador de paridad

El circuito generador de paridad propuesto se puede preparar para simulación conectando un bus de 8 bits en sus entradas, como se muestra en la figura 6.17.

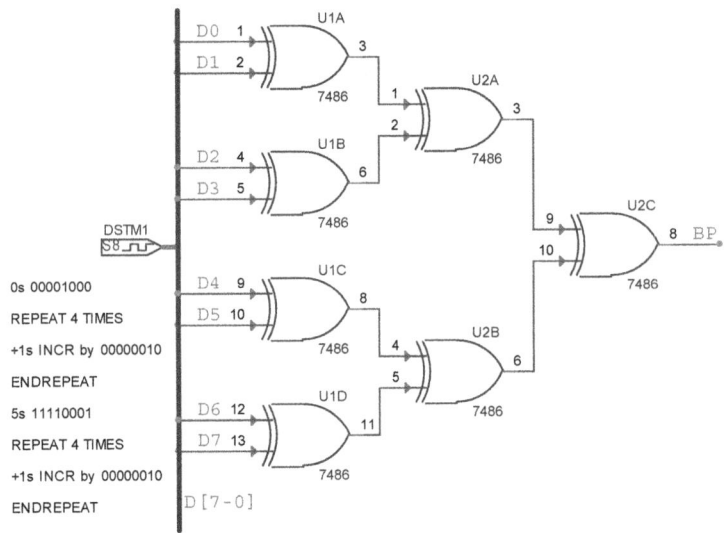

Figura 6.17   Circuito generador de paridad de 8 bits con generador de estímulos.

En la simulación se comprueban a modo de ejemplo solo diez palabras digitales de entrada de las 256 posibles, empezando en 08H e incrementando en dos el contenido del bus cada segundo hasta alcanzar 10H, para continuar en F1H y terminar en F9H, con el mismo incremento. Cabe observar que se ha tomado D7 como el bit más significativo. El bit de paridad BP se actualiza conforme a lo esperado en todos los casos tal y como indica el cronograma de la figura 6.18, en el que se aprecia la existencia de dos interferencias en forma de pulsos negativos.

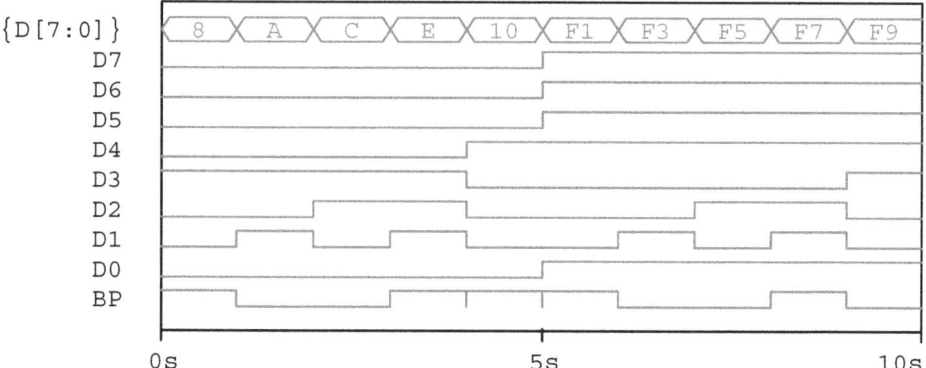

Figura 6.18 Cronograma correspondiente al circuito de paridad de la figura 6.17.

6.5.3 Circuitos conversores de código

La comprobación de las dos conversiones de código propuestas se va a llevar a cabo definiendo sendos buses de 4 bits para los códigos binario y Gray. En el caso de la conversión de binario a Gray, la simulación se ha programado para ejecutar ocho combinaciones de las dieciséis posibles, empezando en 0H y terminando en EH. Por lo que respecta a la conversión de código Gray a binario, se han escogido ocho combinaciones diferentes, desde 1H hasta FH. En ambos casos el incremento entre palabras digitales consecutivas es de dos. Tanto los circuitos conversores como los resultados obtenidos se muestran en las figuras de la 6.19 a la 6.22. Puede comprobarse que no hay discrepancias con la tabla 6.1 de conversión entre los dos códigos.

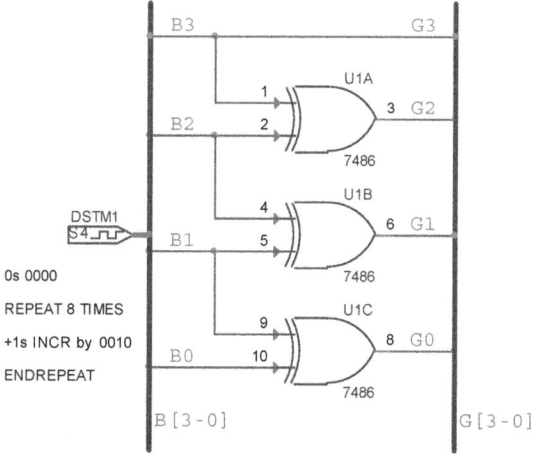

Figura 6.19 Conversor de código binario a Gray de 4 bits con generador de estímulos.

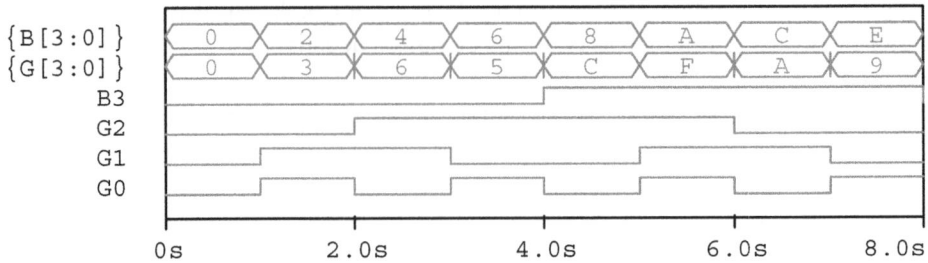

Figura 6.20   Cronograma asociado al conversor de código binario a Gray de la figura 6.19.

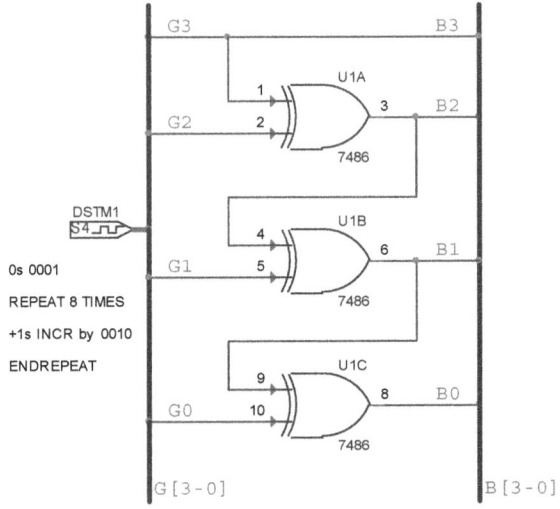

Figura 6.21   Conversor de código Gray a binario de 4 bits con generador de estímulos.

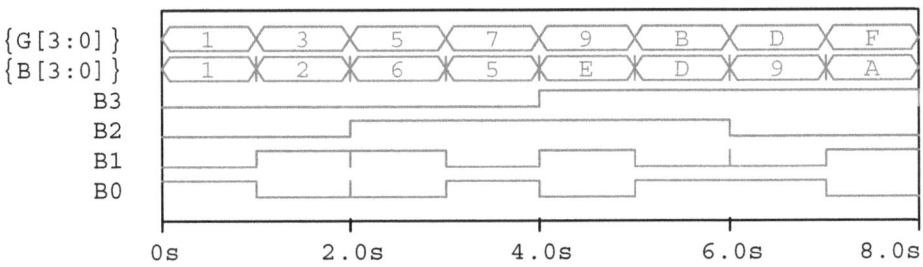

Figura 6.22   Cronograma asociado al conversor de código Gray a binario de la figura 6.21.

Por lo que respecta a la aparición de pulsos espurios ante cambios de las entradas como consecuencia de la existencia de fenómenos aleatorios, puede comprobarse en las líneas de salida de los cronogramas que la conversión de código binario a Gray está limpia de interferencias. Sin embargo, se identifican tres de estos pulsos en la conversión de código Gray a binario. Dos de ellos, uno positivo y otro negativo, afectan a la línea B1; y el tercer pulso, positivo, afecta a la línea B0. Esta discrepancia no debe sorprender, debido a que la implementación de la conversión de código binario a Gray es una síntesis XOR de un único nivel de puertas lógicas, mientras que la implementación de la conversión de código Gray a binario, por el contrario, es una síntesis XOR de tres niveles caracterizada por trayectorias de señal desde la entrada a la salida que tienen diferentes retardos de propagación.

6.6 Componentes

Circuitos integrados

74LS00 (1x). CI TTL con 4 puertas NAND de dos entradas.
74LS02 (1x). CI TTL con 4 puertas NOR de dos entradas.
74LS86 (2x). CI TTL con 4 puertas XOR de dos entradas.

Resistencias

270 Ω (4x), 1 kΩ (1x).

Diodos

Ledes (4x).

6.7 Verificación experimental

Se propone el montaje en el laboratorio de los circuitos propuestos previamente y su posterior verificación con algunas combinaciones de entrada. Conectar en todos los casos en las líneas de salida los correspondientes ledes con resistencias en serie limitadoras de la corriente.

6.7.1 Circuito comparador

Procedimiento

1. Realizar el montaje del circuito comparador de 4 bits de la figura 6.3.

2. Verificar su correcto funcionamiento escogiendo varios operandos de entrada iguales y diferentes.

6.7.2 Circuito generador de paridad

Procedimiento

1. Realizar el montaje del circuito generador de paridad de la figura 6.5.

2. Verificar su funcionamiento completando la siguiente tabla, donde se trata de probar las combinaciones D [7-0] correspondientes a las diez palabras digitales escogidas en la simulación.

	D7	D6	D5	D4	D3	D2	D1	D0	BP (teo.)	BP (exp.)
08H	0	0	0	0	1	0	1	0	1	
0AH	0	0	0	0	1	0	1	0	0	
0CH	0	0	0	0	1	1	0	0	0	
0EH	0	0	0	0	1	1	1	0	1	
10H	0	0	0	1	0	0	0	0	1	
F1H	1	1	1	1	0	0	0	1	1	
F3H	1	1	1	1	0	0	1	1	0	
F5H	1	1	1	1	0	1	0	1	0	
F7H	1	1	1	1	0	1	1	1	1	
F9H	1	1	1	1	1	0	0	1	0	

6.7.3 Circuitos conversores de código

Procedimiento

1. Realizar el montaje de los conversores de código binario a Gray y de Gray a binario de las figuras 6.10 y 6.14 respectivamente.

2. Comprobar el funcionamiento de ambos conversores de código ayudándose de la tabla 6.1.

Cuestión

¿Afectaría a los resultados obtenidos en el laboratorio dejar flotantes las entradas conectadas a un 1 lógico?

6.8 Ejercicios y cuestiones de refuerzo

a) Deduce la tabla de verdad de un circuito comparador de magnitud con operandos de 2 bits P y Q y tres salidas que representen las tres condiciones $P < Q$, $P = Q$ y $P > Q$, respectivamente. Obtén expresiones lógicas para las tres salidas en forma de suma de productos y sintetízalas mediante puertas lógicas. Compara la complejidad de la síntesis resultante para el caso de la condición $P = Q$ con la del circuito comparador de la figura 6.3 que emplea puertas XOR.

b) El circuito de paridad de 8 bits con topología en árbol de la figura 6.5 consta de tres etapas de puertas XOR de dos entradas. Determina el número de etapas de una serie de circuitos de paridad distintos con topología en árbol de N bits, en el rango $4 \leq N \leq 16$, y compara el resultado con el número de etapas necesarias para los circuitos de paridad correspondientes con topología en cadena empleando el mismo rango de bits. Justifica, a partir de los resultados, qué topología cuenta con un retardo de propagación menor.

c) Como se ha comprobado, el diseño resultante de cada uno de los dos conversores de código propuestos requiere únicamente tres puertas XOR de dos entradas. Realiza una síntesis alternativa para ambos circuitos prescindiendo de puertas

XOR y empleando en su lugar puertas NAND de dos entradas. Compara la complejidad de las distintas implementaciones.

d) A partir de la tabla de conversión de código Gray de 4 bits a los dígitos decimales del 0 al 9, implementa la conversión de código correspondiente mediante el decodificador 4:16 74x154, especificando para ello las conexiones en sus entradas y salidas.

7

Decodificador binario de 2 a 4 con control de polaridad

7.1 Introducción

En el capítulo 3 se llevó a cabo una primera aproximación al decodificador binario. Tras haber estudiado dicho capítulo y los siguientes, en los que se ha puesto de manifiesto la conveniencia de efectuar ciertas manipulaciones algebraicas en la búsqueda de la síntesis óptima de una función lógica y además se ha introducido la puerta lógica XOR, es el momento de retomar el diseño del decodificador binario básico de dos a cuatro para ampliar su funcionalidad, añadiendo una nueva línea en sus entradas que permita seleccionar la polaridad de la salida decodificada.

Se plantearán en el estudio varios diseños multinivel haciendo uso de diferentes tipos de puertas lógicas, incluyendo la puerta XOR. Como ya se tuvo ocasión de comprobar con los circuitos comparadores, generadores de paridad y conversores de código estudiados en el capítulo 6, dichas puertas contribuyen con frecuencia a simplificar notablemente los diseños resultantes. Además, en la exposición del decodificador que abordaremos aquí se volverá a apreciar la importancia de manipular algebraicamente las expresiones lógicas mediante la aplicación, entre otras, de la factorización (o propiedad distributiva del álgebra de conmutación), en aras de una simplificación óptima. Dicha propiedad ya se utilizó en los capítulos 3 y 4 con interesantes resultados.

7.2 Decodificador binario de 2 a 4 con control de polaridad

Añadiendo una línea extra de entrada al decodificador binario de dos a cuatro básico propuesto en el capítulo 3 se consigue ampliar su funcionalidad, al dotarlo de un control sobre la polaridad de las cuatro líneas de salida. De esta forma se dispone de un nuevo diseño lógico que obedece a la tabla de verdad de un versátil decodificador cuyas salidas son activas a nivel alto o bien a nivel bajo, sin más que escoger adecuadamente el valor lógico de dicha línea de entrada adicional.

Denominando A2 a la nueva línea de entrada, se va a suponer que cuando A2 es un 1 lógico las cuatro salidas son activas a nivel alto y cuando A2 es un 0 lógico dichas salidas son activas a nivel bajo. Como no es posible duplicar la denominación de las líneas de salida en función del valor de A2 (es decir, D3-D0 para salidas activas a nivel alto y D3_L-D0_L a nivel bajo), se adopta D3-D0 en ambos casos. Teniendo en cuenta este criterio, la tabla de verdad asociada al decodificador binario de dos a cuatro con control de polaridad de salida se muestra en la tabla 7.1. Dicha tabla incluye, además, los minitérminos y maxitérminos seleccionados para cada combinación de las entradas A1 y A0, que son las que realmente se decodifican[1].

Tabla 7.1 Tabla de verdad de un decodificador binario 2:4 con línea extra de entrada A2 dedicada a la elección de la polaridad de las líneas de salida. Se indica el minitérmino o bien el maxitérmino seleccionado en función de la polaridad para cada combinación de entradas A1 y A0.

Entradas			Salidas				Maxitérmino seleccionado	Minitérmino seleccionado
A2	A1	A0	D3	D2	D1	D0		
0	0	0	1	1	1	0	$M_0 = A1+A0$	$\overline{m}_0$
0	0	1	1	1	0	1	$M_1 = A1+\overline{A0}$	$\overline{m}_1$
0	1	0	1	0	1	1	$M_2 = \overline{A1}+A0$	$\overline{m}_2$
0	1	1	0	1	1	1	$M_3 = \overline{A1}+\overline{A0}$	$\overline{m}_3$
1	0	0	0	0	0	1	$\overline{M}_0$	$m_0 = \overline{A1}\cdot\overline{A0}$
1	0	1	0	0	1	0	$\overline{M}_1$	$m_1 = \overline{A1}\cdot A0$
1	1	0	0	1	0	0	$\overline{M}_2$	$m_2 = A1\cdot\overline{A0}$
1	1	1	1	0	0	0	$\overline{M}_3$	$m_3 = A1\cdot A0$

Empleando mapas de Karnaugh de tres variables resulta inmediato obtener las expresiones mínimas de las cuatro salidas en forma de suma de productos:

---

[1] La tabla se ha completado teniendo en cuenta que cualquier maxitérmino coincide con la versión complementada del minitérmino correspondiente: $M_i = \overline{m}_i$. Se incluyen únicamente a efectos ilustrativos, puesto que realmente no son necesarios para implementar un decodificador mediante puertas lógicas. En la sección 26.1 se muestran varios diseños empleando decodificadores modulares donde sí se hace uso de los minitérminos y maxitérminos correspondientes.

$$D3 = \overline{A1\cdot A2} + \overline{A0\cdot A2} + A0\cdot A1\cdot A2 \tag{7.1}$$

$$D2 = \overline{A1\cdot A2} + A0\cdot\overline{A2} + \overline{A0}\cdot A1\cdot A2 \tag{7.2}$$

$$D1 = \overline{A0\cdot A2} + A1\cdot\overline{A2} + A0\cdot\overline{A1}\cdot A2 \tag{7.3}$$

$$D0 = A0\cdot\overline{A2} + A1\cdot\overline{A2} + \overline{A0}\cdot\overline{A1}\cdot A2 \tag{7.4}$$

Seguidamente se exploran varias opciones de síntesis de las cuatro expresiones lógicas anteriores, escogiendo para ello diferentes tipos de puertas lógicas.

7.2.1 Tres síntesis distintas con puertas NAND de dos entradas

Una estrategia que es aconsejable seguir en la simplificación de funciones lógicas de salida múltiple consiste en identificar términos comunes a varias de las líneas de salida, ya que estos solo deben generarse una vez. En las expresiones lógicas (7.1)-(7.4) únicamente hay cuatro términos producto distintos de dos literales, que son $\overline{A1\cdot A2}$, $A1\cdot\overline{A2}$, $\overline{A0\cdot A2}$ y $A0\cdot\overline{A2}$. Además, existen dos términos producto de dos literales, $A1\cdot A2$ y $\overline{A1}\cdot A2$, que son compartidos entre los cuatro términos producto de tres literales existentes: por un lado, $A1\cdot A2$ pertenece a $A0\cdot A1\cdot A2$ y a $\overline{A0}\cdot A1\cdot A2$; mientras que $\overline{A1}\cdot A2$ forma parte de $A0\cdot\overline{A1}\cdot A2$ y de $\overline{A0}\cdot\overline{A1}\cdot A2$. Teniendo todo esto en cuenta se puede plantear una síntesis partiendo de la aplicación del teorema de De Morgan T7 a las cuatro expresiones lógicas de partida empleando únicamente puertas NAND de dos entradas, agrupando en el proceso los términos comunes de dos literales mencionados. Procediendo de esta forma resulta:

$$D3 = \overline{A1\cdot A2} + \overline{A0\cdot A2} + A0\cdot A1\cdot A2 = \overline{\overline{\overline{A1\cdot A2}} \cdot \overline{\overline{A0\cdot A2}} \cdot \overline{A0\cdot\overline{A1\cdot A2}}}$$

$$= \overline{\overline{A1\cdot A2} \cdot \overline{A0\cdot A2} \cdot \overline{A0\cdot\overline{A1\cdot A2}}} \tag{7.5}$$

$$D2 = \overline{A1\cdot A2} + A0\cdot\overline{A2} + \overline{A0}\cdot A1\cdot A2 = \overline{\overline{\overline{A1\cdot A2}} \cdot \overline{A0\cdot\overline{A2}} \cdot \overline{\overline{A0}\cdot A1\cdot A2}}$$

$$= \overline{\overline{A1\cdot A2} \cdot \overline{A0\cdot\overline{A2}} \cdot \overline{\overline{A0}\cdot A1\cdot A2}} \tag{7.6}$$

$$D1 = \overline{A0\cdot A2} + A1\cdot\overline{A2} + A0\cdot\overline{A1}\cdot A2 = \overline{\overline{\overline{A0\cdot A2}} \cdot \overline{A1\cdot\overline{A2}} \cdot \overline{A0\cdot\overline{A1}\cdot A2}}$$

$$= \overline{\overline{A0\cdot A2} \cdot \overline{A1\cdot\overline{A2}} \cdot \overline{A0\cdot\overline{A1}\cdot A2}} \tag{7.7}$$

$$D0 = A0\cdot\overline{A2} + A1\cdot\overline{A2} + \overline{A0}\cdot\overline{A1}\cdot A2 = \overline{\overline{A0\cdot\overline{A2}} \cdot \overline{A1\cdot\overline{A2}} \cdot \overline{\overline{A0}\cdot\overline{A1}\cdot A2}}$$

$$= \overline{\overline{A0\cdot\overline{A2}} \cdot \overline{A1\cdot\overline{A2}} \cdot \overline{\overline{A0}\cdot\overline{A1}\cdot A2}} \tag{7.8}$$

A la vista de las expresiones resultantes, es evidente que existen varias puertas lógicas compartidas entre al menos dos de las diferentes líneas de salida, además de otras puertas que son específicas de cada salida y, en consecuencia, no se comparten. Las puertas compartidas, que suman un total de once, son las que dan lugar a los términos $\overline{A0}$, $\overline{A1}$, $\overline{A2}$, $\overline{\overline{A1}\cdot A2}$, $\overline{A0\cdot A2}$, $\overline{A0\cdot \overline{A2}}$, $\overline{A1\cdot \overline{A2}}$, $\overline{\overline{A1}\cdot A2}$ y $\overline{A1\cdot A2}$. El número de puertas no compartidas asciende a dieciséis, ya que hay cuatro de ellas por cada una de las cuatro líneas de salida. El número total de puertas NAND de dos entradas que resultan de esta síntesis asciende, por tanto, a veintisiete, lo que obliga a disponer de siete CI 74x00.

La síntesis obtenida, sin embargo, no es única: incluso aplicando el mismo criterio de agrupación del caso anterior es posible obtener una síntesis distinta. Para verificarlo basta con volver a aplicar el teorema de De Morgan T7 a las expresiones lógicas originales y realizar seguidamente las necesarias negaciones dobles, escogiendo esta vez términos diferentes:

$$D3 \;=\; \overline{\overline{\overline{A1}\cdot A2} \;+\; \overline{A0\cdot A2} \;+\; A0\cdot A1\cdot A2} \;=\; \overline{\overline{\overline{A1}\cdot A2}} \;\cdot\; \overline{\overline{A0\cdot A2}} \;\cdot\; \overline{A0\cdot A1\cdot A2}$$

$$=\; \overline{\overline{\overline{A1}\cdot A2}} \;\cdot\; \overline{\overline{A0\cdot A2}} \;\cdot\; \overline{A0 \cdot \overline{A1\cdot A2}} \tag{7.9}$$

$$D2 \;=\; \overline{\overline{A1\cdot A2} \;+\; A0\cdot \overline{A2} \;+\; \overline{A0}\cdot A1\cdot A2} \;=\; \overline{\overline{\overline{A1\cdot A2}}} \;\cdot\; \overline{A0\cdot \overline{A2}} \;\cdot\; \overline{\overline{A0}\cdot A1\cdot A2}$$

$$=\; \overline{\overline{\overline{A1\cdot A2}}} \;\cdot\; \overline{A0\cdot \overline{A2}} \;\cdot\; \overline{\overline{A0} \cdot \overline{A1\cdot A2}} \tag{7.10}$$

$$D1 \;=\; \overline{\overline{A0\cdot A2} \;+\; A1\cdot \overline{A2} \;+\; A0\cdot \overline{A1}\cdot A2} \;=\; \overline{\overline{\overline{A0\cdot A2}}} \;\cdot\; \overline{A1\cdot \overline{A2}} \;\cdot\; \overline{A0\cdot \overline{A1}\cdot A2}$$

$$=\; \overline{\overline{\overline{A0\cdot A2}}} \;\cdot\; \overline{A1\cdot \overline{A2}} \;\cdot\; \overline{A0 \cdot \overline{\overline{A1}\cdot A2}} \tag{7.11}$$

$$D0 \;=\; \overline{A0\cdot \overline{A2} \;+\; A1\cdot \overline{A2} \;+\; \overline{A0}\cdot \overline{A1}\cdot A2} \;=\; \overline{A0\cdot \overline{A2}} \;\cdot\; \overline{A1\cdot \overline{A2}} \;\cdot\; \overline{\overline{A0}\cdot \overline{A1}\cdot A2}$$

$$=\; \overline{A0\cdot \overline{A2}} \;\cdot\; \overline{A1\cdot \overline{A2}} \;\cdot\; \overline{\overline{A0} \cdot \overline{\overline{A1}\cdot A2}} \tag{7.12}$$

Inspeccionando las expresiones obtenidas se deduce que, a pesar de ser diferentes de las anteriores, las puertas compartidas entre al menos dos de las salidas resultan de agrupar exactamente los mismos literales que antes, y el número de puertas no compartidas también coincide. Por lo tanto, ambas soluciones son equivalentes por lo que respecta al coste de la implementación.

Alternativamente al procedimiento planteado, puede recurrirse al álgebra de Boole y manipular ligeramente las expresiones lógicas de partida antes de proceder a aplicar el teorema de De Morgan T7. Haciendo uso de la propiedad distributiva del álgebra de Boole P4, dichas expresiones pueden factorizarse como sigue:

$$D3 \;=\; \overline{A2}\cdot(\overline{A1}+\overline{A0}) \;+\; A0\cdot A1\cdot A2 \tag{7.13}$$

$$D2 \;=\; \overline{A2}\cdot(\overline{A1}+A0) \;+\; \overline{A0}\cdot A1\cdot A2 \tag{7.14}$$

$$D1 = \overline{A2} \cdot (A1 + \overline{A0}) + A0 \cdot \overline{A1} \cdot A2 \qquad (7.15)$$

$$D0 = \overline{A2} \cdot (A1 + A0) + \overline{A0 \cdot \overline{A1}} \cdot A2 \qquad (7.16)$$

Aplicando de nuevo el teorema de De Morgan sobre estas expresiones se obtiene:

$$D3 = \overline{\overline{\overline{A2} \cdot (\overline{A1} + \overline{A0})} + A0 \cdot A1 \cdot A2} = \overline{\overline{A2} \cdot (\overline{A1} + \overline{A0})} \cdot \overline{A0 \cdot A1 \cdot A2}$$

$$= \overline{\overline{A2} \cdot \overline{A1 \cdot A0}} \cdot \overline{A0 \cdot \overline{A1 \cdot A2}} \qquad (7.17)$$

$$D2 = \overline{\overline{\overline{A2} \cdot (\overline{A1} + A0)} + \overline{A0} \cdot A1 \cdot A2} = \overline{\overline{A2} \cdot (\overline{A1} + A0)} \cdot \overline{\overline{A0} \cdot A1 \cdot A2}$$

$$= \overline{\overline{A2} \cdot \overline{A1 \cdot A0}} \cdot \overline{\overline{A0} \cdot \overline{A1 \cdot A2}} \qquad (7.18)$$

$$D1 = \overline{\overline{\overline{A2} \cdot (A1 + \overline{A0})} + A0 \cdot \overline{A1} \cdot A2} = \overline{\overline{A2} \cdot (A1 + \overline{A0})} \cdot \overline{A0 \cdot \overline{A1} \cdot A2}$$

$$= \overline{\overline{A2} \cdot \overline{A1 \cdot A0}} \cdot \overline{A0 \cdot \overline{A1 \cdot A2}} \qquad (7.19)$$

$$D0 = \overline{\overline{\overline{A2} \cdot (A1 + A0)} + \overline{A0 \cdot \overline{A1}} \cdot A2} = \overline{\overline{A2} \cdot (A1 + A0)} \cdot \overline{\overline{A0 \cdot \overline{A1}} \cdot A2}$$

$$= \overline{\overline{A2} \cdot \overline{A1 \cdot A0}} \cdot \overline{\overline{A0} \cdot \overline{A1 \cdot A2}} \qquad (7.20)$$

De donde resultan los siguientes términos que dan lugar a siete puertas compartidas entre al menos dos salidas: $\overline{A0}$, $\overline{A1}$, $\overline{A2}$, $\overline{A1 \cdot A2}$ y $\overline{A1 \cdot A2}$. Como en los dos casos anteriores, el número de puertas no compartidas es de cuatro por salida, lo que arroja un total de veintitrés puertas NAND de dos entradas. Esta síntesis supone una reducción de cuatro puertas lógicas frente a las dos síntesis anteriores, lo que permite prescindir de un CI 74x00 en la solución final y, por lo tanto, ilustra muy bien la conveniencia de recurrir al álgebra de Boole para manipular las expresiones lógicas iniciales antes de proceder a la síntesis. La figura 7.1 muestra la realización física correspondiente mediante el cableado de seis CI 74x00. Como puede verse, se trata de una síntesis de cuatro niveles.

7.2.2 Síntesis con puertas NAND de cualquier número de entradas

El número total de puertas lógicas puede reducirse notablemente si se permiten simultáneamente puertas NAND de dos y de tres entradas en el diseño. En este caso menos restrictivo, al aplicar el teorema de De Morgan T7 a las expresiones de partida se requieren menos manipulaciones algebraicas que en los casos anteriores. De hecho, basta con reproducir las cuatro expresiones (7.9)-(7.12), ignorando el último paso en cada una de ellas:

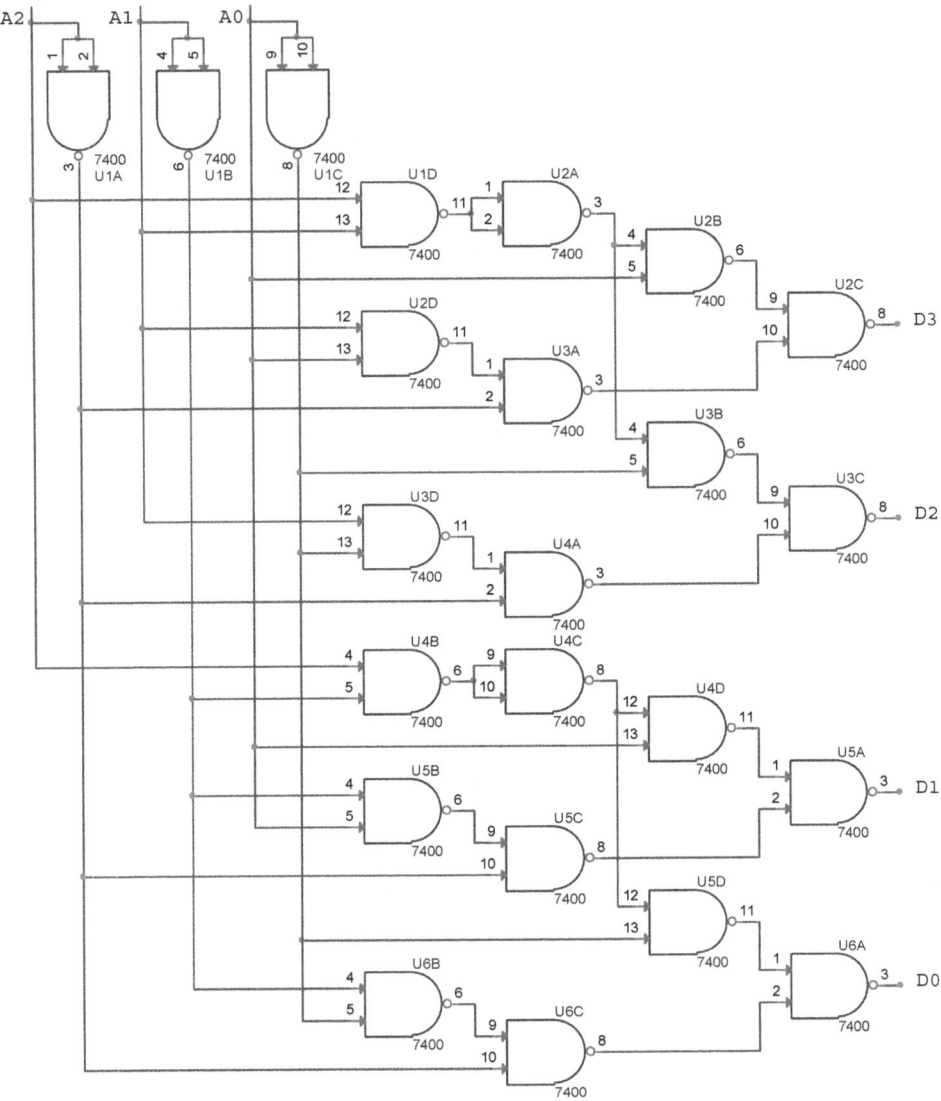

Figura 7.1 Síntesis óptima del decodificador empleando únicamente puertas NAND de dos entradas (expresiones lógicas (7.17) - (7.20)).

$$D3 = \overline{\overline{\overline{A1 \cdot A2}} + \overline{A0 \cdot A2} + A0 \cdot A1 \cdot A2} = \overline{\overline{A1 \cdot A2} \cdot \overline{A0 \cdot A2} \cdot \overline{A0 \cdot A1 \cdot A2}} \quad (7.21)$$

$$D2 = \overline{\overline{\overline{A1 \cdot A2}} + A0 \cdot \overline{A2} + \overline{A0} \cdot A1 \cdot A2} = \overline{\overline{A1 \cdot A2} \cdot \overline{A0 \cdot \overline{A2}} \cdot \overline{\overline{A0} \cdot A1 \cdot A2}} \quad (7.22)$$

$$D1 = \overline{\overline{A0 \cdot \overline{A2}} + A1 \cdot \overline{A2} + A0 \cdot \overline{A1} \cdot A2} = \overline{\overline{A0 \cdot \overline{A2}} \cdot \overline{A1 \cdot \overline{A2}} \cdot \overline{A0 \cdot \overline{A1} \cdot A2}} \quad (7.23)$$

$$D0 = \overline{\overline{A0 \cdot \overline{A2}} + A1 \cdot \overline{A2} + \overline{A0 \cdot A1} \cdot A2} = \overline{\overline{A0 \cdot \overline{A2}} \cdot \overline{A1 \cdot \overline{A2}} \cdot \overline{\overline{A0 \cdot A1} \cdot A2}} \quad (7.24)$$

Las puertas compartidas entre al menos dos salidas se identifican con los siete términos $\overline{A0}$, $\overline{A1}$, $\overline{A2}$, $\overline{\overline{A1} \cdot \overline{A2}}$, $\overline{A0 \cdot \overline{A2}}$, $\overline{\overline{A0} \cdot \overline{A2}}$ y $\overline{A1 \cdot \overline{A2}}$. Existen, además, ocho términos producto no compartidos, todos ellos de tres entradas. El número total de puertas NAND asciende a quince, de las cuales siete son de dos entradas y las ocho restantes de tres entradas. La implementación precisa, por lo tanto, de dos CI 74x00 y de tres CI 74x10. La figura 7.2 muestra la realización física mediante una síntesis de solo dos niveles, en lugar de los cuatro de la síntesis anterior.

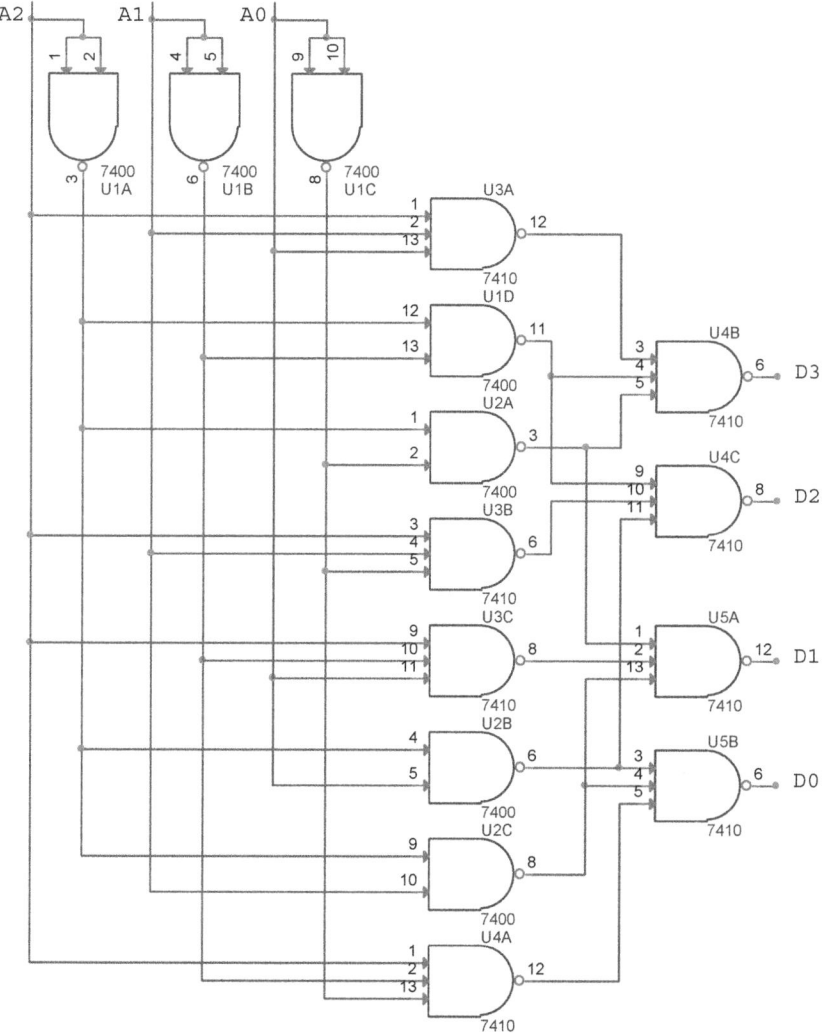

Figura 7.2 Síntesis óptima del decodificador empleando puertas NAND de dos y de tres entradas (expresiones lógicas (7.21) - (7.24)).

Finalmente, cabe observar que si las variables complementadas se generan con puertas inversoras en lugar de con puertas NAND de dos entradas habría que sustituir un CI 74x00 por un CI 74x04, lo que simplificaría ligeramente el conexionado de la implementación.

7.2.3 Síntesis basada en puertas XOR

Como se ha comprobado, la posibilidad de añadir puertas NAND de tres entradas ha contribuido a reducir el número total de puertas NAND necesarias de forma significativa. Veremos seguidamente que la reducción puede ser aún mayor si se recurre en el diseño a puertas XOR de dos entradas, como se va a demostrar a continuación con ayuda de algunas manipulaciones algebraicas sencillas.

Tomaremos como punto de partida las expresiones lógicas del decodificador expresadas en forma factorizada dadas por (7.13)-(7.16). Estas expresiones pueden reescribirse aplicando el teorema de De Morgan T7d a las sumas lógicas entre paréntesis, resultando:

$$D3 = \overline{A2} \cdot \overline{A0 \cdot A1} + A0 \cdot A1 \cdot A2 \tag{7.25}$$

$$D2 = \overline{A2} \cdot \overline{\overline{A0 \cdot A1}} + \overline{A0} \cdot A1 \cdot A2 \tag{7.26}$$

$$D1 = \overline{A2} \cdot \overline{A0 \cdot \overline{A1}} + A0 \cdot \overline{A1} \cdot A2 \tag{7.27}$$

$$D0 = \overline{A2} \cdot \overline{\overline{A0 \cdot \overline{A1}}} + \overline{A0 \cdot \overline{A1}} \cdot A2 \tag{7.28}$$

Una inspección a las expresiones anteriores permite identificar en todas ellas tanto la forma canónica de la función XOR, expresada para dos variables por (H.1), como la de la función XNOR, dada por (H.5). Escogiendo la función XOR se obtiene:

$$D3 = \overline{A2} \oplus (A0 \cdot A1) \tag{7.29}$$

$$D2 = \overline{A2} \oplus (\overline{A0} \cdot A1) \tag{7.30}$$

$$D1 = \overline{A2} \oplus (A0 \cdot \overline{A1}) \tag{7.31}$$

$$D0 = \overline{A2} \oplus (\overline{A0 \cdot A1}) \tag{7.32}$$

Finalmente, una forma equivalente de representación se obtiene aplicando (H.2) a las expresiones anteriores:

$$D3 = A2 \oplus (\overline{A0 \cdot \overline{A1}}) \tag{7.33}$$

$$D2 = A2 \oplus (\overline{\overline{A0} \cdot A1}) \tag{7.34}$$

$$D3 = A2 \oplus (\overline{A0 \cdot \overline{A1}}) \tag{7.35}$$

$$D3 = A2 \oplus (\overline{\overline{A0 \cdot A1}}) \tag{7.36}$$

Tras estas manipulaciones hemos obtenido dos conjuntos de expresiones lógicas equivalentes empleando en ambos casos la función XOR, y ahora cabe preguntarse, pensando en una realización física, si ambas tienen el mismo coste. Por un lado, la implementación del conjunto de expresiones (7.29)-(7.32) requiere cuatro puertas AND de dos entradas, tres puertas inversoras y cuatro puertas XOR de dos entradas. Por otro lado, en el caso de implementar las expresiones (7.33)-(7.36), únicamente son necesarias cuatro puertas NAND de dos entradas, dos puertas inversoras y cuatro puertas XOR de dos entradas. En consecuencia, la implementación de las expresiones (7.33)-(7.36) no solo es de menor coste al precisar de una puerta lógica menos, sino que, además, es más rápida al emplear puertas NAND en lugar de puertas AND. Además, si estas cuatro expresiones lógicas se comparan con las obtenidas previamente en el capítulo 3 para el caso del decodificador binario básico de dos a cuatro dadas por (3.15)-(3.18), resulta evidente que las expresiones (7.33)-(7.36) surgen a partir de estas tras haber aplicado sobre cada una de ellas la función XOR, utilizando para ello la entrada adicional de polaridad A2. La realización física correspondiente se muestra en la figura 7.3.

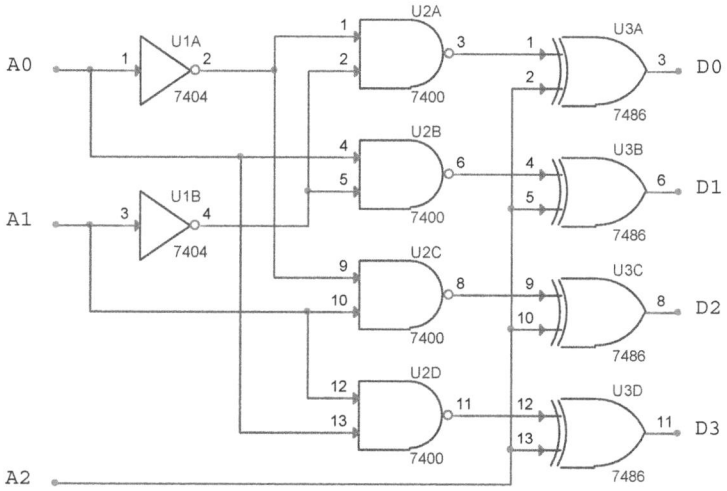

Figura 7.3   Síntesis óptima del decodificador basada en la elección de puertas XOR de dos entradas (expresiones lógicas (7.33) - (7.36)).

7.3 Simulación

Las tres implementaciones mostradas en las figuras 7.1, 7.2 y 7.3 se han adaptado para la simulación con el fin de verificar el correcto funcionamiento de cada una de ellas. Con fines ilustrativos, y para evitar redundancias, se ha escogido únicamente la adaptación para simulación de la síntesis basada en puertas XOR, que se muestra en la figura 7.4. Tanto esta adaptación como las dos restantes figuran en el material suplementario del apéndice K. Los resultados de la simulación, que se ha comprobado que coinciden para las tres variantes, se representan en la figura 7.5. Como puede verse, se ha empleado un bus de 4 bits para configurar las tres líneas de entrada, dejando el bit más significativo sin utilizar. Los ocho valores distintos que adoptan las líneas de salida, mostrados tanto en binario como en hexadecimal, reproducen la tabla de verdad del decodificador de la tabla 7.1. Sin embargo, y como sucedió en los diseños de los capítulos anteriores, surgen de nuevo pulsos espurios como consecuencia de la existencia de fenómenos aleatorios, que se manifiestan esta vez en t = 4 s, afectando a las líneas de salida D0 y D3.

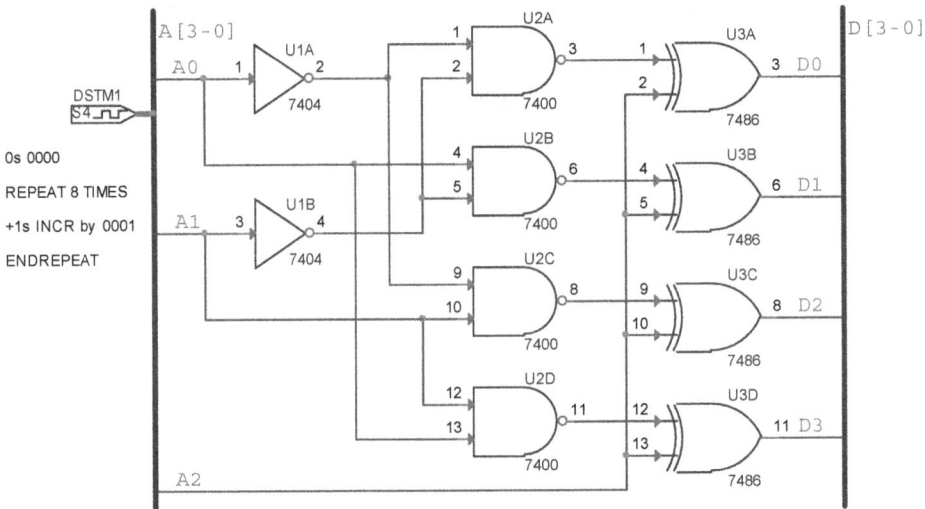

Figura 7.4   Síntesis óptima adaptada para simulación del decodificador basado en puertas XOR de dos entradas de la figura 7.3.

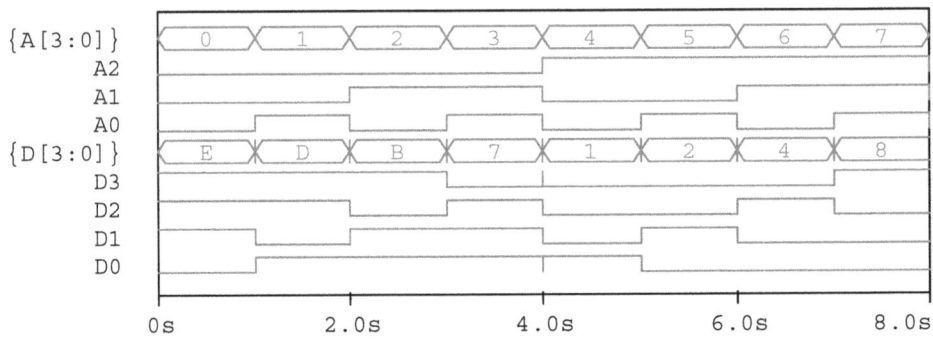

Figura 7.5   Cronograma correspondiente al decodificador mostrado en la figura 7.4.

7.4 Componentes

Circuitos integrados

74LS00 (1x). CI TTL con 4 puertas NAND de dos entradas.

74LS04 (1x). CI TTL con 6 puertas inversoras.

74LS86 (1x). CI TTL con 4 puertas XOR de dos entradas.

Resistencias

270 Ω (4x), 1 kΩ (1x).

Diodos

Ledes (4x).

7.5 Verificación experimental

Se propone el montaje en el laboratorio de la variante de circuito decodificador sintetizado mediante puertas XOR, puertas NAND y puertas inversoras, al ser la versión de todas las analizadas que precisa de menos puertas lógicas. Añadiendo ledes en las cuatro líneas de salida del decodificador, resulta el circuito de la figura 7.6.

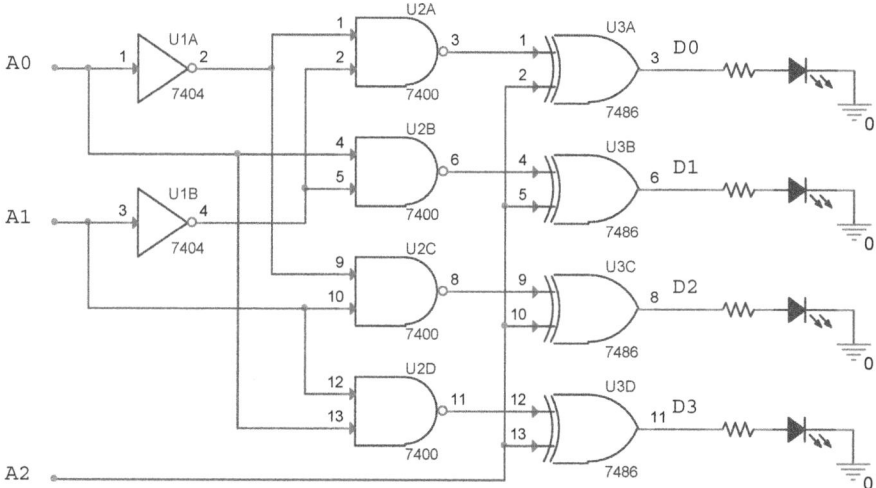

Figura 7.6 Circuito decodificador propuesto para el montaje experimental.

Procedimiento

1. Realizar el montaje del circuito decodificador de la figura 7.6.

2. Verificar su correcto funcionamiento a partir de su tabla de verdad (tabla 7.1) para las ocho combinaciones posibles de las líneas de entrada.

7.6 Ejercicios y cuestiones de refuerzo

a) Verifica las expresiones lógicas (7.1)-(7-4) empleando mapas de Karnaugh.

b) Las expresiones (7.29)-(7.32) surgen tras identificar la forma canónica de la función XOR en las expresiones (7.25)-(7.28). Sin embargo, el análisis también permite indistintamente la identificación de la función XNOR en las mismas expresiones. Comprueba que, haciendo uso de la función XNOR, se obtiene el mismo resultado.

c) Adapta la implementación del decodificador con puertas NAND de dos y tres entradas mostrada en la figura 7.2 a una matriz de puertas genérica, suponiendo que la matriz de puertas dispone de una retícula prefabricada con puertas NAND de tres entradas. Si es necesario, consulta el ejemplo descrito en el apartado 9.4.2 que muestra la implementación de un sumador completo mediante una matriz de puertas NAND.

d) Reproduce el proceso de diseño digital descrito en el presente capítulo para el caso de un decodificador de tres a ocho que incluya una cuarta línea de entrada dedicada a la selección de la polaridad de salida. Comprueba que, tal y como sucede con el decodificador de dos a cuatro con control de polaridad, la realización física resultante se reduce en realidad a la correspondiente etapa decodificadora básica de tres a ocho sin control de polaridad seguida de un conjunto de puertas XOR (que está formada por ocho puertas en este caso, en lugar de solo cuatro).

Detección de números primos con multiplexores

8.1 Introducción

En los capítulos previos se ha trabajado exclusivamente con puertas lógicas contenidas en chips de baja escala de integración. El presente capítulo introduce, mediante una sencilla aplicación que se pondrá a prueba de forma experimental con el correspondiente montaje sobre una placa de prototipos, el multiplexor modular 74x151. Este circuito, que se muestra en la figura 8.1 junto a otros tres multiplexores comercialmente disponibles, es un dispositivo lógico de ocho entradas de datos (desde I0 hasta I7) con un único bit por entrada, que son seleccionables con las líneas S2, S1 y S0. En función de la combinación de estas tres líneas de selección, la salida Z adoptará el valor lógico de la entrada escogida siempre y cuando el dispositivo se encuentre habilitado. En caso contrario, Z será siempre un 0 lógico para cualquier combinación de las líneas de selección.

Otros tres CI que encapsulan multiplexores comercialmente disponibles son el 74x150, con dieciséis líneas de datos de un bit; el 74x153, que aloja dos circuitos multiplexores donde cada uno de ellos selecciona entre cuatro entradas de un bit cada una; y el 74x157, que selecciona entre dos entradas **A** y **B** de 4 bits mediante la línea

$\overline{\text{A}}/\text{B}$ (un 0 en dicha línea selecciona la entrada **A** y un 1 la **B**). El dispositivo tiene además la entrada de habilitación STROBE:$\overline{\text{G}}$ activa a nivel bajo. Todos ellos acompañan al 74x151 en la figura 8.1. Además, los CI 74x250, 74x251, 74x253 y 74x257 son variantes respectivas de los cuatro multiplexores mencionados, con la particularidad de que todos ellos tienen salidas triestado. En este caso, si el multiplexor no se encuentra habilitado la salida no es un 0 lógico, sino un estado de alta impedancia. Este tipo de salidas son especialmente útiles cuando varios multiplexores se combinan para formar multiplexores más grandes ([wak07]).

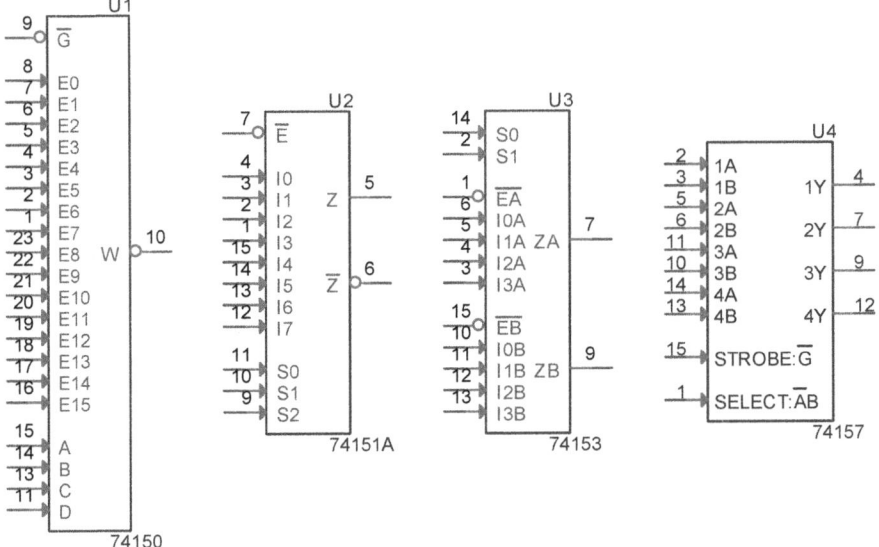

Figura 8.1   Cuatro multiplexores modulares de la subfamilia TTL estándar. U1: 74150 (multiplexor de dieciséis entradas de datos de un bit). U2: 74151A (multiplexor de ocho entradas de datos de un bit). U3: 74153 (dos multiplexores de cuatro entradas de datos de un bit con líneas de selección comunes). U4: 74157 (multiplexor de dos entradas de datos de 4 bits).

El multiplexor 74x151 con el que se va a experimentar en el laboratorio docente se presta muy bien a la implementación de funciones lógicas de forma directa a partir de una tabla de verdad, ya que por sus tres líneas de selección S2, S1 y S0 se accede a los ocho minitérminos diferentes que se pueden formar a partir de tres variables lógicas. Los distintos minitérminos se seleccionarán o no dependiendo del nivel lógico presente en cada una de las ocho entradas de datos del 74x151.

Por otro lado, y aunque en un principio cabría pensar que con este multiplexor solo se pueden realizar diseños que involucren funciones lógicas de como máximo tres variables, la realidad es que, con un poco de lógica combinacional adicional conectada a las entradas de datos del multiplexor (lógica que en ocasiones ni siquiera es necesaria), es factible abordar la implementación de funciones lógicas de más de tres variables llevando solo a cabo ciertas manipulaciones sobre la tabla de verdad de partida. Esta versatilidad contribuye a considerar el multiplexor un recurso muy apreciado en el diseño digital. El estudiante interesado en conocer los fundamentos del mencionado método de diseño, o bien consultar algunos ejemplos, puede acudir a determinados textos sobre electrónica digital donde este se describe con detalle, como son [bla05], [bro09], [her08], [man15] y [nel96]. En las dos secciones siguientes se ilustra la aplicación de dicho método.

Una extensa selección de decodificadores modulares se recopila en la tabla 8.1.

Tabla 8.1 Selección de multiplexores modulares y sus principales características.

MUX	Características
74x150	Multiplexor 16:1 con entrada de habilitación y salida activas a nivel bajo ([ach10],[clu86], [fle80],[gar07],[hay96],[lea11],[mil89],[nel96])
74x151	Multiplexor 8:1 con entrada de habilitación activa a nivel bajo y dos salidas complementarias [ach10],[bog92],[buc09],[clu86],[fle80],[flo16], [gar07],[hor16],[nel96],[tau83],[toc07],[wak07])
74x152	Multiplexor 8:1 sin entrada de habilitación y con salida activa a nivel alto ([clu86],[fle80])
74x153	CI con dos multiplexores 4:1 y y salidas activas a nivel alto, con líneas de selección compartidas. Cada MUX cuenta con una entrada de habilitación activa a nivel bajo ([ach10],[bog92],[buc09],[clu86],[fle80],[flo16],[hor16], [gar07],[hay96],[nel96],[wak07])
74x157	Multiplexor 2:1 (las dos entradas y la salida son de 4 bits). Con entrada de habilitación activa a nivel bajo y salidas activas a nivel alto ([ach10], [bog92],[fle80],[flo16],[hor16],[gar07],[lea11],[mal93],[nel96],[tau83],[toc07], [wak07])
74x158	Multiplexor idéntico al 74x157 con salidas activas a nivel bajo para minimizar el retardo de propagación ([fle80])
74x250	Multiplexor idéntico al 74x150 con salidas triestado ([wiki74])
74x251	Multiplexor idéntico al 74x151 con salidas triestado ([wak07])
74x253	Multiplexor idéntico al 74x153 con salidas triestado ([wak01])
74x257	Multiplexor idéntico al 74x157 con salidas triestado ([wak07])
4019	Multiplexor 2:1 cuádruple CMOS ([ach10])
4512	Multiplexor 8:1 CMOS ([ach10])

El objetivo de este capítulo consiste, por tanto, en familiarizarse con la función lógica del multiplexado, que es de especial relevancia en numerosas aplicaciones del diseño digital. Se planteará con este fin un amplio caso de estudio en el que se recurrirá primeramente a los circuitos multiplexores 74x150 y 74x151 en un contexto de simulación, dejando para la verificación experimental posterior únicamente al pequeño 74x151, ya que se cablea más rápidamente. Concretamente, se emplearán ambos multiplexores modulares en el diseño de dos circuitos detectores de números primos, para los que se propondrán tres enfoques distintos en cada caso. En la primera variante la detección se limita a identificar los cinco números primos pertenecientes al conjunto de las diez palabras digitales de 4 bits que codifican en

BCD[1] los dígitos decimales del 0 al 9; mientras que en la segunda variante, algo más elaborada, se amplía el rango a dieciséis palabras digitales, al considerar esta vez un detector que acepta todas las entradas posibles de 4 bits codificadas en binario.

8.2 Diseño de un detector BCD de números primos

En primer lugar se planteará un diseño no modular que conducirá a una realización física mediante el uso exclusivo de puertas lógicas, para pasar seguidamente al uso de multiplexores modulares empleados en tres implementaciones diferentes del circuito detector.

8.2.1 Síntesis mediante puertas lógicas

El primer paso para diseñar un detector BCD de números primos a partir de su tabla de verdad consiste en escribir la función lógica f asociada al detector buscado. La codificación BCD de los dígitos decimales del 0 al 9 precisa de 4 bits, que denominaremos N3, N2, N1 y N0. Sin embargo, con ellos es posible codificar en binario hasta dieciséis palabras digitales diferentes, desde 0000 hasta 1111. Esto significa que los minitérminos del 10 al 15 no van a darse nunca en una codificación BCD, siendo, por tanto, combinaciones de entrada indiferentes. En consecuencia, la función f buscada será un 1 lógico solo para aquellos números primos comprendidos entre el 0 y el 9, e incluye además las seis combinaciones indiferentes mencionadas[2]:

$$f(N3, N2, N1, N0) = \sum (1,2,3,5,7) + x(10,11,12,13,14,15) \qquad (8.1)$$

El mapa de Karnaugh correspondiente se representa en la figura 8.2.

N1N0 \ N3N2	**00**	**01**	**11**	**10**
00	0	0	x	0
01	1	1	x	0
11	1	1	x	x
10	1	0	x	x

Figura 8.2 Mapa de Karnaugh de un detector de dígitos decimales primos codificados en BCD. Las combinaciones indiferentes se representan mediante la letra x.

Es evidente que la presencia de numerosas combinaciones indiferentes, como es el caso, contribuye a simplificar considerablemente la expresión de la función lógica f.

---

[1] En el capítulo 3, dedicado al decodificador, ya se mencionaron por primera vez los códigos decimales codificados en binario, o códigos BCD.

[2] Aunque el 1 no es estrictamente un número primo, el diseño lógico resultante es más interesante si se incluye en la lista ([wak07]).

Identificando los implicantes primos sobre el mapa de Karnaugh se encuentra la siguiente expresión mínima para f en forma de suma de productos, cuya implementación requiere cinco puertas lógicas (suponiendo que no se dispone de las variables N2 y N3 en su forma complementada):

$$f = \overline{N3} \cdot N0 + \overline{N2} \cdot N1 \tag{8.2}$$

Alternativamente a esta síntesis puede optarse por un enfoque totalmente distinto, que resulta más elegante desde el punto de vista conceptual, utilizando para ello circuitos multiplexores. Los dos apartados siguientes exponen tres diseños diferentes basados en este tipo de lógica: en el primero de ellos se empleará el 74x150, mientras que a continuación se optará por dos implementaciones distintas mediante el 74x151.

8.2.2 Síntesis mediante un multiplexor 16:1

La opción más inmediata para sintetizar mediante multiplexores un detector BCD de números primos consiste en escoger un multiplexor 16:1 como es el 74x150, puesto que su número de entradas de selección (también llamadas de control) coincide con el número de variables de entrada, que es de cuatro. El diseño es sencillo, puesto que basta con conectar dichas variables de entrada a las entradas de control del dispositivo para, a continuación, llevar cada una de las dieciséis líneas de datos al nodo de alimentación o bien al de tierra, dependiendo de si una línea de datos concreta selecciona o no un número primo. Esta misma idea se aplica a una función lógica de tres variables en el capítulo 32, al abordar la implementación de funciones lógicas en el contexto de las aplicaciones de los circuitos multiplexores.

La implementación resultante tras haber escogido el dispositivo de la subfamilia TTL estándar 74150 se muestra en la figura 8.3. Como puede verse, el funcionamiento del multiplexor se garantiza aplicando un nivel lógico bajo en su entrada de habilitación G, como denota la correspondiente burbuja de inversión en el diagrama lógico. Las entradas de datos E1, E2, E3, E5 y E7, que seleccionan los cinco números primos requeridos, se encuentran cableadas con la fuente de alimentación a través de una resistencia de aproximadamente 1 kΩ que se incluye como medida de protección, aunque lo normal es que el dispositivo no sufra daños si se prescinde de ella en el contexto de un montaje experimental en el laboratorio[3]. Las once líneas de entrada restantes se conectan a tierra. En realidad, y considerando que se trata de un detector BCD, conviene indicar que ni siquiera es necesario cablear las últimas seis líneas E10 - E15, ya que todas ellas son entradas ignoradas en una codificación BCD.

Una particularidad del CI 74150 es que su salida W es activa a nivel lógico bajo. Por lo tanto, si se conecta un led entre la salida y tierra, este emitirá luz cuando en el

---

[3] En el capítulo 1 se tuvo ocasión de explicar la finalidad de esta resistencia en el contexto de las entradas de una puerta lógica que no se utilizan. La misma idea es aplicable aquí.

terminal de salida se tenga un estado alto, lo que sucederá si se selecciona un número que no es primo o que no pertenece a la codificación BCD. Aunque este comportamiento se puede corregir conectando una puerta lógica inversora en la salida, es preferible realizar la conexión del led con el nodo de alimentación a través de una resistencia, como muestra la realización física propuesta. En este caso el led lucirá cada vez que el 74150 seleccione un número primo.

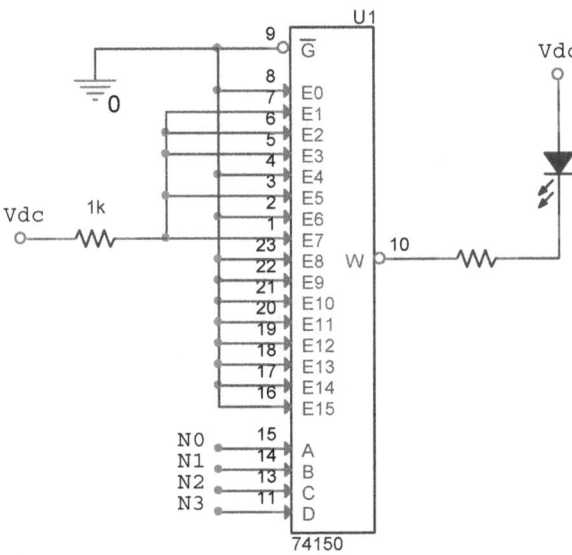

Figura 8.3 Implementación de un detector BCD de números primos con el multiplexor 74150.

8.2.3 Síntesis mediante un multiplexor 8:1

La solución adoptada en el apartado anterior es simple conceptualmente, pero dista de ser óptima. Como demostraremos seguidamente, es igualmente factible sintetizar el mismo detector haciendo uso de un multiplexor más pequeño del tipo 8:1 como es el 74x151, que dispone de tan solo tres entradas de selección en lugar de cuatro.

La forma de abordar el diseño con este multiplexor más limitado consiste en asociar la variable más significativa, N3, a la entrada de habilitación E del 74x151, que es activa a nivel lógico bajo. Con esta estrategia tan sencilla de implementar en la práctica se logra inhabilitar el dispositivo para cualquier entrada de datos de 4 bits que codifique en binario los números decimales entre el 8 y el 15. Las tres variables restantes N2-N0 se conectan una a una a las entradas de selección S2-S0, como ilustra la figura 8.4.

En el diseño propuesto las cinco entradas de datos I1, I2, I3, I5 e I7, que se corresponden con los números primos a detectar, se conectan a la tensión de alimentación. El resto de las líneas (que en este caso son solo I0, I2 e I4) se llevan al potencial de tierra, tal y como se hizo en el diseño anterior basado en el 74150.

Obsérvese que el multiplexor cuenta, además de con su salida Z, con su versión complementada $\overline{Z}$, que no se utiliza en esta implementación.

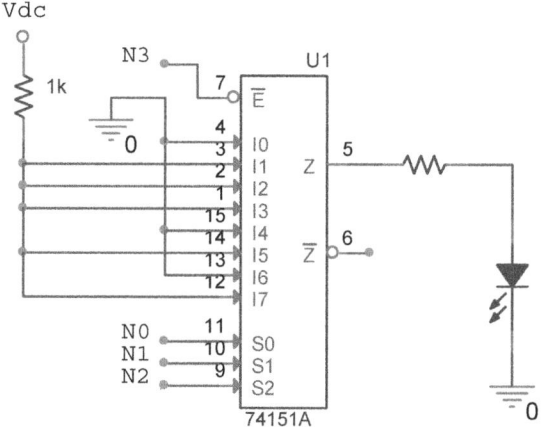

Figura 8.4 Implementación de un detector BCD de números primos mediante un único multiplexor 74151A.

8.2.4 Síntesis alternativa mediante un multiplexor 8:1

La síntesis del detector bajo estudio mediante un multiplexor 8:1 como es el 74x151 no es única: existe un método alternativo que, aunque puede resultar menos intuitivo a priori, conviene conocer igualmente, puesto que encierra un considerable potencial.

Dado que el mencionado multiplexor dispone únicamente de tres entradas de selección y el número de variables involucradas en el detector es de cuatro (N3-N0), la idea subyacente al método consiste en aislar una de las cuatro variables y conectarla de alguna forma a sus entradas de datos, en lugar de a las entradas de selección del 74x151. Para distinguirla de las tres variables que sí se conectan a las entradas de selección, dicha variable aislada es denominada **variable residuo** ([her08]). La forma de proceder se describe a continuación.

En primer lugar, hay que reescribir la tabla de verdad de la función correspondiente al detector BCD de números primos, de forma que una cualquiera de las cuatro variables quede aislada. El siguiente paso consiste en escribir las ocho entradas de datos del multiplexor I7-I0 en función de la variable residuo escogida. Aislando por ejemplo la variable N0, la tabla de verdad del detector adaptada al nuevo formato, incluyendo el valor de las ocho entradas mencionadas, se muestra en la tabla 8.2.

La forma de escribir las ocho entradas de datos I7-I0 del multiplexor en función de N0 consiste en asociar a cada una de las ocho palabras de control la entrada de datos seleccionada por esta y escribirla en la fila correspondiente de la tabla. Posteriormente, basta con identificar en cada fila el valor de la función f para los dos valores posibles que toma N0. El procedimiento se ilustra a continuación para tres de las ocho entradas.

Tabla 8.2 Tabla de verdad adaptada del detector BCD de números primos que resulta tras tomar N0 como variable residuo y expresar las entradas de datos I7-I0 del multiplexor en función de N0.

N3	N2	N1	N0 0	N0 1	
0	**0**	**0**	0	1	I0 = N0
0	**0**	**1**	1	1	I1 = 1
0	**1**	**0**	0	1	I2 = N0
0	**1**	**1**	0	1	I3 = N0
1	**0**	**0**	0	0	I4 = 0
1	**0**	**1**	x	x	I5 = 0
1	**1**	**0**	x	x	I6 = 0
1	**1**	**1**	x	x	I7 = 0

En la primera fila, que corresponde a las entradas de control 000, la función es 1 cuando N0 es 1 y es 0 cuando N0 es 0. Por lo tanto, I0 = N0. En la segunda fila, la función es 1 independientemente del valor de N0, de donde se desprende que I1 = N0 + $\overline{\text{N0}}$ = 1. En la quinta fila, la función es 0 para los dos valores de N0 y, en consecuencia, I4 es 0. Cabe observar que las tres últimas filas tienen combinaciones indiferentes en todas las casillas, y se ha optado por asociar cada x a un 0, aunque alternativamente podría haberse escogido un 1. Ambas opciones son equivalentes desde el punto de vista del coste del circuito, ya que en el primer caso la implementación tendrá las entradas I4, I5, I6 e I7 conectadas a tierra y en el segundo a la tensión de alimentación. Por lo tanto, no es necesario añadir lógica combinacional extra en ninguno de los dos casos.

La figura 8.5 ilustra el diseño resultante. Las entradas de datos I0, I2 e I3 se conectan a N0, I1 se conecta a la alimentación y, por último, I4, I5, I6 e I7 quedan conectadas a tierra. Además, es importante conectar correctamente las variables empleadas N3, N2 y N1 con la entrada de selección apropiada del multiplexor, identificando entre ellas al bit más significativo, que es S2. Al escoger de forma arbitraria N0 como variable residuo no ha sido necesario añadir lógica adicional al multiplexor. Sin embargo, esto no puede garantizarse siempre, y el diseño resultante dependerá de la variable residuo escogida. Por ello, es conveniente explorar todas las posibilidades y descartar aquellas soluciones que requieran más puertas adicionales para la implementación. En una de las cuestiones propuestas al final del capítulo se propone escoger otra variable residuo y comparar la síntesis resultante.

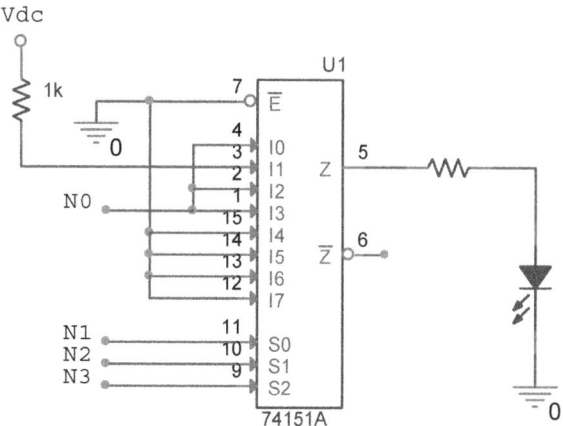

Figura 8.5 Implementación alternativa de un detector BCD de números primos mediante un único multiplexor 74151A, basada en la elección de N0 como variable residuo.

Finalmente, cabe destacar que en el método descrito se ha hecho uso de una única variable residuo. Sin embargo, nada impide recurrir a dos o más de ellas cuando un diseño dado así lo requiere. Si, a modo de ejemplo, se escoge un pequeño multiplexor 4:1, que cuenta con solo dos entradas de selección, para la implementación del detector BCD de números primos, será necesario aislar no una sino dos variables residuo de entre las cuatro variables de partida N3 - N0. En este caso la realización física resultante incluirá cierta lógica combinacional adicional basada en una red de puertas lógicas (es el precio a pagar por no haber escogido un multiplexor adecuadamente dimensionado para el diseño). Dicha red combinacional resulta imprescindible para generar las señales precisas en cada una de las cuatro entradas de datos del multiplexor. Estas señales se obtienen a partir de la implementación de las cuatro expresiones lógicas correspondientes, que son todas ellas función de las dos variables residuo escogidas.

8.3 Diseño de un detector de números primos de 4 bits

Se utilizará aquí la misma secuencia de cuatro diseños diferentes mostrada en la sección anterior, adaptada esta vez a las especificaciones del nuevo detector.

8.3.1 Síntesis mediante puertas lógicas

En esta variante del detector de números primos, que es menos restrictiva que la primera, no se dan combinaciones de entrada indiferentes. La función f contiene esta vez los siete números primos comprendidos entre el 0 y el 15 ([wak18]):

$$f(N3, N2, N1, N0) = \sum(1,2,3,5,7,11,13) \tag{8.3}$$

El mapa de Karnaugh correspondiente se representa en la figura 8.6.

N3N2

N1N0	00	01	11	10
00	0	0	0	0
01	1	1	1	0
11	1	1	0	1
10	1	0	0	0

Figura 8.6 Mapa de Karnaugh de un detector de todos los números primos codificados en binario con 4 bits.

Identificando los implicantes primos de f sobre el mapa de Karnaugh resulta la siguiente expresión mínima expresada en forma de suma de productos, cuya implementación precisa puertas lógicas de dos, tres y cuatro entradas, con un total de nueve puertas:

$$f \; = \; \overline{N3} \cdot N0 \; + \; \overline{N3} \cdot \overline{N2} \cdot N1 \; + \; \overline{N2} \cdot N1 \cdot N0 \; + \; N2 \cdot \overline{N1} \cdot N0 \tag{8.4}$$

La simplificación alternativa por ceros del mapa conduce a una suma mínima de $\overline{f}$ que contiene un término producto más, por lo que se descarta.

8.3.2 Síntesis mediante un multiplexor 16:1

La implementación con un multiplexor 16:1 es similar a la del detector BCD de la figura 8.3 con la salvedad de que, para la variante que nos ocupa ahora, las líneas de entrada E11 y E13 se conectan al nodo de alimentación en lugar de al de tierra para dar cuenta de los nuevos números primos 11 y 13, como indica la figura 8.7.

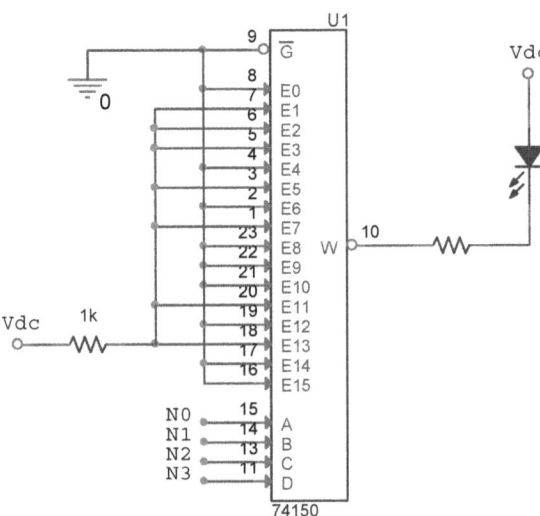

Figura 8.7 Implementación de un detector de números primos codificados en binario con 4 bits mediante el multiplexor 74150.

8.3.3 Síntesis mediante dos multiplexores 8:1

La estrategia adoptada en la figura 8.4, consistente en inhabilitar el multiplexor cuando la variable más significativa N3 es un 1 lógico, ya no es válida aquí, puesto que los números primos 11 y 13 deben ser detectados necesariamente en este caso. En consecuencia, una solución consiste en añadir un segundo multiplexor 8:1, de forma que uno de ellos selecciona solo los números primos en los que N3 es un 0 lógico y el otro aquellos en los que N3 es un 1 lógico. En este caso es necesario incluir una puerta inversora, como muestra la implementación de la figura 8.8.

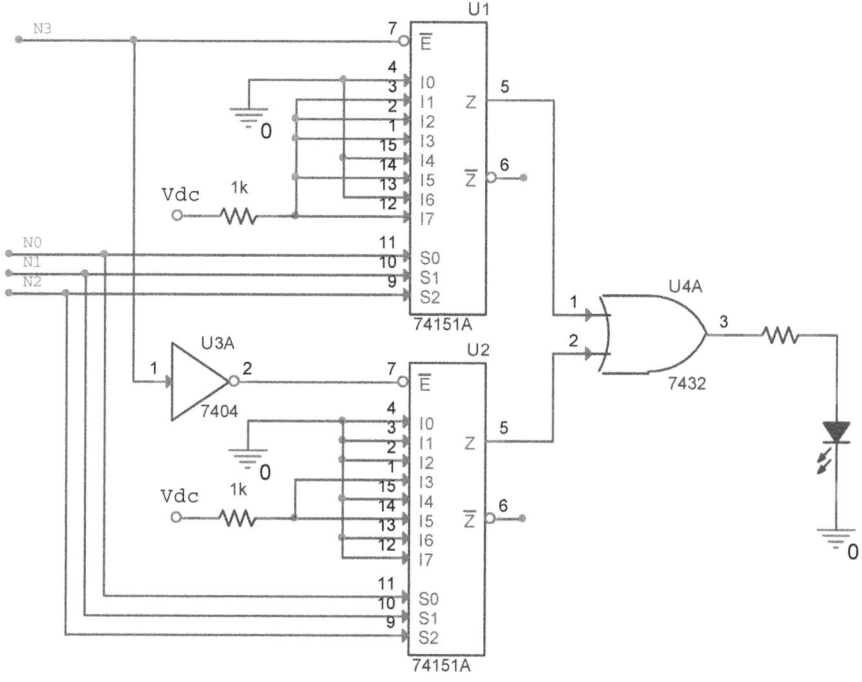

Figura 8.8   Implementación de un detector de números primos codificados en binario con 4 bits mediante dos multiplexores 74151A.

El multiplexor U1 selecciona, por tanto, los números primos $\{1, 2, 3, 5, 7\}$; mientras que el multiplexor U2 se encarga de los primos restantes $\{11, 13\}$. Las siete entradas de datos asociadas a todos ellos se conectan al nodo de alimentación. Los dos números decimales 11 y 13, para los que N3 es 1, se seleccionan mediante las entradas I3 e I5 de U2, respectivamente. Por lo que respecta a las variables N2-N0, todas se conectan a las líneas de selección S2-S0 en ambos multiplexores. La detección de los siete números primos repartida entre los dos dispositivos 74151A exige contar en el diseño con una puerta lógica OR de dos entradas.

Es evidente que la nueva versión del circuito detector ha complicado de forma considerable la implementación si se compara con la mostrada en la figura 8.4, que en el fondo está basada en una estrategia similar basada en aprovechar la entrada de habilitación del multiplexor y conectarla bien a N3 o bien a su complemento lógico dependiendo del multiplexor. Por fortuna no es imprescindible recurrir a un segundo multiplexor 8:1 para encontrar un diseño que obedezca a las nuevas especificaciones del detector, como demostraremos seguidamente.

8.3.4 Síntesis alternativa mediante un multiplexor 8:1

El potencial del método de síntesis basado en aislar una variable residuo queda de manifiesto cuando se trata de diseñar la segunda variante del detector de números primos, puesto que escogiendo este procedimiento la implementación resultante solo necesita un único multiplexor 8:1 en lugar de dos. Aislando de nuevo la variable N0 siguiendo los mismos pasos descritos en el apartado 8.2.4, resulta la tabla 8.3.

Tabla 8.3   Tabla de verdad adaptada del detector de números primos codificados en binario con 4 bits que resulta tras tomar N0 como variable residuo y expresar las entradas de datos I7-I0 del multiplexor en función de N0.

N3	N2	N1	N0 = 0	N0 = 1	
0	0	0	0	1	I0 = N0
0	0	1	1	1	I1 = 1
0	1	0	0	1	I2 = N0
0	1	1	0	1	I3 = N0
1	0	0	0	0	I4 = 0
1	0	1	0	1	I5 = N0
1	1	0	0	1	I6 = N0
1	1	1	0	0	I7 = 0

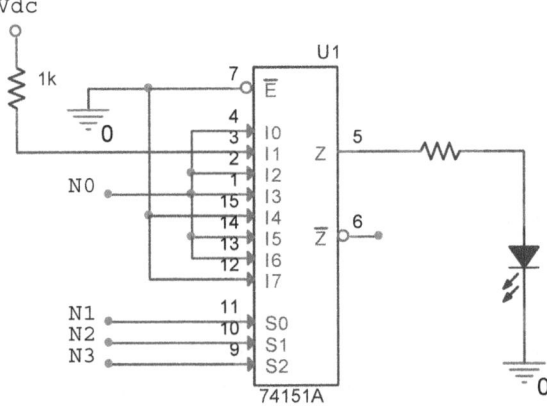

Figura 8.9   Implementación de un detector de números primos codificados en binario con 4 bits mediante un único multiplexor 74151A, basada en la elección de N0 como variable residuo.

Por inspección de la tabla 8.3 se deduce que, tras haber seleccionado N0 como variable residuo, ni siquiera es necesario recurrir a lógica combinacional adicional para lograr la implementación del detector, que se muestra en la figura 8.9. Esta síntesis es por tanto preferible a la de la figura 8.8.

8.4 Simulación

En esta sección se demostrará el correcto funcionamiento de cada uno de los tres diseños con multiplexor propuestos para las dos variantes planteadas del circuito' detector de números primos.

8.4.1 Detectores BCD de números primos con multiplexor

8.4.1.1 Síntesis mediante un multiplexor 16:1

La figura 8.10 muestra el diseño adaptado para simulación basado en un multiplexor 16:1, presentado con anterioridad en el apartado 8.2.2. La salida W del multiplexor 74150 se asocia a la señal PrBCD_L con el fin de registrar su valor lógico mediante el cronograma de la figura 8.11.

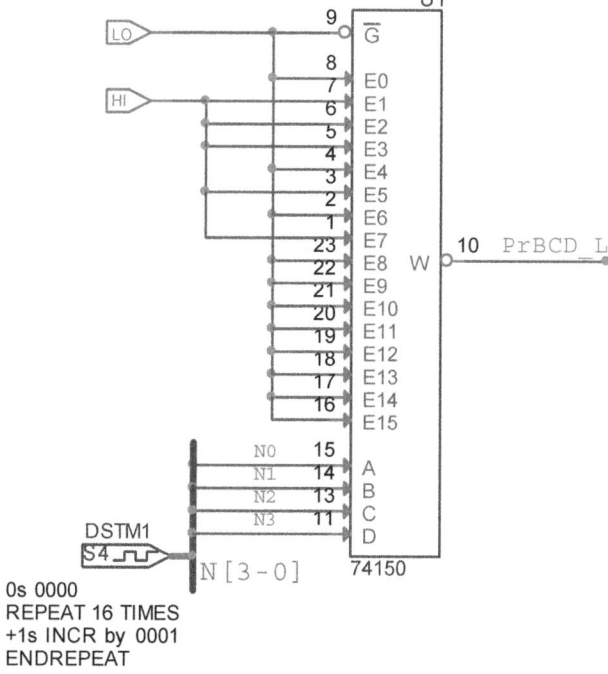

Figura 8.10   Diseño propuesto adaptado para simulación de un detector BCD de números primos basado en el 74150 (véase la figura 8.3).

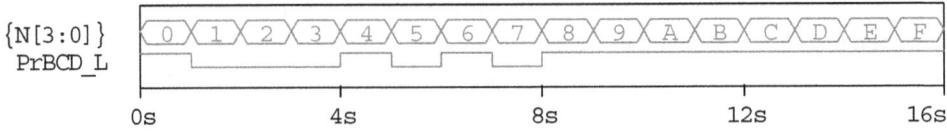

Figura 8.11   Cronograma que muestra la respuesta del circuito detector de la figura 8.10.

Como se desprende del cronograma, la señal PrBCD_L es asertiva (es decir, adopta un nivel lógico bajo) únicamente para los cinco números primos esperados. Aunque la representación muestra la respuesta para las dieciséis combinaciones posibles de las cuatro variables binarias N3-N0, en realidad bastaría con seleccionar solo las diez primeras al tratarse de un detector de palabras digitales codificadas en BCD.

8.4.1.2 Síntesis mediante un multiplexor 8:1

El primero de los dos diseños implementados con un único multiplexor 8:1 adaptado para simulación, que se presentó previamente en el apartado 8.2.3, se muestra en la figura 8.12. El cronograma correspondiente puede verse en la figura 8.13.

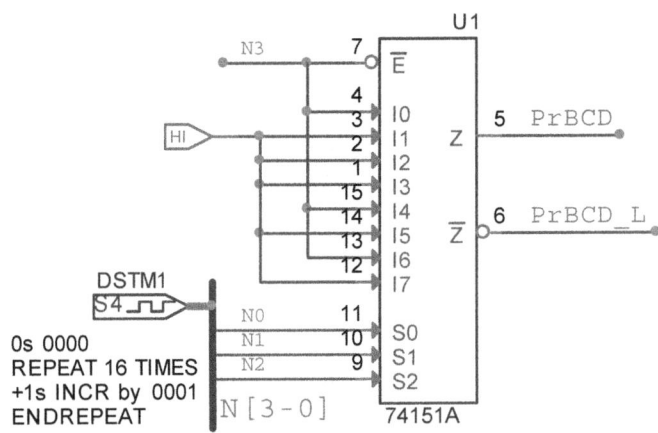

Figura 8.12   Circuito adaptado para simulación del primero de los diseños propuestos de un detector BCD de números primos basado en el 74151A (véase la figura 8.4).

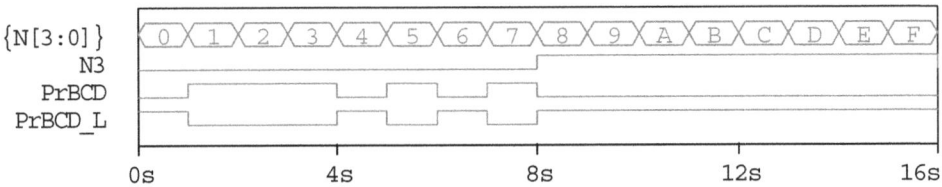

Figura 8.13   Cronograma que muestra la respuesta del circuito detector de la figura 8.12.

Como puede apreciarse en el circuito, las entradas de datos I0, I2 e I4 no se han conectado explícitamente a un estímulo digital en estado bajo (LO). En su lugar, se ha optado por una conexión con la entrada de habilitación E del multiplexor, al ser activa a nivel lógico bajo. Por otro lado, se ha optado por incluir en el cronograma la variable de entrada N3 para reflejar el estado lógico de E en todo momento, que inhabilita el funcionamiento del multiplexor a partir de la codificación del bus correspondiente al 8 decimal. La señal PrBCD es asertiva para los números primos 1, 2, 3, 5 y 7; mientras que la segunda señal PrBCD_L es su complemento lógico.

8.4.1.3 Síntesis alternativa mediante un multiplexor 8:1

En la figura 8.14 se muestra la versión adaptada para simulación del segundo de los diseños basados en un único multiplexor 8:1, presentado anteriormente en el apartado 8.2.4, que hace uso de N0 como variable residuo.

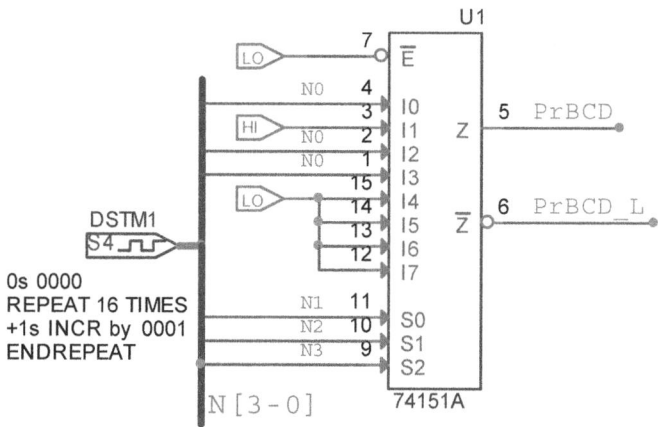

Figura 8.14   Circuito adaptado para simulación del segundo de los diseños propuestos de un detector BCD de números primos basado en el 74151A (véase la figura 8.5).

El cronograma resultante coincide plenamente con el de la figura 8.13, por lo que no se repetirá aquí.

8.4.2 Detectores de números primos de 4 bits con multiplexor

8.4.2.1 Síntesis mediante un multiplexor 16:1

La figura 8.15 muestra la versión adaptada para simulación del diseño basado en un multiplexor 16:1, mostrado previamente en el apartado 8.3.2.

Inspeccionando el cronograma de la figura 8.16 se aprecia que en este caso la señal PrBCD_L es asertiva para los siete números primos 1, 2, 3, 5, 7, 11 y 13, como cabía esperar.

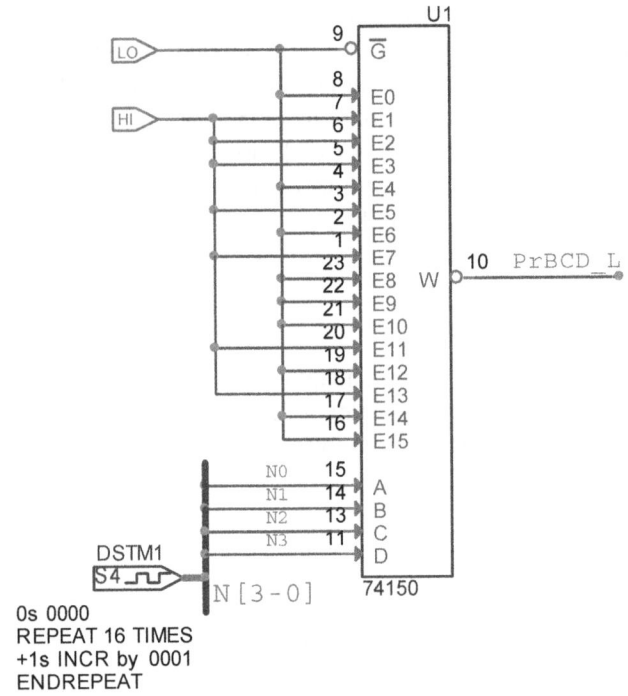

Figura 8.15 Circuito adaptado para simulación del diseño de un detector de números primos codificados en binario con 4 bits basado en el 74150 (véase la figura 8.7).

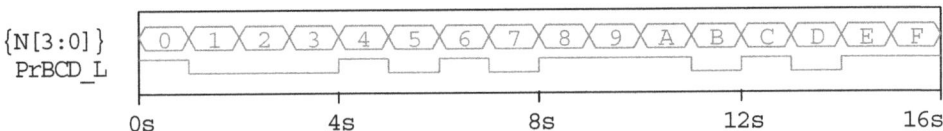

Figura 8.16 Cronograma que muestra la respuesta del circuito detector de la figura 8.15.

8.4.2.2 Síntesis mediante dos multiplexores 8:1

El circuito adaptado para simulación del diseño implementado con dos multiplexores 8:1, ilustrado previamente en el apartado 8.3.3, se muestra en la figura 8.17. Se ha optado por no representar las conexiones del bus N[3-0] con los circuitos multiplexores con el fin de facilitar la interpretación del diseño, puesto que dichas conexiones no son imprescindibles al estar las entradas N3-N0 perfectamente identificadas en las líneas de selección y de habilitación de ambos multiplexores.

El cronograma de la figura 8.18 refleja que la señal Pr4bit es asertiva (a nivel lógico alto, en este caso) para los siete números primos esperados.

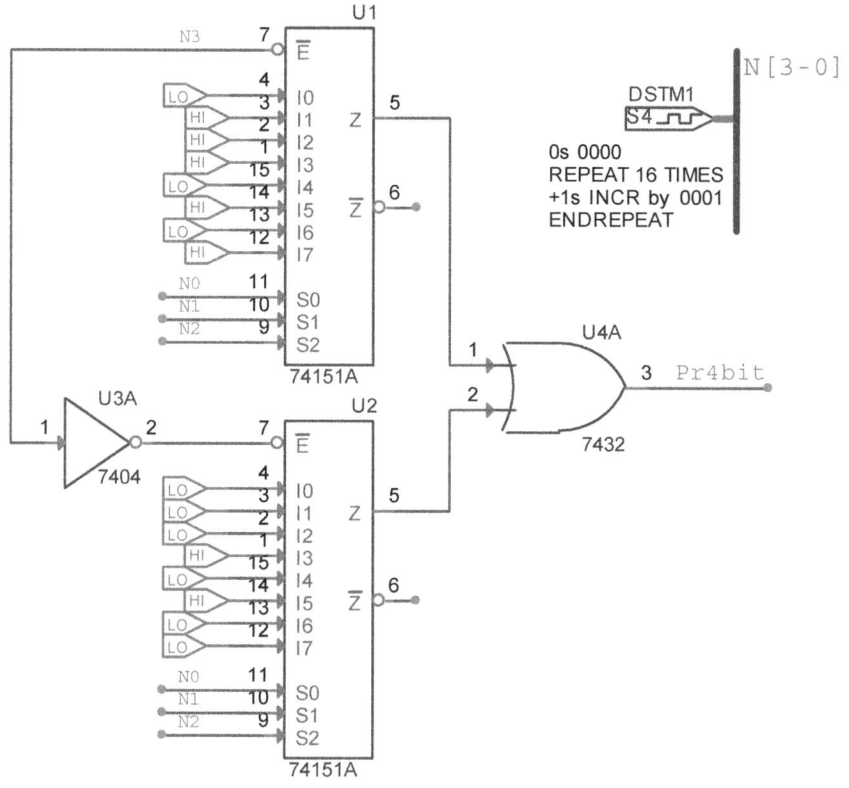

Figura 8.17   Circuito adaptado para simulación del diseño de un detector de números primos codificados en binario con 4 bits basado en dos 74151A (véase la figura 8.8).

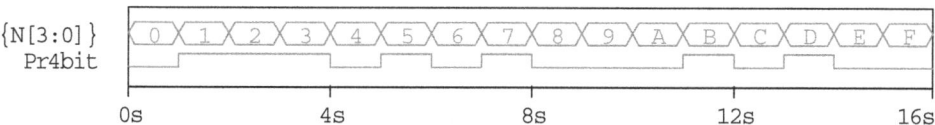

Figura 8.18   Cronograma que muestra la respuesta del circuito detector de la figura 8.17.

8.4.2.3 Síntesis alternativa mediante un multiplexor 8:1

En la figura 8.19 se muestra la versión adaptada para simulación del diseño que hace uso de un único multiplexor 8:1, mostrado con anterioridad en el apartado 8.3.4, donde se emplea N0 como variable residuo.

El cronograma correspondiente a esta síntesis alternativa es idéntico al mostrado en la figura 8.18 y no se reproduce de nuevo.

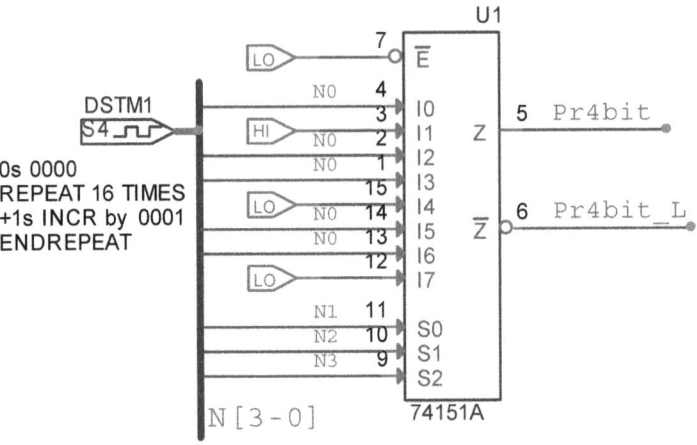

Figura 8.19 Circuito adaptado para simulación del diseño de un detector de números primos codificados en binario con 4 bits basado en un 74151A (véase la figura 8.9).

8.5 Componentes

Circuitos integrados

74LS151 (1x). CI TTL con un multiplexor de 3 líneas de selección.

Resistencias

270 Ω (1x), 1 kΩ (1x).

Diodos

Ledes (1x).

8.6 Verificación experimental

Como se anticipó en la introducción, en la sección experimental no se plantea la verificación del funcionamiento de todos los diseños propuestos a lo largo del capítulo. En su lugar se propone el montaje de las dos variantes implementadas con un único 74151A, diseñadas ambas tras la selección de una variable residuo.

Procedimiento

1. Realizar el montaje del detector BCD de números primos de la figura 8.5.

2. Verificar el funcionamiento exhaustivo del detector empleando las diez palabras digitales codificadas en BCD mediante los 4 bits N3, N2, N1 y N0 agrupadas en la siguiente tabla.

Decimal	N3 N2 N1 N0	Z	Decimal	N3 N2 N1 N0	Z
0	0 0 0 0		5	0 1 0 1	
1	0 0 0 1		6	0 1 1 0	
2	0 0 1 0		7	0 1 1 1	
3	0 0 1 1		8	1 0 0 0	
4	0 1 0 0		9	1 0 0 1	

3. Realizar el montaje del detector de números primos de 4 bits codificados en binario de la figura 8.9.

4. Verificar el funcionamiento exhaustivo de este segundo detector empleando las dieciséis palabras digitales codificadas en binario con los 4 bits $N3$, $N2$, $N1$ y $N0$ agrupadas en la siguiente tabla.

Decimal	N3 N2 N1 N0	Z	Decimal	N3 N2 N1 N0	Z
0	0 0 0 0		8	1 0 0 0	
1	0 0 0 1		9	1 0 0 1	
2	0 0 1 0		10	1 0 1 0	
3	0 0 1 1		11	1 0 1 1	
4	0 1 0 0		12	1 1 0 0	
5	0 1 0 1		13	1 1 0 1	
6	0 1 1 0		14	1 1 1 0	
7	0 1 1 1		15	1 1 1 1	

8.7 Ejercicios y cuestiones de refuerzo

a) El multiplexor es un circuito combinacional MSI que puede emplearse para implementar funciones lógicas, como se ha comprobado en el presente capítulo. Indica otro tipo de circuito MSI que pueda emplearse con el mismo objetivo.

b) Simplifica el mapa de Karnaugh de la figura 8.2 y verifica que se obtiene la expresión lógica (8.2).

c) En el diseño propuesto de un detector BCD de números primos basado en un multiplexor 8:1, mostrado en el apartado 8.2.4, se recurre al empleo de $N0$ como variable residuo. Rehaz el diseño tomando $N3$ como variable residuo y razona qué opción es preferible.

d) Simplifica por unos el mapa de Karnaugh de la figura 8.6 y verifica que se obtiene la expresión lógica (8.4).

e) Simplifica por ceros el mapa de Karnaugh de la figura 8.6 y verifica que se obtiene una suma mínima de $\overline{f}$ que está compuesta por cinco términos producto. Transforma dicha suma mínima en una expresión lógica para f expresada en forma de producto de sumas.

f) El diseño basado en dos multiplexores 74151A de la figura 8.8 incorpora además una puerta OR de dos entradas y una puerta inversora. Supón que no dispones de un 74x32 para utilizar una de sus puertas OR, pero sí cuentas con un 74x00. ¿Sería posible sustituir la puerta OR del diseño original por una de las puertas NAND de dos entradas del 74x00 y completar así la implementación?

g) Diseña un sumador completo de un bit, incluyendo los acarreos de entrada y de salida, empleando dos multiplexores 74x151. En el capítulo 9 se estudia dicho sumador.

h) Diseña un sumador completo de un bit, incluyendo los acarreos de entrada y de salida, empleando los dos multiplexores de dos entradas de selección y cuatro entradas de datos integrados en un 74x153. Análogamente a como se describe en uno de los diseños del detector BCD de números primos propuesto, deberás escoger una variable residuo de entre las tres variables de entrada del sumador y expresar las entradas de datos de ambos multiplexores en función de ella. Emplea la lógica combinacional auxiliar necesaria.

9

Sumador completo y sumador binario en paralelo

9.1 Introducción

El presente capítulo retoma la aritmética binaria introducida por primera vez en el capítulo 6 con los circuitos aritméticos comparadores. La cobertura se amplía aquí abordando el estudio de módulos lógicos sumadores de operandos de un bit, con la posibilidad de procesar un posible bit de acarreo. Comprobaremos, una vez más, que la puerta XOR contribuye a simplificar de forma notable la implementación de los diferentes circuitos sumadores propuestos, como ya sucedió con el circuito comparador, el generador/detector de paridad y los conversores de código analizados en el capítulo 6; y posteriormente también con el decodificador con control de polaridad del capítulo 7.

El estudio de los módulos sumadores comenzará con el denominado circuito semisumador, por tratarse del módulo aritmético más simple que puede concebirse para realizar la suma de dos operandos. Seguidamente se pasará al sumador completo de un bit, que como veremos consiste en una versión ampliada del semisumador con capacidad extra para admitir un bit de acarreo en sus entradas. Del sumador completo se propondrán varias síntesis distintas, muchas de ellas multinivel. A continuación se combinará un módulo semisumador con tres sumadores completos para construir un sumador binario en paralelo que admita operandos de 4 bits. Todos estos circuitos se pondrán a prueba mediante las correspondientes simulaciones realizadas con PSpice. Finalmente se comprobará en el laboratorio docente el correcto funcionamiento de los tres circuitos siguientes, en orden creciente de complejidad: un circuito semisumador; un circuito sumador completo (que se escogerá de entre todas las implementaciones propuestas); y finalmente una versión reducida de un circuito sumador binario en paralelo con operandos de solo 2 bits. En el capítulo siguiente se ampliará la cobertura de la aritmética binaria iniciada aquí mediante el estudio exhaustivo de un módulo sumador y restador de operandos de 4 bits codificados en complemento a dos.

9.2 Circuito semisumador

El **semisumador**[1] es un circuito lógico que se limita a sumar dos operandos binarios X e Y, ambos de un único bit, dando como resultado un bit de suma S y un segundo bit de acarreo de salida Cs. El diagrama lógico correspondiente se muestra en la figura 9.1.

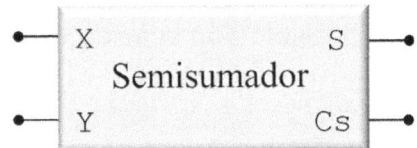

Figura 9.1   Diagrama lógico del semisumador.

La tabla de verdad del semisumador, que reproduce las reglas básicas de la suma binaria, se muestra en la tabla 9.1.

Tabla 9.1   Tabla de verdad del semisumador.

X	Y	S	Cs
0	0	0	0
0	1	1	0
1	0	1	0
1	1	0	1

La deducción de sus expresiones lógicas es inmediata y ni siquiera es preciso recurrir a mapas de Karnaugh para ello. Por inspección de su tabla de verdad resulta:

---

[1] Del inglés *half adder*.

$$S = X \cdot \overline{Y} + \overline{X} \cdot Y = X \oplus Y \qquad (9.1)$$

$$Cs = X \cdot Y \qquad (9.2)$$

La implementación precisa únicamente de una puerta lógica XOR para el bit de suma y una segunda puerta AND para el bit de acarreo, como refleja la figura 9.2.

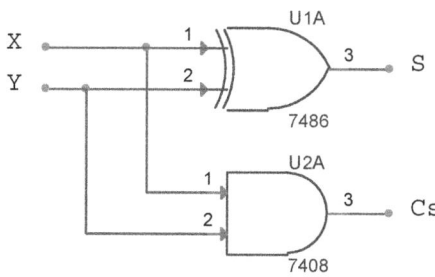

Figura 9.2   Implementación de un circuito semisumador.

Sin embargo, el circuito semisumador por sí solo no permite sumar operandos de entrada de más de un bit al carecer de una entrada de acarreo. Para suplir esta limitación se necesita contar con una versión ampliada del semisumador denominada sumador completo, que se expone a continuación.

9.3 Circuito sumador completo

El **sumador completo de un bit** (o sumador completo, para abreviar)[2], cuyo diagrama lógico se representa en la figura 9.3, dispone de tres entradas. Dos de ellas están dedicadas a los dos operandos de bit X e Y, ambos presentes en el circuito semisumador, mientras que la tercera es el bit de acarreo de entrada Ce. Por lo que respecta a las salidas, tiene las mismas que el semisumador: el bit S con el resultado de la suma de los dos operandos de entrada más el posible acarreo, y un bit adicional Cs de acarreo de salida.

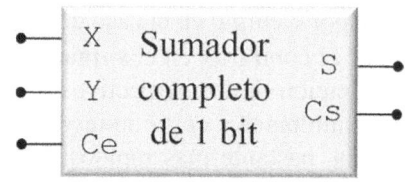

Figura 9.3   Diagrama lógico del sumador completo.

La tabla de verdad del sumador completo se muestra en la tabla 9.2.

---

[2] Del inglés *full adder*.

Tabla 9.2   Tabla de verdad del sumador completo.

X	Y	Ce	S	Cs
0	0	0	0	0
0	0	1	1	0
0	1	0	1	0
0	1	1	0	1
1	0	0	1	0
1	0	1	0	1
1	1	0	0	1
1	1	1	1	1

Las expresiones lógicas correspondientes a las dos salidas S y Cs se escriben en función de las tres entradas como sendas sumas de productos a partir de la tabla de verdad tras simplificar los correspondientes mapas de Karnaugh, resultando:

$$S = X \cdot \overline{Y} \cdot \overline{Ce} + \overline{X} \cdot Y \cdot \overline{Ce} + \overline{X} \cdot \overline{Y} \cdot Ce + X \cdot Y \cdot Ce \qquad (9.3)$$

$$Cs = X \cdot Y + X \cdot Ce + Y \cdot Ce \qquad (9.4)$$

Lo habitual en un módulo aritmético, sin embargo, es contar con operandos binarios de entrada que no son de un único bit, sino de varios. Para sumar dos operandos binarios se necesitan tantos circuitos sumadores completos como bits tengan los operandos. La forma más inmediata de construir un sumador binario para operandos de N bits consiste en conectar la salida Cs del acarreo de cada módulo sumador con la entrada de acarreo Ce del módulo sumador de orden inmediatamente superior. La topología resultante, que es conceptualmente muy intuitiva, constituye un **sumador binario en paralelo con acarreo en serie**[3]. Se trata efectivamente de un sumador en paralelo porque sus N sumadores completos procesan sus respectivas entradas de forma simultánea. A su vez, cada sumador completo debe esperar a recibir el bit de acarreo de la etapa anterior para finalizar su operación y, por lo tanto, la propagación del acarreo tiene lugar en serie. Esto supone una importante limitación que afecta a la velocidad de la implementación resultante, especialmente si N es elevado, como sucede por ejemplo en el caso de un procesador cuya longitud de palabra sea de 32 bits. Por el contrario, en el **sumador binario en paralelo con acarreo anticipado**[4] la generación de los respectivos acarreos en cada una de las etapas tiene lugar de forma simultánea a costa de incrementar la complejidad de la lógica y son, en consecuencia, bastante más rápidos. La estrategia adoptada para lograr la generación de los acarreos en paralelo, que es francamente ingeniosa, se encuentra descrita en la mayoría de los textos sobre Electrónica Digital dada su

---

[3] Otras denominaciones equivalentes son "sumador con acarreo encadenado" y "sumador con propagación de acarreo". El término original en inglés es *ripple-carry adder*, o simplemente *ripple adder*.

[4] Del inglés *carry-lookahead adder*.

relevancia. En el capítulo 10 se experimentará con el 74x283, un circuito MSI sumador que admite operandos de 4 bits, cuyo diseño emplea internamente el sofisticado acarreo anticipado. Para diseñar un sumador de más de 4 bits pueden combinarse en serie varios 74x283 simplemente mediante la conexión de sus respectivos acarreos de entrada y de salida.

9.4 Implementaciones de un sumador completo

La implementación de un circuito sumador completo no es ni mucho menos única. En esta sección se proponen varias alternativas, empleando tanto lógica configurable como distintos tipos de puertas contenidas en chips de baja escala de integración.

9.4.1 Síntesis de dos niveles AND-OR mediante PAL

Las expresiones lógicas (9.3) y (9.4) pueden implementarse sin necesidad de realizar manipulaciones algebraicas adicionales mediante un circuito digital configurable adecuadamente dimensionado. A modo de ejemplo se propone a continuación una implementación utilizando un PAL genérico[5]. Los circuitos PAL disponen de un plano AND que es configurable y un plano OR preconfigurado, por lo que este último no es alterable por el usuario. Un PAL se caracteriza por la terna (N, M, P), siendo N es el número de entradas, M el número de salidas y P el número de términos producto por cada salida. En este caso es suficiente con un PAL (3,2,4), tal y como representa el diagrama lógico de la figura 9.4. Se emplea la notación compacta típica de los circuitos PLD para indicar mediante cruces la configuración de sus dos planos AND y OR. Por ejemplo, el término producto P1 es $\overline{X} \cdot \overline{Y} \cdot Ce$, el término producto P2 es $X \cdot \overline{Y} \cdot \overline{Ce}$, y así sucesivamente hasta P7. Obsérvese que la octava puerta AND no genera término producto alguno y, sin embargo, también se encuentra preconectada a la puerta OR que genera la salida Cs.

Teniendo en cuenta las reducidas dimensiones de un sumador completo, muchos circuitos PAL comercialmente disponibles son válidos para su implementación. Ejemplos son los circuitos PAL14H4 y PAL16L8[6], caracterizados por las ternas (14,4,4) y (16,8,8), respectivamente. Sin embargo, existen circuitos PAL que cuentan con una única salida, como es el caso del PAL16C1, y por lo tanto no serían una opción para este diseño ([nel96]).

---

[5] Los circuitos PAL son un tipo de circuitos lógicos programables simples (SPLD) que ya se mencionaron en la sección 4.2.

[6] La versión reconfigurable del circuito PAL16L8 es el GAL16V8. Mientras que el PAL16L8 es un dispositivo estrictamente combinacional que solo admite una única configuración, el GAL16V8 dispone de una arquitectura reconfigurable que incorpora lógica secuencial, y además está construido mediante una tecnología diferente que permite su reconfiguración. Mediante la configuración apropiada, el GAL16V8 puede replicar la funcionalidad de un PAL16L8, en cuyo caso se denomina GAL16V8C, o bien utilizar sus biestables, identificándose entonces como GAL16V8R ([wak07]).

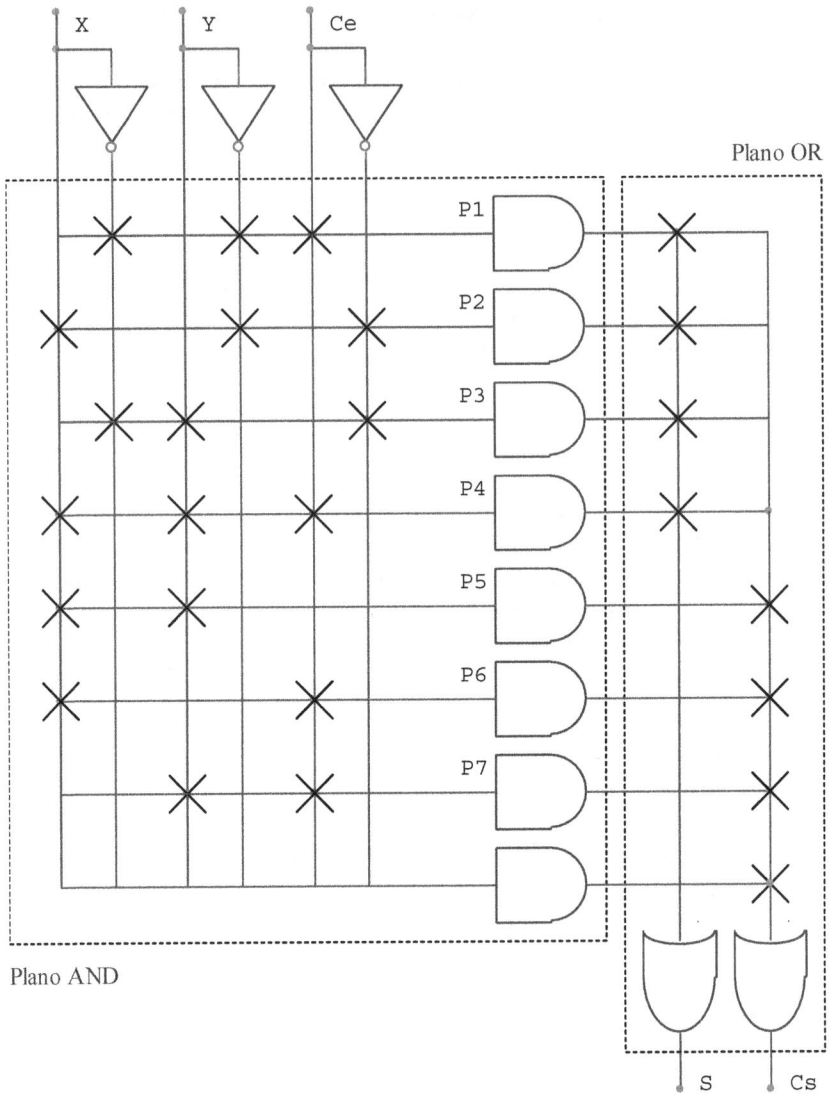

Figura 9.4 Implementación de un sumador completo en un circuito PAL a partir de las expresiones lógicas (9.3) y (9.4). (Adaptada de [rot14]).

9.4.2 Síntesis de dos niveles NAND-NAND

Si se transforma la síntesis de dos niveles AND-OR del apartado anterior en una síntesis equivalente NAND-NAND, siguiendo para ello el método descrito en el capítulo 4, resulta la realización física de doce puertas lógicas mostrada en la figura 9.5 ([hay96], [nel21]). Aunque se han utilizado inversores para generar las variables complementadas, estos pueden sustituirse por puertas NAND de dos entradas.

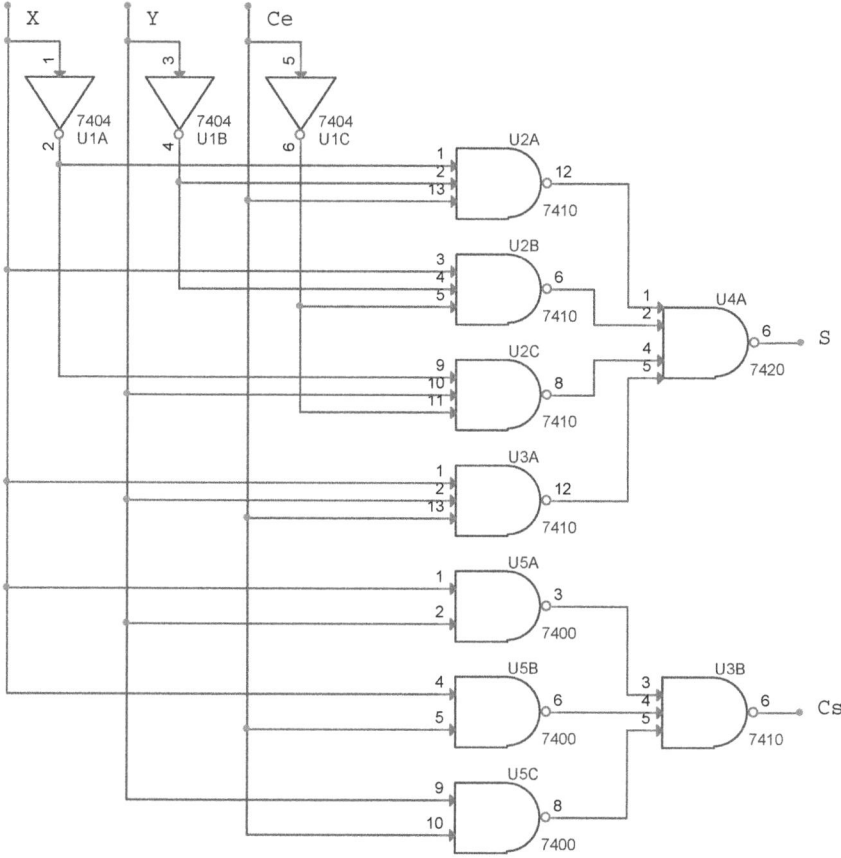

Figura 9.5   Implementación de un sumador completo empleando puertas inversoras y puertas NAND de 2, 3 y 4 entradas a partir de las expresiones lógicas (9.3) y (9.4).

Este mismo circuito se puede adaptar con facilidad para su implementación mediante una matriz de puertas prefabricadas sobre un CI. La figura 9.6 muestra el aspecto de la retícula bidimensional característica de una matriz de puertas NAND de cuatro entradas configurada para alojar el sumador, incluyendo los canales horizontales y verticales necesarios para el trazado de las conexiones entre las puertas lógicas. Como puede verse, solo ha sido necesario utilizar un subconjunto de la matriz formado por 2×6 puertas para la implementación. Aunque no se muestra explícitamente en la figura, las entradas no utilizadas de este subconjunto de doce puertas se conectan a la tensión de alimentación.

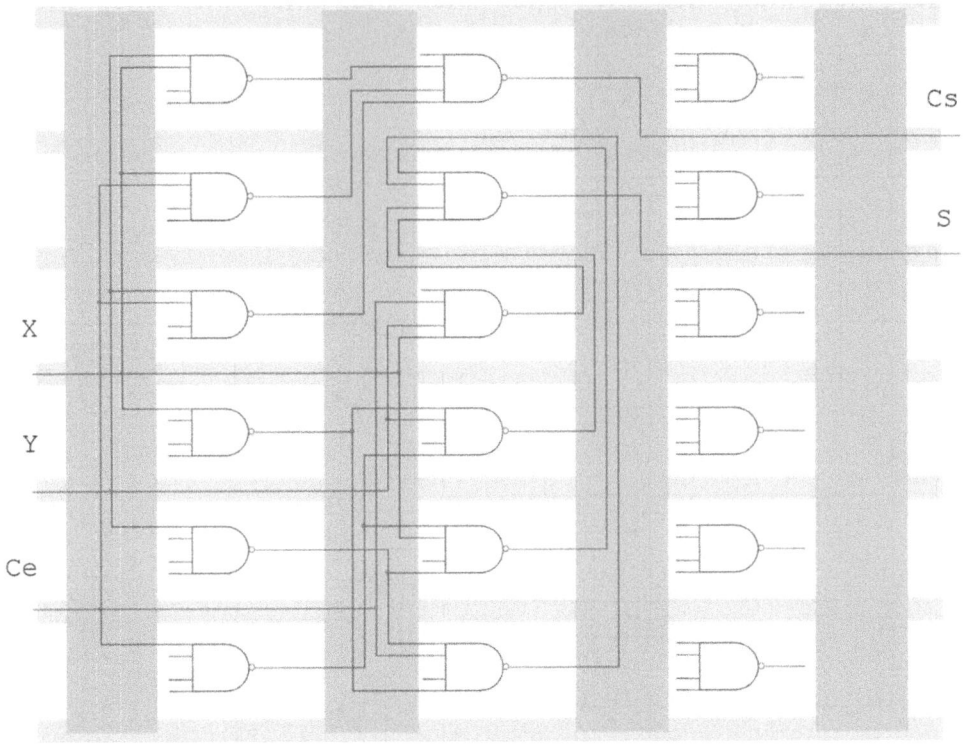

Figura 9.6 Implementación de la versión del sumador completo mostrado en la figura 9.5 en una matriz de puertas genérica prefabricada a partir de puertas NAND, todas de cuatro entradas. Son visibles los canales de conexionado horizontales y verticales. (Adaptada de [hay96]).

9.4.3 Dos síntesis de seis niveles con puertas básicas

Lo cierto es que la síntesis de dos niveles del sumador completo mostrada en el apartado anterior no es mínima, y de hecho puede simplificarse notablemente manipulando convenientemente las expresiones lógicas de partida con el objetivo de compartir una parte de la lógica entre los circuitos dedicados a la generación de la suma y del acarreo. La expresión (9.3) puede reescribirse como sigue en función de $\overline{Cs}$ ([rab04]):

$$S = X \cdot Y \cdot Ce + \overline{Cs} \cdot (X+Y+Ce) \tag{9.5}$$

La implementación de las expresiones lógicas (9.4) y (9.5) conduce a una síntesis mínima del sumador completo construida con puertas AND y OR de dos entradas y una puerta inversora adicional, aunque a costa de incrementar de dos a seis el número de niveles de la implementación, como ilustra el circuito de la figura 9.7. Con este enfoque se requieren únicamente nueve puertas lógicas.

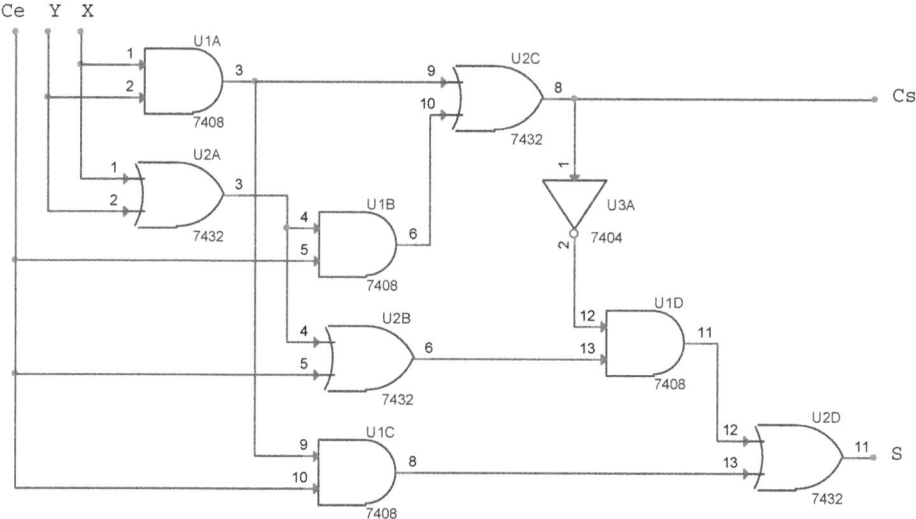

Figura 9.7 Implementación multipuerta de seis niveles de un sumador completo que obedece a las expresiones lógicas (9.4) y (9.5). (Adaptada de [koh10]).

La implementación en tecnología CMOS de las expresiones (9.4) y (9.5) requiere 28 transistores, y a pesar de que ambas expresiones comparten lógica entre ellas, el diseño de la celda sumadora resultante ocupa un área grande y además es lento comparado con otras alternativas, como es el caso del denominado **sumador en espejo**, diseñado a partir de ciertas señales intermedias de generación y propagación del acarreo empleadas en los sumadores con acarreo anticipado ([rab04]).

Una síntesis alternativa empleando únicamente puertas NAND de dos entradas, que igualmente cuenta con nueve puertas y seis niveles de lógica, se muestra en la figura 9.8. Se puede comprobar que en este caso un análisis algebraico de la red combinacional conduce a las expresiones lógicas (9.3) y (9.4).

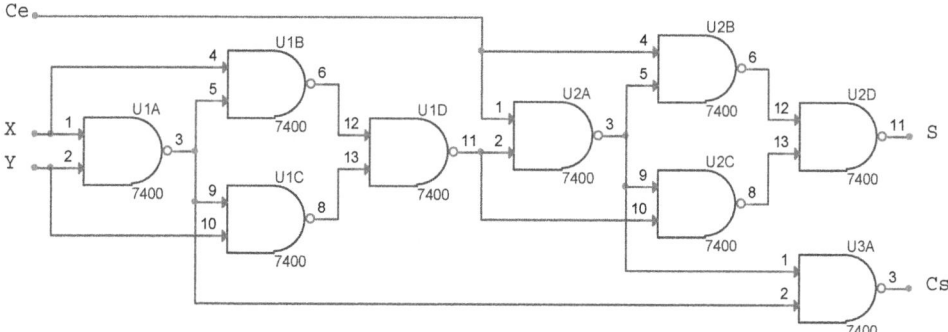

Figura 9.8 Implementación de seis niveles de un sumador completo que emplea nueve puertas NAND de dos entradas a partir de las expresiones lógicas (9.3) y (9.4). (Adaptada de [koh10]).

183

9.4.4 Síntesis de cuatro niveles con puertas NAND de tres entradas

Una variante de la síntesis anterior empleando puertas NAND de tres entradas en lugar de dos permite una realización física de cuatro niveles con solo ocho puertas NAND, como indica la figura 9.9. Obsérvese que para emplear un único tipo de puerta lógica se ha optado por aprovechar una puerta sobrante de uno de los 74x10 utilizados, en lugar de recurrir a un 74x00 adicional. Sin embargo, al tratarse también de una síntesis multinivel, la cargabilidad de salida resulta ser muy dispar: mientras que las salidas de las puertas U2A, U2B y U2C suministran corriente a una única entrada, la salida de la puerta U1A está conectada a cinco entradas diferentes. Aunque el número máximo de entradas que pueden conectarse a una única salida de una puerta depende de la tecnología empleada, lo normal es que el límite se sitúe alrededor de diez entradas ([hay96]).

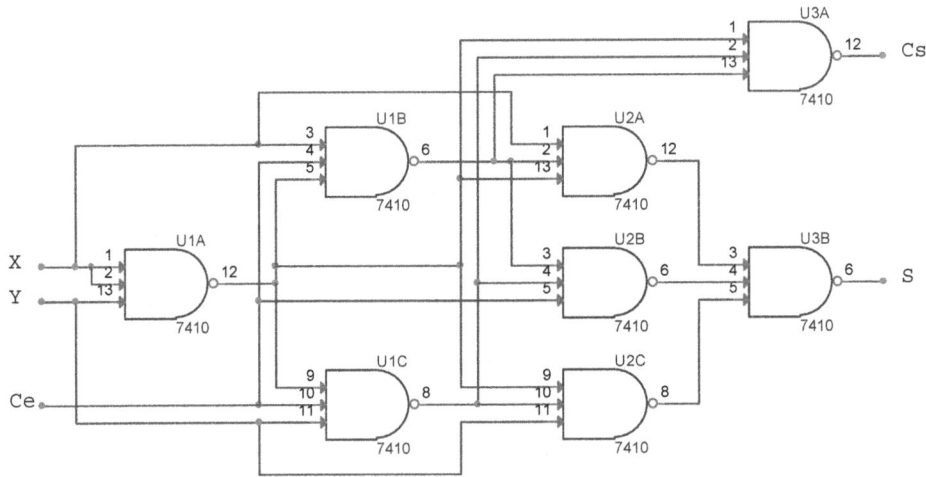

Figura 9.9 Implementación de cuatro niveles de un sumador completo que emplea ocho puertas NAND de tres entradas a partir de las expresiones lógicas (9.3) y (9.4). (Adaptada de [hay96]).

9.4.5 Síntesis de dos niveles basada en puertas XOR y NAND

Aunque las síntesis anteriores de tipo multinivel consiguen una reducción considerable del número de puertas necesarias para la implementación, todavía existe una forma mucho más simple de sintetizar el sumador completo si se opta por emplear puertas OR exclusivo. En el caso de S se precisa de tan solo una puerta XOR de tres entradas (o bien de dos puertas XOR de dos entradas) para la implementación de un circuito funcionalmente equivalente. Esta implementación se deduce de forma inmediata sin más que reescribir (9.3), aplicando en primer lugar la propiedad distributiva del álgebra de Boole P4 e identificando seguidamente sobre la expresión resultante la forma canónica de la función XOR dada por (H.1). Procediendo de esta forma resulta:

$$S = (X \oplus Y) \cdot \overline{Ce} + \overline{X \oplus Y} \cdot Ce$$

$$= X \oplus Y \oplus Ce \qquad (9.6)$$

La realización física correspondiente a partir de las expresiones lógicas (9.4) y (9.6) consta de solo seis puertas lógicas, como puede comprobarse en la figura 9.10. Esta solución, en la que el acarreo Cs se implementa con puertas AND y OR o bien únicamente con puertas NAND como aquí, es muy común y se propone en los textos [ang03], [hay96], [koh10], [man15], [nel21], [rot14], [toc07] y [wak18].

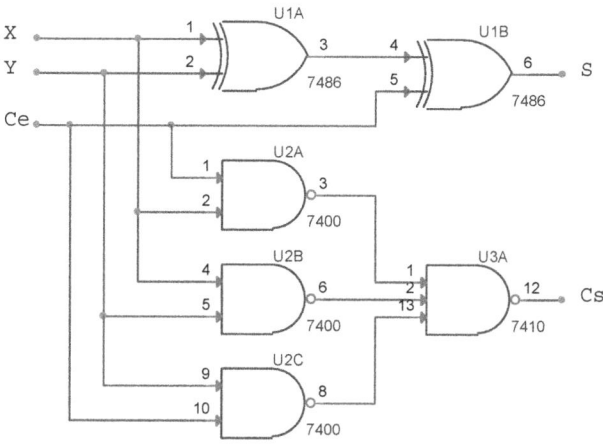

Figura 9.10   Implementación de dos niveles de un sumador completo empleando dos puertas XOR y cuatro puertas NAND a partir de las expresiones lógicas (9.4) y (9.6).

9.4.6 Síntesis de tres niveles basada en puertas XOR y NAND

La implementación anterior de seis puertas puede reducirse a solo cinco a costa de incrementar de dos a tres el número de niveles de lógica. Esto puede conseguirse reescribiendo la expresión de partida del acarreo de salida Cs dada por (9.4), como se demostrará a continuación.

Es legítimo partir de una simplificación del mapa de Karnaugh de Cs que, de forma intencionada, no persigue encontrar una forma mínima de la función lógica como la obtenida en (9.4) sino expresar Cs incluyendo la función XOR ([fle80]):

$$Cs = X \cdot Y + \overline{X} \cdot Y \cdot Ce + X \cdot \overline{Y} \cdot Ce$$

$$= X \cdot Y + Ce \cdot (X \oplus Y) \qquad (9.7)$$

Como puede verse, tras las manipulaciones anteriores surge en las expresiones resultantes de S y de Cs el término compartido $X \oplus Y$, lo que supone reducir en una el número de puertas lógicas necesarias para la implementación del sumador completo. La síntesis resultante a partir de las expresiones (9.6) y (9.7) se muestra en la figura 9.11

y precisa de únicamente cinco puertas lógicas. Obsérvese que, en el caso de (9.7), se ha escogido de nuevo una implementación de dos niveles NAND-NAND en lugar de la implementación equivalente AND-OR. Esta síntesis alternativa, que destaca por la conveniencia de contar con un término compartido entre las dos salidas del sumador completo, es incluso más común que la anterior, pudiéndose encontrar en las referencias [bla05], [bob85], [bog92], [bro09], [erc85], [fle80], [flo16], [gar07], [man13], [rei10], [tie12] y [tok08].

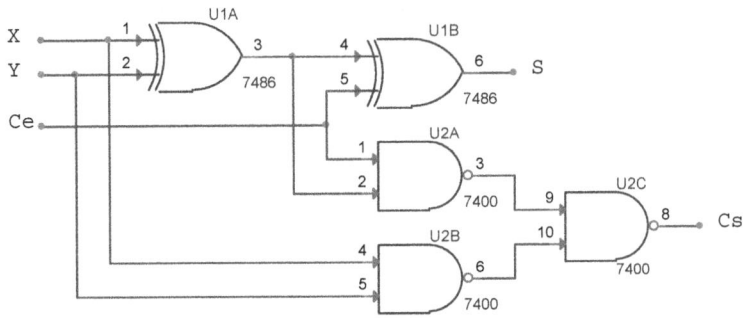

Figura 9.11 Implementación de tres niveles de un sumador completo empleando dos puertas XOR y tres puertas NAND a partir de las expresiones lógicas (9.6) y (9.7).

Por otro lado, esta síntesis óptima también puede entenderse como un circuito de igualmente tres niveles basado en la conexión de dos semisumadores y una puerta OR de dos entradas adicional, tal y como refleja la figura 9.12 ([bro09], [toc07]).

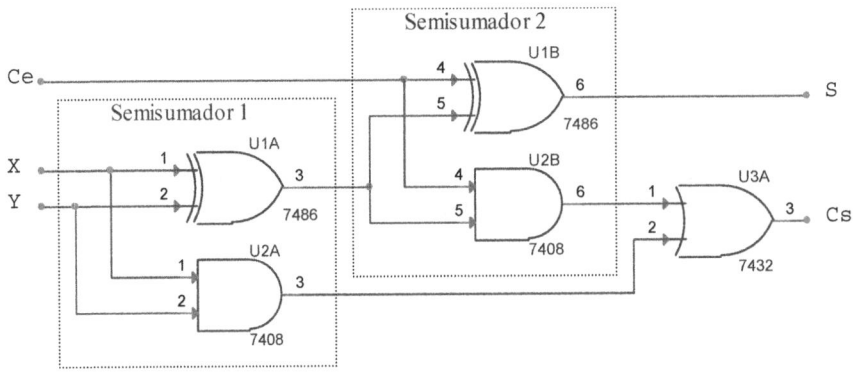

Figura 9.12 Implementación óptima de un sumador completo a partir de la combinación de dos módulos semisumadores y una puerta OR.

De todas formas, conviene advertir que incluir sistemáticamente puertas XOR en un diseño lógico no es una opción que garantice en todos los casos una síntesis más sencilla a partir de una expresión lógica de partida expresada en forma de suma de productos. Además, en la mayoría de las tecnologías de fabricación de CI las puertas NAND se implementan más fácilmente que las puertas AND, OR y XOR ([hay96]), puesto que requieren menos transistores.

9.5 Sumador binario en paralelo con acarreo serie

Como se apuntó al introducir el sumador completo en la sección 9.3, la forma más inmediata de sumar en paralelo dos operandos binarios de N bits consiste en combinar N sumadores completos mediante la conexión de sus entradas y salidas de acarreo. Sin embargo, este esquema obliga a integrar un elevado número de componentes en el silicio, especialmente si N es alto. Aunque afortunadamente hoy en día esto no supone un problema, durante las etapas iniciales del desarrollo de la industria microelectrónica todavía no era posible la fabricación de circuitos lógicos digitales a gran escala de integración. Por esta razón se popularizó inicialmente un esquema de circuito sumador de operandos de varios bits de naturaleza secuencial en lugar de combinacional denominado **sumador binario en serie**[7] (o bien **sumador secuencial**), compuesto por un único sumador completo y un biestable síncrono, que es utilizado para almacenar el bit de acarreo de salida. Este núcleo básico se complementa con registros de desplazamiento que almacenan los operandos y el resultado, así como con lógica de control, encargada de sincronizar la operación realizada por el sumador completo. Si bien el sumador binario en serie cuenta con la importante ventaja de que requiere únicamente un único sumador completo en lugar de N sumadores, lo cierto es que adolece de una considerable lentitud, puesto que solo es capaz de sumar 2 bits en un instante dado. Una vez que los procesos tecnológicos aplicados a la fabricación de circuitos semiconductores adquirieron la madurez suficiente como para permitir una escala de integración en el silicio suficientemente alta, el sumador binario en serie dejó de implementarse y cedió todo el protagonismo al sumador en paralelo, que es más rápido en cualquiera de sus variantes ([man15]).

Esta sección está dedicada a construir un sumador binario en paralelo de 4 bits con acarreo serie a partir de un circuito semisumador y de tres sumadores completos. El circuito semisumador operará únicamente sobre el bit menos significativo, o LSB[8], de los dos operandos de entrada, que son A1 y B1, mientras que los sumadores completos operarán sobre los 3 bits restantes. Para el diseño se escogerá el circuito semisumador de la figura 9.2 y la variante de sumador completo implementada con puertas XOR de la figura 9.11. La conexión en serie de las diferentes entradas y salidas de acarreo da como resultado el circuito sumador de la figura 9.13, que actúa sobre los operandos de entrada de 4 bits **A** y **B**.

Es evidente a la vista de la topología del sumador en paralelo con acarreo serie que el bit de acarreo debe propagarse por toda la cadena de módulos sumadores, comenzando por el semisumador correspondiente al LSB y terminando por el sumador asociado al bit más significativo, o MSB[9].

---

[7] Del inglés *serial binary adder*. La estructura y el funcionamiento de este circuito sumador se describe en [bob85], [bro09], [rot14], [nel96], [hay96], [man15], [rei10] y [wak18].

[8] Del inglés *least significant bit*.

[9] Del inglés *most significant bit*.

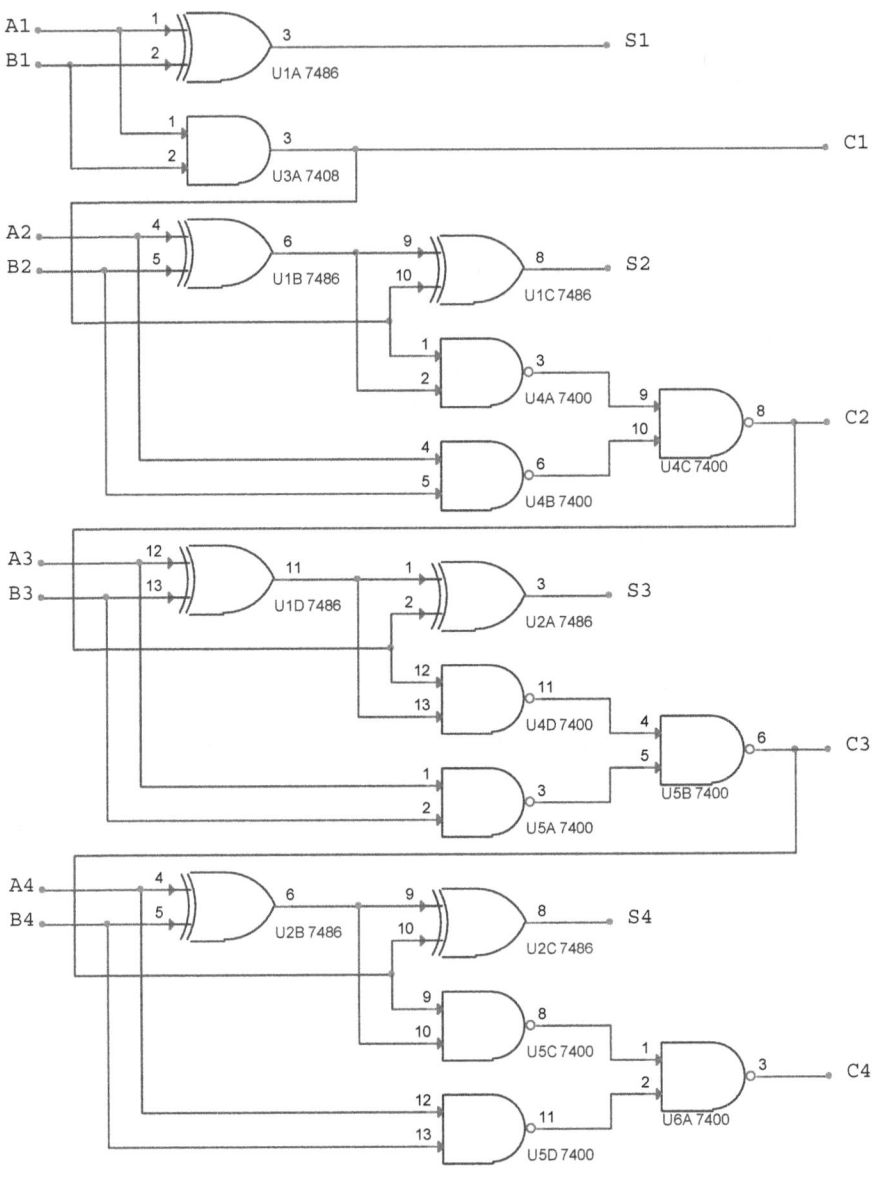

Figura 9.13   Sumador binario en paralelo de 4 bits con acarreo serie.

Contemplando el peor escenario posible por lo que respecta al retardo, un bit de acarreo se propagará por la cadena completa de cuatro sumadores, desde el LSB hasta el MSB. Esto puede suceder si, por ejemplo, uno de los operandos de entrada es 1111_2 y el otro es 0001_2. En consecuencia, y teniendo en cuenta que en el cómputo del retardo de la suma total no se considera ni el acarreo de entrada externo (que en la implementación escogida ni siquiera se contempla), ni tampoco el acarreo de salida C4 entregado por el último sumador, resulta que el retardo máximo de un sumador con acarreo serie de 4 bits, que denominaremos t_{SUMA}, incluirá tres tipos de contribuciones: el tiempo en obtener el acarreo $C1$ a partir de los operandos $A1$ y $B1$ por parte del semisumador; el tiempo en obtener los acarreos $C2$ y $C3$ en los sumadores completos intermedios (que se asume igual para ambos); y finalmente el tiempo en obtener $S4$ por el último sumador completo una vez que $C3$ se ha actualizado ([wak18]):

$$t_{SUMA} = t_{C1} + 2t_C + t_{S4} \tag{9.8}$$

El retardo t_{SUMA}, que puede aproximarse por $3t_C + t_{S4}$ ([koh10], [rab04]) o incluso por $4t_C$ ([gar07], [toc07]), puede llegar a ser un valor inaceptablemente alto en el caso de un módulo sumador constituido por un elevado número de sumadores completos. Si suponemos que $t_C = 40$ ns y que el sumador maneja operandos de 32 bits, el retardo estimado de caso peor con (9.8) es de 1,28 µs ([toc07]). Este tiempo tan elevado impone un severo límite a la frecuencia máxima con la que pueden actualizarse los operandos, y justifica el uso extendido de la topología alternativa de sumador binario basada en el acarreo anticipado ya mencionada en la sección 9.3.

9.6 Simulación

9.6.1 Semisumador

La adaptación para simulación de un circuito semisumador incorpora sendos estímulos digitales de un bit en sus entradas X e Y, configurados para tener en cuenta las cuatro combinaciones binarias posibles, como refleja la figura 9.14. El cronograma de la figura 9.15 corrobora la tabla de verdad del semisumador.

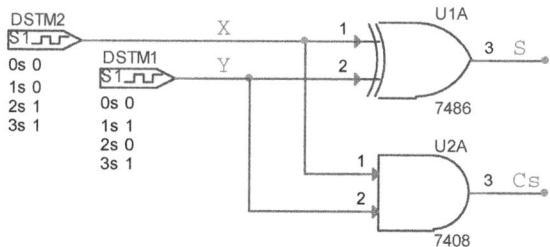

Figura 9.14 Circuito semisumador adaptado para simulación.

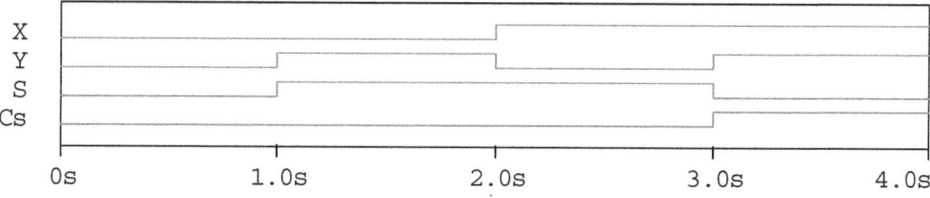

Figura 9.15 Respuesta del semisumador de la figura 9.14.

9.6.2 Sumador completo

La variante del circuito sumador completo sintetizada mediante puertas XOR mostrada en la figura 9.11 se ha adaptado para simulación tras vincular el bus de 4 bits D[3-0] con sus tres entradas, que a su vez está conectado a un estímulo digital S4 de 4 bits. Dicho estímulo se ha programado para realizar un barrido de las ocho combinaciones posibles, tal y como dicta su tabla de verdad. El circuito resultante se muestra en la figura 9.16. Como puede verse, los bits D2, D1 y D0 se identifican con los operandos X, Y y Ce, respectivamente. El bit de mayor peso del bus, D3, no se utiliza.

En el cronograma de la figura 9.17 se verifica el correcto funcionamiento del sumador completo, como puede comprobarse comparando los niveles lógicos que adoptan los 2 bits de salida S y Cs con los valores correspondientes de la tabla de verdad. Se aprecia, sin embargo, la existencia de dos breves picos de ruido o interferencias puntuales en la salida S. La primera de estas interferencias, que surge en el instante $t = 2$ s, es consecuencia de un fenómeno aleatorio en el nivel 1 debido a que S es un 1 lógico y pasa de forma transitoria por un 0; mientras que la segunda, que tiene lugar en $t = 6$ s, puede identificarse con un fenómeno aleatorio en el nivel 0 por la razón contraria; es decir, S es un 0 y experimenta una breve interferencia transitoria en la forma de un 1 lógico.

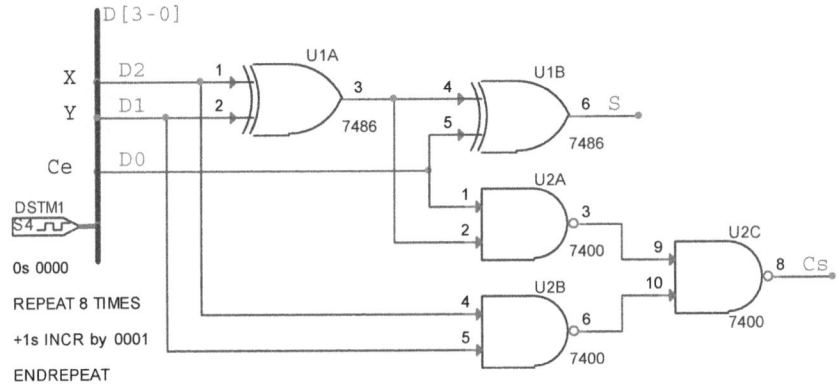

Figura 9.16   Circuito sumador completo adaptado para simulación.

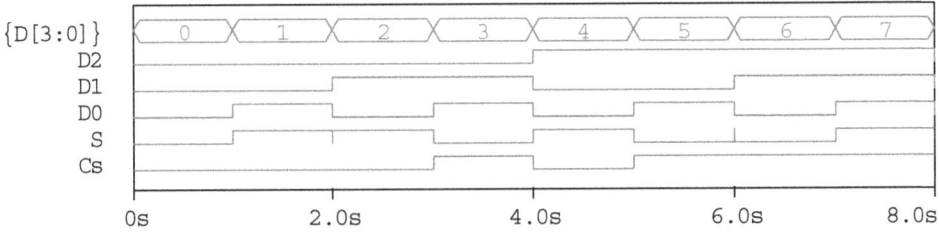

Figura 9.17   Funcionamiento del sumador completo de la figura 9.16.

Inspeccionando el cronograma es evidente que las dos interferencias detectadas surgen como consecuencia de un cambio simultáneo en las entradas D0 y D1, fruto de la secuencia de entradas escogida en la simulación. De hecho, observando los diferentes caminos de señal desde las entradas hasta la salida S en las dos puertas XOR del circuito del sumador completo puede deducirse con facilidad que un cambio de nivel lógico que afecte a una única de sus tres entradas no puede dar lugar a fenómeno aleatorio alguno.

9.6.3 Sumador binario en paralelo de 4 bits con acarreo serie

En la simulación del sumador binario en paralelo de 4 bits con acarreo serie se recurrirá a sendos buses de 4 bits denominados A[4-1] y B[4-1], que se cargarán con diferentes valores de los dos operandos de entrada **A** y **B**. Ambos buses se configurarán, a efectos ilustrativos, con un total de ocho palabras digitales de las 256 combinaciones posibles que resultan con 8 bits. Por otro lado, la salida **S** de 4 bits y los cuatro acarreos C1-C4 se monitorizarán mediante dos buses de 4 bits adicionales, identificados como S[4-1] y C[4-1].

La figura 9.18 representa el circuito sumador adaptado para simulación con los correspondientes buses, mientras que la figura 9.19 muestra su respuesta temporal representada en hexadecimal ante la secuencia de las ocho parejas de operandos de entrada escogidos, que es la esperada en todos los casos teniendo en cuenta que el formato de representación es simplemente el binario sin signo. Por ejemplo, en la cuarta combinación de operandos **A** y **B** (que, como puede comprobarse, se da entre los instantes $t = 3$ s y $t = 4$ s en el cronograma) se tiene que **A** = 0001 y **B** = 0011, de cuya suma aritmética resulta **S** = 0100 y **C** = 0110. Es decir, durante la operación se generan dos acarreos, correspondientes a los bits C2 y C3.

Obsérvese que el acarreo entregado por la última etapa, C4, es 1 solo en los tres últimos casos (a partir de $t = 5$ s), coincidiendo con un valor de la suma **S** que excede el rango máximo de representación con 4 bits.

9.6.3.1 Propagación del acarreo y retardo asociado

Resulta ilustrativo contar con un cronograma que demuestre visualmente la propagación en serie de los acarreos por las cuatro etapas del sumador. Con este fin es conveniente partir de una situación inicial en la que los operandos de entrada son **A** = 0000 y **B** = 1111, para seguidamente incrementar en 1 el operando **A** dejando inalterado **B**. De esta forma el nuevo valor de la suma **S** pasa de 1111 con C4 = 0 a 0000 con C4 = 1.

Reduciendo la escala temporal de representación al rango de los nanosegundos, tal y como se muestra en la figura 9.20, se consigue apreciar con facilidad la dinámica característica de la actualización no simultánea tanto de los 4 bits de suma S1-S4 como de los 4 bits de acarreo C1-C4 que tiene lugar tras el incremento del operando **A** una vez transcurridos 50 ns, y que surge como consecuencia de los retardos de propagación finitos de las puertas lógicas.

Del cronograma se desprende que el tiempo t_{SUMA} necesario para obtener el resultado de la suma, conforme a la estimación proporcionada por la expresión (9.8), es de 67 ns (desde $t = 50$ ns hasta $t = 117$ ns). Este retardo es la suma de t_{C1}, t_{C2}, t_{C3} y t_{S4}. La actualización del último acarreo, C4, se demora unos 5 ns más.

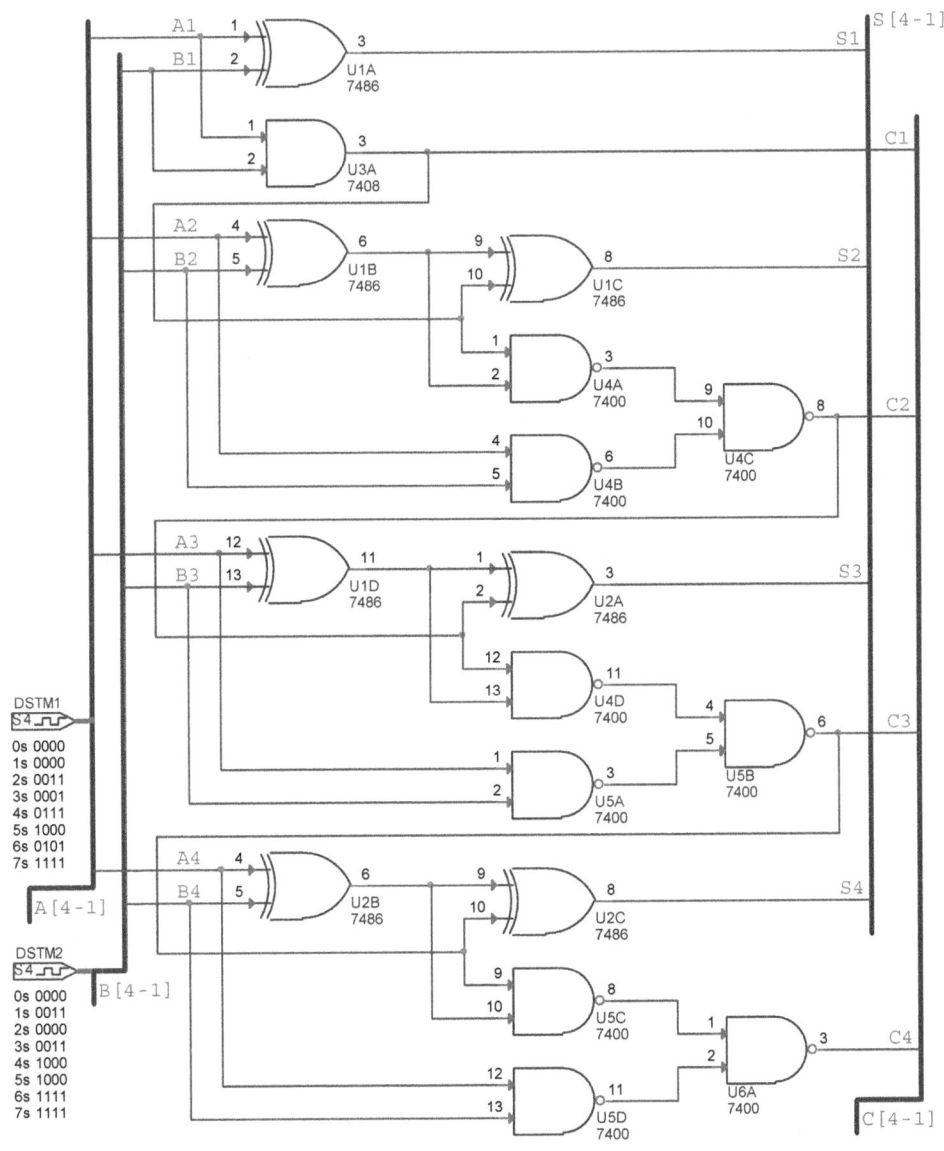

Figura 9.18 Sumador binario en paralelo de 4 bits con acarreo serie adaptado para simulación.

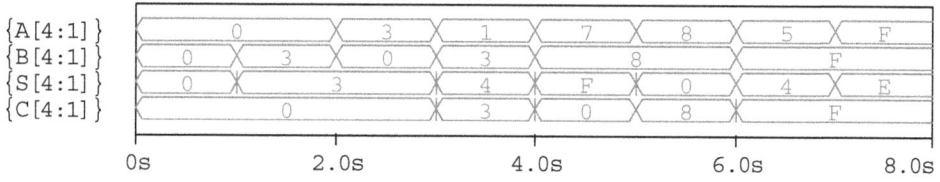

Figura 9.19 Funcionamiento del sumador de 4 bits de la figura 9.18.

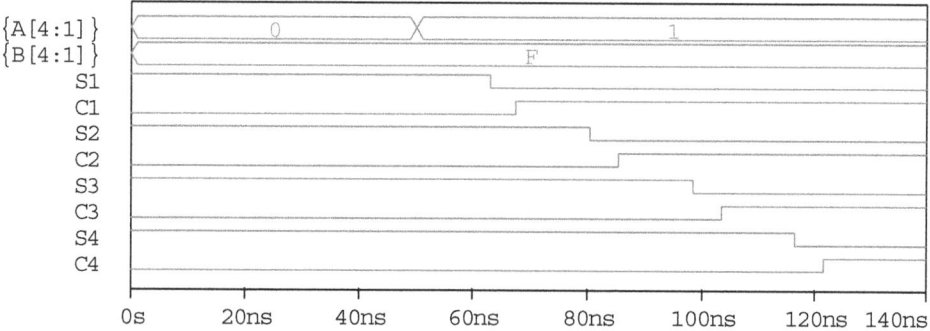

Figura 9.20 Actualización no simultánea de los acarreos C1-C4 y de los bits de suma S1-S4 ante la propagación de un bit de acarreo por las cuatro etapas del sumador de la figura 9.18.

9.7 Componentes

Circuitos integrados

74LS00 (2x). CI TTL con 4 puertas NAND de dos entradas.

74LS86 (1x). CI TTL con 4 puertas XOR de dos entradas.

Resistencias

270 Ω (4x), 1 kΩ (1x).

Diodos

Ledes (4x).

9.8 Verificación experimental

Se propone el montaje en el laboratorio de un circuito semisumador, un sumador completo y un sumador binario en paralelo de 2 bits con acarreo serie.

9.8.1 Semisumador

Procedimiento

1. Realizar el montaje del circuito semisumador mostrado en la figura 9.21, que se trata de una variante del semisumador original de la figura 9.2, en la que se ha

reemplazado la puerta AND por dos puertas NAND. Se evita así tener que añadir un tercer tipo de chip en la sección 9.7 dedicada a los componentes empleados sin complicar excesivamente el montaje.

2. Verificar su funcionamiento reproduciendo la tabla de verdad del semisumador (tabla 9.1).

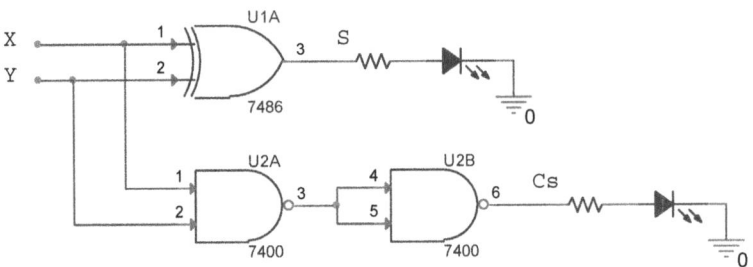

Figura 9.21   Circuito semisumador propuesto para su montaje experimental.

9.8.2 Sumador completo

Procedimiento

1. Realizar el montaje del circuito sumador completo con dos puertas XOR y tres puertas NAND de la figura 9.11, añadiendo en sus salidas suma S y acarreo Cs sendos ledes con la correspondiente resistencia limitadora de corriente conectada en serie.

2. Verificar su funcionamiento de forma exhaustiva, reproduciendo la tabla de verdad del sumador completo (tabla 9.2).

9.8.3 Sumador binario en paralelo de 2 bits con acarreo serie

Procedimiento

1. Realizar el montaje del sumador binario en paralelo de 2 bits con acarreo serie de la figura 9.22, que está constituido por la conexión de dos sumadores completos como los realizados en el apartado anterior. Conectar un led en cada una de sus salidas de suma y acarreo.

2. Verificar su funcionamiento probando algunas de las dieciséis combinaciones binarias de los 4 bits de entrada, con el acarreo de entrada C0 a 0. Suponer que los operandos se representan en formato binario sin signo.

3. Verificar su funcionamiento probando las mismas combinaciones binarias anteriores, esta vez con el acarreo de entrada C0 a 1.

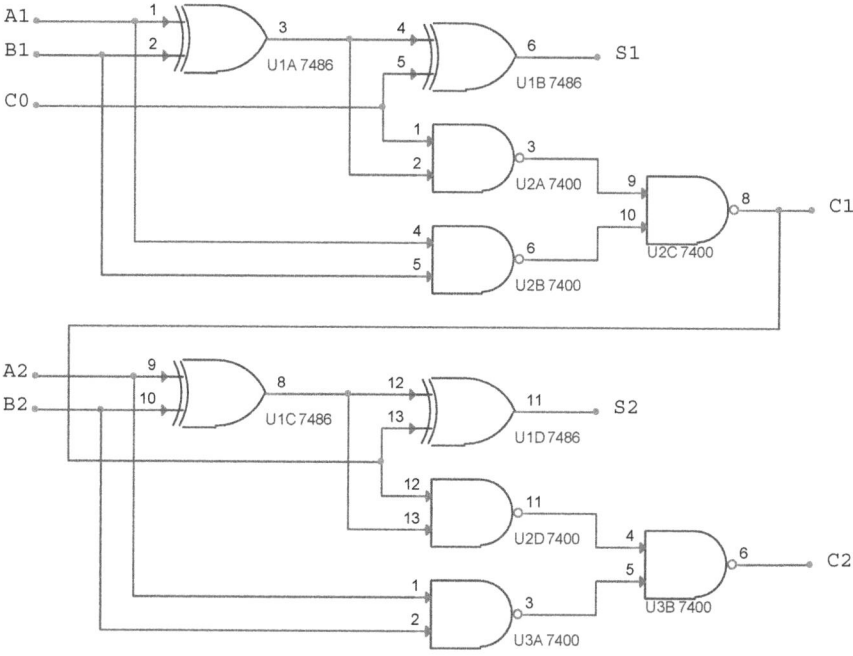

Figura 9.22 Circuito sumador binario en paralelo de 2 bits con acarreo en serie propuesto para su montaje experimental.

9.9 Ejercicios y cuestiones de refuerzo

a) Emplea mapas de Karnaugh para deducir las expresiones lógicas (9.3) y (9.4).

b) Demuestra que la expresión lógica para la suma S dada por (9.5) es equivalente a la expresión (9.3).

c) Analiza la síntesis de seis niveles del sumador completo mostrado en la figura 9.7 y verifica algebraicamente que las expresiones lógicas obtenidas para Cs y S son equivalentes a (9.4) y (9.5), respectivamente.

d) Analiza la síntesis de seis niveles del sumador completo mostrado en la figura 9.8 y verifica algebraicamente que las expresiones lógicas obtenidas para Cs y S son equivalentes a (9.4) y (9.3), respectivamente.

e) Analiza la síntesis de cuatro niveles del sumador completo mostrado en la figura 9.9 y verifica algebraicamente que las expresiones lógicas obtenidas para Cs y S son equivalentes a (9.4) y (9.3), respectivamente.

f) Identifica la agrupación de miniterminos sobre el mapa de Karnaugh que da lugar a la expresión lógica (9.7) para el acarreo de salida Cs.

10

Unidad aritmética de 4 bits en complemento a dos

10.1 Introducción

Este capítulo, que cierra el bloque dedicado a la lógica combinacional, amplía la cobertura de la aritmética binaria tratada en los capítulos 6 y 9 abordando el estudio de un circuito diseñado a partir de un módulo aritmético MSI, como es el sumador de 4 bits 74x283, junto a puertas lógicas adicionales de diferentes tipos. Se trata, por tanto, del diseño puramente combinacional más elaborado con el que se va a experimentar. Lo que se persigue es construir una **unidad aritmética** sencilla capaz de calcular la suma y la resta en **complemento a dos** (C_2) de dos operandos de partida de 4 bits. El circuito propuesto dispone además de una señal de desbordamiento, cuya activación delata la presencia de operandos fuera de rango e invalida, en consecuencia, el resultado entregado por la unidad. El objetivo es comprender a fondo el funcionamiento del módulo digital, identificando convenientemente sus diferentes bloques funcionales y verificando con diferentes palabras de entrada de 4 bits codificadas en C_2 su correcto funcionamiento.

10.2 Diseño de una unidad aritmética de 4 bits en C_2

Representar los números con signo en C_2 no es en absoluto una mera curiosidad académica. De hecho, esta representación tan particular ha permitido el diseño de módulos aritméticos con capacidad tanto de sumar como de restar empleando un único CI sumador para realizar ambas operaciones. Poder prescindir de circuitos restadores simplifica enormemente el diseño de módulos aritméticos y justifica plenamente la representación de la información de una forma tan aparentemente arbitraria como es el C_2. Con esta representación, el dígito asociado al signo no requiere tratamiento especial alguno y se procesa, por lo tanto, como un bit más.

La unidad aritmética propuesta consta de tres subsistemas claramente diferenciados. El primero es el propio circuito sumador de 4 bits 74x283, integrado en un encapsulado de 14 pines. El segundo es un conjunto de cuatro puertas XOR, que resultan clave para la implementación de la resta. El tercero y último es un sencillo circuito combinacional diseñado para funcionar como detector de desbordamiento. Los siguientes apartados están dedicados a describir cada uno de estos bloques funcionales por separado, incluyendo simulaciones paso a paso a medida que dichos bloques se incorporan a la unidad aritmética hasta completarla.

10.2.1 El sumador 74x283

La unidad aritmética propuesta está basada en el sumador 74x283, que se muestra en la figura 10.1 particularizado para el CI 74283 de la subfamilia TTL estándar.

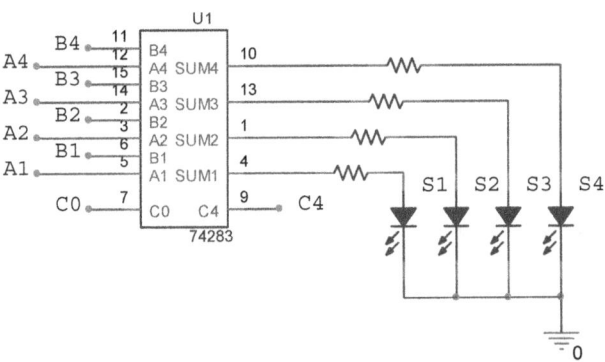

Figura 10.1   Módulo sumador de 4 bits 74283.

Como ya se mencionó al introducir el sumador completo en el capítulo anterior, el 74x283 implementa en su lógica interna la técnica del acarreo anticipado, gracias a la cual puede procesar en paralelo sus operandos y generar el resultado con rapidez. Acepta en sus líneas de entrada dos operandos **A** y **B** de 4 bits cada uno, que están dados por **A** = (A4,A3,A2,A1) y **B** = (B4,B3,B2,B1), además de un acarreo de entrada C0 que es necesario para realizar la resta, como se explicará más adelante. El bit más significativo de cada operando, que es A4 para **A** y B4 para **B**, se reserva para el signo, lo que extiende el rango de representación tanto de los operandos como del resultado a los números comprendidos entre -8 y $+7$ en el caso de codificar la información en C_2, como es el ejemplo que nos ocupa. La tabla 10.1 recopila la codificación en C_2 de los números negativos contenidos en dicho rango junto a su equivalente en hexadecimal.

Tabla 10.1   Codificación de números negativos en C_2 representables con 4 bits y su equivalente expresado en hexadecimal.

-1	-2	-3	-4	-5	-6	-7	-8
1111	1110	1101	1100	1011	1010	1001	1000
FH	EH	DH	CH	BH	AH	9H	8H

En cuanto a las salidas, el sumador 74x283 entrega, por un lado, la palabra de 4 bits $S = (S4, S3, S2, S1)$, que es la suma de los operandos A y B más el acarreo de entrada $C0$; y, por otro lado, el acarreo de salida $C4$. Los ledes presentes en la figura 10.1 permiten la identificación visual de S.

Aunque no se van a tratar aquí cuestiones relacionadas con la escalabilidad, vale la pena mencionar que disponer en el 74x283 de un bit de acarreo de entrada y del correspondiente acarreo de salida resulta muy práctico a la hora de diseñar módulos aritméticos que operen con palabras digitales de longitud mayor que 4 bits. Por ejemplo, el diseño de un sumador de 8 bits se consigue con facilidad a partir de dos circuitos sumadores 74x283. En dicho sumador, el acarreo de salida del primer 74x283 encargado de realizar la suma de los 4 bits menos significativos de los dos operandos de partida constituye el acarreo de entrada del segundo 74x283 dedicado a la suma de los restantes 4 bits más significativos.

10.2.2 La puerta XOR como solución para implementar la resta

En el capítulo 6 se propusieron varios montajes sencillos que hacen uso casi exclusivamente de puertas XOR. Como ya se mencionó, este tipo de puertas favorece notablemente la simplificación de ciertos diseños. Aquí se describe un ejemplo más en el que, de nuevo, el empleo de puertas XOR contribuye a reducir la circuitería de forma considerable.

Como veremos seguidamente, un módulo combinacional sencillo constituido exclusivamente por puertas XOR permite transformar uno de los operandos de partida convenientemente para realizar las operaciones de suma o de resta en función de un bit de selección de operación. En la figura 10.2 se muestra el esquema correspondiente, en el que se parte de dos operandos de 4 bits, a y b, y de un bit de selección de operación $\overline{S}/R$ (representado como SN/R). Si $\overline{S}/R$ es 0 se efectúa la operación suma de los operandos, $a + b$, mientras que si $\overline{S}/R$ es 1 se realiza la resta de los mismos, $a - b$. Se debe observar que es siempre el operando b el que se suma o se resta al operando a, y no al revés, y que tanto a como b pueden ser positivos o negativos empleando la codificación correspondiente en C_2.

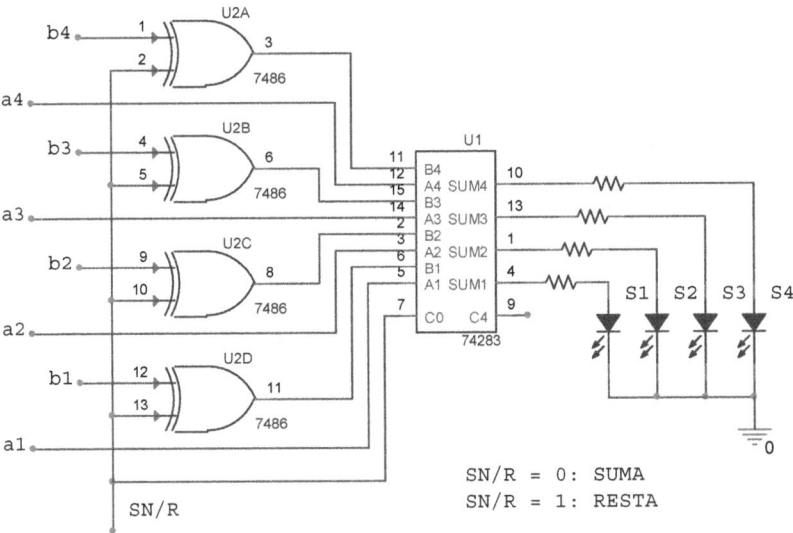

Figura 10.2 Sumador/restador de 4 bits en C_2 basado en el módulo sumador 74283.

La puerta XOR resulta óptima para realizar la resta de los operandos, necesitándose tantas puertas de dos entradas como bits tengan estos (en el caso que nos ocupa, basta con cuatro puertas). El bit de selección $\overline{S}/R$ actúa sobre el circuito tras conectar una de las entradas de cada una de las cuatro puertas XOR entre sí, como muestra la figura 10.2. Las cuatro entradas restantes (una entrada por cada puerta XOR) leen el operando **b**, mientras que la salida de dichas puertas es el operando **b** una vez procesado (es decir, **B**), que es entrada para el 74x283. Cabe destacar que se representan con minúscula los operandos de partida **a** y **b** y con mayúscula las palabras digitales **A** y **B** que procesa el 74x283. Como el operando **a** es entrada directa al sumador 74x283, se tiene que **A** = **a**, pero en el caso del operando **B** cabe distinguir dos posibilidades debido a la acción del bloque XOR:

$$\overline{S}/R = 0 \text{ (suma): } Bk = bk$$
$$\overline{S}/R = 1 \text{ (resta): } Bk = \overline{bk}$$

Donde el índice k se extiende desde 1 hasta 4. La expresión lógica resultante que sintetiza esta idea viene dada por ([her08]):

$$Bk = bk \cdot \overline{\overline{S}/R} + \overline{bk} \cdot \overline{S}/R = bk \oplus \overline{S}/R \qquad (10.1)$$

Expresado en otros términos, el bloque XOR adopta la funcionalidad de un multiplexor con entrada de control $\overline{S}/R$, que entrega en su salida los 4 bits bk originales o bien complementados, en función de $\overline{S}/R$. Analicemos las dos posibilidades: si $\overline{S}/R$ es 0, la batería de puertas XOR entrega la palabra **b** sin alterarla, con lo que la entrada al 74x283 viene dada por los dos operandos de partida

a y **b**, y el resultado es la suma de ambos. Si, por el contrario, $\overline{S}/R$ es 1, la salida entregada por las puertas XOR es el complemento bit a bit de la palabra original **b**. Se tiene, por lo tanto, que una de las palabras de entrada al sumador es el complemento a uno del operando **b**, denotado por $C_1(\mathbf{b})$. Además, el bit $\overline{S}/R$ se encuentra cableado con el acarreo de entrada C0, que se suma a las dos palabras de entrada **A** y **B** del 74x283. Como en el caso de realizar una resta dicho bit es 1, la operación realizada resulta ser la resta de los operandos **a** y **b**:

$$\mathbf{a} + C_1(\mathbf{b}) + 1 = \mathbf{a} + C_2(\mathbf{b}) = \mathbf{a} - \mathbf{b} \tag{10.2}$$

Una solución alternativa al bloque de puertas XOR pasa por hacer uso del 74x157, que es un multiplexor de dos entradas de cuatro bits cada una y salida de cuatro bits ya introducido en el capítulo 8 ([nel96])[1].

10.2.3 El detector de desbordamiento

El circuito mostrado en la figura 10.2 no contempla la posibilidad de una entrada de operandos que dé lugar a un resultado fuera de rango con capacidad de ser detectado. Por lo tanto, para dotar a la unidad aritmética con esta nueva funcionalidad es necesario añadir un tercer bloque combinacional diseñado como detector de desbordamiento.

Es condición necesaria para que se produzca desbordamiento que los códigos **A** y **B** presentes en las entradas del 74x283 tengan el mismo signo (es decir, A4 = B4). Con el fin de detectar el desbordamiento se emplean, además de los bits de signo A4 y B4, el bit de signo del resultado, S4 ([man15], [nel21]). La operación efectuada por el 74x283 se sale de rango en las dos situaciones siguientes:

a) Si **A** y **B** son positivos (A4 = B4 = 0) y **S** es negativo (S4 = 1).
b) Si **A** y **B** son negativos (A4 = B4 = 1) y **S** es positivo (S4 = 0).

Estas dos premisas se traducen en una única expresión lógica, llamada DES, que adopta el valor 1 lógico solo cuando existe desbordamiento:

$$\text{DES} \;=\; \text{A4·B4·}\overline{\text{S4}} \;+\; \overline{\text{A4}}\cdot\overline{\text{B4}}\cdot\text{S4} \tag{10.3}$$

La figura 10.3 muestra la realización física de dicha función empleando puertas inversoras y puertas NAND en lugar de puertas AND y OR.

---

[1] Sin embargo, al optar por un diseño basado en multiplexor resulta necesario disponer de los cuatro bits complementados del operando **b** como entrada al 74x157 (además de dichos bits sin complementar), lo que requiere de un 74x04 adicional. El diseño basado en puertas XOR es, por lo tanto, preferible, ya que la funcionalidad del restador queda garantizada con un único 74x86 y resulta una solución óptima en términos de coste.

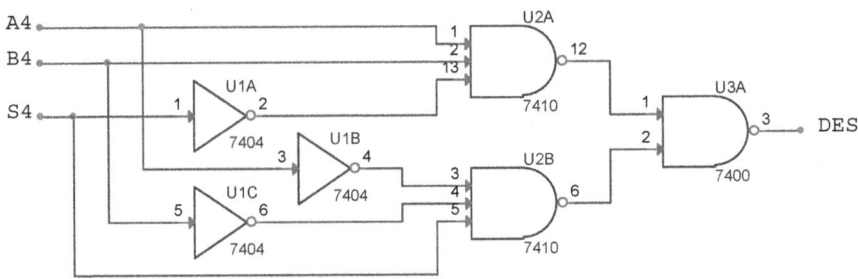

Figura 10.3 Detector de desbordamiento.

Si bien el detector resultante no es excesivamente complejo, existe una solución aún más sencilla que precisa de una única puerta XOR de dos entradas ([gar07], [nel21], [tie12]). Dicha puerta se nutre de 2 bits de acarreo generados por sendas etapas internas del módulo sumador. Sin embargo, uno de ellos no está accesible en el caso del 74x283, con lo que no resulta una alternativa viable en el presente estudio.

10.2.4 Unidad aritmética completa

La figura 10.4 muestra la unidad aritmética con detector de desbordamiento.

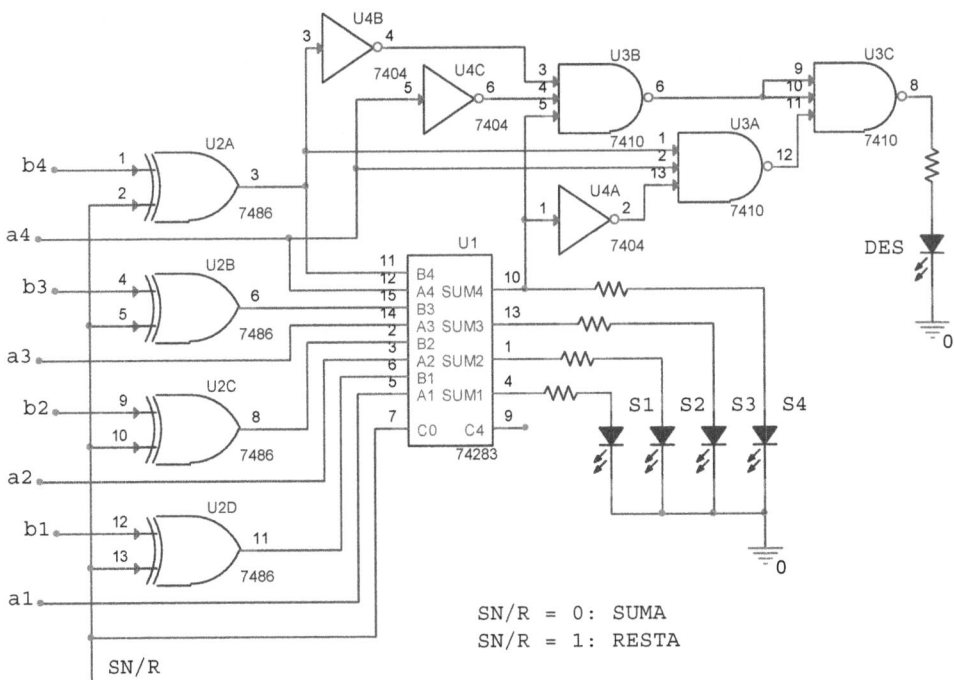

Figura 10.4 Unidad aritmética de 4 bits en C_2 con detector de desbordamiento.

Como puede verse, una de las puertas NAND de tres entradas 74x10 empleada para implementar el detector de desbordamiento solo utiliza dos de ellas (se ha optado por aprovechar la tercera puerta existente en el 74x10 para evitar emplear un 74x00 en el montaje experimental). En los capítulos 1 y 2 ya se tuvo ocasión de tratar el tema de las entradas no utilizadas, considerando las posibles alternativas. La solución adoptada aquí consiste en conectar la entrada sobrante del 74x10 a una de las otras dos entradas que sí se utilizan.

10.3 Simulación

10.3.1 Módulo sumador

Se va a simular el funcionamiento del sumador 74283 empleando ocho secuencias de entrada diferentes programadas mediante sendos buses a[4-1] y b[4-1] con los que se representan en C_2 los operandos $\mathbf{a} = (a4,a3,a2,a1)$ y $\mathbf{b} = (b4,b3,b2,b1)$, que son entradas para el sumador. Como ya se ha indicado con anterioridad, se reserva la notación en minúscula para denotar los operandos propiamente dichos y la notación en mayúscula para referenciar las entradas al 74283, $\mathbf{A}$ y $\mathbf{B}$. Aunque de momento no hay diferencia entre ambos, conviene hacer la distinción de cara a la incorporación posterior del bloque de puertas XOR que posibilita realizar la resta.

El circuito resultante preparado para simulación con los buses y los estímulos necesarios se muestra en la figura 10.5.

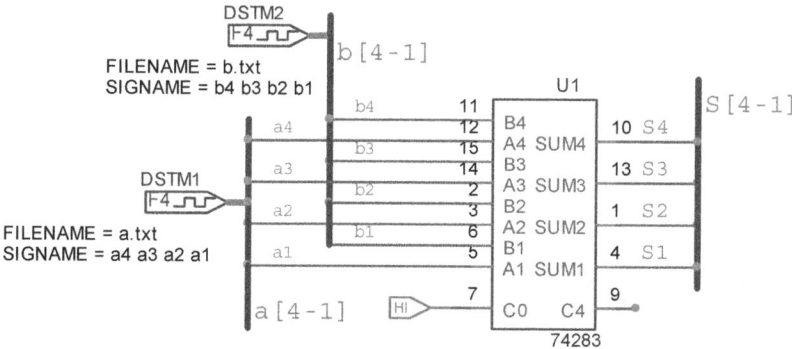

Figura 10.5   Módulo sumador de 4 bits 74283 dispuesto para simulación. Incluye dos buses a[4-1] y b[4-1] conectados a sus respectivas entradas, que se configuran con los estímulos definidos en los ficheros **a.txt** y **b.txt**, respectivamente. La salida se encuentra conectada a un tercer bus S[4-1].

Las secuencias de entrada de prueba se incorporan a sendos ficheros de texto para cada uno de los operandos, y son leídas oportunamente durante la ejecución de la simulación. En todos los casos, el acarreo de entrada C0 se ha fijado a 1 mediante un estímulo digital en estado alto (HI) conectado en la entrada correspondiente del circuito. Tanto los operandos **a** y **b** escogidos como la suma esperada **S** adoptan los sucesivos valores indicados en la tabla 10.2, expresados todos ellos en decimal.

Tabla 10.2 Secuencia escogida de operandos con signo **a** y **b** para simular el funcionamiento del sumador de la figura 10.5. Se indica la suma esperada **S** cuando el acarreo de entrada C0 es 1. Todos los valores se expresan en decimal.

a	0	0	1	3	-2	-1	-1	-1
b	0	3	3	0	0	0	3	-1
S (C0 = 1)	1	4	5	4	-1	0	3	-1

Como puede comprobarse, ambos operandos son positivos en las cuatro primeras combinaciones de entrada, mientras que en las cuatro restantes al menos uno de ellos es negativo. Tras efectuar la suma, el resultado se encuentra siempre dentro del rango representable con 4 bits en C_2. Aunque podrían haberse escogido los operandos intencionadamente para obtener un resultado fuera de rango, es preferible contemplar esta situación más adelante, cuando se disponga de detector de desbordamiento.

El resultado entregado tras la simulación se muestra en el cronograma de la figura 10.6, que se actualiza cada segundo y representa en hexadecimal tanto los operandos de entrada **a** y **b** como la salida **S**, además de los bits de acarreo de entrada C0 y salida C4. Como puede verse, el cronograma coincide plenamente con los resultados esperados para la suma en todos los casos mostrados en la tabla 10.2.

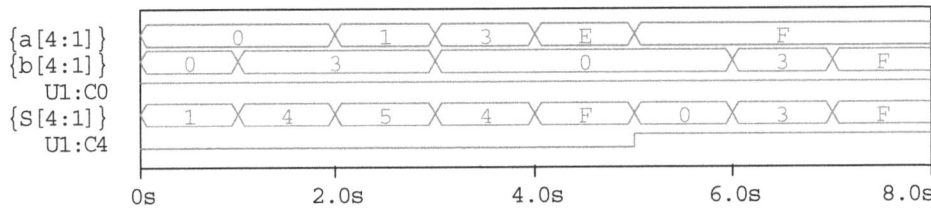

Figura 10.6 Funcionamiento del 74283 ante varias secuencias de operandos **a** y **b** expresados en hexadecimal. El acarreo de entrada C0 es 1 en todos los casos.

Cabe observar en el cronograma que para las primeras cinco combinaciones de palabras de entrada el acarreo de salida C4 es 0, mientras que es 1 para el resto de combinaciones. En realidad, para una representación de la información en C_2 y 4 bits, como es el caso que nos ocupa, dicho acarreo es prescindible y, por lo tanto, no se utiliza al realizar la operación suma. Como se ha mencionado anteriormente, solo se haría uso de él en el caso de escalar el sistema para diseñar un sumador de longitud de palabra mayor, por ejemplo de 8 bits, empleando para ello dos módulos sumadores 74x283. Trabajando con un único 74x283, el acarreo de salida únicamente adquiere significado en el caso de considerar que **a** y **b** son operandos sin signo. Si este fuese el caso, el rango de representación cambiaría y por lo tanto la interpretación de los resultados mostrados en la figura 10.6 sería diferente. Por ejemplo, cuando, según el cronograma, el operando **a** es FH y el **b** es 3H, la suma **S** resulta 3H y el acarreo de salida C4 es 1. Esta operación es equivalente a sumar, en decimal, los operandos 15, 3 y 1 (este último debido a C0). El resultado expresado en decimal es 19, que en hexadecimal se escribe 13H, donde el dígito más significativo (el 1) corresponde precisamente al acarreo de salida C4, y el menos significativo (el 3) es la suma **S**.

10.3.2 Módulo sumador/restador

Si se adapta el circuito mostrado en la figura 10.2 para poder ejecutar simulaciones resulta el circuito de la figura 10.7, que incluye los buses y estímulos necesarios. Como puede verse, el bit C0 se encuentra a 1, lo que significa que se va a proceder a efectuar la operación **a** − **b**. El caso **a** + **b** se reduce al estudiado en el apartado anterior dedicada a la suma con el 74283 y, por lo tanto, no se contemplará aquí.

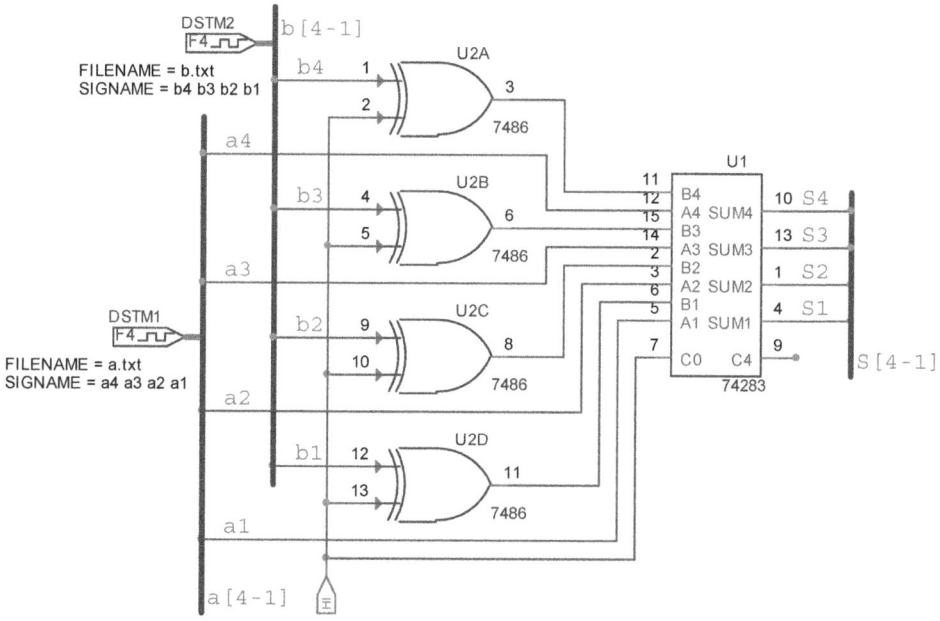

Figura 10.7   Sumador/restador de 4 bits basado en el módulo sumador 74283 dispuesto para entregar en su salida **S** el resultado de la operación **a** − **b**, al tener en la entrada C0 un estado lógico alto (HI).

La tabla 10.3 recopila una secuencia de seis combinaciones de prueba escogidas para la simulación, que incluye operandos **a** y **b** tanto positivos como negativos. Se ha de observar que en todos los casos el resultado de la resta **a** − **b** sigue manteniéndose dentro del rango [-8, +7], como sucedía antes de añadir el bloque restador.

Tabla 10.3   Secuencia escogida de operandos con signo **a** y **b**, y resultado esperado de la resta **a** – **b** para simular el funcionamiento del sumador/restador de 4 bits en C₂ de la figura 10.7. Todos los valores se expresan en decimal.

a	3	4	-2	-6	1	-1
b	4	3	-6	-2	-6	6
a – **b**	-1	1	4	-4	7	-7

Los resultados obtenidos con el simulador, expresados en hexadecimal, se muestran en el cronograma de la figura 10.8. Ayudándose de la tabla 10.1 es sencillo verificar que el funcionamiento es correcto en las seis combinaciones propuestas.

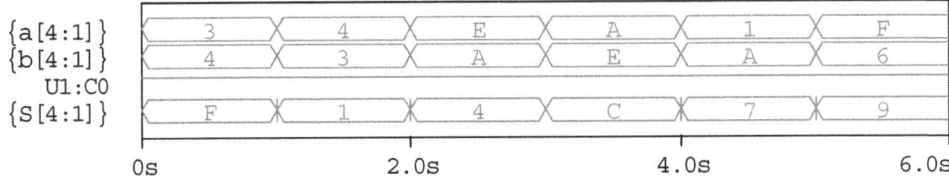

Figura 10.8   Funcionamiento del módulo sumador/restador de la figura 10.7 ante una serie de secuencias de operandos **a** y **b** expresados en hexadecimal. La operación que se ha seleccionado es la resta en todos los casos (C0 = 1).

10.3.3 Unidad aritmética con detector de desbordamiento

La adaptación del circuito para proceder a la simulación, añadiendo los buses y los estímulos pertinentes, se representa en la figura 10.9. Por su parte, la tabla 10.4 muestra dos secuencias de tres combinaciones cada una elegidas para la simulación. En la primera secuencia se suma ($\overline{S}$/R = 0) y en la segunda se resta ($\overline{S}$/R = 1), siendo los operandos **a** y **b** tanto positivos como negativos en ambos casos. Esta vez, cuatro de las seis combinaciones dan lugar a resultados fuera de rango, lo que sucede cuando el bit de desbordamiento DES incluido en la tabla es 1. En estos casos, el resultado de la operación no podrá representarse con los 4 bits de la unidad aritmética, por lo que su codificación en C₂ será necesariamente errónea.

Tabla 10.4   Secuencia escogida de operandos con signo **a** y **b** para simular el funcionamiento de la unidad aritmética de 4 bits en C₂ con detector de desbordamiento de la figura 10.9. Se muestra también el resultado esperado de la suma **a** + **b**, de la resta **a** – **b** y del bit de desbordamiento DES. Todos los valores se expresan en decimal.

a	-3	5	-3	5	4	6
b	-6	6	7	6	-8	-3
$\overline{S}$/R	0			1		
a + **b**	-9	11	4	-	-	-
a - **b**	-	-	-	-1	12	9
DES	1	1	0	0	1	1

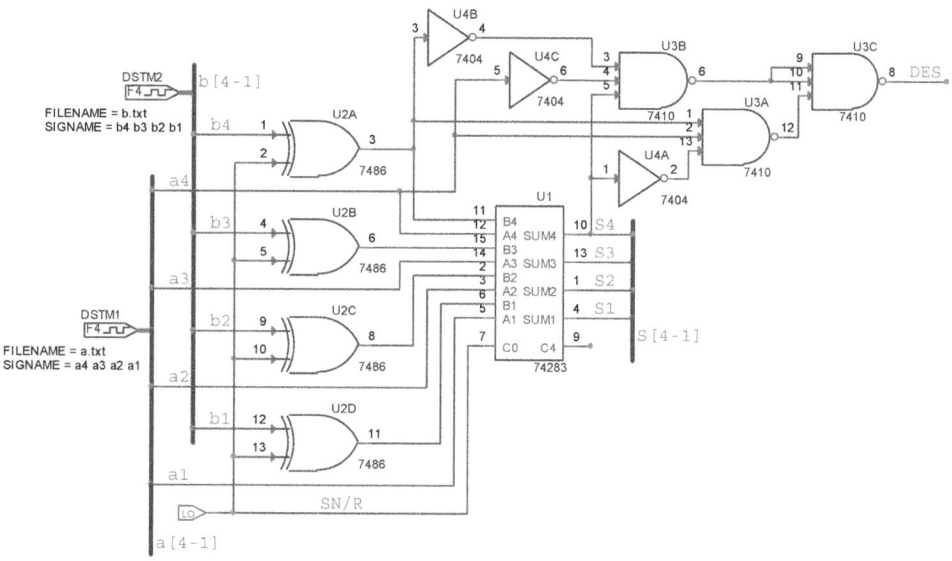

Figura 10.9 Circuito completo de la unidad aritmética de 4 bits en C₂ dispuesto para la simulación tras incorporar los buses a[4-1], b[4-1], S[4-1] y los estímulos necesarios. El circuito está preparado para la suma al encontrarse el bit de selección $\overline{S}/R$ conectado a un estímulo digital en estado bajo (LO).

Los cronogramas de las figuras 10.10 y 10.11 ilustran los resultados entregados por el simulador para la suma y la resta respectivamente, expresados en hexadecimal. Se debe observar que en aquellos casos en los que hay desbordamiento no puede esperarse que el resultado sea correcto. Sin embargo, sí resulta posible predecir cuál va a ser dicho resultado, aunque este sea erróneo. Por ejemplo, en la primera secuencia del caso de la suma se tiene -3 + (-6) = -9, de acuerdo con la tabla 10.4. Esta operación, expresando los operandos en C₂, es 1101 + 1010, cuyo resultado evaluado por el 74283 es 10111. El bit más significativo, que no se considera al ser el acarreo de salida, se desprecia, resultando por lo tanto 0111. La misma operación, expresada en hexadecimal, se escribe erróneamente como DH + AH = 7H, que es precisamente la operación indicada en la simulación.

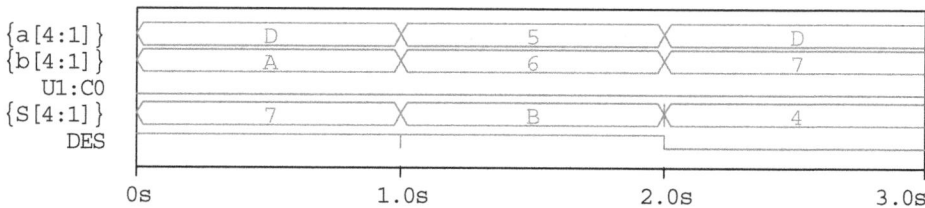

Figura 10.10 Funcionamiento de la unidad aritmética de la figura 10.9 ante tres secuencias de operandos **a** y **b** expresados en hexadecimal. La operación seleccionada es la suma en todos los casos (C0 = 0).

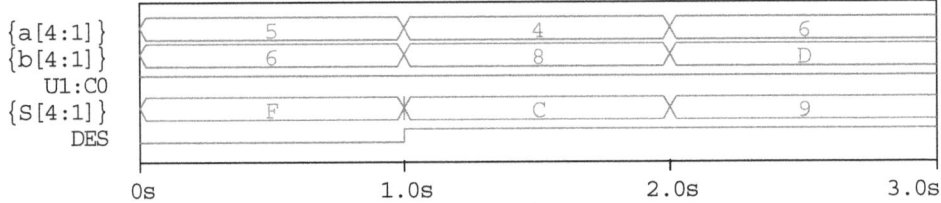

Figura 10.11   Funcionamiento de la unidad aritmética de la figura 10.9 ante tres secuencias de operandos **a** y **b** expresados en hexadecimal. La operación seleccionada es la resta en todos los casos (C0 = 1).

10.4 Componentes

Circuitos integrados

74LS04 (1x). CI TTL con 6 inversores.

74LS10 (1x). CI TTL con 3 puertas NAND de 3 entradas.

74LS86 (1x). CI TTL con 4 puertas XOR de 2 entradas.

74LS283 (1x). CI TTL sumador binario de 4 bits.

Resistencias

270 Ω (5x), 1 kΩ (1x).

Diodos

Ledes (5x).

10.5 Verificación experimental

Considerando que el montaje de la unidad aritmética completa es laborioso, se propone realizarlo por partes siguiendo el mismo orden adoptado en el diseño y la simulación.

10.5.1 Módulo sumador

Procedimiento

1. Realizar el montaje del circuito sumador de la figura 10.1.

2. Verificar el funcionamiento empleando la secuencia de operandos con signo **a** y **b** mostrada en la tabla 10.2. Fijar el acarreo de entrada C0 a 0 y después a 1.

10.5.2 Módulo sumador/restador

Procedimiento

1. Partiendo del montaje del módulo sumador, añadir la batería de puertas XOR para completar el montaje del circuito sumador/restador de la figura 10.2.

2. Verificar el funcionamiento empleando la secuencia de operandos con signo **a** y **b** mostrada en la tabla 10.3, tanto para la suma ($\overline{S}/R = 0$) como para la resta ($\overline{S}/R = 1$). Obsérvese que en ambas operaciones el resultado se encuentra dentro del rango [-8, 7], por lo que no se produce desbordamiento en ningún caso.

10.5.3 Unidad aritmética con detector de desbordamiento

Procedimiento

1. Añadir el detector de desbordamiento al circuito sumador/restador para completar el montaje de la unidad aritmética, tal y como se muestra en la figura 10.4.

2. Verificar el funcionamiento empleando la secuencia de operandos con signo **a** y **b** mostrada en la tabla 10.4, tanto para la suma ($\overline{S}/R = 0$) como para la resta ($\overline{S}/R = 1$).

10.6 Ejercicios y cuestiones de refuerzo

a) Razona qué ocurriría si la entrada $\overline{S}/R$ se dejara por descuido sin conectar (es decir, flotante) en los montajes experimentales.

b) Diseña una unidad aritmética de 8 bits en C_2 con detector de desbordamiento empleando dos 74x283 y la lógica combinacional adicional necesaria. ¿Cuál es el rango de representación en este caso?

c) En la sección 10.2 dedicada al diseño del módulo sumador/restador se menciona una variante que evita el uso de puertas XOR para generar la resta, empleando para ello el multiplexor 74x157 junto con puertas inversoras. Realiza un diseño alternativo del módulo aritmético basado en el 74x157, tanto para 4 como para 8 bits.

Parte 3

LÓGICA SECUENCIAL SÍNCRONA

La tercera parte abarca el estudio de los circuitos secuenciales síncronos, y es de especial importancia considerando que el diseño lógico digital ha estado dominado prácticamente desde sus orígenes por este tipo de circuitos y sistemas. Entre ellos destaca, por su popularidad, el computador en cualquiera de sus variantes: desde los sencillos computadores basados en procesadores de 8 bits para aplicaciones empotradas, que funcionan típicamente a frecuencias de reloj en el rango de los megahercios, hasta las más sofisticadas estaciones de trabajo; pasando por los ordenadores personales (que ya han alcanzado actualmente frecuencias de algunos gigahercios); así como por las consolas de juegos, con sus potentes procesadores gráficos, y los omnipresentes teléfonos inteligentes, capaces de ejecutar infinidad de aplicaciones. Son muy numerosos los sistemas de procesamiento digital que podrían citarse, muchos de los cuales pertenecen al ámbito de la electrónica de consumo. Todos estos sistemas electrónicos tienen en común su naturaleza síncrona, y por lo tanto necesitan de una señal de reloj generada por un circuito oscilador para funcionar. Conviene matizar que, en algunos casos, especialmente en los sistemas digitales más complejos, una parte de su lógica interna puede ser asíncrona, o bien estar constituida por diversos subsistemas síncronos con relojes independientes que se comunican entre sí de forma asíncrona. Precisamente a la lógica secuencial asíncrona, que indiscutiblemente también tiene su importancia, está dedicada íntegramente la cuarta parte del texto.

Se inicia esta tercera parte introduciendo el popular temporizador 555, con el que se genera la señal de reloj que proporciona el necesario sincronismo en los montajes experimentales propuestos, para a continuación dedicar seis capítulos consecutivos al estudio de diferentes tipos de contadores, tanto asíncronos sincronizados como puramente síncronos. Seguidamente se estudian los registros de desplazamiento, a los que se dedican tres capítulos más. Los modelos de máquinas de estados de Mealy y de Moore también se tratarán aquí, resolviendo un mismo problema de diseño desde ambos enfoques.

En todos los circuitos y sistemas secuenciales síncronos propuestos se empleará un circuito de reloj diseñado para generar una señal pulsada de baja frecuencia. Dependiendo del circuito bajo estudio, la frecuencia de la señal de reloj variará, pero en cualquier caso siempre permitirá seguir los cambios de estado de los diferentes circuitos en funcionamiento por simple inspección visual, normalmente mediante el empleo de ledes, pero también recurriendo a visualizadores de siete segmentos en algunos diseños.

El estudiante aprenderá a apreciar, gracias al trabajo experimental en el laboratorio, la trascendencia de los condensadores de desacoplo en el diseño digital. Descubrirá que un circuito contador aparentemente empecinado en no seguir la secuencia de cuenta prevista, a pesar de estar correctamente diseñado y montado sobre la placa de prototipos y haber sido revisado exhaustivamente, comienza a funcionar a la perfección al añadir un pequeño condensador de 100 nF al montaje experimental, que consigue desacoplar el nodo de alimentación. Estas experiencias, que resultan muy formativas, no se adquieren poniendo a prueba los diseños con herramientas de simulación, y, por lo tanto, justifican plenamente el esfuerzo de realizar los montajes experimentales en el laboratorio, sin el que el proceso de aprendizaje quedaría incompleto.

El estudio de los contadores se inicia en el capítulo 12 con el diseño de un sencillo contador de rizo módulo 8 empleando dos implementaciones diferentes de un biestable T. El capítulo 13 ya plantea el trabajo con un contador de rizo más complejo de tipo modular, como es el 74x90. Además, combina elementos de la lógica combinacional, como es el caso del decodificador de BCD a siete segmentos 74x48, con el que se consigue seguir la secuencia de cuenta mediante un visualizador en lugar de con ledes. El capítulo 14 propone un estudio bastante exhaustivo de un contador síncrono módulo 4 construido con tan solo dos biestables $J-K$, que incorpora una entrada selectora del sentido de cuenta. El siguiente capítulo gira alrededor de un contador síncrono modular muy versátil, el 74x163. Empleando este contador se proponen varios diseños de variada complejidad con diferentes secuencias de cuenta. En el capítulo 16 se proponen una serie de ideas que conducen al diseño de la electrónica de un segundero digital, todas ellas basadas en contadores modulares como el ya conocido 74x163 y algunas variantes de este como son el 74x160, el 74x161 y el 74x162, así como con el 74x90. El capítulo 17 retoma los dos contadores 74x90 y 74x163 para analizar la decodificación de sus estados mediante el decodificador de tres a ocho 74x138 y el decodificador de BCD a decimal 74x42.

Los capítulos 18, 19 y 20 centran el aprendizaje en los registros de desplazamiento. Se parte de un registro de desplazamiento sencillo de 4 bits construido con biestables discretos en el capítulo 18, y se aprovecha la misma topología para, con una pequeña modificación, diseñar sendos generadores de números seudoaleatorios de 3 y de 4 bits en el capítulo siguiente. Este bloque culmina introduciendo el registro de desplazamiento universal 74x194, dispositivo modular que resulta muy versátil y da lugar al planteamiento de interesantes diseños, como es el caso de un contador en anillo, de un contador Johnson y de dos sistemas de comunicación serie basados en ambos contadores, haciendo uso de un 74x194 configurado como módulo transmisor y de un segundo 74x194 como módulo receptor.

Finalmente, el capítulo 21 abandona la lógica secuencial modular para pasar de nuevo al diseño basado en biestables discretos. En esta sesión se persigue experimentar con las variantes de Mealy y de Moore, que, obedeciendo a unas mismas especificaciones de diseño, conducen a síntesis diferentes tras aplicar el método general de diseño de circuitos secuenciales en ambos casos. Se trata de un ejemplo de diseño lógico que pone de manifiesto las diferencias en la respuesta de un circuito secuencial dependiendo de si sus salidas se encuentran o no sincronizadas con la señal de reloj.

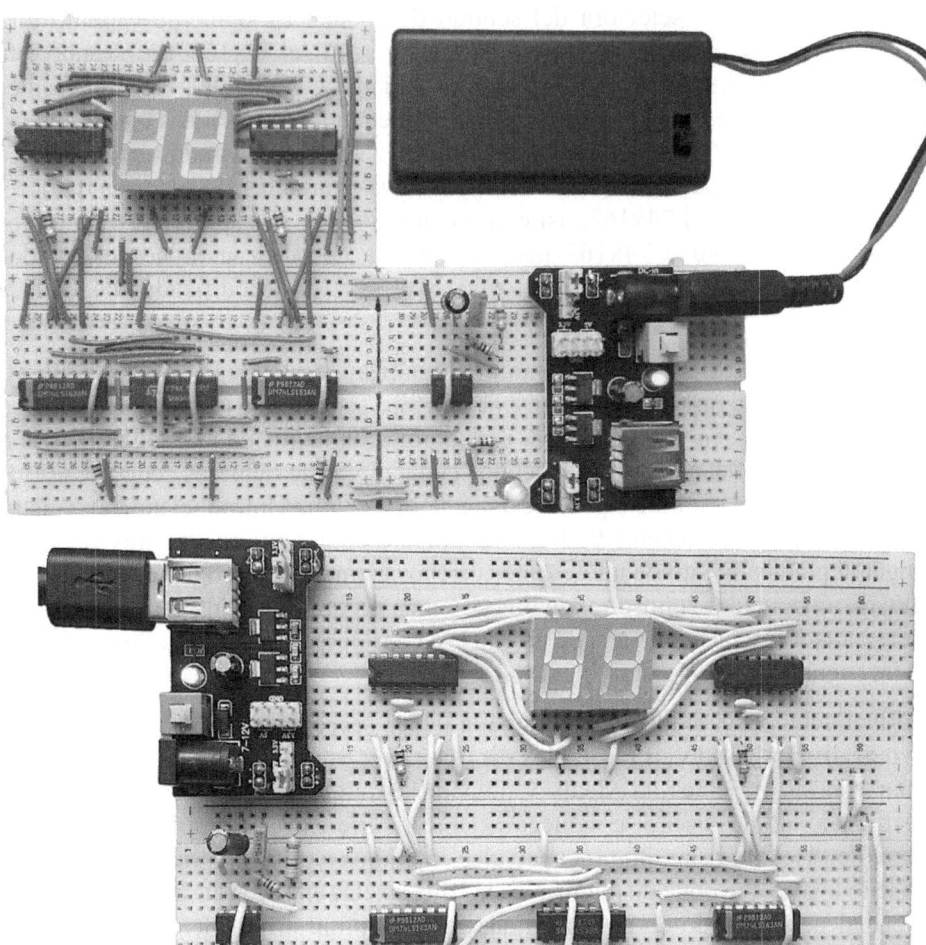

Estas fotografías muestran dos versiones equivalentes del montaje experimental propuesto en el capítulo 16 de un segundero digital en funcionamiento implementado con dos contadores modulares síncronos 74LS163, uno de ellos dedicado a incrementar el dígito de las unidades y el otro al de las decenas. Los visualizadores de siete segmentos se controlan mediante sendos decodificadores 74LS48, mientras que la decodificación de estados, que es necesaria para forzar el reinicio de ambos contadores tras alcanzarse el 9 en las unidades y el 5 en las decenas, se consigue mediante las tres puertas lógicas NAND integradas en un 74LS10. Si bien existen otros diseños modulares de un segundero digital que para conseguir la decodificación de sus estados requieren una lógica combinacional externa algo más simple (o incluso carecen totalmente de ella, como sucede al utilizar el contador asíncrono 74LS90), el diseño implementado en las dos fotografías es especialmente interesante desde un punto de vista pedagógico porque ilustra con claridad el concepto y la necesidad de dicha decodificación haciendo uso de un único tipo de contador.

11

Generación de señal de reloj con circuitos astables

11.1 Introducción

Los diseños digitales secuenciales síncronos necesitan contar con una señal de reloj común conectada a todos los CI presentes en el circuito que dispongan de entrada de reloj. El circuito de reloj, con su batido periódico, controla la dinámica del sistema. Existen numerosos osciladores capaces de generar una señal periódica, algunos tan simples como, por ejemplo, el oscilador en anillo construido con puertas inversoras conectadas en cascada visto en el primer capítulo en el contexto de la caracterización temporal de puertas TTL. Sin embargo, este oscilador no resulta práctico porque no permite ajustar la frecuencia de la señal.

En este capítulo se proponen dos tipos de osciladores que resultan útiles para generar una señal de reloj; uno de ellos está diseñado con dos puertas lógicas y el otro mediante el temporizador integrado 555. Ambos circuitos pertenecen al grupo de los **multivibradores astables**, porque están expresamente diseñados para generar oscilaciones pulsadas en sus respectivas salidas. Será el astable basado en el 555 el circuito que se usará para disponer de señal de reloj en los diseños síncronos de los siguientes capítulos.

11.2 Diseño de un multivibrador astable con puertas lógicas

Una alternativa al oscilador en anillo, que emplea igualmente inversores e incorpora una red RC adicional, permite seleccionar la frecuencia de funcionamiento dentro de ciertos límites. La figura 11.1 muestra la topología más sencilla de dicho circuito, en el que los inversores se implementan a partir de puertas NOR CMOS de dos entradas con ambas entradas cortocircuitadas ([sed98]).

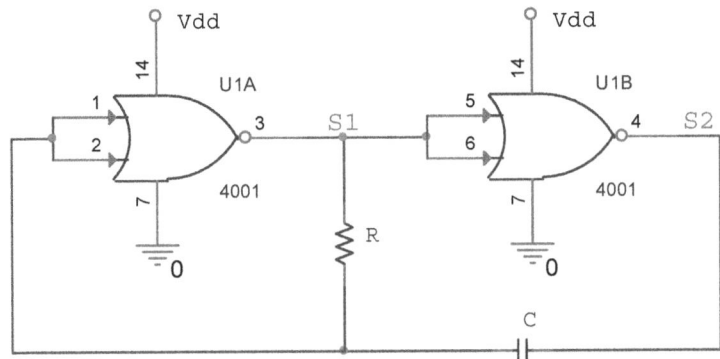

Figura 11.1   Oscilador RC implementado con puertas NOR CMOS.

El montaje se consigue simplificar ligeramente si en lugar de puertas NOR se opta por una implementación basada en puertas inversoras, como se describe en [rui96] tanto para tecnología TTL como CMOS utilizando los CI 74x04 y 4069, respectivamente.

El período de la oscilación pulsada obedece a la siguiente expresión, en la que V_{th} es la tensión umbral del inversor (es decir, la tensión a la que su salida cambia de estado lógico) y V_D es la caída de tensión en el diodo de protección[1] frente a descargas electrostáticas que incorporan las puertas CMOS de la serie B ([rui96]):

$$T = RC \cdot \ln\left(\frac{(V_{DD}+V_D)^2}{V_{th}(V_{DD}-V_{th})}\right)$$ (11.1)

Si se desprecia V_D y se asume que V_{th} es $V_{DD}/2$, la expresión anterior se simplifica considerablemente sin sacrificar excesivamente la precisión, resultando la siguiente fórmula de sencilla aplicación que, además, es válida a efectos prácticos independientemente de la tecnología de las puertas lógicas escogida para la implementación del oscilador:

---

[1] Este diodo de protección, que en inglés se denomina *clamping diode*, no lo incorporan los dispositivos CMOS de la serie A y, por lo tanto, son muy sensibles a potenciales descargas electrostáticas que pueden dañar irreversiblemente el dispositivo con solo tocarlo, en caso de no tomar la precaución de descargarse a tierra previamente.

$$T \simeq 2\,RC \cdot \ln(2)$$

$$= 1,39\,RC \tag{11.2}$$

Conviene advertir que la salida pulsada de este oscilador no es exactamente simétrica por lo que respecta al ciclo de trabajo, especialmente en el caso de emplear CI basados en tecnología CMOS con diodo de protección (ya que dicho diodo habilita caminos de carga y descarga del condensador C que son diferentes). La salida se puede tomar indistintamente de los nodos S1 o bien S2, estando las formas de onda correspondientes desfasadas 180° entre sí. La sencilla fórmula (11.2) da resultados aceptables a frecuencias moderadas. Sin embargo, por encima de aproximadamente 50 kHz deben considerarse, entre otros factores, los tiempos de propagación de las puertas lógicas. Para frecuencias altas, en el rango del MHz, se acostumbra a escoger osciladores de cristal de cuarzo (denominados simplemente cuarzos en la práctica), que, además, proporcionan una excelente estabilidad en frecuencia.

Una particularidad adicional a tener en cuenta es que, independientemente del tipo de puerta escogida para la implementación del multivibrador, la frecuencia de oscilación muestra cierta dependencia con la tensión de alimentación del CI. Las dos limitaciones mencionadas se corrigen, al menos hasta cierto punto, añadiendo a la topología inicial una segunda resistencia R', como muestra la figura 11.2.

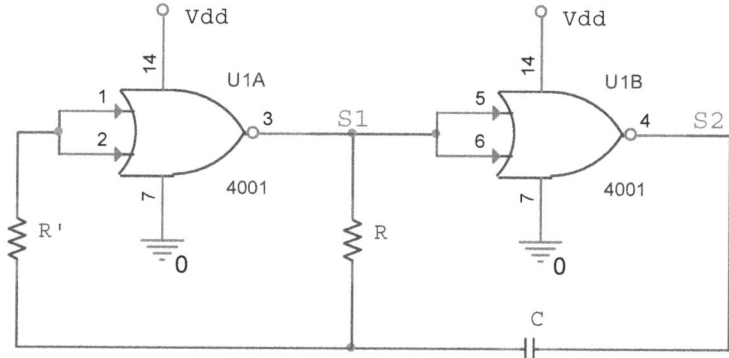

Figura 11.2   Oscilador RC con puertas NOR CMOS y salida simétrica (cuadrada).

Con esta resistencia se consigue limitar los efectos de la conducción del diodo de protección, y para ello su valor óhmico debe ser alto ([sed98]). La expresión de diseño viene en este caso dada por ([rui96], [tau80]):

$$T = RC \cdot \ln\left(\frac{V_{DD}+V_{th}}{V_{th}} \cdot \frac{2 \cdot V_{DD}-V_{th}}{V_{DD}-V_{th}}\right) \tag{11.3}$$

Aunque en (11.3) no interviene R', esta nueva resistencia debe escogerse de forma que su valor sea, al menos, el doble que R ([rui96]). Asumiendo de nuevo que V_{th} es $V_{DD}/2$, se tiene de nuevo una fórmula de diseño sencilla y suficientemente precisa para cualquier implementación del multivibrador:

$$T \simeq 2\,RC \cdot \ln(3)$$

$$= 2,20\,RC \tag{11.4}$$

Si bien este circuito multivibrador basado en inversores lógicos se emplea habitualmente para dotar de señal de sincronismo a los sistemas digitales síncronos debido a su sencillez, existen variantes más sofisticadas que garantizan una onda prácticamente cuadrada y cuya frecuencia de oscilación es algo más insensible a los cambios en la tensión de alimentación y la temperatura ([fle80], [rui96]). Sin embargo, en el presente capítulo (y en todos los siguientes dedicados a circuitos secuenciales síncronos) no se va a utilizar ninguna de ellas. En su lugar se ha optado por recurrir a un temporizador integrado, el CI 555, que fue lanzado al mercado en la década de 1970 por Signetics y cuenta desde entonces con numerosas aplicaciones[2]. Resulta especialmente útil porque, al igual que sucede con los circuitos de las figuras 11.1 y 11.2, permite generar, en su configuración como multivibrador astable, señales de reloj de frecuencia ajustable sin más que seleccionar adecuadamente los valores de resistencias y condensadores de una red externa, como se verá seguidamente. Aunque las prestaciones del temporizador 555 resultan adecuadas para numerosas aplicaciones al funcionar con una única alimentación unipolar en el rango comprendido entre 4,5 V y 16 V y ser su estabilidad en frecuencia cercana al 1 % incluso ante fluctuaciones de la tensión de alimentación ([hor16]), conviene advertir que no está exento de problemas potenciales en la práctica, que se citan seguidamente.

11.3 Diseño de un multivibrador astable con el 555

La presente sección introduce el temporizador 555 junto a la correspondiente red externa formada por un condensador y dos resistencias, que resulta necesaria para su funcionamiento como oscilador. La figura 11.3 muestra la forma de conectar dicha red con el 555 en un diseño realizado para obtener una señal pulsada de baja frecuencia[3].

---

[2] Como curiosidad cabe mencionar que Signetics fue comprada por Philips en 1975, para incorporarse a Philips Semiconductors (actualmente, NXP Semiconductors).

[3] Si se desconoce la estructura interna de este circuito temporizador puede consultarse prácticamente cualquiera de los numerosos textos generales que versan sobre electrónica, como por ejemplo [ham00], ya que se trata de un CI muy popular. Una serie de diseños de diferentes tipos de circuitos conformadores de onda, explicados paso a paso y orientados al trabajo experimental en el laboratorio docente empleando el 555, pueden consultarse en [vaz16].

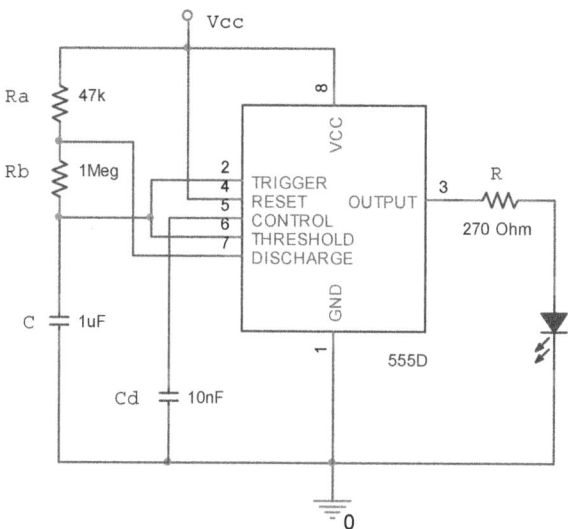

Figura 11.3   Multivibrador astable que emplea el CI 555D diseñado para generar una onda cuadrada de período T = 1,4 s.

El multivibrador astable entrega una forma de onda pulsada en su salida, el pin 3, con una determinada frecuencia y ciclo de trabajo que son ajustables en función de los valores de la red externa formada por R_a, R_b y C. El ciclo de trabajo[4] d es la fracción del período de una señal pulsada, expresada en %, en la que el pulso se mantiene en estado alto. Si llamamos T_L a la fracción del pulso a lo largo de un período en la que este se mantiene en estado bajo y T_H a la fracción correspondiente del pulso en estado alto, el ciclo de trabajo se expresa como:

$$d(\%) = \frac{T_H}{T_H + T_L} \times 100 \qquad (11.5)$$

Se debe observar la presencia de una capacidad de desacoplo C_d conectada al terminal CONTROL, que no tiene efecto alguno en la frecuencia de la señal generada. Aunque dicho terminal podría dejarse en circuito abierto, ya que no se emplea para la aplicación que nos ocupa, es recomendable conectar una capacidad de 10 nF para evitar que el ruido de la fuente de alimentación afecte a los comparadores ([ham00]).

Con ayuda de un led y una resistencia de polarización se establece un camino para la corriente entre la salida y tierra, de modo que el diodo luce cuando dicha salida se encuentra en estado alto. Las ecuaciones de diseño del astable son:

$$T_L = R_b C \cdot \ln(2) \qquad (11.6)$$

$$T_H = (R_a + R_b) C \cdot \ln(2) \qquad (11.7)$$

---

[4] Del inglés *duty cycle*.

Para obtener una onda aproximadamente cuadrada basta con escoger las resistencias de manera que $R_a + R_b \approx R_b$. Con los valores indicados en la figura 11.3 ($R_a = 47\,k\Omega$ y $R_b = 1\,M\Omega$) se tiene $T_L = 0{,}693$ s y $T_H = 0{,}725$ s. El período de la señal pulsada resultante es $T = T_H + T_L = 1{,}418$ s, que corresponde a una frecuencia de solo 0,705 Hz, lo suficientemente baja como para apreciar los cambios de estado cómodamente por inspección visual mediante el led conectado en la salida del oscilador. Si en un momento dado interesa aumentar o bien disminuir la frecuencia de oscilación, se recomienda sustituir el condensador C por uno apropiado de acuerdo con las expresiones de diseño. Por ejemplo, si se escoge C = 10 μF, el período será de aproximadamente 14,18 s, mientras que si C = 100 nF, este se reducirá a unos 0,148 s.

El CI 555 estándar, fabricado con tecnología bipolar, puede gobernar una corriente moderadamente alta. Es capaz de entregar hasta 200 mA a su carga cuando la salida es un estado alto, o bien actuar como sumidero de igualmente un máximo de 200 mA en el caso de una salida en estado bajo y carga conectada a la alimentación ([hor89], [555]). Sin embargo, para corrientes de hasta 40 mA la caída de tensión en la etapa de salida del 555 es mucho más baja cuando está absorbiendo una corriente (salida del 555 en estado bajo) que cuando la suministra (salida del 555 en estado alto). Por esa razón, a menudo sería preferible que el 555 alimentase una carga conectada entre su salida y el nodo de alimentación, en lugar de entre su salida y tierra ([edi89]).

Entre las limitaciones y propiedades poco deseables de este circuito integrado en su versión estándar, cabe señalar las siguientes ([hor16]):

a) Cada transición en su salida se caracteriza por la aparición de un breve pico de corriente, de hasta unos 150 mA, que debe ser suministrado, idealmente, por la fuente de alimentación. La fuente de alimentación, sin embargo, no puede suministrar en la práctica dicho transitorio de corriente con la rapidez suficiente debido a la inductancia parásita presente en la línea de alimentación, ya que las inductancias evitan cambios bruscos de corriente en sus extremos (además de generar un voltaje de ruido considerable ante variaciones de corriente). Por esta razón suele ser recomendable, cuando no imprescindible, conectar un condensador de desacoplo entre los terminales de alimentación y tierra del CI que sí sea capaz de aportar la inyección requerida de corriente manteniendo constante la tensión en sus extremos[5]. Dicho condensador presenta una impedancia muy baja en un amplio rango de frecuencias y, por lo tanto, desacopla (es decir, anula) las señales alternas no deseadas presentes en el terminal de alimentación del 555. Valores entre 0,1 μF y 10 μF son habituales.

b) Corriente de disparo (*trigger*) alta en el pin 2.

---

[5] En al apéndice A se explica con detalle el papel que juegan los condensadores de desacoplo del nodo de alimentación en los sistemas electrónicos digitales.

c) Imposibilidad de funcionar con voltajes de alimentación muy bajos.

d) Imposibilidad de funcionar a altas frecuencias por encima de 1 MHz (en estos casos se recurre a un oscilador de cuarzo).

Existen, sin embargo, sucesores del diseño original que están basados en tecnología CMOS y han superado estas limitaciones (a costa de una capacidad de gobierno de corriente notablemente más modesta).

Tres implementaciones diferentes de un multivibrador astable se agrupan en la figura 11.4. En la placa PCB[6] de la izquierda, que puede alimentarse mediante una fuente de tensión externa o bien de forma autónoma con una pila, el 555 se integra en un encapsulado DIP[7] insertado en un zócalo, lo que facilita su sustitución. La versión del centro emplea el mismo tipo de encapsulado para el 555 en una placa de prototipos convencional. El compacto diseño del astable de la derecha, donde el 555 está fabricado con tecnología SMT[8], permite ajustar tanto la frecuencia de la señal como su ciclo de trabajo (aunque no de forma independiente).

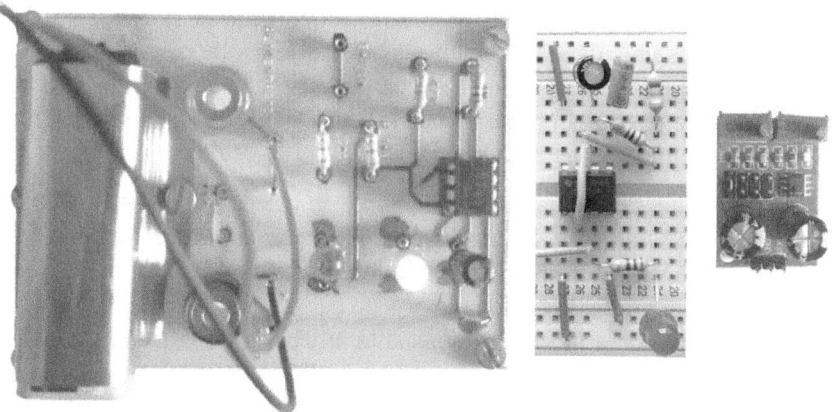

Figura 11.4   Tres multivibradores astables diseñados con un 555. Izquierda: PCB alimentada con una pila de 9 V y encapsulado DIP. Centro: montaje en una placa de prototipos y el mismo encapsulado. Derecha: versión comercial con encapsulado SMT.

11.4 Simulación

Ejecutando una simulación sobre el circuito de la figura 11.3 con tensión de alimentación de 5 V, y habiendo sustituido previamente el led y su resistencia limitadora por una única resistencia de carga de 100 kΩ conectada entre el terminal de salida y tierra, resulta la forma de onda de la figura 11.5 en el nodo de salida del astable (pin 3 del CI 555).

---

[6] Las placas de circuito impreso son llamadas PCB (del inglés *printed circuit board*).
[7] DIP significa *dual in-line package*. Este encapsulado es apropiado para prototipados.
[8] Del inglés *surface-mount technology*. También es frecuente utilizar el acrónimo SMD (*surface-mount device*) para referirse a un dispositivo fabricado con dicha tecnología.

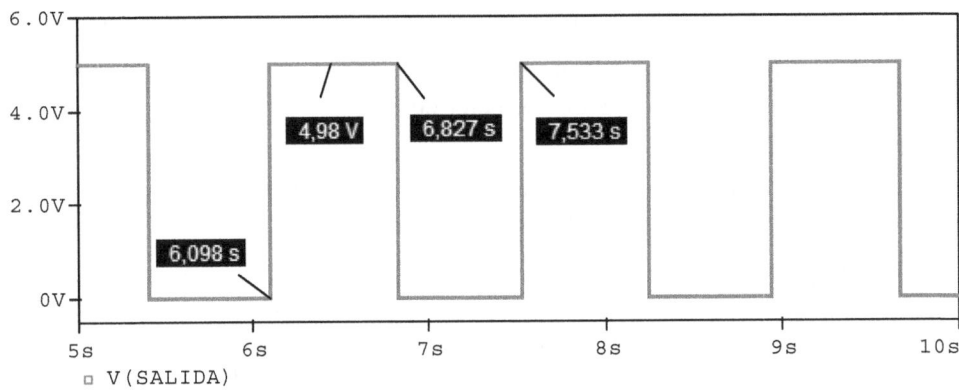

Figura 11.5 Forma de onda a la salida del astable de la figura 11.3, cargado con una única resistencia R_L de 100 kΩ y alimentado con 5 V.

La forma de onda resultante es una señal pulsada con un ciclo de trabajo ligeramente superior al 50 % y un período T de 1,435 s, prolongándose 0,729 s durante el estado alto (T_L) y 0,706 s durante el estado bajo (T_H). Ambos valores son muy similares a los calculados mediante las expresiones de diseño (11.6) y (11.7). Debido al alto valor de la resistencia de carga escogida, los efectos de carga son despreciables[9], y la tensión durante el estado alto, de 4,98 V, alcanza prácticamente los 5 V de la tensión de alimentación.

Si se mantiene como carga un led con su correspondiente resistencia de polarización tal y como muestra la figura 11.3, y se escoge el led fabricado por OSRAM modelo LA-541B con emisión a la longitud de onda dominante de 617 nm (luz de color rojo anaranjado)[10], los efectos de carga son evidentes, como revela la forma de onda obtenida a la salida del astable mostrada en la figura 11.6. Esta vez hay una caída de tensión de 1,64 V en la etapa de salida del 555, que es una fracción muy significativa de los 5 V del nodo de alimentación.

---

[9] Esto es así porque el modelo que implementa PSpice para el temporizador 555 tiene una salida de baja impedancia. En un estudio de cargabilidad del 555 llevado a cabo en [vaz16] empleando dicho modelo, se concluye que la impedancia de salida del 555 es de 300 Ω, que es un valor óhmico pequeño comparado con la resistencia de carga escogida.

[10] La longitud de onda de emisión del led juega un papel relevante, debido a que la tensión de codo V_F de un led depende de dicha longitud de onda. Para el led de OSRAM LA-541B, V_F es de 1,8 V para una corriente de polarización de 20 mA ([led617]). Sin embargo, V_F es un voltaje bastante más alto para emisiones a longitudes de onda más cortas, pudiendo ser de 3,7 V a 520 nm (luz verde) y de 4,0 V a 430 nm (luz azul violáceo). Ambos voltajes son valores típicos indicados en las especificaciones técnicas de los fabricantes ([led520], [led430]). En consecuencia, al trabajar con una alimentación de 5 V es preferible escoger ledes con un voltaje V_F relativamente bajo, como es el caso del led de color rojo.

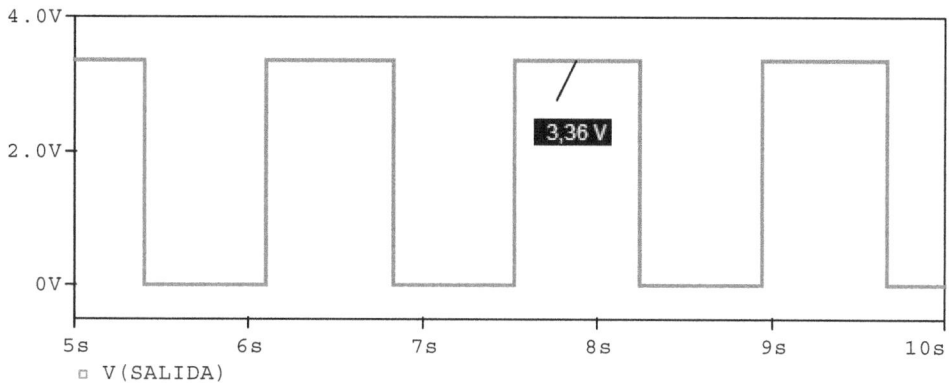

Figura 11.6 Forma de onda a la salida del astable de la figura 11.3 alimentado con 5 V. El led empleado es el modelo LA-541B de OSRAM.

11.5 Componentes

Circuitos integrados

555 (1x). CI temporizador de 8 pines.

Resistencias

270 Ω (1x), 47 kΩ (1x), 1 MΩ (1x).

Condensadores

10 nF (1x), 1 μF (1x), 10 μF (1x).

Diodos

Ledes (1x).

11.6 Verificación experimental

Es conveniente diseñar el astable basado en 555 con un período largo que facilite el seguimiento por inspección visual de los cambios en las salidas de los circuitos secuenciales descritos en posteriores capítulos. El diseño propuesto aquí genera una señal de reloj con un período T de 1,4 s, que resulta apropiado para, por ejemplo, los contadores. Sin embargo, en otros circuitos síncronos que también se plantearán más adelante es conveniente contar con un período más largo. Como se ha mencionado en la sección dedicada a la simulación, y teniendo en cuenta las expresiones (11.6) y (11.7), la forma más rápida de conseguirlo sin alterar el ciclo de trabajo d es sustituir la capacidad C de 1 μF por otra mayor disponible, de por ejemplo 10 μF.

Procedimiento

1. Montar el circuito de la figura 11.3. Se recomienda realizar el montaje sobre el extremo izquierdo de la placa de prototipos y dejar así espacio suficiente a los montajes

223

posteriores que precisen una señal de sincronismo y que se montarán sobre la misma placa. No olvidar respetar la polaridad del condensador electrolítico de 1 μF: para ello puede resultar útil consultar las indicaciones que figuran en el apéndice E al respecto de la identificación de los terminales de un condensador de este tipo.

2. Verificar con un cronómetro que el período T es aproximadamente el esperado a priori. Para conseguir una mejor precisión conviene promediar varios ciclos, aunque hay que tener presente que, debido a las tolerancias de las resistencias R_a y R_b y del condensador C, el valor medido puede experimentar una desviación significativa respecto del valor teórico. Completar la siguiente tabla.

T (teórico)	T (experimental)

3. Sustituir la capacidad de 1 μF por otra de 10 μF. Medir el período con un cronómetro y anotar el valor encontrado.

T (teórico)	T (experimental)

4. Manteniendo la capacidad de 10 μF, medir con el osciloscopio la amplitud de la forma de onda cuadrada en el nodo de salida (pin 3 del 555) en estado alto, tanto con la salida en circuito abierto como cargada mediante el led y su resistencia de polarización.

Vs (V) (con carga)	Vs (V) (sin carga)

Cuestión

Compara la tensión medida a la salida del circuito astable con carga y sin ella, y razona si cabe esperar tal diferencia. Indica, en caso afirmativo, a qué es debida.

11.7 Ejercicios y cuestiones de refuerzo

a) Prueba que el ciclo de trabajo de la forma de onda entregada por el 555 configurado como multivibrador astable no depende de la capacidad C.

b) Reproduce mediante herramientas de simulación el análisis de cargabilidad llevado a cabo en la sección 11.4, utilizando esta vez multivibradores RC como los representados en las figuras 11.1 y 11.2. Compara el ciclo de trabajo obtenido con ambos multivibradores.

c) Amplía el análisis propuesto en la cuestión anterior utilizando multivibradores construidos con puertas lógicas TTL.

12

Contador de rizo módulo 8 con biestables T

12.1 Introducción

Un contador es un tipo particular de sistema secuencial caracterizado por carecer de estados estables, de manera que las sucesivas transiciones entre sus estados, que determinan la secuencia de cuenta, son controladas por los cambios de nivel lógico de una señal externa. Esta señal, normalmente periódica, es generada por un circuito oscilador. En este caso se tiene una señal de reloj que se conecta a la entrada de reloj del circuito contador. En ocasiones, sin embargo, lo que se persigue es contar pulsos que se reciben de forma asíncrona (es decir, impredecible) por una línea de entrada de un circuito. En estos casos la entrada de reloj deja de ser una entrada de control del contador para convertirse en una entrada de datos ([hay96]). En ambos casos la memoria del contador actualiza el número de pulsos que llegan por su entrada de reloj.

Los contadores se construyen normalmente a partir de la combinación de varios biestables síncronos, utilizando tantos biestables como bits necesite el contador. Estos circuitos están presentes como parte integrante de multitud de módulos electrónicos con disparidad de aplicaciones en instalaciones industriales, en electrónica de comunicaciones, en automoción, etc. Es, por lo tanto, aconsejable familiarizarse con los diferentes tipos de contadores experimentando con ellos en el laboratorio, y con dicho objetivo se plantean este capítulo y algunos más de esta tercera parte. En el capítulo 30 se pueden consultar sus principales aplicaciones, que como se verá son muy numerosas.

Aunque existen contadores que carecen de una entrada de reloj e incluso de biestables[1], la mayoría de ellos necesitan una señal de reloj externa, distinguiéndose en este caso entre los contadores síncronos y los asíncronos. La diferencia entre ambos es simple: en un **contador síncrono** todos sus biestables comparten la señal externa de reloj mediante una conexión común, y por lo tanto todas sus etapas se encuentran sincronizadas con el reloj; por el contrario, en un **contador asíncrono**[2] la señal de reloj se conecta únicamente a la entrada de reloj del primero de los biestables (el correspondiente al bit menos significativo), que es el único que realmente se encuentra sincronizado con el reloj. Las entradas de reloj de los demás biestables del contador, que junto con el primero forman una conexión en cadena, se conectan directamente a la salida del biestable que precede a cada uno de ellos. Como esta topología obliga a los biestables a reaccionar uno a continuación del otro una vez que el primero de ellos recibe un flanco activo de la señal de reloj, los contadores asíncronos se denominan con frecuencia **contadores de rizo**[3] ([toc07], [wak18]).

Los diseños pioneros de circuitos contadores fueron únicamente de tipo asíncrono debido a las limitaciones iniciales de la industria microelectrónica para implementar en un circuito integrado contadores síncronos; sin embargo, una vez superadas dichas limitaciones tecnológicas se han acabado imponiendo estos últimos en muchas aplicaciones ([man15]). Si bien los contadores asíncronos cuentan con la considerable ventaja frente a los síncronos de que la lógica adicional de excitación de sus biestables es más sencilla (llegando a ser incluso innecesaria, como en el sencillo diseño que se propondrá en este capítulo), no es menos cierto que presentan ciertos inconvenientes. Por un lado, su máxima frecuencia de funcionamiento es siempre menor que la alcanzada por las versiones síncronas equivalentes; y por otro, presentan **estados espurios** que no forman parte de la secuencia de cuenta prevista y que surgen como consecuencia de la falta de sincronismo entre las diferentes etapas del contador. Estos estados espurios no suponen un problema en aquellos circuitos correctamente diseñados donde el estado del contador se examina únicamente en el

---

[1] Es el caso de contadores dedicados a registrar los pulsos o bien sus flancos (es decir, los dos cambios de nivel por pulso) que llegan por una línea de entrada ([bro09], [hay96]). Se trata de diseños asíncronos similares a los que se plantean en la parte 4 del texto.

[2] La denominación "contador asíncrono", aunque muy extendida, puede generar en un principio cierta confusión puesto que, como se ha mencionado, la presencia de un reloj de sincronismo es necesaria en estos sistemas secuenciales. Aunque sería más riguroso emplear el término "contador asíncrono sincronizado" o bien "contador síncrono asincronizado", lo cierto es que en la práctica no sucede así. Ambas denominaciones figuran en [man15].

[3] El término original en inglés es *ripple counter*. El contador asíncrono o de rizo también es conocido por los términos sinónimos "contador en cascada" ([nel96]) y "contador de propagación" ([flo16]).

flanco activo de la señal de reloj, puesto que con la llegada de cada nuevo flanco ya han desparecido dichos estados, que surgen brevemente durante solo algunos nano-segundos en el intervalo temporal que transcurre entre flancos de reloj consecutivos. Sin embargo, la presencia de estados espurios puede representar un problema en aquellas aplicaciones que recurran a puertas lógicas para decodificar un determinado estado de la secuencia de cuenta ([hor16]).

A pesar de las aplicaciones más limitadas con las que cuentan actualmente los contadores asíncronos frente a los síncronos conviene familiarizarse con ellos, puesto que su sencillez los convierte en la mejor opción de diseño en determinados casos. Iniciaremos por tanto el estudio de los contadores por sus variantes asíncronas, a lo que está dedicado este capítulo y el siguiente como paso previo al estudio de las síncronas. Aquí se propondrá experimentar con dos versiones distintas de un mismo diseño de un contador asíncrono módulo 8 que emplea en ambos casos tres biestables de tipo T. En una de las versiones los biestables T se implementarán mediante biestables J – K, mientras que en la versión alternativa dicha implementación tendrá lugar con biestables D. La figura 12.1 muestra, a la izquierda, el símbolo lógico del 7473, un CI que integra en su estructura dos biestables J – K disparados por pulso positivo[4]; y a la derecha se representa el símbolo lógico del 7474, un CI que incluye dos biestables D disparados en el flanco ascendente (o positivo) de la señal de reloj. Ambos CI están fabricados utilizando tecnología TTL estándar, y se volverán a emplear en las simulaciones realizadas en capítulos posteriores.

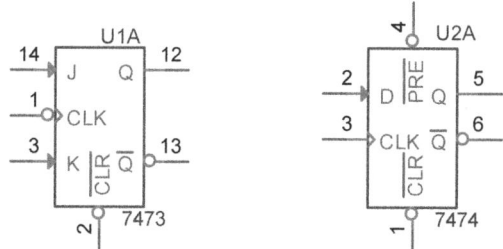

Figura 12.1   U1A: un biestable J – K del CI 7473. U2A: un biestable D del CI 7474.

Como puede verse, los dos biestables cuentan con sendas entradas de borrado CLR activas a nivel bajo, que fuerzan un 0 lógico en sus respectivas salidas Q cuando CLR es asertiva. Además, el CI 7474 dispone de una entrada adicional de estableci-miento PRE, igualmente activa a nivel bajo, que garantiza un 1 lógico en las salidas Q de los dos biestables si PRE es asertiva. La tabla 12.1 recopila tres importantes parámetros de temporización de estos biestables publicados por Fairchild Semicon-ductor para dispositivos de la subfamilia TTL estándar, que resultarán útiles en la

---

[4] Una descripción más detallada de los biestables J – K contenidos en el CI 7473 se describe en el capítulo 14, donde se comparan con los biestables más evolucionados disparados por flanco negativo integrados en el CI 74LS73A.

sección dedicada al análisis de la respuesta de los contadores mediante simulación. Como puede verse, los tres coinciden en ambos biestables. Otro fabricante destacado, como es Texas Instruments, publica valores máximos idénticos para estos parámetros.

Tabla 12.1 Selección de parámetros temporales de los biestables contenidos en los CI 7473 y 7474 pertenecientes a la subfamilia TTL estándar (para $V_{CC} = 5$ V, $T_A = 25$ ºC). f_{max}: valor mínimo garantizable de la frecuencia máxima de funcionamiento. t_{pHL} y t_{pLH}: retardos de propagación máximos medidos desde la entrada de reloj CLK hasta Q o bien $\overline{Q}$. Especificaciones técnicas extraídas de [7473] y [7474].

Biestable	Fabricante	f_{max} (MHz)	t_{pHL} (ns)	t_{pLH} (ns)	Condiciones de carga
7473	Fairchild				$R_L = 0,4$ kΩ
7474	Semiconductor	15	40	25	$C_L = 15$ pF

12.2 Dos implementaciones de un contador de rizo

Teniendo en cuenta que la salida de un biestable T responde como un divisor de frecuencia por dos de su señal de reloj[5], dicho biestable resulta idóneo en el diseño de las diferentes etapas de un contador de rizo binario. En el caso de un contador módulo 8 se necesitan tres de estos biestables, uno por cada bit del contador.

12.2.1 Contador módulo 8 diseñado con biestables J – K

En el caso de construir los biestables T a partir de los biestables J – K presentes en el CI 7473, basta con llevar las entradas J y K de los tres biestables necesarios a la tensión de alimentación para garantizar un estado lógico alto en ambas entradas. Conectando seguidamente la salida Q de cada biestable T con la entrada de reloj CLK del siguiente, como indica la figura 12.2, se tiene resuelto el diseño de un contador asíncrono de 3 bits, Q2 - Q0, sin emplear lógica combinacional adicional.

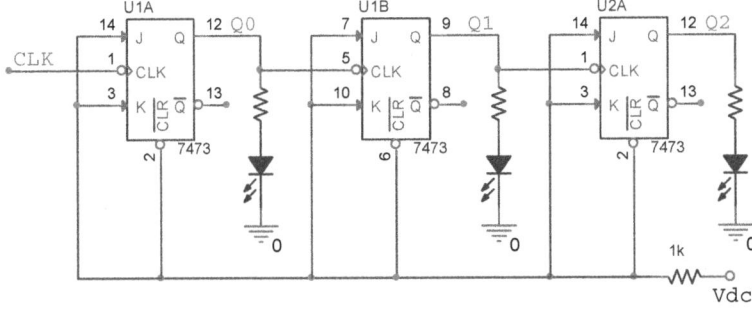

Figura 12.2 Diseño de un contador asíncrono módulo 8 con biestables J – K.

---

[5] El nombre T viene del inglés *toggle*, que significa conmutar.

12.2.2 Contador módulo 8 diseñado con biestables D

Una segunda opción consiste en construir los tres biestables T necesarios mediante biestables D, conectando para ello sus salidas complementadas $\overline{Q}$ con sus respectivas entradas de datos D. El circuito contador resultante se muestra en la figura 12.3. En este diseño es la salida complementada $\overline{Q}$ de cada biestable la que se conecta con la entrada de reloj CLK del siguiente.

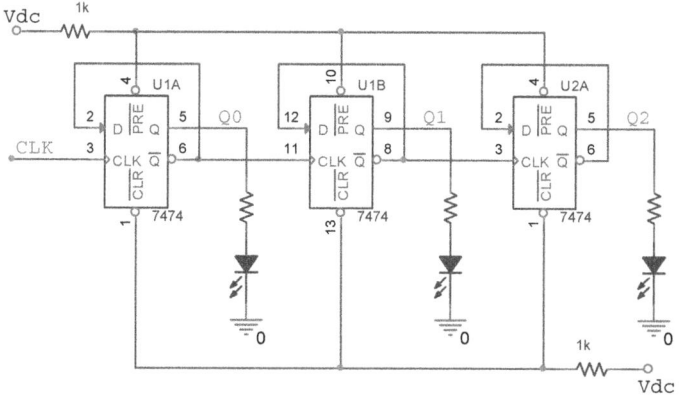

Figura 12.3   Diseño de un contador asíncrono módulo 8 con biestables D.

12.3 La problemática de los estados espurios

En los dos contadores asíncronos mostrados en la sección previa es de esperar que en su secuencia de cuenta del 0 al 7 aparezcan breves estados espurios, que surgen como consecuencia de la falta de sincronismo entre los diferentes biestables de los contadores. Aunque el tránsito por dichos estados no deseados es solo del orden de nanosegundos, como ya se mencionó en la introducción (tiempo que es consecuencia del retardo de propagación de los biestables), lo cierto es que si las salidas de cualquiera de estos contadores se usan para controlar una red combinacional, se generarán transitorios no deseados de esa misma duración que se propagarán por toda la red ([hor16], [nel21]).

Si, alternativamente, los estados del contador se decodifican, aquellos estados que son espurios se manifestarán como breves picos de tensión en la salida correspondiente del decodificador. Esto tiene el riesgo potencial de excitar la circuitería conectada a dichas salidas sin pretenderlo, lo que puede ser un problema dependiendo de la aplicación. Si las salidas del decodificador se conectan a dispositivos tales como un led o un pequeño motor de continua, la presencia de una breve interferencia no tendrá mayores consecuencias. Por el contrario, si dichas salidas se encuentran conectadas a circuitos susceptibles de memorizar cambios momentáneos en su entrada, como es el caso de un biestable $S - R$, una breve interferencia de tan solo algunos nanosegundos puede llegar a ser suficiente para provocar un cambio de estado perdurable en el biestable.

Conviene añadir que la decodificación de estados en un contador síncrono no está exenta de esta problemática, puesto que la aparición de interferencias no es achacable exclusivamente a la existencia de estados espurios típicos de los contadores asíncronos. También lo es a la propia naturaleza del decodificador, caracterizada por diversos caminos de señal que dan lugar a diferentes retardos con independencia de la realización física escogida para implementar la decodificación. Por fortuna, existen varias soluciones para garantizar salidas decodificadas sin interferencias si una aplicación determinada así lo requiere. Dichas soluciones se expondrán en el capítulo 17, dedicado a la decodificación de estados en contadores.

En cualquier caso, y como se apuntó en la introducción, la clave para garantizar la robustez de un diseño basado en contadores asíncronos pasa por examinar sus salidas periódicamente en uno de los dos flancos de la señal de reloj. Una forma de conseguirlo es recurrir a biestables D sincronizados con el flanco ascendente del reloj y conectados a cada una de las salidas del contador, como ilustran las figuras 12.4 y 12.5 para las dos variantes propuestas del contador módulo 8. Ambos contadores se disponen ahora en vertical para facilitar el conexionado de los tres biestables D añadidos. La denominación escogida para identificar las señales adicionales como RQ2 - RQ0 pretende indicar que el conjunto de dichos biestables, al compartir la señal de reloj CLK, constituyen en realidad un registro de 3 bits.

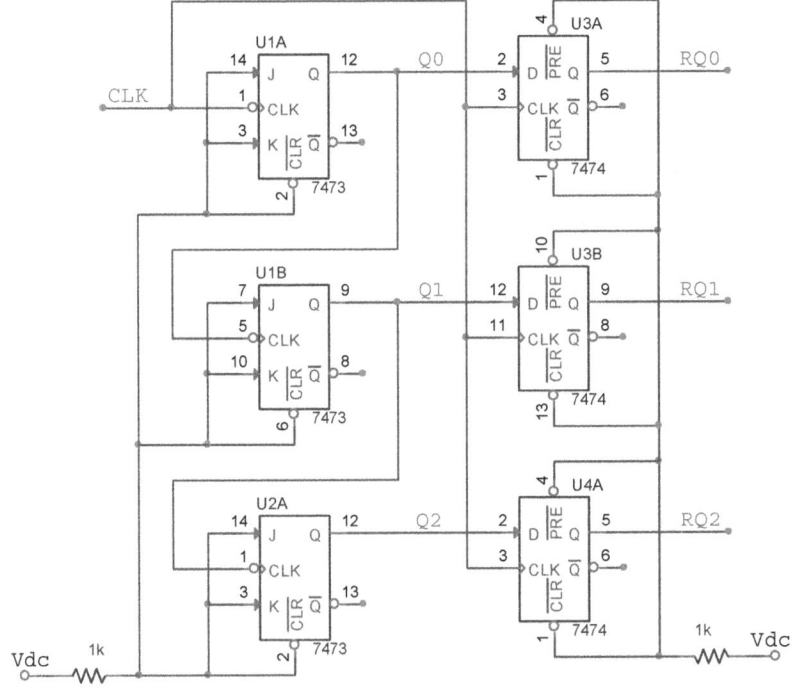

Figura 12.4 El uso de un registro de 3 bits garantiza que las salidas Q2 - Q0 del contador módulo 8 construido con biestables J – K se examinen solo en el flanco ascendente de la señal de reloj.

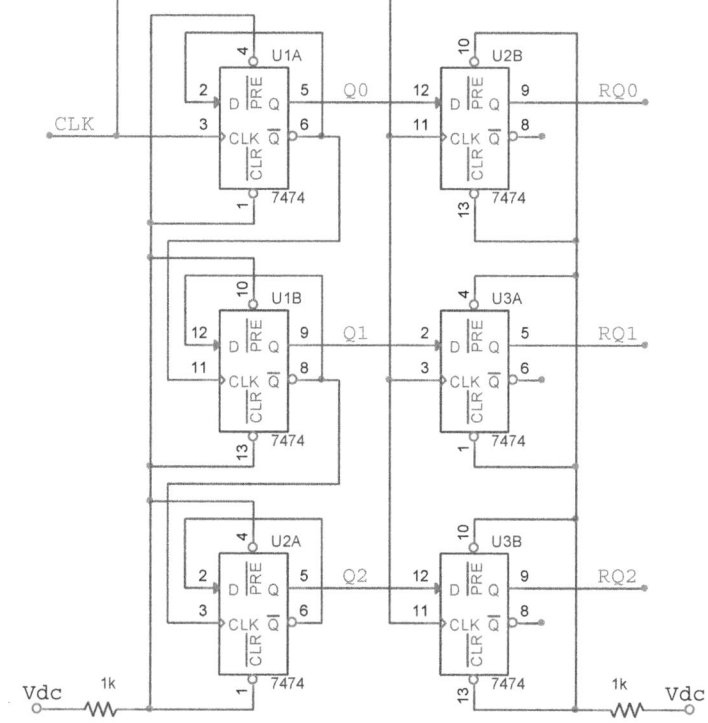

Figura 12.5 El uso de un registro de 3 bits garantiza que las salidas Q2-Q0 del contador módulo 8 construido con biestables D se examinen solo en el flanco ascendente de la señal de reloj.

12.4 Simulación

El correcto funcionamiento de las dos implementaciones propuestas se va a verificar ejecutando simulaciones con un período de reloj T_{CLK} de un segundo. Seguidamente se reducirá el período lo suficiente en ambos circuitos como para poder identificar visualmente en los cronogramas resultantes la ausencia de sincronismo entre las tres salidas Q2-Q0 de cada uno de los dos contadores, así como la influencia que ejerce el registro construido con biestables D en las formas de onda resultantes RQ2-RQ0. En todas las simulaciones el estado inicial de los biestables es un 0 lógico.

12.4.1 Respuesta del contador diseñado con biestables J – K

El diseño del contador implementado con biestables J – K adaptado para simulación se muestra en la figura 12.6. Ejecutando una simulación durante 10 s se recorren los ocho estados de cuenta del 0 al 7 y se reinicia la secuencia de nuevo, como refleja el cronograma de la figura 12.7. Como puede verse, la frecuencia de la forma de onda en la salida Q0 es la mitad de la frecuencia de la señal de reloj, que es de 1 Hz, efectuándose las transiciones de Q0 siempre en los flancos descendentes del reloj.

A su vez, la frecuencia de Q1 es la mitad de la de Q0, y lo mismo sucede con la frecuencia de Q2 con respecto a la de Q1.

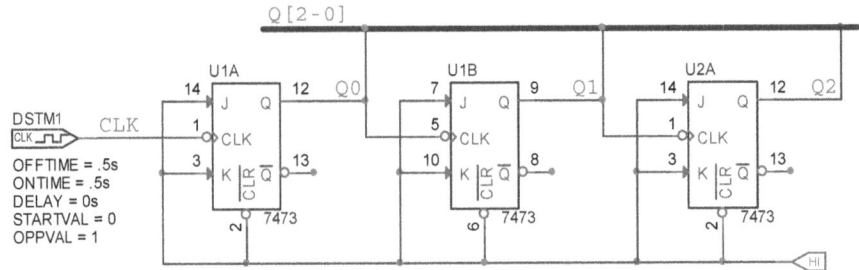

Figura 12.6   Contador asíncrono módulo 8 con biestables J – K adaptado para simulación.

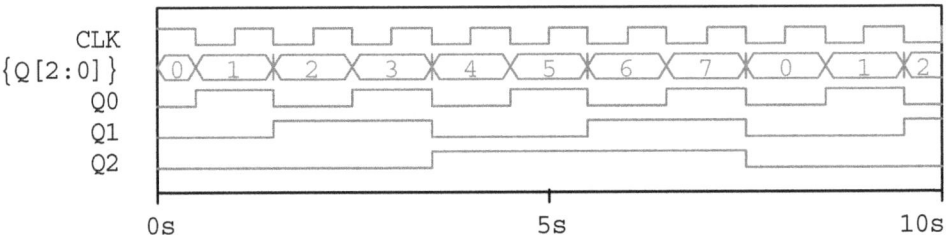

Figura 12.7   Secuencia de cuenta del contador de la figura 12.6. $T_{CLK} = 1$ s.

Una segunda simulación, ejecutada esta vez durante 1 µs con un período de reloj T_{CLK} de tan solo 100 ns, pone de manifiesto que el retardo que se va acumulando en las formas de onda de las tres salidas, desde Q0 hasta Q2, se traduce en la aparición de estados espurios intercalados entre los estados correctos de la secuencia de cuenta, que son perfectamente reconocibles en el cronograma de la figura 12.8.

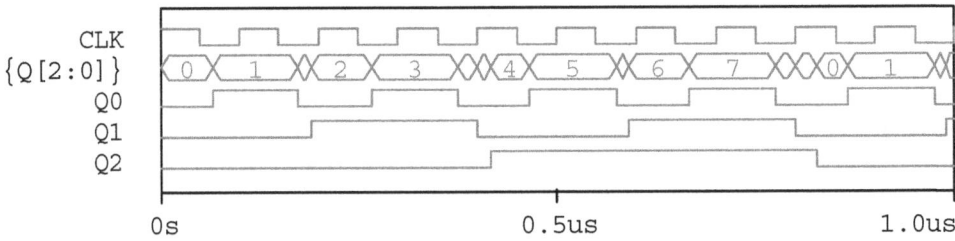

Figura 12.8   Secuencia de cuenta del contador de la figura 12.6. $T_{CLK} = 100$ ns.

El retardo total acumulado tiene que ser necesariamente inferior al período de la señal de reloj T_{CLK} para garantizar el correcto funcionamiento del contador, lo que en este caso no constituye un problema. Con el período de reloj escogido, que supone una frecuencia de funcionamiento de 10 MHz, se aprecian además con claridad en las tres formas de onda de las salidas Q2-Q0 los distintos retardos de propagación t_{pHL} y t_{pLH} de los biestables J – K del CI 7473. La duración de dichos retardos está en consonancia con los valores mostrados en la tabla 12.1.

Inspeccionando detenidamente las formas de onda Q2-Q0 del cronograma es posible identificar los estados espurios que surgen de forma breve entre los correctos. Resaltando dichos estados con negrita, la secuencia completa por la que transita cíclicamente el contador es la siguiente: 0-1-**0**-2-3-**2**-**0**-4-5-**4**-6-7-**6**-**4**. Del cronograma se infiere que la duración de los estados espurios es variable y que, además, condiciona la duración de los estados correctos, que resulta ser igualmente variable.

En cualquier caso, y a pesar de la existencia de estados espurios, es importante insistir en el hecho de que su presencia no es en absoluto problemática en un circuito bien diseñado en el que el estado del contador se examina en el flanco activo del reloj. Además, si en un diseño determinado lo que se persigue únicamente es contar con un divisor de frecuencia de la señal de reloj, sin importar el desfase con esta, un contador de rizo como el mostrado es una muy buena elección que destaca especialmente por su simplicidad ([hor16]).

12.4.1.1 Filtrado de los estados espurios mediante registro

Veamos seguidamente el efecto que tiene conectar las entradas de datos D de un registro de 3 bits a las líneas de salida del contador. El circuito adaptado para simulación, con un período T_{CLK} de 200 ns, se representa en la figura 12.9.

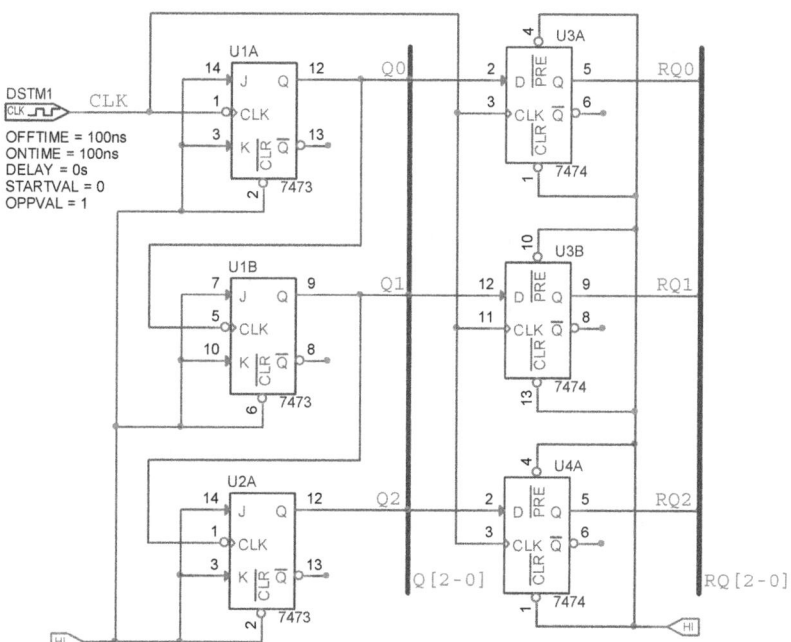

Figura 12.9   Contador con registro de la figura 12.4 adaptado para simulación. T_{CLK} = 200 ns.

Las formas de onda resultantes se muestran en la figura 12.10.

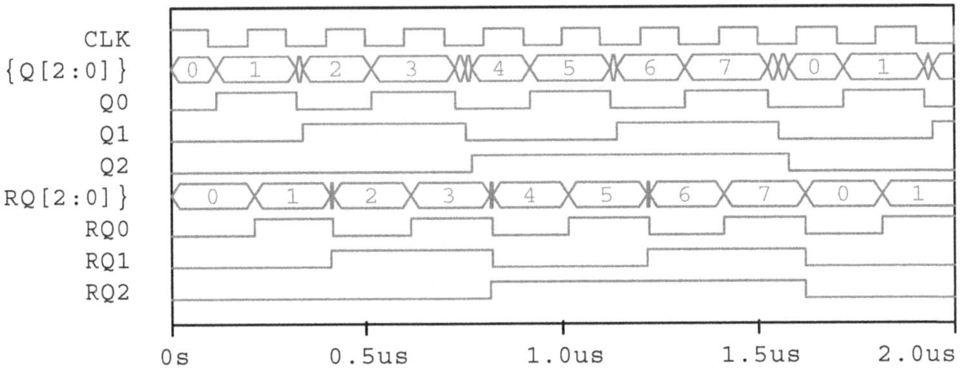

Figura 12.10   Secuencia de cuenta del contador con registro de la figura 12.9.

Lo primero que destaca del cronograma obtenido es que la secuencia de cuenta entregada por el registro, dada por RQ[2:0], se encuentra retrasada medio ciclo de reloj con respecto a la secuencia del contador Q[2:0]. Este retraso es consecuencia del diferente flanco con el que se disparan los biestables del contador y del registro (flanco negativo en el caso del contador y flanco positivo en el registro). Por otro lado, si bien el sincronismo de los tres biestables del registro no consigue anular del todo la existencia de estados espurios, es innegable que tanto su número como sobre todo su duración se reduce de forma muy notable. De hecho, la razón que justifica la presencia residual de algunos de dichos estados se debe a la diferencia de 15 ns existente entre los retardos de propagación t_{pHL} y t_{pLH} de los biestables D presentes en el CI 7474 (véase la tabla 12.1), que impide una perfecta sincronización en algunas de las transiciones efectuadas por las salidas RQ2-RQ0 del registro[6]. Esta falta de simultaneidad se aprecia especialmente bien sobre el cronograma en el tránsito entre los estados 3 y 4, puesto que RQ2, al pasar de 0 a 1 en un tiempo t_{pLH} de 25 ns, se adelanta ligeramente a RQ0 y a RQ1, que pasan de 1 a 0 en un tiempo t_{pHL} de 40 ns. Por el contrario, en el tránsito entre los estados 7 y 0 no hay rastro de los dos estados espurios consecutivos que se ven en Q[2:0], simplemente porque

---

[6] La diferencia de 15 ns en los retardos de propagación t_{pHL} y t_{pLH} es característica del biestable 7474 de la subfamilia TTL estándar y no es generalizable a otras tecnologías de fabricación, como es el caso de las correspondientes a las subfamilias TTL LS y CMOS HCT, que se indican seguidamente a efectos comparativos. En el biestable 74LS74 dicha diferencia es a lo sumo de 5 ns bajo determinadas condiciones de carga (C_L = 15 pF), llegando a ser nula si C_L = 50 pF, donde tanto t_{pHL} como t_{pLH} coinciden y su valor es de 35 ns ([74LS74]). El caso del 74HCT74 es muy similar, puesto que en este dispositivo ambos parámetros coinciden sin excepción para todas las pruebas realizadas sobre una única carga capacitiva de 50 pF. Los valores publicados por el fabricante difieren considerablemente dependiendo de si se trata de valores típicos (18 ns) o máximos (44 ns) ([74HCT74]).

las tres formas de onda RQ2-RQ0 pasan simultáneamente de 1 a 0 y, por tanto, el retardo involucrado es el correspondiente a t_{pHL} en los tres casos.

12.4.2 Respuesta del contador diseñado con biestables D

El diseño del contador implementado con biestables D adaptado para simulación y el cronograma correspondiente, obtenido con un período de reloj de un segundo, se muestran en las figuras 12.11 y 12.12 respectivamente.

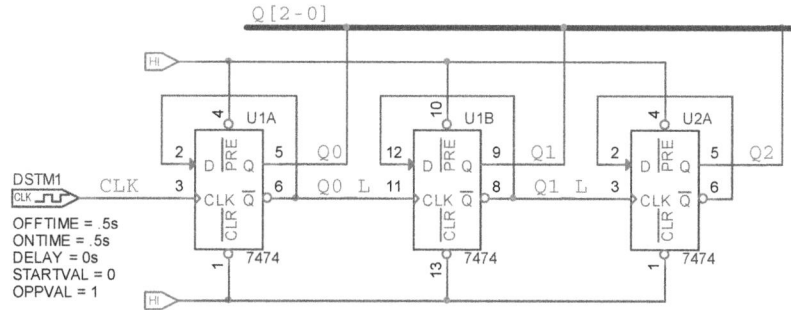

Figura 12.11   Contador asíncrono módulo 8 con biestables D adaptado para simulación.

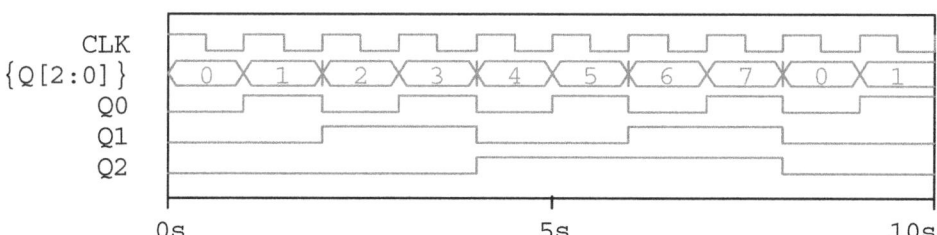

Figura 12.12   Secuencia de cuenta del contador de la figura 12.11. $T_{CLK} = 1$ s.

Si bien la secuencia de cuenta resultante coincide plenamente con la del contador implementado previamente con biestables J – K, la dinámica de funcionamiento en ambos contadores es diferente, puesto que, al emplear ahora biestables D, las formas de onda Q2-Q0 efectúan sus cambios tras la llegada del flanco ascendente del reloj.

Reduciendo de nuevo el período de la señal de reloj T_{CLK} a 100 ns se reproduce la misma secuencia de estados que en el caso anterior, dada por 0-1-**0**-2-3-**2**-0-4-5-**4**-6-7-**6**-4 (aunque, como se desprende del cronograma de la figura 12.13, la duración de los estados espurios es ahora visiblemente menor). La menor duración de dichos estados en esta variante concreta no es una consecuencia de haber implementado el contador con biestables D del CI 7474, como podría pensarse en un principio, ya que sus retardos de propagación t_{pHL} y t_{pLH} coinciden exactamente con los retardos correspondientes de los biestables J – K del CI 7473. Más bien, los estados espurios

235

se extinguen antes simplemente por el hecho de haber sincronizado dos de los tres biestables del contador con las salidas complementadas $\overline{Q}$ correspondientes, que dan lugar a las señales Q0_L y Q1_L.

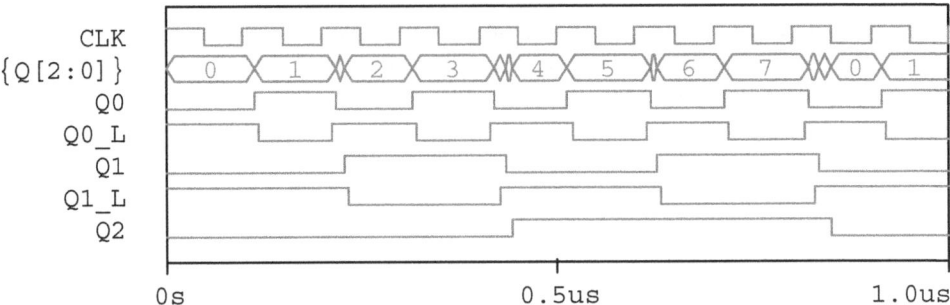

Figura 12.13 Secuencia de cuenta del contador de la figura 12.11. $T_{CLK} = 100$ ns.

Por otro lado, los diferentes retardos de propagación t_{pHL} y t_{pLH} de los biestables D del CI 7474 se manifiestan en las cinco formas de onda representadas en el cronograma, y su duración vuelve a estar en consonancia con los valores mostrados en la tabla 12.1 en todos los casos. Obsérvese, además, que las formas de onda complementarias Q0 y Q0_L no siguen exactamente la misma temporización debido precisamente a la distinta duración de dichos retardos. Lo mismo puede decirse de las formas de onda Q1 y Q1_L.

12.4.2.1 Filtrado de los estados espurios mediante registro

Resta por analizar la influencia del registro sobre las formas de onda Q2 - Q0 en este segundo caso. El circuito adaptado para simulación y las correspondientes formas de onda se muestran en las figuras 12.14 y 12.15 respectivamente, donde el período T_{CLK} se ha fijado en 100 ns.

Debido a que tanto los biestables del contador como los del registro se disparan en el flanco ascendente del reloj, la secuencia de cuenta obtenida a la salida del registro se encuentra retrasada un ciclo completo de reloj respecto de la secuencia a la salida del contador. El análisis de las formas de onda resultantes es análogo al realizado anteriormente con la implementación del contador mediante biestables J − K. En el presente caso, y debido a que el período T_{CLK} escogido en la simulación es la mitad, se percibe con más facilidad que antes la deficiente eliminación de los estados espurios, que son claramente perceptibles en el cronograma. Su presencia es, de nuevo, una consecuencia de la diferencia de 15 ns entre los retardos de propagación t_{pHL} y t_{pLH} de los biestables D contenidos en el CI 7474.

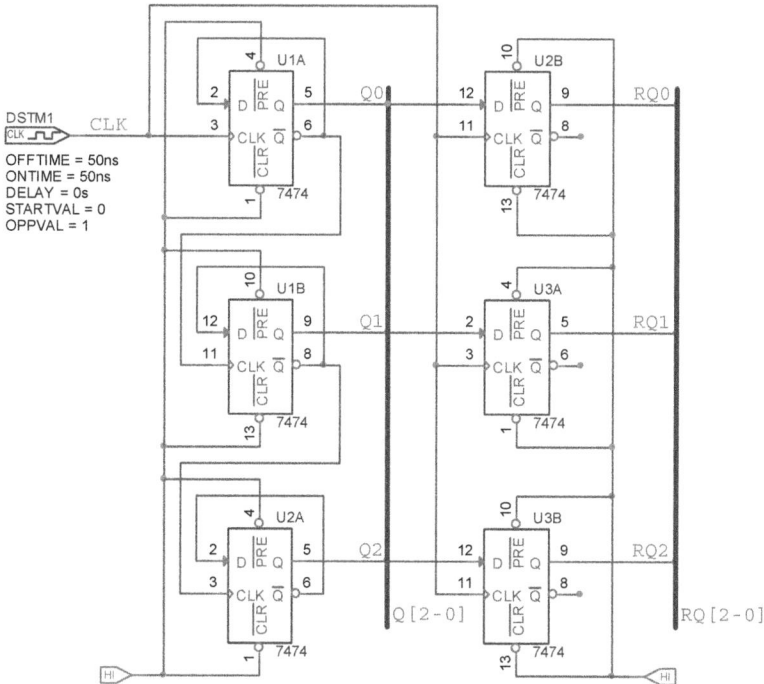

Figura 12.14   Contador con registro de la figura 12.5 adaptado para simulación. $T_{CLK} = 100$ ns.

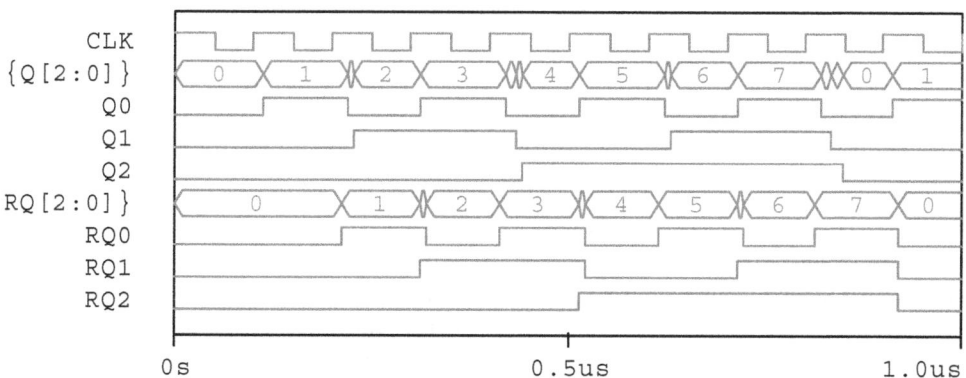

Figura 12.15   Secuencia de cuenta del contador con registro de la figura 12.14.

12.5 Componentes

Circuito de reloj (T_{CLK} = 1,4 s)

Circuitos integrados

555 (1x).

Resistencias

270 Ω (1x), 47 kΩ (1x), 1 MΩ (1x).

Condensadores

10 nF (1x), 1 µF (1x).

Diodos

Ledes (1x).

Contadores asíncronos módulo 8

Circuitos integrados

74LS73 (2x). CI TTL con dos biestables J – K disparados por flanco negativo.
74LS74 (2x). CI TTL con dos biestables D disparados por flanco positivo.

Resistencias

270 Ω (3x), 1 kΩ (1x).

Diodos

Ledes (3x).

12.6 Verificación experimental

Con la frecuencia de reloj escogida cercana a 1 Hz no es posible visualizar los estados espurios mediante ledes. Los montajes experimentales propuestos están enfocados a seguir visualmente la secuencia de cuenta cíclica de ocho estados correctos con los dos contadores estudiados en el capítulo, sin añadir los registros.

Procedimiento

1. Montar el contador implementado con biestables J – K de la figura 12.2 con alimentación de 5 V, utilizando un 555 para generar una señal de reloj con un período de 1,4 s.

2. Comprobar la secuencia de cuenta esperada inspeccionando el estado de los ledes. Estos deberán encenderse coincidiendo con el flanco descendente de la señal de reloj.

3. Reproducir el procedimiento mediante el contador implementado con biestables D de la figura 12.3. Si el montaje es correcto, en este caso los ledes se encenderán tras llegar el flanco ascendente de la señal de reloj.

12.7 Ejercicios y cuestiones de refuerzo

a) Partiendo de la ecuación característica del biestable $J - K$ demuestra que, cuando dichas entradas son simultáneamente un 1 lógico, el biestable adopta la funcionalidad de un biestable T.

b) Verifica, con el contador basado en biestables D de la figura 12.3, que una forma inmediata de invertir el sentido de la cuenta consiste en monitorizar las salidas complementadas $\overline{Q}$ de los tres biestables en lugar de sus salidas Q.

c) Verifica, con el mismo contador de la cuestión anterior, que una forma alternativa de obtener una secuencia de cuenta descendente consiste en cablear las entradas de reloj de los biestables con las salidas correspondientes Q en lugar de hacerlo con las salidas complementadas $\overline{Q}$. Concretamente, se trata de conectar las entradas de reloj de los biestables U1B y U2A con las salidas $Q0$ y $Q1$, respectivamente.

d) En las dos implementaciones propuestas del contador de rizo de 3 bits se ha obtenido la secuencia de cuenta siguiente, que incluye los estados espurios en negrita: 0-1-**0**-2-3-**2**-**0**-4-5-**4**-6-7-**6**-**4**. Identifica mediante una simulación los estados espurios en la secuencia de cuenta de un contador de rizo de 4 bits.

13

Contador de rizo módulo 8 con el 74x90

13.1 Introducción

Tras un primer acercamiento a los contadores asíncronos o de rizo en el capítulo anterior, se propone ahora estudiar un segundo contador de rizo más sofisticado basado en el CI 74x90, un chip MSI de 14 pines en cuya estructura interna se pueden identificar cuatro biestables y cierta lógica adicional. Estos elementos se encuentran conectados internamente entre sí de una forma muy peculiar, dando lugar a un contador módulo 2 implementado con uno de los biestables y a un segundo contador módulo 5 que hace uso de los tres restantes (con el conexionado pertinente para reducir su módulo natural de 8 a 5). El 74x90 es un contador de 4 bits Q_A, Q_B, Q_C y Q_D configurable para poder realizar las dos secuencias de cuenta por décadas correspondientes a los códigos ponderados BCD natural y BCD 5421, o biquinario. Además, también es capaz de funcionar como divisor de frecuencia por dos si se inhabilita el contador módulo 5, o bien como divisor de frecuencia por cinco, inhabilitando en este caso el contador módulo 2.

La figura 13.1 muestra el símbolo lógico del CI 7490A perteneciente a la subfamilia TTL estándar. Cabe observar que las dos entradas de reloj son activas a nivel bajo.

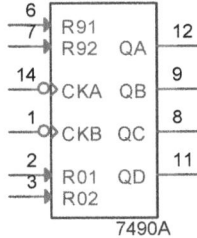

Figura 13.1   Contador de 4 bits 7490A.

La descripción de sus 14 pines es la siguiente, con la notación empleada en las especificaciones técnicas del fabricante ([74LS90-F])[1]:

- Pin 5: V_{CC}
- Pin 10: GND
- Pin 14: entrada de reloj INPUT A (contador interno de módulo 2).
- Pin 1: entrada de reloj INPUT B (contador interno de módulo 5).
- Pines 12, 9, 8, 11: bits de cuenta QA, QB, QC y QD, respectivamente. QD representa el MSB y QA el LSB.
- Pines 2, 3, 6, 7: entradas de reinicio a 0 R0(1) y R0(2) y de puesta a 9 R9(1) y R9(2). Distintas combinaciones de estas cuatro entradas habilitan o inhabilitan la cuenta, provocando una salida determinada de acuerdo con la tabla de verdad suministrada por el fabricante.
- Pines 4, 13: sin uso.

Este contador puede alcanzar una frecuencia de cuenta máxima de 42 MHz para la subfamilia TTL-LS ([74LS90-F], [74LS90-M]). La tabla 13.1 agrupa los valores mínimos de la frecuencia máxima de reloj aplicada en sus dos entradas INPUT A e INPUT B, publicados por tres fabricantes diferentes, y dos subfamilias TTL (la TTL estándar para el 7490A y la TTL-LS para el 74LS90). De la tabla se desprende que la frecuencia máxima de la señal aplicada en la entrada de reloj INPUT A siempre es el doble que la de INPUT B, con independencia de las condiciones de carga.

---

[1] La notación empleada para identificar los pines de un CI suele depender del fabricante, como puede comprobarse para el 74x90 comparando las especificaciones técnicas de Fairchild Semiconductor [74LS90-F] con las de Motorola [74LS90-M] y de ETC [74x90]. Por ejemplo, las dos entradas de reloj denotadas en [74LS90-F] como INPUT A e INPUT B reciben el nombre de $\overline{CP0}$ y $\overline{CP1}$ en [74LS90-M] y también en [74x90]. En cualquier caso, las discrepancias entre fabricantes afectan únicamente a la denominación de los pines; la funcionalidad de cada uno de ellos es común ya que se trata del mismo dispositivo.

Esto tiene que ver con el hecho de que el bit QA, controlado por INPUT A, es el menos significativo de los cuatro bits del contador. Además, para idénticas condiciones de carga los valores publicados coinciden para las dos subfamilias TTL.

Tabla 13.1 Valores mínimos de la frecuencia máxima de reloj del contador asíncrono 74x90 (V_{CC} = 5 V, T_A = 25 ºC) para las dos subfamilias lógicas TTL estándar y TTL LS. Especificaciones técnicas extraídas de [74x90], [74LS90-F] y [74LS90-M].

Contador	Fabricante	f_{max} (MHz)		Condiciones de carga
		INPUT A	INPUT B	
7490A	ETC	32	16	R_L = 0,4 kΩ, C_L = 15 pF
74LS90				C_L = 15 pF
DM74LS90	Fairchild Semiconductor	32	16	R_L = 2 kΩ, C_L = 15 pF
		20	10	R_L = 2 kΩ, C_L = 50 pF
74LS90	Motorola	32	16	C_L = 15 pF

El circuito lógico representado en la figura 13.2 es una réplica simplificada del 74x90 construida con los biestables J – K integrados en el CI 7473. Si se inspecciona su estructura interna es posible distinguir, por un lado, el contador módulo 2 de un bit mencionado en la descripción de sus pines, que está formado por el biestable U1A asociado al bit QA; y por otro, el contador módulo 5 de 3 bits, constituido por los tres biestables restantes. Hay que mencionar que las entradas J y K sin conectar se encuentran funcionalmente en un estado lógico alto. Por esta razón, el biestable U1A funciona como un biestable T y genera en su salida QA una señal cuya frecuencia es la mitad que la de la señal de reloj INPUT A, como corresponde al comportamiento de dicho biestable. Se tiene, por lo tanto, un divisor de frecuencia por dos.

Por lo que respecta al contador módulo 5 correspondiente a los bits de cuenta QD, QC y QB, cabe destacar que no obedece exactamente al esquema de un contador síncrono caracterizado por una entrada de reloj común a todos sus biestables. En lugar de esto, la entrada de reloj del biestable asociado al bit QC es excitada por la salida QB, mientras que los biestables asociados a los bits QB y QD sí comparten la entrada de reloj INPUT B. Se trata, pues, de un contador de naturaleza asíncrona en el que se puede identificar en una parte de su estructura interna el conexionado característico de un contador de rizo y, como tal, es de esperar que en sus secuencias de cuenta surjan estados espurios, al igual que sucedió en las dos implementaciones del contador asíncrono analizado en el capítulo anterior.

Otros contadores asíncronos modulares comercialmente disponibles se describen brevemente en la tabla 13.2, donde figuran además algunas referencias que pueden venir bien para complementar la información técnica suministrada por los fabricantes en sus hojas de características. El contador módulo 5 integrado en el 74x90 es sustituido por un contador módulo 6 en el 74x92 y por un contador módulo 8 en el 74x93 ([74LS90-M]).

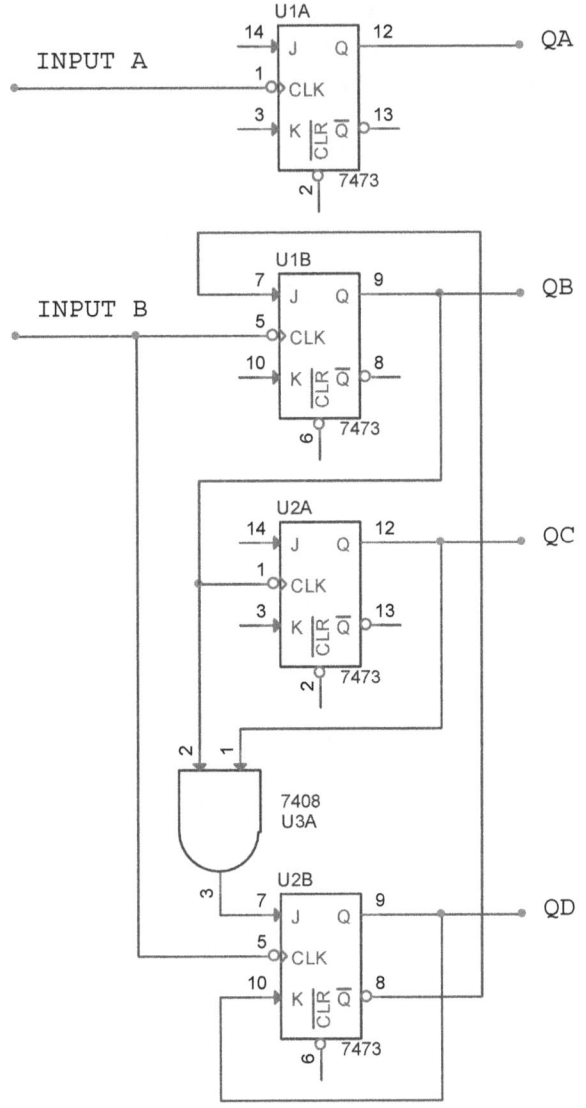

Figura 13.2 Circuito lógico simplificado del CI 74x90. Las entradas J y K sin conectar se encuentran funcionalmente en un estado lógico alto. La lógica adicional de borrado de los biestables no se muestra. (Adaptada de [74LS90-F]).

Al igual que el 74x90, muchos de los contadores de la tabla 13.2 cuentan con dos entradas de reloj. Sus entradas de borrado, además, resultan útiles para conseguir secuencias de cuenta diferentes a las indicadas en la tabla, sin más que decodificar ciertos estados. Un ejemplo es un contador de décadas (secuencia entre el 0 y el 9, o BCD) implementado con el 74x93, que se obtiene tras decodificar el estado decimal 10 y activar seguidamente un borrado asíncrono ([flo16]).

Tabla 13.2   Selección de contadores asíncronos y sus principales características.

Contador	Características
74x90	Contador de 4 bits módulo 2, módulo 5 o módulo 10 con entrada de borrado asíncrona ([fle80],[god04],[lea11],[mal93],[tau83],[74LS90-F], [74LS90-M])
74x92	Contador de 4 bits módulo 2, módulo 6 o módulo 12 con entrada de borrado asíncrona ([ach10],[fle80],[lea11], [mal93],[nel96],[tau83])
74x93	Contador de 4 bits módulo 2, módulo 8 o módulo 16 con entrada de borrado asíncrona ([ach10],[bla05],[bog92],[buc09],[fle80],[flo16],[gil95], [lea11], [mal93],[tau83],[tok08])
74x176	Contador de 4 bits módulo 2, módulo 5 o módulo 10 con entradas asíncronas de borrado y de carga de 4 bits ([fle80],[nel96])
74x177	Versión ampliada del 74x293 al añadir una carga asíncrona de 4 bits ([fle80],[nel96])
74x196	Contador de 4 bits módulo 2, módulo 5 o módulo 10 con entradas de establecimiento y de carga ([gil95])
74x197	Contador de 4 bits módulo 2, módulo 8 o módulo 16 con entradas de establecimiento y de carga ([gil95])
74x293	Estructura interna idéntica al 74x93 ([nel96],[toc07])
74x390	Contador BCD con entrada de borrado asíncrona ([fle80],[hor89])
74x393	Contador binario de 4 bits con entrada de borrado asíncrona ([fle80], [tok08])
74x4024	Contador binario de 7 bits con entrada de borrado asíncrona. Solo disponible en tecnología CMOS ([bog92],[toc03])
74x4040	Contador binario de 12 bits con entrada de borrado. Solo disponible en tecnología CMOS ([hor16],[gil95],[toc03])
74x4060	Contador binario de 14 bits con entrada de borrado. Solo disponible en tecnología CMOS ([hor16])

Además del 74x90, se propone hacer uso en este capítulo de un segundo CI también de 14 pines, el 74x48, mostrado en la figura 13.3 en su versión TTL estándar.

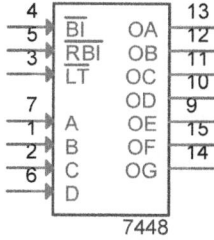

Figura 13.3   Decodificador de BCD a siete segmentos 7448.

Este CI es un circuito decodificador de código BCD a siete segmentos cuyas entradas A, B, C y D se conectarán con las salidas QA, QB, QC y QD del 74x90 para ser utilizado como interfaz que active selectivamente los diferentes segmentos de un visualizador (o *display*) de siete segmentos de cátodo común en función del estado del contador[2]. De esta forma se explora una alternativa con la que poder seguir la evolución de la cuenta sin recurrir a ledes conectados en cada una de las salidas del contador. El 74x48 dispone de siete salidas encargadas de excitar el correspondiente segmento emisor de luz del visualizador de siete segmentos. Además, cuenta con las tres entradas activas a nivel bajo BI/RBO, RBI y LT, que no son necesarias para la decodificación y, por lo tanto, se conectarán a la tensión de alimentación[3].

Un tercer circuito MSI, que se empleará únicamente en la sección dedicada a la simulación, es el registro de 4 bits 74x175. Su símbolo lógico se muestra en la figura 13.4 particularizado para la subfamilia TTL estándar. Este registro modular está constituido internamente por cuatro biestables D disparados en el flanco positivo de una señal de reloj común, y cuenta con una entrada de borrado asíncrona activa a nivel bajo denominada CLR. Además, sus salidas están duplicadas, disponiendo de cuatro salidas activas a nivel alto y de otras cuatro activas a nivel bajo. Su estructura interna se describe con detalle en [wak07].

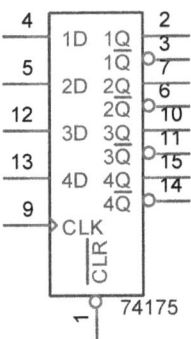

Figura 13.4   Registro de 4 bits 74175.

El CI 74x175 es una alternativa al registro utilizado en el capítulo anterior, construido a partir de la combinación de los biestables D disponibles en el CI 74x74, cuya finalidad en este caso es eliminar en buena medida los estados espurios del 74x90. Aunque no es necesario tomar esta precaución si lo que se persigue es decodificar la secuencia de cuenta con un 74x48 conectado a un visualizador, sí resulta conveniente tener en cuenta la utilidad de un 74x175 en otras aplicaciones que hagan uso de un 74x90 o algún otro contador de rizo similar.

---

[2] En la sección dedicada a las aplicaciones del decodificador del capítulo 26 se describen tanto la decodificación de BCD a siete segmentos como los tipos de visualizadores.

[3] Las entradas BI/RBO (*blanking input/ripple blanking output*), RBI (*ripple blanking input*) y LT (*lamp test*) se emplean para identificar segmentos dañados y para eliminar los ceros innecesarios en representaciones de varios dígitos ([bla05], [flo16], [gar07]).

13.2 Diseño de un contador módulo 8 con el 74x90

Utilizando el integrado 74x90 se va a diseñar un circuito contador módulo 8 con una secuencia de cuenta desde 0 hasta 7 de forma muy sencilla, sin más que cablear adecuadamente sus pines a partir de la información contenida en los modos de funcionamiento mostrados en la tabla 13.3. Dicho conexionado es el siguiente:

- Entrada de reloj INPUT A: conectar a la señal de reloj externa.
- Entrada de reloj INPUT B: conectar a la salida QA para configurar el 74x90 con una secuencia de cuenta BCD, según se indica en las especificaciones técnicas del fabricante ([74LS90-F]).
- R9(1): 0 lógico (ver la última fila de la tabla 13.3).
- R9(2): nivel lógico indiferente (ver la última fila de la tabla 13.3).
- R0(1), R0(2): conectar directamente a la salida QD para reinicializar la cuenta cuando QD pase de 0 a 1 (ver la primera fila de la tabla 13.3).

Tabla 13.3 Modos de funcionamiento del contador 74x90. Se han sombreado las dos filas que son representativas en el presente diseño.

Entradas de reinicio a 0 y de puesta a 9				Salidas			
R0(1)	R0(2)	R9(1)	R9(2)	QD	QC	QB	QA
H	H	L	X	L	L	L	L
H	H	X	L	L	L	L	L
X	X	H	H	H	L	L	H
X	L	X	L	Cuenta			
L	X	L	X	Cuenta			
L	X	X	L	Cuenta			
X	L	L	X	Cuenta			

La forma de reiniciar la secuencia consiste, por tanto, en decodificar el estado 8 y forzar inmediatamente un borrado asíncrono del contador mediante la conexión directa de la salida QD con las dos entradas de reinicio R0(1) y R0(2)[4]. En caso de desear una secuencia de cuenta diferente hay que recurrir a la misma estrategia de decodificación aplicada al estado de interés. Por ejemplo, para diseñar un contador módulo 5 con la secuencia desde 0 hasta 4 se debe decodificar el estado 5, lo que requiere conectar las salidas QA y QC indistintamente a R0(1) y a R0(2) para garantizar el reinicio asíncrono de la cuenta.

El diseño resultante, que se muestra en la figura 13.5, no requiere lógica adicional para implementar la secuencia de cuenta propuesta. Si en lugar de emplear ledes se conecta el contador 7490A cableado con el decodificador 7448, y este a su

---

[4] R0(1) y R0(2) son las dos entradas de una puerta NAND en la estructura interna del 74x90, cuya salida genera la señal de borrado de los cuatro biestables del contador.

vez directamente a un visualizador de siete segmentos de cátodo común, resulta el contador mostrado en la figura 13.6.

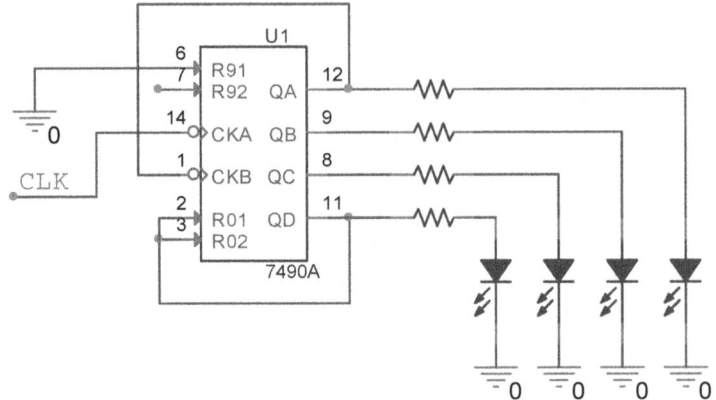

Figura 13.5 Diseño del contador módulo 8 propuesto basado en el 7490A incluyendo ledes en sus cuatro salidas para la visualización de la secuencia de cuenta.

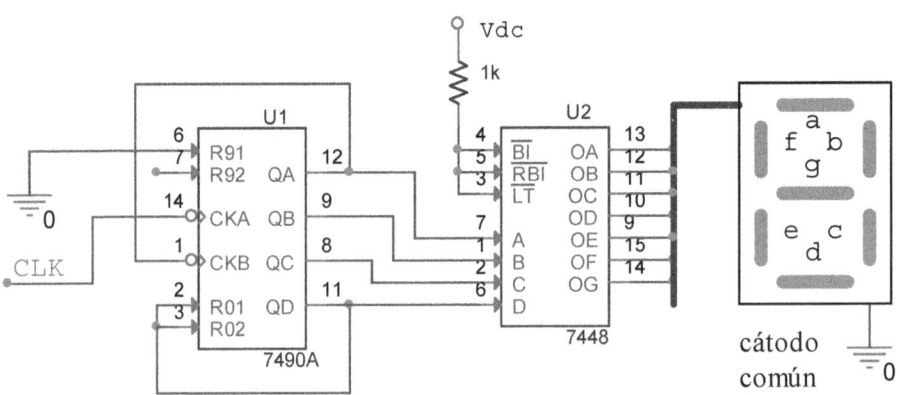

Figura 13.6 Implementación del diseño del contador módulo 8 incluyendo un visualizador de siete segmentos de cátodo común para seguir la secuencia de cuenta.

Existen comercialmente dos tipos de visualizadores basados en ledes, llamados de cátodo común y de ánodo común. Los **visualizadores de siete segmentos de cátodo común** se caracterizan porque internamente sus siete ledes están unidos por el terminal del cátodo, que debe conectarse a tierra. En los **visualizadores de siete segmentos de ánodo común** los ledes están unidos por el terminal del ánodo, que debe conectarse a V_{dc} (véase la figura 26.7 en el capítulo dedicado a las aplicaciones de la decodificación). En el diseño propuesto se hace uso de un visualizador de cátodo común y un controlador compatible con este como es el 74x48, si bien el 74x49 también sería una opción igualmente válida ([art02],[wak01]). Además, se ha realizado una conexión directa entre las salidas del 74x48 y cada uno de los terminales del visualizador, evitando así añadir resistencias limitadoras de la corriente que circula por los segmentos del visualizador. El hecho de prescindir de estas es conveniente en este caso para lograr excitar adecuadamente los diferentes segmentos, debido a que la etapa de salida del decodificador TTL 74x48 incorpora internamente resistencias de *pull-up* de 2 kΩ entre el nodo de alimentación del CI y cada una de las siete salidas ([74LS48], [lea11]). La luminosidad que se obtiene de esta forma cuando en las salidas del 74x48 hay un estado lógico alto es moderada pero suficiente, lo que permite reducir el número de componentes necesarios en el montaje experimental.

De forma alternativa, si se requiere que la luminosidad sea mayor, puede recurrirse a una etapa transistorizada que funcione como controlador de corriente, y que esté constituida por tantos transistores bipolares como segmentos tenga el visualizador ([lea11], [toc07]). Los transistores actúan como interruptores que conectan V_{CC} con cada segmento a través de una resistencia cuando la correspondiente salida del 74x48 está en estado alto, y permanecen cortados en caso contrario. Conectando dicha etapa entre el 74x48 y el visualizador se garantiza que los segmentos sean excitados con la corriente necesaria para su correcta visualización, mientras que las siete salidas del 74x48 únicamente deben aportar la corriente de base de los transistores bipolares, como ilustra la figura 13.7. Conviene apuntar que existe una forma sencilla de evitar el uso de los siete transistores discretos, y consiste en utilizar el CI 74HC4511. Este integrado resulta muy práctico porque incluye el decodificador de BCD a siete segmentos y además el mencionado controlador de corriente en un único chip, con el consiguiente ahorro de espacio ([fer01]). Está diseñado para entregar una corriente de unos 10 mA por salida, manteniendo al mismo tiempo el voltaje en sus salidas activas a 4,5 V si se aplica una tensión de alimentación externa de 5 V ([hor16]). Este dispositivo CMOS también está disponible en la subfamilia HCT compatible con TTL ([74HCT4511]).

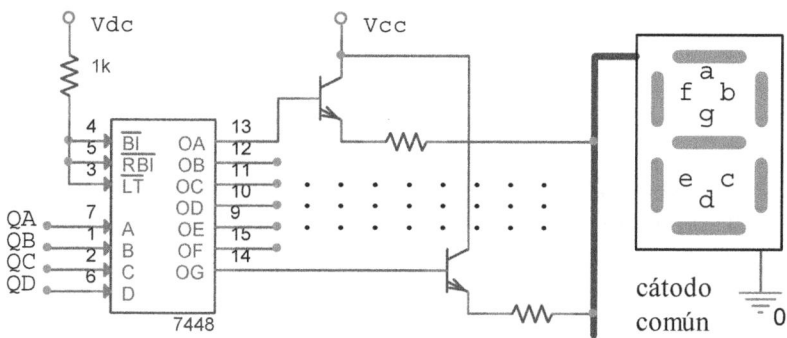

Figura 13.7 Variante del diseño que incluye una etapa transistorizada para garantizar un aporte de corriente mayor a los segmentos del visualizador. (Adaptada de [lea11]).

Si se escoge un visualizador de ánodo común, los decodificadores compatibles son el 74x46 y el 74x47, ambos incluidos en la tabla 3.1. Estos controladores disponen de salidas activas a nivel lógico bajo y, en este caso, sí conviene incluir resistencias limitadoras de la corriente entre las salidas del controlador, que actúan como sumideros de corriente, y los terminales del visualizador ([art02], [bla05], [buc09], [gil95], [lea11], [tie12], [toc07]). La capacidad de gobierno de corriente en estado bajo de estos controladores es mayor que en estado alto y, por lo tanto, el diseño no precisa aquí de una etapa transistorizada, lo que es una ventaja[5].

13.3 La problemática de los estados espurios

En el capítulo anterior se advirtió del riesgo que supone en determinados diseños digitales la existencia de estados espurios en los contadores asíncronos. Tomando como punto de partida el diseño del contador módulo 8 objeto del presente capítulo, se logra reproducir fielmente su secuencia de cuenta eliminando en buena medida dichos estados recurriendo al registro 74x175. Para ello basta con conectar tres de las cuatro entradas de datos del 74x175 a las tres salidas Q2-Q0 del 74x90, como ilustra la figura 13.8.

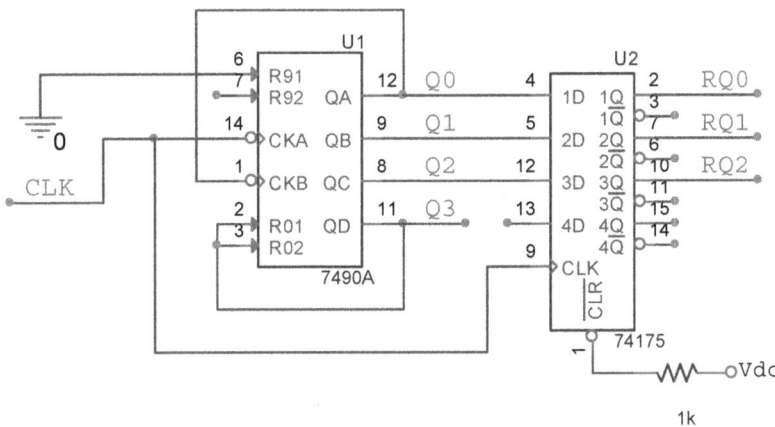

Figura 13.8 El registro 74175 garantiza que las salidas Q2-Q0 del contador módulo 8 diseñado con el 7490A se muestreen solo en el flanco ascendente de la señal de reloj.

Las salidas RQ2-RQ0 del registro son el resultado de muestrear sus respectivas entradas de datos en el flanco ascendente de la señal de reloj CLK, filtrando así los estados espurios de la secuencia de cuenta.

---

[5] Un criterio práctico para escoger un visualizador de ánodo o de cátodo común es determinar si la capacidad de gobierno de corriente del controlador escogido es suficiente para hacer circular un mínimo de unos 5 mA por sus segmentos, corriente con la que la luminosidad es aceptable en ledes convencionales de GaAsP. Puede suceder que cuando en uno de los terminales del controlador conectado a un segmento del visualizador se tenga un estado lógico bajo sí se garantice dicha corriente mínima fluyendo desde ese segmento hacia tierra a través del controlador, pero no lo haga cuando dicho terminal se encuentre en un estado lógico alto y deba entregar corriente que fluya desde un segmento dado hacia tierra. En este caso convendría optar por un visualizador de ánodo común, ya que sus segmentos se activan cuando el nivel lógico en los terminales del controlador es bajo ([art02]).

13.4 Simulación

13.4.1 Secuencia de estados del contador módulo 8

En primer lugar se verificará que el diseño propuesto del contador módulo 8 basado en el 74x90 funciona correctamente ejecutando una simulación con el circuito mostrado en la figura 13.9, en el que los biestables se han inicializado a 0 previamente.

El cronograma de la figura 13.10 representa la secuencia de cuenta de 0 a 7 que se repite una vez finalizada, como es de esperar. Cabe observar que las transiciones entre estados se producen con el flanco negativo de la señal de reloj. Como se mencionó en el diseño del contador, la entrada de reinicio R9 (2) no es necesario conectarla, aunque si se opta por hacerlo puede llevarse a un nivel lógico bajo como R9 (1). La secuencia de cuenta no resulta alterada por ello.

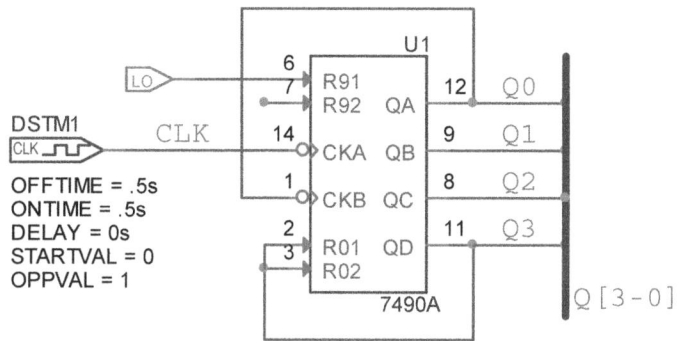

Figura 13.9   Contador módulo 8 con el 7490A adaptado para simulación.

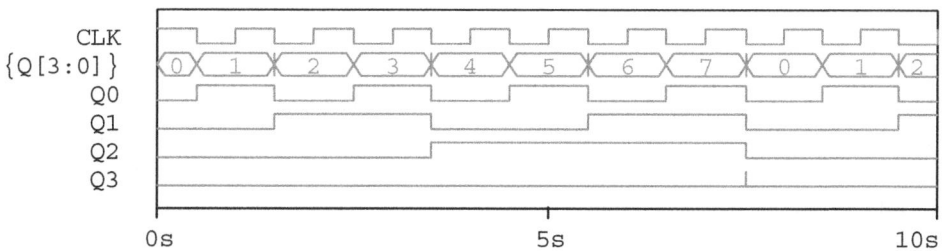

Figura 13.10   Secuencia de cuenta del contador módulo 8 de la figura 13.9. $T_{CLK} = 1$ s.

Obsérvese que, al igual que sucede con la respuesta del contador módulo 8 del capítulo anterior en cualquiera de sus dos implementaciones, cada una de las señales Q0, Q1 y Q2 funciona como un divisor de frecuencia por dos de la anterior: la frecuencia de la señal Q0 es la mitad de la frecuencia del reloj CLK, la de Q1 es la mitad de la de Q0 y la de Q2 es la mitad de la de Q1. Q3, por su parte, se mantiene en un 0 lógico durante prácticamente toda la simulación, excepto por el breve intervalo de tiempo que transcurre entre el fin de una secuencia (estado 7) y el comienzo de la siguiente (estado 0). Dicho intervalo, que es del orden de nanosegundos, puede identificarse en el cronograma en forma de un pico positivo muy estrecho, y es el tiempo que necesita el contador para reiniciarse a partir del instante en el que el par de entradas de control R0(1) y R0(2), ambas conectadas a la salida Q3, pasan de 0 a 1. Para apreciarlo con más claridad es necesario reducir considerablemente el período T_{CLK} de la señal de reloj. Asignando a T_{CLK} una duración de 100 ns (lo que se traduce en una frecuencia de funcionamiento de 10 MHz) resulta el cronograma de la figura 13.11, que además de mostrar una versión ampliada del pulso en Q3 como se perseguía, revela detalles característicos de la naturaleza asíncrona del contador que se analizan seguidamente.

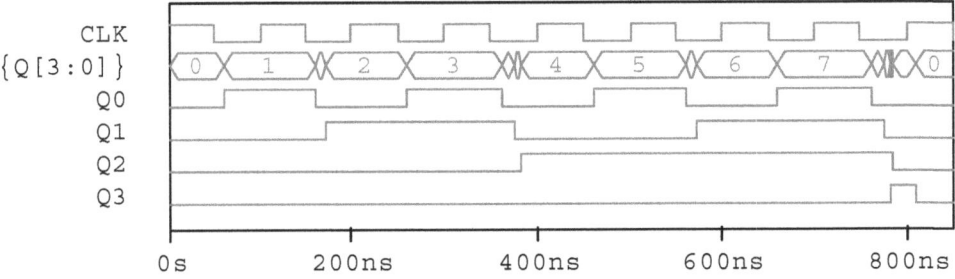

Figura 13.11   Secuencia de cuenta del contador módulo 8 de la figura 13.9. T_{CLK} = 100 ns.

Cabe destacar, en primer lugar, que la escala temporal elegida permite reconocer con facilidad el retraso que experimentan las sucesivas transiciones de la salida Q0 con respecto al flanco descendente de la señal de reloj, que coincide con el retardo de propagación del biestable J − K asociado a dicha salida. Por otro lado, la salida Q1 se encuentra a su vez retrasada con respecto a Q0 como cabía esperar, dado que externamente Q0 se conecta a la entrada de reloj del biestable J − K, que genera la salida Q1 (ver la estructura interna del 74x90 mostrada en la figura 13.2). Lo mismo sucede con la salida Q2 al compararla con Q1. La acumulación de todos estos retrasos tiene como consecuencia la aparición de numerosos estados espurios por los que el contador transita brevemente, que son fácilmente identificables en la representación del bus Q[3:0]. Dichos estados anómalos, que surgen en las transiciones entre estados correctos (1→2), (3→4), (5→6) y (7→0), pueden resultar problemáticos o no dependiendo de la aplicación, tal y como se argumentó en el capítulo anterior. Afortunadamente no constituyen problema alguno en el caso de emplear el contador para monitorizar visualmente la secuencia cíclica de cuenta mediante un visualizador de siete segmentos, como se pretende en el montaje experimental propuesto más adelante, ya que la posible excitación de los segmentos emisores de luz del visualizador en el momento de la aparición de los estados espurios se prolongaría tan solo durante unos pocos nanosegundos, un tiempo totalmente insuficiente como para ser perceptible por inspección visual. El análisis de estos estados anómalos volverá a cobrar protagonismo en el capítulo 17, en el contexto de la decodificación de los estados del 74x90 mediante el decodificador binario 74x138.

13.4.2 Filtrado de los estados espurios mediante registro

Como ya se apuntó en el apartado anterior, en determinados diseños puede resultar imprescindible la eliminación de los estados espurios generados por el contador 74x90 mediante el uso de algún tipo de registro, concretamente del registro modular 74x175, como muestra la adaptación para simulación de la figura 13.12. Las formas de onda correspondientes entregadas por la simulación se agrupan en la figura 13.13.

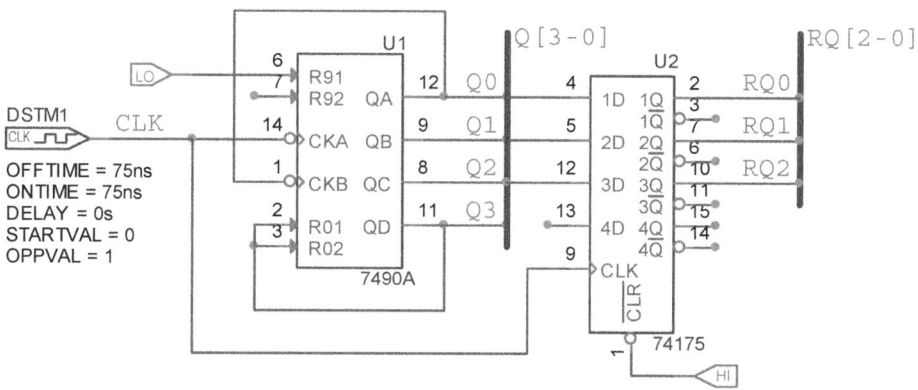

Figura 13.12 Versión adaptada para simulación del contador con registro modular mostrado en la figura 13.8. $T_{CLK} = 150$ ns.

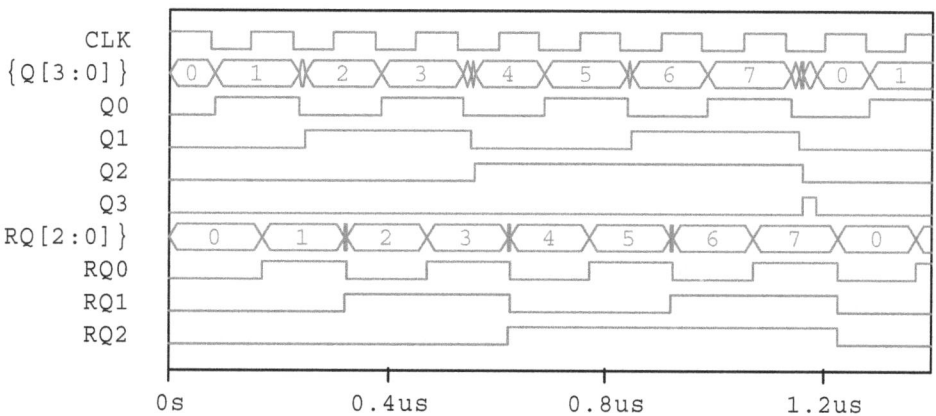

Figura 13.13 Secuencia de cuenta del contador con registro de la figura 13.12.

Como podía anticiparse, la acción del registro genera una réplica bastante bien sincronizada de las formas de onda Q2-Q0 del contador, que se encuentran retrasadas un semiperíodo de reloj respecto de estas. Esto se traduce en una reducción muy significativa de la duración de los estados espurios, llegando incluso a la total eliminación de algunos de ellos. Obsérvese que la sincronización de las formas de onda RQ2-RQ0 obtenidas con el 74175 no es del todo perfecta debido a las pequeñas diferencias existentes en los retardos de propagación t_{pHL} y t_{pLH} de los biestables del registro[6].

13.4.3 Decodificación de estados con el 7448

Seguidamente se procede a conectar el 7448 al 7490A para decodificar los estados del contador. El circuito resultante adaptado para simulación y los resultados obtenidos se muestran en las figuras 13.14 y 13.15, respectivamente.

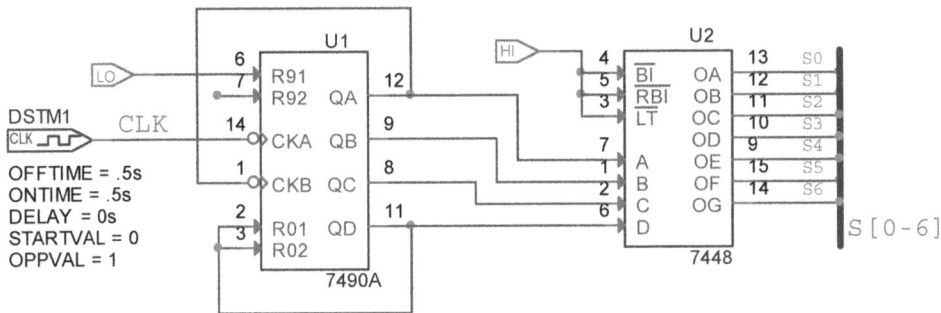

Figura 13.14 Circuito contador módulo 8 basado en el 7490A con salidas decodificadas por el 7448 adaptado para simulación.

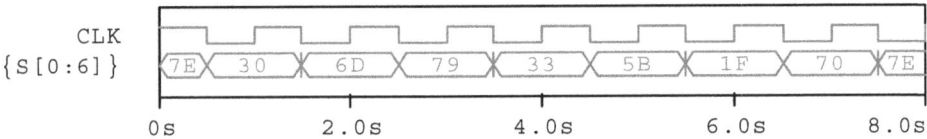

Figura 13.15 Salidas decodificadas por el 7448 para excitar un visualizador de siete segmentos, expresadas en hexadecimal.

Con el fin de interpretar las salidas decodificadas conviene consultar la tabla 13.4, en la que se encuentran los segmentos activos en un visualizador de siete segmentos para los números decimales de interés en el contador diseñado, así como su equivalente hexadecimal. Como puede comprobarse, no hay discrepancia alguna con la simulación.

---

[6] Los retardos de propagación típicos del 74175 son $t_{pHL} = 24$ ns y $t_{pLH} = 20$ ns, mientras que los retardos máximos son $t_{pHL} = 35$ ns y $t_{pLH} = 30$ ns. La diferencia entre ambos retardos oscila por tanto entre 4 y 5 ns. Estos tiempos, publicados en [74175], son reproducibles con las condiciones de carga habituales.

Tabla 13.4 Segmentos activos y su equivalente hexadecimal en un visualizador de siete segmentos para los números decimales del 0 al 7.

Dígito decimal	Segmentos del visualizador							Valor hexadecimal
	a	b	c	d	e	f	g	
0	1	1	1	1	1	1	0	7EH
1	0	1	1	0	0	0	0	30H
2	1	1	0	1	1	0	1	6DH
3	1	1	1	1	0	0	1	79H
4	0	1	1	0	0	1	1	33H
5	1	0	1	1	0	1	1	5BH
6	0	0	1	1	1	1	1	1FH
7	1	1	1	0	0	0	0	70H

13.5 Componentes

Circuito de reloj (T_{CLK} = 1,4 s)

Circuitos integrados

555 (1x).

Resistencias

270 Ω (1x), 47 kΩ (1x), 1 MΩ (1x).

Condensadores

10 nF (1x), 1 µF (1x).

Diodos

Ledes (1x).

Contador módulo 8

Circuitos integrados

74LS48 (1x). CI TTL decodificador de BCD a siete segmentos.
74LS90 (1x). CI TTL contador asíncrono de 4 bits.

Resistencias

270 Ω (4x), 1 kΩ (1x).

Diodos

Ledes (4x).

Visualizadores

Visualizador de siete segmentos de cátodo común (1x).

255

13.6 Verificación experimental

<u>Procedimiento</u>

1. Montar el circuito de la figura 13.5 con alimentación de 5 V, empleando un 555 para generar una señal de reloj con un período de 1,4 s.

2. Comprobar si el funcionamiento es el esperado inspeccionando los ledes. Puede ser necesario conectar un condensador de desacoplo (100 nF) entre los pines de alimentación y tierra del 74x90.

3. Desconectar de la placa de prototipos los ledes y las resistencias, y añadir el 74x48 y el visualizador de cátodo común como indica la figura 13.6. Para realizar el cableado correspondiente es necesario disponer de un esquema que identifique los diferentes segmentos emisores de luz del visualizador con sus terminales de conexión. Dicho esquema, que también incluye la posición de los dos terminales de tierra del visualizador, puede consultarse en el apéndice D.

4. Comprobar si el funcionamiento es el esperado inspeccionando el visualizador. Puede ser necesario conectar un segundo condensador de desacoplo (100 nF) entre los pines de alimentación y tierra del 74x48.

5. Experimentar con las entradas activas a nivel bajo no utilizadas del 74x48 (BI/RBO, RBI y LT), dejándolas flotantes. Al tratarse de un CI TTL, el nivel lógico en los tres pines deberá seguir siendo 1.

<u>Cuestión</u>

a) ¿Ha provocado un mal funcionamiento del circuito dejar flotantes las entradas BI/RBO, RBI y LT del 74x48?

13.7 Ejercicios y cuestiones de refuerzo

a) Identifica las salidas del 74x90 que deben decodificarse en cada caso para diseñar contadores con la secuencia desde 0 hasta N, siendo N = 1,..,9. ¿Es necesario añadir lógica adicional para la decodificación en alguna de las nueve secuencias?

b) Diseña un contador módulo 10 con un 74x93.

c) Diseña un contador módulo 16 con un 74x93.

14

Contador síncrono reversible módulo 4 con biestables J – K

14.1 Introducción
14.2 Diseño de un contador síncrono reversible módulo 4
14.3 Simulación
14.4 Componentes
14.5 Verificación experimental
14.6 Ejercicios y cuestiones de refuerzo

14.1 Introducción

Este capítulo es el primero de los dedicados al estudio de los contadores síncronos. Como ya se apuntó en el capítulo 12, las ventajas de los contadores síncronos frente a los asíncronos (también llamados contadores de rizo) son fundamentalmente dos. Por un lado, un contador síncrono puede funcionar a una frecuencia de reloj que es generalmente mayor que la de un contador asíncrono constituido por el mismo número de biestables ([toc07]). Esto es así porque, al contrario que en los contadores asíncronos, en los síncronos todos sus biestables cambian de estado simultáneamente al estar sincronizados con la señal de reloj externa y, por lo tanto, los retardos de propagación de cada uno de ellos no se acumulan para obtener el tiempo total de respuesta. Por otro lado, los contadores síncronos no presentan la problemática de los estados espurios típica de los asíncronos (al menos suponiendo que los retardos de propagación de los biestables que integran el contador coincidan, lo que en la práctica se puede garantizar en buena aproximación). Sin embargo, no todo son ventajas: los contadores síncronos precisan de más circuitos internos que los asíncronos y son, por lo tanto, más complejos.

El circuito secuencial propuesto en el presente capítulo es un sencillo contador módulo 4 con una línea de entrada que permite seleccionar el sentido de la cuenta, bien ascendente o descendente. Para diseñarlo se va a hacer uso de dos biestables síncronos J – K, y más adelante en la sección dedicada a la simulación se pondrán a prueba dos implementaciones ligeramente diferentes del mismo diseño. En la primera de ellas se optará por emplear **biestables J – K maestro-esclavo sincronizados por pulso**[1] (CI 7473), que ya se utilizaron en el capítulo 12, mientras que en la segunda se escogerán **biestables J – K sincronizados por flanco** (CI 74LS73A). Comprobaremos que el funcionamiento del biestable J – K sincronizado por pulso acusa ciertas limitaciones que no experimentan diseños más evolucionados, como es el caso de una versión mejorada que dispone de enclavamiento[2], así como del biestable J – K sincronizado por flanco, que es el tipo de biestable J – K que ha acabado imponiéndose debido a su simplicidad y robustez en las tecnologías TTL y CMOS ([toc03], [wak07]). Sin embargo, su uso está actualmente en declive, siendo el biestable síncrono D la opción preferida para implementar lógica secuencial, incluida la lógica configurable ([nel21], [wak07]).

La figura 14.1 muestra el símbolo lógico disponible en PSpice para uno de los dos biestables J – K maestro-esclavo del CI 7473, junto a una versión normalizada del símbolo lógico correspondiente al mismo tipo de biestable y su tabla de verdad.

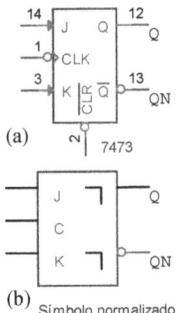

(a) 7473

(b) Símbolo normalizado

Entradas				Salidas	
CLR	CLK/C	J	K	Q	QN
0	x	x	x	0	1
1	⊓	0	0	último Q	último QN
1	⊓	1	0	1	0
1	⊓	0	1	0	1
1	⊓	1	1	último QN	último Q

Figura 14.1 Dos representaciones diferentes de un biestable J – K maestro-esclavo disparado por pulso positivo junto a su tabla de verdad, adaptada de [7473]. (a) Símbolo lógico de PSpice para los biestables integrados en el CI 7473, con indicación de la numeración de sus pines; (b) Símbolo lógico normalizado, adaptado de [man15] y [wak07].

El biestable J – K maestro-esclavo está constituido internamente por dos biestables asíncronos S – R conectados en cascada que están dotados con sendas entradas

---

[1] La denominación original en inglés es *pulse-triggered master-slave J – K flip-flop*.

[2] En el presente contexto, "enclavamiento" es la traducción del término original *data lockout* que figura en la propuesta de equivalencias entre el inglés y el español de [man15]. La traducción escogida en las referencias [nel96] y [toc03] es "bloqueo de datos".

de habilitación C, además de contar con cierta lógica adicional como revela su estructura interna, representada en la figura 14.2.

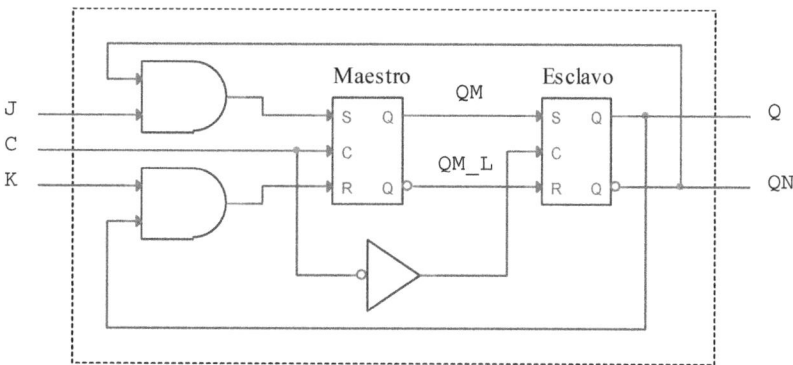

Figura 14.2   Estructura interna de un biestable J – K maestro-esclavo. (Adaptada de [wak07]).

Uno de los dos biestables asíncronos (también llamados **cerrojos**)[3] ejerce de maestro y el otro de esclavo. El cerrojo maestro es sensible a los cambios en las entradas J y K del biestable durante todo el semiciclo positivo de la señal de sincronismo (sea esta una señal de reloj periódica CLK o bien una señal de control C), de manera que durante dicho semiciclo positivo el cerrojo maestro se puede establecer a 1, restablecer a 0 o bien mantener sin cambios su estado anterior. En el instante en el que la señal de sincronismo cambia a nivel bajo, el cerrojo maestro pasa el estado que tiene en ese momento al cerrojo esclavo, que es transferido inmediatamente por este a la salida Q del biestable. El biestable necesita, por lo tanto, un pulso positivo completo de la señal de sincronismo para actualizar su salida, ya que solo cambiará de estado (si ha de hacerlo) en el flanco negativo de dicha señal.

Por otro lado, el CI 74LS73A incluye dos biestables J – K disparados por flanco negativo de la señal de reloj, y como tal reacciona a los cambios en sus líneas de entrada actualizando su salida solo en el momento de la transición negativa del reloj. La figura 14.3 muestra el símbolo lógico disponible en PSpice para este tipo de biestable (que en lo fundamental coincide con su símbolo normalizado) junto a su tabla de verdad.

A la vista de las figuras 14.1 y 14.3 sorprende el hecho de que el símbolo lógico escogido por PSpice para identificar los biestables incluidos en los CI 7473 y 74LS73A sea exactamente el mismo. Dicho símbolo es muy adecuado para el 74LS73A, ya que muestra en su entrada de reloj tanto el triángulo característico de los dispositivos disparados por flanco como la burbuja de inversión para indicar que el flanco de reloj activo es el negativo; sin embargo, es una opción algo desafortunada para el 7473 que inevitablemente genera confusión, ya que este CI incorpora un diseño inicial del biestable J – K cuyo sincronismo es totalmente

---

[3] Del inglés *latch*. El término volverá a aparecer en el capítulo 22.

diferente[4]. El símbolo lógico normalizado para identificar a un biestable síncrono disparado por pulso, como es el 7473, incorpora sendas marcas en forma de ángulo recto en sus salidas normal y complementada, tal y como se muestra en la figura 14.1(b) a efectos ilustrativos. Dejando al margen estas cuestiones de normalización, tanto el 7473 como el 74LS73A incluyen una entrada de borrado activa a nivel bajo (CLR) con su correspondiente burbuja de inversión, que cuando es asertiva permite poner a 0 el bit almacenado en el biestable.

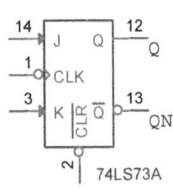

Entradas				Salidas	
CLR	CLK	J	K	Q	QN
0	x	x	x	0	1
1	⌐⌐	0	0	último Q	último QN
1	⌐⌐	1	0	1	0
1	⌐⌐	0	1	0	1
1	⌐⌐	1	1	último QN	último Q
1	1	x	x	último Q	último QN

Figura 14.3 Símbolo lógico adoptado en PSpice para uno de los biestables disparados por flanco negativo del 74LS73A y su tabla de verdad, adaptada de [74LS73].

Los dos tipos de biestables J – K que se van a utilizar en el presente capítulo no son en absoluto los únicos existentes. La tabla 14.1 recopila una selección de biestables J – K agrupados por tipo de disparo.

Tabla 14.1 Selección de biestables J – K agrupados en función de su sincronismo. Los dispositivos disparados por flanco, más actuales, están disponibles también en otras subfamilias lógicas como la HC de CMOS (por ejemplo, el 74HC112). Los dispositivos escogidos han sido recopilados de [bog92], [buc09], [fle80], [flo16], [gar07], [god04], [hor16], [nel96], [toc07], [tsi18] y [wak07].

Tipo de disparo del biestable	Circuito integrado
Por pulso positivo	7473, 7476, 74107
Por pulso positivo con enclavamiento	74110, 74111
Por flanco positivo	74109, 74LS109A
Por flanco negativo	74LS73A, 74LS76A, 74LS107A, 74LS112A, 74ALS112A

---

[4] Lamentablemente, la identificación de los biestables maestro-esclavo no sigue un criterio unificado. La representación gráfica utilizada por PSpice para el 7473 mostrada en la figura 14.1(a), que no es la normalizada, coincide, sin embargo, con la de algunos fabricantes en sus hojas de características técnicas, como puede comprobarse en [7473]. También coincide con los símbolos lógicos escogidos en algunos textos para representar estos biestables, como es el caso de [bro09]. La presencia de la burbuja de inversión en la entrada de reloj de dichas representaciones no normalizadas pretende destacar el hecho importante de que el biestable cambia de estado en el flanco negativo de la señal de sincronismo.

14.2 Diseño de un contador síncrono reversible módulo 4

Como se apuntó en la introducción, el contador propuesto tiene la particularidad de generar una secuencia de cuenta que puede ser tanto ascendente como descendente en función de una entrada extra de control, S, que selecciona el sentido de la cuenta[5]. Existen numerosos contadores modulares comercialmente disponibles de este tipo; algunos son contadores reversibles de décadas como el 74x168, el 74x190 y el 74x192; mientras que otros son contadores reversibles de 4 bits, como el 74x169, el 74x191 y el 74x193 ([fle80]).

Por tratarse de un contador módulo 4, la cuenta contiene cuatro estados, cuyos equivalentes decimales son 0, 1, 2 y 3. Se adopta el siguiente criterio:

S = 0: cuenta ascendente (0,1,2,3,0,1,...)
S = 1: cuenta descendente (3,2,1,0,3,2,...)

El presente diseño no recurre a elementos de la lógica secuencial modular, ya que se pretende hacer uso únicamente de puertas lógicas y biestables en la solución final (tantos biestables como bits tenga el contador). Por lo tanto, se va a seguir aquí el **método general de diseño de circuitos secuenciales**. Dicho método comenzó a gestarse a partir de la década de 1960 cuando los circuitos lógicos digitales todavía se construían únicamente a partir de puertas lógicas y biestables al ser los únicos recursos comercialmente disponibles. En consecuencia, resultaba crítico para el diseñador lógico escoger la óptima codificación de las variables de estado internas que condujese a una lógica combinacional de excitación de los biestables lo más sencilla posible.

El estudiante interesado en aprender el mencionado método puede consultar la bibliografía, en la que este se expone con mayor o menor grado de detalle y acierto dependiendo de la fuente consultada. Son numerosos los textos que abordan el método general de diseño de circuitos secuenciales síncronos y/o asíncronos; bien con cierto detenimiento, como es el caso de las referencias [ach10], [bro09], [clu86], [fle80], [gaj97], [gar07], [gil95], [hay96], [koh78], [koh10], [lop91], [man13], [nel21], [rot14], [tau83] y [wak18][6], o bien ilustrándolo con algunos ejemplos, como en [bin17], [bog92], [flo16], [her08], [man15], [rei10], [tie12] y [toc07]. En este segundo caso no se llega a plantear una exposición exhaustiva simplemente por cuestiones de cobertura o bien por considerarlo superado. Se argumenta que el progresivo aumento en la escala de integración experimentado en las últimas décadas ha propiciado el empleo de lógica

---

[5] En la literatura anglosajona se emplea el término *up-down counter* (o bien *reversible counter*) para referirse a este tipo de contadores. Se traduce por contador reversible, contador bidireccional o bien contador ascendente/descendente.

[6] En cualquier caso, no todas estas referencias exponen de forma pormenorizada cada uno de los aspectos del método, cuyo estudio exhaustivo resulta tedioso y en algunos aspectos ni siquiera se basa en un procedimiento sistemático. Por ejemplo, la problemática de la minimización y la asignación óptima de estados queda fuera de la cobertura de algunas de ellas como [gar07], mientras que otras descartan abordar el diseño asíncrono para centrarse únicamente en el síncrono, como es el caso de [gaj97] y [rot04].

configurable, además de registros y contadores integrados que requieren de nuevos métodos de diseño orientados al uso de dichos dispositivos ([man15]). De hecho, los tres siguientes capítulos están dedicados al estudio de contadores diseñados a partir de módulos MSI comercialmente disponibles, que no precisan la aplicación del citado método. A pesar de ello, sigue resultando de interés adquirir cierta destreza en la aplicación del método general de diseño de circuitos secuenciales[7]. En este, como se ha mencionado, se recurre únicamente a biestables y a puertas lógicas para implementar un diseño, sin hacer uso por lo tanto de lógica secuencial MSI.

El método general de diseño involucra una serie de pasos a seguir, tomando como punto de partida la creación de un **autómata de estados finitos** (o bien de una **tabla de estados**, equivalente a dicho autómata) que responda convenientemente a las especificaciones del problema a resolver. Como veremos seguidamente, la tabla de estados original experimenta una serie de transformaciones hasta culminar en la **tabla de transición de estados y excitaciones** (también denominada **tabla expandida**, para abreviar). Esta es una representación que permite obtener una serie de mapas de Karnaugh a partir de los que se derivan tanto las expresiones correspondientes a la lógica de excitación de los biestables empleados como las expresiones lógicas de salida (en caso de haberlas en un diseño particular, ya que los contadores no precisan de ellas). El presente diseño ilustra la aplicación del método a un caso sencillo.

El autómata de estados finitos, que refleja la secuencia de estados transitada por el contador reversible en función del valor de la entrada de selección S de sentido de cuenta, se muestra en la figura 14.4.

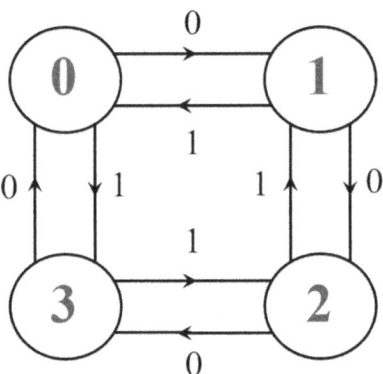

Figura 14.4 Autómata de estados finitos del contador reversible propuesto, con indicación explícita del valor de la entrada de selección S que controla el sentido de la cuenta.

La tabla de estados, denominada tabla de fases en algunos textos como [lop91] y [ach10] o bien tabla de transición de estados en [gar07], se construye asociando a un

---

[7] Si bien el uso de lógica secuencial modular es una alternativa a tener en cuenta porque suele agilizar el proceso de diseño de circuitos y sistemas digitales síncronos, en el caso de abordar un diseño asíncrono es necesario recurrir al mencionado método general.

estado presente dado (origen) su estado siguiente (destino), cuyo equivalente decimal será o bien el siguiente o el anterior al del estado presente en función de si la cuenta es ascendente o descendente. Como solo existen cuatro estados internos, basta con asignar dos **variables de estado internas** para su codificación (lo que precisará de dos biestables, uno dedicado a cada variable de estado interna). Sean Q1 y Q0 dichas variables de estado, que codifican el estado correspondiente mediante su equivalente en binario, como puede verse en la tabla 14.2.

Tabla 14.2   Tabla de estados que incluye las dos variables de estado internas Q1 y Q0 necesarias para codificar los cuatro estados del contador reversible módulo 4.

Estado presente	Entrada S		Variable de estado interna	
	S = 0	S = 1	Q1	Q0
0	1	3	0	0
1	2	0	0	1
2	3	1	1	0
3	0	2	1	1
	Estado siguiente			

Llegados a este punto hay que definir el tipo de dispositivo a emplear. En este caso se opta por el biestable J – K, cuya **tabla de excitación** puede consultarse en la tabla 14.3. Con la notación escogida, Q denota el estado presente y Q* el estado siguiente.

Tabla 14.3   Tabla de excitación del biestable J – K.

Q	Q*	J	K
0	0	0	x
0	1	1	x
1	0	x	1
1	1	x	0

Finalmente, se construye la tabla de transición de estados y excitaciones del contador reorganizando la información recogida en la tabla de estados 14.2. Se debe observar que se han incluido las cuatro transiciones posibles entre estados cuando la entrada S es 0 y las otras cuatro existentes cuando S es 1, por lo que hay un total de ocho filas. Las columnas Q1 y Q0 representan la codificación del estado presente correspondiente a cada uno de los ocho casos, mientras que en las columnas Q1* y Q0* se muestra la codificación del estado siguiente. Las columnas J1, K1, J0 y K0 se completan de forma inmediata a partir de la tabla de excitación del biestable J – K. El resultado de estas manipulaciones da lugar a la tabla 14.4.

Tabla 14.4 Tabla de transición de estados y excitaciones del contador reversible módulo 4.

Origen	Destino	S	Q1	Q0	Q1*	Q0*	J1	K1	J0	K0
0	1	0	0	0	0	1	0	x	1	x
1	2	0	0	1	1	0	1	x	x	1
2	3	0	1	0	1	1	x	0	1	x
3	0	0	1	1	0	0	x	1	x	1
0	3	1	0	0	1	1	1	x	1	x
1	0	1	0	1	0	0	0	x	x	1
2	1	1	1	0	0	1	x	1	1	x
3	2	1	1	1	1	0	x	0	x	1

Simplificando los cuatro mapas de Karnaugh correspondientes a las variables de excitación J1, K1, J0 y K0 resultan las siguientes expresiones lógicas:

$$J1 = \overline{S} \cdot Q0 + S \cdot \overline{Q0} = S \oplus Q0 \tag{14.1}$$

$$K1 = J1 \tag{14.2}$$

$$J0 = 1 \tag{14.3}$$

$$K0 = 1 \tag{14.4}$$

La realización física resultante se muestra en la figura 14.5, habiendo identificado previamente las variables de estado internas Q1 y Q0 con la salida del biestable correspondiente. Una vez más, la puerta XOR contribuye a simplificar de forma considerable la lógica combinacional necesaria. Cabe observar que la entrada de borrado activa a nivel bajo CLR se conecta a la tensión de alimentación en ambos biestables, y que los ledes se han identificado con las etiquetas MSB y LSB para seguir correctamente la secuencia de cuenta.

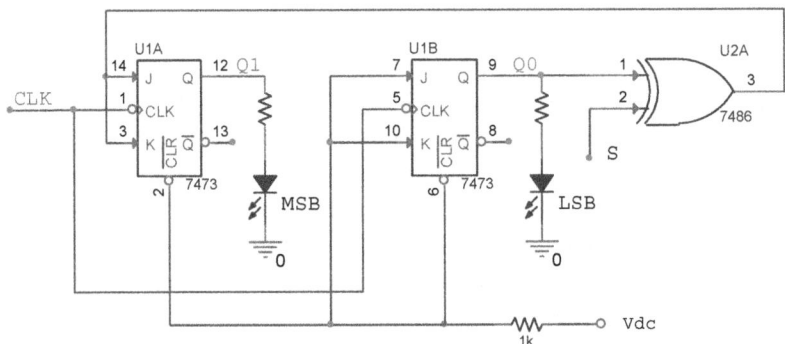

Figura 14.5 Contador módulo 4 con entrada S de selección de sentido de cuenta.

El diseño de un contador reversible a partir de biestables aplicando el método general de diseño de circuitos secuenciales síncronos es un ejemplo clásico que se aborda en numerosos textos docentes. Dependiendo de la fuente consultada, los diseños varían en función del número de bits del contador y del tipo de biestable síncrono escogido para la implementación. Por lo que respecta al número de bits del contador reversible, lo habitual es encontrar diseños de entre 2 y 4 bits (si bien la generalización a un número arbitrario de bits es inmediata, puesto que la lógica de excitación de los biestables del contador se repite en sus sucesivas etapas, sin importar el tipo de biestable escogido). El biestable J – K es, con diferencia, la opción más extendida, como puede comprobarse en las referencias [bla05], [fle80], [flo16], [gar07], [gil95], [lop91], [mal93], [man15], [mil89], [nel21], [rei10] y [toc07]. Otros biestables utilizados son el D ([don19], [fle80], [gaj97], [rot14], [tau83]); el T ([ach10], [bro09], [clu86], [man13], [tie12]); y, en menor medida, el S – R ([bob85]). En ocasiones se proporciona la descripción HDL del contador reversible, ya sea añadida al diseño convencional, como es el caso de [nel21], o directamente prescindiendo de este, como en [wak18].

La diversidad observada en cuanto al tipo de biestable escogido en el diseño de un contador reversible —y, en general, de cualquier autómata de estados finitos— es una consecuencia de que realmente no es posible anticipar, al abordar un diseño lógico secuencial realizado a partir de biestables discretos, cuál es la elección óptima del biestable por lo que respecta a la complejidad de la implementación resultante. Un criterio adoptado durante un tiempo para minimizar la lógica de excitación de los biestables, cuando los autómatas de estados finitos se construían únicamente con lógica SSI (por ser la única disponible), consistía en recurrir a biestables de dos entradas de datos, como el biestable J – K, en lugar de a otros con una única entrada, como es el biestable D ([wak07]). Conviene advertir que, a pesar de que dicho criterio parece *a priori* razonable, en la práctica no siempre conduce a una síntesis óptima, como ilustran las dos variantes de un contador reversible módulo 6 propuesto en [fle80]. Fletcher refuta la validez general de dicho criterio, al demostrar que su diseño implementado con biestables D requiere solo diez puertas lógicas y veintiséis entradas de puerta para implementar la lógica combinacional de excitación, frente a las dieciocho puertas y cuarenta entradas de puerta en el diseño alternativo mediante biestables J – K.

En cualquier caso, tratar de minimizar la lógica de excitación con el objetivo de reducir al máximo el número de chips SSI presentes en un circuito lógico ya no constituye actualmente el reto que fue en su día, especialmente desde que el abanico de estrategias existentes para la implementación de un diseño digital se amplió con el surgimiento de circuitos ASIC, PLD y FPGA. Como se apuntó en la introducción del capítulo, lo cierto es que el biestable D ha terminado eclipsando al biestable J – K en el diseño lógico actual, no solo debido a que la metodología de diseño es algo más simple, al contar este con una única entrada de datos, sino porque (entre otras razones) tanto las bibliotecas de diseño como los dispositivos basados en lógica configurable secuencial incorporan biestables de tipo D en su estructura ([nel21], [wak07]).

14.3 Simulación

Como se anticipó en la introducción, se va a poner a prueba de forma exhaustiva la respuesta de dos implementaciones diferentes del diseño propuesto del contador reversible, una de ellas empleando biestables J – K disparados por pulso positivo (CI 7473) y la otra con biestables J – K disparados por flanco negativo (CI 74LS73A). Como se apunta en [fle80], si se diseña un contador reversible con biestables J – K de forma que, o bien estos no se disparan por flanco o bien carecen de enclavamiento, se corre el riesgo de que el contador se comporte de forma inesperada tras un cambio en la entrada de control del sentido de la cuenta, dependiendo del nivel de la señal de reloj en el momento del cambio. Esto es previsible que suceda con biestables J – K maestro-esclavo disparados por pulso, debido a que adolecen de cierto comportamiento anómalo denominado **captura de unos** y **captura de ceros**[8]. Este es precisamente el punto débil de los biestables con topología maestro-esclavo: al ser el cerrojo maestro transparente a los cambios en sus entradas durante todo el semiciclo positivo de reloj, sucede que, si fortuitamente se acopla un pulso positivo de ruido en la línea de entrada J de un biestable J – K durante dicho semiciclo como consecuencia de un fenómeno estático en el nivel 0, dicho pulso transitorio fuerza por sí solo el establecimiento no intencionado (es decir, la puesta a 1 lógico) del cerrojo maestro, si no lo estaba ya previamente. Este fenómeno pernicioso se conoce como captura de unos. Análogamente, si la línea afectada por un pulso de ruido positivo durante el semiciclo positivo es la K, se producirá esta vez un restablecimiento imprevisto del cerrojo maestro, por lo que pasará a almacenar un 0 lógico independientemente de su estado previo. En este caso se trata de una captura de ceros ([koh10]).

En esta sección se comprobará que el diseño implementado con el 7473, a pesar de funcionar a la perfección en la mayoría de los casos, experimenta una captura de unos bajo determinadas circunstancias, mientras que la implementación alternativa basada en el 74LS73A, más robusta, es inmune a dicho fenómeno sin excepción alguna.

14.3.1 Implementación del diseño con el CI 7473

En primer lugar se va a poner a prueba el funcionamiento del diseño del contador implementado con biestables 7473 ejecutando simulaciones con la entrada de selección de sentido de cuenta S fijada tanto a 1 como a 0. Seguidamente se analizará la influencia en la secuencia de cuenta de un cambio de nivel lógico en la entrada S, cuando dicho cambio se produce con la señal de reloj en estado bajo y también en estado alto. Comprobaremos que el nivel lógico de la señal del reloj en el momento en el que S cambia afecta a la respuesta del circuito, ya que surgirán ciertas desviaciones con respecto al funcionamiento esperado.

---

[8] Del inglés *1's catching* y *0's catching*, respectivamente. Estos fenómenos se describen en algunos textos como [fle80], [hor89], [koh10] y [wak07].

El circuito correspondiente preparado para la simulación, mostrado en la figura 14.6, es una adaptación del circuito de la figura 14.5 en el que se ha establecido un período de un segundo en la señal de reloj y ambos biestables almacenan un 0 lógico en el instante inicial.

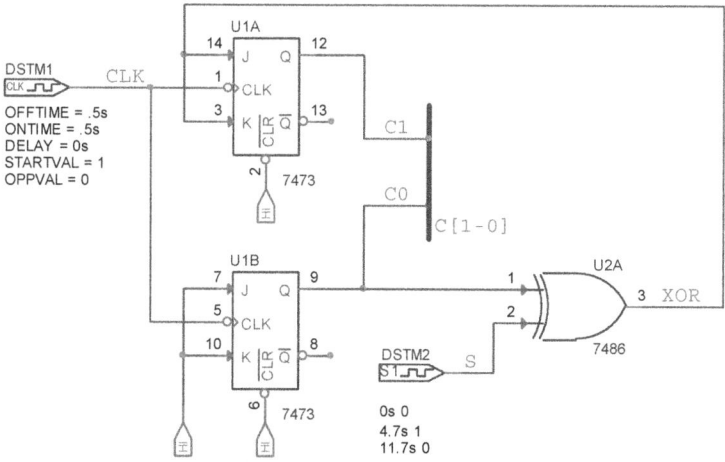

Figura 14.6   Implementación basada en el CI 7473 adaptada para simulación del contador reversible módulo 4 con entrada de selección S del sentido de cuenta.

Además, se ha añadido un bus C[1-0] con el fin de facilitar el seguimiento de la secuencia de cuenta, y la entrada de control S se encuentra conectada a un estímulo digital, denominado DSTM2, que deja libertad para introducir cambios en el nivel lógico de S durante el transcurso de una simulación. También se indica, meramente a efectos ilustrativos, una de las múltiples temporizaciones asignadas a DSTM2 para ejecutar las simulaciones que se muestran seguidamente.

14.3.1.1 Entrada de control S constante

Comencemos por comprobar las secuencias de cuenta obtenidas en los dos casos más sencillos, que son aquellos en los que la entrada de control S se mantiene constante, bien a 0 o bien a 1 lógico, durante los diez segundos que se han programado las simulaciones. Las secuencias obtenidas se muestran en las figuras 14.7 y 14.8.

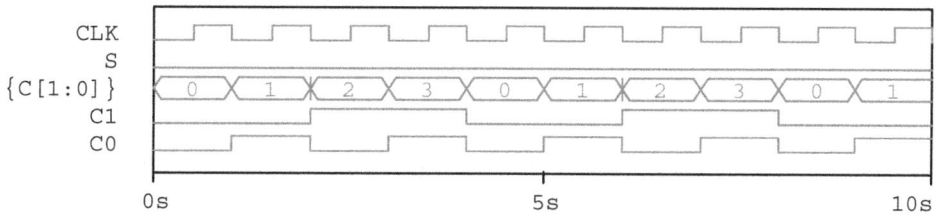

Figura 14.7   Secuencia de cuenta ascendente (S = 0) del contador de la figura 14.6.

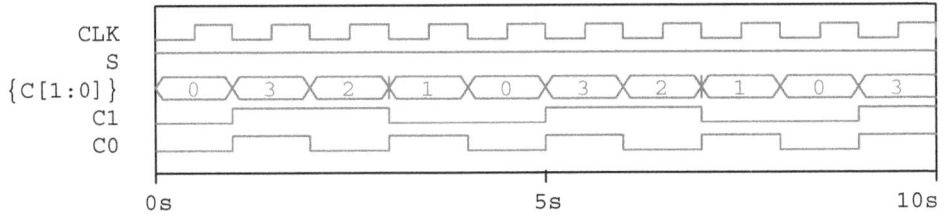

Figura 14.8   Secuencia de cuenta ascendente ($S = 1$) del contador de la figura 14.6.

En ambos casos la secuencia comienza con el estado correspondiente al **0**. Se ha de observar que la salida de los biestables, asociada a los 2 bits de la cuenta C1 y C0, cambia con el flanco negativo del reloj de acuerdo con la funcionalidad del 7473, y que el contador transita por cada estado durante un ciclo completo de reloj. Durante la cuenta ascendente el contador pasa por la secuencia cíclica de estados {**0-1-2-3**}, mientras que durante la cuenta descendente dicha secuencia es {**0-3-2-1**}. Un aspecto más a destacar de las secuencias obtenidas es la periodicidad de los bits de cuenta, que es típica de cualquier contador: el bit menos significativo, C0, se comporta como un divisor de frecuencia por dos de la señal de reloj CLK, mientras que el bit más significativo, C1, es a su vez un divisor de frecuencia por dos del bit C0. Esta dinámica se puede anticipar por inspección del diseño del contador, ya que las dos entradas J y K del biestable U1B asociado al bit C0 están a un nivel lógico alto de forma permanente, lo que lo convierte en un biestable T (disparado por flanco negativo en esta implementación) y, como tal, efectúa transiciones con cada flanco negativo del reloj. Por su parte, las entradas J y K del biestable U1A asociado al bit C1 están igualmente cortocircuitadas, con la diferencia de que en este caso su nivel lógico no es constante, sino que oscila entre 0 y 1 con la periodicidad marcada por la salida de la puerta XOR que controla ambas entradas. Dado que S es constante, dicha salida es simplemente una réplica de la forma de onda del bit C0, bien sin desfasar si S es 0 o bien desfasada (es decir, invertida) si S es 1.

Una vez verificado que las secuencias de cuenta son las esperadas cuando la entrada S no experimenta cambios, veamos a continuación cómo se comporta el contador en el caso de que S no sea constante. Suponiendo que la entrada S cambia de nivel lógico durante una simulación dada, podrá hacerlo coincidiendo con un estado lógico alto o bien bajo de la señal de reloj. Ambas situaciones se plantean en los dos apartados siguientes.

14.3.1.2 Cambio de nivel lógico de S con señal de reloj en estado bajo

Empezaremos por analizar el caso en el que los cambios de nivel lógico en la entrada S tienen lugar cuando la señal de reloj es un estado bajo. En las cuatro simulaciones mostradas a continuación, que se prolongan dieciséis segundos, S adopta la forma de un pulso positivo, de forma que efectúa una primera transición de 0 a 1 para llevar a cabo la transición contraria transcurridos unos segundos. La duración del pulso se ha ajustado en cada una de las simulaciones para contemplar todos los casos posibles empleando únicamente cuatro cronogramas, de forma que tanto el comienzo como el fin del pulso coincide intencionadamente con un estado diferente de la cuenta en cada uno de ellos.

En el primer ejemplo, que se ilustra en la figura 14.9, S cambia del nivel lógico 0 al 1 en $t_1 = 4,3$ s, para volver al 0 en $t_2 = 11,3$ s. En t_1 el contador se encuentra en el estado de cuenta **0**. Al llegar el siguiente flanco negativo de la señal de reloj, S ya es 1 y se invierte el sentido de la cuenta como cabía esperar, de forma que el siguiente estado de la cuenta es el **3** en lugar del **1**. En t_2 la cuenta ha alcanzado el estado **1**. En el siguiente flanco negativo de reloj S es 0 y se vuelve a invertir el sentido de la cuenta, que pasa a ser ascendente, por lo que la secuencia continúa con el estado **2** en lugar de con el **0**.

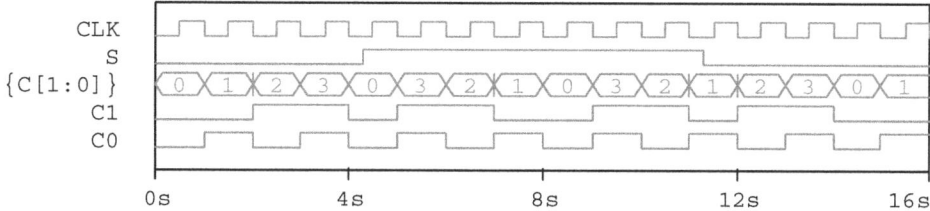

Figura 14.9 Secuencia de cuenta del contador de la figura 14.6 ante cambios de S en $t_1 = 4,3$ s (estado presente **0**) y $t_2 = 11,3$ s (estado presente **1**).

Los siguientes tres cronogramas contemplan el resto de los casos planteados.

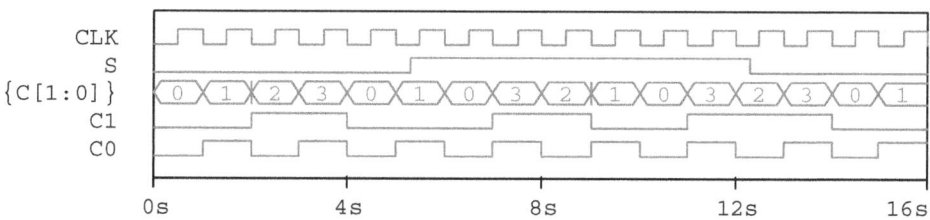

Figura 14.10 Secuencia de cuenta del contador de la figura 14.6 ante cambios de S en $t_1 = 5,3$ s (estado presente **1**) y $t_2 = 12,3$ s (estado presente **2**).

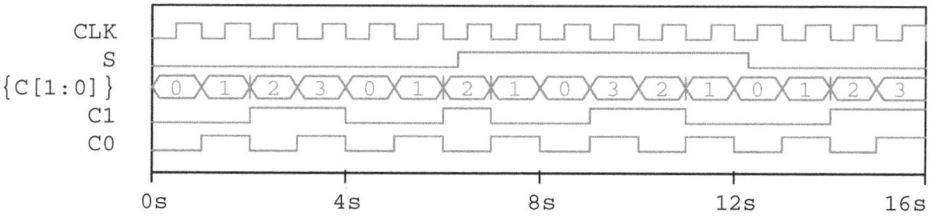

Figura 14.11 Secuencia de cuenta del contador de la figura 14.6 ante cambios de S en $t_1 = 6,3$ s (estado presente **2**) y $t_2 = 12,3$ s (estado presente **0**).

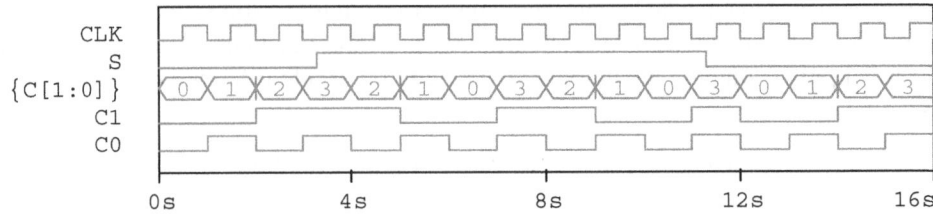

Figura 14.12 Secuencia de cuenta del contador de la figura 14.6 ante cambios de S en $t_1 = 3,3$ s (estado presente **3**) y $t_2 = 11,3$ s (estado presente **3**).

Como puede comprobarse inspeccionando las secuencias de cuenta obtenidas, la respuesta del contador es la esperada en todos ellos, reaccionando adecuadamente a los cambios de nivel en la entrada S.

14.3.1.3 Cambio de nivel lógico de S con señal de reloj en estado alto

Este último caso es el más peculiar de todos porque es el único en el que surgen desviaciones respecto de la respuesta ideal del contador en situaciones muy concretas. Se van a ejecutar cuatro simulaciones análogas a las del apartado anterior por lo que respecta a los estados presentes involucrados en los cambios de nivel de S, con la salvedad de que los tiempos de inicio y finalización del pulso en S se han ajustado convenientemente para que coincidan con la señal de reloj en estado alto. Además, y para facilitar la interpretación de los resultados, se ha añadido a los cronogramas la señal denominada XOR mostrada en la figura 14.6 para monitorizar el estado lógico en la salida de la puerta XOR.

En el primero de los ejemplos, mostrado en la figura 14.13, el comportamiento del contador es el esperado en los dos cambios de sentido de la secuencia que tienen lugar a lo largo de la simulación, provocados por los cambios de nivel de S en los instantes $t_1 = 4,7$ s y $t_2 = 11,7$ s. Obsérvese que en ambos casos surge un breve pulso positivo en la señal XOR coincidente con t_1 y con t_2, que desaparece con la llegada del siguiente flanco negativo de reloj.

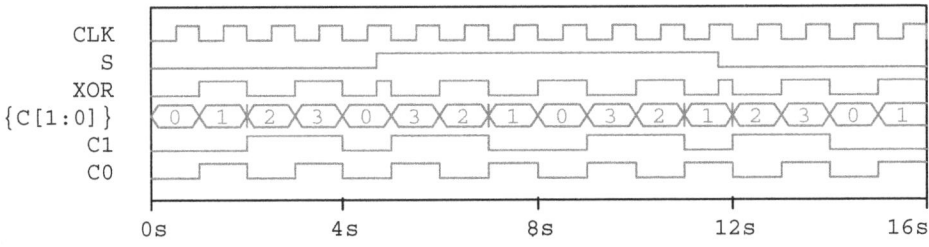

Figura 14.13 Secuencia de cuenta del contador de la figura 14.6 ante cambios de S en $t_1 = 4,7$ s (estado presente **0**) y $t_2 = 11,7$ s (estado presente **1**).

La segunda simulación, que se ilustra en la figura 14.14, presenta sendas anomalías tanto en el primer cambio de nivel de S, que tiene lugar en $t_1 = 5,7$ s, como en el segundo cambio en $t_2 = 10,7$ s.

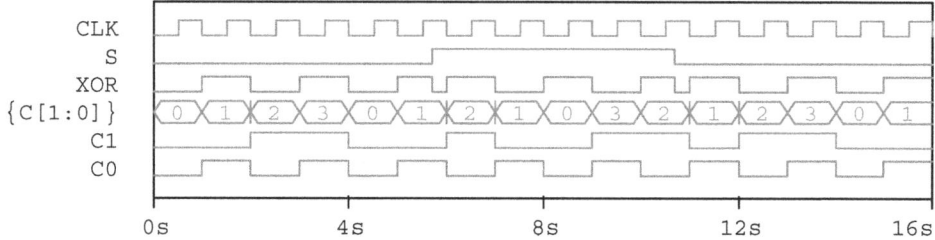

Figura 14.14 Secuencia de cuenta del contador de la figura 14.6 ante cambios de S en $t_1 = 5,7$ s (estado presente **1**) y $t_2 = 10,7$ s (estado presente **2**). La secuencia de cuenta no es la esperada debido a un fenómeno de captura de unos que afecta a t_1 y a t_2.

Si se observa detenidamente el cronograma se aprecia que, en ambos instantes t_1 y t_2, el cambio esperado en el sentido de la cuenta se llega a producir, aunque con una demora de un ciclo de reloj: en t_1 el estado presente es el **1** y, tras el cambio de sentido de cuenta de ascendente a descendente, dicho estado debería ir sucedido por el estado **0** en lugar de por el **2**, como realmente ocurre. En t_2 sucede algo similar, puesto que tras el estado **2**, coincidente con el cambio de nivel de S de 1 a 0, se esperaría el estado **3**. Sin embargo, el que llega finalmente es el **1**.

Hay que observar que, a diferencia del caso anterior, los pequeños pulsos en la señal XOR inducidos por las transiciones de S en t_1 y en t_2 son en ambos casos negativos, y esta es precisamente la razón que justifica el comportamiento anómalo del contador, ya que se produce una captura de unos no deseada por parte del biestable U1A asociado al bit C1. Como se argumenta a continuación, dicha captura de unos está íntimamente relacionada con el funcionamiento de los biestables disparados por pulso, que están caracterizados por una estructura interna del tipo maestro-esclavo.

Ya se apuntó anteriormente que el cerrojo maestro de un biestable J – K disparado por pulso es transparente a los cambios en sus entradas durante todo el semiciclo positivo de la señal de reloj, siendo por tanto vulnerable en determinadas circunstancias. Al llegar el flanco positivo en $t = 5,5$ s, las entradas J y K del biestable U1A registran un 1 lógico. Dicho valor fuerza un cambio de estado en su cerrojo maestro, pasando de 0 a 1 (es decir, pasando al estado de establecimiento). Estando en dicho estado, el posterior cambio simultáneo a 0 de las entradas J y K en $t = 5,7$ s provocado por la transición en S de 0 a 1 ya no tiene efecto alguno sobre el cerrojo maestro, que mantiene su estado y lo transfiere, por tanto, al cerrojo esclavo justo tras la llegada del siguiente flanco negativo de reloj, en $t = 6$ s. En ese mismo instante, el cerrojo esclavo actualiza con el 1 lógico recibido del cerrojo maestro la salida Q del biestable U1A, lo que ocasiona que el estado de la cuenta tras el **1** sea el **2** en lugar del esperado **0**. Como la señal XOR se mantiene en estado alto al llegar el siguiente flanco negativo de reloj en $t = 7$ s, se fuerza un nuevo cambio de nivel lógico en el bit C1, que pasa ahora a ser 0, dando lugar al estado **1** con el que se inicia la deseada cuenta descendente, aunque retrasada un ciclo de reloj. Con un argumento análogo se justifica la anomalía registrada en el cronograma inducida por la transición de S en t_2.

Por lo que respecta a la tercera simulación, representada en la figura 14.15, solo se manifiesta la demora en la inversión esperada del sentido de cuenta en el cambio de nivel de S de 1 a 0, que tiene lugar en $t_2 = 12,7$ s. Como puede verse, la secuencia de cuenta descendente se prolonga un ciclo de reloj extra, apareciendo el estado **3** a continuación del **0** cuando en realidad se esperaba el **1**.

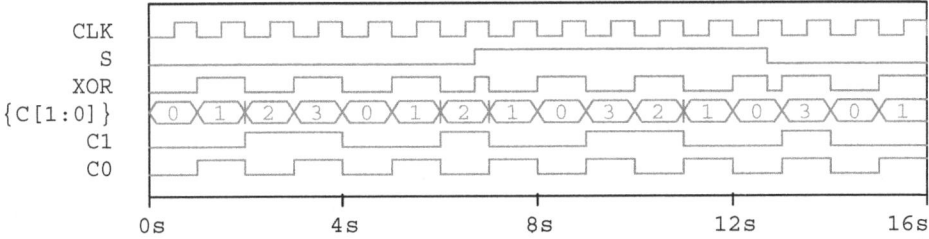

Figura 14.15   Secuencia de cuenta del contador de la figura 14.6 ante cambios de S en $t_1 = 6,7$ s (estado presente **2**) y $t_2 = 12,7$ s (estado presente **0**). La secuencia de cuenta no es la esperada debido a un fenómeno de captura de unos que afecta a t_2.

En esta ocasión se produce un pequeño pulso en la señal XOR que es positivo en t_1 y negativo en t_2. Es evidente a la vista del cronograma que el pulso positivo de XOR en t_1 no induce una captura de unos, ya que desde el instante en el que llega el flanco positivo de reloj en $t = 6,5$ s hasta la transición de S de 0 a 1 en $t_1 = 6,7$ s las entradas J y K de U1A están ambas a 0 y, por lo tanto, el cerrojo maestro del biestable mantiene el estado anterior. Es precisamente en t_1 cuando se actualiza la señal XOR a 1 y, con ella, las entradas del biestable U1A, ocasionando el establecimiento del cerrojo maestro (esta vez de forma intencionada), por lo que no da lugar a funcionamiento anómalo alguno. Por el contrario, el pulso negativo de XOR en t_2 sí tiene consecuencias al desencadenar una captura no deseada de unos.

En la cuarta y última simulación, que también presenta anomalías, se da el caso contrario al de la tercera: esta vez la demora en la inversión del sentido de cuenta tiene lugar únicamente en el cambio de nivel de S de 0 a 1, en $t_1 = 3,7$ s. Como puede verse en la figura 14.16, surge el estado **0** después del **3**, en lugar del estado **2**. En este caso el pulso en la señal XOR es negativo en t_1 y positivo en t_2, siendo una vez más el pulso negativo el desencadenante de una captura de unos.

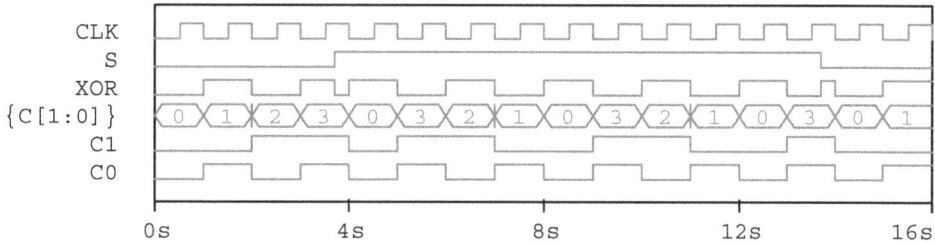

Figura 14.16 Secuencia de cuenta del contador de la figura 14.6 ante cambios de S en $t_1 = 3,7$ s (estado presente **3**) y $t_2 = 13,7$ s (estado presente **3**). La secuencia de cuenta no es la esperada debido a un fenómeno de captura de unos que afecta a t_1.

14.3.1.4 Conclusiones

Tras el análisis pormenorizado de las simulaciones llevado a cabo en los apartados anteriores se pueden extraer las siguientes conclusiones, que contribuyen a completar la caracterización del contador implementado con el CI 7473.

a) La secuencia de cuenta es la esperada cuando no hay alteraciones en el sentido de la cuenta, ya sea esta ascendente o descendente.

b) Los cambios de nivel lógico de la entrada de control S, ya sean de 0 a 1 o bien de 1 a 0, no introducen anomalías en la secuencia de cuenta esperada siempre y cuando estos tengan lugar mientras el nivel lógico de la señal de reloj sea bajo.

c) Surgen anomalías en la secuencia de estados por los que transita el contador, que se manifiestan en forma de una demora de un ciclo de reloj en la actualización del sentido de la cuenta, solo si los cambios de nivel lógico de S se producen mientras el nivel lógico de la señal de reloj es alto. Sin embargo, dichas anomalías no tienen lugar siempre, y aquí cabe distinguir dos situaciones diferentes: si los cambios de S son de 0 a 1, aparece la mencionada demora únicamente cuando el estado presente en el instante del cambio es el **1** o bien el **3**; mientras que si los cambios de S son de 1 a 0, la demora tiene lugar solo cuando el estado presente es el **0** o bien el **2**. En el resto de los casos, que son la mitad de todos los posibles, la actualización del sentido de cuenta no sufre demora alguna y el funcionamiento del contador es correcto.

En resumen, el contador reversible funciona según lo esperado ante cambios del sentido de cuenta, salvo en contados casos en los que la señal S que controla el sentido de la cuenta cambia coincidiendo con el semiciclo positivo de la señal de reloj. Es únicamente en estos casos concretos en los que el biestable J – K maestro-esclavo asociado al bit más significativo de la cuenta, C1, experimenta un fenómeno no deseado de captura de unos, fruto del cual se produce una alteración en la secuencia de cuenta esperada.

14.3.2 Implementación del diseño con el CI 74LS73A

El diseño del contador adaptado para simulación mostrado en la figura 14.17 coincide plenamente con el de la figura 14.6 excepto por el tipo de biestable $J - K$ escogido en la implementación, que en este caso es el CI 74LS73A.

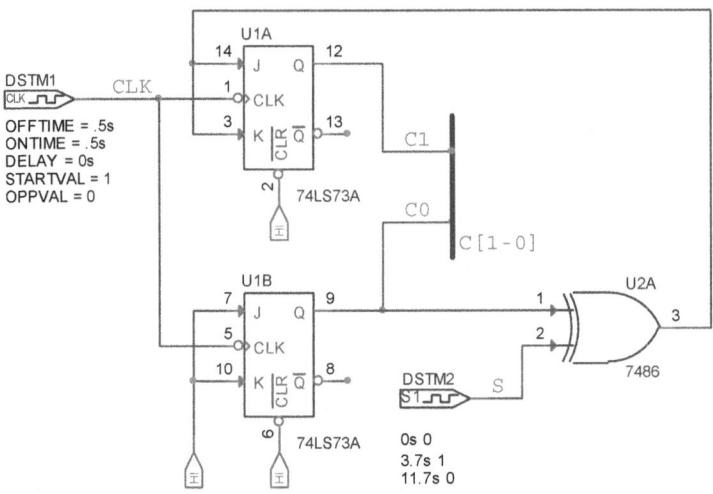

Figura 14.17   Implementación basada en el CI 74LS73A adaptada para simulación del contador reversible módulo 4 con entrada de selección S del sentido de cuenta.

Comprobaremos a continuación que las deficiencias en el funcionamiento del biestable $J - K$ maestro-esclavo sin enclavamiento integrado en el CI 7473 que se pusieron de manifiesto en el apartado anterior en forma de captura de unos no surgen cuando el diseño del contador reversible se implementa con biestables disparados por flanco, como es el caso de los biestables integrados en el CI 74LS73A. Para evitar redundancias innecesarias se ejecutarán únicamente las simulaciones correspondientes a los tres casos anómalos ilustrados en las figuras 14.14, 14.15 y 14.16. Los cronogramas obtenidos, que se muestran en las figuras 14.18, 14.19 y 14.20, revelan que las tres secuencias de cuenta sí son las correctas: como puede comprobarse, el contador responde esta vez sin experimentar demora alguna tras los cambios en la entrada de control S en todos los casos.

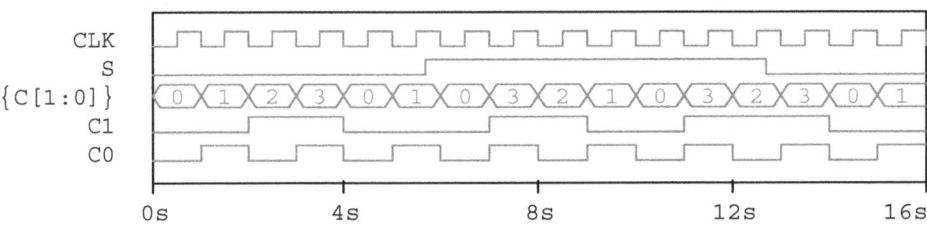

Figura 14.18   Secuencia de cuenta del contador de la figura 14.17 ante cambios de S en $t_1 = 5,7$ s (estado presente **1**) y $t_2 = 12,7$ s (estado presente **2**).

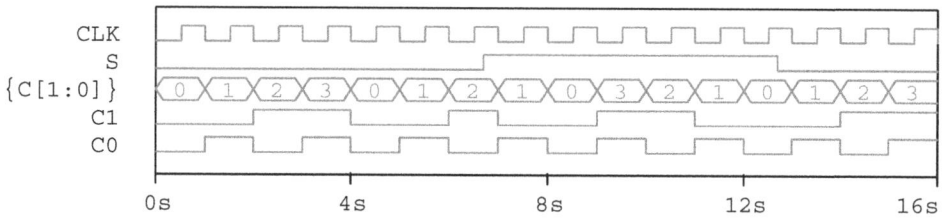

Figura 14.19   Secuencia de cuenta del contador de la figura 14.17 ante cambios de S en $t_1 = 6,7$ s (estado presente **2**) y $t_2 = 12,7$ s (estado presente **0**).

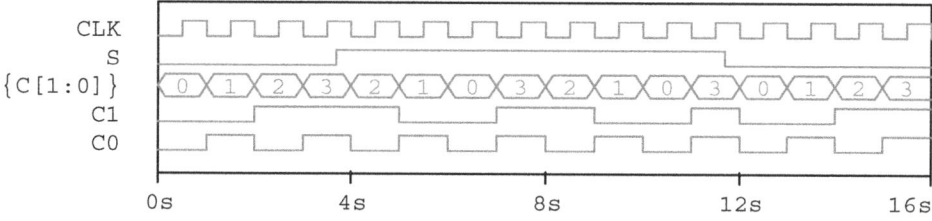

Figura 14.20   Secuencia de cuenta del contador de la figura 14.17 ante cambios de S en $t_1 = 3,7$ s (estado presente **3**) y $t_2 = 11,7$ s (estado presente **3**).

14.4 Componentes

Circuito de reloj (T_{CLK} = 1,4 s)

Circuitos integrados

555 (1x).

Resistencias

270 Ω (1x), 47 kΩ (1x), 1 MΩ (1x).

Condensadores

10 nF (1x), 1 μF (1x).

Diodos

Ledes (1x).

Contador síncrono reversible módulo 4

Circuitos integrados

74LS04 (1x). CI TTL con 6 inversores.

74LS73 (1x). CI TTL con 2 biestables J – K disparados por flanco negativo.

74LS86 (1x). CI TTL con 4 puertas XOR de dos entradas.

Resistencias

270 Ω (2x), 1 kΩ (1x).

Diodos

Ledes (2x).

14.5 Verificación experimental

<u>Procedimiento</u>

1. Montar el circuito de la figura 14.21, que es una variante del mostrado en la figura 14.5 pero con una puerta inversora adicional y el 74LS73A en lugar del 7473. Generar con un 555 una señal de reloj de período 1,4 s y verificar que el voltaje correspondiente al estado lógico bajo de la señal de reloj es de 0 V.

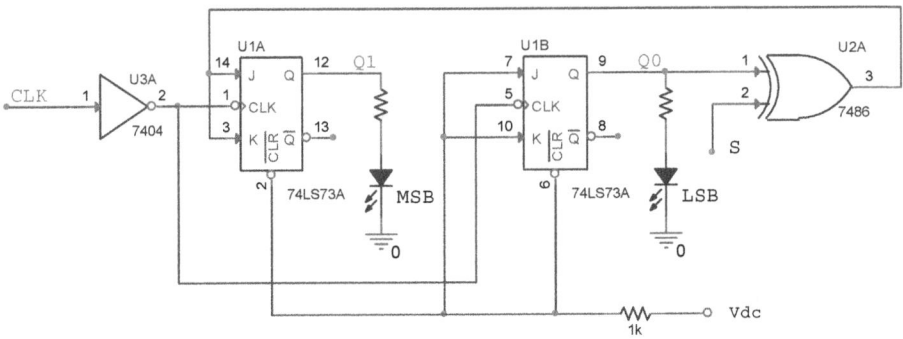

Figura 14.21   Contador reversible módulo 4 con entrada de selección S de sentido de cuenta (variante con puerta inversora).

2. Comprobar si el funcionamiento es el esperado con cuenta tanto ascendente como descendente.

3. Modificar el circuito eliminando la puerta inversora y comprobar de nuevo el funcionamiento con los dos sentidos de cuenta.

4. Añadir un condensador de 100 nF entre los nodos de alimentación y tierra y volver a comprobar el funcionamiento.

5. Manteniendo el contador en funcionamiento (ya sea en sentido de cuenta ascendente o descendente), experimentar con cambios en el nivel lógico de la entrada de control S que se produzcan cuando la señal de reloj se encuentre en un nivel lógico alto y también en uno bajo. Opcionalmente, y para facilitar tanto la conmutación de S en el instante oportuno como el seguimiento de las secuencias de cuenta obtenidas en cada caso, puede duplicarse el período de la señal del reloj, añadiendo para ello un condensador de 1 μF en paralelo al condensador ya existente, también de 1 μF, al circuito generador de señal de reloj.

<u>Cuestiones</u>

a) Es posible que surjan diferencias en la secuencia de cuenta observada en los montajes del contador con puerta inversora y sin ella. Razona el papel del inversor en el circuito. ¿Es relevante aquí la inversión de la señal de reloj que proporciona la puerta inversora del 74x04?

b) Justifica la necesidad de incluir un condensador entre los nodos de alimentación y tierra si se prescinde de la puerta inversora. Consulta para ello el apartado **Desacoplo de la fuente de alimentación** del Apéndice A.

c) Teniendo en cuenta que se han utilizado en el montaje experimental biestables disparados por flanco, ¿has observado anomalías de carácter transitorio en la inversión esperada del sentido de la secuencia de cuenta al conmutar la entrada de control S entre 5 V y 0 V que dependan del nivel lógico de la señal de reloj en el instante del cambio de S? Consulta la sección 14.3 para identificar el tipo de anomalías encontradas en los ejemplos de simulación con el 7473, y cómo estas se resuelven con el 74LS73A.

14.6 Ejercicios y cuestiones de refuerzo

a) El diseño propuesto de contador reversible hace uso de una puerta XOR de dos entradas. Determina el número de puertas NAND de dos entradas que serían necesarias para la implementación si no se dispusiera de puertas XOR.

b) En el capítulo se ha propuesto un diseño del contador reversible basado en biestables J – K, y seguidamente se han puesto a prueba dos implementaciones diferentes, una empleando biestables J – K disparados por pulso positivo y la otra con biestables J – K disparados por flanco negativo. Razona si el diseño propuesto en este capítulo sería válido en caso de emplear biestables J – K disparados por flanco positivo.

c) Aplica el proceso de diseño del contador propuesto en este capítulo añadiendo un tercer biestable J – K para ampliar la secuencia de cuenta de cuatro a ocho estados.

d) Repite el diseño del contador propuesto en este capítulo invirtiendo el criterio que determina el sentido de la cuenta (es decir, escogiendo esta vez S = 1 para la cuenta ascendente y S = 0 para la descendente). Compara las expresiones lógicas resultantes con las cuatro expresiones (14.1)-(14.4) e identifica la síntesis de mínimo coste.

e) Reproduce el proceso de diseño del contador propuesto en este capítulo haciendo uso de biestables D. Propón un segundo diseño, también con biestables D, pero invirtiendo el criterio que determina el sentido de la cuenta, como en el ejercicio anterior. Comprueba las expresiones lógicas resultantes en ambos casos e identifica la síntesis de mínimo coste.

f) Repite el ejercicio anterior utilizando biestables síncronos S – R.

g) Propón un sistema digital basado en un contador reversible para controlar las plazas disponibles en un aparcamiento. Puedes basarte en el esquema mostrado en [flo16].

15

Contadores síncronos con el 74x163

15.1 Introducción

En el capítulo 13 se abordó el diseño de un contador módulo 8 con el 74x90, un contador modular asíncrono de 4 bits. Para el presente capítulo se ha escogido uno de los contadores modulares síncronos más populares: el 74x163.

El 74x163 es un contador síncrono de 4 bits muy versátil que cuenta con dos entradas de habilitación activas a nivel lógico alto (ENP, ENT), además de una entrada de carga (LOAD) y otra de borrado (CLR) activas a nivel bajo, con las que se pueden plantear con facilidad multitud de diferentes diseños. De sus cuatro salidas QA, QB, QC y QD, QA representa el LSB y QD el MSB. Por lo que respecta a las entradas de carga A, B, C y D, es A el LSB y D es el MSB. La salida RCO se activa durante un único pulso de reloj al alcanzar el último estado del contador, dado por $(QD,QC,QB,QA) = (1,1,1,1)$, y resulta muy útil en la conexión de contadores 74x163 en cascada, ya que permite así ampliar el número de bits de la cuenta a un múltiplo de cuatro (8 bits para un diseño con dos 74x163, 12 bits para uno con tres 74x163, y así sucesivamente).

La tabla 15.1 recopila un nutrido número de contadores modulares síncronos disponibles en el mercado con sus principales características, junto a varias referencias donde poder ampliar o bien contrastar la información técnica publicada por los diferentes fabricantes en sus hojas de características. Entre ellos se encuentra el 74x163, cuyo símbolo lógico se muestra en la figura 15.1 junto al de otros dos contadores, también escogidos de la misma tabla.

Tabla 15.1   Selección de contadores síncronos y sus principales características.

Contador	Características
74x160	Variante BCD del 161 ([bog92],[fle80],[gar07],[gil95],[hor16],[lea11],[mal93], [nel96],[toc07],[wak07])
74x161	Variante del 163 con borrado asíncrono ([bog92],[fle80],[gil95],[hor16],[lea11], [mal93],[toc07],[wak07])
74x162	Variante BCD del 163 ([bog92],[fle80],[hor16],[lea11],[toc07],[wak07])
74x163	Contador binario de 4 bits con carga y borrado síncronos ([bla05],[bog92], [fle80],[flo16],[gil95],[gar07],[hor16],[lea11],[toc07],[wak18])
74x168	Contador BCD con carga síncrona y selección del sentido de cuenta ([fle80], [gil95])
74x169	Variante del 163 con selección del sentido de cuenta ([fle80],[gil95],[wak07])
74x190	Variante BCD del 191 ([bla05],[bog92],[fle80],[flo16],[gil95],[gar07],[hor16], [mal93],[toc07])
74x191	Contador binario de 4 bits y carga asíncrona con selección del sentido de cuenta ([bog92],[fle80],[hor16],[lea11],[mal93],[nel96],[toc07])
74x192	Variante del 168 con borrado asíncrono ([fle80],[tok08])
74x193	Variante del 191 con entrada de borrado asíncrona y dos entradas de reloj, una para cuenta ascendente y la otra para cuenta descendente ([fle80],[gil95], [hor16],[lea11],[toc07],[tok08])
74x560	Variante BCD del 561 ([bog92],[hor16])
74x561	Contador binario de 4 bits con salidas triestado. Versión más versátil de la serie 160-163. Carga y borrado síncrona o asíncrona ([bog92],[hor16])
74x569	Contador de 8 bits con selección del sentido de cuenta ([hor89])
74x579	Contador de 8 bits con selección del sentido de cuenta ([hor16])
74x590	Contador binario de 8 bits con salidas triestado ([hor16])
74x592	Similar al 590 ([hor89])
74x593	Contador de 8 bits y 16 pines con salidas triestado ([hor16])
74x779	Variante del 593 en un encapsulado de 20 pines ([hor16])
74x925- **74x928**	Serie de cuatro contadores BCD de cuatro dígitos con salida multiplexada y decodificador de siete segmentos incorporado ([hor89],[74C925])
4026	Contador BCD con decodificador de siete segmentos incorporado ([4026])
4029	Contador de 4 bits binario y BCD con selección del sentido de la cuenta y entrada de carga ([gil95])
4553	Contador BCD de tres dígitos con salida multiplexada ([tok08])

Al igual que sucede con el contador 74x90, la máxima frecuencia de funcionamiento del 74x163 es función de las condiciones de carga, de la tensión de alimentación y de la temperatura ambiente, como muestra la tabla 15.2 para dos subfamilias TTL (estándar y LS) y otras dos CMOS (HC y HCT).

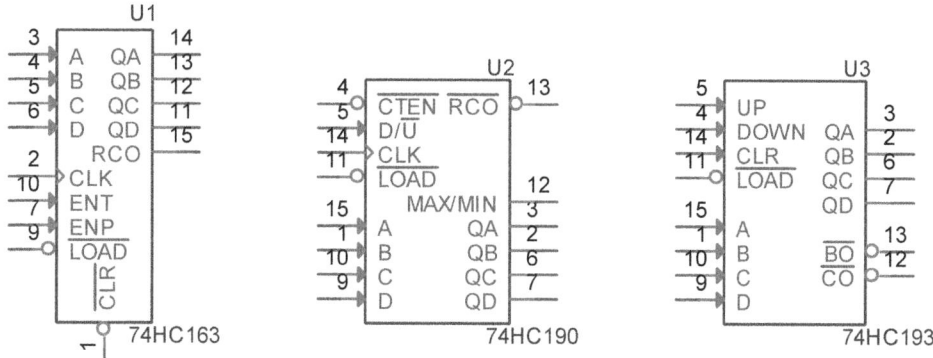

Figura 15.1 Selección de contadores síncronos de 4 bits de la subfamilia CMOS-HC. U1: 74HC163 (carga y borrado síncronos). U2: 74HC190 (contador de décadas reversible con carga asíncrona). U3: 74HC193 (contador reversible con carga y borrado asíncronos)[1].

Tabla 15.2 Valores mínimos/típicos de la frecuencia máxima de funcionamiento del contador síncrono 74x163 para dos subfamilias TTL y dos subfamilias CMOS ($T_A = 25$ ºC). Especificaciones técnicas extraídas de [74×163], [74LS163-F], [74LS163-M], [74HC163-P], [74HCT163-P], [74HC163-T] y [74HCT163-T].
* Valores típicos para los que no se especifica V_{CC} ni condiciones de carga.

Contador	Fabricante	f_{max} (MHz)	V_{CC} (V)	Condiciones de carga
SN74163	Texas	25/32	5,0	$R_L = 0,4$ kΩ, $C_L = 15$ pF
74LS163	Instruments			
DM74LS163A	Fairchild	25/32*	5,5	$R_L = 2$ kΩ, $C_L = 15$ pF
	Semiconductor	20/32*		$R_L = 2$ kΩ, $C_L = 50$ pF
74LS163A	Motorola	25/32	5,0	$C_L = 15$ pF
74HC163	Philips Semiconductors	5/15	2,0	$C_L = 50$ pF
		27/46	4,5	
		32/55	6,0	
74HCT163		26/45	4,5	
CD74HC163	Texas Instruments	6/-	2,0	Sin especificar
		30/-	4,5	Sin especificar
		35/-	6,0	Sin especificar
CD74HCT163		30/-	4,5	Sin especificar

Al inspeccionar la tabla 15.2 llama la atención que los valores típicos publicados de la frecuencia máxima de funcionamiento son considerablemente mayores que los

---

[1] Aunque en la figura 15.1 se representan dispositivos basados en tecnología CMOS de la subfamilia HC, en realidad también están disponibles en otras subfamilias, no solo de CMOS, sino también de TTL.

mínimos, y que para la subfamilia CMOS-HC se proporcionan especificaciones para tres voltajes de alimentación V_{CC} diferentes, con frecuencias máximas muy dispares en función de V_{CC}.

15.2 Diseño de contadores con el 74x163

En esta sección se propone el diseño de cuatro contadores con secuencias diversas, todos ellos basados en el 74x163. Concretamente, se plantearán contadores módulo 16, módulo 13, módulo 12 y módulo 146. Los diferentes diseños se han escogido intencionadamente para poner en práctica todos sus recursos: entradas de habilitación, entrada de borrado, entrada de carga y salida RCO. A diferencia del 74x90, contador con el que casi todos los estados del 0 al 9 (la única excepción es el 6) se pueden decodificar sin necesidad de lógica adicional para forzar un reinicio de la secuencia de cuenta, el 74x163 sí precisa de ella. En realidad dicha lógica siempre es necesaria, y en el caso del 74x90 se encuentra integrada en el propio contador.

15.2.1 Contador en modo de carrera libre (módulo 16)

Para que un contador módulo 16 diseñado a partir del 74x163 funcione en **modo de carrera libre**[2] (es decir, siguiendo una secuencia cíclica desde 0 hasta 15), basta con que sus entradas de habilitación ENP y ENT sean asertivas, ya que no se hace uso ni de su entrada de borrado CLR ni de su entrada de carga LOAD. Por lo tanto, tanto ENP como ENT deberán conectarse a la alimentación. Lo mismo sucede con CLR y LOAD, al ser ambas entradas activas a nivel bajo. Como la entrada LOAD no es asertiva en ningún momento, no es necesario conectar las entradas de carga A, B, C y D, que se pueden dejar flotantes.

La figura 15.2 muestra el 74x163 particularizado para la subfamilia TTL estándar con las conexiones necesarias y cinco ledes conectados en sus salidas.

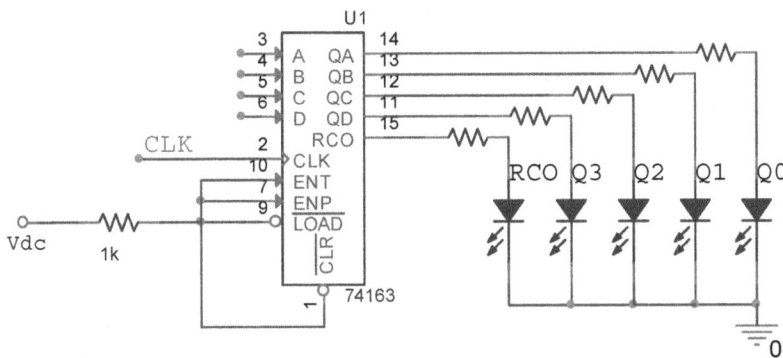

Figura 15.2   Contador módulo 16 en modo de carrera libre. Secuencia de cuenta 0,1,...,15.

---

[2] Es la traducción literal del término original en inglés *free-running mode*.

15.2.2 Contador módulo 13 con la secuencia 0,1,...,12

En este contador, a diferencia del anterior, es necesario forzar un reinicio al llegar a 12. Con este fin se introduce una puerta NAND que activa la entrada de borrado CLR en cuanto QC y QD son simultáneamente 1 ($12_{10} = 1100_2$). La figura 15.3 muestra el contador diseñado. Como la salida RCO nunca llega a activarse, se prescinde del led correspondiente.

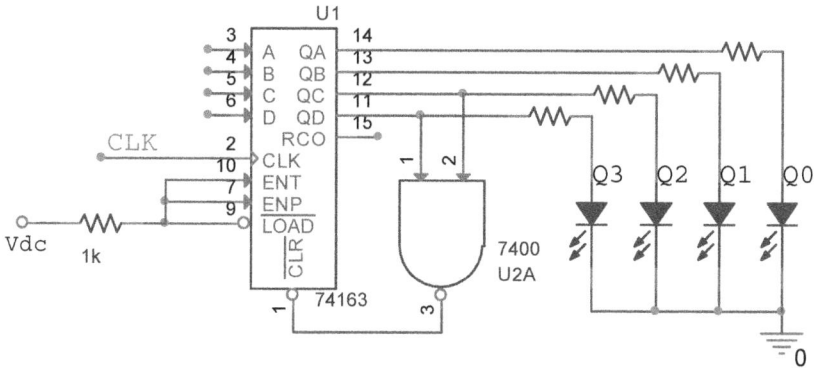

Figura 15.3   Contador módulo 13 con la secuencia de cuenta 0,1,...,12.

15.2.3 Contador módulo 12 con la secuencia 3,4,...,14

Este contador es similar al anterior, con la diferencia de que esta vez no es un borrado lo que debe activarse periódicamente, sino una señal de carga de 4 bits que vuelque, codificado en binario, el primer estado de la cuenta (el 3 decimal) en las entradas A, B, C y D una vez que la salida alcance el 14 ($14_{10} = 1110_2$). La figura 15.4 ilustra el diseño, en el que se emplea una puerta NAND de tres entradas de un CI 7410 para generar la señal de carga con nivel lógico bajo.

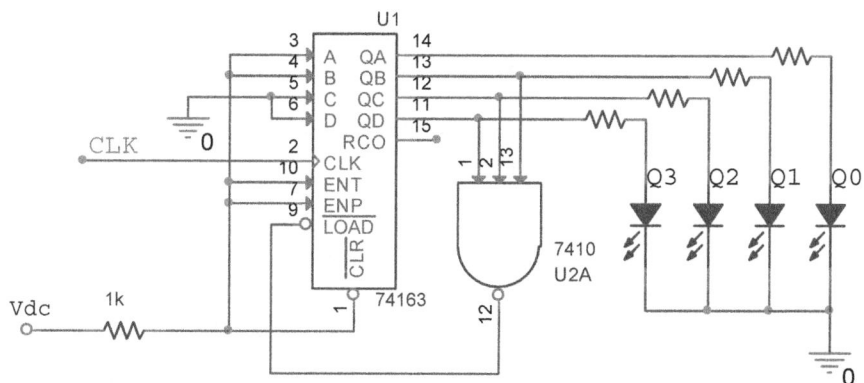

Figura 15.4   Contador módulo 12 con la secuencia de cuenta 3,4,...,14.

15.2.4 Contador módulo 146 con la secuencia 0,1,…,145

Se necesitan 8 bits para generar el estado 145, de manera que la implementación hace uso de dos contadores denominados U1 y U2, que se encargan de los 4 bits más y menos significativos, respectivamente. Como $145_{10} = 10010001_2$, las salidas Q7, Q4 y Q0 se cablean con una puerta NAND para provocar un reinicio simultáneo de los dos contadores al llegar a 145. La figura 15.5 muestra el circuito propuesto.

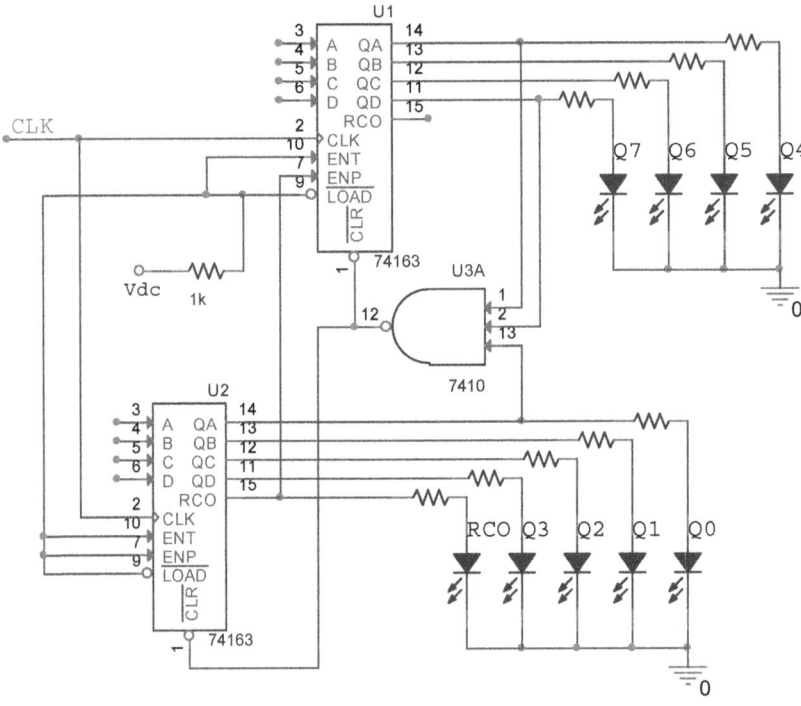

Figura 15.5   Contador módulo 146 con la secuencia de cuenta 0,1,…,145.

Cabe observar que la señal de reloj es común a ambos contadores (esto debe ser siempre así, independientemente de la secuencia de cuenta). Resulta clave conectar la salida RCO del contador U2 a una de las entradas de habilitación de U1[3]. De esta forma se garantiza que la cuenta correspondiente a los 4 bits de más peso se incrementa en uno solo cada dieciséis ciclos de reloj.

---

[3] El acrónimo RCO, del inglés *ripple carry output*, puede traducirse por "salida de propagación del acarreo" según figura en [man15] (aunque la traducción depende mucho de la fuente escogida). En realidad no parece a priori afortunado referirse a acarreos en el contexto de contadores, que poco tienen que ver con módulos aritméticos, donde estos sí cobran sentido. Sin embargo, hay una justificación para ello; y es que la salida RCO, como se ha mencionado, resulta útil en la expansión de contadores modulares, de la misma forma que la salida de acarreo de un módulo sumador 74x283 se conecta a la entrada de acarreo de otro módulo idéntico para ampliar así el rango de representación.

15.3 Simulación

Se muestran en esta sección los circuitos adaptados para simulación correspondientes a todos los diseños propuestos, así como los cronogramas obtenidos con cada uno de ellos. En todos los casos el estado inicial de los biestables es un 0 lógico.

15.3.1 Contador en modo de carrera libre (módulo 16)

Una simulación ejecutada con el contador de la figura 15.6 da como resultado el cronograma mostrado en la figura 15.7, en el que se aprecia que el contador funciona efectivamente en modo de carrera libre, ya que la secuencia de cuenta se repite cíclicamente entre 0H y FH. Se debe observar que las transiciones entre estados tienen lugar tras producirse el flanco positivo de la señal de reloj y que la salida RCO permanece en estado alto durante un único ciclo de reloj al decodificarse el último estado de la cuenta. Además, como corresponde a un contador binario, cada una de las señales funciona como un divisor de frecuencia por dos de la anterior: la frecuencia de la señal Q0 es la mitad de la frecuencia del reloj CLK, la de Q1 es la mitad de la de Q0, y así sucesivamente.

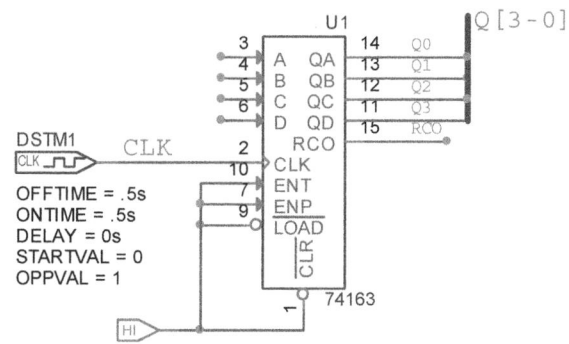

Figura 15.6 Contador módulo 16 con el 74163 adaptado para simulación.

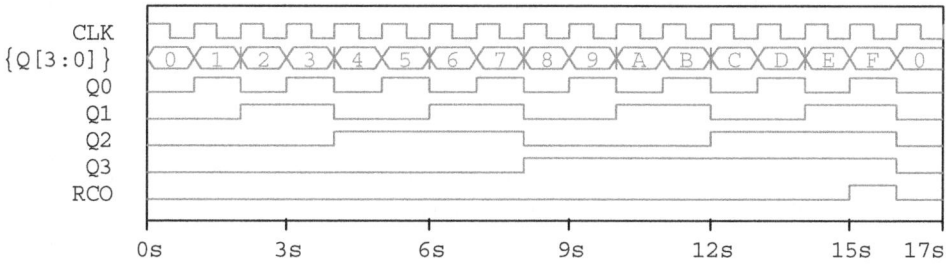

Figura 15.7 Secuencia de cuenta del contador módulo 16 mostrado en la figura 15.6.

Siguiendo los pasos del análisis realizado con el contador de rizo 7490A en el capítulo 13, es interesante reproducir la secuencia de cuenta con una frecuencia de reloj mucho más alta, próxima a la frecuencia máxima de funcionamiento del contador. Escogiendo un período de la señal de reloj T_{CLK} de 50 ns, el contador cambia de estado a la frecuencia de 20 MHz, según refleja el cronograma de la figura 15.8. Gracias a esta escala de tiempos se aprecia con claridad el retraso entre el flanco ascendente del reloj y las transiciones efectuadas por las cuatro salidas del contador, que es consecuencia del retardo de propagación de sus biestables. Por otra parte, y a pesar de que se trata de un contador síncrono, dichas transiciones no están perfectamente sincronizadas entre sí, como delatan las franjas verticales que separan algunos de los estados consecutivos en la representación del bus Q[3:0]. En realidad se trata del mismo fenómeno de estados anómalos identificados en el crono-grama de la figura 13.11 para el caso del 7490A, con la salvedad importante de que en este caso son mucho más efímeros y, por lo tanto, apenas resultan perceptibles. Su duración es tan breve que no suponen un problema real en la práctica, y esta es la principal razón por la que los contadores síncronos, a pesar de tener una estructura interna más compleja que los asíncronos, son normalmente preferidos para el diseño modular. Se volverá a tratar la cuestión de los estados espurios en el capítulo 17 al analizar la dinámica de la decodificación de los estados del contador 74163.

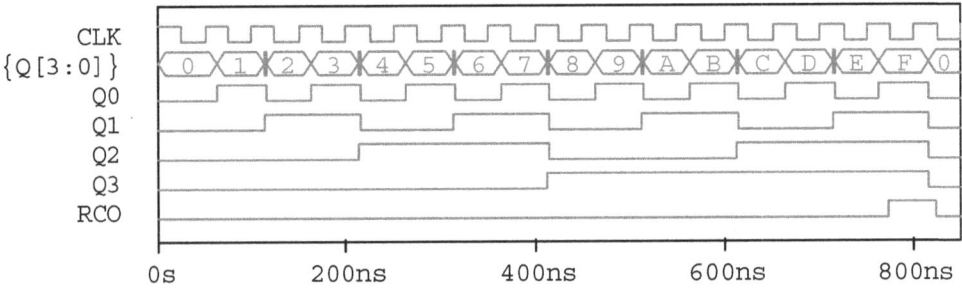

Figura 15.8   Secuencia de cuenta del contador módulo 16 de la figura 15.6. $T_{CLK} = 50$ ns.

15.3.2 Contador módulo 13 con la secuencia 0,1,…,12

El circuito contador de la figura 15.9 reproduce la secuencia de cuenta cíclica de trece estados entre 0H y CH representada en el cronograma de la figura 15.10. Se trata de un contador no binario, puesto que con sus 4 bits existen varios estados extra que no pertenecen a la secuencia de cuenta (concretamente, los estados 13, 14 y 15). Cuando se alcanza el estado 12 (CH en hexadecimal), y una vez transcurrido el retardo de propagación de la puerta NAND, la señal externa de borrado CLR_L es asertiva y reinicia, por lo tanto, el contador. Sin embargo, se ha de observar que no lo hace inmediatamente, pues de lo contrario el tránsito por el estado 12 apenas duraría unos nanosegundos (el mencionado retardo de propagación). El estado 12 se prolonga durante un ciclo completo de reloj debido a que la entrada de borrado CLR, al ser síncrona, se espera al siguiente flanco positivo del reloj para efectuar el borrado con el que se reinicia la cuenta. El 74x161 es un contador similar al 74x163, con la salvedad de que su entrada de borrado es asíncrona.

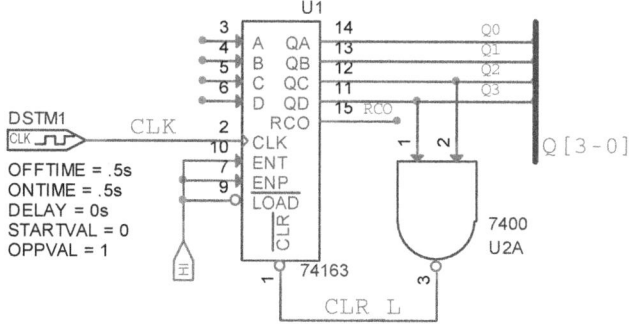

Figura 15.9   Contador módulo 13 con el 74163 adaptado para simulación.

Por lo que respecta a la salida RCO, no se activa en ningún momento durante la secuencia, ya que el estado FH no llega a alcanzarse nunca.

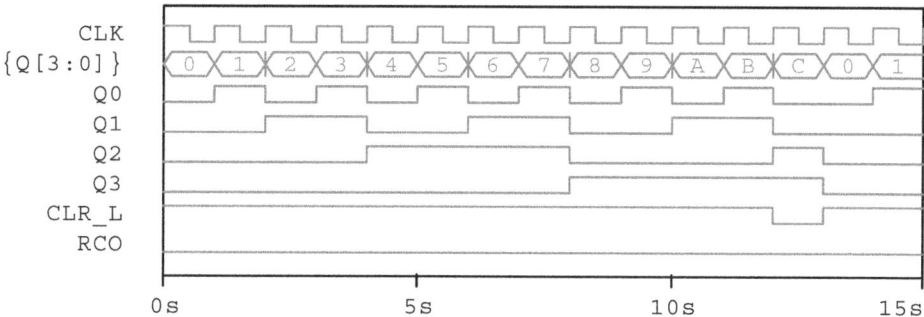

Figura 15.10   Secuencia de cuenta del contador módulo 13 de la figura 15.9.

15.3.3 Contador módulo 12 con la secuencia 3,4,…,14

La simulación reproduce también en este caso la secuencia de cuenta esperada del circuito mostrado en la figura 15.11, si bien con una salvedad. Se debe observar en el cronograma de la figura 15.12 que durante el primer ciclo de reloj el contador se encuentra en el estado 0, cuando la secuencia debería empezar en el estado 3. De hecho, la primera secuencia abarca desde el 0 hasta el 14, pero no se repite después. A partir de la segunda secuencia sí se obtiene la sucesión de estados esperados, desde el 3 hasta el 14, que se repite cíclicamente. Esto no es síntoma de anomalía alguna y obedece al funcionamiento normal del 74163. Se puede considerar simplemente una secuencia transitoria por la que debe pasar el contador antes de entrar en la secuencia de cuenta cíclica. Al igual que el contador módulo 13 del apartado anterior, se trata de un contador no binario.

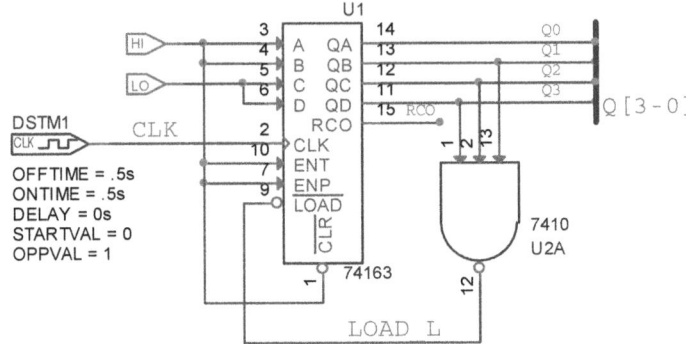

Figura 15.11   Contador módulo 12 con el 74163 adaptado para simulación.

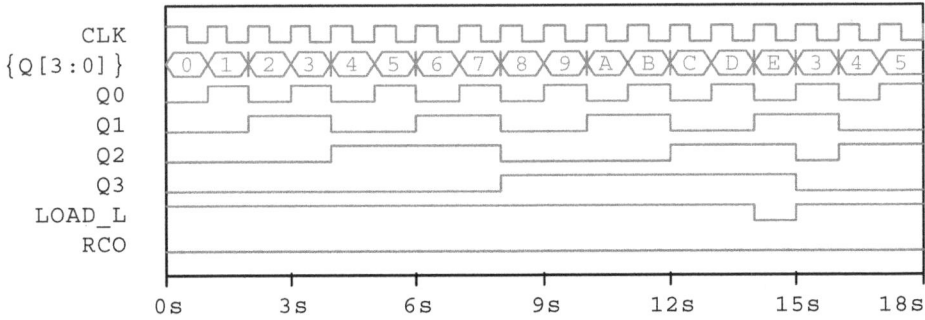

Figura 15.12   Secuencia de cuenta del contador módulo 12 de la figura 15.11.

Por lo que respecta a la entrada de carga LOAD, es igualmente síncrona como en el caso de la entrada de borrado CLR. En consecuencia, la señal externa LOAD_L se activa durante un ciclo completo de reloj, coincidiendo con el último estado de la secuencia, como muestra el cronograma.

15.3.4 Contador módulo 146 con la secuencia 0,1,…,145

Se ha optado por ilustrar el funcionamiento del contador no binario de 8 bits representado en la figura 15.13 mediante tres cronogramas complementarios.

El primero de los cronogramas muestra el tránsito por sucesivos estados en el intervalo comprendido entre 0 s y 18 s (figura 15.14), el segundo lo hace entre 18 s y 36 s (figura 15.15) y el tercero entre 140 s y 148 s (figura 15.16). Se identifica claramente en los dos primeros cronogramas el pulso de la salida RCO del contador U2, que habilita al contador U1 durante un ciclo de reloj cada dieciséis estados consecutivos. Gracias a la habilitación periódica de U1, el estado que sigue a 0FH no es 00H sino 10H. Tras una segunda secuencia cíclica completa por parte de U2, se llega al estado 31 (31_{10} = 1FH), que coincide con la aparición de un nuevo pulso en la salida RCO y provoca por lo tanto que el siguiente estado no sea el 16 sino el

32 ($32_{10} = 20H$). Esta dinámica se reproduce en sucesivas iteraciones a medida que el contador progresa por la secuencia de cuenta prevista.

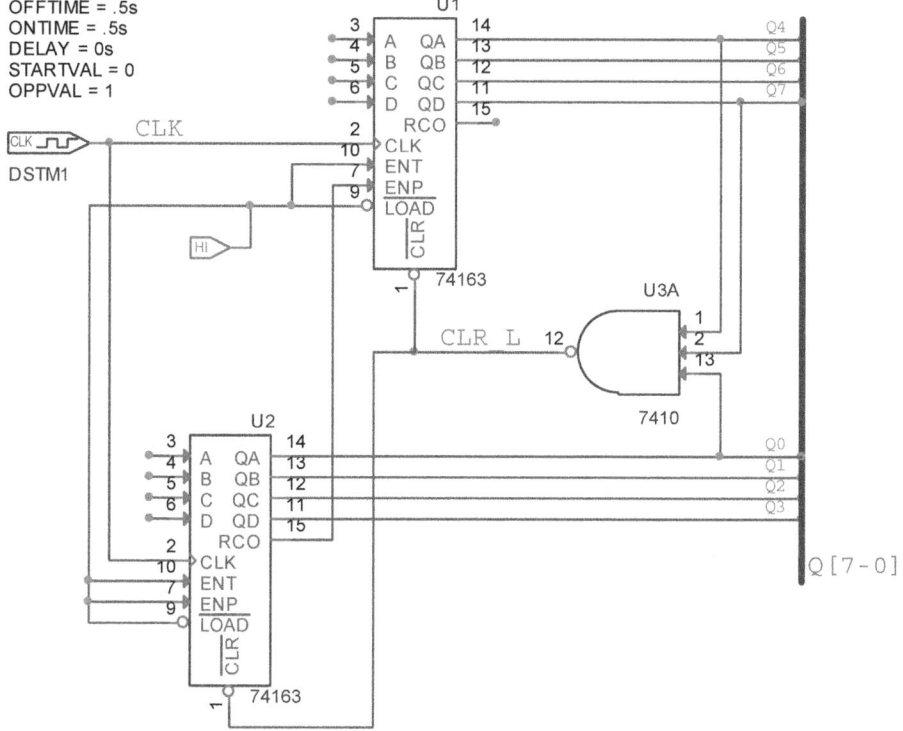

Figura 15.13 Contador módulo 146 implementado con dos 74163 y adaptado para simulación.

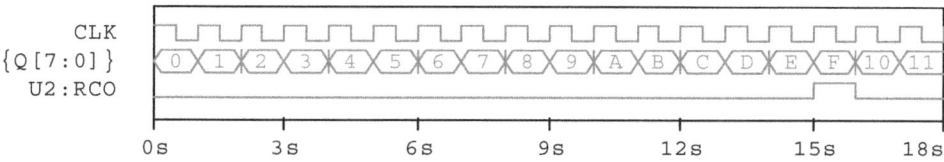

Figura 15.14 Secuencia de cuenta parcial (estados del 00H al 11H) del contador módulo 146 mostrado en la figura 15.13.

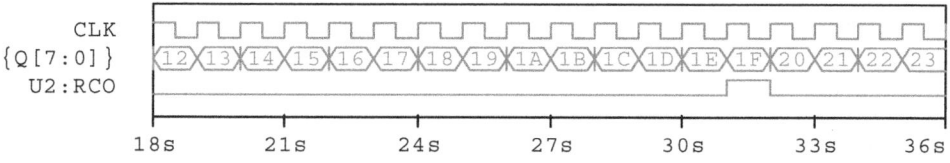

Figura 15.15 Secuencia de cuenta parcial (estados del 12H al 23H) del contador módulo 146 mostrado en la figura 15.13.

En el tercer cronograma, que refleja el final de una secuencia completa de cuenta de 146 estados junto con el inicio de la siguiente secuencia, no se muestra RCO sino la señal de borrado activa a nivel bajo CLR_L. Esta señal externa es asertiva durante un ciclo de reloj, coincidente con el estado 145 (145_{10} = 91H). Al llegar el siguiente flanco positivo del reloj el contador lee el estado lógico en su entrada CLR, y al ser 0 se efectúa un borrado simultáneo de U1 y U2 que impide alcanzar el estado 146.

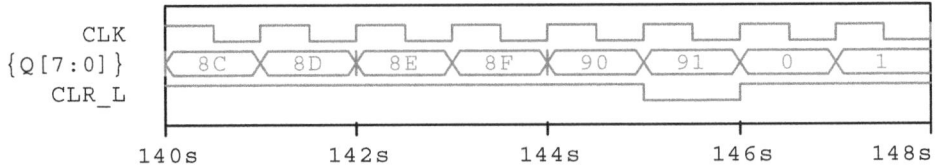

Figura 15.16   Secuencia de cuenta parcial (estados del 8CH al 01H) del contador módulo 146 mostrado en la figura 15.13.

15.4 Componentes

Circuitos de reloj (T_{CLK1} = 1,4 s y T_{CLK2} = 0,14 s)

Circuitos integrados

555 (1x).

Resistencias

270 Ω (1x), 47 kΩ (1x), 1 MΩ (1x).

Condensadores

10 nF (1x), 100 nF (1x), 1 µF (1x).

Diodos

Ledes (1x).

Contadores

Circuitos integrados

74LS00 (1x). CI TTL con 4 puertas NAND de dos entradas.
74LS10 (1x). CI TTL con 3 puertas NAND de tres entradas.
74LS163 (2x). CI TTL contador síncrono de 4 bits.

Resistencias

270 Ω (9x), 1 kΩ (1x).

Diodos

Ledes (9x). Alternativamente, emplear una barra de luz led de diez segmentos.

15.5 Verificación experimental

Indicaciones previas:

a) Una señal de reloj con período de 1,4 s es adecuada para todos los contadores excepto el contador módulo 146, para el que conviene escoger un reloj con un período menor. En este caso se sugiere reemplazar el condensador de 1 μF por uno de 100 nF para dividir el período por un factor 10.

b) Puede ser necesario en algún caso desacoplar al menos alguno de los CI empleados, incluyendo el propio 555. Emplear para ello condensadores de 100 nF.

Procedimiento

1. Montar el circuito de la figura 15.2 (contador módulo 16) y verificar que la secuencia de cuenta cíclica es 0,1,...,15.

2. Montar el circuito de la figura 15.3 (contador módulo 13) y verificar que la secuencia de cuenta cíclica es 0,1,...,12.

3. Montar el circuito de la figura 15.4 (contador módulo 12) y verificar que la secuencia de cuenta cíclica es 3,4,...,14.

4. Montar el circuito de la figura 15.5 (contador módulo 146) y verificar que la secuencia de cuenta cíclica es 0,1,...145.

15.6 Ejercicios y cuestiones de refuerzo

a) En los contadores módulo 12 y módulo 146 se emplea una puerta NAND de tres entradas (CI 74x10). Sustitúyela por un circuito lógico equivalente basado únicamente en puertas NAND de dos entradas.

b) En los contadores módulo 13 y módulo 146 la entrada de borrado síncrona activa a nivel bajo CLR del 74x163 reinicia la cuenta periódicamente cada vez que la señal externa CLR_L es asertiva. ¿Cuáles serían las respectivas secuencias de cuenta si los montajes se hubiesen realizado con el CI 74x161, cuya entrada de borrado es asíncrona?

c) En el contador módulo 146 la salida RCO del contador U2 se conecta a la entrada de habilitación ENP del contador U1. Razona las implicaciones de sustituir dicha conexión por otra en la que RCO se conecte a la entrada de reloj de U1.

d) En la tabla 15.1 figura el circuito CMOS 4026, que incorpora en un mismo encapsulado un contador BCD y una etapa de decodificación preparada para excitar un visualizador de siete segmentos. Consulta la información técnica del fabricante y diseña, utilizando dos de estos circuitos, un contador de dos dígitos decimales con la secuencia 0,1,...,99.

Segundero digital con contadores modulares

16.1 Introducción

En el capítulo anterior, que giró alrededor del versátil contador síncrono de 4 bits 74x163, se propusieron numerosos diseños empleando uno o bien dos de estos contadores. Vamos a seguir ahora explorando sus posibilidades y descubriendo las de otros contadores similares, combinándolos con elementos con los que ya hemos experimentado como es el caso del decodificador de BCD a siete segmentos 74x48 y su correspondiente visualizador. Haciendo uso de todos ellos es posible abordar el diseño y posterior montaje experimental de un segundero digital basado en dos contadores de 4 bits, que es el objetivo de este capítulo.

Aunque en un principio un segundero, o contador de segundos, no es más que un contador módulo 60 con un período de 1 s, cuyo primer estado es el 0 y el último es el 59, el enfoque que se propone aquí es totalmente diferente al planteado en el contador módulo 146 ya conocido del capítulo 15, que también requiere dos contadores de 4 bits. Mientras que el diseño del contador módulo 146 sigue la secuencia de cuenta mediante ocho ledes, dedicando cuatro de ellos a los bits menos significativos de la secuencia de cuenta y los cuatro restantes a los bits más significativos de la misma, en el diseño del segundero hay que considerar necesariamente la existencia de unidades y de decenas, ya que la representación de los estados de la cuenta se realiza mediante visualizadores de siete segmentos. Esto obliga a plantear el diseño individualizado de dos contadores: un primer contador, encargado de seguir la secuencia del 0 al 9 para la representación de las unidades, y un contador adicional con la secuencia del 0 al 5 para las decenas. Sin embargo, ambos contadores no son en absoluto independientes, puesto que el cambio de estado del contador de las unidades debe ser diez veces más rápido que el de las decenas. Por lo tanto, debe recurrirse a las entradas de habilitación de los dispositivos para sincronizar correctamente los cambios de estado en ambos contadores modulares.

Conviene indicar que la realización física de un segundero digital no es ni mucho menos única. Si bien la idea subyacente consiste en dedicar un contador para representar las unidades y otro para las decenas, la implementación concreta dependerá de la solución adoptada para materializar cada uno de los dos contadores. Para hacer énfasis en esta diversidad se plantearán a lo largo del capítulo varios enfoques que conducirán a diseños diferentes, haciendo uso para ello no solo del CI 74x163, sino de otros contadores que, siendo también de 4 bits y con prestaciones similares a este, cuentan con sus propias peculiaridades que los distinguen entre sí. En cualquier caso, todas las variantes propuestas se ceñirán al esquema de partida basado en dos contadores, uno vinculado al dígito de las unidades y otro al dígito de las decenas. Como es sabido, un segundero es uno de los subsistemas digitales fundamentales de los que consta un reloj digital, cuyo diseño se describe de forma simplificada en las aplicaciones de los contadores del capítulo 30.

16.2 Tres diseños de un segundero con contadores síncronos

En esta sección se propondrán tres alternativas diferentes al diseño modular de un segundero digital empleando contadores síncronos, todas ellas siguiendo la idea apuntada en la introducción. En el primer diseño se emplearán dos contadores 74x163, en el segundo un 74x162 y un 74x163 y en el tercero un 74x161 y un 74x162. En todos los casos la entrada de reloj de cada contador se conectará a una señal común de reloj. Conoceremos las pequeñas diferencias existentes entre estos tres contadores modulares a medida que abordemos los diseños.

16.2.1 Combinación de dos 74x163

El primero de los diseños modulares que se va a describir, que será además el único escogido para su montaje experimental, hace uso de dos contadores 74x163, como ilustra la figura 16.1 mediante circuitos de la subfamilia TTL estándar.

El contador asignado para las unidades, denominado U1, es un contador modulo 10, ya que la puerta NAND de dos entradas U3A activa su entrada síncrona de borrado CLR tras decodificar el estado 9. Esto supone que dicho estado se prolonga durante un ciclo completo de reloj y, al llegar el siguiente flanco positivo de la señal de reloj CLK, U1 se reinicia como consecuencia del estado lógico bajo presente en su entrada de borrado CLR.

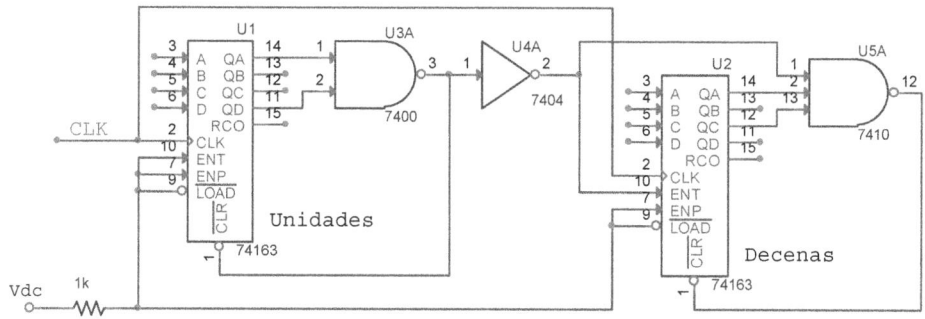

Figura 16.1 Segundero digital diseñado con contadores 74163 para las unidades y las decenas.

Por lo que respecta al contador dedicado a las decenas, denominado U2, se trata de un contador módulo 6 debido a la presencia de la puerta NAND de tres entradas U5A, que activa su correspondiente entrada de borrado CLR al decodificar el estado 5. Sin embargo, puede apreciarse que la puerta U5A hace algo más aparte de decodificar dicho estado, ya que dispone de tres entradas. La tercera entrada, de hecho, es clave para garantizar el correcto funcionamiento del segundero, como se explica seguidamente. Obsérvese que existe una tercera puerta en el diseño, denominada U4A. Se trata de una puerta inversora cuya función es doble. Por un lado, su salida se encuentra conectada a la entrada de habilitación ENT de U2, que es una entrada activa a nivel alto. Esta conexión garantiza la correcta sincronización entre U1 y U2, de forma que U2 transita entre estados consecutivos con una frecuencia que es diez veces menor que la de U1, como corresponde al contador de las decenas. Por otro lado, la salida de U4A también se lleva a una de las tres entradas de la puerta U5A. En caso de prescindir de esta conexión, el segundero se reiniciaría al alcanzar el estado 50 en lugar del estado 59, como está previsto. En la sección dedicada a la simulación del funcionamiento del segundero se tendrá ocasión de constatar con la ayuda de varios cronogramas el papel clave que juega la puerta inversora U4A en la coordinación de las secuencias de cuenta de ambos contadores.

16.2.2 Combinación de un 74x162 y un 74x163

Una segunda variante permite simplificar algo el diseño recurriendo al contador modular BCD 74x162, como se muestra en la figura 16.2. En este caso, la decodificación del estado 9 mediante una puerta lógica en el contador módulo 10 dedicado a las unidades ya no es necesaria, debido a que su secuencia natural solo recorre los estados del 0 al 9. Por esta razón, la entrada de borrado CLR de U1 no se utiliza, conectándose a la tensión de la fuente de alimentación externa, que garantiza un estado lógico alto permanente en dicha entrada.

El diseño del contador módulo 6 de las decenas, U2, se realiza de nuevo mediante un 74x163 y, por lo tanto, sí precisa de una puerta lógica para la decodificación del estado 5. Sin embargo, y a diferencia del diseño del segundero de la figura 16.1, se recurre a la salida RCO de U1 para suplir la función que en dicho diseño hace la puerta inversora, ya que RCO se activa durante un ciclo de reloj coincidente con el último estado de cuenta de U1, que es el 9 y no el 15 al tratarse de un 74x162.

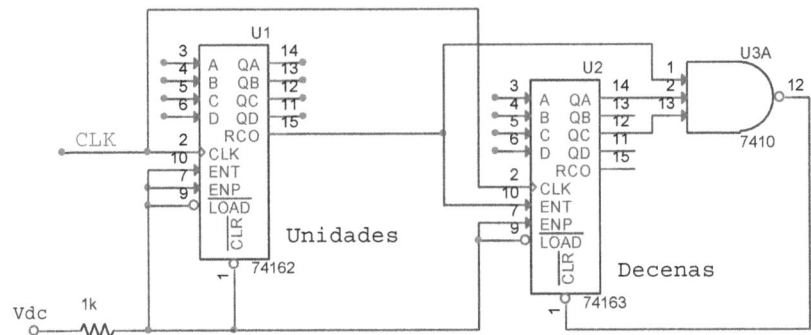

Figura 16.2   Segundero digital diseñado con un contador BCD 74162 para las unidades y un contador 74163 para las decenas.

16.2.3 Combinación de un 74x162 y un 74x161

Pasando a una tercera variante, si ahora se mantiene el diseño del contador módulo 10 de las unidades basado en el 74x162 de la figura 16.2, pero se sustituye el 74x163 encargado de las decenas por un 74x161 (que es idéntico al 74x163 excepto por el hecho de contar con una entrada de borrado CLR asíncrona), resulta necesario modificar el diseño de U2 para adaptarlo a la naturaleza asíncrona de la entrada de borrado. En este caso es imprescindible rediseñar el módulo de las decenas para que la puerta NAND decodifique el estado 6 en lugar del estado 5, como refleja el circuito de la figura 16.3. La diferencia con el diseño anterior es clara, ya que en el presente caso la activación de la señal de borrado CLR de U2 no necesita esperar a la llegada del siguiente flanco positivo de la señal de reloj para reiniciar el contador, sino que lo hace inmediatamente tras la decodificación del estado 6[1].

Obsérvese que U2 pasa fugazmente por el estado 6 y, por lo tanto, no puede considerarse a efectos prácticos que se trate de un contador módulo 7 con la secuencia 0,1,…,6. Su tránsito por el estado 6 no es de diez segundos como en el resto de los estados del 0 al 5, sino que se prolonga durante únicamente unos pocos nanosegundos, desde el momento en el que el bit QB pasa de 0 a 1 y marca con ello el inicio de dicho estado. Este breve intervalo de tiempo, que es la duración del pulso de borrado, coincide con el retardo de propagación asociado al paso del estado lógico alto al bajo en la salida de la puerta NAND de tres entradas U3A, transcurrido el cual se reinicia U2 y vuelve al estado de cuenta 0.

---

[1] Este diseño está inspirado en el esquema conceptual expuesto en [flo16], en el que se muestra el diagrama lógico de un contador de segundos empleando dispositivos genéricos.

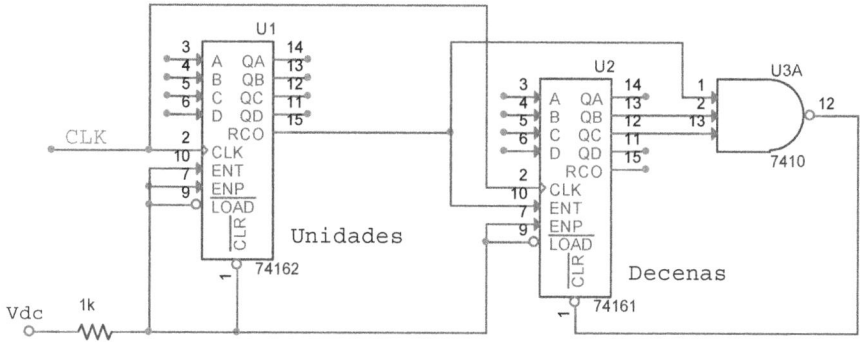

Figura 16.3 Segundero digital diseñado con un contador BCD 74162 para las unidades y un contador 74161 con borrado asíncrono para las decenas.

Conviene advertir que esta tercera variante de segundero adolece de falta de robustez comparada con las dos anteriores, debido a que la anchura del pulso de borrado aplicado al 74161 escapa al control del diseñador lógico en un montaje experimental y, como consecuencia, no puede descartarse que alguna realización física del diseño pueda experimentar un funcionamiento anómalo. En una situación ideal, como la que se da en un contexto de simulación, no se corre este riesgo, puesto que el pulso de borrado generado por la puerta NAND se prolongará hasta que las salidas QB y QC del 74161 pasen simultáneamente de 1 a 0, instante en el que culmina la acción de borrado del contador. Sin embargo, en un escenario real no hay que dar por supuesta dicha simultaneidad, y bien puede suceder que exista una diferencia significativa en el retardo de propagación de los biestables asociados a las salidas QB y QC con consecuencias no deseadas: si suponemos que QB responde rápidamente y pasa a 0 antes que QC, puede suceder que el pulso de borrado desaparezca antes de que la salida QC, más lenta, haya completado su cambio de estado del 1 al 0. Por tanto, y dependiendo de los retardos de propagación tanto de ambos biestables como de la puerta NAND en una implementación concreta del circuito, es posible que el estado de reinicio del contador no sea 0000 como sería deseable, sino 0100, o incluso que la salida QC muestre un comportamiento metaestable de forma transitoria ([wak01]).

16.3 Simulación

Todos los diseños propuestos en la sección anterior se han probado con PSpice y siguen la secuencia esperada de 60 estados típica de un segundero. Esta sección se centra únicamente en la verificación del correcto funcionamiento del primero de los diseños, incidiendo en algunos aspectos clave de la temporización que ayudan a comprender mejor la naturaleza síncrona de la entrada de borrado CLR, así como la influencia de los retardos de propagación en la actualización de los niveles lógicos en los diferentes nodos del circuito.

La figura 16.4 es una versión adaptada de la figura 16.1, que resulta útil para seguir mediante simulación la secuencia de estados por los que transita el segundero. Como puede verse, incluye un bus U[3-0] asignado a los 4 bits del contador de las unidades y otro bus D[3-0] para el contador de las decenas. El estado inicial de los biestables es 0 en ambos contadores.

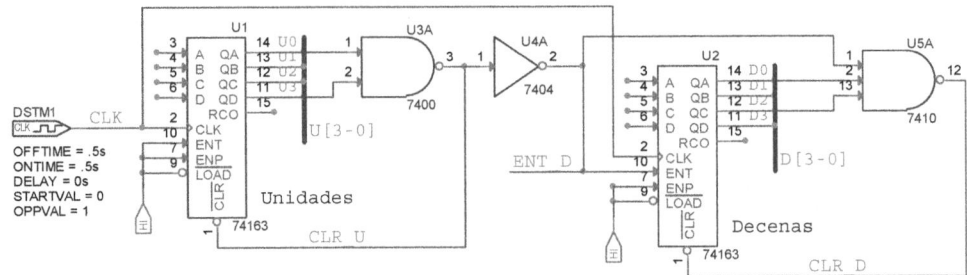

Figura 16.4 Segundero digital adaptado para simulación diseñado con sendos contadores modulares 74163 para las unidades y las decenas.

La secuencia completa de 60 estados se ilustra mediante las figuras complementarias 16.5, 16.6 y 16.7, con un solape de 1 s entre ellas para facilitar su interpretación. Las variables escogidas para su monitorización son la señal de reloj CLK, los dos buses U y D, las señales externas de borrado CLR_U y CLR_D de cada uno de los contadores, y la entrada de habilitación del contador de las decenas ENT_D. El período del reloj es de 1 s.

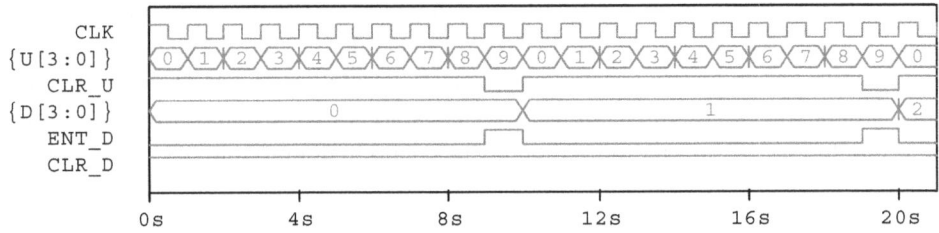

Figura 16.5 Secuencia de cuenta entre 0 s y 21 s del segundero digital de la figura 16.4.

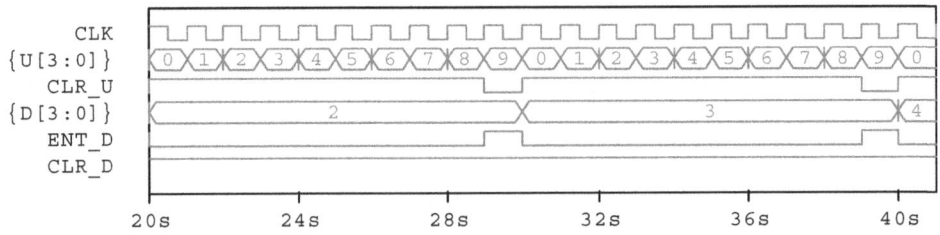

Figura 16.6 Secuencia de cuenta entre 20 s y 41 s del segundero digital de la figura 16.4.

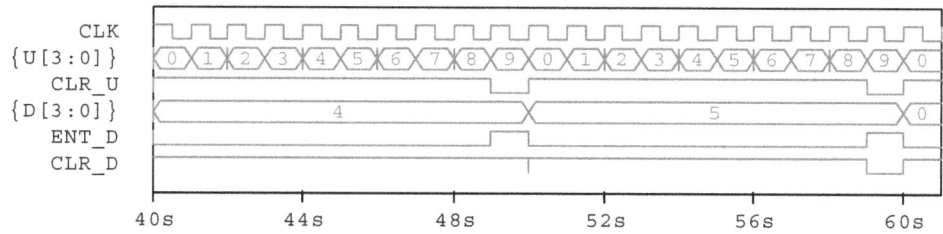

Figura 16.7   Secuencia de cuenta entre 40 s y 61 s del segundero digital de la figura 16.4.

Como puede verse en los tres cronogramas anteriores, tanto las dos señales de borrado activas a nivel bajo, CLR_U y CLR_D[2], como la señal de habilitación activa a nivel alto, ENT_D, se disparan periódicamente durante un ciclo completo de reloj. Obsérvese que al llegar al estado 59 se activan sendos pulsos de borrado en ambos contadores, garantizando así el reinicio del segundero en el siguiente flanco ascendente de la señal de reloj.

Si bien los tres cronogramas ilustran con claridad el correcto tránsito del segundero por sus 60 estados diferentes, estos no permiten apreciar los retardos de propagación involucrados en la dinámica del sistema al ser estos muy breves, de tan solo algunos nanosegundos. Con el fin de poder identificar la presencia de dichos retardos en los cronogramas es necesario ajustar el período del reloj, disminuyéndolo lo suficiente hasta que sea del orden de los propios retardos. Reduciendo el período inicial de 1 s en siete órdenes de magnitud resulta un período de 100 ns, gracias al cual ahora son evidentes algunas peculiaridades curiosas de la temporización que antes permanecían ocultas y cuyo análisis se aborda mediante los dos cronogramas siguientes.

El primero de ellos, mostrado en la figura 16.8, representa la evolución de las señales de interés durante los estados 8, 9 y 10 del segundero. El tránsito por estos tres estados es especialmente interesante debido a que en el estado 9 se activan las señales CLR_U y ENT_D. Son varios los aspectos a destacar en este cronograma, que se analizan seguidamente.

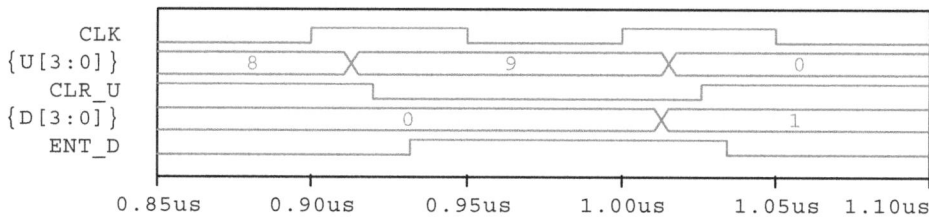

Figura 16.8   Secuencia de cuenta parcial restringida a los estados 8, 9 y 10 del segundero digital de la figura 16.4, modificado con un período de reloj T_{CLK} de 100 ns.

---

[2] Para simplificar el nombre de las señales de borrado se ha omitido el sufijo _L en ambas.

En primer lugar, se aprecia sin dificultad que el cambio de estado del 8 al 9 y, posteriormente, del 9 al 0 que experimenta el contador de las unidades no sucede de forma inmediata con cada flanco positivo del reloj, sino que existe un retraso que es una fracción significativa del semiperíodo de la señal de reloj. El origen de este tiempo es diferente dependiendo de la transición: mientras que en el paso del estado 8 al 9 es debido únicamente al retardo de propagación de los biestables del contador 74163, que puede estimarse en un valor cercano a los 20 ns a partir del cronograma[3], en el paso del estado 9 al 0 tiene lugar un reinicio del estado del contador, por lo que resulta un retardo ligeramente mayor. Esto justifica que el paso del estado 0 al 1 en el contador de las decenas (que experimenta exactamente el mismo retardo que el paso del estado 8 al 9 en el contador de las unidades) tiene lugar un poco antes que el paso del estado 9 al 0 en el contador de las unidades.

Por otro lado, el pulso negativo en la señal de borrado CLR_U tiene lugar con un cierto retraso con respecto al estado 9 como consecuencia del retardo de propagación de algunos nanosegundos en la puerta NAND U3A, responsable de generar dicho pulso. En el cronograma se aprecia inequívocamente que el estado lógico de CLR_U es bajo en el momento en el que llega el flanco positivo de reloj durante la presencia del estado 9, lo que fuerza un reinicio del contador de las unidades. Este efecto, que resulta clave para entender la naturaleza síncrona de la entrada de borrado del 74x163, no fue posible apreciarlo en la secuencia de cuenta original, en la que el período es de 1 s.

Para concluir el análisis, cabe destacar que el mencionado retraso del pulso en la señal de borrado CLR_U se acumula al introducido por la puerta inversora U4A, que es igualmente de unos pocos nanosegundos, razón por la cual el pulso en la señal de habilitación del contador de las decenas generado por UA4, ENT_D, experimenta un retraso aún mayor respecto al estado 9. El estado lógico de ENT_D es alto en el momento en el que llega el flanco positivo de reloj durante la presencia del estado 0 del contador de las decenas y, en consecuencia, dicho contador realiza el paso al estado 1.

El segundo de los cronogramas realizados con un período de reloj de 100 ns, y que se muestra en la figura 16.9, pretende dar respuesta a la pequeña interferencia existente en la señal CLR_D durante el tránsito entre los estados 49 y 50 en la figura 16.7, y que a primera vista puede resultar un efecto un tanto enigmático. Si bien esta anomalía no afecta al correcto funcionamiento del segundero, vale la pena detenerse para comprender su origen, ya que constituye un buen ejemplo de los impulsos

---

[3] Este valor está en consonancia con los diferentes retardos de propagación publicados por los fabricantes en dispositivos reales, que dependen no solo de si la transición es de un estado lógico alto a uno bajo o bien a la inversa, sino también de si se activa una carga o bien un borrado, así como del valor resistivo y capacitivo de la carga conectada a las salidas del contador ([74×163], [74LS163-F]).

espurios de naturaleza transitoria[4] que con frecuencia se manifiestan en los circuitos digitales como consecuencia de la existencia de retardos de propagación no nulos en las puertas lógicas.

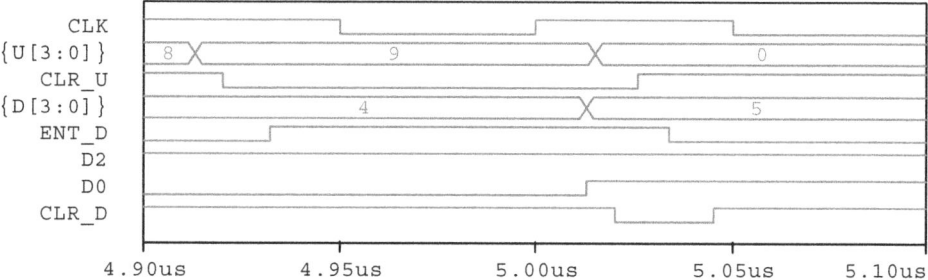

Figura 16.9 Secuencia de cuenta parcial restringida a los estados 48, 49 y 50 del segundero digital de la figura 16.4, modificado con un período de reloj T_{CLK} de 100 ns.

Gracias a la considerable reducción del período del reloj, lo que en el cronograma de la figura 16.7 se manifiesta como un brevísimo pico o interferencia experimentada por la señal CLR_D, en la figura 16.9 aparece como un fenómeno aleatorio claramente visible, en forma de pulso negativo. Dicha señal es generada por la puerta NAND U5A, cuyas tres entradas son ENT_D, D0 y D2. En el paso del estado 49 al 50 el bit D2 no experimenta transición alguna, pero sí lo hacen tanto la señal de habilitación ENT_D como D0, el bit menos significativo del contador de las decenas U2. Como D0 pasa de 0 a 1, U2 transita en ese mismo instante del estado 4 al 5. Sin embargo, ENT_D, que idealmente debería pasar de 1 a 0 de forma inmediata con la llegada del estado 50, se demora unos cuantos nanosegundos en efectuar dicha transición debido a los retardos de propagación acumulados en las puertas lógicas U3A y U4A. En consecuencia, existe una breve ventana temporal al comienzo del estado 50 durante la cual las tres entradas de la puerta U5A son simultáneamente un 1 lógico. Esto fuerza la aparición de un fenómeno aleatorio estático de función en el nivel 1, que se manifiesta en forma de un pulso espurio negativo en CLR_D y que, afortunadamente, no tiene mayores consecuencias, ya que al desaparecer antes de la llegada del siguiente flanco positivo del reloj no llega a activar la entrada de borrado de U2.

La presencia de dicho pulso espurio constituye un ejemplo más que pone a prueba la robustez de los sistemas digitales dotados de entradas de control sincronizadas con el reloj, como es el caso de la entrada de borrado del contador 74x163, ante señales espurias que surgen de forma inevitable como consecuencia de la dinámica del sistema y que son ignoradas gracias a la naturaleza síncrona de dichas entradas.

---

[4] Una clasificación de los diferentes tipos de fenómenos aleatorios que dan lugar a pulsos espurios en circuitos lógicos puede consultarse en la sección 4.7.

16.4 Componentes

Circuito de reloj (T = 1,4 s)

Circuitos integrados

555 (1x).

Resistencias

270 Ω (1x), 47 kΩ (1x), 1 MΩ (1x).

Condensadores

10 nF (1x), 1 μF (1x).

Diodos

Ledes (1x).

Contadores

Circuitos integrados

74LS10 (1x). CI TTL con 3 puertas NAND de tres entradas.

74LS48 (2x). CI TTL decodificador de BCD a siete segmentos.

74LS163 (2x). CI TTL contador síncrono de 4 bits.

Resistencias

1 kΩ (1x).

Visualizadores

Visualizador de siete segmentos de cátodo común (2x).

16.5 Verificación experimental

Como ya se mencionó anteriormente, la verificación experimental se va a limitar al primero de los diseños expuestos por emplear un único tipo de contador modular, el 74x163. En el montaje se va a hacer uso de un único CI 74x10, ya que contiene tres puertas NAND de tres entradas con las que se puede implementar también la funcionalidad de la puerta NAND de dos entradas y de la puerta inversora presentes en el diseño mostrado en la figura 16.1.

El procedimiento experimental propuesto a continuación aborda el montaje en tres fases, con el objetivo de facilitar la detección de posibles errores en el cableado. En la primera de ellas se procede al montaje y verificación del funcionamiento del contador de las unidades, en la segunda se hará lo mismo con el de las decenas y en la tercera y última se acoplarán ambos. Al igual que en los contadores de capítulos anteriores, puede ser necesario utilizar condensadores de desacoplo.

Obsérvese que el período de la señal de reloj no es exactamente de 1 s como se espera de un segundero, sino de aproximadamente 1,4 s, como sucede en el resto de los diseños propuestos en otros capítulos. Se evita así la necesidad de recurrir a componentes adicionales con los que ajustar la temporización de la señal de reloj.

16.5.1 Contador módulo 10 (unidades del segundero)

Procedimiento

1. Montar el contador módulo 10 para las unidades de la figura 16.10. Consultar el apéndice D para identificar los terminales del visualizador.

2. Verificar que la secuencia de conteo es 0,1,...,9 mediante un visualizador.

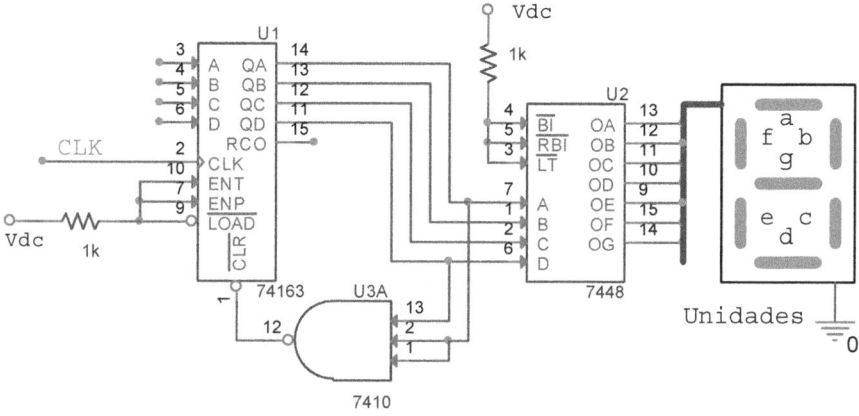

Figura 16.10   Contador módulo 10 basado en el 74x163 dedicado a las unidades.

16.5.2 Contador módulo 6 (decenas del segundero)

Procedimiento

1. Sin desmontar el circuito anterior, montar el contador módulo 6 para las decenas de la figura 16.11. Emplear el mismo circuito de reloj que en el contador de las unidades.

2. Verificar que la secuencia de conteo es 0,1,...,5 mediante un visualizador.

16.5.3 Segundero digital completo

Procedimiento

1. Acoplar los dos contadores anteriores módulo 10 y módulo 6 mediante la puerta NAND de tres entradas U3B configurada como puerta inversora, siguiendo el esquema de la figura 16.12.

2. Verificar que la secuencia de conteo es 0,1,...,59 mediante dos visualizadores.

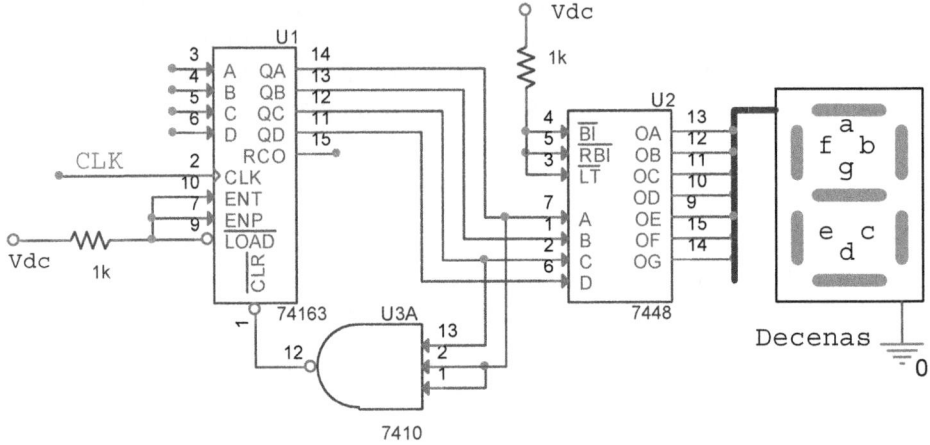

Figura 16.11   Contador módulo 6 basado en el 74x163 dedicado a las decenas.

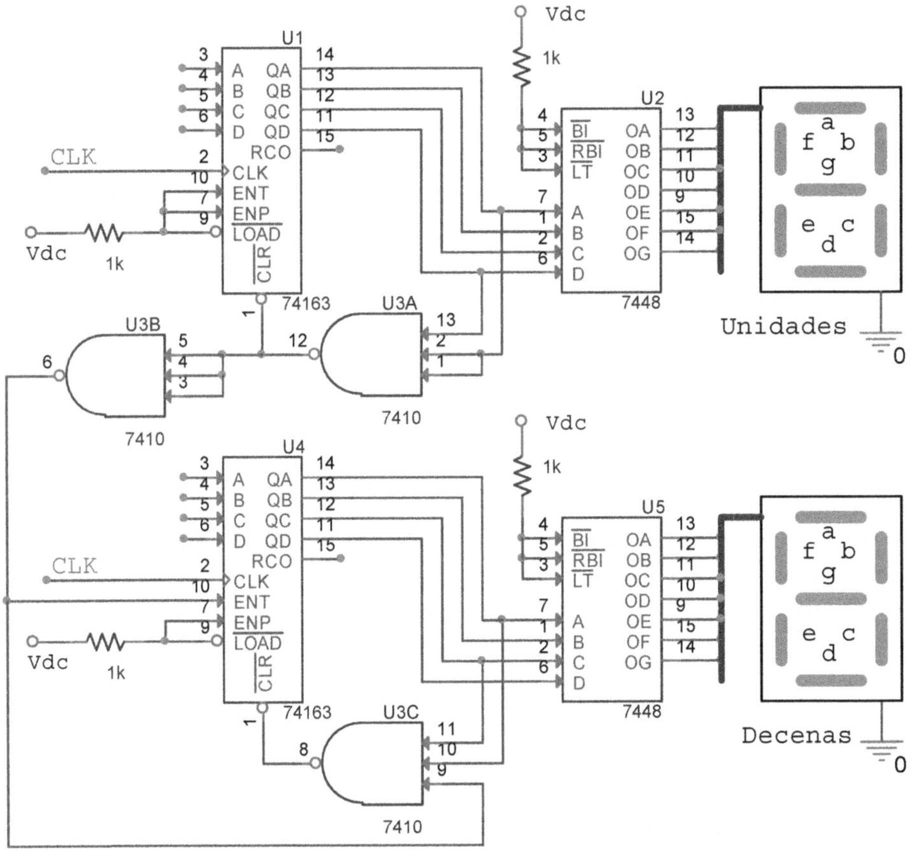

Figura 16.12   Segundero digital modular basado en dos contadores 74x163.

16.6 Ejercicios y cuestiones de refuerzo

a) Supón que en el diseño propuesto del segundero digital basado en dos contadores 74x163 se opta por emplear un circuito de reloj independiente para cada uno de los contadores, el de las unidades y el de las decenas. Razona las implicaciones que tendría esta idea en el funcionamiento del sistema.

b) La figura 16.13 es una propuesta de segundero digital no contemplada en el capítulo. Su diseño emplea un contador 74x160 para las unidades y un contador 74x161 para las decenas. Sabiendo que el 74x160 es la versión BCD equivalente al 74x161 (es decir, ambos contadores cuentan con entradas de borrado asíncronas), razona si el diseño propuesto funcionará como segundero.

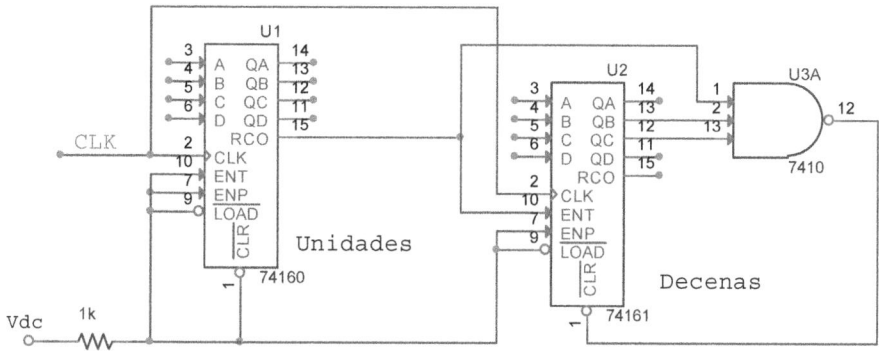

Figura 16.13   Propuesta de segundero digital diseñado con un 74x160 para las unidades y un 74x161 para las decenas.

c) Justifica la viabilidad de diseñar un segundero digital empleando dos contadores modulares 74x160, uno para las unidades y otro para las decenas.

d) Justifica la viabilidad de diseñar un segundero digital empleando dos contadores modulares 74x193, uno para las unidades y otro para las decenas. En la tabla 15.1 del capítulo anterior se encuentran las características de este contador.

e) Aunque el capítulo se ha centrado exclusivamente en la combinación de diversos contadores síncronos, que son los más extendidos, optar por versiones asíncronas como el 74x90, introducido en el capítulo 13, es una alternativa igualmente válida para el caso concreto del diseño de un segundero, puesto que en la práctica los estados espurios del 74x90 no se llegan a detectar en los visualizadores de siete segmentos. Para la implementación de un segundero digital utilizando dos circuitos 74x90 se necesita cablear un 74x90 como contador módulo 10 para el dígito de las unidades y otro 74x90 como contador módulo 6 para el dígito de las decenas, según muestra la figura 16.14 utilizando circuitos de la subfamilia TTL LS. El conexionado entre ambos contadores se realiza cableando la salida QD del contador de las unidades U1 con la entrada libre de reloj del contador de las decenas ([ang02]). Una ventaja a tener en cuenta de este diseño frente a las alternativas modulares síncronas propuestas a lo largo del capítulo es que con el 74x90 no es necesario añadir lógica combinacional externa para lograr la decodificación de los estados en ninguno de los dos contadores. En el caso del contador de las unidades se trata de un contador BCD, y por lo tanto no es necesario decodificar estado alguno; mientras que en el contador de las decenas se decodifica el 6 simplemente mediante el cableado indicado, sin añadir una puerta lógica externa. Conviene matizar que esta práctica no es generalizable a cualquier estado entre el 0 y el 9, existiendo uno en el que excepcionalmente sí es imprescindible recurrir a una puerta AND de dos entradas para lograr su decodificación (determinar de qué estado se trata se plantea en una de las cuestiones de refuerzo al final del capítulo 13). Justifica el cableado del diseño propuesto teniendo presente el disparo por flanco negativo en la entrada de reloj CKA y simula su funcionamiento con PSpice, verificando que la secuencia de cuenta obtenida es la de un segundero.

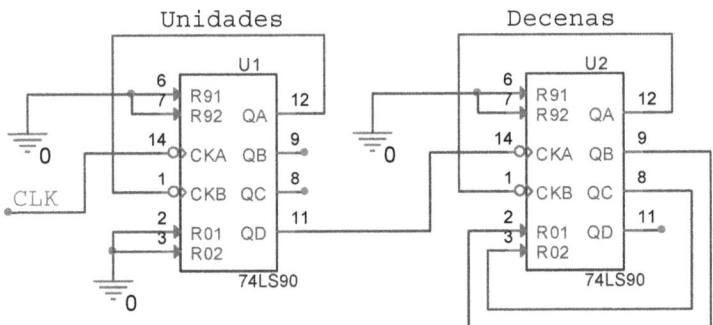

Figura 16.14   Segundero digital diseñado con contadores 74LS90 para las unidades y las decenas.

f)   Propón el diseño de un cronómetro, con indicación de minutos y segundos, basado en alguna de las variantes de segundero digital expuestas en el capítulo.

Decodificación de los estados de un contador

17.1 Introducción

En numerosas aplicaciones de control es habitual encontrar sistemas electrónicos digitales formados por la combinación de contadores y decodificadores. La misión del circuito decodificador es detectar alguno o incluso todos los estados del contador e iniciar de forma automática una determinada operación en cada uno de ellos, como por ejemplo la habilitación de una serie de dispositivos en función del estado decodificado. La lógica del decodificador se puede implementar a partir de puertas lógicas o, alternativamente, escogiendo un módulo MSI comercialmente disponible y adecuadamente dimensionado. Si el objetivo es detectar unos pocos estados concretos de la secuencia de cuenta completa, entonces es razonable plantearse la decodificación de cada uno de ellos directamente con puertas lógicas. La detección de fin de cuenta en el 74x163, que se lleva a cabo gracias a la activación durante un ciclo de reloj de la salida RCO, es un caso particular de decodificación en el que se decodifica el último estado del contador. Si, por el contrario, lo que se persigue es decodificar la totalidad de los estados del contador, es preferible optar por un decodificador modular comercialmente disponible. Por ejemplo, conectando los 3 bits menos significativos de los cuatro con los que cuenta el contador 74x163 a las tres entradas del decodificador 3:8 74x138 se decodifican los estados del 0 al 7. Una alternativa al 74x138 es el decodificador de BCD a decimal 74x42, que como se mencionó en el capítulo 3 puede decodificar hasta diez estados. Recuérdese que, a diferencia del 74x42, el 74x138 dispone de entradas de habilitación, una de ellas activa a nivel alto (G1) y otras dos activas a nivel bajo (G2A y G2B). La figura 17.1 muestra los símbolos lógicos de ambos decodificadores, pertenecientes a la sub-familia lógica LS de TTL[1].

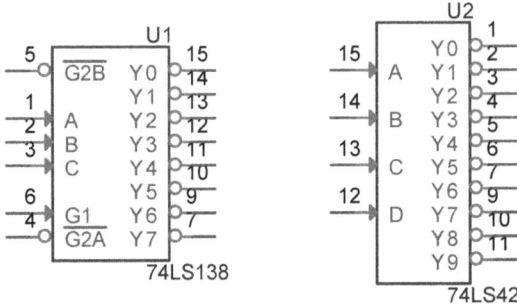

Figura 17.1   Decodificador 3:8 74LS138 y decodificador 4:10 de BCD a decimal 74LS42.

El presente capítulo gira alrededor de la decodificación de algunos o bien de todos los estados de dos contadores de 4 bits ya conocidos de capítulos anteriores, como son el contador asíncrono 74x90 y el contador síncrono 74x163. Se recurrirá para ello a versiones tanto TTL como CMOS de los decodificadores modulares 74x138 y 74x42, y se explorarán las posibilidades de PSpice para identificar los estados espurios que surgen en las salidas del 74x90 debido a su carácter asíncrono, así como para analizar el resultado de la decodificación ante dichos estados y la problemática de la presencia de interferencias, que en ocasiones se manifiestan en forma de picos de tensión de muy corta duración en las formas de onda de las salidas decodificadas.

17.2 Decodificación de contadores modulares

17.2.1 Decodificación de un contador asíncrono

El contador asíncrono 74x90 se utilizó en el capítulo 13 para diseñar un contador módulo 8 y seguir la secuencia de cuenta con un visualizador. Retomaremos aquí el

---

[1] La disposición de sus líneas de entrada y salida es realmente independiente de la familia lógica escogida, como puede comprobarse comparando los diagramas lógicos de ambos dispositivos con las versiones CMOS correspondientes mostradas en la figura 3.1.

diseño de ese contador con el fin de decodificar sus estados, empleando esta vez sendas versiones TTL y CMOS del decodificador 3:8 74x138 en lugar del decodificador TTL de BCD a código de siete segmentos 74x48, utilizado entonces para excitar los segmentos del visualizador.

La conexión de las tres entradas de datos del 74x138 a tres de las cuatro salidas disponibles en el 74x90 se muestra en la figura 17.2, particularizada para los dispositivos TTL 7490A y 74LS138. Obsérvese que la salida del contador correspondiente al bit más significativo no se cablea con el decodificador, y que se han empleado ledes conectados a cada una de las ocho salidas activas a nivel bajo del 74LS138. Para conseguir que luzca en un momento dado únicamente el led correspondiente a la salida decodificada se han conectado todos los ánodos a la tensión de alimentación V_{dc}.

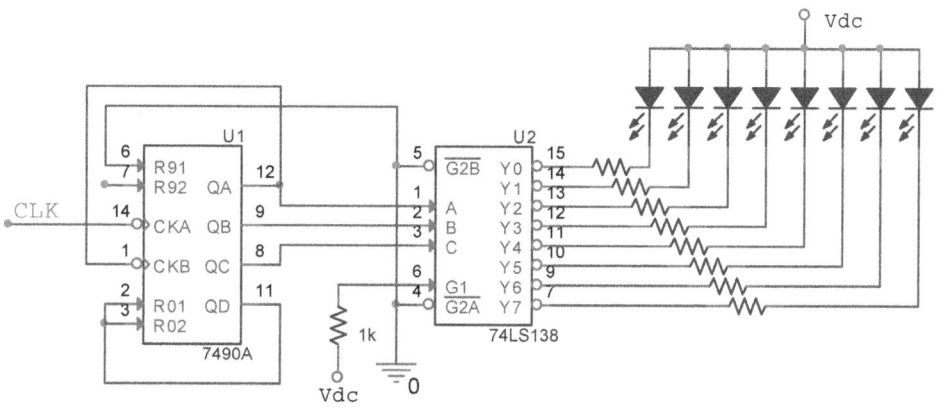

Figura 17.2 Decodificación mediante el circuito 74LS138 de los estados de un contador módulo 8 diseñado con el contador asíncrono 7490A.

17.2.2 Decodificación de un contador síncrono

Conectando las cuatro entradas del decodificador 74x42 a las cuatro salidas de un 74x163, configurado en modo de carrera libre, se decodifican consecutivamente todos los estados comprendidos entre el 0 y el 9, ignorándose el resto de los seis estados del 10 al 15. Si fuese necesario decodificar la totalidad de los estados del contador, podría sustituirse el 74x42 por un decodificador 4:16 como el 74x154.

La figura 17.3 muestra el conexionado entre ambos módulos MSI fabricados con tecnología TTL, concretamente el 74163 y el 7442A. De nuevo se han empleado ledes conectados a cada una de las diez salidas activas a nivel bajo del 7442A.

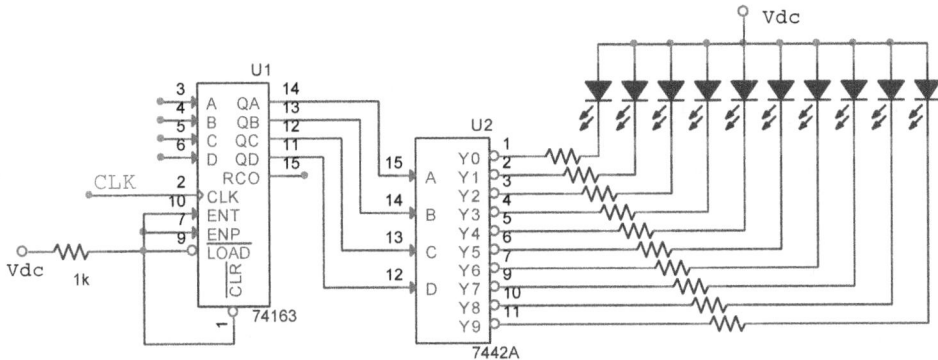

Figura 17.3 Decodificación mediante el decodificador de BCD a decimal 7442A de los estados del 0 al 9 del contador síncrono 74163 configurado en modo de carrera libre.

17.3 Riesgo de interferencias en las líneas decodificadas

Como se comprobó en las simulaciones realizadas en los capítulos 12 y 13 dedicados a los contadores asíncronos, las transiciones efectuadas por dos salidas consecutivas en un contador de este tipo (por ejemplo, las de los bits menos significativos QA y QB) tienen lugar con una diferencia en el tiempo que coincide con los retardos de propagación t_{pHL} o bien t_{pLH} de los biestables que constituyen el contador. Esta falta de un adecuado sincronismo en las líneas de salida ocasiona la aparición de estados espurios que pueden ser un problema en determinadas situaciones (por ejemplo, si se decodifican dichas salidas), debido a que los estados anómalos se manifestarán a la salida del decodificador en forma de breves picos de tensión. Estas interferencias constituyen una fuente de ruido acoplado en las líneas de salida del decodificador que puede resultar problemática o no, dependiendo del tipo de lógica conectada a dicha líneas.

Podría pensarse a priori que esta anomalía no puede producirse nunca en los contadores síncronos, debido a que el disparo de sus biestables sucede de forma simultánea, justo con la llegada del flanco activo del reloj. Sin embargo, como ya se tuvo ocasión de analizar en el capítulo 15 al inspeccionar el cronograma de la figura 15.8, esto no es del todo cierto porque en la práctica el retardo de propagación no coincide exactamente para todos los biestables del contador ([flo16], [wak18]), sobre todo si sucede que algunos biestables se encuentran más cargados que otros ([toc03]).

Una segunda fuente potencial de perturbaciones transitorias en las líneas de salida decodificadas, que de hecho es la más relevante en el caso concreto de los contadores síncronos, y sobre la que ya se comentó en el apartado 4.7.2 y en la sección 12.3, es la dinámica de la propia decodificación, debido a la disparidad de retardos que existe entre las diferentes trayectorias de señal en decodificadores como el 74x138 ([flo16], [wak18]). En este contexto conviene apuntar que determinados decodificadores como es el CD4028BC, que decodifica de BCD a decimal, se caracterizan por la ausencia de interferencias en sus salidas[2].

Afortunadamente, la presencia de interferencias en la decodificación no representa un problema en aquellas aplicaciones donde las salidas decodificadas se emplean como entradas de habilitación o bien de carga en dispositivos síncronos disparados por flanco de reloj, como sucede con los contadores y registros. En este caso, las salidas del decodificador son muestreadas por dichos dispositivos en el flanco activo de la señal de reloj, mientras que las interferencias se producen justo después del mismo y desaparecen mucho antes de que llegue el siguiente flanco activo. Tampoco resultan problemáticas si el decodificador se utiliza para monitorizar el estado del contador mediante un visualizador de siete segmentos, puesto que en este caso la duración de las interferencias es demasiado breve como para afectar a la visualización. Sin embargo, en el caso de intentar conectar las salidas del decodificador a dispositivos disparados por nivel, como es el caso de los biestables asíncronos, la existencia de breves picos de tensión en las líneas de salida sí supondrá un problema serio, como ya se anticipó en la sección 12.3: no solo pueden interpretarse erróneamente por el biestable asíncrono como señales si se mantienen en el tiempo más allá de la anchura mínima de pulso del biestable[3], sino que también pueden conducir al mismo hacia un estado metaestable. En estas aplicaciones las interferencias deben eliminarse necesariamente, y para ello puede recurrirse a alguna de las tres estrategias que se proponen a continuación.

17.3.1 Eliminación del riesgo de interferencias en la decodificación

17.3.1.1 Habilitación desfasada del decodificador

Considerando que las posibles interferencias en las líneas de salida del decodificador se producen justo tras la llegada del flanco de reloj, y que se manifiestan durante unos pocos nanosegundos (tiempo que es una fracción pequeña del período de la señal de reloj, incluso en el caso de trabajar a la frecuencia máxima de funcionamiento del contador), una alternativa práctica y eficiente para eliminar las interferencias consiste en escoger un decodificador dotado de alguna entrada de habilitación y sincronizarla con la señal de reloj. De esta forma se garantiza que el decodificador se habilita e inhabilita periódicamente a la frecuencia marcada por el reloj, reaccionando ante los cambios de valor lógico en sus entradas de datos en cada ciclo de reloj solo después de que las interferencias hayan desaparecido ([flo16], [toc03]). La figura 17.4 aplica esta idea a la decodificación de los ocho primeros estados de un

---

[2] Así lo indica explícitamente el fabricante Fairchild Semiconductor empleando el término *glitch-free outputs* en las especificaciones técnicas del mencionado dispositivo ([4028BC]).

[3] La anchura mínima de pulso es la duración mínima que debe tener un pulso aplicado a una de las entradas de un biestable asíncrono para garantizar un cambio de estado ([wak18]). Se puede estimar como la suma de los retardos de propagación de las dos puertas lógicas del biestable, puesto que están conectadas en serie mediante el lazo de realimentación entre ambas ([bog92]).

74163 empleando un 74LS138 (realmente cualquier contador, tanto síncrono como asíncrono, es válido para ilustrar el concepto). En el diseño propuesto resulta clave escoger una entrada de habilitación del decodificador que sea activa al nivel lógico apropiado. En este caso es imprescindible recurrir a una entrada de habilitación activa a nivel bajo, puesto que los biestables del contador 74163 se disparan en el flanco ascendente de la señal de reloj. De esta forma las tres entradas de datos del 7LS138 disponen de todo el semiciclo positivo del reloj para actualizarse tras un cambio de estado del contador, tiempo durante el que el decodificador se encuentra inhabilitado y por lo tanto todas sus salidas se mantienen en un estado lógico alto. La habilitación tiene lugar con la llegada del flanco negativo del reloj y para entonces todos los nodos internos del circuito decodificador tienen un nivel lógico estable, lo que garantiza la ausencia de interferencias en sus líneas de salida una vez habilitado el dispositivo.

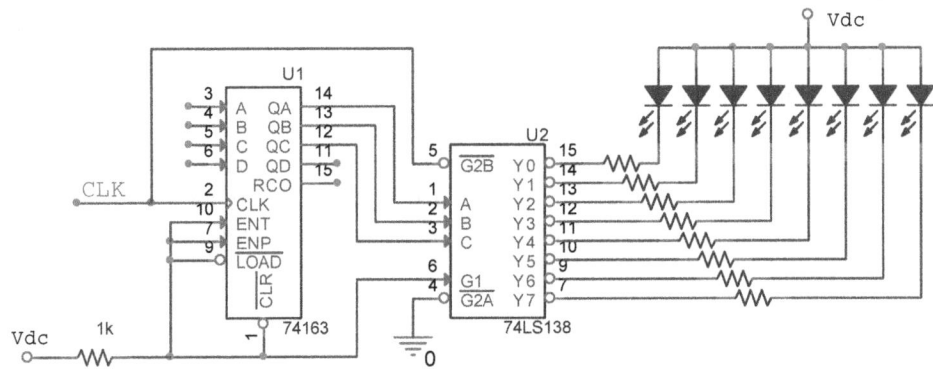

Figura 17.4 La entrada de habilitación G2B de un circuito decodificador 74LS138 se encuentra sincronizada con la señal de reloj de un contador 74163 para evitar la presencia de posibles interferencias en las líneas de salida del decodificador.

17.3.1.2 Filtrado mediante registro

Una segunda alternativa que garantiza la eliminación de posibles interferencias en las líneas de salida decodificadas consiste en conectar las entradas de un registro a dichas salidas, según muestra la figura 17.5. El empleo de un registro para limpiar de estados espurios las salidas de un contador asíncrono ya se puso en práctica con los diferentes contadores propuestos en los capítulos 12 y 13. En el presente caso se ha escogido el registro octal 74LS374, que se encuentra sincronizado con el contador 74163. El registro muestrea simultáneamente las ocho salidas del decodificador 74LS138 en el flanco ascendente del reloj, instante en el que ya no hay presencia de interferencias. Las salidas del registro, limpias por lo tanto de posibles picos de tensión, están retrasadas un ciclo de reloj respecto de las salidas decodificadas debido a la acción del sincronismo ([wak07]), ya que el contador también actualiza sus salidas tras el flanco ascendente del reloj. Este retraso no supone perjuicio alguno para el buen funcionamiento del sistema, aunque podría evitarse si en lugar del 74163 se hubiese escogido un contador disparado en el flanco descendente del reloj, como es el 7490A.

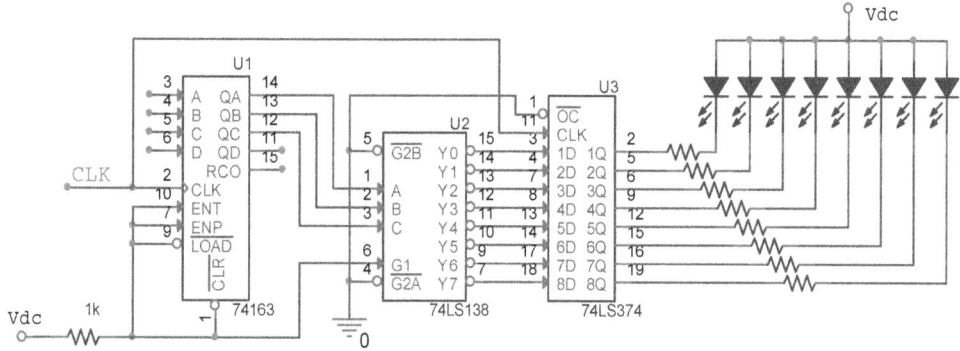

Figura 17.5   El registro octal 74LS374 muestrea las salidas del decodificador 74LS138 tras la llegada del flanco positivo de la señal de reloj, lo que garantiza la ausencia de posibles interferencias en las salidas del registro. (Adaptada de [wak07]).

17.3.1.3 Decodificación directa con un contador en anillo

La opción basada en añadir un registro conectado al decodificador es eficaz pero costosa, ya que precisa de tres módulos MSI. Una tercera solución más simple pasa por emplear un circuito contador que proporcione directamente salidas decodificadas sin interferencias, lo que puede conseguirse recurriendo a un contador en anillo de 8 bits. En el capítulo 20 se describe el funcionamiento de uno de estos contadores de 4 bits, diseñado a partir del registro de desplazamiento universal 74x194. Estos contadores no binarios se caracterizan por tener tantos estados como bits (es decir, salidas); por lo tanto, una única de sus salidas se activa en cada ciclo de reloj. Además, las líneas de salida de un contador en anillo no presentan interferencias al no necesitar un módulo decodificador adicional, lo que los convierte en un recurso muy útil en aplicaciones de control. Sin embargo, por tratarse de un dispositivo síncrono, las transiciones en las salidas de un contador en anillo pueden acusar la presencia de estados espurios de muy corta duración (apenas perceptibles), tal y como refleja la figura 15.8, obtenida al simular la respuesta de un contador igualmente síncrono como es el 74163. Se volverá sobre esta cuestión, más adelante en este capítulo, en la sección dedicada a la simulación.

Finalmente, cabe mencionar que el contador en anillo adolece de falta de robustez: si su única salida en estado lógico alto se pierde (por ejemplo, por una exposición excesiva a ruido eléctrico), o bien si, por la misma razón, una segunda salida pasa a ser un 1 lógico de forma imprevista, el contador deja de hacer su función. Afortunadamente es posible corregir estas anomalías con los denominados contadores de autocorrección, aunque a costa de incrementar la complejidad del diseño ([wak18]).

17.4 Simulación

En esta sección se muestran los circuitos adaptados para simulación correspondientes a los diseños propuestos previamente, así como los cronogramas obtenidos con cada uno de ellos. En todos los casos el estado inicial de los biestables es un 0 lógico.

17.4.1 Decodificación de contadores 74x90 con dispositivos 74x138

La adaptación para simulación del circuito de la figura 17.2 se muestra en la figura 17.6. En primer lugar se verificará la correcta decodificación de los estados del contador módulo 8 escogiendo, para ello, una señal de reloj con un período T_{CLK} de un segundo y realizando dos iteraciones completas a través de toda la secuencia de cuenta.

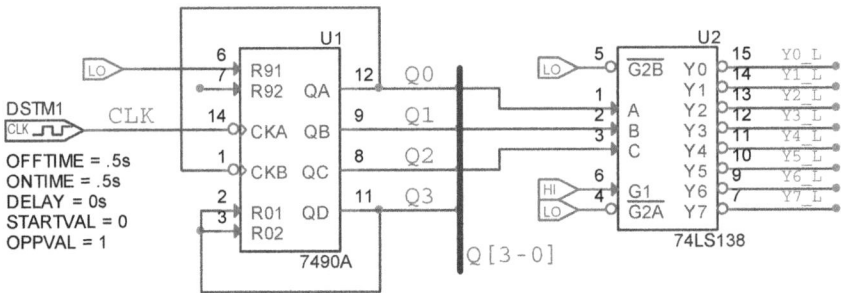

Figura 17.6   Circuito adaptado para simulación de la decodificación con el 74LS138 de los estados de un contador módulo 8 diseñado con el contador asíncrono 7490A.

El cronograma de la figura 17.7 muestra la evolución en el tiempo de las ocho señales activas a nivel bajo Y0_L-Y7_L, que se corresponden con las salidas decodificadas Y0-Y7. La decodificación ha tenido lugar tal y como se esperaba: los estados se decodifican secuencialmente siguiendo la cadencia marcada por la señal de reloj en cada nuevo flanco descendente de la misma. Además, la decodificación de cada estado se prolonga durante un ciclo completo de reloj en forma de pulso negativo en la línea de salida correspondiente del 74LS138.

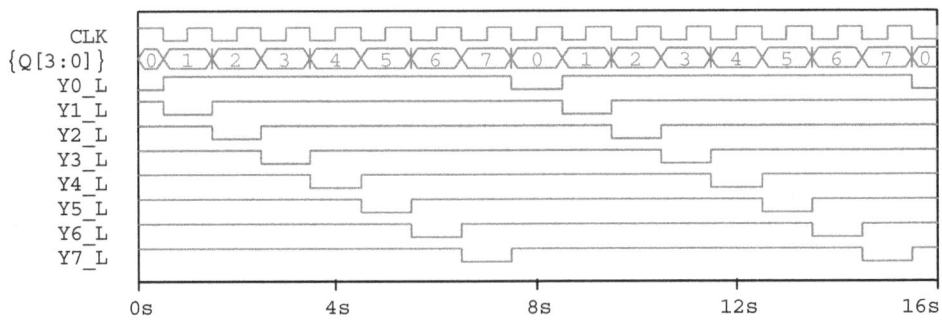

Figura 17.7   Decodificación de los estados de un 7490A con un 74LS138. $T_{CLK} = 1$ s.

Sin embargo, recordando el análisis realizado en el capítulo 13 utilizando el contador 7490A con un período de reloj T_{CLK} de tan solo 100 ns (véase la figura 13.11), es evidente que la escala de tiempos escogida en la representación del cronograma anterior oculta la aparición de estados espurios (o anómalos) que modifican la secuencia esperada de estados correctos. Para lograr identificar sobre un cronograma esos estados espurios, que idealmente no deberían surgir en la secuencia de cuenta, es necesario reducir al máximo T_{CLK}. Asignando a T_{CLK} una duración de 60 ns, el contador cambia de estado a la frecuencia de 16,66 MHz, que es suficientemente alta para nuestros fines. Esto queda demostrado en los cronogramas de las figuras 17.8 y 17.9 al mostrar la actualización permanente del bus Q[3:0] durante toda la simulación. El primero de ellos recorre los cuatro primeros estados de la secuencia correcta (0-1-2-3) y el segundo los cuatro restantes (4-5-6-7).

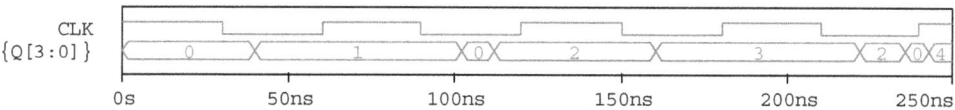

Figura 17.8 Presencia de estados espurios junto a los cuatro primeros estados correctos (estados 0,1,2,3) del contador 7490A de la figura 17.6. $T_{CLK} = 60$ ns.

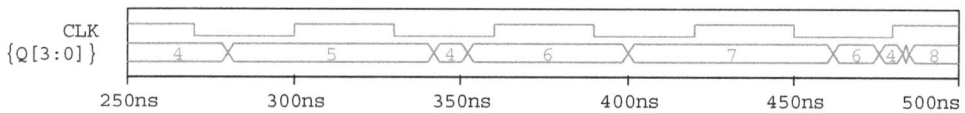

Figura 17.9 Presencia de estados espurios junto a los cuatro últimos estados correctos (estados 4,5,6,7) del contador 7490A de la figura 17.6. $T_{CLK} = 60$ ns.

Por inspección de ambos cronogramas se deduce que la secuencia de estados resultante es la siguiente: 0-1-**0**-2-3-**2**-**0**-4-5-**4**-6-7-**6**-**4**-**8**. Se han resaltado en negrita los estados espurios, que aparecen intercalados entre los correctos. Obsérvese que el último estado espurio (el **8**) provoca el borrado asíncrono del contador[4]. La duración de los estados espurios es muy breve y variable (oscila aproximadamente entre unos 7 ns y 15 ns, dependiendo del estado), lo que necesariamente condiciona la duración de los estados correctos, que resulta ser igualmente variable. Por ejemplo, el estado 2 se mantiene activo por un tiempo algo menor que los estados 1 y 3, y lo mismo puede decirse del estado 6 con respecto a los estados 5 y 7.

La cuestión por resolver a continuación es si los estados anómalos llegan a decodificarse, dando lugar en ese caso a fluctuaciones de tensión inesperadas en las líneas de salida del decodificador que pueden ser potencialmente problemáticas, como se justificó previamente. Para salir de dudas basta con añadir a los cronogramas

---

[4] Realmente este estado está precedido por el **12**, que al ser de muy corta duración no resulta identificable como tal en la figura y se ha optado por no incluirlo en la secuencia.

anteriores las ocho señales decodificadas por el 74LS138, manteniendo el período T_{CLK} igualmente en 60 ns. El resultado se muestra en la figura 17.10.

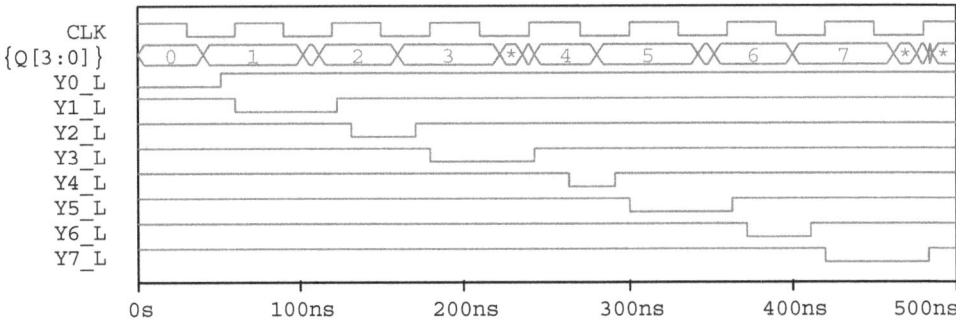

Figura 17.10   Decodificación de los estados de un 7490A con un 74LS138. $T_{CLK} = 60$ ns.

Como puede comprobarse, la duración de los pulsos negativos en las líneas decodificadas Y0-Y7 es esta vez muy dispar como consecuencia de la alta frecuencia de funcionamiento del contador. Por otro lado, existen breves intervalos temporales que separan la decodificación de los estados consecutivos, y que son de aproximadamente 10 ns en todos los casos, excepto en la transición entre los estados 3 y 4, donde el intervalo correspondiente se prolonga hasta unos 20 ns. En cada uno de ellos las ocho salidas del decodificador permanecen inactivas en un nivel lógico alto. Todas estas asimetrías surgen debido a la distribución irregular de los estados espurios a lo largo de la secuencia de cuenta completa. Sin embargo, lo que debe destacarse del análisis es el hecho de que en ningún caso dichos estados llegan a decodificarse, tal vez porque son tan efímeros que el propio retardo de propagación[5] del decodificador empleado lo impide, o bien por alguna cuestión relacionada con el modelo de simulación implementado en el 74LS138. En cualquier caso, conviene tener presente que las herramientas de simulación, por sofisticadas que puedan ser, solo pueden proporcionar una aproximación al comportamiento real de un sistema físico. Aunque dicha aproximación suele reproducir con una fidelidad admirable la respuesta de un circuito en el caso de PSpice y de otros simuladores de similares características, no es menos cierto que la problemática de los picos de tensión acoplados en las líneas de salida de ciertos decodificadores como el 74x138 afecta a

---

[5] La cuantificación del retardo de propagación es especialmente compleja en el caso de los decodificadores y depende de una serie de factores, tal y como indican los fabricantes en sus especificaciones técnicas. Se determina considerando: (a) si la transición tiene lugar del estado lógico alto al bajo (t_{pHL}) o bien a la inversa (t_{pLH}); (b) el valor de la carga resistiva y capacitiva en las líneas de salida del dispositivo; (c) la trayectoria de propagación de señal y sus niveles de retardo asociados, distinguiendo a su vez entre las líneas de datos y las de habilitación. Los retardos de propagación correspondientes al 74LS138, publicados por el fabricante Fairchild Semiconductor, oscilan entre 18 y 40 ns en función del caso contemplado, siendo el retardo típico de 21 ns cuando se tienen tres niveles de lógica en la trayectoria de la señal, sin especificar en este caso si se trata de t_{pHL} o de t_{pLH} [74LS138].

dispositivos reales. La forma de detectarlos experimentalmente consiste en emplear la instrumentación adecuada (osciloscopios o preferiblemente analizadores lógicos), tal y como se describe pormenorizadamente en [flo16] para el caso del decodificador CMOS 74HC138. Llegados a este punto cabe preguntarse si sustituyendo el decodificador TTL 74LS138 utilizado hasta ahora por el 74HCT138, que es una versión CMOS compatible con TTL de prestaciones similares del mismo dispositivo, se manifestarán de alguna forma los picos de tensión mencionados. Ejecutando la simulación correspondiente resulta el cronograma de la figura 17.11[6].

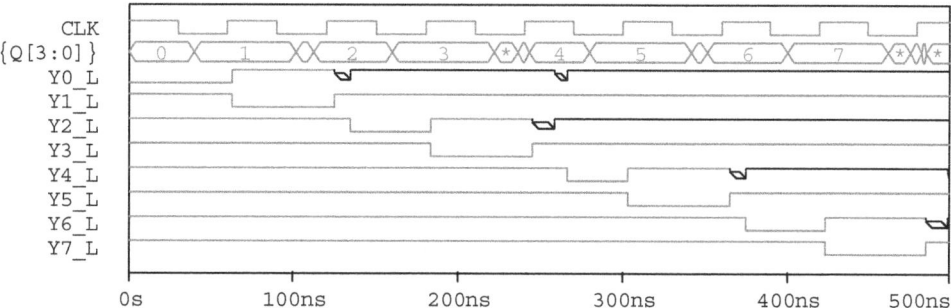

Figura 17.11 Decodificación de los estados de un 7490A con un 74HCT138. Existen regiones de ambigüedad en las cuatro líneas de salida del decodificador Y0, Y2, Y4 e Y6. $T_{CLK} = 60$ ns.

A la vista del resultado, es evidente que las diferencias con la respuesta del 74LS138 son notables. En primer lugar, en el caso de que el paso entre estados consecutivos sea limpio, como sucede con las transiciones $(0 \to 1)$, $(2 \to 3)$, $(4 \to 5)$ y $(6 \to 7)$, las salidas involucradas correspondientes Y0-Y7 siempre cambian de nivel lógico de forma simultánea. Esto no sucede con el 74LS138, donde el cambio de cualquier línea de salida decodificada Yk siempre precede en el tiempo al cambio correspondiente a la línea Yk+1, como muestra la figura 17.10. Por otro lado, cuando en la transición entre dos estados correctos surge un estado anómalo o incluso varios de ellos consecutivos, las salidas afectadas no cambian de nivel lógico al mismo tiempo. Esto sucede por ejemplo con las salidas Y1 e Y2. En este sentido no hay diferencias con la respuesta del 74LS138; sin embargo, hay un detalle relevante que sí las distingue inequívocamente, y es la presencia de **regiones de ambigüedad**[7] en las

---

[6] La simulación se ha obtenido aplicando el modo de temporización (*timing mode*) que consta en PSpice por defecto, denominado "típico" (las otras alternativas son "mínimo", "máximo" y "caso peor").

[7] Las regiones de ambigüedad se dan en PSpice como consecuencia de la tolerancia en el retardo de propagación de un dispositivo, ya que los fabricantes especifican algunos o bien todos los retardos de propagación mínimos, típicos y máximos. Dichas regiones son intervalos temporales que se calculan como la diferencia entre el retardo de propagación máximo y el mínimo, tanto para t_{pHL} como para t_{pLH} [god04]. En el caso del decodificador 74HCT138

líneas de salida donde existe el riesgo potencial de que un estado anómalo resulte decodificado. Así sucede con Y0 en una fracción del intervalo comprendido entre 100 y 150 ns como respuesta a la presencia del estado anómalo **0** entre los estados 1 y 2. Un fenómeno análogo se reproduce a continuación en el intervalo temporal comprendido entre 200 y 300 ns que afecta esta vez a las líneas Y2 e Y0, y que está condicionado por los dos estados espurios consecutivos **2** y **0**, que surgen en el tránsito desde el estado 3 al 4. Dos regiones de ambigüedad adicionales en las líneas Y4 e Y6 son fácilmente identificables en el cronograma. Esta es la forma que tiene PSpice de alertar sobre el riesgo de obtener la decodificación no deseada de un estado anómalo, que en un escenario real se manifestaría en forma de un breve pico de tensión.

17.4.2 Decodificación de contadores 74x163 con dispositivos 74x42

La decodificación mediante dispositivos decodificadores 74x42 de los diez primeros estados de un contador síncrono 74x163, configurado en modo de carrera libre, se consigue a partir del circuito de la figura 17.12. Dicha decodificación queda validada mediante el cronograma de la figura 17.13, que muestra dos iteraciones consecutivas realizadas a través de los diez estados mencionados utilizando dispositivos de la familia TTL con un período de reloj T_{CLK} de un segundo. Al igual que sucede con el 74x138, las salidas de los decodificadores 74x42 son activas a nivel bajo. Obsérvese que los seis estados restantes recorridos por el contador (del 10 al 15) no se decodifican con este esquema.

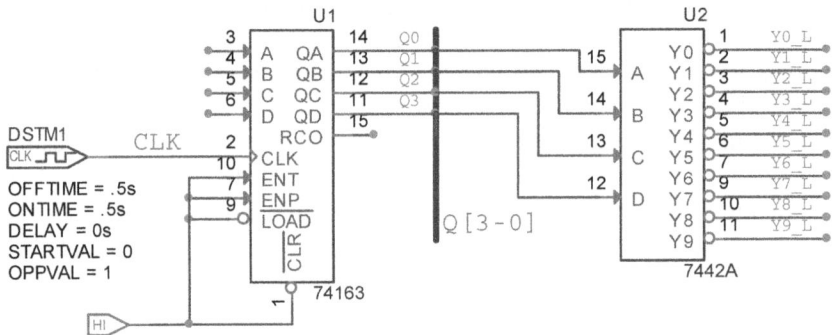

Figura 17.12   Adaptación para simulación de la decodificación de los estados del 0 al 9 de un contador 74163 cableado en modo de carrera libre mediante el decodificador de BCD a decimal 7442A.

---

de Philips Semiconductors, las desviaciones entre los retardos de propagación típicos y máximos publicados son considerables. A modo de ejemplo, para el caso del retardo entre una entrada de datos y una línea de salida los parámetros t_{pHL} y t_{pLH} coinciden, siendo el valor típico y el máximo de 20 y 35 ns, respectivamente (asumiendo como condiciones de prueba $T_A = 25\ °C$, $C_L = 50\ pF$, $V_{CC} = 4,5\ V$ y $t_r = t_f = 6\ ns$). Los tiempos de elevación y caída t_r y t_f de las formas de onda de salida, que resultan igualmente relevantes aquí, oscilan entre el valor típico de 7 ns y el máximo de 15 ns ([74HCT138]).

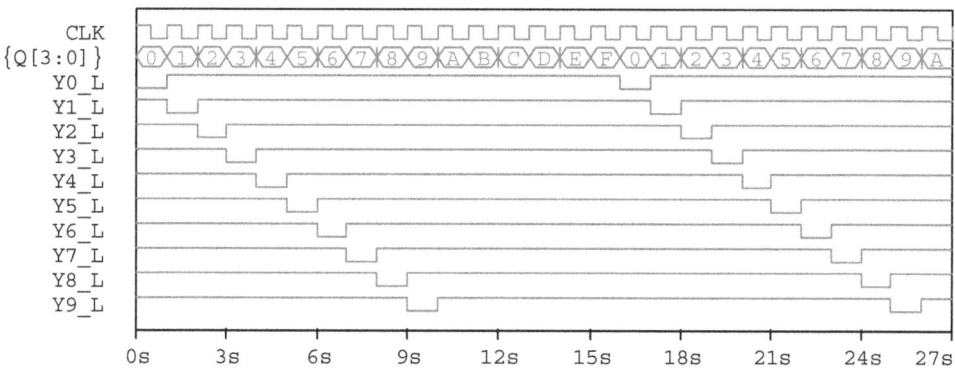

Figura 17.13   Decodificación de los estados de un 74163 con un 7442A. $T_{CLK} = 1$ s.

Reduciendo a continuación el período de la señal de reloj T_{CLK} a 50 ns, el contador transita entre estados consecutivos a la frecuencia de 20 MHz, resultando el cronograma de la figura 17.14. Como ya se mencionó en el capítulo 15 al analizar la simulación de la figura 15.8, que fue ejecutada igualmente sobre un 74163 con el mismo período T_{CLK}, la alta frecuencia de funcionamiento del sistema evidencia que las diferentes salidas del contador no están perfectamente sincronizadas en todos los cambios de estado. Por inspección del bus $Q[3:0]$ se identifican estados espurios de brevísima duración (alrededor de 2 ns) en cada una de las transiciones entre estados $(1{\rightarrow}2)$, $(3{\rightarrow}4)$, $(5{\rightarrow}6)$, $(7{\rightarrow}8)$ y $(9{\rightarrow}A)$; mientras que, por el contrario, las transiciones $(0{\rightarrow}1)$, $(2{\rightarrow}3)$, $(4{\rightarrow}5)$, $(6{\rightarrow}7)$ y $(8{\rightarrow}9)$ aparecen limpias, ya que entre ellas no surgen estados anómalos[8].

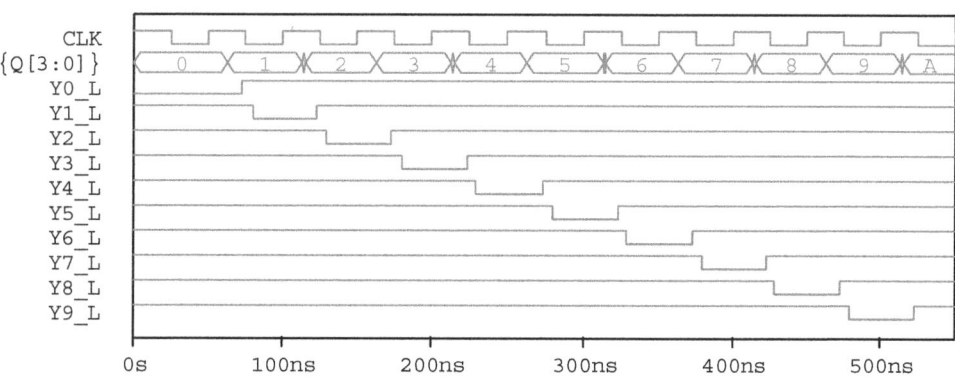

Figura 17.14   Decodificación de los estados de un 74163 con un 7442A. $T_{CLK} = 50$ ns.

---

[8] Si se amplía el cronograma lo suficiente en la ventana de la simulación pueden identificarse fácilmente los estados espurios, que son los siguientes (representados en negrita entre los estados correctos): (1-**3**-2), (3-**7**-4), (5-**7**-6), (7-**F**-8) y (9-**B**-A). Mediante esa misma representación ampliada del cronograma puede cuantificarse su duración.

Por lo que respecta a la decodificación de los estados, y comparando la respuesta de la figura 17.14 con la obtenida anteriormente utilizando un 74LS138 combinado con un 7490A (figura 17.10), tampoco en este caso surgen picos de tensión anómalos en las salidas del decodificador. Existe igualmente cierto retardo en la generación del correspondiente pulso negativo de decodificación una vez que tiene lugar el cambio de estado del contador, que es consecuencia del retardo de propagación del decodificador 7442A[9]. Además, se aprecia la existencia de intervalos temporales equiespaciados de pocos nanosegundos de duración durante los que ninguna línea de salida se encuentra activa, al igual que ocurre con el 74LS138[10]. Por otro lado, y a diferencia de la respuesta del contador 7490A, empleando el 74163 no hay una disparidad apreciable en la duración de los pulsos de decodificación, gracias a que su naturaleza síncrona asegura que la presencia de los estados espurios es muy efímera.

Finalmente, tras sustituir el decodificador TTL 7442A por la versión compatible CMOS 74HCT42[11], resulta un cronograma en el que tampoco surgen perturbaciones de tensión en las salidas decodificadas (o regiones de ambigüedad, si se prefiere). De nuevo, la ausencia de regiones de ambigüedad en la respuesta es básicamente consecuencia de haber trabajado con un contador síncrono como es el 74163. Sin embargo, y al igual que sucedió al simular el comportamiento del 74HCT138 decodificando los estados del 7490A (figura 17.11), en este caso no existe un intervalo temporal apreciable entre los pulsos decodificados, tal y como revela la figura 17.15, debido a la acción del decodificador CMOS.

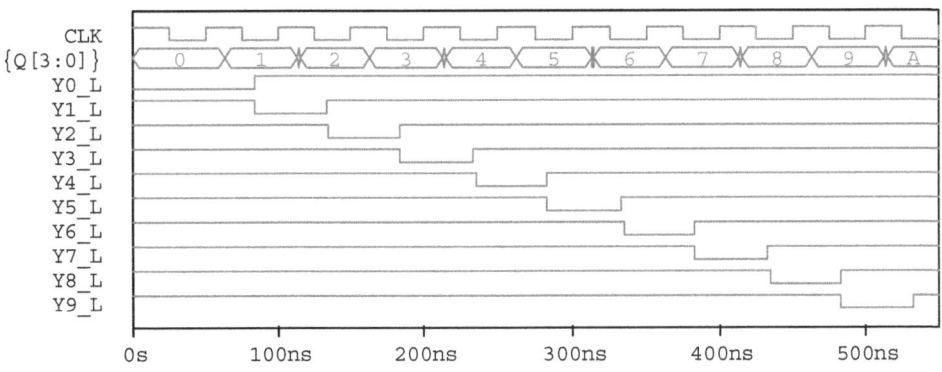

Figura 17.15 Decodificación de los estados de un 74163 con un 74HCT42. $T_{CLK} = 50$ ns.

---

[9] El retardo de propagación típico del decodificador 7442A es de 17 ns ([7442]).

[10] Dichos intervalos surgen también decodificando los estados de un contador 74163 mediante un decodificador 74LS138.

[11] Los parámetros de temporización del 74HCT42 publicados por Philips Semiconductors coinciden exactamente con los del 74HCT138 del mismo fabricante, indicados previamente en la nota a pie de página número 7 ([74HCT42]).

17.4.3 Eliminación del riesgo de interferencias en la decodificación

17.4.3.1 Habilitación desfasada del decodificador

El circuito de la figura 17.16 es la adaptación para simulación de la decodificación de estados del contador 74163 cuando el decodificador 74LS138 se sincroniza con el flanco descendente de la señal de reloj. Las formas de onda resultantes, habiendo escogido un período de la señal de reloj T_{CLK} de un segundo, muestran a continuación una secuencia de diez estados consecutivos decodificados. Obsérvese que, con el esquema propuesto, cada una de las ocho salidas del 74LS138 no decodifica un único estado del contador, sino dos: la salida Y0 es asertiva en los estados 0 y 8; la salida Y1 lo es en los estados 1 y 9, y así sucesivamente hasta la salida Y7, que es asertiva en los estados 7 y 15.

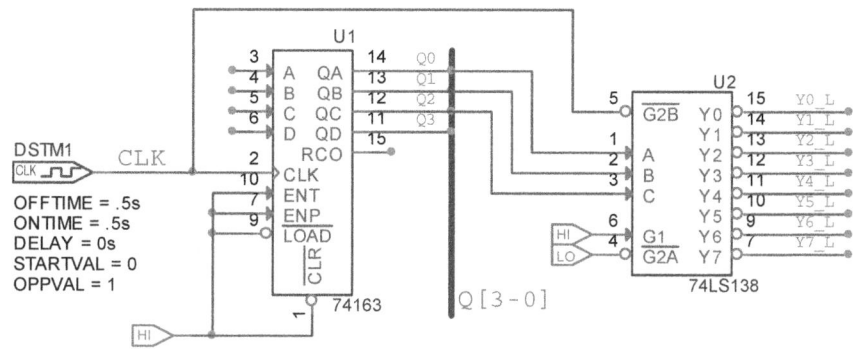

Figura 17.16   Versión adaptada para simulación del circuito de la figura 17.4.

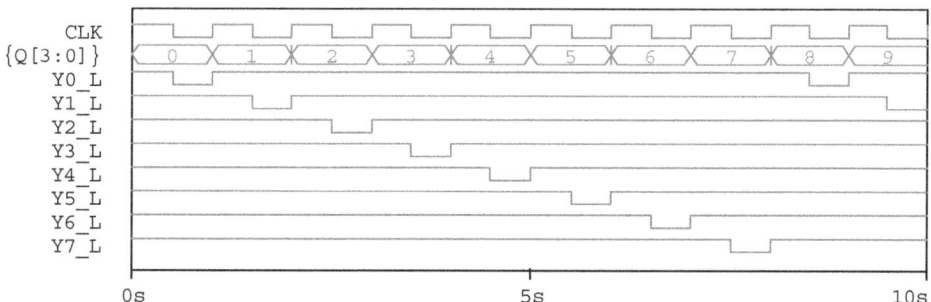

Figura 17.17   Decodificación de los estados de un 74163 con un 74LS138 cuya entrada de habilitación G2B se encuentra cableada con la señal de reloj. $T_{CLK} = 1$ s.

En el cronograma se verifica que la decodificación de los estados es correcta, y además los pulsos de decodificación que aparecen sucesivamente en las líneas de salida Y0-Y7 coinciden con el semiperíodo negativo correspondiente de la señal de reloj, como consecuencia de la habilitación e inhabilitación intermitente a la que se encuentra sometido el decodificador. Reproduciendo la simulación con un período de reloj T_{CLK} de solo 50 ns, la decodificación sigue siendo satisfactoria como puede comprobarse en la figura 17.18, a pesar de que tanto los cambios de estado del 74163 como los sucesivos pulsos de decodificación en las líneas de salida del 74LS138 experimentan un retraso con respecto al flanco correspondiente de la señal de reloj (que es el ascendente para el caso de las salidas del contador y el descendente para los pulsos de decodificación), como consecuencia del retardo de propagación de los biestables del contador.

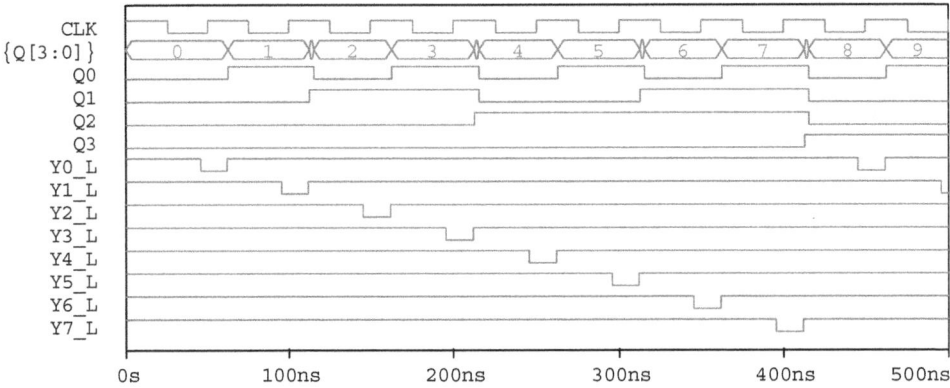

Figura 17.18 Decodificación de los estados de un 74163 con un 74LS138 cuya entrada de habilitación G2B se encuentra cableada con la señal de reloj. $T_{CLK} = 50$ ns.

17.4.3.2 Filtrado mediante registro

La adaptación para simulación del esquema de filtrado mediante registro de los posibles picos de tensión presentes en las salidas decodificadas se muestra en la figura 17.19.

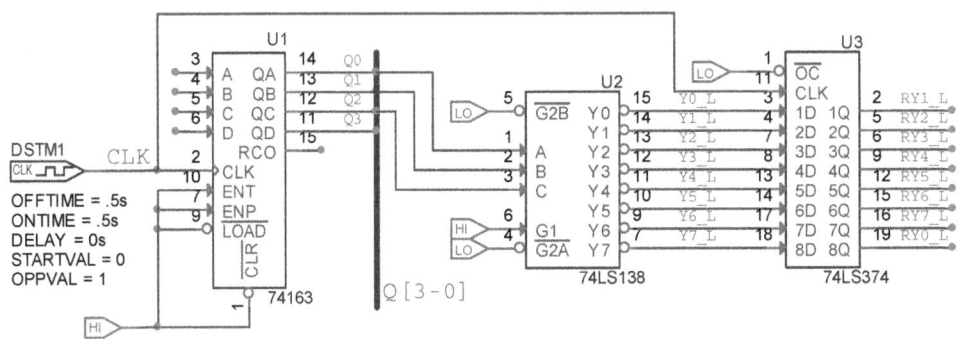

Figura 17.19 Versión adaptada para simulación del circuito de la figura 17.5.

Las salidas del registro 74LS374 han sido renombradas para compensar el retraso de un ciclo de reloj en sus formas de onda con respecto a las obtenidas en las salidas correspondientes Y0-Y7 del decodificador. Como puede comprobarse en la respuesta temporal de la figura 17.20, con la denominación escogida las salidas del registro son una réplica de las salidas del decodificador que se encuentran limpias de las posibles perturbaciones espurias que pudiesen tener las señales Y0_L-Y7_L. Obsérvese que existe una discrepancia en la decodificación del primer estado al principio del cronograma, donde las ocho salidas del registro son un 0 lógico. Esto no es síntoma de anomalía alguna en el funcionamiento del sistema; se trata simplemente de una consecuencia del borrado inicial con el que son configurados todos los biestables en la simulación, y que como se aprecia con facilidad se corrige tras una primera iteración por los ocho estados decodificados.

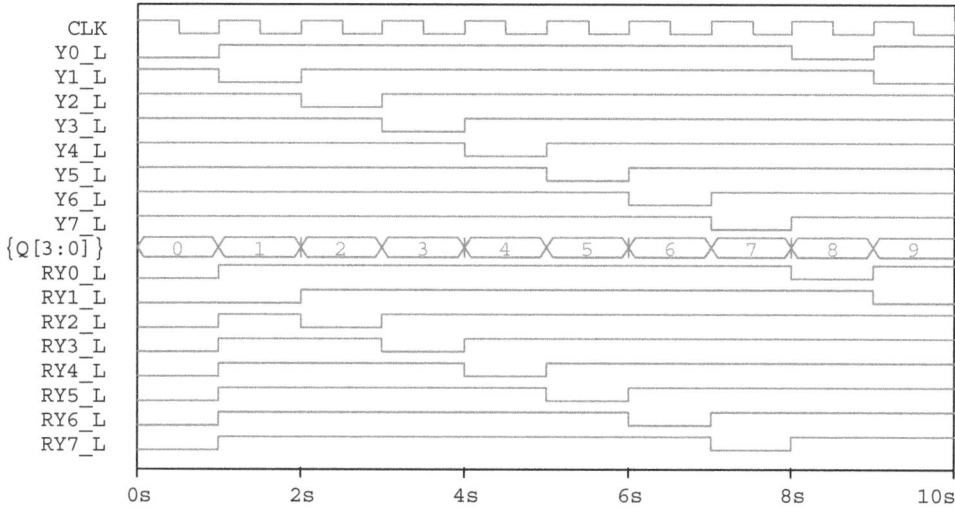

Figura 17.20   Filtrado mediante registro de los posibles picos de tensión presentes en las salidas decodificadas Y0-Y7. $T_{CLK} = 1$ s.

17.5 Componentes

Circuitos de reloj ($T_{CLK1} = 1,4$ s y $T_{CLK2} = 0,14$ s)

Circuitos integrados

555 (1x).

Resistencias

270 Ω (1x), 47 kΩ (1x), 1 MΩ (1x).

Condensadores

10 nF (1x), 100 nF (1x), 1 μF (1x).

Diodos

Ledes (1x).

Contadores y decodificadores

Circuitos integrados

74LS42 (1x). CI TTL decodificador de BCD a decimal de 4 a 10.

74LS90 (1x). CI TTL contador asíncrono de 4 bits.

74LS138 (1x). CI TTL decodificador binario de 3 a 8.

74LS163 (1x). CI TTL contador síncrono de 4 bits.

Resistencias

270 Ω (10x), 1 kΩ (1x).

Diodos

Ledes (10x). Alternativamente, emplear una barra de luz led de diez segmentos.

17.6 Verificación experimental

Se propone el montaje y verificación experimental de los circuitos decodificadores de estados mostrados en las figuras 17.2 y 17.3 adaptados a los CI disponibles de familias lógicas compatibles.

Indicaciones previas:

a) Aunque una señal de reloj con período de 1,4 s es adecuada para seguir visualmente la decodificación, se puede acelerar el proceso reemplazando el condensador de 1 μF por uno de 100 nF para bajar el período a 0,14 s.

b) Puede ser necesario en algún caso desacoplar al menos alguno de los CI empleados, incluyendo el propio 555. Emplear para ello condensadores de 100 nF.

Procedimiento

1. Montar el circuito de la figura 17.2 y comprobar la correcta decodificación cíclica de los ocho estados del contador 74x90 con el 74x138, empleando para ello una señal de reloj con un período de 1,4 s.

2. Verificar de nuevo la decodificación con una señal de reloj de 0,14 s.

3. Montar el circuito de la figura 17.3 y comprobar la correcta decodificación cíclica de los diez primeros estados del contador 74x163 con el 74x42, empleando para ello una señal de reloj con un período de 1,4 s.

4. Verificar de nuevo la decodificación con una señal de reloj de 0,14 s.

17.7 Ejercicios y cuestiones de refuerzo

a) Simula la decodificación de los ocho estados de un contador de rizo de 3 bits construido con biestables T. Realiza la decodificación con el 74LS138 y compara las formas de onda resultantes con las obtenidas en el apartado 17.4.1.

b) Sustituye el decodificador 4:10 7442A de la figura 17.12 por el decodificador 4:16 74154 y ejecuta simulaciones con señales de reloj cuyo período sea 1 s y también 50 ns, empleando el mismo contador 74163 de dicha figura. Compara las formas de onda resultantes con las obtenidas en el apartado 17.4.2.

c) En el esquema de habilitación desfasada del 74LS138 propuesto en la figura 17.16, una de las entradas de habilitación activas a nivel bajo del decodificador se encuentra cableada con la señal de reloj. Razona la validez de este esquema en caso de sustituir el contador 74163 por el 7490A.

d) Sustituye el contador 163 en el circuito de la figura 17.19 por un 7490A y analiza las formas de onda en la salida de las tres etapas del sistema para diferentes períodos de la señal de reloj. Compara los resultados con los presentados en el apartado 17.4.3.2 y justifica en cuál de los dos diseños la frecuencia máxima de funcionamiento es mayor.

18

Registro de desplazamiento de 4 bits con biestables D

18.1 Introducción

El presente capítulo introduce el trabajo con los registros de desplazamiento. Dichos dispositivos están constituidos por una cadena de varios biestables que comparten una señal de reloj externa, estando conectados entre sí de tal forma que cada uno de los bits almacenados en los respectivos biestables del registro se va desplazando por la cadena con la cadencia marcada por la señal de reloj. Un registro de desplazamiento sencillo se puede construir a partir de biestables discretos, existiendo varíantes normalmente más sofisticadas disponibles en encapsulados MSI, que admiten uno o bien los dos tipos de carga habituales: carga serie y carga en paralelo. Con la carga serie el valor de una línea de datos externa conectada a la entrada serie del registro se captura en cada flanco de reloj y se va propagando por todos sus biestables, mientras que con la carga en paralelo es posible actualizar de forma simultánea el contenido de todos los biestables con un valor lógico conocido. Algunos ejemplos de registros de desplazamiento comercialmente disponibles son el 74x164 (entrada serie y salida en paralelo de 8 bits), el 74x165 (entrada serie o bien en paralelo de 8 bits y salida serie) y el 74x195 (entrada serie o bien en paralelo de 4 bits y salida en paralelo de 4 bits) ([flo16]).

Además, algunos registros de desplazamiento son bidireccionales, lo que significa que están diseñados para realizar desplazamientos de los bits contenidos en sus biestables tanto hacia la derecha como hacia la izquierda. Un ejemplo es el registro de desplazamiento universal 74x194, con el que se experimentará en el capítulo 20. La capacidad de poder mover los bits almacenados en un registro en ambos sentidos resulta muy útil en sistemas digitales que realizan ciertas operaciones aritméticas y lógicas. Esta y otras aplicaciones prácticas de los registros de desplazamiento se describen en el capítulo 31.

En este capítulo se propone familiarizarse con un registro de desplazamiento de 4 bits construido a partir de biestables D. El 74x74 es un CI de 14 pines ya introducido en el capítulo 12 que contiene dos biestables D disparados por flanco positivo, con entradas asíncronas activas a nivel bajo de borrado CLR (*clear*) y de establecimiento PRE (*preset*), que cuando son asertivas ponen la salida Q del biestable a 0 y a 1, respectivamente. Su diagrama lógico se muestra en la figura 18.1 para un dispositivo de la subfamilia TTL estándar.

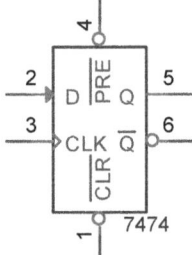

Figura 18.1 Biestable D disparado por flanco positivo (CI 7474).

Un CI de 16 pines que integra cuatro biestables D en su estructura es el 74x175. A diferencia del 74x74, sus cuatro biestables comparten tanto la entrada de reloj como la de borrado ([tsi18]).

18.2 Diseño de un registro de desplazamiento de 4 bits

El diseño de un registro de desplazamiento a partir de biestables D no resulta complicado. Basta con disponer de tantos biestables como bits deba tener el registro y conectar la salida Q de un biestable dado con la entrada D del siguiente. La entrada D del primer biestable será la entrada E de datos serie del registro, mientras que la salida Q del último biestable será su salida serie. Si se necesita un registro capaz de suministrar simultáneamente el contenido de todos sus bits (lo que se entiende como salida en paralelo), tan solo hay que monitorizar las salidas Qk de cada uno de sus biestables.

La figura 18.2 ilustra un ejemplo de diseño para 4 bits con entrada serie E y salida en paralelo. Si se precisara en un momento dado la carga en paralelo de una palabra de 4 bits, simplemente habría que conectar a tierra las correspondientes entradas de establecimiento PRE y de borrado CLR, ambas activas a nivel bajo.

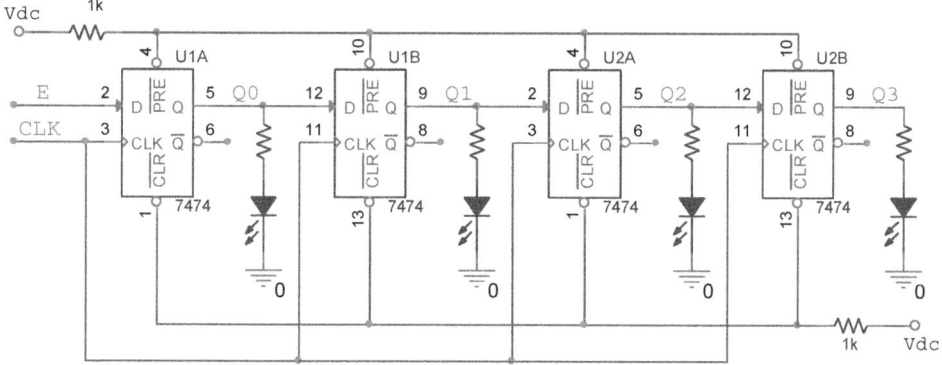

Figura 18.2   Registro de desplazamiento de 4 bits con entrada serie E y salida en paralelo construido con biestables D (CI 7474).

18.3 Simulación

En primer lugar, se va a comprobar que los estados de los diferentes biestables del registro de desplazamiento resultan alterados ante un estímulo de entrada variable con el tiempo aplicado a su entrada serie E. Posteriormente se analizará su comportamiento tras activar su carga en paralelo. Los biestables no se inicializan en ninguno de los dos casos, lo que permite comprender mejor la dinámica de funcionamiento del registro de desplazamiento.

18.3.1 Entrada serie y salida en paralelo

Si en el instante inicial ($t = 0$ s) se aplica un estado alto a la entrada serie E del registro de desplazamiento de la figura 18.3, tras llegar el siguiente flanco positivo de reloj el bit Q0 almacenado en el primero de los biestables pasa de tener un valor desconocido a ser 1.

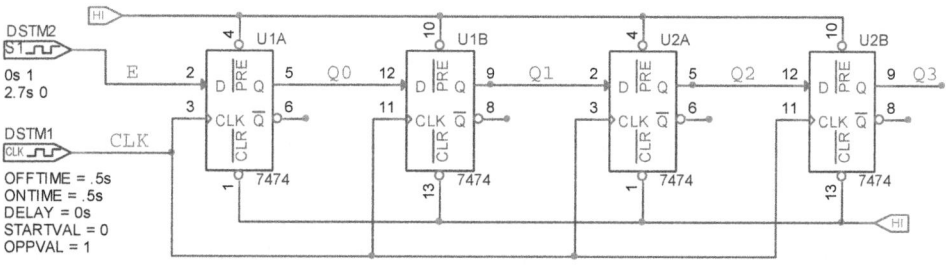

Figura 18.3   Registro de desplazamiento (entrada serie y salida en paralelo).

En sucesivos ciclos de reloj dicho bit a 1 se va propagando por todos los biestables del registro hasta alcanzar Q3, como resulta evidente a la vista del cronograma de la figura 18.4. En el instante t = 2,7 s la entrada E pasa a un estado bajo, actualizándose a 0 el contenido del bit Q0 con la llegada del siguiente flanco positivo del reloj. Este nuevo valor es el que se propaga ahora por el resto de los biestables, de manera que en t = 6 s, una vez transcurridos cuatro ciclos de reloj tras el cambio en la entrada E, los cuatro biestables almacenan un 0.

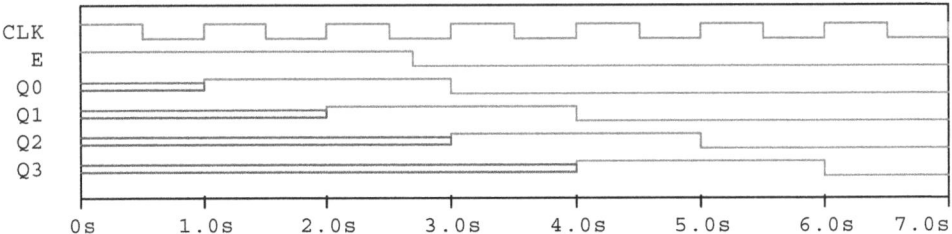

Figura 18.4 Propagación de los datos recibidos por el canal de entrada serie E a través de la cadena de cuatro biestables del registro de desplazamiento de la figura 18.3.

18.3.2 Entrada en paralelo y salida en paralelo

Si se conecta un bus a las entradas de establecimiento PRE de los biestables es posible comprobar el funcionamiento del registro ante una carga en paralelo (es decir, simultánea) de todos sus biestables. La figura 18.5 muestra el circuito correspondiente adaptado para simulación, en el que se ha asignado una temporización al bus de datos D[0-3] según la cual el contenido de los cuatro biestables se fija en 1 en el instante t = 1,3 s.

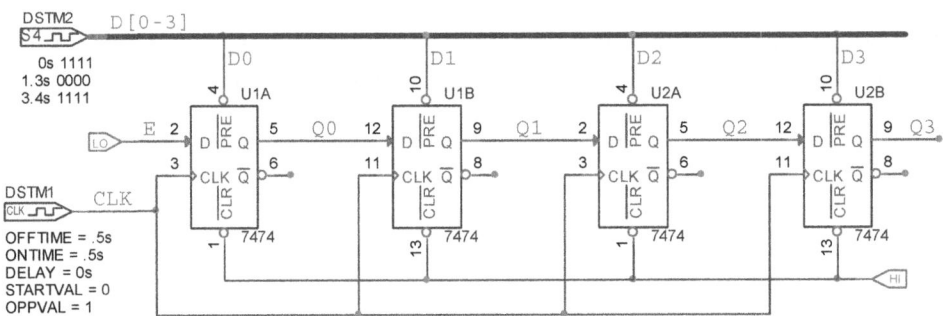

Figura 18.5 Registro de desplazamiento (entrada en paralelo y salida en paralelo).

El funcionamiento se ilustra mediante el cronograma de la figura 18.6, que muestra una serie de eventos característicos. Durante el primer ciclo de reloj el estado de los biestables es desconocido, ya que estos no se han inicializado y las entradas de establecimiento no son asertivas. En t = 1 s Q0 adopta el valor de la línea serie de datos E (un estado bajo), mientras que el resto de los biestables permanecen sin cambios. En t = 1,3 s se activan simultáneamente las cuatro entradas de establecimiento de los biestables y, al ser asíncronas, el estado de todos ellos pasa a ser un 1 lógico inmediatamente, sin esperar al siguiente flanco positivo del reloj. En t = 3,4 s se desactivan las entradas de establecimiento y, por lo tanto, el bit contenido en todos los biestables, que sigue siendo 1, empieza a desplazarse por todo el registro, desde Q0 hasta Q3, a partir del siguiente flanco positivo del reloj que tiene lugar en t = 4 s. Como la línea serie de datos E sigue en estado bajo, con la llegada de dicho flanco el bit Q0 pasa de 1 a 0. En sucesivos flancos positivos del reloj este bit a 0 se va desplazando por todo el registro, hasta que finalmente, en el instante t = 7 s, todo el registro está a 0. Se tiene, pues, un efecto combinado de una carga en paralelo que se mantiene activa durante una ventana temporal de 2,1 s y un posterior desplazamiento de los bits del registro una vez que la señal de activación de carga ha desaparecido.

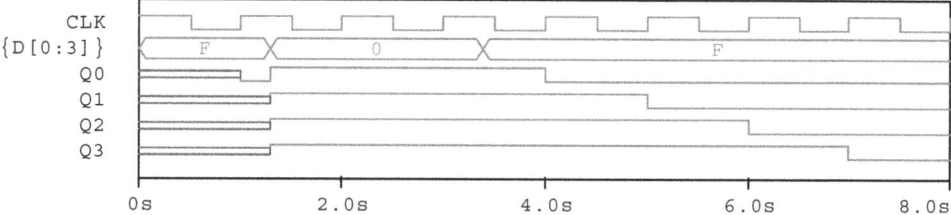

Figura 18.6 Acción combinada de carga en paralelo y posterior desplazamiento del bit de la línea de entrada E por la cadena de cuatro biestables del registro de desplazamiento de la figura 18.5.

18.4 Componentes

Circuito de reloj (T_{CLK} = 1,4 s)

Circuitos integrados

555 (1x).

Resistencias

270 Ω (1x), 47 kΩ (1x), 1 MΩ (1x).

Condensadores

10 nF (1x), 1 μF (1x).

Diodos

Ledes (1x).

Registro de desplazamiento

Circuitos integrados

74LS74 (2x). CI TTL con dos biestables síncronos de tipo D.

Resistencias

270 Ω (4x), 1 kΩ (1x).

Diodos

Ledes (4x).

18.5 Verificación experimental

Procedimiento

1. Montar el circuito de la figura 18.2. Aunque en dicho circuito se han incluido sendas resistencias de 1 kΩ conectadas al nodo de alimentación con el objetivo de facilitar la interpretación del esquema, en la práctica es suficiente con disponer de una única resistencia conectada entre el nodo de alimentación de 5 V y todas las entradas que requieran un estado alto.

2. Conectar la entrada de datos serie E al nodo de alimentación a través de la misma resistencia de 1 kΩ que se utilizó en el paso 1.

3. Verificar visualmente la propagación del bit a 1 introducido por la entrada E por todo el registro de desplazamiento.

4. Conectar la entrada de datos serie E al nodo de tierra.

5. Verificar visualmente la propagación del bit a 0 introducido por la entrada E por todo el registro de desplazamiento.

6. Comprobar la naturaleza asíncrona de la entrada PRE, conectándola a tierra simultáneamente en los cuatro biestables del registro.

7. Volver a conectar al nodo de alimentación la entrada PRE de todos los biestables.

8. Volver a conectar la entrada de datos serie E al nodo de alimentación.

9. Comprobar la naturaleza asíncrona de la entrada CLR, conectándola a tierra simultáneamente en los cuatro biestables del registro.

Cuestiones

a) Supón que en el cronograma de la figura 18.6 se activan las cuatro entradas de borrado en lugar de las de establecimiento, durante la misma ventana temporal. Debes predecir el contenido del registro en este caso.

b) Al conectar a tierra la entrada PRE de los cuatro biestables del registro, todos ellos pasaron a almacenar un 1 lógico y los ledes correspondientes emitieron luz.

¿Hubo que esperar al siguiente flanco positivo del reloj para comprobar visualmente el nuevo estado de los biestables? ¿O por el contrario sucedió de forma inmediata, tras efectuar la conexión al nodo de tierra?

c) Al conectar a tierra la entrada CLR de los cuatro biestables del registro, todos ellos pasaron a almacenar un 0 lógico y los ledes correspondientes se mantuvieron apagados. ¿Hubo que esperar al siguiente flanco positivo del reloj para comprobar visualmente el nuevo estado de los biestables? ¿O por el contrario sucedió inmediatamente, tras efectuar la conexión al nodo de tierra?

18.6 Ejercicios y cuestiones de refuerzo

a) En el diseño propuesto de registro de desplazamiento se ha empleado el CI 74x74, que integra dos biestables D disparados por flanco positivo. Adapta el diseño añadiendo la lógica combinacional necesaria para que el flanco activo que induce el desplazamiento (positivo o negativo) pueda escogerse.

b) Propón una modificación del diseño propuesto en este capítulo empleando biestables J − K y la lógica necesaria, en lugar de biestables D.

19

Generador de números seudoaleatorios

19.1 Introducción

El presente capítulo puede considerarse una extensión del anterior, ya que se trata de la aplicación de un registro de desplazamiento implementado con biestables discretos, en la línea del diseño ya conocido haciendo uso del 74x74. Lo que se propone aquí es adaptarlo mediante una sencilla modificación para convertirlo en un generador digital de números seudoaleatorios, que se actualizarán con la cadencia marcada por el período de la señal de reloj externa.

Mediante dicho generador se obtendrá una secuencia de números que, aunque aparentemente es errática, en realidad responde a un patrón cíclico perfectamente predecible, como se comprobará más adelante (por ello resulta preferible evitar referirse a este circuito como generador de números puramente aleatorios). Por otro lado, conviene apuntar que los generadores de secuencias seudoaleatorias no son meras curiosidades académicas, ya que cuentan con interesantes aplicaciones prácticas que se describen en el capítulo 31.

La modificación que se precisa introducir en el registro de desplazamiento de partida consiste en añadir solo una puerta XOR de dos entradas[1]. Los detalles del conexionado entre dicha puerta lógica y el registro, así como el funcionamiento del generador de números seudoaleatorios resultante, se abordan en las secciones siguientes para el caso de registros de desplazamiento de 3 y de 4 bits. En el primer caso, la secuencia cíclica seudoaleatoria obtenida (que es de un único dígito decimal) se verificará visualmente en la sección experimental mediante tres ledes, uno por cada bit del registro, y seguidamente se modificará el montaje empleando un visualizador de siete segmentos. En el segundo caso, en el que la secuencia seudoaleatoria no solo es más larga, sino que, además, requiere dos dígitos decimales, se optará únicamente por la variante que emplea ledes, simplificando así considerablemente el montaje experimental.

19.2 Generador seudoaleatorio de 3 bits

El diseño propuesto de un generador de números seudoaleatorios de 3 bits, en su versión más elemental sin un visualizador de siete segmentos, se muestra en la figura 19.1. Como puede verse, las dos entradas de la puerta XOR se han conectado a las salidas Q1 y Q2 del registro de desplazamiento.

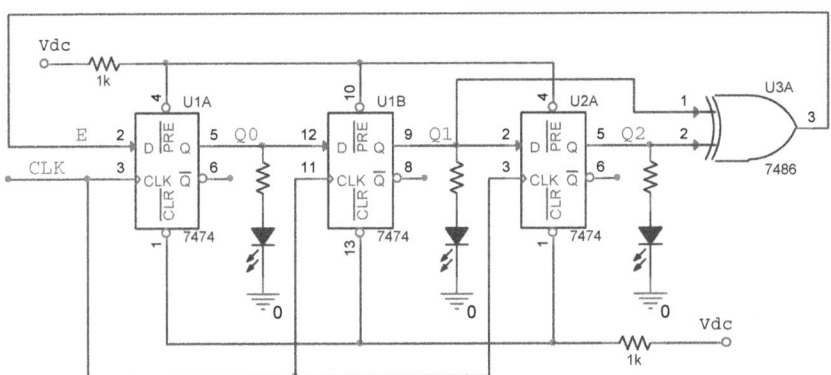

Figura 19.1   Generador de números seudoaleatorios de 3 bits con ledes.

Si se eliminan del circuito los ledes y se añade un decodificador de BCD a siete segmentos 7448 seguido de un visualizador, resulta la variante del generador de números que se muestra en la figura 19.2. Obsérvese que la entrada no utilizada D del decodificador, correspondiente al bit más significativo, se conecta a tierra para garantizar un nivel lógico bajo en todo momento.

---

[1] El diseño del generador seudoaleatorio basado en registro de desplazamiento y puerta XOR aquí descrito puede encontrarse, para el caso de 4 bits, en [tie12].

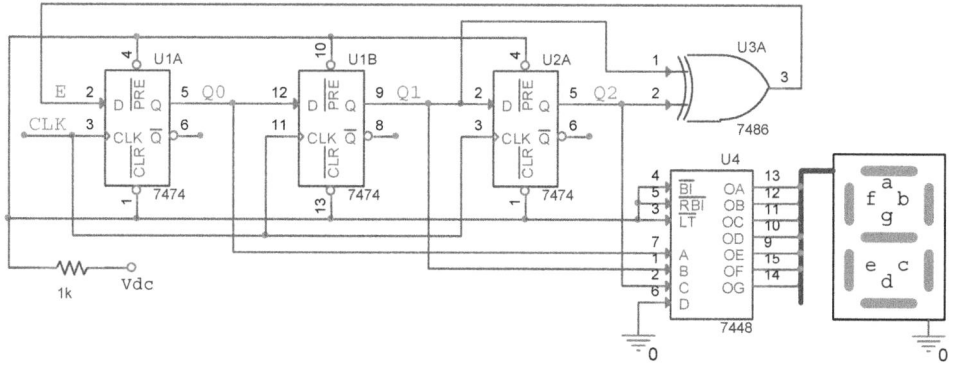

Figura 19.2   Generador de números seudoaleatorios de 3 bits con visualizador.

Los números de la secuencia cíclica seudoaleatoria resultante obedecen a la siguiente expresión:

$$N = Q2 \cdot 2^2 + Q1 \cdot 2^1 + Q0 \cdot 2^0 \tag{19.1}$$

Como se comprobará a continuación, el papel que juega la puerta XOR es clave para predecir la secuencia seudoaleatoria. Suponiendo que en el instante inicial el contenido de los biestables es tal que $Q2 = 0$, $Q1 = 0$ y $Q0 = 1$, el primer valor de N es entonces 1 y la puerta XOR entrega un 0 lógico en su salida, que a su vez es la entrada de datos E de U1A, el primer biestable del registro. Al llegar el siguiente flanco positivo del reloj, $Q2$ adopta el valor actual de $Q1$ y a su vez $Q1$ adopta el de $Q0$, mientras que $Q0$ se actualiza con el valor del bit presente en la entrada E. El segundo valor de N es, por lo tanto, 2. La puerta XOR genera en este ciclo de reloj un 1 lógico, ya que $Q2 = 0$ y $Q1 = 1$. Actualizando el valor de E tras la llegada de cada nuevo flanco de reloj y desplazando el contenido de los tres biestables a lo largo del registro, se deduce sin dificultad la siguiente secuencia cíclica de siete números (o estados): 1, 2, 5, 3, 7, 6 y 4. Se observa que la secuencia no agota todas las codificaciones posibles de palabras digitales de 3 bits, puesto que carece del 0.

La tabla 19.1 muestra la acción combinada del registro de desplazamiento y la puerta XOR durante ocho ciclos de reloj consecutivos con período T. Como puede comprobarse, en el octavo ciclo se reinicia la secuencia. No hay que pasar por alto el supuesto inicial que se ha asumido para comenzar la secuencia, según el cual el contenido de los tres biestables del registro corresponde al estado número 1 de la misma. Dicho supuesto no es arbitrario, ya que el generador de números seudo-aleatorios funcionará perfectamente mientras dicho contenido refleje alguno de los siete estados de la secuencia, pero no lo hará en absoluto en el caso del 0, ya que no pertenece a la misma.

Tabla 19.1   Secuencia cíclica de siete estados del generador seudoaleatorio de 3 bits.

	ciclo de reloj							
	1	2	3	4	5	6	7	8
Q2	0	0	1	0	1	1	1	0
Q1	0	1	0	1	1	1	0	0
Q0	1	0	1	1	1	0	0	1
E	0	1	1	1	0	0	1	0
	1	2	5	3	7	6	4	1
	estado de la secuencia							

19.3 Generador seudoaleatorio de 4 bits

El diseño anterior puede adaptarse con facilidad para obtener un generador de números seudoaleatorios de 4 bits, añadiendo para ello un cuarto biestable al registro de desplazamiento anterior tal y como muestra la figura 19.3 para la variante que utiliza ledes.

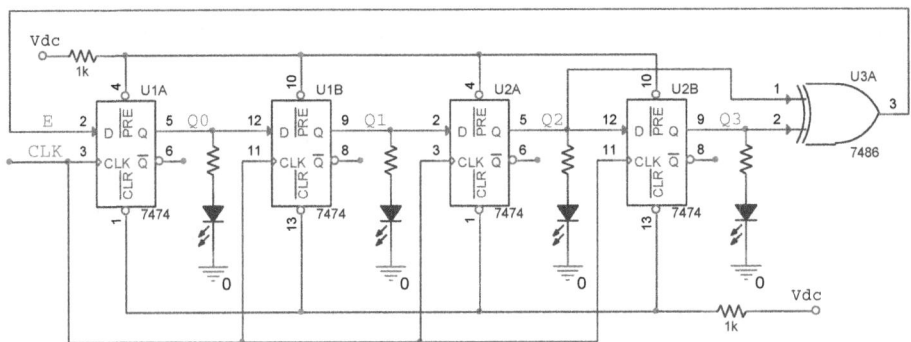

Figura 19.3   Generador de números seudoaleatorios de 4 bits con ledes.

El diseño alternativo con un único visualizador no es posible realizarlo empleando el 7448 en este caso, debido a que en sus cuatro líneas de entrada de datos A, B, C y D solo son aceptadas las codificaciones binarias correspondientes al rango entre los números decimales del 0 a 9. Desafortunadamente, el resto de las combinaciones del 10 al 15 no dan lugar a la representación hexadecimal de la A a la F en el visualizador como cabría pensar a priori, sino a otros símbolos distintos que no permiten seguir la secuencia, como puede comprobarse en la documentación técnica del fabricante ([74LS48]).

Los números de la nueva secuencia seudoaleatoria vienen dados ahora por:

$$N = Q3 \cdot 2^3 + Q2 \cdot 2^2 + Q1 \cdot 2^1 + Q0 \cdot 2^0 \qquad (19.2)$$

Como la idea subyacente al funcionamiento del generador de números seudo-aleatorios no depende del número de bits del registro de desplazamiento, el mismo razonamiento empleado anteriormente para completar la tabla 19.1 es válido para deducir la tabla 19.2, suponiendo que en el primer ciclo de reloj se verifica que $Q3 = 0$, $Q2 = 0$, $Q1 = 0$ y $Q0 = 1$. De nuevo, el estado 0 no forma parte de la secuencia, pero sí el resto de las quince codificaciones binarias posibles con 4 bits.

Tabla 19.2   Secuencia cíclica de quince estados del generador seudoaleatorio de 4 bits.

	ciclo de reloj															
	1	2	3	4	5	6	7	8	9	10	11	12	13	14	15	16
Q3	0	0	0	1	0	0	1	1	0	1	0	1	1	1	1	0
Q2	0	0	1	0	0	1	1	0	1	0	1	1	1	1	0	0
Q1	0	1	0	0	1	1	0	1	0	1	1	1	1	0	0	0
Q0	1	0	0	1	1	0	1	0	1	1	1	1	0	0	0	1
E	0	0	1	1	0	1	0	1	1	1	1	0	0	0	1	0
	1	2	4	9	3	6	13	10	5	11	7	15	14	12	8	1
	estado de la secuencia															

19.4 Simulación

En las simulaciones todos los biestables deben inicializarse. PSpice no permite la inicialización del bit almacenado en cada biestable de forma individual, sino que esta debe proporcionar un valor lógico común para todos ellos. Como ya se indicó anteriormente, una inicialización con todos los bits a 0 impediría generar una secuencia seudoaleatoria. Por esta razón, la única alternativa viable es inicializar los biestables con un 1 lógico, y así se va a proceder para los generadores de 3 y de 4 bits adaptados para simulación que se muestran a continuación.

19.4.1 Generador seudoaleatorio de 3 bits

La figura 19.4 muestra el generador de 3 bits adaptado para simulación.

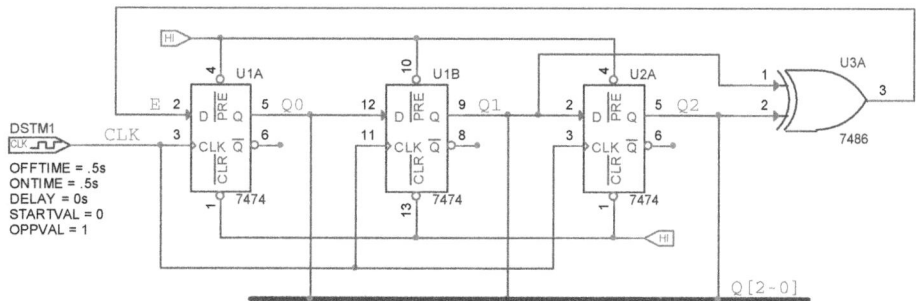

Figura 19.4   Generador seudoaleatorio de 3 bits adaptado para simulación.

El bus Q[2-0] añadido al circuito permite comprobar con facilidad la secuencia cíclica obtenida. El cronograma resultante puede verse en la figura 19.5. Se verifica que la secuencia, que se inicia con el estado 7, reproduce fielmente la predicción de la tabla 19.1.

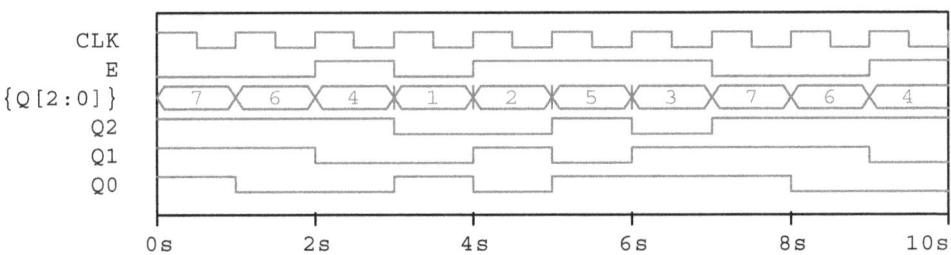

Figura 19.5   Secuencia obtenida con el generador seudoaleatorio de 3 bits.

19.4.2 Generador seudoaleatorio de 4 bits

Las figuras 19.6 y 19.7 muestran el generador seudoaleatorio de 4 bits adaptado para simulación, junto con el cronograma correspondiente. Como puede comprobarse consultando la tabla 19.2, la secuencia cíclica de quince números obtenida en el cronograma, representada en hexadecimal, es la correcta.

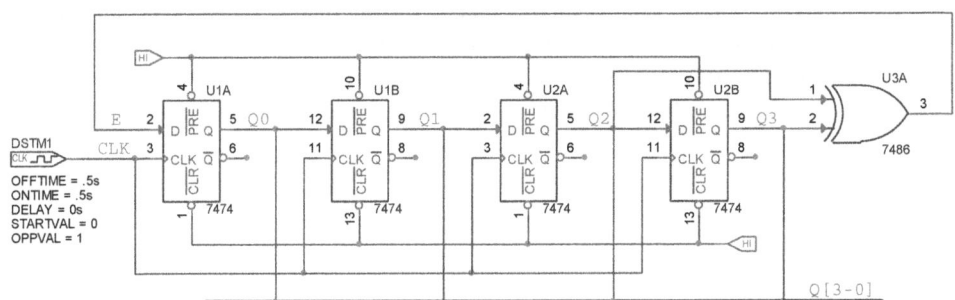

Figura 19.6   Generador seudoaleatorio de 4 bits adaptado para simulación.

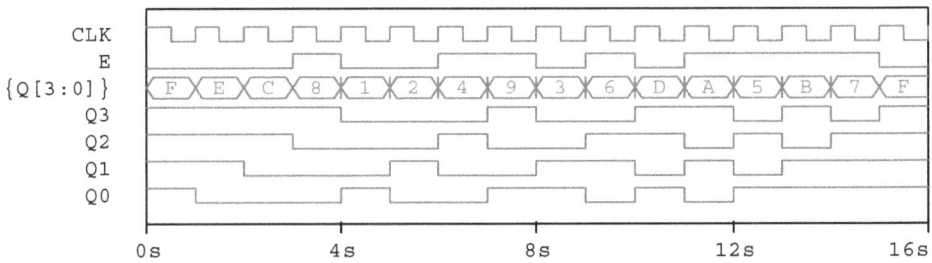

Figura 19.7   Secuencia obtenida con el generador seudoaleatorio de 4 bits.

19.5 Componentes

Circuito de reloj (T_{CLK} = 1,4 s)

Circuitos integrados

555 (1x).

Resistencias

270 Ω (1x), 47 kΩ (1x), 1 MΩ (1x).

Condensadores

10 nF (1x), 1 μF (1x).

Diodos

Ledes (1x).

Generadores de números seudoaleatorios

Circuitos integrados

74LS48 (1x). CI TTL decodificador de BCD a siete segmentos.
74LS74 (2x). CI TTL con dos biestables síncronos de tipo D.
74LS86 (1x). CI TTL con cuatro puertas XOR de dos entradas.

Resistencias

270 Ω (4x), 1 kΩ (1x).

Diodos

Ledes (4x).

Visualizadores

Visualizador de siete segmentos de cátodo común (1x).

19.6 Verificación experimental

Es posible que los montajes que se proponen seguidamente requieran el uso de un condensador de desacoplo de 100 nF. También puede resultar útil para el seguimiento de la secuencia desconectar el led conectado en la salida del 555, para reducir los efectos de carga.

19.6.1 Generador seudoaleatorio de 3 bits

Procedimiento

1. Montar el circuito de la figura 19.1 con alimentación de 5 V, insertando en la placa de prototipos una única resistencia de 1 kΩ entre el nodo conectado directamente a

la fuente de alimentación de 5 V y todas las entradas que requieran un estado lógico alto. Generar una señal de reloj con el período habitual de 1,4 s.

2. Hay que tener presente que, si el estado inicial almacenado en los tres biestables es un 0 lógico, no se generará secuencia alguna. Si es necesario, actuar sobre la entrada PRE de al menos uno de los biestables para evitar esta situación.

3. Identificar visualmente la secuencia cíclica obtenida y verificar si coincide con la esperada. Dejar pasar algunos ciclos de reloj antes de registrar la secuencia.

4. Adaptar el montaje para repetir la verificación experimental empleando un visualizador, partiendo del circuito de la figura 19.2. Consultar el apéndice D para identificar los terminales del visualizador.

5. A partir del montaje anterior, verificar que cuando el estado inicial de los tres biestables sea un 0 lógico, el visualizador solo muestre el dígito 0 y no se genere la secuencia esperada. Para ello, forzar un borrado de los tres biestables actuando sobre sus entradas CLR simultáneamente.

19.6.2 Generador seudoaleatorio de 4 bits

Procedimiento

1. Seguir los tres primeros pasos del procedimiento indicado anteriormente para el generador seudoaleatorio de 3 bits, esta vez para la versión de 4 bits de la figura 19.3.

19.7 Ejercicios y cuestiones de refuerzo

a) ¿Es realizable un generador de números seudoaleatorios a partir de un registro de desplazamiento de solo 2 bits? En caso afirmativo, deduce la secuencia correspondiente.

b) En los diseños propuestos, basados en registros de desplazamiento de 3 y de 4 bits, las dos entradas de la puerta XOR se conectan a las salidas de los biestables de mayor peso ($Q3$ y $Q2$ en el caso del generador de 4 bits, y $Q2$ y $Q1$ para el generador de 3 bits). Deduce las implicaciones que tiene para las secuencias seudoaleatorias de 3 y de 4 bits generadas originalmente la modificación del diseño, sustituyendo en ambos casos el conexionado inicial de las dos entradas de la puerta XOR por las dos salidas de menor peso del registro de desplazamiento correspondiente.

c) Deduce las dos secuencias de cuenta obtenidas con generadores de números seudoaleatorios, construidos a partir de registros de desplazamiento de 5 y de 6 bits, reproduciendo en ambos casos la topología propuesta para los circuitos generadores de 3 y de 4 bits.

Diseños con el registro de desplazamiento 74x194

20.1 Introducción
20.2 Diseño secuencial basado en el 74x194
20.3 Simulación
20.4 Componentes
20.5 Verificación experimental
20.6 Ejercicios y cuestiones de refuerzo

20.1 Introducción

En la introducción del capítulo 18 se mencionaron a modo de ejemplo algunos registros de desplazamiento MSI comercialmente disponibles. En realidad, el abanico de este tipo de dispositivos es muy amplio, ya que entre ellos no solo los hay de diferentes tamaños (de entre 4 y 8 bits con frecuencia, aunque también de bastante más capacidad), sino que disponen de entradas y salidas que pueden ser serie y/o en paralelo, lo que permite realizar conversiones de datos entre ambos formatos. Además, se fabrican, como tantos otros dispositivos, a partir de diferentes tecnologías como son TTL y CMOS. La tabla 20.1, sin pretender ser exhaustiva, agrupa un buen número de registros de desplazamiento existentes en el mercado (algunos de ellos son los pioneros y datan de la década de 1970). Se han listado algunas de sus principales características junto a una serie de referencias bibliográficas donde se encuentra su descripción, en algunos casos bastante detallada. En cualquier caso, siempre es recomendable descargar de Internet las hojas de características de los fabricantes, donde se puede consultar información adicional no contenida en la tabla como, por ejemplo, si un dispositivo particular cuenta con entrada de borrado, entrada de establecimiento o ambas, entre otras especificaciones que conviene conocer antes de decidirse por un dispositivo determinado.

Tabla 20.1   Selección de registros de desplazamiento. S: serie; P: paralelo.

Dispositivo	Entrada	Salida	Bits	Referencias
74x91	S	S	8	[ach10],[bog92],[gar07],[lea11],[nel96]
4031	S	S	64	Especificaciones técnicas del fabricante
4557	S	S	64	[hor16],[toc03]
4731	S	S	64	[toc03]
4015	S	S / P	4	[ach10]
74x164	S	S / P	8	[ach10],[bla05],[flo16],[gar07],[gil95],[lea11], [nel96],[toc07],[tok08],[wak01]
74x595	S	S / P	8	[hor16]
74x165	S / P	S	8	[bla05],[flo16],[gar07],[gil95],[hor16],[lea11], [nel96],[toc07]
74x589	S / P	S	8	[hor89]
74x597	S / P	S	8	[hor16]
74x166	P	S	8	[hay96],[lea11],[toc07],[wak01]
4014	S / P	S	8	[ach10]
4021	S / P	S	8	[ach10]
74x174	P	P	6	[fle80],[gar07],[toc07]
4035	S / P	S/ P	4	[ach10]
4076	P	P	4	[ach10]
74x95	S / P	S / P	4	[gar07],[hor89],[lea11]
74x96	S / P	S / P	5	[ach10],[gar07],[hor16],[mil89],[nel96]
74x179	S / P	S / P	4	[gar07],[nel96]
74x194	S / P	S / P	4	[ach10],[bla05],[bog92],[fle80],[flo16],[gar07], [gil95],[hor16],[lea11],[nel96],[toc07],[tok08], [wak07]
74x195	S / P	S / P	4	[ach10],[buc09],[fle80],[flo16],[hor16]
74x198	S / P	S / P	8	[fle80],[hor89],[lea11]
74x199	S / P	S / P	8	[ach10],[fle80],[mal93]
74x299	S / P	S / P	8	[gar07],[hor16],[wak01]
74x323	S / P	S / P	8	[hor16]
74x395	S / P	S / P	4	[hor16]

Si un registro de desplazamiento dispone de una entrada serie, cuenta también como mínimo con una salida serie, ya que en el caso de que la salida sea en paralelo nada impide utilizar únicamente el último bit en la salida del registro. Además, el tipo de entrada o salida de los registros de desplazamiento indicados en la tabla 20.1 no quiere decir que su aplicación esté restringida necesariamente a ese modo de funcionamiento concreto. Por ejemplo, el 74x174, que es un CI concebido para la transferencia síncrona de datos en paralelo desde su entrada hacia su salida, puede perfectamente ser utilizado para una transferencia de datos en serie cableando adecuadamente sus entradas y salidas ([toc07]). Por otro lado, el 74x96 dispone de una línea de entrada serie, pero cuenta con la posibilidad de una carga asíncrona simultánea de sus 5 bits, por lo que la entrada puede ser tanto serie como en paralelo dependiendo del estado de la señal de control correspondiente. Lo mismo puede decirse, por ejemplo, del 74x165 y sus 8 bits de entrada. Otros registros de desplazamiento de los mostrados en la lista son prácticamente idénticos, como por ejemplo el 74x299 y el 74x323, que únicamente se diferencian en que este último dispone de borrado síncrono. Algunos, como el 4557, son de longitud variable: nada menos que hasta de 64 etapas, dependiendo del valor de una entrada de 6 bits ([hor16]).

Este capítulo está dedicado a experimentar con el registro de desplazamiento universal 74x194, que ya se introdujo en el capítulo 18. Su símbolo lógico se muestra en la figura 20.1 junto al de otros tres CI representativos de las distintas variantes de registros listadas en la tabla 20.1.

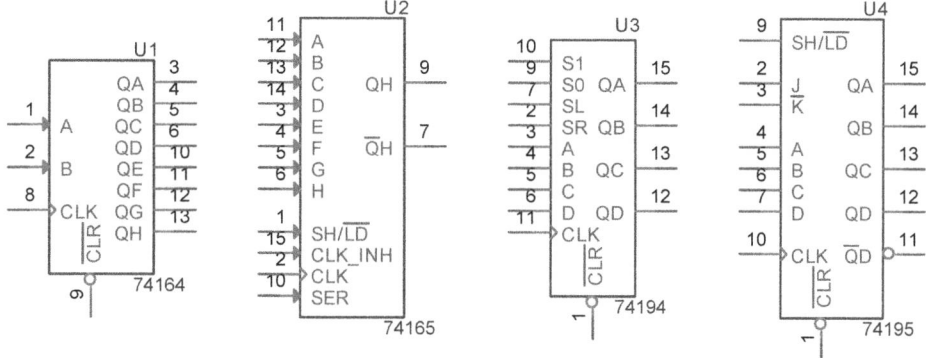

Figura 20.1 Selección de registros de desplazamiento de la subfamilia TTL estándar. U1: 74164 (8 bits con entrada S y salida S/P). U2: 74165 (8 bits con entrada S/P y salida S). U3: 74194 (bidireccional de 4 bits con entrada y salida S/P). U4: 74195 (unidireccional de 4 bits con entrada y salida S/P).

Además de contar con entrada en paralelo de 4 bits (A, B, C, D) y salida en paralelo (QA, QB, QC, QD), el 74x194 dispone de dos entradas de control S1 y S0, que dan lugar a cuatro modos de funcionamiento diferentes: carga, retención, desplazamiento a la derecha y desplazamiento a la izquierda, tal y como figura en la tabla 20.2.

Tabla 20.2 Modos de funcionamiento del 74x194.

FUNCIÓN	entradas		estado siguiente			
	S1	S0	QA*	QB*	QC*	QD*
carga	1	1	A	B	C	D
retención (o inhibición)	0	0	QA	QB	QC	QD
desplazamiento a la derecha	0	1	SR	QA	QB	QC
desplazamiento a la izquierda	1	0	QB	QC	QD	SL

Por carga del registro se entiende que los 4 bits A, B, C y D pasen a ocupar simultáneamente el contenido de los biestables del registro, apareciendo en las salidas QA, QB, QC y QD tras la llegada del siguiente flanco positivo del reloj. La retención, también denominada inhibición en algunos textos, mantiene el estado independientemente de los cambios que puedan experimentar los bits A, B, C o D. En el desplazamiento a la derecha el bit en la entrada SR (*shift right*) ocupa el lugar de QA sincronizado con el flanco positivo del reloj, desplazando los 4 bits del registro de tal forma que QD se pierde. Finalmente, en el desplazamiento a la izquierda es el bit en la entrada SL (*shift left*) el que ocupa el lugar de QD, moviendo los 4 bits del registro de manera que ahora es QA el bit que se pierde. También en este caso el desplazamiento está sincronizado con el flanco positivo del reloj.

Se debe observar que existe una entrada de borrado activa a nivel bajo CLR (*clear*). Es una entrada de naturaleza asíncrona que inicializa a cero el estado de los cuatro biestables del registro sin esperar al siguiente flanco de reloj.

20.2 Diseño secuencial basado en el 74x194

En esta sección se proponen varios diseños orientados a poner en práctica los modos de funcionamiento del 74x194. En primer lugar se planteará un circuito pensado para realizar secuencias de carga y posterior inhibición del registro. Seguidamente se describen dos contadores clásicos cuyo diseño a partir del 74x194 resulta inmediato, como son el contador en anillo y el contador Johnson. Para concluir, se introducen dos ejemplos de sendos sistemas de comunicación serie recurriendo a los mencionados contadores y a un 74x194 adicional.

20.2.1 Carga e inhibición

Los modos de funcionamiento de carga e inhibición se pueden poner a prueba con el circuito mostrado en la figura 20.2.

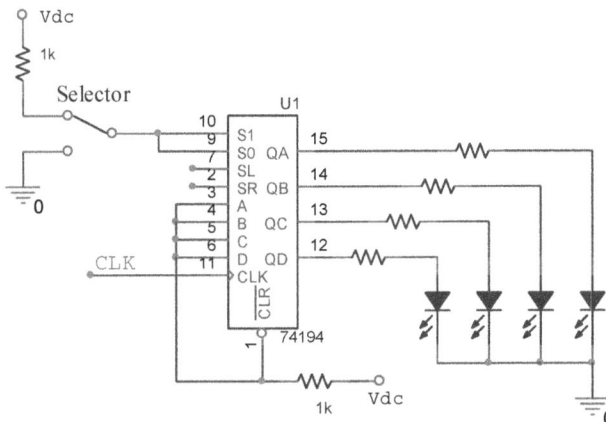

Figura 20.2 Registro de desplazamiento 74194 con selector de carga e inhibición.

Mediante un selector se logra pasar de un modo de funcionamiento a otro. Este circuito resulta práctico para efectuar una carga (en la figura, los 4 bits de carga están a 1) y seguidamente inhibir el funcionamiento del registro, comprobando así que cualquier alteración posterior en el valor de dichos bits no induce cambio alguno en el contenido de sus biestables.

20.2.2 El contador en anillo

Una forma curiosa de poner en práctica el modo de funcionamiento de desplazamiento a la izquierda consiste en cablear adecuadamente el 74x194 para disponer de un tipo de contador denominado **contador en anillo**. En este tipo de contador cada uno de sus estados se caracteriza por tener un único bit a 1 y el resto a 0. Por lo tanto, a partir de los 4 bits QA, QB, QC y QD del 74x194 se puede diseñar un contador en anillo que pase cíclicamente por los cuatro estados 0001, 0010, 0100 y 1000, secuencia que coincide con la de un decodificador binario 2:4. No es necesario recurrir a circuitería adicional para conseguir el diseño; basta con realizar la carga de los bits (A,B,C,D) con el valor (0,0,0,1) para a continuación forzar un desplazamiento a la izquierda del único bit a 1 por todos los biestables del registro. En el proceso, la entrada S1 se mantiene a 1 todo el tiempo, mientras que S0 debe ser inicialmente 1 (carga) para seguidamente pasar a ser 0 (desplazamiento). La clave para conseguir la secuencia buscada pasa únicamente por cablear el bit QA con la entrada SL, como ilustra la figura 20.3.

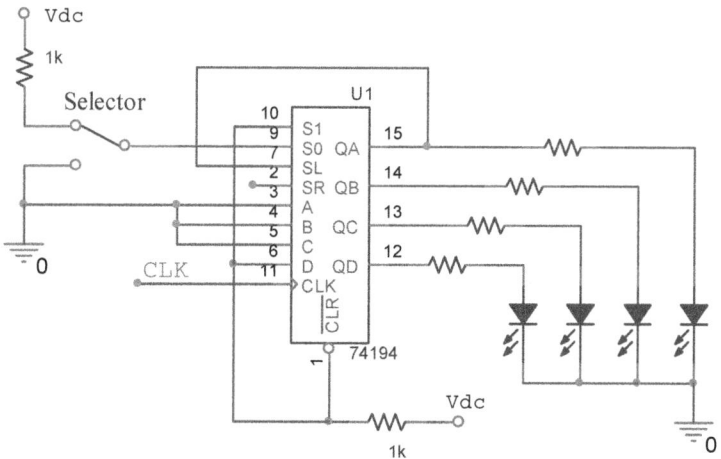

Figura 20.3   Contador de anillo de 4 bits con el 74194.

La secuencia de cuatro estados que se repite cíclicamente se muestra en la tabla 20.3. Los sucesivos ciclos de reloj se denotan por t_k.

Tabla 20.3   Secuencia cíclica de cuatro estados de un contador en anillo de 4 bits.

	tiempo							
	t_1	t_2	t_3	t_4	t_5	t_6	t_7	t_8
QD	1	0	0	0	1	0	0	0
QC	0	1	0	0	0	1	0	0
QB	0	0	1	0	0	0	1	0
QA	0	0	0	1	0	0	0	1
	S_1	S_2	S_3	S_4	S_1	S_2	S_3	S_4
	estado							

20.2.3 El contador Johnson

Una variante del contador en anillo que igualmente se puede sintetizar fácilmente a partir de un 74x194 es el denominado **contador Johnson**. En este diseño, que requiere de una única puerta inversora además del registro de desplazamiento, también se hace uso del desplazamiento a la izquierda. La diferencia con el contador en anillo es que el bit QA no se conecta directamente a la entrada SL, sino que lo hace a través de un inversor, como muestra la figura 20.4. Esta puerta extra facilita la puesta en marcha del contador, puesto que ahora no es necesario realizar una carga previa, sino que desde el comienzo se emplea únicamente el modo de funcionamiento de desplazamiento a la izquierda, ya que los bits a 1 se generan gracias a la acción del inversor (suponiendo que inicialmente todos los biestables del registro están inicializados a 0).

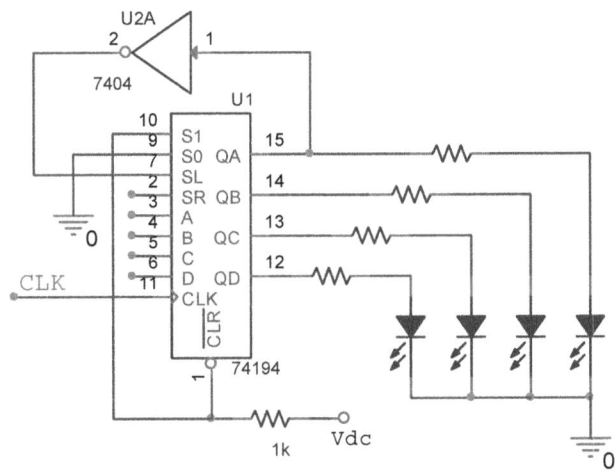

Figura 20.4   Contador Johnson de 4 bits con el 74194.

El número de estados del contador Johnson empleando un 74x194 asciende a ocho, y se recorren cíclicamente como indica la tabla 20.4.

Tabla 20.4   Secuencia cíclica de ocho estados de un contador Johnson de 4 bits.

	tiempo							
	t_1	t_2	t_3	t_4	t_5	t_6	t_7	t_8
QD	0	1	1	1	1	0	0	0
QC	0	0	1	1	1	1	0	0
QB	0	0	0	1	1	1	1	0
QA	0	0	0	0	1	1	1	1
	S_1	S_2	S_3	S_4	S_5	S_6	S_7	S_8
	estado							

20.2.4 Comunicación serie

Resulta muy ilustrativo retomar los diseños del contador en anillo y del contador Johnson y ampliarlos con el fin de implementar un esquema de comunicación por un canal serie entre dos registros 74x194. En ambos casos, el 74x194 asociado al contador hará las veces de circuito transmisor, mientras que el segundo 74x194 será el circuito receptor. Las figuras 20.5 y 20.6 muestran los diseños correspondientes.

Como puede comprobarse, en ambos sistemas se ha conectado el bit QA del registro emisor con la entrada SL del registro receptor, quedando configurado este último con el modo de funcionamiento de desplazamiento a la izquierda. De esta forma, los bits recibidos por el canal serie irán ocupando posiciones consecutivas en el registro receptor con la llegada de cada ciclo de reloj.

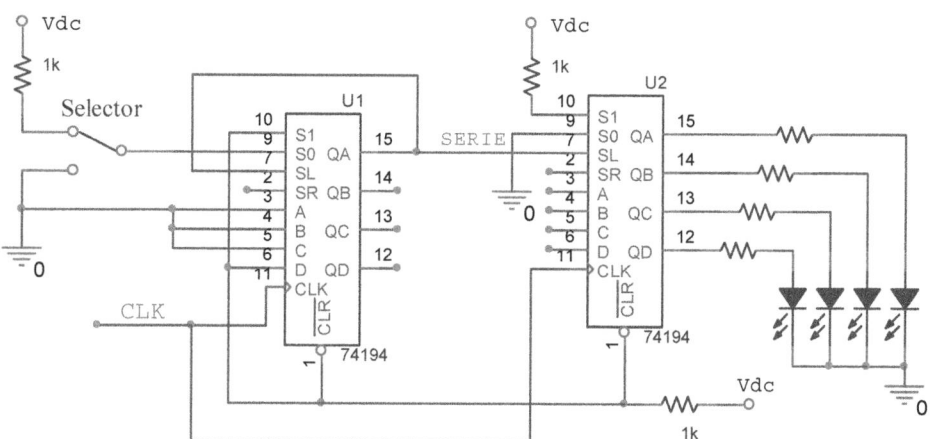

Figura 20.5   Sistema de comunicación serie con un contador en anillo como módulo transmisor (U1) y un segundo 74194 como receptor (U2).

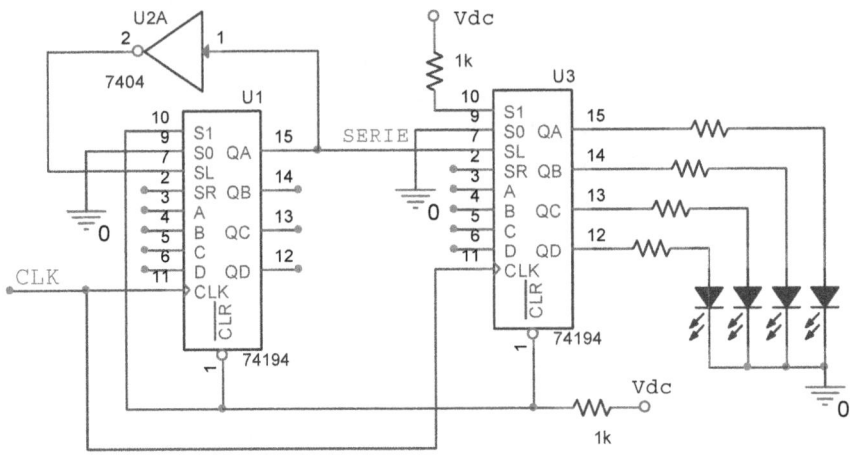

Figura 20.6   Sistema de comunicación serie con un contador Johnson como módulo transmisor (U1) y un segundo 74194 como receptor (U3).

20.3 Simulación

20.3.1 Carga e inhibición

Con el fin de ilustrar los modos de funcionamiento de carga e inhibición se va a realizar una simulación en la que se procede, en primer lugar, a una carga, seguida de una retención en t = 3,3 s del valor cargado, para terminar con una segunda carga en t = 6,2 s. La figura 20.7 muestra el registro de desplazamiento con los estímulos necesarios.

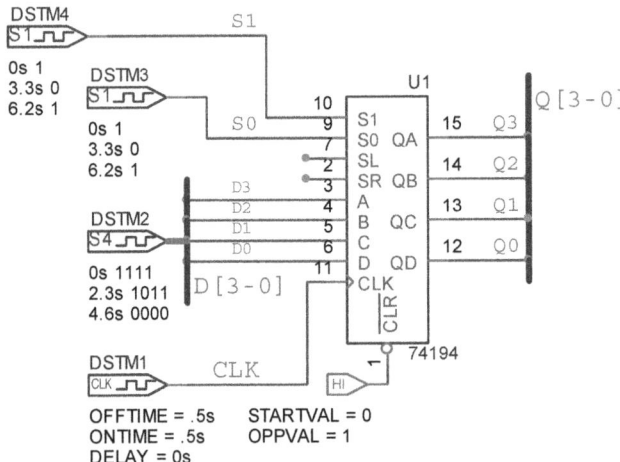

Figura 20.7   Registro de desplazamiento con los estímulos necesarios para realizar la secuencia de operaciones de carga – inhibición – carga.

El cronograma correspondiente se muestra en la figura 20.8. Durante el primer ciclo de reloj el contenido de los 4 bits Qk almacenados en el registro es desconocido. En el siguiente flanco positivo del reloj (t = 1 s) se procede a la carga en paralelo de los 4 bits presentes en ese momento en el bus D, cuyo valor es 1111 (FH). En t = 2,3 s se actualiza dicho bus con la palabra 1011 (BH), transfiriéndose al registro en el siguiente flanco positivo de reloj (t = 3 s). En t = 3,3 s la operación seleccionada pasa a ser una retención del valor almacenado en el registro. En consecuencia, su contenido permanece inalterado a pesar de que en t = 4,6 s el bus D se actualiza de nuevo con el valor 0000 (0H). Finalmente, en t = 6,2 s se selecciona de nuevo la operación de carga y el contenido del registro vuelve a actualizarse, tras la llegada en t = 7 s del siguiente flanco positivo del reloj, con el valor disponible en ese instante en el bus D, que sigue siendo 0H.

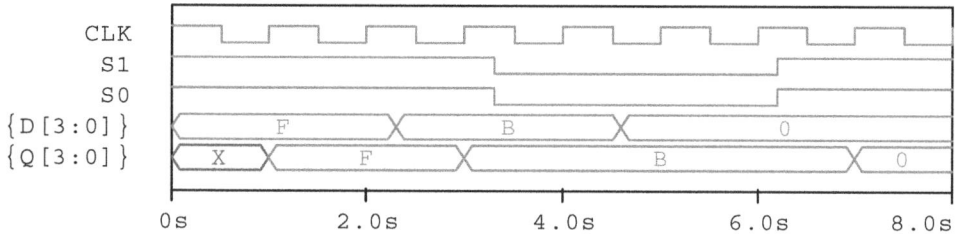

Figura 20.8   Contenido del 74194 (bits Q3 - Q0) ante una secuencia de carga, inhibición y de nuevo carga con actualización de los bits de carga del bus D.

20.3.2 Contador en anillo

La figura 20.9 muestra el circuito correspondiente a un contador en anillo de 4 bits adaptado para simulación. En su entrada S0 se ha aplicado un pulso de reinicio en el instante inicial (t = 0 s) que obliga al 74194 a efectuar una carga con el valor 0001 para, a continuación, una vez desaparecido el pulso en S0, desplazar el único bit a 1 por todos los biestables del registro con cada ciclo de reloj.

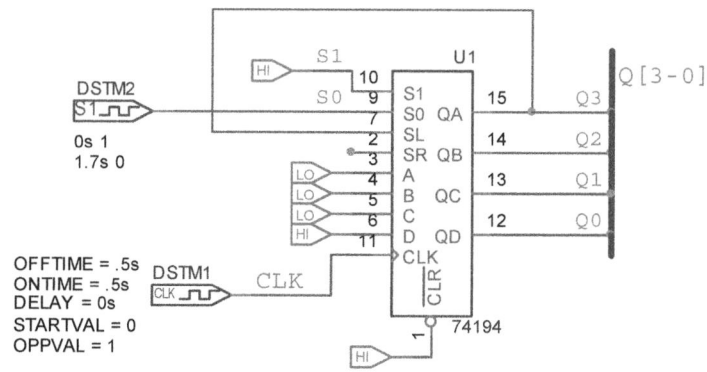

Figura 20.9   Un 74194 configurado como contador en anillo de 4 bits.

351

El funcionamiento puede comprobarse inspeccionando el cronograma de la figura 20.10. Obsérvese que los 4 bits del registro adoptan un valor lógico indefinido desde el inicio hasta la llegada del primer flanco positivo del reloj ($t = 1$ s), momento en el que se efectúa la operación de carga programada y el contenido del registro se actualiza con el valor de los bits de carga. Como puede verse, el contador transita correctamente por los cuatro estados descritos en la tabla 20.3 correspondientes a la secuencia cíclica 1, 2, 4, 8.

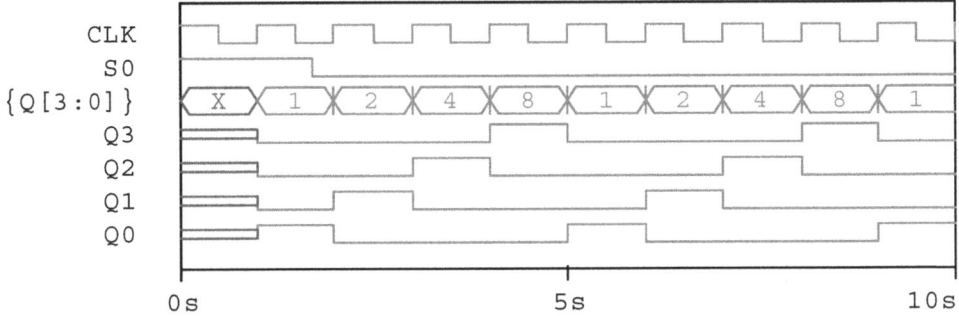

Figura 20.10   Cronograma de un contador en anillo de 4 bits.

20.3.2.1 Comunicación serie

La figura 20.11 muestra el diseño adaptado para simulación del sistema de comunicación serie propuesto a partir de un contador en anillo, en el que se han inicializado todos los biestables a 0. Se han empleado sendos buses de 4 bits, denominados T[3-0] y R[3-0], para monitorizar simultáneamente el estado de los registros transmisor y receptor, respectivamente. Su funcionamiento queda ilustrado en el cronograma de la figura 20.12.

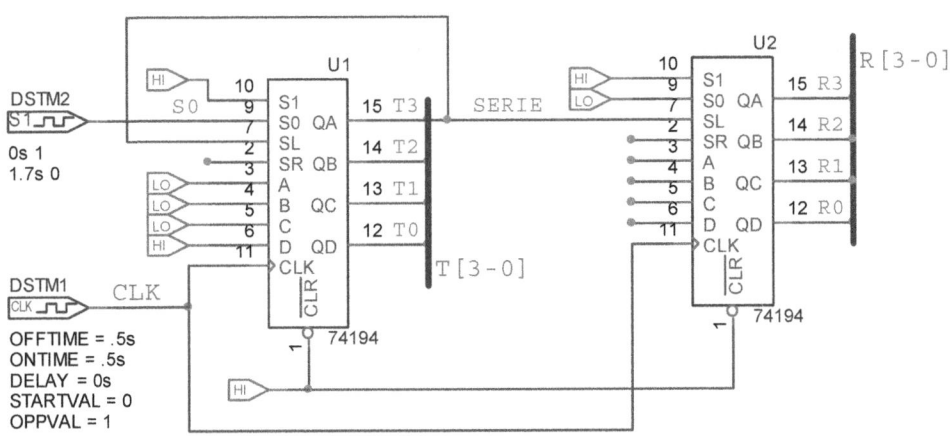

Figura 20.11   Sistema de comunicación serie entre dos CI 74194 adaptado para simulación. El registro transmisor (U1) está configurado como contador en anillo.

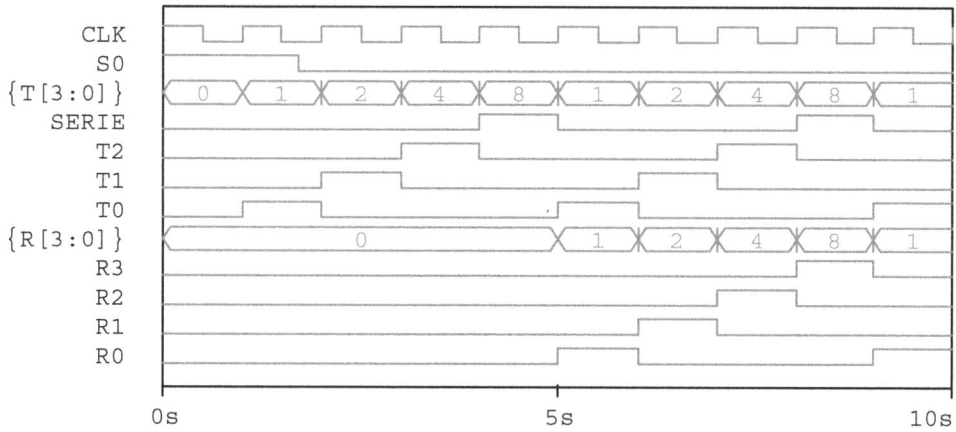

Figura 20.12 Cronograma correspondiente al sistema de comunicación serie de la figura 20.11.

Como se desprende del cronograma, el registro transmisor reproduce la secuencia de cuatro estados 1, 2, 4, y 8 del contador en anillo mostrada en la figura 20.10. El canal de comunicación SERIE, conectado al bit T3, transmite periódicamente cada cuatro ciclos de reloj, coincidiendo con el estado 8, un pulso positivo que se prolonga durante un único ciclo de reloj. Se trata del bit a 1 que se ha ido desplazando desde el inicio por todos los biestables del registro transmisor, empezando por T0 en $t = 1$ s y alcanzado finalmente T3 en $t = 4$ s.

La llegada de este pulso positivo a la entrada SL del registro receptor provoca, debido a su configuración para efectuar desplazamientos a la izquierda, que el bit R0 de dicho registro pase de 0 a 1 lógico en $t = 5$ s, manteniéndose en estado alto durante un ciclo de reloj, y que dicho pulso originado en el receptor se desplace desde R0 hasta R3 en sucesivos ciclos de reloj, originando un tránsito por los mismos estados 1, 2, 4 y 8 que el registro transmisor, como refleja el cronograma. Coincidiendo con la llegada del pulso a R3, el canal de comunicación SERIE recibe un segundo pulso positivo que se inicia en $t = 8$ s, obligando al registro receptor a reiniciar el tránsito por la misma secuencia de cuatro estados. Esta dinámica se repite cíclicamente, dando lugar a una secuencia de estados en ambos registros que no solo es la misma, sino que, además, se transita de forma simultánea, sin desfase alguno entre ambos, una vez transcurrido un transitorio inicial que, en este caso, es de 5 s (obsérvese que este tiempo transitorio no es fijo, sino que depende de la duración del pulso positivo aplicado en S0). Se tiene, por lo tanto, un registro receptor que replica en el tiempo el funcionamiento del transmisor.

20.3.3 Contador Johnson

El circuito adaptado para simulación del contador Johnson se muestra en la figura 20.13, donde todos los biestables del registro se han inicializado a 0 antes de lanzar la simulación. El cronograma correspondiente puede verse en la figura 20.14. De su inspección se verifica que el contador transita cíclicamente por los ocho estados indicados en la tabla de la figura 20.4, cuyas codificaciones correspondientes en hexadecimal son 0, 1, 3, 7, F, E, C y 8.

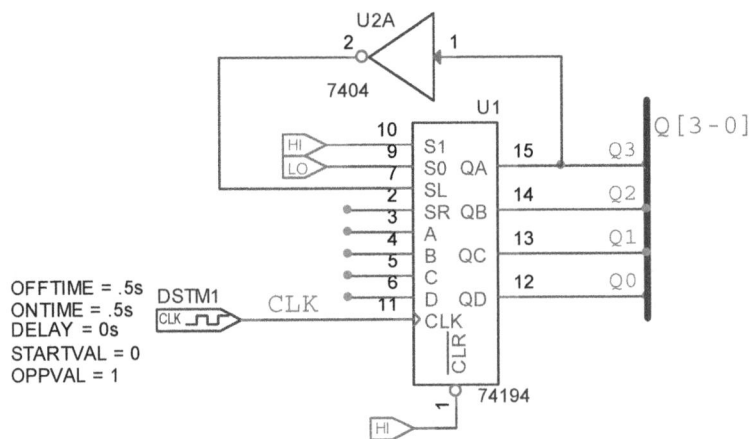

Figura 20.13   Un 74194 configurado como contador Johnson de 4 bits.

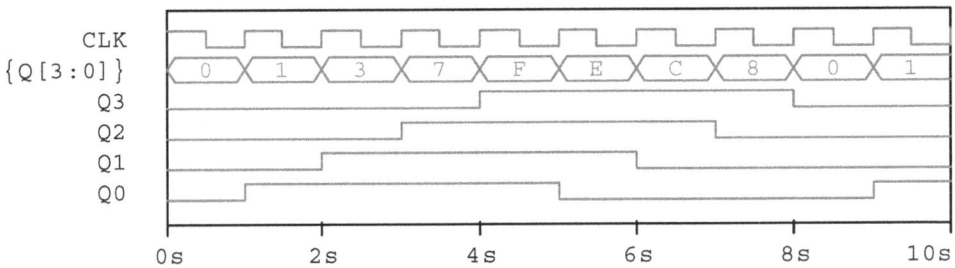

Figura 20.14   Cronograma de un contador Johnson de 4 bits.

20.3.3.1 Comunicación serie

La figura 20.15 muestra el diseño adaptado para simulación, en el que se ha mantenido la inicialización de todos los biestables a 0. Análogamente a como se hizo anteriormente con el contador en anillo, se han empleado sendos buses de 4 bits T[3-0] y R[3-0] para identificar los registros transmisor y receptor.

Las formas de onda correspondientes, resultado de haber inicializado los biestables de ambos registros a 0, se muestran en la figura 20.16. A diferencia del sistema de comunicación serie diseñado a partir del contador en anillo, en este caso el pulso positivo en el canal SERIE no se prolonga durante un único ciclo de reloj, sino durante cuatro. Además, y aunque el registro receptor recorre exactamente la misma secuencia de ocho estados que el transmisor, lo hace con un retraso de cuatro ciclos de reloj respecto de este. Por lo tanto, un sistema así concebido puede resultar útil para desfasar la secuencia de cuenta del registro transmisor.

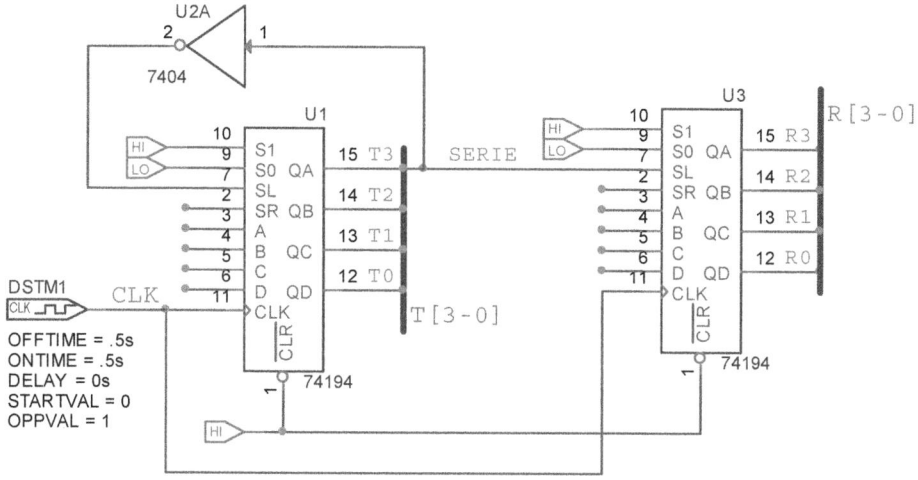

Figura 20.15   Sistema de comunicación serie entre dos CI 74194 adaptado para simulación. El registro transmisor (U1) está configurado como contador Johnson.

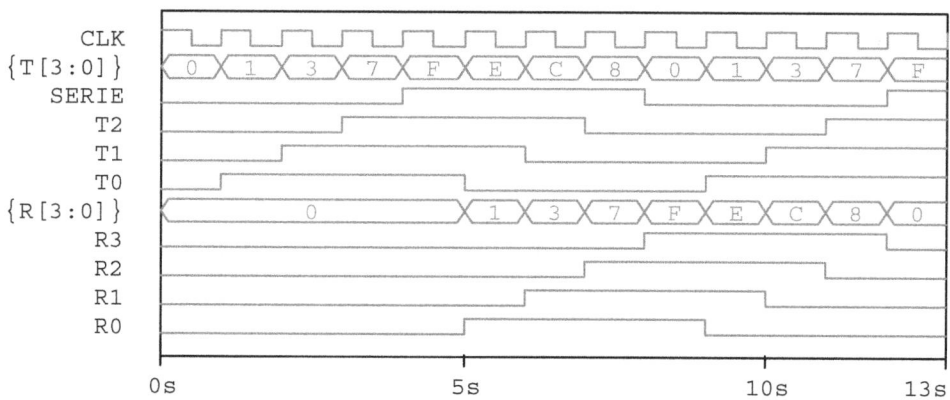

Figura 20.16   Cronograma correspondiente al circuito de la figura 20.15.

20.4 Componentes

Circuito de reloj (T_{CLK1} = 1,4 s y T_{CLK2} = 14 s)

Circuitos integrados

555 (1x).

Resistencias

270 Ω (1x), 47 kΩ (1x), 1 MΩ (1x).

Condensadores

10 nF (1x), 1 μF (1x), 10 μF (1x).

355

Diodos

Ledes (1x).

Montajes con el 74x194

Circuitos integrados

74LS04 (1x). CI TTL con 6 inversores.

74LS194 (2x). CI TTL registro de desplazamiento universal de 4 bits.

Resistencias

270 Ω (8x), 1 kΩ (1x).

Diodos

Ledes (8x).

20.5 Verificación experimental

Los montajes que se proponen a continuación requieren condensadores de desacoplo (100 nF) conectados entre los terminales de alimentación y tierra de cada uno de los 74x194 utilizados.

20.5.1 Carga e inhibición

Procedimiento

1. Montar el registro de desplazamiento 74x194 de la figura 20.2 con un reloj de período largo (14 s). Utilizar una única resistencia de 1 kΩ.

2. Cargar los 4 bits del registro de desplazamiento activando la carga en paralelo con S0 y S1 a 1. Con las entradas (A,B,C,D) conectadas a 1, en los 4 bits de salida (QA,QB,QC,QD) aparecerá también un 1, que se mantendrá en sucesivos ciclos de reloj mientras las entradas de control no cambien.

3. Llevar a tierra una de las entradas (la entrada B, por ejemplo). Verificar que QB cambia a 0.

4. Conectar de nuevo B a 1 y verificar que QB cambia a 1.

5. Activar el modo de retención (S1 y S0 a 0). Volver a poner la entrada B a 0 y comprobar si QB se actualiza.

6. Experimentar de nuevo la carga e inhibición quitando el condensador de desacoplo. Comprobar si en este caso el funcionamiento del 74x194 es el esperado.

Cuestión

Al conectar la entrada B a tierra y posteriormente a la alimentación, ¿el nivel lógico de QB cambia inmediatamente en ambos casos o lo hace de forma síncrona en el siguiente ciclo de reloj?

20.5.2 Contador en anillo y comunicación serie

Procedimiento

1. Montar el contador en anillo de la figura 20.3 utilizando un reloj de período corto (1,4 s). Emplear preferiblemente una única resistencia de 1 kΩ.

2. Activar el modo de carga del registro (S0 y S1 a 1) para efectuar la carga de (QA,QB,QC,QD) con la palabra (0,0,0,1). Cuando se visualice en los ledes, pasar S0 a 0 y comprobar que el único bit a 1 se desplaza cíclicamente por todo el registro, como indica la secuencia de cuenta de la tabla 20.3.

3. Añadir al contador en anillo un segundo 74x194 como indica la figura 20.5. Mantener los ledes en las cuatro salidas del contador en anillo y añadir otros cuatro ledes en las salidas del nuevo 74x194. Comprobar que el registro de desplazamiento receptor realiza la conversión serie-paralelo de los bits que se transmiten por el canal serie desde el registro emisor, monitorizando el estado de sus 4 bits de salida.

Cuestión

El canal serie pone en comunicación el bit QA del registro emisor con el bit de entrada SL del receptor. ¿Es de esperar que, cuando el bit a 1 que circula por todo el registro emisor llegue a QA y active su led, se encienda simultáneamente el led correspondiente en el registro receptor?

20.5.3 Contador Johnson y comunicación serie

Procedimiento

1. Montar el contador Johnson de la figura 20.4 utilizando un reloj de período corto (1,4 s). Emplear preferiblemente una única resistencia de 1 kΩ.

2. Reiniciar el contenido del registro de desplazamiento mediante un pulso a nivel bajo en la entrada de borrado activa a nivel bajo CLEAR (todos los ledes deberán permanecer apagados).

3. Comprobar que el contador pasa cíclicamente por la secuencia de ocho estados de la tabla 20.4.

4. Añadir al contador Johnson un segundo 74x194 como indica la figura 20.6. Mantener los ledes en las cuatro salidas del contador Johnson y añadir otros cuatro

ledes en las salidas del nuevo 74x194. Comprobar que el registro de desplazamiento receptor realiza la conversión serie-paralelo de los bits que se transmiten por el canal serie, monitorizando el estado de sus 4 bits de salida.

20.6 Ejercicios y cuestiones de refuerzo

a) En el capítulo 17, dedicado a la decodificación de los estados de dos contadores de 4 bits (el contador asíncrono 7490A y el síncrono 74163), se indicó que una solución al problema potencial de la aparición de picos de tensión transitorios en las líneas de salida del decodificador consiste en emplear un contador en anillo basado en un registro de desplazamiento. Diseña un contador en anillo de 8 bits que sea una alternativa a la decodificación realizada en dicho capítulo con circuitos 74x138. Propón dos variantes: una a partir de la combinación de dos registros 74x194 y la otra a partir de la combinación de biestables D.

b) Reproduce la simulación del contador en anillo de la figura 20.10 reduciendo el período de reloj a 50 ns. Identifica la presencia de estados espurios entre los estados correctos ampliando lo suficiente la ventana de simulación, y estima su duración.

c) Diseña un sistema de comunicación serie empleando dos registros de desplazamiento CMOS 4014 como el mostrado en la figura 20.17. El 4014 dispone de una entrada serie SER, entrada en paralelo de 8 bits (A,B,C,D,E,F, G,H) y salida de los 3 bits cargados en las posiciones F, G y H. La entrada de control $P/\overline{S}$ gestiona si el contenido del registro se ocupa con los bits que llegan por la línea de entrada serie SER ($P/\overline{S} = 1$) o bien si se ocupa con los 8 bits de la entrada en paralelo ($P/\overline{S} = 0$).

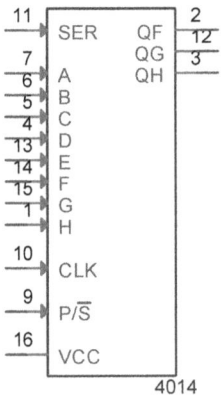

Figura 20.17   Registro de desplazamiento CMOS 4014.

d) ¿Es correcto suponer que las entradas flotantes en el 4014 son un estado lógico alto?

21

Autómatas de estados finitos de Mealy y de Moore

21.1 Introducción

En este capítulo, dedicado a los circuitos secuenciales síncronos, se persigue diseñar un circuito sencillo basado en biestables que obedezca a unas especificaciones de funcionamiento concretas. El diseño, que se llevará a cabo empleando de nuevo el método general de diseño de circuitos secuenciales puesto en práctica en el capítulo 14 dedicado al estudio de un contador reversible de 2 bits, conducirá a la obtención de dos soluciones distintas, según se implemente el modelo de Mealy o el de Moore de un autómata de estados finitos[1]. A lo largo del capítulo se pondrán de manifiesto las diferencias entre ambas soluciones, tanto desde el punto de vista de la realización física del circuito, como de su respuesta temporal.

Un **autómata de estados finitos de Moore** se caracteriza porque las salidas del circuito secuencial son función únicamente del estado actual, mientras que en un **autómata de estados finitos de Mealy**, que es un caso más general, las salidas son función no solo del estado sino también de las entradas. En consecuencia, las salidas

---

[1] Una denominación alternativa para referirse a un autómata de estados finitos es máquina de estados finitos. La acepción original en inglés es *finite-state machine* (FSM), o simplemente *state machine*.

de un circuito que obedezca al modelo de un autómata de estados finitos de Moore están necesariamente sincronizadas con el reloj y solo cambiarán tras llegar el flanco de reloj correspondiente, que será positivo o negativo dependiendo de los biestables empleados para la realización física. Por el contrario, las salidas de un circuito concebido según el modelo de un autómata de estados finitos de Mealy cambiarán cuando lo hagan las entradas, sin esperar a la llegada del siguiente flanco de reloj.

Las ventajas del modelo de Mealy frente al de Moore son dos: por un lado, la ausencia de sincronismo en la lógica combinacional que genera las señales de salida posibilita que la respuesta del circuito sea más rápida ante un cambio en la entrada. Por otro, una síntesis de Mealy requiere con frecuencia menos biestables que una síntesis de Moore que responda a las mismas especificaciones de diseño (en el peor caso, precisará del mismo número de biestables que la síntesis de Moore equivalente, pero nunca de más).

Existe, sin embargo, un inconveniente de importancia: precisamente la falta de sincronismo de las salidas en una implementación basada en el modelo de Mealy hace que el circuito resultante sea totalmente vulnerable a la presencia de fuentes de ruido externas que pueden acabar afectando a las entradas del circuito. Si una línea de entrada se ve alterada momentáneamente por la influencia de ruido, dicha perturbación será generalmente filtrada por un circuito diseñado conforme al modelo de Moore, ya que en él las entradas se monitorizan solo con la llegada del flanco de reloj y es de suponer que para entonces la perturbación ya ha desaparecido.

En cualquier caso, hay que tener presente que una perturbación externa que afecte a las líneas de entrada de un circuito de Moore no es predecible (puede verse como un caso particular de entrada asíncrona). En consecuencia, nada impide que, fortuitamente, dicha perturbación surja en las inmediaciones del flanco de reloj, violando el **tiempo de establecimiento** t_{su} o bien el **tiempo de retención**[2] t_h de los biestables del circuito, según se definen gráficamente en la figura 21.1, y provocando en consecuencia la aparición de un **estado metaestable** no deseado[3]. El mismo efecto pernicioso puede ocasionar un cambio de nivel lógico en cualquiera de las entradas de un circuito secuencial que tenga lugar en ausencia de ruido durante el funcionamiento normal del mismo, debido igualmente a que dichas entradas son de naturaleza asíncrona. Además, esto afectaría por igual a la dinámica del sistema independientemente del tipo de realización física, ya sea esta de Moore o de Mealy.

Para minimizar estos riesgos se puede optar en principio por incorporar al diseño tantos biestables D como entradas de datos asíncronas tenga el sistema, de forma que la entrada de cada biestable D muestree una línea de datos externa diferente, siempre con la periodicidad del reloj. Sus correspondientes salidas Q, perfectamente sincronizadas, serán las entradas que procese el sistema síncrono. Sin embargo, esta solución no es en

---

[2] Los términos originales en inglés son *setup time* y *hold time*, respectivamente. El tiempo de retención también se denomina **tiempo de mantenimiento** ([ach10]).

[3] En el capítulo 22, dedicado a los biestables asíncronos, surge de nuevo el concepto de la metaestabilidad.

la práctica lo suficientemente robusta debido a que, en el fondo, se traslada el problema a los biestables D que hacen de sincronizadores, ya que tampoco ellos están exentos de entrar en un estado metaestable ante un cambio impredecible en sus entradas asíncronas. Afortunadamente, la fiabilidad de un sincronizador se incrementa notablemente si se añade un segundo biestable D al mismo[4].

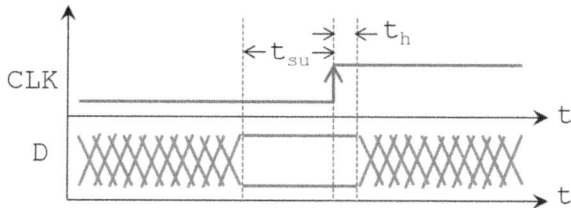

Figura 21.1   Definición gráfica de los tiempos de establecimiento t_{su} y retención t_h aplicada sobre la entrada de un biestable D disparado en el flanco positivo de la señal de reloj. Para garantizar el correcto funcionamiento del biestable, la entrada D no debe efectuar transiciones durante un tiempo t_{su} antes de la llegada de dicho flanco ni tampoco durante un tiempo t_h después del mismo. Para el biestable D 74HC74, $t_{su} = 20$ ns y $t_h = 3$ ns. (Adaptada de [hor16]).

Lo cierto es que la existencia de entradas asíncronas ha supuesto un problema de **metaestabilidad** en las versiones iniciales de varios circuitos comerciales integrados, así que no se trata en absoluto de una cuestión puramente académica. Algunos ejemplos de diseños que han sufrido fallos intermitentes de sincronización son el controlador de temporización AMD 9513, el controlador de interrupción AMD 9519, la interfaz de entrada/salida serie Zilog Z-80, el chip microcomputador 8084 de Intel y el microprocesador RISC AMD 29000 ([wak01]). De hecho, y aunque la tendencia en el diseño digital ha favorecido desde siempre a los sistemas síncronos frente a los asíncronos por considerar que estos últimos son más propensos a mostrar comportamientos erráticos, esto no significa que la lógica sincronizada mediante un reloj esté del todo exenta de los mismos problemas que típicamente afectan a los circuitos secuenciales asíncronos, como son las **carreras críticas**, los **fenómenos aleatorios** de tipo estático, dinámico y esencial, y las **oscilaciones**[5].

---

[4] Abordar esta cuestión con detenimiento queda fuera de la cobertura del presente texto; para ello puede consultarse [wak18] o bien [don19], donde se analiza la problemática existente alrededor de las entradas asíncronas.

[5] Esta reflexión, expresada en términos parecidos, se encuentra en el texto de Fletcher ([fle80]). Abundando en la misma idea, dicho autor apunta con rotundidad que los ingenieros que optan por apartarse del diseño asíncrono y recurren exclusivamente a soluciones sincronizadas, con el objetivo de evitar diseños propensos a responder de forma errática, no entienden tampoco los circuitos síncronos. Fletcher pone de manifiesto que los problemas del diseño síncrono no son en absoluto tan diferentes de los del asíncrono, y que, por lo tanto, una buena comprensión de la lógica asíncrona arroja luz y entendimiento sobre la síncrona. En la misma línea se posicionan los autores Brown y Vranesic en un texto más reciente ([bro09]).

Para la implementación de las máquinas de estados finitos de Mealy y de Moore que se diseñarán en la siguiente sección se recurrirá de nuevo a biestables síncronos de tipo D, con los que ya se tuvo ocasión de experimentar al construir con ellos un contador de rizo en el capítulo 12 y un registro de desplazamiento en los capítulos 18 y 19. Aquí se empleará el mismo tipo de biestable, cuyas características principales se recuerdan brevemente a continuación.

El 74x74 es un CI de 14 pines que aloja en su interior dos biestables D disparados por flanco positivo. Este biestable dispone de sendas entradas asíncronas activas a nivel bajo, una de borrado CLR (*clear*) y otra de establecimiento PRE (*preset*), que cuando son asertivas ponen la salida Q del biestable a 0 y a 1, respectivamente. Su diagrama se muestra en la figura 21.2 para la subfamilia TTL estándar.

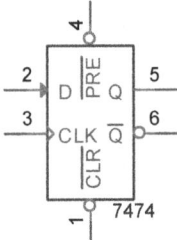

Figura 21.2   Biestable D síncrono disparado por flanco positivo (CI 7474).

21.2 Diseño secuencial según los modelos de Mealy y de Moore

21.2.1 Especificaciones

La máquina de estados finitos consta de una única entrada asíncrona E y dos salidas S1 y S2. Su diagrama de estados debe obedecer a las siguientes especificaciones:

1. Si E no cambia a lo largo de un ciclo de reloj, entonces S1= S2= 0.

2. Si E pasa de 0 a 1, entonces S1 = 1.

3. Si E pasa de 1 a 0, entonces S2 = 1.

4. La entrada efectúa una transición por ciclo de reloj como máximo.

A la vista de las especificaciones, se desprende que las dos salidas nunca van a ser simultáneamente 1.

21.2.2 Diseño según el modelo de Mealy

Como en una máquina de estados finitos de Mealy la salida depende, además del estado actual, de la entrada, sucede que un cambio en la entrada puede manifestarse en la salida sin necesidad de esperar al siguiente flanco de reloj. En consecuencia, un cambio en la entrada E del sistema que nos ocupa supone la activación de las salidas durante un tiempo que necesariamente será menor que el período de la señal de reloj. Las especificaciones de diseño, particularizadas para el caso de una realización según el modelo de Mealy, quedan como sigue:

1. Si E no cambia a lo largo de un ciclo de reloj, entonces S1= S2= 0.

2. Si E pasa de 0 a 1, entonces S1 = 1 (durante t_{ON} < T_{CLK}).

3. Si E pasa de 0 a 1, entonces S2 = 1 (durante t_{ON} < T_{CLK}).

4. La entrada efectúa una transición por ciclo de reloj como máximo.

El tiempo que cualquiera de las salidas permanece en estado alto durante un ciclo de reloj se denota por t_{ON}.

El autómata de estados finitos correspondiente a las especificaciones dadas tiene únicamente dos estados, **1** y **2**, y se muestra en la figura 21.3. Como corresponde al modelo de Mealy, las transiciones entre estados se representan con la notación E/S1S2.

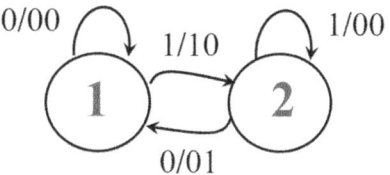

Figura 21.3   Autómata de estados finitos (modelo de Mealy).

La tabla de estados correspondiente al autómata de Mealy se muestra en la tabla 21.1 y tiene dos estados internos, por lo que basta con una única variable de estado interna, Q, para codificarlos.

Tabla 21.1   Tabla de estados (autómata de Mealy).

Estado presente	Entrada	
	E = 0	**E** = 1
①	① / 00	2 / 10
②	1 / 01	② / 00
	Estado siguiente / Salidas S1S2	

Cabe observar que los estados estables se encierran siempre en un círculo en la columna de estados presentes[6], mientras que en las columnas de estados siguientes solo se representan con un círculo si ya aparecen como tal en la fila correspondiente

---

[6] Este criterio para identificar los estados estables se adopta en [gil95], aunque no es habitual emplearlo en el diseño síncrono.

del estado presente. Son fácilmente reconocibles en el autómata de estados finitos porque tienen un autolazo.

La codificación de los estados internos con la variable de estado interna Q es inmediata:

$$Q = 0 \rightarrow \mathbf{1}$$
$$Q = 1 \rightarrow \mathbf{2}$$

Como se mencionó en la introducción, se opta por el biestable D para la implementación de la máquina de estados finitos, verificándose, por tanto, que el estado siguiente coincide con la entrada de excitación D del biestable, conforme a su ecuación característica ($Q* = D$).

Reorganizando ahora la información contenida en la tabla de estados y añadiendo las excitaciones y las salidas, se llega a la tabla expandida[7] mostrada en la tabla 21.2, de la que se parte para proceder a la simplificación de las variables de interés (D, S1 y S2) mediante mapas de Karnaugh.

Tabla 21.2   Tabla expandida (autómata de Mealy).

Origen	Destino	E	Q	Q*	D	S1	S2
①	①	0	0	0	0	0	0
②	1	0	1	0	0	0	1
①	2	1	0	1	1	1	0
②	②	1	1	1	1	0	0

Las expresiones lógicas resultantes de la simplificación son las siguientes:

$$D \ = \ E \tag{21.1}$$

$$S1 \ = \ \overline{Q} \cdot E \tag{21.2}$$

$$S2 \ = \ Q \cdot \overline{E} \tag{21.3}$$

---

[7] No hay uniformidad en la literatura a la hora de nombrar las diferentes tablas que se van creando durante el procedimiento de diseño, y, además, el procedimiento en sí admite varíantes dependiendo de las fuentes consultadas, tanto para el diseño síncrono como el asíncrono. La denominación adoptada aquí para referirse a la tabla a partir de la cual proceder a simplificar los mapas de Karnaugh es *tabla expandida* y no es original, sino que se ha tomado de [gil95]. Algunos autores la denominan *tabla de excitación del autómata*, o similar, aunque en ocasiones se opta por asignarle un nombre diferente dependiendo de si se trata de un diseño síncrono o asíncrono, reservando la denominación *tabla de excitación* para el caso asíncrono. En el presente texto se prefiere hablar de *tabla expandida* para evitar confusiones con las tablas de excitaciones de los diferentes biestables.

La realización física se muestra en la figura 21.4 tras haber asignado la variable de estado interna Q a la salida del único biestable utilizado.

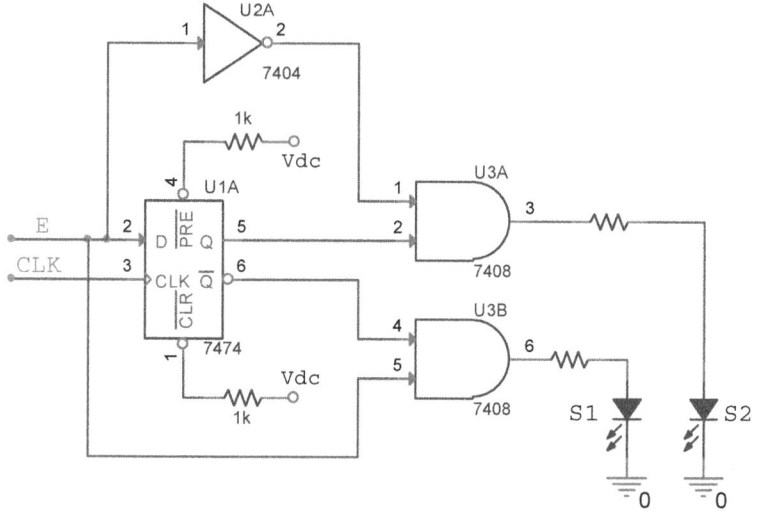

Figura 21.4   Síntesis del autómata de estados finitos según el modelo de Mealy.

21.2.3 Diseño según el modelo de Moore

En una máquina de estados finitos de Moore un cambio en la entrada E no se manifiesta inmediatamente en la salida, como sí sucede con el modelo de Mealy, sino que por el contrario tiene lugar al llegar el siguiente flanco de reloj. Las especificaciones de diseño, particularizadas para el caso de una realización según el modelo de Moore, quedan como sigue:

1. Si E no cambia a lo largo de un ciclo de reloj, entonces S1= S2= 0.
2. Si E pasa de 0 a 1, entonces S1 = 1 (durante t_{ON} = T_{CLK}).
3. Si E pasa de 1 a 0, entonces S2 = 1 (durante t_{ON} = T_{CLK}).
4. La entrada efectúa como mucho una transición por ciclo de reloj.

El autómata de Moore que obedece a las especificaciones indicadas tiene cuatro estados y se muestra en la figura 21.5. En el modelo de Moore se representan los estados acompañados de las salidas encerrados en un círculo, mientras que las entradas que ocasionan un cambio de estado se representan junto a las transiciones identificadas mediante flechas.

La tabla de estados asociada al autómata de Moore se muestra en la tabla 21.3. De su inspección se infiere que no existen **estados equivalentes** ni **seudoequivalentes**.

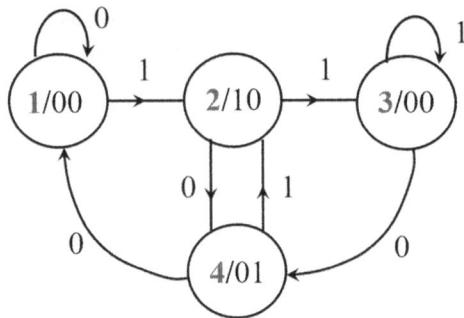

Figura 21.5   Autómata de estados finitos (modelo de Moore).

Tabla 21.3   Tabla de estados (autómata de Moore).

Estado	Entrada		Salidas	
presente	**E** = 0	**E** = 1	**S1**	**S2**
①	①	2	0	0
2	4	3	1	0
③	4	③	0	0
4	1	2	0	1
Estado siguiente				

El **diagrama de fusión**, representado en la figura 21.6, no conduce a reducción alguna de la tabla de estados, ya que las fusiones potenciales que podrían darse entre los estados **1** y **4**, por un lado, y los estados **2** y **3**, por otro, no son realizables con el modelo de Moore al tener en ambos casos distintas salidas[8].

Figura 21.6   Diagrama de fusión (autómata de Moore).

---

[8] La identificación de **estados redundantes** (equivalentes o seudoequivalentes), así como la creación de un diagrama de fusión y de una **tabla de fusión** (también llamada **tabla de implicación**), son pasos a seguir orientados a la simplificación de circuitos secuenciales. Dichos estados suelen darse en la fase inicial del diseño, y su identificación y eliminación minimiza el coste y la complejidad de la implementación final ([nel21]). Queda fuera de la cobertura de este texto describir dichas técnicas de simplificación, en cualquiera de sus enfoques. El estudiante interesado puede consultar las referencias [ach10], [bro09], [clu86], [erc85], [fle80], [gaj97], [gil95], [hay96], [koh10], [lop91], [nel21], [tau83] o [rot14].

Respecto a la asignación y codificación de estados internos, y dado que existen cuatro, son necesarias dos variables de estado internas, Q1 y Q2. La elección de la codificación binaria es crítica, puesto que diferentes codificaciones conducen a distintas implementaciones. Así, por ejemplo, si se escoge la codificación más inmediata dada por:

$$(Q1, Q2) = (0, 0) \rightarrow 1$$
$$(Q1, Q2) = (0, 1) \rightarrow 2$$
$$(Q1, Q2) = (1, 0) \rightarrow 3$$
$$(Q1, Q2) = (1, 1) \rightarrow 4$$

resulta, como puede verificarse con facilidad, una realización que requiere una considerable cantidad de lógica combinacional. Escogiendo una codificación que sea lo más parecida posible a las salidas, la lógica combinacional necesaria se reduce notablemente. Dicha codificación es:

$$(Q1, Q2) = (0, 0) \rightarrow 1$$
$$(Q1, Q2) = (0, 1) \rightarrow 4$$
$$(Q1, Q2) = (1, 0) \rightarrow 2$$
$$(Q1, Q2) = (1, 1) \rightarrow 3$$

La tabla expandida, que incorpora a la tabla de estados las excitaciones y las salidas, resulta ser como se muestra en la tabla 21.4 con la codificación escogida.

Tabla 21.4   Tabla expandida (autómata de Moore).

Origen	Destino	E	Q1	Q2	Q1*	Q2*	D1	D2	S1	S2
①	①	0	0	0	0	0	0	0	0	0
2	4	0	1	0	0	1	0	1	1	0
③	4	0	1	1	0	1	0	1	0	0
4	1	0	0	1	0	0	0	0	0	1
①	2	1	0	0	1	0	1	0	0	0
2	3	1	1	0	1	1	1	1	1	0
③	③	1	1	1	1	1	1	1	0	0
4	2	1	0	1	1	0	1	0	0	1

La simplificación de los mapas de Karnaugh de tres variables correspondientes conduce a las siguientes expresiones:

$$D1 = E \tag{21.4}$$
$$D2 = Q1 \tag{21.5}$$

$$S1 \ = \ Q1 \cdot \overline{Q2} \qquad\qquad (21.6)$$

$$S2 \ = \ \overline{Q1} \cdot Q2 \qquad\qquad (21.7)$$

La síntesis resultante se representa en la figura 21.7.

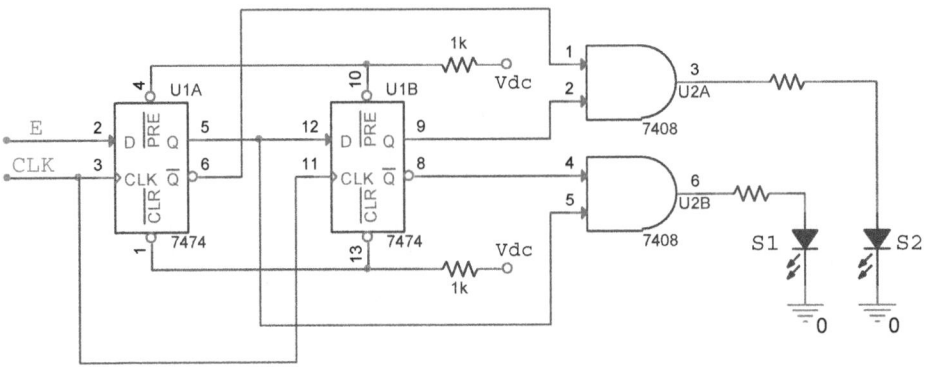

Figura 21.7   Síntesis del autómata de estados finitos según el modelo de Moore.

21.3 Simulación

21.3.1 Autómata de estados finitos de Mealy

La figura 21.8 muestra el diseño de Mealy adaptado para simulación. Se ha programado la entrada E con una transición de 1 a 0 y otra de 0 a 1 que tienen lugar de forma asíncrona, mediante el estímulo digital de un único bit DSTM2.

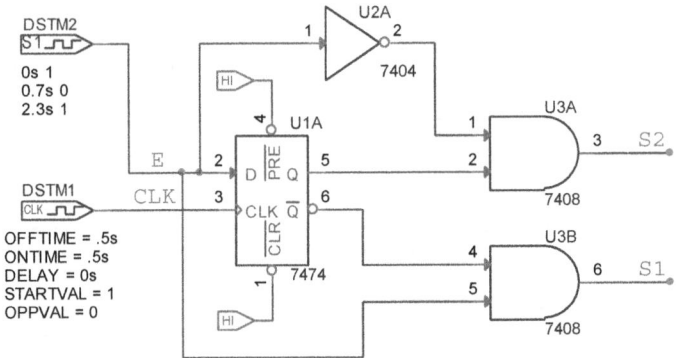

Figura 21.8   Diseño según el modelo de Mealy adaptado para simulación.

El resultado de la simulación se muestra en el cronograma de la figura 21.9.

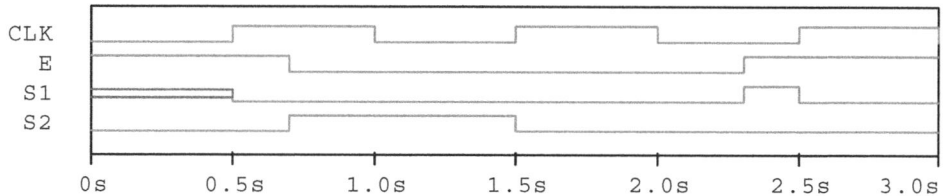

Figura 21.9 Respuesta del circuito de la figura 21.8 ante una entrada programada.

En él se aprecian las dos transiciones mencionadas de la entrada E. La salida S1 es indefinida entre $t = 0$ y $t = 0{,}5$ s, ya que no se ha inicializado el biestable D a un valor determinado ($S1 = \overline{Q} \cdot E = \overline{Q}$). Sin embargo, la salida S2 sí adopta un valor definido e igual a 0 desde $t = 0$ s a pesar de no haber inicializado el biestable, debido a que $S2 = Q \cdot \overline{E}$ y E es 1 entre $t = 0$ y $t = 0{,}7$ s. Cuando llega el primer flanco positivo de reloj, S1 abandona el estado indefinido y pasa a ser 0, igual que S2. Este instante corresponde a la situación en la que E no cambia. En $t = 0{,}7$ s la entrada E pasa de 1 a 0 y la salida S2 reacciona inmediatamente (salvo por los retardos de propagación de la lógica combinacional, que no se aprecian en el cronograma), pasando de 0 a 1 como corresponde, en tanto que S1 se mantiene en 0. En el segundo flanco positivo del reloj ($t = 1{,}5$ s) S2 pasa a 0, conforme a las especificaciones. En $t = 2{,}3$ s la entrada E efectúa una nueva transición de 0 a 1, lo que obliga a S1 a pasar a 1 instantáneamente mientras S2 se mantiene en 0. Al llegar el tercer flanco positivo del reloj ($t = 2{,}5$ s), S1 vuelve de nuevo a 0. Como puede verse, los pulsos en cualquiera de las salidas no se prolongan nunca más de un ciclo de reloj, iniciándose siempre cuando la entrada E realiza una transición asíncrona y terminando necesariamente con la llegada del siguiente flanco de reloj. Además, por tratarse de una realización que obedece al modelo de Mealy, los dos pulsos existentes en el ejemplo tienen duración diferente: el pulso en S2 se prolonga durante 0,8 s y el pulso en S1 lo hace solo durante 0,2 s.

Si ahora se simula la presencia de una perturbación que afecte a la entrada E de forma transitoria, la simulación revela claramente que esta no es filtrada por el sistema y se traslada inmediatamente a la salida, bien S1 o S2, como ilustran con claridad las figuras 21.10 y 21.11.

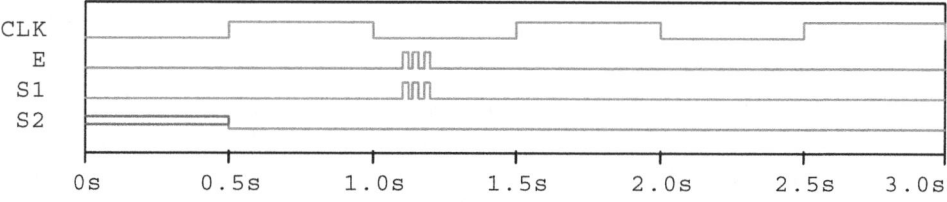

Figura 21.10 Respuesta del circuito de la figura 21.8 ante una perturbación externa acoplada en la entrada E en estado bajo.

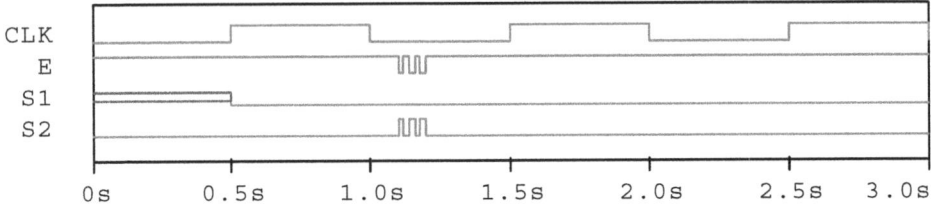

Figura 21.11 Respuesta del circuito de la figura 21.8 ante una perturbación externa acoplada en la entrada E en estado alto.

Cabe destacar que en el primer caso la entrada E se ha mantenido a 0 y en el segundo caso a 1 durante todo el intervalo temporal representado, excepto por la influencia de la perturbación entre $t = 1,1$ s y $t = 1,2$ s. El hecho de que el sistema no haya sido capaz de evitar que la perturbación se manifieste en las líneas de salida es previsible, teniendo en cuenta la existencia de sendos caminos para la señal que conectan la entrada E con las salidas S1 y S2 a través de lógica puramente combinacional, como refleja la implementación de la figura 21.8.

21.3.2 Autómata de estados finitos de Moore

El diseño de Moore adaptado para simulación se muestra en la figura 21.12.

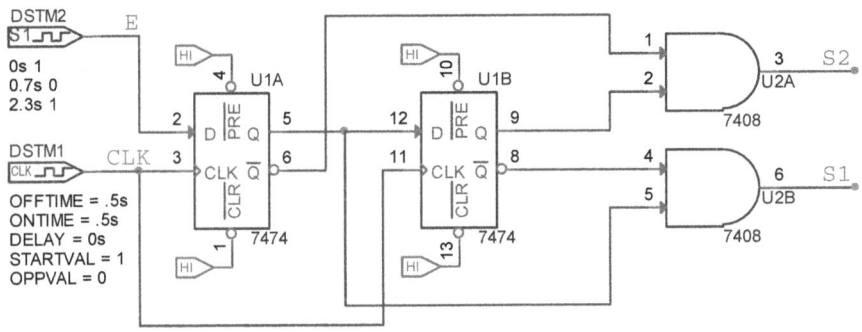

Figura 21.12 Diseño según el modelo de Moore adaptado para simulación.

Obsérvese que se ha programado la misma secuencia temporal para el estímulo digital DSTM2 que en el diseño de Mealy para poder comparar las dos respuestas. Los dos biestables esta vez se han inicializado a 0.

El cronograma resultado de la simulación se muestra en la figura 21.13. Como puede verse, en $t = 0$ s ambas salidas son un 0 lógico. Tras la llegada del primer flanco positivo de reloj la entrada E es 1, por lo que la salida S1 pasa de 0 a 1 y S2 permanece sin cambios. Aunque E pasa de 1 a 0 en $t = 0,7$ s, ninguna de las salidas reacciona hasta la llegada del segundo flanco positivo del reloj, momento en el que S1 pasa de 1 a 0 y S2 de 0 a 1. En $t = 2,3$ s la entrada E vuelve a pasar de 0 a 1, y de nuevo ninguna de las dos salidas experimenta cambios. Es en el tercer flanco positivo del reloj cuando S1 pasa de 0 a 1 y S2 de 1 a 0. Como la entrada E permanece en estado alto desde t = 2,3 s y no vuelve a cambiar, con la llegada del cuarto flanco de reloj la salida S1 vuelve a 0 y S2 sigue siendo 0. La evolución de las salidas con la secuencia temporal asignada a la entrada E ha dado lugar a dos pulsos en S1 y un pulso en S2, todos activándose con el flanco positivo del reloj y prolongándose siempre durante un ciclo de reloj, como cabía esperar de un diseño basado en el modelo de Moore.

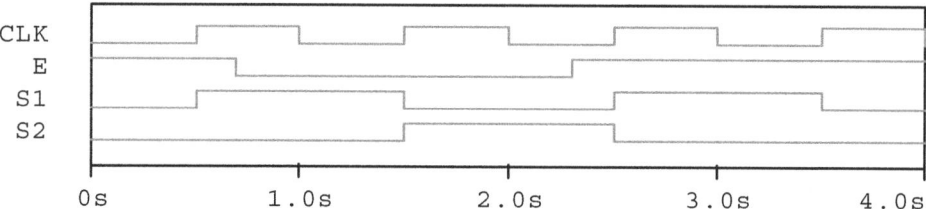

Figura 21.13 Respuesta del circuito de la figura 21.12 ante una entrada programada.

Resta por comprobar la influencia de una perturbación externa acoplada en la entrada E, que se muestra en los cronogramas de las figuras 21.14 y 21.15. Es evidente que, gracias a la sincronización característica del diseño de Moore, se filtra eficientemente la perturbación, ya que las dos salidas aparecen siempre limpias de interferencias con independencia del valor lógico de E.

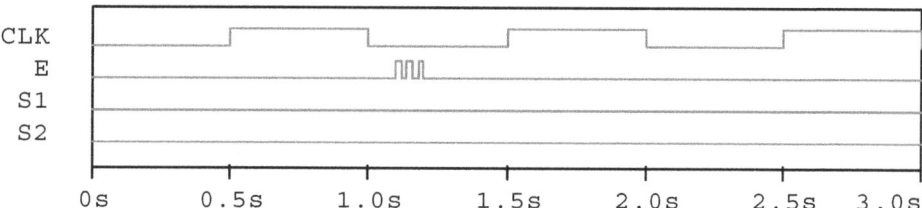

Figura 21.14 Respuesta del circuito de la figura 21.12 ante una perturbación externa acoplada en la entrada E en estado bajo.

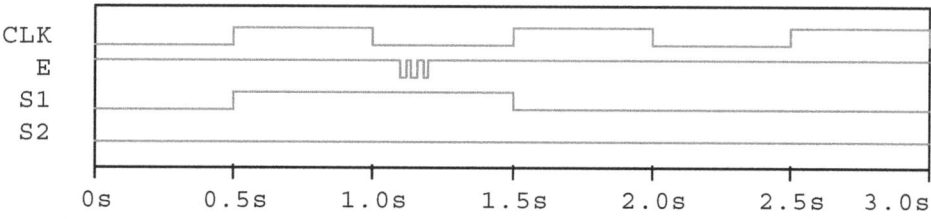

Figura 21.15 Respuesta del circuito de la figura 21.12 ante una perturbación externa acoplada en la entrada E en estado alto.

En este caso, y a diferencia de la respuesta obtenida anteriormente con la implementación resultante del modelo de Mealy, no existe ninguna trayectoria de señal que conecte mediante lógica estrictamente combinacional la entrada E con cualquiera de las salidas, S1 o bien S2. Al depender ambas salidas únicamente de las variables de estado internas Q1 y Q2, según se desprende de las expresiones (21.6) y (21.7), se garantiza su sincronización con la señal de reloj.

21.4 Componentes

Circuito de reloj (T_{CLK} = 14 s)

Circuitos integrados

555 (1x).

Resistencias

270 Ω (1x), 47 kΩ (1x), 1 MΩ (1x).

Condensadores

10 nF (1x), 10 µF (1x).

Diodos

Ledes (1x).

Autómatas de estados finitos de Mealy y de Moore

Circuitos integrados

74LS04 (1x). CI TTL con 6 inversores.
74LS08 (1x). CI TTL con 4 puertas AND de 2 entradas.
74LS74 (1x). CI TTL con dos biestables síncronos de tipo D.

Resistencias

270 Ω (2x), 1 kΩ (1x).

Diodos

Ledes (2x).

21.5 Verificación experimental

Indicaciones previas:

a) Una señal de reloj con período largo, de unos 14 s, es conveniente para el seguimiento visual de los cambios experimentados por las salidas.

b) Puede ser necesario en algún caso desacoplar al menos alguno de los CI empleados, incluyendo el propio 555. Emplear condensadores de 100 nF.

Procedimiento

1. Montar el circuito de la figura 21.4 (circuito de Mealy).

2. Dejar transcurrir algún ciclo de reloj sin modificar la entrada. Las salidas S1 y S2 deberían estar ambas a 0.

3. Realizar transiciones en la entrada E entre el 1 y el 0 lógico y verificar que las salidas responden de forma adecuada, representando gráficamente los resultados. Revisar el cronograma correspondiente en la sección dedicada a la simulación si es necesario.

4. Una vez familiarizados con la dinámica del circuito, cuantificar la respuesta de las salidas (asíncronas para el circuito de Mealy y síncronas para el de Moore). Medir con un cronómetro t_{ON} tres veces, tanto en los cambios de la entrada E de 0 a 1 como de 1 a 0, y tabular los resultados. Recordar que E es una entrada asíncrona y como tal puede cambiar en cualquier momento. Por lo tanto, ejecutar dichos cambios sin fijarse en el reloj, de manera completamente aleatoria.

t_{ON} (cambio en la entrada E de 0 a 1)		

t_{ON} (cambio en la entrada E de 1 a 0)		

5. Experimentar con una señal de ruido ficticia: con las dos salidas a 0 estables durante algunos ciclos de reloj y la entrada igualmente a 0, simular el efecto de un tren de pulsos de ruido en la entrada. Esto significa, a efectos prácticos, conmutar rápidamente la señal de entrada entre 0 y 1 con una frecuencia mucho mayor que la del reloj. Verificar si el ruido se manifiesta en las salidas y representar gráficamente el resultado del experimento. Revisar el cronograma correspondiente en la sección dedicada a la simulación si es necesario.

6. Montar el circuito de la figura 21.7 (circuito de Moore) y repetir el procedimiento experimental llevado a cabo con el circuito de Mealy.

Cuestiones

a) Compara las medidas realizadas con el cronómetro para el circuito según el modelo de Mealy y el de Moore, y razona los resultados.

b) A la vista de las medidas experimentales, ¿qué circuito es más sensible al ruido externo, el de Mealy o el de Moore?

21.6 Ejercicios y cuestiones de refuerzo

a) En el proceso de diseño del modelo de Moore se descarta la primera de las codificaciones de estados propuestas, argumentando que la síntesis resultante requiere de una lógica de excitación excesiva. Repite el proceso de diseño con la codificación descartada y verifica esta aseveración, comparando la lógica de excitación obtenida en ambos casos.

b) En la simulación llevada a cabo con la síntesis de Mealy se puso de manifiesto que una perturbación acoplada en la entrada E se traslada inmediatamente a una de las dos salidas, bien S1 o S2, dependiendo del valor lógico de la entrada. Si ninguna de las salidas está sincronizada con el reloj, ¿por qué no afecta la perturbación simultáneamente a ambas?

Parte 4

LÓGICA SECUENCIAL ASÍNCRONA

22 Biestables asíncronos
23 Circuitos antirrebotes con biestables asíncronos
24 Cerradura digital de combinación
25 Divisor de frecuencia asíncrono

La cuarta parte del texto introduce brevemente la lógica secuencial asíncrona, a la que se dedican cuatro capítulos. Tras su estudio se apreciarán las peculiaridades más características de este tipo de lógica, que la distinguen de la síncrona y de sus métodos de diseño convencionales, a la vez que la convierten en todo un reto para los diseñadores de sistemas electrónicos digitales, más habituados a enfrentarse a problemas de análisis y diseño únicamente en el contexto síncrono, alrededor del cual gira el grueso del diseño lógico digital que se practica en la actualidad.

Por otro lado, conviene mencionar que más allá de los argumentos de sesgo académico que puedan esgrimirse para motivar su aprendizaje, existen situaciones prácticas en las que es preferible prescindir de un reloj de sincronismo: no hay que olvidar que el reloj, a pesar de sus incuestionables ventajas, impide que los diferentes componentes de un circuito lógico funcionen a su máxima velocidad y, además, supone un consumo extra de energía que no siempre se aprovecha. Hay que tener en cuenta que el circuito de reloj se encuentra permanentemente activo y, sin embargo, muchos de sus ciclos no siempre se traducen en trabajo útil del sistema. Dos ejemplos de situaciones donde conviene adoptar una solución asíncrona son, por un lado, aquellos subsistemas digitales caracterizados por requerimientos de velocidad muy exigentes ([bro09], [fle80], [hay96], [tin09]) y, por otro, sistemas digitales complejos que están formados a su vez por circuitos síncronos con relojes independientes, de manera que el intercambio de señales entre sus circuitos es de naturaleza asíncrona ([bro09]). Es el caso de un gran computador, en el que su unidad central de proceso y sus controladores de entrada y salida pueden estar separados entre sí por una distancia relativamente grande (más de un metro). Esta separación imposibilita distribuir una señal única de reloj a ambos subsistemas debido a la disparidad de retardos de propagación existentes en las diferentes trayectorias de señal, lo que daría lugar a la aparición de un **sesgo de reloj** (*clock skew*), que pone en riesgo la perfecta sincronización entre los subsistemas del computador. Para garantizar la necesaria comunicación entre ellos se recurre, por lo tanto, a métodos propios del diseño lógico asíncrono ([hay96]).

Con la intención de destacar la relevancia que va adquiriendo el diseño asíncrono en un contexto que desde siempre ha sido mayoritariamente síncrono, donde las cada vez más elevadas frecuencias de reloj comienzan a comprometer la fiabilidad de los diseños lógicos, cabe citar que hace ya dos décadas surgieron innovadoras iniciativas orientadas al diseño de microprocesadores sin reloj (y por tanto completamente asíncronos), en un intento por eliminar de raíz los problemas derivados del sesgo de reloj, mencionado anteriormente, que experimentan con frecuencia los sistemas digitales complejos. Estas iniciativas cristalizaron finalmente en la fundación de Fulcrum Microsystems en 1999, compañía que tuvo su origen en desarrollos preliminares llevados a cabo en el Instituto Tecnológico de California ([ber05]). En consecuencia, resulta de interés introducirse en el diseño secuencial asíncrono y asimilar algunas nociones clave sobre sus fundamentos, lo que a su vez redundará en una mejora del dominio de las técnicas del diseño síncrono, especialmente en lo que concierne a los problemas de temporización que se originan debido a los inevitables retardos de propagación que experimentan los circuitos lógicos ([bro09]).

El capítulo 22, que inicia este cuarto bloque temático, dedica un breve espacio en su introducción a distinguir entre los circuitos secuenciales de modo fundamental y los de modo pulso, para a continuación analizar con detalle la respuesta de tres tipos de biestables asíncronos. El trabajo con los biestables que se plantea en este capítulo está orientado a resaltar, en un contexto asíncrono, el papel fundamental que juega la secuencia concreta de estados por los que transita una máquina de estados finitos en su respuesta temporal. El estudiante comprobará en el laboratorio, mediante el montaje de dos tipos diferentes de biestables asíncronos, que una misma combinación de entradas puede conducir a salidas distintas dependiendo de la secuencia previa de entradas aplicada al biestable. Se trata de una manifestación de la capacidad de memoria que poseen las máquinas de estados finitos, y que las diferencian de forma inequívoca del comportamiento de cualquier circuito lógico combinacional, por complejo que este pueda llegar a ser.

A continuación, en el capítulo 23, se aborda con cierto detenimiento una de las aplicaciones más extendidas de los biestables asíncronos, que es el diseño de circuitos con capacidad de eliminar los rebotes no deseados originados durante la conmutación de interruptores mecánicos. Se propone experimentar, por lo tanto, con el funcionamiento de cierto tipo de interruptores (concretamente, con los unipolares de dos vías), lo que facilitará una aproximación práctica a la problemática que origina su conmutación cuando se utilizan en un sistema digital.

El capítulo 24 aborda el diseño de un detector de secuencias de pulsos, que se materializará en la implementación de una cerradura digital de combinación que hace uso de dos interruptores para introducir la secuencia correcta. Se trata de un ejemplo de **circuito secuencial asíncrono de modo pulso**, cuyo estudio pone de manifiesto una serie de diferencias realmente significativas con respecto a las técnicas convencionales empleadas en el diseño síncrono. El detector de secuencias de pulsos propuesto permite, además, comprobar el papel esencial que juegan los circuitos antirrebotes, presentados en el capítulo 23, en la eliminación de las perturbaciones que se acoplan en las líneas de entrada asíncronas de un circuito lógico tras accionar un interruptor mecánico. Como se comprobará tanto con simulaciones como mediante montajes experimentales, si no se toma la precaución de filtrar los rebotes generados durante el cambio de estado de estos interruptores se generan lecturas erróneas por las líneas de entrada del circuito.

El ejemplo de diseño lógico que cierra la cuarta parte con el capítulo 25 es un divisor de frecuencia asíncrono. Constituye un ejemplo práctico de aplicación del método general de diseño de circuitos secuenciales, esta vez contemplando las singularidades que caracterizan al **diseño asíncrono de modo fundamental**. Se proponen dos síntesis diferentes del divisor de frecuencia, una de ellas basada en biestables asíncronos como elementos de memoria del circuito, y la otra basada en un circuito de realimentación directa. El diseño de esta última variante es especialmente crítico y, como se tendrá ocasión de comprobar, ilustra las consecuencias de no eliminar los fenómenos aleatorios estáticos, ya conocidos del capítulo 4, que afectan especialmente a la lógica secuencial asíncrona.

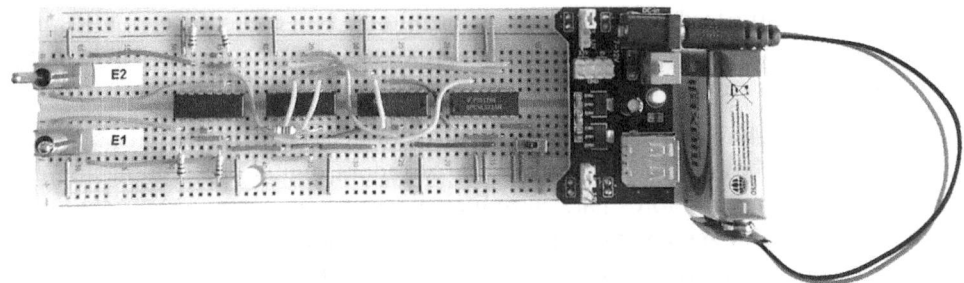

Esta fotografía muestra un prototipo de una sencilla cerradura digital de combinación implementada mediante dos interruptores de palanca basculante de dos posiciones y tres terminales, y constituye una de las aplicaciones más típicas de los circuitos detectores de secuencias de pulsos en el contexto del diseño lógico asíncrono. Se trata del montaje experimental propuesto en el capítulo 24, que hace uso de sendos circuitos antirrebotes de tipo NAND en las dos líneas de entrada E1 y E2 del prototipo. La secuencia de tres pulsos de polaridad positiva que abre la cerradura digital, dada por E1-E2-E2, es introducida de forma manual, asíncrona y no simultánea por sus líneas de entrada, accionando para ello los interruptores que se encuentran insertados en el extremo izquierdo de la placa de prototipado. La formación de un pulso completo requiere accionar dos veces el interruptor correspondiente, primero en un sentido y luego en el otro para devolverlo a su posición de partida. El estado de la cerradura, ya sea abierta o cerrada, se señaliza mediante un led, que únicamente se enciende coincidiendo con la duración del último pulso de la secuencia correcta de apertura (E2). El circuito cuenta, además, con un interruptor de actuador deslizante ubicado a la derecha de la placa, que es igualmente de dos posiciones y tres terminales, y resulta necesario para inicializar a 0 el estado de los dos biestables J – K utilizados en la implementación. Gracias a este pequeño interruptor, se puede partir de un estado conocido en el autómata de estados finitos de la cerradura digital, lo que constituye un paso obligado antes de proceder a introducir una secuencia de pulsos. La inicialización de cualquier autómata de estados finitos, tanto para sistemas secuenciales síncronos como asíncronos, es necesaria para garantizar una respuesta del sistema digital ordenada y predecible.

22

Biestables asíncronos

22.1 Introducción

Los biestables asíncronos (también llamados **cerrojos**[1] o bien **básculas** en algunos textos) constituyen, junto con los biestables síncronos, los elementos básicos con los que se diseñan los circuitos y sistemas digitales secuenciales. Prácticamente cualquier sistema de naturaleza secuencial, independientemente de su complejidad, se construye a base de biestables y cierta lógica combinacional adicional que resulta necesaria para la generación de las señales de excitación de dichos biestables, así como para la obtención de la función (o funciones) de salida del sistema. La única excepción de circuitos secuenciales asíncronos que no se diseñan a partir de biestables previamente construidos pertenecen a un tipo particular de los denominados **circuitos de modo fundamental**, también llamados **circuitos de realimentación directa** ([man15])[2], cuyos elementos de memoria surgen simplemente de los lazos de realimentación existentes entre una serie de puertas lógicas conectadas entre sí (normalmente no demasiadas). En otro tipo de circuitos asíncronos, también englobados dentro del modo fundamental, los elementos de memoria están constituidos por biestables $S - R$ ([gil95], [tin09]), con los que se trabajará en el presente capítulo. El proceso de diseño de este tipo de circuitos debe realizarse cuidadosamente y conviene conocer a fondo

---

[1] El término cerrojo se introdujo en la sección 14.1.

[2] Las denominaciones originales en inglés son *fundamental-mode circuits* y *feedback sequential circuits*, respectivamente.

los fundamentos del diseño asíncrono. Se tendrá ocasión de ilustrar los pasos de los que consta dicho proceso con un ejemplo en el capítulo 25.

El estudio de la lógica secuencial de modo fundamental distingue numerosos escenarios posibles, dependiendo de las restricciones que tengan las diferentes entradas del circuito para cambiar de nivel lógico. En primera instancia se define el **modo fundamental con cambio en múltiples entradas**[3], donde se asume como punto de partida que, tras un primer cambio en los valores lógicos de varias de las entradas del circuito (cambio que debe tener lugar en un estrecho intervalo de tiempo), ninguna entrada tiene permitido cambiar hasta que el circuito haya alcanzado un estado estable. Una generalización de estos circuitos da lugar a los denominados **circuitos de modo ráfaga**[4], caracterizados porque los cambios en las diferentes entradas no necesitan tener lugar en un estrecho intervalo temporal. En este tipo de circuitos las entradas tienen permitido cambiar en cualquier orden y además en cualquier momento, siempre que lo hagan dentro de una "ráfaga de entrada" dada, y responden con un conjunto de cambios en las salidas identificado como "ráfaga de salida". En el caso particular, mucho más restrictivo, de que solo se permita el cambio de una entrada en un instante dado, se habla del **modo fundamental con cambio en una única entrada**[5], y constituye el caso más sencillo de analizar (al menos en comparación con el resto). El abanico de circuitos asíncronos no se detiene aquí, sino que es en realidad mucho más amplio, por lo que el estudio en profundidad del diseño asíncrono reviste una complejidad notable ([koh10]).

Por contraposición a los circuitos de modo fundamental, en los denominados **circuitos de modo pulso**[6] no basta con que las entradas cambien de nivel lógico para conducir a la máquina de estados finitos hacia un nuevo estado estable. Estos circuitos están diseñados para recibir pulsos discretos por las líneas de entrada que, tal y como sucede con las entradas de los circuitos en el modo fundamental, están sujetas a fuertes restricciones temporales al no permitirse la aparición de pulsos en dos o más líneas de entrada de forma simultánea, entre otras limitaciones ([koh78], [nel21], [tin09]).

Algunos de los autores que contribuyeron con sus investigaciones pioneras a sentar las bases de la lógica asíncrona son Huffman, McCluskey, Unger, Muller, Maki y Tracey. Sus primeros trabajos se remontan nada menos que a los años 50, 60 y principios de los 70 del siglo pasado ([clu62], [huf54], [ung59], [ung69], [mul67], [mak71]).

El presente capítulo introduce los circuitos digitales secuenciales asíncronos analizando la respuesta de tres estructuras realimentadas elementales de naturaleza asíncrona, cada una de las cuales da lugar a un tipo distinto de biestable.

---

[3] Del inglés *multiple-input-change (MIC) fundamental mode*.
[4] Del inglés *burst-mode circuits*.
[5] Del inglés *single-input-change (SIC) fundamental mode*.
[6] Del inglés *pulse-mode circuits*.

En el capítulo siguiente se retomará su estudio con el objetivo de explorar una de sus aplicaciones, que consiste en la eliminación de los rebotes producidos en la conmutación de los interruptores mecánicos cuando estos forman parte de un sistema electrónico digital.

22.2 Tres tipos de biestables asíncronos

El primero de los elementos biestables que se estudiará es el más simple que pueda concebirse, puesto que incluso carece de entradas. Seguidamente se introducirá el biestable S – R, que se construye con puertas NOR, para concluir presentando el biestable $\overline{S} - \overline{R}$, construido con puertas NAND.

22.2.1 Biestable asíncrono sin entradas

Un elemento biestable sin entrada alguna carece por completo de interés práctico. Sin embargo, merece la pena detenerse y analizar su comportamiento porque de su estudio se desprenden interesantes conclusiones. La figura 22.1 muestra su topología a partir de dos inversores. Es evidente a la vista del circuito que sus dos salidas Q1 y Q2 son complementarias. En cambio, ante un montaje práctico ya no resulta tan sencillo determinar a priori cuál de las dos va a encontrarse en un estado alto y cuál en un estado bajo tras alimentar el 74x04. De hecho, experimentar con esta estructura en el laboratorio arroja resultados muy curiosos que revelan la dinámica subyacente a su funcionamiento.

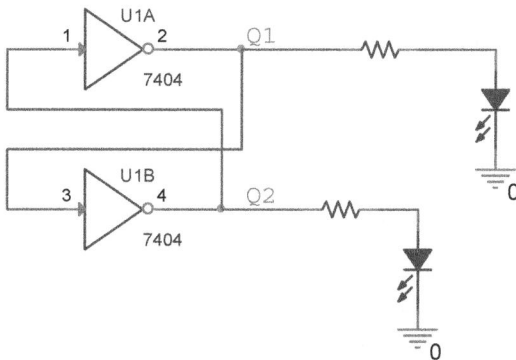

Figura 22.1   Biestable asíncrono sin entradas.

En realidad, y aunque el biestable de la figura 22.1 aparenta tener únicamente dos estados de equilibrio (bien Q1 = 1 y Q2 = 0, o bien Q1 = 0 y Q2 = 1), existe un tercero bastante especial, denominado estado metaestable, que ya se mencionó en la introducción del capítulo 21. Se trata de un estado de equilibrio que resulta ser bastante precario en la práctica, en el sentido de que no se prolonga mucho en el tiempo en caso de producirse. Está caracterizado por voltajes en ambas salidas que se ubican en la zona prohibida situada entre los niveles lógicos permitidos 0 y 1. El estudiante con curiosidad por conocer los detalles sobre este tercer estado puede consultar por ejemplo [man15] o [wak18].

22.2.2 Biestable asíncrono S – R

El biestable asíncrono S – R[7], que incluye dos puertas NOR con sendos lazos de realimentación, tiene una entrada de establecimiento S (*set*) y otra de borrado R (*reset*), como indica la figura 22.2.

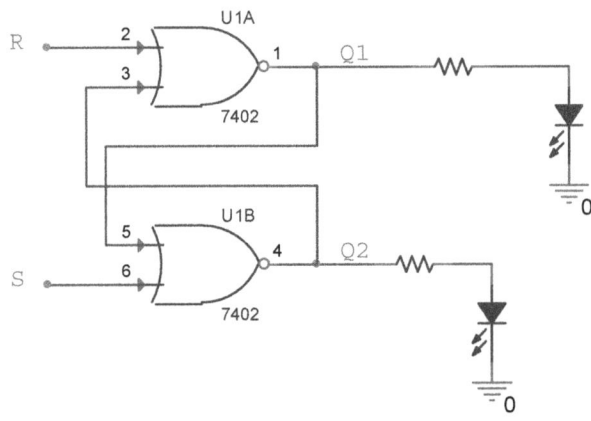

Figura 22.2   Biestable asíncrono S – R.

La tabla 22.1 caracteriza el comportamiento del biestable ante niveles lógicos altos y bajos en sus entradas S y R. Como puede verse, las salidas Q1 y Q2 son siempre complementarias si se evita que ambas entradas sean 1 simultáneamente[8].

Tabla 22.1   Respuesta del biestable asíncrono S – R.

S	R	Q1	Q2
0	0	último Q1	último Q2
0	1	0	1
1	0	1	0
1	1	0	0

Como se desprende del funcionamiento del biestable, un estado alto en la entrada de establecimiento S induce un estado alto en la salida Q1 (manteniendo R en estado bajo), mientras que un estado alto en la entrada de borrado R obliga a Q1 a adoptar un estado bajo (con S en estado bajo). El biestable S – R resulta muy útil, por lo tanto, en aplicaciones de control. La combinación de entradas S = R = 1 no

---

[7] Denominado indistintamente S – R o bien R – S, dependiendo de la fuente.

[8] Por esta razón es frecuente referirse a las salidas Q1 y Q2 como Q y $\overline{Q}$, respectivamente.

está permitida por dos razones: por un lado, carece de sentido forzar simultáneamente un establecimiento y un borrado del biestable; y por otro, si partiendo de S y R a 1 se niegan ambas entradas a la vez, la salida oscilará indefinidamente mientras no se actúe de nuevo sobre las entradas, pudiendo también entrar en un estado metaestable que abandonará transcurrido cierto tiempo. Esta cuestión se tratará de nuevo más adelante en un contexto de simulación.

En una realización física del biestable S – R construido con puertas lógicas reales los cambios en sus salidas no tienen lugar de forma instantánea debido a los retardos de propagación no nulos de sus puertas NOR. Estos retardos, además, dan lugar a la denominada **anchura de pulso mínima** $t_{\mathrm{pw(min)}}$[9] que deben tener los pulsos de establecimiento o de borrado aplicados a las entradas del biestable para que sean reconocidos como tales, como se verificará en la sección dedicada a la simulación. La tabla 22.2 muestra los retardos de propagación proporcionados por dos fabricantes para el CI 7402, cuyos valores coinciden para el caso peor (es decir, los retardos máximos). En uno de ellos los retardos típicos no se indican.

Tabla 22.2 Retardos de propagación t_{pHL} y t_{pLH} de las puertas lógicas NOR contenidas en el CI 7402 perteneciente a la subfamilia TTL estándar, medidos desde cualquiera de las dos entradas a la salida (para $V_{\mathrm{CC}} = 5$ V y $T_A = 25$ °C). Especificaciones técnicas extraídas de [74x02] y [7402].

Fabricante	t_{pHL} (ns)	t_{pLH} (ns)	Condiciones de carga
Texas Instruments	8 (típico) 15 (máximo)	12 (típico) 22 (máximo)	$R_L = 0,4$ kΩ $C_L = 15$ pF
Fairchild Semiconductor	15 (máximo)	22 (máximo)	

Aunque los biestables asíncronos son dispositivos sencillos, existen circuitos comercialmente disponibles que integran la funcionalidad básica de estos biestables e incorporan además algunas características adicionales. El CI 4043B es un dispositivo CMOS de 16 pines que contiene cuatro biestables asíncronos S – R con salidas triestado controladas por una entrada de habilitación común, aunque carecen de una conexión al exterior que permita hacer uso de la salida Q2 ([404x])[10].

22.2.3 Biestable asíncrono $\overline{S} - \overline{R}$

Dado que las puertas NAND se prefieren a las NOR, cabe preguntarse si sería viable realizar un biestable a partir de puertas NAND manteniendo la misma topología, tal y como muestra la figura 22.3. Aunque esto resulta perfectamente posible, hay que tener en cuenta que la funcionalidad del biestable resultante cambia, como puede

---

[9] Del inglés *minimum-pulse width*.

[10] Un CI funcionalmente equivalente es el 14043B. Esta denominación con un dígito extra es la adoptada por la empresa Motorola y posteriormente por ON Semiconductor, que nació como una escisión de Motorola's Semiconductor Components.

comprobarse inspeccionando la tabla 22.3. En este caso las señales en sus entradas pasan a llamarse S_L y R_L, o bien $\overline{S}$ y $\overline{R}$ ([wak18]), debido a que el establecimiento del biestable se consigue con $\overline{S}$ en estado lógico bajo y su borrado con $\overline{R}$ también en estado bajo. En otras palabras, se tiene un dispositivo con entradas de establecimiento y borrado activas a nivel bajo en lugar de a nivel alto, como son las del biestable asíncrono S – R. Se debe observar que, además, en el biestable $\overline{S}$ – $\overline{R}$ la posición de ambas entradas se intercambia con respecto a la del biestable S – R, y las salidas Q1 y Q2 son complementarias siempre que se evite que $\overline{S}$ y $\overline{R}$ sean simultáneamente 0 por las mismas dos razones indicadas para el biestable S – R en el apartado anterior.

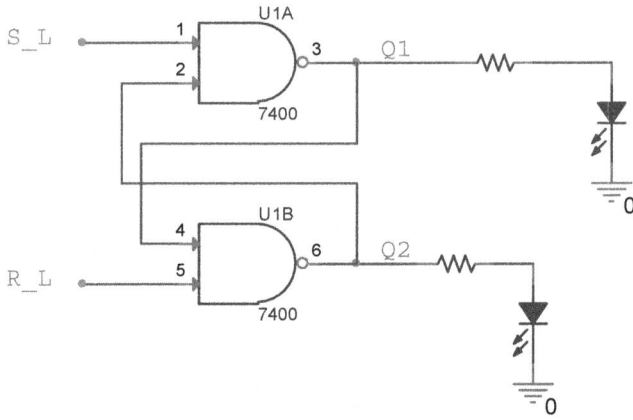

Figura 22.3   Biestable asíncrono $\overline{S}$ – $\overline{R}$.

Tabla 22.3   Respuesta del biestable asíncrono $\overline{S}$ – $\overline{R}$.

S_L	R_L	Q1	Q2
1	1	último Q1	último Q2
0	1	1	0
1	0	0	1
0	0	1	1

Los retardos de propagación t_{pHL} y t_{pLH} del CI 7400, publicados por los mismos dos fabricantes escogidos para el CI 7402 en el apartado anterior, se agrupan en la tabla 22.4. Por lo que respecta a los dispositivos comercialmente disponibles, el 74x279 es un CI de 16 pines muy extendido que contiene cuatro biestables asíncronos $\overline{S}$ – $\overline{R}$ disponibles tanto en tecnología TTL ([74x279], [nel96]) como CMOS ([74HC279]). El 4044B es un CI similar construido con tecnología CMOS, con la diferencia de que sus biestables $\overline{S}$ – $\overline{R}$ cuentan además con una entrada de habilitación común ([404x]). En ambos dispositivos, y al igual que sucede con el 4043B, sus cuatro biestables disponen únicamente de la salida Q1 accesible desde el exterior mediante alguno de sus pines[11].

Tabla 22.4   Retardos de propagación t_{pHL} y t_{pLH} de las puertas lógicas NAND contenidas en el CI 7400 perteneciente a la subfamilia TTL estándar, medidos desde cualquiera de las dos entradas a la salida (para $V_{CC} = 5$ V y $T_A = 25$ °C). Especificaciones técnicas extraídas de [74x00] y [7400].

Fabricante	t_{pHL} (ns)	t_{pLH} (ns)	Condiciones de carga
Texas Instruments	7 (típico) 15 (máximo)	11 (típico) 22 (máximo)	$R_L = 0,4$ kΩ $C_L = 15$ pF
Fairchild Semiconductor	15 (máximo)	22 (máximo)	

22.3 Simulación

No resulta posible obtener resultados de simulación de interés con la versión adaptada para simulación del biestable asíncrono sin entradas de la figura 22.1. Por un lado, si se trata de monitorizar alguna de sus dos salidas en ausencia de carga, se obtiene un cronograma con una señal indefinida en ambas que no aporta información alguna (ya que dicha señal de interfaz digital presenta simultáneamente los niveles lógicos alto y bajo). Por otro lado, cargando ambas salidas con una resistencia de 100 kΩ para forzar la aparición de nodos de interfaz mixta analógico-digital sí se consigue obtener voltajes analógicos bien definidos en ambas salidas del biestable. Sin embargo, ambos voltajes coinciden y son de 1,368 V, lo que revela que el biestable se encuentra indefinidamente en un estado metaestable.

Afortunadamente no es el caso de los biestables $S - R$ y $\overline{S} - \overline{R}$, al disponer ambos de sus correspondientes entradas. Con ambos biestables se consiguen resultados de simulación interesantes en el dominio puramente digital (es decir, sin necesidad de cargar sus salidas con resistencias), como veremos seguidamente.

22.3.1 Biestable asíncrono S – R

El análisis que se plantea a continuación contempla la respuesta del biestable ante todo tipo de secuencias de entrada, tanto permitidas como no permitidas (es decir, con $S = R = 1$). Como se anticipó en el apartado 22.2.2, verificaremos que bajo determinadas circunstancias las salidas pueden oscilar. El estudio se completará determinando la anchura de pulso mínima en las entradas necesaria para que el pulso se reconozca como tal y las salidas reaccionen en consecuencia.

---

[11] Un CI funcionalmente equivalente al 4044B es el 14044B de Motorola.

22.3.1.1 Respuesta ante secuencias de entrada permitidas

En una primera simulación se analizará la respuesta obtenida con el biestable S – R cuando en la entrada de establecimiento se aplica una señal periódica y la entrada de borrado se mantiene en un estado lógico bajo, tal y como refleja la figura 22.4.

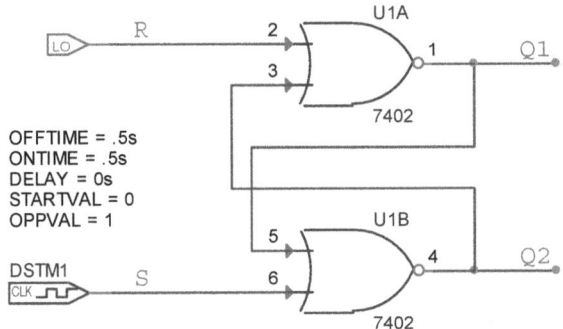

Figura 22.4   Biestable asíncrono S – R adaptado para simulación (caso 1).

A pesar de que el estímulo aplicado en S no es constante sino periódico, el cronograma resultante muestra que Q1 se mantiene permanentemente en estado alto y Q2 en estado bajo. Este resultado no debe sorprender, y de hecho ilustra muy bien el funcionamiento del biestable tal y como se desprende de la tabla 22.1. Obsérvese en el cronograma de la figura 22.5 que la salida Q1 es 1 tras la activación de la entrada de establecimiento S, y continúa siendo 1 a pesar de que S pasa a 0. Esto es debido a que, una vez establecido el bit almacenado en el biestable (en este caso un 1), su valor se guarda y no cambia mientras no se aplique una señal de borrado en R, lo que no sucede en ningún momento durante la simulación. Se trata de un ejemplo que pone de manifiesto el hecho de que un biestable es un elemento de memoria con capacidad para almacenar un bit de información.

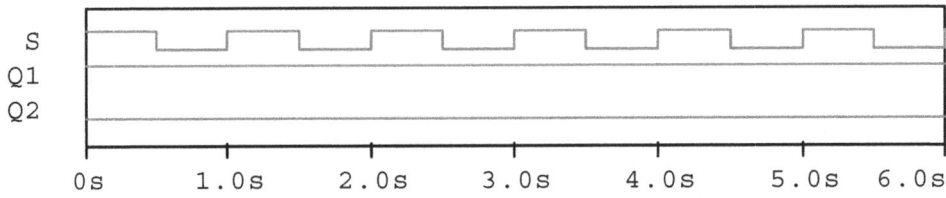

Figura 22.5   Cronograma correspondiente al circuito de la figura 22.4.

El biestable también se caracteriza por recordar la historia pasada del circuito, lo que se traduce en que las mismas entradas aplicadas en diferentes instantes no tienen por qué dar lugar necesariamente a las mismas salidas. Para convencerse de este funcionamiento tan peculiar basta con inspeccionar la tabla 22.5, que muestra una secuencia determinada de entradas en instantes temporales consecutivos. Se parte de un estado $Q1$ y de su complemento $Q2$, que es indeterminado al principio, y ante un par de valores S y R el biestable evoluciona hacia un nuevo estado $Q1*$ con su correspondiente complemento $Q2*$, que pasan a ser los estados presentes $Q1$ y $Q2$ en el siguiente instante de la secuencia temporal.

Tabla 22.5 Cambios de estado en un biestable $S - R$ provocados por una secuencia de entradas en instantes temporales consecutivos.

t_i	$Q1$	$Q2$	S	R	$Q1*$	$Q2*$
$i = 0$	?	?	1	0	1	0
$i = 1$	1	0	1	1	0	0
$i = 2$	0	0	0	1	0	1
$i = 3$	0	1	0	0	0	1
$i = 4$	0	1	1	0	1	0
$i = 5$	1	0	0	0	1	0

Cabe observar que en el instante temporal t_2 se fuerza un borrado del biestable, de manera que $Q1*$ es 0 y $Q2*$ es 1. A continuación, ambas entradas pasan a ser 0, y en consecuencia las salidas no experimentan cambios. Seguidamente el biestable pasa a almacenar un 1 tras activar la entrada de establecimiento S, valor que permanece en el último instante de la secuencia, donde tanto S como R vuelven a ser 0. Se tienen, pues, dos instantes temporales distintos (t_3 y t_5), donde la misma combinación de entradas ($S = R = 0$) da lugar a salidas distintas. Este comportamiento es típico de las máquinas de estados finitos, y los biestables son ejemplos de ellas.

La figura 22.6 representa un biestable $S - R$ con sendos estímulos en sus entradas, preparado para reproducir la secuencia temporal de la tabla 22.5. El cronograma resultante, mostrado en la figura 22.7, corrobora la evolución de las salidas recogida en dicha tabla.

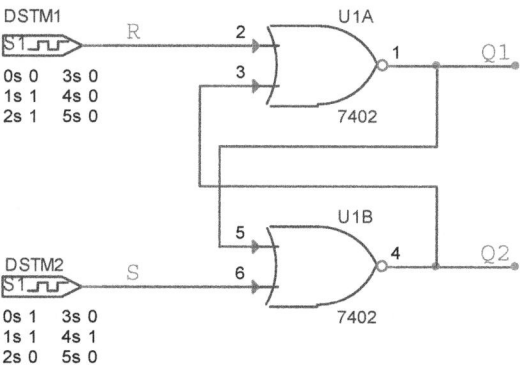

Figura 22.6 Biestable asíncrono $S - R$ adaptado para simulación (caso 2).

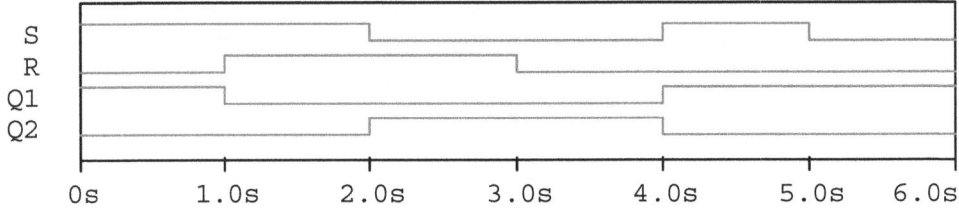

Figura 22.7   Cronograma correspondiente al circuito de la figura 22.6.

22.3.1.2 Respuesta ante secuencias de entrada no permitidas

Comprobemos aquí que con las entradas S y R a 1 (condición no permitida) las dos salidas son 0, y que si a continuación S y R se niegan a la vez ambas salidas comienzan a oscilar con un período del orden de nanosegundos, lo que es un comportamiento no deseado del biestable. Esta dinámica se reproduce en la tabla 22.6.

Tabla 22.6   Oscilaciones en las dos salidas de un biestable $S - R$ tras negar simultáneamente las entradas S y R en el instante t_2.

t_i	Q1	Q2	S	R	Q1*	Q2*
$i = 0$	?	?	1	0	1	0
$i = 1$	1	0	1	1	0	0
$i = 2$	0	0	0	0	1	1
$i = 3$	1	1	0	0	0	0
$i = 4$	0	0	0	0	1	1
$i = 5$	1	1	0	0	0	0
$i = 6$	0	0	0	0	1	1
$i = 7$	1	1	0	0	0	0
$i = 8$	0	0	1	0	1	0

Reduciendo al rango de nanosegundos los cambios en la secuencia de entradas para los dos instantes t_1 y t_2 de la tabla 22.6 resulta el cronograma de la figura 22.8.

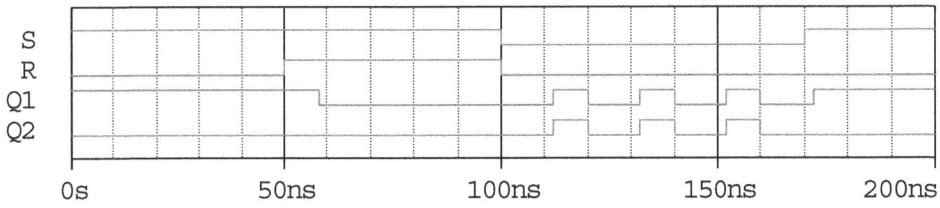

Figura 22.8   Oscilaciones en un biestable $S - R$ con S y R a 0 correspondientes a la secuencia de entradas de la tabla 22.6.

Como se aprecia en el cronograma, las entradas S y R son simultáneamente 1 desde el instante $t = 50$ ns hasta $t = 100$ ns. La salida Q1 pasa de 1 a 0 tras 8 ns (es decir, en $t = 58$ ns), coincidiendo con el retardo de propagación típico t_{pHL} para una puerta NOR del CI 7402, indicado en la tabla 22.2. En $t = 100$ ns S y R pasan a la vez a 0, provocando una oscilación con un período de 20 ns que se mantiene en estado alto 8 ns y en estado bajo 12 ns (tiempos que coinciden con los retardos de propagación t_{pHL} y t_{pLH} del CI 7402). Finalmente, en $t = 170$ ns S pasa a 1, forzando así el establecimiento del biestable con Q1 a 1 y Q2 a 0 y terminando por tanto la oscilación.

Sin embargo, si siendo S y R inicialmente un 1 lógico no se niegan exactamente al mismo tiempo en el contexto de simulación aquí propuesto, lo cierto es que no surgen oscilaciones, incluso en el caso de que S y R se nieguen una a continuación de la otra con una diferencia de tan solo 1 ns, como se demuestra seguidamente. Fijando el paso de 1 a 0 en $t = 100$ ns para R y en $t = 101$ ns para S, tal y como refleja el cronograma de la figura 22.9, la salida Q1 pasa de 0 a 1 y Q2 se mantiene en 0.

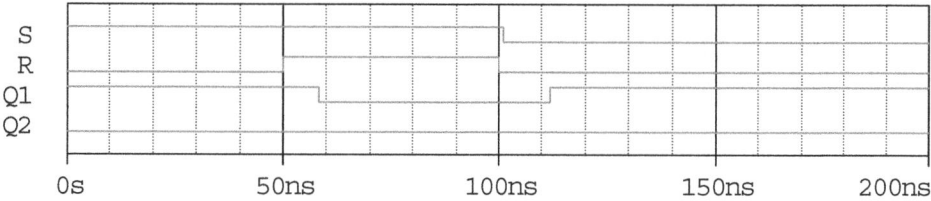

Figura 22.9   Respuesta sin oscilaciones en un biestable S – R cuyas entradas S y R no pasan de 1 a 0 exactamente en el mismo instante.

Este comportamiento es consecuencia de trabajar con un modelo de simulación de circuito biestable en el que las dos puertas NOR son idénticas. En el ámbito experimental, por el contrario, y debido a las tolerancias de fabricación, es inevitable contar con pequeñas desviaciones en la caracterización temporal de ambas puertas, por lo que no cabe esperar necesariamente una respuesta sin oscilaciones en el caso de que pudiese reproducirse en un laboratorio la temporización tan ajustada mostrada en la figura 22.9. En este contexto tiene sentido introducir el **tiempo de recuperación** t_{rec}[12], que se define como el tiempo mínimo que debe transcurrir entre la negación de S y la de R para que el paso a 0 de ambas señales se considere no simultáneo. El valor típico de t_{rec} está íntimamente relacionado con la anchura de pulso mínima $t_{pw(min)}$, definida en el apartado 22.2.2, y que se determinará seguidamente mediante una simulación. Ambas especificaciones temporales pueden considerarse una estimación del tiempo que le lleva al lazo de realimentación del biestable estabilizarse tras un cambio de estado ([wak18]).

---

[12] Del inglés *recovery time*.

22.3.1.3 Determinación de la anchura de pulso mínima

Un pulso aplicado en alguna de las dos entradas del biestable S – R debe mantenerse lo suficiente como para permitir que las salidas de sus dos puertas NOR cambien de estado lógico (una de ellas de alto a bajo y la otra al contrario). Ejecutando varias simulaciones es posible encontrar el umbral exacto que determina la anchura de pulso mínima en el biestable bajo estudio construido con dos puertas lógicas del CI 7402. Un pulso demasiado estrecho aplicado en la entrada de borrado, como el mostrado en la figura 22.10 entre $t = 60$ ns y $t = 67$ ns, no consigue el efecto deseado y es ignorado, puesto que las salidas no experimentan cambio alguno.

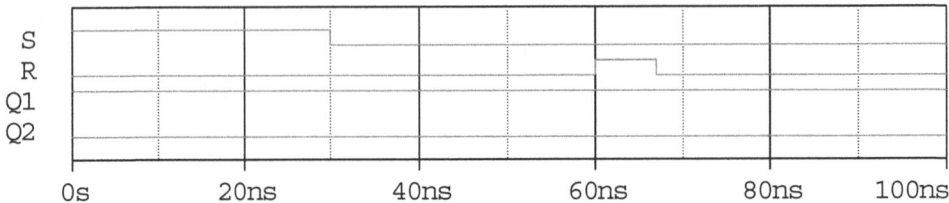

Figura 22.10   Pulso de 7 ns aplicado en la entrada de borrado de un biestable S – R. El pulso no se prolonga lo suficiente como para que el biestable reaccione, manteniendo sus dos salidas inalteradas.

Por el contrario, si el pulso de borrado se prolonga durante 9 ns (entre $t = 60$ ns y $t = 69$ ns en el cronograma de la figura 22.11), entonces la salida Q1 reacciona correctamente a la presencia del pulso en el instante $t = 68$ ns y pasa de 1 a 0 poco antes de que desaparezca el pulso, una vez trascurrido el retardo de propagación típico t_{pHL} de la puerta NOR empleada (que es de 8 ns según consta en la tabla 22.2). La salida Q2 no cambia de 0 a 1 hasta 12 ns después, en $t = 80$ ns, coincidiendo con el retardo de propagación típico t_{pLH}, indicado igualmente en la tabla 22.2.

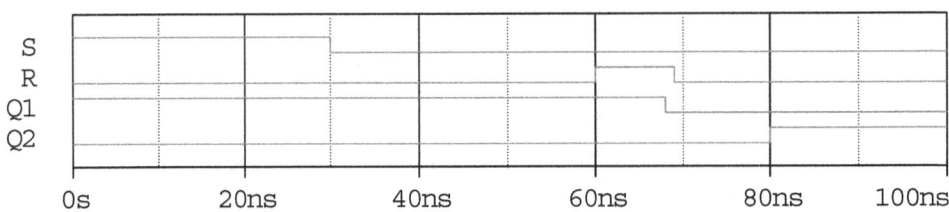

Figura 22.11   Pulso de 9 ns aplicado en la entrada de borrado de un biestable S – R. El pulso se prolonga lo suficiente como para que el biestable responda correctamente.

Finalmente, si la anchura del pulso se hace coincidir exactamente con el valor típico del retardo de propagación t_{pHL} de la puerta NOR, las dos salidas Q1 y Q2 comienzan a oscilar, como puede verificarse inspeccionando el cronograma de la figura 22.12.

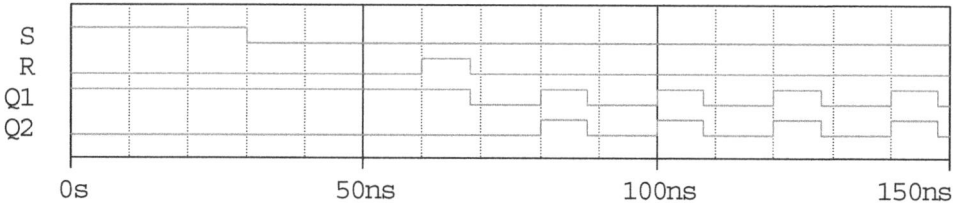

Figura 22.12 Pulso de 8 ns aplicado en la entrada de borrado de un biestable S – R. La anchura del pulso coincide con el valor típico de retardo de propagación t_{pHL} de la puerta NOR, dando lugar a oscilaciones.

De este análisis se concluye que, en este contexto de simulación, $t_{pw(min)}$ se encuentra ligeramente por encima del umbral definido por t_{pHL}. Es lógico obtener este resultado, puesto que realmente no es imprescindible seguir manteniendo el pulso aplicado en la entrada de borrado una vez que la puerta que lo recibe, U1A, ha conseguido cambiar de estado: como el lazo de realimentación conecta en serie las dos puertas del biestable, la puerta U1B detecta y responde correctamente al cambio de nivel lógico en la salida de U1A, incluso en el caso de que el pulso de borrado ya ha desaparecido, como refleja el cronograma de la figura 22.11.

Una estimación más conservadora de $t_{pw(min)}$ consiste en sumar los retardos de propagación t_{pHL} y t_{pLH} de las dos puertas NOR del biestable ([bog92]), aunque como acaba de verificarse es suficiente con tener en cuenta uno de los retardos. De hecho, si se consultan las especificaciones temporales proporcionadas por los fabricantes, resulta que $t_{pw(min)}$ puede ser incluso menor que cualquiera de los retardos de propagación, como indica la tabla 22.7 para el caso del biestable S – R 4043B. Para este dispositivo hay que tener en cuenta que se publican valores típicos y máximos.

Tabla 22.7 Retardos de propagación t_{pHL} y t_{pLH} y anchura de pulso mínima $t_{pw(min)}$ de los biestables S – R contenidos en el CI CD4043B, fabricado por Texas Instruments (para $V_{DD} = 5$ V, $T_A = 25$ °C y $t_r = t_f = 20$ ns en las señales de entrada). Especificaciones técnicas extraídas de [404x].

$t_{pw(min)}$ (ns)	t_{pHL} (ns)	t_{pLH} (ns)	Condiciones de carga
80 ns (típico)	150 (típico)	150 (típico)	$R_L = 200$ kΩ
160 ns (máximo)	300 (máximo)	300 (máximo)	$C_L = 50$ pF

En un principio puede llamar la atención la fuerte discrepancia existente entre los retardos de propagación de los biestables S – R del CI 4043B y los de las puertas NOR del CI 7402 mostrados en la tabla 22.2. Esto es una evidencia de la lentitud que caracteriza a los dispositivos de la serie 4000 de CMOS, que fue la primera familia CMOS que tuvo éxito comercial ([wak18]). Como es conocido, dicha limitación fue subsanada con la irrupción en el mercado de otras familias CMOS más evolucionadas, que además eran compatibles con TTL. Si se ha escogido el

4043B para ilustrar con un dispositivo real las características de conmutación de biestables S – R comerciales construidos con puertas NOR, es realmente porque no existen muchas alternativas. De hecho, la realidad es que los fabricantes se decantaron desde un principio por la fabricación de biestables $\overline{S}$ – $\overline{R}$ construidos con puertas NAND, tanto en tecnología TTL como CMOS, simplemente porque estas puertas cuentan con mejores prestaciones que las NOR. Para el caso de los biestables $\overline{S}$ – $\overline{R}$ disponibles en los CI 74279 y 74LS279A, pertenecientes a las subfamilias lógicas TTL estándar y TTL LS respectivamente, la anchura de pulso mínima es en ambos casos de solo 20 ns, muy por debajo de los tiempos mostrados en la tabla 22.7 ([74x279]).

22.3.2 Biestable asíncrono $\overline{S}$ – $\overline{R}$

El estudio del biestable $\overline{S}$ – $\overline{R}$ se limitará únicamente a analizar su respuesta ante secuencias de entrada permitidas, dejando para los ejercicios de refuerzo al final del capítulo tanto la ampliación del análisis a secuencias de entrada no permitidas como la determinación de la anchura de pulso mínima para este biestable.

22.3.2.1 Respuesta ante secuencias de entrada permitidas

La figura 22.13 muestra el circuito de un biestable asíncrono $\overline{S}$ – $\overline{R}$ adaptado para simulación. Para reproducir una simulación análoga a la realizada con el biestable S – R, esta vez la entrada de borrado activa a nivel bajo se ha conectado a un estado lógico alto, mientras que en la entrada de establecimiento se aplica el mismo estímulo periódico.

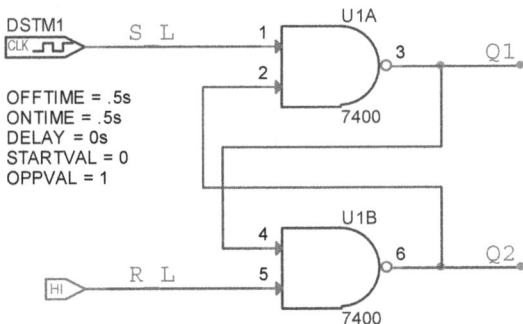

Figura 22.13   Biestable asíncrono $\overline{S}$ – $\overline{R}$ adaptado para simulación (caso 1).

El funcionamiento se puede verificar inspeccionando el cronograma de la figura 22.14. Como cabía esperar, es idéntico al obtenido en la simulación correspondiente al biestable S – R (figura 22.5), salvo por la demora sufrida por ambas salidas en adoptar un estado lógico definido, a consecuencia de que la entrada de establecimiento es activa a nivel bajo en el biestable $\overline{S}$ – $\overline{R}$.

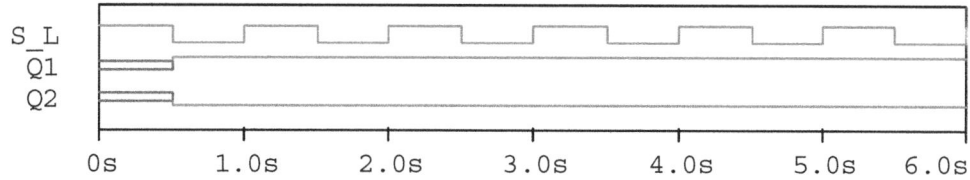

Figura 22.14   Cronograma correspondiente al circuito de la figura 22.13.

También aquí se va a verificar que una misma combinación de entradas no siempre conduce a las mismas salidas, según se desprende de los cambios adoptados por las salidas en la secuencia temporal indicada en la tabla 22.8, de nuevo en los dos instantes temporales t_3 y t_5. Como puede verse, con el biestable $\bar{S}-\bar{R}$ la combinación de entradas para la que se obtienen salidas distintas es $S\_L = R\_L = 1$.

Tabla 22.8   Cambios de estado en un biestable $\bar{S}-\bar{R}$ provocados por una secuencia de entradas en instantes temporales consecutivos.

t_i	Q1	Q2	S_L	R_L	Q1*	Q2*
i = 0	?	?	1	0	0	1
i = 1	0	1	0	0	1	1
i = 2	1	1	0	1	1	0
i = 3	1	0	1	1	1	0
i = 4	1	0	1	0	0	1
i = 5	0	1	1	1	0	1

El circuito preparado para simulación a partir de la secuencia temporal de la tabla 22.8 se muestra en la figura 22.15, mientras que el cronograma de la figura 22.16 confirma la evolución de las salidas tal y como se predice en dicha tabla.

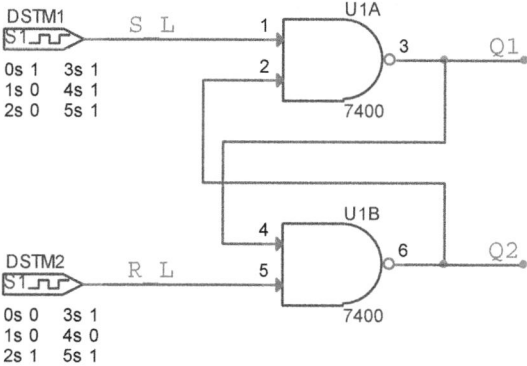

Figura 22.15   Biestable asíncrono $\bar{S}-\bar{R}$ adaptado para simulación (caso 2).

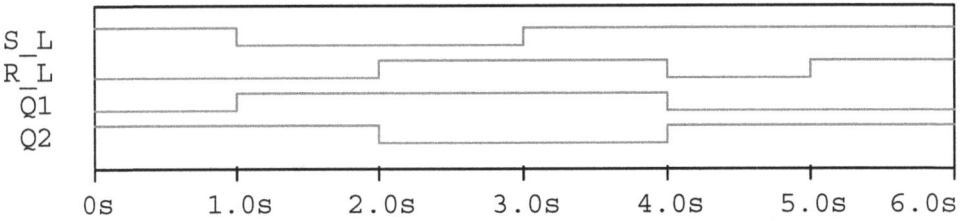

Figura 22.16 Cronograma correspondiente al circuito de la figura 22.15.

22.4 Componentes

Circuito de reloj opcional (T = 1,4 s)

Circuitos integrados

555 (1x).

Resistencias

270 Ω (1x), 47 kΩ (1x), 1 MΩ (1x).

Condensadores

10 nF (1x), 1 μF (1x).

Diodos

Ledes (1x).

Biestables asíncronos

Circuitos integrados

74LS00 (1x). CI TTL con 4 puertas NAND de 2 entradas.
74LS02 (1x). CI TTL con 4 puertas NOR de 2 entradas.
74LS04 (1x). CI TTL con 6 inversores.

Resistencias

270 Ω (2x), 1 kΩ (1x).

Diodos

Ledes (2x).

22.5 Verificación experimental

22.5.1 Biestable asíncrono sin entradas

Procedimiento

1. Montar el biestable de la figura 22.1 y determinar el valor de las salidas complementarias Q1 y Q2.

2. Conectar y desconectar repetidamente la fuente de alimentación y comprobar si el valor lógico de las salidas cambia en algún momento.

3. Montar de nuevo el biestable, esta vez empleando diferentes combinaciones de puertas de las seis que contiene el 74x04. Determinar en cada caso el valor de las salidas Q1 y Q2, y repetir el procedimiento de apagado y encendido del punto anterior.

Cuestión

a) Es posible que al apagar y encender varias veces la fuente de alimentación se haya observado un cambio en el valor lógico de las salidas (esto depende del chip empleado). Explica la razón de dicho cambio.

22.5.2 Biestable asíncrono S – R

Procedimiento

1. Montar el biestable S – R de la figura 22.2.

2. Con la entrada de borrado a tierra, conmutar la entrada de establecimiento repetidas veces entre los valores 0 y 1 lógicos, y observar el valor lógico de las salidas Q1 y Q2. Hacerlo de forma manual o bien recurrir a un circuito de reloj, conectando en este caso su terminal de salida a la entrada S del biestable.

3. Conectar las dos entradas del biestable S – R al valor lógico que corresponda siguiendo la secuencia temporal indicada en la tabla 22.5, que se reproduce a continuación. Corroborar que las salidas obtenidas en cada combinación de entradas son las esperadas. Completar la tabla con las observaciones realizadas.

					teórico		experimental	
t_i	Q1	Q2	S	R	Q1*	Q2*	Q1*	Q2*
i = 0	?	?	1	0	1	0		
i = 1	1	0	1	1	0	0		
i = 2	0	0	0	1	0	1		
i = 3	0	1	0	0	0	1		
i = 4	0	1	1	0	1	0		
i = 5	1	0	0	0	1	0		

22.5.3 Biestable asíncrono $\overline{S} - \overline{R}$

Procedimiento

1. Montar el biestable $\overline{S} - \overline{R}$ de la figura 22.3.

2. Con la entrada de borrado conectada al nodo de alimentación, conmutar la entrada de establecimiento repetidas veces entre los valores lógicos 0 y 1, y observar el valor lógico de las salidas Q1 y Q2. Hacerlo de forma manual o bien recurrir a un circuito de reloj, conectando en este caso su terminal de salida a la entrada de establecimiento del biestable.

3. Conectar las dos entradas del biestable $\overline{S} - \overline{R}$ al valor lógico que corresponda siguiendo la secuencia temporal indicada en la tabla 22.8, que se reproduce a continuación. Verificar que las salidas obtenidas en cada combinación de entradas son las esperadas. Completar la tabla con las observaciones realizadas.

t_i	Q1	Q2	S_L	R_L	teórico		experimental	
					Q1*	Q2*	Q1*	Q2*
$i = 0$	?	?	1	0	0	1		
$i = 1$	0	1	0	0	1	1		
$i = 2$	1	1	0	1	1	0		
$i = 3$	1	0	1	1	1	0		
$i = 4$	1	0	1	0	0	1		
$i = 5$	0	1	1	1	0	1		

22.6 Ejercicios y cuestiones de refuerzo

a) Construye el autómata de estados finitos de Moore de un biestable S – R a partir de la tabla 22.1. Deduce a partir del autómata la tabla de excitación del biestable con cuatro columnas (señales de excitación S y R, estado actual Q y estado siguiente Q*). Dibuja el mapa de Karnaugh de Q* en función de las variables S, R y Q. Demuestra tras la simplificación del mapa que la ecuación característica del biestable S – R viene dada por $Q* = \overline{R} \cdot Q + S$.

b) Construye el autómata de estados finitos de Moore de un biestable $\overline{S} - \overline{R}$ a partir de la tabla 22.3. Deduce a partir del autómata la tabla de excitación del biestable con cuatro columnas (señales de excitación S_L = $\overline{S}$ y R_L = $\overline{R}$, estado actual Q y estado siguiente Q*). Dibuja el mapa de Karnaugh de Q* en función de las variables $\overline{S}$, $\overline{R}$ y Q. Demuestra tras la simplificación del mapa que la ecuación característica del biestable $\overline{S} - \overline{R}$ viene dada por $Q* = R \cdot Q + \overline{S}$.

c) Adapta el análisis llevado a cabo en el apartado 22.3.1.2 con el biestable S – R para secuencias de entrada no permitidas al caso del biestable $\overline{S} - \overline{R}$, forzando igualmente la aparición de oscilaciones.

d) Adapta el análisis llevado a cabo en el apartado 22.3.1.3 con el biestable S − R para obtener la anchura de pulso mínima del biestable $\overline{S} - \overline{R}$, tomando como referencia los retardos de propagación agrupados en la tabla 22.4.

e) Consulta las especificaciones temporales del CI 74x279 y crea una tabla similar a la tabla 22.7 que incluya los retardos de propagación t_{pHL} y t_{pLH}, así como la anchura de pulso mínima $t_{pw(min)}$, para los biestable $\overline{S} - \overline{R}$ de este dispositivo. ¿Existe alguna relación entre los retardos de propagación y la anchura de pulso mínima en este caso?

f) Supón que se añaden sendos inversores delante de las entradas de un biestable asíncrono $\overline{S} - \overline{R}$, como indica la figura 22.17. ¿El circuito resultante es equivalente, en cuanto a su funcionalidad, a un biestable asíncrono S − R construido con puertas NOR?

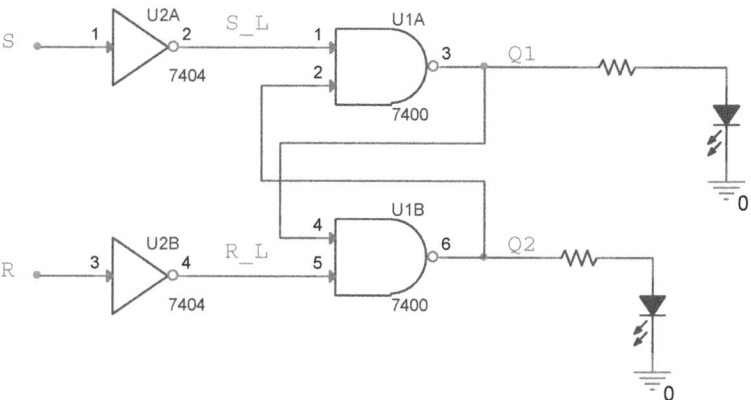

Figura 22.17 Biestable asíncrono $\overline{S} - \overline{R}$ con puertas inversoras en sus entradas.

23

Circuitos antirrebotes con biestables asíncronos

23.1 Introducción

El presente capítulo se centra en el estudio del problema que supone en los circuitos lógicos digitales el empleo de interruptores mecánicos para la generación de señales binarias, y cómo resolver dicho problema de forma segura mediante circuitos biestables asíncronos. Antes de entrar a describir el origen del problema, conviene introducir brevemente los interruptores y sus diferentes tipos.

Un interruptor mecánico sencillo está constituido por dos terminales fijos separados entre sí y un actuante móvil o **polo**, todos ellos metálicos. Cuando el interruptor se cierra, el polo establece contacto eléctrico simultáneo con ambos terminales; mientras que, cuando se abre, el polo se separa y los terminales permanecen aislados eléctricamente. Existen numerosos tipos de interruptores disponibles comercialmente, ya que el abanico de aplicaciones es muy amplio.

Un interruptor se caracteriza, por lo que respecta a su estructura interna, por su número de polos y de **vías**, también llamadas líneas. Los polos hacen referencia a la cantidad de circuitos independientes conectados al interruptor, mientras que las vías dan cuenta del número de posiciones diferentes del interruptor ([hum96]). El ejemplo más sencillo de interruptor consta de un único polo y una única vía, y es el empleado habitualmente para encender una bombilla o bien para accionar un timbre. En este último caso se trata de un **pulsador de contacto momentáneo**. Una aplicación igualmente extendida que hace uso de un interruptor de un único polo con dos o bien tres vías es el caso de un semáforo, donde el interruptor funciona como un selector y cada color es controlado por una vía diferente dependiendo de la posición del polo.

La identificación de los interruptores acostumbra a emplear las siglas originales en inglés. Por ejemplo, los interruptores básicos de un polo y una vía se denominan SPST[1], mientras que los interruptores de un polo y dos vías adoptan el acrónimo SPDT[2]. Ambos se emplearán en este capítulo, y sus correspondientes símbolos eléctricos se muestran en la figura 23.1 junto con la identificación por defecto empleada en PSpice para cada uno de ellos.

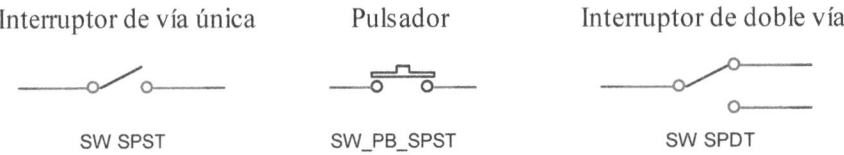

Figura 23.1   Símbolos eléctricos de interruptores unipolares de una y dos vías: interruptor SPST (izquierda), pulsador SPST (centro) e interruptor SPDT (derecha).

Por supuesto existen variantes más sofisticadas de interruptores que incorporan dos o más polos y vías, como ilustra la figura 23.2 para el caso concreto de dos interruptores de dos polos, uno de vía única (DPST)[3] y el otro de doble vía (DPDT)[4].

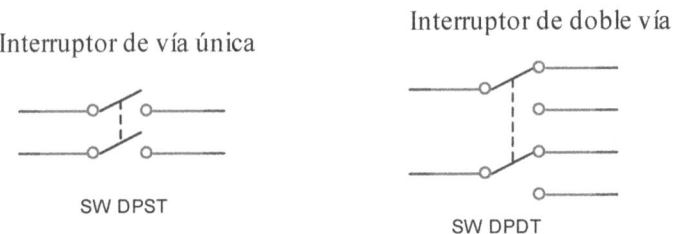

Figura 23.2   Símbolos eléctricos de interruptores con dos polos de una y dos vías: interruptor DPST (izquierda) e interruptor DPDT (derecha).

Desafortunadamente, ni la apertura ni el cierre de un interruptor mecánico dan lugar a una conmutación ideal entre sus dos estados abierto y cerrado (en el sentido de una transición limpia, carente de ruido eléctrico). En la práctica, el funcionamiento de este tipo de interruptor adolece de un fenómeno muy característico que se manifiesta

---

[1] Del inglés *single-pole, single-throw.*
[2] Del inglés *single-pole, double-throw.*
[3] Del inglés *double-pole, single-throw.*
[4] Del inglés *double-pole, double-throw.*

en forma de una serie impredecible de aperturas y cierres rápidos en el momento de ser accionado, y que se prolongan hasta que el interruptor se asienta en su estado final. Dichas oscilaciones, denominadas habitualmente **rebotes**, surgen como consecuencia de la vibración que experimenta el polo al contactar repetidamente con los terminales metálicos fijos durante un período transitorio, que se prolonga entre unos 10 ms y a lo sumo 20 ms en los interruptores mecánicos más comunes ([bro09], [pre05], [val07], [wak18]). Algunos interruptores, sin embargo, experimentan transitorios más largos, por encima de los 50 ms ([mar12]). Hay que tener presente que estos tiempos, del orden de los milisegundos, son unos seis órdenes de magnitud superiores a los retardos de propagación de las puertas lógicas, que se sitúan típicamente en el rango de los nanosegundos.

El ruido eléctrico asociado a los rebotes ocasionados durante la conmutación de un interruptor mecánico puede ser un problema o no dependiendo de su uso. En la mayoría de las aplicaciones donde un interruptor es necesario, como por ejemplo para encender o apagar una luz o controlar un semáforo, este cumple eficazmente su función de conmutador y la presencia de rebotes no constituye problema alguno. Sin embargo, en el caso de utilizarlos en circuitos digitales, y especialmente en aquellos que incorporan lógica secuencial, los rebotes pueden interpretarse erróneamente como una secuencia de entrada de datos binarios al circuito, como se pone de manifiesto en la siguiente sección. En estos casos resulta imprescindible, para evitar lecturas falsas, filtrar de algún modo las oscilaciones que se producen durante la conmutación.

23.2 La problemática de los rebotes en el diseño digital

Uno de los ámbitos de aplicación de los interruptores en los sistemas electrónicos digitales es la generación de datos binarios para registrar sucesos externos que acontecen sin una periodicidad determinada (es decir, de forma asíncrona), y que deben ser detectados y procesados. Ejemplos de dichos eventos son el número de vueltas recorridas por un piloto en un circuito, el acceso de personas a un edificio o bien la entrada y salida de vehículos en un aparcamiento. La conmutación de algún tipo de dispositivo es necesaria para señalizar con fiabilidad dichos eventos mediante el envío de pulsos por alguna de las líneas de entrada de un circuito secuencial, diseñado para detectar sin errores los pulsos recibidos y registrarlos mediante la actualización del estado de un contador.

La señalización de los eventos puede realizarse de forma manual, accionando por ejemplo un interruptor, o bien automatizarse mediante el uso de algún tipo de detector. Por ejemplo, un diseño que en principio podría ser implementado con éxito en el caso del control de acceso de un vehículo a un aparcamiento consiste en emplear un sistema optoelectrónico basado en un módulo emisor de luz infrarroja y un fotodetector compatible con el rango de longitudes de onda de emisión, que se encuentre perfectamente alineado con el emisor y posicionado a algunos metros de distancia de este. El módulo emisor deberá incorporar un led de suficiente potencia seguido de una lente colimadora que garantice la direccionalidad del haz de luz, mientras que el módulo receptor podría emplear como detector óptico un fototransistor con su lente correspondiente ubicada en el terminal de base. Este esquema de detección se representa en la figura 23.3(a)[5].

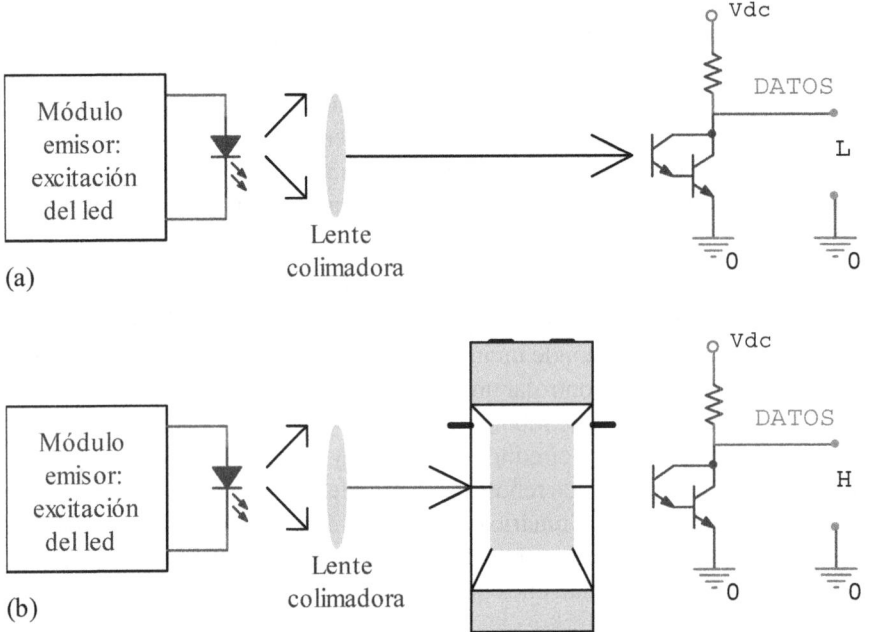

Figura 23.3 Esquema conceptual de detección optoelectrónica del acceso de un vehículo a un aparcamiento basado en un diodo led emisor y un fototransistor Darlington receptor. (a) Mientras el acceso se encuentra libre, el terminal de base del transistor capta la emisión infrarroja del led y en la línea DATOS hay un estado lógico bajo (L). (b) Tras el bloqueo del haz de luz provocado por la llegada de un vehículo, el estado en DATOS pasa a ser alto (H). El paso del vehículo genera un pulso positivo como respuesta.

El fototransistor captará sin problemas el haz de luz emitido por el led mientras el acceso al aparcamiento se encuentre libre, y por lo tanto el voltaje en su terminal de colector será próximo a 0 V, lo que se interpreta como un estado lógico bajo (L). Sin embargo, la recepción del haz se interrumpirá con la llegada de un nuevo vehículo que se interponga en su camino óptico, provocando el corte del fototransistor debido a la ausencia transitoria de luz en su terminal de base, como muestra la figura 23.3(b). Con el fototransistor cortado la corriente de colector es despreciable y el voltaje en la línea DATOS pasará a ser el voltaje de la fuente de alimentación V_{dc}, lo que se traduce en un

---

[5] Este sistema optoelectrónico está inspirado en una idea similar descrita en [pet97] aplicada al diseño de una alarma, donde se recurre a luz infrarroja pulsada. El circuito receptor dispara una alarma si detecta la ausencia de pulsos cuando se interrumpe el haz de luz. Una variante interesante, basada igualmente en la detección mediante fototransistor de la interrupción de un haz de luz y orientada a poner en marcha una escalera mecánica en presencia de un usuario, se plantea en [rei10].

estado lógico alto (H). Una vez haya pasado el vehículo, el haz de luz incidirá de nuevo en el terminal de base del fototransistor, por lo que en la línea DATOS se volverá a tener un estado lógico bajo. En consecuencia, el paso de un vehículo que interrumpe momentáneamente el haz infrarrojo se traduce en la generación de un pulso eléctrico positivo como respuesta, cuya duración será breve y coincidirá con el tiempo que el haz de luz se ve interrumpido. Este pulso será detectado por la electrónica del circuito secuencial e interpretado como un nuevo acceso al aparcamiento[6].

Sin embargo, el diseño propuesto carece de la fiabilidad necesaria, debido a que existe la posibilidad de obtener lecturas erróneas en algún tipo determinado de vehículos, especialmente de motocicletas. El acceso de un vehículo de dos ruedas al aparcamiento resulta problemático con el enfoque óptico de detección adoptado, puesto que es previsible que el haz de luz se interrumpa no una, sino varias veces, durante el acceso de un vehículo de estas características. La consecuencia inmediata es que el contador del circuito secuencial se incrementaría en exceso, invalidando la cuenta de los vehículos aparcados.

Resulta por lo tanto imprescindible, al abordar el diseño de circuitos digitales que reciben pulsos por sus líneas de entrada para señalizar eventos externos, contar con cierta lógica capaz de filtrar posibles pulsos espurios. Dicha lógica deberá formar parte del diseño electrónico, independientemente de si la señalización es automática como en el ejemplo recién descrito o bien manual mediante el accionamiento de algún tipo de interruptor mecánico, ya que en este caso al actuar sobre un interruptor las vibraciones transitorias que se producen en el momento de su conmutación generan lecturas falsas. Sin embargo, antes de pasar a describir la electrónica que realiza el necesario filtrado, es conveniente mostrar la forma en la que se consigue de forma manual la generación de pulsos de señalización en una línea de entrada mediante un ejemplo sencillo que emplee un interruptor, así como describir con cierto detalle la problemática de los rebotes que surgen en la práctica al utilizarlo. Para ello recurriremos de nuevo al sistema de control de acceso al aparcamiento de vehículos, adaptado esta vez a un contexto no automatizado. Si bien existen maneras más sofisticadas de implementar dicho sistema en la práctica, el objetivo aquí no es realmente proponer un diseño realista ni pormenorizado del mismo, sino más bien introducir la problemática de los rebotes a partir de un ejemplo cotidiano. Más adelante, en la sección 23.3, se retomará el diseño optoelectrónico propuesto del acceso al aparcamiento incorporando la lógica digital de cancelación de rebotes.

La figura 23.4 muestra un sencillo circuito de interfaz que produce, mediante el repetido accionamiento de un pulsador de contacto momentáneo, la secuencia de pulsos negativos registrados por un circuito contador encargado de actualizar el número de vehículos que acceden al aparcamiento. Los detalles del diseño del contador

---

[6] Un ejemplo de diseño digital del sistema electrónico de control de un aparcamiento de vehículos puede consultarse en [flo16]. El sistema propuesto hace uso de un contador reversible que se incrementa o decrementa según un vehículo accede al aparcamiento o sale del mismo, respectivamente.

no son relevantes aquí, y por lo tanto es suficiente con representarlo mediante un bloque genérico que dispone de una única línea de entrada activa a nivel bajo, identificada mediante la señal denominada DATOS_L, por donde el contador de vehículos recibe un pulso negativo no periódico en su entrada de reloj tras cada acceso al aparcamiento. De esta forma la entrada de reloj del contador pasa a ser una entrada asíncrona de datos en lugar de una entrada de sincronismo (que es lo habitual en los contadores), incrementándose su estado de cuenta en una unidad con la llegada de cada nuevo pulso negativo.

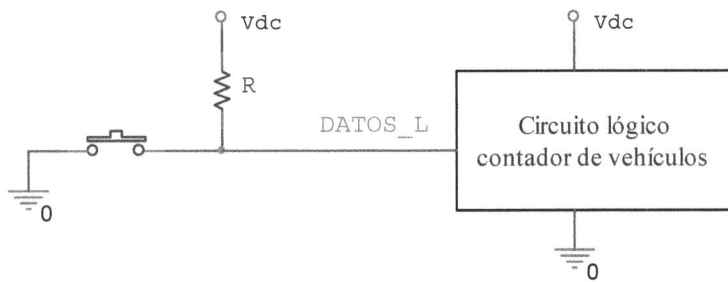

Figura 23.4   Línea de entrada de pulsos a un circuito secuencial dedicado a contar los vehículos que acceden a un aparcamiento. El flujo de datos en la línea se controla externamente de forma manual mediante un pulsador de contacto momentáneo, que se acciona con la llegada de un nuevo vehículo.

El pulsador, al ser presionado, cortocircuita sus dos terminales y origina el paso de una corriente entre la fuente de alimentación V_{dc} y el nodo de tierra a través de la resistencia R[7]. Con ambos terminales al potencial de tierra, se introduce un 0 lógico por la línea de entrada al circuito contador de pulsos. Tras dejar de accionar el pulsador, el valor lógico en la línea pasa a ser un 1 debido al restablecimiento del potencial de alimentación V_{dc} a través de la resistencia R, por la que ahora no pasa una corriente apreciable, ya que se supone que la entrada de datos al contador es de alta impedancia.

Una forma de simular con PSpice el funcionamiento del pulsador en condiciones ideales cuando un vehículo accede al aparcamiento hace uso de dos interruptores temporizados conectados en serie, como muestra la figura 23.5. Como puede verse, uno de ellos está configurado para cerrarse en $t = 100$ ms y el otro para abrirse a continuación en $t = 200$ ms[8]. De esta forma se obtiene el pulso negativo de 100 ms de duración de la figura 23.6, caracterizado por transiciones perfectamente definidas que garantizan de forma inequívoca el registro del nuevo acceso al aparcamiento.

---

[7] La resistencia R se denomina resistencia de *pull-up* (del inglés *pull-up resistor*), y es el término habitualmente adoptado en español, que rara vez se traduce.

[8] Estos interruptores temporizados se denominan Sw_tClose y Sw_tOpen en PSpice, y pueden configurarse para abrirse o cerrarse una única vez. Se encuentran en las bibliotecas ANL_MISC y EVAL.

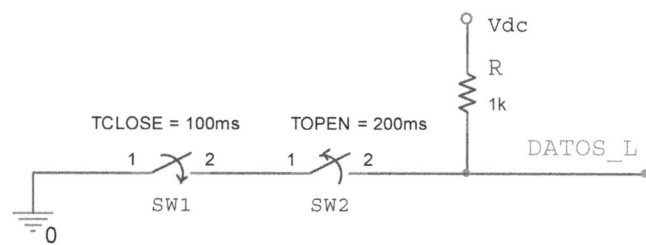

Figura 23.5 Asociación en serie de dos interruptores temporizados configurados para simular la acción de una pulsación ideal de 100 ms de duración ejercida sobre el pulsador de la figura 23.4.

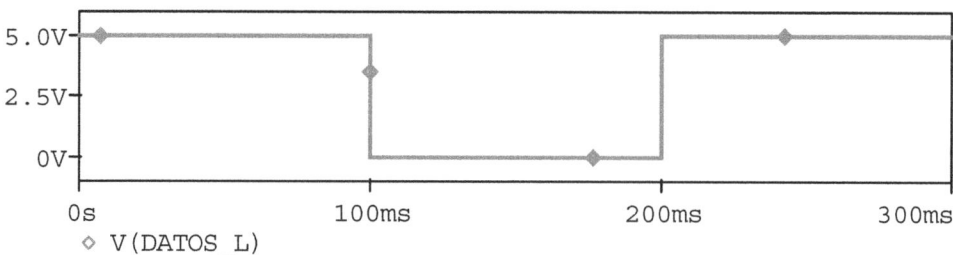

Figura 23.6 Efecto de una pulsación ideal iniciada en el instante $t = 100$ ms y mantenida durante otros 100 ms más en la línea de entrada del contador de vehículos: el voltaje registrado pasa de 5 V a 0 V. Al liberar el pulsador en $t = 200$ ms, la línea recupera su voltaje inicial de 5 V.

Sin embargo, y como se mencionó en la introducción, el comportamiento de un interruptor mecánico dista mucho de garantizar la respuesta idealizada mostrada en la figura 23.6 debido a la presencia de rebotes no deseados en la conmutación. Una forma de conseguir simular, al menos de forma aproximada, la dinámica asociada a las oscilaciones transitorias originadas durante la conmutación de un interruptor mecánico, hace uso del interruptor controlado por tensión Sbreak disponible en PSpice[9]. La figura 23.7 muestra la temporización escogida para abrir y cerrar uno de estos interruptores controlados, denominado SW, mediante una fuente de tensión Vr cuyo voltaje oscila entre 0 V y 1 V de forma no periódica[10]. Ambos valores se han escogido para que coincidan con los voltajes que abren y cierran el interruptor SW en su configuración por defecto: con 0 V el interruptor permanece abierto y con 1 V cerrado. De esta forma, cada vez que la fuente generadora de rebotes Vr pasa de 0 V a 1 V, el interruptor se cierra y la señal DATOS_L adopta el potencial de tierra.

---

[9] El interruptor Sbreak se encuentra en la biblioteca BREAKOUT. En los ejercicios y cuestiones de refuerzo al final del capítulo se propone un circuito alternativo generador de rebotes basado en los interruptores temporizados Sw_tClose y Sw_tOpen.

[10] El componente VPWL (*piece-wise linear voltage source*), ubicado en la biblioteca SOURCE de PSpice, permite configurar el perfil de voltaje escogido para la fuente de tensión Vr.

405

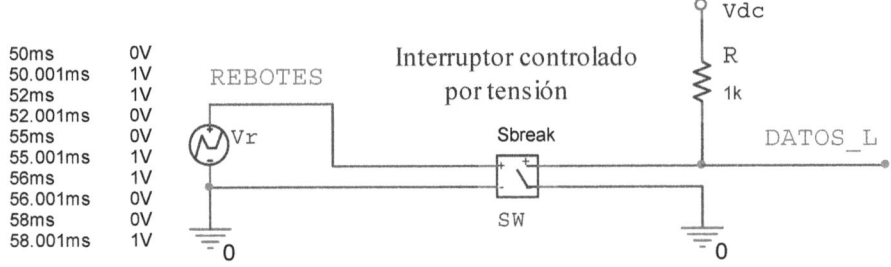

Figura 23.7 Circuito para simular la presencia de rebotes en la señal DATOS_L mediante el interruptor SW, controlado por el generador de tensión Vr.

El voltaje que adopta la señal DATOS_L está condicionado, por lo tanto, por el voltaje en el nodo del circuito denominado REBOTES, como se desprende de la figura 23.8. Como puede verse, se ha configurado la conmutación del interruptor controlado SW para que esta se inicie en $t = 50$ ms y, tras una breve oscilación no periódica que representa los rebotes, se estabilice finalmente en $t = 58$ ms.

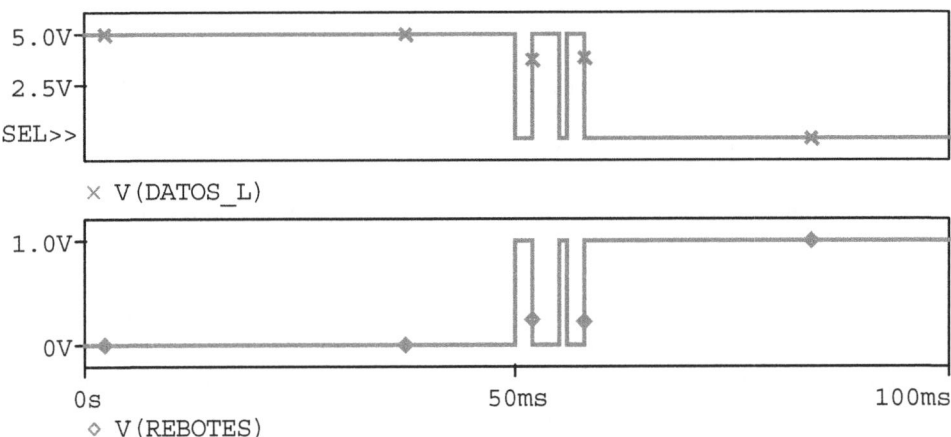

Figura 23.8 Voltaje en la señal DATOS_L tras la conmutación del interruptor controlado por tensión SW de la figura 23.7, configurado para simular la presencia de rebotes.

Resulta evidente, a la vista de la forma de onda de voltaje en la señal DATOS_L tras la conmutación del interruptor controlado por tensión, que el acceso de un vehículo al aparcamiento proporciona con este esquema una lectura falsa debido a la presencia de dos rebotes no deseados previos a la estabilización del voltaje en la línea. El circuito contador de vehículos, suponiendo que está diseñado para detectar el flanco negativo de cada pulso recibido por la señal DATOS_L y asociarlo a un nuevo acceso, no registraría el acceso de un único vehículo como en realidad debería, sino de tres, como consecuencia de la existencia de oscilaciones indeseadas en la conmutación del interruptor mecánico.

Llegados a este punto conviene mencionar que, si bien existen algunos tipos concretos de interruptores que no acusan el problema de los rebotes, como es el caso de los interruptores de láminas con contactos de mercurio o bien los interruptores de efecto Hall (que no son mecánicos), en la práctica no siempre son una opción. Por un lado, el abanico de modelos disponibles y su versatilidad es muy limitada comparada con la de los interruptores mecánicos ([val07]); y por otro, se trata de una solución relativamente cara en el caso particular de los interruptores dotados con contactos de mercurio ([tie12]). Afortunadamente, existen varias soluciones estándar que posibilitan el empleo de interruptores mecánicos para generar con fiabilidad datos binarios en las líneas de entrada de los circuitos lógicos digitales a pesar del ruido eléctrico generado por los rebotes, si bien a costa de incrementar ligeramente el coste y el espacio requerido del diseño electrónico resultante. Una de estas soluciones pasa por eliminar los rebotes mediante circuitos biestables asíncronos, generalmente del tipo $S - R$ o bien $\bar{S} - \bar{R}$. El análisis de la respuesta de estos circuitos biestables conectados a interruptores mecánicos reales (y que por tanto generan rebotes no deseados durante su conmutación), es el objetivo principal del presente capítulo.

La problemática de los rebotes provocados por los interruptores mecánicos en el contexto del diseño lógico, y cómo resolverla recurriendo a biestables asíncronos, es una cuestión de especial relevancia práctica que se aborda en numerosos textos sobre Electrónica Digital. Ejemplos de ello son [bla05], [bro09], [fle80], [flo16], [hor16], [gil95], [hay96], [mal93], [man13], [nel21], [rei10], [rot14], [tau83], [tie12], [tin09], [toc07] y [wak18]. En lugar de emplear biestables asíncronos puede optarse por otras soluciones *hardware* ([hor16]), entre las que destaca un diseño muy extendido basado en una red RC conectada a la entrada de un circuito disparador de Schmitt (que no se expondrá aquí). Alternativamente puede optarse por un enfoque programado, que cuenta con la ventaja de no requerir circuitería adicional. Dicho enfoque es muy frecuente en el contexto del diseño electrónico basado en microcontroladores cuando estos se utilizan para leer entradas digitales cuyo valor lógico depende del estado de un pulsador externo. En este caso, la idea subyacente al algoritmo que se implementa en el programa ejecutado por el microcontrolador consiste en la lectura del estado lógico del pulsador después de transcurrido un determinado tiempo, típicamente 20 ms, desde que se accionó este y se detectó la primera transición en la entrada digital. El código correspondiente puede desarrollarse tanto en ensamblador como en un lenguaje de alto nivel (normalmente en C). Dos textos que ilustran esta solución programada recurriendo al lenguaje ensamblador de los microcontroladores PIC de gama media son [man07] para el PIC16F84 y [val07] para el PIC16F873, mientras que otras dos referencias que proporcionan el código en C son [mar12], en el contexto del desarrollo de proyectos empleando la placa Arduino, y [pre05], de nuevo para un microcontrolador PIC de gama media, concretamente el PIC16F684.

23.3 El biestable asíncrono como circuito antirrebotes

Como se ha mencionado en la sección anterior, una aplicación muy extendida de los biestables asíncronos $S - R$ y $\bar{S} - \bar{R}$, ya introducidos y analizados con detalle en el capítulo anterior, es el filtrado de los rebotes producidos cuando tiene lugar la conmutación de un interruptor mecánico. Seguidamente se mostrará cómo construir circuitos de eliminación de rebotes[11] (o circuitos antirrebotes, para abreviar) a partir de estos dos tipos de biestables asíncronos, así como de un tercer tipo algo más sencillo (y en ocasiones problemático, como veremos), construido a partir de puertas lógicas inversoras. Una particularidad de este esquema de eliminación de rebotes es que requiere el uso de un interruptor de doble vía, ya que no es posible realizarlo con un único interruptor de vía única, como es el caso de un pulsador de contacto momentáneo ([rot14]).

23.3.1 Circuito antirrebotes NOR

En la figura 23.9 se muestran dos variantes de un circuito antirrebotes construido a partir de sendos biestables asíncronos S – R, que como es sabido se implementan con dos puertas NOR de dos entradas. Es inmediato identificar en ambos circuitos el doble lazo de realimentación entre las dos puertas lógicas característico de los biestables asíncronos. Las dos variantes hacen uso de dos resistencias de igual valor y de un interruptor unipolar de dos vías denominadas A y B, que se encuentran conectadas respectivamente a las entradas de establecimiento y de borrado de los biestables. En lo sucesivo nos referiremos a ellas como circuitos antirrebotes NOR.

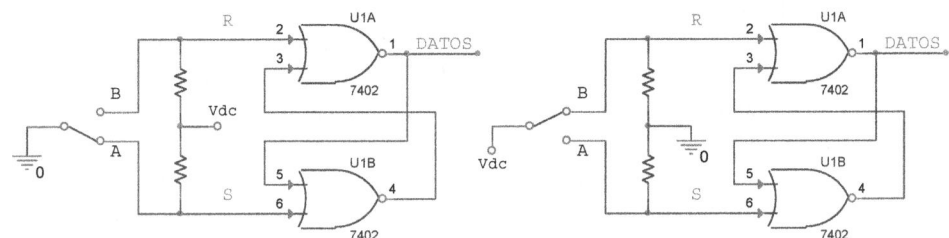

Figura 23.9 Dos circuitos antirrebotes NOR funcionalmente equivalentes construidos a partir de un biestable asíncrono S – R, dos resistencias idénticas y un interruptor de doble vía conectado al potencial de tierra (izquierda) y a una fuente de tensión (derecha).

Obsérvese que la variante de la izquierda utiliza resistencias de *pull-up* y la de la derecha resistencias de *pull-down*. Aunque ambas representaciones son funcionalmente equivalentes, en la práctica es preferible conectar el interruptor a tierra y no al nodo de alimentación ([hor16]). En la variante de la izquierda, la señal S en la entrada de establecimiento se encuentra al potencial de tierra con el interruptor conectado a la vía A. Si se cambia la conexión a la vía B, la señal S deja de estar anclada a tierra y recupera inmediatamente el voltaje de la fuente V_{dc} a través de la resistencia correspondiente de *pull-up*. Análogamente, en la variante de la derecha la señal R en la entrada de borrado está al potencial de la fuente V_{dc} con el interruptor conectado a la vía B. Cambiando la conexión a la vía A, el voltaje de la señal R en la

---

[11] La denominación original en inglés es *debounce circuits*.

entrada de borrado cae al potencial de tierra a través de una de las resistencias, razón por la que en este caso la resistencia se denomina de *pull-down*.

Además de la incorporación del interruptor de doble vía y de las dos resistencias, existe una diferencia adicional entre los dos circuitos antirrebotes mostrados en la figura 23.9 y el biestable asíncrono S – R, y es que en el caso de los circuitos antirrebotes solo se emplea una salida (la línea DATOS) en lugar de las dos disponibles en el biestable, que como es sabido se caracterizan por adoptar valores lógicos complementarios bajo el funcionamiento normal del mismo. Esto se garantiza siempre que no se fuerce un establecimiento y un borrado simultáneo del biestable (es decir, con S = R = 1), situación que debe evitarse como se argumentó en el capítulo anterior. Afortunadamente, la presencia del interruptor de doble vía impide que se dé esta situación anómala, ya que en cualquiera de sus dos posiciones estables las dos señales S y R adoptan valores lógicos complementarios[12]. En consecuencia, las dos salidas del circuito antirrebotes son igualmente complementarias independientemente de la posición del interruptor, y por lo tanto es suficiente con utilizar una de ellas. Con la configuración escogida en ambas variantes (vía A conectada directamente a tierra en el circuito de la izquierda y vía B conectada directamente a la tensión de alimentación en el de la derecha), resulta inmediato verificar a partir del funcionamiento del biestable que la línea DATOS se mantiene estable en un 0 lógico. Actuando sobre ambos interruptores, la vía B pasa a estar conectada directamente a tierra en el circuito de la izquierda y la vía A a la tensión de alimentación en el de la derecha, pasando la línea DATOS a adoptar un 1 lógico, que es igualmente estable, en las dos topologías. Como comprobaremos más adelante tras el análisis mediante simulación del funcionamiento del circuito antirrebotes, las oscilaciones generadas por la conmutación del interruptor no se acoplan en la línea DATOS, que permanece libre de ruido eléctrico en todo momento.

Los circuitos antirrebotes son de gran utilidad práctica en el diseño lógico. Un CI comercialmente disponible de 16 pines que integra cuatro circuitos antirrebotes de tipo S – R con sus correspondientes resistencias de *pull-up* y salidas triestado, controladas por una entrada de habilitación común a todos ellos, es el DM7544/DM8544 ([7544]).

23.3.2 Circuito antirrebotes NAND

Como se recordará del capítulo anterior, los biestables $\bar{S} - \bar{R}$ se construyen con dos puertas lógicas NAND de dos entradas. Las dos topologías funcionalmente equivalentes de circuitos antirrebotes presentadas en el apartado anterior son aplicables también en este caso, resultando las variantes mostradas en la figura 23.10. Las dos señales $\bar{S}$ y $\bar{R}$ se representan en la figura como S_L y R_L, respectivamente. Nos referiremos a ambas topologías como circuitos antirrebotes NAND.

---

[12] Esta situación cambia únicamente durante la breve conmutación del interruptor, ya sea de A hacia B o en sentido inverso. La dinámica de la conmutación se analizará con detalle en la sección 23.4, dedicada a la simulación.

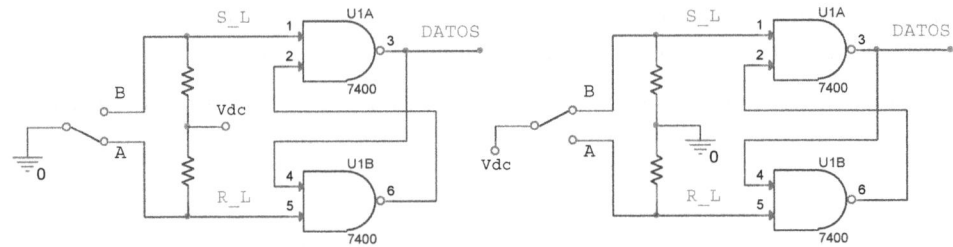

Figura 23.10 Dos circuitos antirrebotes NAND funcionalmente equivalentes construidos a partir de un biestable asíncrono $\overline{S} - \overline{R}$, dos resistencias idénticas y un interruptor de doble vía conectado al potencial de tierra (izquierda) y a una fuente de tensión (derecha).

Obsérvese que la posición de los interruptores en los dos biestables de cada una de las figuras 23.9 y 23.10 coincide intencionadamente, lo que genera de nuevo un 0 lógico en la línea DATOS en las dos configuraciones NAND del circuito antirrebotes. Cambiando la posición de los dos interruptores, la línea DATOS adopta un 1 lógico en ambas topologías, al igual que sucedía con los dos circuitos antirrebotes NOR. La diferencia entre ambos tipos de biestables es la identificación de las líneas de establecimiento y borrado, que como puede comprobarse por inspección de ambas figuras se encuentran intercambiadas.

23.3.3 Circuito antirrebotes NOT

Aunque lo habitual es recurrir a alguna de las configuraciones de circuito antirrebotes NOR o bien NAND, en realidad existe un tercer tipo de biestable más sencillo con el que igualmente se puede construir un circuito antirrebotes. Este nuevo circuito emplea dos puertas lógicas realimentadas entre sí, al igual que las configuraciones anteriores, para crear una estructura con comportamiento biestable. También hace uso de un interruptor de doble vía. La diferencia es que, en este caso, las dos puertas son inversoras (y por lo tanto tan solo hay que cablear una entrada en lugar de las dos entradas de las puertas NOR o NAND), y además se prescinde de las dos resistencias utilizadas en las topologías anteriores. Se trata, por lo tanto, de una simplificación notable con respecto a las dos alternativas previas que, sin embargo, tiene un comportamiento un tanto peculiar, como se revelará en el análisis de la sección 23.4 dedicada a la simulación.

La figura 23.11 muestra el circuito antirrebotes correspondiente, que en el fondo es el biestable con puertas inversoras ya conocido del capítulo anterior pero modificado para dotarlo de dos entradas, conectadas cada una de ellas a las vías A y B del interruptor. Nos referiremos a esta tercera topología como circuito antirrebotes de tipo NOT.

En este circuito biestable las dos salidas adoptan siempre valores lógicos complementarios. Sin embargo, merece la pena analizarlas por separado, debido a que los rebotes generados por la conmutación del interruptor se acoplan ligeramente en ambas. A pesar de ello, comprobaremos que el circuito antirrebotes puede utilizarse tal cual sin mayor problema (al menos en un contexto de simulación). Para dar cuenta de dicho acoplamiento, las señales empleadas en las salidas del biestable se han identificado con los nombres DATOSR y DATOSRN, donde la letra R hace referencia a la presencia de los rebotes acoplados, y la letra N (de "negado") denota que la salida correspondiente adopta el valor lógico complementario al de la salida DATOSR.

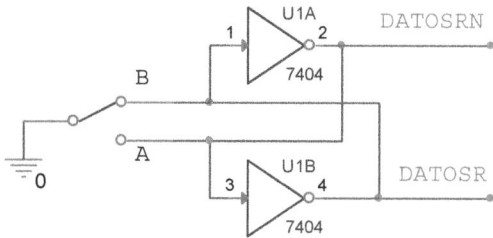

Figura 23.11   Circuito antirrebotes NOT construido a partir de dos puertas inversoras y un interruptor de doble vía conectado al potencial de tierra. (Adaptada de [fle80]).

Si se desea que la línea de salida DATOS no incluya el mencionado acoplamiento de los rebotes puede simplemente añadirse un tercer inversor, como refleja la figura 23.12.

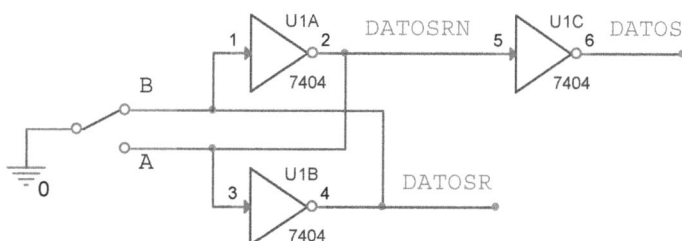

Figura 23.12   Circuito antirrebotes NOT construido a partir de tres puertas inversoras y un interruptor de doble vía conectado al potencial de tierra. (Adaptada de [wak07]).

23.3.4 Detección del acceso a un aparcamiento

En la sección 23.2 se planteó la problemática de los rebotes en un sistema automatizado optoelectrónico concebido para detectar los vehículos que acceden a un aparcamiento. Ahora que ya conocemos cómo construir circuitos antirrebotes mediante biestables asíncronos estamos en condiciones de mejorar el diseño, cancelando para ello el efecto pernicioso de los posibles rebotes mediante el diseño de un sistema optoelectrónico de doble haz que emplea dos módulos emisores de luz A y B y un único biestable S − R, como muestra la figura 23.13. En esta situación de partida no hay vehículos accediendo al aparcamiento y por tanto los dos fototransistores, que se encuentran iluminados, conducen corriente, por lo que tanto la señal S en la entrada de establecimiento como la señal R en la entrada de borrado son un estado bajo (L), y la línea DATOS también lo es.

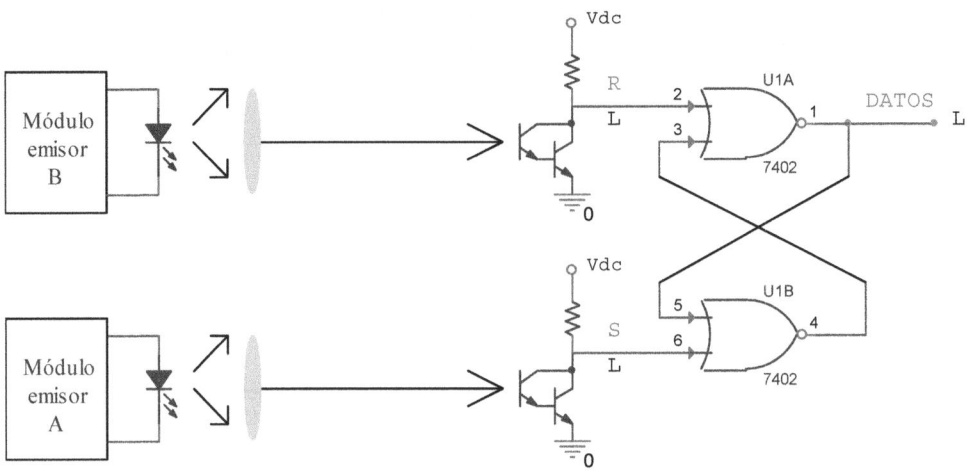

Figura 23.13   Sistema optoelectrónico de doble haz concebido para la detección del acceso de vehículos a un aparcamiento. Se muestra la situación de partida sin vehículos, en la que la línea DATOS se encuentra en un estado lógico bajo (L).

Supongamos ahora que un vehículo accede al aparcamiento e interrumpe el primer haz de luz, como ilustra la figura 23.14.

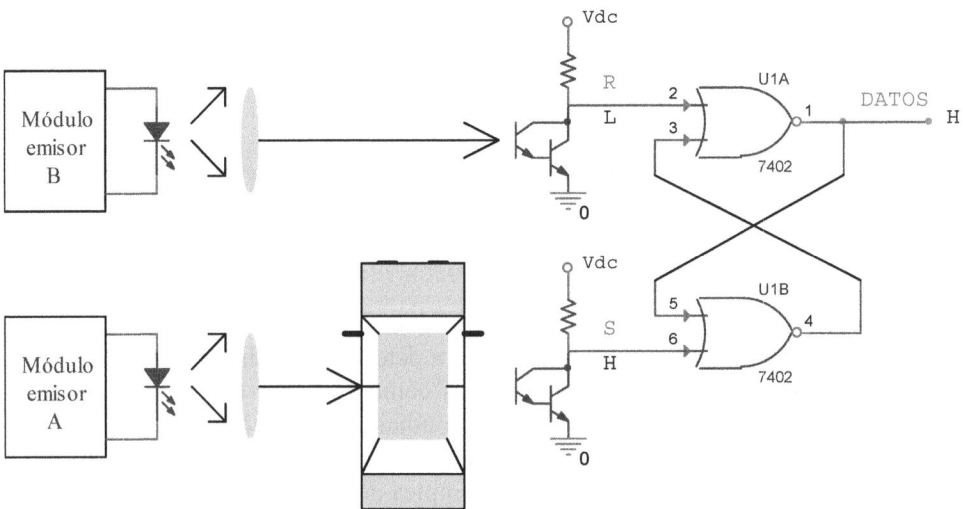

Figura 23.14   Un vehículo interrumpe el primer haz de luz en su aproximación al aparcamiento: la línea DATOS pasa a tener un estado lógico alto (H).

Como la salida de la primera etapa de detección se encuentra conectada a la entrada de establecimiento del biestable, la interrupción del haz de luz obliga a que la señal S sea un estado alto (H), con lo que en la línea DATOS se tendrá igualmente un estado alto. Además, y esto es lo que dota al sistema de la robustez necesaria, dicha línea será insensible a la posible interrupción intermitente del haz mientras el vehículo pasa por el primer detector, debido precisamente a la acción del circuito biestable.

Inmediatamente después sucede que el vehículo, que en ningún momento se ha detenido, deja de interrumpir el primer haz de luz y pasa a interrumpir el segundo, que se ubica a continuación del primero en la trayectoria de acceso al aparcamiento, tal y como muestra la figura 23.15. En este caso S pasa a ser un estado bajo (L) y R un estado alto (H), con lo que la línea DATOS pasa de H a L. La posible intermitencia en la interrupción del segundo haz tampoco altera el estado lógico de DATOS, de nuevo por la acción del biestable.

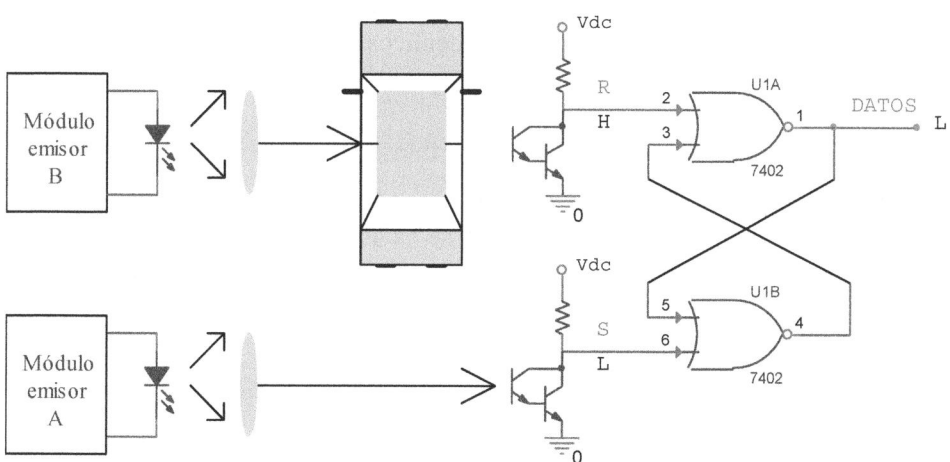

Figura 23.15   Un vehículo interrumpe el segundo haz de luz en su aproximación al aparcamiento: la línea DATOS vuelve a ser un estado lógico bajo (L).

Finalmente, el vehículo sigue avanzando en su aproximación al aparcamiento y deja de interrumpir el segundo haz, por lo que se vuelve a la situación de partida de la figura 23.13. Como consecuencia de todo el proceso se origina un pulso positivo perfectamente limpio en la línea DATOS, cuya duración coincide con el tiempo que emplea el vehículo en interrumpir los dos haces de luz, y que es del orden del segundo dada la proximidad de los haces. Este pulso será interpretado por un circuito contador, cuya entrada de reloj se encuentre conectada a DATOS, como un nuevo acceso al aparcamiento.

Si bien esta solución propuesta no es realmente óptima, puesto que requiere un sistema de doble haz que añade complejidad y coste al diseño, ilustra muy bien el potencial de los biestables asíncronos para cancelar los posibles pulsos espurios en las señales lógicas sin necesidad de añadir otros módulos electrónicos. Una alternativa al diseño propuesto, basada igualmente en un biestable S – R y que emplee un único haz de luz en lugar de dos, deberá contar necesariamente con cierta lógica extra que fuerce de forma automática un borrado del biestable tras su establecimiento, para garantizar así la formación de un pulso de duración controlada por cada vehículo que accede al aparcamiento.

23.4 Simulación

Una vez introducidos los tres circuitos antirrebotes, construidos con diferentes tipos de biestables asíncronos en la sección anterior, es el momento de analizar la dinámica de la conmutación recurriendo para ello a la ejecución de simulaciones. Tras el análisis se comprenderá la utilidad de los circuitos biestables para la eliminación de los rebotes en los interruptores mecánicos con absoluta fiabilidad.

El análisis se restringe únicamente a los circuitos antirrebotes de tipo NAND y NOT, debido a que el funcionamiento de la variante NOR durante la conmutación del interruptor se explica con argumentos idénticos a los utilizados para la variante de tipo NAND.

23.4.1 Funcionamiento del circuito antirrebotes NAND

Para ilustrar la dinámica asociada a la conmutación del interruptor de doble vía, presente en un circuito antirrebotes NAND, se ha escogido la topología en la que el interruptor cuenta con una conexión permanente al nodo de tierra. Se trata de analizar la conmutación del interruptor en los dos sentidos; cuando el polo se desplaza de la vía A a la B y también a la inversa, como indican las flechas sobre los interruptores en la figura 23.16.

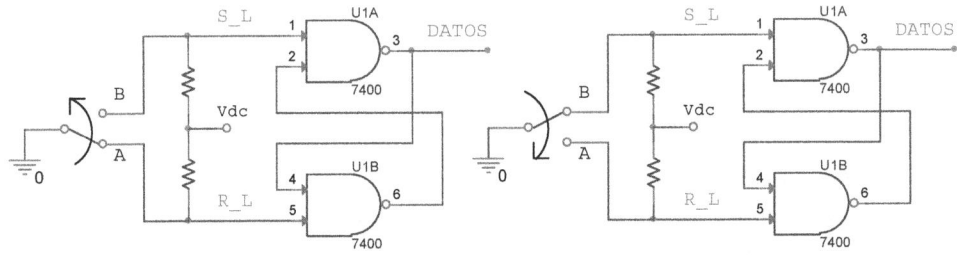

Figura 23.16 Conmutación bidireccional del interruptor en un circuito antirrebotes NAND: desplazamiento del polo de la vía A a la B (izquierda), y de la vía B a la A (derecha).

Durante la conmutación del interruptor (por ejemplo, en el paso de la vía A a la B), los rebotes tienen lugar tanto al principio como al final de la conmutación. Cuando el polo, inicialmente en contacto con la vía A, se desplaza hacia la vía B, surgen varias oscilaciones debido al contacto intermitente del polo con la vía A. Posteriormente, y tras realizar el polo un primer contacto con la vía B, vuelven a reproducirse las oscilaciones, esta vez sobre dicha vía. Es importante tener en cuenta, para garantizar el correcto funcionamiento del interruptor, que a pesar de los rebotes que experimenta el polo sobre la vía B, en ningún momento dichos rebotes son de una amplitud suficiente como para ocasionar un contacto accidental con la vía A.

Los circuitos correspondientes adaptados para simulación se muestran en la figura 23.17. Para simular la presencia de rebotes en la conmutación bidireccional se han configurado los estímulos digitales denominados AaB-ini, AaB-fin, BaA-ini y BaA-fin, conectados a las entradas del biestable y ejecutados en la simulación en ese orden. Este enfoque es apropiado en este caso, ya que las dos resistencias de *pull-up* del circuito antirrebotes NAND garantizan en todo momento la conexión de las entradas de establecimiento y de borrado a un potencial externo (ya sea el de tierra o el de la fuente de alimentación V_{dc}), incluso durante el breve período transitorio que requiere la conmutación del interruptor.

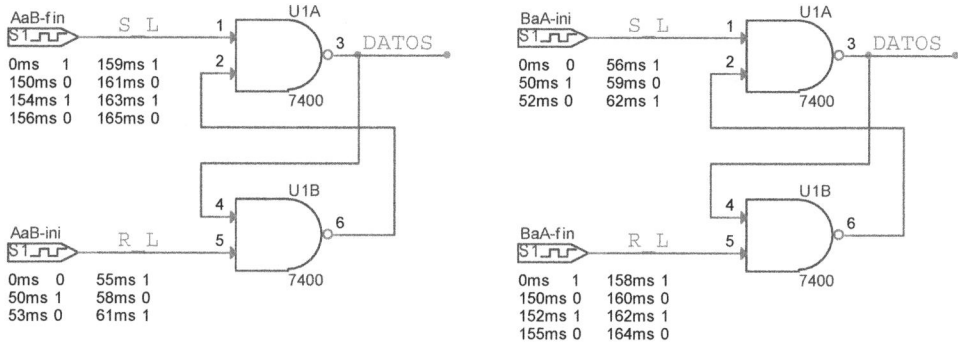

Figura 23.17 Adaptación para simulación de la conmutación bidireccional representada en el circuito antirrebotes NAND de la figura 23.16.

Como se desprende de la temporización escogida para los estímulos digitales AaB-ini y AaB-fin, la conmutación se inicia con una serie de rebotes de desigual duración del polo sobre la vía A, que se inician en $t = 50$ ms y se prolongan durante 11 ms hasta que concluyen en $t = 61$ ms, afectando a la señal R_L en la entrada de borrado del biestable. Transcurridas dichas oscilaciones, el polo se desplaza desde la vía A a la vía B a lo largo de unos 100 ms, alcanzando a esta última en $t = 150$ ms y experimentando a partir del primer contacto varios rebotes que alteran repetidamente el estado de la señal S_L en la entrada de establecimiento del biestable, hasta que el contacto se estabiliza finalmente en $t = 165$ ms, transcurridos 15 ms.

La figura 23.18 muestra en un cronograma la presencia de los rebotes que surgen tanto en la vía A como en la B durante la conmutación del interruptor en el sentido de A hacia B. Como puede verse, al principio de la simulación la línea DATOS es un 0 lógico como cabe esperar, debido a que únicamente la entrada de borrado es asertiva (es decir, R_L = 0 y S_L = 1). Cuando en $t = 50$ ms se inician los rebotes sobre la vía A, la entrada de borrado pierde intermitentemente el contacto con dicha vía y su valor lógico fluctúa en consecuencia entre 0 y 1, hasta que cesan los rebotes y se estabiliza en un 1 lógico. Con R_L = 1 y S_L = 1, la línea DATOS resulta inalterada y mantiene su valor lógico a 0.

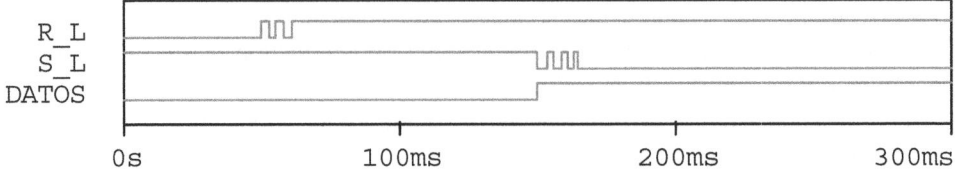

Figura 23.18 Presencia de rebotes en las dos entradas del biestable durante la conmutación del interruptor de la vía A a la B. Gracias a la acción del biestable, la línea DATOS efectúa una transición limpia entre los niveles lógicos 0 y 1.

Tras el desplazamiento del polo y su primer contacto con la vía B, la señal S_L adopta momentáneamente el potencial de tierra y fuerza un establecimiento del biestable transcurridos unos pocos nanosegundos al ser ahora S_L = 0 y R_L = 1, con lo que el valor lógico de DATOS pasa de 0 a 1. Es precisamente a partir de este instante de la conmutación cuando se aprecia inequívocamente la acción de filtrado que ejerce el biestable sobre las oscilaciones, ya que los sucesivos rebotes del polo sobre la vía B, caracterizados por R_L = 1 y S_L = 1, no tienen efecto alguno sobre el nuevo estado de la línea DATOS, que se mantiene estable en un 1 lógico hasta el final de la simulación. A la vista del cronograma es evidente que, a pesar de las oscilaciones que experimentan las dos señales R_L y S_L durante la conmutación del interruptor, la salida DATOS efectúa una transición perfectamente limpia, carente de ruido eléctrico acoplado.

El paso de la posición B a la A se analiza empleando un argumento análogo. En este caso la línea DATOS se encuentra inicialmente en un 1 lógico y los estímulos digitales involucrados son BaA-ini y BaA-fin, que se han configurado para que los rebotes en B y en A, de desigual duración como en el caso anterior, se prolonguen durante 12 y 14 ms, respectivamente.

El cronograma correspondiente se muestra en la figura 23.19. En el instante inicial el valor lógico de las señales de establecimiento y borrado es S_L = 0 y R_L = 1, lo que garantiza que DATOS se mantenga en un 1 lógico. Las sucesivas oscilaciones que afectan a S_L a partir del instante t = 50 ms, una vez que el polo inicia su desplazamiento hacia la vía A, no tienen efecto alguno en DATOS, al ser R_L = 1 y S_L = 1. En t = 150 ms se produce el primer contacto del polo con la vía A, y por lo tanto se tiene que R_L = 0 y S_L = 1. Esta situación fuerza el borrado del biestable y DATOS pasa a ser un 0 lógico a los pocos nanosegundos de producirse el contacto. La serie de rebotes que tienen lugar a continuación hasta que el polo contacta de forma estable con la vía A (durante los cuales es R_L = 1 y S_L = 1) no alteran el valor lógico definitivo de DATOS, que se mantiene en 0 hasta el final de la simulación.

De nuevo, la transición vuelve a ser en este caso inmune al ruido eléctrico provocado por la conmutación.

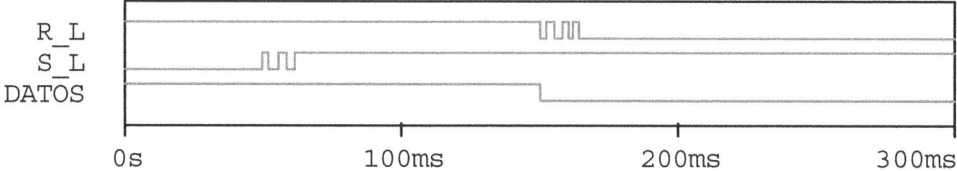

Figura 23.19 Presencia de rebotes en las dos entradas del biestable durante la conmutación del interruptor de la vía B a la A. Gracias a la acción del biestable, la línea DATOS efectúa una transición limpia entre los niveles lógicos 1 y 0.

23.4.2 Funcionamiento del circuito antirrebotes NOT

El circuito que se pretende analizar mientras tiene lugar la conmutación del interruptor es la variante con tres puertas inversoras mostrada en la figura 23.12, contemplando únicamente el caso en el que el polo se desplaza desde la vía B hasta la A, tal y como indica el sentido de la flecha sobre el interruptor en la figura 23.20.

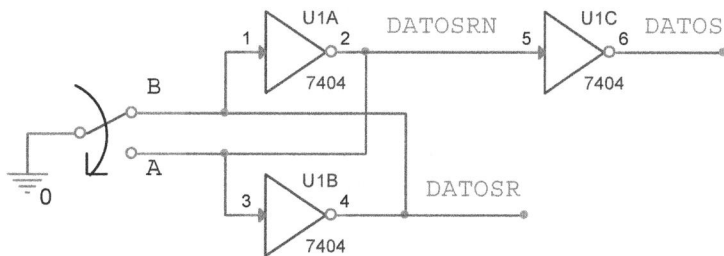

Figura 23.20 Conmutación unidireccional del interruptor en un circuito antirrebotes NOT: se muestra el desplazamiento del polo desde la vía B a la A.

El circuito adaptado para simulación es necesariamente más complejo que en el caso anterior debido a que la topología NOT carece de resistencias. Sin ellas ya no se garantiza una conexión simultánea de las dos entradas del biestable a un potencial fijo externo, ni siquiera cuando el interruptor se encuentra en reposo. Tomando como ejemplo la posición fija del interruptor en el circuito de la figura 23.20, es evidente que solo la puerta inversora U1A tiene una conexión directa con un potencial externo, en este caso el de tierra. El voltaje en la entrada de la puerta U1B se corresponde con el nivel lógico alto que entrega la salida de la puerta inversora U1A, pero no se trata de una conexión directa a la fuente de tensión que alimenta al CI, en el que se encuentran integradas las puertas lógicas inversoras. Por lo tanto, no resulta apropiado en este caso utilizar estímulos lógicos conectados directamente a las entradas de las puertas, como se hizo en el análisis previo del circuito antirrebotes NAND. En su lugar, es necesario escoger dos interruptores controlados por tensión, denominados SWA y SWB, que se encargan de generar los rebotes en sus correspondientes vías. La figura 23.21 muestra el circuito resultante.

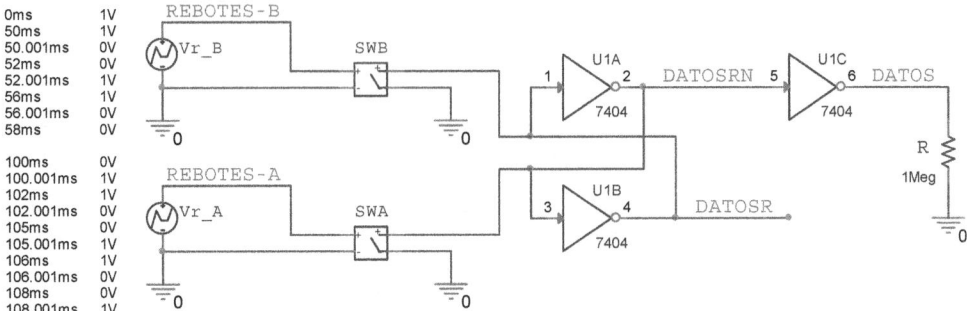

Figura 23.21   Adaptación para simulación de la conmutación unidireccional del interruptor desde la vía B a la A representada en el circuito antirrebotes de la figura 23.20.

La temporización escogida para definir la duración de los rebotes en las vías A y B se muestra en la figura 23.22. Esta vez se ha reducido por conveniencia el tiempo que se prolonga la conmutación a aproximadamente la mitad (unos 50 ms) con respecto al tiempo escogido en el caso del circuito antirrebotes NAND. Como puede verse, en la vía B, donde se origina la conmutación, se ha definido un único rebote en la transición del 1 al 0 lógico, mientras que en la vía A se aprecian dos rebotes en la transición contraria del 0 al 1 lógico. Aunque todos ellos tienen asignada una duración diferente, esta siempre es del orden del milisegundo, tal y como sucede en la conmutación real de un interruptor mecánico.

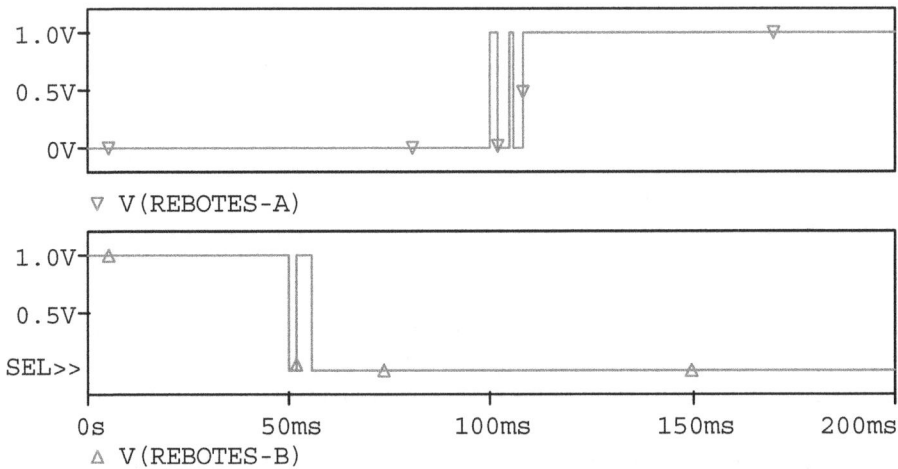

Figura 23.22   Temporización escogida para definir el número de rebotes y su duración en las vías A y B. Obsérvese la diferente duración asignada a cada uno de ellos.

Otro aspecto a tener en cuenta es que, al fijar la tensión del generador Vr_B en 1 V al comenzar la simulación, se garantiza que el interruptor controlado SWB se mantiene cerrado justo hasta el instante que marca el comienzo de la conmutación del interruptor de doble vía en t = 50 ms, y por lo tanto el nivel lógico en la salida DATOSR es inicialmente un 0. Por el contrario, el interruptor controlado SWA se mantiene abierto desde el principio de la simulación hasta que el polo, inicialmente en reposo sobre la vía B, contacta por primera vez con la vía A en t = 100 ms. Con el interruptor SWA abierto y DATOSR a 0, se tiene que la salida DATOSRN es 1.

En t = 50 ms, cuando se inicia la conmutación y el polo se separa de la vía B, se observa un comportamiento que es característico del circuito antirrebotes NOT. Al carecer de resistencias de *pull-up*, el nivel lógico en DATOSR se sigue manteniendo en un 0 gracias al lazo de realimentación existente entre las dos puertas inversoras. Sin embargo, el voltaje en dicha salida experimenta una ligera variación, pasando de ser 12,16 mV (que es el voltaje residual en el interruptor controlado SWB cuando está cerrado) a ser el voltaje de salida en estado bajo V_{OL} del inversor U1B, que con las puertas inversoras TTL estándar empleadas es de 97,13 mV según los resultados de simulación. En el cronograma de la figura 23.23 se aprecia con claridad la aparición de dicha pequeña variación de voltaje en cada uno de los rebotes[13].

A continuación, cuando el polo contacta finalmente con la vía A en t = 100 ms y fija su voltaje en 0 V, se produce una situación anómala: la puerta inversora U1A intenta mantener el 1 lógico existente en la salida DATOSRN previo a t = 100 ms; sin embargo, la conexión a tierra de la vía A fuerza necesariamente un cortocircuito momentáneo en la salida de dicha puerta, que se mantiene únicamente durante los aproximadamente 30 ns que tarda en propagarse el nuevo 0 lógico existente en la entrada del inversor U1B a través de las dos puertas del biestable (la propagación parte de la entrada de U1B hasta su salida; y de esta, que se encuentra conectada a su vez con la entrada de U1A, de nuevo hasta la salida de dicha puerta). Transcurrido ese breve tiempo de propagación, el biestable queda asentado en un nuevo estado que es mantenido firmemente por el doble lazo de realimentación existente entre las puertas inversoras, y que se caracteriza por un 0 lógico en la salida de U1A y un 1 lógico en la salida de U1B. A partir de ese momento, los rebotes producidos en la vía A no alteran los niveles lógicos de ninguna de las salidas DATOSR y DATOSRN; tan solo afectan ligeramente al voltaje en DATOSRN como se aprecia en la figura 23.23, que coincide esta vez con el voltaje en estado bajo V_{OL} del inversor U1A.

Por lo que respecta al voltaje en estado alto V_{OH} entregado por la simulación, este coincide en las tres salidas DATOSR, DATOSRN y DATOS, siendo de 3,495 V. Dicho voltaje está en consonancia con el valor típico publicado en las hojas de características de la puerta inversora TTL estándar 7404, que es de 3,4 V asumiendo una tensión de alimentación de 5 V y 25 °C.

---

[13] La dinámica de la conmutación aquí expuesta se describe en [wak07].

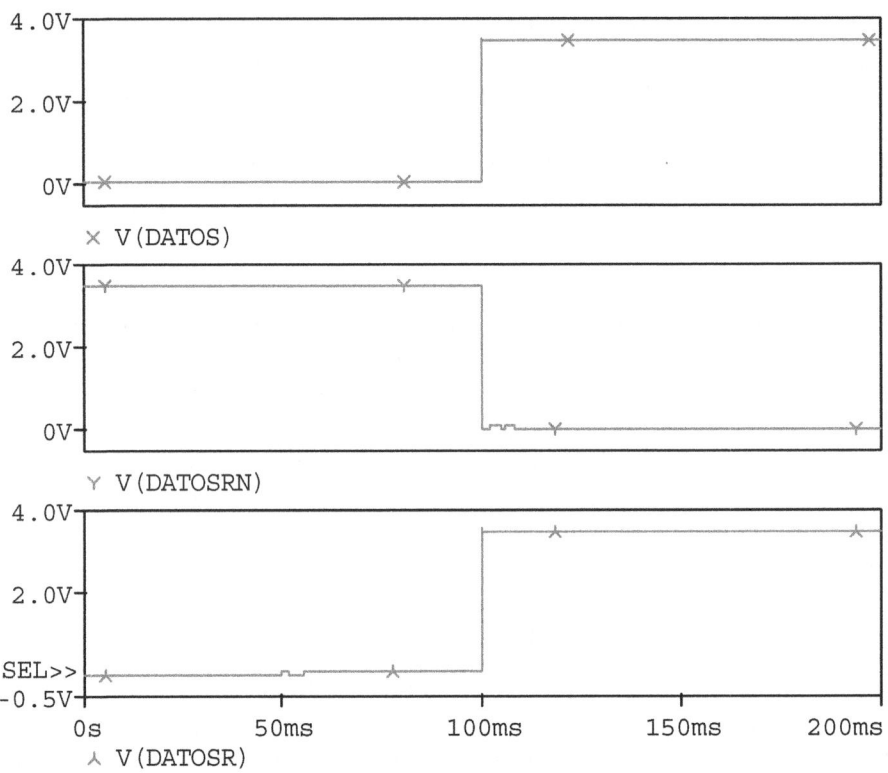

Figura 23.23 Cronograma correspondiente a la temporización de la figura 23.22. Es perceptible el ligero efecto de acoplamiento de los rebotes en las salidas complementarias DATOSR y DATOSRN, con una amplitud cercana a los 100 mV en ambos casos. Dicho acoplamiento no se manifiesta en la línea DATOS.

Valores de voltaje muy similares se obtienen de la simulación al sustituir las puertas inversoras TTL estándar 7404 por puertas de la subfamilia TTL-LS. Con puertas lógicas del CI 74LS04, resulta $V_{OH} = 3,449$ V y $V_{OL} = 108,80$ mV, mientras que el voltaje residual en los interruptores controlados cuando están cerrados es menor en este caso, de tan solo 2,18 mV. La situación cambia considerablemente si se escogen puertas inversoras de la subfamilia CMOS-ACT. Con puertas 74ACT04, resulta $V_{OH} = 4,999$ V y $V_{OL} = 0,466$ mV, siendo ambos valores prácticamente ideales con una alimentación de 5 V. En este caso, además, el voltaje residual en los interruptores controlados es aún menor, de tan solo 45,16 µV. Sin embargo, en [wak07] se advierte de que el circuito antirrebotes NOT no debería emplearse con dispositivos capaces de suministrar una corriente elevada en estado alto, como es el caso de la subfamilia CMOS-ACT, debido al cortocircuito puntual que sufre la salida del inversor U1A cuando el interruptor de doble vía pasa de B a A. Si bien dicho cortocircuito es lo suficientemente breve como para no poner en peligro al dispositivo, se puede generar como efecto colateral un pulso de ruido en los nodos de alimentación y tierra, con el consiguiente riesgo de provocar el funcionamiento incorrecto de otros circuitos lógicos del sistema. De nuevo según [wak07], subfamilias lógicas como la TTL-LS o la CMOS-HCT, con una capacidad limitada para aportar corriente, resultan ser más apropiadas para construir el circuito antirrebotes NOT, debido a que la corriente de cortocircuito de sus dispositivos es sensiblemente menor y, en consecuencia, los efectos colaterales no deberían ser tan perniciosos.

23.5 Componentes

Circuitos integrados

74LS00 (1x). CI TTL con 4 puertas NAND de 2 entradas.
74LS04 (1x). CI TTL con 6 inversores.

Resistencias

270 Ω (1x), 1 kΩ (2x).

Diodos

Ledes (1x).

Interruptores

Interruptor de palanca basculante de dos posiciones y tres terminales (2x).

23.6 Verificación experimental

Aunque con los montajes experimentales propuestos a continuación los rebotes asociados a la conmutación del interruptor resultan imperceptibles, dichos montajes resultan útiles para familiarizarse con el uso de un interruptor de palanca basculante de doble vía insertado en la placa de prototipos. En el apéndice E se identifican sus tres terminales y se describe su funcionamiento en función de la posición de la palanca. Se experimentará con los circuitos antirrebotes de tipo NAND y NOT analizados previamente mediante simulación.

23.6.1 Circuito antirrebotes NAND

Procedimiento

1. Montar el circuito antirrebotes de tipo NAND de la figura 23.24 y verificar que, con la posición indicada del interruptor, hay un 0 lógico en la línea DATOS (el led permanece apagado).

2. Accionar el interruptor para desconectar la vía A de tierra y conectar en su lugar la vía B. Verificar que hay un 1 lógico en la línea DATOS (el led emite luz).

3. Generar un tren de pulsos de polaridad positiva en la línea DATOS cambiando repetidamente la posición del interruptor.

4. Desconectar el led y su resistencia de polarización del montaje. Con la línea DATOS en estado alto, medir su voltaje y compararlo con los valores indicados en las hojas de características técnicas del 74LS00. Repetir el procedimiento con la línea DATOS en estado bajo.

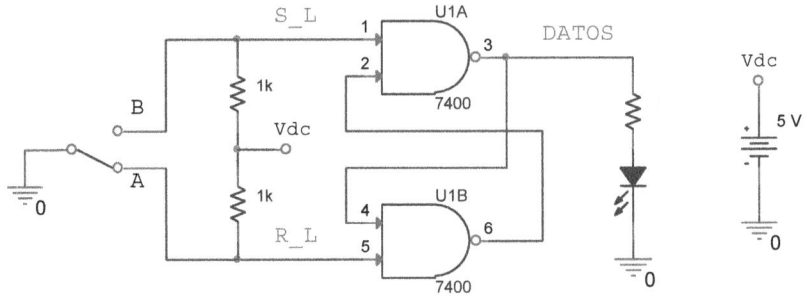

Figura 23.24   Circuito antirrebotes de tipo NAND con un led en su salida.

23.6.2 Circuito antirrebotes NOT

Procedimiento

1. Montar el circuito antirrebotes de tipo NOT de la figura 23.25 y verificar que, con la posición indicada del interruptor, hay un 0 lógico en la línea DATOS (el led permanece apagado).

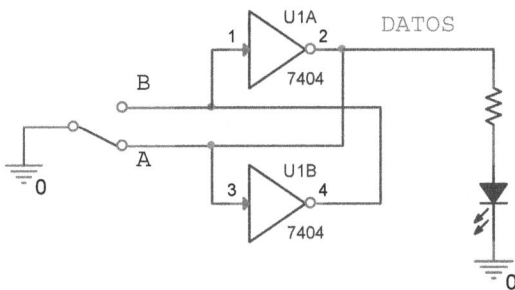

Figura 23.25   Circuito antirrebotes de tipo NOT con un led en su salida.

2. Accionar el interruptor para desconectar la vía A de tierra y conectar en su lugar la vía B. Verificar que hay un 1 lógico en la línea DATOS (el led emite luz).

3. Generar un tren de pulsos de polaridad positiva en la línea DATOS cambiando repetidamente la posición del interruptor.

4. Desconectar el led y su resistencia de polarización del montaje. Con la línea DATOS en estado alto, medir su voltaje y compararlo con los valores suministrados en las hojas de características técnicas del 74LS04.

23.7 Ejercicios y cuestiones de refuerzo

a) En la sección 23.2 se menciona que existe una alternativa a los circuitos anti-rrebotes construidos con biestables asíncronos estudiados en este capítulo. Dicho esquema alternativo hace uso de un disparador de Schmitt para eliminar los rebotes. Busca referencias que describan su funcionamiento y compáralo con el expuesto aquí.

b) Reproduce el análisis mediante simulación del circuito antirrebotes de tipo NAND realizado en la sección 23.4 con la variante antirrebotes de tipo NOR.

c) En los circuitos antirrebotes de tipo NOR y NAND se han presentado dos varian-tes funcionalmente equivalentes, que difieren únicamente en la conexión del interruptor. En una de ellas existe una conexión directa del terminal común del interruptor de doble vía a tierra y hace uso de resistencias de *pull-up*. En la segunda variante, el terminal común del interruptor se conecta directamente a una fuente de alimentación y las resistencias utilizadas son de *pull-down*. Sin embargo, en el circuito antirrebotes de tipo NOT se ha recurrido exclusivamente a la variante con conexión a tierra. ¿Sería posible emplear también la segunda opción con conexión a una fuente de alimentación? ¿Cuál es preferible en este caso?

d) En la figura 23.7 se muestra un circuito generador de rebotes basado en un interruptor controlado por tensión. La figura 23.26 es un circuito alternativo basado en cinco interruptores temporizados conectados en serie y en paralelo, configurado para reproducir exactamente la secuencia de rebotes obtenida con el circuito de la figura 23.7 y su temporización asociada. Analiza el circuito alternativo propuesto y experimenta con él empleando diferentes secuencias de rebotes de duración arbitraria.

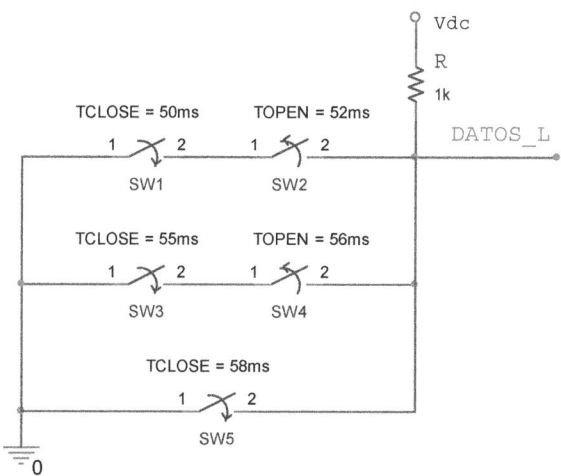

Figura 23.26   Circuito generador de rebotes creado mediante la combinación de interruptores temporizados conectados en serie y paralelo.

Cerradura digital de combinación

24.1 Introducción

En la introducción del capítulo 22, dedicado a los biestables asíncronos, se citaron brevemente algunos de los aspectos clave que caracterizan el funcionamiento de los circuitos secuenciales asíncronos de modo pulso, que los distinguen de los circuitos de modo fundamental. El presente capítulo ilustra una de las aplicaciones típicas de los circuitos asíncronos de modo pulso, que es la detección de una secuencia determinada de pulsos que recibe el circuito secuencial, de forma asíncrona y no simultánea, por sus diferentes líneas de entrada. Teniendo en cuenta que la secuencia de pulsos que se debe detectar es única, en el fondo de lo que se trata es de abordar el diseño de una cerradura digital de combinación, cuya apertura tiene lugar únicamente en el caso de que dicha secuencia sea la correcta. Para evitar complicar excesivamente la síntesis resultante se mostrará en las siguientes secciones el diseño, el análisis y la verificación experimental de un circuito detector que posee solo dos líneas de entrada por las que recibir secuencias de pulsos no sincronizadas.

En un caso más general, el interfaz con el usuario de un detector de pulsos concebido como una cerradura digital podría estar constituido no solo por dos únicas líneas de entrada, como se propone aquí, sino por el conjunto de líneas asociadas a un teclado numérico estándar de diez dígitos, similar al que se encuentra disponible en los cajeros automáticos. Como es bien conocido, dicho teclado es utilizado para verificar la clave de la tarjeta, empleando para ello una única secuencia de cuatro pulsos no consecutivos, introducidos por algunas de las diez líneas de entrada disponibles en el teclado mediante la pulsación de las teclas correspondientes.

En la práctica, sin embargo, no se recurre a la lógica asíncrona de modo pulso para diseñar el sistema electrónico digital dedicado a la lectura del teclado de un cajero automático, sino a la lógica síncrona programada. En este caso se trata de un sistema empotrado en el que un procesador digital (típicamente un microcontrolador) almacena en su memoria la clave introducida por el teclado para su validación posterior mediante la conexión a un servidor, que almacena todas las claves de los usuarios[1].

El correcto diseño de los circuitos secuenciales asíncronos de modo pulso parte de las siguientes tres hipótesis ([nel21]):

1) Los pulsos no aparecen simultáneamente en dos o más líneas de entrada.

2) Las transiciones de los elementos de memoria son iniciadas únicamente por los pulsos recibidos en las líneas de entrada.

3) Las variables de entrada solo se emplean en la forma complementada o en la no complementada, pero no en ambas.

La primera hipótesis es necesaria para garantizar la robustez del diseño. Obsérvese que, en el caso de aplicar sendos pulsos de manera simultánea a dos de las líneas de entrada del circuito, uno de los pulsos llegará inevitablemente un poco antes que el otro y, por lo tanto, el cambio ocasionado en la memoria de estado dependerá del pulso que llegue antes. Es evidente que este comportamiento impredecible no es aceptable, ya que un buen diseño no debe depender de los elementos parásitos resistivos y capacitivos del circuito. De hecho, para satisfacer la primera hipótesis los pulsos de entrada no deben solaparse: la separación en el tiempo de dos o más pulsos recibidos por diferentes líneas de entrada debe prolongarse durante, al menos, el tiempo de respuesta del elemento de memoria más lento. Con este prerrequisito, que es ciertamente restrictivo, se trata en realidad de evitar la recepción de un nuevo pulso mientras algún elemento de memoria del circuito se encuentre cambiando de estado.

---

[1] Puede consultarse en [val07] el algoritmo de lectura de un teclado matricial de dieciséis teclas que se encuentra conectado a uno de los puertos de un microcontrolador PIC. El algoritmo, implementado en lenguaje ensamblador, resuelve por programa, mediante una subrutina de espera, el problema de los rebotes asociados a la pulsación de las teclas que se analizó en el capítulo 23. Un algoritmo alternativo se propone en [art02], en el contexto del diseño de la lógica de control síncrona de una cerradura electrónica, que implementa en un PLD una máquina de estados finitos programada en VHDL cuyo objetivo es comparar el código BCD de cada tecla pulsada con la clave de apertura.

Afortunadamente existen módulos lógicos que resuelven la problemática del posible solapamiento de dos o más pulsos recibidos por las diferentes líneas de entrada disponibles, a los que conviene recurrir en aquellas aplicaciones donde la simultaneidad de los pulsos constituya un riesgo potencial. Dichos módulos lógicos están especialmente diseñados para otorgar el acceso al circuito a solo un pulso de entrada a la vez, en el caso de que tenga lugar una recepción simultánea de varios de ellos. Una situación parecida se da en un sistema digital formado por diferentes dispositivos que comparten un recurso común al que acceden periódicamente. Probablemente el ejemplo más típico de este tipo de sistemas es el de los buses en un computador y constituye, de hecho, la aplicación por excelencia de estos módulos lógicos, que se denominan árbitros asíncronos de bus (o simplemente **árbitros**)[2], debido a que efectivamente arbitran entre dos o más solicitudes asíncronas de acceso al bus, que pueden llegar a solaparse (en el sentido de que un dispositivo pueda requerir el acceso al bus mientras un segundo dispositivo tiene todavía el control sobre este). La tarea a la que se enfrentan los árbitros de bus es todo un reto, considerando que la metaestabilidad puede afectar negativamente su funcionamiento si no se cuenta en el diseño con una etapa de detección de metaestabilidad, y que además su complejidad aumenta considerablemente con el número de dispositivos que comparten el bus. Por ejemplo, para un sistema de bus con solo tres dispositivos hay seis órdenes distintos en los que puede tener lugar el acceso, y el árbitro de bus debe tener presente todos ellos a través de una correcta secuencia entre estados. La problemática del arbitraje asíncrono ante entradas que compiten entre sí es una cuestión que puede llegar a ser muy compleja, y solo se encuentra descrita con cierto detalle abordando el proceso de diseño correspondiente en referencias muy concretas como son [bro09], [nel21] y [tin09], de entre las citadas en la bibliografía. En el caso de [bro09] se expone un ejemplo de diseño asíncrono con dos entradas y otro síncrono de tres: mientras que el árbitro asíncrono responde con suma rapidez a los cambios en sus entradas, el tiempo de respuesta de la variante síncrona es mucho más lento al encontrarse condicionado por el reloj de sincronismo.

En cualquier caso, la cuestión del posible solapamiento en el tiempo de varios pulsos por diferentes entradas no afecta al buen funcionamiento de una cerradura digital como la que se plantea aquí, puesto que en la práctica carece de sentido generar de forma manual pulsaciones simultáneas en dos o más de sus líneas de entrada. Finalmente, cabe destacar el hecho de que, al garantizar el cumplimiento de la primera hipótesis, un circuito de modo pulso con N líneas de entrada solo cuenta con N+1 condiciones de entrada en lugar de las 2^N que son esperables en los circuitos síncronos.

La segunda hipótesis implica que un cambio de estado en el circuito secuencial es consecuencia de la llegada de un nuevo pulso. Los pulsos en las líneas de entrada

---

[2] Del inglés *arbiter*. Otras denominaciones equivalentes son *interlock element* y *mutual-exclusion element*. Conviene mencionar que los circuitos sincronizadores utilizados como elementos de interfaz ante entradas asíncronas pueden considerarse un caso especial de árbitro caracterizado por tener una de sus entradas conectadas al reloj ([rab04]).

asumen la función de disparo de los biestables, que es realizada por la señal de reloj en los circuitos síncronos. Además, un circuito de modo pulso se diseña para responder a pulsos de una duración determinada ([hay96]): aunque no hay una cota superior que limite la duración del pulso, sí existe una cota inferior que debe respetarse ([tin09]). De la segunda hipótesis se desprende que las señales constantes entre los pulsos se consideran elementos espaciadores que no afectan al funcionamiento del circuito ([hay96]).

Por lo que respecta a la tercera hipótesis, hay que tener presente que el circuito solo recibe información cuando se presenta un pulso en alguna de sus líneas de entrada, y que su llegada no puede anticiparse dada su naturaleza asíncrona. Los pulsos positivos se asocian con la versión no complementada de la variable lógica correspondiente. Al restringir el uso de las variables de entrada en su forma no complementada o bien complementada (pero no en ambas), se garantiza que los elementos de memoria del circuito son disparados en el mismo flanco de cada pulso.

Si bien los elementos de memoria utilizados en los circuitos asíncronos de modo pulso son a menudo biestables síncronos[3] de tipo T disparados por flanco descendente cuando los pulsos tienen polaridad positiva ([nel21], [tin09]), dichos elementos de memoria también se pueden implementar con otro tipo de biestables. Algunos ejemplos de circuitos asíncronos de modo pulso implementados con biestables síncronos de los tipos T y D, ambos disparados por flanco negativo, y también con biestables asíncronos S – R, se exponen en [nel21].

A continuación, se pasa a describir en detalle el diseño de la lógica asíncrona del circuito detector de una secuencia de pulsos mencionado anteriormente teniendo presente estas tres hipótesis. El montaje experimental de la síntesis resultante, que puede entenderse como una sencilla cerradura de combinación digital, ilustrará además la necesidad de emplear un circuito antirrebotes en cada línea de entrada.

24.2 Diseño de un detector de secuencia de modo pulso

El procedimiento de diseño de un circuito secuencial asíncrono de modo pulso sigue, en lo fundamental, los pasos del método general de diseño de circuitos secuenciales puesto en práctica en los capítulos 14 y 21 en un contexto síncrono. Como veremos seguidamente, dicho método debe adaptarse necesariamente a las peculiaridades de la lógica asíncrona de modo pulso.

24.2.1 Especificaciones

El circuito detector de una secuencia específica de pulsos debe disponer de dos líneas de entrada, E1 y E2, por las que recibir los pulsos (que serán pulsos positivos), así

---

[3] A pesar de la ausencia de una señal de reloj en los sistemas asíncronos de modo pulso, nada impide hacer uso de biestables síncronos en dichos sistemas, ya que internamente para el biestable la entrada de reloj se procesa como una entrada más, sea periódica o no.

como de una única línea de salida S. El detector generará un pulso en su salida coincidente con el último pulso de entrada de la secuencia E1-E2-E2. Además, teniendo en cuenta que se trata de implementar a partir del diseño una cerradura de combinación digital, se debe garantizar la ausencia de pulsos en la salida ante otras combinaciones de pulsos de entrada que difieran de la secuencia mencionada[4].

24.2.2 Diseño según el modelo de Mealy

De las especificaciones de diseño se infiere que la síntesis dará lugar a un circuito de Mealy, debido a que el pulso de salida debe replicar el último pulso de la secuencia correcta de tres pulsos de entrada que abre la cerradura digital.

El autómata de Mealy construido a partir de las especificaciones de diseño cuenta con tres estados, tal y como aparece en la figura 24.1. Obsérvese que, con la notación empleada, se identifica de forma inequívoca la presencia de un pulso en alguna de las dos líneas de entrada, ya sea E1 o bien E2. Esta notación es especialmente apropiada, ya que, como se apuntó en la introducción, no se permite la presencia simultánea de pulsos en las diferentes líneas de entrada de un circuito asíncrono de modo pulso.

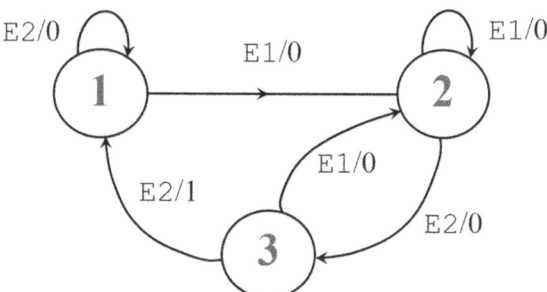

Figura 24.1   Autómata de estados finitos de la cerradura digital propuesta.

La interpretación del autómata es la siguiente. El estado **1** representa que el circuito permanece a la espera del primer pulso de la secuencia a detectar, que debe llegar por la línea E1. Por lo tanto, mientras no llegue pulso alguno por dicha línea, o bien se reciba un pulso por la línea E2, el circuito no cambia de estado y la salida S es 0. Tras la recepción asíncrona de un pulso por la línea E1, se alcanza un nuevo estado, el **2**, y la salida no cambia. El circuito seguirá en **2** mientras no se detecte un nuevo pulso por la línea E2: sucesivos pulsos que entren por la línea E1 mantienen al circuito en el mismo estado gracias a la presencia del autolazo en el estado **2**. Tras recibir otro pulso por la línea E2 se avanza al estado **3**, manteniéndose la salida a 0. El estado **3** representa, por lo tanto, que se han detectado correctamente los dos primeros pulsos E1-E2 de la secuencia esperada. Si, estando en **3**, llega un pulso

---

[4] El diseño del detector aquí mostrado es una adaptación del descrito en [nel21].

por la línea E1, es necesario retroceder al estado **2** porque la secuencia de pulsos E1-E2-E1 es incorrecta. En caso contrario, la recepción de un pulso por la línea E2 obliga a un cambio de estado, del **3** al **1**, y es en este caso cuando finalmente la salida S se activa para dar cuenta de la secuencia de tres pulsos correctamente detectada, que es E1-E2-E2.

La versión equivalente del autómata en forma de tabla de estados se muestra en la tabla 24.1. Siguiendo con el criterio adoptado en el capítulo 21 para completar la tabla de estados, se encierran en un círculo los estados estables en la columna de estados presentes (que son necesariamente todos al tratarse de un circuito secuencial asíncrono)[5]. En el caso del estado siguiente, el círculo se emplea únicamente para identificar los autolazos existentes en el autómata de estados finitos.

Tabla 24.1   Tabla de estados de la cerradura digital (autómata de Mealy).

Estado presente	Pulso en entrada	
	E1	E2
①	2/0	①/0
②	②/0	3/0
③	2/0	1/1
	Estado siguiente / salida S	

Al existir únicamente tres estados, basta con dos variables de estado internas Q1 y Q2 para su codificación. Se escoge la siguiente codificación teniendo presente que, a diferencia de los circuitos asíncronos de modo fundamental, en los de modo pulso no existen codificaciones problemáticas de las que puedan surgir anomalías en el funcionamiento, como es el caso de oscilaciones o carreras críticas, por lo que cualquier codificación es válida ([tin09])[6]:

$$(Q1, Q2) = (0, 0) \rightarrow \text{estado } \mathbf{1}$$
$$(Q1, Q2) = (0, 1) \rightarrow \text{estado } \mathbf{2}$$
$$(Q1, Q2) = (1, 0) \rightarrow \text{estado } \mathbf{3}$$

---

[5] La ausencia de un autolazo en el estado **3** del autómata, a pesar de tratarse de un estado estable, es consecuencia de la notación compacta empleada en los circuitos de modo pulso para indicar la presencia o ausencia de pulsos en las líneas de entrada. Es evidente que los tres estados son estables, puesto que, al carecer el circuito de señal de reloj externa, la única forma de abandonar un estado y transitar hacia otro diferente es mediante la recepción de un pulso por una línea de entrada.

[6] Esta codificación difiere intencionadamente de la escogida en [nel21]. De hecho, la síntesis resultante de la codificación propuesta en la mencionada referencia no reproduce con total fidelidad las especificaciones de diseño. En una de las cuestiones de refuerzo planteadas al final del capítulo se considera con detalle esta discrepancia, que está relacionada con la inicialización del sistema.

Un aspecto crítico de la codificación tiene que ver con la inicialización de los elementos de memoria (que en este diseño serán biestables T construidos a partir de biestables J – K disparados por pulso positivo)[7]: si se toma la precaución de inicializar a 0 los dos biestables necesarios para la síntesis, se garantiza partir de un estado inicial conocido (concretamente el estado **1**, debido a la codificación escogida) justo en el momento de poner en funcionamiento el circuito detector.

Conviene destacar el hecho de que recibir pulsos positivos por las líneas de entrada obliga a escoger biestables T disparados por flanco descendente para el diseño del detector. Además, el empleo de elementos de memoria disparados por flanco descendente en la implementación de un circuito de Mealy de modo pulso es especialmente ventajoso, ya que garantiza la ausencia de pulsos espurios en la salida que surgen como consecuencia de la existencia de carreras, así como de fenómenos aleatorios estáticos en la lógica de la salida del circuito ([tin09]).

La tabla de excitación del biestable T es la siguiente:

Tabla 24.2   Tabla de excitación del biestable T.

Q	Q*	T
0	0	0
0	1	1
1	0	1
1	1	0

La tabla de transición de estados, excitaciones y salidas (a la que nos referiremos para abreviar, al igual que en los diseños previos de los capítulos 14 y 21, como tabla expandida) se muestra en la tabla 24.3.

Tabla 24.3   Tabla expandida (autómata de Mealy).

Origen	Destino	E1	E2	Q1	Q2	Q1*	Q2*	T1	T2	S
①	①	0	1	0	0	0	0	0	0	0
①	2	1	0	0	0	0	1	0	1	0
②	②	1	0	0	1	0	1	0	0	0
②	3	0	1	0	1	1	0	1	1	0
③	2	1	0	1	0	0	1	1	1	0
③	1	0	1	1	0	0	0	1	0	1

A partir de la tabla expandida hay que proceder a la simplificación de las expresiones lógicas correspondientes a T1, T2 y S. El mapa de Karnaugh de T1, que es de cuatro variables, se representa en la figura 24.2. Como puede verse, aparecen numerosas combinaciones de entrada indiferentes debido a que la tabla expandida

---

[7] El disparo de estos biestables se produce en el flanco descendente del pulso positivo.

no contempla ni entradas simultáneamente a 0 (ausencia de pulsos en las líneas) ni tampoco a 1 (presencia simultánea de pulsos en ambas líneas).

Q1Q2 E1E2	00	01	11	10
00	x	x	x	x
01	0	1	x	1
11	x	x	x	x
10	0	0	x	1

Figura 24.2   Mapa de Karnaugh convencional para T1.

Sin embargo, en circuitos de modo pulso es aconsejable trabajar con versiones reducidas de los correspondientes mapas de Karnaugh convencionales que solo contemplen las combinaciones de entrada con presencia de un único pulso. De este modo se garantiza que las expresiones lógicas resultantes de la simplificación del mapa contienen únicamente las variables en su forma complementada o bien sin complementar, pero no ambas a la vez. Este condicionante no debe ignorarse, puesto que constituye la tercera hipótesis de partida del diseño de este tipo de circuitos, como ya se apuntó en la introducción. En el diseño que nos ocupa la versión reducida del mapa original se obtiene tras escoger las filas de interés, que son las dos correspondientes a $(E1,E2) = (0,1)$ y $(1,0)$, e identificarlas como E1 (pulso en la línea 1) y E2 (pulso en la línea 2). Las otras dos filas, que se corresponden con las entradas $(E1,E2) = (0,0)$ y $(1,1)$, se descartan. Procediendo de esta forma resulta el siguiente mapa de Karnaugh para T1.

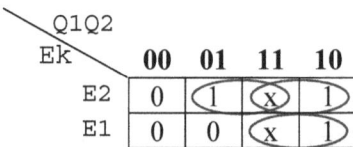

Q1Q2 Ek	00	01	11	10
E2	0	1	x	1
E1	0	0	x	1

Figura 24.3   Mapa de Karnaugh reducido y simplificado para T1.

Conviene advertir que este mapa reducido solo permite la identificación de implicantes primos cuyas celdas pertenezcan a la misma fila, debido a que las dos únicas filas del mapa de la figura 24.3 en realidad no son adyacentes sobre el mapa original de la figura 24.2. La suma lógica de los tres implicantes primos encontrados en el mapa da lugar a la siguiente expresión para T1:

$$T1 = E1 \cdot Q1 + E2 \cdot Q2 + E2 \cdot Q1 \tag{24.1}$$

El mapa de Karnaugh reducido para T2 es, aplicando el mismo criterio:

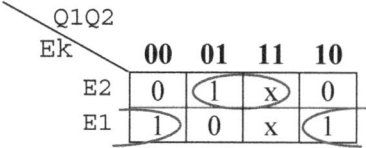

Figura 24.4 Mapa de Karnaugh reducido y simplificado para T2.

La expresión para T2 resulta:

$$T2 = E1 \cdot \overline{Q2} + E2 \cdot Q2 \tag{24.2}$$

Finalmente, el mapa correspondiente a la salida S es:

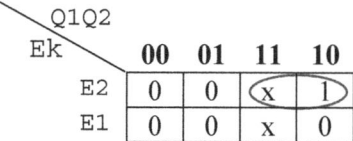

Figura 24.5 Mapa de Karnaugh reducido y simplificado para la salida S.

Y su expresión lógica viene dada por:

$$S = E2 \cdot Q1 \tag{24.3}$$

La expresión lógica de la salida S es función tanto de las variables de estado internas como de las entradas, como cabe esperar de un circuito de Mealy. El circuito resultante se muestra en la figura 24.6, donde los dos biestables T disparados por flanco descendente se han obtenido a partir de la pareja de biestables J – K integrados en el CI 7473, sin más que cortocircuitar sus respectivas entradas J y K y conectarlas a un estado lógico alto.

Una implementación alternativa empleando exclusivamente puertas NAND en lugar de AND y OR se muestra en la figura 24.7. Obsérvese que, en este caso, el led utilizado para monitorizar el estado de la cerradura digital (abierta o cerrada), no está conectado en el nodo del circuito correspondiente a la variable de salida S por no encontrarse disponible en esta implementación, sino en el de su complemento lógico $\overline{S}$ identificado en el circuito mediante la señal S_L. De esta forma se evita añadir una puerta inversora conectada en la salida de la puerta U2B. Esta diferencia supone, en la práctica, que el estado lógico de S_L será bajo únicamente cuando se detecte la secuencia de pulsos correcta que abre la cerradura digital, siendo un estado alto mientras no se detecte dicha secuencia. Es decir, el pulso generado en S_L al abrir la cerradura será negativo en lugar de positivo. Con el fin de adaptar la iluminación del led a este cambio de polaridad, se ha optado por conectar la rama del led al nodo de alimentación en lugar de al nodo de tierra.

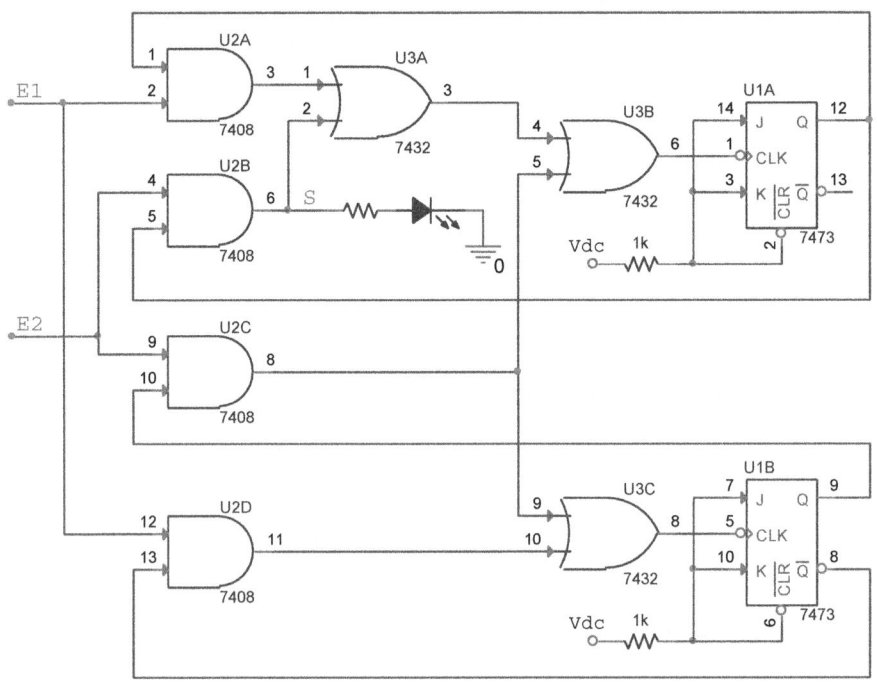

Figura 24.6   Realización física de la cerradura digital (variante AND-OR).

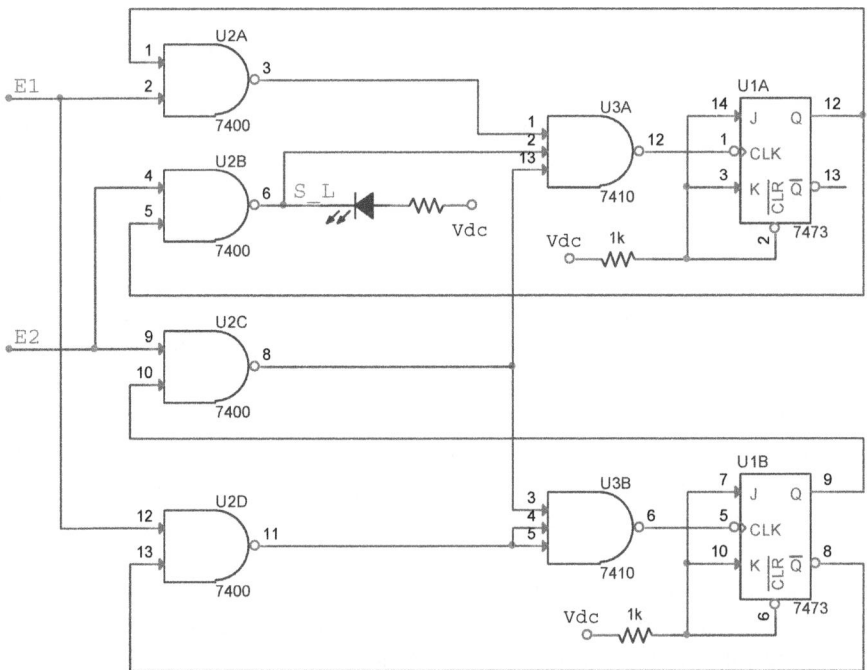

Figura 24.7   Realización física de la cerradura digital (variante NAND).

24.3 Simulación

La adaptación para simulación de la variante del circuito con puertas NAND se muestra en la figura 24.8 con indicación explícita del primero de los dos perfiles de simulación, que se pondrán a prueba en las entradas E1 y E2. Los dos biestables se han inicializado a 0.

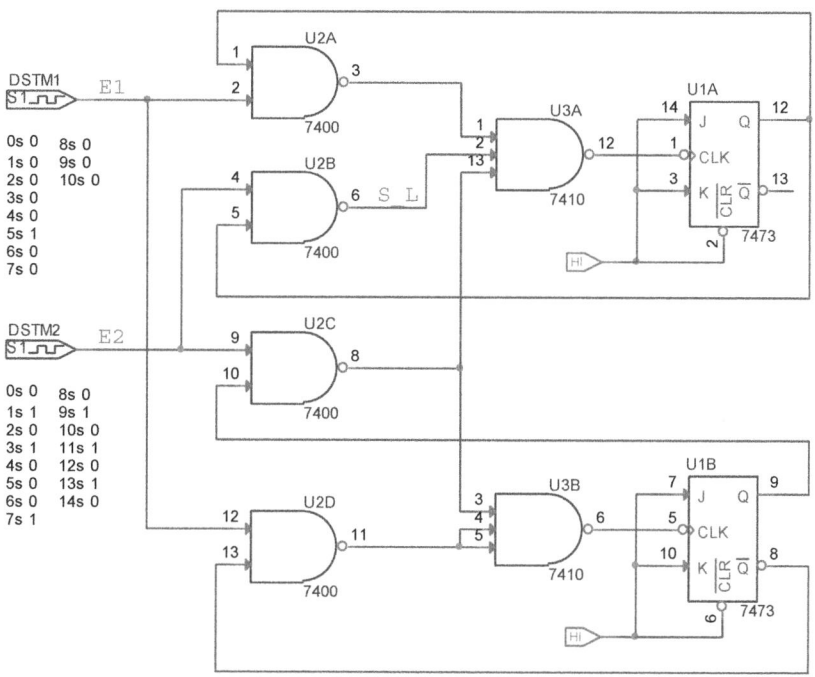

Figura 24.8 Circuito adaptado para simulación de la cerradura digital (figura 24.7).

El cronograma que resulta de ejecutar la simulación con la secuencia de siete pulsos dada por E2-E2-E1-E2-E2-E2-E2, indicada en la temporización de la figura 24.8 y espaciados en un intervalo entre 0 s y 16 s, se muestra en la figura 24.9. Como puede comprobarse, la cerradura digital detecta correctamente la secuencia E1-E2-E2 mediante la aparición en la señal S_L de un pulso negativo de 1 s de duración coincidente con el tercer pulso de dicha secuencia y, lo que es igual de importante, no se detectan otras posibles secuencias, como la E2-E2.

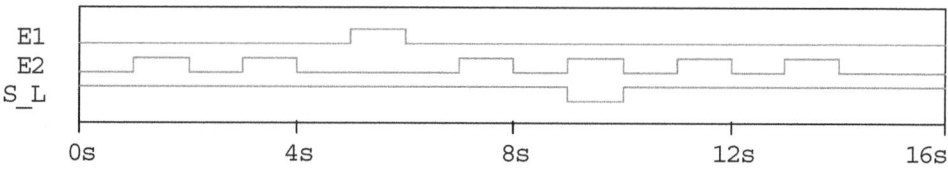

Figura 24.9 Cronograma correspondiente al circuito de la figura 24.8 (variante 1).

435

Una secuencia de pulsos diferente a la indicada en la configuración de los estímulos del circuito de la figura 24.8, dada esta vez por E1-E2-E1-E1-E2-E2, vuelve a corroborar el correcto funcionamiento de la cerradura, como demuestra el cronograma de la figura 24.10. En este caso el pulso de detección en la señal S_L se prolonga durante 2 s, y coincide igualmente con el último pulso de la secuencia a detectar E1-E2-E2.

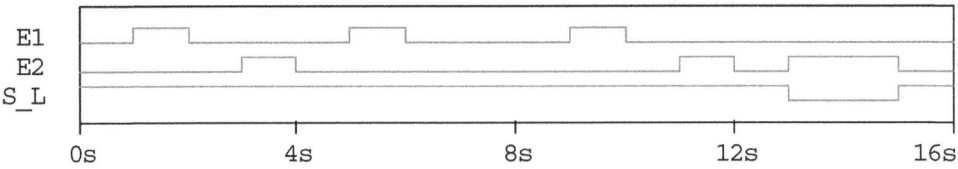

Figura 24.10   Cronograma correspondiente al circuito de la figura 24.8 (variante 2).

24.4 Componentes

Circuitos antirrebotes

Circuitos integrados

74LS00 (1x). CI TTL con 4 puertas NAND de 2 entradas.

74LS04 (1x). CI TTL con 6 inversores.

Resistencias

1 kΩ (4x).

Interruptores

Interruptor de palanca basculante de dos posiciones y tres terminales (2x).

Cerradura digital

Circuitos integrados

74LS00 (1x). CI TTL con 4 puertas NAND de 2 entradas.

74LS10 (1x). CI TTL con 3 puertas NAND de 3 entradas.

74LS73 (1x). CI TTL con 2 biestables J – K disparados por flanco negativo[8].

Resistencias

270 Ω (1x), 1 kΩ (2x).

---

[8] Aunque las simulaciones se han realizado con los biestables disparados por pulso positivo del CI 7473, el funcionamiento no cambia si se emplean los biestables disparados por flanco negativo del CI 74LS73A: en ambos casos el disparo se realiza en el flanco descendente, como ya se expuso con detalle en el capítulo 14.

Diodos

Ledes (1x).

24.5 Verificación experimental

Los montajes experimentales que se proponen a continuación tienen por objeto verificar la respuesta de la variante de cerradura digital cuya lógica de excitación se implementó con puertas NAND. Como se comprobará durante los experimentos, resulta imprescindible recurrir a circuitos antirrebotes conectados en cada una de las dos líneas de entrada del circuito para evitar lecturas falsas y garantizar así su correcto funcionamiento como detector de una secuencia de pulsos. Además, se emplearán los dos circuitos antirrebotes de tipo NOT y de tipo NAND ya conocidos con el fin de poner a prueba la fiabilidad de cada uno de ellos. En ambos casos es recomendable inicializar a 0 los dos biestables J – K para partir de un estado conocido.

24.5.1 Funcionamiento en ausencia de circuitos antirrebotes

Procedimiento

1. Montar el circuito de la figura 24.11. Se trata de una réplica del mostrado anteriormente en la figura 24.7 tras añadir sendos interruptores mecánicos de dos vías en las líneas de entrada, que actúan como selectores del nivel lógico presente en las líneas en función de la posición del polo.

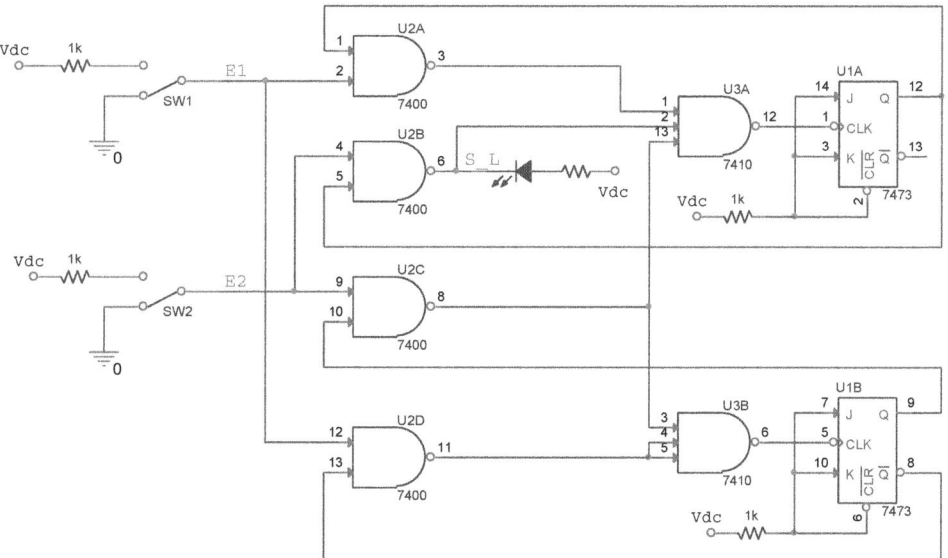

Figura 24.11   Cerradura digital con interruptores de doble vía en sus dos líneas de entrada utilizados para generar pulsos positivos por dichas líneas mediante su conmutación.

Para generar los pulsos en las líneas de entrada puede optarse por insertar los mencionados interruptores sobre la placa de prototipos, tal y como muestra la figura, y actuar sobre su palanca basculante cada vez que se desee introducir un pulso por una de las dos líneas. En el apéndice E puede consultarse la descripción del patillaje de uno de estos interruptores. Alternativamente, puede simplificarse el montaje prescindiendo de los interruptores y conectar manualmente las líneas de entrada al nodo de tierra o al de alimentación sobre la placa de prototipos.

2. Generar pulsos de duración aleatoria sobre las líneas de entrada y registrar la respuesta de la cerradura digital ante diferentes secuencias de pulsos. Comprobar si el circuito es capaz de detectar la secuencia esperada E1 - E2 - E2 mediante la visualización del estado del led, que deberá encenderse en caso de detectar dicha secuencia.

24.5.2 Empleo de un biestable básico como circuito antirrebotes

Procedimiento

1. Montar el circuito de la figura 24.12, que incluye en sus dos líneas de entrada sendos circuitos antirrebotes de tipo NOT. Aunque las puertas inversoras U4B y U4E en realidad no son imprescindibles, se recomienda cablearlas, ya que los rebotes de los interruptores no se acoplan en sus salidas, como quedó demostrado en el capítulo anterior.

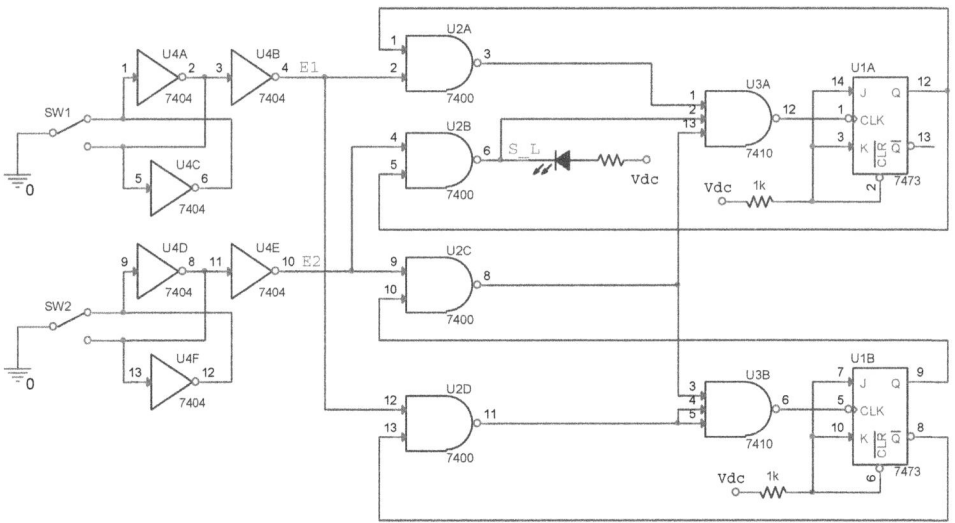

Figura 24.12 Cerradura digital que incorpora un circuito antirrebotes de tipo NOT en cada una de sus dos líneas de entrada.

2. Comprobar en esta nueva configuración el funcionamiento de la cerradura digital, y hasta qué punto su respuesta es reproducible ante diferentes secuencias de pulsos.

24.5.3 Empleo de un biestable $\overline{S} - \overline{R}$ como circuito antirrebotes

Procedimiento

1. Montar el circuito de la figura 24.13, que incorpora en sus dos líneas de entrada sendos circuitos antirrebotes de tipo NAND.

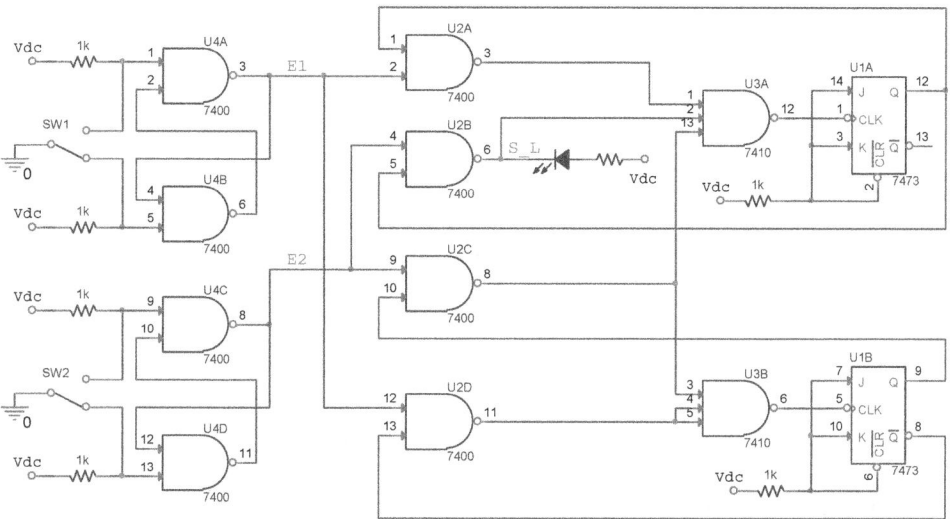

Figura 24.13   Cerradura digital que incorpora un circuito antirrebotes de tipo NAND en cada una de sus dos líneas de entrada.

2. Comprobar de nuevo el funcionamiento de la cerradura digital.

Cuestión

Tras experimentar con las dos topologías de circuitos antirrebotes, ¿qué puede concluirse de la fiabilidad de cada una de ellas?

24.6 Ejercicios y cuestiones de refuerzo

a) En el apartado 24.2.2, dedicado al diseño de la cerradura digital, se desaconsejó simplificar el mapa de Karnaugh convencional de la figura 24.2, para evitar así que la expresión lógica resultante pudiese contener las versiones normal y complementada de alguna de las dos variables de entrada, E1 y E2. Encuentra todos los implicantes primos en dicho mapa e identifica aquellas soluciones mínimas no válidas que violan la tercera hipótesis del diseño secuencial asíncrono de modo pulso.

b) En el diseño de cerradura digital propuesto en [nel21], que ha servido de referencia para desarrollar el presente capítulo, se parte de un autómata de estados finitos similar al de la figura 24.1. Sin embargo, en dicho texto se opta por una codificación diferente para los estados a la escogida aquí, que es la siguiente:

$(Q1, Q2) = (0, 0) \rightarrow$ estado **A** (equivale al estado **2** de la figura 24.1)
$(Q1, Q2) = (0, 1) \rightarrow$ estado **B** (equivale al estado **3** de la figura 24.1)
$(Q1, Q2) = (1, 0) \rightarrow$ estado **C** (equivale al estado **1** de la figura 24.1)

Con esta codificación alternativa el autómata de estados finitos resulta:

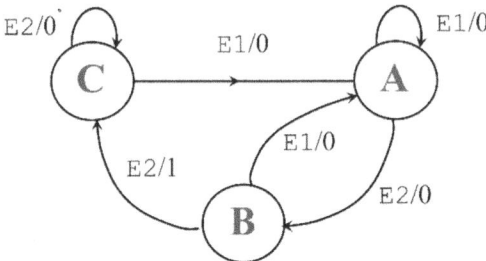

Figura 24.14   Autómata de estados finitos de la cerradura digital según [nel21].

Suponiendo que los biestables se han inicializado a 0, puede comprobarse por simple inspección del autómata que con esta nueva codificación de los estados se detecta correctamente la secuencia de pulsos deseada para abrir la cerradura, dada por E1-E2-E2; sin embargo, también se abre con la secuencia E2-E2, lo que no debería suceder. Obsérvese que esta anomalía transitoria se da únicamente en el caso de que el tren de pulsos recibido por las líneas de entrada comience por E2-E2: en cualquier otro caso, la secuencia E2-E2 no abre la cerradura. La forma de corregir esta anomalía con el autómata propuesto en [nel21] consiste en inicializar los biestables con los valores lógicos de las variables de estado asociadas al estado **C**. De esta forma se garantiza que, en el momento de poner en funcionamiento la cerradura, se parte de dicho estado.

Verifica que el diseño de la cerradura digital, con la codificación de [nel21], conduce a las siguientes expresiones lógicas:

$$T1 = E1 \cdot Q1 + E2 \cdot Q2 \tag{24.4}$$

$$T2 = E1 \cdot Q2 + E2 \cdot \overline{Q1} \tag{24.5}$$

$$S = E2 \cdot Q2 \tag{24.6}$$

Simula el funcionamiento de la cerradura sintetizada a partir de estas tres expresiones lógicas y comprueba que, a pesar de detectar correctamente la secuencia E1-E2-E2, tiene lugar la anomalía mencionada.

c) El autómata de estados finitos de la figura 24.1 no contempla la ausencia de pulsos en las líneas de entrada de forma explícita, debido a que únicamente la presencia de un pulso en alguna de las líneas aporta información al sistema. Sin embargo, nada impide crear un autómata como el representado a continuación, que sí tiene en cuenta la ausencia simultánea de pulsos por ambas líneas de entrada. Dicha condición se representa con la notación -/0. Obsérvese que, en esta variante del autómata, todos los estados tienen un autolazo.

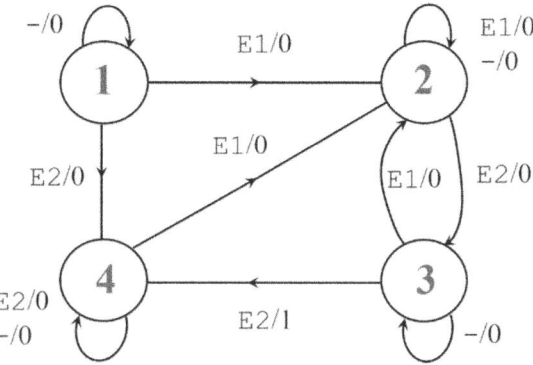

Figura 24.15 Autómata de estados finitos de la cerradura digital (variante con indicación explícita de ausencia de pulsos en las líneas de entrada).

En este nuevo autómata los cuatro estados existentes se codifican como sigue:

$$(Q1, Q2) = (0, 0) \rightarrow \text{estado } \mathbf{1}$$
$$(Q1, Q2) = (0, 1) \rightarrow \text{estado } \mathbf{2}$$
$$(Q1, Q2) = (1, 0) \rightarrow \text{estado } \mathbf{3}$$
$$(Q1, Q2) = (1, 1) \rightarrow \text{estado } \mathbf{4}$$

Verifica que la cerradura digital, diseñada a partir del autómata propuesto en la figura 24.15 y con la codificación mostrada, conduce a las siguientes expresiones lógicas:

$$T1 = E2 \cdot \overline{Q1} + E1 \cdot Q1 \tag{24.7}$$

$$T2 = E2 \cdot \overline{Q2} + E1 \cdot \overline{Q2} + E2 \cdot \overline{Q1} \tag{24.8}$$

$$S = E2 \cdot Q1 \cdot \overline{Q2} \tag{24.9}$$

Simula el funcionamiento de la cerradura digital sintetizada a partir de estas expresiones lógicas y comprueba que su respuesta coincide con la del diseño presentado en el capítulo.

d) En la sección 24.2, dedicada al diseño de la cerradura digital, se mencionó la necesidad de recurrir a elementos de memoria disparados por flanco descendente cuando los pulsos recibidos por las líneas de entrada son pulsos positivos. Comprueba mediante simulación que el funcionamiento de la cerradura es incorrecto cuando, en su implementación, se escogen biestables D disparados por flanco positivo para construir los correspondientes biestables T. ¿Existe algún modo de garantizar el correcto funcionamiento de dicha implementación modificando la lógica de excitación de los biestables T?

Divisor de frecuencia asíncrono

25.1 Introducción

En este último capítulo de la cuarta parte, dedicado a los circuitos secuenciales asíncronos de modo fundamental, se plantea el diseño y la verificación experimental de un circuito asíncrono divisor de frecuencia por dos. Se propondrán dos soluciones: una de ellas hará uso de biestables asíncronos y la otra estará basada en un circuito de realimentación directa[1]. Si bien es cierto que el procedimiento de diseño asíncrono de modo fundamental involucra una metodología que es en buena parte compartida con el diseño síncrono, existen algunas diferencias significativas con respecto a este, además de ciertos elementos clave a considerar que son exclusivos de los sistemas asíncronos de modo fundamental, y que normalmente hacen del diseño asíncrono un proceso no solo más elaborado que el síncrono, sino también más propenso a diseños fallidos.

Ya se tuvo ocasión de mencionar en el capítulo 21, dedicado a los autómatas de estados finitos de Moore y de Mealy, que aunque las carreras críticas, los fenómenos

---

[1] La metodología de diseño aquí expuesta se ha adaptado de [lop91], donde se muestra únicamente la solución basada en biestables asíncronos de las dos expuestas aquí.

aleatorios y las oscilaciones se asocian a los circuitos secuenciales asíncronos, esto no significa que un diseño síncrono esté exento de experimentar estos riesgos potenciales solo por contar con un reloj de sincronismo. De hecho, la única excepción que permitiría afirmar con un mínimo de garantías que un diseño digital dado no va a sufrir nunca las consecuencias de la aparición de los mencionados fenómenos perniciosos es el caso de los circuitos secuenciales puramente síncronos, al carecer de entradas asíncronas ([fle80]). Esta razón justifica la conveniencia de introducirse en el diseño asíncrono de modo fundamental y conocer algunas de las peculiaridades que lo caracterizan y distinguen del diseño síncrono.

25.2 Diseño de un divisor de frecuencia por dos asíncrono

Disponer de un divisor de frecuencia por dos en un contexto síncrono no requiere de un diseño particular, ya que existen dispositivos síncronos que de forma natural proporcionan una salida cuya frecuencia es la mitad de la frecuencia de reloj. Es el caso de, por ejemplo, el biestable T, en cualquiera de sus implementaciones más comunes a partir de biestables D o bien J – K. También es posible contar con varios divisores de frecuencia simultáneos en un único dispositivo, incluido un divisor de frecuencia por dos. Es el caso de un contador modular configurado en modo de carrera libre, como sucede con el conocido 74x163. Con este contador de 4 bits, la salida QA funciona como un divisor de frecuencia por dos de la señal de reloj, mientras que sus otras salidas QB, QC y QD son, a su vez, divisores por cuatro, ocho y dieciséis de dicha señal. En un contexto asíncrono, por el contrario, es necesario recurrir al método general de diseño de circuitos secuenciales y ceñirse a unas especificaciones de funcionamiento determinadas, como se verá a continuación.

25.2.1 Especificaciones

Un divisor de frecuencia por dos asíncrono se puede considerar como un caso particular de un circuito con una entrada E no necesariamente periódica y una salida S que obedece a las siguientes dos especificaciones:

1. Si E = 0, S mantiene su valor lógico.
2. Si E = 1, S invierte su valor lógico.

En consecuencia, si en la entrada E del circuito se aplica un tren de pulsos de período T, la salida es igualmente periódica con período 2T. Se tiene, pues, un circuito asíncrono divisor de frecuencia por dos.

25.2.2 Diseño según el modelo de Moore

El autómata de Moore construido a partir de las especificaciones de diseño tiene cuatro estados y se muestra en la figura 25.1.

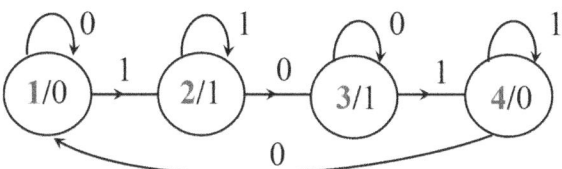

Figura 25.1 Autómata de estados finitos (modelo de Moore).

Obsérvese que todos los estados tienen un autolazo, como cabe esperar de un circuito asíncrono debido a que todos sus estados son necesariamente estables: la única forma de abandonar un estado y pasar a otro es mediante un cambio en la entrada E. Esto es una particularidad de los circuitos asíncronos que no se cumple necesariamente en los circuitos sincronizados. En estos últimos, no todos los estados tienen por qué ser estables (aunque pueden serlo en un diseño concreto). De hecho, un circuito síncrono puede no tener un solo estado estable, como es el caso de los contadores, en los que se transita entre estados consecutivos con la cadencia impuesta por la señal de reloj y sin necesidad de entrada alguna.

La **tabla de flujo**[2] correspondiente al autómata de estados finitos de la figura 25.1 se presenta en la tabla 25.1. Los estados estables se representan encerrados en un círculo y las casillas que contienen las transiciones entre estados estables aparecen sombreadas.

Tabla 25.1 Tabla de flujo (autómata de Moore).

Estado presente	Entrada		Salida S
	E = 0	E = 1	
①	①	2	0
②	3	②	1
③	③	4	1
④	1	④	0
	Estado siguiente		

En la tabla de flujo no pueden identificarse estados equivalentes ni seudoequivalentes. Tampoco resulta posible fusionar líneas de dicha tabla a partir de un diagrama de fusión, por lo que una simplificación de la tabla de flujo no es viable en este caso.

---

[2] Es frecuente, en el contexto del diseño asíncrono de modo fundamental, denominar *tabla de flujo* a la tabla de estados para destacar el hecho de que los cambios en las entradas condicionan el tránsito por los diferentes estados del sistema [bro09]. Encerrar los estados estables con círculos es una práctica muy extendida en el diseño asíncrono de modo fundamental ([bro09], [clu86], [fle80], [gil95], [hay96], [nel21], [tin09], [wak18]).

Llegados a este punto, hay que proceder a la codificación de los cuatro estados internos existentes. A diferencia del diseño síncrono, en el que una codificación arbitraria no plantea problema alguno más allá de una síntesis no óptima en lo que respecta a la lógica combinacional necesaria, en el diseño asíncrono en modo fundamental es imprescindible evitar en la codificación que dos o más variables de estado cambien durante una transición. Esta medida hay que tomarla debido a que en la realización física resultante dichas variables de estado no podrán cambiar exactamente en el mismo instante, y como consecuencia surgirán carreras[3], que en el peor de los casos pueden ser críticas, malogrando el diseño. En el diseño síncrono las variables de estado disponen de tiempo suficiente para actualizarse entre flancos consecutivos del reloj, razón por la que no es necesario tomar estas precauciones. Es aconsejable, por lo tanto, apoyarse en un **diagrama de transición** (también llamado en algunas fuentes **diagrama de adyacencia**) para garantizar una codificación de riesgo mínimo en el diseño asíncrono.

El diagrama de transición correspondiente a la tabla de flujo del diseño en curso se representa en la figura 25.2[4].

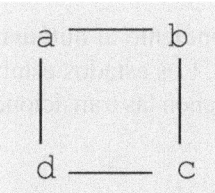

Figura 25.2   Diagrama de transición.

Para crearlo se han asignado las letras a, b, c y d consecutivamente a cada una de las cuatro filas de la tabla de flujo, y seguidamente se han llevado a un plano para conectar con una línea aquellos puntos vinculados entre sí mediante transiciones.

El siguiente paso consiste en intentar asignar estados internos adyacentes a todos los puntos del diagrama de transición, empleando una codificación Gray para todos aquellos puntos que se encuentran conectados mediante líneas[5]. Como hay cuatro estados internos, hacen falta solamente dos variables de estado internas, $Q1$ y $Q2$. Siguiendo el criterio expuesto, se tiene la siguiente codificación:

---

[3] Se acostumbra a emplear la traducción literal del vocablo original en inglés *race*.
[4] Una descripción detallada de las reglas a seguir para crear un diagrama de transición puede consultarse en numerosas referencias, entre las que se encuentran [ach10], [bro09], [clu86], [gil95], [koh78], [koh10], [lop91], [nel21] y [wak18].
[5] Desafortunadamente no siempre resulta posible encontrar dicha codificación Gray. En esos casos se puede intentar optar por utilizar más de una transición en el tránsito entre dos estados estables, de manera que únicamente cambie una variable de estado por transición. Si esta alternativa tampoco resulta viable (ya que la tabla de flujo debe verificar ciertas condiciones), siempre se puede aumentar el número de estados internos lo necesario para acabar encontrando una codificación libre de carreras.

$$(Q1, Q2) = (0, 0) \rightarrow \text{a}$$
$$(Q1, Q2) = (0, 1) \rightarrow \text{b}$$
$$(Q1, Q2) = (1, 1) \rightarrow \text{c}$$
$$(Q1, Q2) = (1, 0) \rightarrow \text{d}$$

Añadiendo a la tabla de flujo tanto la codificación resultante de los estados internos como la codificación del estado siguiente y reorganizando posteriormente su contenido, se pasa al formato de la tabla de transición (tabla 25.2). La asignación del estado siguiente a un estado presente dado es sencilla, ya que en el caso de un estado estable su estado siguiente es el mismo, mientras que el estado siguiente de una transición coincide con el estado siguiente del estado estable con el mismo número.

Tabla 25.2   Tabla de transición.

	E	Q1	Q2	Q1*	Q2*
①	0	0	0	0	0
3	0	0	1	1	1
③	0	1	1	1	1
1	0	1	0	0	0
2	1	0	0	0	1
②	1	0	1	0	1
4	1	1	1	1	0
④	1	1	0	1	0

Para determinar las salidas en la tabla expandida que está por construir hay que distinguir de nuevo entre estados estables y transiciones. En el caso de un estado estable, basta con identificar en la tabla de flujo su salida correspondiente. Si se trata de una transición, en ocasiones su salida se puede asignar libremente, aunque esto en realidad depende de la aplicación. Una asignación libre puede dar lugar a la aparición de breves pulsos espurios en la salida, que no serán un problema en el caso de que dicha salida esté conectada a un led o a un relé, pero sí pueden afectar al funcionamiento del circuito si la salida en cuestión está conectada a un circuito que sea sensible a la aparición de dichos pulsos espurios en sus entradas (ya que podrían confundirse, por ejemplo, con señales de disparo).

Un criterio razonable para asignar la salida a una transición evitando la aparición de pulsos espurios consiste en asignar la salida que tienen los estados estables origen y destino cuando esta coincide. En caso de que dichos estados tengan salidas con niveles lógicos diferentes es irrelevante el nivel lógico que se asigne a la salida, ya que la única diferencia en función de la asignación escogida radicará en el momento exacto en el que el nivel lógico de la salida asociada a la transición cambie. Como además las transiciones duran pocos nanosegundos, dicha diferencia es mínima. Por lo tanto, en estos casos se asigna a la salida un valor indiferente (x).

La tabla 25.3 ilustra la aplicación del presente criterio al diseño en curso para completar la **tabla de salida**.

Tabla 25.3   Tabla de salida. Se indican a la derecha de las cuatro transiciones, representadas mediante números sin círculo, los estados estables origen y destino vinculados mediante ellas en cada caso, junto a sus correspondientes salidas.

	S	
①	0	
3	1	②/1→3→③/1
③	1	
1	0	④/0→1→①/0
2	x	①/0→2→②/1
②	1	
4	x	③/1→4→④/0
④	0	

Si se escogen para la síntesis biestables asíncronos S – R, es necesario contar con su tabla de excitación (tabla 25.4).

Tabla 25.4   Tabla de excitación del biestable asíncrono S – R.

Q	Q*	S	R
0	0	0	x
0	1	1	0
1	0	0	1
1	1	x	0

Ampliando la tabla de transición con la tabla de excitación de los dos biestables S – R necesarios y con la tabla de salida, resulta finalmente la tabla expandida (tabla 25.5).

Tabla 25.5   Tabla expandida.

	E	Q1	Q2	Q1*	Q2*	R1	S1	R2	S2	S
①	0	0	0	0	0	x	0	x	0	0
3	0	0	1	1	1	0	1	0	x	1
③	0	1	1	1	1	0	x	0	x	1
1	0	1	0	0	0	1	0	x	0	0
2	1	0	0	0	1	x	0	0	1	x
②	1	0	1	0	1	x	0	0	x	1
4	1	1	1	1	0	0	x	1	0	x
④	1	1	0	1	0	0	x	x	0	0

Simplificando los mapas de Karnaugh de tres variables correspondientes se obtienen las siguientes expresiones lógicas. Obsérvese que la salida S es función únicamente del estado interno y no de la entrada, lo que corrobora que el diseño se ajusta al modelo de máquina de estados de Moore.

$$R1 = \overline{Q2 \cdot \overline{E}} \tag{25.1}$$

$$S1 = Q2 \cdot \overline{E} \tag{25.2}$$

$$R2 = Q1 \cdot E \tag{25.3}$$

$$S2 = \overline{Q1 \cdot E} \tag{25.4}$$

$$S = Q2 \tag{25.5}$$

Dos representaciones equivalentes del circuito resultante se muestran en las figuras 25.3 y 25.4. Esta última, más apropiada para un montaje en laboratorio, detalla la estructura interna del biestable S – R construido con puertas NOR.

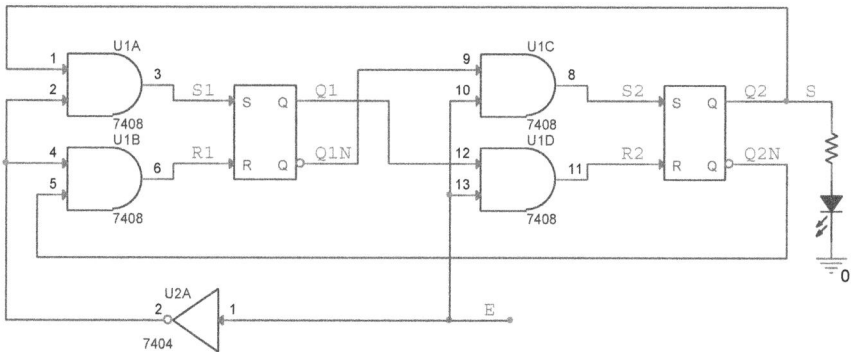

Figura 25.3   Síntesis empleando biestables asíncronos S – R.

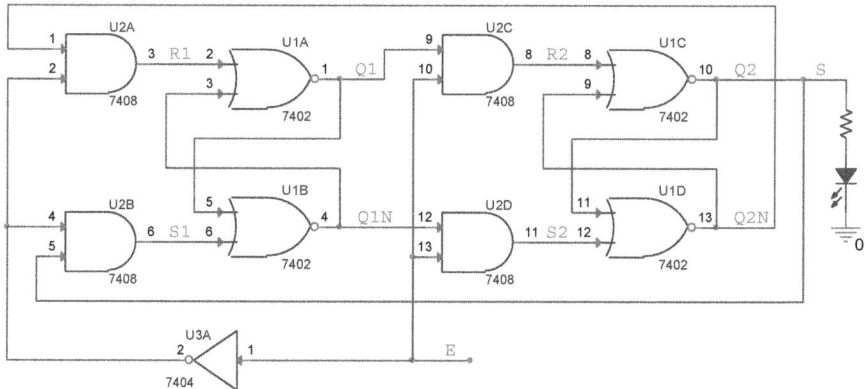

Figura 25.4   Síntesis empleando biestables asíncronos S – R (para montaje experimental).

449

Una síntesis alternativa prescindiendo de biestables es igualmente factible mediante un circuito de realimentación directa. En este caso solo hay que obtener las expresiones lógicas correspondientes al estado siguiente Q* a partir de la tabla expandida, ya que la expresión lógica de la salida S deducida anteriormente es igualmente válida. Procediendo de esta forma resulta:

$$Q1* = \overline{E} \cdot Q2 + E \cdot Q1 \tag{25.6}$$

$$Q2* = \overline{E} \cdot Q2 + E \cdot \overline{Q1} \tag{25.7}$$

La síntesis resultante, que hace uso de tres chips diferentes, se muestra en la figura 25.5. Una variante equivalente, donde los tres tipos de puertas lógicas empleadas se reemplazan por puertas NAND, puede verse en la figura 25.6. Esta síntesis resulta más práctica para su montaje en el laboratorio, no solo por utilizar un único tipo de puerta, sino porque además solo precisa de dos 74x00.

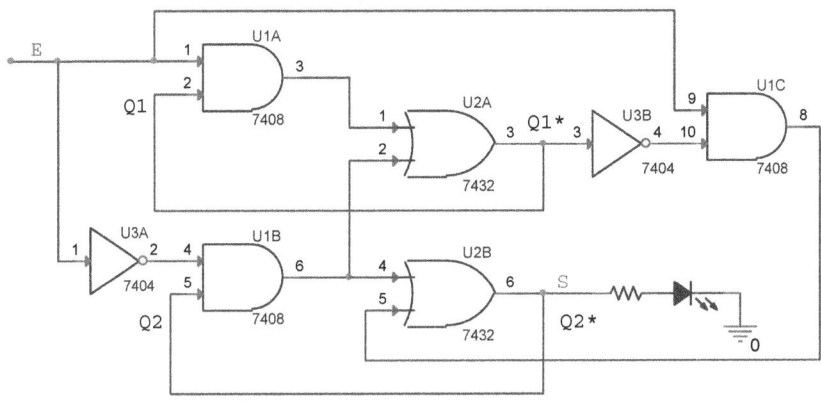

Figura 25.5 Síntesis basada en realimentación directa. Se trata de un diseño preliminar fallido que debe ser corregido.

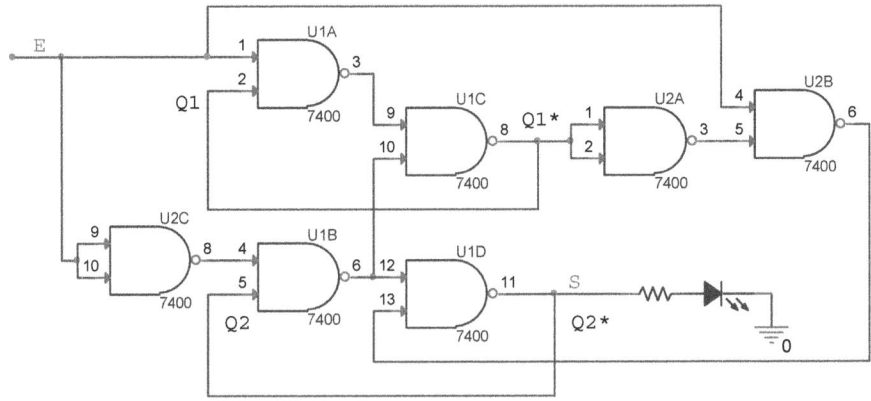

Figura 25.6 Adaptación con puertas NAND de la síntesis mostrada en la figura 25.5.

Comparando la síntesis de realimentación directa resultante, que precisa de siete puertas lógicas, con la obtenida previamente basada en biestables S – R, en la que fueron necesarias nueve, podría concluirse que la síntesis de realimentación directa es preferible al tratarse de una realización física de menor coste. Sin embargo, dicha síntesis resulta fallida al adolecer de fenómenos aleatorios estáticos[6], lo que puede ocasionar que el circuito transite hacia un estado estable incorrecto. Para comprobarlo basta con retomar los mapas de Karnaugh que dieron lugar a las expresiones lógicas anteriores, y que se muestran en las figuras 25.7 y 25.8.

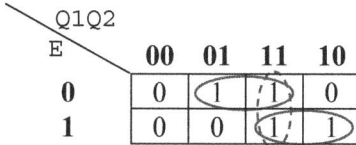

Figura 25.7   Mapa de Karnaugh para Q1*.

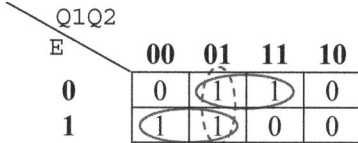

Figura 25.8   Mapa de Karnaugh para Q2*.

Como puede verse, en la simplificación de Q1* intervinieron los dos IP $\overline{E}$·Q2 y E·Q1. Si bien con ellos se cubre la función, es necesario añadir un tercero, el Q1·Q2 (reconocible por el trazo discontinuo en la agrupación de celdas), para garantizar una síntesis que evite la aparición de fenómenos aleatorios estáticos. Algo similar sucede con Q2*; en su simplificación también se escogieron dos IP para cubrir la función, $\overline{E}$·Q2 y E·Q1. Sin embargo, en este caso hay que agregar el IP $\overline{Q1}$·Q2 por la misma razón[7]. Tras estos cambios las expresiones lógicas resultan:

$$Q1* \;=\; \overline{E}·Q2 \;+\; E·Q1 \;+\; Q1·Q2 \tag{25.8}$$

$$Q2* \;=\; \overline{E}·Q2 \;+\; E·\overline{Q1} \;+\; \overline{Q1}·Q2 \tag{25.9}$$

La síntesis correspondiente, que ahora resulta más compleja, se representa en la figura 25.9. Se ha de observar que se ha optado por emplear puertas NAND en lugar

---

[6] Como ya se mencionó en el capítulo 4 al clasificar los diferentes tipos de fenómenos aleatorios, el estudio de dichos fenómenos y cómo evitarlos es un tema de especial relevancia en el diseño asíncrono que se encuentra documentado en numerosas referencias, entre las que se encuentran [bro09], [clu86], [fle80], [gar07], [gil95], [hay96], [koh78], [koh10], [man15], [nel96], [rot14], [tin09] y [wak18].
[7] Estos términos producto extra que se añaden a la función se conocen como términos de consenso, y fueron introducidos en el capítulo 4.

de puertas AND y OR, y que en una de las tres puertas disponibles en el 74x10 solo se precisan dos de sus tres entradas. Se ha hecho uso de esta tercera puerta sobrante para poder prescindir de un segundo 74x00. Alternativamente, podría haberse utilizado un segundo 74x00 para cablear la quinta puerta NAND de dos entradas y aprovechar dos puertas más sobrantes del mismo chip para poder prescindir del 74x04. En ambos casos se requieren tres circuitos integrados.

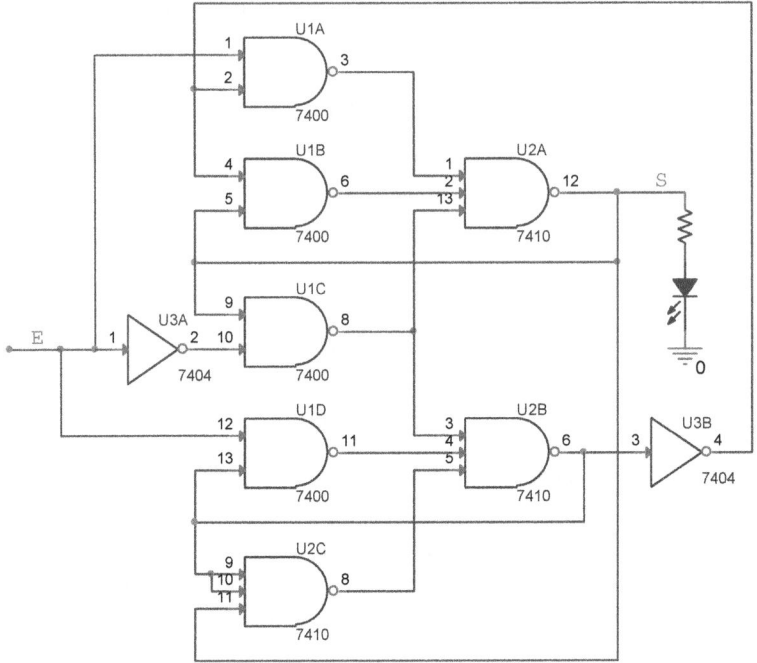

Figura 25.9   Síntesis basada en realimentación directa exenta de fenómenos aleatorios.

25.3 Simulación

En los tres diseños que se van a simular seguidamente ha sido necesario cargar la salida S con una resistencia R para disponer de un nodo de interfaz mixta analógico-digital. Sin dicha resistencia, una buena parte de los valores lógicos en los nodos del circuito, incluido el nodo de la salida S, no están definidos debido a la existencia de lazos de realimentación.

25.3.1 Diseño con biestables asíncronos S – R

La figura 25.10 muestra el diseño realizado con biestables asíncronos S – R adaptado para simulación. El cronograma correspondiente, representado en la figura 25.11, prueba que ante una entrada periódica E de período igual a un segundo la salida S es igualmente periódica con un período de dos segundos. Se tiene, pues, un circuito divisor de frecuencia por dos totalmente asíncrono, como se perseguía.

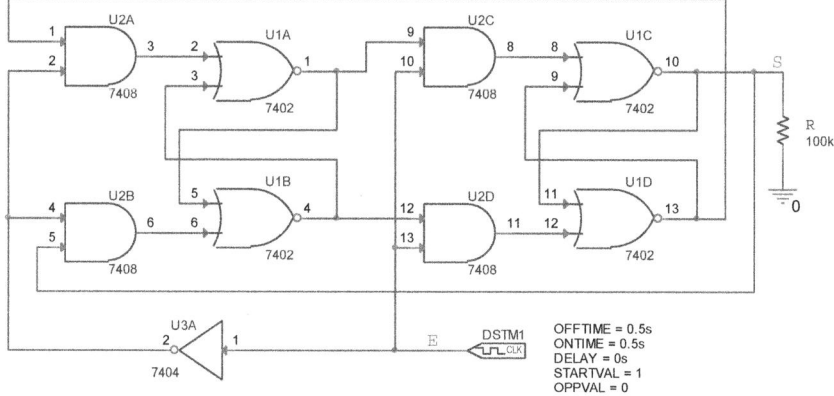

Figura 25.10 Circuito adaptado para simulación que emplea dos biestables asíncronos S – R construidos con puertas NOR.

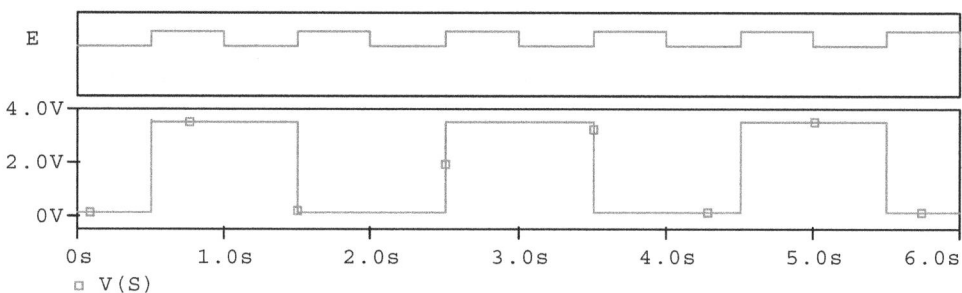

Figura 25.11 Cronograma correspondiente al circuito de la figura 25.10.

25.3.2 Diseño preliminar fallido basado en realimentación directa

La figura 25.12 muestra el diseño adaptado para simulación basado en realimentación directa en el que no se han eliminado los fenómenos aleatorios estáticos.

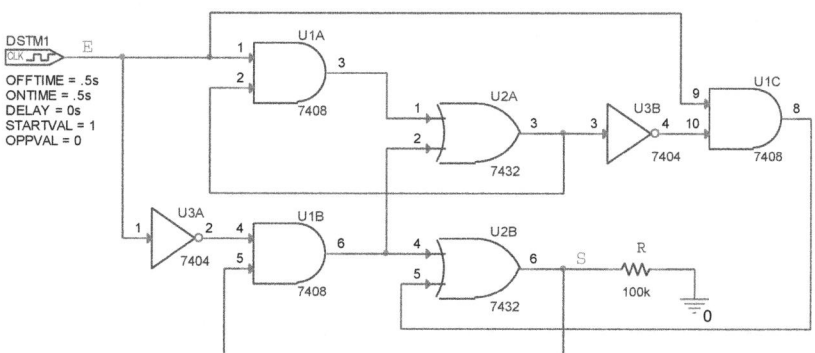

Figura 25.12 Circuito de realimentación directa adaptado para simulación. Se trata de un diseño fallido debido a la presencia de fenómenos aleatorios estáticos.

El cronograma correspondiente, representado en la figura 25.13, delata que el funcionamiento del circuito es anómalo debido a la presencia de fenómenos aleatorios estáticos. De hecho, la salida no es un divisor de frecuencia, sino que se comporta como un mero seguidor de la entrada.

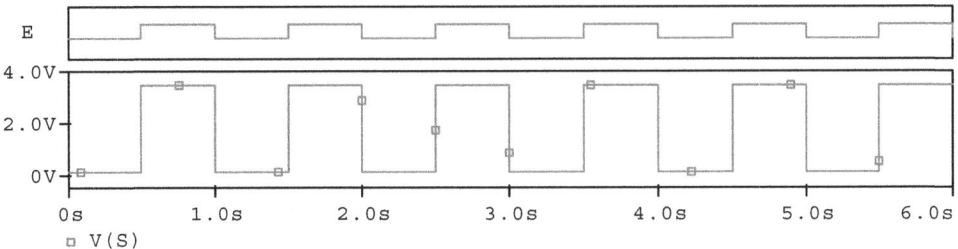

Figura 25.13   Cronograma correspondiente al circuito de la figura 25.12.

25.3.3 Diseño correcto basado en realimentación directa

La figura 25.14 muestra el diseño adaptado para simulación basado en realimentación directa en el que sí se han eliminado los fenómenos aleatorios estáticos.

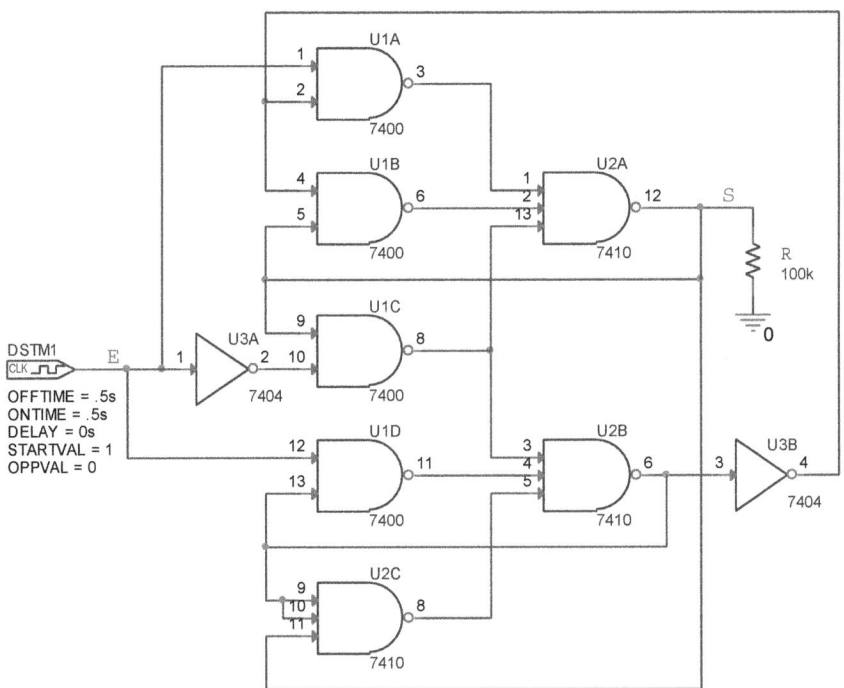

Figura 25.14   Circuito de realimentación directa adaptado para simulación. Se trata de un diseño robusto, exento de fenómenos aleatorios.

El cronograma correspondiente coincide plenamente con el de la figura 25.11 y, por lo tanto, no se reproduce de nuevo aquí. Queda comprobado, por lo tanto, que la eliminación de los fenómenos aleatorios estáticos en las expresiones lógicas iniciales mediante la adición de los correspondientes términos de consenso ha conducido a un diseño robusto que se ajusta a las especificaciones de partida.

25.4 Componentes

Circuito de reloj (T_{CLK} = 1,4 s)

Circuitos integrados

555 (1x).

Resistencias

270 Ω (1x), 47 kΩ (1x), 1 MΩ (1x).

Condensadores

10 nF (1x), 1 μF (1x).

Diodos

Ledes (1x).

Divisores de frecuencia (figuras 25.4, 25.6 y 25.9)

Circuitos integrados

74LS00 (2x). CI TTL con 4 puertas NAND de 2 entradas.
74LS02 (1x). CI TTL con 4 puertas NOR de 2 entradas.
74LS04 (1x). CI TTL con 6 inversores.
74LS08 (1x). CI TTL con 4 puertas AND de 2 entradas.
74LS10 (1x). CI TTL con 3 puertas NAND de 3 entradas.

Resistencias

270 Ω (1x).

Diodos

Ledes (1x).

25.5 Verificación experimental

En alguno de los montajes puede ser necesario emplear condensadores de desacoplo de 100 nF entre los pines de alimentación y tierra de los chips empleados.

25.5.1 Diseño con biestables asíncronos S – R

Procedimiento

1. Montar el circuito de la figura 25.4.

2. Montar un circuito de reloj y conectar su salida a la entrada E.

3. Verificar el correcto funcionamiento del circuito como divisor de frecuencia por dos.

25.5.2 Diseño preliminar fallido basado en realimentación directa

Procedimiento

1. Montar el circuito de la figura 25.6.

2. Montar un circuito de reloj y conectar su salida a la entrada E.

3. Verificar que el funcionamiento no es el de un divisor de frecuencia por dos, sino el anticipado por el cronograma de la figura 25.13.

25.5.3 Diseño correcto basado en realimentación directa

Procedimiento

1. Montar el circuito de la figura 25.9.

2. Montar un circuito de reloj y conectar su salida a la entrada E.

3. Verificar el correcto funcionamiento del circuito como divisor de frecuencia por dos.

25.6 Ejercicios y cuestiones de refuerzo

a) Supón que en el montaje del divisor de frecuencia por dos basado en biestables S – R no se dispone del integrado 74x02 para construir los biestables, sino del 74x00. Propón un montaje alternativo empleando el 74x00 como base para los dos circuitos biestables de los que consta el diseño.

b) Se ha comprobado que el divisor de frecuencia por dos, ya sea en su versión basada en biestables S – R o bien sin ellos, entrega una salida S con un ciclo de trabajo del 50 % ante una entrada periódica E con el mismo ciclo de trabajo. Si se altera el ciclo de trabajo de la entrada E manteniendo el mismo período, ¿cambiará también el ciclo de trabajo de la salida S?

c) Adapta el proceso de diseño del divisor de frecuencia por dos planteado en este capítulo para el caso de un divisor de frecuencia por tres.

Parte 5

APLICACIONES DE LAS FUNCIONES LÓGICAS DE USO COMÚN

El camino recorrido hasta aquí podría poner el punto y final al libro. Sin embargo, y de alguna manera, no se ha hecho más que llegar al punto de partida que inicia el estudio de las aplicaciones prácticas del diseño lógico digital y de aquellas tecnologías electrónicas fuertemente enraizadas en sus fundamentos.

El enfoque de la quinta parte del texto se desvía significativamente del hilo conductor adoptado hasta ahora, siempre orientado a verificar el funcionamiento de los circuitos propuestos tanto con herramientas de simulación como en el terreno experimental. Los capítulos que siguen a continuación están dedicados a la presentación de un amplio abanico de aplicaciones típicas de las funciones lógicas de uso común, con frecuencia relacionadas con los casos de estudio planteados en capítulos anteriores y que sirven por tanto de complemento a los mismos.

Se intenta dar respuesta así a las inquietudes de no pocos estudiantes, quienes con frecuencia muestran impaciencia por descubrir las verdaderas aplicaciones de la abrumadora cantidad de dispositivos lógicos diferentes a los que se enfrentan y que deben conocer y dominar a lo largo de su formación. Aunque muchos de los casos de estudio escogidos en estas páginas pueden considerarse pequeñas aplicaciones en sí mismas que procuran hacer más ameno el aprendizaje, la realidad es que el foco se ha puesto generalmente en diseños digitales sencillos o a lo sumo de moderada complejidad, puesto que idealmente, y como se acaba de mencionar, el fin último es ponerlos a prueba en un contexto de simulación y también experimental realizando los montajes correspondientes sobre pequeñas placas de prototipos.

Se comprobará que algunas de las aplicaciones seleccionadas son relativamente simples, mientras que otras hacen referencia a sofisticados sistemas digitales diseñados a partir de la interconexión de distintos módulos lógicos tanto combinacionales como secuenciales. Cada uno de estos módulos, entre los que se encuentran circuitos aritméticos; diferentes tipos de codificadores, decodificadores y multiplexores; biestables síncronos y asíncronos; registros de desplazamiento y contadores, puede considerarse un subsistema que desempeña una función específica dentro del conjunto. La clave para comprender el principio de funcionamiento de un sistema lógico complejo consiste en adoptar un nivel de abstracción diferente del empleado en los sencillos circuitos propuestos a lo largo de los capítulos anteriores. Para enfrentarse al análisis de un sistema electrónico digital de cierta envergadura no es necesario ni conveniente, por regla general, fijarse en detalles concretos relacionados con, por ejemplo, el número exacto de entradas y salidas que necesita un dispositivo modular determinado incluido en el sistema, o si cierto biestable se dispara en el flanco ascendente o descendente de la señal de reloj. Por el contrario, lo aconsejable en estos casos es aprender a identificar los diferentes subsistemas presentes en el diseño y el papel que desempeñan en el mismo. En este sentido, es de esperar que el estudio de las aplicaciones escogidas resulte estimulante y contribuya a cimentar y ampliar el caudal de conocimientos adquirido en las partes previas.

Por otro lado, y para finalizar la presentación de esta quinta parte, conviene advertir que con frecuencia resulta inevitable hacer referencia a una serie de sistemas electrónicos digitales no tratados en los capítulos anteriores. Entre ellos destacan los circuitos de memoria, los microprocesadores y su juego de instrucciones, los micro-controladores y sus periféricos internos, así como los circuitos PLD. Familiarizarse con todos ellos requiere contar con un conocimiento sólido de los fundamentos del diseño lógico digital, que se han procurado presentar de forma gradual a lo largo de los numerosos casos de estudio propuestos en los capítulos anteriores hasta llegar aquí. Algunas de las aplicaciones más avanzadas escogidas en esta parte del texto, que son muy dispares, pueden entenderse como un puente que conduce hacia el estudio en profundidad de una serie de áreas temáticas como son la arquitectura de computadores, los sistemas electrónicos y optoelectrónicos de comunicaciones, y el prototipado de sistemas digitales complejos empleando tanto lógica configurable como microcontroladores. Precisamente esta última temática se introduce en la sexta y última parte del texto.

Esta fotografía muestra la implementación sobre varias placas de prototipos del diseño de un sistema computador compuesto por un microprocesador de 8 bits 65C02, una memoria EEPROM 28C256 donde residen las instrucciones de programa, un circuito de interfaz 65C22, un circuito de reloj y algunos periféricos, como varios pulsadores y una pantalla LCD. El 65C02 es una versión mejorada en tecnología CMOS del microprocesador 6502, fabricado con tecnología NMOS. El 6502 fue diseñado en 1975 por MOS Technology y formó parte del Apple I, que fue el primer computador personal que combinó un microprocesador con un teclado y un monitor. También fue utilizado en otros computadores fabricados por Commodore y de consolas de Atari y de Nintendo. Su popularidad lo llevó a la pantalla, siendo empleado por Bender, el famoso robot de Futurama, así como por el robot T-800 de Terminator ([led20]). Lejos de ser actualmente un procesador obsoleto, el 6502 se sigue encontrando en multitud de sistemas empotrados y aún goza de gran aceptación entre los aficionados a la electrónica, bien para implementar sus propios diseños o para inspirarse en los difundidos por Ben Eater en su canal de YouTube, que aborda todo tipo de sistemas digitales cableados sobre placas de prototipos con gran maestría.

Aplicaciones de la decodificación

La decodificación es una de las funciones lógicas combinacionales más importantes y se utiliza en multitud de diseños lógicos. Puede recurrirse a ella para implementar funciones lógicas expresadas como suma de minitérminos o bien como producto de maxitérminos, dando lugar a diseños más compactos que los obtenidos a partir de una realización física clásica mediante puertas lógicas. Por otro lado, disponer de una etapa decodificadora de las líneas de dirección en la estructura de los circuitos de memoria resulta imprescindible para seleccionar la ubicación de los contenidos almacenados en estas. El uso de los circuitos decodificadores está también muy extendido entre los subsistemas digitales encargados de controlar uno o varios visualizadores numéricos, como los que se encuentran en los relojes digitales. La decodificación se emplea además con frecuencia para detectar el paso por determinados estados de un contador digital. Esta selección de cuatro aplicaciones clave de la decodificación se expone seguidamente.

26.1 Generación de minitérminos

Los decodificadores resultan útiles para implementar funciones lógicas genéricas, ya que un circuito decodificador de N a 2^N puede entenderse como un generador de los conjuntos de minitérminos y maxitérminos existentes en las correspondientes representaciones canónicas de una función lógica de N variables. Esta idea ya se recogió de forma explícita en las tablas 3.2 y 3.3 para el caso particular del decodificador binario básico de 2 a 4 estudiado en el capítulo 3, y se ampliará aquí mediante un sencillo ejemplo empleando el decodificador 74x138 para implementar la siguiente función lógica de tres variables, expresada en su forma canónica como suma de cuatro minitérminos:

$$f(x, y, z) = m_1 + m_5 + m_6 + m_7 \tag{26.1}$$

Aplicando el teorema de De Morgan, f se reescribe como:

$$f(x, y, z) = \overline{\overline{m_1} \cdot \overline{m_5} \cdot \overline{m_6} \cdot \overline{m_7}} \tag{26.2}$$

De esta forma la función lógica f se consigue implementar mediante un decodificador que cuente con salidas activas a nivel lógico bajo, como es el caso del 74x138, y una única puerta lógica NAND con tantas entradas como minitérminos tenga f. Cada una de las ocho salidas decodificadas por el 74x138 se corresponde con la versión complementada del minitérmino correspondiente de la función f. La figura 26.1 muestra la síntesis resultante.

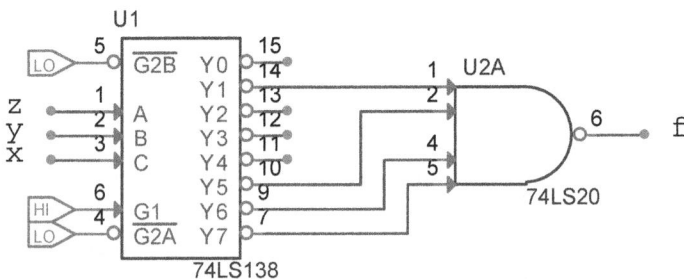

Figura 26.1   Implementación de la función $f(x, y, z) = \square(1,5,6,7)$ mediante el decodificador 74LS138 y una puerta NAND de cuatro entradas del CI 74LS20.

Además, se puede optar por una implementación alternativa expresando f en su forma canónica como producto de maxitérminos, resultando:

$$f(x, y, z) = M_0 \cdot M_2 \cdot M_3 \cdot M_4 \tag{26.3}$$

Recordando ahora que cualquier maxitérmino de una función lógica equivale a la versión complementada del minitérmino correspondiente (es decir, $M_i = \overline{m}_i$), f se reescribe como:

$$f(x, y, z) = \overline{m}_0 \cdot \overline{m}_2 \cdot \overline{m}_3 \cdot \overline{m}_4 \tag{26.4}$$

De (26.4) se desprende que la función lógica f también es sintetizable mediante el decodificador 74x138 y una puerta AND de cuatro entradas, como se representa en la figura 26.2:

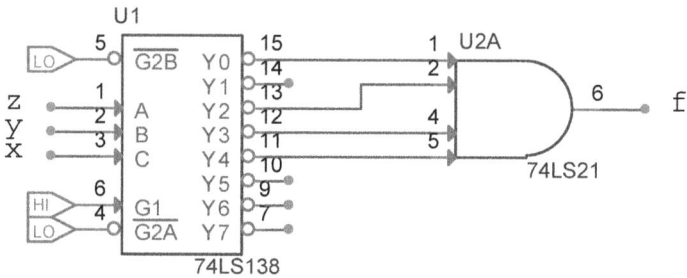

Figura 26.2   Implementación de la función f (x, y, z) = $\prod$ (0,2,3,4) mediante el decodificador 74LS138 y una puerta AND de cuatro entradas del CI 74LS21.

Si bien en este ejemplo particular ambas implementaciones son equivalentes en términos de coste (las dos emplean un CI 74x138 y una puerta lógica con cuatro entradas), en general conviene compararlas, ya que el coste de la implementación puede variar. En caso de disponer de un decodificador con salidas activas a nivel alto se pueden plantear otras dos síntesis más de la función f, esta vez empleando puertas OR y NOR, respectivamente.

26.2 Decodificación de líneas de dirección

Probablemente la aplicación más extendida del decodificador sea la decodificación de las líneas de dirección en los circuitos de memoria utilizados tanto en computadores como en otros sistemas digitales. La figura 26.3 muestra la estructura interna del dispositivo 82S123, que es una **memoria PROM** de pequeño tamaño fabricada con tecnología bipolar ([82S123])[1].

Como puede verse, la estructura interna de la memoria consta de dos planos claramente diferenciados. El plano AND es un decodificador 5:32 que, según se describió en la sección 26.1, genera los 32 minitérminos de una función lógica de cinco variables denominadas A4-A0, y que se representan en la figura como los términos producto P0-P31. Por su parte, el plano OR contiene la información que almacena el dispositivo, que es configurable una sola vez en este tipo de memoria.

Los circuitos PROM se emplean típicamente como módulos de memoria de solo lectura para el almacenamiento de información no volátil, como es el caso de programas o tablas de valores constantes que, una vez introducidos, no pueden ser alterados. La información almacenada en el 82S123 es accesible sin más que

---

[1] Las memorias PROM ya se mencionaron en la sección 4.2 en el contexto de los circuitos configurables SPLD.

especificar, mediante la dirección de 5 bits A4-A0, una de las 32 filas contenidas en el plano OR. Este proceso se denomina decodificación de las líneas de dirección del chip de memoria (o simplemente **decodificación de la dirección**), donde cada fila se corresponde con uno de los términos producto existentes a la salida del decodificador. Una vez direccionada la fila de interés se deposita todo su contenido, de 8 bits en el caso del 82S123, en el bus de datos conectado a las líneas de salida D7-D0 del dispositivo.

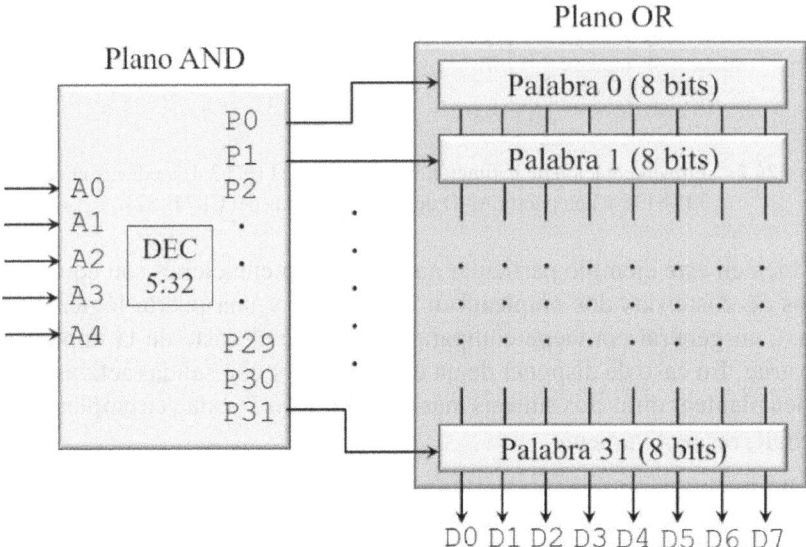

Figura 26.3 Estructura de la pequeña memoria PROM 82S123. Con 5 entradas, 8 salidas y 32 términos producto, tiene una capacidad de solo 256 bits.

26.2.1 Los circuitos de memoria y su capacidad de almacenamiento

El chip 82S123, escogido anteriormente para ilustrar la importancia de la decodificación de la dirección en un circuito de memoria, puede considerarse el hermano pequeño de esta familia de dispositivos, ya que dispone de tan solo 32 bytes de capacidad (es decir, 256 bits). Otros dispositivos de la misma familia construidos igualmente con tecnología bipolar cuentan con diferente capacidad de direccionamiento, como por ejemplo el 82S129, que con sus ocho líneas de dirección y tan solo cuatro salidas es una memoria que almacena $2^8 = 256$ palabras de 4 bits (1024 bits en total); o el 82S321, dotado con doce entradas de dirección y ocho salidas de datos. Sus doce entradas permiten generar $2^{12} = 4096$ términos producto diferentes, lo que da lugar a una capacidad de 4 KB (4096 bytes, o 32.768 bits).

La figura 26.4 muestra los símbolos lógicos disponibles en PSpice para estos tres circuitos de memoria PROM. Más dispositivos intermedios de esta familia de memorias, que es bastante numerosa, pueden consultarse en [nel96].

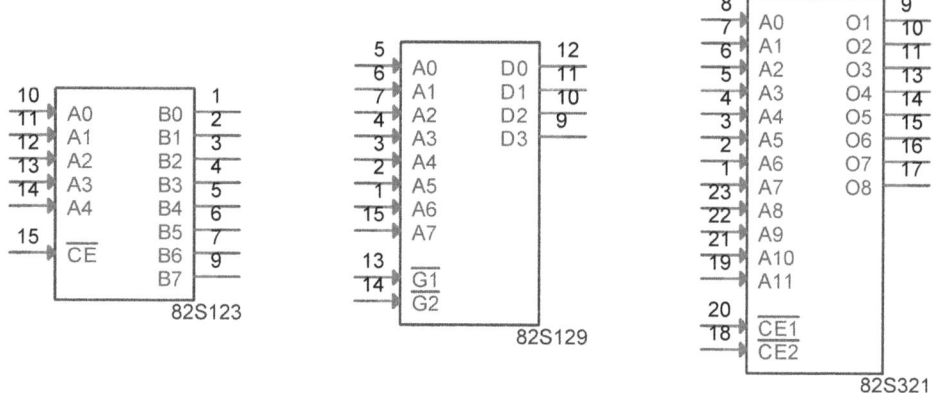

Figura 26.4 Símbolos lógicos adoptados en PSpice para representar las memorias PROM de tecnología bipolar 82S123, 82S129 y 82S321.

Las memorias PROM bipolares, que se popularizaron a partir de la década de 1980, no son fáciles de encontrar actualmente al haber sido reemplazadas con el tiempo por versiones equivalentes, basadas inicialmente en tecnología NMOS y posteriormente en tecnología CMOS. Estas dos variantes PROM más evolucionadas, fabricadas ambas a partir de transistores MOS, son en realidad **memorias EPROM**[2].

Ejemplos de memorias EPROM son los dispositivos de la serie 27, que están disponibles en las dos tecnologías mencionadas: la EPROM 27256 es una memoria de tipo NMOS mientras que la EPROM 27C256 es la versión equivalente de tipo CMOS, caracterizada por un consumo mucho menor. Ambas disponen de quince líneas de dirección y de ocho salidas, por lo que su capacidad de almacenamiento es de 2^{15} bytes = 32 KB ([toc07], [wak01]).

Idéntica capacidad tiene la **memoria EEPROM** de la serie 28 basada en tecnología CMOS denominada 28C256 ([wak07]). Tanto la serie 27 como la 28 pueden ser empleadas en el diseño de bancos de memoria para sistemas basados en

---

[2] EPROM es el acrónimo de *erasable programmable read-only memory*. Este circuito de memoria puede borrarse si es necesario al incidir luz ultravioleta sobre el dispositivo, que dispone de una ventana de cuarzo en el encapsulado del chip. El tiempo de borrado oscila entre los 5 y los 20 minutos. Actualmente se emplea mayoritariamente su versión no borrable denominada **OTP** ROM (*one-time programmable*), que es una EPROM con encapsulado plástico para abaratar costes. Las memorias OTP resultan útiles para almacenar programas que ya se han depurado y se está por tanto en condiciones de pasar a la fase de producción. En la práctica las hojas de información técnica de los fabricantes son comunes para las EPROM y las memorias OTP, ya que en realidad se trata del mismo dispositivo. Incluso se llega a emplear la misma referencia para identificar a ambos, dependiendo del fabricante: mientras que Texas Instruments distingue entre ellos, denominando TMS27C256 a su EPROM 32K×8 y TMS27PC256 a la OTP ROM correspondiente ([TI-27256]); el fabricante SGS-Thomson Microelectronics opta por adoptar la misma denominación para las dos variantes, como sucede con su memoria 8K×8 denominada M27C64A ([TM-2764]).

microprocesador, como se describe en el siguiente apartado[3]. Otras memorias EPROM y EEPROM en ambas series de dispositivos cuentan con una capacidad de direccionamiento mayor: a modo de ejemplo, la EEPROM 28C040 cuenta con diecinueve líneas de dirección y 2^{19} bytes = 512 KB de almacenamiento ([wak07]).

La figura 26.5 muestra los símbolos lógicos disponibles en PSpice para las memorias 27256 y 28C256, que son muy similares. Destaca la existencia de una línea de habilitación de escritura activa a nivel bajo en el caso del chip EEPROM 28C256, denotada por $\overline{WE}$, que no cuenta con un equivalente exacto en el caso de la memoria EPROM 27256. En este caso, la línea VPP se emplea para aplicar el voltaje de programación ([wak01]).

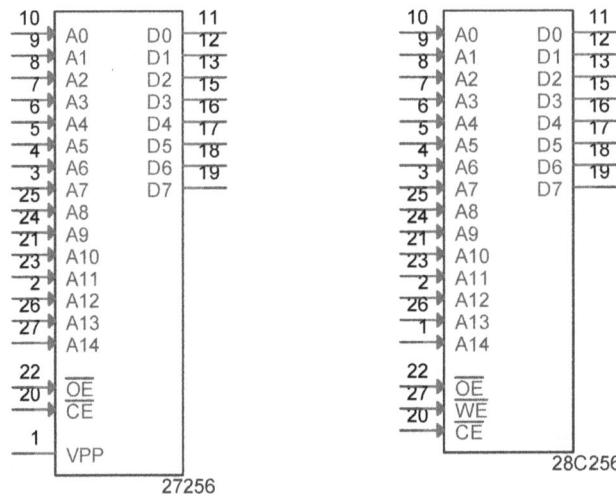

Figura 26.5 Símbolos lógicos adoptados en PSpice para representar los circuitos de memoria EPROM 27256 y EEPROM 28C256, ambos con una capacidad de 32 KB.

Una variante de los chips EEPROM cuyas posiciones de memoria solo se pueden borrar por bloques con un tamaño que oscila entre 16 KB y 1 MB son las **memorias flash** ([wak18]). Estos dispositivos de almacenamiento, utilizados en los populares lápices de memoria con conexión USB, ya superan actualmente un terabyte (TB) de capacidad, equivalente a 1024 GB. Todas ellas se caracterizan por

---

[3] EEPROM es el acrónimo de *electrically erasable programmable read-only memory*. A diferencia de los chips EPROM, las memorias EEPROM están concebidas para modificar su contenido con frecuencia, y tanto la programación como el borrado se realiza eléctricamente con rapidez. Además, no es necesario extraerlas de su circuito para reprogramarlas y la reprogramación puede ser selectiva, sin obligar por tanto a borrar la memoria completa. Sin embargo, las celdas de memoria de una EEPROM requieren más espacio que en una EPROM. Por estas razones las EPROM han sido sustituidas con frecuencia por las EEPROM cuando la reprogramación es necesaria, aunque se siguen prefiriendo en aplicaciones donde la densidad y el coste son factores determinantes ([toc07]).

ser regrabables eléctricamente, por lo que el circuito decodificador direcciona la fila correspondiente no solo para realizar una operación de lectura sino también de escritura, dependiendo del estado de la línea de selección de operación.

26.2.2 Decodificación de direcciones de memoria en un computador

Mediante la decodificación de las direcciones de una memoria de tipo ROM, que almacena las instrucciones de programa ejecutadas por un microprocesador, se accede a la posición (o posiciones) de memoria concretas ocupadas por la instrucción requerida por el procesador en un instante dado de la ejecución de un programa. Lo habitual en estos casos es contar con varios circuitos de memoria que comparten un bus común con el fin de optimizar los recursos, como muestra la figura 26.6 para el caso de un sistema formado por cuatro módulos EEPROM 28C256 con una capacidad de almacenamiento total dada por 32 KB × 4 = 128 KB. Este esquema es igualmente válido si se emplean memorias EPROM de la serie 27 para construir el banco de memoria.

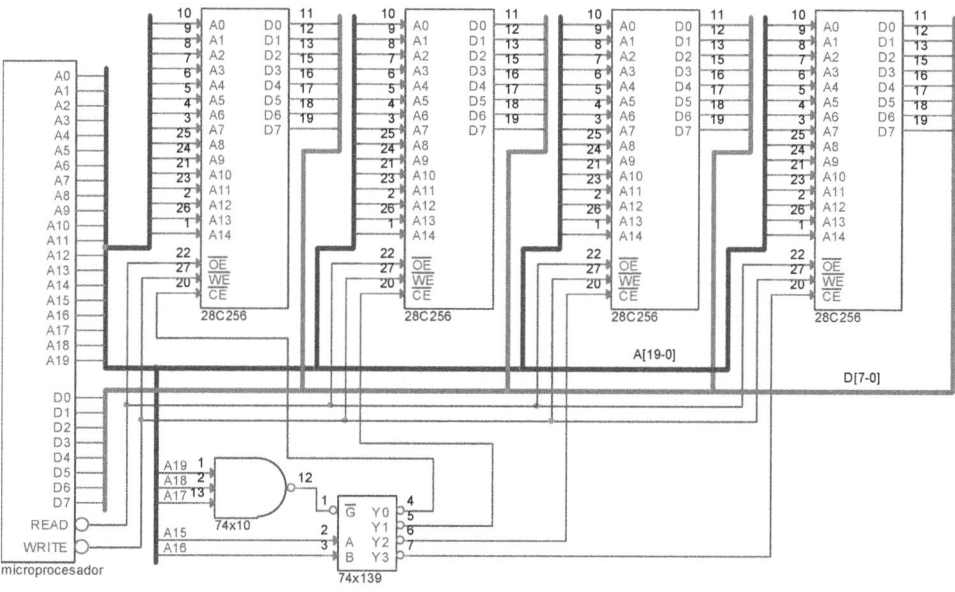

Figura 26.6 Esquema para la decodificación de direcciones de memoria en un sistema basado en microprocesador cuyo banco de memoria de 128 KB está compuesto por cuatro circuitos EEPROM 28C256. (Adaptada de [wak07]).

Aunque las veinte líneas de dirección A19-A0 del microprocesador dotan al sistema de una capacidad de direccionamiento de 1 MB (2^{20} bytes), tan solo una fracción de dicho espacio de direcciones está ocupado por el banco de memoria EEPROM, que se ubica en las 128K posiciones más altas del mapa de memoria. Esta disposición particular es consecuencia de la acción combinada de la puerta NAND de tres entradas del CI 74x10 y del decodificador 2:4 del CI 74x139. Como puede verse, el decodificador se habilita únicamente cuando las tres líneas de dirección A19-A17 son simultáneamente 1^4. Con el 74x139 habilitado, las dos líneas A16 y A15 determinan el circuito EEPROM que se seleccionará de entre los cuatro disponibles, para garantizar así que solo uno de ellos accede al bus de datos de 8 bits en un momento dado tras la habilitación de las correspondientes salidas triestado.

26.3 Decodificación de BCD a código de siete segmentos

También existen decodificadores para funciones especiales, como es el caso del popular decodificador de BCD a siete segmentos, que ha sido empleado en algunos de los diseños propuestos en los capítulos 13, 16 y 19. Las salidas de estos circuitos combinacionales se cablean con los diferentes terminales de un visualizador de siete segmentos, cuya identificación puede consultarse en el apéndice D. Cuando se requiere visualizar un dígito decimal del 0 al 9 con uno de estos dispositivos se activan las salidas correspondientes del circuito decodificador, que polarizan los ledes necesarios integrados en el visualizador para representar dicho dígito. Cada led constituye uno de los siete segmentos del visualizador, como ilustra la figura 26.7 para las dos variantes de visualizadores existentes, que se denominan de ánodo y de cátodo común.

En un visualizador de siete segmentos de ánodo común todos los ánodos de los diodos se conectan a un voltaje alto (típicamente 5 V), mientras que aplicando un 1 o bien un 0 lógico a los cátodos de forma individual se controla el estado de los diferentes ledes: un 1 lógico en uno de los cátodos mantiene el led correspondiente apagado al no existir diferencia de potencial con el ánodo, y un 0 lógico lo enciende al fluir una corriente de varios miliamperios por dicho led. El decodificador es el encargado de seleccionar el nivel lógico que debe aplicarse a cada uno de los siete cátodos, en función del dígito que se desee mostrar en el visualizador. Por el contrario, en un visualizador de siete segmentos de cátodo común son los cátodos de los diodos los que se conectan al potencial de tierra, mientras que el nivel lógico aplicado a los ánodos se controla individualmente desde las propias salidas del decodificador[5].

En la tabla 26.1 se muestra la conversión entre el código BCD, de 4 bits, y el código de siete segmentos para los diez dígitos decimales, suponiendo que las salidas decodificadas son activas a nivel lógico alto. En el diseño del decodificador que realiza la conversión entre ambos códigos se toma como punto de partida dicha tabla

---

[4] La posición más baja del espacio de direcciones reservado para el banco de memoria EEPROM, expresada en decimal, viene dada por $2^{19} + 2^{18} + 2^{17} = 917.504$; mientras que la más alta ocupa la posición $2^{19} + 2^{18} + 2^{17} + \ldots + 2^2 + 2^1 + 2^0 = 2^{20} - 1 = 1.048.575$. El número total de posiciones de memoria se obtiene restando: $2^{20} - (2^{19} + 2^{18} + 2^{17}) = 2^{17} = 128K$.

[5] Ambos visualizadores son muy populares y sus diferencias se describen con mayor o menor detalle en referencias como por ejemplo [art02], [bar17], [bla05], [fer01], [gar07], [hor16], [lea11], [mar12], [nel21], [pre05], [toc07] y [zul08].

para obtener, mediante mapas de Karnaugh, las correspondientes expresiones lógicas mínimas de cada uno de los siete segmentos en función de las cuatro variables de la codificación BCD. Las seis codificaciones de entrada no utilizadas con 4 bits, que corresponden a los números del 10 al 15, se mapean empleando combinaciones indiferentes.

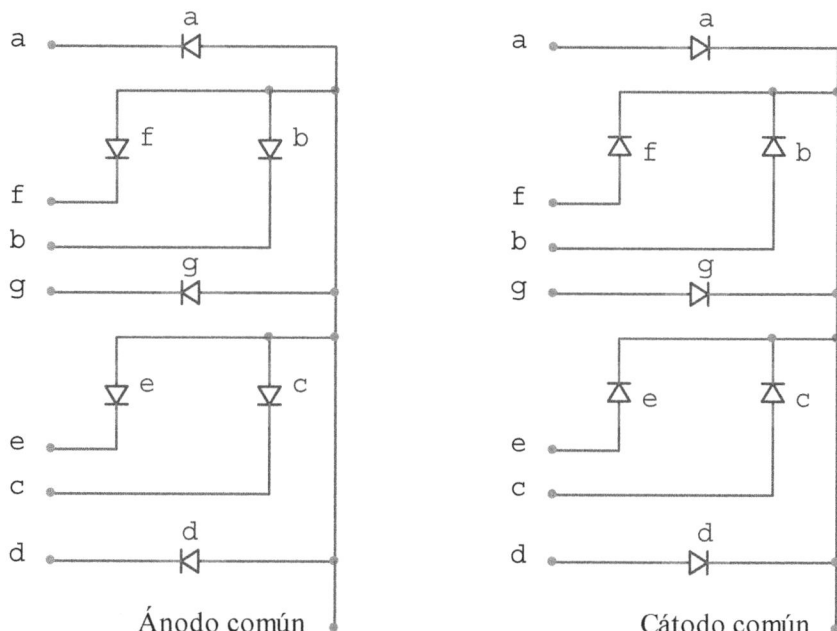

Figura 26.7 Disposición de los ledes en un visualizador de siete segmentos de ánodo común (izquierda) y de cátodo común (derecha). (Adaptada de [nel21]).

Tabla 26.1 Conversión de código BCD a código de siete segmentos para salidas decodificadas activas a nivel lógico alto.

Dígito decimal	Código BCD				Segmentos del visualizador						
	D	C	B	A	a	b	c	d	e	f	g
0	0	0	0	0	1	1	1	1	1	1	0
1	0	0	0	1	0	1	1	0	0	0	0
2	0	0	1	0	1	1	0	1	1	0	1
3	0	0	1	1	1	1	1	1	0	0	1
4	0	1	0	0	0	1	1	0	0	1	1
5	0	1	0	1	1	0	1	1	0	1	1
6	0	1	1	0	0	0	1	1	1	1	1
7	0	1	1	1	1	1	1	0	0	0	0
8	1	0	0	0	1	1	1	1	1	1	1
9	1	0	0	1	1	1	1	0	0	1	1

La implementación resultante del decodificador no es única y depende tanto del tipo de puerta lógica escogida como de si las salidas del decodificador son activas a nivel lógico alto o bajo, como se muestra en [nel21] para una síntesis NAND-NAND y dos síntesis NOR-NOR.

Las versiones clásicas comercialmente disponibles de estos decodificadores se recogen en la tabla 3.1, y son los CI 74x46, 74x47, 74x48 y 74x49. En la sección 32.3 se muestran algunas alternativas más sofisticadas que resultan de interés cuando un diseño lógico requiere varios visualizadores.

26.4 Decodificación de los estados de un contador

La secuencia de cuenta de un circuito contador puede monitorizarse mediante la combinación de un decodificador de BCD a código de siete segmentos y de un visualizador compatible con este. Alternativamente, y como ya se analizó con detalle en el capítulo 17, es viable recurrir a un circuito decodificador encargado de decodificar las líneas de salida de un contador, activando en el proceso una única salida diferente del decodificador con cada estado transitado por el contador en lugar de varias de ellas simultáneamente, que es lo que sucede en un diseño que emplee un visualizador de siete segmentos.

Ya se apuntó en la introducción de dicho capítulo que las líneas de salida de un decodificador pueden conectarse a diferentes dispositivos, de manera que es el propio circuito decodificador el que se encarga de controlar su activación con la cadencia marcada por los cambios de estado del contador. En el caso de emplear un contador BCD resulta práctico escoger un decodificador modular de BCD a decimal comercialmente disponible, como es el 74x42. En función de la aplicación concreta, en cada una de sus diez salidas podrá conectarse un dispositivo diferente, como se acaba de mencionar, o simplemente un led, que se encenderá de forma periódica durante un ciclo de reloj a medida que se decodifiquen los diferentes estados del contador. El esquema de la figura 26.8 ilustra este segundo caso mediante la combinación de dos circuitos MSI de la serie TTL estándar.

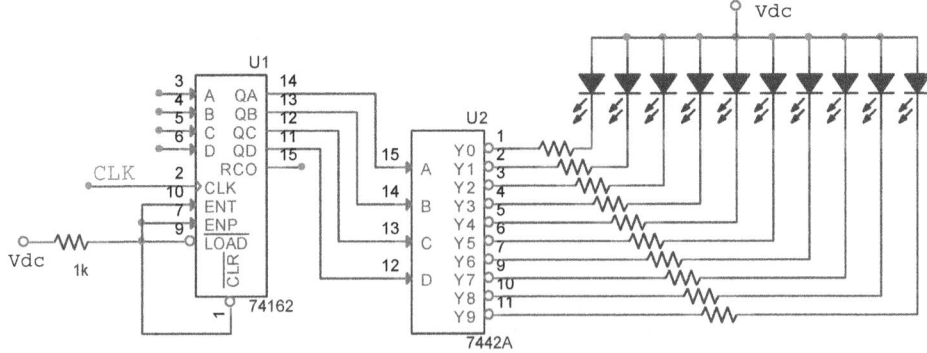

Figura 26.8 Esquema para monitorizar mediante ledes la decodificación de los diez estados del contador BCD 74162 utilizando el decodificador de BCD a decimal 7442A.

En el capítulo 17 se escogió precisamente el CI 7442A para decodificar diez de los dieciséis estados de un contador de 4 bits configurado en modo de carrera libre. Para ello se propuso un diseño muy similar al mostrado en la figura 26.8, con la diferencia de que el contador BCD 74162 fue reemplazado por el contador binario 74163. El cronograma de la figura 26.9 ilustra esta vez la decodificación de los diez estados del 74162 mediante dos iteraciones sucesivas por todos ellos con un período de reloj de un segundo, empleando igualmente un 7442A.

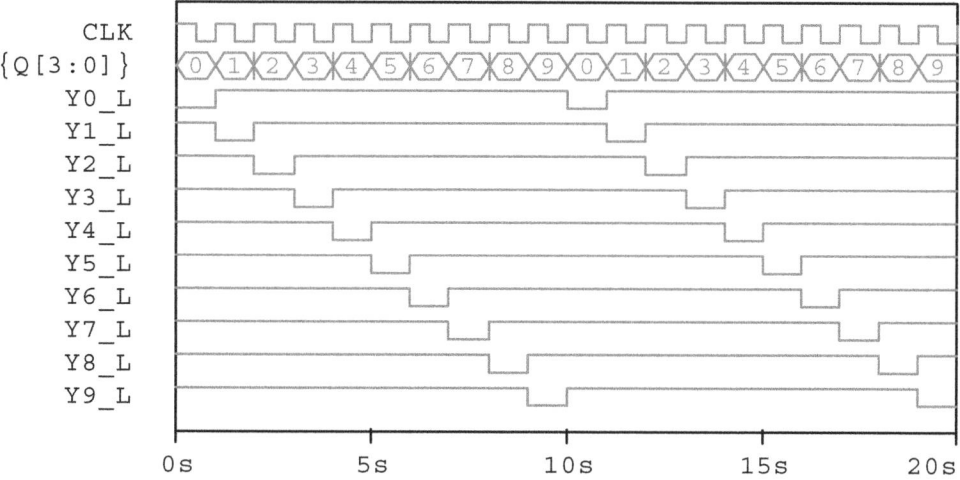

Figura 26.9   Decodificación de los estados de un 74162 realizada con un 7442A. $T_{CLK} = 1$ s.

Aplicaciones de la codificación

27.1 Gestión priorizada de interrupciones en un procesador
27.2 Codificación de un teclado numérico
27.3 Conversión analógico-digital: el convertidor flash
27.4 Codificación de vídeo digital en formato analógico

La función lógica de la codificación, al igual que sucede con la decodificación tratada en el capítulo anterior, se implementa en numerosas aplicaciones digitales. La denominada codificación de prioridad resulta clave para gestionar eficientemente las numerosas solicitudes de interrupción que recibe un procesador. Por otro lado, las pulsaciones de un teclado conectado a un sistema digital necesitan una etapa inicial dedicada a codificar, de forma inequívoca con una palabra digital diferente, cada una de las teclas pulsadas. Los circuitos codificadores también forman parte del diseño de un tipo concreto de convertidor analógico-digital denominado convertidor flash. Además, el procesado de señales de vídeo involucra igualmente la función de la codificación. Veremos en este capítulo el papel determinante que juega la codificación en esta selección de cuatro aplicaciones.

27.1 Gestión priorizada de interrupciones en un procesador

El procesador de un computador se comunica con un abanico muy variado de elementos periféricos, entre los que se encuentran teclados, ratones, discos, monitores, impresoras, altavoces, etc. Existen cuatro técnicas para gestionar el intercambio de información entre el procesador y los periféricos a través de unos elementos de interfaz llamados **controladores de entrada y salida** (o controladores E/S, para abreviar). Cada una de estas técnicas exige del procesador un grado de dedicación que llega a ser muy diferente, dependiendo de la sofisticación del controlador: cuanto más compleja es la lógica de un controlador E/S determinado, menos atención necesitará la gestión del periférico por parte del propio procesador, que podrá seguir ejecutando otras tareas en paralelo. Pues bien: en una de dichas técnicas, denominada **E/S controlada por interrupción**[1], el concepto de la codificación de prioridad juega un papel determinante, como se justifica a continuación.

El microprocesador recibe, en la E/S controlada por interrupción, numerosas solicitudes de interrupción por *hardware* desde los diferentes periféricos conectados al computador. Como el microprocesador suele disponer de un único pin dedicado a recibir dichas solicitudes, en la práctica el peso de la gestión de las interrupciones corre a cargo de un circuito controlador que hace de intermediario entre el procesador y el periférico. Uno de los recursos clave que implementan estos controladores de interrupciones en su estructura interna es precisamente un módulo codificador de prioridad, cuya función es asignar diferentes niveles de prioridad a las solicitudes de interrupción que lanzan los dispositivos periféricos para comunicarse con el procesador, puesto que estas pueden coincidir en el tiempo.

Utilizaremos un sistema computador real basado en el microprocesador 80386 y el controlador de interrupciones 82C59A, ambos diseñados por Intel, para describir los aspectos más destacados de la gestión de las interrupciones realizada por este controlador, que aparece representado en el diagrama de bloques de la figura 27.1.

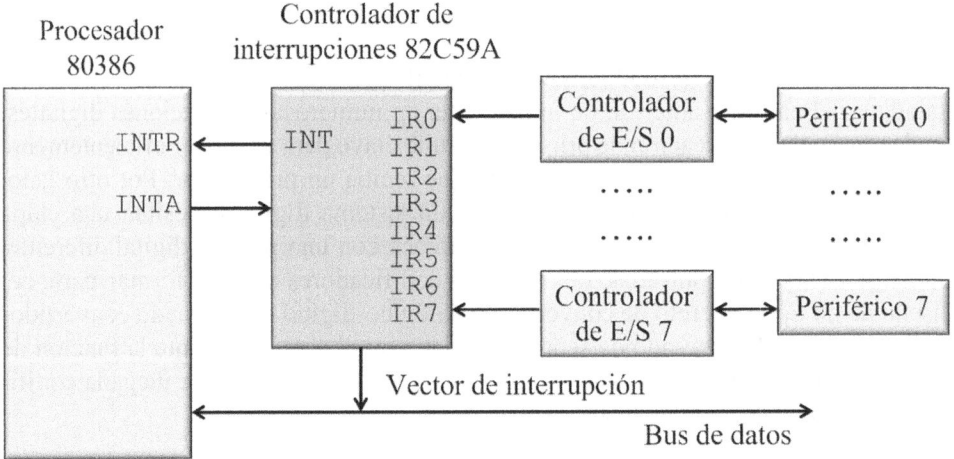

Figura 27.1 Gestión priorizada de un máximo de ocho solicitudes de interrupción mediante el controlador de interrupciones 82C59A. (Adaptada de [ang03] y [sta10]).

---

[1] Del inglés *interrupt-driven I/O*. Las tres técnicas restantes se denominan "E/S programada", "acceso directo a memoria" y "canales y procesadores de E/S".

El controlador 82C59A cuenta con solo ocho líneas de interrupción IR0-IR7, que pueden ser insuficientes para las necesidades de un sistema computador determinado. Esta limitación puede suplirse simplemente añadiendo más circuitos controladores que obedezcan a una topología basada en una jerarquía de dos niveles, en la que un único CI 82C59A conectado al procesador gestione las solicitudes de otros ocho controladores idénticos (que son los que están en contacto directo con los periféricos) hasta un máximo de 64 elementos periféricos en total ([sta10]). En cualquier caso, y con el fin de ilustrar mediante un ejemplo la gestión priorizada de las interrupciones llevada a cabo por el 82C59A, que es realmente el objetivo aquí, es suficiente con el esquema escogido en la figura 27.1, al que nos referiremos seguidamente.

Como se ha mencionado, el 82C59A acepta las solicitudes de interrupción de los dispositivos conectados a él y determina qué interrupción tiene la prioridad más alta, indicándoselo al procesador 80386 mediante la activación de la línea INTR[2]. El 80386 reconoce a su vez la solicitud de interrupción con la línea INTA[3]. Tras este intercambio de mensajes preliminar establecido entre el procesador y el controlador, el procesador almacena en la **memoria de pila**[4] la dirección de la próxima instrucción a ejecutar con el fin de recuperarla en cuanto termine la atención a la interrupción en curso; mientras que por su parte el 82C59A sitúa en el bus de datos una posición de memoria denominada **vector de interrupción**, que contiene la dirección en memoria de la rutina correspondiente de atención a la interrupción que deberá ser ejecutada. Para ello el procesador lee el vector de interrupción y direcciona en memoria la posición referida por este, según el proceso mostrado en la figura 27.2. La zona de memoria que aloja las posiciones del conjunto de rutinas de atención a la interrupción se llama **tabla de vectores de interrupción** ([zul08]).

En definitiva, tras esta exposición introductoria sobre la E/S controlada por interrupción queda justificado que, con el fin de garantizar una correcta gestión de las interrupciones por *hardware* que recibe un microprocesador por uno de sus pines en un sistema computador, debe habilitarse una estrategia como la implementada en el controlador 82C59A, que priorice las solicitudes de interrupción que llegan de forma simultánea empleando para ello la codificación de prioridad.

---

[2] Tanto el identificador IR en las líneas de entrada IR0-IR7 del controlador 82C59A como el identificador INTR en el procesador 80386 son la abreviatura de *interrupt request*, cuya traducción es "solicitud de interrupción".

[3] INTA es la abreviatura de *interrupt acknowledge*, o reconocimiento de la interrupción.

[4] La memoria de pila se describe al introducir el puntero de pila en el apartado 30.7.3.

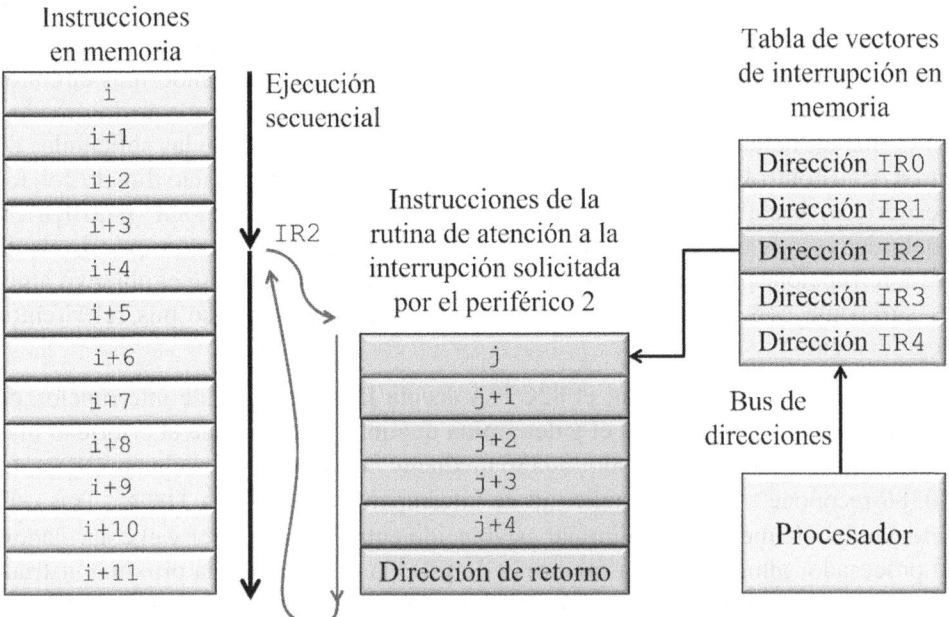

Figura 27.2 Proceso de ejecución de la rutina de atención a la interrupción solicitada por el periférico número 2. (Adaptada de [zul08]).

27.2 Codificación de un teclado numérico

Una de las aplicaciones clásicas de los circuitos codificadores es la codificación de las diferentes teclas disponibles en un teclado. En el caso particular de un sencillo teclado numérico que incluye los diez dígitos decimales del 0 al 9, como por ejemplo el que incorporan los terminales típicos de la telefonía fija o bien el que se encuentra en los cajeros automáticos, se puede recurrir, al menos en principio, a un codificador de decimal a BCD como es el CI 74x147 y asociar las teclas numéricas a las entradas del codificador.

Un esquema de codificación simplificado para un teclado numérico basado en un codificador BCD genérico con entradas y salidas activas a nivel lógico bajo y alto, respectivamente, se representa en la figura 27.3. La idea subyacente al esquema de codificación de las diferentes teclas es relativamente simple, como se describe seguidamente. Cuando no se pulsa ninguna de las diez teclas del teclado, las nueve líneas de entrada del módulo codificador se encuentran conectadas a la tensión de alimentación y ninguna es, por lo tanto, asertiva. Lo mismo sucede cuando se pulsa el 0, puesto que dicha tecla no se conecta a ninguna de las entradas del codificador. Esto no constituye una anomalía, sino que se hace así intencionadamente porque la salida del codificador en ausencia de pulsaciones del teclado se asocia precisamente a la pulsación del 0. Al presionar cualquier otra tecla del 1 al 9, la línea correspondiente de entrada del circuito codificador pasa a estar conectada al potencial de tierra y es por lo tanto asertiva, codificándose en las cuatro líneas de salida su equivalente

BCD. Estos 4 bits se vuelcan a continuación en un registro desde el que se redirigen a algún tipo de dispositivo de almacenamiento, como es un circuito de memoria, mediante la oportuna lógica de control. Las sucesivas pulsaciones del teclado, tras ser codificadas, se vuelcan en el mencionado registro para ser almacenadas seguidamente en posiciones diferentes del mismo circuito de memoria.

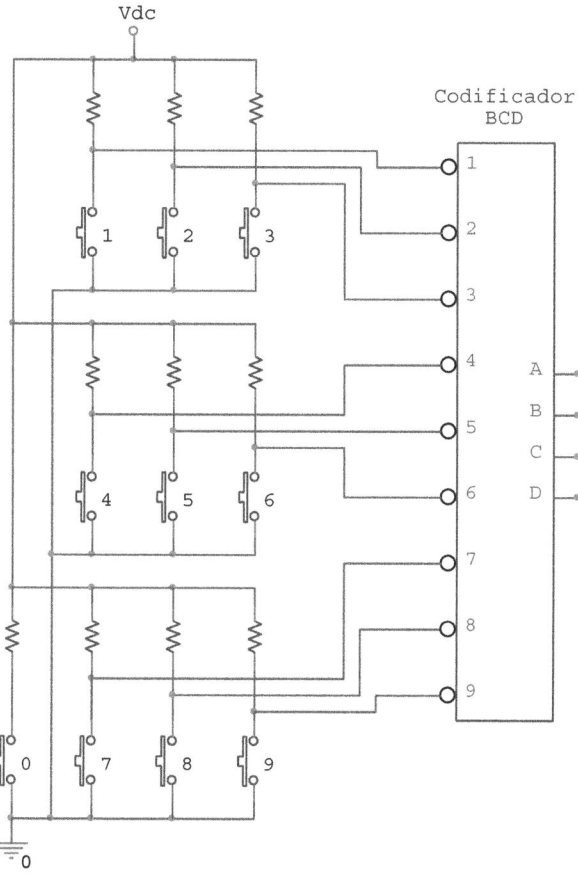

Figura 27.3 Esquema simplificado de la codificación de un teclado numérico mediante un codificador BCD. (Adaptada de [flo16]).

Sin embargo, el esquema de codificación empleado en teclados convencionales, como es el caso del teclado de un PC, que cuenta con numerosos caracteres alfanuméricos, sigue una estrategia más sofisticada basada en una codificación dual de fila y de columna que contribuye a reducir notablemente la circuitería. Para un teclado alfanumérico de, por ejemplo, 64 teclas, no se recurre a un módulo codificador de 64 entradas siguiendo el esquema de codificación de un teclado numérico descrito anteriormente, sino que se utilizan dos codificadores de únicamente ocho entradas cada uno, uno de ellos dedicado a la codificación de las filas y el otro a la codificación de las columnas. Una descripción detallada de este esquema de codificación dual típico de los **teclados matriciales** puede consultarse en [flo16], mientras que una versión conceptualmente equivalente pero más reducida de un teclado 4 × 4 con 16 teclas, que emplea sendos codificadores de cuatro entradas en lugar de ocho, se describe en [toc07]. En casos como este, donde el conjunto total de filas más columnas asciende solo a ocho y todavía es manejable, es frecuente prescindir de la codificación dual por *hardware* y recurrir a una conexión directa de las cuatro filas y las cuatro columnas del teclado con los ocho terminales de alguno de los puertos paralelos de E/S disponibles en un microcontrolador. Según este esquema, mostrado en la figura 27.4 para el caso del PIC16F873, cuatro de las líneas de su puerto paralelo B (PORTB) se configuran como entradas y se conectan una a una a las cuatro columnas del teclado, que constituyen las **líneas de retorno**; mientras que las cuatro líneas restantes se configuran como salidas y se conectan a sus cuatro filas, que son las **líneas de exploración**[5]. Como puede verse, cada tecla se sitúa en la intersección de una fila y una columna de la matriz resultante. Al pulsar una tecla se establece un contacto eléctrico entre la fila y la columna correspondiente a esa tecla concreta.

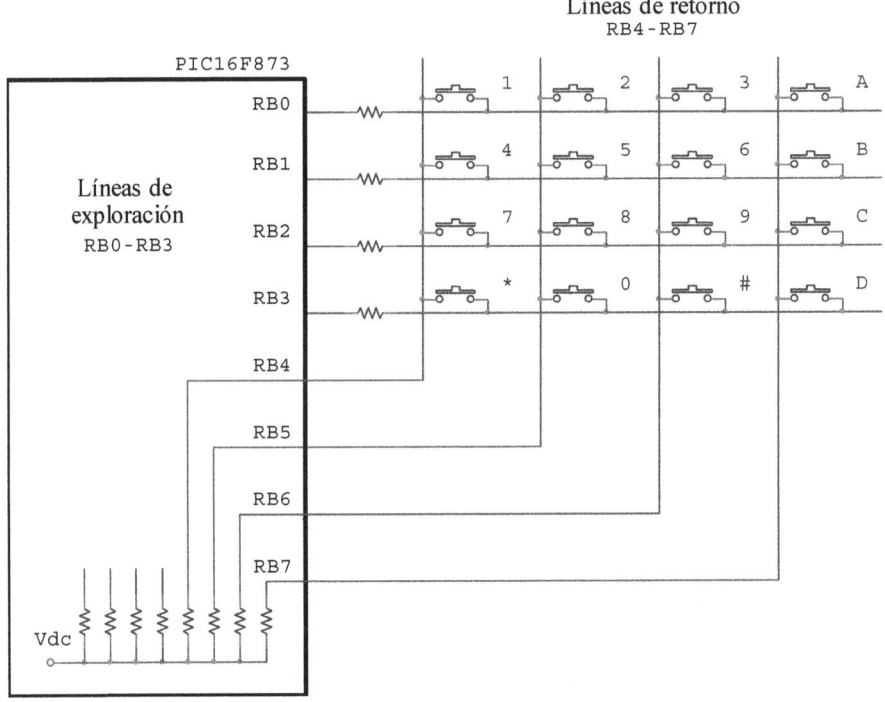

Figura 27.4 Teclado matricial 4 × 4 conectado a las ocho líneas de E/S del puerto PORTB de un microcontrolador PIC16F873. La disposición de las líneas de exploración como salidas y de las líneas de retorno como entradas se corresponde con una exploración secuencial por filas del teclado. (Adaptada de [val07] y [bar17]).

---

[5] La elección del puerto B no es casual: en la mayoría de los microcontroladores PIC dicho puerto cuenta con resistencias de *pull-up* internas y la posibilidad de activar una interrupción cuando cualquiera de esas líneas cambia de estado ([ang07]).

La atención de un teclado matricial se puede enfocar de dos formas distintas: mediante una exploración secuencial de las filas ([bar17], [ibr23], [val07]) o de las columnas ([mar12], [zul08]); o bien mediante una exploración simultánea de filas y columnas ([val07], [wil10]). Ambas técnicas se describen seguidamente.

La exploración secuencial de las filas se basa, por un lado, en el envío cíclico de señales por las cuatro líneas de exploración, que son las filas (salidas RB0-RB3) y, por otro, en la lectura permanente del estado de las cuatro líneas de retorno, que son las columnas (entradas RB4-RB7). Cuando el teclado se encuentra inactivo, el nivel lógico de las cuatro líneas de retorno es alto. En las líneas de exploración, que se encuentran inicialmente en un estado lógico alto, se fuerza un estado bajo de forma secuencial, una línea a continuación de la otra, durante el proceso. Dicho estado bajo se traslada a la línea de retorno correspondiente solo si se pulsa la tecla situada en la intersección de las dos líneas involucradas, mientras que el estado lógico en las demás líneas de retorno seguirá siendo alto.

Para ilustrar el procedimiento con un ejemplo, veamos qué sucede si se pulsa una tecla cualquiera, como es la 1. Dependiendo del estado de RB0, que es la línea de exploración correspondiente, se dan las cuatro posibilidades indicadas en la tabla 27.1, que involucran a la línea de retorno RB4.

Tabla 27.1 Exploración secuencial de las filas del teclado de la figura 27.4, particularizada para la pulsación de la tecla 1. (Adaptada de [bar17]).

Salida RB0	¿Tecla 1 pulsada?	Entrada RB4
0	Sí	0
0	No	1
1	Sí	1
1	No	1

A cada tecla se le asocia un **código de exploración**, que se forma a partir de la codificación binaria de sus filas y de sus columnas, tal y como refleja la tabla 27.2. El microcontrolador ejecuta la rutina de exploración del teclado para determinar la tecla pulsada a partir de su posición en la matriz.

Tabla 27.2 Códigos de exploración para cada una de las 16 teclas del teclado matricial de la figura 27.4. CF: codificación binaria de fila. CC: codificación binaria de columna. CE: código hexadecimal de exploración. (Adaptada de [val07]).

Tecla	CF	CC	CE	Tecla	CF	CC	CE	Tecla	CF	CC	CE
1	00	00	00	7	10	00	08	A	00	11	03
2	00	01	01	8	10	01	09	B	01	11	07
3	00	10	02	9	10	10	0A	C	10	11	0B
4	01	00	04	0	11	01	0D	D	11	11	0F
5	01	01	05	*	11	00	0C				
6	01	10	06	#	11	10	0E				

Ante la eventual pulsación simultánea de dos o más teclas, las cuatro resistencias externas al microcontrolador presentes en las líneas de exploración constituyen una medida de protección ([val07], [zul08]). Por otro lado, las resistencias internas de *pull-up* conectadas al nodo de alimentación V_{dc} no solo garantizan un estado lógico alto en las líneas de retorno mientras no se pulse una tecla, sino que, además, evitan cortocircuitar la fuente de alimentación cuando tiene lugar una pulsación y en la línea de exploración correspondiente hay un estado lógico bajo.

Por lo que respecta a la exploración simultánea de filas y columnas, se trata de una técnica en la que se fuerza un estado lógico bajo en todas las filas y se monitoriza el estado de todas las columnas, lo que permite identificar la columna donde se encuentra la tecla pulsada. En un segundo paso se hace lo contrario; es decir, se fuerza un estado bajo en todas las columnas para leer a continuación las filas, reconociéndose de esta forma la fila correspondiente a la tecla pulsada. Si bien este procedimiento es más rápido que la exploración secuencial, obliga a que las líneas de exploración y retorno sean bidireccionales.

Una fotografía de dos versiones distintas de teclados numéricos se muestra en la figura 27.5. El teclado de la izquierda, con conexión USB, consta de 20 teclas; mientras que el de la derecha, de solo 16, es un teclado 4 × 4 análogo al representado en la figura 27.4. En este último se distinguen con claridad los ocho terminales de conexión independientes, necesarios para poder acceder a las filas y las columnas.

Figura 27.5   Izquierda: teclado numérico USB de 20 teclas. Derecha: teclado numérico 4 × 4 de 16 teclas con una interfaz de conexión externa para las filas y las columnas.

Los teclados matriciales son muy populares y se encuentran descritos en textos sobre microcontroladores y su programación, como por ejemplo [ang06], [ang07], [bar17], [ibr23], [man07], [mar12], [pre05], [val07], [wil10] y [zul08].

27.3 Conversión analógico-digital: el convertidor flash

Existen numerosos métodos de implementación de un convertidor analógico-digital (o convertidor ADC, para abreviar)[6]. El más simple y rápido de todos ellos es el conocido como **convertidor flash**, que integra en su estructura interna varios comparadores analógicos, una red resistiva y un codificador de prioridad. Su funcionamiento se describe a continuación mediante un ejemplo basado en un pequeño convertidor de solo 3 bits como el mostrado en la figura 27.6, basado en un codificador de prioridad modular 8:3 genérico que cuenta con entradas activas a nivel lógico bajo y salidas activas a nivel lógico alto.

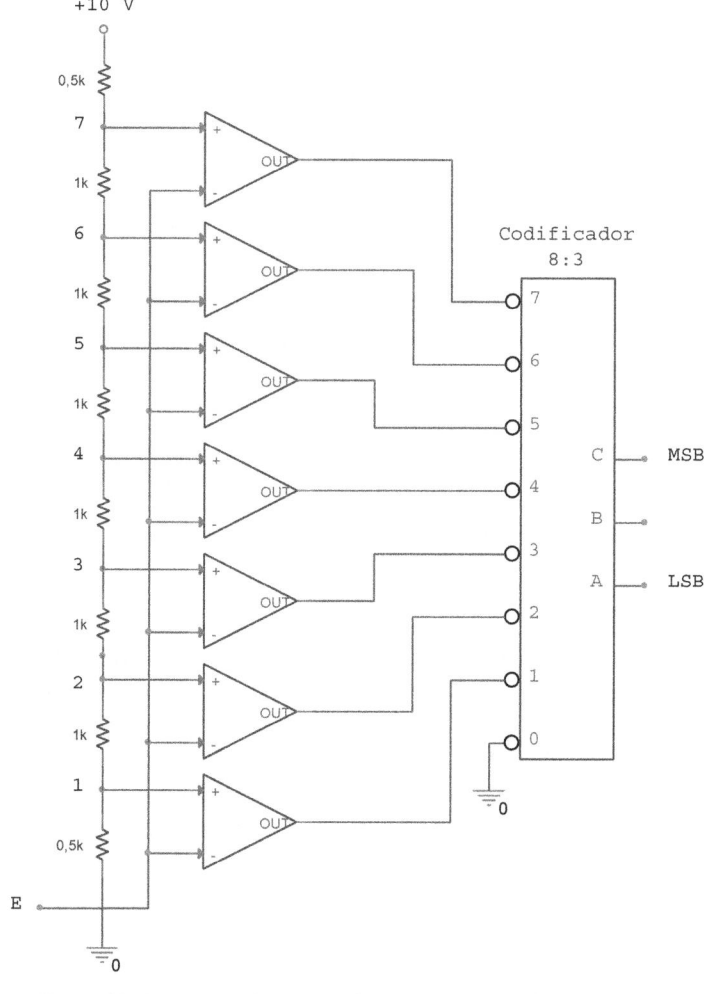

Figura 27.6   Convertidor ADC flash de 3 bits. (Adaptada de [hor16]).

---

[6] Del inglés *analog-to-digital converter*. También se denomina convertidor A/D, o bien, conversor A/D.

El voltaje de entrada analógico recibido por la línea E que se desea convertir a formato digital se lleva de forma simultánea a la entrada inversora de los comparadores analógicos, mientras que sus entradas no inversoras se conectan a los diferentes nodos del divisor resistivo, que están separados entre sí por la secuencia de voltajes equiespaciados entre 0 y 10 V indicada en la tabla 27.3.

Tabla 27.3 Secuencia de voltajes en los nodos del divisor resistivo de la figura 27.6.

Nodo	1	2	3	4	5	6	7
Voltaje (V)	0,71	2,14	3,57	5,00	6,43	7,86	9,29

Suponiendo que el voltaje de entrada a convertir es de 4,25 V, los comparadores asociados a los nodos 1, 2 y 3 del divisor resistivo entregarán en sus respectivas salidas un nivel lógico bajo, conforme a la secuencia de voltajes de la tabla 27.3, mientras que las salidas del resto de los comparadores serán un nivel lógico alto. En consecuencia, la salida codificada será la palabra de 3 bits 011, correspondiente a la entrada 3 del codificador de prioridad, por ser la entrada de máxima prioridad entre las únicas tres entradas que son asertivas para el voltaje escogido.

Aunque el convertidor flash de la figura 27.6, que está construido a partir del conexionado entre varios comparadores independientes y un circuito codificador, es apropiado para ilustrar el principio de funcionamiento de este tipo de dispositivos, en la práctica estos convertidores se micromecanizan en silicio de forma monolítica, dando lugar a un único CI que incorpora toda la funcionalidad del convertidor. Un ejemplo de ello es el convertidor flash MAX1003 de 36 pines, diseñado para realizar conversiones de dos canales analógicos de 6 bits, cada uno con una velocidad de muestreo de hasta 90 Msps[7] ([MAX1003]).

La topología flash, a pesar de ser la más rápida, emplea muchos componentes, especialmente en convertidores de un número elevado de bits. Por esta razón solo se emplea en convertidores ADC de a lo sumo 8 bits. Otros convertidores ADC muy extendidos son el de doble rampa y el de aproximaciones sucesivas. El **convertidor de doble rampa** es muy preciso y constituye una opción realista para diseñar un convertidor de más de 20 bits, aunque adolece de una considerable lentitud. El **convertidor de aproximaciones sucesivas** se suele escoger en convertidores de entre 8 y 16 bits, con prestaciones competitivas en dicho rango por lo que respecta a precisión, velocidad y número de componentes ([ham00]).

27.4 Codificación de vídeo digital en formato analógico

El desarrollo de aplicaciones de audio y vídeo, como por ejemplo la radiodifusión de vídeo digital para televisión, el DVD[8] y la transmisión de vídeo por Internet, está

---

[7] Del inglés *megasamples per second.*

[8] Del inglés *digital versatile disc.*

orientado a facilitar el acceso remoto a la información multimedia, que no sería viable sin las tecnologías de codificación de imagen y vídeo actualmente existentes para aplicaciones multimedia ([fig02]). Con el fin de minimizar el espacio ocupado por la imagen o bien por el vídeo de partida, facilitando así tanto su almacenamiento como su transmisión, se han desarrollado **algoritmos de compresión** basados en la detección de redundancias, como por ejemplo MPEG-2 y MPEG-4[9]. Ambos estándares, que son ampliamente utilizados actualmente en fotografía y en vídeo digital, logran comprimir la información original hasta en un factor 100. Un DSP[10] es el procesador encargado de ejecutar el algoritmo de compresión sobre los datos recibidos del convertidor A/D, para a continuación proceder a su almacenamiento o bien a su transmisión. Cuando una imagen o un vídeo es requerido para su visualzación debe ser previamente descomprimido ejecutando en un DSP un **algoritmo de descompresión** que reconstruya la información original ([fre16]). En este contexto, la compresión de la información involucra un proceso de codificación, mientras que el proceso inverso de la descompresión se realiza mediante una decodificación ([fig02]).

Sin embargo, no basta con descomprimir la información para poder visualizarla, ya que es necesario convertirla a formato analógico previamente. En el caso del vídeo, se recurre con este fin a circuitos que codifican el vídeo digital en formato analógico. Estos codificadores están preparados para permitir la configuración de una elevada cantidad de parámetros, cuyo ajuste es necesario para convertir la señal de entrada de vídeo digital, que es procesada por el codificador, en un formato analógico de salida que permita la visualización en algún tipo de monitor o pantalla. Entre estos parámetros, que se cuentan literalmente por centenares, se encuentran el formato de entrada y de salida de vídeo; determinadas correcciones de color y también de contraste; patrones de prueba y un largo etcétera ([hor16]). El concepto de codificación hace referencia aquí al ajuste de todos estos parámetros, y no debe confundirse con la codificación de vídeo digital asociada a su compresión mencionada anteriormente.

Los cuatro dispositivos ADV7390-ADV7393 constituyen una familia de codificadores de vídeo que son diseños del fabricante Analog Devices. Cuentan con una entrada en paralelo de vídeo digital de alta velocidad con una capacidad de 8 o bien de 16 bits, dependiendo del codificador: 8 bits para definición estándar y 16 bits para satisfacer los exigentes requerimientos de ancho de banda típicos del vídeo de alta definición. También disponen de un puerto de configuración adaptable a los populares protocolos de comunicación serie I^{2}C y SPI, que facilita el acceso a sus aproximadamente 250 registros internos de configuración con capacidad de 8 bits. Además, sus tres convertidores D/A de 10 bits suministran la salida analógica de vídeo, que soporta los siguientes cuatro formatos: componentes (tanto RGB como YPrPb); vídeo S (Y/C) y vídeo compuesto (CVBS).

---

[9] MPEG es el acrónimo de *moving picture experts group*.
[10] Del inglés *digital signal processor*.

La figura 27.7 muestra, a efectos ilustrativos, un esquema simplificado de la codificación de vídeo con definición estándar llevada a cabo por estos dispositivos a partir de una fuente de vídeo digital descomprimido de 8 bits, según el estándar MPEG-2. Como puede verse, la configuración de los registros se realiza en este caso mediante el protocolo de dos hilos I²C. Dicho protocolo está concebido para establecer una comunicación entre un dispositivo maestro, típicamente un microcontrolador, y una serie de dispositivos periféricos. El microcontrolador genera los impulsos de reloj por la línea SCL para garantizar el sincronismo, mientras que la línea SDA soporta la transferencia bidireccional de datos en serie del periférico seleccionado por el microcontrolador ([ang07])[11].

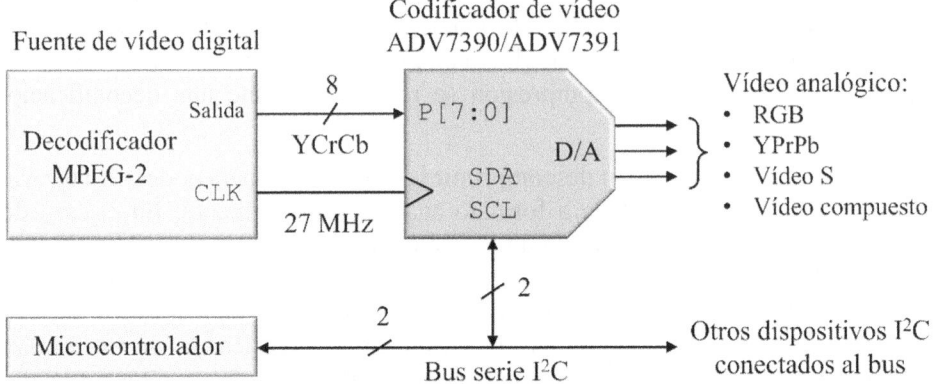

Figura 27.7 Codificador de vídeo ADV7390/ADV7391 con entrada en paralelo de vídeo digital de 8 bits y un bus de comunicación serie I²C. (Adaptada de [ADV739x] y [hor16]).

Entre las aplicaciones típicas de los codificadores de vídeo de la familia ADV7390-ADV7393 figuran los reproductores portátiles de DVD, las consolas de vídeo, el equipamiento multimedia para automoción y las videocámaras digitales ([ADV739x]).

---

[11] SCL y SDA son los acrónimos de *serial clock* y *serial data*, respectivamente.

28

Detección de errores con circuitos de paridad

El presente capítulo complementa el estudio del circuito generador de paridad con el que se experimentó en el capítulo 6. Con este fin se analizará su función en la transmisión de datos binarios entre un emisor y un receptor, tanto en formato paralelo como en serie. La sección 28.4 presentará brevemente otras técnicas que conviene conocer como posibles alternativas a la generación de bits de paridad en la transmisión de datos en serie.

28.1 Los errores de transmisión y su detección

La información binaria transmitida por un canal de comunicaciones digital es susceptible de sufrir alteraciones debido a la presencia de fuentes de ruido eléctrico o bien a un fallo en el funcionamiento de alguno de los equipos electrónicos involucrados, que provocarán en cualquier caso la recepción fallida de los datos de partida. El diseño de un sistema de comunicación robusto exige contar con técnicas que detecten y corrijan los errores que puedan afectar a las tramas de bits transmitidas.

Son varias las opciones disponibles orientadas a la detección de posibles errores de transmisión en un sistema electrónico de comunicaciones, siendo la paridad una de las más extendidas. Como se apuntó al introducir los circuitos generadores de paridad en el capítulo 6, el optar por añadir un bit extra de paridad a la codificación binaria de cada uno de los caracteres a transmitir resulta clave para facilitar la detección de una recepción incorrecta de información. Hay que advertir, sin embargo, que las técnicas de detección de errores no son infalibles y, como se comprobará más adelante, la paridad no es una excepción.

28.2 Transmisión en paralelo con bits de paridad

Veamos un ejemplo de cómo aplicar la técnica del bit de paridad en la detección de errores producidos durante la transmisión de datos en formato paralelo entre un emisor y un receptor que funcionan con palabras código de paridad par. Supongamos que se dispone de un circuito generador de paridad diseñado con la misma topología en árbol que el mostrado en la figura 6.5, pero restringido por simplicidad a únicamente 4 bits de datos como en la figura 28.1. Tanto la topología en árbol como la topología en cadena constituyen circuitos de paridad impar, de donde se infiere que el código resultante en ambas topologías tras añadir el bit de paridad es de paridad par, como se persigue. En el emisor se genera el bit de paridad (BPe) haciendo uso de dicho circuito para transmitirse a continuación, en paralelo junto a los 4 bits de datos De3-De0, por el medio de transmisión correspondiente hasta alcanzar el receptor.

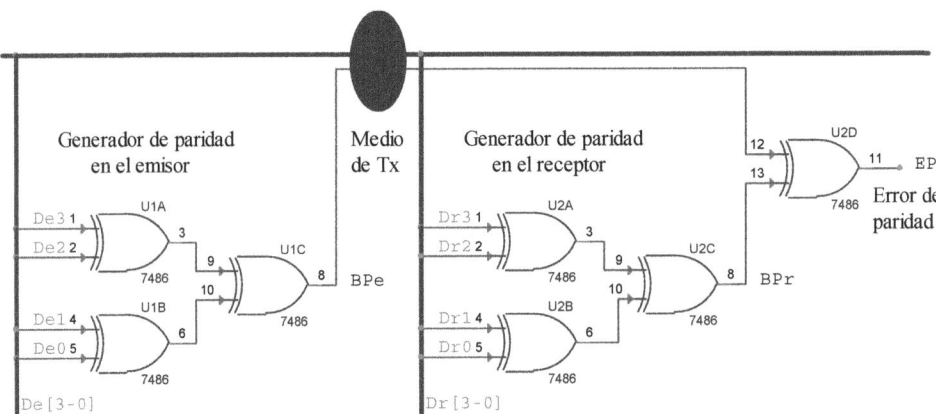

Figura 28.1 Aplicación de circuitos generadores de paridad en la detección de posibles errores de transmisión en paralelo de datos de 4 bits entre un emisor y un receptor. (Adaptada de [tie12]).

Una vez en el receptor, los 4 bits de datos recibidos Dr3-Dr0 son procesados por otro circuito generador de paridad idéntico al utilizado en el emisor, que genera a partir de ellos un segundo bit de paridad (BPr). Si ahora se comparan BPe y BPr (por ejemplo, con una puerta lógica XOR de dos entradas), la salida EP de dicha puerta, que representa el error de paridad, será un 1 lógico solo si durante la transmisión se ha producido un error que afecte a un bit (en realidad, a un número impar de bits), ya que en este caso BPe y BPr serán diferentes. En el caso de una transmisión sin incidentes, BPe y BPr serán iguales y el bit de error de paridad EP será 0.

Sin embargo, si un número par de bits resulta alterado durante la transmisión, el error no será detectado con este sistema. Suponiendo que la probabilidad de que haya cantidades pares o impares de bits afectados por un error de transmisión sea la misma, este esquema de detección de errores solo es capaz de detectar el 50 % de todos los errores que alteren la transmisión. En consecuencia, la paridad se usa en la práctica en situaciones en las que la probabilidad de un solo error es muy baja y la probabilidad de un doble error es prácticamente nula ([toc07]). Tampoco hay que descartar que el bit afectado, en caso de producirse un error, sea precisamente el bit de paridad. En este caso, el sistema advertirá de un falso error en la transmisión cuando en realidad los bits de datos no han sufrido alteraciones ([gar07]). Para la detección de posibles errores que afecten a más de un bit son necesarios varios bits de paridad ([tie12]).

El ejemplo descrito ilustra la utilidad del bit de paridad en la transmisión de datos binarios en formato paralelo. La aplicación de este método se limita en la práctica a sistemas digitales donde la distancia que separa al emisor del receptor es relativamente pequeña, como es el caso de una placa de circuito impreso o el interior de un circuito integrado. Por lo tanto, el medio de transmisión genérico mostrado en la figura 28.1 se encuentra realmente bastante restringido, descartándose el uso de radioenlaces, líneas de transmisión o fibras ópticas, todos ellos utilizados en sistemas de comunicaciones donde el emisor y el receptor están bastante alejados entre sí. Una de las aplicaciones de la transmisión de datos en paralelo con bits de paridad es la comprobación de la correcta lectura y escritura de datos en un módulo de memoria RAM, donde las distancias involucradas son pequeñas ([man15]).

Ilustremos a continuación, mediante un ejemplo de diseño, el papel que desempeña la generación de un bit extra de paridad en las mencionadas operaciones de lectura y escritura de datos codificados mediante el código ASCII de 7 bits en una **memoria SRAM**. Con este fin es conveniente escoger un módulo de memoria que disponga de ocho líneas de datos, de las que siete se reservarán para los códigos ASCII de 7 bits y la octava para el bit de paridad. El número de líneas de dirección no es crítico en este ejemplo. Un chip SRAM adecuadamente dimensionado para este diseño es el 2016, cuyo símbolo lógico, conectado a sendos buses de direcciones y de datos para la necesaria comunicación con un procesador, se muestra en la figura 28.2.

El procesador se encarga de escribir en el bus de direcciones, que es unidireccional, con el fin de seleccionar la posición de memoria concreta a la que necesita acceder (ya sea para realizar una operación de lectura o de escritura). Por el contrario, el flujo de información en el bus de datos es bidireccional, puesto que el procesador puede acceder mediante una operación de lectura a un operando almacenado en la memoria para procesarlo posteriormente, pero también puede almacenar en la memoria el resultado de una operación mediante una operación de escritura.

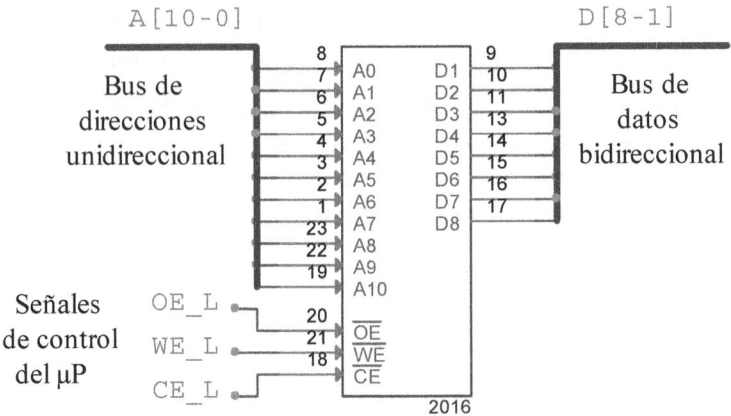

Figura 28.2   Símbolo lógico en PSpice para la memoria SRAM 2016 de 2K×8. Se muestra la conexión de sus diferentes líneas a los buses pertinentes y a tres señales de control.

El CI 2016, fabricado en tecnología CMOS con puertos de entrada y salida compatibles TTL, cuenta entre sus 24 pines con once líneas de dirección A10-A0 y ocho líneas de datos bidireccionales D8-D1, tratándose por lo tanto de una memoria 2K×8 (es decir, su capacidad es de 2^{11} = 2048 palabras, siendo la longitud de cada palabra de 8 bits). Esta memoria SRAM dispone además de tres líneas de entrada adicionales activas a nivel lógico bajo, denominadas $\overline{\text{CE}}$ (*chip enable*), $\overline{\text{WE}}$ (*write enable*) y $\overline{\text{OE}}$ (*output enable*) en el símbolo lógico adoptado por PSpice[1]. Las tres son necesarias para que el procesador pueda gestionar correctamente la dinámica de las operaciones de lectura y escritura mediante el envío periódico de las señales de control oportunas. Dichas señales se denominan CE_L, WE_L y OE_L en la figura 28.2, y los valores binarios que adoptan dependen de si se pretende realizar una lectura o bien una escritura en memoria. Para operaciones de lectura, tanto CE_L como OE_L deben ser 0 y WE_L debe ser 1: de esta forma se garantiza no solo que el chip se encuentra habilitado, sino también que el contenido de la posición de memoria direccionada puede leerse y depositarse a continuación en el bus de datos. Por el contrario, en operaciones de escritura las señales CE_L y WE_L deben ser 0 y OE_L debe ser 1: con esta nueva combinación de señales de control el chip se encuentra igualmente habilitado; sin embargo, la posición de memoria seleccionada con los 11 bits del bus de direcciones ya no está preparada para leerse, sino para escribir en ella el contenido presente en ese momento en los 8 bits del bus de datos.

Por otro lado, un circuito generador de paridad adecuado para el diseño debe contar necesariamente con siete líneas de entrada, ya que la longitud de las palabras

---

[1] Dependiendo del fabricante el nombre de las entradas puede variar, aunque su función sea la misma. Por ejemplo, en la memoria SRM2016 fabricada por Epson Electronics se emplea $\overline{\text{CS}}$ (*chip select*) en lugar de $\overline{\text{CE}}$ y R/$\overline{\text{W}}$ (*read/write*) en lugar de $\overline{\text{WE}}$ ([SRM2016]). Sin embargo, el mismo dispositivo fabricado por Dallas Semiconductor, referenciado como DS2016, utiliza los mismos nombres que PSpice ([DS2016]).

código es de 7 bits. Escogiendo un circuito de paridad con la misma topología en árbol que el mostrado en la figura 28.1, el sistema trabajará con paridad par para los unos. Además, el sistema debe disponer de algún recurso lógico que garantice el acceso a la memoria para escribir el bit de paridad BP solo en caso de que esta se encuentre habilitada para la escritura, bloqueando el acceso en caso contrario. Considerando que la entrada de habilitación de escritura $\overline{WE}$ del CI 2016 es asertiva cuando recibe un 0 lógico, una puerta lógica triestado cuya entrada de habilitación sea activa a nivel bajo y se encuentre conectada a la señal WE_L cumple con este objetivo. El CI 74x125 integra cuatro de estas puertas en un único chip.

Finalmente, resta por añadir al diseño la lógica que proporcione el bit de error de paridad EP, que será enviado periódicamente al procesador. Replicando la idea adoptada en el sistema de la figura 28.1, el error de paridad se implementa mediante una única puerta lógica XOR. El circuito resultante con todos los elementos descritos se representa en la figura 28.3.

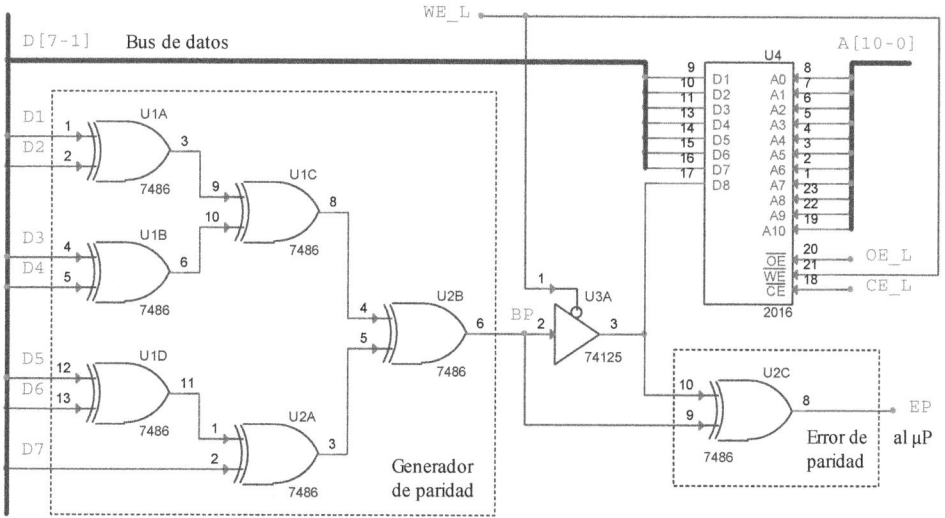

Figura 28.3   Esquema de detección de errores de lectura y escritura de palabras de datos de 7 bits en una memoria SRAM 2K×8 mediante un circuito generador de paridad impar con topología en árbol. (Adaptada de [tie12]).

Su principio de funcionamiento se describe a continuación por medio de un ejemplo que consta de dos operaciones; una primera operación de escritura en una determinada posición de memoria seguida de una comprobación del bit de paridad en una operación de lectura posterior de la misma posición. Para fijar ideas, supongamos que se desea escribir en una posición de memoria intermedia de las 2048 disponibles en el CI 2016, por ejemplo en la posición decimal número 951 (que equivale a la posición 3B7H en hexadecimal). El código ASCII a escribir es el correspondiente al carácter X, cuyo equivalente binario es la cadena de 7 bits dada por 0111000. El generador de paridad impar procesa dicho código y entrega el bit de paridad asociado a la operación de escritura, que denominaremos BP_E, y que en este caso es 1. Por lo tanto, asumiendo que BP_E ocupa la posición más significativa, la palabra de 8 bits a escribir en la posición 3B7H de la memoria será 10111000. La figura 28.4 muestra gráficamente las 2048 posiciones de memoria de la SRAM 2016, con indicación explícita únicamente del contenido de la posición de interés.

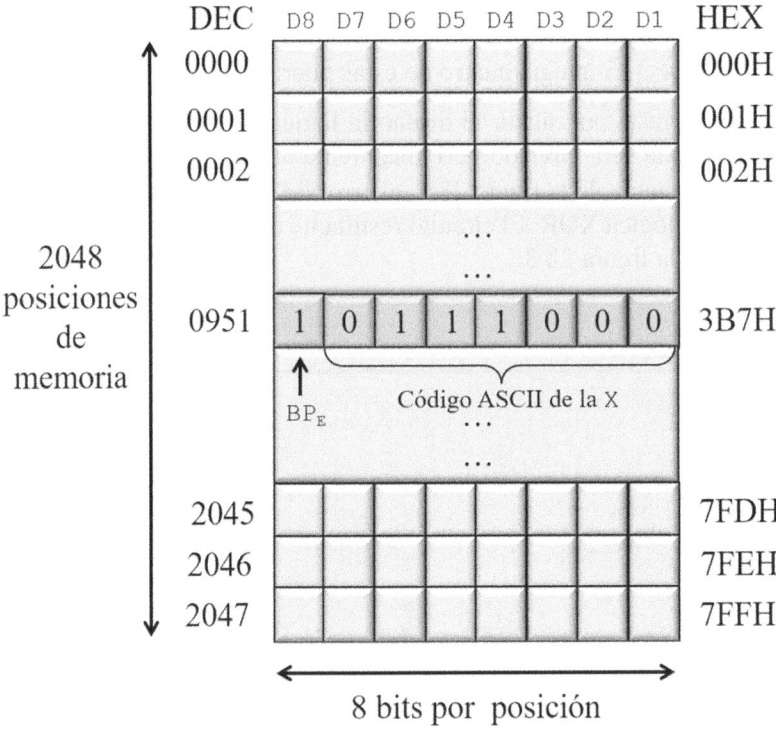

Figura 28.4   Representación gráfica de las 2048 posiciones de memoria de la SRAM 2016, con indicación explícita del contenido de la posición 3B7H, correspondiente a la codificación ASCII del carácter X junto a su bit de paridad BP_E, ubicado en la posición más significativa.

Durante la operación de escritura en memoria la entrada $\overline{WE}$ es asertiva, y por lo tanto se escriben en la posición 3B7H un total de 8 bits: los 7 bits D7-D1 del bus de datos correspondientes al carácter X, almacenados previamente en un registro del sistema y volcados en el bus, y además el bit de paridad BP_E, debido a que la puerta lógica triestado del CI 74125 se encuentra habilitada.

Si en algún momento posterior a la operación de escritura de la posición 3B7H el procesador solicita una lectura del contenido de esa misma posición, la entrada asertiva será $\overline{OE}$ y en consecuencia los bits D7-D1 se transferirán al bus de datos. El generador de paridad procesará los nuevos 7 bits del bus, dando como resultado el bit de paridad asociado a la operación de lectura, que denominaremos BP_L para distinguirlo del anterior. A continuación, entra en juego la puerta XOR destinada a generar el bit de error de paridad EP, cuya referencia en la figura 28.3 es U2C. El bit D8 de la posición 3B7H, que es el bit de paridad BP_E, se aplica a una de las dos entradas de la puerta U2C, mientras que su segunda entrada recibe el bit de paridad BP_L. Si los bits D7-D1 transferidos desde la posición de memoria 3B7H al bus de datos durante la operación de lectura coinciden (como es lo deseable) con el contenido escrito en la misma posición durante la última operación de escritura, los bits BP_E y BP_L serán iguales y en consecuencia el bit EP será 0, indicando que no se han detectado errores. En caso contrario, EP será 1, alertando de un error en la última escritura sobre la posición 3B7H o bien en la lectura actual de esa misma posición de memoria. Sin embargo, y como se ha argumentado previamente, este procedimiento solo detecta errores de lectura o escritura que afecten a un número impar de bits de una posición de memoria dada.

28.3 Transmisión en serie con bits de paridad

En la práctica sucede que, cuando la distancia entre el emisor y el receptor es elevada, el canal de comunicación no es de tipo paralelo, sino serie, con el fin de optimizar el despliegue de recursos físicos. En este caso es frecuente que los errores que tienen lugar en el canal serie afecten no solo a uno, sino a varios de los bits que codifican un carácter a transmitir, puesto que los errores se producen en forma de ráfagas. En la transmisión en serie las estrategias de detección de errores se diversifican, no limitándose a la generación de bits de paridad, como sucede con la transmisión en paralelo. Nos centraremos aquí únicamente en la detección de errores mediante dos técnicas que tienen en común el empleo de bits de paridad, dejando para la última sección del capítulo varias opciones alternativas igualmente interesantes y también muy extendidas, que basan la detección de errores en estrategias que difieren por completo de la paridad.

Mientras que en una transmisión de datos en paralelo el bit de paridad se transmite por una línea adicional como si de un bit más de información se tratase, en la transmisión serie el escenario es bastante más complicado, puesto que la línea de datos es compartida. Por esta razón se hace necesario establecer algún tipo de norma o protocolo que establezca el orden en el que se espera que se transmitan los diferentes bits involucrados en la comunicación, y no únicamente los correspondientes a los datos, sino también los de paridad, sin olvidar además una serie de bits de señalización que son necesarios para sincronizar el comienzo y el fin de la transmisión, así como para delimitar el envío de tramas consecutivas[2]. En este contexto existen dos alternativas distintas que se exponen seguidamente, y que se diferencian en la forma de obtener los bits de paridad.

---

[2] Sobre los tipos de sincronismo que puede adoptar una transmisión digital se volverá a incidir en el capítulo 31 al estudiar el papel determinante que juega el registro de desplazamiento en la lógica de interfaz paralelo-serie y serie-paralelo en los sistemas de comunicaciones.

28.3.1 Comprobación de redundancia vertical

En el caso particular de una transmisión asíncrona que detecte los errores mediante la denominada **comprobación de redundancia vertical**, o VRC[3], el protocolo para transmitir un carácter sigue una serie de pasos muy concretos que se enumeran seguidamente. Lo primero que se transmite es el denominado bit de comienzo, que marca el principio de una transmisión. A continuación, siguen los bits que codifican el carácter a transmitir, que típicamente pueden ser los 7 bits de un código ASCII (aunque realmente las alternativas aquí son varias). Después se tiene la opción de generar y enviar el bit de paridad y, en caso de hacerlo, escoger si se trata de paridad par o impar. Finalmente se transmiten uno o más bits de parada. Como esta secuencia de pasos se repite rutinariamente con el envío de un nuevo carácter, la técnica VRC también es conocida como **paridad de caracteres**[4] ([tom14]).

Tanto el esquema de generación de los bits de paridad en el emisor y en el receptor como la generación del bit de error en el receptor coincide con el mostrado anteriormente en la figura 28.1, válido para la transmisión en paralelo ([fre16]). La única diferencia estriba en que, en el caso de la transmisión en serie, la lógica de generación del bit de paridad en el receptor debe esperar a que un registro de desplazamiento con entrada serie y salida paralelo, que va recibiendo del canal uno a uno los bits codificados del carácter transmitido, se actualice con el valor de dichos bits antes de proceder a determinar el valor del bit de paridad. En el emisor no tiene por qué ser necesariamente así, dado que los datos a transmitir están disponibles en un registro y por lo tanto es posible transferir su contenido completo en un único ciclo de reloj a las líneas de entrada del correspondiente circuito generador de paridad ubicado en el emisor.

A modo de ejemplo del funcionamiento de esta técnica se indica en la tabla 28.1 la secuencia VRC correspondiente al texto "hola mundo", que, codificado en ASCII con 7 bits, resulta de aplicar paridad impar por columnas a la codificación de cada uno de los diez caracteres de dicho texto. Por ser paridad impar, el número total de bits a 1 de cada carácter, incluyendo el de paridad, debe ser impar. La secuencia VCR tiene 10 bits, uno por cada carácter, incluyendo el correspondiente al espacio entre las dos palabras del texto a transmitir.

Obsérvese que la técnica VCR es, en esencia, el mismo procedimiento de detección aplicado a la transmisión en paralelo descrita en la sección anterior y, por lo tanto, su efectividad es moderada, detectando solo el 50 % de los errores de transmisión, como ya se mencionó previamente.

---

[3] Del inglés *vertical redundancy check* (VRC).
[4] Del inglés *character parity* (o simplemente *parity*).

Tabla 28.1   Comprobación de redundancia vertical para el texto "hola mundo" codificado en ASCII y empleando paridad impar.

Texto:	**h**	**o**	**l**	**a**		**m**	**u**	**n**	**d**	**o**
ASCII (dec):	104	111	108	97	32	109	117	110	100	111
ASCII (hex):	68	6F	6C	61	20	6D	75	6E	64	6F
b0:	0	1	0	1	0	1	1	0	0	1
b1:	0	1	0	0	0	0	0	1	0	1
b2:	0	1	1	0	0	1	1	1	1	1
b3:	1	1	1	0	0	1	0	1	0	1
b4:	0	0	0	0	0	0	1	0	0	0
b5:	1	1	1	1	1	1	1	1	1	1
b6:	1	1	1	1	0	1	1	1	1	1
VRC:	**0**	**1**	**1**	**0**	**0**	**0**	**0**	**0**	**0**	**1**

28.3.2 Comprobación de redundancia horizontal

A diferencia del esquema de comprobación de redundancia vertical, en la denominada **comprobación de redundancia horizontal**, o HRC (también conocida como longitudinal, o LRC)[5], el uso de la paridad no tiene como objetivo determinar si existe un error de transmisión en un carácter concreto del texto transmitido, sino simplemente si dicho texto se ha transmitido correctamente o no, sin especificar qué carácter o grupo de caracteres resulta afectado por un posible error. Por esta razón a este tipo de comprobación se la llama en ocasiones **paridad de mensaje** ([tom14])[6].

La HRC se caracteriza por asociar un bit de paridad a cada posición de bit de los caracteres enviados de un texto (que ha de ser necesariamente de paridad par). Es decir, en el caso de codificar la información a transmitir en ASCII de 7 bits, la secuencia HRC resultante contendrá igualmente 7 bits, independientemente de la longitud del texto. En este caso el protocolo de transmisión consiste en determinar la secuencia HRC y transmitirla después del mensaje, como si se tratase de su último carácter. En el módulo receptor se obtiene de nuevo la secuencia HRC a partir de los datos recibidos y el resultado se compara con la secuencia HRC transmitida. Si las dos secuencias HRC son diferentes, significa que la transmisión no ha sido correcta.

Para ilustrar la obtención de la secuencia HRC recurriremos de nuevo al texto "hola mundo". El cálculo correspondiente, que se muestra en la tabla 28.2, da lugar a la secuencia de bits 1010111, denominada **secuencia de comprobación de bloque**[7].

---

[5] Del inglés *horizontal redundancy check* (HRC) y *longitudinal redundancy check* (LRC), respectivamente.

[6] Del inglés *message parity*.

[7] Del inglés *block check sequence*.

Tabla 28.2   Comprobación de redundancia horizontal para el texto "hola mundo" codificado en ASCII y empleando paridad par.

Texto:	h	o	l	a		m	u	n	d	o	HRC
ASCII (dec):	104	111	108	97	32	109	117	110	100	111	
ASCII (hex):	68	6F	6C	61	20	6D	75	6E	64	6F	
b0:	0	1	0	1	0	1	1	0	0	1	1
b1:	0	1	0	0	0	0	0	1	0	1	1
b2:	0	1	1	0	0	1	1	1	1	1	1
b3:	1	1	1	0	0	1	0	1	0	1	0
b4:	0	0	0	0	0	0	1	0	0	0	1
b5:	1	1	1	1	1	1	1	1	1	1	0
b6:	1	1	1	1	0	1	1	1	1	1	1

La técnica HRC detecta del 95 % al 98 % del conjunto de errores que afectan a una transmisión, por lo que resulta claramente más eficiente que la VCR. Sin embargo, en el caso de que un número par de caracteres sufran un error en la misma posición del bit, la HRC no lo detectará.

28.3.3 Comprobación de redundancia bidimensional

Nada impide adoptar las comprobaciones de redundancia vertical y horizontal expuestas anteriormente de forma simultánea, lo que es una muy buena estrategia, puesto que proporciona un esquema de detección de errores que resulta ser prácticamente infalible. Este enfoque de detección se denomina **comprobación de redundancia bidimensional**[8]. Si las técnicas VRC y HRC se emplean a la vez, la única posibilidad de que un error no se detecte es que dicho error afecte a un número par de bits en un número par de caracteres, ocupando además los bits afectados las mismas posiciones en todos los caracteres. Esto no es imposible que suceda, pero es evidente que resulta altamente improbable.

Una segunda ventaja de la acción combinada de ambas técnicas es que, para errores que alteran el valor original de un único bit, es posible conocer de qué bit se trata. Por sí solas, ni la técnica VRC es capaz de identificar el bit modificado en un carácter ni la técnica HRC puede reconocer el carácter afectado por un error.

28.4 Otras técnicas de detección de errores

Otras técnicas comunes de detección de errores en los circuitos de comunicación de datos son la redundancia, la codificación de cuenta exacta, la suma de comprobación

---

[8] Del inglés *two-dimensional parity check*.

y la comprobación de redundancia cíclica. Todas ellas se describen con brevedad en esta última sección.

La **redundancia**[9] es realmente la forma más sencilla de asegurar que una transmisión se produce sin errores. Consiste en enviar la información duplicada, y el concepto es válido tanto para la transmisión de caracteres individuales como para mensajes enteros. La detección de posibles errores se basa simplemente en la comprobación de la duplicidad de la información recibida en el receptor.

La **codificación de cuenta exacta**[10] se caracteriza por codificar todos los posibles caracteres a transmitir con el mismo número de unos. Por ejemplo, en uno de estos códigos el carácter A se podría representar mediante la cadena de 7 bits 0011010; el carácter B mediante la cadena 0011001 y así sucesivamente con el resto de caracteres del código, de forma que el código binario de todos ellos tiene siempre tres unos. Esto implica que si el código de un carácter recibido tiene un número de unos distinto del esperado, necesariamente ha sucedido un error de comunicación.

Una **suma de comprobación**[11] coincide con el byte menos significativo de la suma aritmética de los datos binarios transmitidos, que se va generando durante la transmisión mediante una suma acumulativa de todos los caracteres enviados y se añade al final del mensaje a transmitir. En el receptor se repite la operación con los datos recibidos, y el byte menos significativo obtenido se compara con el añadido al final de los datos enviados. Si ambos bytes coinciden, es muy probable que la transmisión sea correcta. En caso de que no sean iguales, con toda seguridad puede garantizarse que ha surgido un error de transmisión.

La **comprobación de redundancia cíclica**[12], o CRC, es probablemente el esquema de detección de errores más eficiente, puesto que detecta aproximadamente el 99,999 % de los errores de transmisión ([fre16], [tom14]). Esta sofisticada técnica, empleada en la transmisión síncrona de datos, se basa en la división binaria y la idea subyacente se explica a continuación. Dado un mensaje a transmitir de N bits, el circuito transmisor genera una secuencia adicional de M bits, de forma que la trama resultante de N+M bits sea divisible por algún número predeterminado. El circuito receptor dividirá la trama recibida por ese número, y si el resto de la división es cero significa casi con total certeza que no se han producido errores en la comunicación ([sta07]).

El estudiante con curiosidad por profundizar en estas y otras técnicas que se aplican en la detección de errores de transmisión puede consultar alguna de las referencias [flo16], [fre16], [man15], [nel21], [tom14], [sta07] o [wak18], en las que

---

[9] Del inglés *redundancy*. Esta técnica de retransmisión también se conoce como "solicitud automática de repetición", que es la traducción del original *automatic repeat request*, o ARQ ([fre16]).

[10] Del inglés *exact count encoding*.

[11] Del inglés *checksum*.

[12] Del inglés *cyclic redundancy check* (CRC).

dichas técnicas se exponen con suficiente detalle. También podrá familiarizarse en algunas de las mencionadas fuentes con los métodos disponibles de corrección de errores, puesto que las técnicas introducidas en este capítulo están enfocadas solo a su detección.

Aplicaciones aritméticas de comparadores y sumadores

29.1 Selector aritmético con señal de control externa
29.2 El sumador completo en los circuitos multiplicadores
29.3 La ALU como generalización del sumador modular

La segunda parte del texto incluye varios casos de estudio relacionados con algunos circuitos aritméticos, como es el caso de comparadores y sumadores. Este capítulo agrupa una selección de tres aplicaciones aritméticas típicas de este tipo de circuitos. En primer lugar se diseñará un sistema capaz de identificar, a partir de dos palabras digitales de 8 bits sin signo, cuál es la mayor y la menor, transfiriendo a la salida una de las dos en función de un bit de selección. A continuación se expondrá el papel determinante que desempeña el sumador completo de 1 bit en la estructura interna de los circuitos multiplicadores, para terminar introduciendo el concepto de unidad aritmético-lógica como circuito que amplía notablemente la funcionalidad de los sumadores modulares MSI.

29.1 Selector aritmético con señal de control externa

Los circuitos comparadores y los comparadores de magnitud se introdujeron en el capítulo 6, donde se mencionaron los CI modulares 74x85, 74x682, 74x684 y 74x688. Se expondrá en esta sección una aplicación práctica con el 74x684 que demostrará su capacidad para identificar, de entre dos palabras digitales sin signo de 8 bits **X** e **Y**, cuál es la mayor o la menor en función de un bit de control denominado MIN/MAX, redirigiendo la palabra seleccionada a una salida **Z** con la misma longitud de palabra. **Z** será el mínimo de **X** e **Y** si MIN/MAX es 1 o bien el máximo si

`MIN/MAX` es 0. El sistema digital resultante constituye, por tanto, un selector aritmético con señal de control externa.

La solución a este problema de diseño lógico empleando lógica modular no es única[1]. Aquí se propondrá una implementación óptima en términos de coste que utiliza un comparador de magnitud de 8 bits 74x684, dos multiplexores 74x157 dotados con dos entradas **A** y **B** de 4 bits cada una (dispositivo ya conocido del capítulo 8), y finalmente una única de las cuatro puertas lógicas XOR disponibles en un CI 74x86. El sistema digital resultante se muestra en la figura 29.1, empleando lógica de la subfamilia TTL-LS. Como puede comprobarse, los operandos **X** e **Y** se vinculan a las entradas **P** y **Q** del 74LS684, respectivamente.

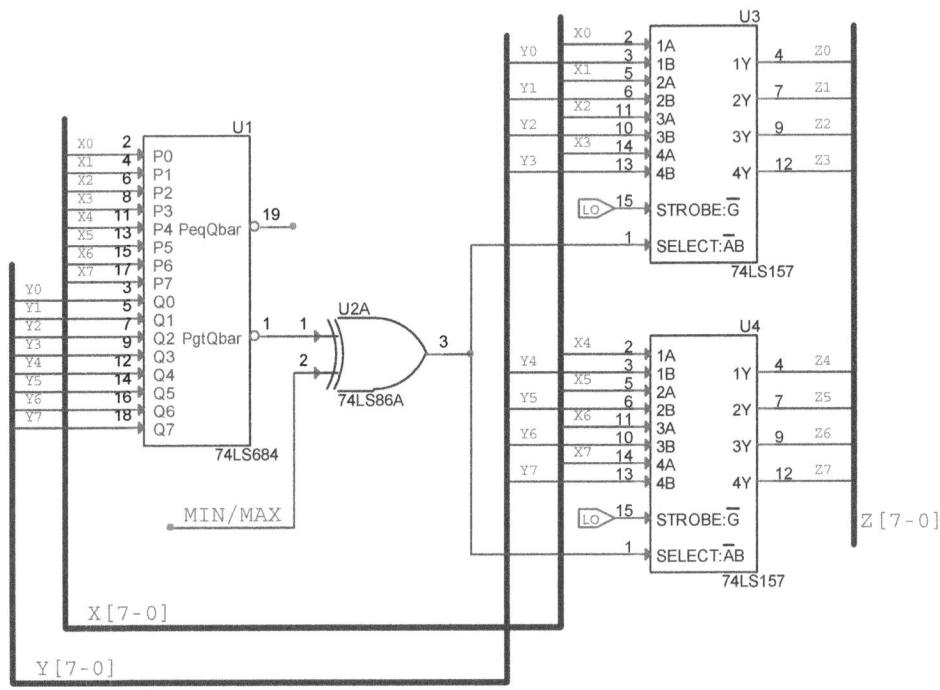

Figura 29.1   Implementación óptima de un selector aritmético de palabras de 8 bits sin signo **X** e **Y** con bit de control externo `MIN/MAX`. (Adaptada de [wak07]).

Las entradas **A** y **B** de ambos multiplexores se escogen de forma simultánea con el bit de selección $\overline{A}/B$: cuando dicho bit es 0 la entrada **A**, asociada al operando **X**,

---

[1] Este problema puede abordarse como se describe aquí o bien de una forma más intuitiva que no resulta óptima por lo que respecta a la complejidad de la solución. Ambos enfoques se plantean en [wak07], donde se denomina "comparador dependiente del modo" al diseño propuesto, que está basado en un 74LS682.

se transfiere a **Z**; y cuando este es 1 la entrada transferida a **Z** es **B**, que se encuentra asociada al operando **Y**.

El diseño aprovecha la salida activa a nivel lógico bajo del 74LS684 que representa la condición **P** > **Q** (denotada en su diagrama lógico como `PgtQbar`). Esta salida, junto a la señal de control `MIN/MAX`, son las dos entradas de la puerta XOR. El papel de esta puerta lógica es determinante en la correcta selección de la palabra digital, como puede verse en la tabla 29.1, que enumera las cuatro combinaciones posibles que se dan en función de los valores lógicos presentes en sus dos entradas en un instante dado. La señal asociada a la salida `PgtQbar` se representa en dicha tabla por `PgtQ_L`.

Tabla 29.1 Selección de los operandos **X** e **Y** realizada por la puerta XOR.

MIN/MAX	PgtQ_L	$\overline{A}$/B	Z
0 (MAX)	0 (**P** > **Q**)	0	**X** (en la entrada **P**)
0 (MAX)	1 (**P** ≤ **Q**)	1	**Y** (en la entrada **Q**)
1 (MIN)	0 (**P** > **Q**)	1	**Y** (en la entrada **Q**)
1 (MIN)	1 (**P** ≤ **Q**)	0	**X** (en la entrada **P**)

La función selectora del sistema queda demostrada en las simulaciones de las figuras 29.2 y 29.3, ejecutadas para valores del bit de control `MIN/MAX` puesto a 1 y a 0, respectivamente. En ambas se ha escogido la misma secuencia de seis operandos **X** e **Y**, siendo el operando transferido a **Z** diferente según el caso y siempre conforme a la tabla 29.1.

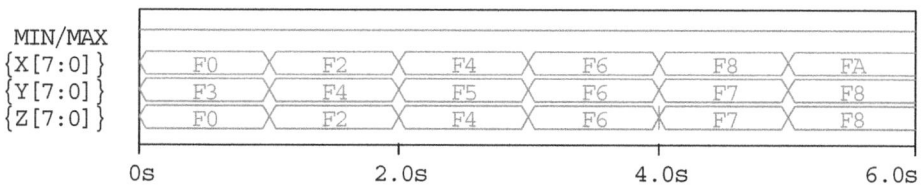

Figura 29.2 Cronograma correspondiente al circuito de la figura 29.1 cuando el bit de control MIN/MAX es 1.

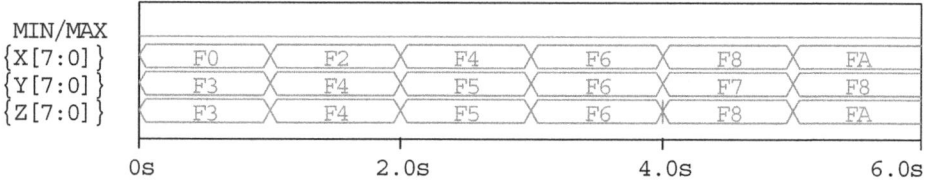

Figura 29.3 Cronograma correspondiente al circuito de la figura 29.1 cuando el bit de control MIN/MAX es 0.

29.2 El sumador completo en los circuitos multiplicadores

En el capítulo 9 se introdujo el sumador completo, que permite el diseño de sumadores en paralelo de N bits mediante la combinación de N de estos sumadores básicos. Dependiendo de la forma escogida para implementar el acarreo de entrada de cada etapa sumadora se tendrá un sumador con acarreo en serie, que es lento pero de estructura simple; o bien un sumador con acarreo anticipado, más rápido pero también considerablemente más complejo, especialmente si N es alto. Además de para construir sumadores en paralelo de múltiples bits, el sumador completo de un bit se emplea en el diseño de circuitos multiplicadores. Como veremos seguidamente, son varias las formas de implementar en un circuito lógico la operación de la multiplicación binaria de un multiplicando **A** de N bits por un multiplicador **B** de M bits, donde ambos operandos representan números enteros sin signo.

29.2.1 El multiplicador matricial

Un enfoque muy intuitivo para diseñar un multiplicador binario consiste en adaptar el algoritmo de desplazamiento y suma que se utiliza al multiplicar a mano en base 10 para operar en base 2. De esta forma se generan M productos parciales de N bits cada uno, que son el resultado de multiplicar el multiplicando de N bits por cada uno de los M bits del multiplicador. Dichos productos parciales, tras ser correctamente alineados, se organizan en forma de matriz y se suman empleando M-1 sumadores de N bits, dando lugar a un máximo de N+M bits, que son el resultado de la multiplicación (incluyendo el posible bit de acarreo en la posición más significativa). En la figura 29.4 se muestra la formación de productos parciales en una multiplicación binaria genérica, donde se ha escogido un valor de 4 para N y M ([bin17], [nel21]).

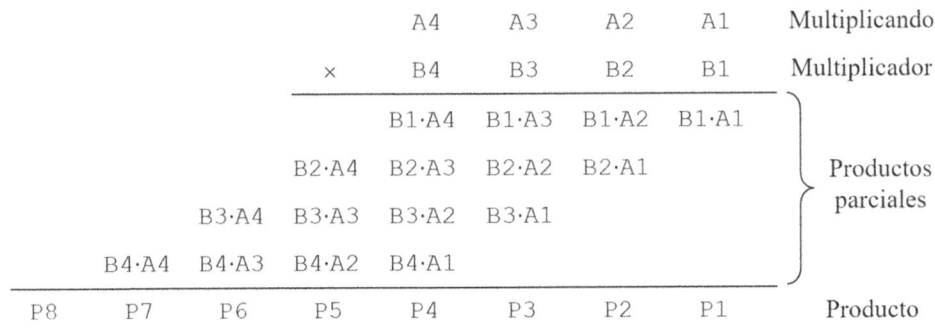

Figura 29.4 Multiplicación binaria de dos operandos **A** y **B** de 4 bits.

La estructura de un **multiplicador matricial** de 4×4 bits que obedece a este mismo esquema se representa en la figura 29.5, y es el resultado de combinar 12 sumadores completos de un bit y 16 puertas lógicas AND de dos entradas. Los sumadores, que se representan mediante rectángulos con el signo + de la suma en su interior, se encuentran numerados del 1 al 12. El multiplicador admite dos operandos de entrada de 4 bits **A** y **B**, entregando el producto **P** de ambos, de 8 bits. De la estructura del multiplicador se desprende que la lógica de generación de los cuatro productos parciales se consigue mediante arreglos formados por cuatro puertas AND cada uno, donde las puertas lógicas están dispuestas en filas y sus salidas constituyen uno de los operandos de los bloques sumadores.

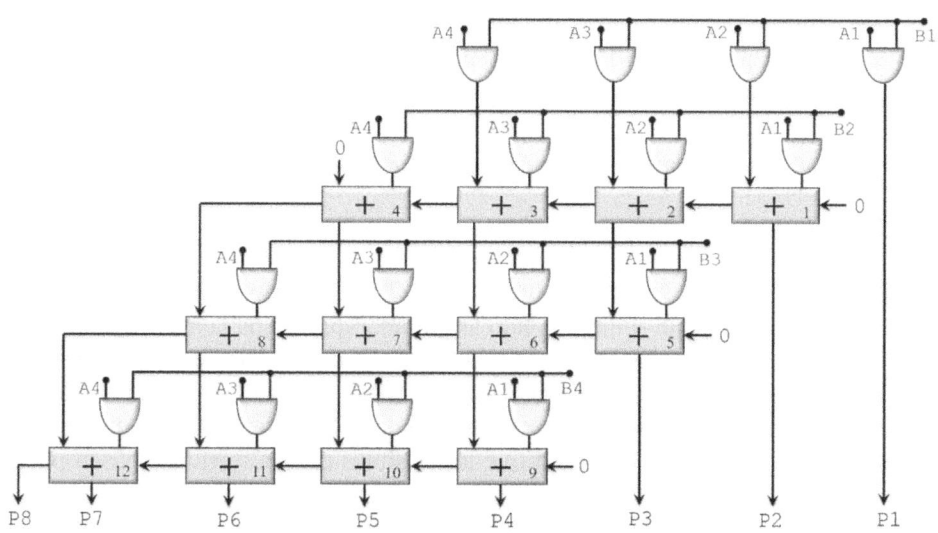

Figura 29.5 Estructura interna de un multiplicador matricial de 4×4 bits para números sin signo. (Adaptada de [man15], [nel21], [rab04] y [wak18])[2].

Es interesante contar con una expresión con la que poder estimar de forma aproximada el retardo de propagación de un multiplicador matricial. Nos referiremos a dicho retardo, para el caso particular de un módulo multiplicador de 4×4 bits, por $t_{pd}(MM_{4\times4})$. Se calcula tras identificar sobre la topología del circuito sus caminos críticos de temporización, que son las trayectorias de señal más desfavorables. Dichas trayectorias se dan cuando las dos entradas del sumador menos significativo (identificado con el número 1), que son los productos lógicos $A1\cdot B2$ y $A2\cdot B1$, afectan al MSB del producto (es decir, al bit P8). Existen numerosos caminos críticos de longitud prácticamente idéntica ([rab04]). Un camino crítico posible es el formado por los ocho sumadores completos numerados como 1, 2, 5, 6, 9, 10, 11 y 12. Asumiendo, para simplificar la estimación, que los retardos de propagación desde cualquier entrada a cualquier salida de un sumador completo de un bit, $t_{pd}(SC)$, son iguales, y denotando

---

[2] Estrictamente hablando, cuatro de los doce sumadores del multiplicador no necesitan ser sumadores completos de un bit, ya que no procesan tres entradas, sino solo dos. En el diagrama del multiplicador la tercera entrada se encuentra conectada a un 0 lógico en los cuatro sumadores involucrados (que son el 1, el 4, el 5 y el 9). Se podría optar por escoger en su lugar circuitos semisumadores, que son más simples en su estructura.

por t_{pd}(AND) al retardo de propagación de una puerta AND de dos entradas (retardo que debe incluirse para tener en cuenta la formación simultánea de los productos A1·B2 y A2·B1), resulta la siguiente expresión[3]:

$$t_{pd}(MM_{4 \times 4}) = 8 \times t_{pd}(SC) + t_{pd}(AND) \tag{29.1}$$

Para un multiplicador matricial de 8×8 bits, compuesto por 7×8 = 56 sumadores completos y 64 puertas AND de dos entradas, es de esperar que el retardo de propagación sea significativamente mayor[4]. En este caso la estimación resultante es:

$$t_{pd}(MM_{8 \times 8}) = 20 \times t_{pd}(SC) + t_{pd}(AND) \tag{29.2}$$

29.2.2 El multiplicador con acarreo reservado

Una forma de acelerar la generación del producto final **P** consiste en transmitir los bits del acarreo de salida de un sumador dado al sumador que ocupa la misma posición de la fila inferior. Esta estrategia, que no altera el resultado, se denomina **suma de acarreo reservado**[5], puesto que los bits de acarreo no se suman inmediatamente, sino que se reservan para la siguiente etapa sumadora de la fila inferior. La suma se realiza así de forma más eficiente, debido a que los posibles caminos críticos pasan por un menor número de sumadores que en el multiplicador matricial ([wak18]). Aunque su implementación requiere una fila adicional de sumadores, todas las filas pasan a tener tres sumadores en lugar de cuatro, por lo que este diseño sigue necesitando doce sumadores (de los cuales cuatro podrían ser circuitos semisumadores, como sucede con el sumador matricial). El circuito resultante, representado en la figura 29.6, se denomina, dependiendo de la traducción escogida del término original en inglés, **multiplicador con acarreo reservado** o bien **multiplicador con almacenamiento de acarreo** ([rab04])[6].

Considerando el camino crítico constituido por los seis sumadores completos numerados como 1, 4, 7, 10, 11 y 12, el retardo de propagación estimado de un multiplicador de 4×4 bits con acarreo reservado, t_{pd}(MAR$_{4 \times 4}$), resulta ser menor que el retardo del multiplicador matricial equivalente:

$$t_{pd}(MAR_{4 \times 4}) = 6 \times t_{pd}(SC) + t_{pd}(AND) \tag{29.3}$$

---

[3] Una expresión más general, válida para un multiplicador matricial de N×M bits, se propone en [rab04]. Dicha expresión distingue, además, entre el retardo de propagación existente entre la entrada y la salida de acarreo de un sumador completo, por un lado, y el retardo entre la entrada de acarreo y el bit de suma, por otro.

[4] Para un multiplicador matricial de N×N bits la generalización es inmediata: se necesitan N^2 puertas AND y $N^2 - N$ sumadores completos ([nel21]).

[5] Del inglés *carry-save addition*.

[6] Del inglés *carry-save multiplier*.

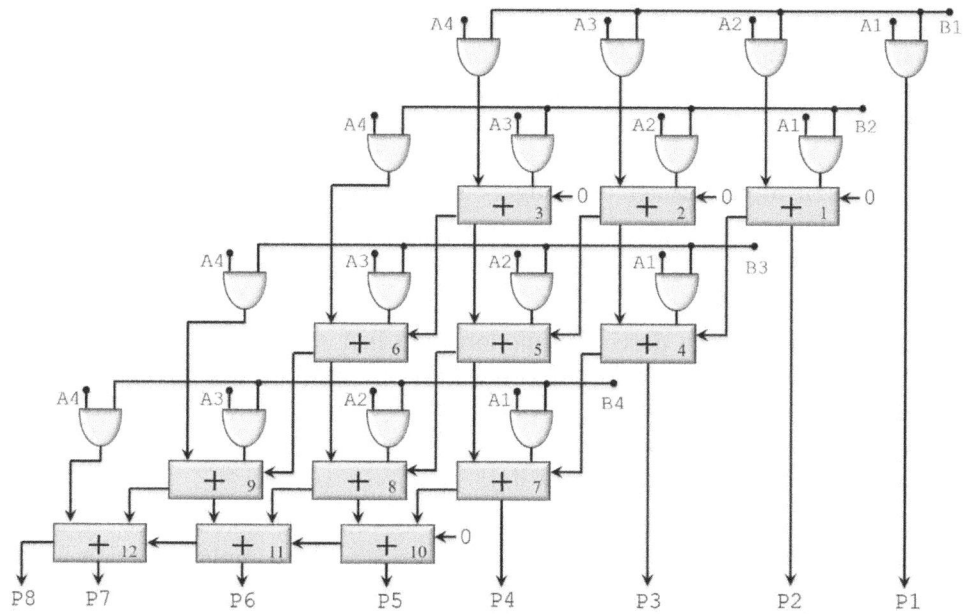

Figura 29.6   Estructura de un multiplicador de 4×4 bits con acarreo reservado para números sin signo. (Adaptada de [rab04] y [wak18]).

Para la versión de 8×8 bits con acarreo reservado la estimación correspondiente obedece a la siguiente expresión:

$$t_{pd}(MAR_{8\times8}) = 14 \times t_{pd}(SC) + t_{pd}(AND) \tag{29.4}$$

El retardo de propagación podría reducirse aún más sustituyendo la topología con acarreo en serie de la última fila por una con acarreo anticipado. Conviene apuntar, para finalizar este apartado, que la estructura regular de los circuitos combinacionales de tipo matricial constituye una considerable ventaja en las implementaciones VLSI y ASIC, puesto que contribuye a optimizar el área del chip ([wak18]).

29.2.3 Otros circuitos multiplicadores

Una alternativa muy interesante, que reduce tanto el camino crítico como el número de bloques sumadores necesarios, es el **multiplicador en árbol de Wallace**[7]. Este multiplicador garantiza una reducción significativa de *hardware* para multiplicadores de gran tamaño. Su inconveniente, sin embargo, es que su estructura tiende a ser muy irregular, y esto complica la transferencia del diseño al silicio. Para ilustrar sus prestaciones cabe mencionar que el retardo de propagación de un multiplicador 54×54 de estas características, implementado en tecnología CMOS de 0,25 μm y combinado

---

[7] Del inglés *Wallace-tree multiplier*.

con otras técnicas sofisticadas que no describiremos aquí[8], es de tan solo 4,4 ns ([rab04]). Reducir el retardo de propagación resulta de vital importancia en aquellas aplicaciones que utilizan procesadores de altas prestaciones. Sin embargo, no todos los procesadores cuentan en su **camino de datos**[9] con un circuito multiplicador, puesto que, como hemos visto, es costoso de implementar. Cuando la velocidad de ejecución no es crítica, la multiplicación tiene lugar en un camino de datos más sencillo a base de concatenar una serie de productos lógicos y sumas aritméticas, ya que los procesadores más básicos no cuentan con la operación producto en su juego de instrucciones ([man15]).

Los multiplicadores descritos anteriormente han servido como ejemplo para ilustrar los principales aspectos que conciernen al diseño de este tipo de circuitos empleando sumadores completos de un bit. La multiplicación de números con signo se basa, en lo fundamental, en el mismo concepto, aunque la estrategia a seguir en este caso no es única ([bro09], [erc85], [toc07]).

Por otro lado, uno de los inconvenientes de los multiplicadores es que el número de bloques sumadores y puertas lógicas necesarios para la implementación puede llegar a ser inaceptablemente alto en determinados casos. Una alternativa práctica, que sacrifica la velocidad de la implementación a cambio de reducir notablemente el número de elementos lógicos necesarios, consiste en recurrir a un esquema formado por un sumador y varios registros controlados por un sistema secuencial síncrono que implemente el algoritmo de la multiplicación mediante sucesivas operaciones de desplazamiento y suma. Dos referencias que abordan este enfoque son [bro09] y [rot04]. Una segunda opción pasa por prescindir de bloques sumadores básicos y recurrir a un enfoque completamente diferente basado en la programación de una memoria de tipo ROM, como por ejemplo una PROM. La memoria debe estar adecuadamente dimensionada para albergar todos los productos posibles. Para un multiplicador 4×4 bastaría con escoger una pequeña PROM de 256×8, puesto que con dos operandos de 4 bits el número de productos posibles, de 8 bits, asciende a 16×16 = 256. Si se necesita multiplicar operandos de un número elevado de bits y no se dispone de una PROM con el suficiente número de líneas de entrada y/o salida, es factible recurrir a un diseño que combine varias de ellas ([nel21]). Lo atractivo de este enfoque es la facilidad con la que es posible generar el contenido de la memoria expresado en hexadecimal mediante un lenguaje de alto nivel ([wak18]).

---

[8] Una de estas técnicas es la denominada **codificación de Booth**, que permite reducir a la mitad la anchura del multiplicador y en consecuencia el número de sumadores necesarios se reduce en la misma proporción ([rab04], [tie12]).

[9] El camino de datos de un procesador, también denominado unidad de proceso, realiza las operaciones de tipo aritmético o lógico que son solicitadas durante la ejecución de una instrucción. En el apartado 30.7.1 vuelve a mencionarse en el contexto de la estructura interna de un computador.

29.3 La ALU como generalización del sumador modular

En el capítulo 10, dedicado a experimentar con el circuito sumador 74x283, se justificó la conveniencia de representar los operandos de entrada al sumador en complemento a dos (C_2). La representación de los operandos negativos en C_2 se emplea comúnmente en las operaciones aritméticas con números enteros efectuadas por un computador, puesto que tanto la suma como la resta se reducen a una operación de suma que es llevada a cabo por un circuito lógico común, lo que optimiza considerablemente el uso de los recursos disponibles.

Una unidad aritmético-lógica, o ALU[10], cuenta con la funcionalidad de un módulo aritmético sumador y restador en C_2 y además puede incorporar, dependiendo de su sofisticación, otras funciones muy útiles como son por ejemplo la comparación de magnitud o los desplazamientos de bits (es el caso de la ALU 74x181, que se describe más adelante junto a otras dos ALU). Existe en el mercado un abanico razonablemente amplio de circuitos ALU de muy diferentes prestaciones, y el objetivo de esta sección es introducir algunas ALU sencillas que ilustren sus posibilidades.

29.3.1 Tres circuitos ALU y sus prestaciones

Los circuitos combinacionales ALU están concebidos para efectuar una serie de operaciones de naturaleza tanto aritmética como lógica entre sus operandos de entrada de N bits. La operación llevada a cabo se especifica mediante una serie de líneas de selección de operación. Las ALU típicas disponen de operandos de 4 bits y de entre tres y cinco líneas de selección de operación ([wak18]). Por ejemplo, las ALU 74x381 y 74x382 cuentan con tres líneas de selección de operación, mientras que la ALU 74x181 dispone de cuatro. Todas ellas, cuyos símbolos lógicos se muestran en la figura 29.7, procesan dos operandos de 4 bits.

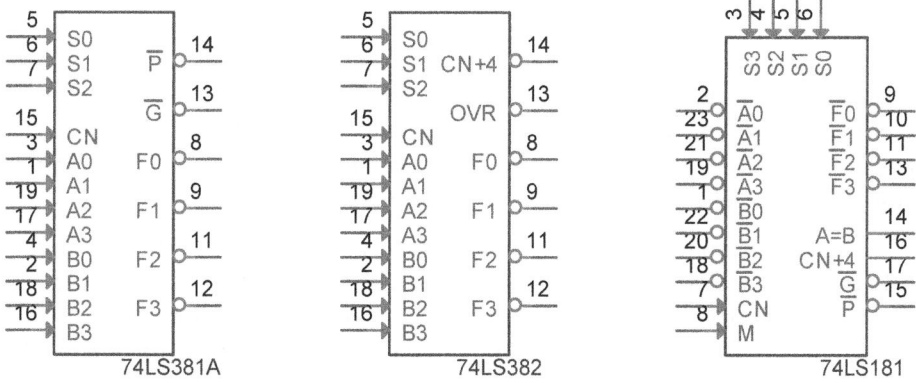

Figura 29.7   Símbolos lógicos adoptados en PSpice para representar los circuitos ALU TTL de 4 bits 74LS381A, 74LS382 y 74LS181.

---

[10] Del inglés *arithmetic and logic unit*.

En el caso de la ALU 74x381, se identifican en su símbolo lógico los dos operandos de entrada de 4 bits A y B, sus 3 bits de selección de operación S, un bit de acarreo de entrada CN, la salida de 4 bits F y dos salidas adicionales denominadas G y P, que por ser ambas activas a nivel lógico bajo dan lugar a las correspondientes señales G_L y P_L, que representan los bits de generación y de propagación del acarreo anticipado de grupo, respectivamente[11]. Ambas salidas son necesarias para lograr diseños lógicos modulares, combinando para ello varias de estas ALU con un circuito de acarreo anticipado como es el 74x182, diseñado para procesar en paralelo las señales G_L y P_L de todos los circuitos. Por ejemplo, el diseño de una ALU de 16 bits de alta velocidad se puede plantear mediante la combinación de cuatro circuitos ALU 74x381 y de un 74x182 ([wak07]).

El CI 74x382 se diferencia del 74x381 únicamente en dos de sus salidas. En lugar de G y P, el CI 74x382 cuenta con CN+4 y OVR, que son la salida de acarreo de la posición del MSB y el bit de desbordamiento, respectivamente. Si se necesita diseñar una ALU de 16 bits, basta con combinar cuatro CI 74x382 en cascada conectando la salida CN+4 de cada uno de los tres primeros circuitos con la entrada de acarreo CN del siguiente. Si bien la topología en rizo resultante es sencilla al no requerir de un circuito adicional como el 74x182 en el caso anterior, las operaciones se realizan más lentamente debido a que el acarreo se propaga en serie por la cadena de cuatro circuitos ALU.

El circuito más sofisticado de los tres es sin duda el 74x181. Dispone de una entrada M que determina si el tipo de operación a realizar es de tipo aritmético o lógico, de forma que con esta ALU se pueden seleccionar hasta 16 operaciones aritméticas y otras tantas operaciones lógicas distintas, dependiendo del valor de los 4 bits de selección S. Como sucede con los CI anteriores, el 74x181 se puede expandir para procesar operandos de más de 4 bits si es necesario, en cuyo caso son viables dos alternativas. Se puede optar, por un lado, por hacer un uso conjunto de las entradas y salidas de acarreo CN y CN+4, con el fin de conectar varias ALU en cascada sin necesidad de lógica adicional. Este es el único esquema posible con el 74x382. Por otro lado, si los requerimientos de velocidad son muy exigentes, es preferible reproducir el esquema de conexionado del 74x381 propuesto anterior-mente y llevar las salidas G y P del 74x181 a las entradas de un 74x182, puesto que de esta forma se generan los acarreos de forma más eficiente.

Las ocho funciones que permiten las dos ALU 74x381 y 74x382 mediante sus tres líneas de selección son comunes y se indican en la tabla 29.2. Como puede verse, tres de ellas son operaciones de tipo aritmético y otras tres de tipo lógico. Las dos funciones restantes realizan el borrado y el establecimiento de los 4 bits de la ALU ([ach02], [bro09], [toc07] y [wak18]).

---

[11] Del inglés *group-carry-lookahead outputs*. Ambas señales se utilizan internamente en cada una de las cuatro etapas del sumador con acarreo anticipado 74x283. En este caso se denominan simplemente "señal de generación del acarreo" y "señal de propagación del acarreo".

Tabla 29.2   Funciones aritméticas y lógicas realizadas por las dos ALU de 4 bits 74x381 y 74x382. (Adaptada de [74F381]).

S2	S1	S0	Función	Comentario
0	0	0	$F = 0000$	Borrado
0	0	1	$F = B - A + CN$	Requiere $CN = 1$
0	1	0	$F = A - B + CN$	Requiere $CN = 1$
0	1	1	$F = A + B + CN$	Requiere $CN = 0$
1	0	0	$F = A \oplus B$	XOR
1	0	1	$F = A + B$	OR
1	1	0	$F = A \cdot B$	AND
1	1	1	$F = 1111$	Establecimiento

Obsérvese que, para realizar la suma de los operandos de entrada a la ALU A y B, debe seleccionarse la operación $A + B + CN$, con $CN = 0$. Si lo que se desea es restar el operando B del A, la operación a seleccionar es $A - B + CN$, con $CN = 1$. Esto es así porque, en este caso, la ALU obtiene internamente el complemento de B bit a bit, al que se le necesita sumar 1 (el valor de CN) para obtener su C_2 como paso previo antes de poder sumarlo con A y obtener el resultado correcto de la resta de ambos operandos expresado en C_2.

Las numerosas funciones aritméticas y lógicas que puede realizar la ALU 74x181 son variantes de las mostradas en la tabla 29.2 que no se enumerarán aquí de forma explícita. Sí conviene apuntar que estas incluyen operaciones de desplazamiento y comparación, así como diferentes combinaciones de las formas complementadas de los operandos de partida A y B. El estudiante con curiosidad puede consultarlas en las referencias [ach02], [ang03], [erc85], [gar07], [pri06], [tau83] y [wak07], así como en la información técnica original del fabricante Texas Instruments ([74LS181]).

29.3.2 La ALU en los computadores

Todos los computadores disponen de una ALU que permite realizar operaciones, normalmente sobre dos operandos, al igual que los tres circuitos descritos en el apartado anterior. Sin embargo, la capacidad de cómputo de una ALU, siempre integrada en el camino de datos de un computador, no se limita a las funciones desempeñadas por dichos circuitos ni a operar exclusivamente en C_2 con datos representados en coma fija, ya que los computadores también son capaces de procesar números reales representados en coma flotante (incluyendo aquí incluso al humilde segmento de computadores constituido por los microcontroladores de 8 bits). La ALU de un microprocesador, como es el caso de los fabricados por Intel, está diseñada para realizar numerosas operaciones aritméticas, tanto con números enteros como con números reales. Ejemplos de estas operaciones son la suma, la resta, la multiplicación, la división, la comparación y la negación; así como incrementos y decrementos.

Además de operaciones de tipo aritmético, la ALU también es capaz de realizar operaciones lógicas bit a bit entre dos operandos, como son las operaciones AND, OR, NOT y XOR; además de desplazamientos y rotaciones hacia la izquierda y la derecha en registros, entre otras ([bre09]).

Cualquier ALU está dimensionada para procesar operandos que tienen siempre la longitud de palabra del procesador, siendo esta muy variable dependiendo del computador. De hecho, es uno de los parámetros más representativos cuando se trata de evaluar sus prestaciones. La longitud de palabra (es decir, el número de líneas del bus de datos, o simplemente el ancho del bus) ha crecido de forma significativa a medida que los procesadores han ido evolucionando, con el consiguiente incremento en la velocidad de cálculo[12]. Una ALU, tras procesar sus dos operandos de N bits, entrega un resultado que es igualmente de N bits y, además, actualiza los denominados **señalizadores**[13], ubicados en su **registro de estado**, en función del resultado obtenido. Por ejemplo, el procesador de 8 bits 8085 de Intel cuenta con una ALU cuyo registro de estado, que tiene la longitud de palabra del procesador, dispone de los siguientes cinco señalizadores: el de acarreo del octavo bit CY; el del acarreo del cuarto bit AC; el de paridad P; el de signo S y el de cero Z ([ang96]). Los 3 bits sobrantes del registro de estado simplemente no se utilizan. Un segundo registro auxiliar de la ALU es el **acumulador** (abreviado habitualmente como ACC), cuyo tamaño también coincide con la longitud de palabra del procesador y es utilizado para guardar o bien uno de los dos operandos de partida, o bien el resultado, o ambos (obviamente no de forma simultánea), siempre en función del número de buses disponibles en la arquitectura del camino de datos ([ang03]). La figura 29.8 muestra la disposición de todos estos elementos y su conexión al bus de datos de un procesador genérico de 8 bits, que también cuenta con ocho líneas de selección de operación. A efectos ilustrativos se ha empleado un registro de estado con solo cuatro señalizadores.

Como puede verse, el acumulador almacena en sus ocho biestables, en función del estado de la señal CARGA, el resultado de la operación realizada por la ALU o bien el operando residente en la memoria principal que se ha transferido al bus de datos. Como el bus en este caso es único, la temporización de la operación efectuada sobre dos operandos requiere que, en primer lugar, se cargue el acumulador con el primero de ellos para, a continuación (por ejemplo, en el siguiente ciclo de reloj), disponer del segundo en las líneas del bus. Solo entonces puede proceder la ALU con la operación indicada en sus líneas de selección. Hay que entender que esta arquitectura no es única, mostrándose únicamente a efectos ilustrativos. Por ejemplo, en el caso de la ALU del microprocesador 8085 existe un tercer registro auxiliar, además del acumulador y del

---

[12] Por citar algunos ejemplos representativos del fabricante Intel, el 4004, que fue el primer microprocesador lanzado al mercado en 1971, se diseñó con un ancho de bus de solo 4 bits. El 8008, de 1972, ya contaba con 8 bits. El 8086, de 1978, fue el primer procesador en adoptar un bus de datos de 16 bits, mientras que el 80386, de 1985, ya incorporaba 32 bits. No fue hasta 1993, con la llegada del Pentium, cuando se alcanzó un ancho de bus de 64 bits ([bre09], [usa03], [sta10]).

[13] El término empleado en inglés es *flag*.

registro de estado, que se encarga de almacenar uno de los dos operandos de partida ([ang96], [sta10]).

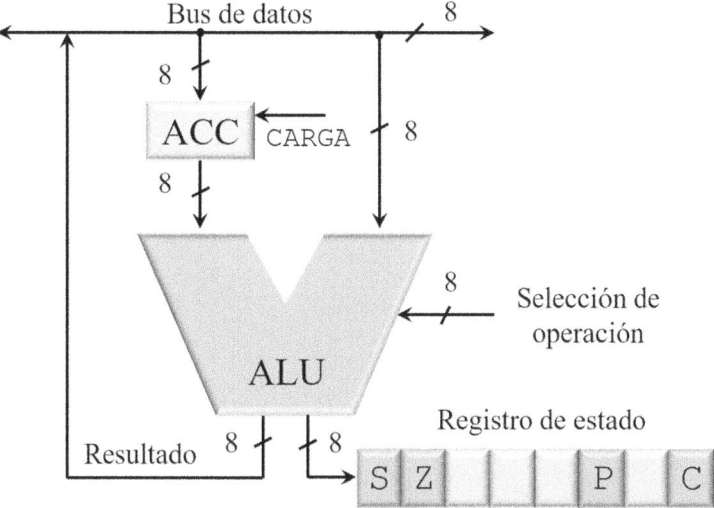

Figura 29.8 Diagrama lógico de una ALU genérica de 8 bits con sus dos registros auxiliares: el acumulador ACC y el registro de estado. (Adaptada de [ang03]).

Aplicaciones de los contadores

Es frecuente que los sistemas digitales de cierta complejidad cuenten con uno o varios contadores integrados en su estructura interna. Los contadores digitales no solo se emplean para actualizar el número de veces que tiene lugar un suceso en multitud de contextos diferentes, sino que también son utilizados muy a menudo como elementos temporizadores para controlar la ejecución de determinadas operaciones que requieren medir el tiempo con cierta precisión, entre otras muchas aplicaciones de estos versátiles circuitos. A continuación se describen algunas de las más representativas.

30.1 Contador de pulsos en sistemas automatizados

Un circuito contador ascendente puede emplearse para automatizar determinados procesos que requieran llevar la cuenta de objetos o eventos de forma rutinaria, evitando así el error humano que puede producirse si la cuenta se realiza de forma manual. El sistema debe estar concebido para convertir previamente dichos objetos o eventos en una secuencia de pulsos eléctricos que pueda registrar el contador.

Un ejemplo típico de aplicación en la industria consiste en contabilizar objetos que pasan en fila por una cinta transportadora. Otro ejemplo cotidiano, que ya se describió con detalle en el capítulo 23 al estudiar los circuitos antirrebotes, es un sistema contador del número de vehículos que acceden a un aparcamiento. Esta aplicación concreta es fácilmente generalizable para contar no solo los vehículos que entran sino también los que salen, lo que permite conocer el número de plazas libres en cada momento. La forma de implementar esta idea consiste en sustituir el contador ascendente por uno reversible, que se incremente al registrar un nuevo acceso al aparcamiento y se decremente con cada salida del mismo.

30.2 Divisor de frecuencia

En un contador binario de N bits (y por tanto, constituido por N biestables), la frecuencia de la forma de onda en cualquiera de sus N líneas de salida viene dada por $f_{CLK}/2^k$, donde f_{CLK} es la frecuencia de la señal de reloj externa y k denota la salida escogida, siendo $1 \leq k \leq N$. Esto se cumple siempre independientemente de si el contador es síncrono o asíncrono, como se puede comprobar fácilmente por simple inspección de los cronogramas obtenidos a partir de los diferentes contadores binarios analizados en la tercera parte del texto. En consecuencia, un contador binario de N bits puede entenderse también como un circuito oscilador de salida múltiple, como demuestra la figura 30.1 para $N = 4$. Dicha figura reproduce el cronograma de la figura 15.7, que fue obtenido a partir de un contador 74163 funcionando en modo de carrera libre y se muestra aquí de nuevo para enfatizar esta importante característica de los contadores binarios. Por inspección de las formas de onda Q0-Q3 es inmediato comprobar que $f_{Q0} = f_{CLK}/2$, $f_{Q1} = f_{CLK}/4$, $f_{Q2} = f_{CLK}/8$ y $f_{Q3} = f_{RCO} = f_{CLK}/16$.

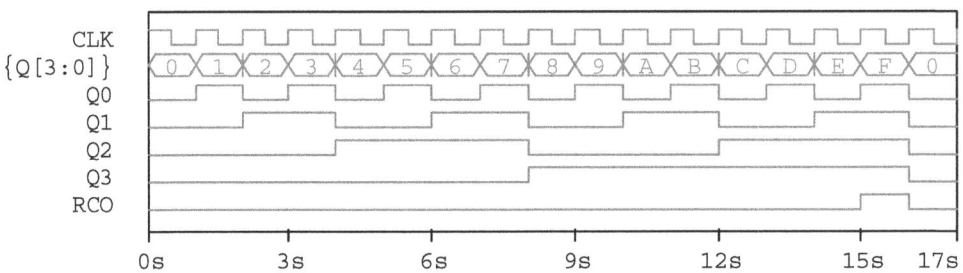

Figura 30.1 Secuencia de cuenta de un contador binario módulo 16.

Por otro lado, la frecuencia de la forma de onda entregada por la salida correspondiente al bit más significativo de cualquier tipo de circuito contador, sea este binario o no binario, es f_{CLK}/M, donde M es el módulo (o número de estados) de la secuencia de cuenta. En el caso particular de que el contador sea binario se verifica que $M = 2^N$, mientras que en un contador BCD, que es un contador no binario de 4 bits, dicha frecuencia es $f_{CLK}/10$.

Sin embargo, si lo que se desea es dividir la frecuencia f_{CLK} del oscilador externo por un factor que no coincida ni con 2^k ni con M, entonces es necesario decodificar el estado adecuado del contador mediante lógica combinacional extra cableada con las salidas del contador que sean necesarias para detectar la presencia del estado en cuestión. Esto es precisamente lo que se hizo en la mayoría de los diseños de contadores del capítulo 15 utilizando el 74x163 con el fin de obtener determinadas secuencias de cuenta.

30.3 Reloj digital

El reloj digital figura sin duda entre las aplicaciones más conocidas de los contadores. Su estructura interna consta de varios subsistemas construidos a partir de contadores. Uno de ellos está dedicado a generar una señal de reloj de 1 Hz y el resto a actualizar cíclicamente las horas, los minutos y los segundos, desde el inicio de la cuenta en 00:00:00 hasta el final en 11:59:59.

La señal de 1 Hz se puede obtener de dos formas: a partir de un oscilador de cuarzo o mediante la red eléctrica. Un oscilador de cuarzo proporciona una forma de onda periódica a la frecuencia de 32.768 Hz con una gran estabilidad en frecuencia ([ham00]), y es la opción empleada en los relojes de pulsera alimentados con baterías. Teniendo en cuenta que 32.768 es una potencia de dos (2^{15}), es factible conseguir la frecuencia deseada de tan solo 1 Hz empleando un divisor de frecuencia construido con los biestables necesarios. Si por el contrario el reloj se encuentra fijo, puede optarse por utilizar la frecuencia de red (50 Hz en Europa y 60 Hz en Estados Unidos), adaptando la forma de onda sinusoidal de partida a una señal digital de la misma frecuencia y empleando de nuevo a continuación un divisor de frecuencia adecuado para dividir la frecuencia de la señal por 50 o bien por 60.

El subsistema dedicado a generar los segundos de 0 a 59 se diseña a partir de la combinación de un contador módulo 10 para las unidades y de un contador módulo 6 para las decenas. Las opciones aquí son múltiples si la lógica se implementa con circuitos MSI, como se demostró mediante las diferentes alternativas al diseño de un segundero con contadores síncronos propuestas en el capítulo 16. De hecho, el abanico de posibilidades se amplía aún más si se opta por emplear contadores modulares asíncronos en lugar de síncronos. El mismo esquema conceptual se emplea para diseñar el subsistema de los minutos, de 0 a 59, que debe recibir un pulso de habilitación generado por el segundero cada vez que transcurre un minuto. El subsistema de las horas puede diseñarse de nuevo con dos contadores o bien con un contador módulo 10 para las unidades y un biestable para las decenas, ya que en este caso el dígito correspondiente solo representará el 0 o bien el 1.

La figura 30.2 es un diagrama lógico simplificado de un reloj digital de doce horas implementado mediante contadores síncronos, un biestable, decodificadores de BCD a código de siete segmentos y los correspondientes visualizadores.

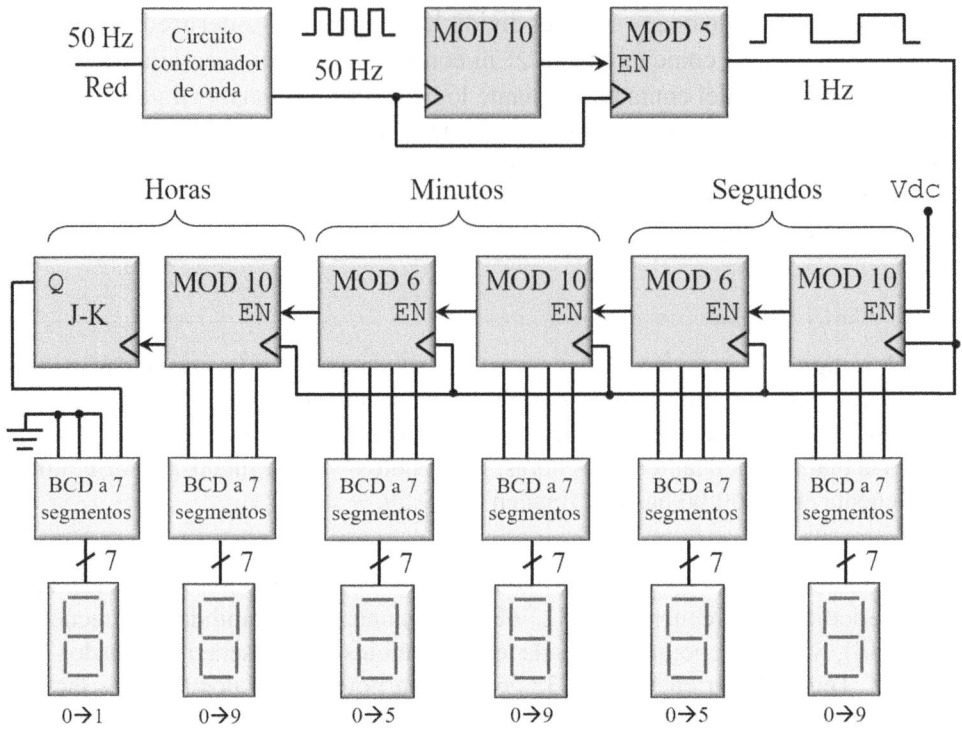

Figura 30.2   Esquema simplificado de un reloj digital de doce horas diseñado con lógica síncrona. (Adaptada de [flo16]).

El diseño de un reloj digital es objeto de estudio en el contexto de las aplicaciones típicas de los contadores en algunas referencias como por ejemplo [ang02], [bla05], [flo16], [gar07], [lea11], [nel21] y [toc07]. Se recomienda la consulta de alguna de ellas para profundizar en las diferentes alternativas al diseño de un reloj digital.

30.4 El temporizador digital

Un circuito **temporizador**[1] se caracteriza por su capacidad de memorizar una determinada situación mediante el estado lógico de una variable binaria durante un determinado intervalo de tiempo, que suele ser configurable. Dicha variable cambia de estado cuando se inicia la temporización y, una vez transcurrido el tiempo previsto, vuelve a su valor inicial. Un estudio muy completo sobre los circuitos temporizadores y sus diferentes tipos puede consultarse en [man15].

El principio de funcionamiento de un temporizador no es único. Existen temporizadores donde el intervalo de tiempo que se prolonga la temporización depende de la carga y la descarga de un condensador a través de una resistencia: es el caso de los

---

[1] Del inglés *timer*.

circuitos monoestables. Aunque dicho intervalo puede ajustarse escogiendo valores apropiados de ambos componentes pasivos, lo cierto es que tanto sus tolerancias como el rango de valores disponibles, siempre limitado a valores discretos, impide conseguir una temporización de precisión. En el caso de que una aplicación determinada exija una temporización muy controlada, es preferible optar por un diseño basado en un contador. El temporizador resultante consta de un contador módulo N, que cambia de estado con la periodicidad de una señal de reloj externa T_{CLK}, y de un biestable S – R adicional, como muestra la figura 30.3. Se asume en la descripción del funcionamiento que sigue a continuación que el contador es de tipo binario de M bits y que su entrada de borrado CLR es asertiva a nivel lógico alto.

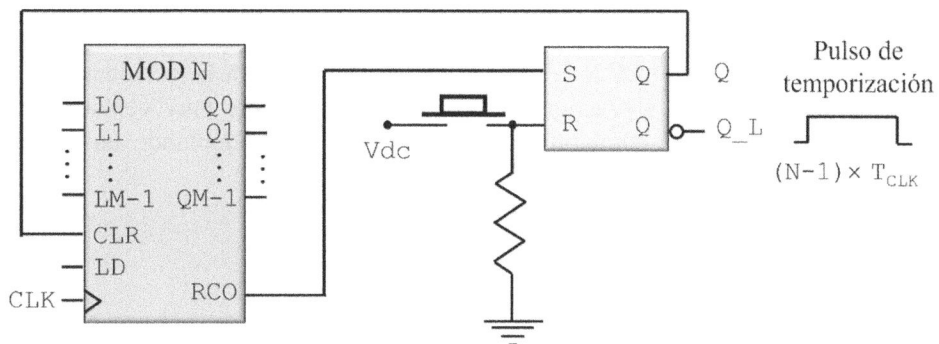

Figura 30.3   Diagrama lógico de un temporizador basado en un contador binario módulo N y un biestable asíncrono S – R. (Adaptada de [bla05]).

Como puede verse, la entrada de borrado R del biestable admite pulsos positivos generados por una sencilla red, que incluye un pulsador y una resistencia con un terminal conectado a tierra. Al accionar el pulsador se fuerza un estado lógico alto en la entrada R, por lo que tanto la señal de salida Q como su complementaria Q_L cambian de nivel lógico (Q pasa a ser 0 y Q_L pasa a ser 1). Esta transición de 0 a 1 en la señal Q_L, que coincide con la salida del temporizador, establece el comienzo de la temporización. En cuanto Q pasa de 1 a 0, la entrada de borrado CLR deja de ser asertiva y el contador inicia por tanto su cuenta, comenzando a transitar por su secuencia de $N = 2^M$ estados hasta que se decodifica el último de ellos, que marca el fin de la secuencia y activa la salida RCO. Como RCO está conectada directamente a la entrada de establecimiento S del biestable, el nivel lógico en S pasa de 0 a 1 y lo mismo sucede con la salida Q, por lo que se activa la entrada de borrado CLR del contador y finaliza la temporización al pasar Q_L a 0. El resultado es un pulso positivo en la señal Q_L cuya duración se calcula como el producto $(N-1) \times T_{CLK}$.

Con este enfoque basado en un contador el error cometido en la duración de la temporización deseada no depende de las posibles desviaciones de resistencias y condensadores respecto de su valor nominal, sino que se reduce a una fracción de T_{CLK}. Si se desea modificar la duración del pulso en la salida, basta con modificar N. Una forma de conseguirlo es dotar al contador de M líneas de carga en paralelo de datos (desde L0 hasta LM-1) con las que poder iniciar la secuencia de cuenta en un estado diferente del 0 tras activar su entrada de carga LD. Dependiendo del nivel lógico en dichas entradas de carga, el intervalo de temporización podrá fijarse en un valor comprendido entre un mínimo de 0 y un máximo de $(N-1) \times T_{CLK}$.

Los circuitos temporizadores son recursos fundamentales que se encuentran en la estructura interna de todos los microcontroladores. En el capítulo 34 se tendrá ocasión de descubrir su relevancia en estos dispositivos.

30.5 Sintetizador digital de formas de onda

Un generador de funciones analógico es un instrumento electrónico que proporciona formas de onda de diferentes tipos, como por ejemplo sinusoidales, triangulares o cuadradas. Mediante el panel de control del generador se puede seleccionar tanto la forma de onda como su frecuencia y amplitud. Una variante muy versátil de un instrumento generador de funciones que ha sido diseñado adoptando un enfoque puramente digital se representa en la figura 30.4.

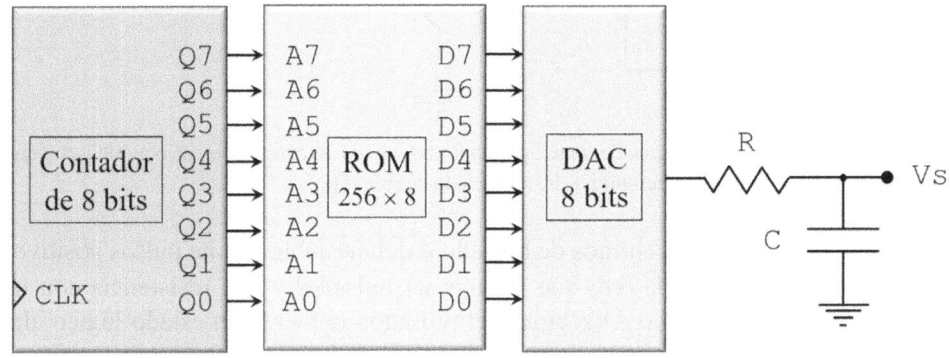

Figura 30.4   Sintetizador digital de formas de onda. (Adaptada de [toc07]).

Como puede verse, el generador de funciones digital está constituido por cuatro etapas: un contador de 8 bits, un circuito de memoria ROM con ocho líneas de dirección conectadas directamente a las salidas del contador, un convertidor DAC[2] de 8 bits y un sencillo filtro paso bajo RC de primer orden. En las 256 posiciones de memoria de la ROM se almacenan las muestras digitalizadas de un período de una forma de onda determinada. En el caso de una sinusoide, lo habitual es guardar el valor de la función seno a intervalos angulares equiespaciados entre 0° y 360°. El contenido de cada una de las posiciones de la ROM se selecciona secuencialmente mediante el contador de 8 bits funcionando en modo de carrera libre, con la cadencia establecida por una señal de reloj generada por un cristal de cuarzo para garantizar

---

[2] Del inglés *digital-to-analog converter*. También se denomina convertidor D/A, o bien, conversor D/A.

una elevada estabilidad en frecuencia. Las palabras digitales direccionadas son convertidas a formato analógico a medida que tiene lugar el barrido del contenido íntegro del circuito de memoria, mientras que el filtro se encarga de suavizar el perfil escalonado de la forma de onda entregada por el DAC. Obsérvese que la frecuencia del reloj f_{CLK} determina la frecuencia f_s de la forma de onda de voltaje sinusoidal a la salida del filtro, mediante la sencilla relación $f_s = f_{CLK}/256$. Debido a los 256 estados del contador, los valores de la función seno almacenados en posiciones consecutivas de la ROM están separados por 360/256 = 1,4°. Una simulación realizada con PSpice de un sintetizador de formas de onda basado en este mismo esquema, particularizado para un contador de 4 bits y prescindiendo del filtro paso bajo, se muestra en [qui22].

Si se desea cambiar la frecuencia f_s de la señal sintetizada sin renunciar a la estabilidad en frecuencia, lo habitual es sustituir el contador por un registro de direcciones cuyo contenido se emplea para direccionar el contenido de la ROM. Al igual que el estado del contador, el contenido del registro se incrementa con cada ciclo de reloj. Sin embargo, el incremento no tiene lugar necesariamente de uno en uno como sucede con el contador, sino que puede ser variable. Si se configura el sistema para que el contenido del registro se incremente de dos en dos, solo se direccionarán la mitad de los 256 valores almacenados en la memoria, que en este caso se encontrarán separados por 2,8°. Esto supone una pérdida de resolución, aunque la acción del filtro paso bajo contribuirá a compensarla. La consecuencia de este direccionamiento selectivo es que solo se necesitan la mitad de los ciclos del reloj CLK para generar una forma de onda completa de la sinusoide, cuya frecuencia será por lo tanto el doble. Si se precisa una frecuencia f_s aún mayor, basta con seleccionar posiciones de la memoria con un paso mayor que dos (de tres en tres, de cuatro en cuatro, etc.). Esta idea se implementa en la práctica mediante un sumador que añade el contenido del registro en un momento dado al valor de una variable externa que indica el paso deseado, guardando la dirección resultante de nuevo en el registro con cada nuevo ciclo de reloj. Al conjunto formado por el registro de direcciones y el circuito sumador se le denomina acumulador, mientras que la técnica descrita, mediante la cual se generan por medios digitales formas de onda sinusoidales de frecuencia variable en incrementos predeterminados, es conocida como **síntesis digital directa**[3] ([fre16]). De nuevo en [qui22] se ilustra el funcionamiento de un sistema digital que implementa dicha síntesis con 4 bits empleando el simulador PSpice.

En un concepto similar se basa el funcionamiento del sencillo generador de onda sinusoidal ML2035 del fabricante Fairchild Semiconductor. Se trata de un CI que es capaz de sintetizar tonos de frecuencia programable desde DC hasta 25 kHz a partir de la información contenida en un registro de desplazamiento de 16 bits con entrada serie, que se encuentra accesible por uno de los 8 pines del dispositivo. Incluye, entre otros recursos integrados en su estructura interna, un acumulador, una ROM 128×7

---

[3] Del inglés *direct digital synthesis*.

y un DAC de 8 bits (el octavo bit es el bit de signo, que no se almacena en la ROM aunque es procesado igualmente por el DAC junto con los 7 bits restantes almacenados en cada posición de la memoria). Este generador de señal, cuya resolución en frecuencia es de ± 0.75 Hz, se emplea en diversas aplicaciones del ámbito de las telecomunicaciones que requieren la síntesis de tonos de frecuencia muy precisa con electrónica de bajo coste ([ML2035]). Un circuito sintetizador de tonos basado en el mismo principio de funcionamiento, que cuenta con mejores prestaciones, es el AD9852. Fabricado por Analog Devices, fue diseñado para generar sinusoides de hasta 150 MHz ([AD9852]).

La versatilidad de esta idea radica, además, en su capacidad de reconfiguración, puesto que la memoria no volátil puede almacenar muestras digitalizadas de tantas formas de onda diferentes como se desee, sin más que actualizar su contenido con nuevas muestras correspondientes a una forma de onda distinta (aunque no es el caso de los sintetizadores de frecuencia como el ML2035 o el AD9852, que como se ha mencionado son circuitos concebidos como generadores de tonos y almacenan en su memoria no regrabable muestras de una sinusoide). Una memoria EEPROM sería en principio adecuada para este fin, puesto que no solo se puede reescribir eléctricamente con facilidad, sino que además sus posiciones son accesibles individualmente.

30.6 Medidor de frecuencia

El contador es un elemento clave en el diseño de cualquier sistema electrónico concebido para medir con precisión la frecuencia de una señal externa. Estos instrumentos de medición se conocen indistintamente como frecuencímetros o bien **contadores de frecuencia**[4], por lo que resulta evidente, solo a partir de su propia denominación, que en su estructura interna el contador debe jugar un papel destacado. De hecho, son varios los módulos contadores que forman parte de un frecuencímetro, como revela el diagrama de bloques simplificado de la figura 30.5.

En lo fundamental, el principio de funcionamiento de uno de estos instrumentos de medida es el siguiente. La señal periódica externa de frecuencia desconocida f_e se transforma primeramente en una secuencia de pulsos de la misma frecuencia mediante algún tipo de circuito conformador de onda, como un detector de cruce por cero. Esta señal pulsada es una de las dos entradas de una puerta lógica AND, mientras que su otra entrada recibe una señal igualmente periódica y pulsada, cuya frecuencia es mucho menor que f_e. Para la generación de esta segunda señal se parte de un oscilador de cuarzo que resulta determinante en el sistema, puesto que garantiza una elevada estabilidad en frecuencia. Suponiendo que la frecuencia del oscilador es de 1 MHz (valor que puede ser otro), esta puede reducirse a solo 1 Hz empleando un módulo divisor de frecuencia basado en una asociación serie de seis

---

[4] Del inglés *frequency counter*.

contadores de décadas que dé lugar a un contador módulo 10^6. En el diagrama dicha asociación no se representa de forma explícita, sino que constituye un único bloque para facilitar su interpretación.

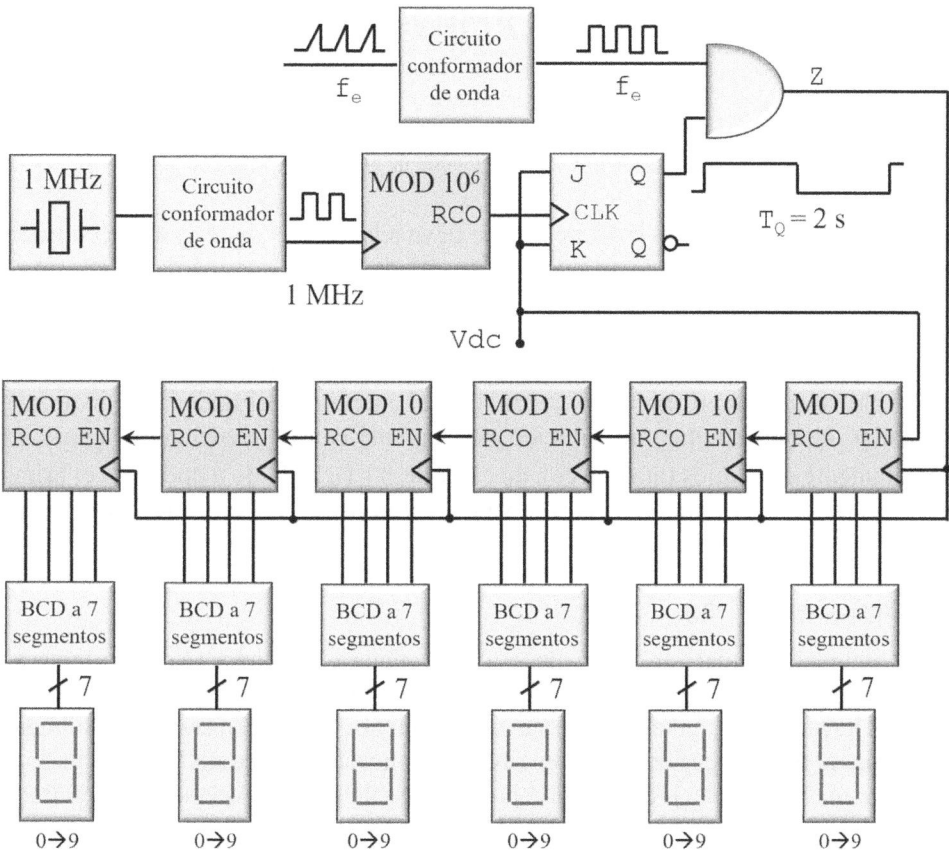

Figura 30.5 Diagrama de bloques simplificado de un frecuencímetro de seis dígitos. (Adaptada de [flo16], [lea11], [mil89] y [toc07]).

La señal de 1 Hz entregada por el circuito divisor no experimenta derivas significativas en frecuencia gracias a que mantiene la misma estabilidad de la oscilación original del cristal de cuarzo, lo que redunda en la alta precisión de la medida que proporciona el instrumento. Esta señal alimenta la entrada de reloj CLK de un biestable T construido a partir de un biestable J – K, puesto que sus dos entradas se encuentran conectadas a un 1 lógico. El período T_Q de la forma de onda cuadrada en la salida del biestable es, en consecuencia, de 2 s, lo que garantiza que dicha forma de onda se mantenga durante 1 s en estado alto. Este tiempo en estado alto constituye el **intervalo de muestreo** de la señal de frecuencia desconocida, y puede entenderse como una ventana temporal durante la cual la salida Z de la puerta AND es una réplica exacta de la señal pulsada de frecuencia f_e, como ilustra la figura 30.6.

519

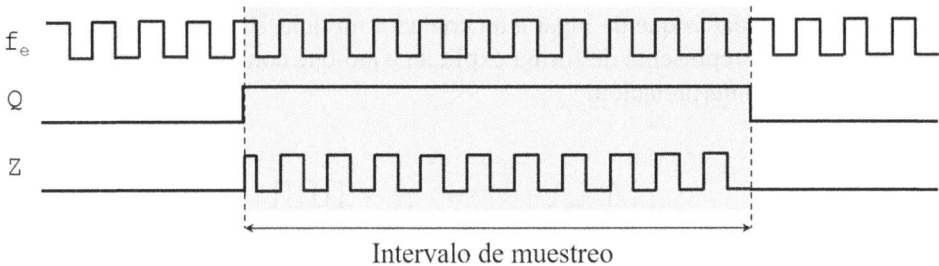

Intervalo de muestreo

Figura 30.6   Definición gráfica del intervalo de muestreo. (Adaptada de [toc07]).

Dicha réplica acotada en el tiempo se lleva a la entrada de reloj de un contador, que es síncrono en el caso particular representado en el diagrama de bloques de la figura 30.5 y está constituido por seis contadores de décadas conectados en cascada, lo que permite realizar mediciones con un rango de representación de seis dígitos decimales y mostrarlas mediante los visualizadores correspondientes. Como el intervalo de muestreo escogido es de 1 s, el número de estados que avanza el contador durante este tiempo coincide exactamente con la frecuencia f_e expresada directamente en hercios (aunque con un error de ± 1 Hz, debido a que tanto el primer pulso como el último dentro del intervalo de muestreo pueden estar incompletos). Con los seis dígitos mencionados el sistema es, por lo tanto, capaz de representar un rango de frecuencias comprendido entre 0 Hz (tensión continua) y 999.999 Hz (prácticamente 1 MHz).

Conviene puntualizar que es necesario reiniciar el contador tras cada intervalo de muestreo para evitar que la medida mostrada en los visualizadores se duplique con la llegada del siguiente intervalo. El reinicio puede conseguirse fácilmente mediante el disparo periódico de un circuito monoestable (que no se ha incluido en el diagrama de bloques), cuya salida pulsada se encuentre conectada a las entradas de borrado de los seis contadores de décadas.

Además, en la práctica el intervalo de muestreo no es fijo, sino variable, con la intención de aprovechar la capacidad total del contador dependiendo de la frecuencia f_e de la señal externa. Este y otros aspectos sobre el funcionamiento pormenorizado de un frecuencímetro que se han omitido en esta breve descripción se exponen con suficiente detalle en [toc07].

30.7 El registro-contador en los computadores

En la estructura interna de cualquier computador pueden identificarse varios registros cuyo contenido se incrementa y/o decrementa oportunamente para garantizar su correcto funcionamiento. Entre estos registros, que hacen la función de contadores, destacan el contador de programa; el puntero de pila; el contador de microprograma; el registro de cuenta de datos en el acceso directo a memoria y, en algunos procesadores concretos, ciertos registros de almacenamiento temporal. El papel clave que desempeñan todos estos registros-contadores en un computador, junto al resto de sus elementos constitutivos, se justifica con la extensión necesaria en el marco de los contenidos que se imparten en asignaturas dedicadas a exponer con detenimiento su arquitectura y programación. En esta sección se describe la función de cada uno de ellos sin otro objetivo que destacar su presencia e importancia entre los numerosos recursos internos con que cuenta un computador. Antes de pasar a introducirlos es conveniente, sin embargo, mencionar a grandes rasgos los bloques lógicos constitutivos de un computador genérico y cómo se relacionan entre sí. A ello está dedicado el siguiente apartado.

30.7.1 El computador y su estructura interna

Un computador es, en esencia, un sistema secuencial síncrono constituido fundamentalmente por tres bloques lógicos: una **unidad central de proceso** (UCP), una **memoria principal** y un **módulo de entrada y salida** (E/S). Los tres se encuentran sincronizados gracias a un reloj común e intercambian información mediante una serie de líneas de comunicación denominadas buses. Dependiendo del tipo de información que contiene un bus determinado se distingue entre el **bus de direcciones**, el **bus de datos** y el **bus de control**, todos ellos imprescindibles en cualquier computador.

La UCP incluye, a su vez, dos elementos claramente diferenciados por su funcionalidad: se trata de la **unidad de control** y del **camino de datos**. La unidad de control se encarga, entre otras funciones, de interpretar las instrucciones que recibe de la memoria principal (proceso conocido como **decodificación de instrucciones**) y gestionar su correcta ejecución. Por su parte el camino de datos, constituido por una ALU, varios registros y los buses correspondientes, realiza las operaciones dictadas por las instrucciones de programa a medida que se van decodificando. El tamaño de los registros suele coincidir con el ancho del bus de datos del computador expresado en bits, que es un múltiplo de 8. En este contexto se habla de procesadores de 8, 16, 32 y 64 bits.

La memoria principal contiene no solo instrucciones de programa, sino también datos, y dependiendo de la arquitectura concreta del computador puede existir un único bus de direcciones o dos de ellos. En el primer caso el único bus disponible es empleado para direccionar tanto instrucciones como datos. En el segundo caso, por el contrario, uno de los buses direcciona únicamente instrucciones, que residen en una memoria de programa; mientras que el segundo bus hace lo propio con los datos contenidos en una memoria dedicada exclusivamente a su almacenamiento[5].

La relación entre todos estos bloques lógicos se representa en el esquema simplificado de la estructura de un computador genérico dotado de un único circuito de memoria común para instrucciones y datos de la figura 30.7, que también incluye los controladores de entrada y salida necesarios para gestionar el intercambio de

---

[5] Estas dos arquitecturas se describen con algo más de detalle en el apartado 34.1.2.

información con los periféricos. A efectos ilustrativos se muestran solo dos de ellos (un teclado y un monitor).

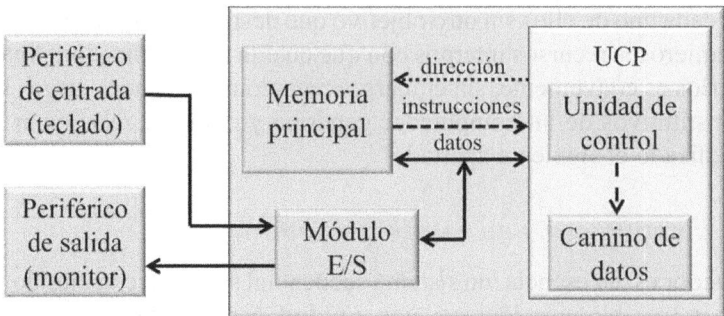

Figura 30.7   Estructura simplificada de un computador. (Adaptada de [ang03]).

30.7.2 El contador de programa

El **contador de programa**[6] es uno de los registros especiales de la unidad de control. Su razón de ser es asegurar que las instrucciones de un programa, almacenadas en la memoria principal de un computador, sean ejecutadas en el orden correcto. Las posiciones de memoria que ocupan dichas instrucciones se corresponden aproximadamente con el orden en el que deben ejecutarse, y la UCP las obtiene en el orden esperado simplemente accediendo de forma secuencial al contenido de posiciones de memoria consecutivas en la memoria principal, que son direccionadas una a continuación de la otra gracias precisamente a la acción de este registro-contador. Cada una de estas posiciones almacena la totalidad o bien parte de una instrucción, dependiendo tanto de la longitud de las instrucciones como de la longitud de palabra en memoria, por lo que la obtención de una instrucción completa puede requerir no uno sino varios accesos consecutivos a la memoria. Es el caso de la arquitectura RISC de la familia de procesadores MIPS, que fue diseñada en la década de 1980. En estos procesadores son necesarios cuatro accesos a memoria para transferir una instrucción porque solo se pueden direccionar bytes individuales y sus instrucciones son de 32 bits ([par05], [pat11])[7]. Lo mismo sucede con los procesadores más

---

[6] La denominación original en inglés es *program counter*, y aunque a veces se emplea la forma abreviada PC para referirse a él, fabricantes como Intel lo llaman "puntero de instrucción" (*instruction pointer*), y lo abrevian como IP ([mur02]).

[7] La arquitectura RISC se define en el apartado 34.1.3. Por su parte, MIPS es el acrónimo de *microprocessor without interlocked pipeline stages*. Los conjuntos de instrucciones de los procesadores MIPS y ARM (*advanced RISC machine*) comparten una arquitectura similar. La principal diferencia es que MIPS tiene más registros y ARM cuenta con más modos de direccionamiento ([pat11]). Cabe mencionar a ARM, puesto que su conjunto de instrucciones domina en el mercado de dispositivos móviles personales de la actual era post-PC, como lo demuestran los 12.000 millones de procesadores ARM fabricados en 2014, debido fundamentalmente a la fuerte demanda de este tipo de dispositivos en todo el mundo ([pat18]).

recientes RISC-V, cuyo conjunto de instrucciones vio la luz en 2010 y se gestó a partir del original de MIPS, guardando muchas similitudes con este ([pat18]).

La figura 30.8 muestra el esquema simplificado de un contador de programa genérico. El contador de programa vuelca su contenido actualizado en un bus de direcciones de N bits siempre que se activa la señal LECTURA, que se encarga de controlar el estado lógico de la puerta triestado que da acceso al bus. Como puede verse, el contenido del registro se incrementa en M con cada nueva instrucción en ejecución (en el caso de la arquitectura MIPS, el valor de M es 4).

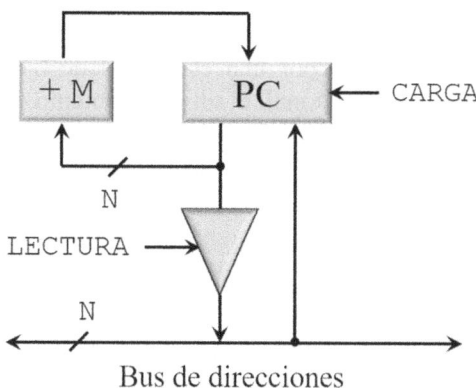

Figura 30.8   Esquema simplificado del contador de programa (PC) de un procesador y su conexión al bus de direcciones. (Adaptada de [ang03], [her08] y [mig04]).

El incremento del registro se puede implementar en la práctica mediante un contador ascendente con carga en paralelo, mediante un sumador o bien mediante un circuito incrementador específico ([her08]). En el caso de optar por un sumador, uno de los operandos es el contenido del registro en un instante dado y el otro es el valor constante de M ([pat18]).

Como se ha mencionado, el contador de programa contiene la dirección en memoria donde se encuentra la próxima instrucción a ejecutar, actuando como un contador ascendente binario que cuenta con la posibilidad de realizar la carga en paralelo de todos sus bits activando la señal CARGA ([pri06]). Esta característica permite la carga del contador de programa con una dirección no consecutiva de la memoria disponible previamente en el bus de direcciones. Dicha carga garantiza la correcta ejecución de las instrucciones de salto, puesto que estas alteran el flujo normal de ejecución (en ocasiones de forma incondicional y otras veces solo si se verifica una determinada condición), redirigiéndolo a otra posición de la memoria para continuar desde allí la ejecución rutinaria de instrucciones de forma secuencial. Las instrucciones de salto están presentes en el juego de instrucciones de cualquier procesador, ya que son necesarias para implementar bucles en un código. Los procesadores de las familias 68K de Motorola y x86 de Intel incluyen una instrucción de salto incondicional, denominada en ambos casos JMP, que desvía la ejecución del código hacia la dirección no consecutiva ADR sin más que escribir JMP ADR ([ber05], [hay96], [led20], [rod87]). En el caso de la arquitectura ARM, el acrónimo empleado para la misma instrucción de salto es simplemente B ([ber05], [led20])[8].

30.7.3 El puntero de pila

Por su parte, el **puntero de pila**[9] guarda bastantes similitudes por lo que respecta a su constitución interna con el contador de programa, puesto que se trata de un contador binario con la opción de carga en paralelo que también pertenece a la unidad de control del computador ([pri06]). Está destinado en un computador a albergar la dirección por la que entra y sale la información en una zona especial de la memoria denominada pila[10], caracterizada por una estructura de tipo LIFO[11] en la que, a diferencia de la memoria convencional, el último elemento en entrar en la pila es el primero en salir de ella. Esta gestión tan peculiar del contenido de la pila es consecuencia de su diseño: la pila está concebida especialmente para que solo pueda accederse al contenido de su parte superior, denominada **cabecera**[12], cuya dirección se va actualizando a medida que se añaden nuevos contenidos a la pila.

Una aplicación típica de la pila es la evaluación de expresiones matemáticas. Los operandos se introducen en la pila y se extraen de ella cuando se desea realizar una operación con ellos, depositándose el resultado de la operación en la cabecera ([sta10]). Un segundo uso muy habitual, que es el que describiremos seguidamente, es la gestión de llamadas a subrutinas, incluyendo los correspondientes retornos de estas.

Las instrucciones de llamada a una subrutina emplean la pila para guardar la dirección de retorno al programa principal, y gracias a la estructura LIFO es viable programar subrutinas anidadas con multitud de niveles si es necesario, ya que las sucesivas direcciones de retorno a la subrutina del nivel inmediatamente superior se recuperan de la pila en el orden correcto. Ilustremos esta idea con un ejemplo: supongamos una pila con una capacidad de ocho posiciones de memoria, de la 0000 a la 0007. Inicialmente la pila está vacía y el puntero de pila contiene el valor 0007, dirección que marca la cabecera de la pila en ese momento, tal y como muestra la memoria de pila a la izquierda de la figura 30.9. A continuación el procesador ejecuta una llamada a la primera de las subrutinas y coloca su dirección de retorno, que identificaremos como DR #1, en la cabecera. El puntero de pila se decrementa en uno y pasa a contener el valor 0006, quedando a la espera de recibir la dirección de retorno de la segunda de las subrutinas anidadas para alojarla en la posición de memoria 0006. El proceso se repite varias veces hasta almacenar la dirección de

---

[8] El origen de ambos acrónimos es *jump* para JMP y *branch* para B.
[9] Del inglés *stack pointer* (SP).
[10] La memoria de pila ya se introdujo en la sección 27.1.
[11] LIFO es el acrónimo en inglés de *last in, first out*. Un acrónimo equivalente aunque no tan extendido es FILO, de *first in, last out* ([mal93]).
[12] La cabecera de la pila se denomina en inglés *top-of-stack*, y se abrevia TOS.

retorno de la subrutina más profunda, la DR #5, que se depositará en la posición de memoria 0003. Un nuevo decremento del puntero de pila actualizará la cabecera a la posición 0002, como refleja el estado de la memoria de pila representada a la derecha de la figura 30.9.

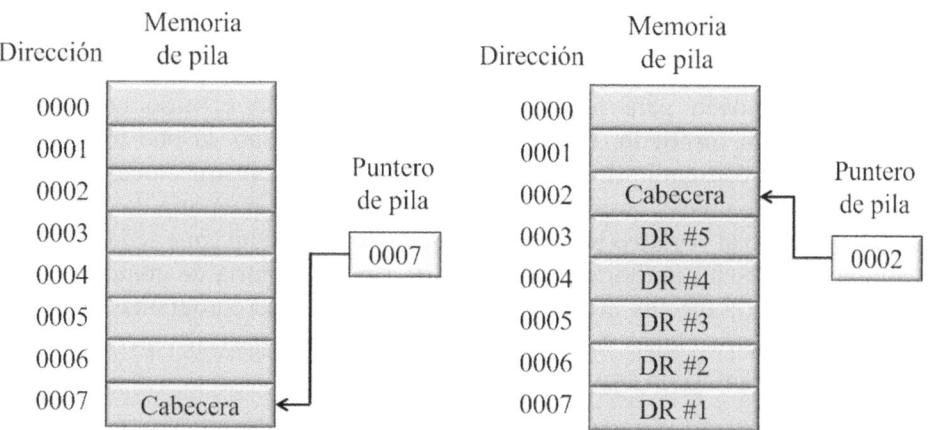

Figura 30.9 Almacenamiento en la memoria de pila de las direcciones de retorno de cinco subrutinas anidadas. (Adaptada de [mal93] y [sta10]).

Para recuperar las direcciones de retorno la secuencia de pasos se invierte, incrementándose el puntero de pila varias veces hasta apuntar finalmente a la dirección 0007. Como dicho puntero debe incrementarse y decrementarse durante todo el proceso, es pertinente recurrir a un contador reversible para su implementación. Conviene apuntar que en algunos computadores el funcionamiento es justo el inverso al mostrado aquí, en el sentido de que la memoria de pila se va llenando en orden creciente en lugar de decreciente ([sta10], [zul08]).

30.7.4 El registro-contador de microprograma

El denominado **registro-contador de microprograma**, o MPC[13], forma parte de la lógica que garantiza la ejecución ordenada del conjunto de instrucciones elementales, o **microinstrucciones**, en las que se descompone cualquier instrucción residente en la memoria principal de un computador, y que constituye su **microprograma**. Las microinstrucciones son vectores de bits que almacenan las señales de control necesarias para que una **unidad de control microprogramada** gestione la dinámica perfectamente sincronizada con el reloj de la ejecución que tiene lugar en el camino de datos de la totalidad de microinstrucciones que componen una instrucción completa. Por poner un ejemplo, algunas microinstrucciones propias de la instrucción ADD (suma) son la actualización de los dos registros donde se

---

[13] Del inglés *microprogram counter register*.

depositan los operandos que serán sumados, por un lado; y la transferencia del resultado de la suma a la memoria principal, por otro.

A su vez, la totalidad de los microprogramas que dan lugar al repertorio de instrucciones completo de un procesador se aloja en la **memoria de control**, que es uno de los elementos constitutivos clave de la unidad de control del computador. En el proceso denominado **secuenciamiento** el MPC se carga inicialmente con la dirección de la memoria de control que contiene la primera microinstrucción de un microprograma dado para proceder a su ejecución. En el caso concreto del **secuenciamiento implícito**, el MPC se incrementa de uno en uno en sucesivas iteraciones para conseguir direccionar el resto de las microinstrucciones del microprograma, que se ubican en posiciones consecutivas de la memoria de control y se van transfiriendo al **registro intermedio de control**[14] a medida que se leen de dicha memoria, tal y como muestra la figura 30.10. En la memoria de control de dicha figura se ubican, a efectos meramente ilustrativos, los microprogramas correspondientes a las instrucciones ADD, SUB y CMP pertenecientes al repertorio de los procesadores de Intel con arquitectura x86.

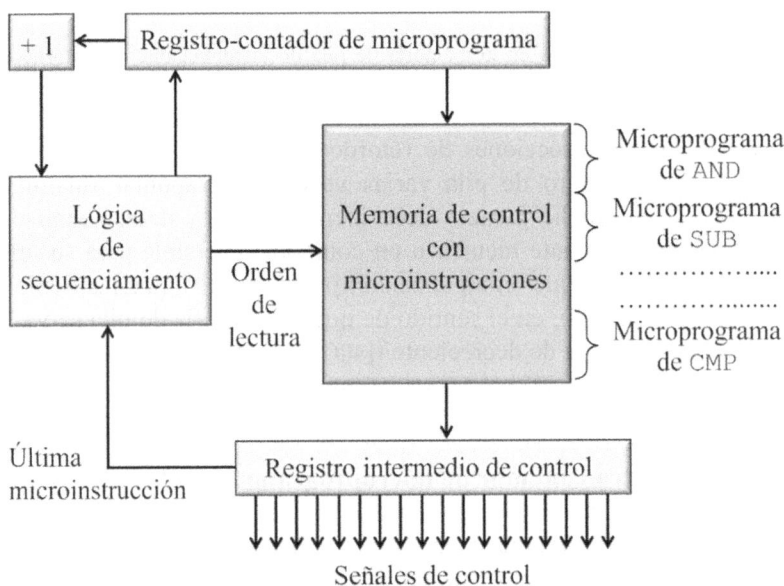

Figura 30.10 Esquema simplificado del secuenciamiento implícito de microinstrucciones en una memoria de control. (Adaptada de [ang03], [pat18] y [sta10]).

Teniendo en cuenta que el registro intermedio de control se encuentra conectado a las líneas de control de la unidad de control, resulta que leer una microinstrucción y depositarla en dicho registro es equivalente a ejecutarla. Un bit de dicho registro se reserva para avisar a la lógica de secuenciamiento de que ya se ha volcado la

---

[14] Del inglés *control buffer register*.

última microinstrucción del microprograma en curso, y que por tanto la siguiente microinstrucción que se transfiera al registro será la primera del próximo micro-programa.

Como se ha mencionado, en el secuenciamiento implícito es necesario que todas las microinstrucciones de cada microprograma se ubiquen en posiciones consecutivas de la memoria de control. Sin embargo, esto no tiene que ser necesariamente así, dando lugar al **secuenciamiento explícito** en el caso de que las microinstrucciones se encuentren desordenadas por dicha memoria. Ambos tipos de secuenciamiento tienen ventajas e inconvenientes, por lo que no hay uno que prevalezca claramente sobre el otro. Profundizar en esta temática queda fuera del alcance de este texto; el estudiante con curiosidad por conocer con detalle las diferentes alternativas que permiten diseñar una unidad de control microprogramada puede consultar textos específicos sobre los fundamentos y la estructura de los computadores que tratan con cierto detalle esta cuestión, como por ejemplo [abd05], [ang03], [mig04], [par05], [pat18] y [sta10].

30.7.5 El registro de cuenta de datos en los controladores DMA

El **registro de cuenta de datos**[15], o contador de datos, es un recurso utilizado en una de las técnicas disponibles empleada para gestionar las operaciones de E/S de datos realizadas con los periféricos de un computador, denominada "acceso directo a memoria" y abreviada como DMA[16]. Los controladores DMA, llamados CDMA, incorporan en su estructura interna los bloques lógicos necesarios para garantizar la correcta ejecución de las operaciones de transferencia de datos entre la memoria principal y un periférico dado conectado al computador sin involucrar al procesador, que puede estar dedicado a otras tareas en paralelo (de ahí el nombre que recibe la técnica). Un CDMA está diseñado para transferir datos a alta velocidad: el intercambio de información entre la memoria principal y el periférico es mucho más rápido que si lo gestionase únicamente el procesador. El 8237A de Intel es un CDMA que proporciona la interfaz necesaria para realizar el acceso directo a la memoria principal en aquellos computadores dotados de procesadores de la familia 80x86. Seguidamente se describe a grandes rasgos el funcionamiento de un controlador CDMA.

Cuando un periférico necesita acceder a la memoria principal del computador, ya sea para leer o para escribir información, la **lógica de control** del CDMA envía al procesador una señal de solicitud de acceso directo a memoria. El procesador, por su parte, termina de ejecutar la instrucción en curso y responde al CDMA con una

---

[15] Del inglés *data count register*.

[16] Del inglés *direct memory access*. En la sección 27.1 ya se tuvo ocasión de mencionar esta técnica junto a otras tres posibles alternativas utilizadas para la gestión de las operaciones de E/S. Todas o bien alguna de ellas se describen en textos que versan sobre los fundamentos y la arquitectura de los computadores como son [abd05], [ang03], [ber05], [led20], [mig04], [par05], [pat18], [pri06], [sta10] y [zul08].

señal de reconocimiento, avisándole de que procede a poner sus salidas en un estado de alta impedancia para desconectarse de los tres buses (lo que puede hacer gracias a sus salidas triestado). El CDMA toma entonces el control de los buses, utilizando el bus de direcciones para acceder a las posiciones de la memoria principal involucradas en la transferencia; el de datos para transferir la información entre la memoria principal y el periférico; y el de control, que indica si la operación es de lectura o escritura. Tras finalizar la transferencia, es el CDMA el que lleva esta vez sus salidas a un estado de alta impedancia y procede a desactivar la señal de solicitud. Acto seguido, el procesador retoma el control del bus y desactiva la señal de reconocimiento.

El contador de datos contiene el número de datos o palabras a transferir (por ejemplo, caracteres a una impresora). Se decrementa tras cada transferencia y, cuando llega a cero, la lógica de control genera una interrupción que avisa a la UCP de la finalización de la operación de E/S. En un CDMA se distinguen, además del contador de datos y la lógica de control mencionados anteriormente, el **registro de dirección** y el **registro de datos**. En el registro de datos se guarda la palabra a transferir, mientras que el registro de dirección almacena la posición inicial de la memoria principal a partir de la cual se lee o se escribe una palabra, incrementándose tras cada transferencia a medida que se decrementa el contador de datos. Todos estos recursos se muestran en el diagrama de bloques de la figura 30.11, mientras que la figura 30.12 es una visión de conjunto mostrando la interacción del CDMA con la UCP, la memoria principal y el periférico involucrado en la transferencia.

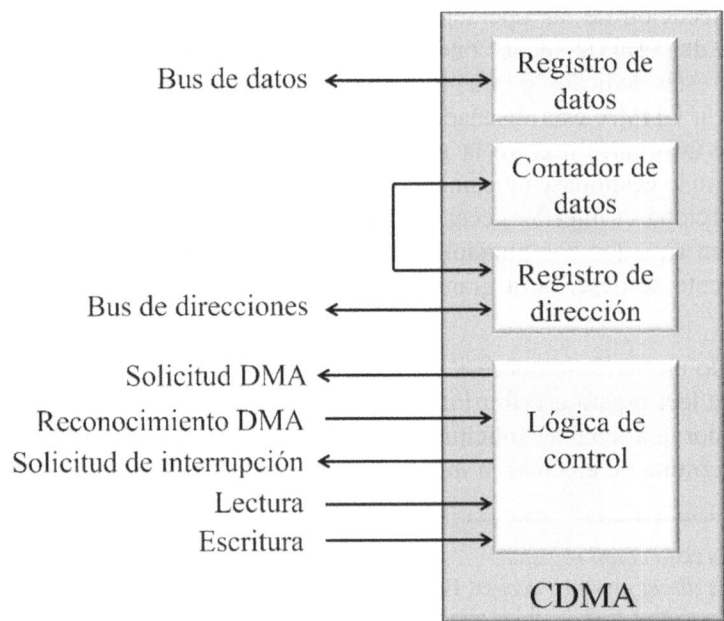

Figura 30.11   Diagrama de bloques de un controlador CDMA. (Adaptada de [sta10]).

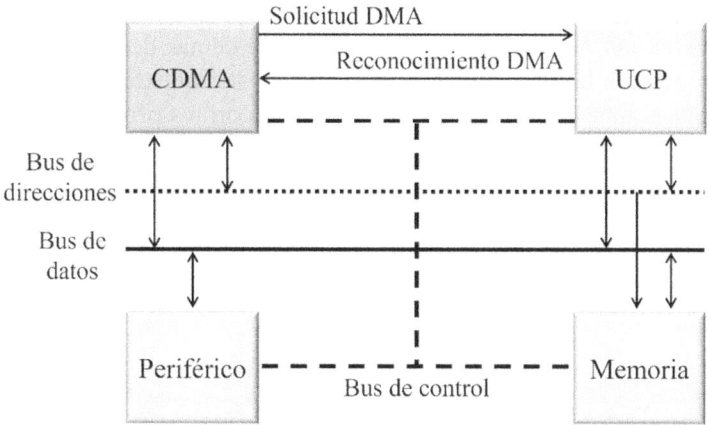

Figura 30.12   Acceso del controlador CDMA a los buses del computador. (Adaptada de [abd05]).

30.7.6 El registro-contador CX de la arquitectura x86

El microprocesador 8086 de Intel cuenta con catorce registros internos, todos de 16 bits. Cuatro de ellos son registros de datos para almacenamiento temporal (AX, BX, CX y DX); otros cuatro son registros de segmentos (CS, DS, SS y ES); dos más son punteros de pila (SP y BP); otros dos son registros índices (SI y DI); y los dos restantes son el puntero de instrucción IP (es decir, el contador de programa en la denominación propia de Intel); y el registro de estado, que contiene los señalizadores ([rod87]).

Sin entrar a describir la función de cada uno de estos registros, sí es interesante mencionar en el contexto de la utilidad de los contadores en un computador que uno de los cuatro registros de datos del 8086, el CX, está concebido precisamente para ser utilizado como contador en la programación de bucles y en operaciones de desplazamiento y rotación. De hecho, la instrucción LOOP, que resulta indispensable para implementar bucles con procesadores de la arquitectura x86, solo puede usar este registro como contador del número de iteraciones ejecutadas, decrementando su valor cada vez que se ejecuta y finalizando el bucle cuando su contenido ha llegado a cero. Obviamente la implementación de bucles no es una característica exclusiva de la arquitectura x86, y cualquier procesador cuenta con instrucciones para ello. Sin embargo, no es imprescindible que una arquitectura disponga de instrucciones asociadas a un registro concreto para conseguir la implementación de bucles. Un ejemplo de ello es el lenguaje ensamblador de la familia de procesadores 68K de Motorola, donde la instrucción equivalente a LOOP, denominada DBcc, puede hacer uso de cualquiera de los registros de datos disponibles para implementar un contador de iteraciones ([ber05]).

Si bien en la arquitectura original de 16 bits del 8086, lanzado al mercado en 1978, el registro de datos habilitado como contador se empezó llamando CX, en realidad pasó a denominarse ECX una vez que tuvo lugar la transición a la arquitectura de 32 bits marcada por el microprocesador 80386 en el año 1985, donde los registros existentes duplicaron su tamaño original. La letra E sirve para identificar dicha extensión, tanto en ese registro como en los demás de la arquitectura x86, a partir del procesador 80386. Sin embargo, con la posterior extensión a la arquitectura x64 de 64 bits actualmente vigente, que se inició con los procesadores Opteron de AMD en 2003 y con el Xeon de Intel en 2004, el tamaño de los registros volvió a duplicarse y el prefijo E paso a ser R, como ilustra la figura 30.13.

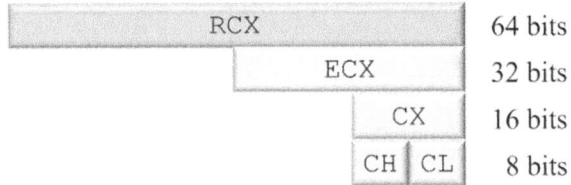

Figura 30.13 Extensión del registro original CX utilizado como contador en la arquitectura x86 de 16 bits hacia el registro ECX en la arquitectura x86 de 32 bits y, posteriormente, hacia el registro RCX de 64 bits en la arquitectura x64. (Adaptada de [led20]).

Con el fin de mantener la compatibilidad con los primeros microprocesadores, los registros de las dos arquitecturas x86 existentes de 16 y de 32 bits siguen estando accesibles en la arquitectura x64 como parte integrante de los registros de 64 bits, manteniendo sus denominaciones originales y sus tamaños ([bre09], [led20]). Es posible, por tanto, acceder a fracciones más pequeñas de los registros más recientes (es decir, los que se identifican con el prefijo R) y alterar su contenido. La tabla 30.1 ilustra esta idea mediante la instrucción ADD aplicada sobre operandos contenidos en registros de 8, 16, 32 y 64 bits.

Tabla 30.1 Actualización del contenido de registros de 8, 16, 32 y 64 bits de la arquitectura x64 tras ejecutar una operación de suma.

Instrucción	Resultado
ADD AL, AH	[AL] ← [AH] + [AL]
ADD DX, CX	[DX] ← [CX] + [DX]
ADD ECX, EBX	[ECX] ← [EBX] + [ECX]
ADD RCX, RBX	[RCX] ← [RBX] + [RCX]

Con la notación empleada, un registro encerrado entre corchetes hace referencia a su contenido. Tal y como indica la primera instrucción de la tabla 30.1, si se escribe en AL (que es la parte baja del registro AX) mediante la instrucción "ADD AL, AH", el resultado de esta operación es la actualización de los 8 bits menos significativos del registro AX con el resultado de la suma de los contenidos de AH y de AL (AH resulta inalterado tras la operación). Como AX es parte integrante de EAX y este a su vez lo es de RAX, la operación modifica el contenido de todos estos registros.

Aplicaciones de los registros de desplazamiento

31.1 **Lógica de interfaz en la transmisión de datos digitales**
31.2 **Desplazamientos y rotaciones de bits**
31.3 **Establecimiento de un retardo en secuencias de bits**
31.4 **Generación de secuencias seudoaleatorias**

El registro de desplazamiento es un circuito de vital importancia que forma parte de numerosos módulos lógicos diseñados para multitud de aplicaciones. La tercera parte del texto dedica varios casos de estudio a este importante dispositivo, estando algunos de ellos relacionados con las aplicaciones seleccionadas para este capítulo. Comenzaremos exponiendo el papel fundamental que desempeña el registro de desplazamiento en determinados sistemas electrónicos, ampliamente utilizados en la transmisión y recepción de datos digitales en las redes de comunicaciones de voz y datos. En la exposición se aprovechará para ampliar la cobertura a la descripción con cierto detalle del funcionamiento de estos sofisticados sistemas, así como de su evolución en las últimas décadas. Tendremos ocasión de comprobar que el registro de desplazamiento, a pesar de su importancia, solo es un elemento más de todos los que integran el sistema completo de comunicaciones. Seguidamente se analizarán algunas variantes estrictamente combinacionales de este tipo de registros, que están especialmente concebidas para realizar desplazamientos y rotaciones de bits a gran velocidad de una forma puramente asíncrona, sin el freno que supone contar con la señal de reloj necesaria en la lógica sincronizada. A continuación comprobaremos la facilidad con la que un registro de desplazamiento es capaz de introducir retardos de una duración muy controlada en secuencias de bits. El capítulo finalizará describiendo dos aplicaciones prácticas que hacen uso de la generación de secuencias de tipo seudoaleatorio obtenidas a partir de circuitos basados en estos registros, como es el caso de los propuestos en el capítulo 19.

31.1 Lógica de interfaz en la transmisión de datos digitales

Una de las aplicaciones más extendidas de los registros de desplazamiento es la conversión del formato de los datos binarios que tiene lugar en el proceso de transmisión y recepción de información digitalizada por un canal de comunicación serie. Como veremos, la funcionalidad de estos versátiles dispositivos síncronos desempeña un papel fundamental en la conversión del formato paralelo a serie realizada en el módulo emisor, y de nuevo en la conversión de serie a paralelo que tiene lugar en el módulo receptor.

Comenzaremos por presentar esta aplicación particularizada al sistema de comunicación de voz utilizado tradicionalmente en la **Red Telefónica Conmutada** (abreviada como RTC)[1], que obedece a un esquema de transmisión diseñado alrededor del sincronismo proporcionado a todos los elementos de la red por un reloj muy preciso de 8 kHz, para continuar con las modificaciones que sobre el sistema de telefonía original se introdujeron posteriormente para lograr simultanear el tráfico de voz tradicional y el tráfico de datos de Internet mediante el **servicio ADSL**[2]. Seguidamente se introducirá una variante posterior de transmisión de voz sobre redes IP[3] denominada **voz sobre IP** y conocida abreviadamente como VoIP[4], que en la actualidad ya cuenta con una amplia cobertura y supone todo un cambio de paradigma en la convergencia de los servicios de comunicaciones multimedia, tanto corporativos como privados, ofertados sobre una red de comunicaciones común.

A pesar de que con toda probabilidad el papel desempeñado por la RTC en la comunicación de voz será, con el paso del tiempo, cada vez más irrelevante a medida que vaya cediendo el testigo a las redes IP, no deja de ser cierto que la digitalización de la señal de voz y su posterior codificación previa a la transmisión seguirá siendo necesariamente el primer eslabón del esquema de transmisión, con independencia de la evolución que experimente la arquitectura de red hacia novedosos estándares caracterizados por un ancho de banda cada vez mayor. Desde este punto de vista resulta muy formativo asimilar algunos conceptos clave sobre la estructura y el funcionamiento de la RTC que siguen plenamente vigentes en las redes actuales de comunicaciones, donde el registro de desplazamiento es un recurso lógico insustituible tanto en el módulo emisor como en el receptor.

La presente sección concluirá exponiendo algunas nociones introductorias sobre los sistemas de transmisión, tanto síncronos como asíncronos, que son típicos de los **puertos de comunicaciones serie** utilizados para el intercambio de datos digitales

---

[1] En el mundo anglosajón el acrónimo empleado es PSTN (*public switched telephone network*) o bien POTS (*plain old telephone service*).
[2] Del inglés *asymmetric digital subscriber line*.
[3] Del inglés *internet protocol*.
[4] Del inglés *voice over internet protocol*.

entre varios dispositivos dotados de la conectividad necesaria, como es el caso de los ordenadores, determinados periféricos y plataformas de control.

31.1.1 El papel del registro de desplazamiento en la codificación de voz

La RTC ha experimentado una evolución permanente desde que Alexander Graham Bell consiguió transmitir voz mediante un cable en 1876. Los teléfonos fijos convencionales se han conectado desde un principio al sistema telefónico mediante un circuito denominado **bucle de abonado**[5], que con una longitud aproximada de entre uno y diez kilómetros se establece desde el domicilio particular donde se ubica el teléfono hasta la **central de acceso** más próxima ([tan11])[6]. Estas centrales tienen capacidad para gestionar hasta 10.000 líneas telefónicas de diferentes abonados, donde cada uno de ellos se identifica mediante un número diferente de cuatro dígitos comprendido entre 0000 y 9999, que se corresponde con las cuatro últimas cifras asignadas al número de teléfono del abonado ([fre16])[7]. Mediante las centrales de acceso se establecen circuitos de conmutación punto a punto entre múltiples parejas de usuarios que mantienen comunicaciones bidireccionales de forma simultánea.

En un bucle de abonado clásico formado por un par trenzado de cobre el teléfono se conecta a la red directamente mediante un conector estándar RJ-11. La señal de voz recorre en formato analógico la distancia que separa el domicilio de la central de acceso correspondiente, donde se encuentra disponible la electrónica necesaria para su digitalización y posterior procesado ([tan11]). El voltaje eficaz de esta señal analógica oscila típicamente entre 1 y 2 voltios ([fre16]).

Una vez alcanzada la central de acceso, la señal de voz experimenta un proceso de digitalización mediante un dispositivo omnipresente en todos los sistemas de comunicación de voz denominado *codec*[8]. La digitalización tiene lugar a lo largo de varias etapas antes de que los datos binarios resultantes se puedan transmitir, en el formato adecuado resultante tras la codificación, por un canal de comunicaciones serie hasta su destino, como muestra el diagrama de bloques conceptual simplificado de la figura 31.1[9]. Como puede verse en el diagrama, el papel del registro de desplazamiento

---

[5] Del inglés *local loop*, o también *subscriber loop*.

[6] La longitud máxima mencionada es aproximada y varía en función del servicio suministrado. Además, el bucle de abonado es más largo en zonas rurales que en núcleos urbanos. La central de acceso se denomina en inglés indistintamente *central office*, *local exchange* o bien *end office*. En Estados Unidos su número asciende a unas 22.000. En España las centrales de acceso se denominan también centrales locales.

[7] Aunque esta asignación ha sido la norma también en España, hay que matizar que no es del todo generalizable, puesto que se han dado casos de instalaciones en las que al menos dos unidades de 10.000 líneas cada una han compartido un mismo edificio. De hecho, la progresiva mejora de las tecnologías digitales de conmutación propició con los años una tendencia a gestionar un número creciente de abonados en una misma central.

[8] *Codec* es la forma abreviada del término *coder-decoder*.

[9] En la práctica existe una etapa adicional de compresión que no se muestra en el diagrama, y que puede ser analógica o digital.

es crucial para convertir la información digitalizada desde un formato paralelo a uno serie en la última etapa del procesado. La RTC, como sucede con tantos otros sistemas de comunicaciones, no se concibe sin la presencia de registros de desplazamiento. A continuación se describe la función de cada una de las etapas.

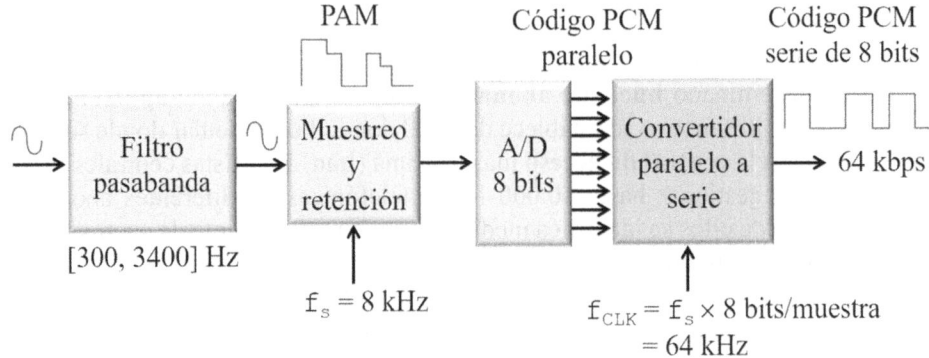

Figura 31.1 Esquema conceptual simplificado de la digitalización y posterior conversión de códigos binarios desde un formato PCM paralelo a uno PCM serie mediante un registro de desplazamiento en un canal de voz de la RTC. (Adaptada de [tom14]).

En primer lugar, el espectro de la señal de voz se acota en el rango comprendido entre 300 Hz y 3400 Hz mediante un filtro pasabanda situado al final del bucle de abonado, en el lado de la central de acceso ([fre16], [sta07], [tan11])[10]. Limitar en banda la señal de los diferentes abonados es conveniente para optimizar el ancho de banda disponible y realmente no supone un problema que afecte seriamente a la comunicación, puesto que el rango de frecuencias indicado garantiza no solo que la conversación resulte inteligible, sino que además permite identificar a los usuarios conectados por su timbre de voz, lo que siempre es deseable. En cualquier caso, y teniendo en cuenta que el contenido armónico del espectro de la voz se extiende por encima de la frecuencia superior de corte del filtro, es innegable que el filtrado introduce cierta degradación en la señal de voz original.

La señal de voz analógica adecuadamente filtrada es sometida seguidamente a un doble proceso de **muestreo** y **retención**. En los instantes de muestreo se toman muestras equiespaciadas de la señal de voz original a la frecuencia de 8 kHz (la

---

[10] Algunas fuentes como [tom14] indican un intervalo de frecuencias más estrecho para el filtrado, situado entre 300 Hz y 3 kHz. Por otro lado, conviene matizar que en el caso de emplear como medio de transmisión en el bucle de abonado el tradicional par trenzado, el propio cable actúa como filtro paso bajo para la señal. En ausencia de carga, este tipo de cable tiene una frecuencia superior de corte de unos 4 kHz, si bien este valor varía considerablemente en función de la longitud del bucle de abonado. Para compensar la excesiva atenuación que sufren las altas frecuencias, especialmente en bucles de abonado largos, se insertan bobinas en serie ([fre16], [tom14]).

inversa de este valor es el período de muestreo, de 125 µs). Este valor de la frecuencia de muestreo, que se representa habitualmente por f_s[11], es algo superior al doble de la máxima componente espectral contenida en la señal de voz filtrada, para satisfacer así el **teorema de Nyquist**. Seguidamente, durante el tiempo de retención, se mantiene constante el voltaje analógico de cada una de las muestras hasta la toma de la siguiente muestra. La forma de onda resultante entregada por el circuito de muestreo y retención[12], que todavía sigue perteneciendo al dominio analógico, se denomina PAM[13] y es fácilmente reconocible por adoptar la forma de una secuencia de pulsos de anchura constante y amplitud variable. Cada pulso de la secuencia, que normalmente es estrecho comparado con el período de muestreo, tiene una amplitud diferente que equivale a la magnitud del voltaje muestreado de la señal de partida.

En una tercera etapa se convierte la señal PAM en una secuencia binaria de 8 bits mediante algún convertidor de señal analógica a digital, o convertidor A/D[14]. Esta conversión da lugar a un código binario en formato PCM[15] paralelo que alimenta las ocho líneas de datos de un registro de desplazamiento con entrada paralelo y salida serie, y que por tanto genera la versión serie del mismo código PCM. El registro de desplazamiento debe estar perfectamente sincronizado con el módulo de muestreo y retención con el fin de que el código PCM serie sea un tren continuo de palabras de 8 bits. En consecuencia, su señal de reloj CLK debe oscilar necesariamente a 64 kHz, que es ocho veces la frecuencia de muestreo f_s. Como en cada ciclo de dicha señal de reloj el registro de desplazamiento entrega un nuevo bit, el régimen binario del código PCM serie resultante es de 64 kbps[16].

El código PCM de 64 kbps es enviado hacia su destino por un canal serie de comunicaciones en el que se establece un circuito dedicado entre los dos abonados. En el receptor se cuenta con otro registro de desplazamiento que lee los datos recibidos en serie del canal y los pasa a formato paralelo, como ilustra el sistema genérico simplificado de transmisión sincronizada de la figura 31.2. En este diagrama, al no ser exclusivo de la RTC, se ha omitido intencionadamente el posible encaminamiento de la voz a través de múltiples centrales de acceso y de tránsito hasta alcanzar su destino.

---

[11] El subíndice s tiene su origen en la denominación original en inglés, *sampling frequency*.

[12] Del inglés *sample-and-hold (S/H) circuit*.

[13] Del inglés *pulse-amplitude modulation*.

[14] Tres de los tipos más comunes son los convertidores A/D de aproximaciones sucesivas, los convertidores de doble rampa y los convertidores flash [ham00]. Existe además un tipo especial de convertidor A/D de un solo bit, denominado **modulador delta**, que se comenzó a utilizar en algunos sistemas pioneros de telefonía digital ([fre08]). Es de interés mencionarlo en el contexto de las aplicaciones, puesto que su principio de funcionamiento para poder seguir las variaciones del voltaje de la forma de onda analógica de entrada al modulador se basa, entre otros elementos, en un contador reversible, que se estudió en el capítulo 14.

[15] Del inglés *pulse-code modulation*.

[16] kbps es la abreviatura de *kilobits per second*, o kilobits por segundo. Otra abreviatura igualmente aceptada para especificar el régimen binario (*bit rate*) de una transmisión es kb/s.

En el capítulo siguiente, donde se trata el papel del multiplexado en la RTC, se ampliará esta cuestión ilustrándola con varios escenarios de comunicación telefónica de diferente complejidad donde intervienen varias de estas centrales.

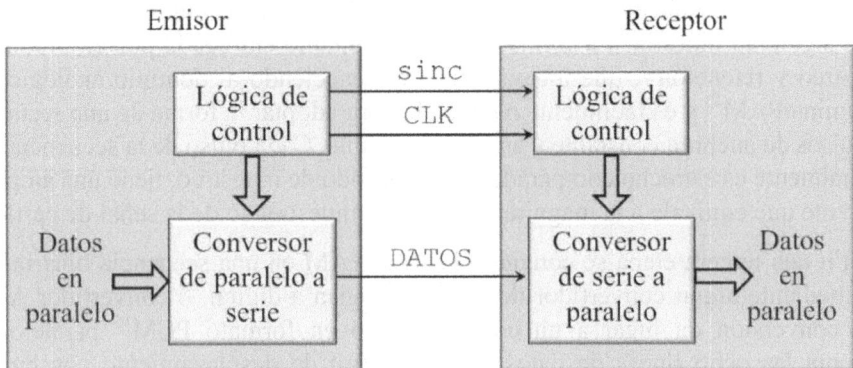

Figura 31.2   Esquema genérico de conversión de datos binarios utilizado para la transmisión serie por el canal DATOS entre un emisor y un receptor, que se encuentra sincronizada mediante un bit de comienzo sinc y una señal de reloj CLK. La conversión está basada en el empleo de un registro de desplazamiento paralelo-serie en el emisor y de otro registro de desplazamiento serie-paralelo en el receptor. (Adaptada de [wak01]).

31.1.2 Tráfico de voz y datos en el bucle de abonado analógico

El esquema de comunicación de voz descrito en el apartado anterior sigue siendo válido en lo fundamental cuando las líneas ADSL se instalaron en los hogares de forma masiva, si bien existen algunas diferencias que conviene apuntar. La tecnología ADSL permite una conexión de banda ancha a Internet mediante el mismo par trenzado del bucle de abonado desplegado inicialmente para su uso exclusivo por la telefonía fija tradicional. El par trenzado de hilos de cobre es compartido como medio de transmisión con la señal de voz gracias a que el tráfico de datos se modula en una banda de frecuencias por encima del ancho de banda de 4 kHz utilizado por la voz mediante un enrutador ADSL[17]. Sin embargo, esto obliga a eliminar el filtro pasabanda ubicado tradicionalmente en la central de acceso, pues de lo contrario su presencia bloquearía el tráfico de datos enviado con un ordenador desde un domicilio particular hacia la red. Dicho filtro es sustituido por un **bifurcador**[18], elemento cuya función es discriminar en la central de acceso el espectro de frecuencias asignado a la voz del espectro correspondiente a los datos, evitando así interferencias entre ambos ([tan11]).

---

[17] La RAE incluye en su diccionario el vocablo "enrutador" empleado aquí, así como la palabra original en inglés *router* y también su castellanización "rúter". Como se ha mencionado, el enrutador desempeña la función adicional de un módem además de repartir el tráfico a los diferentes equipos, por lo que se habla indistintamente de módem ADSL.

[18] El término empleado en inglés es *splitter*.

Precisamente la separación del tráfico de voz y de datos en zonas diferentes del espectro posibilitó simultanear la transmisión de ambos. El esquema de modulación introducido por ADSL, denominado DMT[19], supuso una diferencia significativa con respecto al tráfico de datos de banda estrecha realizado hasta entonces mediante un módem telefónico doméstico, puesto que estos módems pioneros utilizaban la banda de voz e impedían por lo tanto simultanear su uso con una llamada telefónica convencional realizada mediante un teléfono fijo. Con ADSL la voz se transmite en **banda base** (es decir, sin modular) en el rango espectral mencionado, desde continua hasta unos 4 kHz; mientras que los datos se modulan con portadoras equiespaciadas en todo el ancho de banda que es capaz de proporcionar el cable de par trenzado, que se extiende aproximadamente hasta unos 1100 kHz. Como a cada canal de datos se le asigna un ancho de banda de solo 4 kHz, el número total de canales es elevado a pesar de existir cierta separación entre canales adyacentes. Concretamente, con ADSL se asignan 25 canales de tráfico de datos enviados desde un domicilio hacia la red, lo que constituye el denominado **enlace ascendente**, que se ubica en el rango espectral comprendido entre 25,875 kHz y 138,8 kHz. Obsérvese que, aunque la voz se transmite únicamente en la banda que se extiende desde 0 kHz hasta 4 kHz, se reserva un pequeño ancho de banda extra, desde 4 kHz hasta unos 25 kHz, para evitar que en la práctica pueda existir diafonía apreciable entre la voz y los datos[20]. Adicionalmente a los 25 canales ascendentes se gestionan 256 canales de tráfico de datos entrantes a un domicilio desde la red pertenecientes al **enlace descendente**, que ocupan el rango entre 138,8 kHz y 1100 kHz como se representa gráficamente en la figura 31.3.

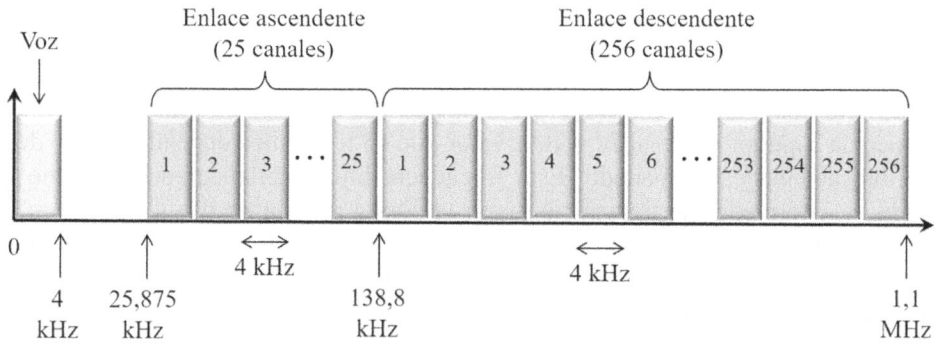

Figura 31.3   Canales de 4 kHz asignados por ADSL tanto para voz como para los enlaces de datos ascendente y descendente. (Adaptada de [fre16]).

---

[19] DMT es el acrónimo de *discrete multitone*. Se trata de un multiplexado en frecuencia de tipo OFDM (*orthogonal frequency division multiplexing*).
[20] El término original en inglés para referirse a la diafonía es *crosstalk*, y hace referencia a la interferencia que se produce entre varios canales de comunicaciones cuando uno de ellos experimenta el acoplamiento de parte de la señal que transmite otro.

Esta disparidad en el número de canales entrantes y salientes tiene su razón de ser en el uso real que se hace de la red, ya que la conexión a servidores para visualizar o descargar contenidos a través de Internet es mucho más frecuente que el envío de datos desde un ordenador hacia la red. Precisamente esta asimetría justifica el origen de la letra A en el nombre de la tecnología ADSL.

El régimen binario de cada canal de datos varía en la práctica, puesto que es función de su relación señal-ruido en el momento de la transmisión. Cada uno de ellos puede transportar datos a una velocidad de hasta 60 kbps. En una situación típica la relación señal-ruido es menor a altas frecuencias, donde el par trenzado sufre una mayor atenuación, y en consecuencia los canales situados en frecuencias más altas transportan un volumen de datos menor. En el inicio de la transmisión la secuencia de bits a transmitir se divide en varias subsecuencias, una por canal (el número total depende de si emplea el enlace ascendente o el descendente, puesto que como ya se ha indicado ambos cuentan con diferente capacidad). La velocidad total de la transmisión se calcula sumando la velocidad de cada canal individual. Las subsecuencias de datos se convierten en señales analógicas que ocupan una banda diferente de frecuencias mediante una modulación QAM[21], estando las bandas adyacentes separadas 4 kHz entre sí (valor que coincide con el ancho de banda de cada canal). La señal DMT a transmitir se genera sin más que sumar las señales QAM. Aunque en un caso ideal el régimen binario de la transmisión en el enlace descendente puede alcanzar un máximo de 15,36 Mbps, cifra que resulta de multiplicar los 256 canales disponibles por la velocidad máxima de 60 kbps por canal, en la práctica es habitual situarse en un rango más modesto comprendido entre 1,5 y 9 Mbps, que depende de la longitud del bucle de abonado y del estado en el que se encuentre. En el enlace ascendente dicho rango oscila entre 16 y 640 kbps ([sta07]).

Antes de continuar conviene hacer una observación. En el apartado anterior se apuntó que los hilos de cobre del par trenzado actúan de filtro paso bajo con una frecuencia superior de corte de 4 kHz, valor que en la práctica depende mucho de la longitud del bucle de abonado. Esta frecuencia limita notablemente el ancho de banda de este medio de transmisión para la comunicación de datos, lo que en un principio parece estar en aparente contradicción con los 1100 kHz disponibles en ADSL. Lo cierto es que tal contradicción no existe, a pesar de que el par trenzado adolece de serias limitaciones en este sentido que no se pueden obviar. La clave para evitar confusiones al respecto consiste en recordar que la frecuencia superior de corte de unos 4 kHz, inherente a la capacidad de transmisión del par de cobre, indica únicamente que la señal original experimenta una atenuación de 3 dB justo a esa frecuencia, pero en ningún caso una incapacidad total para transmitir a frecuencias más altas. Este matiz es relevante, puesto que la tecnología ADSL emplea técnicas de compensación en frecuencia y amplificadores para poder explotar al máximo la zona alta del espectro, que presenta una mayor atenuación de la señal.

---

[21] Del inglés *quadrature amplitude modulation*. QAM combina la modulación en amplitud y la de fase. Para conocer los detalles sobre esta modulación pueden consultarse algunas referencias clásicas sobre comunicaciones como [fre16], [sta07], [tan11] o [tom14].

De hecho, con dichas técnicas es posible compensar la fuerte atenuación de hasta 90 dB que puede sufrir una señal a la frecuencia de 1 MHz en un par trenzado de una longitud de 5,5 km, que es la máxima longitud permitida en el bucle de abonado para disponer de ADSL ([fre16]). El excelente rendimiento de esta tecnología ha permitido a los abonados disfrutar de multitud de servicios de banda ancha sin disponer de fibra óptica en el bucle de abonado, lo que supone un notable mérito de la tecnología que hay que saber reconocer y valorar.

Por otro lado, la necesidad del bifurcador en la central de acceso que posibilita el tráfico de datos en el enlace ascendente de ADSL surge igualmente para el caso de voz y datos transmitidos en sentido contrario; es decir, desde la red hacia el hogar. Con el fin de discriminar el tipo de tráfico entrante se puede recurrir de nuevo a un segundo bifurcador, instalado esta vez en el domicilio del abonado por la compañía telefónica. Sin embargo, y para evitar alterar la infraestructura existente, con frecuencia se emplea la línea telefónica tal cual, y el papel del bifurcador es reemplazado (aunque sacrificando algo las prestaciones del conjunto) por el de sendos filtros independientes, denominados **microfiltros**. Uno de ellos es un filtro paso bajo que elimina las frecuencias por encima de 3400 Hz y deja pasar solo la voz, mientras que el otro es un filtro paso alto que elimina las frecuencias por debajo de 26 kHz y deja pasar solo los datos. En principio, los distintos microfiltros se insertan entre una toma de la línea telefónica y el teléfono fijo, por un lado; y entre una segunda toma de la misma línea y el enrutador ADSL, por otro ([tan11]). Si se dispone de varios teléfonos fijos (que pueden ser inalámbricos), cada uno de ellos irá conectado a una roseta de la toma telefónica mediante su correspondiente microfiltro.

En la práctica, sin embargo, las compañías de telecomunicaciones que comenzaron a ofertar el servicio ADSL de forma masiva cuando esta tecnología se popularizó suministraban con frecuencia no dos, sino un único tipo de filtro (concretamente, de dos a tres filtros paso bajo idénticos para conectar a los teléfonos fijos disponibles). Esto no significa que sea suficiente emplear un solo tipo de filtro para garantizar un servicio de calidad, puesto que la separación de la voz y los datos siempre conviene hacerse con el fin de evitar tanto interferencias como una reducción en el rendimiento del sistema y también diversos problemas de conexión con el servicio. Lo que sucede en realidad es que el propio enrutador ya incorpora internamente las etapas necesarias para filtrar el tráfico de datos ADSL, tanto el saliente por el enlace ascendente como el entrante por el descendente. Las figuras 31.4 y 31.5 son las respectivas fotografías de la interfaz física de un enrutador ADSL, por un lado, y de un microfiltro para conectar un teléfono fijo doméstico a la línea, por otro. Tanto el enrutador como el microfiltro disponen de sendos puertos RJ-11, visibles en ambas figuras, para conectarse a través de las correspondientes rosetas al **punto de terminación de red** (o PTR), donde confluyen la señal telefónica convencional y la de banda ancha. El enrutador cuenta además con cuatro puertos Ethernet.

Figura 31.4   Interfaz física de un enrutador ADSL/ADSL2+, que incorpora un puerto ADSL RJ-11 para conectar a la línea telefónica y cuatro puertos Ethernet RJ-45.

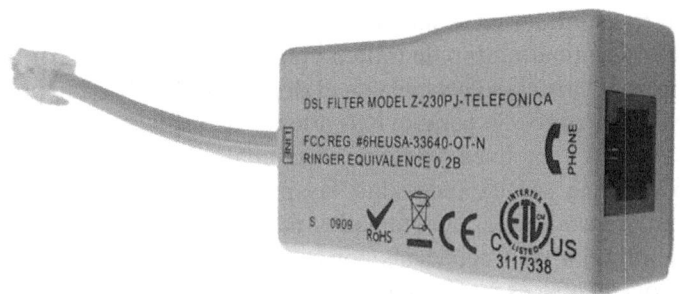

Figura 31.5   Microfiltro para insertar entre un teléfono fijo y una roseta doméstica mediante los puertos RJ-11 disponibles en ambos. Se trata de un filtro paso bajo para dejar pasar solo la señal de voz en una instalación ADSL.

Los enrutadores ADSL han experimentado una constante evolución, siempre orientada a ampliar y mejorar el servicio suministrado. Algunos de los modelos más evolucionados cuentan con tomas adicionales RJ-11 incorporadas especialmente para la conexión de teléfonos fijos, ofreciendo así un servicio de voz mediante VoIP sin necesidad de sustituir los terminales convencionales por nuevos teléfonos IP. Aunque al menos algunos de estos enrutadores ya fueron diseñados para trabajar con fibra óptica, en realidad mantienen la compatibilidad con variantes mejoradas de ADSL, como es el caso de ADSL2+. Estos equipos son un claro ejemplo de adaptación de la tecnología para dar servicio al mayor número posible de usuarios en el inevitablemente largo período de transición que acabará por desterrar definitivamente el bucle de abonado con par trenzado para sustituirlo en su totalidad por enlaces de fibra óptica.

La telefonía IP es una tecnología que, a diferencia del enfoque clásico adoptado en la RTC, basado en la conmutación de circuitos, utiliza en su lugar la conmutación de paquetes de datos. Esto significa que con VoIP no se establece un enlace permanente entre el emisor y el receptor durante todo el tiempo que dura la comunicación, sino que por el contrario la información viaja por Internet encapsulada en paquetes siguiendo los protocolos TCP/IP[22] a través de numerosos servidores y enrutadores. Cada uno de estos paquetes contiene varias muestras de voz digitalizada y comprimida que ni siquiera siguen necesariamente la misma ruta

---

[22] Del inglés *transmision control protocol/internet protocol*.

hasta llegar a su destino, y tampoco tienen por qué llegar en orden. En consecuencia, el receptor debe reorganizar los paquetes, descomprimir su información con un procesador DSP y convertirla posteriormente a formato analógico para escuchar la voz original, todo ello en tiempo real ([fre16]). Uno de los retos que ha tenido que afrontar la tecnología VoIP desde sus orígenes es, por lo tanto, satisfacer los requerimientos de continuidad que exige una conversación telefónica, puesto que si los paquetes no llegan a tiempo al receptor debido a problemas de congestión en la red, el usuario percibirá esta incidencia en forma de molestos cortes intermitentes durante la comunicación.

En la telefonía IP el proceso de digitalización y posterior codificación de la señal de voz tiene lugar en diferentes elementos de la instalación doméstica en función de la infraestructura disponible, que puede llegar a ser muy variada. Dicho proceso puede realizarse en un teléfono IP; en un PC que ejecute algún tipo de aplicación para comunicarse mediante VoIP; en un adaptador ATA[23], que permite conectar teléfonos convencionales al enrutador ADSL; o incluso directamente en el propio enrutador, suponiendo que este se encuentre dotado de algún puerto RJ-11 al que poder conectar un teléfono fijo. Dependiendo del *codec* utilizado, que con telefonía IP se puede elegir, la transmisión requerirá un ancho de banda distinto; desde los 64 kbps del estándar de codificación PCM ya conocido de la telefonía convencional y recogido en la norma G.711 de la ITU-T[24] hasta los 5,3 kbps de la norma G.723.1, pasando por varios métodos de compresión con velocidades intermedias ([dav01]).

En resumen, ADSL es una tecnología que garantiza la coexistencia del tráfico simultáneo de voz y datos en el bucle de abonado tradicional de par trenzado, que fue concebido en sus orígenes para proporcionar únicamente el servicio de telefonía convencional empleando exclusivamente teléfonos fijos. Por lo que respecta a la señal de voz generada con uno de estos teléfonos, su digitalización y posterior codificación PCM tiene lugar en el *codec* ubicado en la central de acceso siempre y cuando el teléfono se conecte directamente a la línea telefónica a través de un microfiltro, que fue la única alternativa viable al principio. Como se ha mencionado, con el tiempo fue cada vez más frecuente optar por servicios de telefonía IP suministrados sobre una línea ADSL o bien alguna de sus variantes, que propor-cionaban un soporte alternativo a la transmisión bidireccional de voz compartiendo para ello el ancho de banda asignado a los datos. A pesar de que la transmisión de voz mediante VoIP consume una fracción del ancho de banda disponible en un principio solo para los datos, en la práctica la merma sufrida apenas es apreciable y, en consecuencia, se puede afirmar que la telefonía IP ha contado con una amplia aceptación por parte de los usuarios desde su implantación.

---

[23] Del inglés *analog terminal adapter*.

[24] La UIT-T es una organización de la Unión Internacional de Telecomunicaciones (UIT) involucrada en la normalización de las telecomunicaciones en todo el mundo. La denomina-ción original en inglés es ITU-T.

31.1.3 Revolución en el bucle de abonado: llega la fibra óptica

Tradicionalmente el bucle de abonado ha estado constituido por un cable de par trenzado formado por dos hilos de cobre. Aunque el par trenzado aún sigue vigente en la actualidad en bastantes domicilios, la realidad es que su pesada y voluminosa infraestructura, formada por largos conductores de cobre, está siendo sustituida paulatinamente en multitud de países por enlaces de fibra óptica que cuentan con innumerables ventajas, entre las que destacan las siguientes: son mucho más ligeros y delgados; transmiten un ancho de banda notablemente mayor; experimentan una menor atenuación; son inmunes a sufrir interferencias eléctricas, a la vez que no son fuente de las mismas (ya que no emiten radiación); y tampoco presentan riesgo alguno de electrocución para el usuario, puesto que la señal transmitida es de naturaleza óptica ([fre16]).

El despliegue de fibra óptica desde las centrales de acceso hasta los hogares ha dado lugar a una avanzada tecnología de red que abarca el ámbito metropolitano, denominada FTTH o bien PON ([fre16], [sen09], [tan11])[25], y que ha transformado el bucle de abonado analógico en un enlace digital. Como el resto de los enlaces de comunicación existentes entre las centrales de acceso y de tránsito son en su mayoría de fibra óptica desde hace ya algún tiempo, resulta que la totalidad de la transmisión, ya sea esta de audio, datos o vídeo, es puramente digital cuando se cuenta con redes de acceso FTTH. Su despliegue no comenzó en Estados Unidos hasta 2005, aunque la tecnología ya estaba disponible antes ([tan11]). En España comenzó a instalarse también en el mismo año y desde entonces la cobertura por fibra óptica hasta el hogar es cada vez más extensa, tanto en grandes ciudades como en pequeños municipios.

Independientemente de si el bucle de abonado en un domicilio particular ya ha efectuado la migración a la fibra óptica o cuenta todavía con un par trenzado de hilos de cobre, la señal de voz debe digitalizarse necesariamente como paso previo antes de proceder a su transmisión. La diferencia entre ambos escenarios, por lo que respecta al proceso de digitalización y codificación, es que si se dispone de un enlace de fibra óptica desde el domicilio hasta la central de acceso, dicho proceso ya no tiene lugar en dicha central en ningún caso, sino que se produce siempre en el propio domicilio del usuario, ya sea en un PC, en un teléfono IP o bien en el propio enrutador en caso de utilizar un teléfono fijo convencional conectado a este mediante un conector RJ-11.

La topología de una red de acceso sobre fibra óptica incorpora elementos que multiplexan o demultiplexan el tráfico en la red en función de si dicho tráfico es enviado o recibido por los usuarios y es, por lo tanto, más sofisticada que la topología del bucle de abonado tradicional con hilo de cobre formada por un circuito independiente para cada abonado hasta la central de acceso. En el siguiente capítulo se abordará la descripción de dicha topología en el contexto de las aplicaciones del multiplexado.

---

[25] FTTH y PON son los respectivos acrónimos de *fiber to the home* y *passive optical network*.

31.1.4 Transmisión serie síncrona

Aunque las particularidades del esquema concreto adoptado para la transmisión de datos digitales por un canal de comunicación serie varían dependiendo de cada aplicación, lo cierto es que el registro de desplazamiento es un elemento que con frecuencia se encuentra presente en cualquiera de estos sistemas, tanto en el lado del emisor como en el del receptor. De hecho, y como ya se apuntó en el apartado 31.1.1, el esquema de conversión basado en registros de desplazamiento de la figura 31.2 no es en absoluto exclusivo de la RTC. Dejando al margen las cuestiones que afectan a la naturaleza del sincronismo empleado en la transmisión, un esquema de conversión análogo al mostrado en el módulo receptor de dicha figura se emplea también en los puertos serie de los computadores, cuando estos reciben cadenas de bits mediante algún protocolo de transmisión de datos en formato serie, como por ejemplo RS-232, USB[26], Ethernet o Firewire ([ber05]). Estas cadenas de bits, una vez recibidas, son convertidas inmediatamente al formato paralelo mediante el necesario registro de desplazamiento, que permite el volcado simultáneo de todo su contenido en el bus correspondiente del computador para su posterior transferencia y procesado.

Como se aprecia en el esquema de transmisión de la figura 31.2, resulta fundamental disponer de circuitos de control que garanticen la sincronización en la **transmisión serie síncrona** de los datos digitales que se envían desde el módulo emisor hacia el receptor. En un sistema de comunicación sencillo formado por solo dos módulos como el mostrado en la mencionada figura, la señal de reloj que proporciona la referencia de temporización se genera en el módulo emisor. Por el contrario, en un sistema más complejo constituido por numerosos módulos, como es el caso de la RTC, un circuito de reloj único genera en un determinado lugar una señal muy precisa de 8 kHz que se distribuye a todos los módulos de la red telefónica a lo largo y ancho del país. En el caso de Estados Unidos, dicho reloj se ubica en St. Louis ([wak01])[27].

La señal de reloj CLK presente en el mencionado esquema sincroniza en su flanco descendente el envío de cada bit de información de forma individual, mientras que el bit de sincronismo sinc es un breve pulso negativo que proporciona la referencia necesaria para identificar el comienzo de una transmisión por el canal serie DATOS. Este concepto se ilustra gráficamente en la figura 31.6 mediante la transmisión del código de 8 bits 11010100[28]. Obsérvese que en primer lugar se

---

[26] Del inglés *universal serial bus*.

[27] En conexiones internacionales los relojes de las centrales son independientes y sus fluctuaciones se mantienen dentro de un margen.

[28] Hay que entender que esta idea es solo un esquema conceptual y no un estándar, ya que en realidad los protocolos de comunicación no son únicos y además suelen ser configurables. Por ejemplo, un protocolo concreto puede contar con dos caracteres de 8 bits, transmitidos uno a continuación del otro para señalizar el comienzo de la comunicación, en lugar del sencillo pulso mostrado en la figura 31.6 ([fre16]). En otros casos el formato de la trama síncrona contiene al principio un único delimitador de 8 bits seguido de campos de control, repitiéndose este esquema al final de la trama ([sta07]).

transmite el bit menos significativo, b0, y a continuación el resto de bits hasta terminar con el bit más significativo, b7.

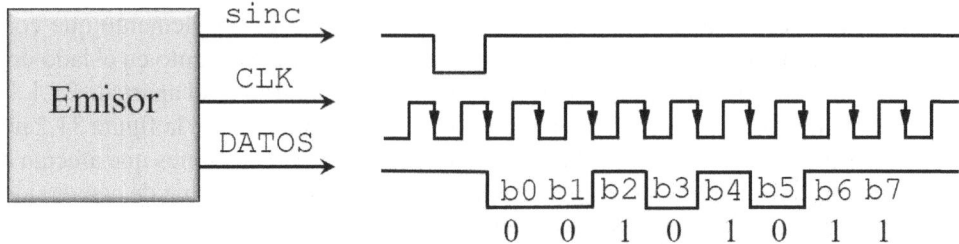

Figura 31.6   Transmisión síncrona de la cadena de 8 bits 11010100 realizada desde un puerto serie. La comunicación se inicia con el pulso de sincronismo sinc, que utiliza una línea independiente. (Adaptada de [zul08]).

Lo habitual, sin embargo, es que la transmisión no conste de un único byte. Si deben transmitirse otros bytes a continuación, estos se añaden después del primero de forma secuencial, sin separación entre ellos, formando así una trama que puede contener centenares o incluso miles de bytes. La transmisión finaliza con el envío de un carácter especial que es reconocible por el circuito receptor como tal.

Por otra parte, el pulso de sincronismo sinc puede estar incluido en los propios datos a transmitir, para evitar así la necesidad de disponer de una línea extra dedicada a la sincronización. Suponiendo que la línea DATOS en reposo es un 1 lógico, la presencia de un 0 durante un ciclo de reloj en dicha línea es identificada por el sistema de forma inequívoca como el bit sinc que inicia la transmisión, tal y como ilustra la figura 31.7.

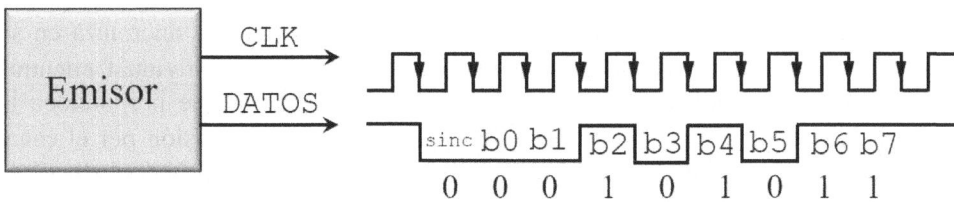

Figura 31.7   Transmisión síncrona de la cadena de bits 11010100 realizada desde un puerto serie. La comunicación se inicia con el bit de sincronismo sinc incluido en la propia línea DATOS. (Adaptada de [zul08]).

En los dos ejemplos anteriores la señal de reloj disponible en el emisor se transmite hasta el receptor por una línea independiente. Es frecuente prescindir de esta línea en determinados sistemas de comunicación sin renunciar al sincronismo, reduciendo así la infraestructura necesaria. La forma de conseguirlo es trasmitir la propia señal de reloj junto con los datos, empleando algún tipo de codificación de línea que permita recuperar el reloj con facilidad en el módulo receptor.

Las alternativas aquí son diversas y la mejor opción depende de la aplicación concreta, siendo típica del Ethernet clásico la denominada **codificación Manchester** ([tan11]). En esta codificación de línea, que se especifica en la norma IEEE[29] 802.3 para cable coaxial y par trenzado empleado las redes LAN[30] Ethernet ([sta07], [tom14]), un bit a 1 se transmite como un pulso positivo durante la primera mitad del tiempo de bit y como un pulso negativo durante la segunda mitad, mientras que un bit a 0 se codifica al revés; es decir, se transmite como un pulso negativo durante la primera mitad del tiempo de bit y como uno positivo en la segunda ([fre16]). La recuperación de la señal de reloj es muy robusta con esta técnica debido a que se fuerza una transición en el centro de cada bit. El precio a pagar por eliminar la línea extra dedicada a transmitir la señal de reloj es tener que duplicar el ancho de banda necesario en la línea de datos, puesto que la frecuencia de la señal con codificación Manchester es el doble que el de la señal de datos original ([fre16], [sta07], [tan11]).

31.1.5 Transmisión serie asíncrona

En las comunicaciones digitales existe un esquema de transmisión alternativo al mostrado en las figuras 31.2, 31.6 y 31.7 que cuenta con la importante ventaja de que no necesita transmitir la señal de reloj (ni siquiera en la propia línea de datos, como en la codificación Manchester), razón por la que se denomina **transmisión serie asíncrona**. Se caracteriza por la existencia de una señal de reloj de la misma frecuencia generada en sendos osciladores internos en los módulos transmisor y receptor. Los dos osciladores se sincronizan mediante un bit de comienzo, cuyo flanco descendente indica que se va a iniciar la transmisión de un carácter. A diferencia de la transmisión síncrona, en la asíncrona cada carácter a transmitir se trata de forma independiente y va acompañado necesariamente del mencionado bit de comienzo a 0 y también de otro bit adicional de parada a 1. Ambos bits delimitadores poseen la misma duración que el resto de bits con los que se codifica el carácter. Cuando no se transmite información, la línea DATOS se mantiene en un 1 lógico.

En la práctica el protocolo de transmisión es configurable y por lo tanto resulta ser algo más complejo del esquema que se acaba de describir. En la transmisión serie asíncrona el número de bits a transmitir es variable, pudiendo ser de 6, 7 u 8 bits, y a continuación se puede incluir opcionalmente un bit de paridad. Además, el fin de la transmisión no se señaliza necesariamente mediante un único bit de parada, ya que se admiten hasta dos de ellos. Por otro lado, el régimen binario de la transmisión, expresado en bps (bits por segundo), no es fijo, sino que se puede seleccionar entre un rango bastante amplio ([sta07], [zul08]).

Aunque es una técnica muy robusta y frecuentemente empleada en las transmisiones a baja velocidad entre 1,2 kbps y 56 kbps ([fre16]), presenta el inconveniente de que los dos bits adicionales de comienzo y de parada por carácter ralentizan

---

[29] Del inglés *Institute of Electrical and Electronics Engineers.*
[30] Del inglés *local area network.*

considerablemente la comunicación. En contrapartida, la ventaja de la transmisión individual de caracteres es que son tolerables desviaciones en frecuencia relativamente grandes entre los osciladores del emisor y del receptor sin cometer errores de transmisión. Por ejemplo, si se transmiten bloques de 8 bits, incluyendo el bit de paridad, y el reloj del receptor es un 5 % más lento o bien más rápido que el reloj del emisor, el muestreo del último bit acumulará un desfase del 45 %, lo que es perfectamente aceptable ([sta07]).

La figura 31.8 ilustra este esquema asíncrono para la transmisión del código ASCII de 7 bits correspondiente a la letra U, que es el 1010101. Como puede verse, para garantizar el sincronismo se transmiten un total de 9 bits en este esquema simplificado, que cuenta con un bit de comienzo, un bit de parada y carece de bit de paridad. Cuatro referencias que describen la transmisión serie asíncrona son [fre16], [sta07], [tom14] y [zul08].

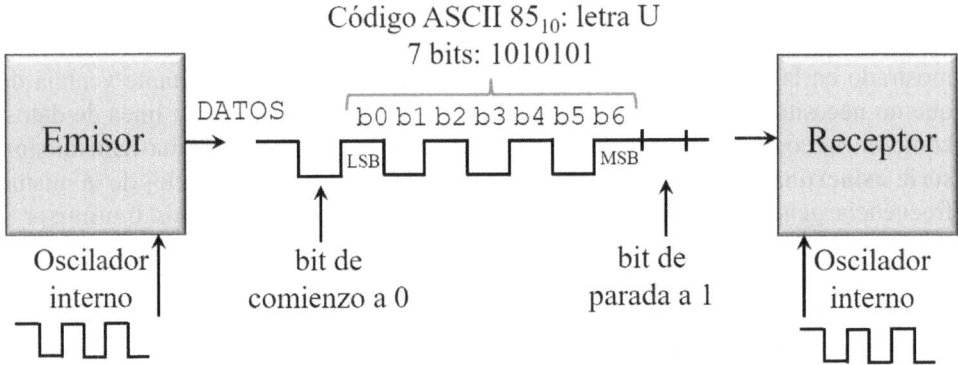

Figura 31.8   Transmisión serie asíncrona del código ASCII de 7 bits correspondiente a la letra U. Los bits de comienzo y de parada son necesarios para identificar el comienzo y final de la transmisión. (Adaptada de [fre16] y [zul08]).

31.2 Desplazamientos y rotaciones de bits

El desplazamiento de los bits almacenados en un registro favorece la realización de ciertas operaciones aritméticas y lógicas en determinados sistemas digitales, como es el caso de los procesadores. En efecto, se pueden multiplicar y dividir números binarios por potencias de dos sin más que desplazar una serie de posiciones todos los bits del registro de desplazamiento donde están almacenados, bien hacia la derecha para realizar una división o hacia la izquierda para el caso de una multiplicación ([int79]).

Vamos a ilustrar esta idea con un ejemplo sencillo. Si todo el contenido de una palabra digital **X** de N bits almacenada en un registro de desplazamiento se desplaza una única posición hacia la izquierda (introduciendo un 0 en el espacio del LSB), el resultado es el producto 2**X**. Por ejemplo, si **X** es el código de 4 bits 0011 almacenado en un registro, un desplazamiento a la izquierda transforma su contenido en 0110.

El mismo desplazamiento de **X**, realizado esta vez hacia la derecha, da como resultado la división por dos de su valor inicial. Si el desplazamiento no se limita a una única posición, sino a varias, el contenido de partida se verá multiplicado o dividido por un factor 2^M, donde M es el número de posiciones desplazadas, bien en un sentido o en otro.

Estas manipulaciones pueden realizarse fácilmente mediante un registro de desplazamiento, realizando en primer lugar la carga del registro con un patrón de bits determinado y desplazando a continuación todos los bits del registro una posición en cada ciclo de reloj. El inconveniente es que el resultado de la operación se demorará tantos ciclos de reloj como desplazamientos se requieran ([tie12]). Una alternativa al uso de un registro de desplazamiento convencional sincronizado con el reloj consiste en emplear un circuito lógico combinacional especialmente concebido para realizar de forma asíncrona tantos desplazamientos como sean necesarios, empleando para ello un único ciclo de reloj ([int87]). Este registro de desplazamiento de naturaleza combinacional recibe el nombre de **desplazador circular**[31], y a efectos prácticos es un sustituto de alta velocidad de un registro de desplazamiento estándar ([hay96]). Muchos procesadores incorporan en su estructura interna un desplazador de este tipo para ejecutar eficientemente el grupo de instrucciones en ensamblador que están relacionadas con los desplazamientos y las rotaciones de cadenas de bits. Sin embargo, el desplazador circular solo es apropiado para desplazamientos de pequeño tamaño. Para desplazamientos grandes es preferible optar por un diseño diferente denominado **desplazador logarítmico**, tanto por lo que respecta al área sobre el silicio requerida para la implementación como a la velocidad de respuesta ([rab04]).

31.2.1 El desplazador combinacional básico

El desplazador circular puede considerarse una generalización del **desplazador combinacional básico**[32], que en el caso más general es capaz de efectuar desplazamientos bidireccionales de palabras de N bits (es decir, tanto a la derecha como a la izquierda), aunque limitados siempre a un único bit. Estos circuitos se pueden construir con multiplexores, como ilustra el desplazador básico de 4 bits mostrado

---

[31] Del inglés *barrel shifter*. La traducción "desplazador circular", que difiere de la traducción literal "desplazador de barril", empleada con frecuencia, es sugerida en [man15]. A modo de curiosidad vale la pena mencionar que en alemán la traducción de *barrel shifter* no es la literal, empleándose en su lugar indistintamente los términos "registro de desplazamiento asíncrono" (*asynchrone Schieberegister*), o bien "registro de desplazamiento combinacional" (*kombinatorische Schieberegister*) ([tie12]). Lo interesante es que ambos vocablos revelan inequívocamente que la funcionalidad del desplazador circular tiene su origen precisamente en el registro de desplazamiento.

[32] Del inglés *simple shifter* ([erc85]). Otra acepción es "desplazador combinacional", término empleado para traducir tanto el original *combinational shifter* como su equivalente *arithmetic shifter* ([man15]). También se utiliza el término *shifter circuit*, sin añadir calificativo alguno ([bro09]).

en la figura 31.9, implementado mediante un único CI 74157. Este dispositivo, que ya se introdujo en el capítulo 8 y ha sido utilizado en un diseño en el capítulo 29, integra en su estructura un multiplexor de solo dos entradas de datos de 4 bits cada una, **A** y **B**. Dichas entradas son seleccionables mediante un único bit de selección denominado $\overline{AB}$, que es controlado mediante la señal externa S. Por lo tanto, si S es 0 se seleccionan las cuatro líneas 1A-4A; mientras que si S es 1 las líneas seleccionadas son 1B-4B. Las líneas de **B** se han cableado para realizar desplazamientos a la derecha de los 4 bits de la palabra de entrada **E**. El chip dispone además de una entrada adicional activa a nivel bajo, $\overline{G}$, que permite su habilitación.

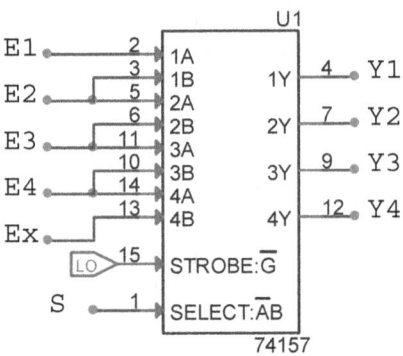

Figura 31.9 Implementación de un desplazador combinacional básico de palabras de 4 bits empleando el multiplexor de dos entradas de datos de 4 bits 74157.

Como indica la tabla de verdad de este desplazador combinacional mostrada en la tabla 31.1, los 4 bits de la palabra de entrada **E** pasan inalterados a la salida (es decir, no existe desplazamiento alguno) cuando S es 0. Si S es 1 se produce un desplazamiento a la derecha de un bit como consecuencia del conexionado realizado en tres de las cuatro entradas de datos **B** del 74157, de forma que en este caso el bit E1 se pierde y el lugar que ocupaba E4 pasa a ser sustituido por Ex.

Tabla 31.1 Tabla de verdad del desplazador combinacional básico de la figura 31.9. Se muestra sombreado el desplazamiento a la derecha de un bit.

S	Y4	Y3	Y2	Y1
0	E4	E3	E2	E1
1	Ex	E4	E3	E2

El cronograma de la figura 31.10 verifica su correcto funcionamiento mediante un ejemplo en el que (E4, E3, E2, E1) = (1,0,1,0) y Ex = 0 para los dos valores lógicos que puede adoptar S.

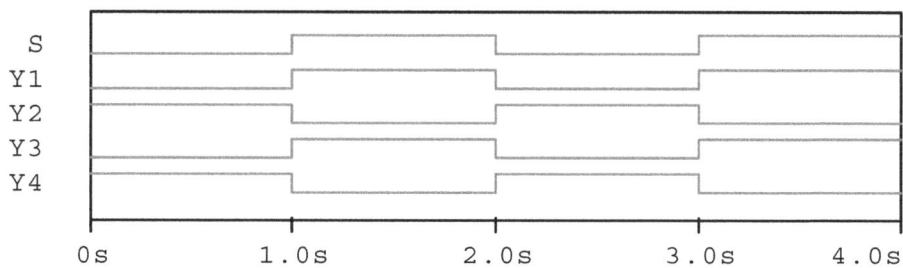

Figura 31.10   Respuesta del desplazador combinacional de la figura 31.9.

Dos opciones más para implementar el multiplexado, que como se ha visto es la funcionalidad que caracteriza a los circuitos desplazadores, consisten en recurrir a puertas lógicas, por un lado, y a transistores, por otro. Ejemplos de ello para sendos desplazadores genéricos de N bits se muestran en [erc85].

31.2.2 Desplazadores circulares

Un desplazador circular, por su parte, tiene N entradas de datos, N salidas de datos y varias entradas de control que permiten especificar lo siguiente ([wak18]):

- El sentido del desplazamiento (a la derecha o a la izquierda).
- El tipo de desplazamiento (aritmético, lógico o circular).
- El número de bits desplazados, normalmente entre 0 y N-1 pero en ocasiones entre 1 y N.

La figura 31.11 es un ejemplo de desplazador circular con N = 4, implementado mediante la combinación de los cuatro multiplexores de cuatro entradas de datos disponibles en dos CI 74153. Sus entradas de control S1 y S0 permiten dejar inalterados los 4 bits de la palabra de entrada E o bien realizar desplazamientos a la izquierda de 1, 2 y hasta 3 bits de forma simultánea, según refleja la tabla 31.2.

Tabla 31.2   Tabla de verdad del desplazador circular de la figura 31.11. Se muestran sombreados los desplazamientos a la izquierda de 1, 2 y 3 bits.

S1	S0	Z4	Z3	Z2	Z1
0	0	E4	E3	E2	E1
0	1	E3	E2	E1	Ex
1	0	E2	E1	Ex	Ey
1	1	E1	Ex	Ey	Ez

El desplazador circular de la figura 31.11, al igual que sucede con el desplazador combinacional básico, pierde bits de la palabra digital original **E**, desde uno hasta tres de ellos dependiendo de la magnitud del desplazamiento a la izquierda, condicionado por los valores de las entradas de selección S1 y S0. Los bits que se pierden en cada caso son reemplazados bien por la entrada Ex, por la pareja de entradas (Ex, Ey) o por la terna (Ex, Ey, Ez), como demuestran los dos ejemplos siguientes, en los que se ponen a prueba las cuatro combinaciones posibles de S1 y S0.

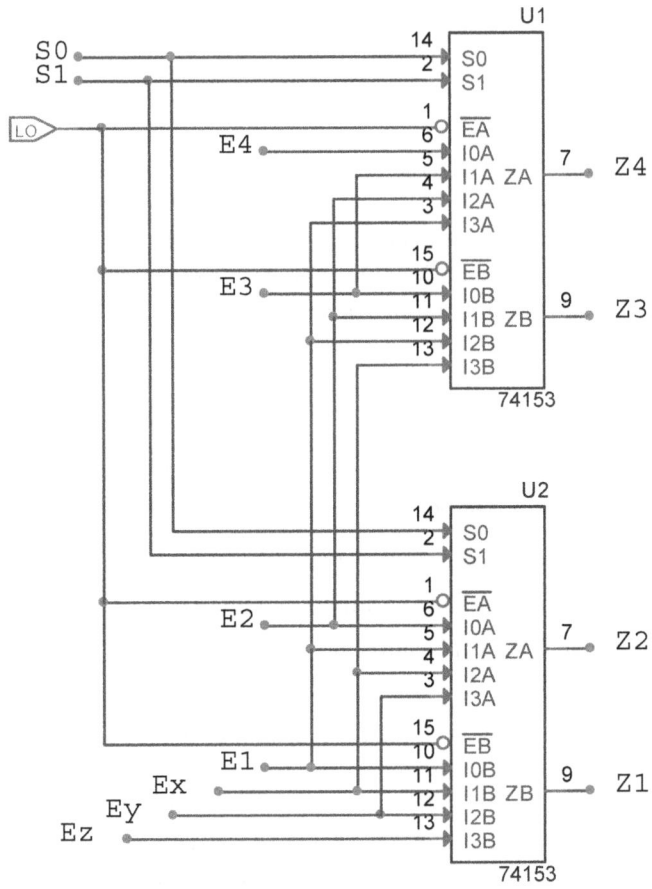

Figura 31.11 Implementación de un desplazador circular de palabras **E** de 4 bits empleando los cuatro multiplexores de cuatro entradas de datos cada uno disponibles en dos CI 74153. El circuito está diseñado para realizar desplazamientos simultáneos a la izquierda sobre los bits de entrada de hasta 3 bits. (Adaptada de [tie12]).

En el primero de los ejemplos los 4 bits de la palabra digital **E** vienen dados por (E4, E3, E2, E1) = (1,0,1,0); mientras que Ex = Ey = Ez = 0. En el segundo ejemplo se mantiene el mismo valor de **E**, siendo esta vez Ex = Ey = Ez = 1. Los cronogramas correspondientes se muestran en las figuras 31.12 y 31.13.

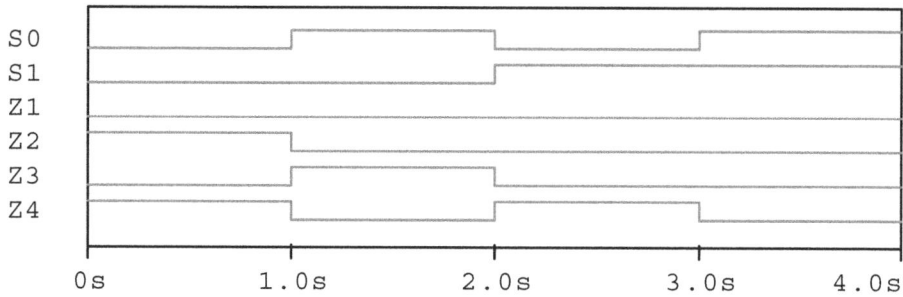

Figura 31.12   Respuesta del desplazador circular de la figura 31.11 ante la siguiente combinación
de bits de entrada: (E4, E3, E2, E1) = (1,0,1,0); Ex = Ey = Ez = 0.

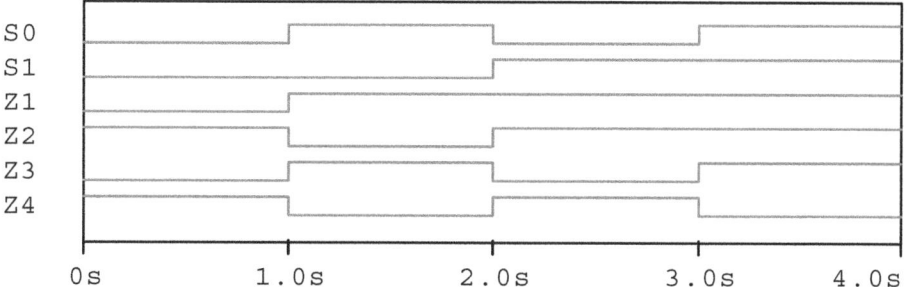

Figura 31.13   Respuesta del desplazador circular de la figura 31.11 ante la siguiente combinación
de bits de entrada: (E4, E3, E2, E1) = (1,0,1,0); Ex = Ey = Ez = 1.

Si lo que se desea es realizar desplazamientos a la derecha en lugar de a la izquierda, basta con adaptar el conexionado de las entradas de datos de los cuatro multiplexores del desplazador circular de la figura 31.11 sin necesidad de emplear lógica adicional.

Con frecuencia, sin embargo, el diseño de un desplazador circular lo que requiere es simplemente efectuar rotaciones de los bits de partida, bien a la derecha o bien a la izquierda. En este caso no tiene lugar pérdida alguna de bits y además no se necesitan las entradas adicionales (Ex, Ey, Ez) para incorporar bits extra, puesto que al tratarse solo de una rotación de los bits existentes dichas entradas no son necesarias. De nuevo, es suficiente con recablear adecuadamente las entradas de datos de los multiplexores del desplazador de la figura 31.11 para obtener la rotación deseada sin añadir lógica extra, como muestra el desplazador circular de la figura 31.14, que ha sido diseñado para realizar rotaciones a la derecha.

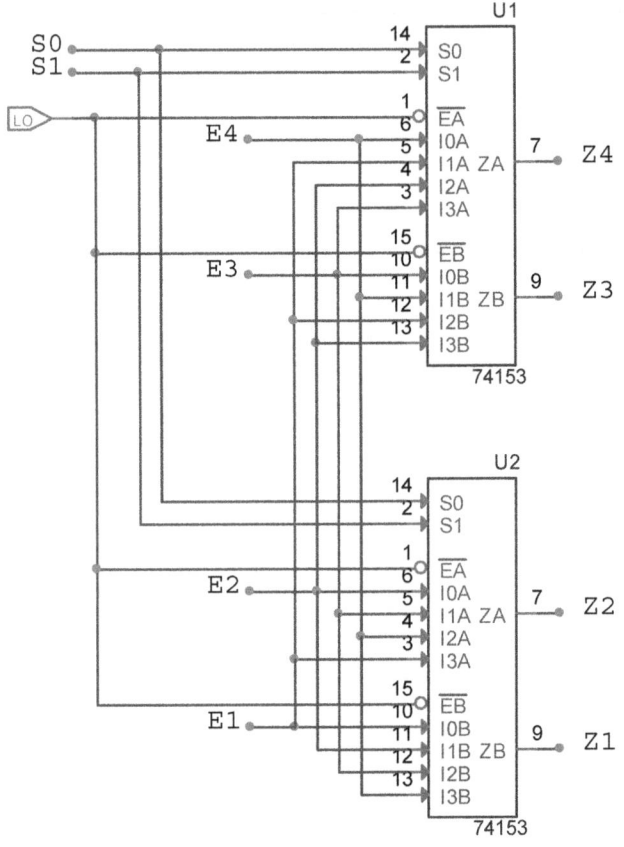

Figura 31.14   Implementación de un desplazador circular de palabras **E** de 4 bits empleando los cuatro multiplexores de cuatro entradas de datos cada uno disponibles en dos CI 74153. El circuito está diseñado para realizar rotaciones a la derecha de hasta 3 bits sobre los bits de entrada. (Adaptada de [bro09]).

Sus dos entradas de selección S1 y S0 permiten dejar inalterados los 4 bits de la palabra de entrada **E** o bien realizar rotaciones a la derecha de 1, 2 y hasta 3 bits de forma simultánea, como indica la tabla 31.3 para las cuatro combinaciones posibles de S1 y S0. El cronograma de la figura 31.15 prueba que el funcionamiento del desplazador se ajusta a la tabla de verdad en todos los casos.

Tabla 31.3   Tabla de verdad del desplazador circular de la figura 31.14. Se muestran sombreadas las rotaciones a la derecha de 1, 2 y 3 bits.

S1	S0	Z4	Z3	Z2	Z1
0	0	E4	E3	E2	E1
0	1	E1	E4	E3	E2
1	0	E2	E1	E4	E3
1	1	E3	E2	E1	E4

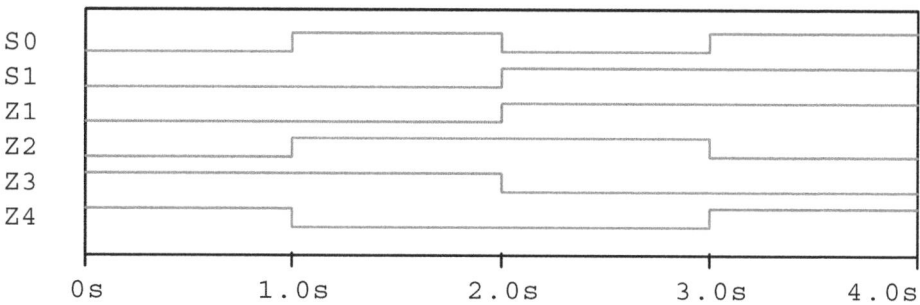

Figura 31.15 Respuesta del desplazador circular de la figura 31.14 ante la combinación de bits de entrada (E4, E3, E2, E1) = (1,1,0,0).

Una implementación alternativa de un desplazador circular diseñado a partir de una matriz de transistores 4×4 en lugar de módulos multiplexores se describe en [rab04]. Con este enfoque el número de filas de la matriz coincide con la longitud de la palabra de entrada de datos y el número de columnas con la anchura máxima del desplazamiento. Sin embargo, es necesario añadir una etapa decodificadora si sucede que la información correspondiente al desplazamiento se suministra codificada de forma compacta mediante 2 bits, como en los diseños lógicos de las figuras 31.11 y 31.14. Esta forma de proceder es además la habitual cuando la magnitud del desplazamiento viene especificada por un procesador.

Otras referencias proponen desplazadores circulares de más de 4 bits. Una versión con 8 bits diseñada a partir del conexionado entre tres etapas, formada por ocho módulos multiplexores por etapa y dos entradas de datos por multiplexor, se muestra en [erc85] y [gaj97]. Por otro lado, en [wak07] se analizan en profundidad cuatro variantes de un desplazador circular de 16 bits, diseñados todos ellos a partir de la combinación de varios circuitos multiplexores idénticos y de algunas puertas lógicas adicionales. Concretamente, se recurre a los multiplexores 74x151, 74x251, 74x153 y 74x157 para cada uno de los diseños propuestos.

31.2.3 Instrucciones de desplazamiento en ensamblador

Con el objetivo de destacar la relevancia que tienen las instrucciones de desplazamiento y de rotación en la programación de sistemas digitales, conviene apuntar que estas forman parte tanto del repertorio de instrucciones que tienen muchos procesadores para programar en lenguaje ensamblador, como del conjunto de operadores de desplazamiento definidos en los lenguajes de descripción *hardware* que son utilizados en el diseño lógico basado en circuitos digitales configurables.

A efectos ilustrativos se enumeran a continuación las instrucciones de desplazamiento tanto de tipo aritmético como lógico empleadas en las tres populares familias de procesadores x86, 68K y ARM; así como en el lenguaje VHDL[33]. En el caso del juego de instrucciones de los microprocesadores 8088/86 y sus sucesores utilizados en ordenadores personales, fabricados por Intel y AMD[34], dichas instrucciones son las siguientes:

- SAL (desplazamiento aritmético a la izquierda)
- SHL (desplazamiento lógico a la izquierda)
- SAR (desplazamiento aritmético a la derecha)
- SHR (desplazamiento lógico a la derecha)

Por su parte, las instrucciones equivalentes disponibles en la familia de procesadores 68K, diseñados para sistemas empotrados por el fabricante Motorola[35], se denominan de una forma similar:

- ASL (desplazamiento aritmético a la izquierda)
- LSL (desplazamiento lógico a la izquierda)
- ASR (desplazamiento aritmético a la derecha)
- LSR (desplazamiento lógico a la derecha)

En el caso de los procesadores ARM, que constituyen la familia de procesadores de 32 bits para sistemas empotrados más extendida actualmente, los nemónicos empleados coinciden con los de Motorola (con la excepción de ASL, que no existe).

Sin intención de exponer aquí de forma exhaustiva los pormenores de la operación ejecutada por cada una de estas instrucciones, que se estudiarán con detenimiento en asignaturas más avanzadas relacionadas con el computador y sus

---

[33] La programación en lenguaje ensamblador se introduce brevemente en el apartado 34.1.4; mientras que la sección 35.2 incluye algunas nociones elementales sobre el lenguaje de descripción *hardware* VHDL.

[34] Los procesadores de Intel compatibles con la arquitectura x86 son los siguientes: 8086, 8088, 80186, 80286, 80386, 80486, Pentium, Core, Celeron y Xeon. Las generaciones de procesadores de AMD compatibles con dicha arquitectura se denominan Ryzen, Opteron, Athlon, Turion, Phenom y Sempron. La lista incluye no solo los procesadores de 16 y 32 bits, sino también los más recientes de 64 bits, siendo el Opteron el primero de AMD, lanzado en 2003, y el Xeon el primero de Intel, de 2004. Su arquitectura común se denomina x86-64, o simplemente x64 ([led20]).

[35] Los procesadores correspondientes a la familia 68K de Motorola son los siguientes: 68000, 68010, 68020, 68030, 68040, 68060 y ColdFire. Los fabricantes se ven obligados a garantizar la compatibilidad del juego de instrucciones de los nuevos procesadores con los antiguos, con la finalidad de que el código ya existente sea reutilizable. ARM, por su parte, no fabrica sus propios procesadores, sino que licencia sus diseños a empresas como VLSI Technology, Texas Instruments, Sharp, GEC Plessey o Cirrus Logic, que son las que en la práctica fabrican y comercializan procesadores para sistemas empotrados, como por ejemplo una PDA, un teléfono móvil, una cámara o un reproductor MP3 ([ber05]).

diferentes arquitecturas junto a las correspondientes instrucciones de rotación, sí resulta oportuno indicar al menos que el tipo de desplazamiento, aritmético o bien lógico, afecta, entre otras cuestiones, al criterio escogido para seleccionar el origen del bit extra que completa el contenido del registro tras efectuar cada desplazamiento. Por ejemplo, en un desplazamiento aritmético a la derecha el valor del bit más significativo que queda vacante se completa con el mismo valor que tenía antes del desplazamiento; mientras que, por el contrario, en el desplazamiento lógico a la derecha el bit más significativo pasa a ser siempre un 0 tras el desplazamiento. En el caso de los desplazamientos a la izquierda, tanto las instrucciones aritméticas como las lógicas ejecutan la misma operación, añadiendo un 0 en la posición desplazada. Por otro lado, el bit que sale del registro en cada desplazamiento a la izquierda no se pierde inicialmente, sino que se ubica en el bit reservado para el señalizador de acarreo. Se anima a que el estudiante con motivación por profundizar en esta temática consulte las referencias [ber05], [led20], [mal93], [rod87] u otras con cobertura similar, que describen las arquitecturas de los juegos de instrucciones de los diferentes procesadores.

Finalmente, cabe mencionar que en el VHDL de 1993 se introdujeron por primera vez los operadores de desplazamiento y los nemónicos escogidos son muy similares: SLA y SRA para los desplazamientos aritméticos y SLL y SRL para los lógicos ([par11], [wak01]). Sin embargo, hay que tener en cuenta que la forma de implementar el desplazamiento de estos operadores no siempre coincide con la de las instrucciones en ensamblador correspondientes por lo que respecta al valor que adopta el bit vacante tras el desplazamiento.

31.3 Establecimiento de un retardo en secuencias de bits

Una tercera aplicación de los registros de desplazamiento es la introducción de un determinado retardo en una señal digital compuesta por una secuencia o cadena de bits. En este caso es suficiente con hacer circular por orden todos los bits de la cadena de interés por un registro de desplazamiento con entrada serie y salida serie. Tomando como punto de partida el registro de desplazamiento de 5 bits construido con biestables D disparados por flanco positivo mostrado en la figura 31.16, bastaría con introducir la señal digital de partida por la línea de entrada de datos E y escoger el último bit del registro como la salida S del sistema de retardo, ignorando el resto de las cuatro salidas intermedias. El retardo acumulado es, por lo tanto, función del número de biestables del registro, puesto que los bits de la secuencia se propagan en serie a la frecuencia marcada por el reloj externo. De este esquema se desprende que, para introducir en una línea de datos un retardo de un valor determinado con la precisión que garantiza la frecuencia del reloj empleado, basta con calcular el número exacto de biestables que más se aproxima al retardo requerido.

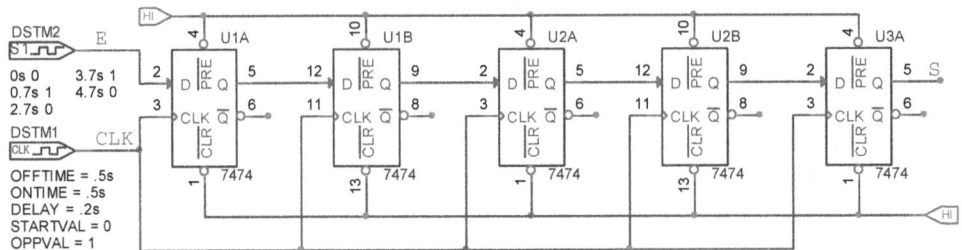

Figura 31.16 Implementación de un módulo lógico de retardo de una secuencia de bits mediante un registro de desplazamiento de 5 bits con entrada serie E y salida serie S.

Supongamos, para ilustrar el funcionamiento del módulo lógico de retardo con un ejemplo sencillo, que por la línea serie de entrada de datos E se recibe la secuencia de 4 bits 1101. Como se aprecia en el cronograma de la figura 31.17, esta secuencia está sincronizada con el flanco descendente de la señal de reloj CLK. Esto realmente no es imprescindible, aunque sí resulta conveniente para asegurarse de que se respetan los tiempos de establecimiento y retención de los biestables.

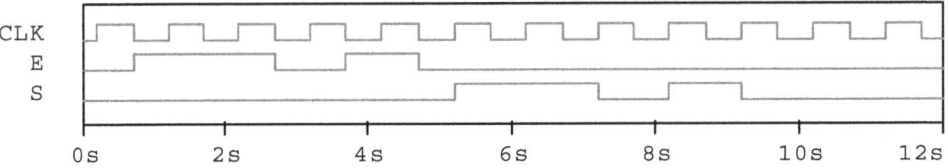

Figura 31.17 Retardo experimentado por la cadena de 4 bits 1101 introducida por la entrada E y recuperada en la salida S del registro de desplazamiento de la figura 31.16.

El retardo de la secuencia introducida por el registro se comprueba con facilidad comparando las formas de onda E y S. La transición entre el 0 y el 1 lógicos en la entrada de datos E que marca el primer bit de la secuencia se recibe en t = 0,7 s; sin embargo, no se almacena en el primero de los biestables del registro hasta la llegada del segundo flanco ascendente de la señal de reloj representada en el cronograma, lo que sucede en t = 1,2 s. Dicho bit se propaga por el resto de los cuatro biestables del registro en sucesivos ciclos de reloj, hasta que finalmente en t = 5,2 s aparece en la salida S, coincidiendo con el flanco ascendente de la señal de reloj. A continuación llegan los demás bits de la secuencia justo en el mismo orden en el que fueron introducidos. Por lo tanto, en la línea de salida S se recibe una réplica exacta de la secuencia completa retrasada exactamente cuatro ciclos y medio de reloj.

31.4 Generación de secuencias seudoaleatorias

Como se mencionó en el capítulo 19, la generación de secuencias seudoaleatorias cuenta con aplicaciones muy interesantes en numerosas disciplinas, especialmente en el campo de la electrónica de comunicaciones. Una referencia muy recomendable que cita un gran número de ellas es [hor16], aunque hay que advertir que se trata de aplicaciones generalmente avanzadas en comparación con la cobertura de este texto. Aquí se introducirán dos de ellas con brevedad, evitando aportar excesivos detalles que resultan innecesarios en este contexto aunque procurando al mismo tiempo despertar la curiosidad del estudiante por la utilidad de este tipo de secuencias en el ámbito de los sistemas electrónicos.

31.4.1 Detección de defectos en circuitos lógicos

El control de la calidad del producto es fundamental en los procesos de fabricación en general y en la industria microelectrónica en particular, debido tanto a la complejidad de los procesos tecnológicos involucrados como a las estrictas condiciones de pureza del aire que deben garantizarse en las instalaciones dedicadas a la fabricación de circuitos integrados. No es casual, por lo tanto, que la mayoría de los microprocesadores fabricados sobre una oblea de silicio resulten defectuosos y tengan que desecharse, con tasas de rechazo que superan nada menos que el 75 % de la producción tras someter los circuitos a rigurosos controles de calidad, que tienen lugar con posterioridad a la secuencia de complejas etapas involucradas en el proceso de su microfabricación ([ber05]). Esta problemática es recurrente y prueba de ello es la alarmante tasa de rechazo inicial, de entre el 80 % y el 90 %, alcanzada por el fabricante Samsung al lanzar al mercado en 2022 chips fabricados en el nodo tecnológico de 3 nm, lo que le impidió satisfacer la demanda de sus clientes. Parece ser, según la prensa especializada, que las descargas electrostáticas fueron la causa principal de los defectos encontrados en las obleas.

Como veremos a continuación, es precisamente en el control de calidad de los chips donde la generación de secuencias seudoaleatorias juega un papel determinante en el caso de determinados circuitos lógicos, como por ejemplo el sistema conocido como *Teramac*[36]. *Teramac* es un sistema computador configurable desarrollado por la empresa Hewlett-Packard. Está constituido internamente por la interconexión de 1728 circuitos de tipo FPGA, llamados chips *Plasma*[37]. Un computador de estas características es una versátil plataforma que permite acelerar de forma muy notable la ejecución de algoritmos, gracias a que está concebido especialmente para hacer funcionar sus circuitos lógicos configurables en paralelo, dedicando para ello una mayor o menor cuantía de sus recursos *hardware* en función de las particularidades del algoritmo en ejecución.

La estructura del computador *Teramac* se diseñó intencionadamente desde un principio para ser tolerante a los fallos de fabricación que puedan presentarse tanto en los propios circuitos *Plasma* como en la compleja lógica necesaria para realizar

---

[36] En la denominación del dispositivo, *mac* es el acrónimo de *Multiple Architecture Computer*, para resaltar su naturaleza configurable. *Tera*, por otro lado, hace referencia a su capacidad de cómputo. Una descripción más detallada del esquema de detección de defectos empleada en el computador *Teramac* se encuentra en [ber05].

[37] *Plasma* es el acrónimo de *Programmable Logic and Switch Matrix*.

el necesario conexionado entre todos ellos. La arquitectura de *Teramac* garantiza, por consiguiente, que la existencia de defectos de fabricación no obligue a desechar de forma sistemática un dispositivo afectado. Únicamente en los contados casos en los que dichos defectos tengan lugar en localizaciones muy específicas del chip *Plasma*, que afectan solo al 7 % de su área total, el dispositivo quedará inutilizado de forma irreversible. Este alto grado de robustez característico de *Teramac* es una consecuencia de la naturaleza reconfigurable (o programable, si se prefiere)[38] que caracteriza tanto a los circuitos FPGA como a los PLD actuales.

Los generadores de números seudoaleatorios que ponen a prueba los circuitos lógicos del computador *Teramac* están constituidos por registros de desplazamiento de 32 bits construidos a partir de biestables D y puertas XOR de tres entradas (se necesita una puerta lógica por cada biestable). La salida de cada biestable se conecta a una de las entradas de una puerta XOR, mientras que sus otras dos entradas se conectan de forma aleatoria a las salidas de los 31 biestables restantes. El resultado es la generación de secuencias seudoaleatorias de una longitud considerable[39]. En el caso de que exista un defecto en uno de los circuitos de test generadores de secuencias así construidos, empleando para ello la propia lógica configurable de *Teramac*, la secuencia seudoaleatoria resultante será totalmente diferente de la esperada, permitiendo identificar con precisión la región defectuosa en el circuito lógico y retirarla de la base de datos de diseño para asegurar que resulte descartada posteriormente al utilizar el sistema.

31.4.2 Fuentes de ruido blanco

Puede emplearse un generador de números seudoaleatorios para crear una señal binaria cuya autocorrelación, en el caso de restringir la señal a un único período de la secuencia seudoaleatoria que se repite cíclicamente, se aproxime mucho a la del ruido blanco. Por lo tanto, la señal binaria obtenida con un generador seudoaleatorio sirve, en la práctica, como sustituto de una fuente de ruido blanco, a la que se puede recurrir cuando se necesita inyectar una perturbación que simule dicho tipo de ruido en la entrada de control de ciertos sistemas electrónicos, como es el caso de los convertidores de potencia[40].

---

[38] Aunque es probablemente más riguroso referirse al carácter reconfigurable de estos circuitos, en la práctica se emplea habitualmente el término "programable" en su lugar, al ser la traducción directa de las distintas denominaciones originales en inglés de este tipo de dispositivos.

[39] Por contar con una referencia con la que poder comparar, viene bien recordar aquí que los sencillos generadores de 3 y 4 bits analizados en el capítulo 19 dan lugar a secuencias de 7 y 15 números seudoaleatorios, respectivamente.

[40] Una descripción pormenorizada de esta aplicación en el contexto del control de convertidores electrónicos de potencia se encuentra en [mia04], un artículo de investigación.

Aplicaciones del multiplexado

El presente capítulo incluye una selección de circuitos y sistemas digitales que giran alrededor del multiplexor y su capacidad para seleccionar una fuente de datos digitales, de entre varias disponibles en sus entradas, para canalizarla hacia su salida. Comprobaremos primeramente la utilidad del multiplexor como alternativa a otras opciones disponibles para generar funciones lógicas. A continuación, se demostrará, en las siguientes tres secciones, su potencial para eliminar la necesidad de replicar determinados recursos físicos en sistemas de muy diversa naturaleza, gracias a que la funcionalidad inherente al multiplexado facilita de forma natural la compartición de dichos recursos. Entre los sistemas que se benefician de incluir un multiplexor, y que se describirán detalladamente a lo largo del capítulo, destacan los siguientes: por un lado, los microcontroladores, debido a que sus múltiples canales de entrada analógicos comparten la etapa de conversión A/D; por otro lado, los módulos optoelectrónicos construidos con varios visualizadores de siete segmentos, puesto que comparten la etapa decodificadora que excita los ledes integrados en los diferentes visualizadores empleados en el sistema; y, finalmente, las redes de telefonía, donde la comunicación entre los diferentes abonados se establece a través un medio de transmisión que es necesariamente compartido (típicamente un enlace de fibra óptica), capaz de transmitir eficientemente la señal de voz previamente codificada de multitud de abonados, haciéndolo además de forma simultánea entre las correspondientes centrales de acceso involucradas en la comunicación.

32.1 Generación de funciones lógicas

Tal y como sucede con los decodificadores, los circuitos multiplexores también pueden utilizarse para implementar funciones lógicas expresadas en forma de suma de productos. El método consiste, como veremos, en generar los minitérminos contenidos en una función lógica de N variables a partir de un multiplexor dotado con S entradas de selección, donde S no tiene que ser necesariamente igual a N.

Ilustremos seguidamente el procedimiento partiendo de la misma función lógica de tres variables escogida en la sección 26.1, que fue implementada mediante un circuito decodificador 74x138:

$$f(x, y, z) = m_1 + m_5 + m_6 + m_7 \qquad (32.1)$$

El multiplexor 74x151 es un buen candidato para implementar la función f, puesto que tiene tres entradas de selección. En este caso se verifica que $N = S$, lo que conduce a la implementación más inmediata. Los cuatro minitérminos de f se seleccionan conectando las correspondientes entradas de datos $I1$, $I5$, $I6$ e $I7$ a un 1 lógico y el resto a un 0, como se indica en la figura 32.1. La realización física es incluso más sencilla que empleando un decodificador, puesto que no es necesario recurrir a lógica adicional.

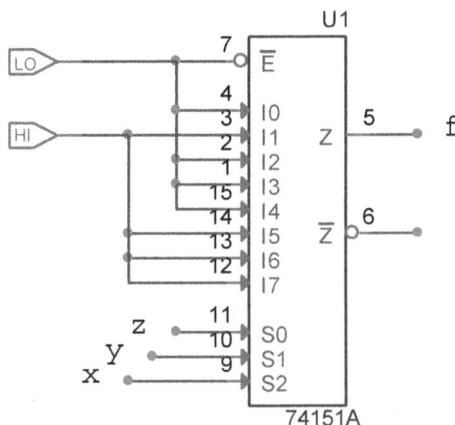

Figura 32.1 Implementación de la función $f(x, y, z) = \sum (1,5,6,7)$ mediante el multiplexor de tres entradas de selección 74151A.

Generalizando el procedimiento descrito para tres variables a una función lógica de N variables y un multiplexor con N entradas de selección, y suponiendo que la forma canónica de la función lógica f que se desea implementar contiene M minitérminos (donde necesariamente se verifica que $M \le 2^N$), deberán conectarse a la tensión de alimentación, para garantizar así un 1 lógico, las M entradas de datos del multiplexor que se corresponden con los minitérminos de la función, mientras que las 2^N - M entradas de datos restantes se conectarán al potencial de tierra para asegurar un 0 lógico.

Esta técnica es muy versátil, puesto que como ya se mencionó puede aplicarse igualmente a funciones lógicas cuyo número de variables N sea superior al número de líneas de selección S del multiplexor. En estos casos suele ser necesario tener que apoyarse en algunas puertas lógicas extra que generen las señales adecuadas en las entradas de datos del multiplexor, especialmente si N es mucho mayor que S. La capacidad del multiplexor para implementar funciones lógicas en el caso en el que N es mayor que S quedó demostrada mediante el circuito detector de número primos diseñado y analizado en el capítulo 8, en el que se utilizó un único 74x151 con tres líneas de selección para implementar dos funciones lógicas de cuatro variables, y ni siquiera hizo falta recurrir a puertas lógicas adicionales para ese diseño concreto.

32.2 Multiplexado de entradas analógicas en microcontroladores

La segunda de las aplicaciones hace referencia a los microcontroladores. El multiplexor (MUX) es uno de los recursos *hardware* clave que se encuentra en el módulo de conversión A/D presente en estos dispositivos de control tan populares, caracterizados por integrar toda la funcionalidad de un computador en un único chip. Dicho módulo de conversión dispone de varios canales capaces de procesar señales analógicas externas (por ejemplo, lecturas de voltaje de un sensor), compartiendo una serie de elementos con el objetivo de optimizar la electrónica necesaria para la gestión de todos los canales analógicos disponibles.

Entre estos elementos compartidos destacan la electrónica de muestreo y retención, y la del conversor A/D. Es precisamente un circuito multiplexor el responsable de escoger el canal analógico que se va a procesar en un momento dado, como muestra el esquema de la figura 32.2, que representa de forma simplificada el módulo de conversión A/D de 10 bits presente en los microcontroladores PIC de gama media[1]. En dicho módulo se ha seleccionado el canal analógico número cuatro de entre ocho posibles mediante los 3 bits de selección S2-S0 del multiplexor.

El ahorro de recursos físicos que supone contar con un multiplexor es considerable incluso en los microcontroladores más humildes, teniendo en cuenta el número de canales analógicos de los que disponen. Así, por ejemplo, es habitual que los microcontroladores PIC de gama media vengan equipados con entre cinco y ocho de estos canales, mientras que para la gama alta su número oscila habitualmente entre doce y dieciséis ([ang03]).

---

[1] La sección 34.2 está dedicada íntegramente a los microcontroladores PIC.

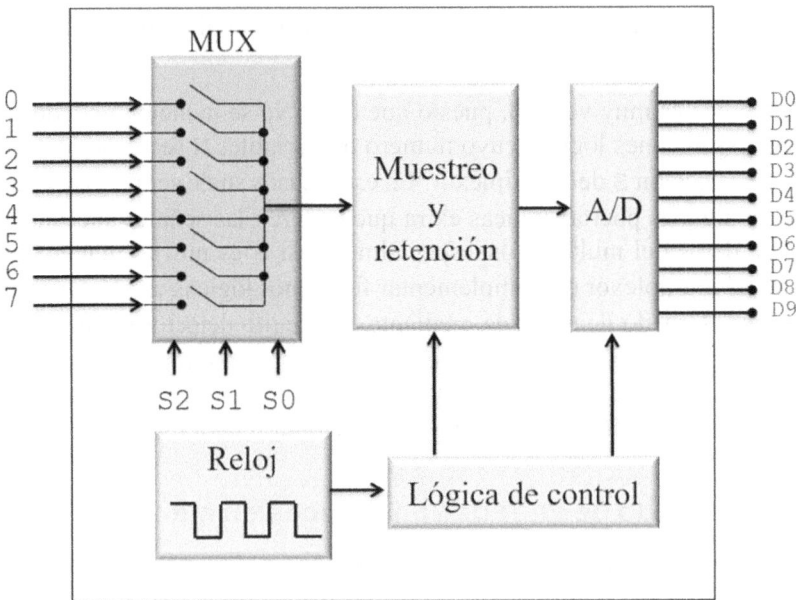

Figura 32.2   Diagrama de bloques simplificado del módulo de conversión A/D de 10 bits de los microcontroladores PIC de gama media. (Adaptada de [val07]).

32.3 Barrido multiplexado de visualizadores dinámicos

Una aplicación del multiplexor que resulta muy práctica en aquellos diseños digitales que utilizan varios visualizadores de siete segmentos es el denominado **barrido multiplexado**. Mediante esta técnica no resulta necesario dedicar un decodificador de BCD a código de siete segmentos para cada uno de los visualizadores disponibles, lo que es propio de los sistemas de **visualización estática**. Por el contrario, con el barrido multiplexado se consigue que un único decodificador sea compartido por todos los visualizadores empleados en el sistema digital, lo que da lugar a un esquema de **visualización dinámica**. Existen fundamentalmente tres enfoques para implementar esta idea; el más aconsejable dependerá tanto de la lógica disponible en un momento dado como de la aplicación concreta del sistema de visualización. El primero de ellos consiste en utilizar dispositivos lógicos de función fija; el segundo, microcontroladores; y el tercero, circuitos digitales configurables. Seguidamente se expondrán todos ellos.

32.3.1 Barrido multiplexado con dispositivos lógicos de función fija

Las alternativas al diseño de un visualizador dinámico empleando dispositivos de función fija comercialmente disponibles son múltiples, y aquí se revisarán algunas de ellas. Uno de los enfoques más compactos hace uso del contador de cuatro dígitos LSI 74C925 ([hor89]). Este sofisticado CI incorpora internamente los siguientes bloques lógicos: cuatro contadores BCD; cuatro cerrojos de 4 bits cada uno, que son necesarios para almacenar el estado de cuenta de cada contador; un multiplexor con su propio circuito oscilador; y finalmente un decodificador de BCD a código de siete segmentos con salidas activas a nivel alto, que se encuentra conectado a una etapa de salida, diseñada especialmente para proporcionar suficiente corriente a los ledes integrados en cuatro visualizadores de cátodo común sin requerir circuitería externa adicional. Todos estos elementos son fácilmente identificables en el diagrama de bloques de la estructura interna del 75C925 mostrado en la figura 32.3.

El conexionado del 74C925 con los cuatro visualizadores de cátodo común correspondientes, activados mediante transistores bipolares NPN cuyos colectores se encuentran conectados al cátodo común de cada uno de ellos, puede verse en la figura 32.4. En los visualizadores se mostrará un estado de cuenta en decimal comprendido entre 0000 y 9999.

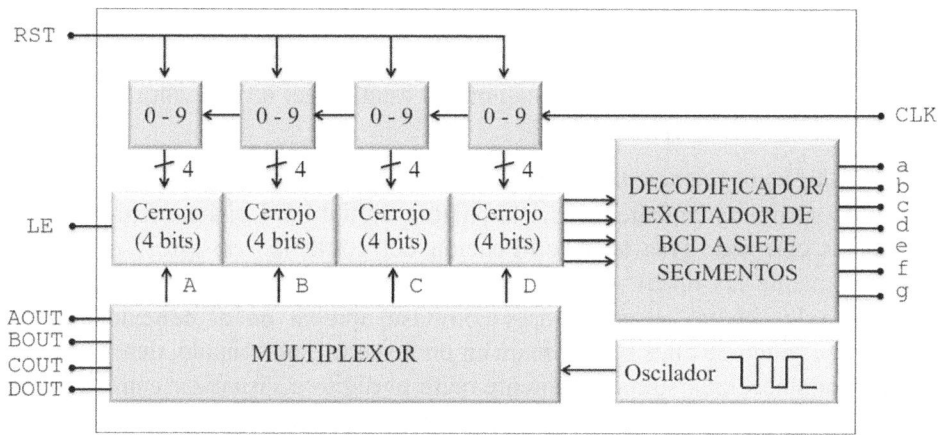

Figura 32.3   Estructura interna del contador LSI de cuatro dígitos 74C925. (Adaptada de [lea11] y [74C925]).

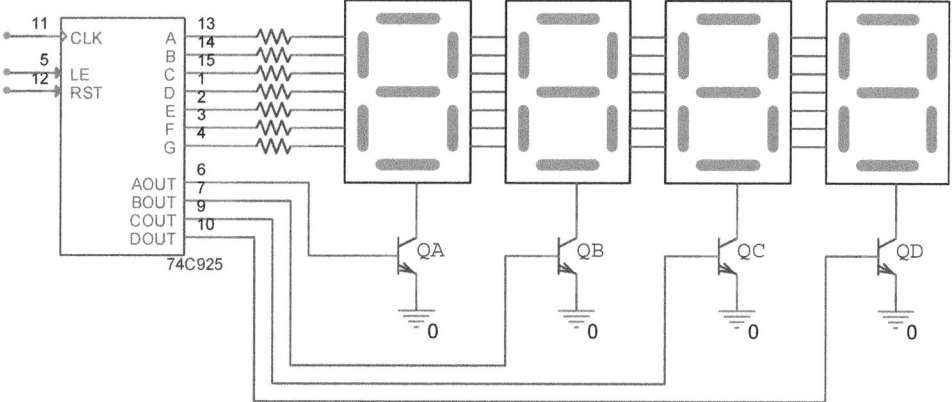

Figura 32.4   Barrido multiplexado de cuatro visualizadores de cátodo común con el contador 74C925. (Adaptada de [hor89], [lea11] y [74C925]).

El funcionamiento del 74C925 es el siguiente. Los cuatro contadores internos, conectados en cascada, avanzan con el flanco descendente de la señal de reloj externa CLK, que se encuentra conectada únicamente al contador menos significativo y cuya frecuencia máxima f_{CLK} es de 4 MHz. En la figura 32.4 el dígito menos significativo se activa cuando conduce el transistor QD, mientras que el más significativo lo hace cuando conduce QA. Si por ejemplo se desea utilizar el dispositivo para que funcione como un temporizador que cuente segundos, f_{CLK} deberá ser de tan solo 1 Hz. El 74C925 cuenta además con una entrada de habilitación de los cerrojos denominada LE (*latch enable*). Cuando en la entrada LE se aplica una señal con un estado lógico alto, los cerrojos son transparentes y por lo tanto el estado de cuenta de los contadores se actualiza periódicamente en los visualizadores con la cadencia marcada por f_{CLK}. Si en un determinado instante el estado lógico en la entrada LE pasa a ser bajo, los cerrojos retendrán el estado de cuenta vigente en ese momento y dejarán de actualizarse, mientras que los contadores seguirán avanzando normalmente. En ese caso los visualizadores mostrarán una imagen estática del último valor almacenado en cada uno de los cerrojos.

El multiplexor selecciona de forma secuencial, a la frecuencia f_{MUX} del oscilador interno de aproximadamente 1 kHz, la palabra digital de 4 bits contenida en cada uno de los cerrojos. Tras la decodificación del contenido de estos se activarán simultáneamente las líneas A-G que correspondan al dígito a mostrar, y que son comunes a los cuatro visualizadores como se aprecia en el conexionado. Sin embargo, solo uno de ellos se iluminará en un instante determinado, debido a que el multiplexor selecciona simultáneamente tanto el dígito a visualizar como el visualizador en el que dicho dígito deberá mostrarse, activando para ello de forma secuencial y a la misma frecuencia f_{MUX} cada uno de los cuatro transistores QA-QD. Esta secuenciación implica que cada uno de los cuatro transistores conduce periódicamente durante un tiempo dado por $0{,}25 \cdot T_{MUX}$, permaneciendo cortado a continuación durante $0{,}75 \cdot T_{MUX}$. La temporización de las cuatro salidas AOUT-DOUT es, por lo tanto, equivalente a la de un decodificador binario 2:4 con salidas activas en estado alto, como ilustra la figura 32.5[2].

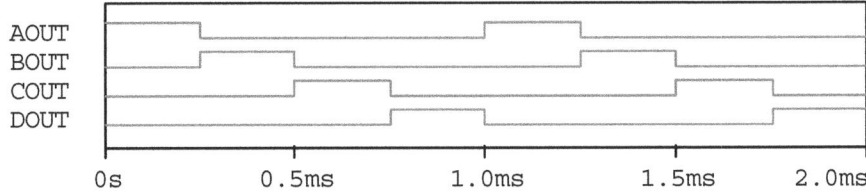

Figura 32.5 Activación multiplexada de los cuatro visualizadores del sistema digital de la figura 32.4. $f_{MUX} = 1$ kHz.

---

[2] Este esquema de multiplexado en el dominio del tiempo es en realidad el mismo concepto empleado para la transmisión de voz de diferentes abonados en la RTC, que es otra de las aplicaciones descritas en este capítulo en la sección 32.4.

Por otro lado, la señal asíncrona de borrado RST permite reiniciar de forma simultánea la cuenta mostrada en los cuatro dígitos. Si bien en la figura 32.4 se ha representado un visualizador de cátodo común independiente para cada uno de los dígitos, puede optarse por emplear en su lugar el DL-340M, un visualizador de siete segmentos cuádruple que contribuye a simplificar notablemente el cableado ([hor89]). Una alternativa similar que también integra cuatro visualizadores de cátodo común en un único dispositivo es el LTC-4727 ([hor16]).

La percepción visual del usuario, y esto es lo que hace de verdad interesante a la técnica del barrido multiplexado, no se corresponde con la de una secuencia de dígitos iluminados por separado uno tras otro (que es lo que realmente sucede), sino con la iluminación conjunta de los cuatro dígitos. Esta percepción engañosa es una consecuencia de la limitación del ojo humano para percibir cambios demasiado rápidos, puesto que el parpadeo de los visualizadores tiene lugar a la frecuencia f_{MUX}, que resulta demasiado alta para que el ojo sea capaz de apreciarlo. Considerando que el ciclo de trabajo de las señales que activan y desactivan los cuatro transistores periódicamente es solo del 25 %, tal y como ilustran las formas de onda de la figura 32.5, la inyección de corriente en los ledes de los visualizadores deberá incrementarse idealmente en un factor 4 para que la iluminación sea satisfactoria ([val07]). Esto supone pasar de los 10 mA que se necesitan típicamente para iluminar adecuadamente un led a 40 mA, que es precisamente la corriente que puede suministrar la etapa de salida del contador a cada segmento ([74C925]).

Como se mencionó anteriormente, las opciones disponibles para diseñar un sistema electrónico con visualizadores dinámicos recurriendo a lógica de función fija son numerosas. Una segunda posibilidad consiste en utilizar el contador 4553 ([tok08]). Este circuito es, en el fondo, una versión simplificada del 74C925, puesto que internamente dispone solo de tres contadores de décadas en lugar de cuatro (también disparados en el flanco descendente del reloj), cuyas salidas compatibles TTL son activas a nivel alto. Una segunda limitación del 4553 es que no incorpora el decodificador de BCD a código de siete segmentos, con lo que se hace necesario añadir un circuito extra que realice su función. Además, al contrario de lo que sucede con el 74C925, las salidas del 4553 que controlan el estado de los transistores bipolares asociados a los visualizadores, de tipo PNP en este caso, son activas a nivel lógico bajo. Esta diferencia condiciona el tipo de visualizador a utilizar, que será esta vez de ánodo común, así como también el tipo de decodificador de BCD a código de siete segmentos. Uno compatible es el 4543, cuyas siete salidas decodificadas son activas a nivel bajo y se conectan mediante las correspondientes resistencias a los cátodos de cada uno de los segmentos.

La figura 32.6 muestra el sistema digital resultante tras combinar un contador 4553 con un decodificador 4543. Como puede verse, las entradas LE y RST propias del 74C925 también existen en el 4553, y con idéntica función (aunque para LE es un estado lógico alto en lugar de uno bajo el que detiene la cuenta en los visualizadores en el caso del 4553). Una particularidad del 4553 es que la frecuencia del oscilador interno del módulo de multiplexado no es fija, sino que puede seleccionarse conectando entre los terminales C1A y C1B un condensador de capacidad adecuada, típicamente de 1 nF. La entrada DIS (*disable*) en estado alto evita que la entrada de reloj alcance a los contadores, aunque retiene el último estado de la cuenta. Además, la salida OF (*overflow*), que proporciona un pulso cuando la cuenta ha alcanzado su límite (es decir, 999), resulta útil para expandir la capacidad del contador a un múltiplo de tres dígitos. Para el caso de seis dígitos bastaría con conectar OF a la entrada de reloj CLK de un circuito 4553 adicional ([4543], [tok08]). La dinámica del multiplexado de los tres visualizadores queda reflejada en el cronograma de la figura 32.7.

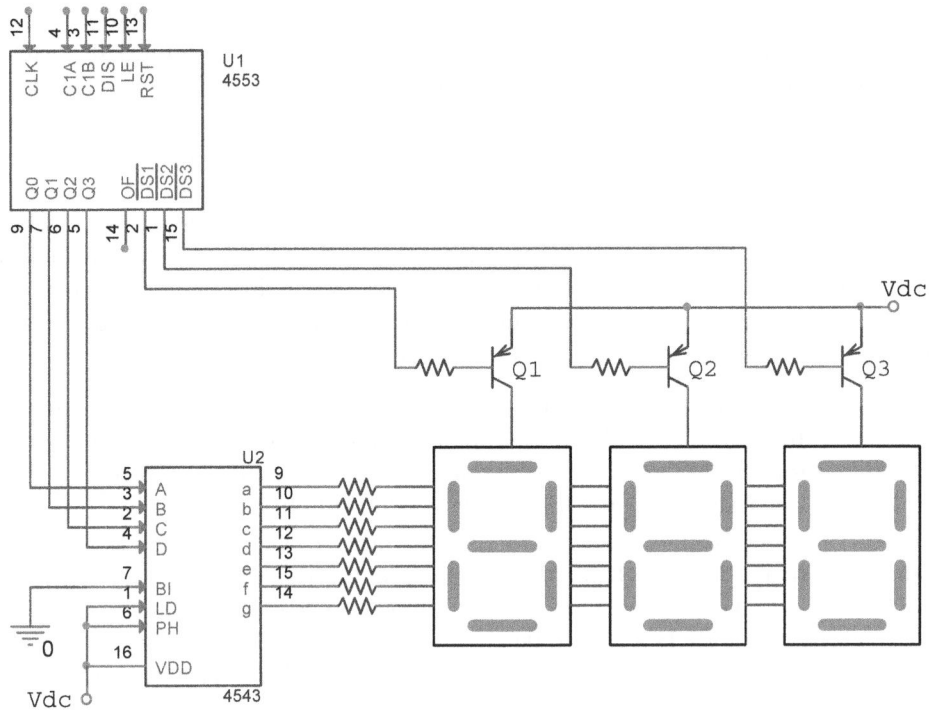

Figura 32.6 Barrido multiplexado de tres visualizadores de ánodo común con el contador 4553 y el decodificador compatible 4543. (Adaptada de [4543]).

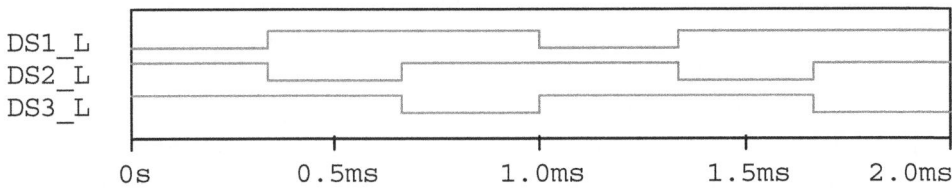

Figura 32.7 Activación multiplexada de los tres visualizadores del sistema digital de la figura 32.6. $f_{MUX} = 1$ kHz.

Pasando a otras alternativas para implementar el barrido multiplexado en visualizadores dinámicos, también se puede optar por reproducir con circuitos modulares sencillos, como contadores y multiplexores estándar adecuadamente cableados entre sí, el esquema conceptual de la lógica interna del circuito 4553 o incluso del más complejo 74C925 si en este segundo caso se añaden los decodificadores necesarios al sistema, como se ilustra en [gil95] en un diseño que cuenta con cuatro visualizadores. Una versión conceptualmente equivalente de este enfoque, aunque bastante más simplificada, se describe con detalle en [flo16] para un diseño de únicamente dos visualizadores. Se basa en la combinación de un circuito multiplexor 74HC157, un decodificador de BCD a siete segmentos 74HC47 y un decodificador binario 2:4 74HC139, este último necesario para seleccionar el visualizador cableando solo dos de sus cuatro líneas de salida. Una variante algo más compleja que esta última y dimensionada igualmente para dos visualizadores, que hace uso de cuatro contadores BCD y de dos multiplexores 74ALS157 conectados a sendos decodificadores de BCD a código de siete segmentos, se ilustra en [toc07].

La exposición quedaría incompleta si no se contemplasen otros enfoques igualmente válidos para la implementación del barrido multiplexado en alguna plataforma de prototipado comercialmente disponible, ya sea recurriendo a microcontroladores o bien a los circuitos típicos de la lógica digital configurable. Ambas alternativas se describen en los dos siguientes apartados.

32.3.2 Barrido multiplexado implementado en un microcontrolador

Una opción muy extendida que implementa eficientemente el barrido multiplexado consiste en ejecutar código en un microcontrolador que sincronice por programa la selección del visualizador que debe iluminarse, adoptando así la funcionalidad del multiplexor incluido en el 74C925 y en el 4553 mediante la adecuada programación del estado lógico de sus puertos. La figura 32.8 muestra un posible esquema de conexión a partir de cuatro visualizadores de ánodo común empleando el microcontrolador PIC16F873. Como puede comprobarse, se trata prácticamente de una réplica del mostrado en la figura 32.6. En el presente caso el estado de los transistores PNP se controla con los 4 bits RA0-RA3 del puerto A, mientras que los cátodos de los diferentes segmentos de los cuatro visualizadores se conectan a los 8 bits RB0-RB7 del puerto B (el octavo segmento es el punto decimal de los visualizadores, que aparece representado explícitamente en los mismos). Debe escogerse una frecuencia mínima de refresco de los dígitos en el rango comprendido entre 40 y 200 Hz para evitar percibir el parpadeo que surge por la acción del multiplexado ([val07]). Obsérvese que el barrido multiplexado implementado con microcontroladores consigue hacer uso de varios visualizadores simultáneamente sin incrementar el número de puertos necesarios, que siempre son escasos en estos sistemas. De hecho, lo habitual es que en un microcontrolador los pines tengan varias funciones, lo que realmente constituye otra forma de multiplexado orientada a incrementar sus prestaciones minimizando el número total de pines[3]. El concepto del barrido multiplexado aplicado a varios visualizadores o bien a arreglos de ledes individuales en este contexto se expone en algunas referencias como son [bar18], [pre05], [val07], [wil10] y [zul08].

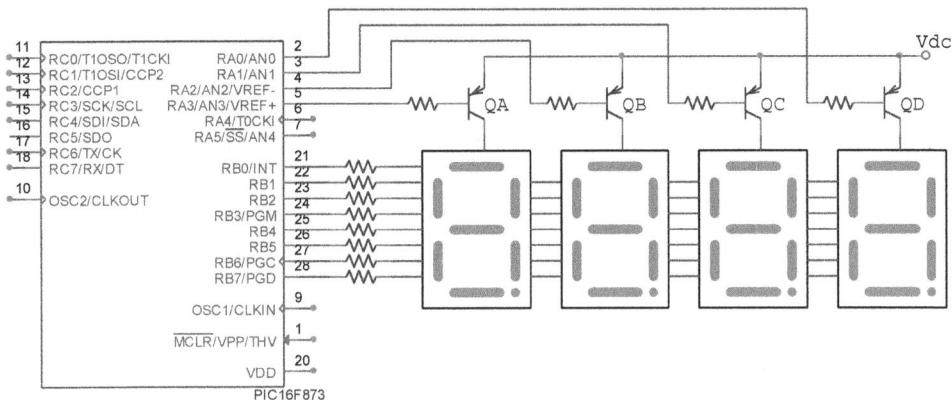

Figura 32.8 Barrido multiplexado de cuatro visualizadores de ánodo común realizado por programa con el microcontrolador PIC16F873. (Adaptada de [val07]).

32.3.3 Barrido multiplexado con circuitos digitales configurables

Una funcionalidad similar a la del circuito 4553, o incluso a la del más complejo 74C925, puede replicarse con fidelidad mediante la correcta configuración de un dispositivo lógico adecuadamente dimensionado. Ejemplos ilustrativos de ello se encuentran descritos con detalle en [art02] escogiendo circuitos tanto de tipo SPLD (concretamente, las GAL[4] 22V6 y 22V10) como de tipo CPLD (el M4A5-32)[5]. Con los circuitos más básicos 22V6 y 22V10 se muestran sendas implementaciones de una unidad de visualización dinámica constituida por dos visualizadores. Ambas están basadas en un esquema similar al presentado anteriormente con el 4553, en el sentido de que la lógica del decodificador de BCD a código de siete segmentos se delega en un circuito extra. Por el contrario, el CPLD M4A5-32, con sus 32 **macro-celdas lógicas configurables** de salida, sí dispone de recursos internos suficientes

---

[3] Los microcontroladores PIC son un buen ejemplo de ello: basta fijarse en el PIC16F873 de la figura 32.8, en el que la mayoría de sus pines tiene dos o bien tres funciones diferentes, dependiendo de la configuración que se haga por programa.

[4] Del inglés *generic array logic*. Los circuitos GAL se caracterizan por su capacidad de reconfiguración, lo que permite utilizar un mismo dispositivo para transferir diferentes diseños digitales. El 22V10 también se encuentra disponible en su versión PAL ([bro09], [nel96]), que es funcionalmente idéntico con la salvedad de que se trata de un dispositivo OTP y, como tal, no es reconfigurable.

[5] Esta denominación indica que se trata de lógica de 5 V. La versión funcionalmente equivalente de 3,3 V se denomina M4A3-32 ([M4AX-32]).

para albergar la lógica completa del módulo de visualización incluyendo la decodificación, por lo que constituye una alternativa realista para reproducir la funcionalidad completa del 74C925.

Para hacerse una idea, a efectos comparativos, de la capacidad de configuración de los dispositivos configurables mencionados, basta indicar que el 22V10, que fue uno de los PLD más populares y económicos de la década de 1990, dispone de solo diez macroceldas lógicas configurables de salida. Con cada una de ellas se puede formar una suma lógica diferente a partir de los términos producto resultantes de la configuración de su matriz AND 132×44 (que cuenta con un total de 132 puertas AND y 44 entradas por puerta). El número de términos producto disponibles para cada una de las diez macroceldas disponibles no es fijo, sino que oscila entre 8 y 16 dependiendo de la salida para dotar así de flexibilidad al diseñador lógico a la hora de configurar el dispositivo. Cuatro referencias que describen con cierto detalle las prestaciones del 22V10 son [bro09], [man02], [toc03] y [wak18]. En la figura 32.9 se muestran los símbolos lógicos tanto de la GAL 22V10 como del CPLD M4A5-32. En el caso de la GAL, pueden identificarse sus doce entradas (pines del 1 al 13) y sus diez salidas (pines del 14 al 23), que son configurables también como entradas si es necesario. Por lo que respecta al CPLD, son claramente reconocibles sus 32 pines, que dan acceso a las correspondientes macroceldas configurables.

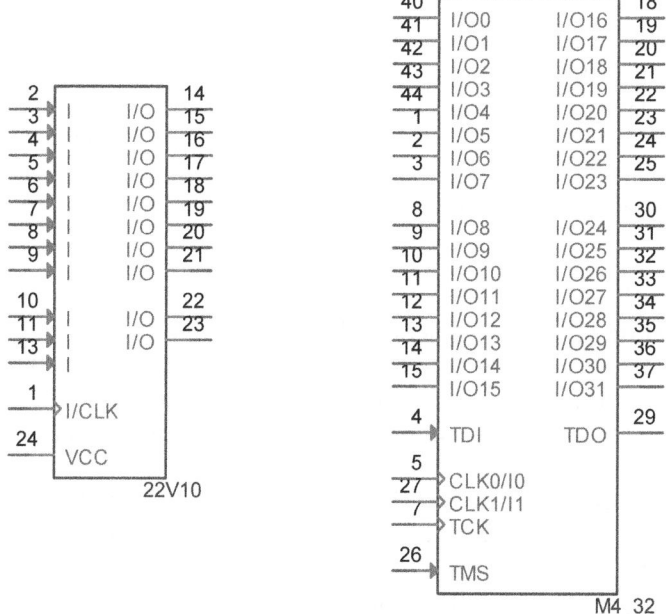

Figura 32.9   Símbolos lógicos adoptados en PSpice para representar el SPLD 22V10 (izquierda) y el CPLD M4AX-32 (derecha).

Otra referencia interesante que aborda con detalle el diseño del controlador de un visualizador dinámico de cuatro dígitos multiplexados basado en un autómata de estados finitos, en este caso concebido para su implementación en un circuito FPGA, es [nel21]. El enfoque modular de la descripción *hardware* planteada, verificada mediante simulación, proporciona los códigos VHDL por separado de los diferentes elementos del sistema digital completo. Dicho sistema está compuesto, además de por el propio controlador, por los siguientes tres módulos: un bloque de cuatro registros de 4 bits cada uno, que almacenan los dígitos BCD a representar; un decodificador de BCD a siete segmentos; y un contador binario de 8 bits encargado del necesario refresco de los visualizadores para evitar que se perciba el efecto del parpadeo. Este diseño es ideal para su implementación en los circuitos FPGA que incorporan las plataformas de prototipado basadas en este tipo de lógica, incluidas las más básicas. El capítulo 35 proporciona una visión general de las mismas.

32.4 El multiplexado en la Red Telefónica Conmutada

Pasando a una cuarta aplicación destacada del multiplexado, no se puede enfatizar lo suficiente su importancia en la electrónica de comunicaciones. El sistema pionero de comunicación de voz es la RTC, que ya se escogió como ejemplo en el capítulo anterior para ilustrar una de las aplicaciones por excelencia de los registros de desplazamiento. Gracias al empleo de los dispositivos multiplexores se reducen drásticamente los recursos físicos necesarios para el despliegue de red. En esta sección se describe, en primer lugar, el papel fundamental del multiplexado en un sistema de transmisión de solo dos canales, para pasar seguidamente a extender este mismo concepto a 24 canales, que son los que forman el denominado sistema de portadora digital T-1 adoptado en la RTC en algunos países. Finalmente se retomará el estudio de las redes de acceso PON introducidas en el capítulo anterior para ilustrar una aplicación más del multiplexado, esta vez de naturaleza óptica, en la nueva arquitectura de red punto-multipunto que está sustituyendo al bucle de abonado tradicional de par trenzado en la RTC.

32.4.1 Sistema de transmisión PCM-TDM de dos canales

En una central de acceso cualquiera de la RTC se multiplexan los canales de voz individuales correspondientes a los bucles de abonado vinculados con dicha central. A su vez, la información de cada abonado se procesa y se encamina desde las centrales de acceso hacia las centrales de tránsito, empleando esta vez un medio de transmisión que se encuentra compartido entre todos los abonados mediante una técnica llamada **multiplexado por división en el tiempo** (abreviada como TDM)[6]. Las señales de voz de los diferentes abonados, previamente digitalizadas empleando un régimen binario de 64 kbps, se envían al canal de comunicación mediante un multiplexor, empleando para ello **ranuras temporales**[7] de un byte de capacidad que se agrupan formando tramas TDM.

---

[6] TDM es el acrónimo original en inglés de *time-division multiplexing*.
[7] Del inglés *timeslot* (o bien *time slot*).

Como ya es conocido, otro circuito clave en la estructura de la RTC es el registro de desplazamiento, cuya función en este mismo contexto es la de convertir en formato serie los 8 bits entregados en formato paralelo por el convertidor A/D que digitaliza la señal de voz de cada abonado, previamente muestreada. Dichos bits, ya en formato serie, se asignan a una de las múltiples entradas de datos del multiplexor y son transmitidos al canal con una periodicidad predeterminada para ir ocupando sucesivas ranuras temporales de una trama TDM (estando asociada cada una de dichas ranuras temporales con un abonado distinto, como se ha mencionado anteriormente). Esta alternancia de la información originada por los diferentes abonados que se envía al canal de comunicaciones para su transmisión, según la cual se van ocupando ranuras temporales consecutivas con muestras de voz digitalizadas de diferentes abonados, es característica de la RTC. Debido a esta naturaleza alterna de la transmisión, en la que se intercala la información digitalizada de diferentes canales de voz en una trama TDM, el tipo de multiplexado por división en el tiempo que se emplea en la RTC se denomina **TDM con entrelazado de bytes**[8] ([flo16]).

La figura 32.10 muestra, a efectos ilustrativos, el concepto de multiplexado adoptado en la RTC para el caso de únicamente dos canales de voz. Los registros de desplazamiento de cada uno de los dos canales, en su papel de conversor de formato paralelo a serie, están convenientemente sincronizados para la correcta generación de las tramas TDM transmitidas: mientras que uno de los registros desplaza sus 8 bits para ir ocupando bit a bit la ranura temporal correspondiente de la trama a transmitir, el otro registro se encuentra inhabilitado. Por esta razón, el régimen binario de los datos entrelazados que constituyen las tramas TDM lanzadas por el multiplexor al canal de comunicaciones es de 128 kbps, el doble del de cada una de las fuentes de voz digitalizadas ([tom14]). Alternativamente, el régimen binario se puede determinar multiplicando el número de bits en cada trama por el número de tramas generadas por segundo. El cálculo correspondiente es:

$$16 \text{ bits/trama} \times 8000 \text{ tramas/s} = 128 \text{ kbps.}$$

Por lo que respecta al dimensionamiento del multiplexor, se ha escogido uno de dos entradas de datos I1 e I2, que reciben de forma alterna el código serie de 8 bits de los canales de voz 1 y 2 para transferirlos periódicamente a la salida Z en función del valor del bit de selección S. Como se indica en la figura 32.10, la frecuencia de la señal periódica de control en la entrada S debe ajustarse a 8 kHz para dejar pasar los 8 bits de cada canal de forma consecutiva mientras S tenga un nivel lógico estable, sea este alto o bajo. La entrada S será por lo tanto un 0 lógico durante un semiciclo completo del período de 125 µs de dicha señal de control, por lo que se seleccionará I1, mientras que durante el semiciclo siguiente S será un 1 lógico y se seleccionará I2. Para conseguir el mencionado ajuste se necesita un circuito divisor de frecuencia por ocho del oscilador de 128 kHz utilizado para generar el código

---

[8] Del inglés *byte-interleaved TDM*.

serie de cada canal de voz (divisor que puede obtenerse escogiendo únicamente el bit más significativo de un contador binario de 3 bits). Su salida a la frecuencia de 128/8 = 16 kHz sincroniza a su vez un contador módulo dos de un único bit cuya salida se encuentra conectada a S, y que al funcionar como un divisor de frecuencia por dos de su entrada de reloj entrega una señal de 16/2 = 8 kHz, como se perseguía. Con esta temporización los 8 bits en cada una de las entradas de datos I1 e I2 se seleccionan de forma alterna cada 125/2 = 62,5 μs.

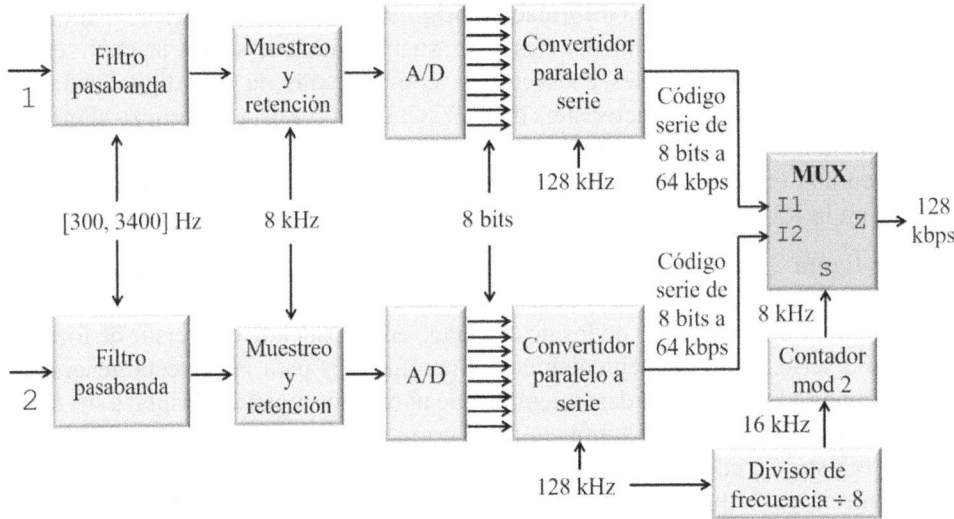

Figura 32.10 Multiplexado TDM de dos canales. (Adaptada de [fre16] y [tom14])[9].

Las sucesivas tramas TDM se generan necesariamente cada 125 μs (ya que es la periodicidad correspondiente a la frecuencia de 8 kHz), y tienen tantas ranuras temporales como canales de voz se multiplexan. En un sistema de dos canales como el mostrado en la figura 32.10 se ubican en la primera ranura temporal los 8 bits recibidos desde el primer canal de voz, mientras que la segunda ranura temporal aloja los 8 bits del segundo canal. La figura 32.11 ilustra gráficamente la generación de tres tramas TDM con dos ranuras temporales por trama. Como puede verse, en cada una de las tramas se transmite un byte de cada uno de los dos canales.

---

[9] La función del multiplexado TDM se ilustra en [fre16] para un sistema de cuatro canales de voz mediante un bloque lógico que utiliza un divisor de frecuencia por ocho para generar la señal de reloj de un contador de 2 bits, cuyos cuatro estados son decodificados periódicamente con el fin de seleccionar de forma cíclica el contenido de cada uno de los cuatro registros de desplazamiento, apoyándose para ello en un decodificador y puertas lógicas simples. En el presente texto se ha adaptado parcialmente este enfoque sin renunciar a incluir explícitamente un módulo multiplexor, en la línea del esquema conceptual descrito en [tom14].

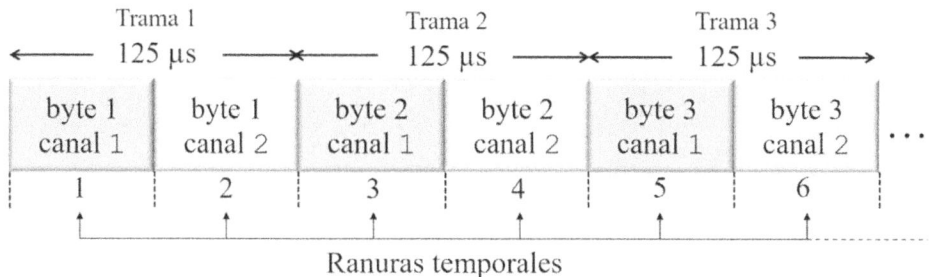

Figura 32.11 Generación de tres tramas TDM entrelazadas de 125 μs cada una en el sistema multiplexado de dos canales de la figura 32.10.

En el caso de un multiplexado de cuatro canales de voz, y tomando como referencia el multiplexado TDM de dos canales de la figura 32.10, la frecuencia de la conversión de sus cuatro registros de desplazamiento asciende a 4×64 kHz = 256 kHz, mientras que la frecuencia de la salida del divisor de frecuencia por ocho pasa a ser de 256/8 = 32 kHz. Dicha salida sincroniza esta vez un contador módulo cuatro de 2 bits, cuyas dos salidas controlan las dos entradas de selección de un multiplexor de cuatro entradas de datos. En este caso se seleccionan cíclicamente los 8 bits de cada una de las cuatro entradas de datos del multiplexor cada 125/4 = 31,25 μs. El régimen binario correspondiente es el doble que el obtenido al multiplexar dos canales de voz:

$$32 \text{ bits/trama} \times 8000 \text{ tramas/s} = 256 \text{ kbps.}$$

En la práctica el número de canales multiplexados que obedece a este esquema conceptual es bastante mayor y depende del estándar adoptado en cada país. Mientras que en Estados Unidos, Canadá y Japón se emplea el denominado sistema de portadora digital T-1, que multiplexa 24 canales de voz, un multiplexado diferente de 30 canales se adoptó internacionalmente bajo los auspicios de la UIT-T ([mar04], [sta07]). El siguiente apartado se centra en presentar el sistema T-1.

32.4.2 Sistema de portadora digital T-1

La figura 32.12 amplía el número de canales a los 24 característicos de T-1, que es un sistema de portadora digital porque emplea pulsos digitales en lugar de señales analógicas para codificar la información ([tom14]). En este caso la frecuencia de la conversión de formato paralelo a serie realizada en cada uno de los 24 registros de desplazamiento disponibles es 24×64 kHz = 1536 kHz. Por motivos de sincronización se añade un bit extra a cada trama TDM de 125 μs, compuesta por 24 ranuras temporales. Como cada una de ellas contiene los 8 bits de un canal de voz diferente, las tramas TDM tienen 24×8 + 1 = 193 bits. El régimen binario resultante es, por lo tanto:

$$193 \text{ bits/trama} \times 8000 \text{ tramas/s} = 1544 \text{ kbps.}$$

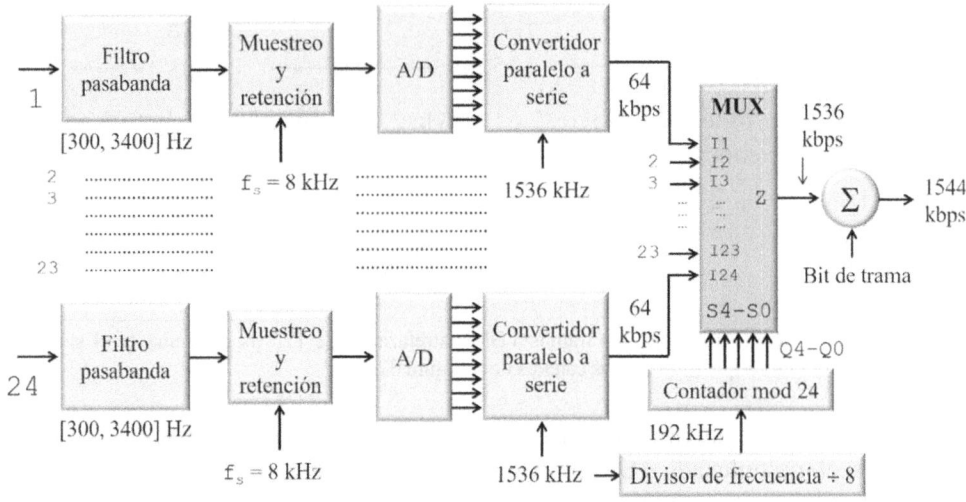

Figura 32.12 Esquema del multiplexado TDM de 24 canales característico del sistema de portadora digital T-1. (Adaptada de [fre16] y [tom14]).

En este caso el multiplexor consta de 24 entradas de datos, desde I1 hasta I24, estando cada una de ellas vinculada a un canal de voz diferente. Se necesitan las cinco líneas de selección S4-S0 del multiplexor para seleccionar cíclicamente todas las entradas de datos mediante un contador no binario de 5 bits Q4-Q0 diseñado para funcionar como contador módulo 24, concretamente con una secuencia de cuenta desde 0 hasta 23[10]. La salida del divisor de frecuencia por ocho es una señal a la frecuencia de 1536/8 = 192 kHz que sincroniza el contador módulo 24 y permite seleccionar los 8 bits de cada una de las 24 entradas de datos cada 125/24 = 5,21 μs. La figura 32.13 muestra la transmisión de tramas por un canal T-1.

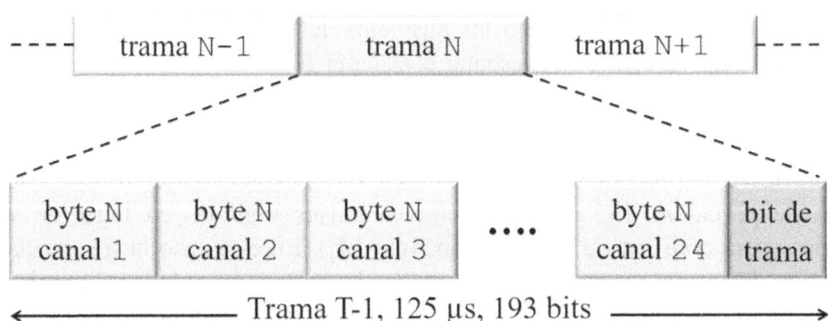

Figura 32.13 Transmisión de tramas TDM entrelazadas de 125 μs de duración en el sistema de portadora digital T-1. (Adaptada de [flo16]).

---

[10] La forma de diseñar dicho contador ya se ilustró en el capítulo 15 con varios ejemplos, y consiste en este caso en decodificar el estado 23 con la lógica combinacional necesaria para forzar un reinicio de la cuenta en el siguiente ciclo de reloj.

Con el objetivo de incrementar la capacidad del tráfico de voz y datos se diseñaron los sistemas T-2, T-3 y T-4. El sistema T-2 multiplexa cuatro señales T-1, dando lugar a 4×24 = 96 canales de voz. A su vez, T-3 multiplexa siete salidas T-2, lo que supone un total de 7×96 = 672 canales. Finalmente, seis señales T-3 son multiplexadas para generar el sistema T-4, con una capacidad de 6×672 = 4032 canales. El régimen binario resultante se extiende desde un mínimo de 1,544 Mbps para T-1 hasta un máximo de 274,176 Mbps para T-4 ([fre16], [sta07], [tan11], [tom14]). Una estructura similar existe para el estándar internacional de la UIT-T, pudiendo gestionar hasta 7680 canales de voz en el nivel más alto de su jerarquía de multiplexado. En este caso el régimen binario mínimo es de 2,048 Mbps y el máximo de 565,148 Mbps ([sta07]).

El tráfico que se intercambia entre centrales telefónicas circula normalmente por enlaces de fibra óptica de gran ancho de banda. Como se ha mencionado con anteriorridad, los estándares adoptados inicialmente para la transmisión de voz mediante TDM difieren dependiendo del país: en Europa, por ejemplo, se implementó el estándar de la ITU-T, que es distinto del norteamericano. La necesidad de unificar los estándares motivó el desarrollo de un esquema de multiplexado de tramas de carácter internacional conocido por SDH[11]. En Estados Unidos se emplea un subconjunto de dicho estándar denominado SONET[12], que constituye la mayor red de transmisión óptica de datos en el país. Con SONET se transmiten a gran velocidad y de forma síncrona tramas T-1 de voz telefónica digitalizada que se van multiplexando conforme a una arquitectura de varios niveles con cada vez mayor régimen binario, desde un mínimo de 51,84 Mbps hasta un máximo de 39,812 Gbps ([fre16], [mar04], [sen09]). Si bien el esquema de transmisión SONET/SDH fue diseñado en un principio para transmitir tráfico de voz a través de la red de conmutación de circuitos típica de la RTC, lo cierto es que su función se amplió para dar servicio a la transmisión de cualquier tipo de tráfico, no únicamente de voz. Precisamente la creciente oferta de servicios de alta velocidad por redes IP para el tráfico de Internet motivó la transición gradual hacia una nueva tecnología de red basada en la transmisión de paquetes denominada OTN[13], diseñada especialmente para gestionar el tráfico síncrono de SONET/SDH y también el tráfico asíncrono de Ethernet. Una de las características más destacadas de OTN que la distingue de SONET/SDH es su capacidad de controlar la transmisión de más de una longitud de onda por una misma fibra óptica según un esquema de modulación llamado WDM[14]. Además, con la tecnología OTN puede transmitirse información hasta un máximo de 2000 km sin necesidad de regenerar la señal óptica, que es nada menos que un orden de magnitud superior a las prestaciones de SONET/SDH ([fre16]).

32.4.3 Jerarquía multinivel en la RTC

Como acabamos de ver, el código PCM de 64 kbps generado por un abonado cualquiera es seleccionado por un circuito multiplexor en el momento de ser enviado

---

[11] Del inglés *synchronous digital hierarchy*.
[12] Del inglés *synchronous optical network*.
[13] Del inglés *optical transport network*.
[14] Del inglés *wavelength division multiplexing*.

hacia su destino a través de un enlace serie de comunicaciones, que tradicionalmente se ha establecido de forma permanente en la RTC durante el tiempo que dura la comunicación, siguiendo un esquema clásico de conmutación de circuitos. Dependiendo del sistema implementado, el multiplexado que tiene lugar en la central de acceso será de 24 o bien de 30 canales de voz de diferentes usuarios.

Llegados a este punto es lógico preguntarse por el tipo de arquitectura de red adoptado tradicionalmente por la RTC para encaminar las llamadas y formar los circuitos dedicados punto a punto entre cada pareja de abonados que establece una comunicación. Dicha arquitectura obedece a un esquema jerárquico en el que se identifican centrales de diferentes niveles; desde las centrales de acceso conectadas a los usuarios a través de los bucles de abonado individuales hasta las centrales de más alto nivel en la jerarquía, encargadas de establecer circuitos de conmutación a nivel internacional entre abonados de diferentes países.

El escenario más sencillo que puede concebirse consiste en dos abonados cuyos domicilios se encuentran próximos entre sí y comparten la misma central de acceso. Hay miles de estas centrales en España distribuidas por toda la geografía nacional. Teniendo en cuenta que cada central de acceso da servicio a decenas de miles de abonados ubicados en la misma zona, este escenario se corresponde con una llamada local, como ilustra la figura 32.14.

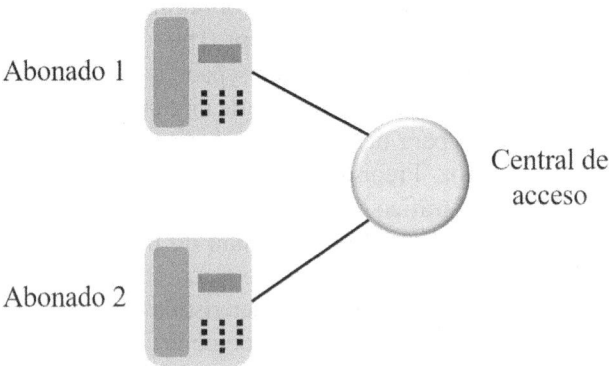

Figura 32.14   Circuito de voz establecido entre dos abonados vinculados a una central de acceso común a ambos.

En caso de que los domicilios de los dos abonados se encuentren relativamente alejados entre sí, es de esperar que sus respectivos bucles de abonado lleguen a centrales de acceso diferentes. Por lo tanto, para establecer un circuito de conmutación entre ellos lo normal es que se involucre a una **central de tránsito** de rango superior, ubicada en la misma ciudad que las centrales de acceso (figura 32.15). El tráfico de voz entre una central de tránsito, que llamaremos central primaria, y las centrales de acceso enlazadas con esta, es mucho más intenso que el existente en los bucles de abonado, razón por la que las conexiones entre centrales se representan con trazos de diferente grosor dependiendo de la jerarquía. Existen varios cientos de centrales primarias en España.

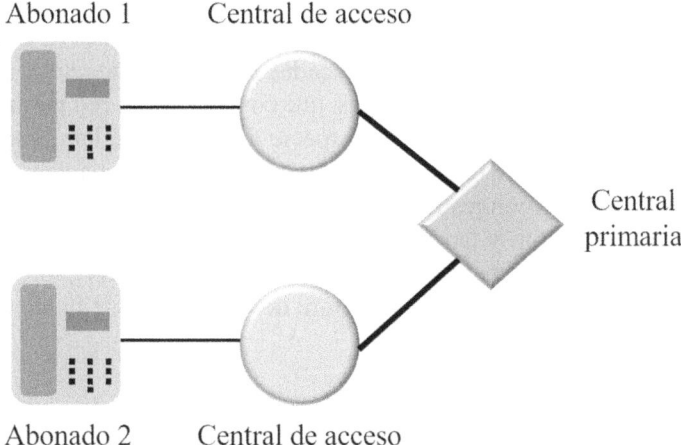

Figura 32.15   Circuito de voz establecido a través de una central primaria entre dos abonados vinculados a centrales de acceso distintas.

Subiendo un escalafón más en la jerarquía hay que añadir al esquema anterior otra central de tránsito, esta vez de tipo secundario, que permita establecer llamadas telefónicas de tipo interurbano entre localidades pertenecientes a la misma provincia, como representa la figura 32.16.

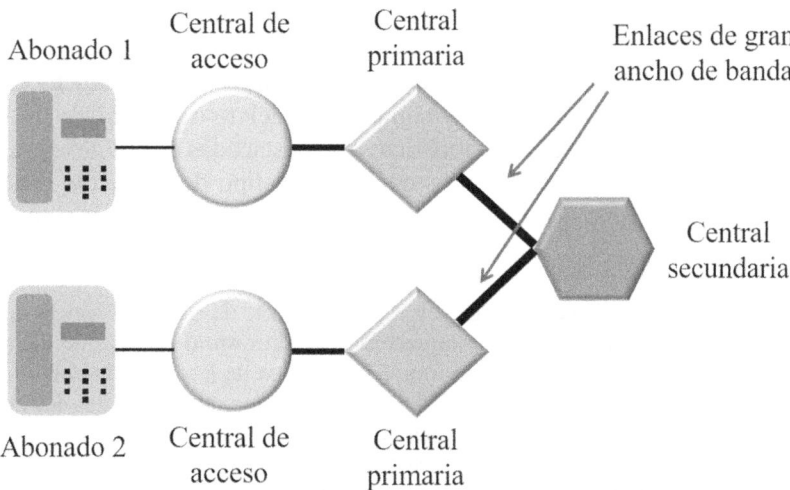

Figura 32.16   Circuito de voz establecido a través de una central secundaria y dos primarias entre dos abonados vinculados a centrales de acceso distintas. (Adaptada de [tan11]).

Esta estructura jerárquica se extiende mediante algunas centrales terciarias que garantizan la comunicación a nivel interprovincial y que se conectan, a su vez, con otras de nivel superior en la jerarquía que canalizan el tráfico de voz dirigido hacia abonados situados en otros países. En cualquier caso, la descripción de la jerarquía de red quedaría incompleta sin añadir que la arquitectura de la RTC, fuertemente jerarquizada como se acaba de ver, se complementa en la práctica con numerosas conexiones directas entre centrales no indicadas en los circuitos de conmutación de voz mostrados en las tres figuras anteriores, que constituyen la **red complementaria**. Dichas conexiones funcionan como una especie de atajos que habilitan circuitos de voz alternativos a los ya existentes en la jerarquía. Esta redundancia es beneficiosa por tres razones: evita la congestión de la red; reduce el uso de enlaces intermedios y equipos de conmutación; y también facilita el mantenimiento de la red, que debe ser especialmente robusta para evitar interrupciones del servicio. De hecho, lo habitual es establecer un circuito de voz entre dos abonados mediante rutas directas de la red complementaria.

32.4.4 Multiplexado y demultiplexado en redes ópticas de acceso

La red de fibra óptica desplegada desde hace tiempo para comunicar entre sí las diferentes centrales que constituyen la red troncal de la RTC, que canaliza el tráfico de multitud de abonados y requiere por tanto un gran ancho de banda, se está ampliado a buen ritmo en países como España y tantos otros para dar cobertura al último tramo de la red que queda por cubrir con fibra, que es el acceso al domicilio del usuario con bucle de abonado de cobre (conocido en el mundo anglosajón como "la última milla"). En caso de contar ya con un enlace de fibra óptica desde el domicilio hasta la central de acceso, que puede tener una longitud de hasta veinte km gracias a la reducida atenuación que presenta la fibra óptica en las **ventanas espectrales** segunda y tercera del espectro infrarrojo[15] utilizadas para la transmisión ([fig02], [mar04]), la red de acceso sigue el estándar GPON[16] o bien alguno similar, ya que existen variantes con topologías de red parecidas como APON y EPON (entre otras)[17], que se distinguen fundamentalmente por el tipo de tráfico de red que soportan ([sen09]). Una de las características más destacadas de GPON es su versatilidad para transmitir paquetes de datos de cualquier tipo de protocolo mediante el encapsulado de tramas, lo que incluye a paquetes IP, ATM[18], Ethernet y variantes de

---

[15] El concepto de ventana espectral surge con el advenimiento de las fibras ópticas de primera generación tras identificar las regiones espectrales del infrarrojo en las que dichas fibras presentaban una menor atenuación. Esto motivó el empleo de láseres para comunicaciones ópticas emitiendo a 850 nm, 1310 nm y 1550 nm ([fre16]), que son longitudes de onda localizadas intencionadamente dentro de cada una de las tres ventanas espectrales. Sin embargo, tras mejoras introducidas en las fibras ópticas a mediados de la década de 1980, desapareció el pico de absorción a 950 nm que separa las dos primeras ventanas, quedando solo la segunda y la tercera. A finales de la década de 1990 se consiguió finalmente eliminar el único pico de absorción restante a 1400 nm entre las ventanas segunda y tercera ([mar04]). Por tanto, referirse con la tecnología actual a ventanas espectrales en el contexto de la atenuación experimentada por una fibra óptica en función de la longitud de onda infrarroja es una consecuencia de la evolución en la tecnología de fabricación de las fibras ópticas.

[16] Del inglés *gigabit-capable passive optical network*.

[17] APON y EPON son los acrónimos de ATM PON y Ethernet PON, respectivamente.

[18] Del inglés *asynchronous transfer mode*.

tipo TDM ([fre16], [sen09]). Como Frenzel apunta en su libro, el estándar GPON es *"protocol-agnostic"* ([fre16]).

Si no se dispone en el domicilio particular de un teléfono IP, ya que este tipo de teléfonos suele ser más habitual en entornos corporativos, la digitalización de la señal de voz generada en un teléfono fijo convencional tiene lugar en el propio enrutador VoIP GPON localizado en la vivienda del usuario, que se conoce indistintamente por las siglas ONT o bien ONU[19]. La interfaz física de estos enrutadores incorpora varios puertos RJ-11 de telefonía fija y algunos puertos más del tipo RJ-45 para dotar de conectividad al cada vez más dispar abanico de dispositivos que se conectan al enrutador mediante cable Ethernet y que no se limita a ordenadores personales, sino que incluye además teléfonos IP, televisores inteligentes, reproductores de audio en red, discos NAS[20], etc. La figura 32.17 es una fotografía de dicha interfaz para uno de estos enrutadores domésticos.

Figura 32.17   Interfaz física de un enrutador doméstico ONT utilizado con redes de acceso GPON. Son fácilmente reconocibles, de izquierda a derecha, el conector de fibra óptica, dos puertos de telefonía RJ-11, cuatro puertos Gigabit Ethernet RJ-45 y un puerto USB 2.0 para la conexión de discos o impresoras.

La transmisión de la señal de voz, desde que esta se genera en el terminal telefónico y se digitaliza hasta que es recibida y encaminada hacia su destino por el módulo óptico ubicado en la central de acceso encargado de gestionar la comunicación, denominado OLT[21], tiene lugar en formato digital mediante VoIP a través de la fibra óptica de la red GPON. A diferencia del bucle de abonado clásico de par trenzado, que establece un circuito individual entre cada domicilio y la central de acceso, cuando se emplea fibra óptica no hay una conexión directa entre el ONT doméstico y el OLT de la operadora de telecomunicaciones. Por el contrario, las fibras domésticas de numerosos hogares convergen en un nodo remoto común, del que sale una única fibra que alcanza el OLT. Se emplea el multiplexado TDM para usar esta fibra óptica compartida sin riesgo de que se produzca una colisión entre señales enviadas simultáneamente al OLT desde diferentes hogares, como veremos más adelante.

---

[19] Del inglés *optical network termination* y *optical network unit*, respectivamente.
[20] Del inglés *network-attached storage*.
[21] Del inglés *optical line termination*.

El nodo remoto al que se acaba de aludir es en realidad bidireccional, lo que se traduce en que su función es doble dependiendo del sentido del tráfico de red: por un lado, ejerce de multiplexor para el tráfico ascendente que se encamina desde los diferentes ONT hasta el OLT común vinculado con todos ellos; y por otro, demultiplexa (o bifurca, si se prefiere este término) el tráfico en sentido descendente enviado desde un OLT hasta los ONT correspondientes. Este nodo remoto multiplexor/demultiplexor cuenta con la importante ventaja de ser un dispositivo pasivo y, por lo tanto, no necesita una fuente de alimentación, como sí sucede con los repetidores y amplificadores típicos de las transmisiones electrónicas. Sin embargo, hay que tener presente que en el proceso de demultiplexado la potencia óptica total disponible suministrada por el OLT en la central de acceso se reparte por igual entre todas las fibras ópticas que llegan a los usuarios, lo que en la práctica limita el número de ONT a un máximo de 64 por cada OLT ([fre16]).

Las redes ópticas de acceso de tipo PON utilizan varios esquemas de modulación simultáneos que garantizan la fiabilidad de la transmisión, de los que se hablará seguidamente. Aunque es técnicamente viable enviar voz en formato analógico por una fibra óptica mediante una modulación analógica de la intensidad luminosa de la fuente de luz que sea proporcional a la magnitud de la señal eléctrica (de voz, en este caso), lo cierto es que en la práctica la transmisión de luz por fibra óptica siempre tiene lugar mediante un tipo de modulación denominada ASK[22], que emplea una señal moduladora digital. Con ASK es la propia señal de voz, previamente digitalizada, la que modula la emisión de luz de la fuente, que en sistemas de comunicaciones es un led o preferiblemente un diodo láser, y lo hace de una forma muy simple: cuando la fuente de luz emite se transmite un bit a 1 y cuando no lo hace se transmite un bit a 0.

Por otro lado, en el caso de una red GPON son típicamente tres las longitudes de onda distintas de radiación infrarroja que se transmiten por una única fibra óptica, dependiendo del tipo de tráfico de red y de si su sentido es ascendente o descendente. Los bits del tráfico ascendente dirigidos hacia la central de acceso modulan una señal portadora a 1310 nm, mientras que los bits del tráfico descendente hacia los hogares modulan una portadora a 1490 nm, que es común para el tráfico tanto de VoIP como de Internet, y también una segunda portadora a 1550 nm para señales de televisión; todo ello gracias a una modulación de tipo WDM que posibilita la coexistencia en una misma fibra óptica de todo el tráfico mencionado de forma simultánea y sin interferencias. Obsérvese que no es incompatible en absoluto el hecho de que un canal de comunicación óptico, por el que un láser inyecta en una fibra pulsos de luz con modulación ASK, emplee además una modulación WDM para permitir la transmisión por la misma fibra de la emisión de varios láseres con diferentes longitudes de onda, todos ellos con su correspondiente modulación ASK. A estas dos modulaciones simultáneas se puede unir una tercera, y es el transporte de tramas de bits generadas por diferentes usuarios mediante la modulación en el tiempo TDM mencionada con anterioridad. De hecho, la combinación de estos tres esquemas

---

[22] Del inglés *amplitude-shift keying*.

diferentes de modulación constituye el principio de funcionamiento subyacente de las redes de acceso PON por lo que respecta a la transmisión de información por un enlace de fibra óptica[23].

La figura 32.18 ilustra la topología típica de una de estas redes, diseñada para distribuir a los hogares tráfico de banda ancha de voz, datos y vídeo; así como para enviar hacia la red el tráfico de voz y datos generado en los propios hogares. La velocidad de transmisión depende del tipo de red PON (APON, EPON, GPON, etc.); en el caso de una red GPON se alcanzan 2,4 Gbps en el sentido descendente y 1,2 Gbps o bien 2,4 Gbps en el ascendente ([tan11]).

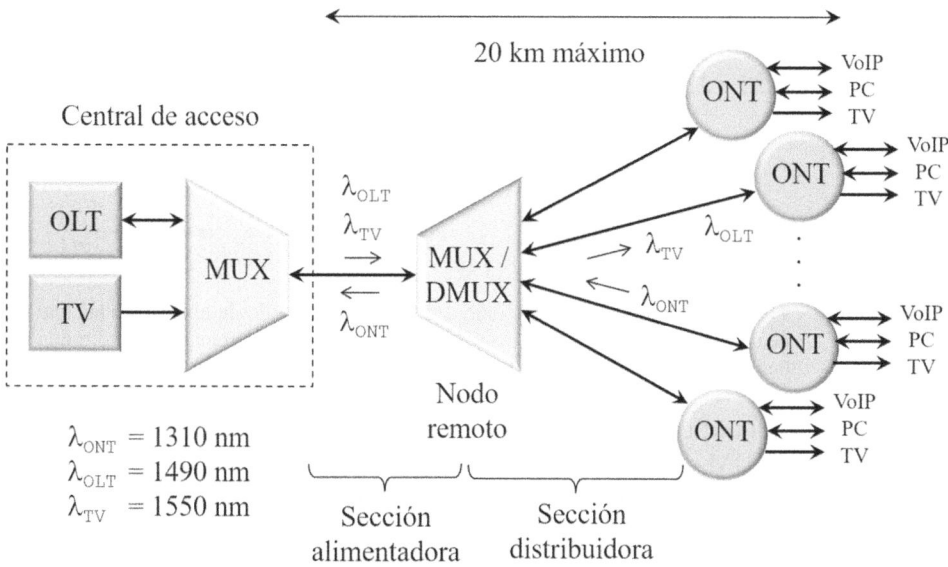

Figura 32.18 Topología simplificada de una red de acceso PON de alta velocidad diseñada para la transmisión simultánea de voz, datos y vídeo. (Adaptada de [fre16], [sen09] y [tan11]).

Esta exposición introductoria a las redes de acceso PON concluye describiendo cómo se gestiona exactamente el tráfico de red bidireccional en el nodo remoto. Para fijar ideas tomaremos a modo de ejemplo una red EPON con tráfico Ethernet formada por tres ONT, como la mostrada en la figura 32.19 (el mismo concepto es aplicable a otras redes de tipo PON). Además, y con la intención de simplificar el esquema, se prescinde de la transmisión de vídeo. Por lo que respecta al tráfico

---

[23] Aunque se ha limitado a tres el número de longitudes de onda multiplexadas mediante WDM en una red PON, este número puede ampliarse a un número mucho mayor para dotar de mayor ancho de banda a la red sin complicar excesivamente su arquitectura. En este caso el canal ascendente ya no emplea una única longitud de onda a 1310 nm, sino varias, lo que obliga a incluir un filtro óptico pasabanda en el OLT para discriminar las diferentes fuentes de información ([sen09]).

descendente, el OLT envía paquetes IP de longitud variable a los tres ONT. Estos paquetes alcanzan de forma secuencial el nodo remoto, que actuando como demultiplexor los canaliza hacia tres fibras ópticas diferentes en el mismo orden. Cuando los paquetes llegan a sus respectivos destinos, los ONT aceptan solo los que van dirigidos a ellos y descartan el resto, gracias a que los propios paquetes contienen información del destinatario al que van dirigidos.

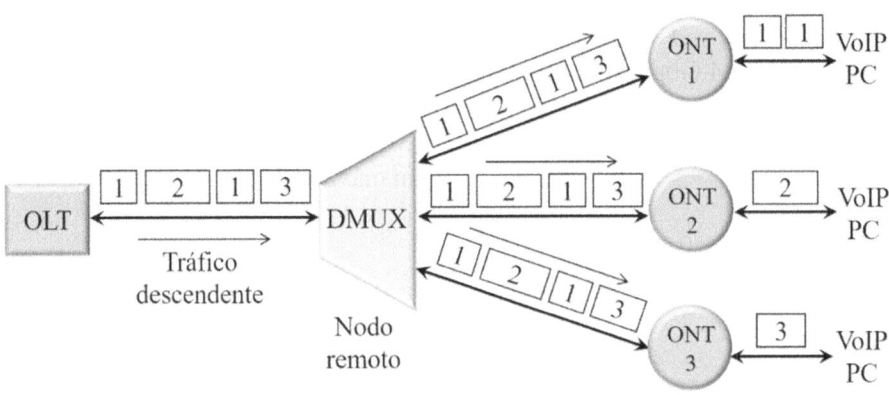

Figura 32.19 Tráfico descendente de voz y datos en una red EPON desde el OLT en la central de acceso hasta los ONT de los usuarios. El nodo remoto funciona como módulo demultiplexor. (Adaptada de [sen09]).

La gestión del tráfico ascendente es algo más compleja, puesto que requiere de una modulación TDM en el nodo remoto para canalizar sin interferencias el tráfico de los diferentes usuarios hacia el OLT, como ilustra la figura 32.20.

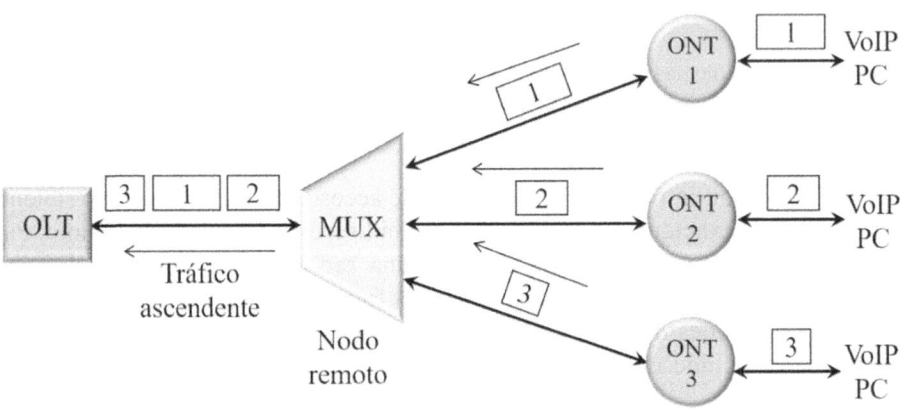

Figura 32.20 Tráfico ascendente de voz y datos en una red EPON desde los ONT de los usuarios hasta el OLT en la central de acceso. El nodo remoto ejerce de multiplexor TDM. (Adaptada de [sen09]).

El OLT asigna ranuras temporales a cada ONT que se transmiten de forma secuencial sin solaparse entre ellas, de forma que, por ejemplo, el ONT 3 transmite el paquete 3 en la primera ranura temporal; el ONT 1 transmite el paquete 1 en la segunda ranura temporal y el ONT 2 transmite el paquete 2 en la tercera ranura temporal. Al igual que en el tráfico descendente, la longitud de los paquetes IP es variable. El nodo remoto funcionando como multiplexor genera una señal TDM con los tres paquetes recibidos, que es transmitida hacia el OLT.

En cualquiera de los escenarios descritos en los apartados previos ha quedado demostrada la función crucial que desempeña en algunas de las arquitecturas de red más representativas de la RTC el multiplexado TDM. Ya comprobamos en el capítulo anterior que la RTC, como sucede con tantos otros sistemas de comunicaciones electrónicas, no se concibe sin la presencia de registros de desplazamiento. Ahora hemos aprendido que, junto a dichos registros, el multiplexor resulta vital para encaminar el tráfico por canales de comunicación de la red compartidos con otros usuarios. Por otro lado, y a pesar de que se han considerado los aspectos más destacados del multiplexado TDM en el contexto de la transmisión de señales de voz, quedan todavía numerosos detalles por describir que van mucho más allá del alcance de este texto. El estudiante con curiosidad por profundizar en el papel clave que desempeña el multiplexor en los sistemas de comunicaciones puede consultar, dada la transversalidad del tema, un buen número de referencias de diversos campos como son la electrónica digital; los sistemas de comunicaciones, tanto electrónicos como optoelectrónicos; y las redes de computadores. Algunas de ellas son [flo16], [fre16], [sen09], [sta07], [tan11], [tie12], [tom14] y [wak01].

32.4.5 Un nuevo paradigma de redes y servicios de comunicaciones

Esta sección concluye destacando una realidad incuestionable, y es que la RTC se encuentra inmersa desde hace algún tiempo en una auténtica revolución que la acabará transformando por completo. Si bien dicha red ha venido experimentando un despliegue imparable desde su concepción hasta llegar a contar hoy en día con una amplísima cobertura por todo el mundo, es innegable que las alternativas a la comunicación de voz que coexisten actualmente con la telefonía convencional, como son la telefonía móvil y la voz sobre IP (esta última utilizada por las principales aplicaciones de mensajería, como son *WhatsApp*, *Telegram*, *Skype* y *Messenger*), gozan de una creciente aceptación que contribuirá en buena medida a acabar con el papel hegemónico que desde siempre ha mantenido la RTC en el ámbito de la comunicación de voz mediante una tecnología basada en la conmutación de circuitos. Desde hace ya algún tiempo es un hecho que el tráfico que soportan las redes diseñadas en un principio solo para voz es mayoritariamente de datos, y resulta actualmente impensable acceder a contenidos multimedia con una línea analógica doméstica a través de un antiguo módem telefónico, como los que se popularizaron a partir de finales de la década de 1980, que llegaron a transmitir a la modesta velocidad de 56,8 kbps. Estos equipos pioneros ni siquiera eran capaces de simultanear la conexión a Internet con una llamada telefónica convencional, al utilizar el mismo rango de frecuencias destinado a la transmisión de voz. Algunas tecnologías de comunicación más recientes de banda ancha, como es el caso de las redes Ethernet de alta velocidad a 100 Mbps; las redes Gigabit Ethernet, diez veces más rápidas que estas; y las redes construidas a partir de enlaces de fibra óptica, han resultado fundamentales para conseguir notables avances en la cada vez más demandada convergencia de voz, datos y contenidos multimedia que soportan las modernas redes de alta velocidad ([dav01]). Este escenario de reconversión, que previsiblemente culminará en un futuro próximo con un despliegue generalizado de redes de fibra óptica que alcance a la mayoría de las empresas y hogares, está liderado a nivel mundial por operadores de telecomunicaciones como Telefónica. Esta compañía, además de destacar por haber logrado en menos de dos décadas la implantación masiva en una buena parte de los municipios de España de la infraestructura propia de la red óptica de comunicaciones (que arrancó en el año 2005 con las primeras pruebas piloto en Madrid), ha ido ampliando paulatinamente la cobertura que da soporte a la quinta generación de redes móviles. Las redes 5G, tras superar las primeras pruebas en 2018 y el lanzamiento de su despliegue comercial en 2019, comenzaron a jugar un papel determinante en el desarrollo de aplicaciones IoT ([joy21]). Como resultado de la confluencia de ambas tecnologías de red, actualmente se dan las condiciones para el surgimiento de un nuevo paradigma alrededor de las redes y los servicios de telecomunicaciones con verdadero potencial para crear un mundo hiperconectado. Según consta en la prensa especializada, el 19 de abril de 2023 Telefónica dejó de ofertar altas sobre un par de hilos de cobre con la intención de clausurar la totalidad de sus servicios de ADSL en todo el territorio nacional justo un año después, el 19 de abril de 2024, coincidiendo con la fecha del centenario de su fundación. Con esta decisión, Telefónica lideró la transición hacia una red de fibra óptica entre los operadores de telecomunicaciones europeos y latinoamericanos, convirtiendo a España en el primer país europeo —seguido de cerca por Finlandia y Países Bajos, y con una considerable ventaja sobre Francia, Reino Unido y Alemania— en protagonizar el apagado definitivo de la red de cobre que ha suministrado a los usuarios numerosos servicios de comunicaciones de banda ancha durante varias décadas y hasta bien entrado el siglo XXI.

Parte 6

INTRODUCCIÓN AL PROTOTIPADO DE SISTEMAS EMPOTRADOS

Son cada vez más numerosas y sofisticadas las herramientas de desarrollo que facilitan la implementación de aplicaciones en el campo de la electrónica, que pueden llegar a ser de una complejidad considerable. Dentro de ellas se distinguen dos tipos de plataformas claramente diferenciadas, unas basadas en lógica digital configurable, como son los circuitos FPGA, y otras basadas en microcontroladores. Esta sexta y última parte pretende acercar ambas tecnologías y algunas de sus herramientas de desarrollo mediante un recorrido por una selección de plataformas de prototipado de bajo coste que los principales fabricantes han ido lanzando al mercado en las últimas décadas. Mostrar el uso de dichas herramientas para el desarrollo de sistemas empotrados queda fuera de la cobertura de este texto; el objetivo perseguido con esta exposición se limita a aportar una visión de conjunto de las posibilidades que brindan estas plataformas, mostrando, además, cómo sus prestaciones han ido evolucionando con los años.

El material de esta última parte se estructura como sigue. Tras hacer un breve repaso en el capítulo 33 de las alternativas actualmente existentes orientadas a la implementación de un circuito digital, incluyendo tanto los microcontroladores como los circuitos FPGA entre otras muchas posibilidades, en el capítulo 34 se pasará a exponer los fundamentos de los microcontroladores como paso previo a la descripción de una selección relativamente amplia de plataformas de prototipado de diferentes fabricantes, junto a sus respectivos microcontroladores. El mismo enfoque se adoptará en el capítulo 35, que cierra esta sexta parte, en el contexto de los circuitos configurables FPGA.

La totalidad de las plataformas de prototipado que se irán mostrando en los capítulos 34 y 35 están dotadas de puertos USB. En el capítulo 34 encontraremos desde el voluminoso conector de tipo B, que se utiliza en placas como PICkit 1 Flash Starter Kit y Arduino UNO R3, hasta el pequeño conector micro-USB, que forma parte de numerosas plataformas como las que forman parte de las familias Curiosity de Microchip y STM32 Nucleo-144 de ST, pasando por el conector de tamaño intermedio mini-USB, adoptado en las plataformas de la familia STM32 Nucleo-64 de ST. Un cuarto conector USB más reciente, el tipo C, que se encuentra en Arduino UNO R4, comienza a popularizarse. Todos ellos resultan útiles para la configuración o la programación del dispositivo correspondiente desde un ordenador. El hecho de contar con puertos USB facilita la puesta en práctica de proyectos que estimulan el aprendizaje haciendo uso de los periféricos que incorporan dichas plataformas, en ocasiones sin necesidad de recurrir a componentes electrónicos adicionales.

La plataforma de prototipado Curiosity HPC del fabricante Microchip mostrada en esta fotografía incorpora, en uno de sus dos zócalos de expansión, el módulo electrónico de soporte 7seg click, que se comunica con el microcontrolador PIC18F47Q10 de ocho bits y 40 pines incluido de serie con la mencionada plataforma mediante una interfaz SPI. El código, ejecutado desde el entorno de desarrollo gráfico MPLAB Code Configurator, es el de un contador módulo 100 disponible en las bibliotecas click. Estas bibliotecas han sido desarrolladas para sacar partido al amplio surtido de más de 550 módulos electrónicos auxiliares diseñados por la empresa serbia MikroElektronika (MikroE), que son compatibles con el estándar de conexión mikroBUS y permiten ampliar las posibilidades de prototipado de los microcontroladores. Dicho estándar también se encuentra incorporado en otras plataformas, como son la MPLAB Xpress y la Curiosity Nano Base for Click Boards^{TM}, que se describirán con detalle en el capítulo 34 junto a la Curiosity HPC.

Estrategias para implementar un diseño lógico

33.1 La lógica normalizada de función fija y sus limitaciones
33.2 El diseño lógico personalizado y su ámbito de aplicación
33.3 Visión general del diseño lógico semipersonalizado

Son numerosas las estrategias por las que puede optar un ingeniero electrónico cuando se trata de implementar un diseño lógico digital. Además, los estilos de implementación han experimentado una notable evolución desde los orígenes de las primeras tecnologías digitales, cuando se comenzaron a aplicar con éxito a la fabricación de dispositivos lógicos los procesos tecnológicos pioneros de la industria microelectrónica. La aparición de constantes mejoras y novedosos métodos de implementación no ha cesado hasta nuestros días, y es previsible que esta tendencia continúe a buen ritmo en los próximos años. El objetivo de este capítulo es aportar una visión preliminar al conjunto de dichas estrategias.

En primer lugar, se plantearán las limitaciones a las que se enfrenta la lógica normalizada de función fija ante el reto de implementar un diseño digital de elevada complejidad, para pasar a exponer las alternativas que han ido surgiendo con la evolución de las técnicas de diseño y de las herramientas que las acompañan. Entre dichas opciones cabe citar, por un lado, el diseño lógico personalizado, cuyas aplicaciones se circunscriben actualmente a un ámbito muy reducido debido a los costes que acarrea su implementación; y, por otro lado, los diferentes enfoques de diseño lógico semipersonalizado, que van desde las metodologías basadas en celdas hasta las técnicas que recurren a matrices de puertas y el empleo, cada vez más extendido, de lógica digital configurable y, especialmente, de matrices de puertas reconfigurables, conocidas comúnmente como circuitos FPGA.

33.1 La lógica normalizada de función fija y sus limitaciones

La denominada **lógica normalizada de función fija**, basada en la interconexión de circuitos de aplicación general comercialmente disponibles de tipo SSI, MSI y LSI, ha sido la opción escogida para implementar los diseños lógicos propuestos en todos los casos de estudio del presente texto (restringida en realidad a los circuitos SSI y MSI), y durante muchos años constituyó la estrategia de diseño predominante de los módulos electrónicos digitales[1]. La lógica normalizada de función fija ha resultado conveniente para nuestros propósitos debido a que los circuitos digitales diseñados y analizados en los capítulos previos son en general de pequeño tamaño. Una selección representativa de algunos de los CI de 14 pines utilizados en la verificación experimental del funcionamiento de dichos circuitos se muestra en la figura 33.1.

Figura 33.1 Selección de nueve CI de función fija fabricados con encapsulados DIP. La longitud de todos ellos es de 19 mm aproximadamente. Columnas izquierda y central: seis CI de tipo SSI. Columna derecha: tres CI de tipo MSI.

En la columna de la izquierda y en la columna central se muestran los siguientes seis CI fabricados a pequeña escala de integración (SSI): 4011, 74LS02, 74LS04, 74LS86, 74LS73 y 74LS74. Todos ellos implementan funciones lógicas simples, desde puertas lógicas de una o dos entradas hasta biestables síncronos. En la columna de la derecha se agrupan tres CI fabricados a mediana escala de integración (MSI), que implementan funciones lógicas más sofisticadas: se trata del módulo sumador de 4 bits con acarreo anticipado 74LS283, del contador de rizo de 4 bits 74LS90 y del contador síncrono de 4 bits 74LS163. La identificación de todos ellos, fabricados con los tradicionales encapsulados DIP para facilitar su inserción en placas de prototipos estándar o bien en placas de circuito impreso, puede consultarse en el

---

[1] Para referirse en inglés a la lógica normalizada de función fija es frecuente utilizar la expresión *standard COTS digital components*, o bien alguna variante similar, donde el acrónimo empleado en el término significa *commercial off-the-shelf* ([nel21]).

apéndice C. Excepto el CI 4011, fabricado con tecnología CMOS, todos ellos pertenecen a la subfamilia TTL-LS.

Sin embargo, las limitaciones propias de esta estrategia de implementación se manifiestan con claridad ante el reto de diseñar un sistema digital de gran tamaño compuesto por un elevado número de este tipo de chips, puesto que entonces tanto el espacio físico necesario para su montaje sobre una PCB como la complejidad del conexionado resultan prohibitivos y desaconsejan, por tanto, este enfoque. Entre las alternativas que permiten abordar con éxito la implementación de diseños lógicos complejos, se distingue entre circuitos digitales personalizados y semipersonalizados. Estos últimos, a su vez, pueden estar basados en celdas o bien en matrices. En las dos secciones siguientes se describen todos ellos.[2]

33.2 El diseño lógico personalizado y su ámbito de aplicación

El diseño de los **circuitos digitales personalizados**[3], o circuitos digitales a medida, se realiza puerta a puerta, maximizando así el rendimiento y optimizando el uso del silicio en el dispositivo. A pesar de que este proceso de diseño es laborioso y caro, era la única opción disponible en el diseño de los primeros microprocesadores a escala LSI, como el 4004 de Intel. En los diseños posteriores de microprocesadores más avanzados a escala VLSI, como por ejemplo el Pentium 4 de Intel, que integra 42 millones de transistores, solo las partes más críticas desde el punto de vista de las prestaciones, como son los circuitos PLL[4] y los circuitos distribuidores de la señal de reloj, se diseñan metódicamente puerta a puerta: para la mayoría del diseño lógico se recurre a las estructuras regulares típicas de los circuitos semipersonalizados. Actualmente el diseño VLSI personalizado es una opción a la que se recurre en casos muy concretos, como son los siguientes:

---

[2] Esta clasificación, adoptada en [rab04], es la escogida como hilo conductor para organizar los contenidos del capítulo, y se ha complementado con otras fuentes, entre las que destacan [man15] y [nel21].

[3] El término original en inglés para referirse a la metodología de diseño lógico personalizado es *full-custom design*. Una buena parte de estos circuitos se denominan *full-custom ASIC* (*application-specific integrated circuit*) ([max04], [man15]), o simplemente *custom ASIC* ([nel21]), para enfatizar que no se trata de circuitos normalizados de aplicación general, sino específica, concebidos a la medida del usuario final para desempeñar una tarea muy concreta.

[4] Un PLL (*phase-locked loop*, o **bucle de enganche de fase**), es un circuito realimentado compuesto por un oscilador de frecuencia variable y un detector de fase, y es utilizado en diversos campos de la electrónica. En el contexto de un procesador, los circuitos PLL se emplean en la distribución sincronizada de la señal de reloj por todo el sistema y también como multiplicador de frecuencia, lo que posibilita incrementar la velocidad de funcionamiento del procesador ([flo16]). Por otro lado, un circuito distribuidor de la señal de reloj (*clock buffer*) genera varias copias de dicha señal a partir de una única referencia. Aunque por defecto estos circuitos no incorporan un PLL, si se añade uno se reduce el denominado **sesgo de reloj** (*clock skew*).

- Cuando el producto se rentabiliza en un contexto de muy alto volumen de ventas, como es el caso de chips diseñados para relojes digitales o teléfonos inteligentes ([wak18]).
- Cuando el alto coste no es un condicionante que descarte abordar el diseño, como sucede con los supercomputadores.
- Cuando se persigue el diseño óptimo de los subsistemas electrónicos más críticos con prestaciones excepcionalmente altas en el contexto de un sistema digital más grande, como es el caso del Pentium 4 mencionado anteriormente y también de otros microprocesadores de reciente aparición.
- Cuando el circuito se concibe para ser reutilizado con mucha frecuencia como parte integrante de un CI mucho más complejo. El escenario por excelencia en este caso es el diseño de celdas para bibliotecas.

A los altos costes hay que sumar el inconveniente añadido de la obsolescencia, ya que la funcionalidad de los dispositivos, una vez fabricados, es inalterable.

33.3 Visión general del diseño lógico semipersonalizado

Las alternativas para abordar un diseño lógico de tipo semipersonalizado son múltiples y se expondrán a continuación, destacando tanto sus ventajas como sus limitaciones. Veremos que se puede optar, por un lado, por un diseño basado en celdas, de las que se encuentran diferentes tipos en función de su tamaño y nivel de personalización; y, por otro lado, por un diseño empleando dos tipos de matrices, denominadas predifundidas y preconexionadas.

33.3.1 Celdas normalizadas, celdas compiladas y macromódulos

Los **circuitos digitales semipersonalizados**[5] reducen el tiempo de diseño de los circuitos VLSI personalizados mediante el empleo de elementos prediseñados y resultan por lo tanto bastante más económicos, aunque tampoco evitan el problema de la obsolescencia (con la excepción de la lógica configurable, como veremos). Muchos de estos circuitos se fabrican partiendo de **celdas normalizadas**[6], que son componentes disponibles en bibliotecas de diseño que contienen desde funciones lógicas básicas y biestables hasta las funciones típicas de la lógica combinacional y secuencial, como es el caso de circuitos comparadores, sumadores, multiplexores, codificadores, decodificadores y contadores. Por ejemplo, una biblioteca de celdas normalizadas puede contener varias versiones de una puerta NAND de tres entradas

---

[5] Del término en inglés *semicustom design*, empleado para referirse a este tipo de circuitos. En el contexto del diseño digital semipersonalizado es frecuente encontrar la variante *semicustom ASIC*, puesto que muchos de estos circuitos son de aplicación específica. Una introducción breve y amena a los circuitos ASIC puede leerse en [rho05]. Otras referencias que mencionan o bien describen con mayor o menor detalle las celdas normalizadas y las matrices de puertas son [bro09], [hay96], [man02], [max04], [nel21], [rab04] y [wak18].
[6] Del inglés *standard cell*.

implementada con tecnología CMOS de 0,18 μm, cada una de ellas con un área, consumo y prestaciones diferentes.

En ocasiones, sin embargo, cuando el diseño lógico persigue unas prestaciones excepcionalmente altas o bien el consumo del dispositivo resulta especialmente crítico, el abanico de opciones de celdas normalizadas proporcionado por la biblioteca, por amplio que este sea, puede ser insuficiente. En este caso, una opción consiste en desarrollar, mediante una serie de técnicas automatizadas, celdas personalizadas dotadas de una óptima capacidad de excitación y caracterizadas por un tamaño de transistor ajustado con precisión. Estas celdas personalizadas se denominan **celdas compiladas**[7].

El diseñador lógico escoge las celdas, ya sean normalizas o compiladas, especifica su ubicación e interconexión en el CI y, finalmente, obtiene las máscaras de fotolitografía para la microfabricación. Este enfoque de diseño cuenta con una gran aceptación y actualmente se emplea para la implementación de casi todos los elementos lógicos presentes en un CI que implementa funciones lógicas de carácter aleatorio. Sin embargo, cuando sucede que la estructura de la función que se pretende implementar presenta un patrón muy regular, como es el caso de circuitos de memoria, multiplicadores y microprocesadores, entonces la estandarización al nivel de puerta lógica que proporcionan las bibliotecas típicas de celdas normalizadas no garantiza los mejores resultados, siendo preferible optar en este caso por celdas más complejas llamadas indistintamente **macroceldas**, **megaceldas** o **macromódulos**. Dos ejemplos representativos son un macromódulo multiplicador 8×8 y otro de memoria SRAM con una capacidad de 256×32.

33.3.2 Núcleos de propiedad intelectual (IP)

Actualmente, la tendencia en el diseño de la lógica digital semipersonalizada pasa por escoger bloques reutilizables caracterizados por una funcionalidad de creciente complejidad, que son desarrollados por empresas como ARM y puestos a disposición de los fabricantes mediante acuerdos de licencia en forma de núcleos de **propiedad intelectual**[8]. Algunos ejemplos de dichos núcleos (también denominados módulos) son los siguientes:

- Microcontroladores y microprocesadores empotrados.

- Ciertas interfaces de bus, como es el caso de la interfaz PCI[9].

- Procesadores DSP, así como los módulos FFT[10] y los módulos de filtrado para aplicaciones orientadas al uso de este tipo específico de procesadores.

---

[7] Del inglés *compiled cell*.
[8] Del inglés *intellectual property*, abreviado habitualmente como IP.
[9] Del inglés *peripheral component interconnect*.
[10] Del inglés *fast Fourier transform*.

- Codificadores empleados para la corrección de errores en comunicaciones inalámbricas.

- Codificadores y decodificadores MPEG para vídeo.

Los microcontroladores mencionados en la lista constituyen un tipo de circuitos programables que, a diferencia de los circuitos típicos de la lógica de función fija, se consideran de función variable, puesto que su funcionalidad es fácilmente alterable modificando el contenido de su memoria ([man15]). La figura 33.2 muestra, a efectos ilustrativos, dos microcontroladores de la familia STM32 de 32 bits, con indicación explícita de sus dimensiones ([L476xx], [L496xx]). Ambos incorporan núcleos IP diseñados por ARM y fabricados por la compañía STMicroelectronics con la cada vez más extendida tecnología SMT para encapsular los circuitos, y forman parte de plataformas de prototipado de bajo coste cuyas prestaciones se describirán con cierto detalle en el capítulo 34[11].

← 10 mm →

←——— 20 mm ———→

Figura 33.2 Dos microcontroladores de 32 bits fabricados por STMicroelectronics, ambos con encapsulados SMD de tipo LQFP. Izquierda: STM32L476RGT6U (64 pines). Derecha: STM32L496ZGT6PU (144 pines).

El encapsulado SMD escogido es de tipo LQFP, y no es ni mucho menos el único disponible. A continuación, se enumeran algunas de las configuraciones más representativas adoptadas por los fabricantes para encapsular sus circuitos de montaje superficial, que se caracterizan por tamaños y geometrías diferentes tanto

---

[11] La arquitectura de los núcleos de la compañía ARM se refiere únicamente al procesador, excluyendo los numerosos periféricos internos que incluyen los microcontroladores. Los fabricantes que utilizan los diseños de ARM construyen sus chips a partir de dichos núcleos y, por lo tanto, cada fabricante dispone de sus propios microcontroladores, que si bien pueden tener una UCP común (por ejemplo, un núcleo Cortex-M3), se distinguen por los diferentes periféricos que incorporan ([ibr23]).

de los propios encapsulados como de los terminales de contacto ([flo16]). Aunque la lista no es exhaustiva, da una idea de la diversidad de alternativas existentes.

- **SOIC** (*small-outline integrated circuit*). Mientras que un CI de 14 pines con encapsulado DIP puede alcanzar prácticamente los 2 cm de largo, la versión SOIC equivalente, también de forma rectangular, es algo inferior a 1 cm.
- **SSOP** (*shrink small-outline package*). Se trata de una versión reducida del SOIC que logra comprimir aún más el tamaño.
- **LQFP** (*low-profile quad flat package*). La geometría de sus contactos es análoga a la de las configuraciones SOIC y SSOP, pero el encapsulado tiene forma cuadrada en lugar de rectangular.
- **PLCC** (*plastic-leaded chip carrier*). Sus terminales de contacto adoptan una forma doblada característica que les permite introducirse por debajo del encapsulado.
- **CLCC** (*ceramic leadless chip carrier*). Este encapsulado cerámico cuenta con contactos metálicos moldeados en su propia estructura.
- **BGA** (*ball grid array*). Esta versión dispone de electrodos de contacto situados debajo del encapsulado, lo que impide su visualización tras el montaje del CI en la placa. Dichos electrodos adoptan la forma de pequeñas bolas de soldadura distribuidas de forma regular en una retícula que se extiende por toda la cara inferior del encapsulado, que una vez fundidas garantizan el contacto eléctrico.
- **CSP** (*chip-scale package*). Se trata de una variante del encapsulado de tipo BGA de dimensiones más reducidas, en la que el tamaño del encapsulado es solo ligeramente superior al tamaño del propio chip (por un factor 1,2). Los electrodos de contacto son también más pequeños.

33.3.3 Implementación basada en matrices

En ocasiones, sin embargo, se opta por un enfoque distinto al uso de celdas, en cualquiera de las variantes descritas previamente, con el fin de implementar circuitos digitales semipersonalizados. Dicho enfoque alternativo está basado en el empleo de matrices, como se describe seguidamente.

33.3.3.1 Matrices de puertas

Una **matriz de puertas**, o un **mar de puertas**[12], es un dispositivo que contiene un gran número de elementos básicos idénticos sin conectar en un CI, y que están ubicados en posiciones fijas sobre una retícula bidimensional. Los elementos básicos

---

[12] Del inglés *sea of gates*, o bien *sea of tiles*. La distinción entre una matriz de puertas y un mar de puertas depende del estilo de la oblea predifundida: en una matriz de puertas los componentes lógicos se disponen en filas y columnas, alojándose los recursos para su conexionado en los espacios entre estas; mientras que en un mar de puertas los recursos para el conexionado forman parte de una capa del circuito situada por encima de los componentes ([nel21]).

de estas matrices predifundidas (también llamadas matrices programables mediante máscara)[13] pueden ser, dependiendo de la matriz, transistores o bien puertas lógicas NOR o NAND de pocas entradas, ya que ambos tipos de puerta permiten la síntesis de cualquier función lógica. El papel del diseñador se limita a establecer mediante herramientas CAD[14] el conexionado entre las entradas y las salidas de las puertas de la matriz que da lugar al circuito deseado, completando así el proceso de fabricación del CI[15]. Este proceso, donde se especifica la posición física de los hilos de interconexión en los canales de enrutado, puede especificarse en tan solo una —o a lo sumo dos— de entre las cinco y diez etapas de las que típicamente consta la fabricación de un CI, lo que durante un tiempo contribuyó a reducir de forma significativa el coste y el tiempo requerido para la implementación final ([hay96]). Sin embargo, las matrices de puertas han ido perdiendo paulatinamente su atractivo debido a que, con la sofisticación creciente de los procesos tecnológicos característicos de la industria microelectrónica, que posibilitan la microfabricación de dispositivos integrando millones de puertas lógicas, las etapas dedicadas a definir las metalizaciones son en realidad las que más tiempo consumen y mayor impacto tienen sobre el rendimiento del dispositivo. En consecuencia, para el prototipado rápido de un sistema digital, los ingenieros descartan cada vez con más frecuencia abordar un diseño lógico basado en matrices de puertas. En su lugar, se tiende a preferir la utilización de matrices preconexionadas, como se justifica en el siguiente apartado.

33.3.3.2 Matrices preconexionadas

Las **matrices preconexionadas**[16] surgen como una evolución de los circuitos lógicos semipersonalizados introducida por los fabricantes para complementar su funcionalidad original introduciendo cierta lógica adicional, cuyo estado de alta o de baja impedancia es controlable a voluntad aplicando impulsos eléctricos ([man15]). Estas matrices, que son altamente configurables, dan lugar a circuitos digitales totalmente prefabricados que, por tanto, ya no necesitan someterse a la secuencia de pasos de microfabricación de las soluciones expuestas anteriormente. Se caracterizan por el notable hecho de que la personalización del dispositivo se realiza directamente por el usuario final mediante el empleo de herramientas CAD de prototipado digital. Este novedoso enfoque constituyó en su momento todo un cambio de paradigma con respecto a las estrategias de implementación vigentes hasta la fecha, puesto que un diseño basado en matrices preconexionadas es susceptible de ser actualizado con facilidad y rapidez tantas veces como se desee mediante la reconfiguración del conexionado entre los elementos físicos integrantes del circuito prefabricado de partida. Estas estructuras proporcionan una flexibilidad al diseñador lógico que es

---

[13] Del inglés *pre-diffused* (o *mask-programmable*) *array*.
[14] Del inglés *computer-aided design*.
[15] En el apartado 9.4.2 se recurre a una matriz de puertas NAND de cuatro entradas para implementar el circuito de un sumador completo.
[16] Del inglés *pre-wired array*.

típica de los **circuitos digitales configurables**, puesto que, además de constituir una alternativa muy competitiva en términos de coste y tiempo de desarrollo, cuentan con la ventaja de que la implementación final no adolece de la inevitable obsolescencia que caracteriza tanto los circuitos personalizados como los semi-personalizados basados en celdas y en matrices de puertas. Sin embargo, esta versatilidad se consigue a cambio de sacrificar en parte la eficiencia y, además, la implementación resultante solo utiliza una fracción de todos los recursos físicos disponibles, al contrario que sucede con otros métodos de diseño que son más óptimos en este sentido.

De entre todos los CI reconfigurables, son los circuitos FPGA los que, por su tamaño y prestaciones, están en condiciones de sustituir en gran medida al resto de los circuitos semipersonalizados basados en celdas y en matrices de puertas, y de hecho se están convirtiendo gradualmente en la opción preferida por los diseñadores lógicos. Los circuitos FPGA han venido a ocupar el vacío existente entre los circuitos PLD y los circuitos ASIC, debido a que, como sucede con los circuitos PLD, es el usuario final el que determina su funcionalidad, pero, al mismo tiempo, contienen millones de puertas lógicas y son capaces, por tanto, de implementar complejas funciones lógicas que durante un tiempo solo estaban al alcance de los sofisticados circuitos ASIC ([max08]).

La figura 33.3 es una fotografía de dos circuitos FPGA alojados en sus respectivos encapsulados SMD de tipo BGA, en la que se muestran sus dimensiones.

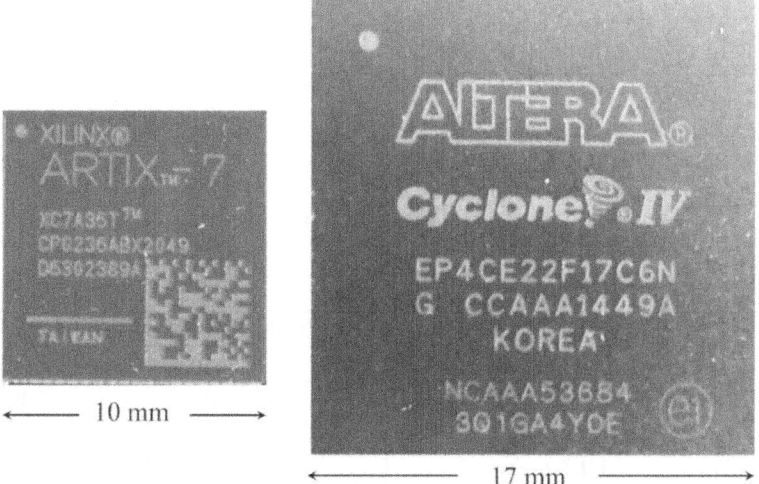

Figura 33.3 Izquierda: circuito FPGA XC7A35TCPG236 de la familia Artix-7 fabricado por Xilinx. Derecha: circuito FPGA EP4CE22 de la familia Cyclone IV fabricado por Altera. Ambos circuitos se alojan en sendos encapsulados SMD de tipo BGA.

A la izquierda de la figura se muestra un circuito de la subfamilia XC7A35T que, a su vez, forma parte de la familia Artix-7 de Xilinx y cuenta con 106 pines de usuario dedicados a funciones de E/S ([uns17], [xi7s_pp]). El circuito de la derecha es el EP4CE22 perteneciente a la familia Cyclone IV de Altera, que dispone de 153 pines de usuario para funciones de E/S ([cyIV_h1], [cyIV_pp]). En ambos casos los electrodos de contacto quedan ocultos debido al encapsulado escogido por los dos fabricantes. Estos circuitos FPGA, que cuentan con una notable variedad de recursos internos, forman parte de sendas plataformas de prototipado, cuyas prestaciones más significativas se expondrán en el capítulo 35.

El constante progreso que ha experimentado la tecnología empleada en la fabricación de chips para implementar funciones lógicas a lo largo de la historia de la microelectrónica, desde el advenimiento de los primeros circuitos digitales SSI hasta los circuitos FPGA pertenecientes al nodo tecnológico de 14 nm, queda reflejado en la recopilación de la tabla 33.1. Esta evolución ha sido tan vertiginosa que realmente puede considerarse una verdadera revolución (la mayor revolución silenciosa del siglo XX, como reza el propio título de la referencia [mar18]).

Tabla 33.1 Evolución histórica del aumento de la capacidad de integración de transistores en un chip demostrada por la industria microelectrónica en la fabricación de circuitos lógicos digitales. (Adaptada de [nel21]).

Integración/Dispositivo	Número de transistores	Año
SSI	De 2 a 100	1964
Puerta inversora	2	
Puerta NAND de dos entradas	4	
Puerta AND de dos entradas	6	
Biestable D	12	
Multiplexor de cuatro entradas	24	
Sumador/Restador de 1 bit	48	
MSI	De 100 a 500	1968
Decodificador 4:16	148	
Sumador/Restador de 4 bits	192	
LSI	De 500 a 20.000	1971
PLA PLS100	2.000	
Multiplicador de 16 bits	9.000	
VLSI	De 20.000 a 1.000.000	1980
Multiplicador de 32 bits	21.000	
Coprocesador 8087 de Intel	45.000	1980
PROM 82S321	100.000	
ULSI	Más de un millón	1984
FPGA Virtex-II de Xilinx	350 millones (130 nm)	2000
FPGA Virtex-4 de Xilinx	1.000 millones (90 nm)	2004
FPGA Stratix IV de Altera	2.500 millones (40 nm)	2008
FPGA Virtex-7 de Xilinx	6.800 millones (28 nm)	2011
FPGA Stratix 10 de Intel	17.000 millones (14 nm)	2017

34

Microcontroladores: fundamentos y plataformas de prototipado

34.1 **Estructura y programación de microcontroladores**
34.2 **Microcontroladores PIC de Microchip**
34.3 **Microcontroladores en el ecosistema de Arduino**
34.4 **Microcontroladores MSP430 y C2000 de Texas Instruments**
34.5 **Microcontroladores STM32 de STMicroelectronics**
34.6 **Perspectivas de futuro para los microcontroladores**

Los primeros microprocesadores, que datan de la década de 1970, proporcionaban una capacidad de cómputo considerable para la época a un coste relativamente bajo gracias a las prestaciones de sus respectivas UCP, siempre integradas en un único CI de pequeño tamaño. Sin embargo, para contar con un computador completo que fuese funcionalmente autónomo —dotado, por tanto, con módulos de memoria y capaz de gestionar eficazmente el intercambio de información con periféricos externos—, se hizo necesario añadir un buen número de CI al sistema computador que supliesen las carencias del microprocesador. Con el tiempo, algunos circuitos microprocesadores fueron ganando autonomía mediante la incorporación de módulos de memoria junto a la UCP en un mismo CI, a la vez que las prestaciones de las UCP mejoraban constantemente a medida que se abandonaban los sistemas de 8 bits para pasar a los de 16 y 32 bits. Este desarrollo culminó con el advenimiento de los primeros ordenadores personales.

El notable incremento en la potencia de cómputo que experimentaron los microprocesadores pioneros durante esa rápida transición hasta alcanzar la longitud de palabra de 32 bits, que marcó un punto de inflexión en el desarrollo de la tecnología en el año 1985 con el lanzamiento del microprocesador 80386 de Intel, vino acompañado de aplicaciones en el ámbito del control que poco tenían que ver con su uso original como herramienta de cómputo. Los ingenieros electrónicos comenzaron a experimentar entonces con nuevos sistemas digitales que, basados en variantes de determinados circuitos microprocesadores, fueron introducidos en automóviles y electrodomésticos, dando lugar a los primeros sistemas empotrados orientados a satisfacer una serie de especificaciones de funcionamiento muy concretas. Estos novedosos sistemas no requerían de la elevada capacidad de procesamiento que ya proporcionaban los microprocesadores de la época, sino más bien de una versátil interfaz de entrada y salida dotada con capacidad suficiente para procesar el intercambio de información con, por ejemplo, los sensores y los actuadores presentes en un frigorífico o en un horno, necesarios en ambos casos para regular la temperatura. Estas y otras aplicaciones de utilidad en multitud de sectores de actividad constituyeron un elemento catalizador que condicionó la evolución del microprocesador hasta culminar con el nacimiento de un nuevo dispositivo con identidad propia, el microcontrolador, caracterizado por su pequeño tamaño, autonomía y bajo coste, siempre orientado a ejecutar funciones de control tanto en el entorno doméstico como en el industrial.

El presente capítulo se plantea como un recorrido por el dinámico mundo de los versátiles microcontroladores y su evolución durante aproximadamente los últimos veinte años, destacando su idoneidad para el prototipado de sistemas empotrados mediante el empleo de plataformas de desarrollo de bajo coste introducidas en el mercado por los principales fabricantes. Tras exponer los fundamentos de estos dispositivos, se introducirá una extensa serie de microcontroladores diseñados, y con frecuencia también fabricados, por empresas que son un referente en su campo, como es el caso de ARM, Atmel, Microchip, Renesas, STMicroelectronics (ST) y Texas Instruments (TI)[1]. Comprobaremos que los microcontroladores escogidos, en función de su complejidad, disponen de un número muy dispar de contadores entre sus periféricos internos. Si bien durante la exposición se mencionarán las características de determinados componentes que se encuentran integrados en la estructura interna de los microcontroladores (como es el caso de los módulos de memoria, cuya capacidad de almacenamiento ha ido aumentando de forma notable conforme nuevos diseños han irrumpido en el mercado), se hará especial hincapié en el número y tipo de contadores disponibles, por ser el contador uno de los circuitos que se ha estudiado con más detenimiento en los casos de estudio de capítulos anteriores.

---

[1] Esta selección de empresas no pretende ser exhaustiva. Por lo que respecta a ARM, ya se indicó en el apartado 31.2.3 que carece de las costosas infraestructuras necesarias para la microfabricación de chips. Su negocio consiste más bien en el desarrollo y venta de núcleos IP a terceras empresas, que son los verdaderos fabricantes (véase el apartado 33.3.2).

34.1 Estructura y programación de microcontroladores

34.1.1 El microcontrolador y sus recursos internos

El microcontrolador es un tipo concreto de circuito integrado digital y monolítico de consumo reducido y bajo coste caracterizado por disponer, al contrario que los circuitos FPGA, de una arquitectura fija que, por tanto, no puede ser reconfigurable en el sentido en el que lo son dichos circuitos (aunque sí es programable, como veremos). Su estructura interna integra una gran diversidad de periféricos que permiten considerar al microcontrolador un computador autónomo integrado en un único chip. Sin embargo, su capacidad de procesamiento es limitada para poder considerarlos plataformas de cómputo de propósito general, por lo que su ámbito de aplicación se restringe al de los sistemas empotrados, como se describe en el apartado 34.1.5 ([nel21]).

Se distingue entre **microcontroladores especializados** y **microcontroladores de aplicación general** ([man07]). Los primeros se diseñan con unos recursos internos específicos orientados a aplicaciones muy determinadas, como por ejemplo es el caso de los lectores y grabadores de discos compactos, que están disponibles comercialmente como circuitos integrados normalizados. El control del encendido de un vehículo es un segundo ejemplo de una tarea desempeñada por un microcontrolador especializado, con la salvedad de que esta vez no se trata de un circuito integrado normalizado, sino de un ASIC, al diseñarse y fabricarse para un cliente concreto y no estar a la venta.

Por su parte, los microcontroladores de aplicación general integran en su estructura monolítica un nutrido repertorio de diferentes recursos físicos que les proporcionan una notable versatilidad, como ilustra la figura 34.1. Gracias a la amplia disponibilidad de periféricos internos, este tipo de microcontroladores son empleados en multitud de aplicaciones. Entre dichos recursos se encuentran memorias de tipo ROM y RAM; temporizadores[2], convertidores A/D y, cada vez con más frecuencia, también D/A; puertos paralelos de entrada y de salida digital (algunos de los cuales se pueden emplear como salidas PWM)[3]; una interfaz de comunicación serie, con capacidad de gestionar varios protocolos distintos en determinados microcontroladores; y también un control de interrupciones. El funcionamiento de todos estos elementos es controlado por una UCP mediante los buses de direcciones, datos y control, como realmente sucede en cualquier computador[4].

Por todos estos recursos físicos presentes en su arquitectura, un microcontrolador puede considerarse un circuito SoC[5] que contiene un núcleo de

---

[2] El concepto de temporizador se introdujo en la sección 30.4.

[3] Del inglés *pulse-width modulation*. Las salidas PWM son un sustituto efectivo de los convertidores D/A en determinadas aplicaciones, que durante mucho tiempo han estado disponibles únicamente en microcontroladores de gama alta.

[4] Tanto la UCP como los buses de un computador se introdujeron en el apartado 30.7.1.

[5] Del inglés *system on a chip*.

microprocesador (man15]). Los circuitos SoC se caracterizan por integrar todos —o bien una buena parte— de sus módulos de procesado, almacenamiento e interfaz en un único CI ([par05]). En realidad, no es infrecuente que determinados circuitos SoC superen la complejidad de un microcontrolador, al incorporar en su estructura numerosos y sofisticados periféricos utilizados para aplicaciones específicas. Los circuitos SoC se encuentran en multitud de dispositivos típicos de la electrónica de consumo, desde decodificadores de audio y vídeo para DVD hasta teléfonos inteligentes y enrutadores. Un ejemplo de circuito SoC con conectividad WiFi y Bluetooth, dotado con una UCP de 32 bits y concebido para el desarrollo de aplicaciones IoT[6], es el ESP32. Este circuito es el sucesor de los SoC ESP8266 y ESP8285[7].

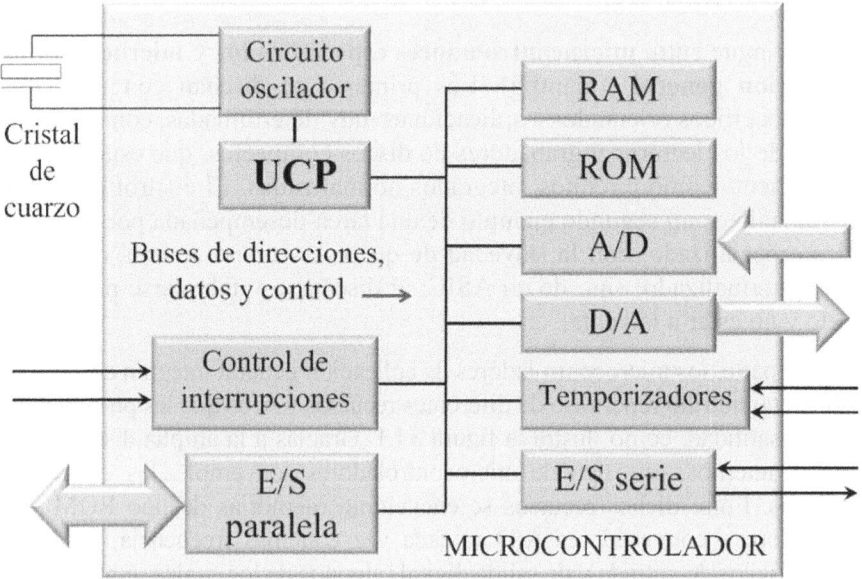

Figura 34.1   Recursos integrados en un microcontrolador. (Adaptada de [per04] y [val07]).

34.1.2 Organización del acceso a la memoria

Las instrucciones de programa que ejecuta la UCP de un microcontrolador residen en una memoria no volátil de tipo ROM. En la denominada **arquitectura de Von Neumann**, también conocida como **arquitectura Princeton**, el bus de direcciones es compartido para buscar en memoria tanto una instrucción como un dato, lo que impide hacer a la vez ambas cosas. Esta limitación se conoce como "cuello de botella

---

[6] Del inglés *Internet of Things.*

[7] Debido a la popularidad que ha alcanzado el desarrollo de aplicaciones IoT, existe una abundante bibliografía dedicada a mostrar en dicho contexto el potencial de estos circuitos SoC, especialmente del ESP8266 y del ESP32. Ambos se pueden programar con el entorno de desarrollo de Arduino.

de Von Neumann". Por su parte, los datos que gestiona la UCP de un microcontrolador se alojan típicamente en memorias RAM volátiles, aunque no es infrecuente almacenar datos fijos o que se modifican poco en memorias no volátiles regrabables, como es el caso de una EEPROM. Aunque las memorias de tipo ROM y RAM son físicamente diferentes, para la UCP no hay distinción entre ambas y el direccionamiento se realiza mediante el único bus disponible ([val07]). La figura 34.2 ilustra esta idea mediante un esquema simplificado.

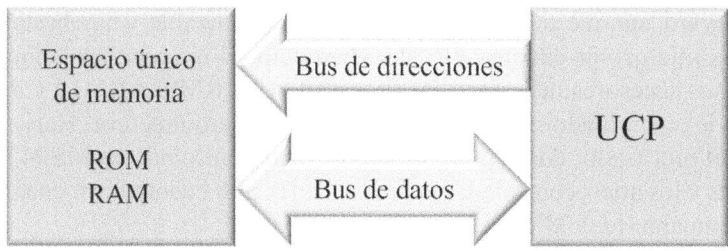

Figura 34.2   Microcontrolador con arquitectura de Von Neumann. (Adaptada de [dav08]).

Una arquitectura más flexible que sí posibilita el acceso simultáneo tanto a instrucciones como a datos mediante el uso de buses de direcciones independientes, y que por lo tanto permite la ejecución de los programas a mayor velocidad, es la **arquitectura Harvard**, representada esquemáticamente en la figura 34.3.

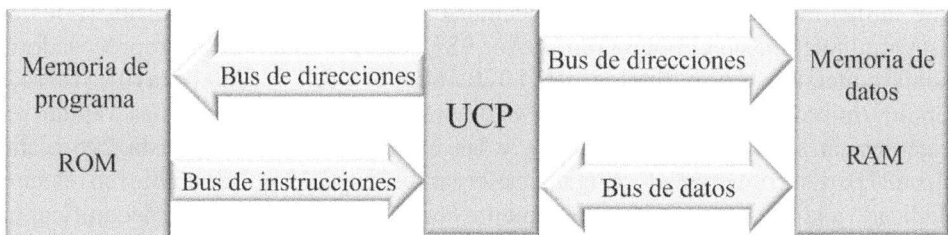

Figura 34.3   Microcontrolador con arquitectura Harvard. (Adaptada de [dav08]).

Una ventaja añadida de la arquitectura Harvard es que, al utilizar memorias diferentes para programas y para datos, se pueden dimensionar por separado. Esto permite ajustar la capacidad de las posiciones de la memoria de programa al tamaño exacto de las instrucciones expresado en bits, lo que es una característica deseable para evitar que la UCP tenga que acceder varias veces consecutivas a la memoria cuando busca una instrucción que ocupa varias posiciones, con la consiguiente pérdida de eficiencia[8].

---

[8] Esta característica de los accesos a memoria de programa ya se apuntó en el apartado 30.7.2 al mencionar los procesadores MIPS, que necesitan nada menos que cuatro accesos consecutivos a la memoria de 8 bits para captar una instrucción completa de 32 bits. Se volverá a incidir en esta cuestión en la sección 34.2.

Por otro lado, los computadores basados en un microprocesador, como los PC, cuentan casi exclusivamente con una arquitectura de Von Neumann debido a que su UCP es un CI que se conecta a otros CI externos, como por ejemplo los circuitos de memoria. Por esta razón se prioriza minimizar el conexionado entre la UCP y otros chips frente al rendimiento, puesto que así el microprocesador necesita menos pines. Sin embargo, como un microcontrolador es un sistema autónomo que integra todos sus recursos en un único CI, el número de terminales de la UCP no es un problema ([val07]). Por esta razón la arquitectura de la mayoría de los microcontroladores es de tipo Harvard, aunque esto no es en absoluto generalizable y hay bastantes excepciones. Los microcontroladores PIC de Microchip; el microcontrolador Intel 8051 de Intel y sus sucesores; así como los procesadores ARM9, ARM10 y ARM11 son ejemplos de computadores que obedecen a una arquitectura Harvard. Por el contrario, el procesador ARM7, la familia de microcontroladores MSP430 de Texas Instruments y los microcontroladores Freescale HCS08 cuentan con una arquitectura de Von Neumann ([dav08], [ibr23]).

34.1.3 El repertorio de instrucciones: arquitecturas CISC y RISC

Todos los programas se generan a partir del repertorio de instrucciones que ejecuta la UCP. El diseño de dicho repertorio ha obedecido tradicionalmente a dos arquitecturas distintas denominadas CISC y RISC[9]. Una **arquitectura CISC** se caracteriza por un juego de instrucciones amplio y heterogéneo, e incluye tanto instrucciones simples que se ejecutan rápidamente como instrucciones complejas que tardan mucho más tiempo en ejecutarse. Algunos ejemplos característicos de esta arquitectura son el microcontrolador 9S12 de Freescale, los microprocesadores con arquitectura x86 de Intel, el IBM 370/168 y el VAX 11/780 ([sta10], [val14]). En los microprocesadores 8086/8088 de Intel las instrucciones más rápidas se ejecutan en solo dos ciclos de reloj y las más lentas necesitan hasta 206 ciclos ([rod87]). Esta diversidad obliga a reservar un espacio considerable en el chip dedicado a la UCP, que es inevitablemente compleja puesto que debe decodificar un abanico de instrucciones muy dispar.

Por el contrario, la UCP de un juego de instrucciones con **arquitectura RISC** es bastante más sencilla. Esta arquitectura es característica de procesadores que ejecutan instrucciones simples y realizan tareas elementales, como por ejemplo mover un dato entre la UCP y la memoria. Debido a su simplicidad se ejecutan normalmente en un **ciclo de máquina**[10] o a lo sumo en dos, en el caso de las instruc-

---

[9] CISC y RISC son los acrónimos de *complex instruction set computer* y *reduced instruction set computer*, respectivamente. La arquitectura del juego de instrucciones de un procesador se abrevia en inglés con las siglas ISA (*instruction-set architecture*).

[10] Un ciclo de máquina es el período de ejecución de una operación completa realizada por el procesador. Comprende el tiempo necesario para captar dos operandos desde dos registros, realizar con ellos una operación en la ALU y almacenar el resultado en un registro ([sta10]). En el caso de los microcontroladores PIC16 siempre dura cuatro ciclos de reloj, aunque en

ciones de salto ([zul08]). El repertorio de instrucciones de la mayoría de los microcontroladores se identifica con una arquitectura RISC, que ha sido adoptada por un buen número de procesadores. Entre ellos cabe citar a los siguientes: ARM, AVR (Atmel), LC-3, MIPS, MSP430 (Texas Instruments), PowerPC (IBM) y SPARC (Sun) ([sta10], [val14]).

34.1.4 Del código fuente al código máquina

Por lo que respecta a la programación de un microcontrolador, su UCP ejecuta de forma secuencial las instrucciones codificadas en **código máquina** residentes en memoria, lo que constituye su *firmware*. El código fuente puede ser un programa escrito directamente en lenguaje ensamblador a partir del repertorio de instrucciones del microcontrolador, o bien en un lenguaje de alto nivel, que habitualmente es C, aunque en ocasiones se utiliza BASIC[11]. Si se opta por desarrollar código en lenguaje ensamblador, un programa especial denominado precisamente **ensamblador**, que es específico para la familia de microcontroladores escogida, se encargará de traducir el programa de partida a código máquina, que será finalmente transferido, mediante un módulo electrónico de programación, desde el PC utilizado para editar el programa a la memoria del microcontrolador, típicamente mediante una conexión USB. La figura 34.4 ilustra el proceso[12].

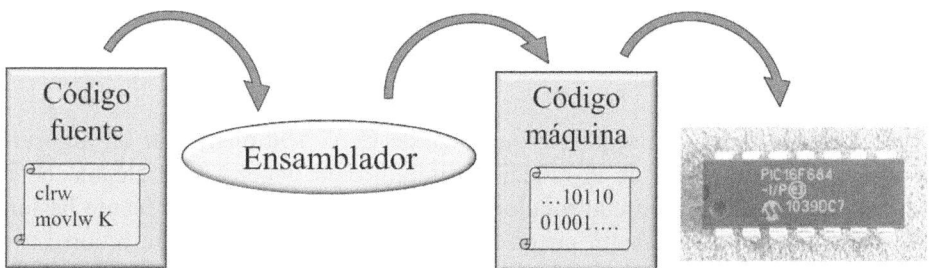

Figura 34.4   Traducción del código fuente al código máquina y transferencia del *firmware* a la memoria de programa de un microcontrolador. (Adaptada de [val07]).

Al programar en lenguaje ensamblador se implementan algoritmos utilizando el repertorio de instrucciones propio del microcontrolador que actuará directamente sobre los elementos integrantes de su arquitectura, por lo que el programador de

---

algunos procesadores su duración depende de la operación a realizar, como es el caso del microprocesador 8085 de Intel ([zul08]).

[11] BASIC es un lenguaje diseñado en 1964 para facilitar la programación a usuarios de disciplinas no necesariamente científicas. Una referencia que aborda el desarrollo de proyectos con microcontroladores PIC programados íntegramente en BASIC es [ibr07]. También se escoge este lenguaje en [ang07], junto a C y ensamblador.

[12] En realidad se representa solo un caso particular en el que el programa ensamblador realiza directamente la traducción a código máquina, lo que es frecuente en programas simples. En códigos complejos interviene un segundo programa, que es el **enlazador** (*linker*).

aplicaciones deberá conocerla a fondo. Estos algoritmos ejecutan una secuencia de operaciones elementales, que son fundamentalmente de transferencia o bien de procesamiento de la información. Una operación de transferencia típica puede ser mover el contenido del bus de datos a un registro o bien a la memoria; mientras que una operación de procesamiento, ya sea de tipo aritmético o de tipo lógico, se realiza sobre dos operandos e interviene la ALU, generando un resultado que se deposita temporalmente en el bus de datos para su posterior almacenamiento.

A continuación, se ilustra con un ejemplo la equivalencia entre una instrucción del repertorio de un microcontrolador PIC de la gama media y la palabra digital de 14 bits que forma parte del código máquina una vez efectuada la traducción por el programa ensamblador. Concretamente, se trata de inicializar a cero los 8 bits del registro W del PIC, que siempre contiene uno de los dos operandos que procesa la ALU. La instrucción correspondiente es el nemónico clrw, que resulta fácil de recordar para el programador porque es la forma abreviada de *clear W register*. El código binario equivalente que se obtiene tras la traducción es 00 0001 0xxx xxxx, donde x puede ser indistintamente tanto 0 como 1 ([val07]). Aunque programar en lenguaje ensamblador supone un esfuerzo considerable, es evidente que la alternativa de escribir el código máquina directamente no es una opción realista en la práctica hoy en día. Conviene recordar aquí que programar el código máquina a mano era la única posibilidad para los programadores pioneros de los primeros computadores, hasta que finalmente desarrollaron el primer programa ensamblador, igualmente escrito en código máquina, en un intento por evitar enfrentarse a una tarea tan tediosa como propensa a errores.

Por el contrario, al programar en lenguaje C para implementar un algoritmo dado se adopta un nivel de abstracción diferente, en general más alejado de los recursos internos del microcontrolador, y el resultado es un código fuente bastante más corto que su equivalente en ensamblador. En este caso no se recurre a un programa ensamblador para obtener el código máquina, sino a un **compilador** de C compatible con el microcontrolador escogido[13]. El código máquina, una vez generado, se puede transferir a la memoria de programa del microcontrolador desde el mismo entorno de desarrollo utilizado al programar en lenguaje ensamblador, puesto que dichos entornos integran, entre otras herramientas, una interfaz de programación. Como los compiladores han mejorado notablemente con los años, el código máquina resultante de la compilación puede llegar a ser tan eficiente como el obtenido a partir de un código fuente escrito en ensamblador por un programador experimentado. Lo cierto es que la tendencia es a programar cada vez más en

---

[13] Otros lenguajes de programación compilados son Java, Pascal y Fortran. El caso de BASIC, mencionado anteriormente, es diferente porque BASIC es un lenguaje interpretado, no compilado, y hace uso por tanto de un **intérprete** en lugar de un compilador. Esto significa que la conversión a código máquina se realiza a partir del código fuente línea a línea, a medida que tiene lugar la ejecución del código. Python es otro ejemplo de lenguaje interpretado que se ha popularizado notablemente en los últimos años. Sin embargo, una evolución de BASIC mucho más evolucionada, denominada Visual Basic, es un lenguaje compilado.

lenguajes de nivel medio-alto, como es el caso de C, especialmente para el desarrollo de aplicaciones complejas respaldadas por programas que contienen numerosas líneas de código.

34.1.5 El microcontrolador en los sistemas empotrados

Por lo que respecta al ámbito de aplicación de los microcontroladores, hay que decir que el diseño de los denominados **sistemas empotrados**[14], ya mencionados al introducir el capítulo, gira alrededor de un procesador que con frecuencia es un microcontrolador, dedicado a realizar en tiempo real unas funciones de control muy específicas (al contrario que un PC, que es un sistema de cómputo de propósito general). La presencia de los sistemas empotrados está mucho más extendida de lo que cabría pensar a priori, hasta el punto de que aproximadamente el 98 % de los computadores existentes en el mundo son microcontroladores utilizados en sistemas empotrados ([ang03]). Si esta cifra parece exagerada, piénsese que forman parte de módulos electrónicos diseñados para el control de procesos en líneas de producción; de puntos de venta como los que se encuentran en supermercados y gasolineras; de puntos de información como es el caso de estaciones de tren o de bibliotecas; de prácticamente cualquier electrodoméstico; de automóviles; de equipos de oficina como impresoras o fotocopiadoras, y un largo etcétera ([wil10]). En todas estas aplicaciones los microcontroladores han ido sustituyendo con el tiempo a las implementaciones pioneras de sistemas electrónicos digitales basadas en la inter-conexión de diferentes CI normalizados de función fija ([man07], [man15]). Los sistemas empotrados generalmente cuentan con una serie de periféricos típicos que dependen de la aplicación concreta, como un teclado, un lector de código de barras, un lector de tarjeta bancaria o una pantalla táctil.

El código fuente de muchas aplicaciones para sistemas empotrados se escribe en un lenguaje de alto nivel, debido a que se trata de programas largos y complejos de los que generalmente se espera un alto grado de robustez. Un código equivalente desarrollado en lenguaje ensamblador es bastante más difícil de escribir y de entender, razón que empujó al Departamento de Defensa de los Estados Unidos a encargar el diseño del lenguaje de alto nivel Ada, que está orientado al desarrollo de sistemas empotrados para aplicaciones donde tanto la seguridad como la fiabilidad son irrenunciables ([pat11]).

Conviene puntualizar que el sistema de procesamiento digital en un sistema empotrado no tiene que ser necesariamente un microcontrolador en todos los casos. Dependiendo de la aplicación, otras opciones como por ejemplo un microprocesador, un sistema SoC, un procesador DSP o un circuito FPGA pueden ser preferibles. En la sección 35.6 se expondrán las ventajas y los inconvenientes que debe valorar un ingeniero electrónico para decantarse por un microcontrolador o por un circuito FPGA ante el reto de desarrollar un prototipo.

---

[14] Los sistemas empotrados también se conocen como sistemas embarcados o embebidos (el término original inglés es *embedded system*).

34.2 Microcontroladores PIC de Microchip

El fabricante estadounidense Microchip Technology es en la actualidad uno de los líderes mejor posicionados en el mercado. Además de dedicarse al diseño y la fabricación de microcontroladores, cuenta con herramientas de desarrollo propias para la programación de sus chips. Esta sección es una breve introducción a los microcontroladores PIC de Microchip[15]. Como ya se mencionó al inicio del capítulo, se incidirá especialmente en los circuitos temporizadores integrados en su estructura interna.

En la sección 30.4, dedicada a describir el funcionamiento de los temporizadores digitales, se comprobó que el elemento fundamental de un circuito temporizador es un contador. En el caso particular de los microcontroladores PIC, el estado de la cuenta de sus diferentes temporizadores es accesible mediante los **registros de función especial**, que se pueden leer y escribir para, por ejemplo, programar retardos con precisión. Si un contador llega a desbordarse (lo que sucede al alcanzarse el último estado de la cuenta), se activa el **señalizador de desbordamiento**. Dicho señalizador es un bit ubicado en un registro de función especial determinado, que resulta útil para alertar al microcontrolador de que ha concluido la temporización programada mediante una solicitud de interrupción si fuera necesario.

Además, es frecuente que los temporizadores integrados en muchos microcontroladores, como es el caso de los PIC, dispongan de un contador auxiliar situado justo antes del contador principal y que actúa como **pre-divisor**, con factor de división programable, de la frecuencia de la señal de reloj que llega al contador principal. Algunos temporizadores también cuentan con un segundo contador auxiliar en la salida del contador principal, que funciona en este caso como **post-divisor** (véase la figura 34.5)[16]. La presencia de estos contadores adicionales en la estructura interna de un temporizador permite incrementar de forma muy significativa el intervalo temporal de desbordamiento del contador principal y, por añadidura, la capacidad de programar retardos más largos, pasando de unos pocos centenares de microsegundos en caso de no disponer de ellos a varios milisegundos o incluso segundos, lo que puede ser necesario dependiendo de la aplicación.

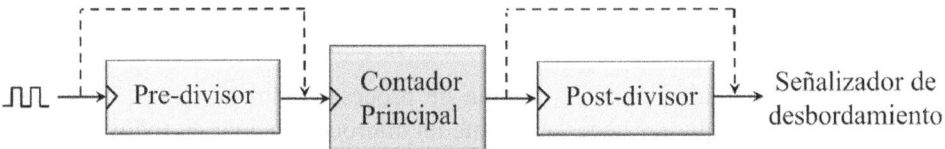

Figura 34.5   Estructura interna general de la familia de temporizadores incluidos en los PIC de gama media. El contador post-divisor no está presente en todos ellos. (Adaptada de [val07]).

---

[15] PIC, en este contexto, es el acrónimo de *peripheral interface controller* ([wil10]), y no debe confundirse con *photonic integrated circuit*, cuyo acrónimo es el mismo.

[16] Del inglés *prescaler* y *postscaler*, respectivamente.

El microcontrolador de gama baja PIC12F508 cuenta, a pesar de sus modestos recursos, con dos contadores ascendentes de 8 bits: el TMR0 y el denominado **perro guardián**[17] ([ang07], [wil10]). Son los mismos contadores incluidos en el PIC16F84 de gama media del mismo fabricante ([ang03]), así como en su versión más actual PIC16F84A ([ang07], [wil10]). El PIC12F675 incorpora en su estructura un contador adicional de 16 bits, el TMR1 ([pre05]). Tanto el microcontrolador PIC16F684 ([pre05]) como el PIC16F873 ([val07]), ambos también de gama media, tienen un contador más: el TMR2, que es de 8 bits. Otros PIC de gama alta disponen de más contadores integrados en su arquitectura. Un ejemplo es el PIC18F2420, que incorpora, además de los tres contadores anteriores, un cuarto contador adicional: el TMR3 ([wil10]). Como descubriremos en breve, esta cifra no supone ni mucho menos un límite y es, de hecho, superada ampliamente por otros microcontroladores similares del mismo fabricante, puesto que el temporizador es un recurso que se utiliza en un sinfín de aplicaciones.

Todos los PIC mencionados en el párrafo anterior, independientemente de su gama, son de 8 bits y se muestran agrupados en la tabla 34.1 a efectos ilustrativos, con indicación del número de contadores y pines disponibles en cada uno de ellos. Cuando se indica que un computador es de N bits (o que tiene una UCP de N bits, o bien que su longitud de palabra es de N bits) se hace referencia al número de líneas de su bus de datos. No hay que confundirlo con el tamaño, expresado en bits, de la longitud de las instrucciones que ejecuta su UCP.

Tabla 34.1   Selección de microcontroladores PIC de 8 bits de las gamas baja, media y alta que incorporan desde uno hasta cuatro contadores/temporizadores (C/T), además del habitual perro guardián[18].

12F508	Gama baja 8 pines 1 C/T	
16F84	Gama media 18 pines 1 C/T	
12F675	Gama media 8 pines 2 C/T	

---

[17] Del inglés *watchdog*. El perro guardián es un elemento de seguridad en microcontroladores basado en un contador que, cuando se desborda, reinicia el programa residente en memoria.
[18] Para documentarse a fondo sobre las prestaciones de los microcontroladores escogidos es aconsejable consultar la información técnica original publicada por Microchip y descargable gratuitamente de Internet ([12F508], [12F675], [16F84], [16F84A], [16F684], [16F873] y [18F2420]).

16F684	Gama media 14 pines 3 C/T	
16F873	Gama media 28 pines 3 C/T	
18F2420	Gama alta 28 pines 4 C/T	

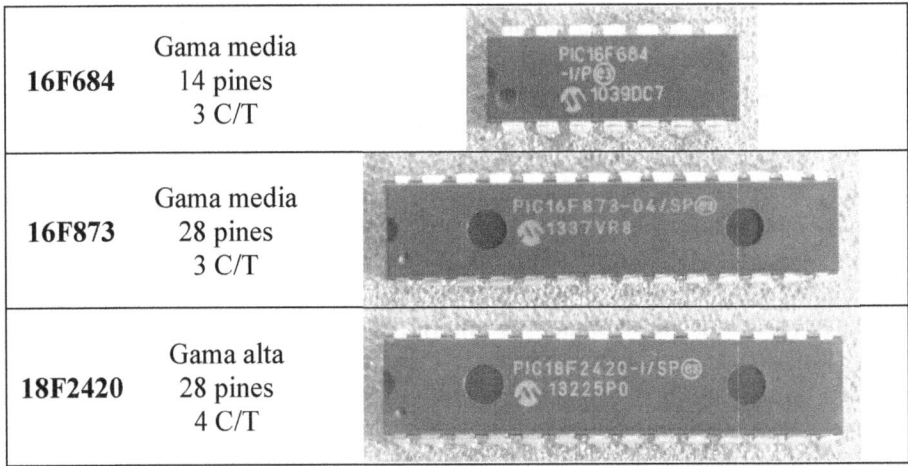

A la vista de la tabla 34.1 puede llamar en un principio la atención el hecho de que no exista una correlación clara entre el número de pines de los diferentes microcontroladores y el de contadores/temporizadores presentes en sus respectivas estructuras. Esta aparente contradicción no es en absoluto una anomalía teniendo en cuenta que el microcontrolador cuenta con numerosos recursos integrados en su estructura interna, además de los contadores mencionados.

Otro aspecto que cabe destacar de la tabla 34.1 es que incluye dispositivos de las gamas baja, media y alta en las que se clasifican los microcontroladores PIC de 8 bits. Tanto el repertorio de instrucciones disponible en cada gama, que obedece a una arquitectura RISC, como la longitud de dichas instrucciones, se incrementa según aumenta la complejidad del dispositivo, como muestra la tabla 34.2 ([ang06], [kat10], [val07]). Dicha tabla no menciona a los PIC17 pertenecientes a la gama alta porque dejaron de fabricarse ([wil10]). Tampoco incluye las variantes mejoradas de las gamas, cuyas características se desvían de las indicadas en la tabla.

Tabla 34.2 Clasificación de microcontroladores PIC con UCP de 8 bits.

Gama	Baja	Media	Alta
Año de aparición	1989	1992	1999
Número de instrucciones	33	35	75 (77)
Tamaño de instrucción (bits)	12	14	16
Familia X es C (CMOS) o bien F (flash)	PIC10 PIC12X5xx PIC16X5xx	PIC12X6xx PIC16[19]	PIC18

Por otro lado, y como se mencionó en el apartado 34.1.2, los PIC se caracterizan por una arquitectura de tipo Harvard (es decir, cuentan con memorias diferentes para

---

[19] Excepto los PIC16X5xx, que pertenecen a la gama baja.

instrucciones y datos). Esto permite asignar anchuras de palabra diferentes a cada una de las dos memorias, ajustando la capacidad de las posiciones de la memoria de programa para que coincida con la longitud de las instrucciones correspondientes y optimizar así el tiempo de búsqueda de las instrucciones en memoria por parte de la UCP, puesto que en este caso basta con un único acceso a memoria. Un buen ejemplo de ello es el microcontrolador de gama baja PIC 12F508, donde la anchura de las instrucciones y de las posiciones de la memoria de programa coincide y es de 12 bits ([12F508]). Lo mismo sucede en el caso del PIC16F84A, de gama media, aunque en este caso el tamaño común para instrucciones y memoria es de 14 bits ([16F84A]).

Sin embargo, esta práctica no es generalizable para cualquier computador simplemente por el hecho de estar dotado con memorias diferentes para instrucciones y datos, y lo cierto es que la realidad demuestra ser más compleja. Siguiendo con otros PIC diferentes para ilustrar esta cuestión, resulta que las instrucciones del PIC18F2420 de gama alta son de 16 bits, mientras que la memoria de programa se direcciona solo por bytes. Esto significa que las instrucciones se almacenan en dos posiciones consecutivas de la memoria de programa, obligando al contador de programa a incrementar su valor no en una posición, sino en dos, para direccionar correctamente la siguiente instrucción ([18F2420])[20]. Algo muy similar ocurre con el PIC18F47Q10, también de gama alta, con la diferencia de que en este caso cuatro de sus instrucciones son de 32 bits y se almacenan por lo tanto en 4 bytes de su memoria de programa ([18F47Q10]). En breve dedicaremos un espacio a describir este sofisticado PIC, que cuenta con numerosos recursos internos.

Aunque la exposición se ha limitado intencionadamente a microcontroladores de 8 bits, Microchip también diseña y fabrica dispositivos con longitudes de palabra de 16 y de 32 bits, que son preferibles en aplicaciones con requerimientos exigentes de velocidad de ejecución. Dentro de los PIC con UCP de 16 bits es habitual contar con instrucciones de 24 bits, como sucede con las familias dsPIC30/33 y PIC24F, introducidas en 2004 y 2005 respectivamente. En la arquitectura PIC32 de 32 bits lanzada en 2007 las instrucciones son de 16 o bien de 32 bits ([wil10])[21].

34.2.1 Módulos electrónicos de programación

La etapa más crítica en el desarrollo de un proyecto basado en microcontrolador es sin duda su programación. Para ello se puede recurrir a módulos programadores con conexión USB que incorporan un zócalo de presión nula, o zócalo ZIF[22]. Este tipo de zócalo está diseñado para facilitar la inserción de microcontroladores en el

---

[20] El contador de programa se describe en el apartado 30.7.2.

[21] Son muy numerosas las referencias que abordan con mayor o menor extensión el estudio de los microcontroladores PIC, cuyo abanico de modelos diferentes es abrumador y supera con mucho la selección aquí expuesta. Algunos ejemplos son [ang03], [ang06], [ang07], [bar17], [bre09], [ibr07], [kat05], [kat10], [man07], [pal09], [pre05], [san21], [sub17], [val07], [war20], [wil10], [zam20] y [zul08].

[22] Del inglés *zero insertion force*.

programador sin forzar mecánicamente sus pines, evitando así que estos se doblen o incluso se rompan. Una vez posicionado holgadamente el CI en el zócalo ZIF, se consigue ejercer cierta presión de forma simultánea sobre todos sus pines accionando una palanca solidaria al propio zócalo, de forma que el CI queda firmemente sujeto al programador y listo para su programación. Tras realizar la transferencia del *firmware* deseado a la memoria de programa del microcontrolador desde un PC, este se extrae con facilidad del zócalo ZIF devolviendo la palanca a su posición original y se inserta en, por ejemplo, una placa de prototipos para proceder a cablear el resto de los componentes utilizados en el proyecto. La figura 34.6 es una fotografía del versátil programador USB-PIC Burner basado en el PIC18F2550 y diseñado por la empresa bilbaína Ingeniería de Microsistemas Programados[23], que al ser compatible con el programador PICkit 2 de Microchip puede usarse con todos los microcontroladores admitidos por este. Esto incluye a los PIC de 8, 18, 28 y 40 pines de las familias 12F, 16F y 18F.

Figura 34.6   Programador USB-PIC Burner.

Aunque estos programadores convencionales son robustos, fiables y fáciles de usar, cuentan con el inconveniente de que el microcontrolador debe ser extraído del prototipo del que forman parte para realizar la transferencia del *firmware*. Una alternativa que supera esta limitación consiste en optar por módulos programadores dotados de una conexión ICSP[24]. Esta interfaz física de tipo serie, que cuenta con seis terminales, es utilizada para conectar el módulo programador al prototipo en el que reside el microcontrolador aprovechando que su memoria de programa, al ser habitualmente de tipo *flash*, permite ser programada directamente sin necesidad de extraer el microcontrolador del prototipo del que forma parte. Esta característica es compartida también en las memorias EEPROM, razón por la que a ambas se las

---

[23] MK Electrónica es su empresa sucesora desde 2018.
[24] Del inglés *in-circuit serial programming*.

conoce por el acrónimo de memorias ISP ([man07], [val07])[25]. Un ejemplo de programador y depurador[26] de Microchip dotado de una interfaz ICSP es el módulo PICkit™ 2 ([wil10]). Esta interfaz sigue incluyéndose en versiones posteriores de dicho módulo. Incluso es posible programar las populares plataformas Arduino mediante una conexión ICSP ([mar12]), aunque en este caso su uso no es tan frecuente al realizarse la programación con frecuencia mediante una conexión USB.

Si bien recurrir a módulos programadores externos, ya sean convencionales o dotados de una interfaz ICSP, está muy extendido entre aficionados y profesionales, es frecuente en el ámbito docente recurrir a placas de desarrollo electrónico que agilizan notablemente el aprendizaje al incorporar, además del microcontrolador, abundantes recursos periféricos como son ledes, pulsadores y potenciómetros. Estas plataformas gozan de una enorme popularidad al permitir la programación directa del microcontrolador desde un PC mediante una conexión USB gracias a la presencia de un programador integrado en la propia placa, evitando así el paso intermedio que supone recurrir a un módulo programador adicional, como por ejemplo el USB-PIC Burner, cada vez que se desea actualizar el programa en ejecución. Dos ejemplos de ello diseñados y fabricados en España (que siendo representativos no son ni mucho menos los únicos) son la herramienta PIC School y el sistema SiDePIC-USB. PIC School permite trabajar con PIC de 8 bits de las gamas baja, media y alta con encapsulados de 8, 18, 28 y 40 pines, e incorpora un buen número de periféricos ([ang07]). Por su parte, SiDePIC-USB dispone de tres zócalos para insertar microcontroladores PIC de 18, 28 y 40 pines. La programación se realiza mediante un PIC16C745 soldado en la placa que forma parte de un circuito de interfaz con su puerto USB ([man07])[27].

En los siguientes apartados se describirán con cierto detalle cuatro versátiles plataformas de desarrollo de bajo coste diseñadas por Microchip.

34.2.2 PICkit™ 1 Flash Starter Kit

La placa PICkit™ 1 Flash Starter Kit (o PICkit 1, para abreviar), que fue lanzada al mercado en 2003, se muestra en la figura 34.7 ([kit1_ug]). Aunque desde entonces son incontables las plataformas de desarrollo alternativas, cada vez más evolucionadas, que han ido comercializando los diferentes fabricantes, merece la pena detenerse a analizar sus prestaciones porque dicho análisis aporta una valiosa perspectiva que permitirá apreciar las mejoras que han experimentado en los últimos años estas herramientas de desarrollo. La PICkit 1, cuyo conector USB es de tipo B, cuenta con un único zócalo de usuario de 14 pines en el que se inserta el dispositivo a programar con encapsulado DIP, así como con ocho ledes de usuario, un potenciómetro y un

---

[25] Del inglés *in-system programmable*.
[26] Del inglés *debugger*.
[27] PIC School es un diseño propio de la empresa *Ingeniería de Microsistemas Programados*, mencionada anteriormente, mientras que la plataforma SiDePIC-USB fue diseñada por el *Instituto de Electrónica Aplicada Pedro Barrié de la Maza* y fabricada y comercializada por la empresa *Técnicas Formativas S.L.*

pulsador. Una ventaja de este tipo de encapsulados, que es muy apreciada por los desarrolladores de aplicaciones para sistemas empotrados, es que permite sustituir rápidamente y de forma manual el microcontrolador previamente insertado por otro (igual o diferente, mientras lo acepte la plataforma). El abanico de microcontroladores que puede escogerse para su uso con esta plataforma es amplio, y el fabricante suministra dos de ellos con el kit: el PIC12F675 y el PIC16F684, ambos pertenecientes a la gama media e incluidos previamente en la tabla 34.1 ([12F675], [16F684]). Una comparativa de sus prestaciones se muestra en la tabla 34.3.

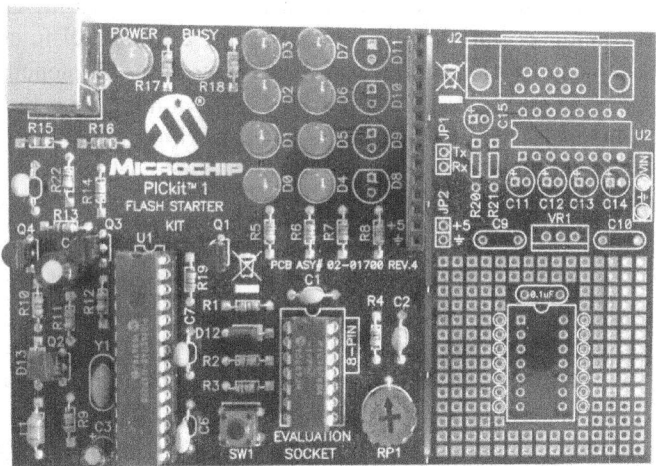

Figura 34.7 Plataforma de prototipado PICkit ™ 1 Flash Starter Kit de Microchip.

Tabla 34.3 Selección de características de los microcontroladores de gama media PIC12F675 y PIC16F684 de Microchip, ambos de 8 bits.

	PIC12F675	**PIC16F684**
Número total de pines	8	14
Número de pines de E/S	6	12
Longitud de palabra	8 bits	8 bits
Número de instrucciones	35	35
Longitud de las instrucciones	14 bits	14 bits
Memoria de programa flash	1K × 14 bits	2K × 14 bits
Memoria de datos EEPROM	128 bytes	256 bytes
Memoria de datos SRAM	64 bytes	128 bytes
Comparadores analógicos	1	2
Convertidor A/D	4 canales, 10 bits	8 canales, 10 bits
Temporizadores de 8 bits	1 (TMR0)	2 (TMR0, TMR2)
Temporizadores de 16 bits	1 (TMR1)	1 (TMR1)
Perro guardián	Sí	Sí
Modulación PWM	No	1/2/4 salidas, 10 bits
Frecuencia máxima de reloj	20 MHz	20 MHz

En la placa PICkit 1 existe otro zócalo que aloja un segundo microcontrolador, concretamente un PIC16C745 como el utilizado en el sistema SiDePIC-USB mencionado anteriormente, que ejerce funciones de control sobre la circuitería de la placa mediante un *firmware* inaccesible para el usuario, y que no debe modificarse. Dicho programa interpreta los comandos lanzados por el PC vía USB para transferir el código máquina a la memoria de programa del microcontrolador (el programado por el usuario, no el PIC16C745). Cada comando se traduce en una serie de acciones a nivel *hardware* que garantizan la correcta programación ([kit1_an258]).

Un recurso extra con el que cuenta la PICkit 1 es un conector de expansión que permite acceder a los 12 pines de E/S del PIC16F684, así como a sendos pines de alimentación y tierra. Esta característica amplía considerablemente las posibilidades de prototipado, como ilustra la figura 34.8, mediante dos aplicaciones que hacen uso de dicho conector como elemento de interfaz entre los puertos de E/S del PIC y dos periféricos externos: un visualizador de siete segmentos de cátodo común y una pantalla LCD[28].

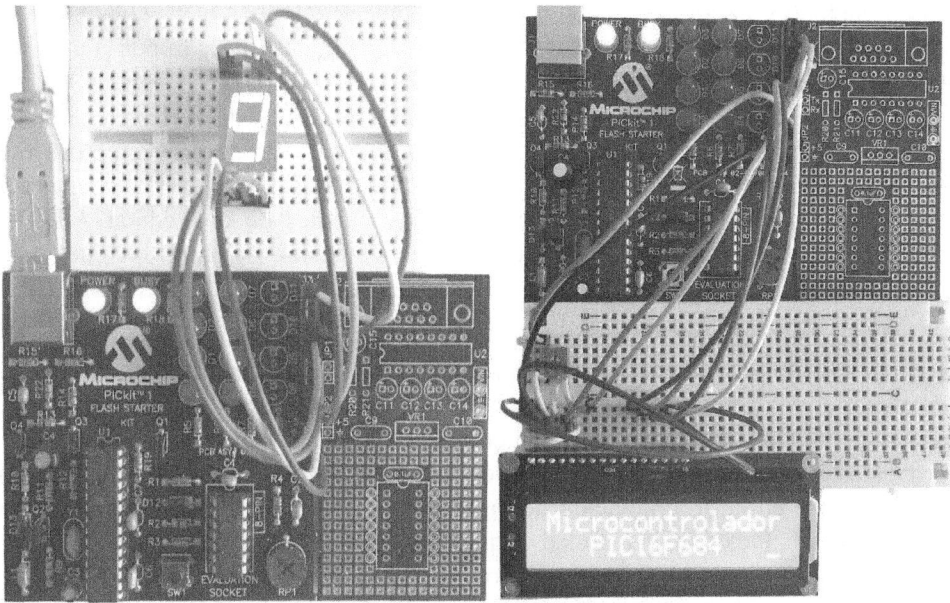

Figura 34.8   Dos aplicaciones programadas en un PIC16F684 con la plataforma PICkit 1 utilizando su conector de expansión de 14 pines. Izquierda: contador módulo 10 implementado mediante un visualizador de siete segmentos, mostrando el dígito 9 de la secuencia de cuenta. Derecha: representación de un mensaje de texto en una pantalla LCD.

Alternativamente, podría optarse por programar un PIC16F684, insertarlo a continuación en una placa de prototipos correctamente alimentada junto con el periférico de interés y, seguidamente, cablear directamente los puertos utilizados del

---

[28] Del inglés *liquid-crystal display*.

PIC con los terminales del periférico. Este enfoque daría lugar a una implementación más compacta al prescindir de la PICkit 1, como se ilustra en [pre05].

La programación del microcontrolador escogido se realiza desde el entorno de desarrollo denominado MPLAB®IDE[29], suministrado gratuitamente por Microchip (al que llamaremos simplemente MPLAB, para abreviar). Se trata de un entorno realmente completo, que incluye los siguientes elementos: un editor de código; un programa ensamblador (MPASM™); un enlazador (MPLINK™)[30]; un simulador para facilitar la depuración del código (MPLAB SIM); y finalmente una interfaz *software* para la programación específica de la placa (es decir, para permitir el volcado del código máquina a la memoria de programa del microcontrolador desde un PC). Además, se suministra un programa extra denominado PICkit 1 Classic, que permite prescindir de dicha interfaz si así se desea y poder programar en el microcontrolador el fichero correspondiente con el código máquina sin utilizar el entorno MPLAB.

Un recurso adicional con el que es necesario contar si se programa en un lenguaje de alto nivel, como es el lenguaje C, en lugar de directamente en lenguaje ensamblador, es un compilador de C apropiado que se integre con MPLAB. También existen versiones gratuitas de estos, como es PICC Lite, desarrollado por la empresa Hi-TECH, que es compatible con los microcontroladores PIC que acepta la PICkit 1. Microchip facilita en su web el código fuente en lenguaje C de varios ejemplos de programación para iniciarse con autonomía en el desarrollo de proyectos con esta placa y aprovechar los periféricos internos del microcontrolador utilizado, entre los que destacan varios puertos digitales de E/S y canales de conversión A/D, los comparadores analógicos, los temporizadores, el gestor de interrupciones y la memoria EEPROM.

Para complementar los recursos que proporciona Microchip puede optarse por recurrir a monografías orientadas a la programación de microcontroladores. En caso de contar con la placa PICkit 1, fue especialmente relevante en su momento el libro de Myke Predko ([pre05]), al ser el único orientado específicamente al desarrollo de proyectos con dicha plataforma. Aunque sigue siendo una referencia recomendable para iniciarse en la programación de los microcontroladores PIC (sobre todo si se cuenta con una PICkit 1), la realidad es que con los años han ido apareciendo nuevas plataformas de desarrollo con microcontroladores de 8 bits más recientes. Tres ejemplos son las placas mostradas en la fotografía de la figura 34.9, que se describen seguidamente, denominadas por Microchip Curiosity High Pin Count (HPC), MPLAB Xpress y PIC18F47Q10 Curiosity Nano, respectivamente. Las dos primeras fueron lanzadas al mercado en 2016 ([curHPC_ug], [xpress_ug]); mientras que la tercera es algo más reciente, del año 2019 ([curNano_ug]). La disparidad de tamaños, que queda patente en la fotografía, evidencia la variedad de plataformas disponibles de este fabricante.

---

[29] IDE son las siglas de *integrated development environment*.
[30] Del inglés *linker*.

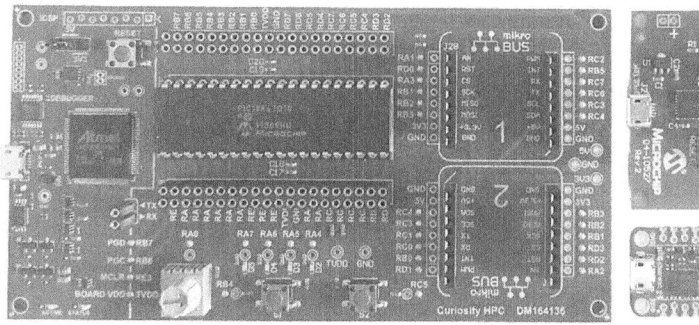

Figura 34.9   Tres placas de desarrollo de Microchip. Izquierda: Curiosity HPC (ref. DM164136). Derecha, arriba: MPLAB Xpress de propósito general (ref. DM164140). Derecha, abajo: PIC18F47Q10 Curiosity Nano (ref. DM182029).

34.2.3 Curiosity High Pin Count (HPC)

Inicialmente, la plataforma Curiosity High Pin Count o, simplemente, Curiosity HPC, se comenzó suministrando con un PIC16F18875 de 40 pines perteneciente a la gama media mejorada, pero fue reemplazado posteriormente por un PIC18F47Q10 de mejores prestaciones e idéntico número de pines ([18F47Q10]). Este PIC cuenta con siete temporizadores además del perro guardián, de los cuales tres son de 8 bits (TMR2, TMR4 y TMR6) y los otros cuatro de 16 bits (TMR0, TMR1, TMR3 y TMR5). La Curiosity HPC, que se alimenta mediante su puerto USB, es compatible con un amplio rango de microcontroladores de 8 bits de las familias PIC16F y PIC18F de 28 y 40 pines, razón por la que su diseño incluye dos zócalos para encapsulados DIP que permiten insertar y retirar los chips de forma manual con facilidad. Obsérvese que, cuando un chip de 40 pines se encuentra insertado en la placa, como es el caso en la figura 34.9, el zócalo para dispositivos de 28 pines queda oculto debajo del propio chip. Para iniciarse en su programación, Microchip cuenta en su web con ejemplos de códigos para todos ellos.

La placa incorpora además cuatro pequeños ledes SMD de usuario, un botón de reinicio (*reset*), dos pulsadores, un potenciómetro y dos zócalos de expansión ideados para añadir todo tipo de periféricos extra compatibles con el estándar de conexión mikroBUS, desde visualizadores de siete segmentos a módulos electrónicos sensorizados, ampliando así las posibilidades de prototipado de proyectos. El control de la circuitería de la placa necesario para la programación del *firmware* del PIC18F47Q10 vía USB corrió inicialmente a cargo de un PIC24FJ256 integrado en un encapsulado SMD, que ocupa bastante menos espacio que su equivalente DIP. En una revisión posterior del diseño dicho PIC fue sustituido por el microcontrolador de Atmel ATSAME70N21AN. Sin embargo, el *firmware* que ejecuta el programador no proporciona la conversión USB-UART, que es necesaria para enviar datos al PC en formato serie. Esta limitación obliga, si se desea utilizar esta funcionalidad en una aplicación determinada, a insertar en uno de los dos zócalos de expansión disponibles un módulo que realice la conversión, como se ilustrará más adelante con un ejemplo.

Siguiendo con los entornos de desarrollo necesarios para editar y compilar el código, la plataforma Curiosity HPC admite tanto MPLAB X IDE como MPLAB Xpress IDE. MPLAB X no es simplemente una versión más de MPLAB (la última de este IDE es la 8.92), sino que en realidad se trata de un entorno de nueva generación basado en la plataforma IDE de código abierto NetBeans de Oracle. MPLAB X, que está basado en Java, sigue siendo gratuito y aporta interesantes novedades en la edición y depuración de código para microcontroladores PIC de 8, 16 y 32 bits, además de estar disponible para Windows, Linux y MacOS. Por su parte, el entorno MPLAB Xpress IDE es una versión simplificada de MPLAB X IDE ideada para el desarrollo de aplicaciones en la nube que evita la necesidad de instalaciones previas.

Desde MPLAB X se pueden importar proyectos creados con MPLAB, lo que posibilita la reutilización de código existente. Al igual que MPLAB, MPLAB X admite diversos compiladores de C, no solo el mencionado PICC Lite, sino también otros más recientes, como es el caso de MPLAB XC8 C Compiler, del que igualmente existe una versión gratuita y permite la programación de microcontroladores PIC y AVR de 8 bits, incluidos los más recientes como el PIC18F47Q10. Por lo que respecta al código fuente facilitado por Microchip en su web para iniciarse en la programación de este PIC, existen dos alternativas complementarias. La primera de ellas consiste en un código de demostración desarrollado para poner a prueba tanto los recursos de la Curiosity HPC como los distintos periféricos del microcontrolador; mientras que la segunda hace lo propio con la PIC18F47Q10 Curiosity Nano a partir de numerosos ejemplos de programación descritos en diferentes documentos técnicos, estando cada uno de ellos dedicado a un periférico interno distinto del PIC18F47Q10. Adaptar los códigos desarrollados para la PIC18F47Q10 Curiosity Nano a la Curiosity HPC suele ser sencillo, bastando en general con identificar los distintos pines de los puertos paralelos utilizados como interfaz en ambas placas, tanto para el potenciómetro (que es externo en la PIC18F47Q10 Curiosity Nano) como para los ledes y pulsadores disponibles. Además de la citada documentación, tres referencias que recurren a MPLAB X y MPLAB XC8 C Compiler para introducir al usuario en la programación de los PIC son [san21] para el PIC16F15376 (con una PIC16F15376 Curiosity Nano), [sub17] para el PIC16F1717 y [war20] para el PIC18F4525, todos ellos de 40 pines.

Por otro lado, tanto MPLAB X como MPLAB Xpress IDE admiten el complemento llamado MPLAB Code Configurator (MCC). Dicho complemento ofrece una alternativa gráfica amigable a la programación de los microcontroladores PIC, que tradicionalmente se ha realizado mediante la escritura directa en sus registros. Si bien esto en principio es una ventaja, lo cierto es que MCC genera una ingente cantidad de ficheros y funciones escritas en lenguaje C a disposición del programador para utilizar en su código que, lejos de ayudarle, pueden conseguir intimidarlo. En cualquier caso, el código de demostración proporcionado por Microchip para experimentar con la plataforma Curiosity HPC se desarrolló con MCC. Sin embargo, para el caso de la PIC18F47Q10 Curiosity Nano, es posible descargar tanto la versión tradicional en C como la alternativa basada en MCC.

Para finalizar la descripción de la Curiosity HPC, se ha escogido una aplicación desarrollada en C que implementa una interfaz de línea de comandos. Mediante dicha interfaz el microcontrolador puede recibir órdenes desde un ordenador con el que se establece una comunicación serie de tipo UART. Concretamente, los dos comandos de control definidos simplemente como ON y OFF en el propio código, que son introducidos por teclado en la línea de comandos de MPLAB X Data Visualizer[31], controlan el estado de uno de los cuatro ledes de usuario disponibles en la plataforma, identificado como D2.

Como se advirtió anteriormente, si se requiere conectividad UART entre el microcontrolador y el ordenador, al trabajar con la Curiosity HPC es necesario añadir un módulo de expansión. La placa USB UART click del fabricante MikroElektronika, que se muestra en la figura 34.10, proporciona dicha conectividad[32]. Esta placa auxiliar se encuentra insertada en uno de los dos zócalos de expansión y hace uso de un segundo puerto USB del ordenador, lo que es un inconveniente. Su conector es de tipo mini-USB, a diferencia del conector micro-USB (algo más pequeño) que incorpora de serie la Curiosity HPC para su alimentación y programación. Como puede verse, el led D2 se encuentra encendido como respuesta al último comando de control ejecutado.

Figura 34.10   El módulo de expansión USB-UART click (MIKROE-1203), insertado en uno de los dos zócalos de expansión de la plataforma Curiosity HPC, actúa de interfaz física que proporciona conectividad de tipo USB-UART con un ordenador.

La línea de comandos que resulta tras ejecutar una secuencia alterna de encendido y apagado del led D2 desde MPLAB X Data Visualizer se muestra en la

---

[31] Se trata de un complemento, o *plug-in*, que se puede instalar desde MPLAB X IDE.

[32] Otros módulos de expansión similares se denominan USB UART 2 click (MIKROE-2674) y USB UART 3 click (MIKROE-3063), ambos con un conector mini-USB; y USB UART 4 click (MIKROE-2810), dotado con un conector USB más grande, de tipo A. MIKROE cuenta con un amplio abanico de placas de la familia click compatibles con el estándar mikroBUS.

figura 34.11. Obsérvese que, tras cada nuevo comando, aparece un mensaje a continuación indicando el estado del led.

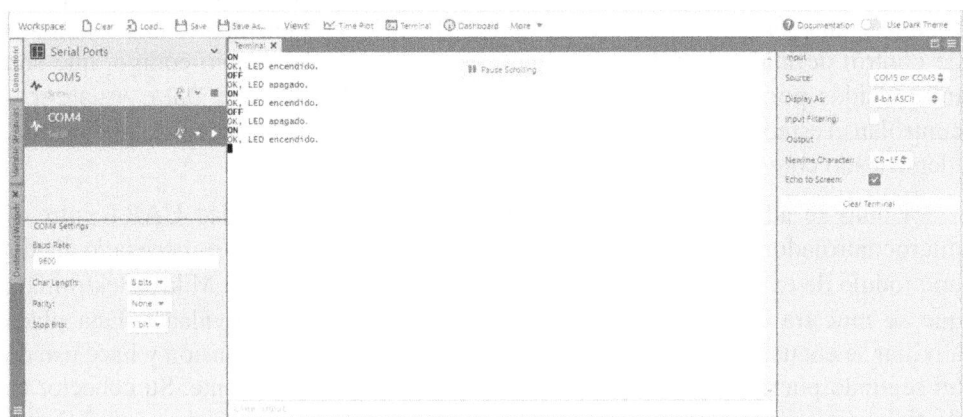

Figura 34.11   Línea de comandos resultado de ejecutar, desde el complemento MPLAB X Data Visualizer, una secuencia de órdenes introducidas por teclado para el encendido y apagado de uno de los ledes de usuario de la Curiosity HPC.

34.2.4 PIC18F47Q10 Curiosity Nano

La interfaz de línea de comandos del apartado anterior puede implementarse igualmente en la plataforma PIC18F47Q10 Curiosity Nano, mostrada previamente en la figura 34.9, reconfigurando sus puertos digitales de E/S para el control del único led utilizado. Lo cierto es que sus reducidas dimensiones no deben inducir a pensar que se trata de un producto de inferiores prestaciones, ya que esta placa incorpora el mismo microcontrolador que la Curiosity HPC, aunque integrado en un encapsulado SMD mucho más compacto[33]. En este caso, ni siquiera es necesario recurrir al módulo USB-UART click debido a que, a pesar de su tamaño, la versátil PIC18F47Q10 Curiosity Nano cuenta con conectividad UART mediante un puerto serie virtual implementado en un segundo chip, igualmente de tipo SMD, empleado como programador y depurador (entre otras funciones).

En cuanto a sus periféricos externos, esta plataforma dispone de un led y de un pulsador de usuario, y carece del resto de ledes, del segundo pulsador, del potenciómetro y de los módulos de expansión que sí tiene la Curiosity HPC. Insertando la PIC18F47Q10 Curiosity Nano en una placa de prototipos mediante las dos tiras de pines proporcionadas por el fabricante, tal y como ilustra la figura 34.12, se tiene fácil acceso a todos sus pines. Entre el resto de las características de la PIC18F47Q10 Curiosity Nano cabe destacar que la plataforma puede recibir el voltaje de alimentación desde dos fuentes diferentes: o bien desde un regulador integrado

---

[33] Se trata de un encapsulado de forma cuadrada con tan solo 5 mm de lado. El tamaño del encapsulado DIP del mismo PIC, con una longitud aproximada de 5 cm, es nada menos que diez veces mayor ([18F47Q10]).

en la propia placa, cuando esta se conecta a un ordenador mediante su puerto micro-USB, o bien desde una fuente externa. La Curiosity HPC, por el contrario, fue diseñada para recibir la alimentación únicamente desde su puerto USB.

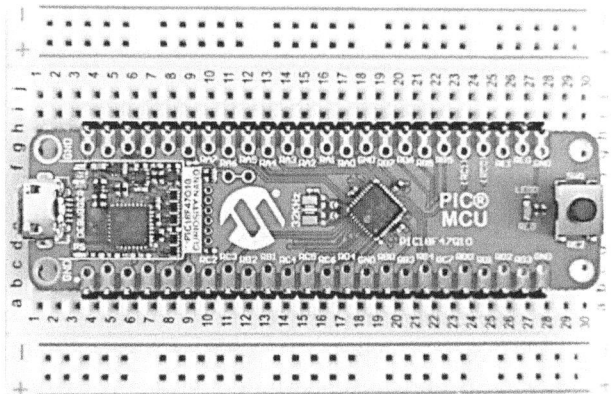

Figura 34.12   La inserción de dos tiras de conectores en una placa de prototipos convencional facilita el acceso a todos los pines de la PIC18F47Q10 Curiosity Nano.

Alternativamente, puede utilizarse la placa base Curiosity Nano Base for Click Boards™, que es un diseño de Microchip para ampliar la funcionalidad de cualquier placa de la familia Curiosity Nano. Además de una huella donde alojar la propia placa, este adaptador cuenta con tres zócalos de expansión dotados de conectividad mikroBUS para la inserción de placas click, como muestra la figura 34.13.

Figura 34.13   Adaptador de Microchip para alojar plataformas de la familia Curiosity Nano (ref. AC164162) utilizado con una PIC18F47Q10 Curiosity Nano y un potenciómetro POT click (MIKROE-3402) ubicado en un zócalo de expansión.

Entre el amplio repertorio de placas click se encuentra la POT click que, como se aprecia en la figura, es un potenciómetro con el que suplir la limitada disponibilidad de periféricos externos que es común a todas las plataformas Curiosity Nano.

34.2.5 MPLAB Xpress de propósito general

Por lo que respecta a la plataforma MPLAB Xpress de propósito general (llamada así para distinguirla de otras dos variantes para microcontroladores específicos de 20 y 40 pines), se trata de una versión más pequeña y económica que la Curiosity HPC, con un precio muy similar al de la PIC18F47Q10 Curiosity Nano. Aunque la MPLAB Xpress realmente adolece de ciertas limitaciones comparada con la Curiosity HPC, cabe señalar que cuenta con algunos recursos de los que esta carece. En cualquier caso, la MPLAB Xpress es una opción tan válida como la Curiosity HPC, o bien la PIC18F47Q10 Curiosity Nano, para iniciarse en la programación de los PIC, puesto que además de su bajo precio cuenta con bibliografía de respaldo, basada en el empleo de MCC para el desarrollo de interesantes aplicaciones ([rui21]). Esta y otras monografías sobre la programación de microcontroladores constituyen una alternativa muy recomendable que acelera el aprendizaje de aquellos usuarios que desean iniciarse en el diseño de sistemas empotrados, puesto que sirven de complemento a la documentación técnica elaborada por Microchip (o por cualquier otro fabricante de microcontroladores). Dicha documentación no solo es muy voluminosa y presenta un enfoque poco pedagógico, sino que además se encuentra dispersa entre una infinidad de referencias relacionadas tanto con el micro-controlador a programar y sus correspondientes notas de aplicación específicas como con el entorno de desarrollo y el resto de las herramientas que se integran con este, entre las que se encuentran el ensamblador y el compilador de C. Solo el documento que describe los periféricos internos del PIC18F47Q10 tiene 780 páginas ([18F47Q10]), lo que resulta disuasorio para los nuevos programadores de sistemas empotrados.

La MPLAB Xpress incorpora un PIC16F18855 en un encapsulado SMD con los mismos temporizadores que el PIC18F47Q10 ([16F18855]). A pesar de su tamaño dispone de cuatro ledes SMD de usuario, un potenciómetro, un pulsador de reinicio, un segundo pulsador, un zócalo de expansión para módulos mikroBUS y un sensor de temperatura. Carece, sin embargo, de la función realizada por el depurador con el que sí cuentan la Curiosity HPC y la PIC18F47Q10 Curiosity Nano, que facilita la detección de errores en el código ([rui21]). La MPLAB Xpress, que puede alimentarse no solo mediante su conector micro-USB, sino también con una fuente de tensión externa, permite la comunicación entre el ordenador y el PIC16F18855 gracias a un segundo microcontrolador (un PIC18LF25K50), que implementa la conversión USB-UART. Aunque la MPLAB Xpress fue concebida para trabajar con el entorno MPLAB Xpress IDE, también puede usarse con MPLAB X si así se desea tras realizar las instalaciones pertinentes.

La figura 34.14 muestra una fotografía de la plataforma MPLAB Xpress, en cuyo zócalo de expansión se ha insertado un módulo denominado 7seg click, que cuenta con dos visualizadores de siete segmentos y se comunica mediante una interfaz SPI estándar con el microcontrolador PIC16F18855 a la frecuencia máxima de 5 MHz. La aplicación que ejecuta el microcontrolador es un contador módulo 100 para cuya implementación se ha recurrido a las bibliotecas click disponibles, que han sido desarrolladas específicamente para aprovechar los módulos electrónicos compatibles con el estándar de conexión mikroBUS. Tras la instalación de dichas bibliotecas es posible contar con un nutrido grupo de ejemplos de código en el gestor de recursos de MCC que permiten poner a prueba numerosas placas de la familia click, como es el caso de la aplicación aquí escogida.

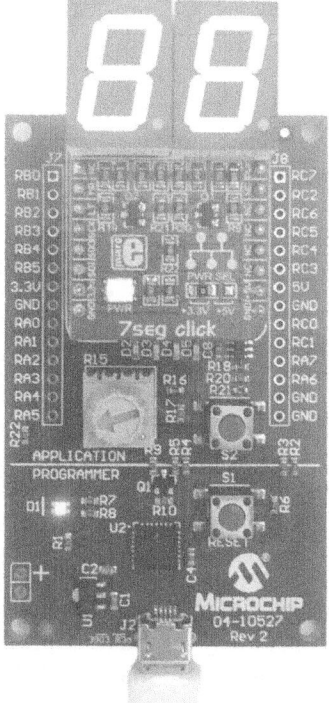

Figura 34.14 El módulo de expansión 7seg click (MIKROE-1201), insertado en el zócalo de expansión de una MPLAB Xpress de propósito general, se comunica mediante una interfaz SPI estándar con el microcontrolador.

El contador así implementado puede ejecutarse también en la Curiosity HPC utilizando uno de sus dos zócalos de expansión, teniendo la precaución de adaptar desde el entorno MCC los puertos digitales de E/S para usar esta plataforma concreta. Este paso es necesario, puesto que el conexionado de los terminales de los zócalos de expansión con los puertos de E/S depende de la plataforma utilizada.

Las características más destacadas de los microcontroladores PIC18F47Q10 y PIC16F18855 se agrupan en la tabla 34.4 a efectos comparativos.

Tabla 34.4   Selección de características de los microcontroladores de gama alta PIC18F47Q10 y gama media mejorada PIC16F18855 de Microchip, ambos de 8 bits.

	PIC18F47Q10	**PIC16F18855**
Número total de pines	40	28
Número de pines de E/S	36	25
Longitud de palabra	8 bits	8 bits
Número de instrucciones	75 (con extensión a 83)	49
Longitud de las instrucciones	16 bits (4 de 32 bits)	14 bits
Memoria de programa flash	128 KB (64K × 16 bits)	14 KB (8K × 14 bits)
Memoria de datos EEPROM	1 KB	256 bytes
Memoria de datos SRAM	3615 bytes	1 KB
Comparadores analógicos	2	2
Convertidor A/D	35 canales, 10 bits	24 canales, 10 bits
Convertidor D/A	1 canal, 5 bits	1 canal, 5 bits
Temporizadores de 8 bits	3 (TMR2/4/6)	3 (TMR2/4/6)
Temporizadores de 16 bits	4 (TMR0/1/3/5)	4 (TMR0/1/3/5)
Perro guardián	Sí	Sí
Modulación PWM	2 salidas, 10 bits	2 salidas, 10 bits
Comunicación serie	2×USART, 1×SPI, 1× I^2C	1×USART, 2×SPI, 2× I^2C
Frecuencia máxima de reloj	64 MHz	32 MHz

34.3 Microcontroladores en el ecosistema de Arduino

Esta sección introduce, a lo largo de sus diferentes apartados, una selección de microcontroladores utilizados en algunas de las plataformas de desarrollo de la cada vez más numerosa familia Arduino y fabricados por Atmel o bien por Renesas. Atmel es una compañía estadounidense fundada en 1984 y adquirida por Microchip en 2016 que está especializada en la fabricación de microcontroladores (entre otros dispositivos, como memorias y circuitos ASIC); mientras que Renesas es una empresa japonesa creada en 2003 cuyas líneas de productos electrónicos son muy diversas, abarcando dispositivos tanto analógicos como digitales. Muchos de los microcontroladores utilizados en las plataformas del ecosistema de Arduino son de la familia AVR y comparten una arquitectura RISC de tipo Harvard propia de Atmel, mientras que otras placas de Arduino incorporan microcontroladores creados a partir de núcleos de procesador diseñados por ARM. Algunas subfamilias de AVR son ATxmega, ATmega y ATtiny. La referencia por excelencia para estar al día de las novedades lanzadas al mercado es la página oficial de Arduino (www.arduino.cc).

Las plataformas de prototipado de Arduino se han convertido en herramientas de desarrollo muy populares desde que el primer Arduino fue introducido en el mercado en el año 2005, debido a su facilidad de programación en comparación con otras plataformas de control. Aunque esta característica ha permitido desmitificar con un éxito indiscutible el mundo de los microcontroladores y acercarlo a un segmento no especializado de usuarios, hay que tener presente que para el desarrollo de sistemas empotrados es con frecuencia preferible recurrir a otras alternativas que faciliten la programación directa de los registros del microcontrolador y, en general, un control más preciso de sus recursos, lo que exige dominar su arquitectura.

La familia Arduino dispone de un considerable repertorio de plataformas de muy diferentes tamaños y prestaciones concebidas para el prototipado electrónico, que incorporan diferentes tipos de microcontroladores. Una selección bastante completa (aunque no exhaustiva), compuesta por 43 versiones que se han ido incorporando progresivamente a la familia, desde su nacimiento en el año 2005 hasta el año 2023, se recopila en la tabla 34.5[34]. Inspeccionando su contenido se desprende que la complejidad de las plataformas se ha ido incrementando notablemente con el paso de los años, pasando de ser inicialmente sistemas electrónicos basados en microcontrolador con una única UCP y dotados de una potencia de cómputo moderada a sofisticados sistemas de procesamiento digital que incorporan, además de un potente microcontrolador o bien un circuito SoC equivalente, uno o varios sistemas auxiliares de procesamiento. A su vez, estos sistemas suelen ser circuitos SoC que proporcionan funcionalidades específicas, como por ejemplo conectividad de tipo Bluetooth y Wi-Fi; aunque puntualmente también pueden ser placas SoM[35], como es el caso de Portenta X8; o incluso procesadores NDP[36], como el incluido en la plataforma Nicla Voice, cuyo procesador NDP120 está dedicado al reconocimiento de voz y de movimiento.

Tabla 34.5 Selección de 43 plataformas de prototipado electrónico de la familia Arduino, junto a sus sistemas de procesamiento digital y el año de lanzamiento, entre 2005 y 2023.

Plataforma	Sistema de procesamiento digital	Año
Single-Sided Serial	Atmel ATmega8	2005
Serial	Atmel ATmega8	2005
Extreme	Atmel ATmega8	2006
NG	Atmel ATmega8/ATmega168	2006
Diecimila	Atmel ATmega168	2007
Mini	Atmel ATmega168/ATmega328	2006
BT (Bluetooth)	Atmel ATmega168/ATmega328	2007
LilyPad	Atmel ATmega168/ATmega328/ATmega32U4	2007

[34] La tabla ha sido elaborada a partir de la página oficial de Arduino; así como de las referencias [gan21], [hug16], [toj14] y [tor16]; y también de noticias de prensa especializada.
[35] Del inglés *system-on-module*.
[36] Del inglés *neural decision processor*.

Plataforma	Sistema de procesamiento digital	Año
Duemilanove	Atmel ATmega168/ATmega328	2008
Nano	Atmel ATmega168/ATmega328	2008
Pro	Atmel ATmega328	2008
Pro Mini	Atmel ATmega328	2008
Mega	Atmel ATmega1280	2009
Fio	Atmel ATmega328	2010
UNO	Atmel ATmega328 (en versiones R1, R2 y R3)	2010
Mega 2560	Atmel ATmega2560	2010
Ethernet	Atmel ATmega328	2011
Mega ADK	Atmel ATmega2560	2011
Leonardo	Atmel ATmega32U4	2011
Esplora	Atmel ATmega32U4	2012
Micro	Atmel ATmega32U4	2012
Due	Atmel SAM3X8E (ARM Cortex-M3)	2012
Robot	Placa dotada de motores, pero sin microcontrolador	2013
Yún	Atmel ATmega32U4 y SoC Atheros AR9331	2013
Gemma	Atmel ATtiny85	2014
Zero	Atmel SAMD21 (ARM Cortex-M0+)	2014
MKR1000	Atmel SAMD21 (ARM Cortex-M0+)	2015
101	Intel Curie (Quark SE)	2016
Industrial 101	Atmel ATmega32U4 y SoC Atheros AR9331	2016
Uno WiFi	Atmel ATmega328 y SoC Espressif ESP8266	2016
Primo	SoC Nordic Semiconductor nRF52832, ST STM32F103 y SoC Espressif ESP8266	2016
MKR Zero	Atmel SAMD21 (ARM Cortex-M0+)	2016
MKR FOX 1200	Atmel SAMD21 (ARM Cortex-M0+)	2017
MKR GSM 1400	Atmel SAMD21 (ARM Cortex-M0+)	2017
MKR WAN 1300	Atmel SAMD21 (ARM Cortex-M0+)	2017
MKR WIFI 1010	Atmel SAMD21 (ARM Cortex-M0+)	2018
MKR WAN 1310	Atmel SAMD21 (ARM Cortex-M0+)	2018
MKR NB 1500	Atmel SAMD21 (ARM Cortex-M0+)	2018
MKR VIDOR 4000	Atmel SAMD21 (ARM Cortex-M0+)	2018
Uno WiFi Rev. 2	Atmel ATmega4809 y SoC u-blox Nina W102 (basado en el SoC Espressif ESP32)	2018
Nano 33 IoT	Atmel SAMD21 (ARM Cortex-M0+)	2019
Nano Every	Atmel Atmega4809	2019
Nano 33 BLE	SoC Nordic Semiconductor nRF52840 (ARM Cortex-M4F)	2019
Nano 33 BLE Sense	SoC Nordic Semiconductor nRF52840 (ARM Cortex-M4F)	2019
Nano Motor Carrier	Atmel SAMD11 (ARM Cortex-M0+)	2020
Portenta H7	ST STM32H747XI (ARM Cortex-M4/M7)	2020
Nano RP2040 Connect	Raspberry Pi RP2040 (ARM Cortex-M0+)	2021
Nicla Sense ME	SoC Nordic Semiconductor nRF52832	2021

Plataforma	Sistema de procesamiento digital	Año
	(ARM Cortex-M4F)	
Nicla Vision	ST STM32H747AII6 (ARM Cortex-M4/M7)	2022
Portenta X8	ST STM32H747XI (ARM Cortex-M4/M7) y SoM NXP i.MX 8M Mini (4 × Cortex-A53 + 1 × Cortex-M4)	2022
Nano ESP32	u-blox NORA-W106-10B (basado en el SoC Espressif ESP32-S3)	2023
UNO R4 Minima	Renesas RA4M1 (ARM Cortex-M4)	2023
UNO R4 WiFi	Renesas RA4M1 (ARM Cortex-M4) y SoC Espressif ESP32-S3	2023
UNO GIGA WiFi	ST STM32H747XI (ARM Cortex-M4/M7)	2023
Portenta C33	Renesas R7FA6M5BH2CBG (ARM Cortex-M33) y SoC Espressif ESP32-C3	2023
Nicla Voice	SoC Nordic Semiconductor nRF52832 (ARM Cortex-M4F) y NDP Syntiant NDP120 (Syntiant Core 2, ARM Cortex-M0 y DSP HiFi-3)	2023

De entre todos los microcontroladores incluidos en la tabla, merece especial mención el ATmega328 de 8 bits, por ser el protagonista de las tres primeras versiones de Arduino UNO. Esta plataforma ha sido indiscutiblemente la más popular de la familia durante muchos años, como lo demuestran los diez millones de unidades vendidas desde su lanzamiento en el año 2010 hasta 2021. Aunque sigue gozando de una enorme aceptación, es previsible que la aparición, en junio de 2023, de la versión R4 de 32 bits suponga un punto de inflexión en su posición dominante del mercado dentro de la familia Arduino durante más de una década.

Por otro lado, las plataformas MKR y Nano IoT están orientadas al desarrollo de sistemas empotrados en el ámbito genérico de la IoT, mientras que Portenta es más específica para la IoT industrial, o IIoT ([gan21])[37]. Los apartados que siguen a continuación describen algunas de las prestaciones más destacadas de una selección de plataformas de la familia Arduino, así como ejemplos de aplicaciones y módulos de expansión disponibles, siguiendo siempre un orden cronológico de aparición en el mercado.

34.3.1 Arduino Diecimila y Arduino Duemilanove

Se agrupan en este apartado la plataforma de desarrollo Arduino Diecimila, que fue la primera placa ampliamente comercializada por Arduino, y su sucesora Arduino Duemilanove, puesto que realmente no hay diferencias significativas entre ambas, más allá de que en esta última se reemplazó el ATmega168, incorporado de serie tras su lanzamiento en 2008, por un ATmega328 dotado de más capacidad de memoria

---

[37] Los conceptos de Internet Industrial, acuñado en el año 2012 por General Electric, y de Industria 4.0, cuyo origen se remonta a una iniciativa del gobierno alemán en 2013, se fusionaron para denominarse Internet industrial de las cosas (o bien Internet de las cosas industrial), cuyo acrónimo es IIoT ([joy21]).

interna en una versión posterior introducida en 2009. Aparte de por la sustitución del microcontrolador, estas dos plataformas solo se distinguen por mejoras específicas introducidas en Arduino Duemilanove, que están relacionadas con la conmutación de la tensión de alimentación recibida por el puerto USB de tipo B y una fuente externa de continua ([hug16]). Cabe citar también la placa Arduino MC-Nove, que es la denominación de un clónico compatible con Arduino Duemilanove[38]. Una fotografía de Arduino MC-Nove se muestra en la figura 34.15, donde es fácilmente reconocible la ubicación del microcontrolador ATmega328P de 28 pines integrado en el tradicional encapsulado DIP. Además del microcontrolador, también se encuentra soldado en la placa un pequeño chip convertidor FTDI, fabricado con tecnología SMT, cuya función se revelará en breve.

Figura 34.15   Arduino MC-NOVE, un clónico de la plataforma original Arduino Duemilanove.

Como puede verse en la tabla 34.6, la capacidad de los diferentes tipos de memorias disponibles depende del microcontrolador incorporado en la plataforma de prototipado correspondiente ([AT168], [AT328]).

Tabla 34.6   Tamaños de los diferentes tipos de memorias integradas en los microcontroladores de 8 bits ATmega168 y ATmega328.

	Microcontrolador	
Tipo de memoria	**ATmega168**	**ATmega328**
Flash	16 KB	32 KB
SRAM	1 KB	2 KB
EEPROM	512 bytes	1 KB

---

[38] Existen numerosos clónicos de las plataformas de desarrollo Arduino, debido a que todos los productos que comercializa la compañía Arduino son distribuidos como *hardware* y *software* libre.

Estas plataformas cuentan con los siguientes recursos, que resultan muy útiles para el desarrollo de aplicaciones y proyectos y se mantuvieron íntegramente en la versión sucesora, Arduino UNO:

- Catorce pines digitales de E/S, numerados del 0 al 13 (la mayoría están multiplexados, con funciones compartidas): los pines 0 y 1 se utilizan para la transmisión de datos en formato serie; los pines 2 y 3 son empleados para la activación de interrupciones externas; los pines 3, 5, 6, 9, 10 y 11 se pueden utilizar como salidas con modulación PWM; y los pines 10, 11, 12 y 13 constituyen la interfaz física del protocolo de comunicación SPI.

- Seis canales de entrada analógicos A0-A5 con un convertidor ADC de 10 bits en la versión con encapsulado DIP, y ocho canales con encapsulados SMD. Estos pines analógicos también pueden ser empleados como pines digitales, numerados del 14 al 19 ([ibr19], [ibr23], [mar12]).

- Un oscilador de cuarzo a la frecuencia de 16 MHz.

- Un conector USB de tipo B.

- Un conector hembra de tipo *jack* para recibir la tensión de alimentación mediante una fuente externa.

- Una interfaz física ICSP (introducida previamente en el apartado 34.2.1).

- Un led SMD de usuario conectado al pin 13.

- Un pulsador de reinicio.

Estas y otras características pueden encontrase en la página oficial de Arduino. Tanto el ATmega168 como el ATmega328 son microcontroladores de 8 bits que dispone de tres temporizadores en su estructura interna, además del perro guardián y de un contador adicional diseñado para aplicaciones de tiempo real. Dos de los temporizadores son de 8 bits y el tercero es de 16 bits. Todos ellos cuentan, al igual que los microcontroladores PIC, con un divisor de frecuencia que resulta útil en aquellas aplicaciones donde la base de tiempos de 62,5 ns suministrada por el cristal de cuarzo de la placa a la frecuencia de 16 MHz resulta demasiado rápida ([mar12]).

Por otro lado, tanto Arduino Diecimila como Arduino Duemilanove y Arduino MC-Nove cuentan con el chip FTDI[39] denominado FT232RL, que se encarga de realizar la conversión de USB a formato serie TTL (UART) para garantizar la comunicación con el ordenador. La programación del microcontrolador se realiza desde un PC con conexión USB mediante el entorno de desarrollo Arduino IDE (lo que requiere la instalación previa tanto del propio IDE como de los controladores del chip FTDI), y no necesita un módulo programador externo gracias al mencionado

---

[39] Del inglés *Future Technology Devices International*, que es el nombre de una compañía escocesa fundada en 1992 especializada en tecnología USB.

chip convertidor de USB a serie y al denominado **cargador de arranque**[40]. Este cargador consiste en un pequeño código de 2 KB que viene pregrabado de serie en la memoria de programa de tipo flash del microcontrolador, restando por tanto una pequeña fracción de su capacidad original para almacenar el código máquina. Su función es comprobar si desde el entorno Arduino IDE se intenta transferir un nuevo código *firmware* a la memoria flash[41]. Si es así, el cargador toma el control y reemplaza el código existente con el nuevo código recibido a través del puerto serie. En caso contrario, el cargador deja que se ejecute el programa residente en memoria en cuanto la placa recibe alimentación, ya sea mediante el puerto USB o mediante una fuente externa ([tor16], [mar12]). Aunque lo habitual es programar el *firmware* de usuario mediante el cargador de arranque (para lo que se utiliza el protocolo de comunicación STK500), también es posible prescindir de dicho cargador y transferir el código máquina a la memoria flash directamente a través de la interfaz ICSP.

34.3.2 Arduino UNO (versiones R1, R2 y R3)

La primera versión de Arduino UNO, denominada actualmente R1 para distinguirla de las variantes posteriores, surge como una evolución de Arduino Duemilanove, y en lo fundamental dispone de idénticos recursos. La plataforma Arduino UNO, desde su versión inicial R1 hasta la versión R3 (llamada también Rev3), cuenta con un segundo microcontrolador, cuyo *firmware* pregrabado de fábrica se encarga de realizar la conversión del puerto USB disponible en el PC o en el ordenador portátil al puerto serie. Como se ha mencionado en el apartado anterior, esta conversión tiene lugar en las plataformas previas de Arduino mediante un chip FTDI incorporado tanto en Arduino Diecimila como en Arduino Duemilanove.

El microcontrolador adicional, que hace las veces de convertidor de USB a serie, pasó a ser un ATmega16U2 en la versión R3, tras haber sustituido al ATmega8U2 disponible en las versiones R1 y R2. El ATmega16U2 tiene una arquitectura RISC y cuenta con 16 KB de memoria flash, 512 bytes de EEPROM y otros 512 bytes de memoria SRAM ([uno3_rm]). El puerto USB se emplea con un doble objetivo: por un lado, permite la programación de la memoria flash del ATmega328P desde un PC con el *firmware* generado por el usuario[42]; y, por otro, posibilita la conexión al puerto serie de Arduino cuando el *firmware* de usuario se encuentra en ejecución. Esto último resulta útil para mostrar información por la pantalla del PC conectado a la placa, como por ejemplo el estado lógico de un puerto digital de E/S configurado como entrada o el resultado de la conversión A/D de un canal analógico.

---

[40] Del inglés *bootloader*.

[41] Hay que entender que la existencia del cargador de arranque no es generalizable a cualquier ATmega168 o ATmega328, sino únicamente a los que se suministran con las placas Arduino.

[42] El ATmega328P, presente en muchas plataformas de Arduino, no incluye realmente funcionalidades que no tenga el ATmega328. Ambos microcontroladores se diferencian en que el ATmega328P es un diseño de menor consumo, que surge como consecuencia de que su fabricación se corresponde con un nodo tecnológico más reciente que la del ATmega328.

Arduino UNO se puede programar no solo mediante su propio IDE, disponible también con las plataformas previas como se mencionó en el apartado anterior, sino también en línea, desde el editor web de Arduino. Además, su cargador de arranque, en las tres versiones de Arduino UNO hasta la R3, ya no es de 2 KB sino de tan solo 0,5 KB. Una fotografía de dos variantes de Arduino UNO R3, que por lo que a sus recursos se refiere son idénticas y se diferencian únicamente en pequeños detalles que afectan al acabado, se muestra en la figura 34.16. Todas las plataformas Arduino UNO R3 se suministran con un microcontrolador ATmega328P que, o bien se integra en un encapsulado DIP, como puede verse en la figura, o alternativamente en un encapsulado SMD, de dimensiones bastante más reducidas.

Figura 34.16   Dos variantes de Arduino UNO R3 con idéntica funcionalidad, basadas en el microcontrolador ATmega328P. La plataforma de la derecha es más reciente.

Por otro lado, una de las limitaciones de Arduino UNO en comparación con otras plataformas de prototipado, como las de Microchip, es que no incluye los habituales ledes, pulsadores y potenciómetros de usuario (con la excepción de un único led SMD, conectado de serie al pin 13 de E/S). Esta carencia debe suplirse utilizando una placa de prototipos auxiliar en la que insertar los componentes necesarios, que se conectan con facilidad a los puertos de E/S del microprocesador gracias a las dos tiras de conectores hembra disponibles en todas las versiones de Arduino UNO. A continuación, se ilustra el potencial de estas placas auxiliares mediante dos proyectos que emplean periféricos externos muy diferentes, controlados en ambos casos por una plataforma Arduino UNO R3.

El primero de los proyectos, cuyo montaje puede verse en la figura 34.17, emplea solo tres componentes externos[43]. Estos son un led, cuyo ánodo se encuentra conectado al pin 9 de E/S; una resistencia de 270 Ω, conectada en serie con el led para limitar la corriente que lo polariza a un valor próximo a 10 mA; y un potenciómetro, cuyo terminal central se conecta al canal de entrada analógico A0.

---

[43] El mismo montaje sirve para regular con el potenciómetro la luminosidad del led mediante una modulación PWM, adaptando el código fuente. La frecuencia por defecto de la señal PWM en los pines 9, 10, 11 y 13 es de 488 Hz, aunque puede modificarse escribiendo en un registro ([mar12]). Ambas aplicaciones se proponen en la página oficial de Arduino.

El voltaje variable aplicado en dicho canal regula por programa la frecuencia de parpadeo del led, recurriendo para ello a muy pocas líneas de código.

Figura 34.17   Proyecto implementado en una plataforma Arduino UNO R3 consistente en el ajuste de la frecuencia de parpadeo de un led mediante la aplicación en un canal de entrada analógico de un voltaje externo variable seleccionable con un potenciómetro.

El segundo proyecto, por su parte, hace uso de un periférico muy diferente, como es un teclado matricial 4 × 4. Este mismo teclado, que fue introducido en la sección 27.2, se muestra de nuevo en la figura 34.18 con el cableado necesario.

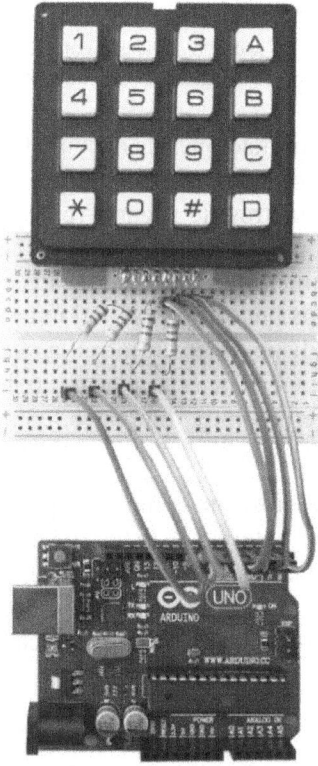

Figura 34.18   Proyecto realizado con Arduino UNO R3, que envía al monitor serie del IDE de Arduino los caracteres correspondientes a las pulsaciones de un teclado matricial.

630

El teclado es el modelo MCAK1604NBWB del fabricante Multicomp, y utiliza ocho de los pines de E/S disponibles en Arduino UNO R3. Cuatro de ellos, numerados como 2, 3, 4 y 5, se reservan para las filas y se configuran en el código fuente como entradas digitales que, mientras no se pulse una tecla, están conectadas a la tensión de alimentación mediante resistencias internas de *pull-up* habilitadas por programa. Otros cuatro pines, numerados como 6, 7, 8 y 9, se dedican a las columnas y se configuran como salidas digitales, habiendo conectado cuatro resistencias externas de protección ante una pulsación simultánea de varias teclas, como ya se mencionó en la sección 27.2. El proyecto, que ha sido adaptado de una variante implementada para un teclado matricial 4 × 3 descrito en [mar12], consiste en una exploración secuencial por columnas del teclado. Tras conectar la plataforma a un ordenador mediante su puerto USB, las teclas pulsadas se representan por pantalla gracias al **monitor serie**[44] con el que cuenta el IDE de Arduino.

34.3.2.1 Módulos de expansión: los escudos

A la facilidad de programación que caracteriza a la familia Arduino hay que añadir la versatilidad que supone, a la hora de afrontar el desarrollo de proyectos, contar con un auténtico arsenal de componentes electrónicos, sensores y actuadores de todo tipo que, dispuestos en pequeñas placas PCB dotadas de terminales de entrada y de salida, pueden emplearse con suma facilidad como elementos de interfaz en las plataformas de desarrollo ([ibr19]). A este juego de pequeños módulos electrónicos hay que sumar las conocidas comúnmente como **mochilas** o bien **escudos**[45], que son placas auxiliares diseñadas expresamente para poder insertarse con facilidad sobre las dos filas de conectores hembra dispuestas a ambos lados de las placas de Arduino más grandes, como son Arduino UNO y Arduino Due (entre otras)[46]. Existen multitud de escudos que facilitan abordar aplicaciones muy diversas, desde el control de motores hasta comunicaciones inalámbricas ([fal11], [mar12], [toj14], [tor16]). De hecho, gozan de tal aceptación que incluso se utilizan en plataformas de prototipado que no pertenecen al ecosistema de Arduino, como se mencionará más adelante en la sección 34.5. A continuación, se describen tres de ellos a efectos ilustrativos.

La figura 34.19 es una fotografía de un escudo diseñado para el control de motores que se encuentra insertado sobre una plataforma Arduino UNO R3 (aunque como sus dimensiones son muy similares, tan solo se percibe una parte del conector USB, al quedar la placa completamente oculta bajo el escudo). Como puede verse, se ha conectado un motor paso a paso a los terminales del escudo. La corriente que

---

[44] El término original en inglés es *serial monitor*. Un complemento adicional de Arduino IDE es el *serial plotter*, que representa gráficamente los mismos datos que el monitor serie y resulta útil, por ejemplo, para monitorizar en tiempo real el voltaje de una señal externa aplicada a una de las seis entradas analógicas de Arduino UNO.

[45] La denominación original en inglés es *shield*.

[46] La compatibilidad de los escudos de Arduino UNO para su uso con Arduino Due no es completa, y se garantiza solo para aquellos escudos que expongan los pines de E/S a un máximo de 3,3 V en lugar de a los habituales 5 V.

necesita el motor es suministrada por una fuente de alimentación externa, que no se muestra. El escudo incorpora dos CI L293D. Cada uno de ellos integra cuatro semipuentes que dan lugar a dos puentes completos, o **puentes en H**. Como un motor paso a paso consta de dos bobinas, es necesario dedicar un puente en H diferente a cada una de ellas. La particularidad de un puente en H es que, a partir de una fuente de tensión unipolar, es posible cambiar el sentido de la corriente en la carga conectada entre los dos terminales de salida del puente, que en este caso es el motor ([tor16], [wil10]). El L293D resulta apropiado para aplicaciones de baja potencia donde la carga no demande una corriente superior a 600 mA ([L293D]).

Figura 34.19   Escudo para el control de pequeños motores insertado en las dos tiras de pines de una plataforma Arduino UNO R3, que queda oculto bajo el escudo.

Un segundo escudo, que permite establecer una comunicación inalámbrica en la banda de 2,4 GHz entre varias plataformas Arduino UNO mediante el protocolo ZigBee, se muestra en la figura 34.20 junto a una radio XBee, que a su vez debe conectarse en el zócalo de inserción del escudo.

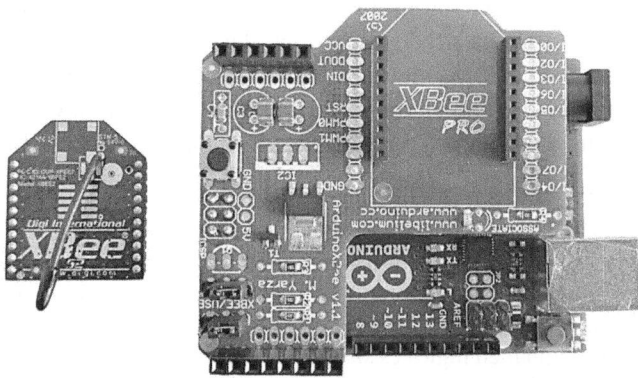

Figura 34.20   Radio XBee (izquierda) y escudo compatible (derecha) insertado en una plataforma Arduino UNO R3 para comunicaciones inalámbricas mediante el protocolo ZigBee.

Configurando las radios XBee utilizadas es posible crear con facilidad una red inalámbrica de sensores caracterizada por un alcance de unos 30 metros en interiores, que se extiende hasta los 100 metros con visión directa ([toj14]).

Un último escudo puede verse en la fotografía de la figura 34.21. Se trata esta vez de una sencilla placa de expansión que, al igual que los dos escudos anteriores, es compatible con las dimensiones de Arduino UNO y está pensada para facilitar el prototipado de proyectos. Puede apreciarse que sobre la placa de expansión se han soldado una serie de componentes electrónicos que forman parte de un pequeño circuito de interfaz, diseñado a partir de dos transistores bipolares NPN 2N2222, para controlar el aporte de corriente pulsada y desfasada que necesitan los dos electroimanes de la fotografía, y que es suministrada por una fuente de tensión externa de 24 V que no se muestra. Dicha etapa de interfaz cuenta con dos entradas (una por cada transistor), estando cada una de ellas controlada por una salida digital diferente de Arduino UNO. Estas salidas digitales, que fueron utilizadas en este proyecto para generar dos señales de voltaje cuadradas y desfasadas entre sí, no pueden proporcionar a los electroimanes por sí solas la corriente relativamente alta que demandan para su correcto funcionamiento, al estar limitada a un máximo de 40 mA por salida ([ibr19], [tor16]). Por esta razón se hace necesario recurrir a una etapa transistorizada controlada desde Arduino UNO que garantice el suministro de corriente a los electroimanes. En este proyecto concreto se optó por soldar sobre un escudo los componentes electrónicos necesarios en lugar de recurrir a una placa de prototipos como en la figura 34.17, puesto que utilizar un escudo aporta al prototipo robustez, estabilidad mecánica y un diseño mucho más compacto.

Figura 34.21 Etapa transistorizada, soldada sobre un escudo insertado en una plataforma Arduino UNO R3, que garantiza el suministro de corriente a dos electroimanes.

34.3.3 Arduino Mega 2560

Una plataforma de desarrollo más completa que Arduino UNO R3, por lo que al número de periféricos internos se refiere, es Arduino Mega 2560 ([mg2560_rm]). Lanzada al mercado en el año 2010, es la sucesora de Arduino Mega. Incorpora el microcontrolador ATmega2560 de 8 bits a 16 MHz y cuenta con tres temporizadores de16 bits adicionales que sumar a los ya disponibles en Arduino UNO hasta la versión

R3 ([AT2560]). Por lo que respecta a sus dimensiones, su longitud es algo mayor que la de Arduino UNO, lo que permite distribuir por la periferia de la plataforma nada menos que 54 canales digitales de E/S y 16 canales analógicos de entrada, todos ellos accesibles desde sus tres tiras de pines (si bien una de ellas duplica su capacidad, al contar con dos filas).

34.3.4 Arduino Due y el salto a los 32 bits

A partir del año 2012, el proyecto Arduino lanzó al mercado nuevas placas basadas en procesadores RISC Cortex-M3 de 32 bits diseñados por ARM y fabricados por Atmel[47]. Es el caso del microcontrolador SAM3X8E a 84 MHz empleado en la placa Arduino Due mostrada en la figura 34.22, cuyas dimensiones y disposición física de sus tiras de pines coinciden plenamente con las de Arduino Mega 2560. No es casual, por tanto, que Arduino Due cuente con las mismas 54 líneas digitales de E/S que tiene dicha plataforma, si bien su número de canales analógicos de entrada no es de 16 sino solo de 12, según consta en la página oficial de Arduino[48].

Figura 34.22   La plataforma de prototipado Arduino Due cuenta con el microcontrolador SAM3X8E en un encapsulado SMD, dotado de un núcleo Cortex-M3.

A diferencia de Arduino UNO R3, Arduino Due solo admite un encapsulado de tipo SMD para alojar el circuito del SAM3X8E (ya que cuenta con 144 pines, que

---

[47] Se puede argumentar que algunas características de los procesadores Cortex-M3, como el amplio repertorio de instrucciones y los diferentes tamaños de estas, son más propios de una arquitectura CISC. Sin embargo, la tendencia general es que la complejidad de los juegos de instrucciones de los nuevos procesadores RISC aumente, difuminando la clara línea divisoria que existió tiempo atrás entre ambas arquitecturas ([yiu14]).

[48] Sin embargo, el microcontrolador SAM3X8E sí cuenta con 16 canales analógicos de entrada. Lo que sucede es que cuatro de ellos no están accesibles desde la interfaz de pines de Arduino Due: los cuatro pines de entrada analógicos A12-A15 disponibles en Arduino Mega y Arduino Mega 2560 están reservados para dos canales de conversión D/A y otras dos líneas del bus CAN (CANRX y CANTX) incluidas en Arduino Due.

resulta un número muy elevado para un encapsulado DIP), y además incorpora un pequeño conector micro-USB en lugar del voluminoso conector tipo B característico de todas las plataformas Arduino Uno hasta la versión R3. Otra diferencia importante es que Arduino Due funciona con 3,3 V y, por lo tanto, sus pines digitales de E/S no toleran una tensión por encima de ese valor.

El microcontrolador SAM3X8E fue diseñado con un temporizador especial para aplicaciones de tiempo real y nueve contadores/temporizadores de propósito general, todos ellos de 32 bits; un perro guardián de 16 bits y un temporizador adicional *SysTick* de 24 bits ([SAM3X]). El *SysTick*, que es un tipo de temporizador presente en todos los núcleos Cortex-M, se describirá más adelante en el contexto de los microcontroladores STM32. Los recursos del SAM3X8E son, en prácticamente todos los aspectos, notablemente superiores a los del ATmega328P, como puede verificarse inspeccionando el estudio comparativo de la tabla 34.7.

Tabla 34.7 Selección de características de los microcontroladores de Atmel ATmega328P, de 8 bits, y SAM3X8E, de 32 bits.

	ATmega328P	**SAM3X8E**
Número total de pines	28	144
Número de líneas de E/S	23	103
Longitud de palabra	8 bits	32 bits
Número de instrucciones	131	Repertorio Thumb®
Longitud de las instrucciones	16/32 bits	16/32 bits
Memoria de programa flash	32 KB (16K × 16 bits)	512 KB (256K × 16 bits)
Memoria de datos EEPROM	1 KB	No
Memoria ROM	No	16 KB[49]
Memoria de datos SRAM	2 KB	100 KB
Comparadores analógicos	1	1
Convertidor A/D	6 canales, 10 bits	16 canales, 12 bits
Convertidor D/A	0	2 canales, 12 bits
Temporizadores de 8 bits	2	0
Temporizadores de 16 bits	1	0
Temporizadores de 32 bits	0	9
Perro guardián	Sí	Sí
Modulación PWM	6 canales, 8 bits	8 canales, 16 bits
Conectividad	1×USART, 1×SPI, 1×I²C	4×USART, 1×UART, 6×SPI, 2×I²C, 2×CAN, 1×USB de alta velocidad 1×Ethernet MAC
Frecuencia máxima de reloj	16 MHz	84 MHz

---

[49] Utilizada en las rutinas del cargador de arranque, entre otras.

34.3.5 Arduino Nano 33 IoT

La decisión de dotar con núcleos ARM de 32 bits a potentes plataformas de prototipado no se limita a Arduino Due; una alternativa interesante, que se lanzó al mercado en 2019, es Arduino Nano 33 IoT. A pesar de sus minúsculas dimensiones, que pueden apreciarse en la fotografía de la figura 34.23, esta placa cuenta con notables prestaciones que la convierten en una opción a valorar para abordar el desarrollo de aplicaciones prácticas en el ámbito de la IoT. Arduino Nano 33 IoT incorpora un microcontrolador SAMD21G18A fabricado por Atmel y diseñado alrededor de un núcleo de procesador Cortex-M0+. El SAMD21G18A, que funciona a la frecuencia máxima de 48 MHz, integra entre sus periféricos internos ocho contadores/temporizadores (cinco de ellos de 16 bits y los tres restantes de 24 bits); un contador extra de 32 bits para aplicaciones de tiempo real; y un convertidor A/D de 12 bits y otro D/A de 10 bits, ambos a 350 ksps ([SAMD21]). La plataforma, que cuenta con un conector micro-USB, dispone de conectividad Wi-Fi y Bluetooth mediante el módulo de comunicaciones Nina W102 basado en el popular SoC ESP32 ([nano33_rm]).

Figura 34.23 La plataforma de prototipado Arduino Nano 33 IoT incorpora un microcontrolador de la serie SAMD21 dotado de un núcleo Cortex-M0+.

Un ejemplo de aplicación con una plataforma Arduino Nano 33 IoT se muestra en la figura 34.24. Se trata de un sistema doméstico de riego automatizado que monitoriza de forma periódica, gracias a dos sensores conectados en sendos canales analógicos del microcontrolador, tanto el nivel de humedad de la tierra contenida en una maceta como la cantidad de agua disponible en un recipiente utilizado para el riego. En caso de que el sensor de humedad detecte la necesidad de regar la planta, el microcontrolador pone en funcionamiento una bomba de agua mediante la activación, durante varios segundos, de una de sus líneas digitales de E/S.

Por otro lado, el nivel de líquido en el recipiente es proporcionado por un segundo sensor, de forma que el sistema advierte, mediante señales ópticas, acústicas y también con un mensaje de texto mostrado en una pantalla LCD, que el volumen debe reponerse si este cae por debajo de cierto umbral, evitando así que el recipiente se vacíe por completo. Además, y gracias a disponer de conectividad Wi-Fi y Bluetooth, es posible transmitir en todo momento a un dispositivo móvil los niveles de humedad y agua[50].

Figura 34.24   Prototipo de un sistema doméstico para el riego automatizado de plantas. Izquierda: cableado parcial de la plataforma Arduino Nano 33 IoT utilizada para la monitorización de dos sensores, el control del bombeo de agua y la activación de varias alertas. Centro: sensor de humedad. Derecha: sensor de nivel de agua.

34.3.6 Arduino UNO R4

La evolución hacia núcleos ARM alcanzó en 2023 a Arduino UNO, que en su versión R4 ya incorpora un microcontrolador de la serie RA4M1 del fabricante Renesas basado en un núcleo Cortex-M4 de 32 bits con un reloj a 48 MHz, del que cabe destacar que cuenta con una **unidad de coma flotante**, o FPU[51] ([RA4M1]). Otras diferencias y mejoras significativas de la versión R4 con respecto de la R3, además del notable salto que supone pasar de una UCP de 8 bits a otra de 32 bits y de triplicar la frecuencia de reloj, son las siguientes:

- El incremento del número de temporizadores: además del perro guardián, el RA4M1 cuenta con ocho temporizadores para generar señales PWM (dos de 32 bits y seis de 16 bits), y dos temporizadores asíncronos de 16 bits.

- El incremento de la memoria SRAM de 2 KB a 32 KB.

- El incremento de la memoria EEPROM de 1 KB a 8 KB.

---

[50] Una aplicación similar, que hace uso del mismo sensor de nivel de agua, pero prescinde del sensor de humedad, se describe en [ibr23]. En esta variante se utiliza una plataforma Arduino UNO R4 Minima para la monitorización y el control del volumen de líquido contenido en un recipiente que, a su vez, se nutre de un depósito mayor mediante un circuito hidráulico que incluye una bomba de agua activada por programa mediante un relé.

[51] Del inglés *floating point unit*.

- El incremento de la memoria de programa flash de 32 KB a 256 KB.

- La ampliación de las opciones de conectividad existentes (que son USART, SPI e I^2C), al añadir una segunda interfaz I^2C y una interfaz para bus CAN.

- La conversión A/D pasa de 10 a 14 bits. Esta mejora supera los 12 bits de microcontroladores como los de Arduino Due, Arduino Nano 33 IoT y otros muchos de la familia STM32, acercándose así a los 16 bits de conocidas tarjetas de adquisición de datos utilizadas en instrumentación electrónica y de los microcontroladores de última generación de la serie STM32H7.

- La presencia de un convertidor D/A (DAC) de 12 bits, inexistente en las versiones anteriores. A efectos comparativos, la plataforma Arduino Due integra dos canales D/A de 12 bits.

- La presencia de un amplificador operacional.

- El soporte para dispositivos HID[52].

- La ausencia de un segundo microcontrolador dedicado a la conversión de USB a serie, puesto que el propio RA4M1 integra los periféricos internos necesarios para conectarse directamente al puerto USB.

- El rango de voltajes de entrada se amplía, pasando de [7, 12] V a [6, 24] V.

- La sustitución del voluminoso conector USB tipo B por uno de tipo C.

A la vista de estas prestaciones, es evidente que las novedades respecto de la versión R3 son muy destacadas. Cabe mencionar, además, la existencia de dos variantes diferentes de Arduino UNO R4, denominadas Minima y WiFi. Un texto que demuestra el potencial de ambas para el desarrollo de proyectos es [ibr23]. Si bien ambas plataformas, mostradas en la figura 34.25, comparten muchos recursos, se diferencian principalmente en que esta última incluye una matriz de 128 × 8 ledes y, además, proporciona conectividad de tipo Wi-Fi y Bluetooth gracias a la presencia de un segundo procesador con antena incorporada, el SoC ESP32-S3 ([uno4mi_rm], [uno4wi_rm]). Aunque la programación de la placa Minima se realiza mediante una conexión USB sin necesidad de un chip adaptador, en el caso de la placa WiFi la opción por defecto es que el procesador ESP32-S3 actúe como un puente serie que gestiona la comunicación con el ordenador. Sin embargo, también es posible la programación directa desde un puerto USB, tal y como sucede con la placa Mínima, siempre y cuando no se escoja la configuración por defecto ([ibr23]).

Una sencilla aplicación programada en la plataforma Arduino UNO R4 Minima, que hace uso de su DAC, se muestra en la figura 34.26.

---

[52] HID es un acrónimo que significa *human interface device*. Los dispositivos de interfaz humana (o interfaz de usuario) permiten simular por código el movimiento de un ratón o una pulsación de teclado, que se transmiten al ordenador vía USB.

Figura 34.25 Izquierda: Arduino UNO R4 Minima. Derecha: Arduino UNO R4 WiFi. Ambas plataformas de prototipado incorporan un microcontrolador de la serie RA4M1 dotado de un núcleo Cortex-M4.

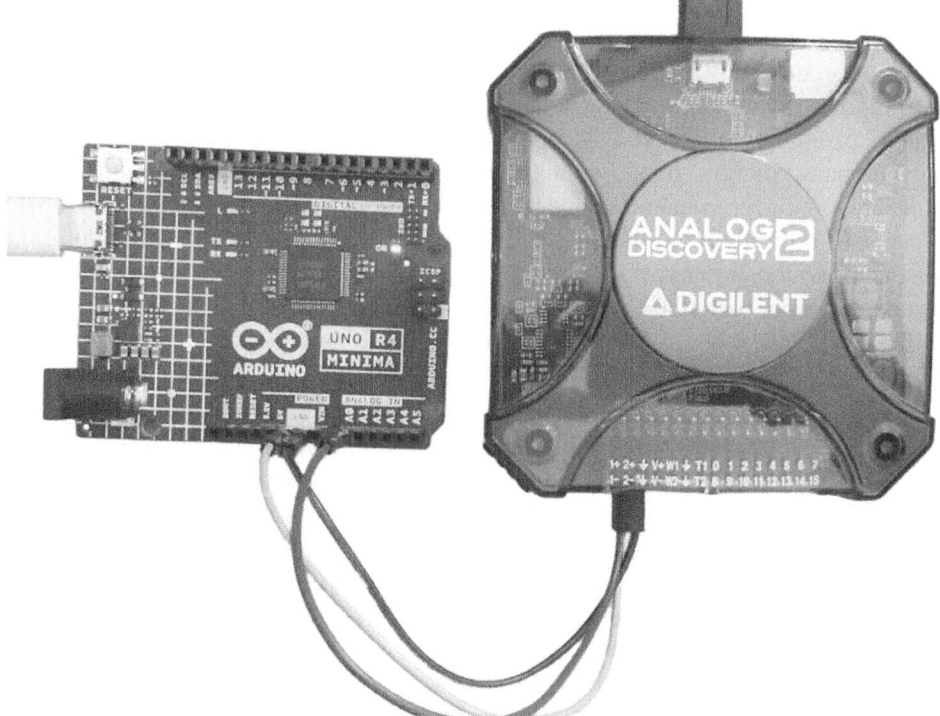

Figura 34.26 Generación de una forma de onda sinusoidal con el DAC de la plataforma Arduino UNO R4 Minima. La lectura de los valores de voltaje entregados por el DAC se ha realizado mediante la tarjeta multifunción Analog Discovery 2 de Digilent.

Si bien todos los detalles sobre el funcionamiento del convertidor D/A figuran en el manual del microcontrolador ([RA4M1_h]), lo cierto es que en la práctica no es imprescindible conocer a fondo ni la secuencia de etapas involucradas en la conversión ni su temporización correspondiente, si en su lugar se recurre a la biblioteca `analogWave`[53], que ayuda a simplificar el código fuente de la conversión D/A. Esta biblioteca contiene varias funciones y resulta útil para la generación de tres formas de onda predefinidas (sinusoidal, cuadrada y diente de sierra) y su posterior envío a un puerto de salida a través del DAC.

Las muestras digitalizadas de la forma de onda periódica escogida, que se almacenan en un vector, son procesadas una a una por el DAC de forma secuencial con cada iteración del código, de forma que los diferentes valores analógicos obtenidos tras la conversión son transferidos al único pin de la placa vinculado al DAC, que es el A0. Este pin, que se ha utilizado como canal de entrada analógico para realizar conversiones A/D en todas las versiones anteriores de la plataforma Arduino UNO, mantiene esta funcionalidad en la versión R4, por lo que se trata de un pin multiplexado.

El código en ejecución genera una sinusoide de 1 kHz con una amplitud de pico a pico cercana a 2,5 V, tomando para las muestras de partida la resolución por defecto del DAC, que es de 8 bits. Si se requiere la máxima precisión de la que es capaz el convertidor, deberá modificarse el programa original añadiendo una línea de código que permita utilizar sus 12 bits ([ibr23]). Aunque la evolución temporal del voltaje analógico entregado por el DAC puede monitorizarse mediante un osciloscopio convencional, dicho voltaje se ha muestreado, además, mediante una tarjeta multifunción que se encuentra conectada a un ordenador mediante un puerto USB y es capaz de reproducir la funcionalidad de un osciloscopio. Las muestras adquiridas por dicha tarjeta son enviadas al ordenador y procesadas por un programa para su visualización por pantalla. Con el fin de realizar la adquisición de la sinusoide, se ha utilizado uno de los dos canales del osciloscopio incluido en la tarjeta Analog Discovery 2 junto al instrumento virtual WaveForms, encargado de su representación gráfica[54]. La forma de onda sinusoidal así obtenida puede verse en la figura 34.27, donde su perfil fuertemente escalonado (que no mejora aprovechando los 12 bits del DAC) revela que el número de muestras por ciclo escogido para configurar las formas de onda predefinidas en la biblioteca `analogWave` no es muy elevado[55].

---

[53] La biblioteca `analogWave` se carga automáticamente en el sistema tras realizar la instalación del paquete específico común a las dos plataformas R4 existentes (Minima y WiFi). Para poder hacer uso de todas sus funciones basta con añadir al principio del código fuente la directiva `#include "analogWave.h"`.

[54] Las funciones de esta tarjeta, del fabricante Digilent, se mencionan en el apartado A.5.4.

[55] El número de muestras por ciclo es de 24, según se desprende no solo de la forma de onda sinusoidal de la figura 34.27, sino también de una forma de onda prácticamente idéntica obtenida con un osciloscopio digital convencional, también a partir de la lectura del pin A0. Si es necesario suavizar el perfil escalonado de la señal entregada por el DAC en una aplicación determinada, la solución no pasa por incrementar el número de bits del convertidor D/A, sino por recurrir a un filtro paso bajo, tal y como se describe en el sintetizador digital de formas de onda descrito en la sección 30.5.

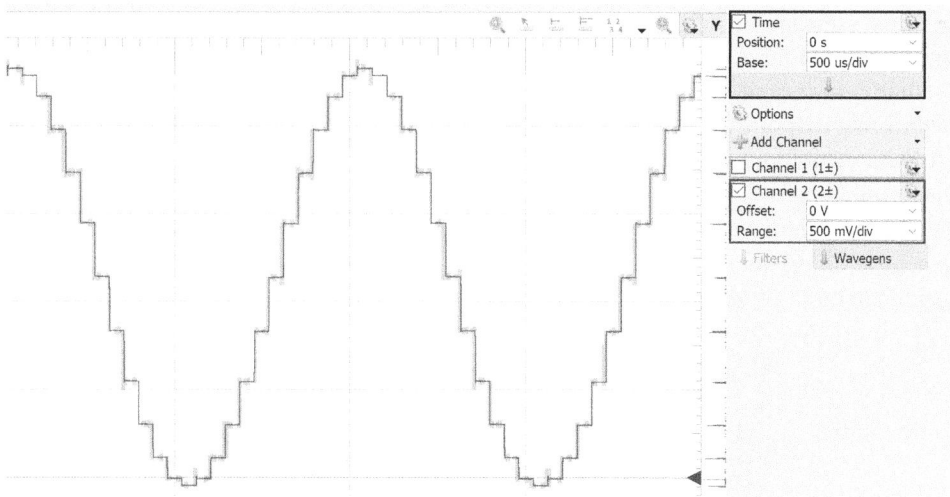

Figura 34.27 Representación gráfica obtenida mediante el instrumento virtual WaveForms del voltaje muestreado por el canal 2 del osciloscopio USB de la figura 34.26.

34.4 Microcontroladores MSP430 y C2000 de Texas Instruments

Un referente sobradamente conocido en el mundo del diseño y la fabricación de circuitos semiconductores, que además es reconocido como el mayor fabricante de procesadores digitales de señal, es Texas Instruments (TI). A continuación, se dedicará algo de espacio a presentar dos familias de microcontroladores de TI, una de 16 bits y otra de 32 bits. Ya se apuntó en la sección 34.2 que Microchip también fabrica familias de microcontroladores de 16 y de 32 bits, mientras que en la sección 34.3 se han presentado varios microcontroladores de 32 bits. Los procesadores digitales de 16 y de 32 bits cuentan con una cuota de mercado significativa que va en aumento, y gozan de una amplia aceptación en el desarrollo de sistemas empotrados dentro de sus respectivos segmentos.

TI diseñó la familia de microcontroladores RISC de 16 bits MSP430™ junto a herramientas de desarrollo *hardware* y *software* para facilitar su programación, tanto en lenguaje ensamblador como en C. Todos los dispositivos de la familia cuentan con al menos dos tipos diferentes de temporizadores (uno de ellos siempre es el perro guardián), mientras que los más sofisticados disponen de cinco ([dav08]).

34.4.1 MSP-EX430G2 Launchpad

La figura 34.28 es una fotografía de la pequeña plataforma de desarrollo de bajo coste MSP-EX430G2 Launchpad, diseñada por TI y lanzada al mercado en 2010 para facilitar el prototipado de aplicaciones con sus microcontroladores MSP430.

La MSP-EX430G2 Launchpad incorpora un zócalo que admite microcontroladores de hasta 20 pines con encapsulado DIP. Se suministra de serie con los dos CI de 14 pines MSP430G2211 y MSP430G2231, que cuentan con prestaciones bastante similares ([G2211], [G2231]). La placa es compatible con un total de 15 microcontroladores de la familia MSP430, todos ellos de 14 y 20 pines. Como suele ser habitual, no es necesario un módulo programador externo, sino que la propia plataforma dispone de un CI con encapsulado SMD para transferir el programa desde un PC conectado a la placa mediante un puerto mini-USB. Son varios los entornos disponibles para el desarrollo de aplicaciones. Entre ellos destacan IAR Embedded Workbench KickStart y Code Composer Studio, al ser los empleados por TI para crear una serie de proyectos puestos a disposición de los usuarios con el fin de que estos se inicien en la programación.

Figura 34.28   Plataforma de prototipado MSP-EXP430G2 Launchpad del fabricante TI.

Por lo que respecta a los recursos incorporados en la MSP-EX430G2 Launchpad, esta plataforma dispone de dos pequeños ledes SMD conectados a sendos pines de E/S, así como de un pulsador de reinicio y otro de usuario. También cuenta con una huella para alojar un oscilador de cuarzo, y junto con la placa se suministra uno que oscila a la frecuencia de 32,768 kHz fabricado por la empresa Microcrystal. Admite además tres placas externas diferentes, también diseñadas por TI, que permiten ampliar las posibilidades de prototipado. Para ello es necesario soldar previamente un adaptador que facilite su conexión a la MSP-EX430G2 Launchpad ([msp_ug]). Las referencias [dav08] y [jim14] son un práctico complemento de los manuales de usuario y proporcionan una descripción sistemática y muy completa de la familia MSP430.

34.4.2 C2000™ DIMM100 Experimenter's Kit

Por otro lado, en un nivel de sofisticación y precio claramente superior al de la familia MSP430, se encuentra la serie de microcontroladores de 32 bits C2000™, que integran un nutrido grupo de periféricos internos de alto rendimiento y comparten la arquitectura de los DSP de la serie TMS320, introducida en el mercado en 1983 de la mano del diseño pionero TMS32010. La flexibilidad de estos procesadores ha permitido utilizarlos con éxito no solo como coprocesadores auxiliares en el ámbito específico del procesado digital de señal, sino también como una UCP principal. Estos microcontroladores son apropiados para aplicaciones de control en tiempo real, debido a que a las notables prestaciones de sus periféricos internos hay que añadir que su módulo ADC fue diseñado para sincronizarse con la generación de señales PWM.

TI comercializó en 2008 un módulo electrónico de prototipado de bajo coste denominado inicialmente TMS320C2000™ Experimenter's Kit, y renombrado más adelante como C2000™ DIMM100 Experimenter's Kit, con el objetivo de popularizar el desarrollo de aplicaciones utilizando los microcontroladores de la serie C2000. Este kit comprende una placa base[56] en la que se inserta una tarjeta de control en un conector denominado DIMM100, además de contar con dos zonas de prototipado, una a cada lado de dicho conector. Con la tarjeta insertada en el conector se garantiza el acceso tanto a las señales del convertidor ADC como a las señales de los puertos de E/S del microcontrolador C2000 que forma parte de la tarjeta de control.

Los dispositivos pertenecientes a la serie C2000 se clasifican, a su vez, en cinco familias, entre las que se encuentra la C28x Delfino™ ([C28x_rg]), caracterizada por incorporar la UCP TMS320C28x de 32 bits con aritmética de coma fija y una arquitectura Harvard modificada[57], a la que se añade una FPU que trabaja con operandos de 32 bits conforme al estándar IEEE 754 de simple precisión. Esta versátil UCP está dotada de un juego de instrucciones RISC y destaca por su elevado rendimiento para realizar tanto las operaciones matemáticas típicas de un DSP ejecutadas en su módulo MAC[58] de 32×32 bits, como las tareas de control propias de un microcontrolador.

A la familia C28x Delfino pertenecen varios dispositivos que fueron clasificados por TI como **controladores digitales de señal** (DSC)[59] desde que empezaron a comercializarse en 2007, para enfatizar que su arquitectura es un híbrido con características propias tanto de un microcontrolador como de un DSP. Sin embargo, en 2022, TI abandonó esta denominación y pasó a llamarlos **microcontroladores de tiempo real**[60]. Uno de ellos es el dispositivo TMS320F28335, que forma parte de la tarjeta de control TMDSCNCD28335 ([F2833x], [x2833x_rm]). La figura 34.29 es una fotografía de dicha tarjeta, en la que destaca el TMS320F28335 por su mayor tamaño y donde es claramente visible

---

[56] La placa base se denomina *docking station* en la terminología de Texas Instruments.

[57] Se trata de una variante de la arquitectura Harvard en la que, además de contar con un direccionamiento independiente para la memoria de instrucciones de programa y la memoria de datos, también permite leer datos de la memoria de instrucciones.

[58] Del inglés *multiplier-accumulator unit*.

[59] Del inglés *digital signal controller*.

[60] Del inglés *real-time microcontroller*.

el conector DIMM100; mientras que la figura 34.30 muestra la tarjeta insertada en su placa base.

Figura 34.29 Tarjeta de control TMDSCNCD28335 de TI, en la que destaca, por su mayor tamaño, el microcontrolador en tiempo real TMS320F28335.

Figura 34.30 Módulo de prototipado C2000™ DIMM100 Experimenter's Kit de TI, compuesto, en este caso, por su placa base estándar y la tarjeta de control TMDSCNCD28335.

La programación de los microcontroladores de la serie C2000 se puede realizar en lenguajes de alto nivel. Uno de los entornos de desarrollo de proyectos por los que se puede optar es Code Composer Studio, que ya se mencionó al describir previamente la familia MSP430. Este entorno incluye, entre otras características, un editor de código fuente, un compilador de C/C++ y un depurador ([F2833x]). Conviene apuntar que es posible evitar programar en C/C++ y optar, en su lugar, por herramientas de MathWorks, como son MATLAB y Simulink. La programación se realiza en este caso mediante la habitual interconexión de bloques predefinidos, tanto los disponibles en las librerías de Matlab (*toolboxes*) como los añadidos en un paquete de soporte creado especialmente para programar los procesadores de la serie C2000[61].

Las características más destacadas de los microcontroladores MSP430G2231 de 16 bits y TMS320F28335 de 32 bits se agrupan en la tabla 34.8. Como puede comprobarse, el TMS320F28335 destaca en todos los aspectos de la comparativa.

---

[61] El nombre del paquete de soporte es *Embedded Code Support Package for Texas Instruments C2000 Processors*.

Tabla 34.8   Selección de características de los microcontroladores MSP430G2231 de 16 bits y TMS320F28335 de 32 bits, ambos del fabricante TI.

	MSP430G2231	**TMS320F28335**
Número total de pines	14	176
Número de líneas de E/S	10	88
Longitud de palabra	16 bits	32 bits
Número de instrucciones	51+[62]	311[63]
Longitud de las instrucciones	16 bits	32 bits
Memoria de programa flash	2 KB	256 K × 16 bits
Memoria de datos RAM	128 bytes	34 K × 16 bits
Comparadores analógicos	0	0
Convertidor A/D	8 canales, 10 bits	16 canales, 12 bits
Temporizadores de 16 bits	1	9
Temporizadores de 32 bits	0	11
Perro guardián	Sí (15 bits)	Sí
Salidas PWM	Sí	18
Comunicación de datos serie	SPI, I²C	3×UART, 1×SPI, 1×I²C, 1×CAN
Frecuencia máxima de reloj	16 MHz	150 MHz

Una aplicación que hace uso del módulo de prototipado C2000™ DIMM100 Experimenter's Kit en un contexto de investigación, concretamente en el campo de la electrónica industrial, se ilustra en la figura 34.31. En este desarrollo se programó el microcontrolador TMS320F28335 para generar con precisión las señales de disparo de los MOSFET de SiC presentes en un inversor de puente completo conectado a un bus de continua cuya tensión V_{DC} es de 30 V. La programación, realizada íntegramente en Simulink, implementa eficazmente en el microcontrolador la sincronización del disparo de los cuatro semiconductores del puente, incluyendo los tiempos de guarda necesarios para evitar cortocircuitar los nodos de alimentación y tierra durante la conmutación. Como resultado de la sincronización, se obtiene en la salida del inversor un voltaje periódico de frecuencia superior a 100 kHz, cuya forma de onda de tres niveles ($+V_{DC}$, $0V$, $-V_{DC}$) es típica del denominado **control por desplazamiento de fase**[64]. En este tipo de control, que es muy habitual en el uso de convertidores de potencia, el voltaje eficaz que entrega el inversor se controla ajustando el **ángulo de desplazamiento de fase**, que determina la fracción del período durante la que el voltaje en la salida del inversor es de 0 V.

---

[62] A las 51 instrucciones originales hay que añadir algunas adicionales utilizadas para el rango expandido de direcciones.

[63] El repertorio de instrucciones y su descripción puede consultarse en [C28x_rg].

[64] Si se tiene curiosidad por conocer los detalles de esta técnica, una referencia especialmente recomendable para documentarse es [har11].

Figura 34.31 Generación de las señales de disparo de los cuatro MOSFET presentes en un inversor de puente completo construido a partir de dos semipuentes del fabricante CREE, mediante la programación de un microcontrolador TMS320F28335.

La generación de las señales de disparo que necesitan los inversores de puente completo es una aplicación muy común de la electrónica de potencia que se volverá a plantear con algo más detalle en la sección 35.5, empleando igualmente un control por desplazamiento de fase y escogiendo para la experimentación plataformas de prototipado basadas en circuitos FPGA.

34.5 Microcontroladores STM32 de STMicroelectronics

Los microcontroladores de la familia STM32 del fabricante ST (denominación abreviada utilizada habitualmente para referirse a STMicroelectronics, compañía de origen franco-italiano) se agrupan en varias series, estando cada una de ellas caracterizada por un núcleo de procesador ARM (o Arm) con arquitectura RISC de 32 bits. Por ejemplo, la serie F0 se basa en el núcleo Cortex-M0, mientras que, por su parte, las series F1, F2 y L1 comparten el núcleo Cortex-M3. Como sucede con otros fabricantes, ST también proporciona de forma gratuita tanto ejemplos de código para diversas aplicaciones como entornos de desarrollo que permiten la edición y la depuración del código, así como la programación de todos los microcontroladores de la familia STM32. La letra M, que es común en la denominación de la familia de procesadores Cortex-M, hace referencia a que todos ellos son núcleos utilizados en microcontroladores, mientras que, por su parte, la familia Cortex-R agrupa a los sistemas empotrados en tiempo real, y la familia Cortex-A hace lo propio con procesadores diseñados específicamente para aplicaciones de alto rendimiento ([zhu14]). Una referencia que destaca por abordar en profundidad el estudio de los núcleos de procesador Cortex-M3 y Cortex-M4 es [yiu14].

Esta sección está dedicada a presentar las características más destacadas de una selección representativa de plataformas de prototipado con microcontroladores de la familia STM32, que evoluciona a buen ritmo con la incorporación periódica de nuevos diseños. En primer lugar, se introducirá la popular placa blue pill, de la que existe abundante bibliografía, para, seguidamente, describir algunas opciones más pertenecientes a las familias STM32 Discovery y STM32 Nucleo.

34.5.1 Blue pill

Una plataforma de prototipado que ya lleva algunos años en el mercado y sigue gozando de gran aceptación hasta la fecha es la conocida comúnmente por el apodo blue pill, debido a su color azul y a sus reducidas dimensiones. Si bien su tamaño es muy similar al de una placa Arduino Nano de 8 bits, sus características se asemejan, en parte, más a las de Arduino Due. La plataforma blue pill, que no pertenece a una familia concreta, utiliza el microcontrolador de la serie F1 STM32F103C8T6, que se comenzó a comercializar en el año 2007. Funciona a la frecuencia máxima de 72 MHz y cuenta con siete temporizadores, entre otros muchos recursos. Sin embargo, no contiene un chip programador debido precisamente a su pequeño tamaño, lo que hace necesario conectarle un módulo electrónico externo para acceder a la memoria de programa. Con este fin puede recurrirse al programador ST-LINK V2 original del fabricante ST, o bien escoger algún adaptador clónico compatible. Aunque estos adaptadores se encuentran sin dificultad por poco dinero, en la práctica no siempre funcionan como deberían puesto que, realmente, no son productos originales. De hecho, la actualización de su *firmware* puede resultar problemática. Una fotografía de la placa blue pill conectada a un adaptador clónico compatible con el programador ST-LINK V2 se muestra en la figura 34.32.

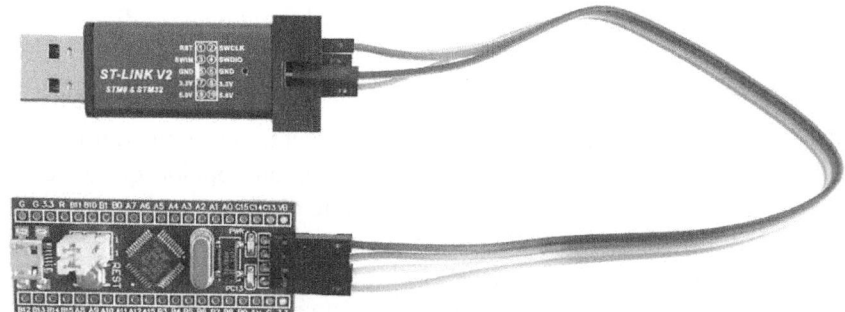

Figura 34.32   Plataforma de prototipado blue pill, del fabricante ST, conectada a un adaptador clónico del programador original ST-LINK V2. La blue pill cuenta con un microcontrolador dotado de un núcleo Cortex-M3.

Una alternativa igualmente válida para la programación consiste en escoger un simple adaptador de USB a serie de entre los varios que se encuentran disponibles en el mercado, todos ellos igualmente muy económicos. Esta opción es suficiente, ya que el *firmware* que ejecuta el microcontrolador de la blue pill incorpora un cargador de arranque (como sucede con el ATmega328P de Arduino Uno R3) que en la inicialización comprueba el estado del puerto serie por si detecta que es necesario transferir un nuevo código de programa a la memoria. Las dos tiras de pines suministradas al adquirir una blue pill deben soldarse para insertar el conjunto en una placa de prototipos convencional donde poder cablear con facilidad componentes externos, como ilustra la figura 34.33.

Figura 34.33   Una blue pill insertada en una placa de prototipos.

El entorno de desarrollo de la blue pill no es ni mucho menos único. Además del omnipresente Arduino IDE, puede optarse por otros como CooCox ColDE, AC6 System Workbench, STMCubeMX y Keil MDK-ARM ([pes18]). Este último se suele considerar la opción más completa para abordar todas las fases de edición de código, depuración y programación, aunque no es gratuito (salvo por su versión de demostración, que permite ejecutar código de hasta 32 KB, entre otras limitaciones).

A pesar de la necesidad de conectar a la blue pill un programador externo con su *firmware* actualizado, esta popular plataforma es una opción que vale la pena valorar para iniciarse en la programación de la serie de microcontroladores F1 de la familia STM32. Además de su moderado precio, cuenta con bibliografía que facilita acelerar su aprendizaje (como por ejemplo las referencias [pes18] y [san21], entre otras). En sus reducidas dimensiones figuran, además del propio microcontrolador, un pulsador de reinicio, un led de alimentación y otro de usuario, un cristal de cuarzo de 8 MHz y un puerto micro-USB, utilizado para recibir la tensión de alimentación y también para la comunicación con el ordenador.

34.5.2 La familia de plataformas de prototipado STM32 Discovery

El número de plataformas de prototipado de la familia STM32 Discovery se eleva a cuarenta a fecha de junio de 2023, según consta en el listado del fabricante [STM32].

El enlace www.st.com/stm32discovery, que es actualizado periódicamente, incluye las últimas incorporaciones. Seguidamente se describen las características más relevantes de tres placas de esta familia, comenzando por la que cuenta con un número de recursos físicos más limitado y terminando con la más sofisticada.

34.5.2.1 STM32VLDISCOVERY

Una placa que, como la blue pill, también incorpora un microcontrolador de la serie F1 (concretamente el STM32F100RBT6B, de 64 pines), es la STM32F1 Value Line Discovery kit (identificada simplemente como STM32VLDISCOVERY). Esta plataforma perteneciente a la familia STM32 Discovery, de moderado tamaño, fue lanzada al mercado en el año 2010 y se muestra en la figura 34.34. A diferencia de la blue pill, la STM32VLDISCOVERY sí cuenta con espacio suficiente para integrar en su estructura un chip programador y depurador, el ST-LINK V1, por lo que no es necesario conectar un programador externo.

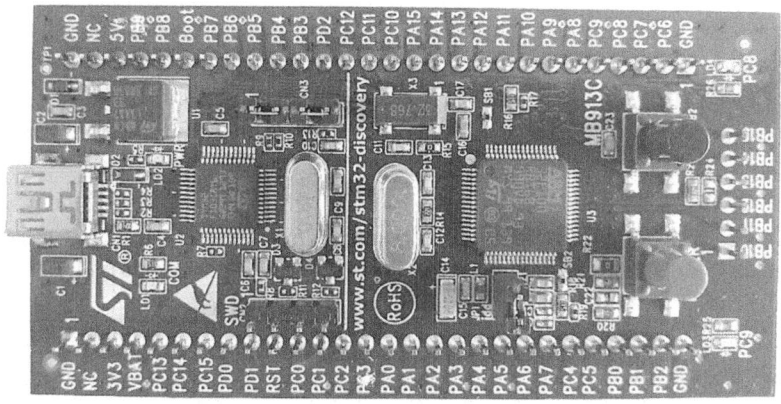

Figura 34.34   La plataforma de prototipado STM32VLDISCOVERY, del fabricante ST, cuenta con un microcontrolador dotado de un núcleo Cortex-M3.

El microcontrolador, que data del año 2009 y tiene una frecuencia máxima de reloj de 24 MHz (valor sensiblemente inferior a los 72 MHz de la blue pill), dispone de doce temporizadores, 128 KB de memoria de programa flash y 8 KB de memoria de datos SRAM ([F100xx]). La STM32VLDISCOVERY incluye, además de un chip programador integrado, cuatro ledes (dos de ellos de usuario) y dos pulsadores (uno de reinicio y otro de usuario); y puede recibir la alimentación tanto desde su puerto mini-USB como desde una fuente externa de 5 V o de 3,3 V ([vldisc_um]).

La placa se puede programar utilizando diferentes herramientas de desarrollo, incluyendo el IDE de Arduino. Otros son los entornos basados en GCC[65], así como IAR EWARM y Keil MDK-ARM (los dos últimos únicamente con sistema operativo Windows). Sin embargo, y debido a que desde su lanzamiento el fabricante ST ha

---

[65] GCC es la abreviatura de *GNU compiler collection*.

actualizado varias veces el programador inicial ST-LINK V1, las versiones recientes de estos entornos de desarrollo ya no son compatibles con su uso[66]. Dichos entornos están orientados a la programación en lenguajes de alto nivel (típicamente C/C++); sin embargo, existe la opción de recurrir a Simulink para programar determinadas plataformas de prototipado de la familia STM32 Discovery[67].

34.5.2.2 STM32F4DISCOVERY

Una segunda placa de desarrollo de la familia STM32 Discovery que cuenta con mejores prestaciones que la STM32VLDISCOVERY es la STM32F4DISCOVERY, cuya primera versión fue lanzada al mercado en 2011. Incorpora un microcontrolador STM32F407VGT6 del mismo año basado en un núcleo Cortex-M4, que funciona a la frecuencia máxima de 168 MHz[68] y está dotado de 17 temporizadores, 1 MB de memoria flash y 192 KB de RAM ([F407xx]).

Esta plataforma incluye diversos elementos periféricos, entre los que cabe destacar los siguientes: ocho ledes (cuatro de ellos de usuario), dos pulsadores (uno de reinicio y otro de usuario), un acelerómetro, un micrófono digital y un convertidor DAC adaptado para audio. También integra en su estructura el circuito programador y depurador ST-LINK V2-A ([F4disc_um]). Como es habitual con otras plataformas de ST, son varios los entornos de desarrollo disponibles que posibilitan el desarrollo de aplicaciones. Entre ellos cabe citar a IAR Embedded Workbench, Keil MDK-ARM y STM32CubeIDE (si bien los dos primeros se encuentran disponibles únicamente para el sistema operativo Windows). Una referencia para iniciarse en la programación de la STM32F4DISCOVERY utilizando el entorno de desarrollo Keil es [sch21].

---

[66] El competitivo mundo de los sistemas empotrados, que se encuentra inmerso desde sus orígenes en un frenético contexto de innovación permanente, fruto del cual se lanzan al mercado novedosos y cada vez más potentes sistemas de procesamiento digital, no es ajeno a la obsolescencia prematura de la que en general adolece la industria electrónica, y muy especialmente la electrónica de consumo. Con demasiada frecuencia sucede que un microcontrolador, un sistema SoC o bien un circuito FPGA dejan de repente de ser compatibles con las últimas versiones de las herramientas de desarrollo necesarias para su programación, su configuración o bien su actualización, a pesar de encontrase en perfecto estado.

[67] La lista puede consultarse en https://es.mathworks.com/products/hardware/stm32.html.

[68] Si bien una frecuencia de reloj de 168 MHz puede considerarse relativamente elevada comparada con la de muchos otros microcontroladores (especialmente los de 8 bits), lo cierto es que es ampliamente superada por la de otros de más reciente aparición. Ejemplos de ello son el STM32F746ZGT6 del año 2016 utilizado en la plataforma de altas prestaciones NUCLEO-F746ZG, cuyo reloj oscila a un máximo de 216 MHz ([1974_um], [F746xx]); así como los grupos de microcontroladores STM32H723xE y STM32H725xE, ambos del año 2020, cuya frecuencia de reloj se eleva nada menos que a 550 MHz ([H723xE], [H725xE]).

34.5.2.3 B-U585I-IOT02A Discovery kit

La tercera plataforma de prototipado representativa de la familia STM32 Discovery es la B-U585I-IOT02A Discovery kit. Se empezó a comercializar en el año 2021 e incorpora el microcontrolador de la serie U5 STM32U585AII6Q con 169 pines, que data del mismo año y está dotado de 2 MB de memoria flash, 786 KB de memoria SRAM y nada menos que 19 temporizadores, entre otros muchos recursos. Fue diseñado a partir de un núcleo Cortex-M33, que funciona a la frecuencia máxima de 160 MHz ([U585xx]).

Además de contar con los habituales complementos externos, como son dos ledes de usuario y dos pulsadores (uno de reinicio y otro de usuario), la plataforma incorpora varios módulos periféricos con los que implementar sofisticados sistemas empotrados. Entre ellos se encuentran sensores MEMS[69] de temperatura, de humedad relativa, de presión, de proximidad[70], de luz ambiental y de detección gestual; así como un magnetómetro, un acelerómetro, un giróscopo y dos micrófonos digitales. El sistema, cuya fotografía se muestra en la figura 34.35, destaca por sus notables prestaciones en cuanto a consumo y conectividad se refiere, razón por la que resulta una buena elección tanto para aquellas aplicaciones que requieran un alto grado de autonomía como para su uso en el campo de la IoT de alto rendimiento: no solo es capaz de gestionar de forma eficiente las comunicaciones optimizando el consumo, sino que, además, incluye módulos Wi-Fi y Bluetooth, permitiendo la conexión directa con servidores en la nube ([IoTdisc_um]).

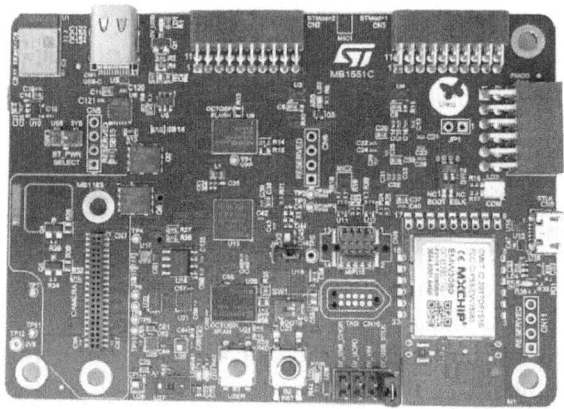

Figura 34.35   La plataforma de prototipado B-U585I-IOT02A Discovery kit, del fabricante ST, incorpora un microcontrolador dotado de un núcleo Cortex-M33.

---

[69] Del inglés *micro-electromechanical system*.

[70] En la documentación original la denominación del sensor de proximidad incorporado es *time-of-flight sensor*. Este nombre, muy habitual para referirse a este tipo de sistemas ópticos, tiene su origen en la técnica subyacente a la detección, que está basada en la medición, dentro de un rango, del tiempo de ida y vuelta (o tiempo de vuelo) transcurrido entre la emisión y la recepción de un haz de luz infrarroja que se refleja en el objeto de interés. El detector gestual mencionado se basa en el mismo principio y, de hecho, emplea el mismo dispositivo. El concepto de tiempo de vuelo se aplica igualmente a transductores de ultrasonidos.

Como se ha mencionado, el microcontrolador STM32U585AII6Q que incorpora la plataforma B-U585I-IOT02A Discovery kit cuenta con 19 temporizadores entre sus periféricos internos. Esta elevada cifra no es exclusiva de este microcontrolador, sino que es compartida por otros muchos que también pertenecen a la serie U5, como son los que se agrupan bajo las denominaciones STM32U575xx y STM32U585xx. Todos ellos han sido diseñados a partir de un núcleo ARM Cortex-M33 ([U575xx], [U585xx]). Las características de estos temporizadores se recopilan en la tabla 34.9.

Tabla 34.9 Relación de los 19 temporizadores comunes a todos los microcontroladores de las series STM32U575xx y STM32U585xx.

Número de temporizadores	Número de bits	Características
3	16	Propósito general
4	32	Propósito general
2	16	Básicos
4	16	Bajo consumo
2	16	PWM (control de motores)
2	No consta	Perro guardián
2	24	*SysTick timer*

Para concluir la exposición de las prestaciones de esta versátil plataforma de prototipado, cabe mencionar que la programación del microcontrolador se realiza directamente mediante un conector USB de tipo C gracias al chip programador y depurador STLINK-V3E incluido en la propia placa. Por lo que respecta a los entornos de desarrollo disponibles, estos coinciden con los citados previamente para la plataforma STM32F4DISCOVERY.

Un sistema empotrado desarrollado con éxito tras haber escogido la plataforma B-U585I-IOT02A Discovery kit para su implementación consiste en un compacto detector de radiación ionizante, que fue diseñado para contabilizar el número de pulsos recibidos por un canal de E/S digital del microcontrolador al que se ha conectado un detector de radiación comercial. El detector, en presencia de radiación ionizante en el ambiente, entrega al microcontrolador un pulso por cada partícula detectada. La recepción de cada pulso inicia la ejecución de una rutina de atención a la interrupción que incrementa el valor de un contador ascendente implementado en el código fuente. El sistema así diseñado constituye, por lo tanto, un prototipo de contador Geiger portátil de reducidas dimensiones y bajo consumo.

Dos criterios determinantes para escoger esta plataforma de la familia Discovery son, por un lado, su frecuencia de reloj, que es suficientemente alta para poder discriminar bien todos los pulsos recibidos en un escenario de radiación elevada; y por otro, su bajo consumo, que resulta deseable (cuando no imprescindible) en el diseño de cualquier sistema empotrado portátil alimentado con baterías, como es el caso. La figura 34.36 es una fotografía del sistema que incluye los siguientes elementos: la propia plataforma de prototipado; un emisor de radiación, que incluye una pequeña cantidad de uraninita para poner a prueba el sistema sin resultar nocivo para la salud; un detector de radiación; y, finalmente, una pantalla LCD que muestra el nivel de radiación actualizado periódicamente. La tasa de error del prototipo es del 0,1 %. Para su determinación se empleó un generador de pulsos como sustituto del detector de radiación, escogiendo frecuencias de hasta un máximo de 100 kHz (lo que supone seis millones de pulsos generados por minuto).

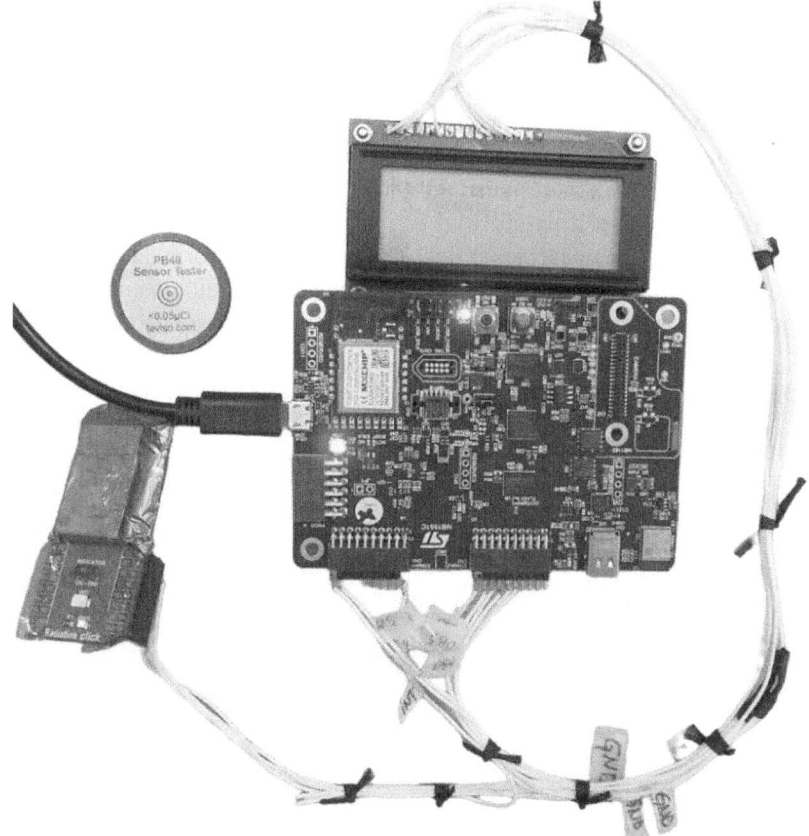

Figura 34.36 Prototipo de detector de partículas ionizantes de bajo consumo implementado en la plataforma B-U585I-IOT02A Discovery kit.

34.5.3 La familia de plataformas de prototipado STM32 Nucleo

Una segunda familia de plataformas de prototipado, que constituye una alternativa a la STM32 Discovery, se denomina STM32 Nucleo. A esta familia, que tampoco ha dejado de crecer desde que se lanzó al mercado en 2014, pertenecen setenta referencias a fecha de junio de 2023, tal y como consta en el catálogo del fabricante [STM32], y se agrupan en las tres series Nucleo-32, Nucleo-64 y Nucleo-144. En el enlace www.st.com/stm32nucleo se incluyen las últimas incorporaciones. La cifra que caracteriza a cada una de las series (32, 64 y 144) denota el número de pines de los microcontroladores que incorporan. Las plataformas de la familia STM32 Nucleo admiten los mismos entornos de desarrollo que la familia STM32 Discovery. Esto incluye también a Simulink para una serie limitada de plataformas, cuyo listado se puede consultar en el enlace proporcionado en la nota a pie de página número 67.

Las plataformas Nucleo-32 son compatibles con Arduino Nano, mientras que tanto las Nucleo-64 como las Nucleo-144 lo son con Arduino UNO. Por tanto, el repertorio de escudos disponibles para Arduino Nano y Arduino UNO se puede utilizar igualmente con las placas de la familia Nucleo ([ibr20]). Esta característica, sin embargo, no es compartida con las placas de la familia Discovery.

Por otro lado, cada una de las tres series mencionadas se subdivide, a su vez, en cuatro grupos, como se indica en la tabla 34.10. El primero de ellos es el de consumo mínimo; el segundo es el convencional o dominante; el tercero engloba a las placas de altas prestaciones; y, finalmente, el cuarto hace referencia a la conectividad inalámbrica. Las diferentes plataformas se ordenan en cada una de las casillas de la tabla siguiendo un orden decreciente del tamaño de la memoria de programa de tipo flash de sus respectivos microcontroladores, siendo el modelo que aparece en primer lugar de la tabla el que cuenta con más memoria en cada caso.

Tabla 34.10   Plataformas de desarrollo de la familia STM32 Nucleo pertenecientes a las tres series Nucleo-32, Nucleo-64 y Nucleo-144. (Adaptada de [STM32]).

	Nucleo-32	Nucleo-64	Nucleo-144
Consumo mínimo (*ultra-low power*)	L432KC L412KB L031K6 L011K4	L476RG U545RE-Q L452RE L452RE-P L152RE L433RC-P L073RZ L010RB L412RB-P L053R8	U5A5ZJ-Q U575ZI-Q L4R5ZI L4R5ZI-P L4A6ZG L4P5ZG L496ZG L496ZG-P L552ZE-Q
Convencional o dominante (*mainstream*)	G431KB G031K8 F303K8 F031K6 F042K6	F303RE G491RE G0B1RE G474RE F091RC F103RB G431RB F072RB G071RB F070RB G070RB F334R8 F030R8 F302R8 C031C6	F303ZE

	Nucleo-32	Nucleo-64	Nucleo-144
Altas prestaciones (*high performance*)	–	F446RE F411RE F401RE H503RB F410RB	H7A3ZI-Q H755ZI-Q F767ZI H745ZI-Q F439ZI H753ZI F429ZI H743ZI H563ZI F413ZH H723ZG F412ZG F756ZG F207ZG F746ZG F446ZE F722ZE
Conectividad inalámbrica (*wireless*)	–	WBA52CG WB55RG WB15CC WL55JC	–

34.5.3.1 Plataformas representativas de la serie STM32 Nucleo-64

Dos plataformas representativas de la serie Nucleo-64, la NUCLEO-F103RB (2014) y la NUCLEO-L476RG (2015), se muestran en la figura 34.37.

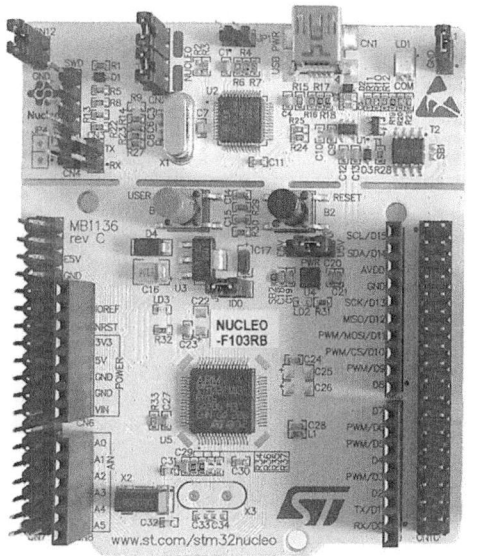 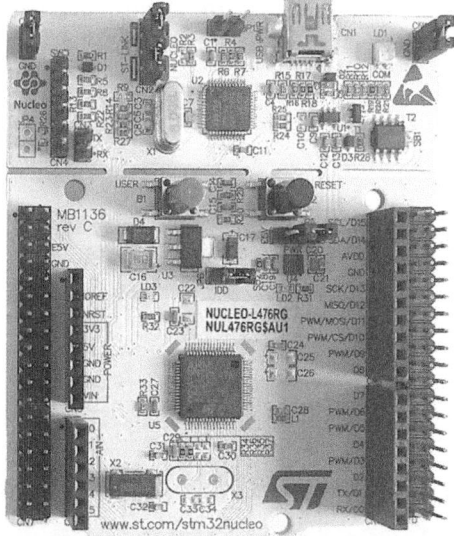

Figura 34.37   Dos plataformas de prototipado de la serie STM32 Nucleo-64 que comparten la misma placa de referencia MB1136. Izquierda: NUCLEO-F103RB, basada en un núcleo Cortex-M3. Derecha: NUCLEO-L476RG, basada en un núcleo Cortex-M4.

Ambas versiones, para las que existe soporte de Simulink, comparten la misma placa de referencia MB1136, por lo que en la práctica son indistinguibles, salvo por la etiqueta con el identificador que se encuentra ubicada al lado del microcontrolador en ambos casos. Dicha placa cuenta con tres ledes (si bien solo uno de ellos es de usuario), dos pulsadores (uno de reinicio y otro de usuario), así como con la posibilidad de utilizar una fuente de alimentación externa para proporcionar el voltaje necesario como alternativa al puerto mini-USB disponible, entre otros recursos como es el CI programador y depurador ST-LINK V2-1 ([1724_um]).

La NUCLEO-F103RB, que pertenece al grupo convencional, incorpora un microcontrolador STM32F103RBT6 fabricado con tecnología SMT, al igual que las placas ST descritas anteriormente (lo que es la norma en la familia STM32). Cuenta con un núcleo Cortex-M3 a 72 MHz, 128 KB de memoria flash y 20 KB de SRAM ([F103xx]). Por su parte, la NUCLEO-L476RG, dentro del grupo de consumo mínimo, tiene un microcontrolador STM32L476RGT6 con núcleo Cortex-M4 a la frecuencia de 80 MHz, 1 MB de memoria flash y 128 KB de SRAM ([L476xx]). Una referencia bastante completa para iniciarse en la programación de esta plataforma utilizando el entorno de desarrollo STM32CubeIDE (basado en GCC) es [ibr20].

Con estas placas se pueden desarrollar interesantes aplicaciones, como por ejemplo un voltímetro digital. La figura 34.38 muestra una NUCLEO-L476RG cableada con una pantalla LCD y programada para indicar la lectura, expresada en milivoltios y actualizada cada segundo, de un voltaje externo aplicado en uno de sus canales de entrada analógicos. El voltaje es ajustable mediante un potenciómetro de 1 kΩ en el rango comprendido entre 0 V y 3,3 V, mientras que la conversión A/D tiene lugar con una resolución de 12 bits, lo que garantiza cierta precisión. Un segundo potenciómetro es utilizado para regular la luminosidad de la pantalla LCD.

Figura 34.38   Voltímetro programado en una NUCLEO-L476RG empleando uno de sus canales de entrada analógicos. Un potenciómetro permite modificar la lectura del voltaje.

34.5.3.2 Plataformas representativas de la serie STM32 Nucleo-144

Dos plataformas más, esta vez representativas de la serie Nucleo-144, se muestran en la figura 34.39. Se trata de la NUCLEO-F207ZG (2015) y de la NUCLEO-L496ZG-P (2017). La NUCLEO-F207ZG, que utiliza la placa de referencia MB1137 ([1974_um]), pertenece al grupo de altas prestaciones. Su microcontrolador STM32F207ZGT6 incluye un núcleo Cortex-M3 a 120 MHz y dispone de 1 MB de memoria flash, 128 KB de SRAM convencional y otros 4 KB de SRAM de respaldo (o *backup*), así como un puerto Ethernet ([F207xx]). La NUCLEO-L476ZG-P, por su parte, está basada en la placa MB1312 ([2179_um]) y se ubica en el grupo de consumo mínimo, siendo fácilmente identificables las diferencias con la MB1137. Con un microcontrolador STM32L496ZGT6P de núcleo Cortex-M4 a 80 MHz, cuenta con 1 MB de memoria flash y 320 KB de SRAM ([L496xx]). Ambas referencias incorporan un CI programador y depurador ST-LINK V2-1.

Figura 34.39 Dos plataformas de prototipado de la serie STM32 Nucleo-144 diseñadas a partir de distintas placas de referencia. Izquierda: NUCLEO-F207ZG, basada en un núcleo Cortex-M3. Derecha: NUCLEO-L496ZG-P, basada en un núcleo Cortex-M4.

Todas las plataformas STM32 de la serie Nucleo-144 integran tres ledes de usuario y dos pulsadores (uno de reinicio y otro de usuario). También admiten la posibilidad de suministrar el voltaje de alimentación mediante el puerto micro-USB disponible, o bien con una fuente de tensión externa ([1974_um], [2179_um]).

La tabla 34.11 recopila, a efectos comparativos, las prestaciones más destacadas de los microcontroladores STM32F103C8 (placa blue pill) y STM32L496ZG (placa NUCLEO-L496ZG-P). Todas ellas han sido extraídas de la documentación técnica elaborada por el fabricante ST ([F103xx], [L496xx]).

Tabla 34.11 Selección de características de los microcontroladores de ST STM32F103C8 y STM32L496ZG.

	STM32F103C8	**STM32L496ZG**
Número total de pines	48	144
Número de pines de E/S	37	115
Longitud de palabra	32 bits	32 bits
Número de instrucciones	Repertorio Thumb®	Repertorio Thumb®
Longitud de las instrucciones	16/32 bits	16/32 bits
Memoria de programa flash	64 KB	1 MB
Memoria de datos SRAM	20 KB	320 KB
Comparadores analógicos	0	2
Convertidor A/D	2×ADC, 10 canales, 12 bits	3×ADC, 24 canales, 12 bits
Convertidor D/A	0	2 canales, 12 bits
Temporizador *SysTick* [71]	1 (24 bits)	1 (24 bits)
Temporizadores de 16 bits	3	11
Temporizadores de 32 bits	0	2
Perro guardián	2	2
Temporizador PWM	1 (15 salidas, 16 bits)	2 (16 bits)
Conectividad	3×USART, 2×SPI, 2×I^{2}C, 1×CAN, 1×full-speed USB	3×USART, 3×UART, 3×SPI, 4×I^{2}C, 2×CAN, 1×full-speed USB, etc.
Frecuencia máxima de reloj	72 MHz	80 MHz

---

[71] El *SysTick* es un contador que existe en todos los núcleos Cortex-M, lo que favorece la portabilidad, y puede usarse para generar interrupciones periódicas. Esto resulta de utilidad en aquellas aplicaciones desarrolladas para microcontroladores que requieren un sistema operativo dedicado a gestionar en tiempo real la ejecución en paralelo de varias tareas. El contador *SysTick*, que es descendente, genera una interrupción cuando la cuenta alcanza el 0, comenzando automáticamente una nueva secuencia de cuenta tras la carga de un valor determinado. Los contadores *SysTick* se caracterizan porque no son modificables ni por tareas ni por aplicaciones de usuario. Si una aplicación para microcontrolador no necesita un sistema operativo, el *SysTick* puede igualmente emplearse para generar retardos y medir tiempos, como sucede con un temporizador convencional ([val14], [yiu14], [zhu14]).

Las características de los 16 temporizadores integrados en el microcontrolador STM32L496ZG, que se listan en la tabla 34.11, se recogen en la tabla 34.12.

Tabla 34.12   Los 16 temporizadores del microcontrolador STM32L496ZG.

Número de temporizadores	Número de bits	Características
5	16	Propósito general
2	32	Propósito general
2	16	Básicos
2	16	Bajo consumo
2	16	PWM (control de motores)
2	No consta	Perro guardián
1	24	*SysTick timer*

Para concluir este apartado se introducirá la NUCLEO-H755ZI-Q (2019), con la que se ha implementado un sistema de instrumentación electrónica basado en un detector de proximidad. Esta plataforma de prototipado, que se clasifica dentro del grupo de altas prestaciones, se comercializa con la placa de referencia MB1363 y pertenece a la serie STM32H7 Nucleo-144, caracterizada por integrar el circuito programador y depurador STLINK-V3E ([2408_um]).

El microcontrolador presente en la NUCLEO-H755ZI-Q es el STM32H755ZIT6, que incorpora un sofisticado núcleo de procesador dual Cortex-M4/M7 de 32 bits. Funciona a la frecuencia máxima de 240 MHz en el caso del núcleo Cortex-M4, llegando hasta el doble (480 MHz) con el núcleo Cortex-M7. El microcontrolador cuenta, además, con 2 MB de memoria flash, 1 MB de RAM y 22 temporizadores, entre otros periféricos internos ([H755xI]). La programación del microcontrolador se realizó desde el entorno de desarrollo STM32CubeIDE.

El prototipo resultante, que se alimenta mediante una batería portable, se aloja en el fondo de una caja metálica y está compuesto por una NUCLEO-H755ZI-Q, un detector de proximidad y un módulo Bluetooth de bajo consumo, como ilustra la figura 34.40. En condiciones normales, la caja se encuentra cerrada por su parte superior mediante la correspondiente tapa. La finalidad de este sistema empotrado, que se justifica en el ámbito del control de calidad de productos de alto valor añadido una vez que han sido sellados, es garantizar la detección de una posible apertura de la caja mediante la medida periódica de la distancia existente entre el prototipo y la tapa. Dicha medida, cuyo promedio es de 90 mm en condiciones normales (es decir, mientras se mantenga la tapa cerrada), es realizada por el detector de proximidad, para cuya implementación se escogió un sensor de tiempo de vuelo de naturaleza óptica. Este sensor que, como puede verse en la figura, se encuentra insertado en el lado izquierdo de la placa de prototipos, envía al microcontrolador las medidas de las distancias registradas a intervalos regulares utilizando el protocolo I^{2}C; mientras que el microcontrolador, a su vez, encamina la información recibida con la misma periodicidad hacia el módulo Bluetooth mediante una comunicación asíncrona de tipo UART. Dicho módulo, que se sitúa en la placa de prototipos a la derecha del sensor de tiempo de vuelo, transmite de forma inalámbrica la información del estado de la caja a un dispositivo móvil.

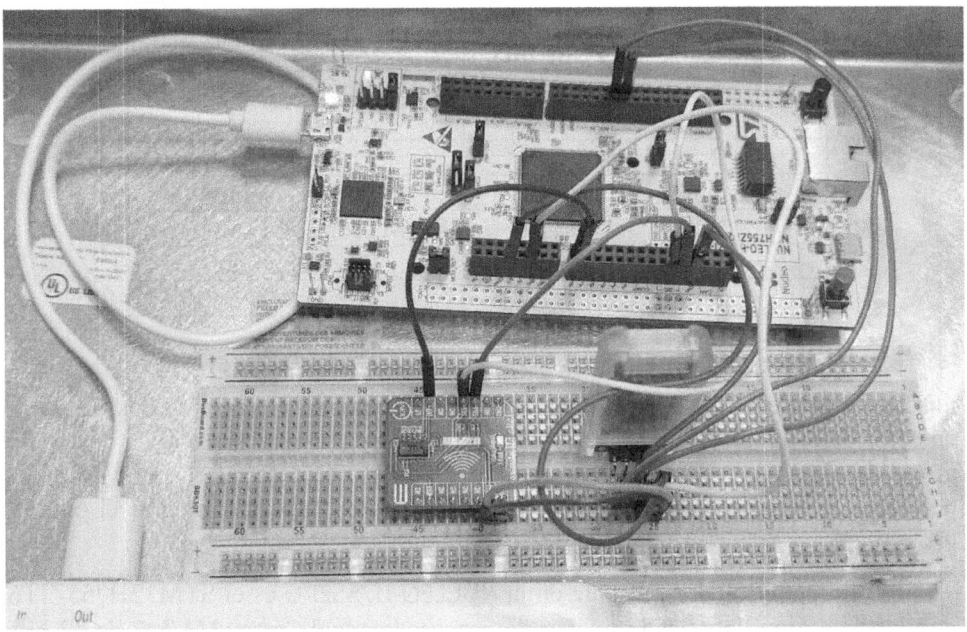

Figura 34.40   Sistema empotrado implementado en la plataforma de prototipado NUCLEO-H755ZI-Q y diseñado para la detección de la apertura de una caja sellada. Su microcontrolador se comunica con un sensor de tiempo de vuelo vía I²C y también con un módulo Bluetooth mediante UART.

34.6 Perspectivas de futuro para los microcontroladores

En las cuatro secciones anteriores se ha pasado revista a una variada selección de microcontroladores de diferentes prestaciones. Se introdujeron varios dispositivos de 8 bits de los fabricantes Microchip y Atmel; sendas familias de 16 bits y de 32 bits de Texas Instruments; y también algunos chips con núcleos de procesador ARM de 32 bits fabricados bien por Atmel, Renesas o STMicroelectronics.

A la vista de la notable mejora experimentada por los periféricos integrados en la arquitectura de los microcontroladores más recientes, es incuestionable que el potencial de estos dispositivos para el diseño de complejos sistemas empotrados se ha incrementado considerablemente en los últimos años. Las mencionadas mejoras en las prestaciones no se limitan únicamente a ampliar el número de temporizadores disponibles (periféricos sobre los que se ha incidido especialmente en las secciones previas), sino que realmente son extensibles al resto de los recursos físicos presentes en su estructura interna, sin excepción. Entre ellos cabe destacar los siguientes: el aumento de la capacidad de los módulos de memoria de tipo ROM y RAM; el número de puertos de E/S disponibles; el incremento de la resolución de los convertidores A/D, alcanzando en algunos casos los 16 bits; la disponibilidad con cada vez más frecuencia de convertidores D/A, reservados hasta hace no muchos años al ámbito de los microcontroladores considerados de gama alta; las múltiples opciones de conectividad, tanto cableada como inalámbrica; y la aparición de sofisticados núcleos duales de procesador, así como de procesadores auxiliares que contribuyen a aumentar la capacidad de cómputo de la UCP principal.

Para poner en perspectiva esta vertiginosa evolución, basta con comparar la frecuencia de reloj de la UCP de 8 bits incluida en el microcontrolador PIC16F84 de Microchip con la del núcleo dual Cortex-M4/M7 de 32 bits incorporado en microcontroladores de ST como son el STM32H747XI y el STM32H755ZI. El PIC16F84, dotado de un reloj a una frecuencia máxima de 10 MHz, supuso todo un hito en el prototipado de los sistemas empotrados de la época tras su lanzamiento en el año 1998 ([16F84]); mientras que el núcleo de procesador Cortex-M7 de los dos STM32H7 mencionados, ambos del año 2019, puede funcionar hasta un máximo de 480 MHz ([H747xI], [H755xI]). El STM32H747XI fue escogido posteriormente para su uso en las plataformas de la familia Arduino Portenta H7 (2020), Portenta X8 (2022) y UNO GIGA WiFi (2023), según se desprende de la tabla recopilatoria 34.5; mientras que el STM32H755ZI forma parte de la plataforma NUCLEO-H755ZI-Q (2019), introducida en el apartado 34.5.3.2. Otros microcontroladores de ST dotados igualmente de núcleos Cortex-M7, que pertenecen a las familias de dispositivos del año 2020 STM32H723xE y STM32H725xE, alcanzan frecuencias de reloj de hasta 550 MHz ([H723xE], [H725xE]). Estas cifras justifican por sí solas el notable desarrollo experimentado en las últimas décadas por el sector de los semiconductores en el ámbito de los sistemas empotrados basados en microcontrolador.

En un futuro próximo, tanto ARM como otras empresas del sector competirán con novedosos microcontroladores basados en la reciente arquitectura de juego de instrucciones (ISA) denominada RISC-V que, tras ser desarrollada inicialmente en el año 2010 en la Universidad de California (Berkeley), comenzó a ser divulgada a partir de 2014 y ha sido llamada "el Linux de los chips", simplemente porque los ingenieros pueden escoger implementarla y adaptarla a sus diseños sin coste alguno. La arquitectura base RISC-V, denominada RV32I, utiliza 32 registros de 32 bits y está dotada de un pequeño pero completo ISA. Aunque RV32I resulta apropiada para su uso en sistemas empotrados controlados por procesadores de bajo coste, esta arquitectura carece de algunas funcionalidades y características presentes en otros procesadores muy extendidos, como son los de la familia x86 y ARM. Para suplir estas limitaciones, RISC-V contempla una serie de extensiones propias de RV32I, así como ampliaciones adicionales del juego de instrucciones original diseñadas con un ancho de palabra de 64 bits (dando lugar a la arquitectura RV64I); e incluso de 128 bits, mediante el uso de memoria virtual paginada en procesadores tanto mononúcleo como multinúcleo ([led20], [pat18]). Buena prueba del interés creciente que está empezando a despertar RISC-V entre los principales actores de la industria de los semiconductores es que el fabricante japonés Renesas presentó, en noviembre de 2023, la primera generación de núcleos de 32 bits con esta arquitectura destinada a una amplia variedad de mercados, entre los que destacan la IoT, la electrónica de consumo, los sistemas industriales y el equipamiento electromédico.

En cualquier caso, hay que puntualizar que esta tendencia por parte de los fabricantes hacia una sofisticación cada vez mayor de sus diseños, como es el caso de la notable transformación experimentada por el popular Arduino UNO al pasar de la versión R3 de 8 bits a la R4 de 32 bits, responde a la necesidad de proporcionar potentes circuitos de procesamiento digital capaces de responder a los exigentes requisitos de tiempo real que necesitan determinadas aplicaciones desarrolladas para sistemas empotrados. Dicha tendencia no supone, al menos hasta la fecha, una amenaza que pueda comprometer seriamente el futuro de los microcontroladores más humildes de 8 bits, puesto que en principio tienen su nicho de mercado asegurado en un sinfín de aplicaciones tradicionales, donde la moderada potencia de cómputo que pueden ofrecer con sus relativamente limitados recursos es suficiente en la práctica ([kat10]). Sin embargo, cabe mencionar que el fabricante ST comenzó a comercializar, en el año 2023, el pequeño microcontrolador de 32 bits y bajo coste STM32C0, diseñado con un núcleo Cortex-M0+ a 48 MHz y un nutrido conjunto de periféricos. Su precio es tan competitivo que no hay que descartar la posibilidad de que este microcontrolador, junto a otros de similares prestaciones que se desarrollen en un futuro próximo, acaben con el tiempo desplazando del mercado a los de 8 y 16 bits.

35

Circuitos FPGA: fundamentos y plataformas de prototipado

Los circuitos FPGA se introdujeron en el mercado a mediados de la década de 1980, y sus aplicaciones, que no fueron entonces especialmente relevantes, se redujeron inicialmente a una serie de tareas entre las que cabe destacar la implementación de circuitos secuenciales de complejidad moderada, por un lado; y de lógica de interfaz entre otros circuitos digitales más grandes, por otro[1]. A finales de la década de 1990, el uso de estos circuitos configurables se extendió al ámbito de la electrónica de consumo, la automoción y la industria en general, y en la actualidad se utilizan para implementar prácticamente cualquier dispositivo lógico de cierta complejidad.

Este capítulo gira alrededor de los versátiles circuitos FPGA y su potencial para competir con microcontroladores, circuitos SoC, procesadores DSP y otros sistemas similares de procesamiento digital en el dinámico mundo del prototipado de sistemas

---

[1] Esta lógica de interfaz es conocida en inglés con la peculiar denominación *glue logic*, y es un término aceptado y muy extendido en el diseño lógico digital.

empotrados. En primer lugar, se expondrán algunas nociones fundamentales de la lógica digital configurable, haciendo especial énfasis en la estructura interna de los circuitos FPGA. A continuación, se introducirán los lenguajes más utilizados actualmente en el ámbito de la simulación y la síntesis de circuitos, para presentar seguidamente una selección de estos circuitos de los fabricantes Xilinx y Altera junto a las plataformas de prototipado de bajo coste que los incorporan de serie[2]. En una sección posterior se plantearán dos variantes de una misma aplicación práctica, desarrolladas ambas en un contexto de investigación haciendo uso de un circuito FPGA de Xilinx y otro de Altera de prestaciones similares. El capítulo se cerrará, para poner el punto y final a esta sexta y última parte del texto, estableciendo una breve comparativa entre las prestaciones de los circuitos configurables FPGA y los microcontroladores, que puede resultar de utilidad cuando se trata de optar por una de las dos alternativas para diseñar un sistema empotrado.

A pesar de que el precio de las plataformas de prototipado basadas en circuitos FPGA es más elevado que el de las placas homólogas basadas en microcontrolador, lo cierto es que hoy en día los circuitos FPGA son cada vez más populares en los laboratorios docentes; no solo en los laboratorios convencionales que exigen la presencia física de los estudiantes, sino también en los laboratorios remotos de más reciente implantación, caracterizados por facilitar al alumnado la realización de prácticas a distancia y sin horario mediante una interfaz web ([gar21]).

35.1 Estructura interna de los circuitos FPGA

35.1.1 Arquitecturas multinivel en la lógica configurable

Desde un punto de vista de la evolución de la tecnología, los circuitos CPLD y FPGA tienen su origen en los dispositivos lógicos programables simples SPLD, que agrupan a los circuitos de tipo PLA, PAL y PROM; y pueden considerarse los módulos MSI de la lógica digital configurable[3]. Los circuitos SPLD tienen en común una estructura de dos niveles AND y OR que, por cuestiones técnicas, no es fácilmente reproducible a mayor escala cuando lo que se persigue es la fabricación de dispositivos más grandes dotados de un elevado número de entradas y salidas. La solución adoptada por los fabricantes de módulos semiconductores para contar con circuitos lógicos configurables más sofisticados fue crear nuevos dispositivos cuya

---

[2] Ambos fabricantes acaparan actualmente una buena parte del mercado de circuitos FPGA. Altera fue adquirida por Intel en 2015, mientras que la adquisición de Xilinx por parte de AMD se terminó de cerrar en 2022. Otros fabricantes destacados son Lattice Semiconductor, AMD, Texas Instruments, Philips, Atmel, Cypress y STMicroelectronics.

[3] Todos estos circuitos se mencionaron por primera vez en el capítulo 4 (secciones 4.1 y 4.2). Conviene apuntar que los diferentes dispositivos citados aquí no son mutuamente excluyentes, lo que puede generar no poca confusión. En este sentido, algunos autores engloban los circuitos PLD dentro de los ASIC semipersonalizados al afirmar que los PLD constituyen una tecnología clave para implementar circuitos ASIC que hay que añadir a las celdas normalizadas y a las matrices de puertas ([hay96], [nel96]).

estructura interna se caracterizó desde un principio por contener una serie de elementos lógicos iguales interconectados entre sí, dando lugar a una arquitectura multinivel dotada de una estructura de interconexión flexible. En el caso de un circuito CPLD dichos elementos lógicos son circuitos SPLD, donde tanto ellos como la estructura de interconexión es configurable. El enfoque es similar en un circuito FPGA, con la salvedad importante de que sus elementos constitutivos, denominados **bloques lógicos configurables** (abreviadamente bloques CLB)[4], son bastante más pequeños y también mucho más numerosos que los de un circuito CPLD. Pueden existir miles de ellos, resultando en una estructura de interconexión más compleja, que también es configurable y se extiende por todo el circuito FPGA. La figura 35.1 ilustra de forma simplificada la diferencia entre ambos.

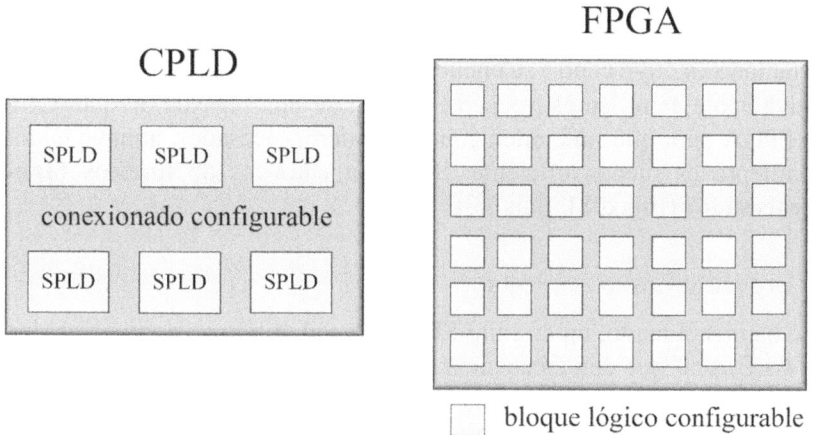

Figura 35.1   Estructura interna simplificada de circuitos digitales configurables CPLD y FPGA. (Adaptada de [wak18]).

La arquitectura de los bloques CLB no es común para todos los circuitos FPGA, sino que depende del fabricante y también de la familia a la que pertenece un circuito FPGA determinado. En cualquier caso, e independientemente de su estructura concreta, los bloques CLB se pueden configurar para implementar lógica tanto combinacional como secuencial. Sin embargo, y dependiendo del circuito FPGA concreto, puede no ser posible la síntesis de cerrojos[5].

35.1.2 Módulos lógicos empotrados en un circuito FPGA

Por otro lado, es cada vez más frecuente que los circuitos FPGA incorporen en su estructura física una serie de módulos lógicos de alto nivel que acompañan a los

---

[4] La denominación original en inglés es *configurable logic block*.
[5] Algunos autores advierten que no siempre existe la posibilidad de sintetizar cerrojos (es decir, biestables asíncronos) con circuitos FPGA, puesto que en los circuitos digitales modernos ya no se suelen utilizar estos al haber sido sustituidos por registros ([par11]).

sencillos bloques CLB, y que facilitan el diseño de sistemas digitales complejos. Entre ellos se encuentran módulos aritméticos como sumadores y multiplicadores, circuitos de memoria, procesadores, circuitos DSP y controladores para comunicaciones de alta velocidad, entre otros ([nel21]). Su ubicación en un circuito FPGA no es única; se pueden encontrar repartidos alrededor de su periferia, o bien organizados por columnas, o incluso distribuidos a lo largo y ancho del circuito completo ([max08]). Todos ellos reciben el calificativo de "empotrados" con el fin de enfatizar que son módulos lógicos añadidos a la estructura granular del circuito FPGA de partida[6].

En el caso de los procesadores empotrados, estos se ocupan de determinadas tareas cuyos requerimientos de velocidad no son especialmente exigentes, dando lugar a los denominados **núcleos duros de microprocesador**[7]. Una de estas plataformas de implementación híbridas es el CI Virtex-II Pro, desarrollado por el fabricante Xilinx para aplicaciones inalámbricas, que consiste en un circuito FPGA de gran tamaño en cuyo centro se encuentra un microprocesador PowerPC ([rab04]). Alternativamente, también es frecuente configurar una serie de bloques CLB en un circuito FPGA para que funcionen como un microprocesador, aunque en este caso su rendimiento es menos eficiente. Se habla entonces de **núcleos blandos de microprocesador** ([max08], [uns17])[8].

35.1.3 El reto del sincronismo

Como se ha mencionado, un circuito FPGA no se limita a un conjunto ordenado de bloques CLB, sino que con frecuencia cuenta con un variado conjunto de módulos empotrados en su estructura regular. Tanto algunos de los elementos constitutivos de los bloques CLB, que se describirán en el siguiente apartado, como los propios módulos empotrados, son sistemas síncronos que necesitan, por tanto, una señal de reloj. Lo habitual es que dicha señal de sincronismo se genere en el exterior y sea conducida al interior del circuito FPGA por medio de un pin de entrada, desde donde se distribuye mediante un **árbol de reloj**[9] que genera numerosas réplicas del reloj original. Con este enfoque se trata de minimizar la disparidad de longitudes que surge entre las múltiples trayectorias por las que se propaga la señal de reloj, en caso de que esta se distribuya directamente al conjunto de los biestables del circuito FPGA desde el mencionado pin de entrada. Un alto grado de variabilidad en la longitud de las diferentes trayectorias de la señal de reloj, que es inevitable en ausencia de un árbol de reloj o bien de una estrategia equivalente, daría lugar a un sesgo de reloj excesivo que comprometería seriamente la correcta sincronización del sistema.

---

[6] En los textos originales en inglés se utiliza el término *embedded* para referirse a los módulos lógicos empotrados en la estructura base de un circuito FPGA constituido por bloques CLB. En este sentido, es frecuente encontrar en la literatura términos como *embedded RAM* (o bien *block RAM*), *embedded multipliers*, *embedded adders*, *embedded processor cores*, etc.

[7] Del inglés *hard microprocessor cores*.

[8] Del inglés *soft microprocessor cores*.

[9] Del inglés *clock tree*.

Alternativamente, en lugar de configurar un pin de reloj para conectar la señal de reloj externa a un único árbol de reloj interno, puede optarse por recurrir a los denominados **gestores de reloj**, encargados de generar réplicas del reloj original y distribuirlas, a su vez, a varios árboles de reloj internos o incluso a pines de salida que pueden utilizarse para proporcionar el sincronismo a otros dispositivos. Cada familia de circuitos FPGA cuenta con su propia versión del gestor de reloj, del que, además, pueden existir varios en un solo circuito. Las funciones de un gestor de reloj, cuyo funcionamiento está basado en circuitos PLL o bien DLL[10], son muy diversas. Entre ellas cabe destacar las siguientes: la síntesis de frecuencias, que permite multiplicar o bien dividir la frecuencia de la señal de reloj original; el desfase de la frecuencia de partida (por ejemplo, generando copias de la señal de reloj desfasadas 90°, 180° y 270° respecto de esta); la corrección del sesgo de reloj; y la eliminación de un fenómeno pernicioso denominado **temblor** ([max08])[11].

35.1.4 Organización de los bloques lógicos configurables

Para interpretar adecuadamente la información técnica publicada por los fabricantes de circuitos FPGA es necesario familiarizarse previamente con la terminología comúnmente empleada para referirse a los múltiples recursos internos de dichos circuitos, que se organizan conforme a una jerarquía muy concreta, como se describirá seguidamente. Dominar el lenguaje de los fabricantes, que al principio puede resultar un tanto enigmático, obliga a conocer algunos conceptos clave relacionados con los distintos elementos que integran los bloques CLB. Cada uno de estos bloques está compuesto por varios módulos lógicos que se encuentran conectados entre sí. El número de módulos lógicos presentes en un CLB, que se denominan **cortes**[12], depende del fabricante, siendo de dos o bien de cuatro en el caso de Xilinx. Más adelante, en la tabla 35.1 de la sección 35.3 se compararán dos circuitos FPGA, uno de ellos con dos cortes en cada CLB y el otro con cuatro. A su vez, cada corte de CLB está constituido por varias **celdas lógicas**[13], como muestra el esquema simplificado de la figura 35.2. Aunque dicho esquema carece del nivel de detalle suficiente para indicarlo, conviene apuntar que cada corte dispone de un conjunto único de señales de sincronismo y control formado por la señal de reloj y su habilitación, así como por las señales de establecimiento y borrado. Este conjunto de señales es compartido por todas las celdas lógicas incluidas en el corte de CLB.

---

[10] Del inglés *delay-locked loop* (**bucle de retardo enclavado**). Los circuitos DLL son alternativas puramente digitales a los circuitos PLL que, al menos según sus partidarios, aportan ventajas por lo que respecta a la precisión, estabilidad, gestión del consumo e inmunidad al ruido, entre otras ([max08]).

[11] Aunque se ha optado por utilizar el vocablo "temblor" (tal y como figura en [man15]) referido al ciclo de onda cuadrada, lo cierto es que está muy extendido el uso del término original en inglés sin traducir, que es *jitter*. Este fenómeno se manifiesta en forma de una señal de reloj borrosa y poco definida.

[12] "Corte" es la traducción, en este contexto, del término original en inglés *slice*.

[13] Del inglés *logic cell*.

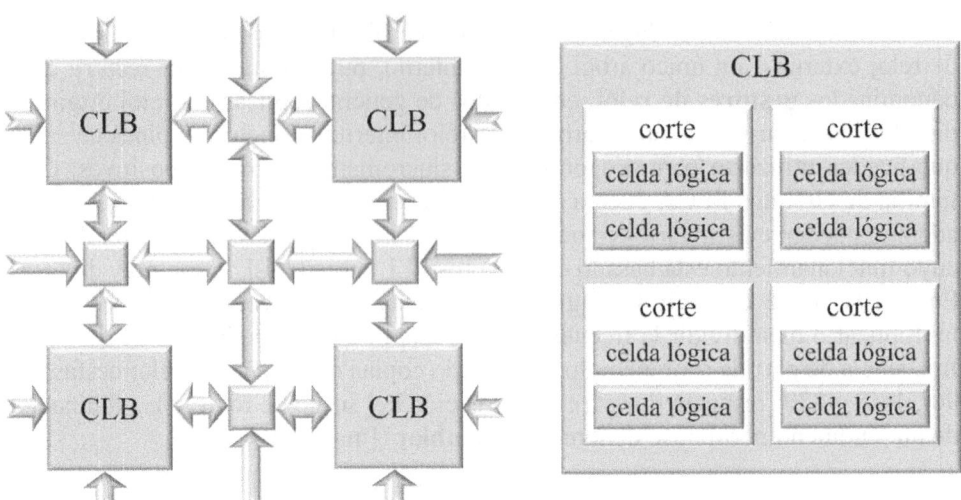

Figura 35.2 Izquierda: detalle de cuatro bloques CLB en un circuito FPGA, mostrando la red lógica de interconexión configurable existente entre bloques adyacentes. Derecha: estructura interna simplificada de un bloque CLB formado por cuatro cortes y dos celdas lógicas por corte. (Adaptada de [max08]).

Por su parte, una celda lógica está formada por la combinación de un módulo lógico combinacional conocido como **tabla de consulta** (o circuito LUT)[14] y un biestable que, como elemento de almacenamiento básico conectado en la línea de salida del circuito LUT, resulta imprescindible para implementar lógica secuencial. A su vez, un circuito LUT es un módulo lógico configurable constituido por 2^N celdas de memoria de tipo SRAM seleccionables mediante las N líneas de control de un multiplexor. Almacenando en las celdas de memoria la tabla de verdad de una función lógica combinacional de un máximo de N variables, los circuitos LUT son una solución práctica para generar funciones lógicas expresadas en forma de suma de productos, tal y como hacen los circuitos SPLD ([flo16], [max08]).

Un ejemplo sencillo que ilustra el concepto de circuito LUT se muestra en la figura 35.3, donde se ha implementado la función f de tres variables a, b y c, cuya tabla de verdad se corresponde con la de un circuito detector del conjunto de números primos codificados con tres bits. Obsérvese que los bits de la tabla de verdad de f se trasladan de forma directa a las celdas de memoria de un circuito LUT de tres entradas, sin necesidad de obtener previamente la expresión lógica del circuito.

Por otro lado, los circuitos LUT son dispositivos muy versátiles porque nada impide utilizar las celdas de su memoria SRAM para almacenar información. En el caso de un circuito LUT de tres entradas como el del ejemplo anterior, sus ocho celdas de memoria forman un pequeño banco de memoria SRAM 8 × 1 que se denomina **RAM distribuida**, para distinguirla de la RAM empotrada. El término tiene sentido, teniendo en cuenta que los circuitos LUT no se encuentran localizados

---

[14] Del inglés *look-up table* (LUT).

en una región concreta de la superficie del chip (como sí sucede con la RAM empotrada), sino que se extienden de forma homogénea por dicha superficie. De hecho, la versatilidad de estos dispositivos no termina aquí, puesto que sus celdas de memoria pueden usarse alternativamente como un registro de desplazamiento de tantos bits como celdas de memoria tenga el circuito LUT ([max08]).

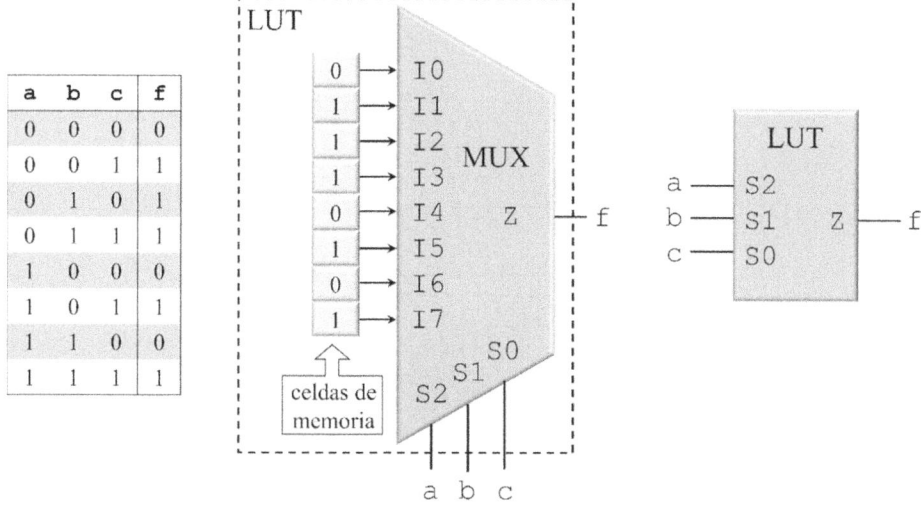

a	b	c	f
0	0	0	0
0	0	1	1
0	1	0	1
0	1	1	1
1	0	0	0
1	0	1	1
1	1	0	0
1	1	1	1

Figura 35.3 Izquierda: tabla de verdad de un circuito detector de números primos de tres bits. Centro: implementación del detector en un circuito LUT de tres entradas. Derecha: símbolo lógico del circuito LUT empleado. (Adaptada de [nel21]).

Continuando con la descripción de los elementos integrantes de una celda lógica, la figura 35.4 ilustra la estructura interna de un corte de CLB mediante la implementación en sus dos celdas lógicas del circuito sumador completo de un bit estudiado con detalle en el capítulo 9. Como se recordará, se trata de una función lógica combinacional de tres variables, asociadas a los operandos de entrada X, Y y el acarreo de entrada Ce; y de dos salidas, el bit de suma S y el bit de acarreo Cs. Gracias a la presencia de los biestables se cuenta con la versión secuencial de la función lógica, representada mediante las dos líneas de salida sincronizadas con el reloj y denotadas por S_{CLK} y Cs_{CLK}. Como además puede verse en la figura 35.5, que complementa a la anterior, las funciones S y Cs de la tabla de verdad se trasladan bit a bit a las celdas de memoria respectivas de los dos circuitos LUT de tres entradas utilizados, análogamente a como se hizo con el detector de números primos.

Conviene señalar que, además de las celdas lógicas descritas, en realidad existen otros elementos presentes en los cortes de CLB, como son multiplexores y cierta lógica aritmética. Esta circuitería de soporte contribuye a la implementación de determinadas funciones lógicas, de forma que si se prescinde de ella se necesitarían varios circuitos LUT adicionales para suplir su función. Por esta razón surge el concepto de **celda lógica equivalente**, que tiene en cuenta la capacidad extra proporcionada a los cortes de CLB por estos elementos adicionales que, siendo estrictos, no forman parte de una celda lógica. Desde el punto de vista del rendimiento de un circuito FPGA, una celda lógica equivalente desempeña la función, por lo tanto, de varias celdas lógicas simples. Más adelante, en la tabla 35.1, se hará referencia a esta distinción.

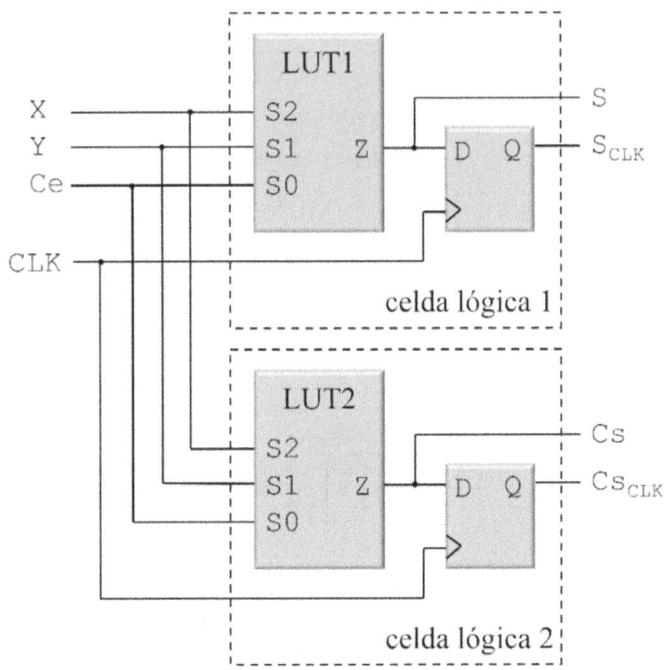

Figura 35.4 Implementación de una versión mixta combinacional y secuencial de un sumador completo de un bit utilizando dos de las celdas lógicas incluidas en un corte de CLB. (Adaptada de [nel21]).

Finalmente, y con el fin de intentar evitar confusiones al documentarse con la información técnica proporcionada por los diferentes fabricantes de circuitos FPGA, es conveniente mencionar que, desafortunadamente, estos no han acordado una terminología unificada y, por lo tanto, cada fabricante emplea nombres diferentes para referirse a módulos lógicos que, en lo fundamental, son equivalentes. La terminología utilizada en este apartado es propia de Xilinx; sin embargo, Altera ha acuñado los términos **bloque de matrices lógicas** y **elemento lógico** para denotar lo que para Xilinx es un bloque CLB y una celda lógica, respectivamente[15].

---

[15] "Bloque de matrices lógicas" es la traducción del término original *logic array block*, (abreviado como LAB), mientras que "elemento lógico" es, a su vez, la traducción directa del término *logic element* acuñado por Altera.

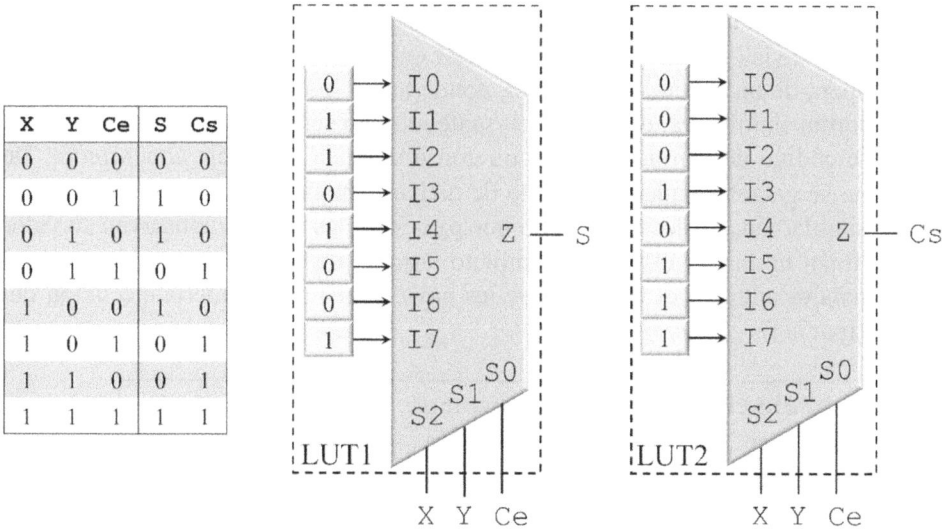

X	Y	Ce	S	Cs
0	0	0	0	0
0	0	1	1	0
0	1	0	1	0
0	1	1	0	1
1	0	0	1	0
1	0	1	0	1
1	1	0	0	1
1	1	1	1	1

Figura 35.5 Izquierda: tabla de verdad de un circuito sumador completo de un bit. Derecha: implementación del sumador mediante dos circuitos LUT de tres entradas, uno para el bit de suma S y otro para el bit de acarreo de salida Cs. (Adaptada de [nel21]).

35.2 Lenguajes HDL para la simulación y la síntesis de circuitos

Al trabajar con lógica de tipo configurable para implementar un diseño digital, el diseñador tiene libertad para escoger qué circuito concreto transferir al dispositivo mediante la configuración de sus recursos internos, utilizando para ello lenguajes HDL[16]. Estos lenguajes, entre los que actualmente destacan **VHDL** y **Verilog**, posibilitan simular, sintetizar, implementar y transferir un diseño lógico a circuitos configurables CPLD o FPGA en pocos minutos. Verilog, basado en el lenguaje de programación C, se emplea actualmente en la industria algo más que VHDL, cuyas raíces sintácticas guardan a su vez similitudes con otro lenguaje, Ada, mencionado anteriormente en el apartado 34.1.5 ([pat18], [wak18]). A efectos ilustrativos, se mostrarán dos versiones de la sintaxis utilizada por uno de estos lenguajes, VHDL, con un ejemplo muy elemental como es el de una puerta lógica AND.

La **descripción comportamental** (también llamada **descripción algorítmica**) en lenguaje VHDL de una puerta AND de dos entradas A y B con salida S, que se muestra en el pequeño fragmento de código de la figura 35.6, no resulta del todo ajena si se tiene experiencia previa con lenguajes de programación de alto nivel, puesto que es fácilmente reconocible la sentencia condicional if-then-else propia de Pascal (que se reduce a if-else en otros lenguajes de programación como son C y Java).

El modo de ejecución utilizado en la descripción comportamental es la ejecución secuencial, al igual que sucede en la mayoría de los lenguajes de programación, que

---

[16] Los lenguajes HDL se mencionaron por primera vez en la sección 4.1.

se caracteriza por la ejecución en serie de las líneas de código (es decir, una a continuación de la otra). La forma de modelar en VHDL la necesaria **concurrencia** que se espera de un sistema digital real, donde todas sus partes interaccionan entre ellas de forma simultánea, es asociar las sentencias en serie contenidas dentro de un bloque de código denominado `process` con una única sentencia concurrente. De esta forma se garantiza que el conjunto de dichas sentencias se evalúa en un único paso de simulación. Es decir, en un bloque `process` las señales conservan su valor y no cambian hasta que el bloque completo termina de ejecutarse, momento en el que las señales adoptan el valor que se les haya asignado durante la ejecución del proceso ([par11]).

```
architecture comportamental of puerta_AND is
begin
    process(A,B)
    begin
        if (A='1'and B='1') then S<='1';
        else S<='0';
        end if;
    end process;
end comportamental;
```

Figura 35.6   Descripción de tipo comportamental de una puerta AND en VHDL.

También puede optarse por una alternativa denominada indistintamente **descripción de flujo de datos** o bien **descripción a nivel de transferencia entre registros**[17], cuya sintaxis es más sucinta porque en lo fundamental se reduce a una única línea de código, como muestra la figura 35.7[18]. En esta descripción se especifica el comportamiento de las señales de salida del sistema digital a partir de sus señales de entrada, y se caracteriza por combinar los modos de ejecución secuencial y concurrente ([man15]). En la ejecución concurrente las sentencias indican conexiones físicas, y es por lo tanto una descripción que reproduce de forma natural el funcionamiento de un circuito real.

```
architecture flujo_de_datos of puerta_AND is
begin
    S<= A and B;
end flujo_de_datos;
```

Figura 35.7   Descripción de tipo flujo de datos de una puerta AND en VHDL.

---

[17] Conocido habitualmente por sus siglas RTL (*register transfer level*).

[18] En realidad, es necesario completar ambos fragmentos de código con la declaración previa de las entradas A y B y de la salida S en una construcción de VHDL llamada `entity` (entidad), que no se muestra aquí.

Ambas descripciones son las más utilizadas. Existe un tercer estilo conocido como **descripción estructural**, que permite añadir al diseño digital elementos de biblioteca y realizar diseños jerárquicos a partir de componentes. Profundizar en las diferencias entre las tres descripciones y en los recursos del lenguaje queda fuera del alcance de estas breves líneas sobre VHDL, aunque el estudiante con interés puede consultar textos dedicados a exponerlo; bien desde sus fundamentos como [ash08], [par11], [ped20] y [per02] o mediante ejemplos como [art02], [bez14], [cas18], [chu17] y [mac09]. Muchos textos que introducen el diseño digital también son igualmente recomendables al incluir la descripción en VHDL de numerosos circuitos y sistemas. Entre ellos cabe citar a [bro09], [don19], [flo16], [gar21], [lam19], [man15], [rot14], [toc07] y [wak07]. Por lo que respecta al lenguaje Verilog, el abanico de referencias es igualmente abundante. Cuatro fuentes citadas en la bibliografía que lo escogen son [bro14], [dub09], [lam19-2] y [wak18]. Por su parte, los textos [ham08], [nel21] y [uns17] proponen diseños digitales utilizando ambos lenguajes.

Todos los diseños propuestos en los casos de estudio a lo largo del presente texto, al ser siempre de pequeño o moderado tamaño, son fácilmente implementables a partir de su correspondiente descripción HDL en cualquier circuito de tipo CPLD o FPGA, por humildes que sean sus prestaciones. En cualquier caso, conviene tener en cuenta que esta versatilidad adolece en la práctica de ciertas limitaciones, y por lo tanto debe entenderse en un sentido general[19].

35.3 Circuitos FPGA de las familias Spartan-3E y Artix-7 de Xilinx

Digilent es un fabricante que diseña plataformas de prototipado basadas en circuitos FPGA de Xilinx. Tres de estas placas comercializadas por Digilent son la Basys2, la Basys3 y la Arty[20]. Actualmente se encuentran entre las más asequibles del mercado y resultan, por lo tanto, idóneas para iniciarse en el diseño digital con dispositivos lógicos configurables. Todas ellas cuentan con numerosos elementos periféricos comunes como son ledes SMD, interruptores, pulsadores, puertos USB, así como varios conectores de expansión con entradas y salidas digitales. La Basys3 y la Arty, que son más completas que la Basys2, disponen, además, de conectividad mediante UART, I2C y SPI; así como de entradas analógicas. También se diferencian en

---

[19] Como se ha mencionado previamente, no todos los circuitos FPGA pueden sintetizar cerrojos. Hay que tener en cuenta que los bloques de construcción escogidos por la herramienta de síntesis concreta integrada en el entorno de desarrollo suministrado por el fabricante del circuito FPGA empleado pueden variar en función de los recursos disponibles en sus bloques CLB. Un ejemplo es el circuito FPGA Artix-7 XC7A35T de Xilinx, que, aunque sí cuenta con cerrojos en sus bloques CLB, estos son únicamente de tipo D. Esta limitación obliga a sintetizar un cerrojo S – R a partir de dos cerrojos D si se utiliza una descripción comportamental en HDL, cuando en realidad partiendo de puertas lógicas convencionales el cerrojo D se construye de forma natural a partir del cerrojo S – R ([uns17]).
[20] Arty es el nombre acuñado inicialmente por el fabricante Digilent para las primeras revisiones de la plataforma, que con el tiempo pasó a denominarse Arty A7.

algunos elementos de interfaz: mientras que tanto la Basys2 y la Basys3 disponen de visualizadores de siete segmentos y sendos puertos PS/2 y VGA de los que carece la Arty, esta última cuenta con un puerto Ethernet no disponible en las otras dos, y además es compatible con los numerosos escudos diseñados para Arduino, que acoplados en la Arty amplían notablemente sus posibilidades de prototipado. La Basys2 cuenta con un oscilador de frecuencia seleccionable entre 25, 50 y 100 MHz mediante un selector ubicado en la propia plataforma ([bas2_rm]), mientras que la frecuencia del oscilador de la Basys3 y de la Arty es fija e igual a 100 MHz ([bas3_rm], [arty_rm]).

Por lo que respecta a la lógica configurable escogida por Digilent para cada una de estas plataformas, cabe indicar que la Basys2 utiliza un circuito FPGA XC3S100E de la familia Spartan-3E (que es el más básico de los cinco circuitos pertenecientes a dicha familia); mientras que tanto la Basys3 como la Arty incorporan sendos circuitos FPGA de la familia Artix-7: un XC7A35TCPG236-1 en el caso de la Basys3 y un XC7A35TICSG234-1L en la Arty ([uns17]). Ambos pertenecen a la subfamilia XC7A35T, y la frecuencia de su reloj interno excede los 450 MHz. Artix-7, junto con Spartan-7, Virtex-7 y Kintex-7, son familias de circuitos FPGA de la serie Xilinx-7 introducida en 2010. De todas ellas, Kintex-7 es la familia de mejores prestaciones ([xi7s_ds]).

Una fotografía de la plataforma de prototipado Basys2 se muestra en la figura 35.8.

Figura 35.8 La plataforma de prototipado Basys2 de Digilent utiliza un circuito FPGA XC3S100E de la familia Spartan-3E de Xilinx.

Por su parte, la figura 35.9 ilustra la implementación en la Basys3 de una alarma sensorizada, aprovechando varios de sus conectores de expansión. Se trata de un prototipo de alarma descrito mediante VHDL que hace uso tanto de los elementos periféricos disponibles de serie en la plataforma (ledes, visualizadores, pulsadores e interruptores) como de un sensor de proximidad infrarrojo, un sensor acústico y un zumbador piezoeléctrico pasivo. La sensibilidad de ambos sensores puede ajustarse mediante sendos potenciómetros incluidos en los respectivos módulos electrónicos, mientras que el tono que emite el zumbador cuando se dispara la alarma se define en el propio código VHDL en el rango comprendido entre 1,5 y 2,5 kHz por indicación del fabricante, tomando como base el período del reloj de 10 ns de la Basys3.

Figura 35.9   La plataforma de prototipado Basys3 de Digilent utiliza un circuito FPGA XC7A35T de la familia Artix-7 de Xilinx. Se ha utilizado para implementar una alarma empleando un sensor acústico (conectado en el lado izquierdo), un sensor de proximidad y un zumbador piezoeléctrico pasivo (ambos en el lado derecho).

El entorno de desarrollo suministrado por Xilinx de forma gratuita para la configuración de los dispositivos depende del circuito FPGA utilizado: la familia Spartan-3E es reconocible desde el entorno de diseño integrado ISE[21], mientras que la familia Artix-7 lo es desde el entorno más actual Vivado Design Suite (que ya no reconoce a Spartan-3E y por tanto imposibilita su uso con la Basys2). Tanto ISE como Vivado cuentan con la versión gratuita de edición denominada WebPack, que a pesar de sus limitaciones permite abordar proyectos de considerable complejidad.

Una referencia para introducirse en el diseño digital con circuitos FPGA y el entorno ISE, tomando como referencia para la síntesis la Basys2, es [cas18]. Dos referencias adicionales que recurren al entorno Vivado son [chu17] y [uns17]. La primera de ellas gira alrededor de la Nexys 4 DDR[22], que incorpora un circuito FPGA

---

[21] ISE son las siglas de *integrated software environment*.

[22] La Nexys 4 DDR ha sido sustituida por la Nexys A7. La primera edición del libro de P. P. Chu ([chu08]) puede utilizarse con varias plataformas de desarrollo de Digilent (Spartan-3 Starter, Nexys 2 y Basys), si bien los diseños propuestos se basan solo en la Spartan-3 Starter. Todas ellas incorporan una FPGA Spartan-3/3E, también tomada como referencia en [dub09].

Artix-7; mientras que la segunda utiliza la Basys3 y, en menor medida, también la Arty.

Un estudio comparativo de algunos de los recursos internos más representativos disponibles en los respectivos circuitos FPGA pertenecientes a la Basys2, por un lado, y a la Basys3 y la Arty, por otro, se recopila en la tabla 35.1, que ha sido elaborada a partir de la información técnica proporcionada en las referencias [arty_rm], [bas2_um], [bas3_um], [spa3E_ds] y [xi7s_ds].

Tabla 35.1 Selección de recursos internos disponibles en los circuitos FPGA XC3S100E (familia Spartan-3E) de la plataforma Basys2 y XC7A35T (familia Artix-7) de las plataformas Basys3 y Arty.

	XC3S100E	XC7A35T
Celdas lógicas	2.160[23]	33.280
Bloques CLB	240	2.600
Cortes de CLB	960 (4 por CLB)	5.200 (2 por CLB)
Circuitos LUT	1.920 de 4 entradas (2 por corte de CLB)	20.800 de 6 entradas (4 por corte de CLB)
RAM distribuida (máx.)	15 Kb	400 Kb
RAM empotrada	72 Kb	1.800 Kb
Módulos de RAM empotrada	4 módulos de 18 Kb	50 módulos de 36 Kb
Cortes de DSP[24]	4	90
Gestores de reloj	2	5[25]
Líneas de E/S de usuario	153	528
Convertidor A/D	0	2 canales, 12 bits

Finalmente, conviene mencionar que los circuitos FPGA también forman parte de la arquitectura de sofisticados sistemas de control utilizados ampliamente en la industria, como es el caso de las plataformas MicroLabBox, del fabricante dSPACE, y CompactRIO, de National Instruments. Ambas plataformas cuentan con circuitos FPGA de Xilinx, concretamente de la familia Kintex-7, dedicados a tareas concretas que requieren circuitos lógicos de alta velocidad y una temporización muy precisa. Otras tareas menos específicas son gestionadas por potentes procesadores en tiempo real integrados en la estructura interna de ambos sistemas de control.

---

[23] La cantidad indicada se refiere a **celdas lógicas equivalentes**. Según el fabricante Xilinx en su hoja de características ([spa3E_ds]), cada una de estas celdas equivale a 2,25 celdas lógicas.

[24] Cada corte de DSP del circuito XC7A35T contiene un presumador, un sumador, un acumulador y un multiplicador 25×8 ([xi7s_ds]). En el caso del circuito XC3S100E, los cortes de DSP no existen como tal en un sentido estricto, puesto que realmente dicho circuito, que es más sencillo, cuenta en su lugar con circuitos multiplicadores 18×18 ([spa3E_ds]).

[25] Cada módulo gestor de reloj incluye un PLL ([xi7s_ds]).

35.4 Circuitos FPGA de la familia Cyclone IV de Altera

Terasic diseña y fabrica plataformas de prototipado utilizando circuitos FPGA de Altera. Un ejemplo de estas, que ha sido puesta en el mercado por el fabricante Terasic, es la DE0-Nano, que es tan apropiada como las alternativas de Xilinx para implementar diseños lógicos. Se trata de una placa cuyos recursos y prestaciones se sitúan a medio camino entre los de la Basys2, por un lado, y los de la Basys3 y de la Arty, por otro.

La DE0-Nano, que incluye un circuito FPGA EP4CE22 de Altera perteneciente a la familia Cyclone IV, se comenzó a comercializar en 2013 y cuenta, junto a un oscilador a la frecuencia fija de 50 MHz, con un nutrido grupo de periféricos como son ledes SMD, interruptores, pulsadores, conectores de expansión para entradas y salidas digitales, canales A/D y hasta un acelerómetro digital. La DE0-Nano, cuya fotografía se muestra en la figura 35.10, es de dimensiones más reducidas que las plataformas Basys2 y Basys3. Su circuito FPGA se configura con el entorno de desarrollo Quartus II de Altera ([DE0_um]).

Figura 35.10 La plataforma de prototipado DE0-Nano de Terasic utiliza un circuito FPGA EP4CE22 perteneciente a la familia Cyclone IV de Altera.

La familia Cyclone IV (2009) surge como consecuencia de la evolución de la generación Cyclone, que continuó con las familias Intel Cyclone V (2011) e Intel Cyclone 10 (2017). Todos los circuitos FPGA pertenecientes a esta generación son de bajo coste en comparación con los de la generación Stratix, que comprende un buen número de familias de circuitos FPGA de alto rendimiento del fabricante Altera. Los dispositivos pioneros de ambas generaciones fueron introducidos en el mercado en el año 2002 de la mano de las familias denominadas simplemente Cyclone y Stratix.

Son nueve el total de circuitos FPGA pertenecientes a la familia Cyclone IV. El circuito EP4CE22 incluido en la DE0-Nano es de prestaciones intermedias dentro de dicha familia, siendo el circuito EP4CE115 el que cuenta con más recursos y forma parte de la DE2-115, también de Terasic ([DE2_um]). Esta plataforma se muestra junto a la Basys3 de Digilent en la referencia [gar21]. Una relación de algunas características de ambos circuitos FPGA extraída de la documentación técnica publicada por Altera, que resulta útil no solo para compararlos entre sí sino también con los dispositivos de Xilinx escogidos en la tabla 35.1, se muestra en la tabla 35.2 ([cyIV_h1], [cyIV_pt]).

Tabla 35.2   Selección de recursos internos disponibles en los circuitos FPGA EP4CE22 de la plataforma DE0-Nano y EP4CE115 de la plataforma DE2-115, ambos pertenecientes a la familia Cyclone IV.

	EP4CE22	**EP4CE115**
Elementos lógicos	22.320	114.480
RAM empotrada	594 Kb	3.888 Kb
Módulos de RAM empotrada	66 módulos de 9 Kb	432 módulos de 9 Kb
Multiplicadores empotrados	66 (18 × 18)	266 (18 × 18)
Circuitos PLL	4	4
Líneas de E/S de usuario	108	250
Convertidor A/D	0 [26]	0

Si bien esta breve sección se ha centrado en los circuitos FPGA de la familia Cyclone IV y algunas de sus plataformas de prototipado, vale la pena mencionar que Terasic también comercializa la plataforma DE0-CV, que incorpora un circuito FPGA de la familia Cyclone V y cuenta con más periféricos externos que la DE0-Nano, como son seis visualizadores de siete segmentos y diez interruptores ([don19]).

35.5 Una aplicación en el ámbito de la electrónica industrial

Con el fin de ilustrar el potencial que tienen las plataformas de prototipado basadas en circuitos FPGA en el desarrollo de proyectos, se expondrá a continuación una aplicación en el campo de la electrónica industrial. Dicha aplicación está relacionada con la generación de las cuatro señales de disparo de los transistores presentes en un inversor de puente completo, convenientemente sincronizadas para obtener un control por desplazamiento de fase del valor eficaz de la forma de onda de voltaje entregada por el inversor y aplicada sobre una carga. Se trata, en lo fundamental, del mismo problema planteado en la sección 34.4, con la diferencia de que las señales de disparo se generaron entonces programando el microcontrolador TMS320F28335 de Texas Instruments. Esta plataforma de prototipado es una elección acertada por

---

[26] La plataforma DE0-Nano sí incluye, además del propio circuito FPGA, un ADC de 12 bits con ocho canales de National Semiconductor para procesar señales analógicas ([DE0_um]).

su idoneidad para el desarrollo de proyectos donde es necesaria la respuesta en tiempo real del sistema. Veremos, seguidamente, que una alternativa planteada a partir de circuitos FPGA es una opción igualmente válida que también satisface dichos requerimientos de tiempo real, y para ello se recurrirá a las plataformas de bajo coste DE0-Nano y Basys3 presentadas en las dos secciones anteriores.

Como se apuntó en la sección 34.4, la sincronización del disparo de los cuatro transistores T1, T2, T3 y T4 incluidos en el inversor da lugar a un voltaje periódico caracterizado por tres niveles distintos de voltaje en su salida (+V_{DC}, 0V, - V_{DC}), según ilustra la figura 35.11. Conforme a este esquema simplificado, en el que no se representan los necesarios tiempos de guarda que evitan cortocircuitos periódicos en las ramas del puente, los transistores T1 y T4 forman una de las ramas del inversor, mientras que los transistores T2 y T3 forman la segunda rama.

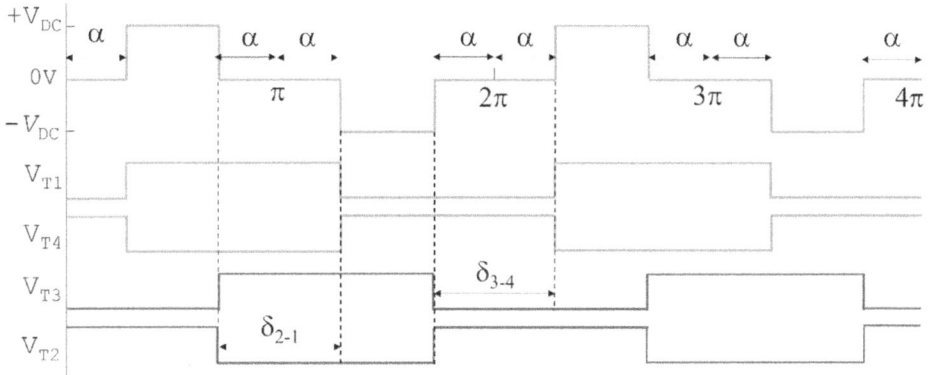

Figura 35.11   El sincronismo de las señales de disparo aplicadas a los cuatro transistores de un inversor de puente completo da lugar a una forma de onda de voltaje de tres niveles (+V_{DC}, 0V, -V_{DC}) que es característica del control por desplazamiento de fase. (Adaptada de [har11]).

Como puede verse en la figura, el ciclo de trabajo de los cuatro pulsos de disparo es del 50 %, siendo complementarios dos a dos. Con este sincronismo existe un desfase $\delta_{2\text{-}1}$ entre los pulsos de disparo aplicados a T1 y T2, por un lado; y un desfase $\delta_{3\text{-}4}$ entre los pulsos de disparo aplicados a T3 y T4, por otro. Ambos desfases son iguales a 2α, siendo α el ángulo de desplazamiento de fase.

En este contexto, la figura 35.12 muestra un prototipo a pequeña escala diseñado para transferir energía de forma inalámbrica a una carga resistiva mediante un acoplamiento inductivo formado por dos pequeñas bobinas circulares iguales, concéntricas y separadas entre sí por una pequeña distancia. Una de las bobinas, la del circuito primario, se encuentra conectada a la salida de un inversor de puente completo utilizado típicamente para el control de pequeños motores (el L298N), cuya tensión V_{DC} del bus de continua es de 5 V; mientras que la otra, la del circuito secundario, se conecta a la carga. Tanto en el circuito del primario como en el del secundario se añaden condensadores en serie con las bobinas para trabajar a la frecuencia de resonancia de las redes LC resultantes a ambos lados del acoplamiento inductivo, que idealmente son idénticas. El funcionamiento en resonancia del sistema de transferencia inalámbrica de energía así constituido contribuye tanto a maximizar la potencia transferida a la carga como a reducir la potencia reactiva.

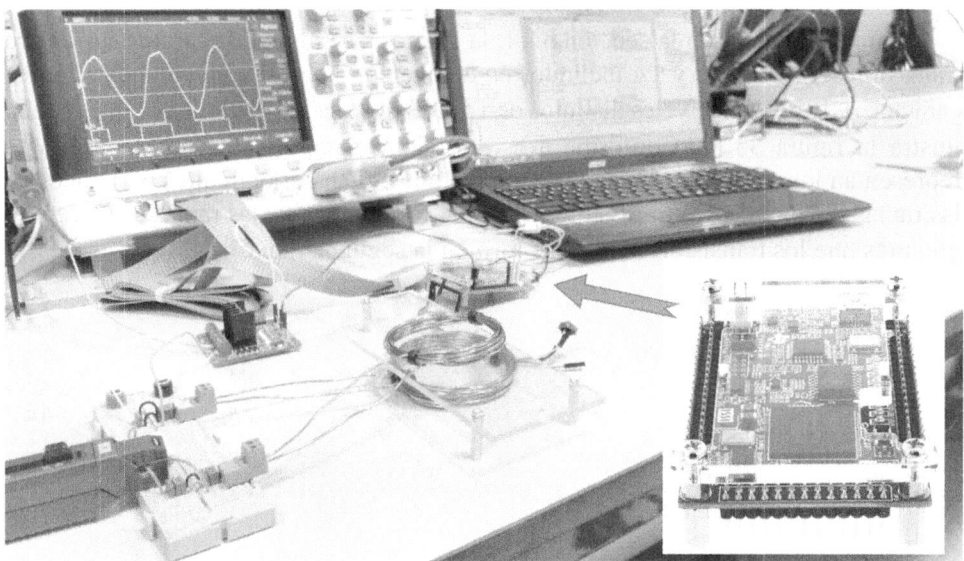

Figura 35.12   Prototipo a pequeña escala construido para la transferencia inalámbrica de energía a una carga resistiva mediante un acoplamiento inductivo. El sistema incluye un puente en H comercial L298N, cuyas cuatro señales de disparo son proporcionadas por el circuito FPGA Cyclone IV incluido en la plataforma DE0-Nano.

El control por desplazamiento de fase, introduciendo tiempos de guarda de 1 μs, fue implementado con éxito en VHDL utilizando una plataforma DE0-Nano. Se empleó su módulo ADC para ajustar desde una entrada analógica externa el ángulo de desplazamiento de fase mediante un potenciómetro, comprobando su efecto tanto sobre las formas de onda como sobre la transferencia de energía a la carga. Con este diseño el inversor entregó al circuito primario una forma de onda de voltaje a la frecuencia de 29 kHz.

Esta misma aplicación, adaptada convenientemente para transferir a la carga una potencia bastante más alta y trabajar a la frecuencia de resonancia de 88,6 kHz, se implementó igualmente en VHDL utilizando una plataforma Basys3. En este caso, la tensión V_{DC} del bus de continua se fijó en 144 V y el inversor de puente completo se construyó cableando dos semipuentes independientes suministrados por el fabricante CREE, que incluyen sendos MOSFET de SiC. El ángulo de desplazamiento de fase se implementó con una resolución suficiente utilizando 12 de los 16 interruptores presentes en la Basys3, mientras que el tiempo de guarda se fijó en 500 ns. La figura 35.13 es una fotografía parcial del prototipo completo que muestra el inversor, la Basys3 y diversos equipos e instrumentos utilizados en la verificación experimental.

Figura 35.13   Prototipo construido para la transferencia inalámbrica de energía a una carga mediante un acoplamiento inductivo (no mostrado en la fotografía). El sistema incluye un puente en H construido a partir de dos semipuentes del fabricante CREE, cuyas señales de disparo son proporcionadas por el circuito FPGA Artix-7 incluido en la plataforma de prototipado Basys3.

35.6 Circuitos FPGA vs. microcontroladores

En el diseño de sistemas empotrados es frecuente tener la opción de escoger entre un microcontrolador y un circuito FPGA (entre otras alternativas) para desempeñar las funciones de control del sistema. Ya en la sección 32.3 se tuvo ocasión de comprobar que el barrido multiplexado de visualizadores dinámicos puede enfocarse de forma eficaz utilizando ambos sistemas de procesamiento. Esto no debe sorprender, puesto que en el fondo tanto los microcontroladores como los circuitos FPGA son sistemas compactos y, en general, de moderado coste (especialmente los primeros), que están caracterizados por una gran adaptabilidad. En el caso de los circuitos FPGA, dicha adaptabilidad es consecuencia de su capacidad de reconfiguración; mientras que el potencial de los microcontroladores reside en el hecho de que, al ser programables, pueden ejecutar cualquier código en su memoria de programa.

Sin embargo, aquí terminan las similitudes entre ambos dispositivos: una de las limitaciones del microcontrolador es que los programas que ejecuta están condicionados por la versatilidad de su repertorio de instrucciones. En este sentido, los circuitos FPGA tienden a ser más flexibles, puesto que son capaces de sintetizar prácticamente cualquier diseño lógico (dentro de ciertos límites). También hay que destacar que la configuración de un circuito FPGA requiere de más etapas y resulta más compleja que la programación de un microcontrolador.

Por otro lado, un microcontrolador carece del paralelismo inherente a los circuitos FPGA, puesto que ejecuta de forma secuencial las líneas de código de su memoria de programa con la cadencia marcada por su ciclo de reloj. La ejecución secuencial limita inevitablemente su capacidad de responder en tiempo real ante eventos que surgen durante el funcionamiento del sistema, y como consecuencia la respuesta de un microcontrolador es hasta varios órdenes de magnitud más lenta ([uns17]). En este contexto, para determinadas aplicaciones con requerimientos exigentes de tiempo real, como es el procesado de vídeo de alta resolución, un diseño basado en FPGA en el que sus miles de bloques CLB actúan en paralelo de forma sincronizada siempre es una opción preferible ([mac09]). Un típico ejemplo de cómputo que ilustra a la perfección el alto grado de eficiencia alcanzado por un circuito FPGA gracias al paralelismo es un algoritmo que incluya la suma de matrices, como se ilustra a continuación. Si partimos de dos matrices de tamaño 2×2 denominadas **A** y **B**, su suma requiere realizar las cuatro operaciones siguientes:

$$A_{11} + B_{11} = C_{11}$$

$$A_{12} + B_{12} = C_{12}$$

$$A_{21} + B_{21} = C_{21}$$

$$A_{22} + B_{22} = C_{22}$$

La síntesis correspondiente realizada en un circuito FPGA dispondrá de cuatro módulos sumadores que procesarán sus dos operandos respectivos de forma simultánea. Por el contrario, el mismo algoritmo trasladado a un microcontrolador calculará las cuatro sumas una a continuación de la otra, con lo que el tiempo de ejecución será cuatro veces superior (suponiendo, para simplificar, una misma frecuencia de reloj en ambos casos).

En defensa del microcontrolador, conviene recordar que el procesamiento en paralelo no es en absoluto exclusivo de los circuitos FPGA: en los procesadores matriciales (que obedecen a una arquitectura SIMD según la taxonomía de Flynn)[27]

---

[27] La taxonomía de Flynn, que data de 1966, es la clasificación más popular de los computadores en función del tipo de flujo de instrucciones y de datos que caracteriza a sus arquitecturas. Existen cuatro categorías: SISD (flujo simple de instrucciones y de datos); MISD (flujo múltiple de instrucciones y flujo simple de datos); SIMD (flujo simple de instrucciones y flujo múltiple de datos); y MIMD (flujo múltiple de instrucciones y flujo múltiple de datos). Existe paralelismo en todas ellas excepto en SISD ([ang03-2], [pat18]).

el paralelismo actúa a nivel de instrucción, de forma que una misma instrucción se ejecuta a la vez sobre varios operandos diferentes. Son numerosos los procesadores que poseen estas características, incluyendo algunos que se pueden encontrar en sistemas empotrados, como sucede con los núcleos Cortex-M4 diseñados por ARM ([yiu14]). Utilizando uno de estos núcleos de procesador de gama alta, cuya frecuencia de funcionamiento supera ampliamente la de muchos microcontroladores convencionales, el tiempo de ejecución de la suma de matrices anterior no será mucho más lento que el conseguido en un circuito FPGA.

Otra de las ventajas que surgen de la capacidad de procesamiento paralelo típica de los circuitos FPGA es el eficiente control de las interrupciones mediante la implementación en lenguajes HDL de autómatas de estados finitos. En el caso de un microcontrolador la gestión de las interrupciones es más lenta, puesto que debe resolverse la solicitud de servicio de la interrupción (véase la sección 27.1).

Para concluir este análisis comparativo, no hay que olvidar que el consumo de energía de un circuito FPGA es muy superior al de un microcontrolador, por varias razones: su reloj oscila habitualmente a una frecuencia mayor[28]; para un diseño dado transferido a un circuito FPGA solo se utiliza una fracción de los recursos lógicos disponibles, siendo inevitable la contribución al consumo total del resto de recursos inutilizados; y, finalmente, un circuito FPGA no dispone de los modos de ahorro de energía que son típicos en un microcontrolador. El elevado consumo de un circuito FPGA puede, de hecho, convertirse en un criterio determinante que descarte su elección ante un microcontrolador para el diseño de un sistema empotrado concreto.

---

[28] Realmente este aspecto no es del todo generalizable y depende, en gran medida, de los dispositivos concretos que se comparen, especialmente desde que la frecuencia de reloj de determinados microcontroladores de 32 bits de reciente aparición supera los 500 MHz, como se menciona en la sección 34.6.

Apéndices

Los apéndices del A al F contienen información de interés para el trabajo experimental en el laboratorio, mientras que el apéndice G está pensado como una ayuda a la simulación de circuitos digitales empleando el simulador PSpice. Los apéndices A, B y F se han elaborado a partir de [vaz16], una publicación previa del autor.

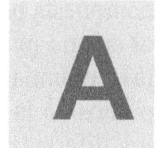

El laboratorio docente

A.1 Introducción

Si bien es cierto que existen multitud de equipos e instrumentos de diferentes fabricantes que resultan adecuados para experimentar en un laboratorio docente con los diseños propuestos a lo largo del texto, todos son de prestaciones similares. Por lo tanto, una vez que se está familiarizado con uno de estos equipos, no supone un gran esfuerzo aprender el manejo de otros de la misma gama y fabricantes diferentes. Aquí se hará un repaso tanto del material como de los instrumentos necesarios para la adecuada verificación experimental del funcionamiento de los circuitos. En el caso de los instrumentos, y dado que se trata exclusivamente de montajes en un contexto digital, tan solo es necesaria una fuente de alimentación, un polímetro y, en algunos casos, un osciloscopio.

A.2 La placa de prototipos

Una **placa de prototipos**[1] (también llamada placa de pruebas o placa de inserción) consiste en un arreglo de puntos de conexión que están aislados eléctricamente a lo largo de sus filas y cortocircuitados por columnas.

La figura A.1 muestra tres tipos de placas diferentes. Todas las placas muestran dos matrices centrales rectangulares formadas por numerosos puntos de conexión,

---

[1] Del inglés *protoboard*, o bien *breadboard*.

separadas por una zona intermedia más estrecha. Cada una de las matrices está compuesta por columnas de cinco puntos de conexión cada una, que son físicamente el mismo punto. A su vez, cada una de las columnas está aislada eléctricamente de las columnas adyacentes. Además de estas dos matrices, existen varias filas de puntos en la parte superior e inferior de la placa que están pensadas para distribuir los diferentes nodos de tensión constante que puede necesitar un circuito, y que normalmente son o bien dos (alimentación unipolar y masa, para circuitos digitales), o bien tres (alimentación bipolar y masa, para circuitos analógicos que emplean amplificadores operacionales).

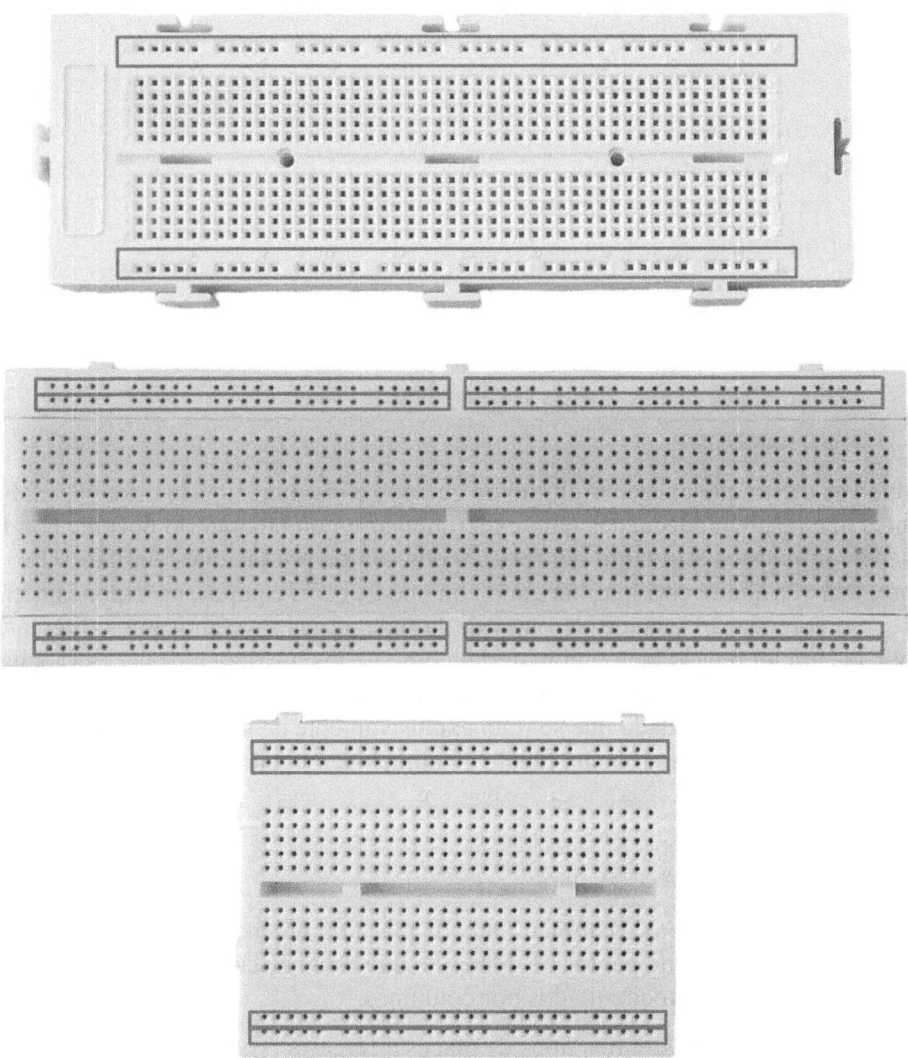

Figura A.1   Tres placas de prototipos diferentes. Cada una de las filas de puntos horizontales encerrada en un rectángulo es un único punto eléctrico independiente del resto. Estas filas de puntos equipotenciales se emplean como rieles de alimentación.

Es en estas filas de puntos donde las placas muestran diferencias. En la primera de ellas únicamente existen dos filas, una en la parte superior y otra en la inferior, y cada fila es un único punto eléctrico. En la segunda placa, más compleja, hay ocho agrupaciones de puntos (también por filas), y cada una de estas agrupaciones es un punto eléctrico diferente[2]. La tercera placa es como la segunda, pero con la mitad de tamaño. Resulta muy práctica para pequeños montajes (como por ejemplo un circuito de reloj basado en el temporizador 555). En los tres casos estas filas de puntos equipotenciales se agrupan mediante rectángulos para facilitar su identificación, y resultan útiles como rieles de alimentación.

Se dan seguidamente dos ejemplos para ilustrar el concepto de conexión sobre una placa de prototipos. En la figura A.2 se muestran dos placas; en la de la izquierda se han insertado un CI de ocho pines y dos resistencias de forma correcta, mientras que en la de la derecha se muestra un montaje incorrecto de todos los componentes, debido a que se han utilizado puntos de la placa que están cortocircuitados.

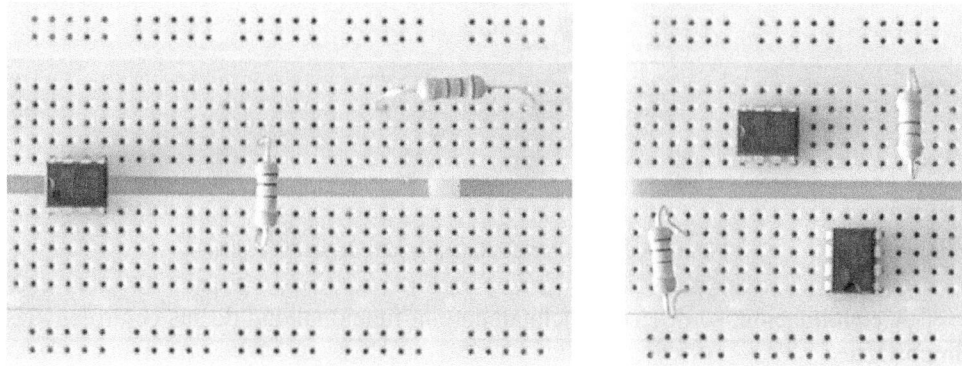

Figura A.2   Inserción de componentes en una placa de prototipos. Izquierda: montaje correcto. Derecha: montaje incorrecto.

A.3 La fuente de alimentación

La fuente de alimentación proporciona una tensión continua, o DC[3], que puede ser fija o bien regulable en función de la salida empleada. La figura A.3 muestra el panel frontal de una fuente de alimentación típica, concretamente del modelo 3033B fabricado por Protek.

A.3.1 Prestaciones y manejo

La fuente de alimentación 3033B dispone de dos salidas de tensión independientes y regulables entre 0 V y 30 V con un aporte máximo de corriente de 1,5 A, denominadas

---

[2] Existe una variante muy común de esta placa, con idénticas dimensiones, que dispone de cuatro rieles de alimentación en lugar de ocho (véase la figura A.6).
[3] Del inglés *direct current*.

MASTER y SLAVE; y también de una salida adicional fija de 5 V con un aporte de corriente máximo de 5 A, que resulta muy práctica para alimentar circuitos digitales. Su resistencia de salida se puede considerar despreciable.

Figura A.3   Fuente de alimentación con salida triple.

A continuación, se describe sucintamente la funcionalidad de sus controles más importantes:

- Interruptor **POWER**.

  Conexión/desconexión del equipo a la red eléctrica.

- Interruptor **INDEPENDENT/TRACKING**.

  Utilizar el modo INDEPENDENT para disponer de una o bien de las dos fuentes regulables, MASTER y SLAVE, por separado. Conmutar al modo TRACKING cuando sea necesario disponer de una alimentación bipolar.

- Potenciómetro **V ADJ COARSE**.

  Útil para ajustar el nivel de tensión de la fuente escogida. Existe uno para la fuente MASTER y otro para la fuente SLAVE.

- Potenciómetro **FINE**.

  Permite el ajuste fino de la tensión seleccionada.

- Interruptor **DC OUT**.

  Debe pulsarse (posición ON) para que la fuente entregue la tensión requerida. Resulta muy práctico para desconectar momentáneamente la tensión de alimentación de la placa de prototipos durante la fase de pruebas.

- Potenciómetro **A ADJ COARSE**.

  Regula la corriente máxima que entrega la fuente. Si para una aplicación dada se necesita un aporte de corriente mayor que el que en ese momento suministra la fuente, se encenderá el testigo rojo **CC** avisando de que es necesario actuar sobre el potenciómetro A ADJ COARSE. Como medida de precaución, se aconseja limitar todo lo posible la salida de corriente mientras no se vea afectado el funcionamiento del circuito, ya que este demandará una corriente de algunas decenas de miliamperios, pero nunca mayor salvo que se dé un cortocircuito. No es infrecuente provocar un cortocircuito de forma involuntaria durante la verificación experimental, por lo que es conveniente tener en cuenta esta recomendación en el laboratorio.

- Testigo **CC**.

  Véase Potenciómetro A ADJ COARSE.

A.3.2 Cableado de la fuente con una carga genérica

Las fuentes de alimentación necesitan un cable con el que alimentar la carga, típicamente de color rojo y conectado al terminal positivo de la fuente. También es necesario otro cable de retorno (el neutro) con el que cerrar el circuito. Normalmente es de color negro y va conectado al terminal negativo de la fuente, que a su vez está conectado a la pica de tierra del edificio a través de la conexión del equipo a la toma de red. El terminal de tierra (GND) no se utilizará, se encuentra conectado al chasis y también a la pica de tierra del edificio a través de la conexión del equipo a la toma de red. La figura A.4 muestra varios cables útiles para efectuar dichas conexiones.

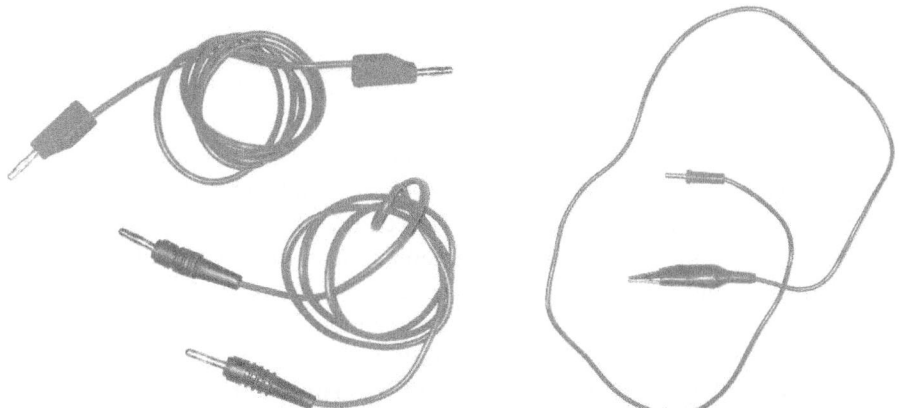

Figura A.4   Izquierda: dos cables con terminales de conexión de tipo banana. Derecha: cable con terminales mixtos, siendo uno de ellos una pinza de cocodrilo.

A.3.3 Alimentación de la placa de prototipos

Es aconsejable, sobre todo en montajes de cierta complejidad, emplear los extremos superior e inferior de la placa de prototipos, que están separados físicamente del resto de la placa, para conectar las referencias de tensión continua necesarias (típicamente V_{DC} y GND en un circuito digital). En la figura A.5 se muestra un posible conexionado, en el que haciendo uso de una fuente de alimentación regulable de salida única se ha llevado la tensión V_{DC} de 5 V al riel de alimentación marcado con un signo +, y GND al riel de alimentación contiguo marcado con un signo −.

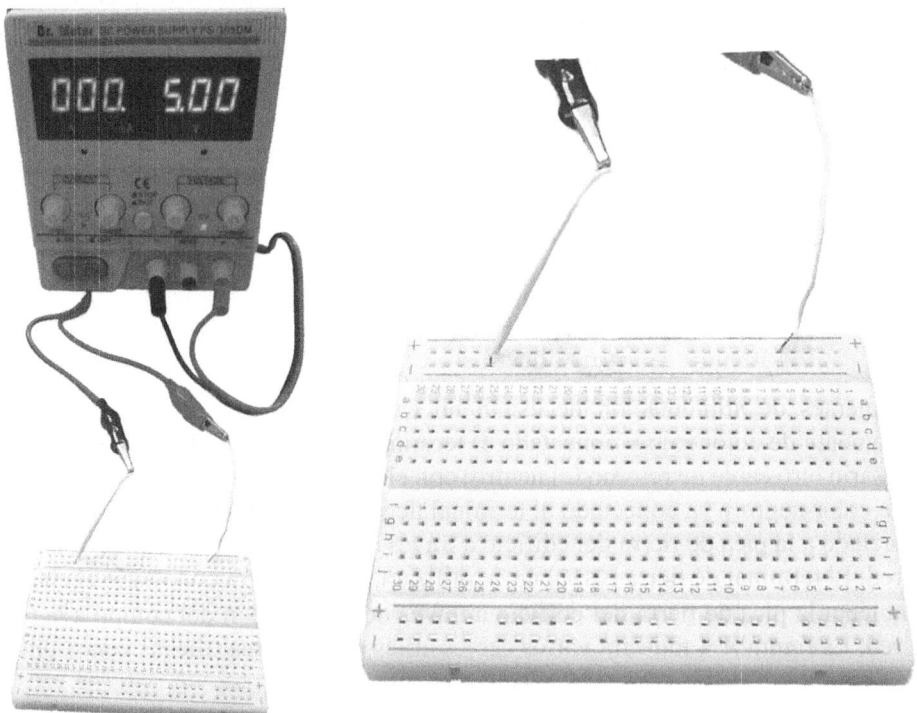

Figura A.5 Izquierda: una forma de llevar los voltajes de alimentación y tierra a la placa de prototipos. Derecha: detalle ampliado del uso de los rieles de alimentación de la placa.

También es posible recurrir a módulos electrónicos adaptadores diseñados para alimentar una placa de prototipos. Estos prácticos adaptadores disponen de un conector hembra de tipo USB y de un segundo conector, igualmente hembra, de tipo *jack*, que admite desde una fuente de alimentación externa hasta una pila de 9 V, como ilustra la figura A.6. La electrónica del módulo admite voltajes externos en el rango comprendido entre 7 V y 12 V, proporcionando dos salidas de 5 V y otras dos de 3,3 V gracias a sus reguladores integrados, que son seleccionables mediante sendos *jumpers*. Ambos voltajes resultan útiles para el prototipado de circuitos digitales. Los reguladores reciben la tensión externa tras accionar un pulsador, que simultáneamente enciende un led para indicar que el módulo se encuentra en funcionamiento. En la fotografía de la figura A.6 uno de los dos rieles de alimentación superiores está conectado a 5 V y el otro a 0 V, y lo mismo sucede con la pareja de rieles de alimentación en la parte inferior de la placa.

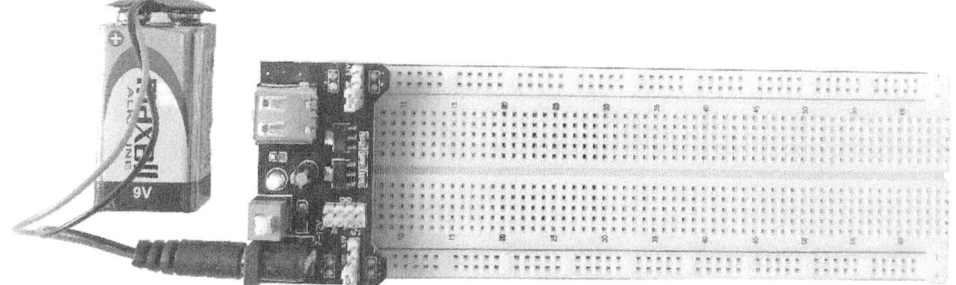

Figura A.6   Alimentación de una placa de prototipos mediante un módulo adaptador.

A.3.4 Desacoplo de la fuente de alimentación

Es frecuente tener que añadir uno o varios **condensadores de desacoplo** entre el nodo de alimentación de un circuito electrónico y tierra con el fin de cancelar tanto la resistencia Thévenin de la fuente de alimentación (dependiendo de la fuente, esta podría no ser despreciable) como la impedancia parásita de los cables de la fuente de alimentación o de las pistas de un circuito impreso. Dicha impedancia suele modelarse mediante una resistencia en serie con una inductancia, y su presencia es la causa de voltajes transitorios de ruido que surgen como consecuencia de cambios repentinos en la demanda de corriente de la carga. Añadiendo un condensador de desacoplo se garantiza que el nodo de alimentación sea un cero para alterna en el rango de frecuencias de interés de un circuito dado, como por ejemplo un amplificador, evitando así realimentaciones positivas indeseadas a altas frecuencias como consecuencia de la **inductancia parásita** ([mal91], [ott88]).

En la electrónica de audiofrecuencia, donde las frecuencias de interés se encuentran comprendidas en el rango audible (que se suele tomar entre 20 Hz y 20 kHz), es práctica habitual utilizar un condensador de desacoplo de 100 nF. Si es necesario ampliar el rango espectral en un sistema electrónico dado, pueden añadirse más condensadores para garantizar que la fuente se encuentre desacoplada en todo el rango de interés. En este caso, además del mencionado condensador de 100 nF para frecuencias medias, podría incluirse un segundo condensador de mayor capacidad (por ejemplo, uno electrolítico de 470 µF) para bajas frecuencias, y un tercero más pequeño (uno cerámico de unos 100 pF) para altas frecuencias ([fer01]). Para frecuencias altas (por encima de aproximadamente 1 MHz), se va haciendo imprescindible el uso de condensadores de desacoplo. Por encima de 30 MHz incluso las inductancias parásitas del propio encapsulado de un CI juegan un papel relevante, razón por la que a altas frecuencias los componentes de montaje superficial SMD, de dimensiones considerablemente menores que los circuitos integrados con encapsulado tradicional DIP, resultan muy ventajosos ([tie12]).

El empleo de condensadores de desacoplo no se limita en absoluto al ámbito analógico. En los sistemas digitales juegan también un papel determinante, ya que contribuyen a cancelar fuentes de ruido que surgen como consecuencia de las rápidas conmutaciones que experimentan los circuitos lógicos durante su funcionamiento, como se expone detalladamente a continuación. Supongamos la presencia de una inductancia parásita Lf de 500 nH asociada a los cables de conexión entre una fuente de alimentación y un circuito digital, tal y como muestra la figura A.7. Teniendo en cuenta que la tensión que se genera en bornes de una bobina de inductancia L cuando la corriente que fluye por ella experimenta un cambio viene dada por:

$$V_L = L \cdot \frac{d\,i(t)}{dt} \tag{A.1}$$

resulta que la tensión que se induce en Lf ante una conmutación constituye una fuente de ruido nada despreciable, ya que puede llegar a ser una fracción significativa del pequeño voltaje de alimentación del sistema digital[4]. Por ejemplo, si una puerta lógica extrae 5 mA de la fuente de alimentación cuando está activa y solo 1 mA cuando no lo está, la diferencia de 4 mA que tiene lugar en la conmutación entre los estados lógicos alto y bajo sucede en un tiempo muy breve, pongamos 2 ns. Como Lf tiene un valor de 500 nH, esta brusca variación en la corriente demandada por la puerta genera un voltaje en la inductancia de nada menos que 1 V. Para empeorar las cosas, lo normal es que sean varias las puertas lógicas que experimenten conmutaciones de forma simultánea en un circuito lógico dado, de manera que es de esperar que la variación de corriente que circula por la inductancia parásita Lf en una conmutación sea un valor considerablemente superior a 4 mA.

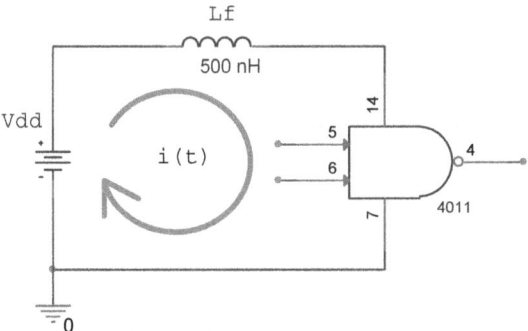

Figura A.7 Inyección transitoria de corriente suministrada por una fuente de alimentación durante la conmutación de una puerta lógica en un CI 4011. No se muestra el conexionado de las entradas y la salida de la puerta lógica con el resto del sistema digital. La inductancia parásita Lf causa un voltaje de ruido en el nodo de alimentación del CI. (Adaptada de [ott88]).

---

[4] Dicho voltaje es de 5 V solo en el caso más favorable, ya que la tensión de alimentación de los dispositivos digitales se ha reducido paulatinamente con los años, llegando a 1,2 V e incluso menos en los circuitos ASIC de mayor escala de integración ([wak18]).

La forma práctica de evitar que se genere un voltaje significativo en la inductancia parásita `Lf` durante las conmutaciones consiste en insertar pequeños condensadores de desacoplo entre los nodos de alimentación y tierra de cada uno de los chips de un sistema digital. Así, se fuerza a que sea el propio condensador de desacoplo el que suministre la inyección instantánea de corriente que demanda la puerta lógica durante la conmutación, corriente que al no circular por `Lf` ya no genera un voltaje de ruido. Además, las placas de circuito impreso incorporan un condensador de desacoplo general cuya misión es recargar los diferentes condensadores de desacoplo distribuidos por toda la placa ([ott88]).

La figura A.8 trata de ilustrar gráficamente esta idea, que en la práctica contribuye a reducir significativamente el ruido en los sistemas digitales. Como puede verse, se ha añadido un condensador de desacoplo, modelado mediante un circuito serie `RLC`, entre los pines de alimentación y tierra del CI. En este nuevo escenario, la demanda instantánea de corriente requerida por la puerta lógica del CI 4011 ya no es suministrada por la fuente de alimentación, sino por el condensador de desacoplo. Sin embargo, esto no implica que el ruido desaparezca, debido a que en el camino eléctrico que recorre la corriente instantánea durante la conmutación de la puerta lógica existe igualmente una inductancia parásita que es la suma de varias contribuciones. Por un lado, hay que contar con `Lc`, que es el propio elemento parásito inductivo del condensador de desacoplo. En serie con `Lc` se encuentra `Lp+`, la inductancia de la pista que conecta dicho condensador con el pin de alimentación del CI. El propio encapsulado del CI también tiene un parásito inductivo asociado, `Le+`. La corriente retorna finalmente por las inductancias parásitas denominadas `Lp-` y `Le-`.

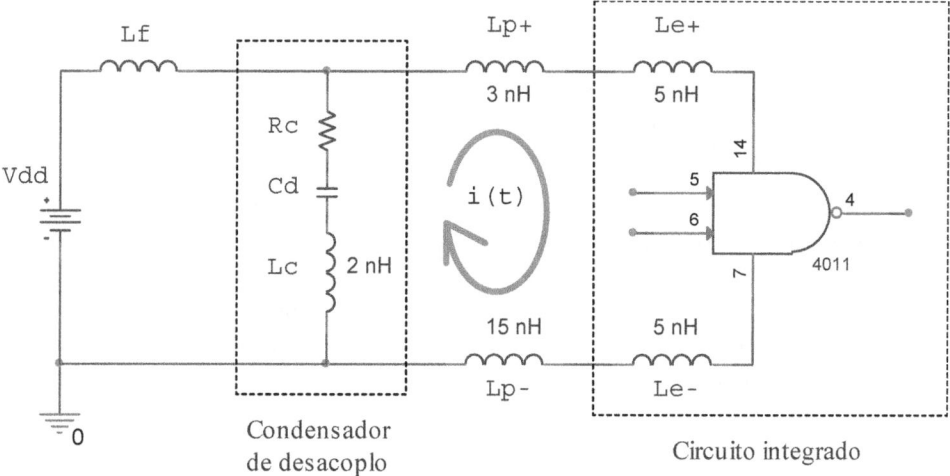

Figura A.8 Inyección transitoria de corriente suministrada por un condensador de desacoplo, modelado mediante un circuito serie `RLC`, durante la conmutación de una puerta lógica en un CI. Se muestran las diferentes contribuciones a la inductancia parásita en el camino de la corriente. (Adaptada de [ott88]).

Se han identificado, por lo tanto, nada menos que cinco contribuciones diferentes a la inductancia parásita por la que fluye la inyección de corriente suministrada por el condensador de desacoplo durante la conmutación. Veamos ahora una estimación de cada una de las contribuciones. De todas ellas, Lc es despreciable frente al resto, asumiendo que se emplea el tipo apropiado de condensador de desacoplo. La suma de las dos inductancias Le+ y Le- en encapsulados de 14 o de 16 pines oscila entre 10 y 15 nH. A su vez, la longitud de las pistas, que acostumbra a minimizarse durante el diseño, no debería exceder de 1,5 pulgadas. Como la pista que conecta el condensador con el pin de alimentación es considerablemente más corta que la correspondiente pista de retorno debido a que los pines de alimentación y tierra en un CI ocupan posiciones diametralmente opuestas, puede asumirse un valor de 3 nH para Lp+ y de 15 nH para Lp-. La suma de todas las contribuciones arroja un parásito inductivo de 30 nH, considerablemente menor que los 500 nH de partida[5]. En este nuevo escenario el voltaje de ruido estimado con (A.1) es de solo 60 mV.

Suele ser fácil identificar los condensadores de desacoplo, situados muy cerca de los circuitos integrados digitales en placas de circuito impreso (especialmente en las placas antiguas, cuyas dimensiones no son tan reducidas como sucede con las actuales). En la fotografía de la figura A.9, que es de una tarjeta de circuito impreso del año 1994, se reconocen con facilidad los condensadores de desacoplo al lado de cada uno de los circuitos integrados.

A modo de ejemplo práctico con el que experimentar en un laboratorio docente, si se procede al montaje de un circuito digital secuencial sencillo sobre una placa de prototipos, como es el caso de un contador para seguir la secuencia de cuenta sobre un visualizador de siete segmentos, el hecho de prescindir de un pequeño condensador de desacoplo de 100 nF puede suponer que la secuencia de cuenta no sea la esperada. El funcionamiento correcto del contador se restablece sin más que conectar dicho condensador entre los puntos de alimentación y masa sobre la placa de prototipos. Esta experiencia despierta enormemente la curiosidad de los estudiantes por comprender bien la necesidad de desacoplar la fuente de alimentación.

Conviene advertir que el uso de condensadores de desacoplo no está exento de potenciales efectos contraproducentes, ya que al fin y al cabo los condensadores, como componentes no ideales que son, presentan parásitos. Por eso, escoger bien la tecnología del condensador de desacoplo tiene su importancia, desaconsejándose los electrolíticos siempre que sea posible, puesto que su resistencia e inductancia parásita son elevadas ([per04]). Bien pudiera suceder que, a consecuencia de los

---

[5] La diferencia de longitudes entre las pistas de alimentación y retorno se consigue reducir empleando condensadores de montaje superficial (SMD) soldados en la cara inferior de la placa de circuito impreso [pau08]. Los valores indicados para Lp+ y Lp- están en concordancia con el valor de la inductancia parásita en una pista de circuito impreso, que es del orden de 10 nH por pulgada según consta en [wak18].

elementos parásitos asociados a un condensador de desacoplo, su capacidad de filtrado del ruido en la línea de alimentación resultase mermada.

Figura A.9   Condensadores de desacoplo sobre una antigua tarjeta de circuito impreso. Hay un condensador de desacoplo por cada chip.

A.4 El polímetro

El polímetro, también llamado multímetro, es un versátil instrumento compacto y económico que nunca debe faltar en un laboratorio de electrónica. La figura A.10 muestra, a efectos ilustrativos, una fotografía del modelo MY-63, del fabricante Freak, y de los modelos 72-7720 y 72-13430, ambos fabricados por Tenma.

Los tres polímetros escogidos miden tensiones y corrientes, tanto continuas como alternas, además de resistencias, capacidades, continuidad eléctrica entre dos puntos e incluso la tensión de codo de diodos semiconductores. El MY-63, además, también puede medir frecuencias en dos rangos (2 kHz y 20 kHz), así como caracterizar transistores bipolares de tipo PNP y NPN. Para proceder a dicha caracterización, deben insertarse los terminales de base, emisor y colector del transistor bajo prueba en las ranuras habilitadas para tal fin en el instrumento; y, seguidamente, se debe seleccionar el modo de funcionamiento h_{FE}, que proporciona la ganancia de corriente. Otros polímetros más completos que los mostrados en la figura también miden la temperatura.

El polímetro se conecta en paralelo para medir un voltaje entre dos puntos y en serie para medir corriente, por lo que para la medida de corrientes es necesario abrir el circuito e insertar el polímetro en la rama de interés.

Figura A.10   Polímetros de diferentes tamaños y prestaciones. Izquierda: MY-63, del fabricante Freak. Centro: 72-7720, del fabricante Tenma. Derecha: 72-13430, también de Tenma.

A.5 El osciloscopio

El osciloscopio permite monitorizar señales del circuito bajo estudio en tiempo real. Se describirá el panel frontal de un osciloscopio analógico que resulta adecuado en un entorno docente, para seguidamente mostrar una alternativa digital más reciente.

A.5.1 El osciloscopio analógico HM303-6 de HAMEG Instruments

El osciloscopio analógico HM303-6 de HAMEG Instruments representa señales alternas de hasta 35 MHz. A continuación, se describe brevemente la funcionalidad de una selección de los controles que se encuentran accesibles desde su panel frontal.

CONTROLES DE GANANCIA Y OTROS RELACIONADOS

- Selector **VOLTS/DIV**. Existe uno para el canal 1 (CH1) y otro para el canal 2 (CH2). Es el control de ganancia del canal utilizado, y debe ajustarse hasta ver la forma de onda cómodamente en la pantalla. La pantalla tiene una retícula sobreimpresionada con divisiones gruesas y finas. Para leer el valor correcto de la amplitud de una señal debe multiplicarse el número de divisiones gruesas que abarca dicha amplitud en pantalla por el número de voltios por división seleccionado.

- Selector **AC/DC**. Existe uno para el canal 1 (CH1) y otro para el canal 2 (CH2). En la posición AC se monitoriza únicamente la componente AC de la señal, eliminándose toda componente de continua que la señal de interés pudiera llevar superpuesta. En la posición DC se visualiza la señal tal cual es, tanto su componente AC como DC, en caso de tenerla.

- Selector **GD**. Existe uno para el canal 1 (CH1) y otro para el canal 2 (CH2). En la posición GD aparece el nivel de tierra en pantalla, que puede centrarse con el ajuste Y-POS. I (o bien II), en función del canal.

- Selector **Y-MAG X 5**. Existe uno para el canal 1 (CH1) y otro para el canal 2 (CH2). Pulsado, la señal se amplifica por un factor 5.

- Ajuste **Y-POS. I (II)**. Existe uno para el canal 1 (CH1) y otro para el canal 2 (CH2). Permite desplazar la señal verticalmente.

- Pulsador **CH I/II**. Sin pulsar: se visualiza la señal introducida por el canal 1. Pulsado: se visualiza la señal introducida por el canal 2.

- Pulsador **DUAL**. Al pulsarlo se visualizan simultáneamente los canales 1 y 2. CH I/II debe estar en posición CH I.

- Pulsador **ADD**. Se suman los canales 1 y 2.

- Selector **INV**. Se invierte la señal. Esto resulta en un desfase de 180 grados en una sinusoide.

CONTROLES DEL EJE DE TIEMPOS

- Ajuste **X-POS**. Permite desplazar la señal horizontalmente sobre el eje de tiempos.

- Pulsador **X-MAG X 10**. La señal se amplifica por un factor 10 sobre el eje de tiempos.

- Selector **TIME/DIV**. Es la base de tiempos. Permite ajustar la señal sobre la pantalla hasta visualizarla con comodidad. Cada división gruesa de la pantalla en el eje de tiempos equivale al tiempo especificado por el selector.

- Pulsador **X-Y**. En este modo de funcionamiento la variable sobre el eje x no es el tiempo, sino la entrada en el canal II. Permite obtener figuras de Lissajous.

El osciloscopio HM303-6 se muestra en la figura A.11, mientras que la figura A.12 es una versión ampliada del panel frontal que permite identificar la ubicación de todos sus controles.

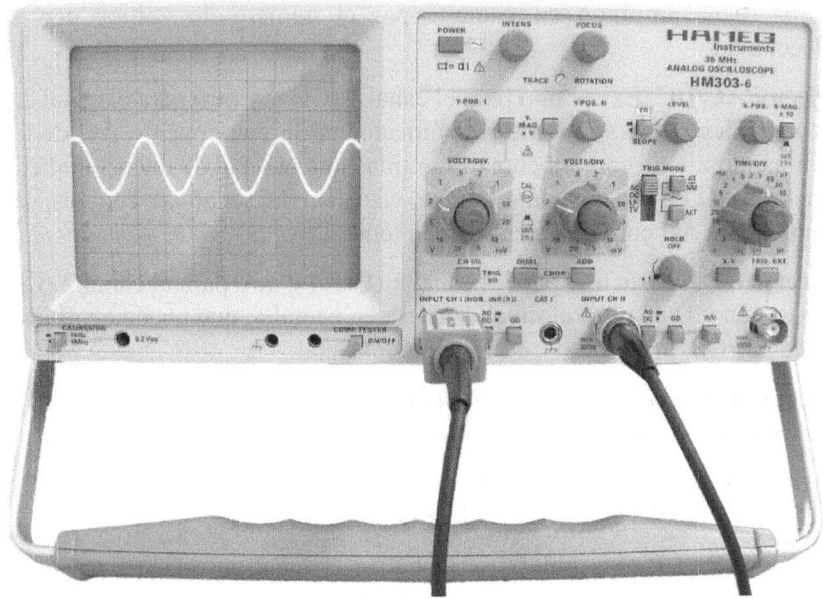

Figura A.11   Osciloscopio HM303-6 de HAMEG Instruments.

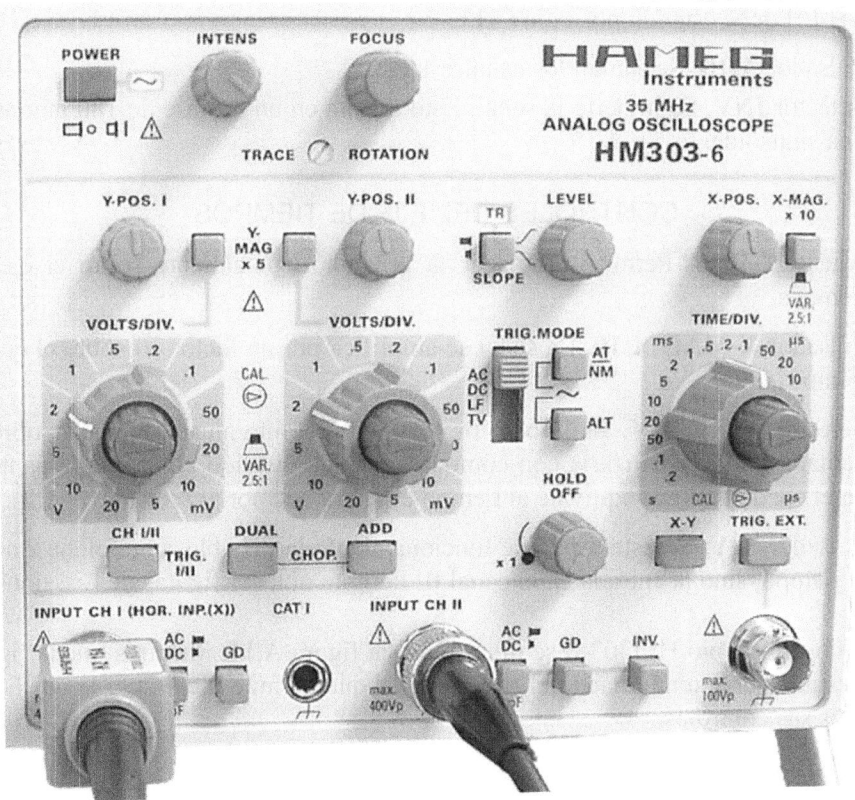

Figura A.12   Osciloscopio HM303-6 de HAMEG Instruments. Detalle del panel frontal.

A.5.2 El osciloscopio digital MP720009 de Multicomp PRO

Los osciloscopios digitales, a diferencia de los analógicos, carecen de un tubo de rayos catódicos y son, en consecuencia, mucho más compactos y ligeros. La figura A.13 es una fotografía del panel frontal del osciloscopio digital MP720009, fabricado por Multicomp PRO. Se trata de un instrumento que permite monitorizar señales alternas de hasta 20 MHz muestreadas a 100 Msps.

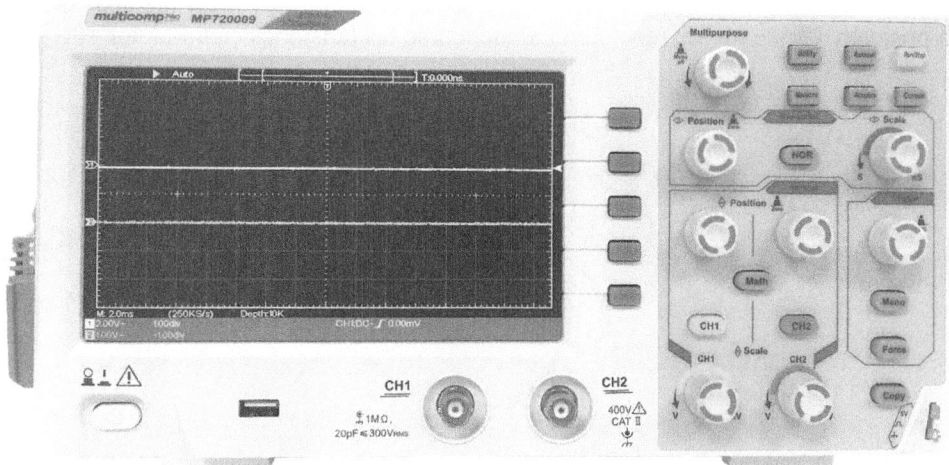

Figura A.13   Osciloscopio digital MP720009 de Multicomp PRO.

Los osciloscopios digitales cuentan con todos los controles característicos de los analógicos descritos en el apartado anterior y, además, incorporan una serie de prácticas funcionalidades adicionales que amplían notablemente sus prestaciones. En el caso del MP720009, destacan las siguientes características que son exclusivas de los osciloscopios digitales:

- Almacenamiento de formas de onda (tanto en una memoria interna del propio equipo como en una unidad externa USB).

- Medición asistida mediante cursores en la pantalla.

- Cálculo de funciones matemáticas (suma, resta, producto y división) de las señales adquiridas por los dos canales, así como la obtención de la FFT de la señal correspondiente al canal seleccionado.

- Comunicación con un PC vía USB, lo que permite controlar el equipo de forma remota.

A.5.3 Sondas de medida para osciloscopio

Para monitorizar la señal de un nodo en un circuito se utilizan sondas especiales como la que muestra la figura A.14. La sonda de un osciloscopio no es simplemente un cable con una pinza en su extremo, como sí sucede con el cable coaxial que se emplea para inyectar señal en un circuito desde un generador sinusoidal. Estas sondas tienen un conmutador con las posiciones 1X y 10X. Tanto el osciloscopio como la sonda alteran ligeramente la medida, ya que representan una carga que se puede modelar por una resistencia R en paralelo con una capacidad C. En la posición 1X, es R = 1 MΩ (la del osciloscopio) y C = 72 pF, mientras que en la posición 10X es R = 10 MΩ y C = 17 pF ([fer01]). Si bien en la posición 10X la carga es de mayor impedancia a todas las frecuencias y, por lo tanto, altera menos las medidas que en la posición 1X, se pierde resolución al atenuarse las tensiones en un factor 10.

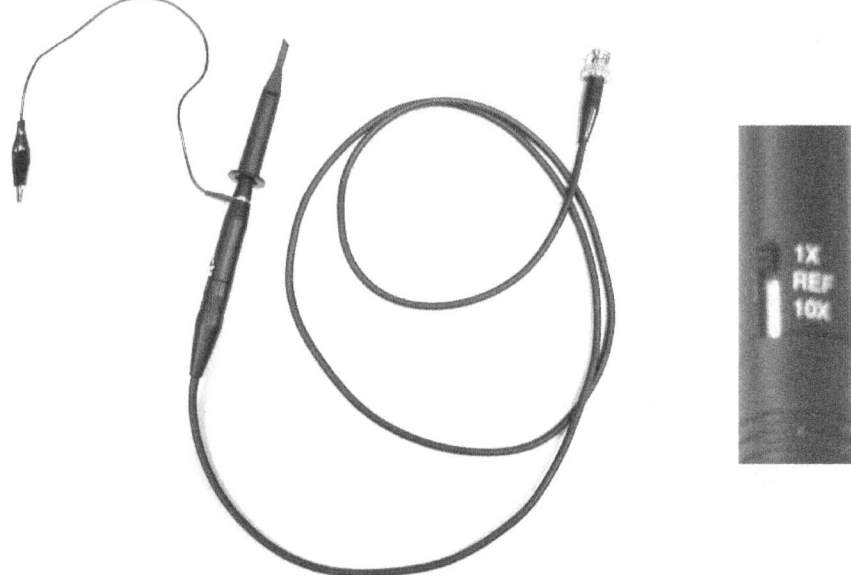

Figura A.14   Izquierda: sonda de medida para osciloscopio. Derecha: detalle del conmutador de la sonda para ajustar el control de ganancia en la posición 1X o 10X.

La sonda dispone, además, de un terminal de masa solidario a la misma (pinza de color negro) que debe conectarse al punto de masa escogido sobre la placa para obtener una señal libre de ruido en el monitor del osciloscopio.

A.5.4 El osciloscopio USB Analog Discovery 2 de Digilent

Una alternativa a los osciloscopios analógicos y digitales estándar descritos en los apartados previos consiste en combinar una tarjeta de adquisición de datos, dedicada al muestreo del voltaje en el nodo de interés de un circuito analógico o digital, con un instrumento virtual, diseñado para procesar los datos entregados por la tarjeta y representarlos gráficamente en la pantalla de un ordenador. El fabricante Digilent ha adoptado este enfoque en productos como el Analog Discovery 2, que integra en una compacta tarjeta un completo sistema de instrumentación electrónica que incluye un osciloscopio de dos canales de hasta 30 MHz de ancho de banda dotado de un puerto

USB de alta velocidad. Los datos adquiridos por el osciloscopio a la frecuencia de muestreo de 100 MS/s y con una resolución de 14 bits son transferidos vía USB al instrumento virtual WaveForms, que se ejecuta en el mismo ordenador donde se representan las formas de onda. Una fotografía de la tarjeta Analog Discovery 2, superpuesta a una señal cuadrada adquirida por el osciloscopio y representada con WaveForms, se muestra en la figura A.15.

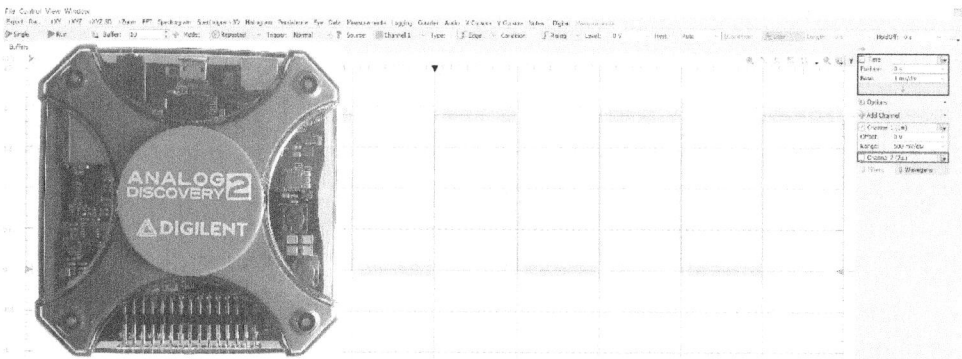

Figura A.15 Forma de onda cuadrada de voltaje representada con WaveForms y adquirida con la tarjeta osciloscopio de Digilent Analog Discovery 2.

Por lo que respecta a los recursos del sistema de instrumentación mencionado, la tarjeta cuenta, además de con los dos canales analógicos del osciloscopio, con generadores de formas de onda y de patrones digitales; analizadores lógicos, de red y espectrales; y canales digitales de E/S.

A.6 El comprobador de circuitos integrados

Es aconsejable disponer en el laboratorio docente de un instrumento que permita verificar con rapidez y fiabilidad si los CI disponibles se encuentran en buen estado. La figura A.16 muestra un compacto módulo comprobador de CI digitales de las series 7400 y 4000 en funcionamiento, alimentado con una pila estándar de 9 V.

Figura A.16 Comprobador de circuitos integrados digitales de las series 7400 y 4000.

El CI puesto a prueba en este caso que, como puede verse, es el circuito sumador de 4 bits y 16 pines 74x283, se inserta en un zócalo ZIF con cuya palanca se ejerce la suficiente presión sobre sus pines para garantizar el contacto eléctrico. Mediante una sencilla botonera se comprueba el estado del CI tras seleccionar tanto su serie como su referencia numérica. En aquellos CI que integran varios dispositivos iguales, como es el caso de las puertas lógicas, el comprobador muestra por pantalla una secuencia de mensajes indicando el estado, bueno o defectuoso, de cada uno de los dispositivos.

A.7 Notas sobre los montajes experimentales

Esta última sección recopila algunas notas breves de interés práctico que pretenden servir como ayuda en el trabajo experimental.

A.7.1 La instrumentación y su uso

- Gracias al uso de ledes y visualizadores, en la mayoría de los montajes propuestos la instrumentación necesaria se limita casi siempre a una fuente de alimentación unipolar de 5 V y a un polímetro. Las únicas excepciones son los capítulos dedicados a la caracterización de las puertas lógicas TTL y CMOS, y la generación de señal de reloj para lógica secuencial con el temporizador 555, en las que se propone utilizar un osciloscopio.

- En todos los montajes experimentales propuestos a lo largo del libro la tensión de alimentación es de 5 V. Como puede comprobarse en las hojas de características técnicas de los fabricantes, la desviación que toleran los CI digitales alrededor de este voltaje suele ser pequeña. Para evitar dañar los que se utilizarán en el laboratorio resulta vital emplear una fuente de alimentación continua de 5 V. Se recomienda, por lo tanto, emplear la salida de tensión FIJA de 5 V de la fuente de alimentación siempre que esté disponible, una vez que se haya comprobado con el polímetro que efectivamente suministra ese voltaje. Es conveniente tomar esta precaución porque puede suceder que dichas salidas estén dañadas en algunas fuentes de alimentación y suministren una tensión fija superior. Preferiblemente, se debe utilizar esta salida tanto para la alimentación de los CI como para las entradas de dispositivos que necesiten un estado lógico alto. En caso de que dicha fuente no esté disponible o se encuentre dañada, se ha de recurrir a una fuente de tensión regulable y se debe ajustar lo mejor posible el voltaje de alimentación a 5 V haciendo uso del ajuste fino que suelen incorporar las fuentes de continua. En este caso, es aconsejable limitar la máxima corriente suministrada por la fuente mediante el ajuste correspondiente del potenciómetro **A ADJ COARSE** (figura A.3). De esta forma se minimiza el riesgo potencial de sufrir una electrocución en caso de provocar inintencionadamente un cortocircuito durante los montajes experimentales. Afortunadamente, dicho riesgo no es muy alto teniendo en cuenta que la fuente de alimentación no suministra más de 30 V. Sin embargo, puede llegar a serlo en prácticas de asignaturas donde es previsible trabajar con voltajes mayores, como es el caso de Electrónica de Potencia o Máquinas Eléctricas.

A.7.2 Consejos prácticos

- Todos los CI indicados en la sección **Componentes** de cada capítulo son TTL, excepto en el capítulo 2, dedicado a la familia lógica CMOS. Si se opta por recurrir a chips equivalentes de tecnología CMOS en alguno de los montajes experimentales propuestos que también haga uso de chips TTL, hay que tomar la precaución de escoger chips CMOS que sean compatibles TTL. El capítulo 2 aporta información al respecto.

- En el caso de montajes secuenciales síncronos, puede ser determinante en algunas ocasiones desconectar la rama del led presente en el nodo de salida del circuito de reloj, con el fin de cargar lo menos posible dicho nodo.

A.7.3 Componentes auxiliares

- Las entradas de cualquier dispositivo a las que se aplique un 1 lógico, ya sean puertas lógicas, biestables o módulos MSI, no se conectarán directamente al nodo de alimentación. Estas preferiblemente se llevarán a dicho nodo a través de una **resistencia de 1 kΩ** conectada sobre la placa de prototipos, con el fin de proteger las entradas. En el apartado 1.5.2, dedicado a la conexión de las entradas no utilizadas, se pueden encontrar más detalles al respecto.

- Puede ser necesario, especialmente en el caso de la lógica secuencial síncrona, desacoplar al menos alguno de los CI empleados, incluyendo el propio temporizador 555. Se deben emplear para ello **condensadores de desacoplo de 100 nF** conectados entre sus pines de alimentación y tierra. Dichos condensadores no se incluyen en la sección **Componentes**.

A.7.4 Errores comunes

- No se debe olvidar conectar los pines de alimentación y tierra de los CI empleados. Es un error más frecuente de lo que parece, ya que en la representación esquemática de los CI digitales no aparecen para favorecer la legibilidad.

- No se debe olvidar respetar la polaridad del condensador electrolítico que se emplea en el circuito de reloj basado en el temporizador 555.

- No es infrecuente confundir los terminales del ánodo y el cátodo en los ledes en un montaje experimental. Revisar el apéndice D para asegurarse de la correcta identificación de ambos terminales.

B

Riesgos eléctricos

B.1 Introducción
B.2 La conexión a tierra
B.3 Severidad de una electrocución

B.1 Introducción

El trabajo experimental en un laboratorio dotado con equipos e instrumentos electrónicos obliga a tomar las necesarias precauciones para evitar incidentes. Este apéndice está dedicado a explicar aspectos clave relacionados con la toma de tierra de los equipos que conviene conocer antes de manipularlos, así como cuestiones relacionadas con el fenómeno de la electrocución.

B.2 La conexión a tierra

Los conceptos de **tierra** y **masa**[1], fundamentales en Electricidad y en Electrónica, generan cierta confusión y su desconocimiento ocasiona que se cometan errores en los montajes de los circuitos propuestos o en las medidas eléctricas realizadas sobre estos. En este punto se pretende, por tanto, dar algunas ideas que ayuden a distinguir un concepto del otro.

Cualquier edificio civil, desde los hogares hasta un laboratorio de electrónica, dispone de una infraestructura eléctrica con numerosos puntos por los que acceder a la red eléctrica y obtener energía para alimentar una carga dada. Dicha carga puede ser, por ejemplo, un frigorífico en un hogar o un osciloscopio en un laboratorio. Ambos se conectan a la red de la misma forma; mediante un enchufe con tres terminales denominados fase, neutro y tierra. En Europa la fase es una señal alterna de

---

[1] Para documentarse al respecto con mayor detalle puede consultarse el capítulo titulado "Seguridad en los sistemas de instrumentación" de la referencia [per04]. El capítulo titulado *"Grounding"* de la referencia [ott88] contiene información exhaustiva dedicada al estudio de las conexiones a tierra de sistemas electrónicos.

220 voltios eficaces medidos desde el neutro, que es la referencia[2]. El terminal de tierra no es imprescindible para el funcionamiento del equipo. Sin embargo, la normativa vigente obliga a incorporarlo en la mayoría de las instalaciones por razones de seguridad, como se explicará más adelante.

Supongamos, para fijar ideas, que en la instalación eléctrica de una edificación el terminal del neutro no está conectado a tierra, y que se conecta una carga (por ejemplo, un osciloscopio) a un punto de la red. Una instalación así concebida constituye un sistema con neutro aislado. El esquema eléctrico resultante es el que se muestra en la figura B.1, en el que la corriente fluye hacia la carga por el terminal de la fase y retorna por el terminal del neutro. En este sistema el potencial eléctrico de los distintos puntos del circuito respecto de tierra no está definido. Sin embargo, sí se puede afirmar que la diferencia de potencial entre el terminal de fase y el neutro es de 220 voltios eficaces. La masa, o tierra de señal, coincide con el neutro, y puede definirse como un camino de baja impedancia por el que la corriente vuelve a la fuente. Aunque el símbolo eléctrico de la masa y el de la tierra son diferentes, se acostumbra a emplear para ambos el símbolo de tierra, que es el que se emplea en los circuitos del presente texto. La figura B.2 muestra cómo se representan gráficamente los dos símbolos.

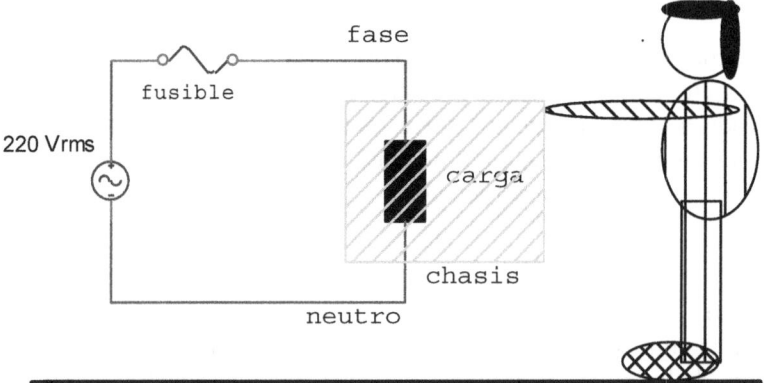

Figura B.1   Equipo conectado a una toma de red con neutro aislado de tierra.

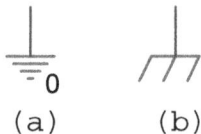

(a)   (b)

Figura B.2   (a) Símbolo para la tierra. (b) Símbolo para la masa o el chasis. Se acostumbra a emplear indistintamente el símbolo de tierra ([per04]).

El usuario del osciloscopio (o de cualquier carga que en general esté diseñada para conectarse a la red eléctrica, desde un equipo de laboratorio hasta cualquier

---

[2] En Estados Unidos son 115 voltios eficaces.

electrodoméstico) inevitablemente manipula su panel frontal y entra en contacto con su chasis metálico. El chasis se encuentra aislado eléctricamente de la fase, por lo que su manipulación no supone riesgo alguno para el usuario.

Si sucede que, accidentalmente, el quipo sufre una derivación, de manera que la fase entra en contacto con el chasis metálico (debido a que un cable interno se rompe, o bien su revestimiento plástico se deteriora), resulta que el chasis se encuentra al potencial de la fase. En principio podría pensarse que esta situación no es peligrosa, pues al tratarse de un sistema con neutro aislado no se crea un circuito cerrado que incluya al usuario y por el que fluya una hipotética corriente de derivación. Sin embargo, desafortunadamente, esto no puede asegurarse con rotundidad, puesto que el sistema descrito en la figura B.1 se corresponde más con un esquema conceptual teórico que con una situación real. En la práctica lo que realmente sucede es que sí se establece un circuito cerrado, que incluye al usuario como elemento eléctrico involuntario por el que la corriente de derivación fluye. ¿Cómo se cierra entonces el circuito? La figura B.3 responde a esta pregunta: el circuito se establece mediante una serie de capacidades parásitas que existen entre el terminal neutro y tierra.

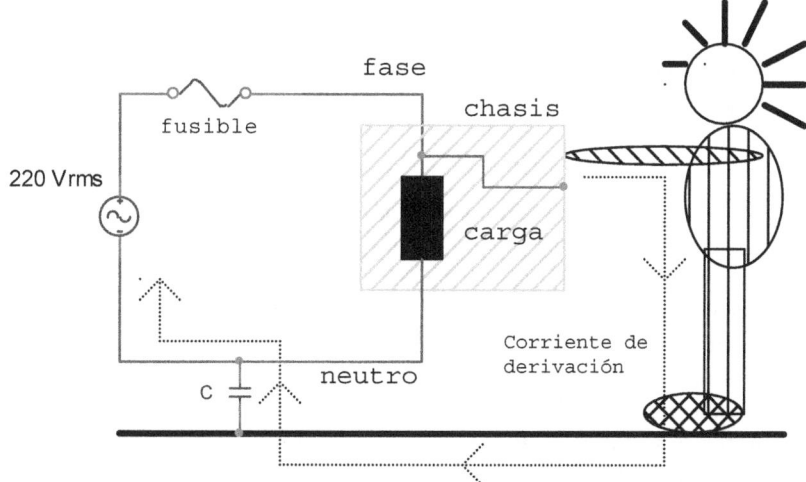

Figura B.3 Equipo conectado a una toma de red con neutro aislado, que muestra la existencia de una capacidad parásita entre el neutro y tierra. La derivación en el equipo supone un riesgo de electrocución para el usuario al manipular su chasis.

Hay que tener presente que el neutro es un conductor, la Tierra (con mayúscula), otro, y que ambos están separados por los elementos aislantes del cable y por el aire, ambos dieléctricos. Esta impedancia capacitiva conecta eléctricamente el neutro con tierra, cerrando así el circuito y poniendo en peligro al usuario.

Por lo tanto, los sistemas con neutro aislado son una fuente potencial de riesgo en casos como el descrito. Aun así, se emplean en determinadas instalaciones. Lo habitual en cualquier caso es diseñar la instalación eléctrica de forma que el neutro esté físicamente conectado con tierra. Paradójicamente, la situación de peligro es ahora más evidente al introducir de manera intencionada un elemento eléctrico que cierra el circuito para una posible corriente de derivación (enseguida se verá cómo garantizar la seguridad en este caso). La conexión del neutro con tierra puede efectuarse directamente o mediante una impedancia (con las denominadas **bobinas resonantes**). Por simplicidad se supondrá que la conexión es directa, como se ilustra en la figura B.4.

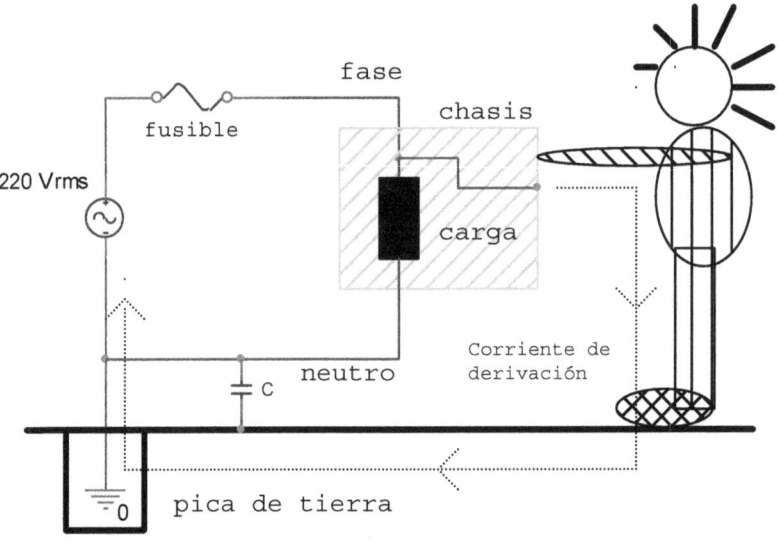

Figura B.4　Equipo conectado a una toma de red con neutro puesto a tierra. La derivación en el equipo supone un riesgo de electrocución para el usuario.

En la instalación eléctrica de un edificio existe el denominado **pozo de tierra**, en el que se introducen a cierta profundidad unas barras especiales o **picas de tierra** para asegurar un buen contacto con el terreno. Mantener el pozo de tierra a potencial constante no solo es deseable, sino que resulta imprescindible, por ejemplo, en las centrales telefónicas, donde la electrónica de conmutación que establece los canales de voz y datos con el bucle de abonado necesita una tierra lo más estable posible para su correcto funcionamiento.

Al estar cortocircuitado el neutro con tierra, la corriente de derivación no necesita fluir ahora por la capacidad parásita, por lo que el riesgo de electrocución en esta situación es, si cabe, mayor que en la anterior con neutro aislado, al ser la única impedancia resultante en el circuito la que ofrece el usuario. Si el usuario está bien aislado de tierra (mediante unos zapatos con suela de goma gruesa o un suelo de madera), la corriente que atravesará su cuerpo será menor que si no está calzado. Más adelante se ampliará este asunto comentando en qué condiciones resulta peligroso entrar en contacto con un nodo de la red... ¡e incluso mortal!

Anteriormente se ha mencionado que la Tierra es un buen conductor eléctrico. Aunque esto pueda sorprender en un principio, la Tierra es en efecto un conductor excelente. Puede comprenderse este hecho recordando la expresión de la resistencia de un conductor dado, que es proporcional a su resistividad y a su longitud e inversamente proporcional a su sección:

$$R = \frac{\rho \cdot l}{A} \qquad (B.1)$$

En consecuencia, si sobre la superficie de un terreno se introducen dos electrodos metálicos a profundidad suficiente como para asegurar el contacto, y estando estos situados a cierta distancia uno del otro, no importa lo alto que sea el valor de la resistividad en ese terreno determinado: la sección de la Tierra es tan grande que la resistencia entre los puntos escogidos es prácticamente nula. Esto tampoco significa que la Tierra sea en su totalidad una superficie equipotencial (que no lo es), pero, si consideramos longitudes pequeñas en la expresión (B.1), sí es válido suponer que R es despreciable para el camino eléctrico establecido entre ambos electrodos. Esta argumentación justifica que las corrientes de derivación encuentren un camino de baja impedancia a través del suelo que pisa el usuario y que cierra el circuito.

Llegados a este punto, estamos en condiciones de explicar en qué consiste la protección que evita una descarga al manipular un equipo electrónico. Suponiendo que sobre el esquema eléctrico de la figura B.4 se habilita un camino directo al pozo de tierra con el chasis del equipo, entonces este queda al potencial de tierra en todo momento. Si en un instante dado el equipo sufre una derivación, fluye una corriente muy intensa de cortocircuito que hace saltar de inmediato el fusible de la fase, creándose un circuito abierto. Un usuario que manipule el equipo en el momento de la derivación no padecerá una electrocución al encontrarse en paralelo con el corto-circuito: la corriente encuentra un camino alternativo de impedancia prácticamente nula hacia tierra y el usuario queda así protegido ante una posible electrocución, como ilustra la figura B.5.

Cualquier equipo del laboratorio se conecta a una toma de red mediante los tres contactos mencionados: fase, neutro y tierra. La tierra constituye, como se ha explicado con anterioridad, un punto a potencial constante desde el que se referencian todas las tensiones en un circuito y al que está conectado el chasis de los equipos por razones de seguridad, y también el neutro.

Recapitulando, podemos afirmar que los conceptos de tierra y masa son claramente diferentes, y que un equipo puede funcionar perfectamente sin necesidad de conexión a tierra, existiendo esta conexión tan solo por razones de seguridad[3]. La masa es el terminal de retorno equipotencial que cierra el circuito (el terminal llamado neutro), y que generalmente se encuentra conectado a tierra según dicta el reglamento vigente sobre instalaciones eléctricas en edificación.

---

[3] En la literatura anglosajona la distinción entre tierra y masa va implícita en el propio término: el concepto de masa equivale a *signal ground,* mientras que el de tierra se expresa mediante *safety ground* ([ott88]).

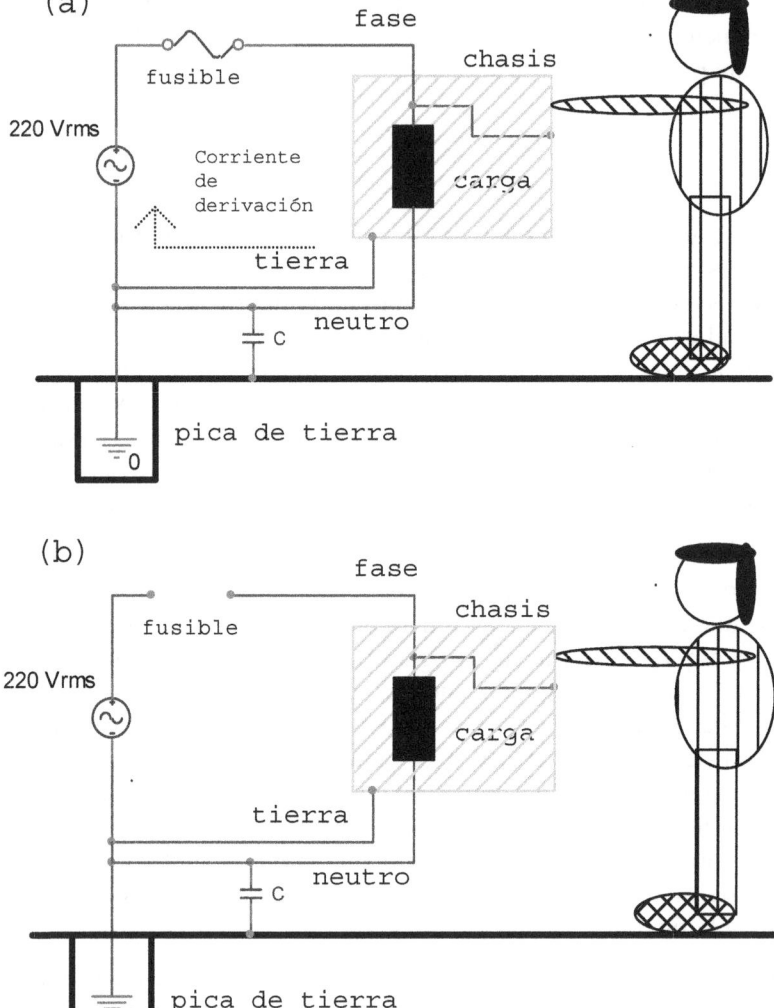

Figura B.5   Equipo conectado a una toma de red con neutro y chasis puestos a tierra. El usuario trabaja con el equipo en el instante en el que se produce una derivación. En (a) se establece una corriente de cortocircuito a través de la conexión que une el chasis del equipo con tierra, y que provoca que el fusible salte. En (b) se muestra el circuito abierto resultante al saltar el fusible inmediatamente después. La derivación en el equipo no supone un riesgo de electrocución para el usuario.

B.3 Severidad de una electrocución

No es la tensión, sino la corriente que atraviesa el organismo, la que determina la gravedad de una electrocución. Un pájaro posado sobre un tendido de alta tensión no sufre daño alguno porque sus dos patas se encuentran al mismo potencial. Si una de sus patas entrase en contacto con el suelo de alguna forma, tendría consecuencias fatales. Por otro lado, y a pesar de estar normalmente en contacto con tierra, si se toca un punto de un circuito a 220 V con una mano, pero se está calzado adecuadamente de forma que la impedancia ofrecida al paso de la corriente sea alta, se puede evitar una electrocución severa. La impedancia del cuerpo depende no solo del tipo de calzado y suelo, sino de la humedad de la piel. Con piel seca dicha impedancia puede ser de unos 100 kΩ, cayendo a aproximadamente 1 kΩ (o incluso menos) si se ha sudado y no se está calzado. En el primer caso, si alguien toca un punto de un circuito a 220 V, será atravesado por una corriente de 2,2 mA, que produce un cosquilleo sin consecuencias. Pero en el segundo caso la corriente se incrementa hasta 220 mA, lo que puede producir la muerte.

La tabla B.1 recoge los efectos de una electrocución en función de la corriente. Los rangos mostrados son amplios debido a la gran variabilidad esperada dependiendo del tamaño corporal o de la tolerancia a una descarga eléctrica, entre otros factores.

Tabla B.1 Efecto fisiológico del paso de la corriente eléctrica a través del organismo. Los valores son orientativos. (Adaptada de [cog99]).

Corriente	Efecto fisiológico
0,8-8 mA	Umbral de percepción
8-200 mA	Principio de contracción muscular sostenida
> 20 mA	Parálisis respiratoria, fatiga, dolor
0,1-20 A	Fibrilación ventricular
> 2 A	Quemaduras
> 2 A	Contracción sostenida del miocardio

También resulta crucial por dónde circula la corriente. Una corriente que pase por una pierna puede provocar dolor, pero es más improbable que afecte al funcionamiento del corazón que la misma corriente que pase por el cuerpo a través de los brazos.

La fibrilación ventricular sucede cuando, como consecuencia del paso de una corriente de unos 100 mA por el corazón, el músculo cardíaco se contrae irregularmente y en consecuencia no bombea sangre de forma conveniente. Si la situación se prolonga, se produce la muerte del individuo. Lo que resulta sumamente curioso es el hecho de que una electrocución que involucre corrientes mucho más altas, del orden de 1 A, puede no resultar mortal bajo ciertas circunstancias. La diferencia radica en que una corriente alta detiene por completo el corazón, y no se produce la fibrilación ventricular. Cuando la corriente cesa el corazón recupera su ritmo normal. De hecho, este es precisamente el principio de funcionamiento del desfibrilador: un desfibrilador aplica una corriente alta al corazón por un breve instante de tiempo, lo que provoca una parada cardíaca seguida con frecuencia por el reinicio del latido normal ([gia00]).

El cuerpo humano tolera mejor la corriente continua que la alterna. De hecho, se modela eléctricamente como una resistencia con una capacidad en paralelo, de manera que la capacidad bloquea el paso de la corriente continua mientras que una corriente alterna fluye tanto por la capacidad como por la resistencia.

C

Identificación de pines en circuitos integrados

C.1 Numeración de pines en un CI
C.2 Identificación de pines en puertas lógicas
C.3 Identificación de pines en otros dispositivos integrados

C.1 Numeración de pines en un CI

Para identificar correctamente los pines en un circuito integrado, primero conviene localizar la muesca situada a la izquierda en uno de sus laterales. La numeración queda definida inequívocamente tomando la muesca como referencia, según ilustra la figura C.1 para el caso particular de un chip de 8 pines. El criterio es aplicable para cualquier número de ellos.

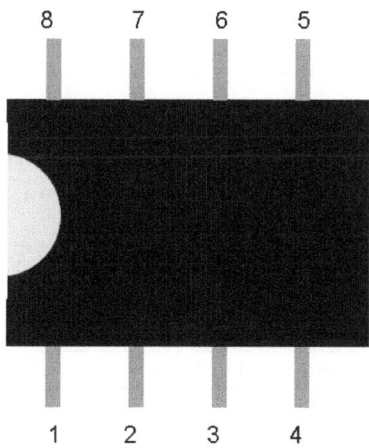

Figura C.1 Numeración de los pines en un CI de 8 pines.

C.2 Identificación de pines en puertas lógicas

La siguiente relación incluye los diferentes CI que contienen las puertas lógicas necesarias para la verificación experimental de cada uno de los diseños propuestos a lo largo del texto. Todos ellos son de 14 pines.

CI 4011: 4 puertas NAND de 2 entradas, CMOS [4011]
Entradas $\{A_k, B_k\}$, salidas Y_k; $k = 1,2,3,4$

Pin	1	2	3	4	5	6	7
Función	A1	B1	Y1	Y2	A2	B2	V_{SS} (GND)
Pin	8	9	10	11	12	13	14
Función	A3	B3	Y3	Y4	A4	B4	V_{DD}

CI 74x00: 4 puertas NAND de 2 entradas [74LS00]
Entradas $\{A_k, B_k\}$, salidas Y_k; $k = 1,2,3,4$

Pin	1	2	3	4	5	6	7
Función	A1	B1	Y1	A2	B2	Y2	GND
Pin	8	9	10	11	12	13	14
Función	Y3	A3	B3	Y4	A4	B4	V_{CC}

CI 74x02: 4 puertas NOR de 2 entradas [74LS02]
Entradas $\{A_k, B_k\}$, salidas Y_k; $k = 1,2,3,4$

Pin	1	2	3	4	5	6	7
Función	Y1	A1	B1	Y2	A2	B2	GND
Pin	8	9	10	11	12	13	14
Función	A3	B3	Y3	A4	B4	Y4	V_{CC}

CI 74x04: 6 inversores [74LS04]
Entradas A_k, Salidas Y_k; $k = 1,2,3,4,5,6$

Pin	1	2	3	4	5	6	7
Función	A1	Y1	A2	Y2	A3	Y3	GND
Pin	8	9	10	11	12	13	14
Función	Y4	A4	Y5	A5	Y6	A6	V_{CC}

CI 74x08: 4 puertas AND de 2 entradas [74LS08]

Entradas $\{A_k, B_k\}$, salidas Y_k; $k = 1,2,3,4$

Pin	1	2	3	4	5	6	7
Función	A1	B1	Y1	A2	B2	Y2	GND
Pin	8	9	10	11	12	13	14
Función	Y3	A3	B3	Y4	A4	B4	V_{CC}

CI 74x10: 3 puertas NAND de 3 entradas [74LS10]

Entradas $\{A_k, B_k, C_k\}$, Salidas Y_k; $k = 1,2,3$

Pin	1	2	3	4	5	6	7
Función	A1	B1	A2	B2	C2	Y2	GND
Pin	8	9	10	11	12	13	14
Función	Y3	A3	B3	C3	Y1	C1	V_{CC}

CI 74x86: 4 puertas XOR de 2 entradas, TTL [74LS86]

Entradas $\{A_k, B_k\}$, salidas Y_k; $k = 1,2,3,4$

Pin	1	2	3	4	5	6	7
Función	A1	B1	Y1	A2	B2	Y2	GND
Pin	8	9	10	11	12	13	14
Función	Y3	A3	B3	Y4	A4	B4	V_{CC}

C.3 Identificación de pines en otros dispositivos integrados

A continuación figuran aquellos CI que no son puertas lógicas utilizados en la verificación experimental de los diseños lógicos combinacionales y secuenciales.

CI 555: temporizador [555]

Pin	1	2	3	4
Función	GND	DISPARO	SALIDA	REINICIO
Pin	5	6	7	8
Función	CONTROL	UMBRAL	DESCARGA	$+V_{CC}$

CI 74x42: decodificador de BCD a decimal [74LS42]
Entradas de selección A (LSB), B, C, D (MSB)
Salidas de datos 0,1,...,9

Pin	1	2	3	4	5	6	7	8
Función	0	1	2	3	4	5	6	GND
Pin	9	10	11	12	13	14	15	16
Función	7	8	9	D	C	B	A	V_{CC}

CI 74x48: decodificador de BCD a siete segmentos [74LS48]
Entradas de selección A (LSB), B, C, D (MSB)
Salidas (siete segmentos) a, b, c, d, e, f, g
Entradas de control y test BI/RBO, RBI, LT

Pin	1	2	3	4	5	6	7	8
Función	B	C	LT	BI/RBO	RBI	D	A	GND
Pin	9	10	11	12	13	14	15	16
Función	e	d	c	b	a	g	f	V_{CC}

CI 74x138: decodificador de 3 a 8 [74LS138]
Entradas de habilitación G1, G2A, G2B
Entradas de selección A (LSB), B, C (MSB)
Salidas de datos Y_k, k = 0,1,2,3,4,5,6,7

Pin	1	2	3	4	5	6	7	8
Función	A	B	C	G2A	G2B	G1	Y7	GND
Pin	9	10	11	12	13	14	15	16
Función	Y6	Y5	Y4	Y3	Y2	Y1	Y0	V_{CC}

CI 74x151: multiplexor de 3 entradas de selección y 8 de datos [74LS151]
Entrada de habilitación STROBE
Entradas de datos (1 bit por entrada) D_k, k = 1,2,3,4,5,6,7
Entradas de selección A (LSB), B, C (MSB)
Salidas complementarias Y, W

Pin	1	2	3	4	5	6	7	8
Función	D3	D2	D1	D0	Y	W	STROBE	GND
Pin	9	10	11	12	13	14	15	16
Función	C	B	A	D7	D6	D5	D4	V_{CC}

CI 74x283: sumador de 4 bits [74LS283]
Operandos $\{A_k, B_k\}$, suma S_k; $k = 1,2,3,4$
Acarreo de entrada C0
Acarreo de salida C4

Pin	1	2	3	4	5	6	7	8
Función	S2	B2	A2	S1	A1	B1	C0	GND
Pin	9	10	11	12	13	14	15	16
Función	C4	S4	B4	A4	S3	A3	B3	V_{CC}

CI 74x73: 2 biestables J-K disparados por flanco negativo [74LS73]
Entradas de borrado CLR1, CLR2

Pin	1	2	3	4	5	6	7
Función	CLK1	CLR1	K1	V_{CC}	CLK2	CLR2	J2
Pin	8	9	10	11	12	13	14
Función	Q2'	Q2	K2	GND	Q1	Q1'	J1

CI 74x74: 2 biestables D disparados por flanco positivo [74LS74]
Entradas de establecimiento PR1, PR2
Entradas de borrado CLR1, CLR2

Pin	1	2	3	4	5	6	7
Función	CLR1	D1	CLK1	PR1	Q1	Q1'	GND
Pin	8	9	10	11	12	13	14
Función	Q2'	Q2	PR2	CLK2	D2	CLR2	V_{CC}

CI 74x90: contador de 4 bits [74LS90-F]
Entradas de reinicio a 0: R0(1) y R0(2)
Entradas de puesta a 9: R9(1) y R9(2)
Salidas QA, QB, QC, QD
Entradas de reloj INPUT A, INPUT B
Cuenta BCD: conectar QA a la entrada INPUT B

Pin	1	2	3	4	5	6	7
Función	INPUT B	R0(1)	R0(2)	NC	V_{CC}	R9(1)	R9(2)
Pin	8	9	10	11	12	13	14
Función	QC	QB	GND	QD	QA	NC	INPUT A

CI 74x163: contador de 4 bits [74LS163]

Entradas de carga LOAD, borrado CLR, habilitación ENP, ENT

Entradas de datos A, B, C, D

Salidas QA, QB, QC, QD

Bit señalizador de fin de cuenta RCO

Pin	1	2	3	4	5	6	7	8
Función	CLR	CLK	A	B	C	D	ENP	GND
Pin	9	10	11	12	13	14	15	16
Función	LOAD	ENT	QD	QC	QB	QA	RCO	V$_{CC}$

CI 74x194: registro de desplazamiento universal de 4 bits [74LS194]

Entrada de datos en paralelo A, B, C, D

Salidas QA, QB, QC, QD

Bits de selección de operación S1, S0

SR: desplazamiento a la derecha de la entrada serie (*shift right*)

SL: desplazamiento a la izquierda de la entrada serie (*shift left*)

Pin	1	2	3	4	5	6	7	8
Función	CLEAR	SR	A	B	C	D	SL	GND
Pin	9	10	11	12	13	14	15	16
Función	S0	S1	CLK	QD	QC	QB	QA	V$_{CC}$

D

Identificación de terminales en componentes optoelectrónicos

D.1 Terminales de un led
D.2 Terminales de un visualizador de siete segmentos

D.1 Terminales de un led y de una barra de luz led

La figura D.1 muestra la fotografía de un led junto a su representación circuital, con indicación explícita de los terminales del ánodo y del cátodo. En la práctica se distinguen porque el terminal del ánodo es ligeramente más largo que el del cátodo.

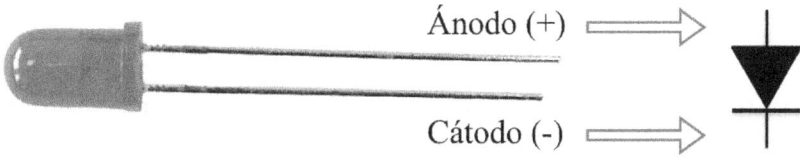

Figura D.1 Identificación del ánodo y del cátodo en un led.

Los ledes también se encuentran disponibles en forma de pequeñas barras que agrupan varios de ellos independientes entre sí. La ubicación de los ánodos en estos compactos módulos se identifica mediante una de sus esquinas, que es biselada, como ilustra la figura D.2. Por lo que respecta a la disposición de los pines (dos por cada led), esta es compatible con el espaciado de los contactos en las placas de prototipado, siendo por lo tanto de 2,54 mm entre pines adyacentes.

Figura D.2   Barra de luz led compuesta por diez segmentos.

D.2 Terminales de un visualizador de siete segmentos

Los visualizadores de siete segmentos pueden ser de ánodo común o bien de cátodo común. Para el caso de estos últimos existen dos conexiones a tierra, además de una conexión por cada uno de los segmentos (incluyendo el punto decimal si se desea usar, como refleja la figura D.3). El número de terminales de conexión del visualizador asciende, por tanto, a diez. Sin embargo, no suele ser necesario cablear los dos terminales de tierra porque están unidos internamente ([7seg_Av], [7seg_Ag]).

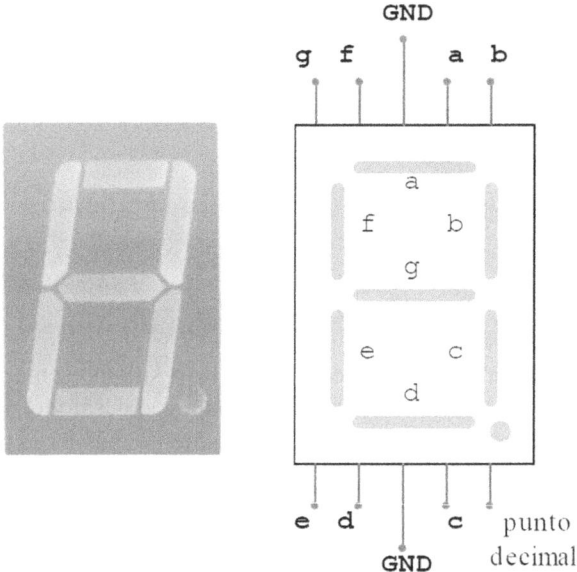

Figura D.3   Imagen de un visualizador de siete segmentos (izquierda) e identificación de sus diez terminales de conexión para un visualizador de cátodo común (derecha).

Finalmente, conviene tener presente que ni el tamaño de los visualizadores ni la disposición de sus terminales de conexión es única, sino que depende del fabricante. En algunos casos, los terminales no se distribuyen a lo largo de los dos lados más cortos del visualizador como en la figura D.3, sino de los más largos (es decir, a su izquierda y derecha) ([7seg_Ag], [7seg_Vi]). Por lo que respecta a los visualizadores de ánodo común cuyos terminales se encuentran alineados a lo largo de sus dos lados más cortos, su disposición coincide con la mostrada en la figura D.3, excepto por los dos terminales de tierra, que en este caso son de alimentación.

Identificación de terminales en componentes eléctricos

E.1 **Terminales de un potenciómetro rotatorio**

E.2 **Terminales de un condensador electrolítico**

E.3 **Terminales de un interruptor SPDT de palanca basculante**

E.1 Terminales de un potenciómetro rotatorio

De los diferentes tipos de potenciómetros comercialmente disponibles nos centraremos es estas páginas en el denominado **potenciómetro rotatorio**, por resultar muy práctico para utilizarlo en los dos montajes experimentales propuestos en la primera parte del libro.

Un potenciómetro rotatorio es un dispositivo de tres terminales (A, B y C) que cuenta con una resistencia fija entre dos de ellos, A y B, y una resistencia variable entre el tercer terminal C y cualquiera de los otros dos. Se acciona sin dificultad con ayuda de un pequeño destornillador de punta plana. La figura E.1 muestra un potenciómetro rotatorio de 1 kΩ en el que se aprecia perfectamente la ranura para introducir el destornillador.

Dependiendo de la posición en la que quede el cursor (es decir, la flecha hueca dentro de la ranura) tras girarlo con el destornillador, la resistencia entre los terminales A y C quedará fijada en un valor determinado, necesariamente acotado entre los límites óhmicos del potenciómetro, que en este caso es de 1 kΩ. Para una posición dada del cursor, la resistencia entre A y C será $\alpha \times 1$ kΩ, siendo $0 < \alpha < 1$, mientras que la resistencia entre C y B será $(1 - \alpha) \times 1$ kΩ. La suma de ambas resistencias es la resistencia total del potenciómetro.

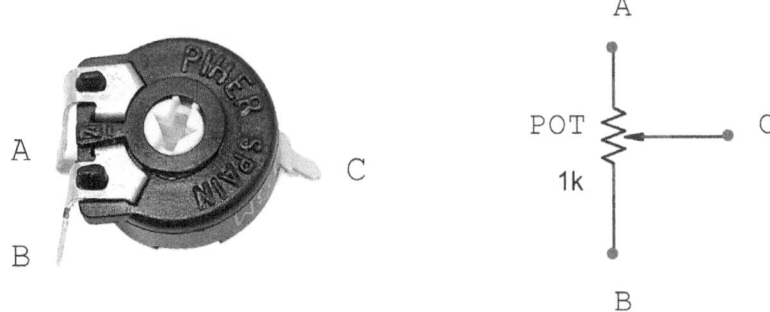

Figura E.1 Potenciómetro rotatorio de 1 kΩ con identificación de terminales (izquierda) y su símbolo eléctrico (derecha).

De esta forma se dispone de un divisor de tensión resistivo cuando los terminales A y B se conectan al voltaje de alimentación y al de tierra, respectivamente. El voltaje en el terminal C adoptará un valor acotado entre el de A y el de B que dependerá de la posición del cursor, lo que resulta muy práctico para efectuar un barrido de tensión en un circuito dado, como sucede al determinar las características de transferencia de un inversor en los capítulos 1 y 2.

E.2 Terminales de un condensador electrolítico

La identificación de los dos terminales de un condensador únicamente tiene importancia en el caso de los condensadores electrolíticos, ya que en ellos hay que respetar la polaridad. En el caso de condensadores de tecnologías diferentes, como sucede con los de poliéster o los cerámicos, no es necesario tomar esta precaución. Los terminales de un condensador electrolítico se diferencian con facilidad de dos formas diferentes. Por un lado, el terminal negativo se encuentra alineado con unas marcas de signo negativo que se encuentran siempre a lo largo del cuerpo del condensador. Por otro lado, el terminal positivo es algo más largo que el negativo. La figura E.2 muestra la fotografía de un condensador electrolítico de 470 µF que ilustra este aspecto.

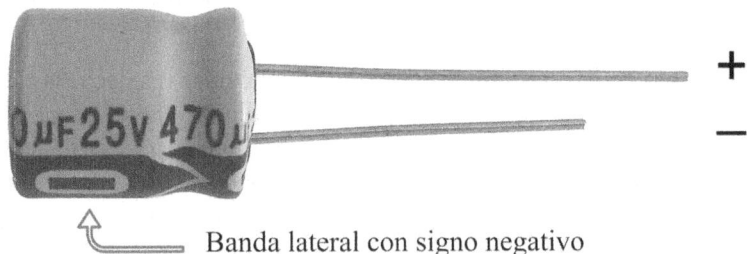

Banda lateral con signo negativo

Figura E.2 Condensador electrolítico de 470 µF de capacidad, con indicación de la polaridad de sus terminales. El terminal más largo es el positivo.

E.3 Terminales de un interruptor SPDT de palanca basculante

Un interruptor unipolar de dos vías es referenciado habitualmente por sus siglas en inglés SPDT (*single-pole, double-throw*). La figura E.3 es una fotografía de un interruptor SPDT de palanca basculante en la que se distinguen sus tres terminales.

Figura E.3   Fotografía de un interruptor SPDT de palanca basculante.

En la versión más sencilla del interruptor de la figura E.3 la palanca puede adoptar solo dos posiciones, o bien a la izquierda o a la derecha, y por eso se denomina interruptor ON-ON. En otra versión más sofisticada existe además una tercera posición en la que la palanca permanece en posición neutra (es decir, vertical), y para distinguirla de la anterior este interruptor se llama ON-OFF-ON. La tabla E.1 muestra las posiciones que puede adoptar la palanca e indica, mediante un diagrama de contactos, las conexiones que se establecen entre los terminales de uno de estos interruptores en función de la posición concreta de la palanca. Siempre es recomendable identificar con claridad los terminales de un interruptor concreto con las especificaciones suministradas por el fabricante (o en su defecto deducirlo con ayuda de un polímetro) antes de utilizarlo en un montaje experimental.

Tabla E.1   Tres posiciones distintas en un interruptor SPDT de palanca basculante de tipo ON-OFF-ON junto a las conexiones que se establecen entre los terminales en función de la posición. (Diagrama extraído de [sw-gem]).

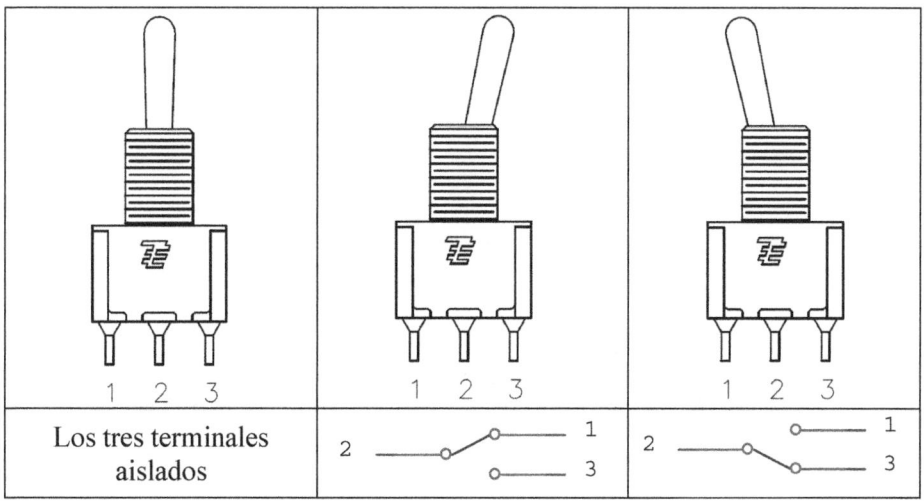

E.4 Terminales de un interruptor SPDT de actuador deslizante

Una segunda variante de interruptor SPDT que, siendo funcionalmente equivalente al interruptor ON-ON de dos posiciones descrito en la sección anterior, resulta bastante más compacto, se caracteriza por incorporar un actuador deslizante en lugar de una palanca basculante, como ilustra la fotografía de la figura E.4. Sus terminales están separados 2,54 mm, lo que posibilita su inserción en los puntos de contacto adyacentes de las placas de prototipos.

Figura E.4   Fotografía de un interruptor SPDT de actuador deslizante.

Posicionando el actuador de color negro como se indica en la figura, el terminal central queda unido eléctricamente al terminal de la derecha, mientras que desplazando el actuador a la posición opuesta es el terminal izquierdo el que hace contacto con el central.

La notable diferencia de tamaño entre este interruptor y el de palanca basculante descrito previamente, así como la separación entre sus terminales en ambos casos, queda patente en la fotografía de la figura E.5.

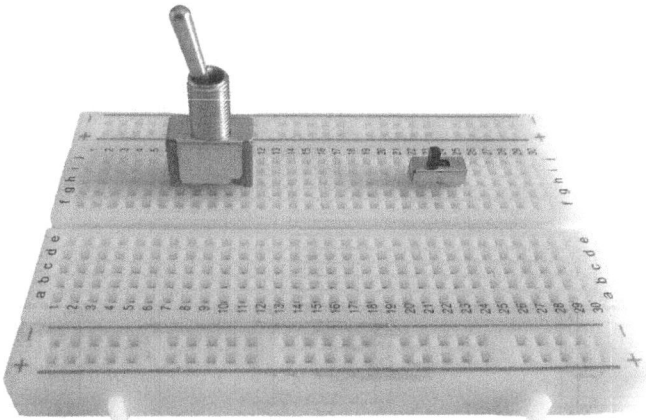

Figura E.5   Inserción en una placa de prototipos de dos interruptores diferentes de tipo SPDT, ambos de dos posiciones (ON-ON). A la izquierda, se muestra uno de palanca basculante y, a la derecha, uno de actuador deslizante.

Valores estándar
de resistencias
y condensadores

F.1 Código de colores para resistencias
F.2 Valores estándar de resistencias
F.3 Valores estándar de condensadores

F.1 Código de colores para resistencias

El valor óhmico de las resistencias se obtiene a partir del **código de colores**. Existen diez colores codificados con los números del 0 al 9. Las bandas se disponen más cerca de un extremo de la resistencia que del otro para identificar el orden de lectura de las mismas. Así, la primera banda es la que se encuentra más cerca del extremo de la resistencia. Existen cuatro bandas (véase la figura F.1), pudiendo existir una quinta opcional que indica si cumple con ciertos estándares de calidad para poder ser empleada en aplicaciones militares.

Figura F.1 Bandas de colores en una resistencia.

La interpretación de las diferentes bandas se indica en la tabla F.1.

Tabla F.1   Significado de las bandas en una resistencia.

Banda	Significado
Primera	Dígito más significativo
Segunda	Dígito menos significativo
Tercera	Factor multiplicador
Cuarta	Tolerancia

El código para las tres primeras bandas se muestra en la tabla F.2.

Tabla F.2   Código de colores para resistencias: tres primeras bandas.

Dígito	0	1	2	3	4	5	6	7	8	9
Color	negro	marrón	rojo	naranja	amarillo	verde	azul	violeta	gris	blanco

Ejemplos:

✓ Amarillo / violeta / negro = $47 \times 10^0 = 47\ \Omega$
✓ Marrón / negro / rojo = $10 \times 10^2 = 1\ k\Omega$

El código correspondiente a la tolerancia se indica en la tabla F.3. Existen resistencias de precisión con tolerancias inferiores al 1 % que no se contemplan aquí.

Tabla F.3   Código de colores para resistencias: cuarta banda (tolerancia).

Tolerancia (%)	1	2	5	10	20
Color cuarta banda	marrón	rojo	oro	plata	sin banda

F.2 Valores estándar de resistencias

Respecto a las resistencias estándar, se muestran únicamente valores disponibles para tolerancias del 10 % y del 20 % en la tabla F.4. Los valores están indicados en ohmios y existen también esos mismos valores multiplicados por 10^N, con $N = -1$, 0, 1, 2,... Para el caso de tolerancias del 20 %, la lista se reduce a las seis casillas de la tabla sombreadas en gris. Los valores disponibles para resistencias de carbón están comprendidos entre $1\ \Omega$ y $100\ M\Omega$.

Tabla F.4   Valores estándar para resistencias con tolerancias del 10 % (todas las casillas) y del 20 % (casillas sombreadas).

10	12	15	18
22	27	33	39
47	56	68	82

F.3 Valores estándar de condensadores

La lista de valores estándar para condensadores depende notablemente de la tecnología empleada para su fabricación, así como de la máxima tensión que pueden soportar sin sufrir daños. A continuación se agrupan en diferentes tablas las secuencias de valores estándar para algunos tipos concretos de condensadores[1]. La lista no es exhaustiva, por lo que se recomienda consultar los catálogos de fabricantes y distribuidores.

Tabla F.5 Valores estándar expresados en microfaradios para condensadores de poliéster de 100 V (tolerancia ±10 %).

0,001	0,0015	0,0022	0,0033	0,0047	0,0068
0,0082	0,01	0,015	0,022	0,027	0,033
0,039	0,047	0,056	0,068	0,082	0,1
0,12	0,15	0,18	0,22	0,27	0,33
0,39	0,47	0,56	0,68	0,82	1

Tabla F.6 Valores estándar expresados en microfaradios para condensadores electrolíticos (tolerancia -10 % a 50 %).

tensión: 10 V	tensión: 25 V	tensión: 50 V
22	10	0,1
33	22	0,22
47	33	0,33
100	47	0,47
220	100	1,0
330	220	2,2
470	330	3,3
1000	470	4,7
2200	1000	10
3300	2200	22
4700	3300	33
6800	4700	47
10000		100
		220
		330
		470
		1000
		2200

---

[1] Las tablas suministradas se encuentran en la referencia [ras02].

Tabla F.7 Valores estándar expresados en picofaradios para condensadores cerámicos de disco (tolerancia ±10 %) y voltaje máximo de 200 V.

10	15	22	33	47	68	100	150	220	330
470	680	1000	1500	2200	3300	4700	6800	10000	15000

Notas de simulación

G.1 Introducción

Se recopilan en este breve apéndice una serie de notas relacionadas con el manejo de PSpice que resultan útiles para trabajar con dicho simulador en diseños digitales. Estas notas no pretenden sustituir a los manuales o libros orientados específicamente a ilustrar con detalle el uso de PSpice, de los que existen numerosas referencias bibliográficas. De entre ellas cabe destacar, por un lado, el tercer volumen de la serie sobre OrCAD PSpice de Roy W. Goody al estar dedicado con exclusividad a aplicaciones digitales [god04]. Esta referencia emplea en su tercera edición la versión Lite 9.2 del paquete de *software*. Por otro lado se encuentra la segunda edición de la monografía de Camilo Quintáns Graña, que es mucho más reciente y cuenta con una cobertura más amplia que no se limita a la lógica digital, sino que abarca todas las ramas de la electrónica, utilizando la versión Lite 17.2 ([qui22]). Con estas notas de simulación se trata más bien de aportar algunas nociones prácticas que faciliten el empleo del simulador con el fin de reproducir algunos de los circuitos aquí presentados u otros de complejidad similar. Concretamente, se comenzará por ilustrar paso a paso el procedimiento a seguir para simular un circuito sencillo mediante un breve tutorial, y en secciones posteriores se describirán otros aspectos clave como son la edición de modelos de dispositivo, la configuración de buses, la programación de estímulos y la inicialización de biestables, todos ellos imprescindibles en la simulación de los circuitos y sistemas digitales del presente texto.

G.2 Guía rápida de PSpice

La simulación de circuitos con OrCAD PSpice precisa de la creación previa de un proyecto al que se vinculan una serie de ficheros de diferentes extensiones. Tras crear un proyecto es necesario escoger los componentes precisos de una serie de bibliotecas de PSpice, con el fin de ubicarlos en un entorno gráfico y proceder a su conexionado. Después se define un perfil de simulación y, finalmente, se ejecuta el simulador propiamente dicho, que es el programa PSpice A/D. Las siguientes secciones ilustran, con un circuito sencillo, los pasos a seguir en cada una de estas fases de forma sistemática utilizando la versión Lite de PSpice 17.2 para Windows, que aunque es gratuita cuenta con una serie de limitaciones si se compara con la versión profesional. Afortunadamente, dichas restricciones no impiden simular circuitos como los propuestos en este texto mientras no se supere un máximo de 60 componentes y de 75 conexiones por proyecto. En caso de sobrepasar alguno de esos límites ya no resulta posible guardar el diseño, como advierte el mensaje de error de la figura G.1.

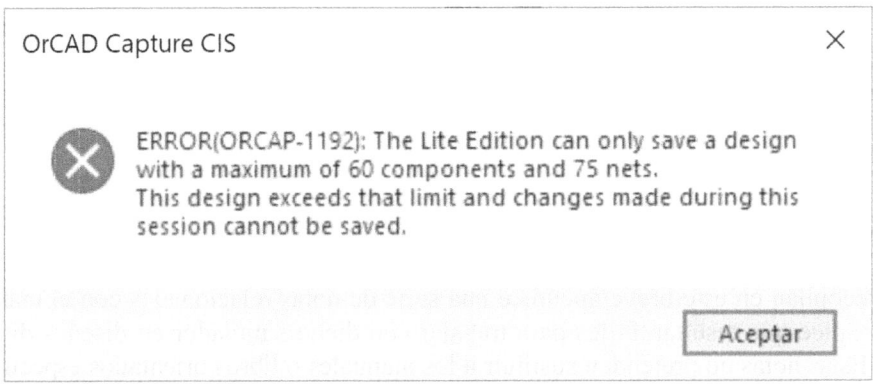

Figura G.1   Mensaje de error: el diseño excede las limitaciones de la versión Lite.

G.2.1 Creación de un proyecto

Tras abrir el programa OrCAD Capture CIS haciendo doble clic con el botón izquierdo del ratón sobre su icono surge la ventana principal del programa mostrada en la figura G.2. Por defecto son visibles varios iconos de acceso rápido, así como los proyectos utilizados recientemente, que no se muestran aquí.

Para crear un proyecto, seleccionar File, New, Project. Aparece seguidamente la ventana New Project. Marcar la opción Analog or Mixed A/D y pulsar Browse para escoger en Location una carpeta en la que se deseen ubicar todos los proyectos de simulación. En este tutorial se han creado dos carpetas: una principal de nombre PSpice en la unidad de disco D y otra específica para el proyecto llamada PMOS, que se encuentra ubicada dentro de la anterior. Finalmente, hay que dar un nombre al proyecto. Aunque el nombre elegido también es PMOS, como puede verse en la figura G.3, no es necesario que coincida con el de la carpeta correspondiente.

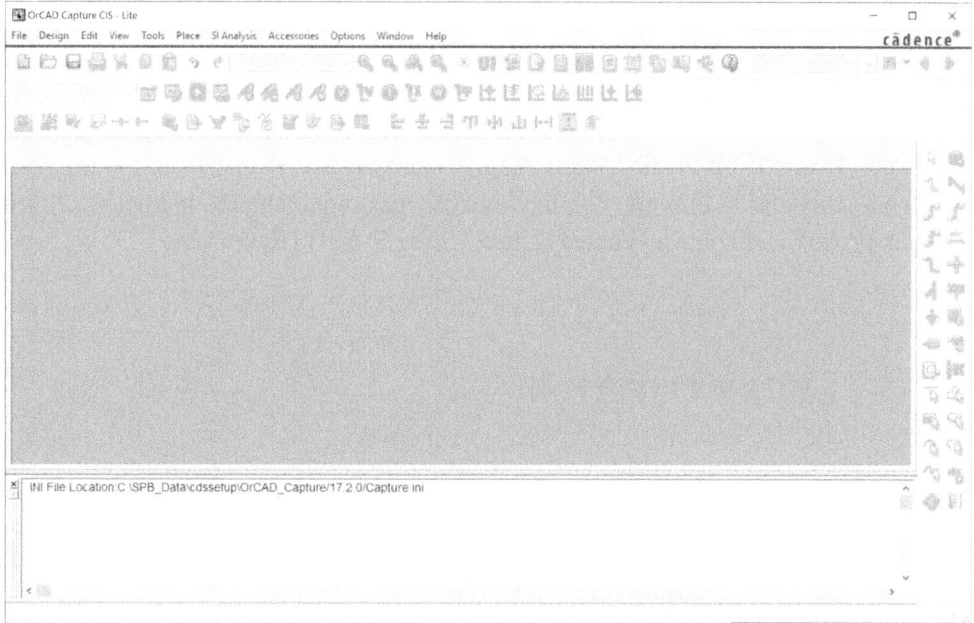

Figura G.2   Ventana principal de Capture.

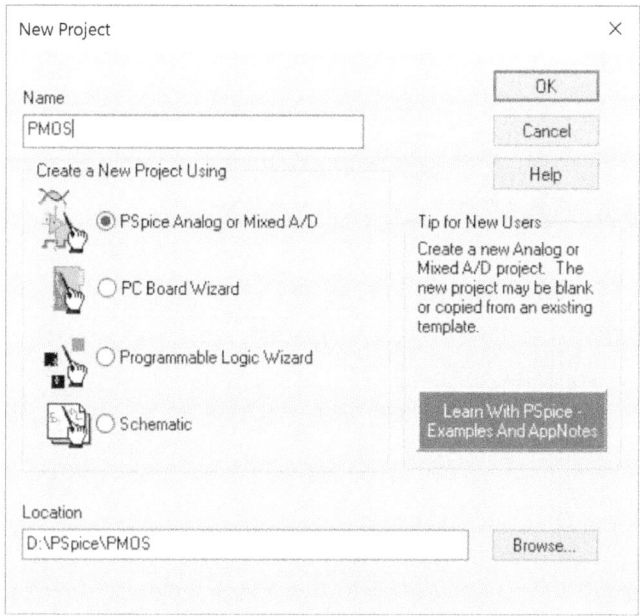

Figura G.3   Ventana New Project.

En la carpeta creada se alojarán todos los ficheros relacionados con el proyecto, que el programa irá generando automáticamente a medida que se avanza en su desarrollo. La ruta indicada en Location no debe contener caracteres con tilde (de lo contrario, se advertirá de un error en el momento de lanzar la simulación). Si se desea crear más adelante otro proyecto diferente se recomienda crear una nueva carpeta, ubicada igualmente en la carpeta PSpice. Procediendo de esta forma se garantiza que los ficheros asociados al nuevo proyecto no se mezclan con los de los proyectos previamente existentes.

Una vez pulsado el botón OK, hay que escoger seguidamente la opción Create a blank project en la nueva ventana Create PSpice Project (figura G.4).

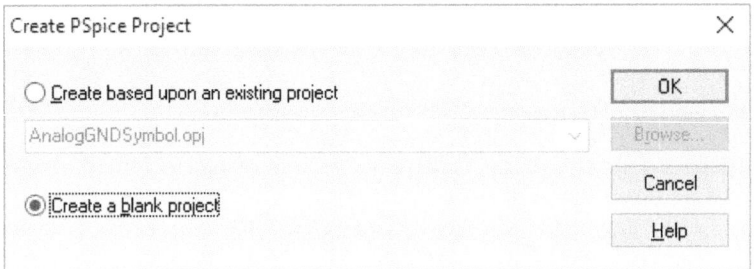

Figura G.4   Ventana Create PSpice Project.

Tras completar los pasos anteriores, en la ventana principal del programa se ubican dos nuevas ventanas: la del gestor de proyectos con la estructura de carpetas del proyecto en curso, situada a la izquierda, y la de edición de esquemáticos a la derecha (figura G.5).

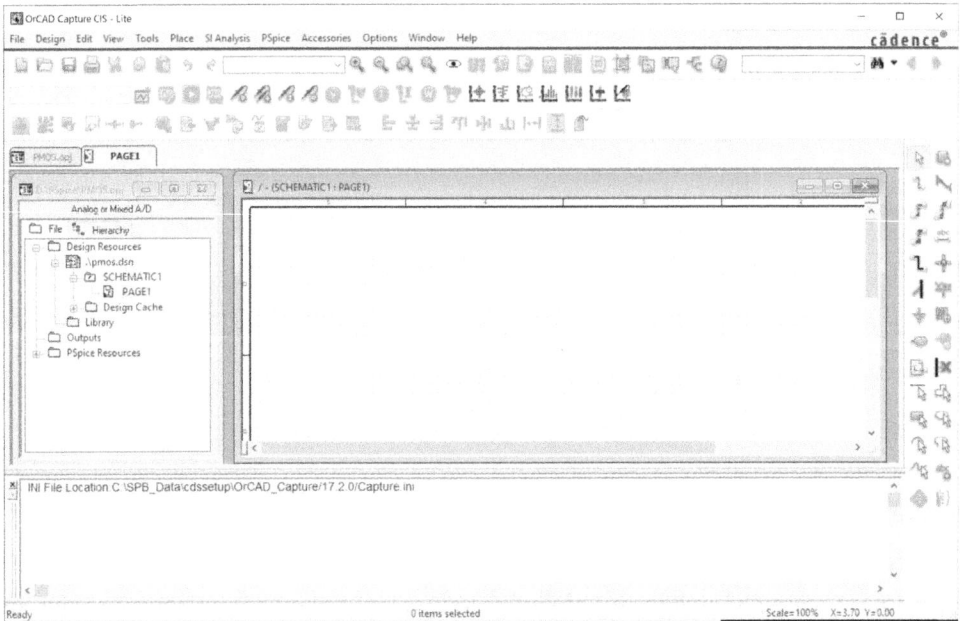

Figura G.5   Ventana principal de Capture mostrando el gestor de proyectos (izquierda) y la edición de esquemáticos (derecha).

G.2.2 Dibujo de un circuito en la ventana de esquemáticos

A modo de ejemplo se va a crear un proyecto con un circuito sencillo que contenga un transistor PMOS de enriquecimiento polarizado convenientemente para obtener sus curvas características de corriente-tensión.

Haciendo doble clic sobre pmos.dsn en el gestor de proyectos se visualiza la carpeta SCHEMATIC1, que contiene la página de edición PAGE1. Ambos nombres son editables si se desea cambiarlos. Ya estamos preparados para añadir componentes a la ventana de esquemáticos: para ello puede optarse bien por seleccionar el icono Place Part, situado en la barra de iconos a la derecha de la ventana de edición de esquemáticos, o bien acceder en dos pasos mediante el menú Place, Part. La ventana de inicio adopta entonces el aspecto mostrado en la figura G.6.

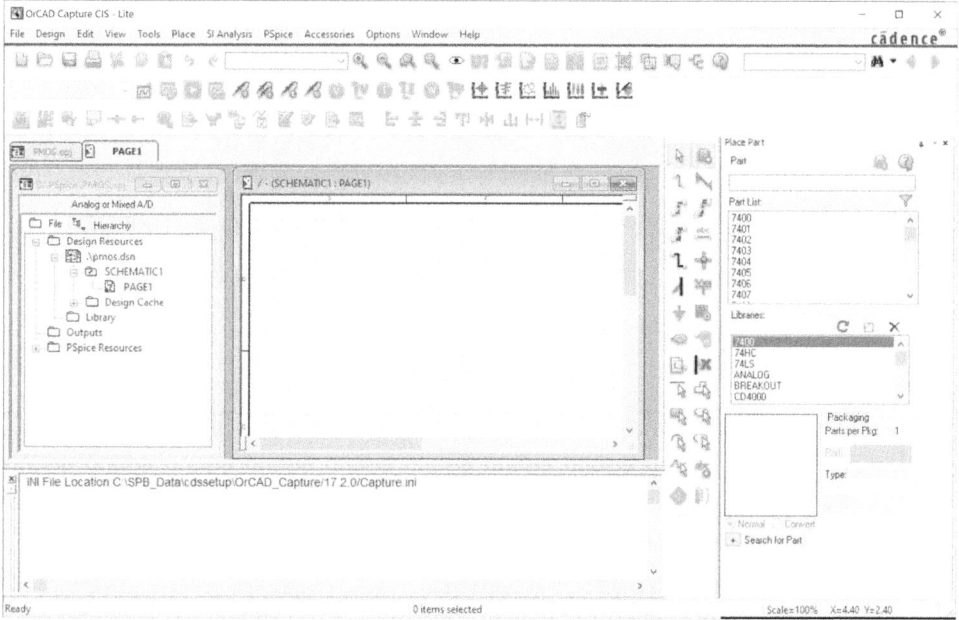

Figura G.6   Ventana principal actualizada con el gestor de proyectos (izquierda), el editor de esquemáticos (centro) y la ventana para escoger componentes (derecha).

Como puede verse, a su derecha aparece por defecto una lista de componentes (Part List) pertenecientes a la biblioteca 7400, por ser la última con la que se trabajó. También son visibles, en Libraries, otra serie de bibliotecas que se cargaron en sesiones previas de simulación. En caso de una instalación nueva del programa no aparecerán estas bibliotecas, y por lo tanto será necesario incorporarlas a medida que se necesiten.

Con el fin de añadir un transistor PMOS al esquemático, es necesario hacer clic con el ratón sobre el símbolo en forma de cuadrado punteado ubicado dentro del campo Libraries (se encuentra a la izquierda de una cruz roja, que es el símbolo para eliminar una biblioteca determinada ya incluida en el proyecto). Seguidamente, hay que buscar la biblioteca BREAKOUT y, tras seleccionarla, se añadirá a Libraries.

Seleccionando la biblioteca BREAKOUT aparecen en el campo Part List, situado encima, todos los componentes de la biblioteca ordenados alfabéticamente. El transistor PMOS buscado se denomina MbreakP. Una vez identificado, con un doble clic sobre su nombre aparece en la ventana de esquemáticos (figura G.7). Pulsando sobre el icono de la lupa aumenta su tamaño original.

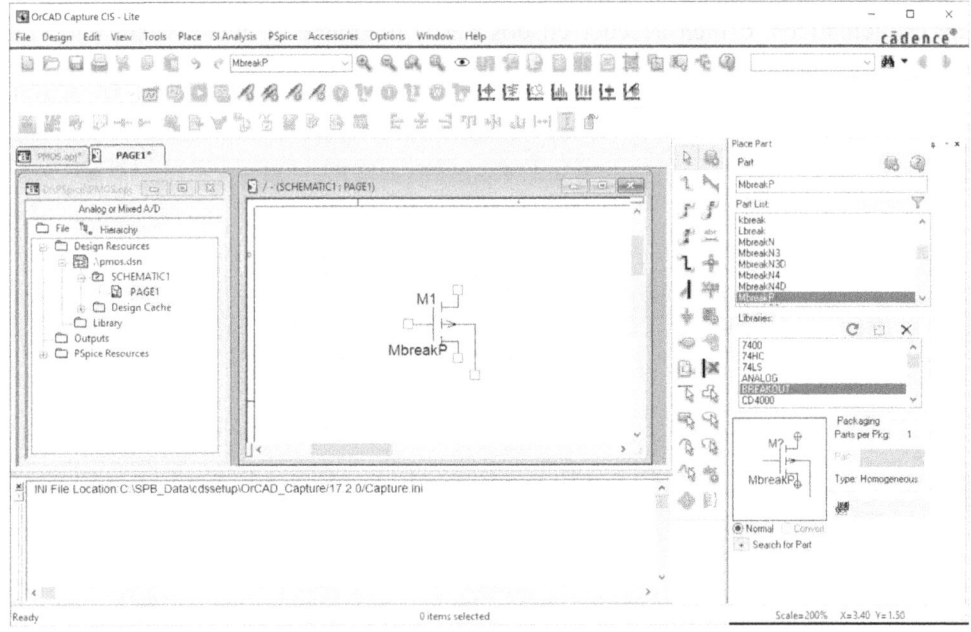

Figura G.7   Inserción de un transistor MbreakP en la ventana de esquemáticos.

A continuación se añaden los demás elementos a la ventana de esquemáticos. Para incluir dos fuentes de tensión continua basta con añadir a Libraries la biblioteca SOURCE, seleccionar en la lista de componentes la fuente de tensión continua de nombre VDC y pasar dos de ellas a la ventana de esquemáticos con sucesivos clics del ratón. Para terminar la inserción, accionar el botón derecho y seleccionar End Mode (figura G.8).

El siguiente elemento a añadir es el nodo de tierra. Una forma de hacerlo es seleccionar con el ratón el icono de tierra de la barra vertical de iconos. Alternativamente, acceder desde el menú Place, y seleccionar Ground. Aparece en ambos casos la ventana Place Ground (figura G.9), en la que se seleccionará la biblioteca SOURCE y posteriormente el símbolo 0. Si la instalación es nueva, será necesario cargar SOURCE desde Add Library.

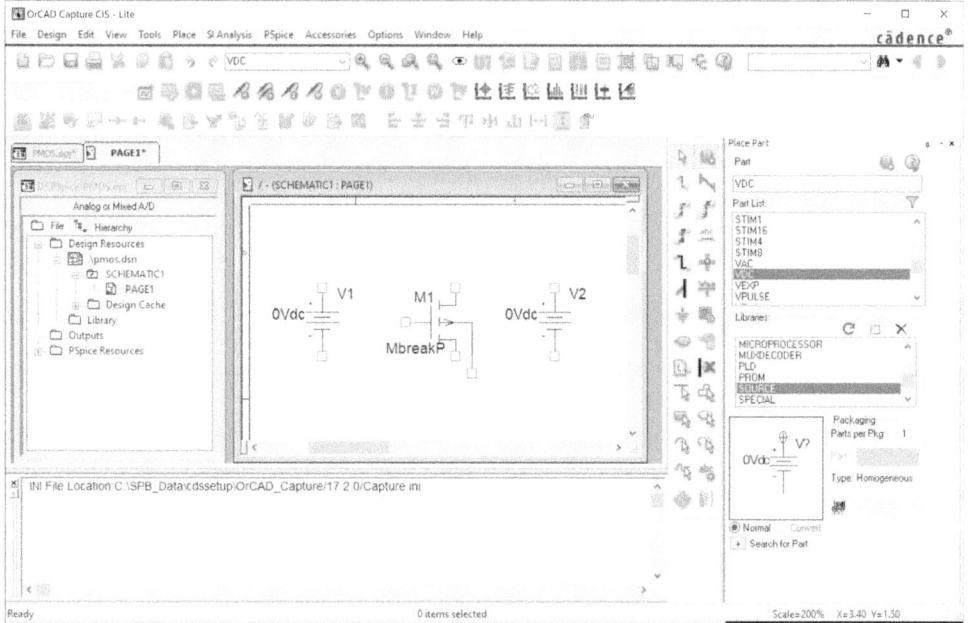

Figura G.8   Inserción de dos fuentes de tensión continua en la ventana de esquemáticos.

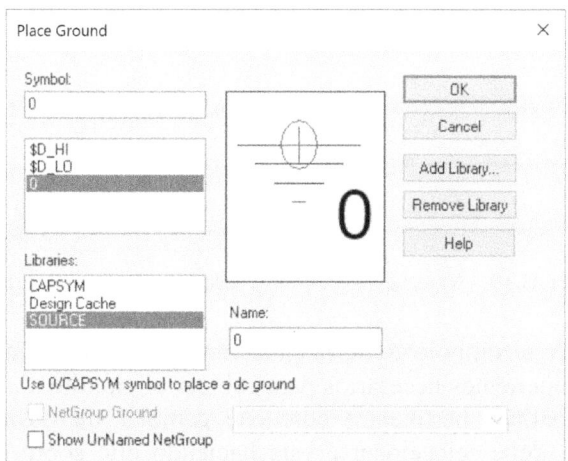

Figura G.9   Ventana Place Ground.

Obsérvese que en la ventana Place Ground, además del símbolo 0, existen otros dos, denominados $D_HI y $D_LO. Aunque no son necesarios en este ejemplo, es frecuente emplearlos en circuitos digitales como estímulos que garantizan en un nodo determinado un estado lógico alto (5 V) o bajo (0 V), respectivamente. Ambos se pueden seleccionar desde la ventana Place Ground o bien desde la ventana Place Power (figura G.10).

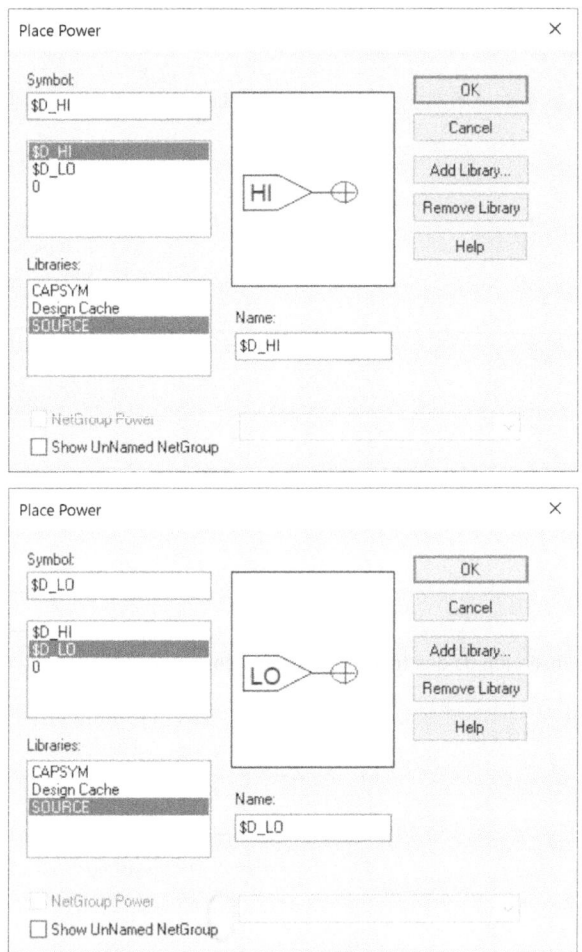

Figura G.10 Ventana Place Power y selección de estímulos HI y LO.

Una vez figure el símbolo de tierra en la ventana de esquemáticos, ya se cuenta con todos los componentes necesarios para cablear el circuito. Antes de proceder a realizar las conexiones pertinentes conviene cambiar de posición el transistor PMOS. Para ello debe seleccionarse este haciendo clic sobre él con el ratón y seguidamente, con el botón derecho del mismo, escoger la opción Mirror vertically. El resultado se muestra en la figura G.11.

Seguidamente, desde el menú, acceder a Place, Wire. Alternativamente, hacer clic sobre el icono correspondiente para cablear y establecer conexiones entre los componentes mediante el ratón, hasta obtener el circuito de la figura G.12.

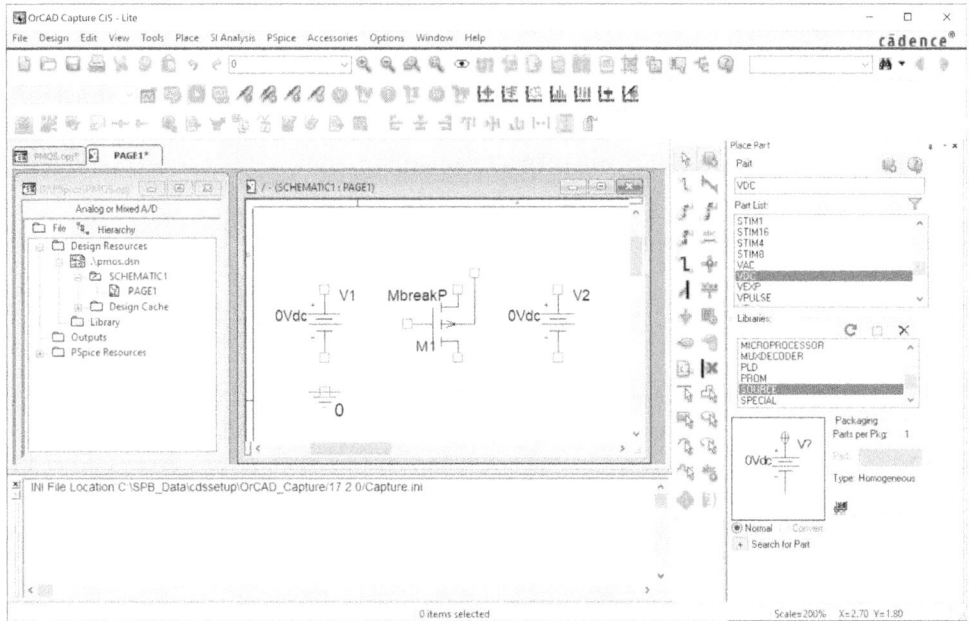

Figura G.11   Rotación del transistor PMOS como paso previo al conexionado.

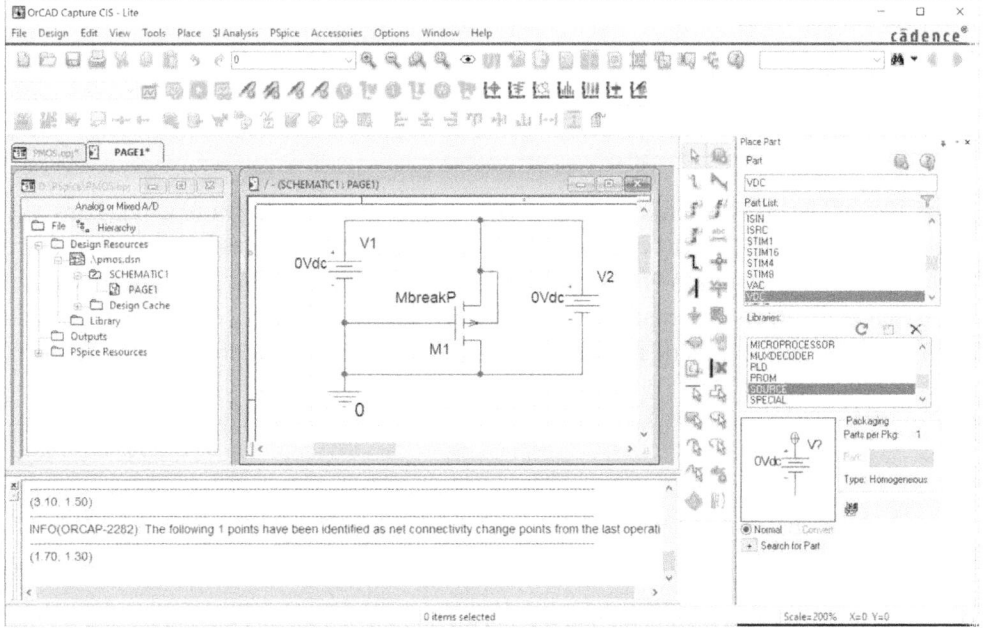

Figura G.12   Circuito cableado en la ventana de esquemáticos.

Cuando se desee finalizar una conexión, hay que hacer doble clic sobre la misma antes de comenzar con otra. Para terminar el conexionado, accionar el botón derecho del ratón y seleccionar End Mode.

Es conveniente identificar los diferentes elementos del circuito con un nombre adecuado antes de proceder a ejecutar una simulación. Haciendo clic sobre los nombres asignados por defecto a las fuentes V1 y V2 aparece la ventana Display Properties, en la que se pueden renombrar los componentes (figura G.13). En este caso V1 y V2 pasan a ser v_{SG} y v_{SD}, respectivamente.

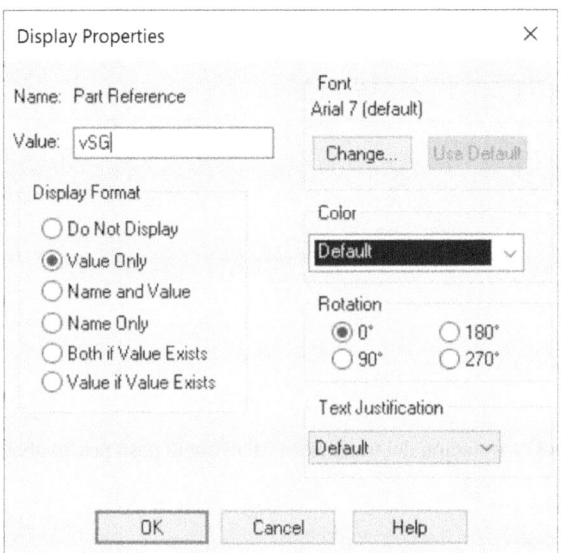

Figura G.13 Ventana Display Properties.

G.2.3 Perfil de simulación y ejecución

Una vez cableado el circuito es necesario definir un perfil de simulación. Para ello puede accederse mediante el icono correspondiente, o bien desde el menú PSpice acceder a New Simulation Profile y dar un nombre representativo a la simulación que se desea realizar, en la ventana New Simulation. En nuestro caso, el nombre escogido es Param, ya que se trata de efectuar un barrido paramétrico (figura G.14).

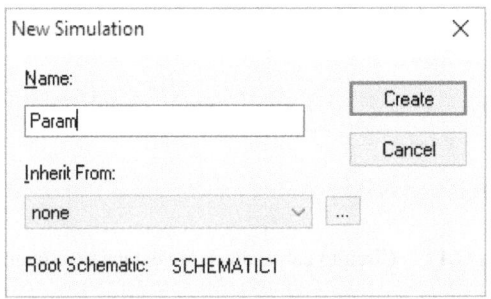

Figura G.14 Ventana New Simulation.

Tras crear la nueva simulación aparece la ventana Simulation Settings – Param y, por defecto, la opción desplegada es Analysis (figura G.15).

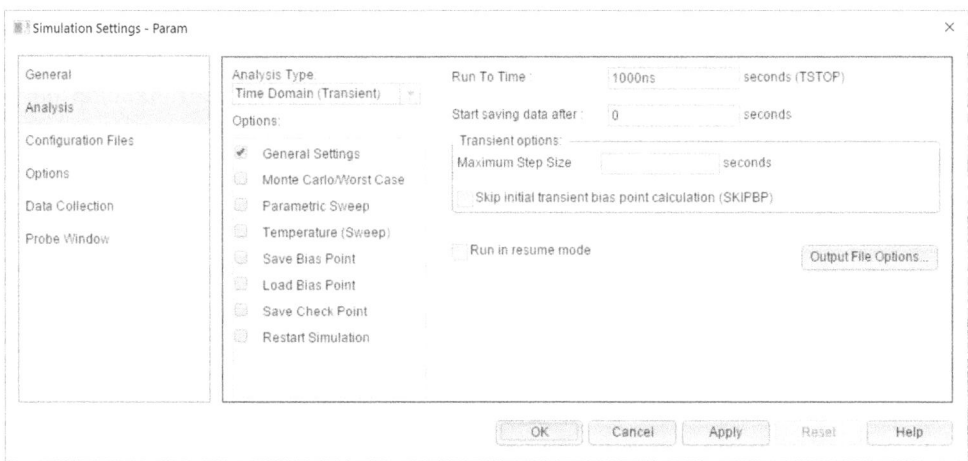

Figura G.15   Ventana por defecto Simulation Settings – Param.

Como se muestra en la figura G.15, el tipo de análisis a realizar por defecto es en el dominio del tiempo (Time Domain). Se trata de uno de los análisis más comunes, ya que deberá emplearse siempre que interese analizar la respuesta de un circuito digital en el dominio del tiempo mediante el correspondiente cronograma. Como puede verse, su configuración tan solo requiere de unos pocos parámetros temporales. En este ejemplo particular, sin embargo, deberemos seleccionar un análisis diferente, concretamente un barrido en continua (DC Sweep). Procediendo de esta forma, la ventana de configuración resultante permite introducir tanto la variable de barrido (Sweep variable) como el tipo de barrido (Sweep type), tal y como aparece en la figura G.16.

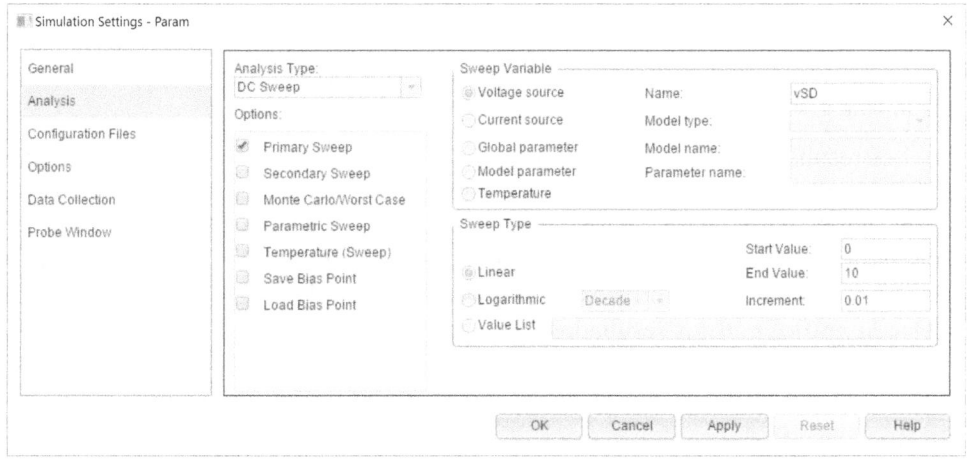

Figura G.16   Configuración de un barrido en continua de la fuente v_{SD}.

La variable sobre la que se efectuará un barrido de tensión es la fuente de tensión continua vSD entre 0 y 10 V con un paso de 0,01 V. Para completar el perfil de simulación es necesario, además, seleccionar un barrido paramétrico de la fuente de tensión vSG (Parametric Sweep) en Options (figura G.17). La parametrización escogida, que incluye cuatro voltajes diferentes para vSG (3, 4, 5 y 6 V), se introduce en el campo Value list. Con estos pasos finaliza la configuración de la simulación.

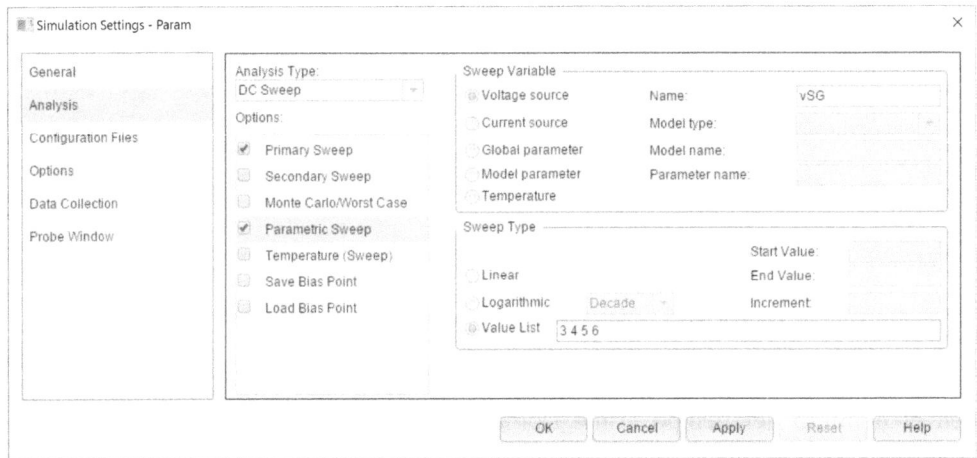

Figura G.17 Configuración de un barrido paramétrico sobre la fuente v_{SG}.

A continuación es necesario volver a la ventana de esquemáticos y situar una sonda de corriente (Current Marker) en el terminal de drenador del transistor PMOS. Las diferentes sondas disponibles están visibles en la barra del menú superior. Tras posicionar la sonda (figura G.18), seleccionar End Mode con el botón derecho del ratón.

Ahora solo resta ejecutar la simulación, bien desde el icono correspondiente de la barra del menú o accediendo desde el menú PSpice, Run. El programa da la opción de escoger si deseamos mostrar las cuatro curvas del barrido paramétrico en una misma gráfica, o solo una selección de ellas (figura G.19).

Los resultados de la simulación ejecutada por PSpice A/D aparecen finalmente graficados por defecto en una ventana sobre fondo negro. El color del fondo se puede cambiar si se desea volcar el resultado de la simulación en un documento, y para ello basta con seleccionar, sobre la ventana de simulación, Window, Copy to Clipboard, change white to black. Con la combinación de teclas habitual Ctrl+v se vuelca la gráfica con los resultados de la simulación sobre el documento deseado (figura G.20).

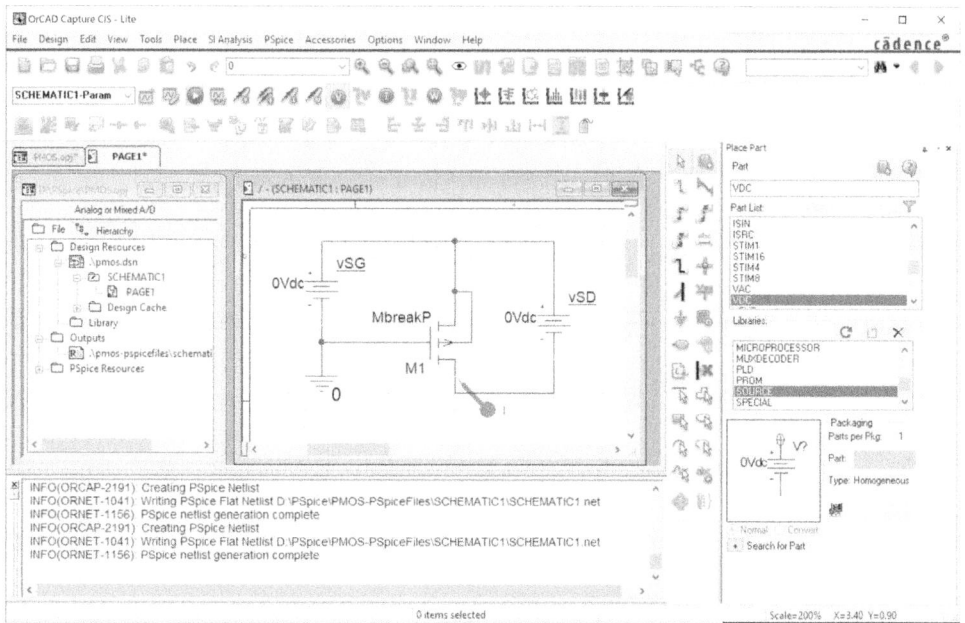

Figura G.18   Sonda de corriente sobre el terminal de drenador del transistor PMOS.

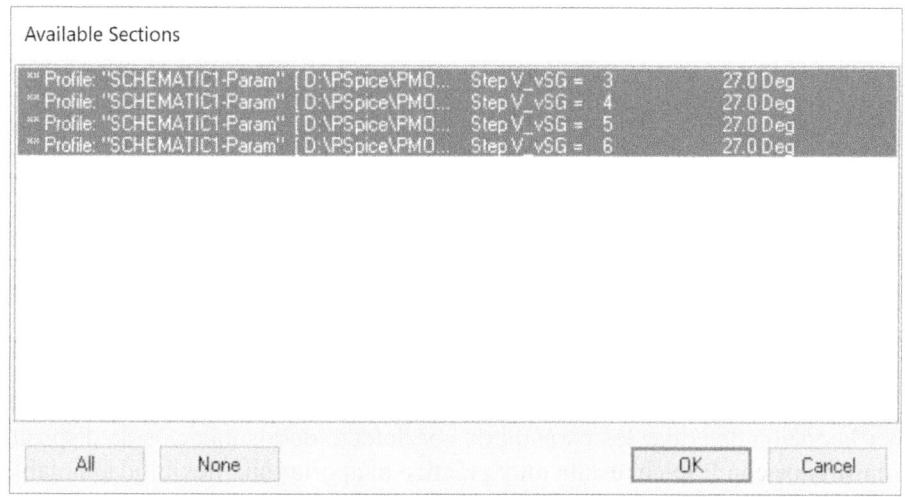

Figura G.19   Ventana Available Sections.

Además, seleccionando con el ratón las diferentes curvas de la gráfica sobre la ventana de salida de simulador puede cambiarse tanto el grosor del trazo como su color. Para ello, una vez seleccionada la curva correspondiente, escoger Trace Properties con el botón derecho del ratón (figura G.21).

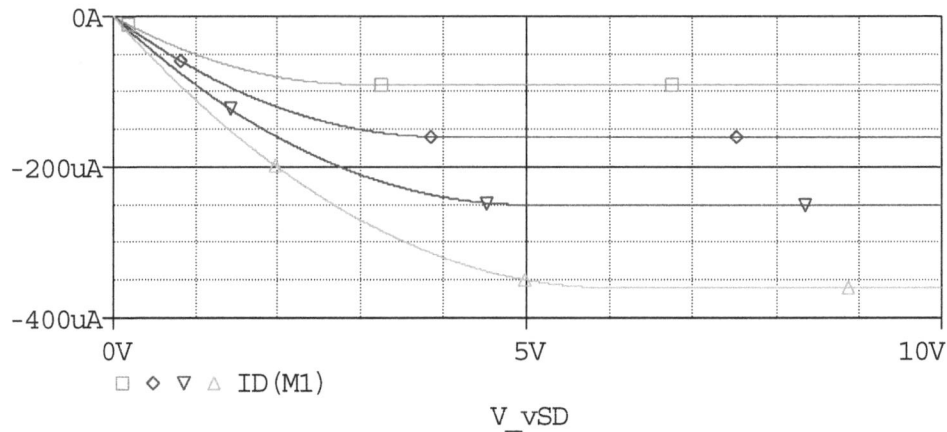

Figura G.20   Gráfica con los resultados de la simulación.

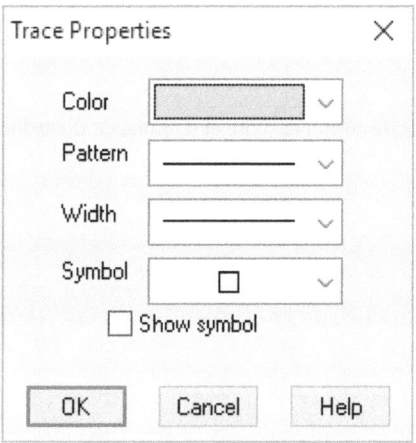

Figura G.21   Ventana Trace Properties.

G.3 El editor de modelos de PSpice

Tener la opción de editar los parámetros por defecto de los modelos de dispositivo suministrados con PSpice resulta muy práctico al aportar una flexibilidad notable al entorno de simulación. Para editar el modelo de un dispositivo que se encuentre disponible (su disponibilidad dependerá de si se trabaja con la versión completa del simulador o con la de evaluación) basta con seleccionar con el ratón el componente correspondiente sobre el editor de esquemáticos para seguidamente con el botón derecho escoger la opción "Editar modelo de PSpice" (Edit PSpice Model) del menú desplegable que aparece. Conviene recordar que es necesario, en caso de partir de un proyecto con varias carpetas, convertir primeramente en raíz la carpeta correspondiente. De lo contrario, la opción "Edición" aparecerá como visible pero no seleccionable. Hacer que una carpeta dentro de un proyecto sea la carpeta raíz se consigue seleccionando con el botón derecho del ratón la carpeta de interés y escogiendo la opción "Convertir en raíz" (Make Root).

Por ejemplo, si se pretende editar el modelo de PSpice por defecto del transistor PMOS denominado MbreakP, tras seguir los pasos descritos se accede inmediatamente al editor de modelos de dispositivo, tal y como muestra la figura G.22. Obsérvese que únicamente aparece la identificación del dispositivo. Para conocer el valor concreto de los parámetros físicos por defecto que lo modelan hay que consultar el manual correspondiente de PSpice ([psp09]).

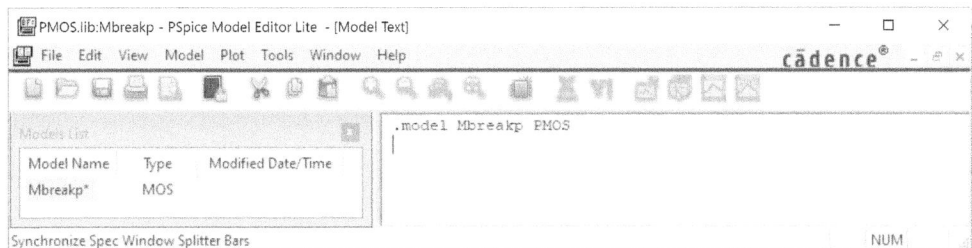

Figura G.22   Editor de modelos de dispositivo en PSpice.

La introducción de cambios es sencilla; para ello basta con escribir a continuación de la identificación del dispositivo los parámetros que se desean editar con su valor. Esta acción sobrescribe el correspondiente valor por defecto. En la figura G.23 se ilustra el proceso de edición añadiendo al modelo del transistor PMOS el parámetro físico VTO (que es la tensión umbral para establecer un canal), asignándole un voltaje de -1,0 V. Su valor por defecto es de 0 V.

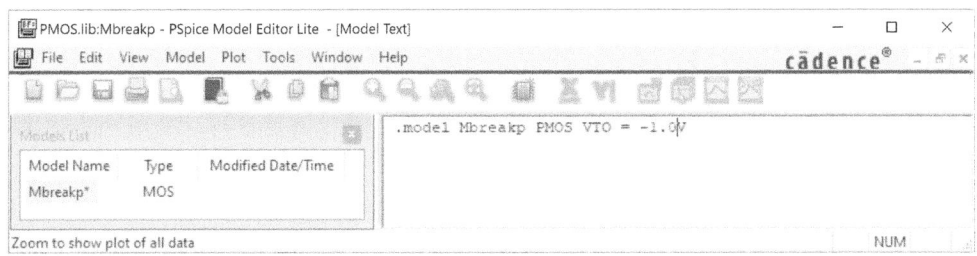

Figura G.23   Edición del modelo del transistor PMOS MbreakP de PSpice.

En caso de necesitar introducir cambios en más de un parámetro de dispositivo, simplemente hay que añadirlos en el editor a continuación del primero, separados por espacios y en cualquier orden. Tras finalizar, guardar los cambios para actualizar los nuevos valores. En el ejemplo, el fichero correspondiente se denomina PMOS.lib y coincide con el nombre del proyecto. Debido precisamente a que los cambios experimentados por los modelos son locales a un proyecto dado, es importante tener presente que diferentes proyectos de OrCAD PSpice pueden hacer uso perfectamente de distintos modelos para un mismo dispositivo.

G.4 Conexión de un bus a un circuito

El procedimiento para conectar un bus a un circuito consta de los siguientes pasos:

1. Desde el editor de circuitos, seleccionar la opción "Colocar bus" (Place Bus), bien desde el icono correspondiente de la barra de herramientas o desde el menú. Trazar un bus de la longitud requerida.

2. Identificar el bus con un nombre mediante el icono "Colocar alias de red" (Place Net Alias) y situarlo en algún punto a lo largo del bus. Véase a modo de ejemplo el circuito conversor de código de la figura G.24, donde figuran dos buses de 4 bits B[3-0] y G[3-0].

3. Cablear todas las líneas del bus al circuito empleando el icono "Colocar cable" (Place Wire).

4. Identificar cada una de las líneas del bus usando de nuevo el icono "Colocar alias de red" (Place Net Alias).

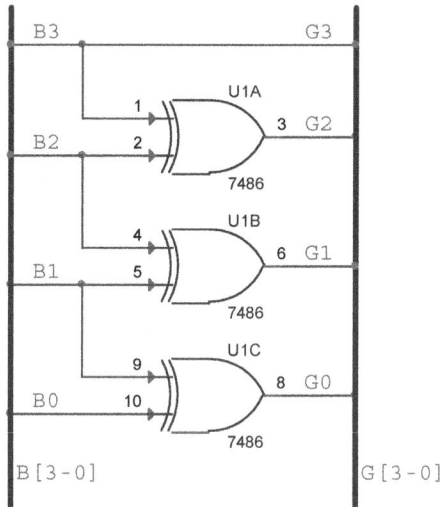

Figura G.24   Conversor de código binario a Gray con sendos buses B[3-0] y G[3-0].

G.5 Vinculación de un estímulo a un bus

El simulador PSpice dispone de diferentes tipos de estímulos para cargar buses. Esta sección se centra en los estímulos denominados S y F. El procedimiento para excitar individualmente las diferentes líneas o hilos de un bus recurriendo a un estímulo de tipo S consta de los siguientes pasos:

1. Desde el editor de circuitos, seleccionar el icono "Colocar componente" (Place Part). Dentro de la biblioteca SOURCE, escoger el estímulo digital adecuado de

tipo S (STIM1, STIM4, STIM8 o STIM16), dependiendo del número de líneas del bus.

2. Conectar el estímulo elegido en cualquier punto del bus.

3. Seleccionar el editor de propiedades del estímulo y rellenar los comandos para configurar el estímulo. Un ejemplo se muestra en la figura G.25.

4. Durante la configuración se puede optar por mostrar tanto el nombre del estímulo y su valor como únicamente su valor. Se recomienda mostrar solo el valor. Para ello basta con pulsar el botón Display y seleccionar la opción correspondiente, confirmando a continuación la opción escogida mediante el botón Apply. Procediendo de esta forma, resulta el sistema de bus excitado por un estímulo de 4 bits de la figura G.26.

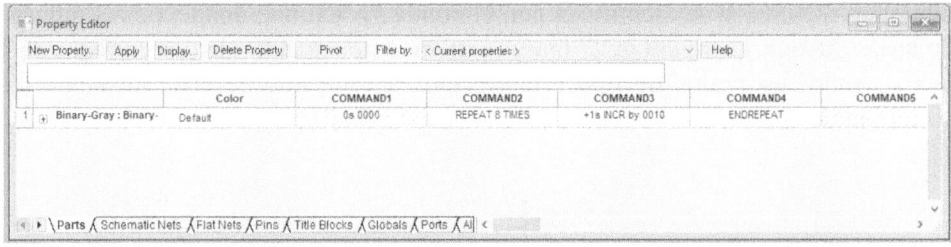

Figura G.25   Editor de propiedades configurado con un estímulo digital de 4 bits.

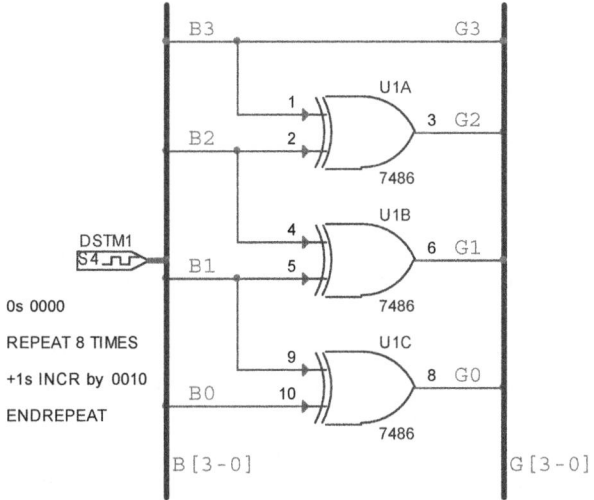

Figura G.26   Conversor de código binario a Gray con sendos buses B[3-0] y G[3-0], y un estímulo de tipo S4 (4 bits) conectado a B[3-0].

La configuración en sí, que está formada solo por cuatro líneas, resulta bastante intuitiva como puede comprobarse en la descripción de la tabla G.1.

Tabla G.1   Interpretación de la configuración del bus B [3 - 0] (figura G.26).

Sentencia	Significado
0s 0000	En t = 0 s, B [3 - 0] = 0000
REPEAT 8 TIMES	Repetir 8 veces
+1s INCR by 0010	Incrementar el contenido del bus en 2 cada segundo
ENDREPEAT	Fin del bucle REPEAT

En ocasiones, cuando la secuencia de estímulos con la que se actualiza el contenido del bus no es adecuada para programarse mediante un bucle, es preferible recurrir a un tipo de estímulo diferente del S, como es el caso del F. Los estímulos de tipo F se configuran mediante un fichero de texto con secuencias tan largas como sea necesario. Se encuentran, al igual que los estímulos S, en la biblioteca SOURCE y se identifican con el nombre FileStimk, donde k es el número de líneas del bus. La figura G.27 muestra un módulo sumador de dos entradas de 4 bits y sendos estímulos de tipo F conectados a cada una de ellas mediante los correspondientes buses.

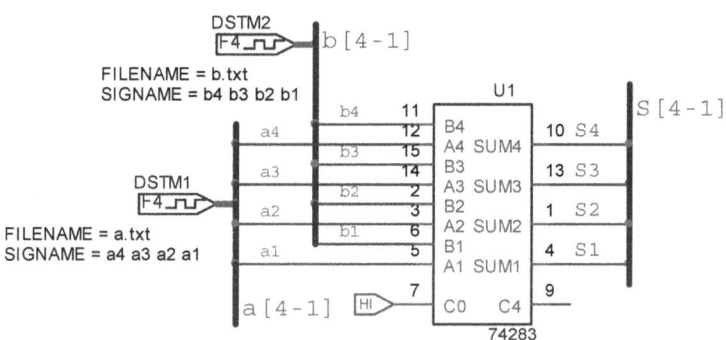

Figura G.27   Sumador de 4 bits 74283 con dos buses a [4-1] y b [4-1] conectados en sus respectivas entradas. Estas se encuentran alimentadas por sendos estímulos de tipo F que contienen la configuración de ambas entradas en los ficheros de texto a.txt y b.txt.

Los ficheros de texto se alojan en la carpeta del proyecto, en el subdirectorio correspondiente al nombre de la página que contenga el circuito (un proyecto puede englobar varios esquemáticos distintos y, a su vez, cada esquemático contener varias páginas). Por ejemplo, si el circuito de interés se encuentra en una página denominada 74x283 perteneciente a un esquemático con el mismo nombre que forma parte del proyecto sumador4bits, los ficheros de texto se deberán ubicar en el siguiente subdirectorio:

sumador4bits\sumador4bits-PSpiceFiles\74x283\74x283.

Un ejemplo del contenido de uno de los ficheros, por ejemplo a.txt, se muestra en la figura G.28, donde las líneas precedidas por asteriscos son comentarios ignorados por el simulador. Como puede verse, se ha programado una secuencia de ocho palabras digitales de 4 bits que se vuelca al bus cada segundo. El bit más significativo, a4, se identifica en la primera línea del código, donde aparece la denominación de las variables correspondientes a cada una de las cuatro líneas del bus.

*Listado con los nombres de las señales
```
a4 a3 a2 a1
```

*Valores de los operandos
```
0s  0000
1s  0000
2s  0001
3s  0011
4s  1110
5s  1111
6s  1111
7s  1111
```

Figura G.28   Fichero de configuración a.txt del circuito sumador de la figura G.27.

G.6 Inicialización de biestables

Resulta muy práctico contar con la opción de poder establecer el valor del bit almacenado en un biestable en el instante inicial. Dicha inicialización es factible no solo en biestables individuales, sino en cualquier dispositivo modular que los contenga, como contadores o registros de desplazamiento. El procedimiento para proceder a la inicialización se describe seguidamente:

1. Desde el editor de circuitos, seleccionar el icono que permite acceder al perfil de simulación (Edit Simulation Profile).

2. Una vez dentro de los ajustes de simulación, acceder a la pestaña Options y escoger la categoría Gate-level Simulation.

3. Inicializar los biestables al valor deseado (bien 0, 1, o indeterminado X), tal y como muestra la figura G.29 (campo de nombre DIGINITSTATE).

De hecho, proceder a la inicialización resulta en ocasiones no tanto una opción sino más bien una necesidad, ya que, de lo contrario, y al ser indeterminado el estado inicial por defecto de los biestables, la simulación entrega resultados igualmente indeterminados.

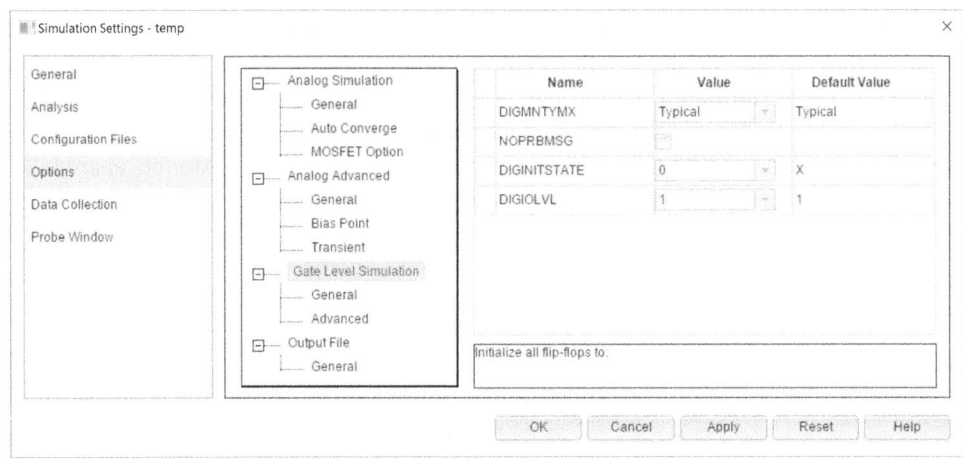

Figura G.29   Inicialización de biestables con PSpice.

G.7 Ubicación de componentes en bibliotecas

Las bibliotecas de PSpice son ficheros con extensión olb que contienen dos tipos de componentes[1] por lo que respecta a la disponibilidad del modelo de simulación: mientras que unos cuentan con un modelo de simulación asociado (y, por lo tanto, es posible ejecutar simulaciones con ellos), en otros no sucede lo mismo y los componentes correspondientes solo pueden emplearse para representar circuitos gráficamente. La ruta en la que se ubican las bibliotecas cuyos componentes sí cuentan con el correspondiente modelo de simulación es, para el caso concreto de la versión 17.2, la siguiente:

C:\Cadence\SPB_17.2\tools\capture\library\pspice

Otros componentes que se han utilizado puntualmente a lo largo del presente texto simplemente para la representación gráfica de circuitos, y que carecen de modelo de simulación independientemente de la versión de PSpice empleada, se encuentran en una serie de bibliotecas ubicadas en la siguiente ruta:

C:\Cadence\SPB_17.2\tools\capture\library

Algunas de las bibliotecas disponibles en la carpeta library aparecen en la figura G.30 (Amplifier, Arithmetic, ATOD, etc.), junto a varias carpetas entre las que se encuentra pspice.

---

[1] El número de componentes distribuido entre las diferentes bibliotecas supera los 30.000, y se agrupan por fabricante, por tecnología o por funcionamiento ([rec02]).

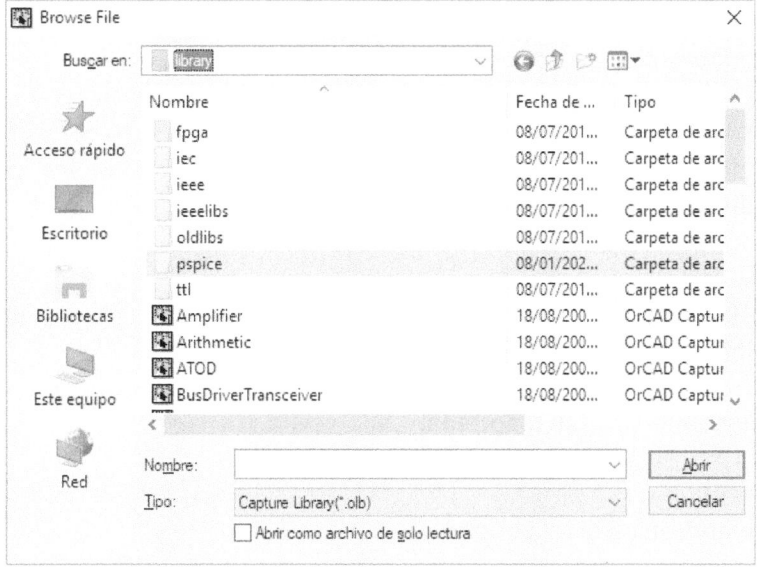

Figura G.30   Algunas de las bibliotecas disponibles en la carpeta library.

En el siguiente apartado se puede consultar un listado con los diferentes componentes utilizados. Como puede verse, muchos de ellos se encuentran en la biblioteca eval.olb, que contiene una selección de dispositivos muy populares, tanto analógicos como digitales, extraídos a su vez de otras bibliotecas.

G.7.1 Listado de todos los componentes utilizados

El siguiente listado recopila la totalidad de los componentes necesarios para crear los correspondientes esquemáticos en cada uno de los capítulos a lo largo del texto, junto a las bibliotecas donde se encuentran. Se han agrupado por tipos para facilitar su búsqueda. La versión de PSpice tomada como referencia para confeccionar la lista en la presente edición del libro es la 17.2 (variante Lite gratuita). Existen, sin embargo, algunas diferencias con otras versiones. Por ejemplo, la biblioteca eval.olb, que ha estado siempre disponible al menos desde la versión 9.2 y hasta la 17.2, ya no se encuentra en la versión 17.4.

G.7.1.1 Fuentes de tensión y estímulos digitales

Fuentes VDC, VPWL, VSIN
   library/pspice/source.olb

Fuentes HI, LO
   Seleccionar Place, Power (o bien Ground) y en Libraries escoger la biblioteca SOURCE (si no aparece, cargarla desde pspice/source.olb). Seleccionar a continuación HI o bien LO.

Estímulos DigClock, FileStim1-2-4-8-16-32 (tipo F), STIM1-4-8-16 (tipo S)
library/pspice/source.olb

Símbolo V_{CC}

Seleccionar Place, Power (o bien Ground) y en Libraries escoger la biblioteca CAPSYM. Seleccionar a continuación VCC.

Símbolo GND

Seleccionar Place, Power (o bien Ground) y en Libraries escoger la biblioteca SOURCE. Seleccionar a continuación 0.

G.7.1.2 Semiconductores discretos

Diodo Dbreak
library/pspice/breakout.olb

Led LA-541B-TYP
library/pspice/osram_5mmradial

Led LED
library/discrete.olb (sin modelo de simulación)

Transistores bipolares QbreakN y MOSFET MbreakN y MbreakP
library/pspice/breakout.olb

Fototransistor Darlington OP560A
library/transistor.olb (sin modelo de simulación)

G.7.1.3 Dispositivos integrados con modelo de simulación

Subfamilia lógica TTL-estándar
library/pspice/7400.olb; library/pspice/eval.olb

Subfamilia lógica TTL-LS
library/pspice/74LS.olb

Subfamilia lógica CMOS-serie 4000
library/pspice/CD4000.olb

Subfamilia lógica CMOS-HC
library/pspice/74HC.olb

Subfamilia lógica CMOS-HCT

>   library/pspice/74HCT.olb

Temporizador 555

>   555D en: library/pspice/eval.olb
>   TLC555/TI en: library/pspice/tex_inst.olb
>   555alt, 555B y 555C en: library/pspice/anl_misc.olb

Amplificador operacional genérico

>   library/pspice/analog.olb

G.7.1.4 Dispositivos integrados sin modelo de simulación

Puertas lógicas, decodificadores, multiplexores, registros de desplazamiento, contadores, memorias, dispositivos lógicos programables y microcontroladores:

>   library/counter.olb
>   library/gate.olb
>   library/microcontroller.olb
>   library/muxdecoder.olb
>   library/pld.olb
>   library/prom.olb
>   library/shiftregister.olb
>   library/sram.olb

G.7.1.5 Otros componentes

Componentes pasivos (R, L, C)

>   library/pspice/analog.olb; library/pspice/breakout.olb

Fusible FUSE

>   library/discrete.olb (sin modelo de simulación)

Interruptores SW SPST, SPDT, DPST, DPDT

>   library/discrete.olb (sin modelo de simulación)

Interruptores Sw_tOpen, Sw_tClose

>   library/pspice/eval.olb; library/ pspice/anl_misc.olb

Interruptor controlado por tensión Sbreak

>   library/pspice/breakout.olb

Potenciómetro POT
    library/pspice/breakout.olb

Pulsadores SW PUSHBUTTON, SW_PB_SPST
    library/discrete.olb (sin modelo de simulación)

Notas sobre el álgebra de conmutación

H.1 Introducción

En este breve apéndice se enuncian los postulados y teoremas más representativos del álgebra de conmutación, conocida como álgebra de Boole o booleana. También se muestran algunas formas equivalentes de representar las funciones lógicas XOR y XNOR, que surgen tras manipular algebraicamente sus respectivas expresiones lógicas originales. Esta recopilación de teoremas y expresiones puede resultar útil para seguir algunos de los desarrollos presentados en la segunda parte del libro, dedicada a la lógica combinacional.

H.2 Postulados y teoremas del álgebra de conmutación

De cada postulado y teorema existen generalmente dos versiones, ya que se puede aplicar el principio de dualidad a cualquiera de ellos, obteniéndose un postulado o teorema adicional diferente e igualmente válido. Para diferenciarlos, se denota con una "d" a las versiones duales de ambos en la lista de cinco postulados y siete teoremas que se muestra seguidamente, junto a sus correspondientes versiones duales. La lista de teoremas escogida, que se ha adaptado de [nel21], es bastante completa aunque sin pretender ser exhaustiva, ya que se limita a aquellos teoremas que involucran a no más de dos variables booleanas (aunque algunos postulados de la lista sí requieren tres variables). Una relación más completa, que además incluya las demostraciones correspondientes, puede encontrarse en la mayoría de textos sobre diseño digital.

Postulados

P1: $X+0 = X$ P1d: $X \cdot 1 = X$ Identidad

P2: $X+Y = Y+X$ P2d: $X \cdot Y = Y \cdot X$ Conmutatividad

P3: $(X+Y)+Z = X+(Y+X)$ P3d: $(X \cdot Y) \cdot Z = X \cdot (Y \cdot Z)$ Asociatividad

P4: $(X \cdot Y)+(X \cdot Z) = X \cdot (Y+Z)$ P4d: $(X+Y) \cdot (X+Z) = X+(Y \cdot Z)$ Distributividad

P5: $X+\overline{X} = 1$ P5d: $X \cdot \overline{X} = 0$ Elemento complementario

Teoremas de una y de dos variables booleanas

T1: $X+X = X$ T1d: $X \cdot X = X$ Idempotencia

T2: $X+1 = 1$ T2d: $X \cdot 0 = 0$ Elemento neutro

T3: $\overline{\overline{X}} = X$ Involución

T4: $X+X \cdot Y = X$ T4d: $X \cdot (X+Y) = X$ Absorción (I)

T5: $X+\overline{X} \cdot Y = X+Y$ T5d: $X \cdot (\overline{X}+Y) = X \cdot Y$ Absorción (II)

T6: $X \cdot Y+X \cdot \overline{Y} = X$ T6d: $(X+Y) \cdot (X+\overline{Y}) = X$ Absorción (III)

T7: $\overline{(X+Y)} = \overline{X} \cdot \overline{Y}$ T7d: $\overline{(X \cdot Y)} = \overline{X}+\overline{Y}$ De Morgan[1]

Observaciones:

a) Los teoremas de absorción también son denominados por algunos autores teoremas de simplificación [rot04].

b) La simplificación gráfica de mapas de Karnaugh, basada en la agrupación de minitérminos ubicados en celdas adyacentes del mapa, se fundamenta en realidad en la aplicación del teorema T6.

c) Los dos teoremas de De Morgan, que resultan especialmente útiles, pueden generalizarse a N variables.

d) En ausencia de paréntesis, el producto lógico tiene prioridad sobre la suma lógica en la manipulación algebraica de expresiones lógicas.

---

[1] Los teoremas de De Morgan (con frecuencia escrito también "DeMorgan") son de especial importancia en el álgebra de Boole.

H.3 Funciones lógicas XOR y XNOR

A partir de la tabla de verdad de la función OR exclusivo (XOR), se deduce su forma canónica:

$$X \oplus Y = X \cdot \overline{Y} + \overline{X} \cdot Y = (X+Y) \cdot (\overline{X} + \overline{Y}) \qquad (H.1)$$

Mediante manipulaciones algebraicas puede probarse que la función XOR admite, además, las siguientes expresiones equivalentes:

$$X \oplus Y = \overline{\overline{X} \oplus \overline{Y}} = \overline{\overline{X} \oplus Y} = \overline{X} \oplus \overline{Y} \qquad (H.2)$$

Además, la función XOR satisface las propiedades conmutativa y asociativa:

$$X \oplus Y = Y \oplus X \qquad (H.3)$$

$$X \oplus (Y \oplus Z) = (X \oplus Y) \oplus Z \qquad (H.4)$$

Por otro lado, para la función NOR exclusivo (XNOR), que es el complemento lógico de la función XOR, se verifican las siguientes expresiones:

$$X \odot Y = X \cdot Y + \overline{X} \cdot \overline{Y} \qquad (H.5)$$

$$X \odot Y = \overline{X \oplus Y} = X \oplus \overline{Y} = \overline{X} \oplus Y \qquad (H.6)$$

Bibliografía

I.1 Monografías

A continuación, se citan los libros referenciados a lo largo del texto por orden alfabético. Existen ediciones más recientes de algunos de ellos (aunque no siempre con traducción al español). En los casos en los que figuran varias ediciones de un mismo texto se ha priorizado citar solo la fuente más reciente cuando la información se encuentra duplicada en varias de ellas.

[abd05]   Abd-El-Barr M, El-Rewini H. *Fundamentals of computer organization and architecture*. Wiley, 2005.

[ach02]   Acha Alegre S, Pérez Martínez J, Castro Gil MA, Rioseras MA (coordinadores), Hilario Caballero A, Sebastián Fernández R, López-Rey García-Rojas A, Mur Pérez F, Yeves Gutiérrez F, Peire Arroba J. *Electrónica digital: Introducción a la lógica digital. Teoría, problemas y simulación*. Ra-Ma, 2002.

[ach10]   Acha Alegre S, Rioseras Gómez MA, Lozano Pérez MA, Castro Gil MA, Martín Gutiérrez S, Pérez Martínez J (coordinadores), García Sevilla F, López Aldea E, López-Rey García-Rojas A, Mur Pérez F, Hilario Caballero A, Yeves Gutiérrez F, Peire Arroba J. *Electrónica digital: Lógica digital integrada. Teoría, problemas y simulación, 2.ª edición*. Ra-Ma, 2010.

[ang96]   Angulo Usategui JM. *Estructura de computadores*. Paraninfo, 1996.

[ang02]   Angulo Usategui JM, García Zubía J. *Sistemas digitales y tecnología de computadores*. Paraninfo, 2002.

[ang03]   Angulo Usategui JM, García Zubía J, Angulo Martínez I. *Fundamentos y estructura de computadores*. Thomson, 2003.

[ang03-2] Angulo Usategui JM, Gutiérrez Temiño JL, Angulo Martínez I. *Arquitectura de microprocesadores. Los Pentium a fondo*. Thomson, 2003.

[ang06] Angulo Usategui JM, Romero Yesa S, Angulo Martínez I. *Microcontroladores PIC. Diseño práctico de aplicaciones, 2.ª parte: PIC16F87X y PIC18FXXX, 2.ª edición*. McGraw Hill, 2006.

[ang07] Angulo Usategui JM, Angulo Martínez I, Etxebarria Ruiz A. *Microcontroladores PIC. Diseño práctico de aplicaciones, 1.ª parte: PIC12F508 y PIC16F84A. Lenguajes ensamblador, C y PBASIC, 4.ª edición*. McGraw Hill, 2007.

[art02] Artigas Maestre JI, Barragán Pérez LA, Orrite Uruñuela CO, Urriza Parroqué I. *Electrónica digital. Aplicaciones y problemas con VHDL*. Prentice Hall, 2002.

[ash08] Ashenden PJ, Lewis J. *The designer's guide to VHDL, 3rd edition*. Morgan Kaufmann, 2008.

[bar17] Bariáin C, Corres JM, Ruiz C. *Programación de microcontroladores PIC en lenguaje C*. Marcombo, 2017.

[ber05] Berger AS. *Hardware and computer organization. The software perspective*. Newnes (Elsevier), 2005.

[bez14] Bezerra EA, Lettnin DV. *Synthesizable VHDL design for FPGAs*. Springer, 2014.

[bin17] Bindal A. *Electronics for embedded systems*. Springer, 2017.

[bla05] Blanco Viejo C. *Fundamentos de electrónica digital*. Thomson, 2005.

[bob85] Bobrow LS. *Fundamentals of electrical engineering*. Saunders HBJ, 1985.

[bog92] Bogart, TF Jr. *Introduction to digital circuits*. McGraw-Hill, 1992.

[bre09] Brey BB. *The Intel Microprocessors 8086/8088, 80186/80188, 80286, 80386, 80486, Pentium, Pentium Pro Processor, Pentium II, Pentium 4, and Core2 with 64-bit extensions: architecture, programming and interfacing, 8th edition*. Pearson Prentice Hall, 2009.

[bro09] Brown S, Vranesic Z. *Fundamentals of digital logic with VHDL design, 3rd edition*. McGraw-Hill, 2009.

[bro14] Brown S, Vranesic Z. *Fundamentals of digital logic with Verilog design, 3rd edition*. McGraw-Hill, 2014.

[buc09] Buchla DM. *Experiments in digital fundamentals, tenth edition*. Pearson Prentice Hall, 2009.

[cas18] Castro Miguens C, Castro Miguens JB. *VHDL sintetizable para estudiantes de ingeniería*. Servizo de Publicacións da Universidade de Vigo, 2018.

[che00] Chen WK (editor). *The VLSI handbook*. CRC/IEEE Press, 2000.

[chu08] Chu PP. *FPGA prototyping by VHDL examples: Xilinx Spartan-3 version*. Wiley, 2008.

[chu17] Chu PP. *FPGA prototyping by VHDL examples: Xilinx Microblaze MCS SoC, 2nd edition*. Wiley, 2017.

[clu86] McCluskey EJ. *Logic design principles. With emphasis on testable semicustom circuits*. Prentice Hall, 1986.

[cog99]   Cogdell JR. *Foundations of electrical engineering, 2nd edition*. Prentice Hall, 1999.

[dav01]   Davidson J, Peters J. *Fundamentos de voz sobre IP*. Cisco Press, Pearson Educación, 2001.

[dav08]   David J. *MSP430 Microcontroller basics*. Newnes (Elsevier), 2008.

[don19]   Donzellini G, Oneto L, Ponta D, Anguita D. R. *Introduction to digital system design*. Springer, 2019.

[dub09]   Dubey R. *Introduction to embedded system design using field programmable gate arrays*. Springer, 2009.

[edi89]   Redacción de Editec/Rede. *Teoría y práctica de los osciladores*. Ediciones técnicas Rede, 1989.

[erc85]   Ercegovac MD, Lang T. *Digital systems and hardware/firmware algorithms*. John Wiley & Sons, 1985.

[fal11]   Faludi R. *Building wireless sensor networks. A practical guide to the ZigBee mesh networking protocol*. O'Reilly, 2011.

[fer01]   Ferreiros López J, Macías Guarasa J, Montero Martínez JM, Moreno González F, Muñoz Susín JA, Palazuelos Cagigas SE, Pastor Mendoza J, San Segundo Hernández R. *Aspectos prácticos de diseño y medida en laboratorios de electrónica*. Servicio de Publicaciones E.T.S.I. Telecomunicación, Universidad Politécnica de Madrid, 2001.

[fig02]   Figueiras AR (coordinador). *Una panorámica de las telecomunicaciones*. Prentice Hall, 2002.

[fle80]   Fletcher WI. *An engineering approach to digital design*. Prentice Hall, 1980.

[flo16]   Floyd TL. *Fundamentos de sistemas digitales, 11.ª edición*. Pearson, 2016.

[fre08]   Frenzel Jr. LE. *Principles of electronic communication systems, 3rd edition*. McGraw-Hill, 2008.

[fre16]   Frenzel Jr. LE. *Principles of electronic communication systems, 4th edition*. McGraw-Hill, 2016.

[gaj97]   Gajski DD. *Principios de diseño digital*. Prentice Hall, 1997.

[gan21]   Ganazhapa BO. *Arduino. Internet de las Cosas*. RC Libros, 2021.

[gar07]   García Zubía J, Angulo Martínez I, Angulo Usategui JM. *Sistemas digitales y tecnología de computadores, 2.ª edición*. Thomson, 2007.

[gar09]   García Breijo E. *Compilador C CCS y simulador Proteus para microcontroladores PIC, 2.ª edición*. Marcombo, 2009.

[gar21]   García Zubía J, Angulo Martínez I, Hernández Jayo, U. *Fundamentos de electrónica digital. Acceso a laboratorio remoto de FPGA / VHDL*. Garceta, 2021.

[gia00]   Giancoli DC. *Physics for scientists and engineers, 3rd edition. Volume II*. Prentice Hall, 2000.

[gil95]   Gil Vicente PJ, Meroño Albaladejo JA. *Diseño lógico*. Servicio de Publicaciones de la Universidad Politécnica de Valencia, 1995.

[god04]   Goody RW. *OrCAD PSpice para Windows, 3.ª edición. Volumen III: Datos y comunicaciones digitales*. Prentice Hall, 2004.

[ham00] Hambley AR. *Electrónica, 2.ª edición*. Prentice Hall, 2000.

[ham08] Hamblen JO, Hall TS, Furman MD. *Rapid prototyping of digital systems. SOPC edition*. Springer, 2008.

[hay96] Hayes JP. *Introducción al diseño lógico digital*. Addison-Wesley Iberoamericana, 1996.

[har11] Hart DW. *Power electronics*. McGraw-Hill, 2011.

[her08] Hermida R, Del Corral AM, Pastor E, Sánchez F. *Fundamentos de computadores*. Editorial Síntesis, 2008.

[hor89] Horowitz P, Hill W. *The art of electronics, 2nd edition*. Cambridge University Press, 1989.

[hor16] Horowitz P, Hill W. *The art of electronics, 3rd edition*. Cambridge University Press, 2016.

[hug16] Hughes JM. *Arduino. A technical reference. A handbook for technicians, engineers and makers*. O'Reilly, 2016.

[hum96] Humphries JT, Sheets LP. *Electrónica industrial. Dispositivos, máquinas y sistemas de potencia industrial*. Paraninfo, 1996.

[ibr07] Ibrahim D. *Programación de microcontroladores PIC: desarrollo de 30 proyectos con PIC Basic y PIC Basic Professional*. Marcombo, 2007.

[ibr19] Ibrahim D. *The ultimate compendium of sensor projects. 40+ projects using Arduino, Raspberry Pi and ESP32*. Elektor, 2019.

[ibr20] Ibrahim D. *Nucleo boards programming with the STM32CubeIDE. Hands-on in more than 50 projects*. Elektor, 2020.

[ibr23] Ibrahim D. *Mastering the Arduino Uno R4: Programming and projects for the Minima and WiFi*. Elektor, 2023.

[jim14] Jiménez M, Palomera R, Couvertier I. *Introduction to embedded systems. Using microcontrollers and the MSP430*. Springer, 2014.

[joy21] Joyanes Aguilar L. *Internet de las cosas. Un futuro hiperconectado: 5G, Inteligencia Artificial, Big Data, Cloud, Block Chain y Ciberseguridad*. Marcombo, 2021.

[kat05] Katzen S. *The quintessential PIC® microcontroller, 2nd edition*. Springer, 2005.

[kat10] Katzen S. *The essential PIC18® microcontroller*. Springer, 2010.

[koh78] Kohavi Z. *Switching and finite automata theory, 2nd edition*. Tata McGraw Hill, 1978.

[koh10] Kohavi Z, Jha NK. *Switching and finite automata theory, 3rd edition*. Cambridge University Press, 2010.

[lam19] LaMeres BJ. *Introduction to logic circuits & logic design with VHDL, 2nd edition*. Springer, 2019.

[lam19-2] LaMeres BJ. *Introduction to logic circuits & logic design with Verilog, 2nd edition*. Springer, 2019.

[lea11] Leach DP, Malvino AP, Saha G. *Digital principles and applications, 7th edition*. Tata McGraw Hill, 2011.

[led20] Ledin J. *Modern computer architecture and organization*. Packt Publishing, 2020.

[lop91] López Rodríguez P, Martínez Rubio JM. *Sistemas digitales: Problemas.* Servicio de Publicaciones de la Universidad Politécnica de Valencia, 1991.

[mac09] Machado Sánchez F, Borromeo López S, Malpica González de Vega N. *Diseño digital avanzado con VHDL (vol. 1).* Servicio de Publicaciones Universidad Rey Juan Carlos, 2009.

[mal91] Malvino AP, *Principios de electrónica, 4.ª edición revisada*. Mc-Graw-Hill, 1991.

[mal93] Malvino AP, Brown JA. *Digital computer electronics, 3rd edition*. Glencoe/ McGraw-Hill, 1993.

[mal98] Malik NR. *Circuitos electrónicos. Análisis, simulación y diseño*. Prentice Hall, 1998.

[man02] Mandado E, Jacobo Álvarez L, Valdés MD. *Dispositivos lógicos programables y sus aplicaciones*. Thomson, 2002.

[man07] Mandado Pérez E, Menéndez Fuertes LM, Fernández Ferreira L, López Matos E. *Microcontroladores PIC. Sistema integrado para el autoaprendizaje*. Marcombo, 2007.

[man13] Mano MM, Ciletti MD. *Digital design. With an introduction to the Verilog HDL, 5th edition*. Pearson, 2013.

[man15] Mandado Pérez E, Martín González JL. *Sistemas electrónicos digitales, 10.ª edición*. Marcombo, 2015.

[mar04] Martín Pereda, JA. *Sistemas y redes ópticas de comunicaciones*. Prentice Hall, 2004.

[mar12] Margolis M. *Arduino cookbook, 2nd edition*. O'Reilly, 2012.

[mar18] Mártil I. *Microelectrónica. La historia de la mayor revolución silenciosa del siglo XX*. Ediciones Complutense - Colección Divulgación, 2018.

[max04] Maxfield C. *The design warrior's guide to FPGAs. Devices, tools and flows*. Mentor Graphics Corp., 2004.

[max08] Maxfield C. *FPGAs instant access*. Newnes (Elsevier), 2008.

[mig04] de Miguel Anasagasti P. *Fundamentos de computadores, 9.ª edición*. Thomson, 2004.

[mil89] Millman J, Halkias CC. *Electrónica integrada. Circuitos y sistemas analógicos y digitales, 8.ª edición*. Editorial Hispano Europea, 1989.

[mur02] Murdocca MJ, Heuring VP. *Principios de arquitectura de computadores*. Prentice Hall, 2002.

[nel21] Nelson VP, Carroll BD, Nagle HT, Irwin JD. *Digital logic circuit analysis and design, 2nd edition*. Pearson, 2021.

[nel96] Nelson VP, Nagle HT, Carroll BD, Irwin JD. *Análisis y diseño de circuitos lógicos digitales*. Prentice Hall, 1996.

[ott88] Ott HW. *Noise reduction techniques in electronic systems, 2nd edition*. John Wiley, 1988.

[pal09] Palacios Municio E, Remiro Domínguez F, López Pérez LJ. *Microcontrolador PIC16F84. Desarrollo de proyectos, 3.ª edición*. Ra-Ma, 2009.

[par05]   Parhami B. *Computer architecture. From microprocessors to supercomputers*. Oxford University Press, 2005.

[par11]   Pardo F, Boluda JA. *VHDL. Lenguaje para síntesis y modelado de circuitos, 3.ª edición actualizada*. Ra-Ma, 2011.

[pat11]   Patterson DA, Hennessy JL. *Estructura y diseño de computadores. La interfaz software/hardware, 4.ª edición original*. Reverté, 2011.

[pat18]   Patterson DA, Hennessy JL. *Computer organization and design. The hardware/software interface: RISC-V edition*. Morgan Kaufmann Publishers (Elsevier), 2018.

[pau08]   Paul CR. *Introduction to electromagnetic compatibility, 2nd edition*. Wiley, 2008.

[ped20]   Pedroni VA. *Circuit design with VHDL, 3rd edition*. The MIT press, 2020.

[per02]   Pérez SA, Soto E, Fernández S. *Diseño de sistemas digitales con VHDL*. Thomson, 2002.

[per04]   Pérez García MA, Álvarez Antón JC, Campo Rodríguez JC, Ferrero Martín FJ, Grillo Ortega GJ. *Instrumentación electrónica*. Thomson, 2004.

[pes18]   Pestaño Herrera JM. *Microcontrolador STM32. Programación y desarrollo*. Ra-Ma 2018.

[pet97]   Petruzzellis T. *Optoelectronics, fiber optics, and laser cookbook. More than 150 projects and experiments*. McGraw-Hill, 1997.

[pra09]   Prasad S, Schumacher H, Gopinath A. *High-speed electronics and optoelectronics. Devices and circuits*. Cambridge University Press, 2009.

[pre05]   Predko M. *123 PIC microcontroller experiments for the evil genius*. McGraw-Hill, 2005.

[pri06]   Prieto Espinosa A, Lloris Ruiz A, Torres Cantero JC. *Introducción a la informática, 4.ª edición*. McGrawHill, 2006.

[qui22]   Quintáns Graña C. *Simulación de circuitos electrónicos con ORCAD PSPICE, 2.ª edición*. Marcombo, 2022.

[rab04]   Rabaey JM, Chandrakasan A, Nikolic B. *Circuitos integrados digitales. Una perspectiva de diseño, 2.ª edición*. Pearson Prentice Hall, 2004.

[ras02]   Rashid MH. *Circuitos microelectrónicos. Análisis y diseño*. Thomson, 2002.

[rec02]   Recasens Bellver MA, González Calabuig J. *Diseño de circuitos impresos con OrCAD Capture y Layout v. 9.2*. Thomson, 2002.

[rei10]   Reina Acedo R, García Lorenz M, Vázquez Martínez J. *Electrónica digital en la práctica*. Ra-Ma, 2010.

[rho05]   Rhodes E. *ASIC basics. An introduction to developing application specific integrated circuits*. Lulu Press, 2005.

[rod87]   Rodríguez-Rosello MA. *8088-8086/8087 Programación ensamblador en entorno MS DOS*. Anaya Multimedia, 1987.

[rot04]   Roth Jr CH. *Fundamentos de diseño lógico, 5.ª edición*. Thomson, 2004.

[rot14]   Roth Jr CH, Kinney LL. *Fundamentals of logic design, 7th edition*. Cengage Learning, 2014.

[rui96]   Ruiz Vassallo F. *Manual de multivibradores*. Ediciones Ceac, 1996.

[rui21]   Ruiz Zamareño C. *Programación de microcontroladores PIC paso a paso. Ejemplos prácticos desarrollados en la nube*. Marcombo, 2021.

[san21]   García-Ruiz MA, Santana Mancilla PC. *DIY microcontroller projects for hobbyists: the ultimate project-based guide to building real-world embedded applications in C and C++ programming*. Packt Publishing, 2021.

[sav00]   Savant CJ, Roden MS, Carpenter GL. *Diseño electrónico. Circuitos y sistemas, 3.ª edición*. Prentice Hall, 2000.

[sch21]   Schmidt E. *ARM Cortex M4 y ESP 32. Programación y ejemplos*. Marcombo, 2021.

[sed98]   Sedra AS, Smith KC. *Microelectronic circuits, 4th edition*. Oxford University Press, 1998.

[sen09]   Senior JM. *Optical fiber communications, 3rd edition*. Prentice Hall, 2009.

[sta07]   Stallings W. *Data and computer communications, 8th edition*. Pearson Prentice Hall, 2007.

[sta10]   Stallings W. *Computer organization and architecture. Designing for performance, 8th edition*. Prentice Hall, 2010.

[sub17]   Subero A. *Programming PIC microcontrollers with XC8*. Apress, 2017.

[sze81]   Sze SM. *Physics of semiconductor devices, 2nd edition*. Wiley, 1981.

[sze85]   Sze SM. *Semiconductor devices. Physics and technology*. Wiley, 1985.

[tan11]   Tanenbaum AS, Wetherall DJ. *Computer networks, 5th edition*. Prentice Hall, 2011.

[tau80]   Taub H, Schilling D. *Electrónica digital integrada*. Marcombo, 1980.

[tau83]   Taub H. *Circuitos digitales y microprocesadores*. McGraw-Hill, 1983.

[tie12]   Tietze U, Schenk C, Gamm E. *Halbleiter-Schaltungstechnik, 14. Auflage*. Springer Vieweg, 2012.

[tin09]   Tinder RF. *Asynchronous sequential machine design and analysis. A comprehensive development of the design and analysis of clock-independent state machines and systems*. Morgan & Claypool publishers, 2009.

[toc03]   Tocci RJ, Widmer NS. *Sistemas digitales. Principios y aplicaciones, 8.ª edición*. Prentice Hall, 2003.

[toc07]   Tocci RJ, Widmer NS, Moss GL. *Sistemas digitales. Principios y aplicaciones, 10.ª edición*. Pearson Educación, 2007.

[toj14]   Tojeiro Calaza G. *Taller de Arduino. Un enfoque práctico para principiantes*. Marcombo, 2014.

[tok08]   Tokheim, R. *Electrónica digital. Principios y aplicaciones, 7.ª edición*. McGraw-Hill, 2008.

[tom14]   Tomasi W. *Advanced electronic communications systems, 6th edition*. Pearson Education Limited, 2014.

[tor16]   Torrente Artero Ó. *El mundo GENUINO-ARDUINO. Curso práctico de formación*. RC Libros, 2016.

[tsi18]   Tsividis Y. *A first lab in circuits and electronics*. John Wiley & Sons, 2018.

[uns17]   Ünsalan C, Tar B. *Digital system design with FPGA. Implementation using Verilog and VHDL*. McGraw Hill Education, 2017.

[val07]   Valdés Pérez FE, Pallàs Areny R. *Microcontroladores. Fundamentos y aplicaciones con PIC*. Marcombo, 2007.

[val14]   Valvano JW. *Embedded systems: Introduction to ARM® Cortex™-M microcontrollers, Volume 1, fifth edition*. Autopublicado por el autor, 2014.

[vaz16]   Vázquez del Real J. *Circuitos electrónicos analógicos. Del diseño al experimento, 2.ª edición*. Marcombo, 2016.

[wak01]   Wakerly JF. *Diseño digital. Principios y prácticas, 3.ª edición*. Prentice Hall, 2001.

[wak07]   Wakerly JF. *Digital design. Principles and practices, 4th edition*. Pearson International Edition. Pearson Education, 2007.

[wak18]   Wakerly JF. *Digital design. Principles and practices, 5th edition with Verilog*. Pearson Education, 2018.

[war20]   Ward HH. *C programming for the PIC microcontroller. Demystify coding with embedded programming*. Apress, 2020.

[was03]   Waser R (editor). *Nanoelectronics and information technology. Advanced electronic materials and novel devices*. Wiley-VCH, 2003.

[wes93]   Weste NHE, Eshraghian K. *Principles of CMOS VLSI design: A systems perspective, 2nd edition*. Pearson, 1993.

[wil10]   Wilmshurst T. *Designing embedded systems with PIC microcontrollers. Principles and applications, 2nd edition*. Newnes (Elsevier), 2010.

[wol06]   Wolf EL. *Nanophysics and nanotechnology. An introduction to modern concepts in nanoscience, 2nd, updated and enlarged edition*. Wiley-VCH, 2006.

[yiu14]   Yiu J. *The definitive guide to ARM® Cortex®-M3 and Cortex®-M4 processors, 3rd edition*. Newnes, 2014.

[zhu14]   Zhu Y. *Embedded systems with ARM® Cortex-M3 microcontrollers in assembly language and C*. E-Man Press LLC, 2014.

[zul08]   Zuloaga A, Astarloa A. *Sistemas de procesamiento digital*. Delta Publicaciones, 2008.

I.2 Artículos de investigación

Esta breve selección de publicaciones en el ámbito de la investigación incluye, entre otros, seis trabajos pioneros que contribuyeron a gestar la lógica secuencial asíncrona.

[clu62]   McCluskey EJ. *Fundamental and pulse mode sequential circuits*. 2nd International Federation on Information Processing Societies, pp. 725-730, Munich (Germany), 1962.

[huf54]   Huffman DA. *The synthesis of sequential switching circuits*. Journal of the Franklin Institute, Vol. 257, N.º 3, pp. 161-190, 1954 y N.º 4, pp. 275-303, 1954.

[mak71]   Maki GK, Tracey JH. *A state assignment procedure for asynchronous sequential circuits*. IEEE Transactions on Computers, Vol. 20, pp. 666-668, 1971.

[mia04]   Miao B, Zane R, Maksimovic D. *A modified cross-correlation method for system identification of power converters with digital control.* 35th IEEE Power Electronics Specialists Conference, pp. 3728-33, Aachen (Germany), 2004.

[mul67]   Muller DE. *The general synthesis problem for asynchronous digital networks.* 8th Annual Symposium on Switching and Automata Theory, pp. 71-82, Austin, TX (USA), 1967.

[ung59]   Unger SH. *Hazards and delays in asynchronous sequential switching circuits.* IRE Transactions on Circuit Theory, Vol. 6, N° 1, pp. 12-25, 1959.

[ung69]   Unger SH. *Asynchronous sequential switching circuits.* Wiley-Interscience, New York, 1969.

[wu22]   Wu F et al. *Vertical MoS$_2$ transistors with sub-1-nm gate lengths.* Nature, Vol. 603, pp. 259-64, 2022.

I.3 Información técnica de los fabricantes

Seguidamente, se recopila un abundante compendio de información técnica de diversa naturaleza elaborada por los fabricantes, desde las populares hojas de características (*data sheets*) hasta notas de aplicación y numerosos manuales, guías y referencias de usuario.

Por lo que respecta a las hojas de características, la lista de referencias contiene, por un lado, los diferentes CI que se han empleado para elaborar el apéndice dedicado a la identificación de pines en el ámbito de la verificación experimental; y, por otro, aquellos CI cuyas características eléctricas o bien temporales se han referenciado de forma explícita a lo largo del texto utilizando alguna fuente bibliográfica de la presente sección. Este criterio excluye a algunos CI con los que se han ejecutado simulaciones, así como otros muchos CI que simplemente se han recopilado en tablas a lo largo del texto.

La mayoría de las referencias citadas en esta sección se proporcionan de forma gratuita en Internet y se recopilan en el repositorio web del libro.

I.3.1 Circuitos integrados de función fija (general)

[rca83]   The CMOS integrated circuits data book. RCA Solid State, 1983.

[tex85]   The TTL Data Book, Vol. 2. Standard TTL, Schottky, low-power Schottky circuits. Texas Instruments, 1985.

I.3.2 Puertas lógicas

[4011]   CD4001BC/CD4011BC. Quad 2-Input NOR/NAND Buffered B Series Gate. Fairchild Semiconductor Corporation, 2002.

[7400]   DM7400. Quad 2-input NAND gates. Fairchild semiconductor, 1986. Revised 2000.

[74x00]   SN5400, SN54LS00, SN54S00, SN7400, SN74LS00, SN74S00. Quadruple 2-input positive-NAND gates. Texas Instruments, 1983. Revised 2003.

[74LS00]   DM74LS00. Quad 2-Input NAND Gates. Fairchild Semiconductor Corporation, 2000.

[7402]   DM7402. Quad 2-input NOR gates. Fairchild semiconductor, 1998.

[74x02]   SN5402, SN54LS02, SN54S02, SN7402, SN74LS02, SN74S02. Quadruple 2-input positive-NOR gates. Texas Instruments, 1983. Revised 1988.

[74LS02]   SN54 / 74LS02. Quad 2-Input NOR Gate. Low Power Schottky. Motorola (sin fecha de publicación).

[7404]   DM7404. Hex Inverting Gates. Fairchild Semiconductor Corporation, 2000.

[74LS04]   DM74LS04. Hex Inverting Gates. Fairchild Semiconductor Corporation, 2000.

[74LS08]   DM74LS08. Quad 2-Input AND Gates. Fairchild Semiconductor Corporation, 2000.

[74LS10]   SN54 / 74LS10. Triple 3-Input NAND Gate. Low Power Schottky. Motorola (sin fecha de publicación).

[74LS86]   DM74LS86. Quad 2-Input Exclusive-OR Gate. Fairchild Semiconductor Corporation, 2000.

[74G386]   SN74LVC1G386. Single 3-input positive-XOR gate. Texas Instruments, 2003. Revised 2013.

I.3.3 Decodificadores

[7442]   DM7442A. BCD to Decimal Decoders. Fairchild Semiconductor Corporation, 2000.

[74LS42]   54LS42 / DM54LS42 / DM74LS42. BCD/Decimal Decoders. National Semiconductor, 1989.

[74HCT42]   74HC / HCT42. BCD to decimal decoder (1-of-10). Philips Semiconductors, 1990.

[74LS48]   SN5446A, '47A, '48, SN54LS47, 'LS48, 'LS49. SN7446A, '47A, '48, SN74LS47, 'LS48, 'LS49. BCD to 7-Segment Decoders/Drivers. Texas Instruments, 1974. Revised 1988.

[74LS138]   DM74LS138. DM74LS139. Decoder/demultiplexer. Fairchild Semiconductor Corporation, 2000.

[74HCT138]   74HC / HCT138. 3-to-8 line decoder/demultiplexer; inverting. Philips Semiconductors, 1993.

[4028BC]   CD4028BC. BCD-to-decimal decoder. Fairchild Semiconductor Corporation, 1987. Revised 1999.

[74HCT4511]   74HC/HCT4511. BCD to 7-segment latch/decoder/driver. Philips Semiconductors, 1990.

I.3.4 Multiplexor

[74LS151]   DM74LS151. 1-of-8 Line Data Selector/Multiplexer. Fairchild Semiconductor Corporation, 2000.

I.3.5 Generador de paridad

[74FCT480]   CY54 / 74FCT480T. Dual 8-bit parity generator/checker. Texas Instruments, 1993. Revised 2000.

I.3.6 Sumador

[74LS283]   54LS283 / DM54LS283 / DM74LS283. 4-Bit Binary Adders with Fast Carry. National Semiconductor, 1989.

I.3.7 Unidades aritmético-lógicas (circuitos ALU)

[74LS181]   SN54LS181, SN54181, SN74LS181, SN74LS181. Arithmetic logic units/function generators. Texas Instruments, 1972. Revised 1988.

[74F381]   74F381. 4-bit arithmetic logic unit. Fairchild Semiconductor, 1988. Revised 2000.

I.3.8 Temporizador

[555]   LM555 Timer. National Semiconductor, 2000.

I.3.9 Biestables asíncronos

[404x]   CD4043B, CD4044B CMOS quad 3-state R/S latches. Quad NOR R/S latch – CD4043B. Quad NAND R/S latch – CD4044B. Texas Instruments. Revised 2003.

[74x279]   SN54279, SN54LS279A, SN74279, SN74279A. Quadruple $\bar{S} - \bar{R}$ latches. Texas Instruments, 1983. Revised 1988.

[74HC279]   M54HC279, M74C279. Quad $\bar{S} - \bar{R}$ latch. SGS-Thomson Microelectronics, 1993.

[7544]   DM7544 / DM8544 Tri-state quad switch debouncers. National Semiconductor (sin fecha de publicación).

I.3.10 Biestables síncronos

[7473]   DM7473 Dual Master-Slave J-K Flip-Flops with Clear and Complementary Outputs. Fairchild Semiconductor, 2001.

[74LS73]   DM54LS73A / DM74LS73A Dual Negative-Edge-Triggered Master-Slave J-K Flip-Flops with Clear and Complementary Outputs. National Semiconductor, 1989.

[7474]   DM7474 Dual Positive-Edge-Triggered D-Type Flip-Flops with Preset, Clear and Complementary Outputs. Fairchild Semiconductor Corporation, 1986. Revised 2001.

[74LS74]   DM74LS74A. Dual Positive-Edge-Triggered D Flip-Flops with Preset. Clear and Complementary Outputs. Fairchild Semiconductor Corporation, 2000.

[74HCT74]   74HC74; 74HCT74. Dual D-type flip-flop with set and reset; positive-edge trigger. Philips Semiconductors, 1998. Revised 2003.

I.3.11 Contadores

[74x90]   54 / 7490A, 54LS / 74LS90. Decade Counter. ETC (sin fecha de publicación).

[74LS90-F]   DM74LS90. Decade and Binary Counters. Fairchild Semiconductor Corporation, 2000.

[74LS90-M]   Decade counter; divide-by-twelve counter; 4-bit binary counter. SN54 / 74LS90, SN54 / 74LS92, SN54 / 74LS93. Motorola (sin fecha de publicación).

[74x163]   SN54160 thru SN54163, SN54LS160A thru SN54LS163A, SN54S 162, SN54S163, SN74160 thru SN74163, SN74LS160A thru SN74LS 163A, SN74S162, SN74S163 Synchronous 4-Bit Counters. Texas Instruments, 1988.

[74LS163-F]   DM74LS161A. DM74LS163A. Synchronous 4-Bit Binary Counters. Fairchild Semiconductor Corporation, 2000.

[74LS163-M]   BCD Decade Counters/4-Bit Binary Counters. SN54 / 74LS160A, SN54 / 74LS161A, SN54 / 74LS162A, SN54 / 74LS163A. Motorola (sin fecha de publicación).

[74HC163-T]
[74HCT163-T]   CD54 / 74HC161, CD54 / 74HCT161, CD54 / 74HC163, CD54 / 74HCT163. High-Speed CMOS Logic Presettable Counters. Texas Instruments, 1998. Revised 2003.

[74HC163-P]
[74HCT163-P]   74HC / HCT163 Presettable synchronous 4-bit binary counter; synchronous reset. Philips Semiconductors, 1990.

[74C925]   MM74C925- MM74C926- MM74C927- MM74C928. 4-digit counters with multiplexed 7-segment output drivers. Fairchild Semiconductor, 1987. Revised 1999.

[4026]   CD4026B, CD4033B types. CMOS decade counters/dividers. Texas Instruments. Data sheet acquired from Harris Semiconductor. Revised 2003.

[4553]   CD4553. 3-digit BCD counter. SYC Semiconductores y Componentes (sin fecha de publicación).

I.3.12 Registros

[74175]   SN74175 (y otros registros). Hex/quadruple D-type flip-flops with clear. Texas Instruments, 1972. Revised 1988.

[74LS374]   SN74LS374 (y otros registros). Octal D-Type transparent latches and edge-triggered flip-flops. Texas Instruments, 1975. Revised 2002.

[74LS194]   DM74LS194A. 4-Bit Bidirectional Universal Shift Register. Fairchild Semiconductor Corporation, 2000.

I.3.13 Circuitos de memoria ROM y RAM

[82S123]   82S23, 82S123 256-bit TTL bipolar PROM. Philips Components-Signetics, 1986.

[TI-27256] TMS27C256 32768 by 8-bit UV erasable, TMS27PC256 32768 by 8-bit programmable read-only memories. Texas Instruments, 1997.

[TM-2764] M27C64A. 64K (8K × 8) UV EPROM and OTP ROM. SGS-Thomson Microelectronics, 1995.

[SRM2016] $SRM2016_{10/12}$ CMOS 16K-bit static RAM. Epson Electronics (sin fecha de publicación).

[DS2016] DS2016 2k×8 3V/5V operation static RAM. Dallas Semiconductor Maxim (sin fecha de publicación).

I.3.14 Microprocesadores

[int79] The 8086 Family User's Manual. Intel Corporation, 1979.

[int87] 80386 Hardware reference manual. Intel Corporation, 1987.

I.3.15 Microcontroladores

[12F508] PIC12F508/509/16F505. 8/14-pin, 8-bit flash microcontrollers. Microchip Technology, 2009.

[12F675] PIC12F629/675. 8-pin, flash-based 8-bit CMOS microcontrollers. Microchip Technology, 2009.

[16F84] PIC16F8X. 18-pin flash/EEPROM 8-bit microcontrollers. Microchip Technology, 1998.

[16F84A] PIC16F84A. 18-pin enhanced flash/EEPROM 8-bit microcontroller. Microchip Technology, 2001.

[16F684] PIC16F684. 14-pin, flash-based 8-bit CMOS microcontrollers with nanowatt technology. Microchip Technology, 2007.

[16F873] PIC16F87X. 28/40-pin 8-bit CMOS flash microcontrollers. Microchip Technology, 2001.

[16F18855] PIC16(L)F18855/75. Full-featured 28/40/44-pin microcontrollers. Microchip Technology, 2015-2020.

[18F2420] PIC18F2420/2520/4420/4520. 28/40/44-pin enhanced flash microcontrollers with 10-bit A/D and nanowatt technology. Microchip Technology, 2008.

[18F47Q10] PIC18F27/47Q10. 28/40/44-pin, low power, high performance microcontrollers. Microchip Technology, 2020.

[AT168] ATmega88 / ATmega168. High temperature automotive microcontroller. Datasheet Rev.: 9365A-AVR-02/16. Atmel Corporation, 2016.

[AT328] 8-bit AVR microcontrollers with 4/8/16/32K Bytes in-system programmable flash. ATmega48PA/ 88PA/ 168PA/ 328P. Atmel Corporation, 2009.

[AT2560] 8-bit AVR microcontrollers with 256K Bytes in-system programmable flash. ATmega1281/ 2561/ V, ATmega640/ 1280/ 2560/ V. Atmel Corporation, 2005.

[C28x_rg] TMS320C28x CPU and Instruction Set. Reference Guide. Literature number: SPRU430F. Texas Instruments, 2001. Revised 2015.

[F100xx] STM32F100x4, STM32F100x6, STM32F100x8, STM32F100xB. Low & medium-density value line, advanced ARM®-based 32-bit MCU with 16 to 128 KB Flash, 12 timers, ADC, DAC & 8 com. Interfaces. ID16455 Rev. 9. STMicroelectronics, 2016.

[F103xx] STM32F103x8, STM32F103xB. Medium-density performance line ARM®-based 32-bit MCU with 64 or 128 KB Flash, USB, CAN, 7 timers, 2 ADCs, 9 com. interfaces. DS5319 Rev. 18. STMicroelectronics, 2022.

[F207xx] STM32F205xx, STM32F207xx. ARM®-based 32-bit MCU, 150 DMIPS, up to 1 MB Flash/128+4 KB RAM, USB OTG HS/FS, Ethernet, 17 TIMs, 3 ADCs, 15 comm. interfaces and camera. DS6329 Rev. 18. STMicro-electronics, 2020.

[F2833x] TMS320F2833x, TMS320F2823x. Real-time microcontrollers. Texas Instruments, 2007. Revised 2022.

[F407xx] STM32F405xx, STM32F407xx. Arm® Cortex®-M4 32b MCU+FPU, 210 DMIPS, up to 1MB Flash/192+4KB RAM, USB OTG HS/FS, Ethernet, 17 TIMs, 3 ADCs, 15 comm. interfaces & camera. DS8626 Rev. 9. STMicroelectronics, 2020.

[F746xx] STM32F745xx, STM32F746xx. Arm® Cortex®-M7 32b MCU+FPU, 462 DMIPS, up to 1MB Flash/320+16+4KB RAM, USB OTG HS/FS, Ethernet, 18 TIMs, 3 ADCs, 25 comm. Interfaces, camera & LCD. ID027590 Rev. 4. STMicroelectronics, 2016.

[G2211] MSP430G2x11, MSP430G2x01. Mixed signal microcontroller. Texas Instruments, 2010. Revised 2013.

[G2231] MSP430G2x31, MSP430G2x21. Mixed signal microcontroller. Texas Instruments, 2010. Revised 2013.

[H723xE] STM32H723VE, STM32H723VG, STM32H723ZE, STM32H723ZG. Arm® Cortex®-M7 32-bit 550 MHz MCU, up to 1MB flash, 564 KB RAM, Ethernet, USB, 3x FD-CAN, Graphics, 2x 16-bit ADCs. DS13313 Rev. 4. STMicroelectronics, 2023.

[H725xE] STM32H725xE/G. Arm® Cortex®-M7 32-bit 550 MHz MCU, up to 1MB flash, 564 KB RAM, Ethernet, USB, 3x FD-CAN, Graphics, 2x 16-bit ADCs. DS13311 Rev. 5. STMicroelectronics, 2023.

[H747xI] STM32H747xI/G. Dual 32-bit Arm® Cortex®-M7 up to 480MHz and -M4 MCUs, up to 2MB flash, 1MB RAM, 46 com. and analog interfaces, SMPS, DSI. DS12930 Rev. 2. STMicroelectronics, 2023.

[H755xI] STM32H755xI/G. Dual 32-bit Arm® Cortex®-M7 up to 480MHz and -M4 MCUs, 2MB flash, 1MB RAM, 46 com. and analog interfaces, SMPS, crypto. DS12919 Rev. 2. STMicroelectronics, 2023.

[L476xx] STM32L476xx. Ultra-low-power ARM® Cortex®-M4 32-bit MCU+FPU, 100 MIPS, up to 1 MB Flash, 128 KB SRAM, USB OTG FS, LCD, ext. SMPS. DS10198 Rev. 8. STMicroelectronics, 2019.

[L496xx] STM32L496xx. Ultra-low-power ARM® Cortex®-M4 32-bit MCU+FPU, 100 MIPS, up to 1 MB Flash, 320 KB SRAM, USB OTG FS, audio, ext. SMPS. DS11585 Rev. 17. STMicroelectronics, 2022.

[RA4M1] Renesas RA4M1 group. Datasheet. 32-bit MCU. Renesas advanced (RA) family. Renesas RA4 series. Rev. 1.00. Renesas Electronics, 2019.

[RA4M1_h]   Renesas RA4M1 group. User's manual: Hardware. 32-bit MCU. Renesas advanced (RA) family. Renesas RA4 series. Rev. 1.10. Renesas Electronics, 2023.

[SAM3X]   AT91SAM ARM-based flash MCU. SAM3X, SAM3A series. Atmel Corporation, 2012.

[SAMD21]   SAM D21E / SAM D21G / SAM D21J summary. 32-bit ARM-based microcontrollers. Microchip Technology, 2017.

[U575xx]   STM32U575xx. Ultra-low-power ARM® Cortex®-M33 32-bit MCU +TrustZone® +FPU, 240 DMIPS, up to 2 MB Flash memory, 786 KB SRAM, SMPS. DS13737 Rev. 3. STMicroelectronics, 2021.

[U585xx]   STM32U585xx. Ultra-low-power ARM® Cortex®-M33 32-bit MCU +TrustZone® +FPU, 240 DMIPS, up to 2 MB Flash memory, 786 KB SRAM, SMPS. DS1086 Rev. 3. STMicroelectronics, 2021.

[x2833x_rm]   TMS320x2833x, TMS320x2823x. Technical reference manual. Literature number: SPRUI07. Texas Instruments, 2020.

I.3.16 Placas de desarrollo basadas en microcontrolador

[1724_um]   UM1724 User Manual. STM32 Nucleo-64 boards (MB1136). Rev. 14. STMicroelectronics, 2020.

[1974_um]   UM1974 User Manual. STM32 Nucleo-144 boards (MB1137). Rev. 9. STMicroelectronics, 2023.

[2179_um]   UM2179 User Manual. STM32 Nucleo-144 boards (MB1312). Rev. 9. STMicroelectronics, 2019.

[2408_um]   UM2408 User Manual. STM32H7 Nucleo-144 boards (MB1363). Rev. 5. STMicroelectronics, 2021.

[curHPC_ug]   Curiosity High Pin Count (HPC) development board. User's guide. DS40001856C. Microchip Technology, 2016-2020.

[curNano_ug]   PIC18F47Q10 Curiosity Nano Hardware User Guide. DS40002103C. Microchip Technology, 2022.

[F4disc_um]   UM1472 User Manual. Discovery kit with STM32F407VG MCU. Rev.7. STMicroelectronics, 2020.

[IoTdisc_um]   UM2839 User Manual. Discovery kit for IoT node with STM32U5 series. Rev. 4. STMicroelectronics, 2023.

[kit1_an258]   Condit R, Butler D. *Low-cost USB microcontroller programmer. The building of the PICkit^{TM} 1 Flash Starter Kit*. Application Note 258. DS00258A. Microchip Technology, 2003.

[kit1_ug]   PICkit^{TM} 1 Flash Starter Kit. User's guide. DS40051D. Microchip Technology, 2004.

[mg2560_rm]   Arduino® MEGA 2560 Rev3. Product reference manual. SKU: A000067. Arduino SRL, 2023.

[msp_ug]   MSP-EXP430G2 LaunchPad Experimenter Board. User's guide. Texas Instruments, 2010.

[nano33_rm]   Arduino® Nano 33 IoT. Product reference manual. SKU: ABX00027. Arduino SRL, 2023.

[STM32]	STM32 development boards portfolio 1.0. Helping you accelerate your design. STMicroelectronics, 2023 www.st.com/stm32.
[uno3_rm]	Arduino® UNO R3. Product reference manual. SKU: A000066. Arduino SRL, 2021.
[uno4mi_rm]	Arduino® UNO R4 Minima. Product reference manual. SKU: ABX00080. Arduino SRL, 2023.
[uno4wi_rm]	Arduino® UNO R4 WiFi. Product reference manual .SKU: ABX00087. Arduino SRL, 2023.
[vldisc_um]	UM0919 User Manual. STM32VLDISCOVERY. STM32 value line Discovery. Doc ID 17217 Rev. 2. STMicroelectronics, 2011.
[xpress_ug]	MPLAB® Xpress evaluation board. User's guide. DS50002479B. Microchip Technology, 2016-2017.

I.3.17 Lógica digital configurable (circuitos CPLD y FPGA)

[cyIV_h1]	Cyclone IV device handbook, volume 1. CYIV-5V1-2.2. Altera, 2016
[cyIV_pt]	Cyclone IV FPGAs product table. Gen-1036-1.3. Intel (sin fecha de publicación).
[M4AX-32]	ispMACH 4A CPLD Family. Lattice Semiconductor Corporation, 2006.
[spa3E_ds]	Spartan-3E FPGA family. Data sheet. Product specification. DS312. Xilinx, 2018
[xi7s_ds]	7 series FPGAs data sheet: overview. Product specification. DS180 (v2.6.1). Xilinx, 2020
[xi7s_pp]	7 series FPGAs packaging and pinout. Product specification. UG475 (v1.18). Xilinx, 2019

I.3.18 Placas de desarrollo basadas en circuitos FPGA

[arty_rm]	Arty™ FPGA board reference manual. Arty rev. C. Digilent, 2017.
[bas2_rm]	Basys 2™ FPGA board reference manual. Basys 2 rev. C. Digilent, 2016.
[bas3_rm]	Basys 3™ FPGA board reference manual. Basys 3 rev. C. Digilent, 2019.
[DE0_um]	DE0-Nano. User manual. Terasic, 2012.
[DE2_um]	DE2-115. User manual. Terasic, 2017.

I.3.19 Codificadores de vídeo

[ADV739x]	ADV7390 / ADV7391 / ADV7392 / ADV7393 Low power, chip scale, 10-bit SD/HD video encoder. Analog Devices, 2006.

I.3.20 Conversor A/D

[MAX1003]	Low-power, 90 Msps, dual 6-bit ADC. Maxim Integrated Products, 1997.

I.3.21 Generadores de señal

[AD9852]   AD9852 digital synthesizer. CMOS 300 MHz complete-DDS. Analog Devices, 1999.

[ML2035]   ML2035 Serial input programmable sine wave generator. Fairchild Semiconductor Corporation, 1997.

I.3.22 Diodos luminiscentes (ledes)

[led430]   L-53MBC (GaN) T-1 ¾ (5 mm) solid state lamps (blue). Kingbright, 2001.

[led520]   L-7113VGC-H (InGaN) T-1 ¾ (5 mm) solid state lamps (green). Kingbright, 2003.

[led617]   LA 541B, LO 541B, LY 541B. Hyper 5 mm (T1$^3/_4$) LED, Non Diffused Enhanced Optical Power LED (HOP2000). Opto Semiconductors Osram, 2004.

I.3.23 Visualizadores de siete segmentos

[7seg_Ag]   20 mm (0.8 inch) general purpose seven segment displays. Technical data. HDSP-815E, HDSP-816E, HDSP-815G, HDSP-8156G. 5988-4353EN. Agilent Technologies, Inc., 2004

[7seg_Av]   HDSP-550x, HDSP-552x, HDSP-560x, HDSP-562x, HDSP-570x, HDSP-572x, HDSP-H15x, series. 14.2 mm (0.56 inch) seven segment displays. Data sheet AV02-1107EN. Avago Technologies, 2015

[7seg_Vi]   TDS.31.. series. 10 mm seven segment display. Document number 83125, Rev. A1. Vishay Semiconductor GmbH, 1999.

I.3.24 Semipuente cuádruple

[L293D]   L293D, L293DD. Push-pull four channel driver with diodes. STMicroelectronics, 2003.

I.3.25 Interruptor de palanca basculante

[sw-gem]   Gemini A Series Toggle Switch, Single Pole, 2 Position Functions (01 & 08). TE Connectivity, 2014.

I.3.26 Herramienta de simulación para el diseño electrónico

[psp09]   *PSpice A/D reference guide. Product version 16.3.* Cadence Design Systems, 2009.

I.4 Enlaces web de interés

Las hojas de características de los fabricantes están disponibles en Internet y son una fuente de información muy útil. Dos enlaces genéricos desde los que puede accederse a ellas son:

[digikey]   www.digikey.com
[datashcat] www.datasheetcatalog.com

Otros dos enlaces muy recomendables para consultar la numerosa lista de dispositivos lógicos disponibles en las series TTL/CMOS 7400 y CMOS 4000 son los siguientes, ambos de la Wikipedia:

[wiki74] https://en.wikipedia.org/wiki/List_of_7400-series_integrated_circuits
[wiki40] https://en.wikipedia.org/wiki/List_of_4000-series_integrated_circuits

Estos enlaces resultan especialmente útiles en la práctica porque, además de ser muy completos, proporcionan el acceso para la descarga gratuita de las hojas de características técnicas de todos los dispositivos desde su entrada correspondiente. Algunas referencias como [mal93] y [tie12] incluyen en sus apéndices prácticos listados con los dispositivos de la serie 7400.

Acrónimos

La siguiente tabla recopila por orden alfabético los acrónimos que aparecen a lo largo del texto. Casi todos ellos tienen su origen en términos expresados en inglés, proporcionándose una traducción al español que en ocasiones se ha tomado de la propuesta de equivalencias entre el inglés y el español que figura en el apéndice 10 de la referencia [man15].

Siglas	Término en inglés	Término en español
ADC	*Analog-to-digital converter*	Convertidor analógico-digital (A/D)
ADSL	*Asymmetric digital subscriber line*	Línea de abonado digital asimétrica
ALU	*Arithmetic-logic unit*	Unidad aritmético-lógica
AMD	*Advanced Micro Devices*	- (nombre de empresa)
APON	*ATM PON*	(Red) PON ATM
ARM	*Advanced RISC machine*	Máquina RISC avanzada
ARQ	*Automatic repeat request*	Solicitud automática de repetición
ASIC	*Application-specific integrated circuit*	Circuito integrado de aplicación específica
ASK	*Amplitude-shift keying*	Modulación por desplazamiento de amplitud
ATA	*Analog telephone adapter*	Adaptador de teléfono analógico
ATM	*Asynchronous transfer mode*	Modo de transferencia asíncrono

Siglas	Término en inglés	Término en español
BCD	*Binary-coded decimal*	Decimal codificado en binario
BGA	*Ball grid array*	Encapsulado de matriz de bolas
CAD	*Computer-aided design*	Diseño asistido por ordenador
CAN	*Controller area network*	(Bus de comunicaciones) CAN
CI	-	Circuito integrado
CISC	*Complex instruction set computer*	Computador de juego de instrucciones complejo
CLB	*Configurable logic block*	Bloque lógico configurable
CLCC	*Ceramic leadless chip carrier*	Encapsulado cerámico sin terminales
CMOS	*Complementary metal-oxide semiconductor*	Semiconductor complementario de óxido metálico
COTS	*(Standard) commercial off-the-shelf (logic)*	(Lógica) normalizada de función fija
CPLD	*Complex programmable logic device*	Dispositivo lógico programable complejo
CRC	*Cyclic redundancy check*	Comprobación de redundancia cíclica
CSP	*Chip-scale package*	Encapsulado a la escala del chip
DAC	*Digital-to-analog converter*	Convertidor digital-analógico (D/A)
DC	*Direct current*	Corriente continua
DIP	*Dual in-line package*	Encapsulado de doble línea
DLL	*Delay-locked loop*	Bucle de retardo enclavado (o enganchado)
DMA	*Direct memory access*	Acceso directo a memoria
DMT	*Discrete multitone (modulation)*	(Modulación) multitonal discreta
DPDT	*Double-pole, double-throw (switch)*	(Interruptor) bipolar de doble vía
DPST	*Double-pole, single-throw (switch)*	(Interruptor) bipolar de vía única
DSC	*Digital signal controller*	Controlador digital de señal
DSP	*Digital signal processor*	Procesador digital de señal
DTL	*Diode-transistor logic*	Lógica diodo-transistor
DVD	*Digital versatile disc*	Disco versátil digital
ECL	*Emitter-coupled logic*	Lógica de emisor acoplado
E/S	-	Entrada/Salida

Siglas	Término en inglés	Término en español
EEPROM	*Electrically erasable programmable read-only memory*	Memoria pasiva programable y borrable eléctricamente
EPON	*Ethernet PON*	(Red) PON Ethernet
EPROM	*Erasable programmable read-only memory*	Memoria pasiva programable y borrable
FILO	*First in, last out*	Primero en entrar, último en salir
FFT	*Fast Fourier transform*	Transformada rápida de Fourier
FPGA	*Field-programmable gate array*	Conjunto configurable de puertas
FPU	*Floating point unit*	Unidad de coma flotante
FSM	*Finite-state machine*	Autómata de estados finitos
FTDI	*Future Technology Devices International*	- (nombre de empresa)
FTTH	*Fiber-to-the-home*	Fibra (óptica) hasta el hogar
GAL	*Generic array logic*	Matriz lógica programable con transistores MOS
GB	*Gigabyte*	Gigabyte
GCC	*GNU compiler collection*	Colección de compiladores GNU
GPON	*Gigabit-capable passive optical network*	Red óptica pasiva con una capacidad de canal de gigabits por segundo
HDL	*Hardware description language*	Lenguaje de descripción *hardware*
HID	*Human interface device*	Dispositivo de interfaz de usuario
HRC	*Horizontal redundancy check*	Comprobación de redundancia horizontal
ICSP	*In-circuit serial programming*	Programación serie *in situ*
IDE	*Integrated development environment*	Entorno de desarrollo integrado
IEEE	*Institute of Electrical and Electronics Engineers*	Instituto de Ingenieros Eléctricos y Electrónicos
I²C	*Inter-integrated circuit (serial data bus)*	(Bus de datos serie) inter-integrado
IoT	*Internet of Things*	El Internet de las cosas
IIoT	*Industrial Internet of Things*	El Internet industrial de las cosas
IP	-	Implicante primo
IP	*Instruction pointer*	Puntero de instrucción

Siglas	Término en inglés	Término en español
IP	*Intellectual property*	Propiedad intelectual
IP	*Internet protocol*	Protocolo de Internet
IR	*Interrupt request*	Solicitud de interrupción
ISA	*Instruction-set architecture*	Arquitectura del juego de instrucciones
ISE	*Integrated software environment*	Entorno de *software* integrado
ISP	*In-system programmable*	Programable *in situ*
Kb	*Kilobit*	Kilobit
KB	*Kilobyte*	Kilobyte
kbps	*Kilobits per second*	Kilobits por segundo
LAB	*Logic array block*	Bloque de matrices lógicas
LAN	*Local area network*	Red de área local
LCD	*Liquid-crystal display*	Pantalla de cristal líquido
LED	*Light-emitting diode*	Diodo emisor de luz
LIFO	*Last-in, first out*	Último en entrar, primero en salir
LQFP	*Low-profile quad flat package*	Encapsulado plano cuadrangular de escala reducida
LRC	*Longitudinal redundancy check*	Comprobación de redundancia longitudinal
LSB	*Least significant bit*	Bit menos significativo
LSI	*Large-scale integration*	Integración a gran escala
LT	*Lamp test*	Prueba de los segmentos led
LUT	*Look-up table*	Tabla de consulta
MAC	*Multiply-accumulator (unit)*	Multiplicador-acumulador
MB	*Megabyte*	Megabyte
MCC	*MPLAB Code Configurator*	Configurador de código de MPLAB
MEMS	*Micro-electromechanical system*	Sistema microelectromecánico
MIC	*Multiple-input-change (fundamental mode)*	(Modo fundamental) con cambio en múltiples entradas
MIMD	*Multiple instruction streams, multiple data streams*	Flujo múltiple de instrucciones y de datos
MIPS	*Microprocessor without interlocked pipeline stages*	Microprocesador sin bloqueos en las etapas de segmentación

Siglas	Término en inglés	Término en español
MISD	*Multiple instruction streams, single data stream*	Flujo múltiple de instrucciones y simple de datos
MOSFET	*Metal-oxide semiconductor field-effect transistor*	Transistor de efecto de campo metal-óxido-semiconductor
MPC	*Microprogram counter register*	Registro-contador de microprograma
MPEG	*Moving picture experts group*	Grupo de expertos de imágenes en movimiento
MSB	*Most significant bit*	Bit más significativo
MSI	*Medium-scale integration*	Integración a media escala
Msps	*Megasamples per second*	Megamuestras por segundo
NAS	*Network-attached storage*	Almacenamiento conectado en red
NDP	*Neural decision processor*	Procesador de decisión neuronal
OFDM	*Orthogonal frequency division multiplexing*	Multiplexado ortogonal por división en frecuencia
OLT	*Optical line termination*	Módulo de terminación de línea óptica
ONT	*Optical network termination*	Módulo de terminación de red óptica
ONU	*Optical network unit*	Unidad de red óptica
OTP	*One-time programmable (ROM)*	(ROM) programable una única vez
PAL	*Programmable array logic*	Matriz lógica con plano AND programable
PAM	*Pulse-amplitude modulation*	Modulación de amplitud de pulsos
PC	*Program counter*	Contador de programa
PC	*Personal computer*	Ordenador personal
PCB	*Printed circuit board*	Placa de circuito impreso
PCI	*Peripheral component interconnect*	Interconexión de componentes periféricos
PCM	*Pulse code modulation*	Modulación por impulsos codificados
PIC	*Peripheral interface controller*	Controlador de interfaz para periféricos
PLA	*Programmable logic array*	Matriz lógica programable
PLCC	*Plastic-leaded chip carrier*	Encapsulado plástico de patillas dobladas

Siglas	Término en inglés	Término en español
PLD	*Programmable logic device*	Dispositivo lógico programable
PLL	*Phase-locked loop*	Bucle de enganche (o de seguimiento) de fase
PON	*Passive optical network*	Red óptica pasiva
POTS	*Plain old telephone service*	Red telefónica conmutada
PROM	*Programmable read-only memory*	Memoria pasiva programable
PSTN	*Public switched telephone network*	Red telefónica conmutada
PTR	-	Punto de terminación de red
PWM	*Pulse-width modulation*	Modulación de anchura de pulsos
QAM	*Quadrature amplitude modulation*	Modulación de amplitud en cuadratura
RAM	*Random-access memory*	Memoria de acceso aleatorio
RBI	*Ripple blanking input*	Entrada de propagación del cero
RBO	*Ripple blanking output*	Salida de propagación del cero
RCO	*Ripple-carry output*	Salida de propagación del cero
RISC	*Reduced instruction set computer*	Computador de juego de instrucciones reducido
ROM	*Read-only memory*	Memoria de solo lectura
RTC	-	Red telefónica conmutada
RTL	*Register transfer level*	Nivel de transferencia entre registros
SCL	*Serial clock*	Reloj (del protocolo) serie I^{2}C
SDA	*Serial data*	Datos (del protocolo) serie I^{2}C
SDH	*Synchronous digital hierarchy*	Jerarquía digital síncrona
S/H	*Sample-and-hold (circuit)*	(Circuito) de muestreo y retención
SIC	*Single-input-change (fundamental mode)*	(Modo fundamental) con cambio en una única entrada
SIMD	*Single instruction stream, multiple data streams*	Flujo simple de instrucciones y múltiple de datos
SISD	*Single instruction stream, single data stream*	Flujo simple de instrucciones y de datos
SMD	*Surface-mount device*	Dispositivo de montaje superficial
SMT	*Surface-mount technology*	Tecnología de montaje superficial

Siglas	Término en inglés	Término en español
SoC	*System-on-a-chip*	Sistema integrado o sistema monolítico
SOIC	*Small-outline integrated circuit*	Encapsulado de doble línea para montaje superficial
SoM	*System-on-module*	Sistema integrado en una tarjeta
SONET	*Synchronous optical network*	Red óptica síncrona
SP	*Stack pointer*	Puntero de pila
SPDT	*Single-pole, double-throw (switch)*	(Interruptor) unipolar de doble vía
SPI	*Serial peripheral interface*	Interfaz de periféricos serie
SPLD	*Simple programmable logic device*	Dispositivo lógico programable sencillo
SPST	*Single-pole, single-throw (switch)*	(Interruptor) unipolar de vía única
SRAM	*Static random-access memory*	Memoria de acceso aleatorio estática
SSI	*Small-scale integration*	Integración a pequeña escala
SSOP	*Shrink small-outline package*	Encapsulado reducido de doble línea para montaje superficial
TB	*Terabyte*	Terabyte
TCP/IP	*Transmission control protocol/Internet protocol*	Protocolo de control de transmisión/Protocolo de Internet
TDM	*Time-division multiplexing*	Multiplexado por división en el tiempo
TI	*Texas Instruments*	- (nombre de empresa)
TOS	*Top-of-stack*	Parte superior de la pila
TTL	*Transistor-transistor logic*	Lógica transistor-transistor
UART	*Universal asynchronous receiver-transmitter*	Transmisor-receptor asíncrono universal
UCP	-	Unidad central de proceso
UIT	-	Unión Internacional de Telecomunicaciones
ULSI	*Ultra large-scale integration*	Integración a escala ultragrande
USART	*Universal synchronous and asynchronous receiver-transmitter*	Transmisor-receptor síncrono-asíncrono universal
USB	*Universal serial bus*	Bus serie universal
VLSI	*Very large-scale integration*	Integración a escala muy grande

Siglas	Término en inglés	Término en español
VoIP	*Voice over IP*	Voz sobre IP
VRC	*Vertical redundancy check*	Comprobación de redundancia vertical
WDM	*Wavelength division multiplexing*	Multiplexado por división de longitud de onda
ZIF	*Zero insertion force*	Fuerza de inserción nula

Material suplementario

En el repositorio de la editorial, accesible en la dirección <u>www.marcombo.info</u>, se encuentra en una carpeta comprimida todo el material suplementario que acompaña al texto. Este material consiste, por un lado, en una selección de características técnicas de diferentes dispositivos suministradas por los fabricantes (en su mayoría circuitos integrados); y por otro, en una colección de esquemáticos generados con la versión gratuita del programa OrCAD Lite 17.2.

Dicho material se ubica en dos carpetas principales llamadas Dispositivos y Proyectos. La carpeta Dispositivos almacena la información técnica proporcionada por los fabricantes y descargada de Internet en formato pdf de la relación de CI, plataformas de prototipado y componentes electrónicos listados en el apéndice I (sección I.3); mientras que la carpeta Proyectos recopila la selección completa de aquellos circuitos del libro que han sido adaptados para simulación, lo que permite reproducir la mayoría de las simulaciones obtenidas con ellos. Dichos circuitos se encuentran agrupados en proyectos individuales que comparten una estructura de ficheros común generada por OrCAD al crear un nuevo proyecto. Sin embargo, y con el fin de evitar redundancias, un reducido número de las simulaciones incluidas en el texto han sido ejecutadas a partir de circuitos que no figuran de forma explícita en este, al tratarse de variantes muy similares de determinadas adaptaciones para la simulación que sí se muestran. Si se desea reproducir dichas simulaciones es suficiente con realizar pequeños cambios sobre algunos de los circuitos proporcionados en Proyectos, como por ejemplo sustituir un CI de una subfamilia lógica por otro equivalente de una subfamilia distinta, o bien reemplazar un estímulo HI por uno LO en una entrada determinada de un CI.

Por otro lado, las carpetas asociadas a cada uno de los proyectos incluyen únicamente los esquemáticos correspondientes y no tienen asociado un perfil de simulación. Por lo tanto, el usuario deberá crear uno propio antes de ejecutar con ellos una simulación. En la mayoría de los casos dicho perfil se configura con suma facilidad, puesto que basta con especificar el intervalo temporal que se desea representar para obtener la respuesta en el dominio del tiempo mediante un cronograma. En el apéndice G se detalla la forma de definir un perfil de simulación.

La siguiente tabla relaciona los proyectos que contienen los mencionados circuitos con las figuras en las que estos aparecen a lo largo de los diferentes capítulos. En contados casos las figuras referenciadas no se corresponden con un circuito, sino con un resultado de simulación.

Ruta y nombre del proyecto	Fig.	Ruta y nombre del proyecto	Fig.
01 TTL/Cargabilidad	1.3	01 TTL/Cargabilidad7404	1.4
01 TTL/Cargabilidad7400	1.5	01 TTL/Transfer	1.7
01 TTL/Transfer7404	1.10	01 TTL/Transfer7400	1.12
01 TTL/Temporal7404_1x	1.15	01 TTL/Temporal7404_2x	1.17
01 TTL/Anillo7404	1.20	02 CMOS/Cargabilidad	2.3
02 CMOS/IV_PMOS	2.4	02 CMOS/Cargabilidad4011	2.8
02 CMOS/Transfer	2.9	03 DEC2a4/7408	3.4
03 DEC2a4/7400	3.6	04 SintOptComb/ANDhazard	4.16
04 SintOptComb/NAND2in	4.19	04 SintOptComb/NAND2inTr	4.22
04 SintOptComb/NAND	4.24	04 SintOptComb/NANDconsenso	4.26
05 COD4a2/SinPrio_InH	5.10	05 COD4a2/SinPrio_InL	5.12
05 COD4a2/ConPrio_InH	5.14	05 COD4a2/ConPrio_InL	5.16
06 XOR/Comp	6.15	06 XOR/Paridad	6.17
06 XOR/Bin-Gray	6.19	06 XOR/Gray-Bin	6.21
07 DEC2a4pol/NAND2in	7.1	07 DEC2a4pol/NAND3in	7.2
07 DEC2a4pol/XOR	7.4	08 MUX/BCD150	8.10
08 MUX/BCD151	8.12	08 MUX/BCD151res	8.14
08 MUX/4bit150	8.15	08 MUX/4bit2x151	8.17
08 MUX/4bit151res	8.19	09 Sumador/Semisum	9.14
09 Sumador/SumCompleto	9.16	09 Sumador/Sum4bit	9.18
10 UA4bit/283	10.5	10 UA4bit/283+XOR	10.7
10 UA4bit/UA_Suma	10.9	11 CLK/555	11.3
12 ContAsincT/JK	12.6	12 ContAsincT/JK+reg	12.9
12 ContAsincT/D	12.11	12 ContAsincT/D+reg	12.14

Ruta y nombre del proyecto	Fig.	Ruta y nombre del proyecto	Fig.
13 Cont7490/7490	13.9	13 Cont7490/7490+175	13.12
13 Cont7490/7490+48	13.14	14 ContUP-DN/7473	14.6
14 ContUP-DN/74LS73	14.17	15 Cont163/mod16	15.6
15 Cont163/mod13	15.9	15 Cont163/mod12	15.11
15 Cont163/mod146	15.13	16 Segundero/162+163	16.2
16 Segundero/162+161	16.3	16 Segundero/163+163	16.4
17 DECcont/90+138	17.6	17 DECcont/163+42	17.12
17 DECcont/163+EN138	17.16	17 DECcont/163+138+374	17.19
18 RegDespD/EntradaSerie	18.3	18 RegDespD/EntradaParalelo	18.5
19 Random/3bit	19.4	19 Random/4bit	19.6
20 TxSerie194/Load+Hold	20.7	20 TxSerie194/Anillo	20.9
20 TxSerie194/TxAnillo	20.11	20 TxSerie194/Johnson	20.13
20 TxSerie194/TxJohnson	20.15	21 Moore-Mealy/Mealy	21.8
21 Moore-Mealy/Moore	21.12	22 RS/NOR	22.4
22 RS/NOR2	22.6	22 RS/OscilacionesNOR	22.8
22 RS/AnchoPulsoNOR	22.11	22 RS/NAND	22.13
22 RS/NAND2	22.15	23 Antirrebotes/Pulsación	23.5
23 Antirrebotes/Rebotes	23.7	23 Antirrebotes/NAND	23.17
23 Antirrebotes/NAND2	23.17	23 Antirrebotes/NOT	23.21
24 Cerradura/Cerradura	24.8	25 DivisorF/SR-NOR	25.10
25 DivisorF/AND-OR-NOT-KO	25.12	25 DivisorF/NAND-NOT	25.14
26 DEC/162+42	26.8	29 Aritméticos/Comp	29.1
31 RegDesp/157	31.9	31 RegDesp/Barril_Izq	31.11
31 RegDesp/Barril_Der	31.14	31 RegDesp/Retardo	31.16

Índice

S